BOVINOCULTURA DE CORTE

- Volume II -

Alexandre Vaz Pires

FEALQ

Piracicaba, SP
2010

Bovinocultura de Corte

Direitos autorais para FEALQ - Fundação de Estudos Agrários Luiz de Queiroz
Av. Centenário n. 1080 - Bairro São Dimas
13.418-000
Fone: (19) 3417 6600
www.fealq.org.br/loja/livraria.asp
livros@fealq.org.br

Editor
Alexandre Vaz Pires

Revisão Linguística
Lygia Apparecida Guerreiro Nascimbem

CTP e Impressão
Melting Indústria Gráfica
www.meltingcolor.com.br

Dados internacionais de Catalogação na Publicação
DIVISÃO DE BIBLIOTECA E DOCUMENTAÇÃO - ESALQ/USP

Pires. Alexandre Vaz
Bo Bovinocultura de corte / Alexandre Vaz Pires. - - Piracicaba: FEALQ, 2010
v. I, 760 p. : ilust. color. 28 cm.

Bibliografia
ISBN: 978-85-7133-069-6

1. Bovinocultura de corte. I. Título II. Série

CDD 636.213
P667b

PREFÁCIO

Existe grande demanda de um livro que atenda à cadeia produtiva da bovinocultura de corte. Este livro contém textos técnico-científicos que objetivam atender o interesse da comunidade científica, de estudantes, de técnicos e de produtores. Pesquisadores, professores e técnicos autônomos das diversas áreas da bovinocultura de corte foram convidados a escrever sobre temas de real interesse para o desenvolvimento da atividade, resultando numa coleção de artigos de grande importância para o entendimento do processo de produção de bovinos de corte.

No delineamento do projeto houve preocupação de cobrir, da maneira mais completa possível, toda a cadeia produtiva da bovinocultura de corte, procurando, assim, preencher as possíveis lacunas nesta área de conhecimento, o que resultou numa obra com 13 seções (O Setor; Raças e Tipos; Instalações e Equipamentos; Cria e Recria; Nutrição; Pastagens; Reprodução; Cruzamentos; Genética; Sanidade; Carne; Economia e Gestão; Técnicas Especiais na Produção de Gado de Corte) e 72 capítulos.

Espera-se que a utilização correta e integrada das técnicas discutidas neste livro permita que se obtenham melhorias na produtividade, rentabilidade e qualidade da carne.

Provavelmente alguns conceitos discutidos nos textos não tenham aplicação imediata, mas considerou-se importante apresentá-los para caracterizar os rumos do desenvolvimento científico e mostrar que provavelmente novas técnicas poderão ser utilizadas no futuro.

Este projeto só foi viabilizado porque houve a colaboração de muitas pessoas. Agradecimentos devem ser dirigidos aos autores e coautores que contribuíram efetivamente para que esta obra se tornasse realidade.

Deve-se reconhecer o apoio decisivo das empresas Agropecuária CFM, Agropecuária Jacarezinho, AxelGen Inseminação Artificial, Alltech, BeckHauser, Bellmann Nutrição Animal, Burgi Consultoria Agropecuária, Carpa, Casale, CRV Lagoa, Dow AgroSciences, Elanco - Saúde Animal, Guabi, Ger-dau, Multimix - Nutrição Animal, Nelore Lemgruber - Fazenda Mundo Novo e Connan, Nutron, Ourofino Saúde Animal, Pfizer - Saúde Animal, Phibro, PoliNutri - Nutrição Animal, RuralCon - Gestão Agropecuária, que contribuíram financeiramente para a concretização deste projeto.

À Prof. Dra. Ivanete Susin pelo auxílio e sugestões na editoração e à Professora Lygia Guerreiro Nascimbem pelas correções gramaticais.

Piracicaba, SP junho de 2010

Alexandre Vaz Pires
Editor

SUMÁRIO

Volume I

Seção I - O Setor

Seção II - Raças e Tipos

Seção III - Instalações e Equipamentos

Seção IV - Cria e Recria

Seção V - Nutrição

Volume II

Seção IX - Genética

Seção X - Sanidade

Patrocinadores

Seção IX Genética

CAPÍTULO 38

Melhoramento genético para aumento de produtividade em gado de corte no Brasil: A história, o presente e o futuro

José Bento Sterman Ferraz
Professor Titular
Grupo de Melhoramento Animal
FZEA/USP. Pirassununga, SP
jbferraz@usp.br

Joanir Pereira Eler
Professor Titular
Grupo de Melhoramento Animal
FZEA/USP. Pirassununga, SP
joapeler@usp.br

Introdução

O melhoramento animal vem sendo realizado desde os primórdios da humanidade, quando o homem começou a amansar os animais domésticos e percebeu que poderia modificar a aptidão dos mesmos ao longo das gerações. A seleção de reprodutores nada mais é do que a escolha dos animais que devem ser os pais das próximas gerações e seu acasalamento de forma mais privilegiada que os demais indivíduos da população. Esse processo permite que esses animais escolhidos deixem mais descendentes do que outros e, consequentemente, contribuam de forma diferenciada com o patrimônio genético da próxima geração, deixando mais cópias de seus genes e alterando a frequência gênica.

Para se entender como funciona o processo de seleção e como o melhoramento genético animal pode ser aplicado para melhorar a produtividade e rentabilidade, é necessário o conhecimento de alguns conceitos.

O presente capítulo procura dar ao leitor, técnico, estudante ou até mesmo leigo, uma visão prática do melhoramento genético animal, um pouco de seus métodos e sua história, o que é feito hoje e o que o futuro imediato reserva para o agronegócio da pecuária de corte.

O que é melhoramento genético animal?

O melhoramento genético animal é a ciência que estuda as ações da genética dos indivíduos e do ambiente na determinação de suas características de interesse econômico. Essa ciência divide-se, basicamente, em duas ações: a seleção e os sistemas de acasalamento.

A seleção consiste em escolher os animais que, pela união de seus gametas, formarão a próxima geração. A seleção, por permitir taxas reprodutivas diferenciadas, é uma das mais poderosas forças de alteração da frequência dos genes nas populações.

Mas como escolher reprodutores e matrizes de maneira adequada a determinados objetivos? Essa é a pergunta que está sempre intrigando os criadores. Para se responder a essa pergunta, é necessário responder a uma outra pergunta crítica para o agronegócio da pecuária de corte: *para que servem reprodutores e matrizes?*

Os animais de reprodução de um rebanho, reprodutores e matrizes, são verdadeiras *máquinas* e valem pelo número de produtos que elas produzem: *os bezerros e bezerras*. Se as máquinas valem pelos seus produtos e, para produzir esses descendentes, machos e fêmeas contribuem com partes iguais na genética nuclear, genética essa transmitida pelos seus gametas (espermatozoides e óvulos), reprodutores e matrizes valem exatamente o valor desses gametas. Essa resposta é essencial para que se saiba dar o valor correto ao material genético que é adquirido nas propriedades rurais. *Mas como conhecer esse valor?*

Infelizmente, não é possível conhecer com precisão o valor genético dos animais. O problema é muito simples: o desempenho dos animais, também denominado de *fenótipo* é resultado do patrimônio genético que o animal possui, o chamado *genótipo* e, ainda, dos efeitos de *meio ambiente*, existindo ainda uma interação entre os efeitos de genótipo e de *meio ambiente*, já que alguns animais são superiores a outros em alguns ambientes, mas podem se tornar inferiores àqueles em outros ambientes.

A **Figura 1**, apresentada a seguir, simboliza os fatores que condicionam o desempenho de um animal, desempenho esse que pode se expressar em características de crescimento, reprodutivas, de qualidade de carcaça e de carne.

Para facilitar o entendimento, é possível colocar esse diagrama na forma de um modelo ou equação simples e simbolizar o fenótipo com a letra **F**, o genótipo com a letra **G**, o meio ambiente com a letra **E** e a interação entre o genótipo e o ambiente com as letras **GE**. O desempenho dos animais, seja qual for a caracte-

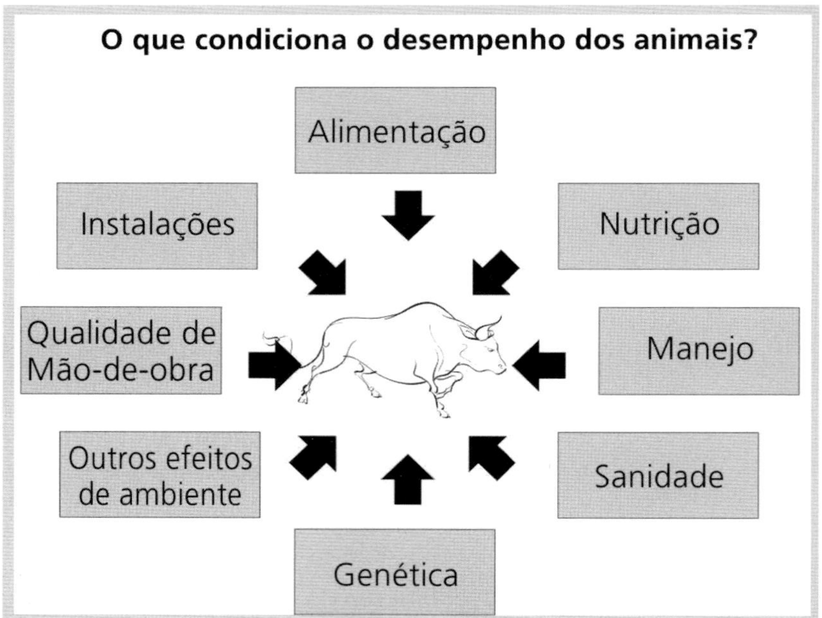

Figura 1. Esquema dos fatores que influenciam a produtividade dos animais.

rística estudada (peso na desmama, peso ao ano, produção de leite, circunferência escrotal, etc.) poderá ser colocado numa equação muito simples:

$$F = G + E + GE$$

Esta equação nos mostra que, infelizmente, *o fenótipo que são medidos nos animais não demonstra diretamente sua qualidade ou potencialidade genética.* Essa produção ou medida **F** estará sempre influenciada pelo meio ambiente **E** e pela interação genótipo-ambiente **GE**.

Para complicar mais um pouco, a fração **G** pode ser dividida em três componentes: o valor aditivo dos genes **(A)**, que todo gene tem, o desvio da ação individual dos genes, o desvio causados pelos efeitos de dominância **(D)**, que dependem do efeito conjunto dos genes contidos nos gametas que vêm do pai e de mãe, e dos efeitos de interação entre genes de loci diferentes **(I)**.

Assim, a equação, ficaria:

$$F = (A + D + I) + E + GE$$

No entanto, o único termo previsível dessa equação é o **A**. A enorme evolução das metodologias de análise de dados visando estimar esse valor de **A**, ocorrido no século XX, exige o uso de modelos estatísticos bastante complexos para, dado um conjunto de observações e informações de *pedigree* dos animais, podermos fazer essa estimativa.

Quando se estima esse valor de **A**, e o utiliza para a escolha dos animais que deixarão descendentes, estar-se-á perto de obter o ganho máximo que a seleção pode oferecer.

As avaliações genéticas

O processo pelo qual são estimados os valores genéticos aditivos dos animais, o **A** da equação acima é conhecido como **avaliação genética**.

Avaliar a qualidade genética de um animal nada mais é do que estimar o seu valor genético aditivo, ou seja, o **A** da equação. Jamais se conhecerá com precisão o valor que um animal tem como reprodutor, mas, por meio de metodologias diversas, é possível **estimar** esse valor. É, entretanto, necessário que a estimativa seja livre dos efeitos de meio ambiente e da interação genótipo-ambiente.

O valor genético dos animais depende da ação dos genes envolvidos na determinação das características, do número de informações a respeito dos animais avaliados (quanto maior este número, melhor a estimativa do valor genético), do parentesco entre os animais avaliados e as fontes de informação (quanto mais próximo o parentesco, maior a ênfase que a informação deve ter), além dos chamados efeitos permanentes de ambiente e da precisão com que esses efeitos são identificados.

Por definição, o valor genético aditivo esperado (*Expected Breeding Value* ou *EBV*) de um animal é o valor que ele teria como reprodutor. Em última análise, o **valor genético aditivo** (lembra-se do **A** da equação?) é aquele que os rebanhos selecionadores vendem, pois expressa o potencial genético dos animais vendidos. Este valor mostra o quanto **a média** dos filhos de um animal seria desviada em relação **a média** de todos filhos dos reprodutores em utilização, ou seja, produziriam *a mais* ou *a menos* que **a média** dos filhos dos outros reprodutores, que tenham sido utilizados na mesma população de animais em que foram estimados os valores genéticos.

As **DEPs** (Diferenças Esperadas de Progênie) são, por definição, a fração de uma superioridade de progênie devidas aos efeitos dos genes do reprodutor e correspondem à metade de seu valor genético aditivo.

Uma conta muito útil para entender a aplicação prática das DEPs: imagine que um touro A tenha DEP de +12,0 kg para ganho de peso ao sobreano e outro touro B tenha DEP de -3,0 kg para a mesma característica. A diferença entre os dois touros será de 15 kg, e os filhos do touro A serão 15 kg mais pesados ao sobreano que os do touro B, se ambos forem acasalados com vacas semelhantes. Se essa diferença se mantiver até o abate, o que é comum, multiplique essa arroba extra de peso vivo por animal por 30 filhos/ano e por 5 anos (vida útil do touro) e por 52% de rendimento de carcaça. O resultado é de cerca de 80 arrobas de peso no gancho, equivalentes, a preços de fevereiro de 2008, a cerca de R$6.000,00 (ou cerca de US$3,400.00), que é o valor da diferença, no bolso do criador, entre os valores de abate dos filhos dos touros A e B.

Este conceito de **DEP** é usado em geral pelos criadores de gado de corte. Os criadores de gado leiteiro utilizam-se dos termos **PTA** (*Predicted Transmiting Ability* ou habilidade prevista de transmissão), **TA** (*Transmiting Ability*, ou Habilidade de Transmissão), ou ainda **PD** (*Predicted Difference*) ou **SC** (*Sire Comparison* ou Comparação entre Reprodutores). Em essência, todos estes termos estimam a metade do valor genético de um reprodutor.

As **DEPs** são uma potente ferramenta para auxiliar nas decisões de seleção por parte dos pecuaristas. Utilizar-se dessa ferramenta, no momento de decidir qual touro, ou sêmen, será adquirido, deve aumentar de maneira acentuada o progresso genético dos rebanhos.

Os pecuaristas brasileiros têm feito intenso uso das avaliações genéticas nas suas decisões de aquisição de reprodutores com grandes ganhos de produtividade. Uma maneira de checar o *status* de um rebanho são os ganhos genéticos por geração, ou, melhor ainda, os ganhos genéticos por ano, que refletem a média do patrimônio genético, expresso em valor genético aditivo (**A**) dos animais nascidos, ano a ano.

Gráficos que representem a tendência genética de um rebanho são ótimos indicativos da eficiência dos processos de seleção, pois indicam se a evolução dos rebanhos está indo na direção adequada e, ainda mais, a sua velocidade. É comum criadores entenderem que estão realizando seleção de maneira eficiente, quando, na verdade, estão evoluindo numa velocidade muito menor do que a possível.

A **Figura 2** reflete, de maneira clara, a eficiência de dois programas brasileiros de avaliação genética, utilizando a característica peso na desmama. Os dois rebanhos apresentaram ganhos ao longo dos 10 anos analisados. No entanto, enquanto o rebanho representado do lado esquerdo da figura apresentou ganho de cerca de 1,74 kg/ano, o do lado direito da figura apresentou ganho de apenas 0,21 kg/ano, o equivalente a 12% do ganho observado no rebanho do lado direito. Com certeza, o rebanho do lado esquerdo da **Figura 2** aplicou de maneira mais eficiente os conceitos de seleção, especialmente as **DEPs**. Uma outra informação muito útil que se pode tirar dessa figura é obtida pela divisão do ganho genético médio de uma população pela média da característica. Considerando-se que o peso na desmama, ajustado para 205 dias na raça Nelore, é de cerca de 170 kg; dividindo-se 174 por 170, observa-se que o rebanho do lado esquerdo apresentou ganho genético de 1,02% da média da característica, um valor excelente para gado de corte, enquanto o rebanho do lado direito ganhou apenas 0,12% da média do peso na desmama. Se for feita uma avaliação dos rebanhos dessa figura sob o ponto de vista econô-

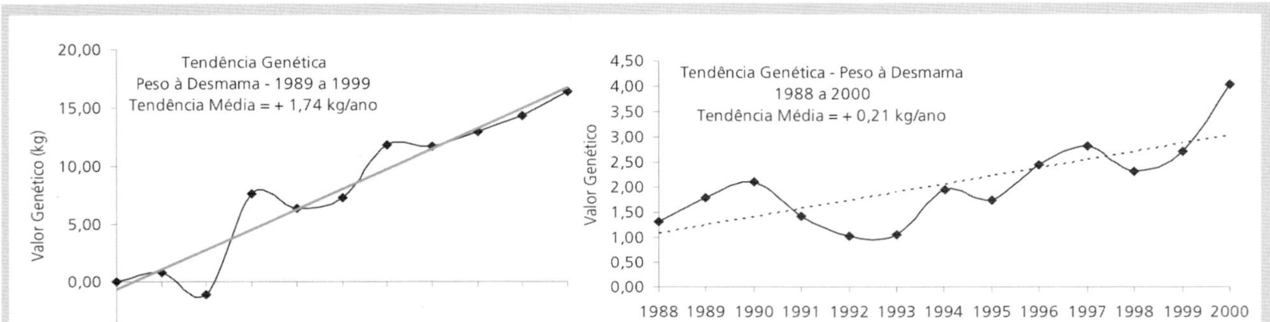

Figura 2. Representação gráfica dos valores genéticos aditivos para peso à desmama de duas populações de gado de corte submetidas à seleção, com utilização de diferenças esperadas de progênie (DEPs) e respectivas retas de tendência genética média/ano.

mico, será verificado que o rebanho do lado esquerdo ganhou, ao longo de 10 anos, 1,74 - 0,21 = 1,53 kg de peso na desmama a mais por bezerro da população, o que, a preços atuais, significa R$3,83/bezerro (US$2,19). Multiplique isso por 10.000 bezerros por ano, por exemplo, e veja a diferença que um programa de seleção bem conduzido faz para o bolso do pecuarista.

Por outro lado, vários programas de seleção, ao não focarem de maneira adequada algumas características, prestando atenção em apenas algumas outras, em geral ligadas ao crescimento e peso em diferentes idades, terminam por colher resultados negativos, como apresentado na **Figura 3**.

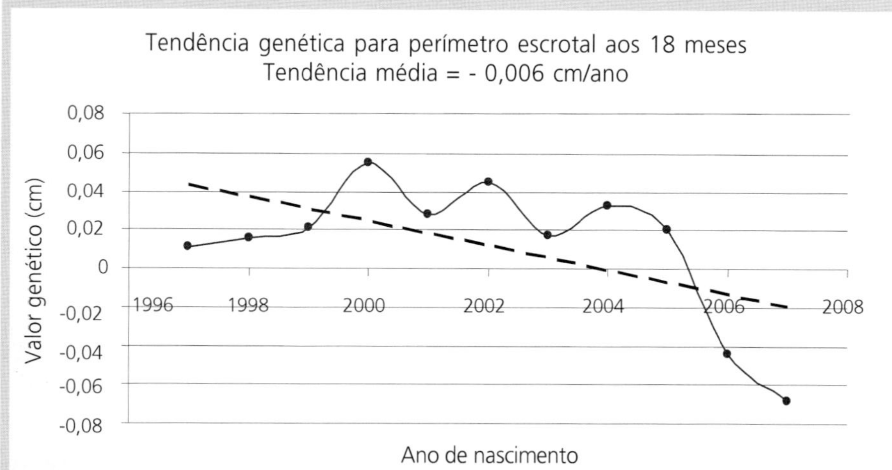

Figura 3. Representação gráfica dos valores genéticos aditivos para perímetro escrotal aos 18 meses de uma população de gado de corte submetida à seleção, com utilização de diferenças esperadas de progênie (DEPs) e respectiva reta de tendência genética média/ano.

Estimação de parâmetros genéticos

Nos indivíduos, apenas os valores fenotípicos podem ser medidos diretamente, mas é o seu valor genético que determina sua influência na geração seguinte. Por definição, se um indivíduo possui o valor fenotípico acima da média da população, espera-se que ele possua o valor genético acima da média dessa população. Entretanto, isso depende do valor da herdabilidade da característica em questão. Por essa razão, a maior importância da herdabilidade no estudo genético dos caracteres quantitativos é o seu papel preditivo, expressando a confiabilidade do valor fenotípico como preditor do valor genético.

Como não se pode conhecer com exatidão o valor genético dos animais, utilizam-se de técnicas de estimação desses valores. A estimação dos valores genéticos é diretamente dependente da estimação dos componentes de variância e covariância das características, os quais são essenciais em programas de melhoramento animal, pois fornecem informações fundamentais sobre a natureza genética das características de interesse econômico.

As estimativas de parâmetros genéticos e o estudo das correlações genéticas entre características de carcaça e desempenho ponderal são partes importantes de um estudo amplo que visa à determinação dos critérios de seleção e permite predizer os efeitos da seleção para uma característica sobre outras de interesse econômico. Nesse contexto, o coeficiente de herdabilidade é um parâmetro indispensável na predição do mérito genético dos animais e na predição da resposta à seleção. O coeficiente de herdabilidade é um parâmetro característico de determinada população e pode sofrer alterações ao longo do tempo, em consequência da seleção e das decisões de manejo. O coeficiente de correlação também é um parâmetro genético importante, pois estabelece a força do relacionamento de uma característica em relação à outra, informando se determinada característica pode ou não ser influenciada pelas decisões de seleção em outra.

Além da predição do valor genético dos animais, é importante também a acurácia associada a esse valor, que é dependente da qualidade e da quantidade de informação disponível. Em geral, quanto maior o número de informações de desempenho dos animais e mais próximo o parentesco entre os animais com informação disponível e o animal avaliado, maior a acurácia de predição do valor genético desse animal.

O melhoramento genético das espécies zootécnicas é baseado em razões de componentes de variância, como os coeficientes de herdabilidade (h^2), correlação genética (r_g) e repetibilidade (R). Os componentes de variância são estimados por métodos que evoluíram à medida que novas técnicas computacionais e novas teorias foram desenvolvidas.

Com o desenvolvimento das metodologias de estimação de valores genéticos aditivos, chegou-se aos *modelos animais*, a ferramenta mais utilizada nos programas de seleção ao redor do mundo. O objetivo principal dos modelos animais é chegar a um modelo que descreva, da melhor forma possível, a real situação biológica para predição de valores genéticos aditivos e estimação dos componentes de variância (Ferraz, 1993). Recentemente, vêm sendo sugeridas outras metodologias para obtenção de componentes de (co)variância e, consequentemente, de parâmetros genéticos, como o método R e análises por metodologias Bayesianas.

O termo modelo animal foi proposto por Quaas & Polack (1980) e atualmente, designa uma série de diferentes modelos que têm em comum o fato de considerarem, na solução do sistema de equações utilizado na predição dos efeitos aleatórios, a matriz de parentesco com todas as informações conhecidas, inclusive dos animais que não tenham registro de produção. Dessa forma, ele requer o uso da matriz de parentesco (A) e de sua inversa (A^{-1}).

A avaliação genética sob modelo animal tem como base estatística as equações de modelos mistos (Henderson, 1963, 1975). A melhor predição linear não enviesada – BLUP (*Best Linear Unbiased Predictor*) (Henderson, 1949; Henderson *et al.*, 1959), utilizando modelos mistos sob modelo animal, tornou-se rapidamente o método preferido pelos geneticistas para se estimar os parâmetros genéticos (Henderson, 1988).

Segundo Nelsen *et al.* (1986), o método de estimação pode ser um fator importante na obtenção dos parâmetros genéticos, juntamente com o estabelecimento de um modelo matemático que descreva corretamente os dados, pela inclusão de fatores importantes, como a raça (Schaeffer & Wilton, 1981; De Rose *et al.*, 1988; Trus & Wilton, 1988), o sexo (Koch *et al.*, 1973), o manejo (Tess *et al.*, 1984) e a origem dos dados (Dijkstra *et al.*, 1987; Writh *et al.*, 1987).

A estimação de componentes de variância e covariância, por intermédio da máxima verossimilhança restrita, é um dos métodos mais utilizados para avaliação de dados não balanceados, comumente utilizados em melhoramento animal. Na estimação por REML, geralmente assume-se uma distribuição normal multivariada. Para um determinado modelo de análise, calcula-se a probabilidade de que o conjunto de dados tenha sido retirado de uma população com determinados valores paramétricos. De acordo com Searle *et al.* (1992) as estimativas obtidas por máxima verossimilhança são, então, por definição, os valores dos parâmetros para os quais a probabilidade de ocorrência é máxima, sendo os componentes obtidos por processo iterativo (cálculos repetidos). Cada efeito é estimado a partir de registros de produção pré-ajustados para todos os outros efeitos. O processo revisa repetidamente a estimativa de cada feito até que não ocorram mais mudanças nos valores obtidos, sendo essa a solução final (Eler, 1994).

O método de máxima verossimilhança restrita é iterativo e exige a normalidade dos dados, considera a perda dos graus de liberdade em virtude dos efeitos fixos, fornecendo estimadores não viciados e de variância mínima para dados balanceados. Para estes dados, o método fornece estimativas enviesadas. Entretanto, segundo Searle (1971), Harville (1977), Searle *et al.*, (1992), dada as propriedades dos estimadores REML, eles têm sido preferidos quando os dados são desbalanceados combinando informações de forma maximizada e corrigindo os efeitos em razão da seleção quando não se tem uma amostra aleatória dos dados dos rebanhos.

No método REML, a ideia é calcular os estimadores de máxima verossimilhança para os componentes de (co)variância eliminando ou minimizando os efeitos de caráter não genético que possam influenciar as estimativas nas análises.

No entanto, o uso intensivo dos modelos animais tende a privilegiar famílias que têm valores genéticos aditivos superiores, podendo, no médio prazo, levar ao acasalamento entre parentes, a chamada endogamia (erroneamente conhecida como *consanguinidade*). Como parentes têm cópias dos genes dos ancestrais comuns, é de se esperar que filhos desse tipo de acasalamento tenham maior grau de homozigose, o que favorece a expressão de genes deletérios, usualmente recessivos. A expressão desses genes pode levar ao aparecimento de doenças, diminuição no vigor dos animais e importantes perdas de produtividade, no que Gordon Dickerson, um dos pais do moderno melhoramento genético animal, denominou, em 1965, *depressão pela endogamia*. Essas perdas são evidentes já quando o coeficiente de endogamia ultrapassa os 5 ou 6%. É importante ressaltar que o coeficiente de endogamia de um indivíduo é igual à metade do coeficiente de parentesco de seus pais. Como o coeficiente de parentesco de um pai com uma filha é de 50% e de um avô com uma neta é de 25%, ou o de um irmão com uma meio-irmã 25%, pode-se verificar que o impacto do acasalamento entre parentes pode ser muito grande num rebanho.

A acurácia das avaliações

A *acurácia* (do inglês *accuracy*), também conhecida como repetibilidade da avaliação de uma estimativa, é uma medida da correlação entre o valor estimado e os valores das fontes de informação, ou seja, mede o quanto a estimativa que se obtivém é relacionada com o *valor real* do parâmetro. Ela informa o quanto o valor estimado é *bom*, ou seja, o quanto o valor estimado é *próximo* do valor real e dá a *confiabilidade* daquela estimativa ou valor. Se o valor genético é estimado apenas pelo desempenho do próprio animal (em peso ao sobreano, por exemplo), o valor da acurácia será de 0,50 (para herdabilidade de 0,25), mas se a estimativa for baseada em 18 filhos (progênie) de um touro com uma amostra aleatória (tirada ao acaso) de vacas, a acurácia subirá para 0,74. Quanto mais informações a respeito de um reprodutor estiverem disponíveis, mais acurada, mais *confiável* a estimativa.

A acurácia, no entanto, não depende somente da medida do número de filhos de um reprodutor mas, também do número de parentes medidos que esse reprodutor teve. Assim, é comum touros com menor número de filhos do que outros terem acurácias maiores, em decorrência da contribuição de maior número de parentes na estimação de seu valor genético.

Esse conceito de acurácia é muito importante para as decisões de um criador, pois indica o *risco* da decisão. Se o criador tiver um pequeno rebanho de alto valor genético, fica muito difícil utilizar-se de um reprodutor cujo valor genético aditivo (DEP) tenha baixa acurácia, pois o valor estimado não é muito *confiável* e, quando aumentarem as informações a respeito daquele reprodutor, por exemplo, na próxima avaliação ou no próximo ano, aquele valor genético previsto poderá diminuir, e o pequeno criador terá à venda então filhos de um reprodutor inferior ao que ele imagina que iria ter. Mas aquele valor poderá também subir e então o criador terá filhos de um bom touro. A acurácia informa, em última análise, a *segurança* que se tem de que aquele valor estimado vá mudar ou não.

Mas se o criador tem um porte maior e gosta de correr riscos (e talvez ter maiores lucros), ele poderá investir adquirindo tourinhos (ou sêmen) com altos valores genéticos estimados e baixa acurácia que, em geral, são mais baratos, e usar esse material genético em uma parte de seu rebanho. Se o tourinho confirmar seu alto potencial e tiver maior acurácia na próxima avaliação, esse criador terá feito um bom negócio, mas se tiver um pior desempenho, só parte dos seus produtos será originária de reprodutores *inferiores*.

Portanto, altas acurácias só são conseguidas a partir de muitas informações a respeito do animal que está sendo testado, em geral obtidas a partir de muitos filhos e filhas do touro. Isso significa mais tempo entre o nascimento desse reprodutor e seu uso no rebanho. Esse fato, no entanto, aumenta o intervalo entre gerações e diminui o ganho genético por ano. Assim, o uso de animais jovens, com baixa acurácia, pode aumentar o risco, mas se a avaliação estiver sendo bem feita, o mérito genético do rebanho como um todo cresce mais rapidamente do que a utilização de touros *provados*, com altas acurácias. A decisão é estritamente técnica e deve ser tomada caso a caso.

A **Tabela 1**, apresentada a seguir, dá uma idéia aproximada desse risco:

Essas metodologias foram aplicadas a todos os vegetais e animais envolvidos na alimen-

Tabela 1. Relação entre acurácia de uma estimativa de valor genético de um animal e o risco de utilização ou não de tal animal como reprodutor na propriedade.

Acurácia	Razão	Risco
0,10 a 0,30 (baixa)	poucas informações a respeito do animal, animal em geral muito jovem → acurácia baixa, diminui o intervalo entre gerações.	alto
0,31 a 0,70(média)	número razoável de informações, reprodutor jovem, com 10 a 2 → acurácia média, intervalo entre gerações médio.	médio
acima de 0,7(alta)	número suficiente de informações, animal com mais de 20 filhos ou filhas testados → acurácia alta, aumenta muito o intervalo entre gerações.	baixo

A eficiência de seleção e dos métodos de estimação do valor que os animais têm como reprodutores, inicialmente intuitivos e depois baseados no conhecimento científico, evoluiu desde o início da vida dos homens e a domesticação dos animais. De forma simplista, pode-se mostrar a evolução da seleção e desses métodos, segundo a sequência numérica que se segue. A flecha que ilustra essa lista refere-se ao sentido no qual a eficácia dos processos seletivos aumentou, isto é, quanto mais recente o processo, mais eficiente ele tem sido.

1. Avaliação visual (há mais de 1.000 anos).
2. Medições (pesos, dimensões, tempos, etc.) e seleção pelo *pedigree*, há mais 100 anos.
3. Medições ajustadas (há mais de 70 anos). Índices (desvios de grupos, há mais de 70 anos).
4. Estimativas com baixa acurácia (Metodologia dos Quadrados Mínimos, há mais de 30 anos).
5. Estimativas com média acurácia (*Modelos touro*, há mais de 30 anos).
6. Estimativas com alta acurácia (*Modelos Animais*, há cerca de 20 anos).
7. Auxiliares de seleção, **seleção assistida por marcadores genéticos**, biologia molecular, seleção genômica, finalmente, disponíveis na primeira década do século XXI.

O que **realmente mudou** com a evolução dos métodos de avaliação de animais **foi a acurácia das estimativas** e, consequentemente, a velocidade dos processos de ganho genético.

tação, companhia, trabalho e bem-estar do homem. As espécies que mais se beneficiaram do avanço tecnológico foram o milho, a partir das décadas de 1930 e 1940; as aves de postura, a partir da década de 1940, os frangos de corte, já na década de 1950 em diante; os suínos e bovinos leiteiros, com enormes avanços a partir dos anos 60 do século XX e, bem mais tarde, os bovinos de corte, com início de aplicação de tecnologias mais eficazes a partir das décadas de 1980 e 1990. No caso dos ovinos, essas metodologias mais modernas têm sido aplicadas no início da primeira década do século XXI.

Em todas essas espécies de interesse zootécnico, o homem deixou de escolher animais para reprodução, por meio, apenas, de avaliações visuais e passou a utilizar-se de informações para estimar qual seria o valor dos indivíduos como reprodutores. O avanço da produtividade nessas espécies foi enorme. No caso dos bovinos de corte, no entanto, muitos criadores compram tourinhos e novilhas de reposição apenas mediante a avaliação visual ou as informações do *pedigree* dos animais.

A enorme valorização de matrizes e reprodutores campeões de exposições pecuárias de gado de corte, com preços de venda incompatíveis com a pecuária comercial, muitas vezes baseia-se em seleção por avaliação visual, associada à seleção pelo *pedigree*, métodos pouco acurados de avaliação do valor que os animais têm como transmissores de material genético, que é a função real dessas matrizes e reprodutores. A transferência de embriões, muitas vezes realizada em fêmeas que tiveram problemas reprodutivos ou até mesmo nunca pariram, e que não têm avaliações genéticas de qualquer tipo, tem sido realizada como forma de obter embriões de alto preço, mas que não tem, novamente, nenhum tipo de avaliação genética. Esses dois mecanismos de supervalorização desses animais e embriões têm como consequências não o melhoramento da raça, mas resultados imprevisíveis que, na maioria das vezes, representam um trabalho de seleção contrária aos reais objetivos da pecuária de corte. Os processos de seleção devem ser orientados pelos valores genéticos dos indivíduos e, dependendo do nível de risco que se pode assumir, pela acurácia das avaliações.

Os limites da seleção ou os efeitos colaterais da seleção

Em artigo publicado no site *milkpoint* (www.milkpoint.com.br), o pesquisador de gado leiteiro Dr. Fernando Enrique Madalena publicou um interessante ensaio denominado **Efeitos colaterais da genética de alta produção**, que pode ser acessado pelo *link* mostrado nas referências bibliográficas.

Esse artigo alerta os produtores para os excessos de selecionar-se intensamente para determinadas características, como o peso e o ganho de peso. No caso do artigo, o autor revela que a seleção intensa ocorrida para produção de leite na raça Holandesa levou a sérios problemas na esfera reprodutiva. Atualmente, a fertilidade média dos rebanhos dessa raça chega a valores próximos dos 20%, ou seja, são necessárias cerca de 5 inseminações para se obter uma prenhez. O impacto desse artigo foi muito importante e serve como um altera para os criadores de gado de corte. É lógico que os problemas reprodutivos encontrados na raça Holandesa podem ser ocasionados pela inadequação dos genótipos ao ambiente existente, mas, de qualquer forma, houve intensa utilização de poucos reprodutores, levando a aumentos na endogamia do rebanho.

O alerta feito por esse pesquisador é válido para o gado de corte de qualquer raça, mas torna-se ainda mais importante na raça Nelore, a mais importante raça brasileira de bovinos de corte, que utilizou intensamente descendentes de poucos genearcas, a maioria importada no início da década de 1960. Esse uso maciço desses genearcas levou a níveis de endogamia importantes, que requerem ação imediata dos criadores, para que os indivíduos da raça não percam suas vantagens adaptativas, produtivas e reprodutivas.

O uso das avaliações genéticas pelos criadores

As **DEPs** – Diferenças esperadas de progênie - são resultados de amplos programas informatizados de controle e avaliação de reprodutores conduzidos por criadores ou Associações de Criadores e publicados em seus *Sumários de Reprodutores* em gado de corte. Em outras espécies, os valores genéticos aditivos são expressos em *breeding value* (BV) ou *estimated breeding value* (EBV), como no caso dos suínos e *predicted transmiting ability* (PTA) ou *transmiting ability* (TA), como no caso do gado de leite. A DEP é a metade do EBV.

As **DEPs** podem ser estimadas para quaisquer características que se possam medir com precisão, como o peso ao nascer, peso na desmama ajustado, peso aos 60, 180 ou 270 dias, produção leiteira, de gordura ou proteína ajustadas, circunferência escrotal ajustada, pontuação em um sistema linear de avaliação corporal, altura, notas para facilidade de parto, etc. Quanto maior o número e mais precisas forem as informações, incluídas as de *pedigree* dos animais, mais ampla será a avaliação de um reprodutor. Nada impede que um reprodutor seja *superior* aos demais em algumas características e *inferior* em outras. Essas informações é que são úteis para a decisão de cada criador, que tem a liberdade de melhorar seu rebanho, segundo seus conceitos e ideias.

Os valores das **DEPs** podem mudar de uma avaliação para outra (em geral de um ano para outro), à medida que novas informações são agregadas. Os sistemas de avaliação, em uso hoje, estimam **DEPs** para todos os animais controlados, inclusive aqueles que não têm registro de produção ou que já morreram, pois isso é feito pelos laços de parentesco com aqueles que têm produções controladas.

Um detalhe das **DEPs** deve ser ressaltado: elas se referem ao valor genético que o gameta médio de um indivíduo tem, ou seja, o que ele transmitirá a seus filhos. Dessa forma, touros, que não produzem leite, mas têm genes para tal, têm DEPs para produção de leite. Com raciocínio similar, fêmeas não têm testículos e nem perímetro escrotal, mas têm **DEPs** para essa característica, pois têm os genes que participam de sua determinação.

As **DEPs** têm, em geral, uma distribuição conhecida como *distribuição normal*, o que quer dizer que a maioria dos animais tem valores ao redor da média, com poucos exemplares nos extremos. Isso permite calcular os desvios-padrão dessas estimativas e dizer qual percentual de animais estará dentro de uma faixa de DEPs. Dentro desse enfoque, algumas definições são importantes:

• **Percentil**: em estatística descritiva, é o valor que corresponde à frequência cumulativa e que dá a noção correta da classificação de determinado animal. O percentil varia entre 0 e 100%. Para se saber qual percentual de animais que é pior do que um animal basta subtrair o valor de seu percentil de 100. E para se saber quantos % dos animais é melhor do que um dado indivíduo, basta verificar seu percentil. Assim, um animal que tem uma DEP que corresponde ao valor do percentil 1, está entre os 1% melhores animais para aquela DEP. Somente 1% de todos os animais terá DEP maior que a dele. Outro exemplo: Um animal está com DEP entre os percentis 20 e 25. Ele se situa na classificação cujo critério é a DEP para aquela característica, entre os 20 e 25% dos melhores animais. Já o animal com DEP próxima do percentil 90% tem 90% dos animais melhores que ele, ou seja, está entre os 10% piores.

• **DECA**: o critério é o mesmo do percentil, mas refere-se a *fatias* de 10% dos animais. Assim, uma animal com DECA 1, está entre os 10% melhores, um DECA 5 está entre os 50% melhores; e um animal DECA 8 está entre os 80% melhores, o que equivale a estar entre os 20% piores já que a soma das DECAS é 100. Os animais situados entre os 10% piores, ficam na DECA 0.

• **Quartil**: Conceito semelhante, que divide a distribuição dos animais em quartos. Animais do 1° quartil estão entre os 25% melhores; os do esgundo quartil entre os 50% e assim por diante.

• **Mediana**: o valor da mediana é igual ao valor do 50° percentil, ou o valor que separa o 2° e o 3° quartil.

Como já foi explicado anteriormente, o desempenho de um animal não é apenas resultado de seu genótipo, mas também dos efeitos de ambiente. As características produtivas economicamente importantes são condicionadas pelo genótipo, em geral, em frações de 20 a 40% (o que equivale à sua herdabilidade), o que significa que de 80 a 60 % da variação da mesma é devida ao ambiente ou outras causas não controláveis. Assim, as DEPs não são garantias de desempenho superior dos filhos dos touros testados, mas tão somente uma indicação, a melhor que a genética moderna pode oferecer do potencial genético do reprodutor que está sendo usado. Resta ao criador tentar controlar a outra parte responsável pelo desempenho dos animais, que seja o ambiente, a alimentação, a saúde, etc.

As DEPs são válidas para a população em que foram estimadas. Assim, estimativas obtidas para a raça Nelore não são comparáveis às obtidos para a raça Angus, Tabapuã, ou Guzerá. DEPs obtidas em diferentes programas, como nos vários programas de avaliação da raça Nelore, também não são comparáveis.

Um bom programa de avaliação de reprodutores sempre estima as DEPs dos animais que estão nascendo no rebanho, mas o mais importante é que devem ser incluídos nas avaliações todos os animais nascidos, bons ou ruins. Incluir apenas os melhores filhos de um carneiro pode resultar em maiores DEPs, mas essa estimativa será falsa, e os filhos desses animais não terão o desempenho esperado, comprometendo o próprio programa, mas sobretudo colocando em dúvida a seriedade do criador.

Os criadores devem estar sempre familiarizados com os catálogos de touros e consultar tais valores antes dos leilões ou pedidos de sêmen. O criador deve saber o que ele deve melhorar em seu rebanho e comparar as DEPs dos reprodutores disponíveis. A compra de material genético é, antes de tudo, uma compra técnica. Estar atualizado no significado dos termos técnicos de avaliação de reprodutores é uma importante ferramenta tanto de compra quanto de venda.

Os programas de avaliação genética de gado de corte no Brasil

Segundo a ABCZ, Associação Brasileira de Criadores de Zebu, apesar de terem ingressado no País menos de 7.000 animais zebuínos, o País conta, nesta primeira década do século XXI, com um plantel de cerca de 200 milhões de cabeças, 80% das quais com participação racial de zebuínos.

A indústria da carne bovina, em virtude das diferenças de ambiente, de tecnologia e de recursos apresenta diferentes sistemas de produção e demanda, portanto, diferentes tipos de animais, com genética diferenciada.

Os sistemas de produção a pasto, existem em todas as regiões do País e, praticamente, toda a produção de bezerros é feita nesse sistema. Nesse caso, a maioria dos solos é ácida e de baixa a média fertilidade, tendo as forrageiras originárias da África, das espécies *Brachiaria* spp. e *Panicum* spp. apresentando excelente adaptação e crescimento, sob as condições brasileiras.

Nos sistemas de produção brasileiros mais comuns, animais nascem entre setembro e novembro, no auge da seca e desmamam entre maio e junho, no início da próxima estação seca. As fêmeas, em especial as zebuínas, entram em puberdade ao redor dos 16 a 20 meses, em plena estação seca e entram em reprodução apenas após os dois anos de idade. Alguns programas expõem essas fêmeas aos touros por volta dos 12 a 16 meses ou dos 16 aos 20 meses, e esse assunto também é tratado em outros capítulos deste livro.

Os sistemas de produção que se utilizam de pastagens cultivadas de inverno, comuns no Sul do País, de suplementação de alimentos nas épocas mais adversas (semiconfinamento) e de confinamento de animais para terminação adequada (confinamento), também são repre-sentados na pecuária brasileira e, igualmente, são tratados neste livro. Cada sistema de produção e cada mercado exigem um tipo diferente de animal, e os critérios de seleção dos programas devem ser diferentes.

A **Tabela 2** apresenta uma estimativa dos principais sistemas de produção do Brasil.

Tabela 2. Número de cabeças de bovinos de corte abatidas em 2005 e sua proporção em relação aos sistemas de produção.

Sistema de produção	Número de cabeças (10^6)	%
Pasto	38,69	85,22
Pastagens de inverno	0,913	2,01
Semiconfinamento	3,054	6,73
Confinamento	2,743	6,04
Total	45,400	100,00

Fonte: Adaptado do Anualpec 2005.

Fries e Ferraz apresentaram, no V Simpósio Nacional da Sociedade Brasileira de Melhoramento Animal, realizado em Pirassununga em 2004, um quadro de como estão as avaliações genéticas no Brasil. Para detalhes, é interessante consultar o *link* http://www.sbmaonline.org.br/ e procurar pelos Anais desse Simpósio.

Uma maneira interessante de abordar o tema é resgatar a história, conforme apresentado por Fries e Ferraz (2004):

- **1951** – A Estação Experimental de Sertãozinho, SP, inicia as provas de ganho de peso e avaliação de touros, sob orientação dos Drs. Barrison Villares e Dr. Fausto Pereira Lima;
- **1963** – Última grande importação de germoplasma zebuíno da Índia, com a imigração de genearcas de grande importância;
- **1968** – O Departmento de Genética da Faculdade de Medicina de Ribeirão Preto, da Universidade de São Paulo, localizada em Ribeirão Preto, SP, cria o GEMAC sob a batuta do Dr. Warwick Kerr, que traz para o grupo do Dr. F.A. Moura Duarte (1969) e um criador da raça Nelore, Dr. Arnaldo Zancaner, começa uma cooperação de longa duração, visando ao melhoramento dos processos de seleção na

raça Nelore. Esse trabalho é a base do atual Programa de Melhoramento Genético da Raça Nelore, o PMGRN. A esse grupo se junta, em 1977, o Prof. Raysildo B. Lobo;

- **Década de 1970** – O aumento rápido das técnicas de inseminação artificial, a criação da Embrapa e de seus Centros de Pesquisa em gado leiteiro e de corte;
- **1970** – O Dr. Sérgio Padilha começa, nos Instituto de Pesquisas Zootécnicas Francisco Osório (IPZFO), RS, os testes de desempenho de touros;
- **1972** – Teste de progênie de touros Hereford e Charolês, novamente sob orientação do Dr. Sérgio Padilha;
- **1972** – Implantação do controle de nascimentos pela Associação Nacional de Criadores (ANC), fundando o Herd Book Collares, no Rio Grande do Sul;
- **1974** – Promebo (Programa de Melhoramento de Bovinos), sob orientação do Departamento de Zootecnia da Universidade Federal do Rio Grande do Sul (Dr. Luiz Alberto Fries) e patronício da ANC;
- **1975** – Teste de progênie na raça Nelore, promovido, no Paraná pela Empresa Cipari, em convênio com a ANC e a ABCZ – Associação Brasileira de Criadores de Zebu. O teste dos primeiros 10 touros Nelore completou-se em 1978, novamente sob orientação do Dr. Sérgio Padilha;
- **1984** – Geneplan – Programa de Avaliação da Agropecuária CFM Ltda é iniciado, sob a orientação de cientistas neozelandeses, tanto na raça Nelore, como em programas de cruzamento;
- **1984** – 1° Sumário de Touros Nelore, patrocinado pela Embrapa e ABCZ , com participação dos cientistas Antonio Nascimento Rosa, Paulo Roberto Costa Nobre e Luiz Otávio Campos da Silva, utilizando um modelo fixo, com desvios das médias ajustadas da raça;
- **1986** – Inicia-se o programa Natura (MLM do Brasil e Comega, empresa Argentina, Dr. Eduardo Macedo Linhares e Hector Caraballo);
- **1987** – A Embrapa começa a utilizar os modelos touro;
- **Década de 1990** – A proliferação dos sumários de touros;
- **1992** – Inicia-se, oficialmente, o Programa de Melhoramento Genético da Raça Nelore - PMGRN/FMRP/USP, com participação do Drs. Francisco de Moura Duarte e Raysildo Barbosa Lôbo;
- **1994** – Criação do Grupo de Melhoramento Animal da Faculdade de Zootecnia e Engenharia de Alimentos da Universidade de São Paulo, composto pelos Profs. Drs. Joanir Pereira Eler e José Bento Sterman Ferraz;
- **1994** – Implantação dos modelos animais nos programas do GMA e do PMGRN;
- **1996** – Implantação dos modelos animais nos programas da Embrapa e Geneplus;

Uma outra história paralela é a implantação de um programa, por parte do Ministério da Agricultura, o Certificado Especial de Identificação e Produção, os CEIP, cuja evolução, ao longo do tempo foi:

- Em 29/12/1989, o Ministério da Agricultura do Brasil emitiu a Portaria 690, que estendia a isenção fiscal de animais que fizessem parte de um programa de avaliação genética e que fosse classificado, segundo critério de seleção definido em projeto, dentre os 20% melhores animais de cada safra. Esse percentual poderia ser acrescido de 0,5% por ano de existência do programa, se comprovado o progresso genético. Essa inovadora portaria, baixada após intensas negociações com o meio produtivo, nas quais se deve destacar as figuras do Dr. Luiz Alberto Fries, da empresa Gensys e dos técnicos do Ministério, Jader Giacomini Ferreira e Walmoré Lacorte;
- Em 1991, foi autorizada a emissão de CEIP pelo primeiro projeto aprovado, em 10/02/1991 (Portaria 10), da Natura, com avaliação genética realizada pela equipe do Gensys, sob comando do Dr. Luiz A. Fries;
- Em 1991, foi marcado o primeiro animal com CEIP do País, um macho nascido em

27/06/1990, ¾ Zebu e ¼ Angus, identificado como SJ42890, da família Baldasso;
- Em 08/09/1992, o Condomínio Delta G foi autorizado a emitir CEIP, também com avaliação genética do grupo Gensys;
- Em 05/10/1992, a Agropecuária CFM Ltda. foi autorizada a emitir CEIP pela Portaria 080), nessa época, sob orientação e avaliação genética do grupo Gensys;
- Em 1996, a autorização para emissão de CEIP da Agropecuária CFM Ltda, foi renovada, agora com avaliação genética do Grupo de Melhoramento Animal da Faculdade de Zootecnia e Engenharia de Alimentos da Universidade de São Paulo, o GMA;
- Em 2002, o Ministério da Agricultura, Pecuária e Abastecimento, MAPA autorizou o primeiro programa de formação de compostos da pecuária de corte brasileira a emitir CEIP;
- Em 2006, treze programas de seleção estavam autorizados a emitir CEIP no Brasil.

E quais são as vantagens de se adquirir um reprodutor com CEIP? Como os animais recebem CEIP apenas se forem corretamente identificados, pertencer a um programa autorizado e fiscalizado pelo Ministério da Agricultura, Pecuária e Abastecimento (MAPA) e forem classificados dentre os 20 (para programas novos) e, no máximo, 30% (para programas com 20 ou mais anos de existência) melhores animais, segundo critérios de seleção descritos pelas Portarias relacionadas com o esse tipo de certificado; adquirir um animal com CEIP é como comprar uma mercadoria certificada, avalizada pelo órgão que o controla. Por isso, os criadores devem estar familiarizados com o conceito de CEIP, com os critérios de seleção dos programas e verificar se esses critérios coincidem com os seus critérios para determinado sistema de produção.

A **Tabela 3** apresenta uma noção do tamanho dos programas de avaliação genética existentes no Brasil, segundo Fries e Ferraz (2004). A evolução desses programas, entre 2003 (base dessa tabela) e 2007, foi variável. Houve forte crise na pecuária nessa fase, e o crescimento dos programas avaliados, em especial os programas de raças sintéticas e raças europeias, não foi linear.

A **Tabela 3**, logicamente, não traz todos os programas de avaliação genética existentes no País, mas dá uma idéia bastante aproximada da realidade. Há que ressaltar que o Brasil tem um rebanho de cerca de 70 milhões de vacas de corte, que, descontadas as cerca de 5 a 6% que são inseminadas, demandam cerca de 2 milhões de touros. Considerando-se que, aproximadamente 20% desses touros são repostos/ano, a pecuária de corte brasileira tem uma necessidade de cerca de 400.000 tourinhos jovens de reposição por ano. O somatório de todos os programas de seleção do País não chega a 20.000 tourinhos avaliados/ano, ou seja, mais de 95% dos touros de reposição do País são touros vendidos sem avaliação genética. Uma verdadeira catástrofe para a produtividade média da pecuária brasileira, que se utiliza de métodos de seleção milenares para repor seus touros, que são responsáveis, em cerca de 50% pela produtividade dos rebanhos!

E o que reserva o futuro?

A pecuária de corte brasileira tem que ser tratada pelos governantes, pelos criadores e demais elos da cadeia produtiva da carne bovina como realmente uma cadeia economicamente produtiva. Para a melhoria de sua produtividade, devem ser utilizadas as ferramentas mais modernas existentes, que proporcionam ganhos genéticos mais rápidos, não só colaborando para o País manter sua posição de maior exportador de carne do planeta, com aproximadamente 30% do volume comercializado internacionalmente, mas melhorando a qualidade e valor agregado dos produtos dessa cadeia. O próximo item tratado neste capítulo apresenta uma das mais modernas tecnologias para aumento de produtividade.

Características usualmente analisadas nos programas brasileiros de avaliação genética

Os programas brasileiros de avaliação genética analisam, com pequenas variações, as seguintes características:

Tabela 3. Principais programas de avaliação genética existentes no Brasil e número aproximado de animais em cada programa.

Programa	Início	Nº de rebanhos	Nº de animais no *pedigree*	Avaliação genética
ABCC – Caracu	1998	20	-	Embrapa
ABCCAN - Canchim	1999	2000	>230.000	Embrapa
ABCM - Marchigiana*	2000	15	>113.000*	GMA/FZEA/USP
ABCRS – Simental	1993	202	41.500	UNESP
ABCZ - Zebu	1984	>1000	>1.2 Milhões	Embrapa
ABSG - Santa Gertrudis*	1997	15	>250.000*	GMA/FZEA/USP
ACGB – Guzerá	2001	-	11.670	FMRP/USP
Aliança – Nelore	1997	183	>340.000	Gensys
Caracu – Fazenda Aurora*	1998	1	>2500*	GMA/FZEA/USP
Bonsmara*	2003		>168.000*	GMA/FZEA/USP
CFM – Nelore*	1984*	20	>600.000*	GMA/FZEA/USP
CFM Leachman – Montana*	1997*	30	>300.000	GMA/FZEA/USP
Delta G – Nelore, Hereford e Braford	1992	45	350.000	Gensys
Geneplus	-	Muitos	>220.000	Embrapa
Nelore Lemgruber –Fazenda Mundo Novo*	1998	1	>38.000*	GMA/FZEA/USP
Mariópolis–Caracu	2001	1	-	Núcleo Zootecnia
Natura (Brangus)	1986	98	-	Gensys
Paint – Nelore*	1994	161	>300.000*	Equipe Lagoa
Pardo-Suíço Corte*	2000	38	>35.000*	GMA/FZEA/USP
PMGRN – Nelore	1992	180	>350.000	FMRP/USP
Promebo Angus	1992	168	-	ANC
Promebo Charolês	1992	62	-	ANC
Promebo Devon	1992	27	-	ANC
Promebo-Hereford	1992	96	-	ANC
Promebul – Búfalos	2001	18	-	Unesp
Qualitas - Nelore	2002	25	37.000	GMA & FMRP/USP

adapted from DBO Genétic. 2004; * - dados atualizados para 2007.

Peso ao nascer = peso real ao nascimento, em kg. Esse peso deve ser monitorado para evitar-se um aumento significativo no peso ao nascimento dos bezer-ros, com consequentes problemas de dificuldade de parto. Esse peso é o melhor indicador da facilidade de parto. Touros com DEPs baixas ou até mesmo negativas são desejáveis para esta característica.

- **Peso aos 120 dias** = peso real aos 120 dias de idade, em kg. Esse peso deve ser monitorado para avaliar o desempenho das vacas como mães, já que até essa idade os bezerros dependem quase que exclusivamente de suas mães. Esse peso é o melhor indicador da produção de leite. Touros com DEPs altas são desejáveis para esta característica.

- **Peso na desmama** = peso, em kg, medido na desmama do bezerro. A DEP para esse peso reflete o potencial que o animal tem para desmamar, independentemente da produção de leite de sua mãe, ou seja, a ação direta dos genes do próprio animal. Esse peso é muito importante para os produtores de bezerros. Touros com DEP positiva e elevada são os mais indicados.

- **Materno total** = peso, em kg, medido na desmama do bezerro. A DEP para esse peso reflete o potencial que as filhas de um touro têm para desmamar seus bezerros, incluindo sua produção de leite, ou seja, a ação direta dos genes do próprio bezerro, adicionada dos efeitos maternos das filhas desse touro. Esse peso também é muito importante para os produtores de bezerros e é um ótimo indicador de desempenho de futuras vacas. Touros com DEP positiva e elevada são os mais indicados.

- **Peso aos 12 meses** = peso, em kg, medido aos 12 meses do animal. A DEP para esse peso reflete o potencial que o animal tem para crescer em ambiente independente dos cuidados maternos e refletem seu potencial de ganhar peso precocemente. Touros com DEP positiva e elevada são os mais indicados.

- **Perímetro Escrotal** = essa medida, expressa em cm, é tomada nos machos na época das pesagens de desmama, aos 12 e 18 meses de idade, é correlacionada com idade à puberdade, qualidade e quantidade de sêmen, fertilidade, desenvolvimento ponderal e precocidade sexual das filhas e irmãs dos tourinhos. O uso dessa característica para compor os critérios de seleção em bovinos de corte tem sido prática comum na maioria dos bons programas de melhoramento em todo o mundo. O perímetro escrotal na desmama foi uma nova característica introduzida neste ano e serve para demonstrar a precocidade sexual dos animais. O perímetro escrotal aos 12 meses indica a precocidade sexual. As DEPs mais elevadas são as melhores. Seleção para PE, no entanto, não é uma substituição para a seleção direta sobre o desempenho reprodutivo da fêmea.

- **Peso aos 18 meses** = peso, em kg, medido ao redor dos 18 meses do animal. A DEP para esse peso reflete o potencial que o animal tem para crescer em ambiente independente dos cuidados maternos e refletem seu potencial de peso adulto. Touros com DEP positiva e elevada são os mais indicados.

- **Ganho de peso pós-desmama** = ganho de peso na desmama, aos 18 meses de idade, em kg. A DEP para essa característica reflete o potencial de um bezerro em ganhar peso em épocas críticas, após a desmama, muitas vezes em condições de seca. Muito importante para pecuaristas que se dedicam à engorda de bezerros, os touros com DEP positiva e elevada são os mais indicados.

- **Altura os 18 meses** = altura aos 18 meses de idade, em cm. A DEP para essa característica reflete o *frame* do animal, e animais altos tendem a ser mais tardios, tanto sexualmente quanto para deposi-ção de gordura na carcaça.

- **Escores visuais de conformação, precocidade e musculosidade** = As DEPs para essas características são baseadas nos escores de avaliação visual. A avaliação visual é realizada por pessoal treinado e segue procedimento padrão estabelecido pela CFM, com notas que varia de 1 a 9. O objetivo da seleção para essas características é a obtenção de animais adequados à competitiva indústria da carne bovina. Assim, DEPs mais elevadas são as mais indicadas, sempre levando-se em conta um perfeito balanceamento do animal.

- **Probabilidade de prenhez de novilhas** = As DEPs são calculadas por metodologia especial, com base nas informações de prenhez das novilhas expostas ao touro ao redor dos 14 meses (12 a 16) de idade em uma estação de monta de 90 dias. As novilhas que, no final da estação, apresentam diagnóstico de prenhez positivo (toque retal) recebem o valor 1 (um), e as vazias recebem o valor 0 (zero). As DEPs são expressas em porcentagem, indicando a probabilidade (a mais ou a menos) de determinado touro produzir filhas precoces.

- ***Stayability* (Capacidade de permanência no rebanho)** = A metodologia de cálculo das DEPs é a mesma utilizada para a PP14. A característica, no entanto, é definida como a capacidade que a vaca tem de permanecer no rebanho, produtiva, por seis anos ou mais. Dado que a vaca foi selecionada para integrar o rebanho, ela recebe o valor 1 (um) se tiver apresentado um parto por ano a partir dos três anos, quando atingir a idade de seis anos ou depois dessa idade; e recebe o valor 0 (zero) se tiver sido descartada antes dos 6 anos. A característica tem validade se a política adotada no rebanho ou população for de descartar as vacas que não ficam prenhes ao final de cada estação de monta. Com essa política, se a vaca pare aos 6 anos ou após essa idade, é porque ela vinha parindo regularmente no rebanho, desde a sua entrada em reprodução. As DEPs são também expressas em porcentagem e indicam a probabilidade (a mais ou a menos) que um touro apresenta para produzir filhas que permanecem produ-tivas no rebanho por seis anos ou mais.

- **Escores visuais de umbigo** = escores destinados a evitar que animais tenham umbigo (ou bainha) muito colado ao tronco ou muito próximo do solo, o que pode favorecer traumatismos e dor nos reprodutores e, consequentemente, dificuldades para realizar coberturas.

- **Escores visuais de repelência ou susceptibilidade a ectoparasitas**
- **Escores visuais de temperamento**

A recomendação de uso de DEPs maiores ou menores, no entanto, deve ser feita caso a caso, considerando-se o sistema de produção, os objetivos de seleção, os critérios de seleção de cada criador. O aconselhamento de acasalamentos é uma arte, mas existe a necessidade de muito conhecimento científico para que a velocidade de ganho genético seja maximizada, sem nunca se esquecer dos perigos da endogamia. A recomendação de animais muito precoces, que ganham peso rapidamente, pode ser desastrosa, por exemplo, em ambientes de alimentos em quantidade escassa ou qualidade inferior.

O futuro chegou: Os marcadores moleculares ou marcadores genéticos e a seleção assistida por marcadores

Marcadores moleculares são frações do DNA – o ácido desoxirribonucleico, a molécula que armazena as informações genéticas de todos os seres vivos – que estão próximas de genes (ou até mesmo façam parte desses genes e seus reguladores) que condicionam características de interesse zootécnico. Essas frações se tornam *marcadores,* quando se apresentam em mais de uma forma, são detectáveis, e suas associações com essas características devem ser comprovadas. Os marcadores moleculares são resultantes de mutações pontuais ou outras causas que resultam em modificações da sequência do DNA dos animais, com mudança sensível nas proteínas ou peptídeos e no desempenho dos animais.

Os marcadores moleculares são muito úteis para:

- Caracterização racial;
- Seleção assistida nos processos de melhoramento animal;
- Diagnóstico de portadores de doenças genéticas e deficiências bioquímicas;
- Aumento de eficiência produtiva;
- Teste de paternidade em pastagens que se utilizam de múltiplos touros;
- Seleção Assistida por Marcadores;
- Auxílio nos acasalamentos e descartes;
- Manejo Assistido por Marcadores:
  - Decisão de estratégia de compra e venda;
  - Decisão sobre o ponto ideal de abate;
  - Decisão sobre o sorteamento de grupos;
  - Decisão de estratégia de ordenha;
  - Uniformidade de lotes;
  - Bônus por sólidos totais.
- Acasalamentos dirigidos;
- Agregação de valor ao produto final;
- Ferramenta de rastreabilidade, entre inúmeras outras.

Os marcadores moleculares são ferramentas adicionais para melhorar a eficiência dos processos de seleção. Sua utilização permitirá mais segurança na escolha dos reprodutores.

Ao se selecionarem reprodutores com DEPs semelhantes, deverão ser escolhidos aqueles que têm, em seu conjunto de genes, os marcadores associados a aumentos de produtividade. Isso será muito útil, ainda, nos casos em que a medição das características é difícil, como as medições de carcaça e qualidade de carne.

No caso do manejo, os marcadores moleculares poderão ser úteis ajudando a separar animais de grande potencial de crescimento, por terem marcadores favoráveis, daqueles com potencial mais limitado e para os quais se devem ministrar dietas mais baratas, já que eles não têm potencial genético para ganhar tanto peso quando os anteriores.

Experimentos com mais de 50.000 animais nos USA, mostraram grandes diferenças, de quase uma arroba, entre grupos com genótipos favoráveis e desfavoráveis para ganho de peso em confinamento, com dietas semelhantes. Os marcadores, certamente, trarão um importante aumento de velocidade de ganho genético.

A validação de marcadores moleculares

Os marcadores moleculares foram desenvolvidos, em sua maioria, em bovinos taurinos, em países como os Estados Unidos da América, Canadá, países europeus, Austrália e Nova Zelândia. No entanto, em decorrência de importantes diferenças de formação das raças de bovinos, chegando mesmo os taurinos e zebuínos terem sido classificados como espécies diferentes, é de se supor que os marcadores moleculares para cada uma dessas espécies sejam diferentes. Faz-se, portanto, de extrema importância que os marcadores moleculares descobertos em outros países e em raças diferentes das utilizadas no Brasil, sejam validados em rebanhos e sistemas de produção brasileiros.

A maior dificuldade de um processo de validação é colher dados fenotípicos (de produtividade), confiáveis, além da necessidade de colher amostras para extração de DNA. O processo de validação em si envolveu as etapas de:

- **Seleção dos rebanhos de pesquisa**: não basta apenas colher amostras de animais de determinadas raças e categorias; as populações de pesquisa devem ser criteriosamente selecionadas para que representem, de forma incontestável, o rebanho de animais das raças aqui utilizadas, como a Nelore e suas diversas variantes. As amostras devem levar em conta as matrizes de parentesco, a acessibilidade das progênies, os fenótipos a serem avaliados e as amostras a serem coletadas;

- **Obtenção dos fenótipos**. Os fenótipos dos animais devem ser medidos na população de animais dos quais é tirada uma amostra para extração do DNA (normalmente amostras de pelo com o bulbo piloso ou amostras de sangue);

- **Extração do DNA**. A extração do DNA das amostras coletadas é feita com o uso de técnicas sofisticadas e modernas de tecnologia de manipulação de material genético;

- **Genotipagem**: o DNA extraído é analisado para se conhecer quais das diferentes formas dos marcadores os animais carregam. Isso, dependendo da empresa que comercializa os marcadores moleculares, é feito para centenas de marcadores. Nessa fase, os marcadores moleculares ou genéticos são comparados com dezenas de medições realizadas nos animais. Muitas das medições são muito complicadas de serem feitas no cotidiano dos criadores, como, por exemplo, as análises de características de qualidade de carne e, para isso, sofisticados esquemas de colheita da informação têm que ser utilizados para obtenção de dados perfeitamente identificados, de tal maneira que os fenótipos sejam associados aos genótipos de cada animal;

- **Análises estatísticas**: Os dados de fenótipos e genótipos são submetidos a análises estatísticas, com uso de poderosas ferramentas e pesquisadores qualificados. Essas análises revelam não somente os efeitos de cada marcador nas características, mas o efeito conjunto de grupos de marcadores;

- **Agrupamento dos marcadores moleculares segundo sua influência nas características e geração de painéis**: De posse das análises estatísticas, os pesquisadores desenvolvem os chamados *painéis ou perfis*, grupos de marcadores que explicam uma significativa porção da variabilidade dos animais em uma dada característica. Cada empresa que comercializa marcadores moleculares tem um esquema comercial diferente, na tentativa de tornar fácil a compreensão, por parte dos criadores, da utilização das informações obtidas dos marcadores moleculares.

As principais empresas mundiais, que têm porte para desenvolver ou adquirir tecnologia ao redor do mundo são:

- **Bovigen** (http://www.bovigen.com/html/genetictechno.html), empresa que trabalha conjuntamente com a empresa australiana Genetic solutions, cujas marcas comerciais são Genestar, SireTrace e SureTrak e que é acessada pelo site citado a seguir: (http://www.geneticsolutions.com.au/content/products_c1.asp?name=Tech_Info)

- **Igenity**, uma empresa do Grupo Merial Saúde Animal (www.igenity.com ou http://www.merial.com.br/igenity);

- **MMI Genomics**, uma empresa subsidiária da MetaMorphix, Inc. (http://www.mmigenomics.com/products1.html)

Essas empresas têm investido significativos recursos em pesquisa e aquisições de licenças de utilização de marcadores ligados a muitas características, como:

- Identificação de paternidade;
- Características reprodutivas;
- Longevidade;
- Temperamento;
- Peso na desmama;
- Peso ao sobreano;
- Ganhos de peso;
- Conversão alimentar;
- Doenças geneticamente transmissíveis;
- Peso de carcaça;
- Área de olho de lombo;
- Espessura de gordura subcutânea;
- Maciez de carne;
- Marmoreio de carne;

A internet traz farto material sobre o assunto, podendo ser destacados:

- http://www.animalgenome.org/edu/QTL/Julius_notes/

- http://www-naweb.iaea.org/nafa/aph/stories/2007-animal-genetics.html

- http://www.patentstorm.us/patents/7070929.html

- http://www-personal.une.edu.au/~jvanderw/Coursecover.PDF

- http://www.patentdebate.com/PATAPP/20060172329

- http://www.alpa.org.ve/PDF/Arch%2010-1/100109.pdf

- http://www.txfb.org/texasagriculture/2005/020405/020405geneticmarkers.htm

- http://genes.pp.ksu.edu/research/projects projects.htm?ACCN_NO=405843&showpars=true&fy=2003

- http://www.freshpatents.com/Dna-markers-for-cattle-growth-dt20060803ptan20060172329.php

- http://animalscience.ucdavis.edu/animalbiotech/Outreach/Marker_Assisted_Selection _in_Beef_Cattle.pdf

- http://www.ars.usda.gov/research/publications/publications.htm?SEQ_ NO_115=195990

- http://www.cababstractsplus.org/google/abstract.asp?AcNo=20053034842

- http://www.google.com.br/search?as_q=genetic+markers+&hl=pt-BR&num=10&btnG =Pesquisa+Google&as_epq=beef+cattle&as_oq=&as_eq=&lr=&cr=&as_ft=i&as_filetype=&as_qdr=all&as_occt=any&as_dt=i&as_sitesearch=&as_rights=&safe=images

Um importante livro foi recentemente lançado pela *Food and Agriculture Organization*, das Nações Unidas, e lançado para ser livremente acessado e impresso na internet: http://www.fao.org/docrep/010/a1120e/a1120e00.htm. Sua leitura é altamente recomendável.

Porque utilizar marcadores moleculares?

O uso de marcadores moleculares serve para ajudar o criador a identificar reprodutores e matrizes, ainda na idade jovem, que têm potencial para transmitir genes favoráveis para o melhoramento dos rebanhos. Com seu uso, serão alteradas as frequências desses genes em detrimento de outros menos favoráveis ou até mesmo desfavoráveis que existem na população. Os marcadores são poderosas ferramentas auxiliares dos processos de seleção. Juntamente com as DEP, os marcadores genéticos ou moleculares serão de grande valia para:

- Aquisição de touros, matrizes, animais de reposição e mesmo de lotes para engorda;
- Escolha de animais que deverão ser utilizados com maior intensidade, como doadores de sêmen ou oócitos (escolha de doadoras);
- Escolha de touros com habilidades especiais e sexo-específicas, para servirem como doadores de sêmen sexado;
- Escolha de matrizes que produzam maior sobrevivência embrionária e tenham maior produção de prenhezes nas transferências de embrião;
- Orientar acasalamentos de maneira mais objetiva;
- Classificação de animais em grupos de melhor desempenho, com alimentação diferenciada, numa nova ciência que está nascendo, a **nutrigenômica**;
- Identificação de reprodutores a serem utilizados em maior escala, para produzir carne de alta qualidade, mais macia e com cobertura adequada de gordura para mercados mais exigentes;
- Orientar a compra de novilhas de reposição e material genético, como sêmen e embriões;
- Antecipar em muito tempo a tomada de decisões, descartando-se, antecipadamente, animais não interessantes;
- Escolha de animais segundo a presença ou ausência de chifres em seus descendentes;
- Escolha da cor dos decendentes;
- Agilização do progresso genético.

Os avanços têm sido muito rápidos nessa área, com empresas mundiais utilizando-se de tecnologias geradas ao redor do planeta, numa autêntica corrida aos novos avanços, utilizando-se dos conhecimentos e novos marcadores, desenvolvidos ou descobertos em instituições de pesquisa em qualquer lugar do mundo.

Portanto, é necessário frisar, o uso de painéis e marcadores desenvolvidos em *Bos taurus*, em sistemas de produção diferentes dos brasileiros pode gerar resultados desastrosos, pois uma parte significativa desses marcadores pode não mostrar associação alguma com a produção de nossos zebuínos, tão diferentes e geneticamente distantes dos bovinos taurinos.

Por isso é preciso ressaltar que o fato de um reprodutor ter altos escores não garante que seus filhos terão desempenhos superiores naquelas características. Todos os demais cuidados com o ambiente oferecido aos animais devem ser observados, dentre os quais devemos destacar o adequado estado sanitário, alimentação e nutrição, manejo e instalações, como mostrado na **Figura 1**. A otimização desses fatores de ambiente é necessária para garantir o aumento de produtividade que é oferecido pelo potencial genético, identificado pelas avaliações genéticas e pelos marcadores moleculares.

Mais recentemente, em fins de 2008 e 2009, com o avanço das metodologias de genotipagem, uma grande quantidade de marcadores pode ser identificado para cada indivíduo. *Chips* modernos, placas que permitem identificar muitos marcadores, chegaram a 600.000 marcadores para cada indivíduo (em bovinos, por exemplo), chegando a 1 milhão de marcadores, no caso de humanos. Essa possibilidade de se conhecer uma expressiva porção do genótipo dos indivíduos, vai ajudar muito a descobrir algumas centenas de marcadores, que expliquem uma parte muito significativa dos fenótipos. É a seleção genômica, que acaba de chegar. No mês de fevereiro de 2010, foi lançado um chip específico para a raça Angus, nos USA, que deverá causar uma forte aceleração no ganho genético dessa raça.

Próximos passos

O processo de validação dos marcadores deve ser contínuo, com aumento constante do número de observações e, consequentemente, maior segurança nas associações estatísticas. Novos marcadores deverão ser incorporados, acompanhando o desenvolvimento tecnológico e científico. Novas características, também, deverão ser analisadas em busca de novas e inovadoras associações, especialmente em busca de marcadores para características de alta relevância econômica, como as ligadas à reprodução. É necessário ressaltar que as estimativas de produção podem variar com a inclusão de novos marcadores e/ou com novas análises.

Todo esse processo de validação deverá resultar, nos próximos anos, em informações de alta qualidade que deverão agilizar sobremaneira o progresso genético nos rebanhos. Com o avanço da genética, novos usos dos marcadores serão desenvolvidos. E, muito em breve, animais serão genotipados para formação em grupos de manejo, otimizando sua alimentação e sua velocidade de crescimento. Já foram iniciados os estudos de seqüenciamento do DNA dos touros brasileiros mais representativos da raça Nelore, numa pesquisa de ponta que deverá resultar na descoberta de marcadores moleculares do tipo SNP (*Single Nucleotide Polimorphism*) específicos da raça Nelore, trazendo avanços ainda maiores para esse processo. Pesquisas semelhantes já estão programadas para outras raças zebuínas, com grupos de pesquisadores dos Estados Unidos, em cooperação com o grupo que pesquisa a raça Nelore.

Considerações finais

Os processos seletivos são uma parte da maior importância para o melhoramento genético animal. A correta definição dos objetivos e dos critérios de seleção, bem como a utilização adequada dos métodos mais modernos de estimação de valores genéticos aditivos e uso desses valores genéticos como critérios de seleção, são essenciais para maximizar ou otimizar a velocidade de ganho genético e aumentar a produtividade dos rebanhos, sempre levando-se em conta a adequação dos mesmos aos sistemas de produção.Os criadores devem conhecer e acreditar nos programas de avaliação genética, aprender a definir seus critérios de seleção e acasalar seus animais da forma mais adequada possível, para obter resultados de produção e de retorno econômico mais rápidos

Os marcadores moleculares chegaram para aumentar a acurácia das estimações de valores genéticos e vieram para ficar.

Eles formam um conjunto de ferramentas de enorme valor para o criador aumentar a velocidade de ganho, pois, com seu uso, o responsável pela seleção dos animais conseguirá escolher com maior precisão os animais que servirão como reprodutores, ou seja, transmitirão os genes mais interessantes para as próximas gerações.

Os marcadores moleculares se tornarão, rapidamente, importantes fontes de apoio ao manejo, quer pela identificação de paternidade, quer pela identificação de animais mais adequados aos diferentes tipos de manejo, ajudando a uniformizar os lotes.

Finalizando, as avaliações genéticas, expressas em DEP, em conjunto com os marcadores moleculares ou genéticos, poderão ser utilizadas num sem número de novas aplicações, que agreguem valor ao produto e poderão causar um grande impacto na pecuária brasileira, colocando-a em nível de produtividade e qualidade semelhante ao dos principais países concorrentes no mercado mundial da carne bovina, facilitando a conquista e manutenção de mercados.

Referências bibliográficas

Alberts, B. **Fundamentos da biologia celular: uma introdução a biologia molecular da célula**. Porto Alegre. Artes Médicas Sul.757p. 1999.

Alberts, B. **Biologia Molecular da Célula**. 4.ED. ARTMED / 2006.

Banks, L.R.; Miller, S.P.; Wilton 1, W. **Genetic parameter estimates for traits measured on bulls in central evaluation stations**. http://apsit.aps.uoguelph.ca/pub/jwwpapers/96beefrep6.html (1 0/Oct/200 1).

Boldman, K.G.; Kriese, L.A.; Van Vleck, L.D.; Kachman, S.D. **A manual for use of MTDFREML: a set of programs to obtain estimates of variances and covariances**. USDA-ARS. 1993.

Bourdon, R.M. **Understanding Animal Breeding**. Upper Saddle River. Prentice Hall. 523p. 1997.

Cruz, C.D.; Viana, J.M.S.; Carneiro, P.C.S. **Genética**. Volume 2. GBOL. Viçosa. Editora UFV. 475p. 2001.

De Robertis; Eduardo, M.F.; Hib, J. **Bases da Biologia Celular e Molecular**. 4.ed GUANABARA KOOGAN / 2006

Falconer, D.S. **Introduccion a la genetica cuantitativa**. Barcelona. Co. Edit. Continental. 429p. 1981.

Gama, L.T. da. **Melhoramento Genético Animal**. Lisboa. Escolar Editora. 306p. 2002.

Griffits, J.F. *et al.* **An introduction to genetic analysis**. New York. W. R. Freeman and Company. 860 p. 2000

Hill, W.G. **Evolution and animal breeding**. Oxon : Cab International. 313p.. 1989.

Lewin, B. **Genes VII**. Oxford: Oxford University Press. 990p. 2000.

Madalena, F.E. **Efeitos colaterais da genética de alta produção**. Matéria publicada no site www.milkpoint.com.br. Acessado em 25/02/2008. (http://www.milkpoint.com.br/?actA=9&erroN=1&areaID=73&referenciaURL=noticiaID= 42598llactA=7llareaID= 61llsecaoID=171).

Nicholas, F.W. **Introdução à genética veterinária**. Porto Alegre: Artes Médicas Sul. 326p. 1999.

Pereira, J.C.C. **Melhoramento genético aplicado à produção animal**. Belo Horizonte. 416 p. 1996.

Stricberger, M.W. **Genética**. Barcelona. Ed. Omega. 461 p. 1980.

Valle, S.; Teles, J.L. **Bioética e Biorrisco: Abordagem Transdisciplinar**. INTERCIÊNCIA / 2003

Van Vleck, L.D. **Selection index and introduction to mixed model methods**. Boca Raton. CRC Press. 481 p. 1993.

Van Vleck, L.D.; Pollak, E.J.; Oltenacu, E.A.B. **Genetics for the animal sciences**. N. York. W.H. Freeman. 391 p. 1987.

Viana, J.M.S.; Cruza, C.D.; Barros, E.G. **Genética**. Volume 1. Fundamentos. Viçosa. Editora UFV. 330p. 2ª edição. 2003.

Weller, J.I. **Economic aspects of animal breeding**. Padstow. TJ Press. 244p. 1994.

Links de interesse

http://animalscience.ucdavis.edu/animalbiotech/Outreach/Marker_Assisted_Selection_in_Beef_Cattle.pdf

http://genes.pp.ksu.edu/research/projects/projects.htm?ACCN_NO=405843&showpars=true&fy=2003

http://www.alpa.org.ve/PDF/Arch%2010-1/100109.pdf

http://www.animalgenome.org/edu/QTL/Julius_notes/

http://www.ars.usda.gov/research/publications/publications.htm?SEQ_NO_115=195990

http://www.cababstractsplus.org/google/abstract.asp?AcNo=20053034842

http://www.fao.org/docrep/010/a1120e/a1120e00.htm.

http://www.freshpatents.com/Dna-markers-for-cattle-growth-dt20060803ptan20060172329.php

http://www.google.com.br/search?as_q=genetic+markers+&hl=pt-BR&num=10&btnG=Pesquisa+Google&as_epq=beef+cattle&as_oq=&as_eq=&lr=&cr=&as_ft=i&as_filetype=&as_qdr=all&as_occt=any&as_dt=i&as_sitesearch=&as_rights=&safe=images

http://www.patentdebate.com/PATAPP/20060172329

http://www.patentstorm.us/patents/7070929.html

http://www.txfb.org/texasagriculture/2005/020405/020405geneticmarkers.htm

http://www-naweb.iaea.org/nafa/aph/stories/2007-animal-genetics.html

http://www-personal.une.edu.au/~jvanderw/Coursecover.PDF

CAPÍTULO 39

Seleção para crescimento

Lucia Galvão de Albuquerque
Professora Adjunta
Departamento de Zootecnia
FCAV/UNESP. Jaboticabal, SP
lgalb@fcav.unesp.br

Henrique Nunes de Oliveira
Professor Adjunto
Departamento de Melhoramento
Zootécnico e Nutrição Animal
FMVZ/UNESP. Botucatu, SP
hnunes@fca.unesp.br

Maria Eugênia Zerlotti Mercadante
Pesquisadora do Instituto de Zootecnia
Estação Experimental de Sertãozinho
Sertãozinho, SP
mercadante@iz.sp.gov.br

Introdução

Além de determinante da quantidade de carne produzida para mercado e, portanto, economicamente fundamental para a bovinocultura de corte, o crescimento é fácil de ser medido ou avaliado e registrado, expressa-se em ambos os sexos e em todas as idades, pode ser avaliado adequadamente por uma gama muito ampla de modelos, inclusive modelos muito simples, e ainda apresenta resposta rápida e consistente à seleção. Por essas razões, todos os programas de melhoramento de bovinos de corte enfatizam de algum modo, às vezes como critério de seleção exclusivo, características que representam o crescimento dos animais. Elas são as primeiras a serem mensuradas e avaliadas e, quase todos os índices de seleção empíricos dos programas de melhoramento no Brasil apresentam ponderações muito altas para essas características.

Segundo o ANUALPEC (2007), no Brasil, há cerca de 170.000.000 de cabeças bovinas, sendo que a grande maioria (cerca de 80%) é de raça Zebu e seus mestiços. Resultados do programa de avaliação de germoplasma, realizado nos Estados Unidos (Cundiff, 2004), mostram que os animais *Bos indicus* estão entre as raças de corte de maior habilidade materna, porém com taxa de crescimento e peso adulto médios e alta idade à puberdade (**Tabela 1**). Embora as raças europeias sejam, potencialmente, mais produtivas, são amplamente conhecidas as razões da disseminação do Zebu nos trópicos, ou seja, sua grande adaptação às condições tropicais, como alta umidade e temperatura, alta carga de ecto e endoparasitas e pastagens com baixo valor nutricional. O maior problema para produção de bovinos nos trópicos é a alta incidência de ectoparasitas, sendo o carrapato o mais importante em termos econômicos. Animais Zebu são inerentemente mais resistentes ao carrapato, às espécies tropicais de endoparasitas e moscas do chifre do que os animais das raças europeias. Embora os animais oriundos de cruzamentos *Bos indicus* x *Bos taurus* sejam potencialmente mais produtivos que o Zebu, são menos resistentes aos carrapatos e vermes, de forma que a vantagem na produtividade decresce com o aumento da infestação de endo e ectoparasitas, limitando a sua utilização em determinadas regiões do País.

Neste capítulo, serão abordados alguns aspectos da seleção para crescimento em zebuínos no Brasil, iniciando-se pela importância da seleção para crescimento. A seguir, serão apresentadas as características que podem ser utilizadas como critério, passando pelas consequências e, finalmente, serão apresentados alguns resultados de seleção para crescimento.

Importância da seleção para crescimento

Crescimento é o aspecto mais importante e fascinante do desenvolvimento das espécies de animais domésticos exploradas para produção de carne. Segundo Hammond (1971), crescimento é o acúmulo de massa e deve ser separado de outro fenômeno que ocorre simultaneamente ao longo da vida do animal que é o desenvolvimento, definido como mudanças na forma e o preenchimento das funções do animal.

O crescimento pode ser avaliado pelo peso, altura, comprimento, ou outras medidas tomadas em diferentes idades no animal. Qualquer que seja a medida, o tamanho do animal, ao longo da vida, pode ser representado por uma curva sigmoide (**Figura 1**) dividida em duas fases, uma em que a taxa de crescimento aumenta a cada dia; e outra em que ocorre uma desaceleração dessa taxa. Considera-se que o crescimento dos zebuínos aumenta muito até por volta da idade

Tabela 1. Raças agrupadas em tipos biológicos de acordo com sete critérios.

Raça	Taxa de crescimento e tamanho adulto	Razão entre carne magra e gordura	Marmoreio (gordura intra-muscular)	Maciez	Idade na puberdade	Produção de leite	Adaptação
Angus	XXXX	XX	XXXX	XXX	XX	XXX	X
Red Angus	XXXX	XX	XXXX	XXX	XX	XXX	X
Hereford	XXXX	XX	XXX	XXX	XXX	XX	X
Simmental	XXXXX	XXXX	XX	XX	XXX	XXXX	X
Limousin	XXX	XXXXX	X	XX	XXXX	X	X
Charolais	XXXXX	XXXXX	XX	XX	XXXX	XX	X
Brangus	XXXX	XXX	XXX	XX	XXX	XXX	XXX
Bonsmara	XXX	XXX	XX	XX	XXX	XXX	XXX
Brahman	XXXX	XXX	XX	X	XXXXX	XXXX	XXX
Nelore	XXXX	XXXX	XX	X	XXXXX	XXX	XXXX

[a] O aumento do número de X's indica valores relativamente maiores. Adaptado de Cundiff (2004).

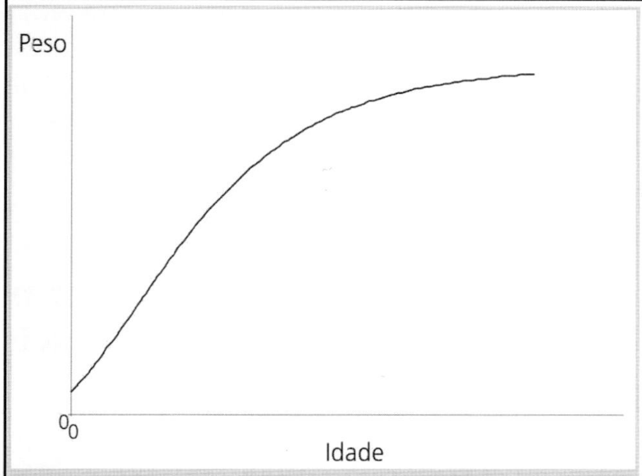

Figura 1. Curva de crescimento (peso por idade).

da desmama, quando apresentam a taxa de crescimento máxima. Depois dessa idade, o crescimento diminui até cessar, quando o animal atinge o tamanho adulto. Essa curva é um modelo que considera condições ideais, com uma oferta constante de nutrientes. Embora na realidade ocorram muitas variações nessa curva, ela serve muito bem ao propósito de descrever o crescimento médio dos animais. Em vários estudos com bovinos de corte, concluiu-se que não seria possível alterar, por meio de seleção, a forma dessa curva de modo a se obter animais que cresçam rapidamente até o tamanho de abate e interrompam a fase de crescimento logo a seguir. Consequentemente, a seleção para crescimento rápido traz aumento do tamanho dos animais em todas as idades, inclusive dos animais adultos.

Da mesma maneira que o crescimento total do animal, cada tecido apresenta uma fase de aceleração e outra de desaceleração do crescimento. O tecido nervoso cresce primeiro e é o que mais dificilmente sofre os efeitos de restrição alimentar; a seguir vem o tecido ósseo que atinge o pico de crescimento muito cedo. O tecido muscular é o mais abundante e, por isso, o pico de crescimento total do animal coincide com o pico de crescimento do tecido muscular. O último tecido a crescer em condições normais é o adiposo, que é também o mais facilmente mobilizado no caso de uma restrição alimentar. O crescimento do tecido adiposo dá-se sempre que a energia ingerida supera a energia necessária para o crescimento dos demais tecidos. Em condições normais, enquanto o tecido muscular está com crescimento acentuado, os nutrientes são utilizados para esse tecido; e somente quando o crescimento do tecido muscular é menos intenso, sobram nutrientes para o depósito de gordura. Isso é importante porque, em decorrência do maior requerimento nutricional para crescimento do tecido muscular, os animais maiores sempre terão mais dificuldade para depositar gordura em qualquer fase da vida. Em condições de pasto, em que há uma grande variação na disponibilidade de alimentos, a deposição de gordura vai ocorrer quando houver grande disponibilidade de pastagens, mas sempre ocorre depois da fase em que o crescimento muscular diminui.

Há uma série muito grande de motivos que podem ser listados como vantagens do uso de animais de crescimento mais rápido nos diversos sistemas de produção de bovinos de corte. Três deles são mais citados:

1) se o animal for abatido mais pesado numa mesma idade, há um menor custo de manutenção por quilograma de carne produzida;

2) maior eficiência alimentar dos animais de crescimento mais rápido, se abatidos num mesmo peso;

3) se o abate ocorrer a uma idade menor, haverá retorno mais rápido do capital investido, e maior qualidade da carne.

Contrapõem-se a essas vantagens:

1) o fato de que o aumento no tamanho dos animais, em qualquer idade, provoca aumento no tamanho das vacas e, portanto, aumento no custo de manutenção desta categoria;

2) exige aumento na disponibilidade de nutrientes para que os animais possam ser abatidos na mesma idade (se não houver aumento de nutrientes, para que haja redução na idade de abate, pode até ocorrer aumento nesta idade). Isso acontece pelo fato de que os animais são abatidos no grau de acabamento de gordura exigido pelo mercado, o que geralmente não ocorre no mesmo peso para animais de tamanhos diferentes.

Muitos desses pontos já haviam sido levantados por Cartwright (1970), apesar disso, a seleção para crescimento continua ocorrendo na maioria das raças de bovinos de corte. Desde a publicação daquele trabalho até o presente, o peso médio das carcaças abatidas nos EUA aumentou cerca de 90 kg (PSD/USDA, 2008). Esse aumento ocorreu, não apenas nos EUA, mas na grande maioria dos países produtores de carne. No Brasil, o peso médio das carcaças aumentou, em média, cinco quilogramas nos últimos quatro anos.

Essa mudança não é proveniente só da seleção, mas com certeza também não é só consequência de mudanças do ambiente. É interessante notar que sistemas de produção com disponibilidade de alimentos de melhor qualidade são mais favorecidos pela utilização de animais maiores. Nesses sistemas, é mais fácil fornecer aos animais os nutrientes necessários para suplantar as exigências para mantença e crescimento do tecido muscular, mesmo nas fases de pico do crescimento, sendo, portanto, mais fácil terminar os animais maiores. Além disso, nesses casos, a relação entre o custo de manutenção do rebanho de vacas e o custo de engorda é menor do que em sistemas de produção a pasto, por exemplo. Essa situação faz com que o aumento no custo de manutenção do rebanho de vacas não seja tão importante.

Assim, embora em um ambiente estável possa não haver razões, em termos de eficiência de produção, para que se promova seleção para aumento da velocidade de crescimento, existem três fatores que impulsionam os criadores nesse sentido. Em primeiro lugar, a evolução das técnicas agrícolas, que aumentam a disponibilidade dos nutrientes para os animais, levando gradativamente a maiores vantagens em se utilizar animais maiores. Em segundo lugar, a pressão dos frigoríficos, quer premiando carcaças maiores, como vem sendo feito atualmente no Brasil, quer penalizando as carcaças menores. Em terceiro lugar, pela pressão do mercado consumidor que exige carne de melhor qualidade, especialmente carne mais macia, o que é conseguido pelo abate de animais ainda em fase de crescimento, com boa cobertura de gordura.

Essa tendência está se acentuando no Brasil, uma vez que a crescente participação no mercado mundial da carne bovina e a redução na área destinada à pecuária têm levado o País a intensificar a produção, utilizando técnicas de manejo e alimentação mais eficientes.

Fatores de meio que afetam as características de crescimento

Para a obtenção de valores genéticos dos animais com a maior acurácia possível, tão importante quanto a utilização de metodologias estatísticas adequadas, é a correta identificação dos fatores de ambiente com efeitos definidos sobre as características. Tais fatores devem ser levados em consideração para comparação dos animais, sendo incluídos nos modelos de análise a fim de reduzir, estatisticamente, a variação causada pelo ambiente sobre as características. Em uma visão simples, significa eliminar uma parte dos efeitos conhecidos de ambiente sobre a característica para, com isso, conseguir predizer, com maior clareza, o mérito genético real dos animais. Com este procedimento, evita-se escolher para reprodução animais que apresentem superioridade fenotípica, mas não genética, por exemplo, animais que são mais pesados simplesmente por terem nascido em determinado mês ou por terem recebido suplementação alimentar.

Há uma série de fatores de ambiente identificados como importantes fontes de variação para características de crescimento em gado de corte. São eles o rebanho, o ano do nascimento, o mês de nascimento, o tipo de manejo a que estão submetidos os animais, a idade da mãe no parto e, embora não seja propriamente um efeito de ambiente, o sexo do animal é também uma fonte de variação de reconhecida importância. Além desses, existem ainda os efeitos das interações entre dois ou mais desses fatores.

Os efeitos de ambiente podem ser classificados como previsíveis - para os quais é possível o uso de procedimentos ou de fatores de ajustes matemáticos - ou não previsíveis - para os quais isto não é possível.

Efeitos previsíveis

Para uma característica de crescimento em gado de corte, os efeitos de meio que são considerados previsíveis são a idade do animal no momento da medida e a idade da vaca no parto. Esses fatores, estudados por diversos pesquisadores em situações muito diferentes, apresentam geralmente resultados semelhantes. Dessa forma, são desenvolvidos e são geralmente aplicados procedimentos matemáticos para ajuste para a idade do animal e fatores de ajuste para correção da idade da vaca. Outro efeito para o qual às vezes é indicado o uso de fatores de ajuste é o sexo do animal. Entretanto, como machos e fêmeas são geralmente manejados em separado, as diferenças entre eles podem ser maiores ou menores, dependendo do objetivo do criador, que pode favorecer um ou outro sexo, fornecendo pastagens melhores ou tratamentos diferenciados. Também o mês de nascimento tem efeitos previsíveis em cada região, mas como existem grandes variações entre regiões e entre anos na mesma região, esse fator, assim como o sexo, é geralmente considerado na definição dos grupos de contemporâneos.

Idade do animal

Existem vários procedimentos de ajuste para a idade do animal, sendo a mais simples a indicada pela BIF (*Beef Improvemente Federation*, 2006). Para peso na desmama, as idades-padrão mais empregadas são 205, 210 ou 240 dias de idade, assim, por exemplo:

$$\mathbf{P210} = \frac{\mathbf{PD - PN}}{\mathbf{ID}} * \mathbf{210 + PN}$$

em que:
P210 = peso ajustado aos 210 dias de idade;
PD = peso à desmama;
PN = peso ao nascer;
ID = idade à desmama.

Para peso ao sobreano, as idades-padrão mais empregadas são 365, 450 ou 550 dias de idade, assim, por exemplo:

$$\mathbf{P450} = \frac{\mathbf{PS - PD}}{\mathbf{IS - ID}} * \mathbf{240 + P210}$$

em que:
P450= peso ajustado aos 450 dias de idade;
PS = peso ao sobreano;
PD = peso à desmama;
P210 =peso ajustado aos 210 dias de idade;
IS = idade ao sobreano;
ID = idade à desmama.

No Centro-Oeste brasileiro, os animais chegam aos 365 dias de idade ao final de um período de seca (**Figura 2**); assim, é recomendável usar o peso nessa idade padrão somente quando os mesmos recebem algum tipo de suplementação de alto nível energético, que permitam ganhos em torno de 800g ao dia. Já o peso aos 450 dias ocorre na metade do período das águas e, se as pastagens forem de boa qualidade, essa pode ser a idade utilizada para avaliar o potencial de crescimento no sobreano. O peso aos 550 dias ocorre no final do período das águas, assim, em situações de pastagens de alta qualidade, essa seria idade mais adequada.

No caso de se optar por trabalhar com os ganhos em peso do nascimento à desmama ou da desmama ao sobreano, o ajuste pode ser obtido da mesma forma, sem, no entanto, somar o PN ou P210, respectivamente.

O método da interpolação é mais indicado quando os animais são pesados com maior frequência, não apenas ao nascer, desmama e sobreano. Esse método pode ser descrito como:

$$\mathbf{P}_{\text{idade padrão}} = \frac{\mathbf{PP - PA}}{\mathbf{ID - IA}} * \mathbf{(idade\,padrão - IA) + PA}$$

em que:
idade padrão = idade a para qual se quer ajustar o peso;
PA = peso tomado antes da idade padrão;
PP = peso tomado depois da idade padrão;
IA = idade em que PA foi tomado;
ID = idade em que PD foi tomado.

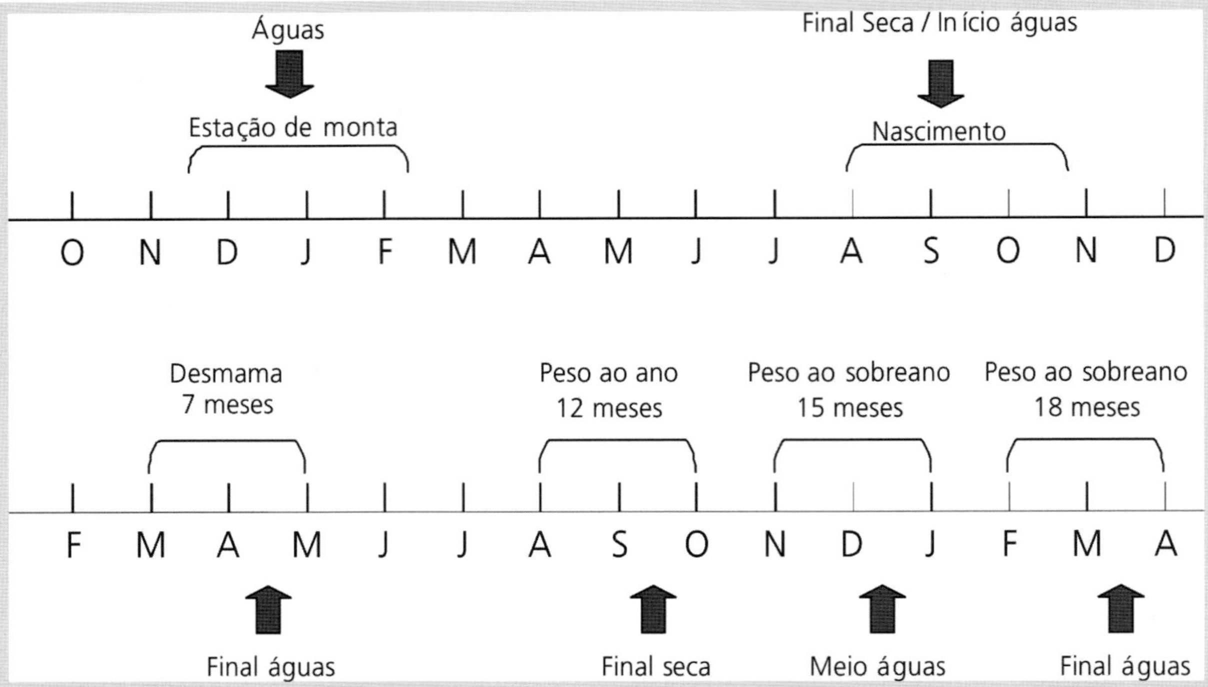

Figura 2. Representação gráfica das épocas de manejo de acordo com as estações do ano.

Outra opção para corrigir o peso para as diferenças de idade entre os animais é a sua inclusão nos modelos de análise, como covariável. Nesse caso, os pesos são ajustados para a média de idade do conjunto de dados e não para as idades-padrão na desmama e ao sobreano. Métodos de ajuste não lineares, considerando-se as curvas de crescimento podem ser empregados, mas os mesmos dependem de pesagens frequentes durante a vida do animal. Os ajustes obtidos com métodos lineares ou não lineares são semelhantes, sendo os primeiros de desenvolvimento mais simples.

Um aspecto a considerar é a variação de idade dos animais que deve ser de, no máximo, 90 dias. Assim, por exemplo, se a desmama ocorrer em torno dos 210 dias de idade, animais devem estar entre 165 e 255 dias. Para a pesagem ao redor dos 365 dias, os animais devem estar com idades entre 320 e 410 dias e, para a pesagem ao redor dos 550 dias, os animais devem ter entre 505 e 595 dias de idade.

Idade da vaca

A idade da vaca no parto influencia o peso à desmama de seu bezerro. Esse efeito ocorre em virtude de diferenças nos cuidados oferecidos pela mãe ao seu filho e, principalmente, na sua produção de leite. Tanto as vacas jovens como as velhas, em geral, têm menor produção de leite e desmamam bezerros mais leves que vacas por volta dos 7-8 anos de idade. Um exemplo pode ser visualizado na **Figura 3**, que mostra o efeito de idade da vaca sobre o peso aos 210 dias de idade de seu bezerro. O peso do bezerro aumenta com a idade da vaca e atinge o máximo quando a mesma tem entre sete e oito anos de idade. A partir daí, o peso à desmama decresce com o aumento da idade da vaca no parto.

Existe uma interação entre os efeitos de idade da vaca e sexo. Quando a produção de leite é maior, o que ocorre por volta dos 7 a 8 anos, os machos têm condições ambientais para expressar seu maior potencial de crescimento em relação às fêmeas, fazendo com que a diferença entre os pesos de bezerros machos e fêmeas nesse período aumente. Quando as vacas são mais jovens ou mais velhas, a sua produção de leite é insuficiente para que os bezerros machos apresentem todo seu potencial de crescimento; assim, os pesos de machos e fêmeas filhos dessas vacas são pouco diferentes.

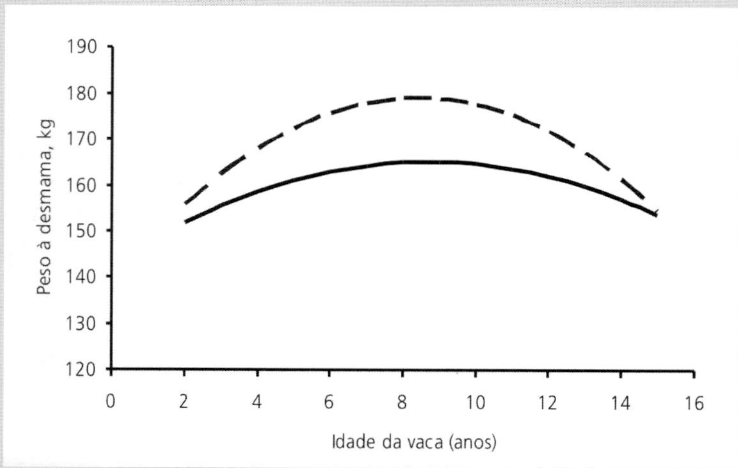

Figura 3. Peso à desmama (kg) de bezerros machos (linha tracejada) e fêmeas (linha contínua) de acordo com a idade da vaca no parto.

Efeitos não previsíveis

Os fatores que não têm efeito previsível podem ser: fazenda ou rebanho, ano de nascimento e grupo de manejo. O efeito do sexo e mês de nascimento, embora sejam previsíveis, são incluídos no grupo de contemporâneos.

Grupo de contemporâneos (GC) é um grupo de animais submetidos a ambientes semelhantes com respeito à expressão de uma característica, isto é, animais que tiveram as mesmas oportunidades para expressar uma determinada característica. Pode-se dizer que contemporâneos são animais criados no mesmo local (fazenda, pasto), de mesmo sexo, com idades semelhantes e manejados da mesma forma. Para formação de grupos de contemporâneos, é fundamental que o produtor forneça as informações necessárias e acuradas que permitam o agrupamento. O grupo de contemporâneos é criado pelo responsável pelas avaliações genéticas, e os fatores que são considerados para assumir que determinados animais estão no mesmo grupo podem variar de acordo com as informações disponíveis e a estrutura dos dados. Em geral, forma-se o grupo de contemporâneos para uma característica de crescimento, conectando-se as informações do rebanho, ano e estação (mês) de nascimento, sexo, grupo de manejo e, em alguns casos, data da pesagem como forma de limitar a diferença em idade entre os animais do mesmo grupo. Exemplo de fatores que podem ser utilizados para formar grupos de contemporâneos para características de crescimento são apresentados na **Tabela 2**.

Obviamente, cada um desses fatores afeta o desempenho do animal, causando diferenças entre eles. Diferenças entre rebanhos são devidas, principalmente, ao ambiente, incluindo clima, solo, pastagens, manejo, sanidade, etc, mas ocorrem também diferenças genéticas. A partição desses dois efeitos (genético e ambiente) é realizada na avaliação genética, utilizando-se modelo misto.

Os efeitos de ano e estação de nascimento sobre o desempenho dos animais ocorrem em

Tabela 2. Critérios para formação de grupos de contemporâneos para características de crescimento.

Peso ao nascimento	Peso ou ganho de peso até a desmama	Peso ou ganho de peso peso até o sobreano
1. Rebanho ou fazenda	1. Grupo de contemporâneos ao nascimento	1. Grupo de contemporâneos na desmama
2. Ano de nascimento	2. Grupo de manejo na desmama	2. Grupo de manejo ao sobreano
3. Mês ou estação de nascimento	3. Data da pesagem na desmama	3. Sexo ao sobreano
4. Grupo de manejo ao nascimento		4. Data da pesagem ao sobreano
5. Sexo do bezerro		
6. Tipo de nascimento (parto único, parto gemelar, transferência de embrião)		

(adaptado de BIF (2006)).

consequência das diferenças de clima, manejo e alimentação. Além disso, podem ocorrer interações entre esses efeitos. Por exemplo, o efeito de estação não é o mesmo de um ano para outro, uma vez que a quantidade de chuvas, temperaturas, etc. variam dentro da mesma estação de um ano para outro. Exemplo do efeito dessa interação sobre o peso aos 550 dias de idade pode ser visualizado na **Figura 4**. Em média, os animais mais leves são os nascidos nos meses de março e setembro. Entretanto, olhando-se as médias de peso de acordo com o mês de nascimento para cada ano, separadamente, (**Figura 4**), observa-se que as mais baixas ocorreram em meses diferentes, dependendo do ano de nascimento. Essas diferenças indicam interação entre os efeitos de mês e ano de nascimento.

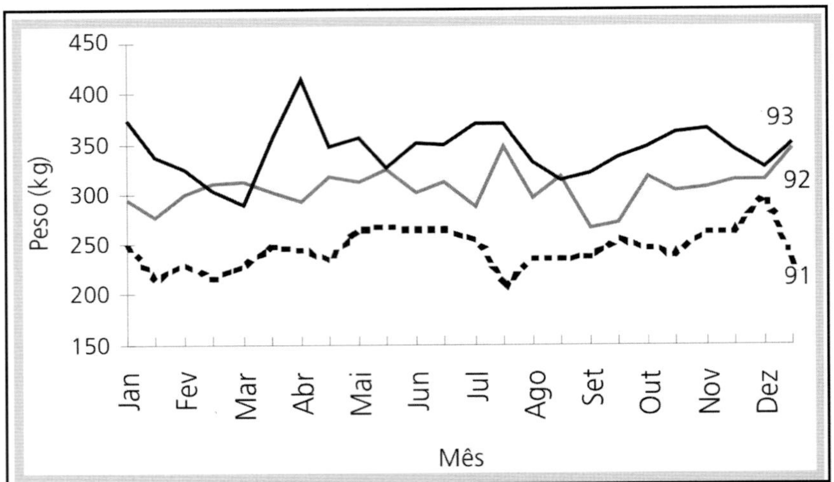

Figura 4. Peso aos 550 dias de idade de acordo com o mês de nascimento e o ano de nascimento do animal.

Animais que foram mantidos juntos do nascimento até o momento da desmama constituem um grupo de manejo, já que todos eles estão nas mesmas condições de criação. O ideal é que, ao nascimento, os grupos sejam formados já separados por sexo, para que na definição dos grupos de contemporâneos, que incluem o sexo do bezerro, os grupos de manejo não sejam divididos. Uma forma fácil de fazer isso é manter dois pastos disponíveis ao lado da maternidade. Assim, à medida que as vacas parem, aquelas com bezerro macho são direcionadas para um dos pastos e as com bezerros fêmeas para o outro. Quando o número de vacas com bezerro ao pé, em cada um dos pastos, atingir um número de animais que possa ser manejado junto até a desmama, eles são levados a outro pasto, constituindo-se em um grupo de manejo que permanece até a desmama e/ou até o momento da mensuração da característica. A partir da formação do grupo, o importante é que qualquer mudança de manejo seja realizada para todos os animais do grupo. Caso algum manejo diferenciado seja dado para parte dos animais em um grupo, isso deve ser anotado, identificando-se os animais que receberam esse novo tratamento. Normalmente, após a desmama, parte dos animais são descartados, e os grupos de manejo podem ser reagrupados, mantendo o agrupamento feito ao nascimento. A formação dos grupos de manejo é uma prática altamente recomendável, uma vez que favorece a comparação dos animais e evidencia seu potencial genético. No entanto, é importante ressaltar que a prática de agrupar os animais de acordo com seu peso, condição corporal, filiação, deve ser evitada, por ser muito prejudicial para fins de melhoramento genético.

Em geral, machos são mais pesados que as fêmeas. Fatores de correção para esse efeito poderiam ser desenvolvidos. Entretanto, a intensidade de seleção de machos e fêmeas varia conforme a fazenda e o ano de nascimento, e o manejo dos machos, em geral, é diferente daquele das fêmeas. Existe a possibilidade de alguns criadores fornecerem uma suplementação melhor para os machos do que para as fêmeas e, assim, a diferença entre machos e fêmeas pode ser maior entre os animais suplementados do que entre os não suplementados. Por exemplo, machos não suplementados poderiam pesar 5 kg a mais que as fêmeas não suplementadas, e os machos suplementados 10 kg a mais que as fêmeas não suplementadas. Essa situação caracteriza a existência da interação entre sexo e manejo. Assim, é recomendável considerar o sexo do animal, em conjunto com os demais fatores, na formação de grupos de contemporâneos.

Formação de grupos de contemporâneos e avaliação genética: Problemas e soluções

A importância da formação de grupos de contemporâneos está no fato de que a avaliação genética dos animais é feita por comparação entre os seus desempenhos, utilizando-se o desvio do desempenho de cada animal em relação à média do seu grupo.

Número de animais dentro do grupo de contemporâneos

O tamanho do grupo de contemporâneos, isto é, o número de animais por grupos de contemporâneos afeta a acurácia da avaliação genética. Como regra geral, quanto maior o número de animais dentro dos GC maior a acurácia e vice-versa.

Grupos de contemporâneos com apenas um animal não trazem qualquer informação a respeito daquele animal, uma vez que a média será o desempenho do próprio animal. Pela mesma razão, grupos de contemporâneos em que todos os animais são filhos de um mesmo touro não trarão informações válidas para a avaliação genética desse touro.

Uma forma de contornar esse problema é adotar estação de monta curta, (no máximo 90 dias), concentrando os nascimentos, e formar os grupos de manejo ao nascer, separando machos e fêmeas. Deve-se também evitar a subdivisão posterior desses grupos pela prática de manejo alimentar diferenciado.

Efeito da data de nascimento

Na formação do grupo de contemporâneos, com o objetivo de levar em conta o efeito da data da nascimento e minimizar as diferenças ambientais, deve-se incluir o mês ou bimestre ou semestre de nascimento do animal. Quanto maior o período de tempo que se aceita, maior o número de animais que irão compor o mesmo grupo, o que é positivo para a acurácia da avaliação. O lado negativo de aumentar o período é o aumento da heterogeneidade de ambiente dentro dos grupos.

O efeito de considerar diferentes períodos para agrupar os animais sobre o tamanho dos grupos de contemporâneos pode ser visualizado na **Tabela 3**. À medida que o período considerado para agrupar a estação de nascimento passa a ser mensal em lugar de semestral (**Tabela 3**), o número de animais por grupo de contemporâneos diminui e o número de GC constituídos de um animal ou um touro apenas aumenta. Por outro lado, esse procedimento diminui as diferenças ambientais entre os animais do mesmo grupo, o que é desejável.

Tabela 3. Estrutura dos grupos de contemporâneos (GC) conforme o período considerado para a sua formação.

Período	Anim./ GC[a]	GC1 anim.[b]	%GC1 anim.	GC1 touro[c]	%GC1 1 touro
Semestre	32,1	22	2,8	29	3,7
Trimestre	24,5	45	5,2	63	7,3
Bimestre	18,7	78	7,8	98	9,8
Mês	12,6	143	12,1	175	14,8

a: Número médio de animais por grupo; b: Número de grupos de contemporâneos com apenas 1 animal; c: Número de grupos de contemporâneos formados por bezerros filhos de apenas 1 touro.

Quanto melhor a definição dos grupos de contemporâneos, isto é, maior o número de fatores considerados, menores são as diferenças de ambiente entre animais do mesmo grupo, mas o número de animais dentro de cada grupo é menor. Portanto, a palavra chave é equilíbrio entre estes dois fatores.

Novamente, a forma de minimizar esse problema é estabelecer uma estação de monta curta, de forma a concentrar os nascimentos em um período de tempo também curto, formando grupos de manejo com animais nascidos em cada mês ou quinzena, por exemplo, e evitar divisões nesses grupos ao longo da vida dos animais.

Tratamentos preferenciais

O tratamento preferencial pode surgir da aplicação de técnicas de manejo, criando um confundimento entre o efeito genético e de ambiente. Por exemplo:

1) utilizar o sêmen de um mesmo touro apenas nas fêmeas que entram em reprodução no início ou no final da estação de monta. Dessa forma, todos os filhos de um reprodutor estão sujeitos ao mesmo e único ambiente;

2) acasalar um touro apenas com novilhas;

3) alimentar diferentemente animais do mesmo grupo de manejo, ou identificados pelo mesmo código de manejo alimentar, ou alimentar os filhos de um determinado touro de forma diferente, etc.

A forma de minimizar esse problema é distribuir o sêmen dos touros ao longo da estação de monta, evitando-se utilizá-los em sequência; usar os touros em fêmeas de diferentes idades; evitar alimentar os animais em função da sua genealogia e *sempre identificar os animais que recebem algum tipo de alimentação diferenciada.*

Controle seletivo dos filhos dos reprodutores

Um aspecto importante para a avaliação genética é que todos os filhos de cada reprodutor sejam mensurados e não apenas os melhores deles. Quando apenas uma amostra selecionada de animais é controlada, a avaliação genética passa a ser tendenciosa. Considere, por exemplo, que os 10 animais apresentados na **Tabela 4** estejam no mesmo grupo de contemporâneos.

A média de peso na desmama dos 10 animais é de 203,7 kg, sendo que o animal mais pesado está 35,3 kg acima da média de seus contemporâneos. Caso sejam informados apenas os 50% melhores animais, a média do grupo subiria para 219,0 kg e, nesse caso, o animal mais pesado seria 20,0 kg acima da média e não 35,3. O animal 6, por exemplo, que era 1,3 kg acima da média, no grupo selecionado seria 13,0 kg abaixo da média. As avaliações genéticas são realizadas em função dos desvios das médias dos grupos de contemporâneos e não dos pesos absolutos. O controle seletivo afeta a avaliação genética de todos os animais.

Para evitar esse problema todos os animais de cada grupo devem ser mensurados e ter o seu desempenho informado.

Tabela 4. Pesos na desmama ajustados a 205 dias de idade (PD205) e desvios da média, considerando-se todos os animais do grupo de contemporâneos e considerando-se apenas os 50% mais pesados.

Animal	PD205 (kg)	Desvio da Média (Total)	Desvio da Média (50% mais pesados)
1	174	-29,7	
2	180	-23,7	
3	189	-14,7	
4	194	-9,7	
5	205	+1,3	
6	206	+2,3	-13,0
7	210	+6,3	-9,0
8	212	+8,3	-7
9	228	+24,3	+9,0
10	239	+35,3	+20,0
Média de Peso		203,7	219,0

Conexão entre os grupos de contemporâneos

Para que animais de diferentes grupos de contemporâneos possam ser comparados, devem existir laços genéticos entre os grupos. Esses laços são criados, principalmente, por meio de animais filhos dos mesmos touros em diferentes grupos de contemporâneos.

Utilizando-se inseminação artificial e realizando-se as análises por modelo animal, o problema de conectabilidade é minimizado. Dentro da fazenda, é importante que o sêmen dos diversos touros seja distribuído ao longo da estação de monta, e que os grupos de manejo sejam formados ao nascer, incluindo filhos de vários touros.

Efeitos de ambiente não identificáveis

Como vários efeitos de meio não são identificáveis, não é possível ajustá-los matematicamente ou incluí-los no modelo de análise. Assume-se que esses efeitos ocorrem aleatoriamente e não afetam a classificação dos animais de forma tendenciosa. Alguns desses efeitos podem ser minimizados por meio de técnicas de manejo e identificação dos animais.

O método mais simples e comum de se medir crescimento é por meio do peso vivo. Entretanto, o peso corporal inclui o conteúdo gastrintestinal que não constitui crescimento. Os conteúdos do rúmen e do retículo representam, no mínimo, de 10 a 15% do peso corporal, podendo chegar a 23% desse peso, com o conteúdo do resto do trato gastrintestinal sendo responsável por mais 2 a 3% do peso vivo total. Diferenças entre os animais nesse conteúdo, no momento da pesagem, podem ser confundidas com diferenças genéticas. Assim, o peso dos animais, para ser utilizado como critério de seleção, deve ser medido após 12 a 14 horas de jejum.

Outro cuidado necessário na pesagem é quanto à precisão da balança. Balanças digitais de maior precisão são indicadas. É necessário verificar a tara da balança com frequência, uma vez que o movimento dos animais, barro e fezes que se acumulam podem afetar o resultado da pesagem dos animais.

A correta identificação dos animais é fundamental tanto para aplicação adequada de técnicas de manejo como para a qualidade da avaliação genética dos animais, uma vez que os métodos de avaliação baseiam-se nas relações de parentesco entre eles. O ideal é que o animal tenha uma identificação única, desde o nascimento. Uma forma prática é identificar cada um utilizando: dois ou três dígitos para nome ou número da fazenda de nascimento; dois dígitos para ano de nascimento e um número sequencial dentro do ano de nascimento e fazenda, iniciando com 1 (um).

Critérios de seleção para crescimento

Em mamíferos, as características até a desmama são influenciadas tanto pelos genes para crescimento (efeito direto) que o animal recebe de seus pais como pelos genes de sua mãe (efeito genético materno) que determinam sua capacidade para produção de leite e cuidados com a cria (habilidade materna). Os genes para efeito materno só se expressam quando as fêmeas produzem bezerros. Assim, a avaliação genética de um touro para efeito materno só pode ser realizada de forma acurada quando ele possuir filhas desmamando bezerros (**Figura 5**).

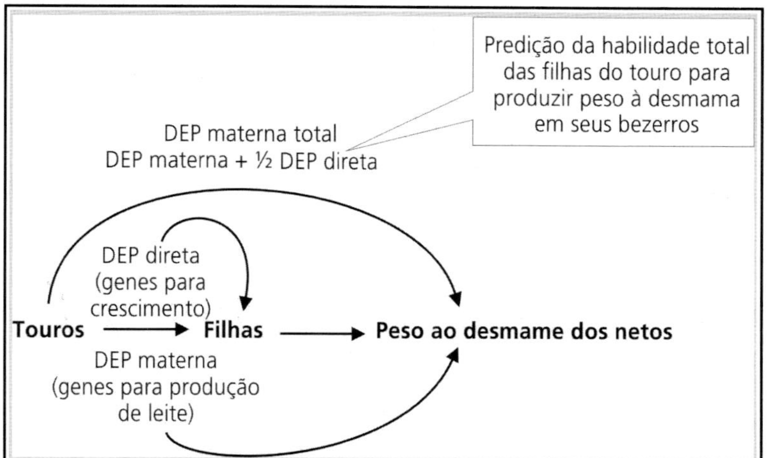

Figura 5. Representação esquemática dos efeitos genéticos direto e materno.

Apesar de o crescimento ser um processo contínuo no tempo, os bovinos são pesados em idades determinadas, associadas a eventos biológicos específicos, denominadas de idades-padrão: nascimento, desmama, ano e sobreano (15 ou 18 meses de idade). As razões para utilização dos pesos nessas idades estão apresentadas na **Tabela 5**.

O peso na desmama inclui o peso ao nascer e o ganho em peso entre o nascimento e a desmama. Da mesma forma, todos os demais pesos incluem o anterior e o ganho em peso no período entre eles. O melhor indicador do peso no abate é o peso tomado mais próximo deste. Entretanto, pesos após os 18 meses de idade não são utilizados como critério de seleção, uma vez que, após essa idade, muitos dos animais já foram comercializados, por razões econômicas ou de manejo, permanecendo nas propriedades apenas os reprodutores e matrizes. Para avaliação genética do crescimento, é importante que se faça uma medida até a desmama e outra no período do pós-desmama, sendo a melhor idade, nesse último período, decidida em razão do sistema de produção, ou seja: 12 meses para um sistema mais intensivo; 15 meses para um sistema a pasto de boa qualidade e 18 meses para um sistema mais extensivo.

Decisões sobre os métodos de seleção a serem utilizados dependem, entre outras coisas, da variabilidade genética existente na população para as características de interesse. Um parâmetro que indica o quanto das diferenças fenotípicas entre os indivíduos, para uma determinada característica, deve-se a diferenças em seus valores genéticos e que, portanto, são transmissíveis de uma geração para a outra é o coeficiente de herdabilidade. Este varia de zero a um e, quanto maior, melhor é o fenótipo do animal como indicador do seu valor genético e mais fácil é a seleção dos animais. Assim, a seleção individual para crescimento é eficiente, uma vez que as herdabilidades das características são de moderadas a altas (**Tabela 5**). A decisão sobre quais características de crescimento devem ser utilizadas como critério de seleção, depende dos objetivos de seleção. Por exemplo, para um produtor que vende a maioria de seus bezerros na desmama, características de crescimento até a desmama e a habilidade materna da vaca são fundamentais. Outro produtor que vende novilhos para engorda, terá que considerar também as características de crescimento no pós-desmama. Índices de seleção econômicos podem ser empregados para selecionar simultaneamente um conjunto de características.

As herdabilidades do efeito direto decrescem do nascimento até antes da desmama aumentando, a seguir, com a idade do animal. Características que descrevem o tamanho adulto, em geral, são mais herdáveis que aquelas medidas em animais jovens. Por outro lado, as estimativas de herdabilidade do efeito materno são baixas e aumentam do nascimento até em torno dos quatro meses de idade, decrescendo a seguir. Dessa forma, a seleção para habilidade materna será mais eficiente se realizada com base em pesos pré-desmama. A resposta à seleção para habilidade materna é lenta em consequência da baixa herdabilidade dessa característica, o que reflete na acurácia de seleção, e do fato de sua expressão ocorrer com a

Tabela 5. Características medidas em idades-padrão, importância biológica, estimativas de herdabilidade.

Característica	Importância biológica	Herdabilidades (médias aproximadas)
Peso ao nascer	É indicativo do vigor do bezerro, que está associado à sobrevivência. A razão do peso ao nascer e do peso da vaca no parto, são bons indicadores da dificuldade de parto.	$h^2_a = 0{,}31$ $h^2_m = 0{,}09$
Peso aos 120 dias	Geralmente coincide com o pico de produção de leite da vaca, sendo utilizado como um indicador da habilidade materna.	$h^2_a = 0{,}22$ $h^2_m = 0{,}11$
Peso na desmama	Utilizado para avaliar o potencial de crescimento do bezerro e a habilidade materna da vaca. A razão entre o peso do bezerro na desmama e o peso da vaca é um indicador de produtividade por vaca.	$h^2_a = 0{,}24$ $h^2_m = 0{,}12$
Ganho em peso pós-desmama	Mede o crescimento nesse período livre dos pesos ao nascer e na desmama e, praticamente, sem a influência do efeito materno.	$h^2_a = 0{,}27$
Peso pós-desmama	Podem ser mensurados ao ano ou ao sobreano. São indicadores do peso no abate. A escolha da idade depende do sistema de produção, da idade de comercialização dos animais ou de abate.	Ao ano $h^2_a = 0{,}28$ $h^2_m = 0{,}05$ Ao sobreano $h^2_a = 0{,}35$
Peso adulto	Importante para monitorar o tamanho da vaca, uma vez que a manutenção do rebanho de matrizes é um dos principais componentes do custo de produção de bovinos de corte.	$h^2_a = 0{,}46$
Altura pós-desmama	É importante para ter uma medida do tamanho do esqueleto, que está associada ao peso e terminação dos animais.	$h^2_a = 0{,}60$

defasagem de uma geração. Touros que ainda não têm filhas desmamando bezerros, o que vai ocorrer quando o mesmo estiver por volta dos 5-6 anos idade, apresentam avaliação genética para habilidade materna com pouca acurácia.

Consequências da seleção para crescimento

Diversas características de interesse econômico são determinadas, em maior ou menor extensão, pelos mesmos conjuntos de genes, o que causa uma associação ou correlação genética entre elas. Em consequência, seleção para uma característica pode levar a mudanças genéticas, desejáveis ou não, em várias outras. O coeficiente de correlação genética, que mede essa associação entre duas características, varia de -1,0 a +1,0. Quando próximo de zero, o coeficiente indica que a seleção para uma característica não afeta a outra. Por outro lado, valores positivos indicam que os animais com maior valor genético para uma característica apresentam também maior valor genético para a outra e, assim, a seleção feita com base em qualquer uma delas vai acarretar mudanças no mesmo sentido nas duas. O contrário acontece quando esse coeficiente é negativo, isto é, selecionando-se para aumentar uma delas a outra deve diminuir e vice-versa. Estimativas de correlação genética entre várias características estão apresentadas na **Tabela 6**.

A seleção para peso em qualquer idade, indubitavelmente, leva a mudanças em todos os demais, uma vez que esses pesos são determinados, em grande parte, pelos mesmos genes que causam correlação genética positiva entre eles. É fácil entender que os pesos em idades mais avançadas incluem aqueles mensurados em idades mais jovens. Assim, a questão de como selecionar para crescimento rápido, sem aumentar o peso ao nascer e o tamanho adulto, continua sendo motivo de estudos. Sempre existiu a procura, por parte dos frigoríficos, por carcaças em torno de 17 a 18 arrobas, o que justifica a seleção para aumento de peso. Entretanto, a seleção para maior peso pode não ser ideal para ambientes tropicais sem tecnificação, com dietas de baixo nível nutricional, principalmente, pelos efeitos negativos na reprodução.

Tabela 6. Estimativas de correlação genética entre peso e várias características.

Características	Peso na desmama	Peso ao sobreano	Peso adulto
Peso ao nascer	0,61	0,56	0,43
Peso na desmama	-	0,82	0,63
Peso ao sobreano	0,82	-	0,66
Peso da carcaça quente	-	0,68	-
Acabamento de carcaça	-	-0,50	-
Ganho pós-desmama	0,30	0,60	0,28
Altura sobreano	0,42	0,54	
Escore de musculosidade ao sobreano	0,74	0,86	-
Perímetro escrotal	0,37	0,41	-
Dias para o parto	-	0,07	0,10
Área de olho do lombo	0,62	0,64	-
Espessura de gordura	-0,11	0,06	-

Uma alternativa, quando se objetiva diminuir o impacto da seleção para crescimento sobre os pesos ao nascer e adulto, pode ser a utilização, como critério de seleção, de características menos correlacionadas com os mesmos. Esse é o caso dos ganhos em peso do nascimento à desmama e deste ao sobreano, entretanto os ganhos em peso têm menores herdabilidades que pesos em determinadas idades. Além disso, como em muitos rebanhos os pesos ao nascer não são medidos, nem sempre é possível utilizar o ganho do nascimento à desmama como critério de seleção.

Modelos que consideram os pesos nas diferentes idades como a mesma característica que se modifica de acordo com o tempo, permitem a obtenção de valores genéticos para a curva de crescimento como um todo, para qualquer idade desejada e para funções da curva. Funções que permitam a identificação de animais com crescimento rápido e com terminação precoce podem ser desenvolvidas.

Outra característica de crescimento que tem uma grande variabilidade genética e correlação genética moderada com os pesos (**Tabela 6**) é a altura na garupa. A seleção para aumento de peso traz mudanças significativas na altura dos animais. As associações genéticas dessa característica com dias para o parto (0,23) e terminação de novilhos (-0,32), apesar de não serem altas, são desfavoráveis. Com o objetivo de evitar possíveis efeitos indesejáveis sobre a reprodução e terminação, a altura deve ser monitorada em programas de seleção para crescimento.

A seleção para peso leva a um aumento dos escores de musculatura e da área de olho do lombo. Resultados de experimentos de seleção, utilizando como critério o peso na desmama ou o peso ao ano ou um índice incluindo o peso ao ano e os escores de musculatura, mostraram que a resposta para as características de crescimento (pesos do nascimento até um ano de idade e escores de musculatura) foram maiores quando a seleção foi realizada pelo índice do que quando baseada somente nos pesos.

Potencial de ganhos genéticos

As taxas de ganho genético teoricamente possíveis, são estimadas levando-se em consideração a taxa reprodutiva, o intervalo de gerações, a herdabilidade e o coeficiente de variação da característica. Para características de crescimento em bovinos a taxa de ganho genético teórica é estimada em torno de 1,44 % da média/ano.

Nos experimentos de seleção para crescimento, tanto em *Bos taurus* como *Bos indicus* (**Tabela 7**), as taxas de ganho genético, para as características de crescimento, são inferiores às teoricamente esperadas. Diferenças, principalmente, em intervalo de gerações podem explicar essa menor resposta. A diminuição do intervalo de gerações é obtida iniciando-se a vida reprodutiva mais cedo, isto é, diminuindo a idade na puberdade e, consequentemente, na primeira cria, utilizando-se touros jovens e mantendo os reprodutores por um número limitado de anos. Outro fato que pode explicar as respostas à seleção menores que as esperadas é o pequeno tamanho dos rebanhos experimentais. Por razões econômicas, os rebanhos experimentais são pequenos e fechados, isto é, não recebem material genético de outros rebanhos e têm, comparativamente aos rebanhos comerciais, menor intensidade e oportunidade de seleção e estão mais sujeitos ao aumento da endogamia.

Os ganhos genéticos para as características de crescimento obtidos em populações não experimentais (**Tabela 7**), sob seleção, são ainda mais baixos que aqueles conseguidos em experimentos de seleção. Cabe ressaltar que, até o momento, são poucos os programas de melhoramento de gado de corte, de origem Zebu, no Brasil, que publicam os ganhos genéticos obtidos para as características de crescimento. Outro aspecto é que, embora estas sejam populações grandes e abertas à troca de material genético, a seleção não é realizada com base em apenas uma característica e, além do crescimento, outras características, tais como escores visuais, perímetro escrotal e reprodução de fêmeas, também são consideradas. Selecionar para um conjunto de características é fundamental para uma produção eficiente e para atender às exigências do mercado.

Considerações finais

Características de crescimento devem estar presentes em qualquer programa de melhoramento genético de bovinos de corte, pois são

Tabela 7. Ganhos genéticos obtidos para características de crescimento, em experimentos de seleção e em rebanhos comerciais.

	Resultados de Experimentos *Bos taurus* e *Bos indicus*		Resultados de Campo *Bos indicus*	
Característica	**Média ao ano**	**Amplitude**	**Média ao ano**	**Amplitude**
Peso ao nascer	0,68% (0,18 kg)	0,53-0,68%	0,29% (0,09 kg)	-
Peso na desmama	0,55% (1,03 kg)	0,51-0,69%	0,32% (0,58 kg)	0,15-0,49%
Peso pós-desmama	0,74% (2,17 kg)	0,68-0,88%	0,41% (1,15 kg)	0,15-0,68%

indicadoras da quantidade de produto final. Estas são fáceis de serem mensuradas e respondem rapidamente à seleção. Cuidados na obtenção dos dados, como estabelecimento de estação de monta curta, formação de grupos de manejo ao nascimento, jejum de 12 horas antes de cada pesagem são fundamentais para uma avaliação genética confiável.

Referências bibliográficas

Albuquerque, L.G.; Mercadante, M.E.Z.; Eler, J.P. Recent studies on the genetic basis for selection of Bos indicus for beef production. In: WORLD CONGRESS ON GENETICS APPLIED TO LIVESTOCK PRODUCTION, 8, 2006, Belo Horizonte. **Proceedings...** CD-ROM.

Albuquerque, L.G.; Meyer, K. Estimates of covariance functions for growth from birth to 630 days of age in Nelore cattle. **Journal of Animal Science**, v.79, p.2776-2789, 2001.

Anualpec 2007. Anuário da Pecuária Brasileira. Instituto FNP. São Paulo, SP, 2007.

Araújo Neto, F.R. **Estimativas de componentes de (co)variância de características de crescimento e perímetro escrotal de bovinos Nelore utilizando inferência bayesiana.** Jaboticabal. Faculdade de Ciências Agrárias e Veterinárias, 2008. 80p. Dissertação (Mestrado em Zootecnia) - FCAV/Universidade Estadual Paulista, 2008.

Baker, R.L.; Morris, C.A.; Johnson, D.L.; Hunter, J.C.; Hickey, S.M. Results of selection for yearling or 18-month weight in Angus and Hereford cattle. **Livestock Production Science**, v.29, p.277-296, 1991.

Batt, R.A.L. **Influences on animal growth and development**. Studies in biology, No. 116. Edward Arnold (Publishers) Limited., Londres, 1980. 60p.

Bif. Beef Improvement Federation. Guidelines for uniform beef improvement programs. Hohenboken, W.D. (Ed.). Athens, GA, 2006.

Boligon, A.A.; Albuquerque, L.G.; Mercadante, M.E.Z.; Lôbo, R.B. Models for genetic evaluation of Nelore cattle mature body weight. **Journal of Animal Science**, v.86, p.2840-2844, 2008.

Bourdon, R.M. **Understanding Animal Breeding. Prentice Hall**. Upper Saddle River, 1997. 523p.

Cartwright, T.C. Selection criteria for beef cattle for the future. **Journal of Animal Science**, v 30, p: 706-711, 1970.

Cundiff, L.V. **Breeds and Genetics**. In: Pond, W.G.; Bell, A.W. (ed.) Encyclopedia of Animal Science. Ithaca: Cornell, 2004.

Ferriani, L. **Estimativas de herdabilidade das características de carcaça e crescimento e de suas correlações genéticas em animais da raça Nelore**. Jaboticabal. Faculdade de Ciências Agrárias e Veterinárias, 2006. 42p. Dissertação (Mestrado em Zootecnia) - FCAV/Universidade Estadual Paulista, 2006.

Giannotti, J.D.G.; Packer, I.U.; Mercadante, M.E.Z.; Leandro, R.A. Metanálise bayesiana de parâmetros genéticos para características de crescimento em bovinos de corte. **Pesquisa Agropecuária Brasileira**, v.41, n.1, p.15-22, 2006.

Hammond, J. **Farm animals**. Revised by Hammond Jr., J., Mason, T.L.; Robinson, T.J.. Edward Arnold (Publishers) Limited, Londres (1971). Citado por BATT (1980)

Koch, R.M.; Cundiff, L.V.; Gregory, K.E. Cumulative selection and genetic change for weaning or yearling weight or for yearling weight plus muscle score in Hereford cattle. **Journal of Animal Science**, v.72, p.864-885, 1994.

Koch, R.M.; Cundiff, L.V.; Gregory, K.E.; Van Vleck, L.D. Genetic response to selection for weaning weight or yearling weight or yearling weight and muscle score in Hereford cattle: Efficiency of gain, growth, and carcass characteristics. **Journal of Animal Science**, v.82, p.668-682. 2004.

Koury Filho, W. **Escores visuais e suas relações com características de crescimento em bovinos de corte**. Jaboticabal: Faculdade de Ciências Agrárias e Veterinárias, 2005. 80p. Tese de Doutorado.

Lawrence, T.L.J.; Fowler, V.R. **Growth of farm animals**. CABI Publishing. New York, USA, 347p., 2002.

Lôbo, R.B.; Bezerra, L.A.F.; Faria, C.; Magnabosco, C. de U.; Albuquerque, L.G.; Bergmann, J.A.G.; Sainz, R.D.; OLIVEIRA, H.N. Avaliação genética de touros e matrizes da raça Nelore: Sumário 2008. Ribeirão Preto, ANCP. 2008. 124P.

Mercadante, M.E.Z.; Razook, A.G.; Cyrillo, J.N.S.G.; Figueiredo, L.A. Relações de peso, altura na garupa, dias ao parto e sucesso ao parto em matrizes Nelore. In: 40ª REUNIÃO ANUAL DA SOCIEDADE BRASILEIRA DE ZOOTECNIA. Campo Grande-MS, 2004. **Anais...** CD-ROM.

Oliveira, H.N. **Análise genético-quantitativa da curva de crescimento de fêmeas da raça Guzerá**. 1995. 68 p. Tese (Doutorado) - Faculdade de Medicina de Ribeirão PRETO, UNIVERSIDADE DE SÃO PAULO, RIBEIRÃO PRETO

Razook, A.G.; Mercadante, M.E.Z. **Ganhos de produtividade com o uso de touros provados**. In: Santos, F.A.P.; Moura, J.C.; FA, V.P. Requisitos de qualidade na bovinocultura de corte. Piracicaba: FEALQ, 2007. p.93-114.

Smith, C. Potential for animal Breeding, current and future. In: INTERNACIONAL CONFERENCE ON QUANTITATIVE GENETICS, 2., 1987, Raleigh, USA. ***Proceedings...*** Sunderland: Sinauer Associates, Inc., 1988, p.150-161.

Sumário de touros nelore cfm 2008 / publicação da AgroPecuária CFM. - São José do Rio Preto: Agro-Pecuária-CFM, 2008. 54p.

Sumário de touros. Avaliação Nacional de Touros das Raças Zebuínas. Raça Nelore. Edição 2007/2008. Disponível em: www.cnpgc.embrapa.br.

Yokoo, M.J.I.; Albuquerque, L.G.; Lôbo, R.B.; Bezerra, L.A.F.; Araujo, F.R.C.; Silva, J.A.IIV.; Sainz, R.D. Genetic and environmental factors affecting ultrasound measures of longissimus muscle area and backfat thickness in Nelore cattle. **Livestock Science**, v.116, p.147-154, 2008.

Yokoo, M.J.I.; Albuquerque, L.G.; Lôbo, R.B.; Sainz, R.D.; Carneiro Júnior, J.M.; Bezerra, L.A.F.; Araújo, F.R.C. Estimativas de parâmetros genéticos para altura do posterior, peso e circunferência escrotal em bovinos da raça Nelore. **Revista Brasileira de Zootecnia**, v.36, p.1761-1768, 2007.

CAPÍTULO 40

Seleção para precocidade sexual em novilhas de corte

Joanir Pereira Eler
Professor Titular
Grupo de Melhoramento Animal
FZEA/USP. Pirassununga, SP
joapeler@usp.br

José Bento Sterman Ferraz
Professor Titular
Grupo de Melhoramento Animal
FZEA/USP. Pirassununga, SP
jbferraz@usp.br

Luis Adriano Teixeira
Médico Veterinário
Coordenador de Pecuária
Agropecuária CFM Ltda.
São José do Rio Preto, SP
lateixeira@cfm.com.br

Introdução

Os programas de melhoramento genético, principalmente aqueles relacionados com a seleção e comercialização de touros jovens, têm apresentado grandes progressos no aumento da média de pesos dos animais. No Brasil, nos últimos 15 anos, aumentos da ordem de uma arroba no peso médio na desmama são considerados normais nos melhores programas de seleção. Acompanhado do aumento no peso na desmama, em muitos programas, houve aumento médio também no ganho de peso pós-desmama. Resultados de análises dos dados de produção mostram que essas duas características não possuem alta correlação genética. Touros distintos têm sido identificados para aumentar peso na desmama e para aumentar a capacidade de ganhar peso em regime exclusivo de pasto, no pós-desmama.

Além do aumento do peso à desmama e do ganho de peso dos bovinos de corte, a qualidade dos animais melhorou no sentido de melhor conformação frigorífica e melhor musculosidade. Houve um certo grau de sucesso na obtenção de rebanhos de fêmeas menores produzindo bezerros tão bons ou melhores do que eram produzidos pelas fêmeas de grande porte. Mais importante ainda foi a identificação e comercialização de grande quantidade de touros jovens melhoradores para essas características. Essa difusão do melhoramento genético trouxe, consequentemente, grande contribuição para a pecuária de corte como um todo.

No entanto, no que concerne aos aspectos reprodutivos, a maioria dos programas ainda não avançou o que seria previsível pela teoria e pelos resultados das pesquisas nesses mesmos 15 anos. O melhoramento da precocidade sexual e da fertilidade na pecuária de corte brasileira tem sido buscado quase que exclusivamente na seleção para perímetro escrotal. Boa parte dos touros jovens tem sido selecionada com base no valor fenotípico individual para perímetro escrotal, ou seja, o tourinho selecionado com base na medida do seu próprio perímetro escrotal e não em seu mérito genético para a característica. O mérito genético é expresso pela Diferença Esperada de Progênie (DEP).

Resultados práticos observados ao longo desses anos mostraram que houve progresso genético. Houve aumento de precocidade sexual nas populações que basearam a seleção em perímetro escrotal, principalmente naquelas que usaram a DEP como critério de seleção. Os resultados dos trabalhos científicos realizados com populações zebuínas nacionais têm mostrado, no entanto, que o progresso genético poderia ter sido muito maior. Melhor ainda, têm mostrado que o progresso genético poderá ser muito maior no futuro, se o perímetro escrotal como critério de seleção for substituído por uma característica medida diretamente na fêmea.

Redefinindo características reprodutivas

Nas últimas três ou quatro décadas, os estudos relacionados com o melhoramento da fertilidade e da precocidade sexual centraram-se em três características: intervalo de partos, idade no primeiro parto e perímetro escrotal, cada uma com sua peculiaridade.

A característica intervalo de partos (IP), utilizada na seleção de bovinos leiteiros, tem-se mostrado pouco aplicável para bovinos de corte. Os sistemas de produção de bovinos de corte baseiam-se em estações reprodutivas (estações de monta) curtas, de 60 a 90 dias. Esse tipo de manejo reprodutivo mascara as diferenças genéticas existentes entre as fêmeas, pois aquelas que parem mais cedo têm de aguardar o início da nova estação de monta e entram na estação junto com as que parem por último.

Além dos problemas relacionados com a estação de monta, o intervalo de partos só pode ser medido para fêmeas que apresentam pelo menos dois partos. Tal fato faz com que as novilhas que não concebem na primeira estação de monta não tenham dados computados, e o intervalo só será computado a partir do primeiro parto.

Assim, por razões de manejo e por deficiência no controle dos dados, o intervalo de partos apresenta-se sempre como uma característica de baixa herdabilidade em bovinos de corte, não permitindo a obtenção de boa resposta para a seleção.

A outra característica, medida diretamente na fêmea, a idade no primeiro parto (IPP), apresenta-se mais promissora. No entanto, nos zebuínos, é uma característica dependente da idade em que as fêmeas entram na reprodução pela primeira vez. Pereira *et al.*(2001) reportam valor do coeficiente de herdabilidade para IPP igual a 0,02 em uma subpopulação em que as novilhas entraram na reprodução aos dois anos de idade, enquanto na subpopulação em que as novilhas entraram na reprodução aos 14 meses, esse coeficiente foi igual 0,18. Tal observação mostra que a IPP é função da idade na puberdade e, se as fêmeas não são desafiadas jovens, as diferenças genéticas ficam mascaradas, não se detectando as efetivamente precoces. Aos dois anos, praticamente todas as fêmeas já atingiram a puberdade.

Para que a IPP seja utilizada como critério de seleção, é necessário, portanto, o desafio reprodutivo das novilhas jovens para que haja oportunidade de utilização da variabilidade genética.

A terceira característica entre as mais trabalhadas é o perímetro escrotal (PE) ou como é, às vezes, denominado circunferência escrotal. Trata-se, no entanto, de uma característica indicadora da idade na puberdade e, consequentemente, indicadora da precocidade sexual. É uma característica com herdabilidade alta. Koots *et al.* (1994) reportam valores médios em torno de 0,47. A correlação genética entre PE e IPP é favorável, mas baixa. Pereira *et al.* (2002) estimaram essa correlação e obtiveram valor igual a -0,19 para um conjunto de dados em que as novilhas entraram na reprodução com idade em torno de 24 meses, e -0,39 para outro conjunto da mesma população, mas considerando apenas as novilhas que entraram na reprodução aos 14 meses.

Considerando que a verdadeira característica reprodutiva, ou seja, a característica a ser melhorada é a IPP, os valores de baixo a mediano da correlação genética não garantem que a seleção com base no PE forneça uma resposta correlacionada rápida para a precocidade sexual.

Recentemente, algumas outras características têm sido implementadas no sentido de selecionar para precocidade sexual e fertilidade. Entre essas estão a característica *dias para o parto* (Johnston *et al.*, 1996), a capacidade de permanência no rebanho ou *stayability* e *produtividade acumulada* (Schwengber, 2001) ou *produtividade média anual* (Eler *et al.*, 2008).

A característica *dias para o parto* (DPP) refere-se ao número de dias entre o primeiro dia da estação de monta e o dia efetivo do parto. A princípio, a característica leva em consideração a própria concepção mais cedo ou mais tarde na estação de monta e também a duração da gestação. Para sua implementação, os lotes de vacas que entram na reprodução precisam ser bem controlados para que se tenha, em cada lote, a data do início da estação de monta. O coeficiente de herdabilidade obtido por Johnston *et al.* (1994) foi igual a 0,13. Esse valor permitiria a obtenção de resposta à seleção, principalmente se a seleção se basear em touros com grande número de progênie, nos quais a acurácia seria alta. No Brasil, a falta de controle adequado dos lotes de reprodução não permitiu a sua implementação nos programas de seleção.

A *stayability* ou capacidade de permanência no rebanho indica o potencial dos reprodutores em produzir filhas que permanecem no rebanho, no mínimo, até um número de anos que as tornem econômicas. Na raça Nelore, Silva *et al.* (2006) e Van Melis *et al.* (2007) reportaram valores para a herdabilidade da *stayability* aos 6 anos de idade, iguais a 0,23 e 0,22, respectivamente. A análise dessa característica exige que as vacas tenham tido oportunidade de atingir a idade de permanência. Por essa razão, as vacas jovens não são avaliadas e, consequentemente, os touros jovens também não são avaliados.

A produtividade acumulada (Schwengber *et al.*, 2001) ou produtividade média anual, como é denominada em Eler *et al.* (2008), considera a produtividade média em kg de bezerros desmamados por vaca/ano, sendo, assim, uma característica de interesse econômico que leva em conta a precocidade sexual, a fertilidade e também o desempenho produtivo da vaca. Os valores de herdabilidade obtidos por Schwengber *et al.* (2001) e por Eler *et al.* (2008) foram iguais a 0,15. Essa é uma característica que depende ainda de mais pesquisas, principalmente para avaliar a correlação genética com a própria *stayability*.

Mais recentemente, pesquisadores da Universidade Estadual do Colorado publicaram trabalhos (Evans *et al.*, 1999; Doyle *et al.*, 2000) indicando uma nova característica reprodutiva como critério de seleção para precocidade sexual. Trata-se da prenhez de novilhas jovens e é determinada pela exposição ao touro (ou inseminação) de todas as fêmeas jovens ativas, no início da estação de monta, independentemente do seu peso ou de sua condição corporal. É uma característica simples, sem custos adicionais para o sistema de produção. Basta anotar o resultado do diagnóstico de gestação (prenhe ou vazia) e formar um conjunto de dados para a avaliação genética.

No Brasil, a Agro-Pecuária CFM Ltda, em seu programa de melhoramento da raça Nelore, já havia, desde 1994, iniciado um programa de desafio reprodutivo das novilhas jovens. O manejo reprodutivo do rebanho da empresa foi sempre baseado em estação de monta curta (60 a 70 dias para vacas, 90 a 100 dias para novilhas), iniciando-se na segunda quinzena de novembro e terminando em janeiro para as vacas; e iniciando em outubro para as novilhas. Assim, os nascimentos concentram-se, principalmente, nos meses de setembro e outubro, mas ocorrem também nascimentos em agosto, novembro e dezembro. As fêmeas originárias de concepção, no início da estação de monta, nascem entre agosto e outubro e têm entre 14 e 16 meses no início da estação de monta seguinte. As fêmeas originárias de concepção no final da estação de monta nascem de outubro a dezembro e têm de 12 a 14 meses na estação de monta seguinte.

No início de cada estação de monta, as novilhas da raça Nelore têm, portanto, de 12 a 16 meses de idade. Todas as novilhas ativas são expostas ao touro, independentemente do seu peso ou de sua condição corporal. Para que o manejo seja mais econômico, utiliza-se o sistema de reprodutores múltiplos, um lote de novilhas com um grupo de touros. Os lotes de novilhas precisam ser controlados da mesma forma que se controlam os lotes de bezerros para avaliação do peso na desmama, por exemplo.

Como nesse sistema de produção, que é o sistema de produção brasileiro típico, as novilhas têm em média 14 meses no início da estação de monta, a característica reprodutiva baseada na taxa de prenhez foi denominada como *Probabilidade de Prenhez aos 14 meses* ou PP14 (Eler *et al.*, 2001).

São consideradas precoces, nesse sistema de produção, as fêmeas que parem com idade máxima de 27 meses. Isso porque as novilhas que entram na reprodução com 12 a 16 meses de idade precisam parir até o mês de novembro para que tenham chance de participarem da estação de monta subsequente e reconceberem. As fêmeas que têm o primeiro parto com mais de 27 meses de idade são as que parem depois de novembro e têm poucas chances de conceber novamente na estação de monta subsequente.

As novilhas jovens que não concebem na estação de monta participam normalmente da estação seguinte, com dois anos de idade.

Uma vez obtidos os dados pelo diagnóstico de gestação, utiliza-se uma metodologia específica para dados categóricos (prenhe igual a 1 e vazia igual a 0) e, pela avaliação genética, são obtidas as Diferenças Esperadas de Progênie (DEP). A DEP de PP14 é expressa em porcentagem e indicam a probabilidade (a mais ou a menos) de determinado touro produzir filhas superprecoces.

Por que PP14 e não perímetro escrotal?

Os trabalhos desenvolvidos na metade final da década de 90, pelos pesquisadores da Universidade Estadual do Colorado, EUA, indicaram a prenhez de fêmea jovem como uma característica capaz de apresentar resposta à seleção visando ao melhoramento da precocidade sexual. A prenhez da fêmea jovem é uma característica categórica de limiar (prenhe ou vazia), relacionada com a puberdade e depende, simplesmente, da exposição das fêmeas ao touro por monta natural ou por inseminação artificial e do diagnóstico de gestação. No final da estação de monta, as fêmeas prenhes recebem a *nota* 1 e as vazias a *nota* 0. A prenhez de novilhas pode ser definida como a observação referente a uma novilha conceber e permanecer prenhe até o diagnóstico de gestação, caso ela tenha oportunidade de ser acasalada.

Os trabalhos de Evans *et al.* (1999) e de Doyle *et al.* (2000) mostraram que a característica apresentava herdabilidade mediana, mas suficiente para produzir resposta à seleção. Esses trabalhos foram, no entanto, baseados em fêmeas de raças europeias, principalmente da raça Angus, que são animais com histórico de seleção para precocidade sexual. Nos Zebuínos, a variabilidade genética para essa característica (na mesma idade) deveria ser maior.

Em 2001, o conjunto de dados disponibilizados pelo *Programa de Melhoramento da Raça Nelore*, da Agro-pecuária CFM, já permitia análises estatísticas confiáveis e os pesquisadores do Grupo de Melhoramento Animal (GMA), da Faculdade de Zootecnia e Engenharia de Alimentos da Universidade de São Paulo, iniciaram as suas pesquisas. A metodologia e os modelos matemáticos propostos para o gado europeu foram adequados para utilização em análises de dados referentes ao sistema de produção na raça Nelore. Os trabalhos iniciais foram desenvolvidos em parceria com o Professor Bruce L. Golden da Universidade Estadual do Colorado.

Nos programas de seleção, o fator preponderante para se obter ganho genético é a herdabilidade da característica. Para a PP14, os resultados obtidos pelos pesquisadores do GMA (Eler *et al.*, 2002) foram surpreendentes. Foram obtidos valores de coeficiente de herdabilidade da ordem de 57% na raça Nelore, enquanto os coeficientes de herdabilidade obtidos pelos pesquisadores do Colorado (Evans *et al.*, 1999 e Doyle *et al.*, 2000) ficavam entre 14 e 27%. Silva *et al.* (2005), avaliando outra população de novilhas jovens expostas ao touro, obtiveram herdabilidade igual a 52% para novilhas expostas aos 16 meses e apenas 12% para novilhas expostas aos 24 meses de idade.

A alta herdabilidade obtida para PP14 na raça Nelore tem sua explicação na pequena, senão nenhuma, pressão de seleção direta para precocidade. Os dados de campo mostraram que a raça Nelore apresenta grande variabilidade para prenhez aos 14 meses. Alguns touros chegaram a apresentar 55% das filhas concebendo, enquanto outros apresentaram apenas 1 ou 2%. Isso indica claramente que filhas de determinados touros atingem a puberdade mais cedo, e que filhas de outros touros atingem mais tarde. Essa variabilidade entre os touros (pais das novilhas) é responsável, em grande parte, pelo coeficiente de herdabilidade elevado. Essas diferenças só puderam ser detectadas a partir do momento em que se decidiu pelo desafio reprodutivo das novilhas aos 14 meses de idade. Quando se inicia a reprodução das novilhas aos dois anos, a variabilidade genética para idade na puberdade fica mascarada, pois praticamente todas as novilhas já atingiram essa puberdade. Com isto, não se consegue detectar as diferenças genéticas entre os touros, pais dessas novilhas. A precocidade sexual é uma simples função da idade na puberdade.

No caso dos trabalhos da Universidade do Colorado, a obtenção de herdabilidade apenas moderada poderia ser explicada pelo fato de que os animais são *Bos taurus*, para os quais, aos 14 meses, a maior parte das fêmeas já atingiu a puberdade.

O perímetro escrotal também tem herdabilidade alta, mas o PE é apenas uma característica indicadora da fertilidade da novilha, principalmente indicadora da idade na puberdade. Não se seleciona perímetro escrotal com o objetivo de aumentar o perímetro escrotal em si, mas sim de diminuir a idade na puberdade. Portanto, perímetro escrotal não é o objetivo de seleção, mas simplesmente um critério de seleção visando atingir o verdadeiro objetivo que é aumentar a taxa de prenhez de fêmeas jovens na população.

O ganho genético obtido para precocidade sexual, quando a seleção é baseada em perímetro escrotal, é o que se denomina ganho genético correlacionado, ou seja, depende da correlação genética entre a característica de precocidade sexual (no caso a PP14) e o perímetro escrotal. Eler *et al.* (2004) e Eler *et al.* (2007) reportaram estimativas de correlação genética entre perímetro escrotal e PP14 em torno de 28%. Cabe ressaltar que esses trabalhos de análise genética envolveram mais de 25.000 observações de novilhas expostas ao touro aos 14 meses e mais de 40.000 observações de perímetro escrotal. Esse valor apenas moderado de correlação genética entre as duas características não garante ganho genético rápido para a precocidade sexual, se a seleção for baseada em perímetro escrotal, mesmo que seja na DEP de perímetro escrotal.

Por outro lado, a característica *probabilidade de prenhez aos 14 meses* (PP14) é medida diretamente na fêmea e leva em conta a sua fertilidade inerente e, por isso, é a característica de interesse econômico, ou seja, o verdadeiro objetivo de seleção. A seleção baseada na DEP de PP14 permite ganho genético direto que é função apenas da herdabilidade da própria característica, e por isso a resposta à seleção é mais rápida, ou seja, o aumento da precocidade sexual se dá muito mais rapidamente do que se a seleção fosse baseada na DEP de perímetro escrotal.

A PP14 tem ainda várias propriedades que a tornam candidata à inclusão nos objetivos de seleção:

a) a obtenção dos dados não tem custos adicionais, pois estes já são normalmente controlados pelos criadores no momento do diagnóstico de gestação;

b) os métodos de diagnóstico de prenhez estão bem estabelecidos (palpação retal ou ultrassom, por exemplo);

c) os procedimentos analíticos já foram desenvolvidos e a DEP pode ser expressa em porcentagem, sendo de fácil interpretação.

A exposição ao touro de todas as fêmeas jovens numa estação de monta pode ser feita com custos reduzidos. Se o rebanho for grande, podem-se utilizar lotes com touros múltiplos. Quanto maior a taxa de prenhez obtida, melhor para o criador, mas o principal objetivo do desafio, não é a obtenção imediata de altas taxas de prenhez, mas sim a identificação de fêmeas superprecoces e, mais importante ainda, a identificação de reprodutores que produzem fêmeas superprecoces.

Muitos criadores comerciais de gado Nelore dizem não ter condições de clima, pastagens e manejo para fazer a primeira estação de monta das novilhas aos 14 meses. Trata-se de um assunto discutível, mas mesmo que isso seja verdadeiro, o que o criador ainda não entendeu é que o aumento da precocidade sexual do rebanho não serve apenas para quem faz a reprodução aos 14 meses. Mesmo para quem faz a primeira estação de monta das novilhas, aos dois anos, o aumento da precocidade sexual no rebanho é importante para que as fêmeas concebam mais cedo na estação de monta, façam seus partos mais cedo na estação de parição e, com isso, apresentem maior taxa de nova concepção na estação subsequente. Esse aumento na precocidade sexual pode ser obtido simplesmente pela utilização de touros identificados como de alto mérito genético (altas DEPs) para PP14. Albuquerque *et al.*(2006) e Albuquerque *et al.* (2007) apresentaram importantes revisões sobre esse assunto.

Trabalhos mais recentes reforçam ainda mais a utilização da PP14 como critério de seleção para precocidade sexual. Como mencionado anteriormente, a habilidade de permanência no rebanho ou *stayability* e a longevidade são características importantes na pecuária de corte. Ambas são funções das características produtivas mais econômicas, como peso na desmama e ganho de peso pós-desmama, e também função da fertilidade, pois vacas que falham na produção anual de um bezerro são descartadas do rebanho. A seleção direta para longevidade ou mesmo para *stayability* traz o inconveniente de aumentar o intervalo de gerações, reduzindo com isso a resposta à seleção. Van Melis *et al.* (2009) reportam, no entanto, na raça Nelore, uma correlação genética igual a 0,64±0,07 entre PP14 e *stayability* (habilidade de permanência no rebanho até a idade de 6 anos). No mesmo trabalho, os autores obtiveram uma correlação genética igual a 0,82±0,03 entre PP14 e longevidade. Esses resultados permitem concluir que a seleção baseada na DEP de PP14 permite a obtenção mais rápida de fêmeas precoces, férteis e longevas.

A utilização da PP14 como critério de seleção elimina a necessidade de medir perímetro escrotal?

Ao se dar ênfase à característica PP14, poderia então ser argumentado que a coleta de dados de perímetro escrotal (PE) seria um esforço inútil?!! Na verdade não é, pelo menos ainda não. Embora a correlação genética entre PP14 e perímetro escrotal seja apenas moderada, Eler *et al.*(2004) mostraram que a incorporação de informações de perímetro escrotal nos procedimentos analíticos para sua análise simultânea com PP14 (análise de duas característica) leva a um aumento da acurácia da predição da DEP para PP14, principalmente nos touros jovens.

Além dos touros jovens, sem progênie, touros mais antigos, sem informação de prenhez das filhas, mas que dispõem de informação de perímetro escrotal dos filhos, teriam aumento na acurácia da predição da DEP de PP14.

Evans *et al.*(1999) e Doyle *et al.*(2000) sugeriram que a relação entre prenhez de novilhas e perímetro escrotal poderia não ser uma função linear, ou seja, poderia haver um limiar na medida do perímetro escrotal para influenciar a prenhez. A partir desse valor, o impacto na taxa de prenhez seria o mesmo.

Parece plausível não haver necessidade de perímetros escrotais excessivamente grandes para influenciar a prenhez das filhas. Outro fator que pode estar interferindo na estimativa da correlação é a idade de medição do PE. Há necessidade de processar análises envolvendo PP14 e medidas de perímetro escrotal, realizadas em diferentes idades, para que se estabeleça a idade apropriada para se estimar a correlação genética entre as duas características. Eler *et al.* (2007) não encontraram diferenças significativas entre as estimativas de correlação genética entre as duas características, quando o perímetro escrotal foi medido mais próximo dos 450 dias ou mais próximo dos 550 dias.

A quantidade de informações é outro fator determinante na estimação da correlação genética entre PE e PP14. Correlações muito mais altas são obtidas para conjuntos de dados com grande quantidade de informações, nos quais as relações de *pedigree* são mais adequadas. PP14 e PE são informações medidas em animais diferentes, e a correlação entre elas é obtida por procedimentos que se baseiam na matriz de parentesco entre os animais, o que torna a estimativa dependente das relações de *pedigree* que envolvem as duas características simultaneamente.

Incorporação dos dados de perímetro escrotal na obtenção da DEP para probabilidade de prenhez aos 14 meses

O estudo de Eler *et al.* (2004) abordou a relação entre perímetro escrotal e probabilidade de prenhez de novilhas aos 14 meses. Uma vez obtidos os parâmetros genéticos (coeficientes de herdabilidade e de correlação genética) é possível incorporar o perímetro escrotal em uma análise que inclua, simultaneamente, as duas características (PE e PP14) para predição das DEPs para PP14. A partir desta incorporação, a DEP para PE poderia não ser mais utilizada nas decisões de seleção as quais passariam a basear-se unicamente na DEP para PP14. É intuitivo pensar que, numa tomada de decisão de seleção, a utilização das duas informações para o mesmo objetivo seria um complicador desnecessário, uma vez que uma delas já estaria incorporada na outra. O PE, portanto, continuaria a ser medido e analisado simultaneamente com os dados de PP14, melhorando a acurácia da predição da PP14, mas as DEPs para PE não seriam mais publicadas.

Embora a estimativa de correlação genética tenha sido de apenas 20%, os resultados da análise incorporando os dados de PE na análise de PP14 mostraram um pequeno aumento na acurácia da predição, principalmente para os touros jovens, ainda sem progênie. Para estes, o aumento de acurácia foi de cerca de 5%.

O aumento da acurácia das DEPs de PP14 preditas na análise que incorpora as informações de PE indica que essa análise deveria ser utilizada. No entanto, isso só teria valor, se as DEPs forem diferentes nos dois modelos de análise, incorporando e não incorporando os dados de PE. Um teste para verificar essa diferença é baseado na correlação de Spearman ou correlação de *rank*. Para os touros jovens, essa correlação foi de 91%. Em 2004, no entanto, apenas 25% dos touros jovens eram elegíveis para obtenção do CEIP (*Certificado Especial de Identificação e Produção*), conferido aos melhores animais de cada safra até o limite de 30%. A seleção era baseada em um índice que considera as DEPs para peso na desmama, ganho de peso na desmama aos 18 meses, perímetro escrotal e musculosidade, na proporção de 20, 40, 20 e 20%, respectivamente.

No estudo de Eler *et al.*(2004) o perímetro escrotal foi substituído pela PP14 na seleção dos 25% melhores animais. Tomando-se apenas os 25% selecionados, a correlação de *rank* caiu para 70%. Mais importante ainda foi o fato de que 21% dos touros jovens que seriam selecionados, se a análise incorporasse as informações de PE, seriam destinados ao frigorífico, caso a seleção fosse baseada na análise que considera apenas as informações de prenhez das novilhas. Logicamente, as DEPs de PP14 dos touros jovens, nessa última análise, viriam apenas das informações de *pedigree*, uma vez que touro jovem não tem progênie avaliada para PP14. Conclui-se assim, que é importante continuar medindo o perímetro escrotal para melhorar a acurácia da DEP de PP14. No entanto, dispondo-se da DEP de PP14, não se daria mais nenhuma importância à DEP de PE. Nessa análise, foram utilizados dados de PE apenas dos touros jovens contemporâneos das novilhas desafiadas aos 14 meses.

Os resultados na população objeto deste estudo têm sido encorajadores, e hoje o mercado dispõe de vários touros melhoradores da precocidade sexual, medida pela PP14. Os 30 melhores touros do Sumário de Touros Nelore da Agropecuária CFM 2007 são apresentados na **Tabela 1**.

Quando se disponibiliza, nos Sumários de Touros, a DEP de PP14, a DEP de PE não seria mais necessária. Os programas de melhoramento genético devem, no entanto, manter as duas DEPs nos Sumários até que o mercado entenda bem a DEP de PP14.

Como entender a DEP de PP14

Para uma melhor interpretação da DEP de PP14, tome-se o seguinte exemplo de dois touros extremos em termos de mérito genético, touros **A** e **B**, cada um acasalado com grupos diferentes de vacas do mesmo rebanho. Para simplicidade, assuma-se que toda a progênie é formada de novilhas, todas são retidas para acasalar, e todas têm oportunidade igual no acasalamento. O touro **A** tem uma DEP de PP14 igual a +27, e o touro **B** uma DEP igual a –25. Em média, as novilhas filhas do touro **A** têm 52% a mais de probabilidade de conceber e permanecer prenhes quando comparadas com as filhas do touro **B**. [Diferença = +27 – (-25) = 52%].

A DEP é calculada desviando-se as soluções de modelos mistos de 50%, de modo a se obter valores positivos e negativos. Se a taxa de prenhez na população avaliada for de 30%, um touro DEP = 0 teria 30% de probabilidade de prenhez de suas filhas, aos 14 meses. O touro DEP +27 produziria filhas com cerca de 57% de probabilidade de prenhez aos 14 meses [30 + 27 = 57]. O touro DEP -25 produziria filhas com apenas 5% de probabilidade de prenhez aos 14 meses [30 – 25 = 5]. O exemplo acima é de dois touros extremos em mérito genético, e a diferença entre eles é de 52% (57% - 5%).

Desenvolvimentos mais complexos da metodologia mostram, no entanto, que, para baixas taxas de prenhez, as diferenças são maiores. No exemplo acima, com dois touros extremos em mérito genético, a diferença entre os touros extremos poderia chegar próximo de 60%, resultado consistente com dados observados no campo em que os touros são realmente extremos em relação à taxa de prenhez de suas filhas.

Na pecuária de corte existe o *mito* que faz crer que o Nelore (e o Zebu de um modo geral) é tardio e ponto final. Na realidade, o que existe são animais tardios e animais precoces. Para se fazer uma população precoce, basta identificar os reprodutores que transmitem precocidade (além das fêmeas) e utilizá-los. A seleção depende, no entanto, de predição confiável do mérito genético (entenda-se DEP) e, para essa predição, é fundamental a percepção e o interesse dos criadores. Nas raças europeias, quando se fala de prenhez de novilha está implícito que é em torno de um ano de idade. Para os zebuínos, a idade de reprodução sempre foi tida como 24 meses ou mais. No caso de seleção para precocidade, há necessidade de desafiar as fêmeas jovens, seja utilizando monta natural ou inseminando-as, independentemente do peso que apresentem no início da estação de monta. A taxa de prenhez será baixa no início, mas irá aumentando significativamente nas gerações sucessivas de seleção.

Resultados práticos na população analisada

Alguns resultados práticos de campo mostraram que novilhas filhas de vacas precoces apresentaram taxa de prenhez aos 14 meses significativamente maior do que as contemporâneas, filhas de vacas normais. São classificadas como precoces as vacas que parem pela primeira vez com no máximo 27 meses de idade. Parindo até essa idade, elas ainda têm chance de entrar normalmente na estação de monta do ano subsequente, para conceber novamente.

As taxas de prenhez para o conjunto total de vacas expostas e para a última safra avaliada (2007) estão na **Tabela 2**.

Foram expostas, aos 14 meses, 28.912 fêmeas nascidas entre 1994 e 2004. A taxa de prenhez média aos 14 meses de idade foi de 16,1%. À primeira vista, pode parecer uma taxa

Tabela 1. Melhores touros para precocidade sexual (PP14) apresentados no Sumário de Touros da Agropecuária CFM Ltda em 2007. Touro, Nome, Nome do Pai (**PAI**), Diferença Esperada de Progênie (**DEP**), Número de filhas expostas aos 14 meses de idade (**NFE**) e acurácia BIF da avaliação genética (**AC**).

TOURO	NOME	PAI	DEP	NFE	AC
SF353001	CFM LUAL	KULAL	30,90	15	0,56
SF342097	CFM SF342097	CFM ÉBANO	30,68	28	0,64
LA263893	KULAL	CFM VISÃO	30,66	189	0,84
SF160800	CFM KAPA	CFM ENSINO	30,56	17	0,58
CH817199	CFM CH817199	CFM DECRETO	30,29	21	0,60
SF333699	CFM SF333699	CFM DECRETO	29,63	9	0,49
SF278994	CFM ENSINO	CFM BARRINHA	29,62	331	0,89
EL505693	CFM DAMASCO	CFM ARACAJU	29,40	20	0,58
EL623394	CFM ÉBANO	ZEFEC ABDALLA	29,34	57	0,75
SF349697	CFM HARMONIOSO	CFM ÉBANO	29,32	32	0,66
SF335399	CFM SF335399	CFM DECRETO	29,28	13	0,53
EL504693	CFM DECISIVO	CFM ARACAJU	29,19	12	0,51
XX031499	CLARK DA AJ	GUARITA AJ	29,17	27	0,63
SF004999	CFMSF004999	KULAL	29,08	36	0,68
SF042099	CFM JOTA	KULAL	29,04	7	0,45
SF185901	CFM LETRADO	CFM ENSINO	28,96	27	0,64
SF213899	CFM JIM	CFM ENSINO	28,94	42	0,70
SF190102	CFM MINÉRIO	CFM DIAMANTE	28,93	28	0,64
SF001799	CFM JATOBÁ	KULAL	28,75	5	0,41
SF107001	CFM LAVRADOR	CFM CAPINEIRO	28,47	10	0,51
SF033302	CFM MISTÉRIO	CFM SF426199	28,35	25	0,62
PC017596	CFM GRAÚDO	CFM BOTO	28,31	90	0,78
SF181599	CFM JAMANTA	CFM DIAMANTE	28,14	46	0,71
SF102601	CFM LAUREADO	CFM ÉBANO	28,10	21	0,60
SF012096	CFM SF012096	SFRM3196	28,05	11	0,48
SF055399	CFM JUIZ	CFM GRANIZO	27,98	28	0,65
SF035799	CFM JEQUITIBÁ	CFM GAVIÃO	27,96	66	0,75
SF013799	CFM JOSEPH	CFM DIAMANTE	27,86	40	0,69
SF035100	CFM KAPLAN	CFM SF026197	27,83	39	0,68
EL587894	CFM ESPECIAL	CFM TIETÊ	27,76	192	0,84

de prenhez baixa, mas deve-se levar em consideração que esses resultados foram obtidos exclusivamente em regime de pasto e utilizando-se lotes muito grandes de novilhas expostas a um grupo de reprodutores múltiplos (RM). Os lotes tinham em média 300 novilhas, e o RM para um lote de 300 fêmeas tinha em torno de 8 touros. Se o sistema de produção tivesse sido baseado em lotes menores de fêmeas, a taxa poderia ter sido maior. Com suplementação das fêmeas, os resultados também poderiam ter sido melhores. Mesmo assim, o sistema permitiu a identificação de 4.650 fêmeas precoces e permitiu a identificação de touros que produzem filhas precoces (como os touros da **Tabela 1**).

A utilização dos dados referentes às 28.912 fêmeas permitiu a realização de avaliação ge-

Tabela 2. Taxa de prenhez obtida para as novilhas expostas ao touro, com 14 meses de idade, em média.

Prenhez aos 14 meses (PP14) Total de fêmeas expostas: 28.912	
Quadro geral	
Total: 28.912	Safra 2007: 988
Prenhes: 4.650 (16,1 %)	Prenhes: 309 (31,3%)
Vazias: 24.262 (83,9%)	Vazias: 679 (68,7%)
Em relação à precocidade sexual das mães	
Mães normais	**Mães normais**
Total: 24.931	Safra 2007: 510
Prenhes: 3.663 (14,7%)	Prenhes: 105 (20,6%)
Vazias: 21.268 (85,3%)	Vazias: 405 (79,4%)
Mães precoces	**Mães precoces**
Total: 3.981	Safra 2007: 478
Prenhes: 987 (24,8%)	Prenhes: 204 (42,7%)
Vazias: 2.994 (75,2%)	Vazias: 274 (57,3%)

nética com predição da DEP para precocidade sexual (PP14) para os touros jovens comercializados nas últimas safras, ou seja, permitiu a identificação de touros jovens com alto mérito genético para PP14. Parte dos touros jovens foi utilizada pelo próprio programa de melhoramento genético (CFM), e parte foi disponibilizada para o mercado que pode, assim, adquirir material genético para o melhoramento de seus plantéis.

Uma observação rápida na **Tabela 2** leva a pensar em um aumento muito grande do mérito genético para precocidade das novilhas nascidas em 2004 e expostas ao touro em 2007. A taxa de prenhez, na safra 2007, foi de 31,3% contra uma média histórica de 16,1%. Na verdade, a safra 2007, mostrada neste artigo por ser a última safra avaliada pelo programa de melhoramento, foi uma safra atípica em termos de manejo reprodutivo das fêmeas jovens. Por razões econômicas, a população objeto deste estudo está sendo transferida para o Mato Grosso do Sul e para o Oeste da Bahia. Por essa razão, na estação de reprodução 2006/2007, apenas 988 fêmeas jovens foram expostas aos 14 meses contra 3.789 em 2004/2005 e 3.348 em 2005/2006. As novilhas da safra 2007 constituem uma amostra com certo grau de seleção. No entanto, em decorrênicas das comparações que serão feitas um pouco mais à frente, neste capítulo, a safra 2007 constitui-se em importante conjunto de dados para aferição dos resultados de PP14.

Observa-se, na **Tabela 2**, que, das 28.912 fêmeas expostas ao touro aos 14 meses, 24.931 novilhas são filhas de vacas normais, vacas que tiveram seu primeiro parto com mais de 27 meses de idade. Para estas, a taxa de prenhez foi de 14,7% (média histórica igual a 16,1%); e 3.981 novilhas vieram de vacas precoces e, para elas, a taxa de prenhez foi igual a 24,8%. Isso quer dizer que as filhas de vacas precoces tiveram 72% a mais de chance de conceber aos 14 meses do que as filhas de vacas normais.

Em relação à safra 2007, a comparação é também importante. Das 988 novilhas expostas aos 14 meses, para as quais a taxa de prenhez foi de 31,3%, 510 são filhas de vacas não precoces (ou normais) e 478 filhas de vacas precoces. Para as filhas de vacas precoces, a taxa de prenhez foi de 42,7% contra 20,6% para as filhas de vacas normais, ou seja, a taxa de prenhez das filhas de precoces foi 107,3% maior do que a das filhas de vacas normais.

Os resultados da **Tabela 2** mostram, claramente, que a precocidade sexual, medida pela PP14, apresenta alta herdabilidade; e que o aumento da precocidade sexual na população pode ser obtido muito rapidamente com a seleção baseada nesta característica.

Impacto da seleção para precocidade sexual

Um trabalho de simulação (em conjunto com a FNP Consultoria) mostrou que a redução do primeiro parto de 3 para 2 anos produziria um aumento de 16% no retorno econômico do sistema. Uma observação simplista permite dizer que uma vaca que pare aos dois anos de idade produziria ao longo da vida um bezerro a mais e existe a exclusão de um ano de recria dessa fêmea, período que o animal, normalmente, apresenta somente custo de produção sem receita alguma para o sistema. Há, no entanto, necessidade de se efetuarem estudos de longo prazo para que isso possa ser confirmado. Se não é um bezerro a mais, esse número poderia ficar entre 0,5 a 0,8 bezerro a mais, em média.

A reprodução aos 14 meses não requer grande aumento de investimento em alimentação e pode ser a melhor alternativa para melhorar sistemas de produção de baixo custo. Mas não adianta ser só precoce, o animal precisa ser também ganhador de peso, apresentar qualidade de carne e de carcaça, ou seja, deve-se selecionar para obtenção de um animal bem equilibrado.

Os estudos relacionados com PP14 foram realizados em regime exclusivo de pasto. Os aspectos nutricionais são importantes. Poderia ser discutida a utilização de suplementação das fêmeas jovens para a obtenção de maior taxa de prenhez já no início da estação de monta. Isso não prejudicaria a identificação dos animais precoces, desde que houvesse controle eficiente dos lotes de reprodução. O benefício principal seria a parição mais cedo, permitindo o aumento da taxa de nova concepção.

Referências bibliográficas

Albuquerque, L.G.; Mercadante, M.E; Eler, J.P. Recent Studies on the Genetic Basis For Selection of Bos indicus For Beef Production. In WORD CONGRESS ON GENETICS APPLIED TO LIVESTOCK PRODUCTION, 8TH. Proceedings. Belo Horizonte, August 2006, 2006..

Albuquerque, L.G.; Eler, J.P.; Mercadante, M.E. Aspectos da Seleção de Bos indicus para Produção de Carne. **Boletim da Indústria Animal**, v.64, n.4, p.339 -348, 2007.

Doyle, S.P.; Golden, B.L.; Green, R.D.; Brinks, J.S. Additive genetic parameter estimates for heifer pregnancy and subsequent reproduction in Angus females. **J. Anim. Sci.**, v.78, p.2091-2098, 2000.

Eler, J.P.; Silva, J.A.V.; Ferraz, J.B.S.; Dias, F.; Oliveira, H.N.; Evans, J.L.; Golden, B.L. Genetic Evaluation of the Probability of Pregnancy at 14 Months for Nellore Heifers. **J. Anim. Sci.**, v.80, p.951-954, 2002.

Eler, J.P.; Silva, J.A.V.; Evans, J.L.; Ferraz, J.B.S; Dias, F.; Golden, B.L. Additive Genetic Relationship Between Heifer Pregnancy and Scrotal Circumference in Nellore Cattle. **J. Anim. Sci.**, v.82, p.2519-2527, 2004.

Eler, J.P.; Ferraz, J.B.S; Balieiro, J.C.C.; Mattos, E.C.; Mourão, G.B. Genetic correlation between heifer pregnancy and scrotal circumference measures at 15 and 18 month of age in Nellore cattle. **Genetics and Molecular Research**, v.5, n.4, p.569-580, 2006.

Eler, J.P.; Ferraz, J.B.S; Balieiro, J.C.C.; Mattos, E.C. Genetic Analysis of Average Annual Productivity of Nellore Breeding Cows (COWPROD). **Genetics and Molecular Research**, 2008 (in press).

Evans, J. L.; Golden, B.L; Bourdon, R.M.; Long, K.L. Aditive genetic relationship between heifer pregnancy and scrotal circumference in Hereford cattle. **J. Anim. Sci.**, v.77, p.2621-2628, 1999.

Johnston, D.J., Bunter, K.L. Days to calving in Angus cattle.genetic and environmental effects, and covariances with other traits. **Livest. Prod. Sci.**, v.45, p.13-22, 1996.

Koots, K.R.; Gibson, J.P.; Wilton, J.W. Analysis of published parameter estimates for beef production traits: 2. Phenotypic and genetic correlations. **Anim. Bred Abstr.**, v.62, p.825-853, 1994.

Pereira, E.; Eler, J.P.; Costa, F.A.A.; Ferraz, J.B.S. Análise genética da idade ao primeiro parto e do perímetro escrotal em bovinos da raça Nelore. **Arq. Brás. Méd. Vet. Zootec.**, v.53, n.1, p.116-121, 2001.

Schwengber, E.B.; Bezerra, L.A.F.; Lobo, R.B. Produtividade acumulada como critério de seleção em fêmeas da raça Nelore. **Ciência Rural**, v.31, n.3, p.483-486, 2001.

Silva, J.A.II.V; Dias, L.T.; Albuquerque, L.G. estudo genético da precocidade sexual de novilhas em um rebanho Nelore. **Rev. Bras. Zootec.**, v.34, n.5, p.1568-1572, 2005.

Van Melis, M.H.; Eler, J.P.; Oliveira, H.N.; Rosa, G.J.M.; Silva, J.A.II.V.; Ferraz, J.B.S.; Pereira, E. Study of stayability in Nellore cows using a threshold model. **J. Anim. Sci.**, v.85, p.1780-1786, 2007.

Van Melis, M.H. *et al.* **Relação genética aditiva entre perímetro escrotal, probabilidade de prenhez aos 14 meses e habilidade de permanência no rebanho em fêmeas Nelore**. (em preparação para publicação). 2008a

Van Melis, M.H. *et al.* Additive genetic relationship of longevity with fertility and production traits in Nelore cattle using bivariate models. **Genetic and molecular Research**. 2009 (prelo).

CAPÍTULO 41

Luiz Lehmann Coutinho
Professor Titular
Departamento de Zootecnia
ESALQ/USP. Piracicaba, SP
llcoutin@esalq.usp.br

Érika Cristina Jorge
Pós-doutoranda
Departamento de Zootecnia
ESALQ/USP. Piracicaba, SP
ecjorge@esalq.usp.br

Millor Fernandes do Rosário
Pós-doutorando
Departamento de Zootecnia
ESALQ/USP. Piracicaba, SP
millor@usp.br

Luciana Correia Almeida de Regitano
Pesquisadora da EMBRAPA Pecuária
Sudeste. São Carlos, SP
luciana@cppse.embrapa.br

A genômica na bovinocultura de corte

Introdução

As atuais raças de bovinos originaram a partir de um ancestral selvagem conhecido como *auroque* (*Bos primigenius*), que ocorria na Ásia, Europa e Norte da África. Esses animais selvagens foram inicialmente domesticados de forma independente no sudoeste da Ásia (região conhecida como Crescente Fértil) e na Índia, aproximadamente 6 mil anos a.C (Torres, 1981; Hiendleder *et al.*, 2008; McKay *et al.*, 2008). As raças taurinas derivaram da domesticação original ocorrida no sudoeste da Ásia, seguida por outros eventos similares a partir de populações selvagens de *auroque* na Europa, privilegiando a produção de carne e leite. Já os *auroques* da Índia foram domesticados para produzir animais de trabalho, que fossem resistentes às condições climáticas e às moléstias parasitárias das regiões tropicais, originando as raças zebuínas atuais. Espécies congêneres de bovinos selvagens existem até hoje, como exemplo, o iaque, o gaial e o de java (ou de Bali). O último *auroque* morreu na Europa em 1627, e hoje as raças de bovinos são derivadas das subespécies *Bos taurus taurus* e o *Bos taurus indicus* (Torres, 1981; Hiendleder *et al.*, 2008; McKay *et al.*, 2008). O processo de domesticação representa tradicionalmente um estreitamento da diversidade genética. Entretanto, em decorrência da domesticação recorrente e independente a partir de uma espécie selvagem ancestral, as raças atuais de bovinos possivelmente mantêm uma relevante diversidade genética, percebida fenotipicamente ao comparar raças contrastantes como Jersey e Holandês, Gir e Nelore.

Foi apenas no século XX que a bovinocultura deixou de ser uma atividade apenas de subsistência e extrativista para ser conduzida como uma atividade comercial. Foi naquele século que se acentuou a necessidade por animais que apresentassem melhor desempenho e que fossem mais bem adaptados às diversas condições ambientais. Deu-se início, então, aos programas de melhoramento das raças bovinas, empregando como base genética o conjunto de alelos das raças já domesticadas e, portanto, já alterado da espécie selvagem. Inicialmente, esses programas de melhoramento foram conduzidos intuitivamente, com base em características produtivas e estéticas de animais que apresentavam fenótipos superiores. Esses animais eram selecionados como genitores para as próximas gerações, as quais apresentavam melhor desempenho. Ciclos de mensuração de fenótipos foram estabelecidos para a seleção dos animais que apresentavam genótipos superiores para constituírem os progenitores das gerações seguintes. Consequentemente, anos de seleção por meio desses ciclos conduziram ao aumento da frequência de alelos favoráveis que aprimoravam as características produtivas nas populações bovinas. Os programas de melhoramento, então, aperfeiçoaram os índices de produtividade, além de um alto potencial adaptativo para essas espécies, sem conhecer os genes individualmente e os mecanismos moleculares a eles associados. Salienta-se que, graças aos avanços nas áreas da estatística, com o desenvolvimento de modelos de seleção mais elaborados, bem como da computação, com o desenvolvimento de *softwares* cada vez mais sofisticados, os programas de melhoramento têm conseguido progressos significativos.

Apesar dos ganhos observados em diversas características (como ganho de peso, produção de leite), a previsão do potencial genético baseado exclusivamente no fenótipo do animal não tem sido 100% eficiente para atender à demanda em outras características de interesse econômico. *Como prever, por exemplo, o rendimento de carcaça e de partes e quantidade de gordura corporal sem abater o animal? E avaliar a resistência a doenças sem realizar o desafio com um patógeno?* Esses são alguns exemplos de características difíceis ou onerosas de serem mensuradas com acurácia em programas de melhoramento tradicional e, portanto, o incremento nas taxas de melhoramento dessas características fica dificultado.

O trabalho de G. Mendel, de 1865, estabeleceu as leis da hereditariedade, associando um componente hereditário (definido por Mendel como *fator* ou *unidade*) às características observáveis. Já o trabalho de Ronald A. Fisher, de 1918, foi o primeiro a distinguir a variância genética da variância ambiental e a decompor a variância genética em aditiva, de dominância e de epistasia. Esses trabalhos permitiram definir que o fenótipo (variabilidade fenotípica) pode ser decomposto em duas partes: uma devida à genética (variabilidade genética) e outra devida ao ambiente (variabilidade ambiental). Mas foi apenas em 1944, que Oswald T. Avery determinou que o fator hereditário era determinado pelo DNA.

Com o advento dos marcadores moleculares propostos na década de 1970, vislumbrou-se a possibilidade de incrementar a informação oriunda do fenótipo com aquela oriunda diretamente do DNA, de forma que os processos de identificação e seleção dos genótipos superiores pudessem ser realizados mais eficientemente. As marcas na sequência de DNA próximas à região de interesse (genes) permitiriam o acompanhamento da segregação de alelos por gerações e, por consequência, da característica de interesse a elas associada. Essas marcas são identificadas pela associação dos alelos segregantes com valores fenotípicos referentes à característica estudada. Como a capacidade de produção de um animal (fenótipo) é o resultado da interação entre o material genético (genótipo) e o ambiente, esses marcadores representariam a possibilidade de seleção de animais também com base no genótipo, antes mesmo da expressão do fenótipo. Vislumbrou-se, portanto, a possibilidade de determinação do potencial genético de um animal nos estádios embrionários ou jovens, sem a necessidade de avaliação da produção ou da progênie, o que levaria a uma seleção mais rápida e eficiente de animais superiores.

Exemplos da aplicação desses marcadores no melhoramento animal têm sido incrementados desde a década de 1990. Assim, foi desenvolvido um teste molecular para a detecção do gene halotano, que promove uma redução na qualidade da carne de suínos (carne PSE), hoje largamente empregado pela suinocultura (Fujii *et al.*, 1991). A identificação de mutação no gene da miostatina, responsável pelo fenótipo de musculatura dupla observado em bovinos das raças Belgian Blue e Piedmontese, que promove um aumento significativo da massa muscular do animal (~ 30%), é um outro exemplo de como a informação direta do genótipo pode ser utilizada na seleção de animais para a produção de carne (Bellinge *et al.*, 2005). Outro exemplo está relacionado à qualidade da carne de bovinos (maciez e marmoreio), incluindo o desenvolvimento de testes genéticos comerciais para maciez por empresas privadas.

O estudo de genes candidatos tem sido uma ferramenta poderosa para a identificação das mutações que influenciam características controladas por um ou poucos genes. No entanto, a maioria das características de interesse econômico apresenta o padrão poligênico de herança, sendo determinadas por inúmeros genes de grande e/ou de pequenos efeitos individuais e sob forte influência de fatores ambientais. A identificação dos alelos associados a essas características complexas nas populações foi facilitada pelo desenvolvimento e localização de marcadores moleculares polimórficos no genoma, principalmente os microssatélites e os polimorfismos de base única (SNPs), que têm permitido a construção de mapas genéticos saturados e, consequentemente, o mapeamento de locos de características quantitativas (do inglês, *quantitative trait loci*, QTLs). A integração dos resultados oriundos dessas abordagens aos obtidos pelas estratégias de genes candidatos, estudos relacionados à expressão gênica envolvendo técnicas de PCR quantitativa, microarranjos e sequenciamento poderão permitir a dissecação e a compreensão do número, função, contribuição e localização dos genes envolvidos no controle das características quantitativas. Detalhes dessas técnicas sob o enfoque do genoma bovino serão contemplados neste capítulo.

Genômica: definições e conceitos

Com os conceitos a seguir, pretende-se dar suporte para que o leitor possa compreender como a genômica animal pode servir de ferramenta ao melhoramento genético. Em uma visão geral, a genômica animal segue o Dogma Central da Biologia: no núcleo das células, partes da sequência de DNA são transcritas em RNA mensageiro que são exportadas para o citoplasma e traduzidas em proteínas, as quais irão desempenhar o controle da maquinaria celular, possibilitando que as diferenças moleculares sejam expressas e visualizadas nos fenótipos diferenciados.

DNA

O material básico para estudos relacionados à genética molecular é o DNA (do inglês *deoxyribonucleic acid* ou ADN do português ácido deoxiboribonucleico). Essa molécula contém a informação genética que controla o desenvolvimento e a função dos processos vitais. O DNA é encontrado no núcleo das células animais, sendo que, em bovinos, as células mais comumente empregadas nas análises moleculares são os leucócitos do sangue, células da pele, dos bulbos capilares e das mucosas. Todas as características, sejam elas qualitativas (cor da pelagem, presença ou ausência de chifres) ou quantitativas (peso corporal, resistência a doenças), são influenciadas pelos genes que estão localizados na sequência do DNA, que é composto por moléculas de pentose, fosfato e bases nitrogenadas (adenina, timina, guanina e citosina), arranjadas em uma estrutura de dupla hélice.

Gene

É uma sequência de nucleotídeos específica na fita de DNA, que apresenta a capacidade de ser transcrita em um RNA mensageiro (RNAm) e, eventualmente, traduzida em uma proteína. Portanto, gene é a unidade básica controladora de uma ou mais características fenotípicas. Um gene contém sequências codificadoras de proteínas (chamadas éxons) intercaladas por sequências não-codificadoras (os íntrons). O gene contém ainda regiões controladoras que vão determinar o momento (idade), local (tecido) e nível apropriados de expressão, em que cada gene será transcrito em uma molécula de RNAm, a qual será exportada para o citoplasma, onde será processada e traduzida em proteína, que desempenhará uma função celular.

Alelo

Uma das diversas formas de um gene. Os alelos são os responsáveis por filhos dos mesmos pais apresentarem características similares, mas não idênticas. Por exemplo, todos os bovinos possuem um gene chamado miostatina que controla o desenvolvimento muscular. Em alguns animais, esse gene pode conter uma mutação que modifica o funcionamento desse gene e resulta em uma maior multiplicação de células musculares. Ou seja, um mesmo gene pode apresentar diferentes alelos que podem influenciar uma determinada característica fenotípica. O melhoramento genético tradicional e o molecular buscam identificar, selecionar e transmitir os alelos mais favoráveis para as características de produção na bovinocultura de corte. Os alelos estão localizados no genoma em posições denominadas de locos.

PCR

A técnica de PCR (do inglês *polymerase chain reaction* ou em português, reação em cadeia da polimerase) foi desenvolvida em meados de 1980 (Mullis e Faloona, 1987; Saiki *et al.*, 1988) e rapidamente tornou-se a técnica mais empregada na biologia molecular. Essa técnica consiste em uma amplificação ou multiplicação exponencial de regiões específicas no DNA, a partir de uma quantidade mínima de material molde inicial (DNA de poucas células). A partir dessa técnica, é possível, sintetizar em laboratório inúmeras cópias de uma sequência de interesse do DNA. O equipamento necessário para a amplificação é conhecido como termociclador, assim denominado por promover a rápida elevação e a diminuição de temperatura, em uma ciclagem programada. Somente com a descoberta da enzima Taq polimerase (enzima que sintetiza DNA) em microrganismos termófilos (que vivem em águas com altas temperaturas) (Saiki *et al.*, 1988) é que foi possível otimizar a PCR em laboratório. A PCR vem sendo empregada no sequenciamento de DNA, teste de paternidade, seleção genética, detecção de defeitos genéticos, diagnóstico do câncer, estudos forenses e identificação de organismos patogênicos em processos infecciosos ou contaminações, por exemplo.

Marcadores moleculares

Marcador molecular é definido como qualquer fenótipo molecular oriundo de um gene expresso (isoenzimas) ou de um segmento específico de DNA, presente tanto em regiões codificadoras como nas não-codificadoras. Esses segmentos específicos de DNA podem conferir as diferenças fenotípicas entre indivíduos de uma mesma população, ou podem estar próximos a regiões que conferem diferenças fenotípicas. Marcadores podem ser resultado da alteração de uma única base nitrogenada no DNA, chamado de marcador SNP (do inglês *single nucleotide polymorphism* ou em português polimorfismo de base única). Outras alterações podem resultar da inserção ou deleção de bases em uma região do DNA. Algumas sequências contêm pedaços muito pequenos de DNA que são repetidas muitas vezes pelo genoma e, por isso, são denominadas de SSR (do inglês *simple sequence repeats* ou em português simples sequências repetidas) ou STR (do inglês *short tandem repeats* ou em português pequenas repetições em tandem) ou microssatélites que são bastante polimórficas. Essas sequências podem ser detectadas de diferentes formas, que variam de acordo com o tempo, acurácia e custos, tanto para produzi-las quanto detectá-las. Equipamentos automatizados para determinação de genótipos têm sido desenvolvidos, o que tem tornado tanto o tempo quanto os custos mais acessíveis para obter a informação de milhares de polimorfismos de DNA de vários animais simultaneamente.

Mapa de ligação

Representa a ordem linear dos marcadores moleculares e/ou genes ao longo dos cromossomos. A construção de mapas de ligação é baseada na mensuração da taxa de recombinação que é consequência do *crossing over* ou permutação, isto é, da recombinação entre locos. Um por cento de recombinação representa um centiMorgan (cM) em unidades de mapeamento, aproximadamente.

Locos de características quantitativas (QTLs)

O mapeamento de QTLs baseia-se na definição de regiões cromossômicas associadas à variação genética de características de interesse econômico. A identificação dessas regiões é dependente do desenvolvimento de mapas genéticos saturados com um número elevado de marcadores moleculares, geralmente de uma população experimental (delineamento F_2, de filhas ou de netas) oriunda do cruzamento entre raças divergentes, da genotipagem e fenotipagem de um número grande de animais, juntamente com o desenvolvimento de métodos estatísticos. O banco de dados conhecido como CattleQTLdb (http://www.animalgenome.org/QTLdb/cattle.html, acesso em outubro de 2009) já disponibiliza 2.344 QTLs mapeados para 185 características de bovinos, agrupadas nas categorias exterior (63), sanidade (175), carne (314), leite (741), produção (540) e reprodução (519). No Brasil, um convênio estabelecido entre as unidades da EMBRAPA Gado de Leite e Pecuária Sudeste, ESALQ e UFV tem permitido conduzir estudos genômicos em uma população experimental F_2 oriunda do cruzamento entre as raças Gir e Holandês para características associadas ao crescimento, carcaça e resistência a parasitas.

Gene candidato

Gene que apresenta ação biológica conhecida e que está envolvido com o desenvolvimento ou a fisiologia de uma característica de interesse econômico. Genes candidatos também podem ser escolhidos com base em mutações de características identificadas em outras espécies (tais como humanos e camundongo), sugerindo um papel para o gene em características correspondentes nas espécies domésticas; ou então, com base na posição do gene em relação a QTLs já mapeados. O gene da *miostatina*, associado à formação da musculatura dupla em bovinos, é um exemplo bem sucedido da aplicação dessa estratégia (Grobet *et al.*, 1997).

Sequenciamento do genoma

Com o sequenciamento de um genoma é possível determinar a sequência correta de nucleotídeos de todos os genes presentes na espécie e também das regiões intergênicas não-codificadoras, as quais podem conter regiões reguladoras importantes e são fontes da maior parte da variação genética (mutações) observada entre os indivíduos da mesma espécie. A primeira versão da sequência do genoma bovino foi determinada e disponibilizada para acesso público em 2004, obtida a partir do DNA extraído de uma fêmea da raça Hereford. Uma versão mais recente de 2006, já representou uma cobertura de seis vezes a sequência completa do genoma dos mais de 3 bilhões de bases nitrogenadas (~ 3,7 Gb, gigabases). Esforços têm sido realizados no intuito de identificar e caracterizar os genes dos bovinos, por comparação com genes já mapeados em outras espécies. Em 2007, foi publicado o mapa físico do genoma bovino com a contribuição de mais de 20 grupos de pesquisa de oito países (Austrália, Brasil, Canadá, Escócia, Estados Unidos, França, Itália e Nova Zelândia) ao longo de cinco anos. Esse mapa genético foi constituído por um grande banco de dados contendo 422.000 sequências de DNA e mais de 17.000 marcadores (http://www.bovinegenome.org).

Mais recentemente, em abril de 2009, a revista Science destacou em sua capa a publicação da sequência do genoma bovino com a identificação de 22.000 genes (Elsik *et al.*, 2009). Com a obtenção da sequência do genoma, é possível visualizar qualquer região nos 29 autossomos e, no cromossomo sexual feminino de bovinos, localizar genes, identificar variações e comparar as sequências de bovinos com outras espécies.

Expressão gênica

A análise da expressão gênica corresponde à análise quantitativa da abundância de RNAs mensageiros (RNAm) transcritos de um gene. Uma amostra pequena de um tecido é suficiente para revelar o seu conteúdo de RNAm característico. Essa população de RNAm corresponde ao conjunto dos genes expressos naquele tecido, em função de uma determinada condição biológica, tratamento ou fase do desenvolvimento. Portanto, a população de RNAm é fonte de identificação de genes candidatos diretamente no tecido de interesse. As etiquetas de sequências expressas (as ESTs, do inglês *expressed sequence tags*) (Adams *et al.*, 1991, detalhado por Hatey *et al.*, 1998) são sequências obtidas a partir de uma das extremidades das moléculas de RNAm (causa poli-A). São ferramentas indispensáveis para a identificação de genes e para a anotação do mapeamento físico do genoma. Mais de 1.500.000 ESTs foram geradas a partir de tecidos de bovinos e encontram-se depositadas no banco público de sequências (NCBI, acesso em outubro de 2009).

Microarranjos

Os microarranjos de DNA, cDNA ou de oligonucleotídeos são ferramentas desenvolvidas para permitir a detecção e a quantificação da expressão gênica em larga escala. O princípio desse método baseia-se na hibridização de ácidos nucleicos, que é bastante sensível e específica, em consequência das propriedades de complementaridade entre fitas desses ácidos. Os microarranjos consistem em uma matriz altamente ordenada de inúmeras sequências de DNA fixadas a uma plataforma, que pode ser uma membrana de náilon ou um *slide* de vidro. A amostra biológica de interesse fornece a população de DNA ou RNAm que se pretende quantificar. Esse material biológico é sintetizado na presença de nucleotídeos modificados (com fluorescência ou radioisótopos). Quando hibridizado ao DNA fixado na plataforma, esse material marcado emite um sinal, que é detectado por um *scanner* e convertido em uma leitura quantitativa relativa ao nível de expressão do gene. Essa estratégia tem sido utilizada para a identificação de genes de interesse econômico, porque organismos com características fenotípicas divergentes possivelmente apresentam expressão diferencial dos genes relacionados a essas características. A visão global da expressão gênica fornece a compreensão de mudanças temporais e espaciais na atividade gênica, que contribui para a identificação de genes específicos ou de expressão diferenciada em raças ou linhagens distintas. Esses arranjos representam, portanto, ferramentas fundamentais para a determinação das funções biológicas de genes pelo padrão de expressão tecido-específico e, consequentemente, para complementar as informações biológicas obtidas no mapeamento de QTLs e nos projetos de sequenciamento, para promover a identificação dos genes associados a características complexas, como as de interesse econômico.

Estudos de genômica funcional que vêm sendo desenvolvidos para bovinos incluem um microarranjo contendo 9.274 transcritos expressos nos tecidos muscular e adiposo de bovinos (Lehnert *et al.*, 2004), utilizados para identificar diferenças na expressão de genes na musculatura de animais da raça Brahman sobre restrição alimentar (Reverter *et al.*, 2003; Byrne *et al.*, 2005); e ainda para estudar os mecanismos envolvidos com adipogênese *in vitro* em fibroblastos em diferenciação (Tan *et al.*, 2006); e para investigar genes diferencialmente expressos entre as musculaturas de animais da raça Black japonesa e Holstein (Wang *et al.*, 2005). Outro microarranjo foi construído a partir de 6.887 transcritos associados à resposta imune inata, tendo sido utilizado para caracterizar os padrões de expressão de genes envolvidos no controle de doenças, tanto em bovinos quanto em ovinos (Donaldson *et al.*, 2005). Um total de 45.383 genes identificados na glândula mamária e sistema digestivo de bovinos também resultaram na construção de um microarranjo, que foi utilizado para a identificação de genes associados à resposta ao estrogênio (Li *et al.*, 2006).

Genômica

É o ramo da ciência que reúne os métodos para se revelar e analisar a sequência do DNA ou genoma de um organismo. Inclui o desenvolvimento de marcadores moleculares, a construção de mapas de ligação, o mapeamento de QTLs e genes candidatos, o sequenciamento de DNA, a bioinformática, as análises de expressão gênica (transcriptômica), de proteínas (proteômica) e do metabolismo (metabolômica).

Aplicações da genômica

Marcadores moleculares, associados à deposição de músculo na carcaça e a qualidade da carne, já foram desenvolvidos e têm sido empregados na seleção de bovinos. Esses marcadores foram desenvolvidos a partir da identificação de mutações nas sequências de genes que determinam diversas características em bovinos de corte. Entretanto, existe uma disparidade com relação às características, pois as relacionadas à qualidade da carne (maciez e marmoreio) já dispõem de diversos testes genéticos comerciais, enquanto outras (crescimento, eficiência alimentar, reprodução, resistência a doenças) ainda contam com poucos resultados que possam ser utilizados na prática. Mesmo assim, os estudos têm avançado para essas características, e os resultados experimentais são animadores e dão suporte para que, num futuro breve, testes comerciais também possam ser desenvolvidos e usados rotineiramente nas avaliações genéticas.

Deposição de músculo na carcaça

Talvez o exemplo mais marcante do uso de genômica para a identificação de um gene em bovino de corte tenha sido a descoberta do gene responsável pela característica de maior desenvolvimento muscular em animais das raças Belgian Blue e Piedmontese. As bases genéticas do fenótipo foram exploradas levando à identificação de várias mutações no gene da *miostatina* (ou fator de diferenciação do crescimento 8, membro da superfamília TGF-β) (Grobet *et al.*, 1997; McPherron e Lee, 1997). Essas mutações resultam em proteínas não-funcionais que levam a um aumento significativo da massa muscular do animal, do peso ao nascimento e na eficiência alimentar, e esse aumento da massa muscular deriva principalmente de efeito de hiperplasia (aumento no número de fibras). Entretanto, esse fenótipo também apresenta prejuízos relacionados à diminuição da quantidade de gordura intramuscular (marmoreio), da fertilidade das fêmeas e da tolerância ao estresse (Potts *et al.*, 2003), não havendo, portanto, interesse em fixar esses alelos em algumas raças. Os marcadores moleculares podem ser utilizados para identificar a heterogeneidade genética associada a essa característica, permitindo a identificação direta das mutações na população por genotipagem. A obtenção prévia do genótipo dos animais pode orientar acasalamentos e transferências de embriões, por exemplo.

Maciez e marmoreio

A genômica também tem contribuído com a avaliação da qualidade de carne em bovinos de corte por meio da identificação de mutações nos genes que determinam as características de maciez e marmoreio. A maciez é determinada, em parte, pela ação das enzimas do complexo calpaína-calpastatina, que atuam na musculatura após o abate do animal (Koohmaraie *et al.*, 1995). As calpaínas contribuem com a maciez da carne porque são endopeptidases intracelulares capazes de degradar proteínas das miofibrilas que constituem o músculo (Wheeler e Koohmaraie, 1994). A atividade das calpaínas é inibida pela ação das calpastatinas, que apresentam, portanto, papel repressor da maciez (Pringle *et al.*, 1997). Já o marmoreio é resultado da deposição de gordura intramuscular, promovendo sabor e suculência à carne. Polimorfismos nos genes que codificam calpaína (Page *et al.*, 2002; White *et al.*, 2005), lisil oxidase e calpastatina (Barendse, 2002; Drinkwater *et al.*, 2006) têm sido detectados e associados à maciez, especialmente em animais das raças de *Bos taurus taurus* (Barendse, 2002, 2004; Barendse *et al.*, 2004). Para marmoreio, os genes associados têm sido aqueles que codificam a leptina (Buchanan *et al.*, 2002), DGAT1 (Thaller *et al.*, 2003), TG (Barendse *et al.*, 2004), RORC (Barendse, 2004), GH1 (Schlee *et al.*, 1994), SCD, mitocôndria (Mannen *et al.*, 1998; 2003), fator de transcrição mitocondrial A (Jiang *et al.*, 2005) e FABP4 (Michal *et al.*, 2006).

Apesar de muitos resultados relacionados à genômica em bovinos de corte serem ainda experimentais, diversos testes comerciais de DNA vêm sendo disponibilizados no mercado para avaliação da qualidade de carne (para detalhes, vide **Tabela 1**). Muitos desses testes estão sendo empregados em estudos independentes para confirmação da associação de polimorfismos de SNPs com maciez e marmoreio (Page *et al.*, 2004; Casas *et al.*, 2006; Morris *et al.*, 2006; Rincker *et al.*, 2006), mas nem todos têm sido validados, tornando ainda mais difícil o trabalho para que as descobertas da genômica possam ser aplicadas nas diversas raças de bovinos.

Um grande desafio na aplicação de alguns dos polimorfismos inicialmente associados à maciez de carne foi a transferência das informações que foram originalmente obtidas em *Bos taurus taurus* para *Bos taurus indicus*, já que estes últimos são animais que apresentam carne reconhecidamente de menor maciez quando comparada às raças taurinas. Polimorfismos identificados no gene da calpaína (*CAPN1*), por exemplo, apresentaram diversidade entre genótipos de *Bos taurus taurus*, mas não em *Bos taurus indicus* (Page *et al.*, 2002; 2004; Casas *et al.*, 2005). Há uma série de SNPs dentro ou muito próximo a esse gene, sendo que dois destes SNPs parecem ser informativos em *Bos taurus indicus* e *Bos taurus taurus* (posição 316 e 4753 pb), mas um SNP a 530 pb parece ser informativo somente em *Bos taurus taurus*. O marmoreio é uma característica mais difícil de ser trabalhada do que a maciez, já que sua avaliação é feita por inspeção visual da carcaça e, portanto, trata-se de uma medida com um maior potencial de erro associado, requerendo grandes amostras de animais para que a média seja estimada apropriadamente. Os estudos que têm avaliado menos do que 1.000 animais não conseguem confirmar uma associação (Hocquette *et al.*, 2007). Salienta-se que uma parceria entre a Faculdade de Zootecnia e Engenharia de Alimentos, Universi-

Tabela 1. Testes comerciais de DNA para gado de corte.

Gene[1]	Característica	Ano[2]	Inventor	Comerciante[3]
TG	marmoreio	2000	CSIRO/MLA	Genetic Solutions P/L
CAST	maciez	2002	CSIRO/MLA/Beef CRC	Genetic Solutions P/L
CAPN1	maciez	2003	USDA/AgResearch NZ	Open
DGTA1	produtividade de gordura no leite	2003	Univ. Of Liege/Tech Uni Muench	Merial
GH1	marmoreio	2003	NIAS, Japan	Prescribe Genomics CO
LEP	marmoreio/gordura	2003	Univ. of Saskatchewan	Merial
Testes múltiplos	maciez	2003/2004		Genetics Solutions P/L
GHR	produtividade de leite	2004	Univ. of Liege	Merial
SCD	ácidos graxos	2004	Kobe University	Prescribe Genomics CO
Testes múltiplos	marmoreio	2004		Genetic Solutions P/L
CAPN3	maciez	2006	CSIRO/MLA/Beef CRC	Genetic Solutions P/L
Testes múltiplos	eficiência alimentar	2006	CSIRO/MLA/Beef CRC	Genetic Solutions P/L

[1]múltiplos testes são baseados em vários genes, embora alguns testes não estejam baseados em sequências diretamente associadas com os genes e, para alguns testes, a identidade da sequência não foi revelada. [2]ano do início da comercialização. [3]primeira empresa a comercializar o teste genético, embora alguns genes, tais como *CAPN1* e *LEP*, sejam comercializados por outros laboratórios. Fonte: Adaptado de Hocquette *et al.* (2007).

dade de São Paulo, e a empresa Merial® tem buscado a validação de diversos marcadores moleculares em *Bos taurus indicus* do Brasil. Esses marcadores já foram previamente associados com maciez e marmoreio em *Bos taurus taurus*. Outro exemplo é o projeto *Carne bovina de qualidade*, coordenado pela Embrapa e com a colaboração de universidades brasileiras, que tem por objetivo identificar marcadores em animais da raça Nelore.

Outras características investigadas por estratégias genômicas: reprodução e resistência a doenças

Muitos têm sido os esforços para aumentar a eficiência reprodutiva do rebanho bovino brasileiro. Características reprodutivas permitem a seleção de animais precoces, possibilitando maior intensidade de seleção e, consequentemente, maior eficiência do sistema produtivo. Em Nelore, por exemplo, os bezerros nascem com a vaca apresentando entre 2,5-3,0 anos de vida, uma desvantagem em relação aos dois anos das raças europeias. No Brasil, existem animais com capacidade genética, mas que são afetados por condições ambientais distintas de alimentação e manejo, dificultando a sua seleção. A avaliação genética de muitas características de reprodução é difícil de ser realizada acuradamente. Além disso, a herdabilidade das características associadas à fertilidade é considerada baixa (entre 2 a 15%), apesar de que estudos recentes em Nelore revelaram alta herdabilidade para precocidade sexual (Silva *et al.*, 2005).

Duas estratégias têm sido utilizadas na tentativa de associar marcadores moleculares com características de fertilidade: mapeamento de QTLs e genes candidatos. QTLs já foram mapeados para características de fertilidade, incluindo: taxa de ovulação (Kappes *et al.*, 2000), ovulação múltipla (Kappes *et al.*, 2000) e geração de gêmeos (Lien *et al.*, 2000). Os genes que codificam o hormônio liberador de gonadotropina (Schneider *et al.*, 2006), a leptina (Liefers *et al.*, 2005) e o receptor para o hormônio luteinizante bovino (Hastings *et al.*, 2006) têm sido investigados como genes candidatos para características de fertilidade. O gene da *leptina* tem sido associado com características relacionadas à reprodução por codificar um hormônio que participa da regulação do metabolismo energético, do consumo de alimento e da reprodução em muitos animais, além de participar de outros eventos, inclusive a puberdade. É considerado um gene candidato por sua conhecida relação com a massa de tecido adiposo no corpo e puberdade. Os níveis de leptina no sangue estão relacionados com os níveis de gordura corporal do animal: bovinos pré-púberes desnutridos não entram na puberdade até que sejam nutridos corretamente; da mesma forma, vacas ciclando param de ciclar quando enfrentam períodos de desnutrição extremos. Portanto, a proteína codificada, a partir do gene da *leptina*, age como fator no sistema de reprodução. Polimorfismos neste gene poderiam influenciar a regulação do metabolismo e afetar o ganho de peso, e essas mutações poderiam ser utilizadas em programas de melhoramento genético. Mutações no gene da *leptina* e em seus receptores causam obesidade mórbida, infertilidade e resistência à insulina em humanos e roedores (Houseknecht e Portocarrero, 1998). Algumas dessas mutações já foram identificadas em bovinos (Buchanan *et al.*, 2002; Choudhary *et al.*, 2005); e estudos de expressão gênica também indicaram uma associação entre a alta expressão desse gene com a baixa expressão do receptor NPY e a ativação da puberdade precoce em novilhas de *Bos taurus indicus* (Vaiciunas *et al.*, 2008). Mas, até o momento, nenhum marcador molecular foi desenvolvido para permitir a seleção para precocidade.

Outros genes candidatos associados à fertilidade têm sido investigados por genômica funcional, com foco na maturação de oócitos (Dalbies-Tran e Mermillod, 2003; Vallee *et al.*, 2005; Massicotte *et al.*, 2006), regressão do corpo lúteo (Bonsdorff *et al.*, 2003; Casey *et al.*, 2005), função das células do epitélio do oviduto (Bauersachs *et al.*, 2003; 2004) endométrio durante o ciclo estral (Bauersachs *et al.*, 2005), desenvolvimento de embrião pré-implantado (El-Halawany *et al.*, 2004; Sirard *et al.*, 2005), entre outros. Como resultado dessa estratégia, espera-se identificar genes ou vias gênicas que, no momento e local apropriados, regulam a fertilidade das fêmeas. Quando polimorfismos nesses genes são identificados, fica mais fácil a procura por alelos favoráveis.

Outra contribuição importante da genômica para os bovinos de corte reside na resistência a ecto e endoparasitos. O clamor pela redução do uso de produtos químicos utilizados para combater esses parasitos já vem sendo amplamente divulgado, pois, assim, será menor a possibilidade de contaminação da carne e derivados bem como do meio ambiente. Além disso, o uso sistemático de tais produtos pode conferir resistência aos princípios ativos. QTLs sugestivos foram mapeados para resistência a carrapato [*Riphicephalus (Boophilus) microplus*] nos cromossomos 5, 7 e 14 em uma população constituída por F_2 do cruzamento *Bos taurus taurus* (Holandês) x *Bos taurus indicus* (Gir) (Gasparin *et al.*, 2007) e a expressão de genes envolvidos na resposta imune a endoparasitas gastrintestinais (*Cooperia, Haemonchus* e *Oesophagostomum*) por meio de PCR quantitativa foi realizada em *Bos taurus indicus* (Nelore) por Bricarello *et al.* (2008). Essas pesquisas visam à identificação dos genes que controlam a resistência a ecto e endoparasitos, permitindo selecionar bovinos naturalmente mais resistentes. Provavelmente, isso reduzirá o uso de medicamentos e produtos químicos contra parasitas, a favor de uma carne mais saudável, livre dos resíduos químicos, diminuindo, dessa forma, barreiras sanitárias impostas pelo comércio internacional de carne bovina.

Perspectivas das aplicações da genômica

Novas fontes de informação molecular vêm sendo estabelecidas para o mapeamento de QTLs em bovinos, que incluem o sequenciamento do genoma e um mapa de SNPs, os quais facilitarão a dissecação das características complexas com a identificação dos alelos específicos.

Painéis de SNPs estão sendo utilizados para promover a genotipagem em larga escala. Um painel contendo 2.641 SNPs de bovinos foi utilizado para genotipar animais das raças Angus, Brahman, Charolais, Dutch Black, White Dairy, Holstein, Japanese Black, Limousin e Nelore, para levantar informações sobre a diversidade genética da espécie obtida após a domesticação, origem das raças e seleção artificial (McKay *et al.*, 2008). Mesmo representando um estreitamento da diversidade genética, o processo de domesticação e origem das raças de bovinos resultou em relevantes diferenças (ou variabilidade) genéticas entre as raças de *Bos taurus taurus* e *Bos taurus indicus* (McKay *et al.*, 2008). Excluindo os dados de genotipagem dos animais das raças de *Bos taurus indicus*, as maiores diferenças genéticas ficaram entre animais produtores de carne *versus* os produtores de leite e raças europeias *versus* raças asiáticas. Esses avanços abrem a possibilidade da criação de raças sintéticas que maximizem os alelos favoráveis de cada subespécie.

Outras plataformas de genotipagem de SNPs já têm sido comercialmente disponibilizadas para bovinos. O MegAllele Genotyping Bovine® contém 10 mil SNPs identificados pelo Projeto de Sequenciamento do Genoma Bovino e o CSIRO, da Austrália. Uma atualização dessa plataforma, contendo 32 mil SNPs, também já está sendo disponibilizada comercialmente. Similarmente, o sistema de genotipagem bovina, denominado de Bovine BeadChip®, contém ~ 10 mil SNPs. Uma nova versão do Bovine iSelect BeadChip® foi desenvolvida em colaboração com USDA-ARS Meat Animal Research Center (MARC), University of Missouri-Columbia e University of Alberta. Essa plataforma de genotipagem permite a análise de 12 amostras em paralelo em apenas um microarranjo com ~ 50 mil SNPs por amostra. O rápido progresso no descobrimento de padrões da variação genética que podem predizer o desempenho animal pode ser esperado a partir destes esforços internacionais. Esses marcadores são extremamente úteis para promover o mapeamento fino, cujo objetivo é delimitar a menor região genômica que contém um QTL. Esses painéis de SNPs devem promover uma revolução na genômica animal, por permitir a varredura do genoma de uma população experimental, para milhares de SNPs ao mesmo tempo, a um custo menor e de maneira mais rápida, comparado ao que vem sendo feito hoje com o uso de microssatélites. Além disso, o uso desses painéis de SNP para associações de todo o genoma com características de interesse comercial está sendo desenvolvido para bovinos de leite e corte.

A tendência será a aplicação da estratégia de Biologia de Sistemas no melhoramento animal. A biologia de sistemas surgiu a partir dos resultados de sucesso das estratégias genômicas e tem como objetivo desenvolver métodos estatísticos e analíticos capazes de associar todas as informações obtidas a partir de genômica, biologia computacional, química, espectrometria de massa, entre outras. O emprego da biologia de sistemas em conjunto com as estratégias clássicas de melhoramento de seleção fenotípica e genotipagem deverá resultar em uma aplicação mais eficiente das ferramentas moleculares em melhoramento animal (Kitano, 2002; Cassman, 2005).

Referências bibliográficas

Adams, M.D.; Kelley, J.M.; Gocayne, J.D.; Dubnick, M.; Polymeropoulos, M.H.; Xiao, H.; Merril, C.R.; Wu, A.; Olde, B.; Moreno, R.F.; Kerlavage, A.; McCombie, W.R.; Venter, J.C. Complementary DNA sequencing: expressed sequence tags and human genome project. **Science**, v.252, p.651-1656, 1991.

Barendse, W. **DNA markers for meat tenderness**. Patent: WO/2002/064820. International Application: PCT/AU2002/000122. Disponível em: http://ep.espacenet.com/. Acesso em 22 de agosto 2008. 2002.

Barendse, W. **DNA markers for marbling**. Patent: WO/2004/070055. International Application: PCT/AU2004/000127. Disponível em: http://ep.espacenet.com/. Acesso em 19 de agosto 2008. 2004.

Barendse, W.; Bunch, R.; Thomas, M.; Armitage, S.; Baud, S.; Donaldson, N. The TG5 *thyroglobulin* gene test for a marbling quantitative trait loci evaluated in feedlot cattle. **Australian Journal Experimental Agriculture**, v.44, p.669-674, 2004.

Bauersachs, S.; Rehfeld, S.; Ulbrich, S.E.; Mallok, S.; Prelle, K.; Wenigerkind.,H.; Einspanier, R.; Blum, H.; Wolf, E. Monitoring gene expression changes in bovine oviduct epithelial cells during the oestrous cycle. **Journal of Molecular Endocrinology**, v.32, p.449-466, 2004.

Bauersachs, S.; Blum, H.; Mallok, S.; Wenigerkind, H.; Rief, S.; Prelle, K.; Wolf, E. Regulation of ipsilateral and contralateral bovine oviduct epithelial cell function in the postovulation period: a transcriptonucs approach. **Biology of Reproduction**, v.68, p.1170-1177, 2003.

Bauersachs, S.; Ulbrich, S.E.; Gross, K.; Schmidt, S.E.M.; Meyer, H.H.D.; Einspanier, R.; Wenigerkind, H.; Vermehren, M.; Blum, H.; Sinowatz, F.; Wolf, E Gene expression profiling of bovine endometrium during the oestrous cycle: detection of molecular pathways involved in functional changes. **Journal of Molecular Endocrinology**, v.34, p.889-908, 2005.

Bellinge R.H.S.; Liberles D.A.; Iaschi S.P.A.; O'Brien, P.A.; Tay, G.K. Myostatin and its implications on animal breeding: a review. **Animal Genetics**, v.36, p.1-6, 2005.

Bonsdorff, T.; Eggen, A.; Gautier, M.; Asheim, H.C.; Ronningen, K.; Lingaas, F.; Olsaker, I. Identification and physical mapping of genes expressed in the corpus luteum in cattle. **Animal Genetics**, v.34, p.325-333, 2003.

Buchanan, F.C.; Fitzsimmons, C.J.; Van Kessel, A.G.; Thue, T.D.; Winkelman-Sim, D.C.; Schmutz, S. Association of a missense mutation in the bovine *leptin* gene with carcass fat content and leptin mRNA levels. **Genetics Selection Evolution**, v.34, p.105-116, 2002.

Bricarello, P.A.; Zaros, L.G.; Coutinho, L.L.; Rocha, R.A.; Silva, M.B.; Kooyman, F.N.J.; De Vries, E.; Yatsuda, A.P.; Amarante, A.F.T. Immunological responses and *cytokine* gene expression analysis to *Cooperia punctata* infections in resistant and susceptible Nelore cattle. **Veterinary Parasitology**, v.155, p.95-103, 2008.

Byrne, K.A.; Wang, Y.H.; Lehnert, S.A.; Harper, G.S.; McWilliam, S.M.; Bruce, H.L.; Reverter, A. Gene expression profiling of muscle tissue in Brahman steers during nutritional restriction. **Journal of Animal Science**, v.83, p.1-12, 2005.

Casas, E.; White, S.N.; Wheeler, T.L.; Shackelford, S.D.; Koohmaraie, M.; Riley, D.G.; Chase, C.C.; Johnson, D.D.; Smith, T.P.L. Effects of *calpastatin* and *-calpain* markers in beef cattle on tenderness traits. **Journal of Animal Science**, v.84, p.520-525, 2006.

Casas, E.; White, S.N.; Riley, D.G.; Smith, T.P.; Brenneman, R.A.; Olson, T.A.; Johnson, D.D.; Coleman, S.W.; Bennett, G.L.; Chase, C.C. Assessment of single nucleotide polymorphisms in genes residing on chromosomes 14 and 29 for association with carcass composition traits in *Bos indicus* cattle. **Journal of Animal Science**, v.83, p.13-19, 2005.

Cassman, M. Barriers to progress in systems biology. **Nature**, v.438, p.1079, 2005.

Casey, O.M.; Morris, D.G.; Powell, R.; Sreenan, J.M.; Fitzpatrick, R. Analysis of gene expression in non-regressed and regressed bovine corpus luteum tissue using a customized ovarian cDNA array. **Theriogenology**, v.64, p.1963-1976, 2005.

Choudhary, V.; Kumar, P.; Bhattacharya, T.K.; Bhushan, B.; Sharma, A. DNA polymorphism of leptin gene in *Bos indicus* and *Bos taurus* cattle. **Genetics and Molecular Biology**, v.28, p.740-742, 2005.

Dalbies-Tran, R.; Mermillod, P. Use of heterologous complementary DNA array screening to analyze bovine oocyte transcriptome and its evolution during in vitro maturation. **Biology of Reproduction**, v.68, p.252-261, 2003.

Donaldson, L.; Vuocolo, T.; Gray, C.; Strandberg, Y.; Reverter, A.; McWilliam, S.; Wang, Y.; Byrne, K.; Tellam R. Construction and validation of a Bovine Innate Immune Microarray. **BMC Genomics**, v.6, article no 135, 2005.

Drinkwater, R.D.; LI, Y.; Lenane, I.; Davis, G.P.; Shorthose, R.P.; Harrison, B.E.; Richardson, K.; Ferguson, D.; Stevenson, R.; Renaud, J.; Loxton, I.; Hawken, R.J.; Thomas, M.B.; Newman, S.; Hetzel, D.J.S.; Barendse, W. Detecting quantitative trait loci affecting beef tenderness on bovine chromosome 7 near calpastatin and lysyl oxidase. **Australian Journal of Experimental Agriculture**, v.46, p.159-164, 2006.

El-Halawany, N.; Ponsuksili, S.; Wimmers, K.; Gilles, M.; Tesfaye, D.; Schellander, K. Quantitative expression analysis of blastocystderived gene transcripts in preimplantation developmental stages of *in vitro*-produced bovine embryos using real-time polymerase chain reaction technology. **Reproduction, Fertility and Development**, v.16, p.753-762, 2004.

Elsik, C.G. *et al.* The genome sequence of taurine cattle: a window to ruminant biology and evolution. **Science**, v.324, p.522-8, 2009.

Fujii, J.; Otsu, K.; Zorzato, F.; De Leon, S.; Khanna, V.K.; Weiler, J.E.; O'brien, P.J.; Maclennan, D.H. Identification of a mutation in porcine ryanodine receptor associated with malignant hyperthermia. **Science**, v.253, p.448-451, 1991.

Gasparin, G.; Miyata, M.; Coutinho, L.L.; Martinez, M.L.; Teodoro, R.L.; Furlong, J.; Machado, M.A.; Silva, M.V.G.B.; Sonstegard, T.S.; Regitano, L.C.A. Mapping of quantitative trait loci controlling tick (*Riphicephalus (Boophilus) microplus*) resistance on bovine chromosomes 5, 7 and 14. **Animal Genetics**, v.38, p.453-459, 2007.

Grobet, L.; Martin, L.J.R.; Poncelet, D.; Pirottin, D.; Brouwers, B.; Riquet, J.; Schoeberlein, A.; Dunner, S.; Menissier, F.; Massabanda, J.; Fries, R.; Hanset, R.; Georges, M. A deletion in the bovine *myostatin* gene causes the double-muscled phenotype in cattle. **Nature Genetics**, v.17, p.71-74, 1997.

Hatey, F.; Tosser-Klopp, G.; Martinato, C.C.; Mulsant, P.; Gasser, F. Expressed sequence tags for genes: a review. **Genetics Selection and Evolution**, v.30, p.521-554, 1998.

Hastings, N.; Donn, S.; Derecka, K.; Flint, A.P.; Woolliams, J.A. Polymorphisms within the coding region of the bovine *luteinizing hormone* receptor gene and their association with fertility traits. **Animal Genetics**, v.37, p.583-585, 2006.

Hiendleder, S.; Lewalskim H.; Janke, A. Complete mitochondrial genomes of *Bos taurus* and *Bos indicus* provide new insights into intra-species variation, taxonomy and domestication. **Cytogenetic and Genome Research**, v.20, p.150-156, 2008.

Hocquette, J.F.; Lehnert, S.; Barendse, W.; Cassar-Malek, I.; Picard, B. Recent advances in cattle functional genomics and their application to beef quality. **Animal**, v.1, p.159-173, 2007.

Houseknecht, K.L.; Portocarrero, C.P. Leptin and its receptors: regulators of whole body energy homeostasis. **Domestic Animal Endocrinology**, v.15, p.457-475, 1998.

Jiang, Z.H.; Kunej, T.; Michal, J.J.; Gaskins, C.T.; Reeves, J.J.; Busboom, J.R.; Dovc, P.; Wright, R.W. Significant associations of the mitochondrial transcription factor A promoter polymorphisms with marbling and subcutaneous fat depth in Wagyu x Limousin F_2 crosses. **Biochemical and Biophysical Research Communications**, v.334, p.516-523, 2005.

Kappes, S.M.; Bennett, G.L.; Keele, J.W.; Echternkamp, S.E.; Gregory, K.E.; Thallman, R.M. Initial results of genomic scans for ovulation rate in a cattle population selected for increased twinning rate. **Journal of Animal Science**, v.78, p.3053-3059, 2000.

Kitano, H. Systems Biology: a brief overview. **Science**, v.295, p.1662-1664, 2002.

Koohmaraie, M.; Shackelford, S.D.; Wheeler, T.L.; Lonergan, S.M.; Doumit, M.E. A muscle hypertrophy condition in lamb (callipyge): Characterization of effects on muscle growth and meat quality traits. **Journal of Animal Science**, v.73, p.3596-3607, 1995.

Lehnert, S.A.; Byrne, K.A.; Wang, Y.H. Development and application of a bovine cDNA microarray for expression profiling of muscle and adipose tissue. **Australian Journal of Experimental Agriculture**, v.44, p.1127-1133, 2004.

Li, R.W.; Meyer, M.J.; Van Tassell, C.P.; Sonstegard, T.S.; Connor, E.E.; Van Amburgh, M.E.; Boisclair, Y.R.; Capuco, A.V. Identification of estrogen-responsive genes in the parenchyma and fat pad of the bovine mammary gland by microarray analysis. **Physiological Genomics**, v.27, p.42-53, 2006.

Liefers, S.C.; Veerkamp, R.F.; Pas, M.; Chilliard, Y.; Van der Lende, T. Genetics and physiology of leptin in periparturient dairy cows. **Domestic Animal Endocrinology**, v.29, p.227-238, 2005.

Lien, S.; Karlsen, A.; Klemetsdal, G.; Vage, D.I.; Olsaker, I.; Klungland, H.; Aasland, M.; Heringstad, B.; Ruane, J.; Gomez-Raya, L. A primary screen of the bovine genome for quantitative trait loci affecting twinning rate. **Mammalian Genome**, v.11, p.877-882, 2000.

Mannen, H.; Kojima, T.; Oyama, K.; Mukai, F.; Ishida, T.; Tsuji, S. Effect of mitochondrial DNA variation on carcass traits of Japanese Black cattle. **Journal of Animal Science**, v.76, p.36-41, 1998.

Mannen, H.; Morimoto, M.; Oyama, K.; Mukai, F.; Tsuji, S. Identification of mitochondrial DNA substitutions related to meat quality in Japanese Black cattle. **Journal of Animal Science**, v.81, p.68-73, 2003.

Massicotte, L.; Coenen, K.; Mourot, M.; Sirard, M.A. Maternal housekeeping proteins translated during bovine oocyte maturation and early embryo development. **Proteomics**, v.6, p.3811-3820, 2006.

McKay, S.D.; Schnabel, R.D.; Murdoch, B.M.; Matukumalli, L.K.; Aerts, J.; Coppieters, W.; Crews, D.; Dias Neto, E.; Gill, C.A.; Gao, C.; Mannen, H.; Wang, Z.; Van Tassell, C.P.; Williams, J.L.; Taylor, J.F.; Moore, S.S. An assessment of population structure in eight breeds of cattle using a whole genome SNP panel. **BMC Genetics**, 9: article no 37. 2008.

McPherron, A.C.; Lee, S.J. Double muscling in cattle due to mutations in the *myostatin* gene. **Proceedings of the National Academy of Sciences of the United States of America**, v.94, p.12457-12461, 1997.

Michal, J.J.; Zhang, Z.W.; Gaskins, C.T.; Jiang, Z. The bovine fatty acid *binding protein 4* gene is significantly associated with marbling and subcutaneous fat depth in Wagyu x Limousin F_2 crosses. **Animal Genetics**, v.37, p.400-402, 2006.

Morris, C.A.; Cullen, N.G.; Hickey, S.M.; Dobbie, P.M.; Veenvliet, B.A.; Manley, T.R.; Pitchford, W.S.; Kruk, Z.A.; Bottema, C.D.K.; Wilson, T. Genotypic effects of *calpain 1* and *calpastatin* on the tenderness of cooked M. longissimus dorsi steaks from Jersey x Limousin, Angus and Hereford-cross cattle. **Animal Genetics**, v.37, p.411-414, 2006.

Mullis, K.B.; Faloona, F.A. Specific synthesis of DNA *in vitro* via a polymerase-catalyzed chain reaction. **Methods in Enzymology**, v.155, p.335-350, 1987.

Page, B.T.; Casas, E.; Heaton, M.P.; Cullen, N.G.; Hyndman, D.L.; Morris, C.A.; Crawford, A.M.; Wheeler, T.L.; Koohmaraie, M.; Keele, J.W.; Smith, T.P.L Evaluation of single-nucleotide polymorphisms in *CAPN1* for association with meat tenderness in cattle. **Journal of Animal Science**, v.80, p. 3077-3085, 2002.

Page, B.T.; Casas, E.; Quaas, R.L.; Thallman, R.M.; Wheeler, T.L.; Shackelford, S.D.; Kochmaraie, M.; White, S.N.; Bennett, G.L.; Keele, J.W.; Dikeman, M.E.; Smith, T.P.L. Association of markers in the bovine *CAPN1* gene with meat tenderness in large crossbred populations that sample influential industry sires. **Journal of Animal Science**, v.8, p.3474-3481, 2004.

Potts, J.K.; Echternkamp, S.E.; Smith, T.P.L.; Reecy, J.M. Characterization of gene expression in double-muscled and normal-muscled bovine embryos. **Animal Genetics**, v.34, p.438-444, 2003.

Pringle, T.D.; Williams, S.E.; Lamb, B.S.; Johnson, D.D.; West, R.L. Carcass characteristics, the calpain proteinase system, and aged tenderness of Angus and Brahman crossbred steers. **Journal of Animal Science**, v.75, p.2955-2961, 1997.

Reverter, A.; Byrne, K.A.; Bruce, H.L.; Wang, Y.H.; Dalrymple, B.P.; Lehnert, S.A. A mixture model-based cluster analysis of cDNA microarray gene expression data on Brahman and Brahman composite steers fed high, medium and low quality diets. **Journal of Animal Science**, v.81, p.1900-1910, 2003.

Rincker, C.B.; Pyattm, N.A.; Berger, L.L.; Faulkner, D.B. Relationship among GeneSTAR marbling marker, intramuscular fat deposition, and expected progeny differences in early weaned Simmental steers. **Journal of Animal Science**, v.84, p.686-693, 2006.

Saiki, R.K.; Gelfand, D.H.; Stoffel, S.; Scharf, S.J.; Higuchi, R.; Horn, G.T.; Mullis, K.B.; Erlich, H.A. Primer-directed enzymatic amplification of DNA with a thermostable DNA polymerase. **Science**, 239: 487-491, 1988.

Schlee, P.; Graml, R.; Rottmann, O.; Pirchner, F. Influence of growth-hormone genotypes on breeding values of Simmental bulls. **Journal of Animal Breeding and Genetics**, v.111, p.253-256, 1994.

Schneider, F.; Tomek, W.; Grundker, C. Gonadotropin-releasing hormone (GnRH) and its natural analogues: a review. **Theriogenology**, v.66, p.691-709, 2006.

Silva, J.A.V.; Dias, L.T.; Albuquerque, L.G. Estudo genético da precocidade sexual de novilhas em um rebanho Nelore. **Revista Brasileira de Zootecnia**, v.34, p.1568-1572, 2005.

Sirard, M.A.; Dufort, I.; Vallee, M.; Massicotte, L.; Gravel, C.; Reghenas, H.; Watson, A.J.; King, W.A.; Robert, C. Potential and limitations of bovine-specific arrays for the analysis of mRNA levels in early development: preliminary analysis using a bovine embryonic array.

Reproduction, Fertility and Development, v.17, p.47-57, 2005.

Tan, S.H.; Reverter, A.; Wang, Y.; Byrne, K.A.; McWilliam, S.M.; Lehnert, S.A. Gene expression profiling of bovine *in vitro* adipogenesis using a cDNA microarray. **Functional & Integrative Genomics**, v.6, p.235-249, 2006.

Thaller, G.; Ku, C.; Winter, A.; Ewald, A.; Bellmann, O.; Wegner, J.; ZU, H.; Fries, R. *DGAT1*, a new positional and functional candidate gene for intramuscular fat deposition in cattle. **Animal Genetics**, v.34, p.354-357, 2003.

Torres, A.D.P. **Melhoramento dos Rebanhos**. 4ª. Edição. São Paulo, Editora Nobel. 399p. 1981.

Vaiciunas, A.; Coutinho, L.L.; Meirelles, F.V.; Pires, A.V.; Silva, L.F.P. *Leptin* and *hypothalamic* gene expression in early- and late-maturing *Bos indicus* Nellore heifers. **Genetics and Molecular Biology**, v.31, p.657-664, 2008.

Vallee, M.; Gravel, C.; Palin, M.F.; Reghenas, H.; Stothard, P.; Wishart, D.S.; Sirard, M.A. Identification of novel and known oocyte-specific genes using complementary DNA subtraction and microarray analysis in three different species. **Biology of Reproduction**, v.73, p.63-71, 2005.

Wang, Y.H.; Byrn, K.A.; Reverter, A.; Harper, G.S.; Taniguchi, M.; McWilliam, S.M.; Mannen, H.; Oyama, K.; Lehnert, S.A. Transcriptional profiling of skeletal muscle tissue from two breeds of cattle. **Mammalian Genome**, v.16, p.201-210, 2005.

Wheeler, T.L.; Koohmaraie, M. Prerigor and postrigor changes in tenderness of ovine *longissimus* muscle. **Journal of Animal Science**, v.72, p.1232-1238, 1994.

White, S.N.; Casas, E.; Wheeler, T.L.; Shackelford, S.D.; Koohmaraie, M.; Riley, D.G.; Chase, C.C.Jr; Johnson, D.D.; Keele, J.W.; Smith, T.P.L. A new single nucleotide polymorphisms in *CAPN1* extends the current tenderness marker test to include cattle of *Bos indicus, Bos taurus*, and crossbred descent. **Journal of Animal Science**, v.83, p.2001-2008, 2005.

CAPÍTULO 42

Programa de melhoramento genético da CRV Lagoa - PAINT

Aila Loise Ribeiro Tanaka
CRV Lagoa da Serra
Sertãozinho, SP
ailaloise@crvlagoa.com.br

Marcelo Almeida Oliveira
CRV Lagoa da Serra
Sertãozinho, SP
marcelo.almeida@crvlagoa.com.br

Maurício José de Lima
CRV Lagoa da Serra
Sertãozinho, SP
mlimagenex@crvlagoa.com.br

Thiago Lopes Biscegli
CRV Lagoa da Serra
Sertãozinho, SP
thiagobiscegli@hotmail.com

Introdução

No início da década de 90, o cenário pecuário do país apresentava sinais de preocupação com o melhoramento dos níveis de produção e produtividade do rebanho. Conscientes de que apenas o produto já não era suficiente para fortalecer a relação com os clientes, mas desenvolver a propriedade por meio de prestação de serviço era o que poderia contribuir para o fortalecimento da relação empresa e criador, Dr. Maurício José de Lima, médico veterinário e gerente de *marketing* da Lagoa da Serra, empresa de inseminação artificial, na época de propriedade da Família Biagi e do Grupo Bamerindus, sob assessoria do geneticista Dr. Luiz Alberto Fries, idealizaram um programa de prestação de serviços de melhoramento genético da raça Nelore.

Em um primeiro momento, esse programa baseava-se na coleta de dados nas fazendas, geração de informação e emissão de relatórios para a tomada de decisão do criador, proposta esta, inicialmente, recusada pela empresa. Entretanto, a ideia continuava acesa, mas, sem incentivos, permaneceu arquivada.

Em 1994, o zootecnista Msc. Fábio Dias apresentou um projeto semelhante, porém com algumas modificações estruturais pelas quais, ao invés de apenas coletar dados do rebanho na fazenda, o criador poderia realizar seus descartes a partir dos resultados obtidos nas avaliações genéticas geradas.

Havia vantagens claras para todas as partes. O criador possuiria uma ferramenta interessante para implementar um programa de melhoramento a pasto e, para a Lagoa, era uma forma de prestar um serviço de qualidade ao cliente, numa relação de parceria, além da extraordinária oportunidade de avaliar seu *portfólio* de reprodutores com o objetivo de disponibilizar, para o mercado, sêmen de touros provados geneticamente superiores, com avaliações confiáveis, permitindo ainda a identificação de animais jovens para teste de progênie e, então, a seleção dos futuros reprodutores, doadores de sêmen.

Essa proposta foi então aceita pelo diretor superintendente da Lagoa, Carlos Romeu Tramontin, e desenvolvida pela empresa que, naquele momento, pertencia somente ao grupo Bamerindus.

Recursos financeiros foram alocados pela Fundação Bamerindus para custear o programa em seus primeiros anos. Assim, em 1994, nascia o PAINT, programa direcionado à avaliação de animais eficientes na produção de carne nas reais condições da pecuária nacional, por meio da exploração das gramíneas tropicais em consórcio com o potencial produtivo da raça Nelore. Registrado no MAPA (Ministério da Agricultura Pecuária e Abastecimento), junto ao projeto técnico do CEIP (Certificado Especial de Identificação e Produção), de acordo com a portaria Ministerial nº 267/95 e SDR nº 22/95 sob o número 011, o PAINT concede aos animais de real potencial de incremento de produção, o CEIP, documento que confere aos seus portadores benefícios fiscais e, aos usuários, a segurança da utilização de genética superior.

Um de seus principais diferenciais foi confiar a coleta de dados aos criadores que passariam a gerar informações seguras, as quais integrariam um banco de informações acuradas, produzindo o substrato ideal para o cálculo do valor genético dos animais, sustentando, assim, a correta tomada de decisões por parte dos criadores na condução do processo seletivo de seus rebanhos.

Em um cenário mercadológico em constantes transformações, ocorreram algumas turbulências que geraram instabilidade no programa, como a intervenção do Banco Central no Grupo Bamerindus. Dúvidas quanto ao futuro da empresa dificultaram o crescimento do programa que, naquele momento, perdeu alguns parceiros, mas continuou sua trajetória.

Em 1998, a Holland Genetics, em leilão público, adquiriu a Lagoa da Serra, fato que definiu o futuro da empresa e de todos os seus projetos em andamento. Nesse momento de reestruturação e definição de prioridades de ação e investimentos, o PAINT ficou em um segundo plano. Isso provocou uma redução no efetivo de rebanhos participantes.

Essa situação foi sendo superada com tempo e trabalho, o programa foi se consolidando em um mercado cada vez mais ávido por informações técnicas em um ambiente cada vez mais competitivo, no qual o caráter empresarial era indispensável.

No ano 2000, a Lagoa optou por modificar a estrutura de trabalho e encerrar o contrato com a empresa terceirizada responsável pelas atividades do PAINT. Nesse processo de reestruturação, definiu-se que um programa de melhoramento seria um diferencial estratégico no futuro, e que as atividades do PAINT passariam a ser realizadas pela sua equipe interna. Nessa ocasião, foi convidado o zootecnista Dr. Luis Alberto Fries, que assumiu como consultor de melhoramento genético.

Em 2001, entre outras inovações técnicas, o PAINT implementou a avaliação do biotipo animal por escores visuais, denominado avaliação de C.P.M. (Conformação, Precocidade, Musculatura). Um novo conceito que proporcionou avanços significativos na evolução dos rebanhos avaliados, bem como possibilitou um maior detalhamento da *performance* produtiva dos animais.

Na sequência histórica, em 2002, foi lançado o Sumário PAINT Consolidado, o primeiro sumário do gênero no País, que reuniu informações da *performance* produtiva de reprodutores que dispunham de amostras de progênie avaliadas em diferentes publicações (programas de Melhoramento Genético Animal), agrupando, por intermédio da metodologia MACE (*Multiple Across Country Evaluations*), toda a informação disponível da *performance* de um reprodutor, expressando o valor genético sobre uma única base genética (Base Gim de Garça). Esse foi o primeiro sumário de reprodutores em que foram publicados os diferentes índices de seleção, de acordo com a ponderação proposta no sumário de origem, além do seu próprio índice de seleção, o Índice PAINT.

No ano de 2003, foi lançado o Sumário PAINT Consolidado, o GPS do Nelore, apresentando a representação gráfica da prova dos reprodutores avaliados, demonstrando uma preocupação evidente com a compreensão e conveniência do usuário final, o pecuarista.

As inovações e aperfeiçoamentos sempre foram a tônica do trabalho da equipe de melhoramento. Em 2004, o índice PAINT foi modificado para um Índice Linear Quadrático, por meio do qual animais com características intensamente indesejáveis foram devidamente penalizados, ressaltando assim a importância do uso de animais que possuíssem equilíbrio entre as características avaliadas, sobretudo destacando a necessidade de um modelo de seleção no qual esses animais fossem valorizados e sua utilização otimizada. Seguindo esse mesmo conceito, um índice de seleção foi criado, o HGP (Harmonia Genética de Produção), um indicador objetivo da uniformidade entre as características produtivas de um determinado indivíduo. Nessa mesma edição, iniciou-se a publicação de valores genéticos para Temperamento, uma característica funcional importante e que se mostrou bem correlacionada às demais características produtivas, fato que motivou a inclusão desse critério no PAINT.

Com a preocupação de promover as melhores ferramentas para a condução do processo seletivo nos rebanhos parceiros do PAINT, em 2005, os parceiros do programa passaram a dispor de um *software* de acasalamento de matrizes, o PROGRESSOR®, no qual características produtivas de cada matriz seriam ponderadas para a escolha do reprodutor ideal, a fim de produzir o maior Índice PAINT no produto do acasalamento, com endogamia controlada e sem restrições lineares impostas pela modelagem.

No ano de 2006, um novo conceito foi trazido ao mercado pela adoção do DEPh (Desempenho Esperado na Progênie). Nesse novo modelo matemático, buscou-se a maior uniformidade entre as amostras da progênie de um determinado reprodutor, mas também representou uma mudança na filosofia, pois, por meio dele, foram estabelecidas metas de seleção e os valores genéticos foram expressos em valores fenotípicos esperados, uma maneira de aproximar o melhoramento do seu usuário, o produtor. Nesse mesmo ano, a responsabilidade das avaliações genéticas passou para a empresa GenSys® Consultores e Associados, sob a coordenação pessoal do Dr. Luiz Alberto Fries.

Durante o 8° Congresso Internacional de Melhoramento Genético Animal (8° *World Congress on Genetics Applied to Livestock Production*), realizado em Belo Horizonte, Minas Gerais, em uma iniciativa conjunta entre Agropecuária CFM, Conexão Delta G e PAINT, foi publicado, em língua inglesa, o Sumário Consolidado Nelore (*The Nelore Consolidated - Sire Summary*), reunindo informações de três expressivos trabalhos de seleção e apresentando à comunidade científica internacional uma amostra do trabalho de Melhoramento Genético Animal para bovinos de corte, realizado no Brasil.

Em 2007, publicou-se no Sumário PAINT Consolidado um novo índice de seleção, o RMat (Retorno Maternal), informando a *performance* produtiva líquida das filhas de um reprodutor, quantificando a produção vitalícia, por um contraste entre a *performance* reprodutiva, produtiva e o custo de manutenção das mesmas, constituindo-se, portanto, em uma ferramenta preciosa para aqueles que buscam a especialização na atividade de cria.

É sabido que, em melhoramento genético, o tempo é fator precioso e decisivo, principalmente quando se considera o longo intervalo entre gerações do bovino.

Após 15 anos de trabalho, pode-se considerar que o PAINT, como programa de melhoramento genético animal, atingiu sua maioridade, não exclusivamente pelas suas implementações técnicas, mas também pelo volume de informações acumuladas ao longo do período, conforme apresentado na **Tabela 1**, bem como pelo desenvolvimento dos valores humanos e técnicos envolvidos neste trabalho.

Atualmente, os parceiros têm um conjunto de informações de alta confiabilidade e ferramentas práticas para traçar, com precisão, o futuro de seus rebanhos. Assim, o programa PAINT cumpre sua missão: identificar animais eficientes na produção de carne nas reais condições da pecuária nacional.

Tabela 1. Informações válidas e utilizadas para avaliação genética.

Características	Informações
Período de gestação	205.256
Peso ao nascimento	179.412
Peso na desmana (205 dias)	302.582
Escore visual para conformação na desmana	242.784
Escore visual para precocidade na desmana	242.784
Escore visual para precocidade na desmana	242.784
Escore visual para comprimento do umbigo na desmana	242.784
Peso ao sobreano (450 dias)	188.244
Escore visual para conformação ao sobreano	162.641
Escore visual para precocidade ao sobreano	162.641
Escore visual para precocidade ao sobreano	162.641
Escore visual para comprimento do umbigo ao sobreano	162.641
Temperamento ao sobreano	142.712
Perímetro escrotal	87.500

Sonhos que se transformam em realidade

O programa PAINT

A Lagoa da Serra Ltda, hoje denominada CRV Lagoa, a partir de sua decisão em oferecer informações seguras sobre o material genético de importância bioeconômica na produção de carne bovina de qualidade, reitera sua opção estratégica de ir além da função comercial, pela prestação de serviços em melhoramento genético animal.

Teste de progênie

A cada ano, entre 20 e 25 reprodutores da raça Nelore, são selecionados para participação no teste de progênie do PAINT. Esses animais são os frutos da seleção realizada pelo próprio programa e também são utilizados animais destaque de outros programas de seleção. Foram distribuídos e testados mais de 270 reprodutores ao longo destes 15 anos de operação, totalizando uma comercialização de 1.900.000 doses de sêmen de reprodutores provenientes do teste de progênie do PAINT.

Base de dados

A base de dados do programa conta hoje com *performances* medidas de mais de 300.000 animais. Essas informações são coletadas em mais de 130 fazendas parceiras do programa, sendo 18 no Paraguai, e o restante em diversos Estados brasileiros das Regiões Sudeste, Centro-Oeste, Norte e Nordeste.

Dinâmica do programa

Os rebanhos que iniciam suas atividades no PAINT passam a controlar suas informações em *software* específico, onde são lançadas todas as mensurações realizadas, bem como informações pertinentes ao cadastro dos animais e ocorrências reprodutivas.

Os produtos gerados a cada safra passam por uma série de análises, que envolvem dados no nascimento, desmama e ano ou sobreano. São controladas informações, como identificação do animal, paternidade, data de nascimento, pesos, escores visuais de conformação, precocidade, musculatura, comprimento de umbigo e temperamento. As avaliações são finalizadas ao sobreano e todas as informações dos rebanhos participantes são utilizadas para a realização da avaliação genética dos animais.

mesmo). O tamanho do esqueleto (estrutura corporal) é definido pela avaliação de comprimento, profundidade, bem como arqueamento de costelas. É necessário que o criador defina o porte adequado ao seu sistema de produção.

b) Precocidade na desmana e ao sobreano (Pd e Ps)

Indicam a capacidade ou velocidade de terminação da carcaça do animal. São avaliados pelo potencial de depositar uniformemente a gordura de cobertura necessária no corpo do animal.

c) Musculatura na desmama e ao sobreano (Md e Ms)

O tecido muscular é percentual e, economicamente, o principal componente da carcaça. O escore deve refletir a quantidade total de massa muscular no animal, avaliada, principalmente, pelos volumes do antebraço, paleta, dorso-lombo e traseiro. DEPhs elevados identificam animais com maior rendimento de carcaça.

Escores visuais de umbigo/prepúcio e temperamento (Ud, Us e Ts)

Os escores visuais de umbigo/prepúcio, obtidos na desmama (Ud) e ao sobreano (Us) e o de temperamento (Ts), obtido no sobreano, ao contrário da escala usada para avaliar as características CPM, são atribuídos numa escala absoluta de 1 a 5.

a) Escores visuais de umbigo/prepúcio na desmana e ao sobreano (Ud e Us)

O escore deve refletir o tamanho e a conformação do umbigo e/ou da bainha prepucial. Reprodutores com altos valores de DEPh para umbigo tendem a gerar produtos com prepúcios maiores e pendulares, com maiores probabilidades de acidentes e problemas.

b) Escores visuais de temperamento ao sobreano (Ts)

O escore visual de temperamento (Ts) obtido no sobreano é feito numa escala de 1 a 5 (não é utilizado o escore 3). O escore reflete a intensidade do temperamento animal e valores mais altos indicam temperamento indesejável. Reprodutores com DEPhs menores tendem a gerar produtos com temperamento mais dócil.

Ganho de uso pós-desmana ajustado para 245 dias (GPD)

Característica expressa em quilos. Indica o potencial de ganho de peso e crescimento entre a desmama e o sobreano, ajustado para um período de 245 dias. DEPhs elevados são desejáveis para obter um maior peso final.

Ganho de peso entre o nascimento e o sobreano ajustado para 450 dias (GNS)

Característica expressa em quilos. Indica o potencial de ganho de peso e crescimento entre o nascimento e o sobreano, ajustado para uma idade final de 450 dias. Calculado pela soma dos DEPhs de GND e GPD. DEPhs elevados são recomendados quando se deseja incrementar a característica peso final.

Perímetro escrotal ajustado para a idade (PEi)

Característica expressa em centímetros. DEPhs elevados são indicativos de precocidade sexual e velocidade de crescimento.

Perímetro escrotal ajustado para idade e peso (PEip)

Característica expressa em centímetros. Evidencia a precocidade sexual, reduzindo o efeito de diferentes taxas de crescimento corporal entre indivíduos, acentuando diferenças entre animais que apresentam diferentes curvas de crescimento.

Índices

Índices de seleção permitem reunir as diferentes características avaliadas, ponderadas de acordo com a importância que possuem dentro do objetivo de seleção proposto, permitindo classificar os animais avaliados por um só valor. Esse procedimento resulta em maiores ganhos genéticos quando vários critérios de seleção são considerados simultaneamente. Para combinar os

DEPhs, nas suas diferentes unidades de medida, de forma adequada, é necessário estandartizá-los para que cada um tenha média 0,0 (zero) e desvio-padrão 1,0 (um).

Índice PAINT (IPAINT)

O Índice PAINT é levado para uma base 10 (mesma base dos Índices CFM e Aliança) como se fossem 10 as características consideradas.

O IPAINT é um índice linear-quadrático, pois se eleva ao quadrado, com inversão de sinal, valores de DEPhs inferiores a -1 desvio-padrão. Dessa forma, evita-se que um reprodutor desequilibrado em seus DEPhs destaque-se com um IPAINT elevado.

Usando-se a sigla da característica para identificar o DEPh estandartizado, a fórmula para o cálculo da parte linear do Índice PAINT é:

IPAINT = 10/17 * (2*GND + Cd + Pd + Md – 0,5*Ud + 4*GPD + Cs + Ps + Ms – 0,5*Us - Ts + PEi + 2*PEip)

O índice linear-quadrático é definido completamente por:

$$\textbf{IPAINT} = \sum_{i=1}^{13} p_i * s_i - \sum_{i=1}^{13} \delta_i * p_i * [s_i + 1]^2$$

em que:

p_i = representa o fator de ponderação da i^ma^ característica;

s_i = representa o DEPh estandartizado para a i^ma^ característica; e

δ_i = representa uma variável booleana (com valor 1 se s_i for menor que -1.0 e com valor 0 (zero) caso contrário) para a i^ma^ característica.

Outros índices (IDESM, IA, IC e IU)

As DEPs e os DEPhs consolidados e estandartizados receberam diferentes fatores de ponderação e tiveram 4 índices calculados, que são apresentados a fim de permitir comparações entre esses reprodutores. Tais índices são calculados usando sempre os mesmos DEPs e DEPhs, para todos os touros. Esses diferentes índices permitem ordenações dos reprodutores de acordo com distintos critérios (ponderações), são descritos a seguir e não contêm nenhuma seleção direta para peso ao nascer (PN).

a) Índice desmana PAINT (IDESM)

Índice recomendado para aqueles que comercializam seus produtos logo após a desmama ou que priorizam seleção para características maternais. Possui as mesmas ponderações do IPAINT nas características pertinentes, base 10,0 e é calculado por:

IDesm = 10/5,5 * (2*GND + Cd + Pd + Md - 0,5*Ud)

b) IA

Índice utilizado no Sumário Aliança Nelore, na base 10,0 e calculado por:

IA = 2,3*PD160 + 0,4*Cd + 0,8*Pd + 0,8*Md + 2,3*PD240 + 0,4*Cs + 0,8*Ps + 0,8*Ms + 1,4*PEip

c) IC

Índice assemelhado ao empregado pela Agro-Pecuária CFM Ltda., na base 10,0 e calculado por:

IC = 2*GND + 4*GPD + 2*Ms + 2*PEi

d) IU

Índice assemelhado ao empregado pelo PMGRN-Nelore Brasil, na base 10,0 e calculado por:

IU = 4*GND + 4*GPD + 2*PEi

e) Retorno maternal (RMat)

Retorno maternal é um índice bioeconômico que visa à identificação das vacas com maior eficiência produtiva e os seus respectivos pais. Os componentes contemplados no cálculo do RMat são: precocidade sexual, permanência produtiva, custo estimado de mantença da vaca e desempenho de seus bezerros. A expressão do RMat é uma estimativa do retorno por vaca em quilos de peso vivo produzidos ao ano, descontado o custo estimado de mantença. O retorno estimado é avaliado não apenas quanto ao peso, mas também quanto à sua composição, uma vez que as DEPs das características, conformação, precocidade e musculatura são contempladas no cálculo do índice. Reprodutores com maiores valores de DEP RMat são desejáveis, pois tendem a produzir filhas com menor idade ao primeiro parto, maior permanência produtiva no rebanho, menor custo de mantença e progênie com maior ganho de peso e melhor composição da carcaça em termos de conformação, precocidade e musculatura.

Deca (D)

O conceito de *decagem* representa uma alternativa à prática de categorizar os animais de um determinado lote em superiores, intermediários e inferiores. Em vez de apenas três, são criados 10 níveis que servem para, rapidamente, definir em que fatia da população o animal se encontra com relação a cada DEPh ou Índice.

Um touro que pertença à deca 1 está entre os 10% melhores daquela característica ou índice. Um reprodutor que pertença à deca 2 encontra-se na fatia entre 10,1 e 20% da população e, assim, sucessivamente, conforme apresentado na **Figura 1**.

Harmonia genética de produção (HGP)

O índice HGP representa uma medida numérica da tendência central e da variabilidade e dispersão das decas para as características do animal. Esse é baseado numa função que aproxima a média harmônica das decas de um animal; sendo assim, valores desejáveis aproximam-se de 1,0. A fórmula para calcular o HGP é:

HGP = (média das decas do animal) + 0,44*(desvio-padrão das decas desse animal)

O HGP define o ponto em que se espera que 2/3 das decas das características de um animal sejam melhores, ou seja, menores que esse ponto. Sendo assim, o HGP define o ponto em que se espera que, em apenas 1/3 das características, o animal possua decas piores, ou seja, maiores que a dada pelo HGP.

Para tentar exemplificar a utilidade do HGP, observam-se dois animais com a mesma média de decas, 5,00 por exemplo, mas com distribuições diferentes. Na **Figura 2**, são apresentados valores de dois animais, um deles representados pela linha preta, sendo bastante harmonioso entre características, possuindo um desvio-padrão de suas decas iguais a 1,00 e, portanto, seu HGP é de 5,44. Enquanto o animal que está apresentado em linha vermelha possui uma grande desuniformidade entre os DEPhs de suas características e o desvio-padrão das decas de seus DEPhs é de 2,00 e, portanto, seu HGP é de 5,88.

É importante ressaltar que esse exemplo não é irreal. Existem animais com dispersões ainda maiores. Considerem um reprodutor, cujas decas para as 14 características sejam: [2 1 3 6 10 3 2 2 9 10 1 7 9 2]. Um touro considerado melhorador (possui decas 1, 2 e 3 para 8 características) e outro, inferior geneticamente, classificado em decas 9 e 10 para 4 características. Nesse caso, a média de decas é 4,82, ou seja, esse reprodutor está acima da média. Por outro lado, o seu HGP é igual a 6,33, indicando que se pode esperar que, em um terço das 14 características, sua progênie será deca 6,33 ou pior.

Quando as duas medidas, média de decas e HGP, forem discrepantes, significa que o reprodutor deverá ser utilizado nos acasalamentos com muito cuidado, preferencialmente, sobre vacas bem avaliadas e que complementem seus pontos fracos.

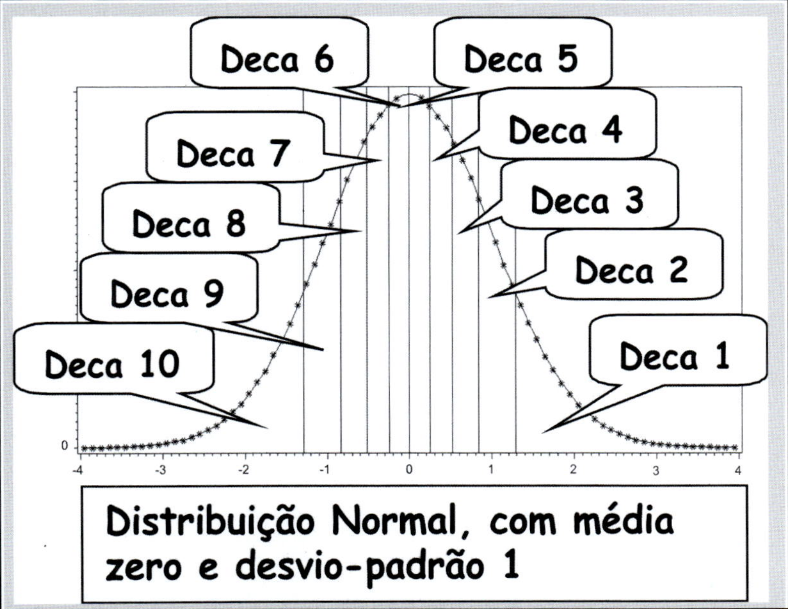

Figura 1. Representação de decas para uma população com distribuição normal.

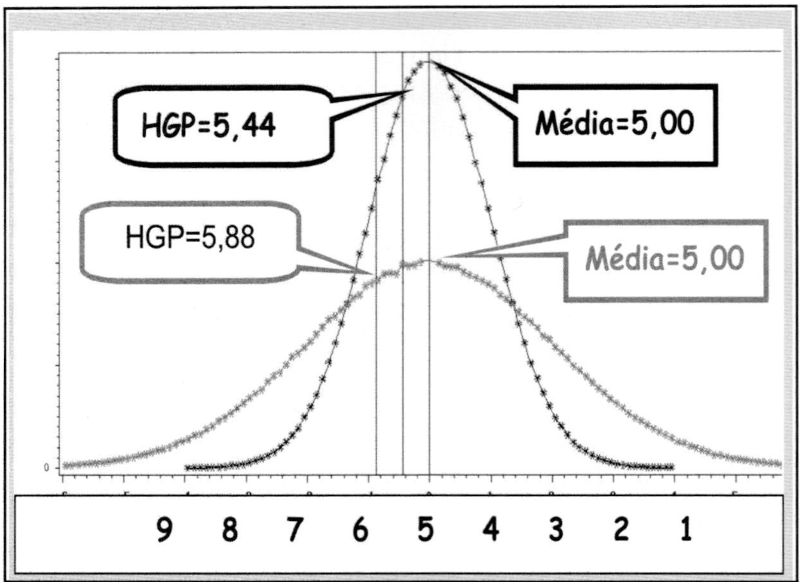

Figura 2. Representação gráfica da harmonia genética de produção para dois animais da raça Nelore com mesma média e diferentes desvios-padrão entre as decas das características avaliadas.

Considerações finais

As informações coletadas no ambiente de produção e devidamente tratadas e corrigidas são o substrato para cálculo e definição dos valores genéticos apresentados nos sumários, relatórios de matrizes e produtos. Essas informações devem ser analisadas pelos usuários, considerando a correspondência entre o ambiente de seleção e a realidade de produção de cada rebanho. Quanto maior a semelhança, melhores os resultados.

Os índices representam uma filosofia de seleção. Antes do usuário fazer sua opção por um determinado indexador, ele deve analisar cuidadosamente a composição do mesmo e a correlação deste com os seus objetivos de seleção. A utilização de índices, compostos por várias características, possibilita uma evolução simultânea, desde que essas sejam relacionadas entre si, favorecendo a obtenção de animais completos e equilibrados.

Assim, o PAINT, por meio da aplicação de conhecimento e tecnologia à produção animal, promove o desenvolvimento de rebanhos parceiros, identifica talentos que incrementam os níveis de produção e, democraticamente, disponibiliza suas informações ao mercado, em prol da pecuária de resultados.

CAPÍTULO 43

José Bento Sterman Ferraz
Professor Titular
Grupo de Melhoramento Animal
FZEA/USP. Pirassununga, SP
jbferraz@usp.br

Joanir Pereira Eler
Professor Titular
Grupo de Melhoramento Animal
FZEA/USP. Pirassununga, SP
joapeler@usp.br

Luis Adriano Teixeira
Médico Veterinário
Agro-pecuária CFM Ltda.
São José do Rio Preto, SP
lateixeira@cfm.com.br

Tamires Miranda Neto
Médico Veterinário
Agro-pecuária CFM Ltda.
São José do Rio Preto, SP
tmneto@agrocfm.com.br

Programa de melhoramento genético da Agro-pecuária CFM

Introdução e um pouco da história

A Agro-pecuária CFM Ltda., empresa do grupo inglês Vestey, iniciou suas atividades no Brasil em 1908, com o Frigorífico Anglo. Por falta de matéria-prima de qualidade e para garantir parte do fornecimento de gado para indústria, em 1917 adquiriu terras na região Sudeste do Brasil (Estados de São Paulo e Minas Gerais) e iniciou a formação do rebanho com a compra de novilhas. A CFM introduziu, em 100 anos de história neste País, várias técnicas ligadas ao aumento de produtividade. Foi empresa pioneira no uso de curvas de nível para controle de erosão no solo de suas fazendas, assim como na introdução de sistemas de cultivo de grãos e nos trabalhos ligados à seleção de animais da raça Nelore e a programas de cruzamento em larga escala.

(*) Agro-pecuária CFM Ltda: marca registrada.

Com raízes na indústria, a prioridade, desde o início, foi melhorar as qualidades econômicas das carcaças. A visão empresarial norteou o melhoramento das características de produção do rebanho e eficiência econômica das fazendas. A Agro-pecuária CFM sempre se destacou no mercado agropecuário pela introdução de técnicas pioneiras e inovadoras no setor, abrindo as portas para uma pecuária moderna e sustentável. Foi uma das pioneiras na comercialização de reprodutores Nelore com 24 meses de idade e revolucionou a forma de comercialização, sendo a primeira empresa a realizar leilões de grande volume, chegando à marca de mais de 1.000 touros comercializados num único evento.

Empresa preocupada com a proteção do meio ambiente e com a preservação de recursos naturais, possui uma área particular de preservação natural, estimulada pelo Governo Federal, destinada à manutenção de áreas de proteção ambiental. Antecipando-se às exigências do mercado internacional, a Agro-pecuária CFM também é pioneira na rastreabilidade de seus animais.

Os investimentos na área agrícola tiveram início na década de 80, com objetivo de renovação das pastagens e, pelos resultados obtidos, teve lugar permanente no grupo. Atualmente, também é forte produtora de cana-de-açúcar.

Na área de pecuária de corte, o rebanho da empresa chegou à marca de 120 mil cabeças por volta de 1990, distribuído em suas várias fazendas, localizadas nos Estados de Goiás, Mato Grosso do Sul e São Paulo, além de já ter conduzido fazendas de produção de leite a pasto, todas elas de alta produtividade. O tradicional Frigorífico Anglo, fundado pela empresa no início das atividades no Brasil, foi um dos maiores e melhores frigoríficos do País, tendo sido vendido em 1993.

A empresa teve uma motivação especial para entrar no ramo de seleção de reprodutores: a enorme demanda de touros para seus rebanhos de cria, uma vez que a empresa era a maior compradora de touros do Brasil, além da inexistência de touros geneticamente avaliados para características de real valor econômico no mercado. Com esse estímulo, a empresa iniciou, em 1980, sob o comando de Joseph Purgly, seu diretor presidente, um importante trabalho de melhoramento animal destinado à seleção de reprodutores de corte nos rebanhos da raça Nelore. Esse trabalho, iniciado com a orientação de técnicos da Nova Zelândia, teve como principal técnico o Médico Veterinário Paulo Roberto Silva, que permaneceu na mesma até a segunda metade da década de 1990. No início dos anos 90, sob a orientação técnica do Zootecnista Luis Alberto Fries, falecido em 2007, foram implantados vários controles adicionais e o sistema de avaliação visual *CPM*, ainda hoje em vigor, que avaliava a conformação, a precocidade e a musculosidade. Esses foram os primeiros quinze anos de estruturação do programa de melhoramento. Em 1994, os geneticistas Joanir Pereira Eler e José Bento Sterman Ferraz, da Faculdade de Zootecnia e Engenharia de Alimentos da Universidade de São Paulo, assumiram a orientação dos programas de melhoramento genético, permanecendo nessa função até os dias de hoje, em 2009. Em 1994, os líderes do mercado de touros dos Estados Unidos e Brasil, a *Leachman Cattle Company* e a Agro-pecuária CFM, associaram-se para dar início ao delineamento do primeiro programa de formação de bovinos compostos do Brasil. Surgia, então, o Programa de melhoramento genético do Montana Composto Tropical®.

A partir da segunda metade da década de 90, o projeto de melhoramento teve sua continuidade com o economista David V. Makin na presidência do grupo e com o Zootecnista Fábio Martins Guerra Nunes Dias na coordenação da pecuária. Desde 2004, essa função está sendo exercida pelo Médico Veterinário Luis Adriano Teixeira.

No fim da década de 80, grandes transformações surgiram na área da regulamentação e legislação a respeito de avaliações genéticas. A Portaria SNAP 45, de outubro de 1986, criou normas para o controle leiteiro no País e a Portaria SNAP 45, de outubro de 1987, estabeleceu as normas para avaliação de potencial genético de touros de corte. Em fevereiro de 1987, a Portaria Ministerial nº 33 instituiu o Arquivo Zootécnico Nacional, objetivando a realização de trabalhos de avaliação genética pelas características de interesse econômico.

Em 1989, a Portaria 690, de 29 de dezembro de 1989, criou o CEIP – Certificado Especial de Identificação e Produção - para bovinos resultantes de cruzamentos planificados e para animais de raças puras com aptidão para corte que, avaliados geneticamente, obtivessem classificação superior dentro do grupo de animais submetidos à seleção, iniciando com os 20% melhores animais e chegando ao limite de 30%, conforme progresso do programa de melhoramento ao longo das gerações. Esses Certificados garantem aos animais geneticamente avaliados o mesmo *status* tributário de animais registrados pelas Associações de Criadores. Em 1995, as portarias ministeriais nº 267, de maio de 1995 e a nº 22, de agosto de 1995, modificaram o sistema, mas mantiveram o forte estímulo à avaliação genética e à seleção de animais não registrados em associações de criadores, como animais puros de origem (PO), puros por cruzamento (PC) e livro aberto (LA). Em 1991, a empresa Natura obteve a primeira aprovação de CEIP. Em todo esse processo, é necessário ressaltar o papel dos técnicos do Ministério da Agricultura, Médicos Veterinários Walmoré Cortes e Jader Jacomini Ferreira, além do Zootecnista Luis Alberto Fries. Os CEIPs causaram uma autêntica revolução na distribuição de material genético superior de bovinos de corte, no Brasil, permitindo que uma parte considerável da variabilidade genética existente nos animais *cara limpa*, sem registro genealógico nas associações, fosse incorporada, e os animais geneticamente superiores vendidos como reprodutores.

O projeto de melhoramento genético da raça Nelore da Agro-pecuária CFM foi autorizado a emitir CEIP em 1992, autorização essa renovada em 1996. Um fato que se destaca é que o objetivo do programa de melhoramento da CFM foi criado para atender à sua demanda interna de reprodutores; contudo, acabou atendendo à demanda do mercado, quando este constatou a evolução produtiva do rebanho. Atualmente, a empresa atende criadores de todo o País.

Não foi por acaso que a Agro-pecuária CFM assumiu a liderança do mercado brasileiro de touros geneticamente avaliados, vendendo mais de 2.000 touros da raça Nelore/ano.

Por ser uma empresa que se mantém na vanguarda do desenvolvimento tecnológico, pelas inovações dos programas de avaliação genética e pela grande preocupação com o meio ambiente, recebeu inúmeros prêmios e distinções de diversas empresas e instituições de pesquisas ligadas ao setor, além de pesquisas junto a pecuaristas em âmbito nacional.

As avaliações genéticas da Agro-pecuária CFM

Na produção de bovinos de corte, a Agropecuária CFM foi pioneira na seleção massal da raça Nelore. No início da década de 80, a empresa implantou, com apoio de tecnologia neozelandesa, um sistema de escrituração zootécnica com identificação individual de seus animais e controle de desenvolvimento ponderal. Iniciavam-se os trabalhos de avaliação genética.

Nos anos 90, lançou o Sumário de Touros, Nelore CFM, hoje na 19ª versão. A partir de 1994, passou a utilizar metodologias de estimação de valores genéticos de BLUP, com modelos animais completos, sendo pioneira, também, na aplicação dessa metodologia no Brasil. Atualmente, sua base de dados tem cerca de 430mil animais com mensurações, filhos de cerca de 900 touros, naquela que se constitui a maior avaliação genética da raça Nelore de apenas um proprietário.

Todo o processo de seleção dos animais é realizado com base em medidas rigorosas, tomadas de animais criados em regime total de pastagem, sendo fornecido apenas sal mineral, e manejados em grupos de contemporâneos perfeitamente identificados e controlados. São mensuradas características ligadas ao desempenho ponderal, avaliações de conformação frigorífica, precocidade de acabamento, musculosidade. E desde 1994, um importante trabalho de seleção para características reprodutivas, como precocidade sexual e longevidade, vem sendo conduzido com excelentes resultados.

A maior prova da seriedade dos trabalhos desenvolvidos pela empresa é o reconhecimento de seus clientes e da comunidade científica, que tem dado validade ao trabalho de seleção de animais da raça Nelore em todo País. Seus leilões de venda de touros têm alcançado, nos últimos anos, altos preços médios, maiores, inclusive, que os preços de leilões de animais registrados, numa clara indicação da qualidade de seus animais. O índice de fidelidade da CFM no mercado, medido pelo percentual de touros adquiridos por clientes que já utilizaram a genética CFM em anos anteriores, é maior que 60%, comprovando que os seus clientes também obtiveram êxito no uso dos reprodutores CFM em suas fazendas.

Atualmente, o programa CFM de melhoramento genético da raça Nelore conta com cerca de 20 mil matrizes em produção, em 4 diferentes fazendas, produzindo mais de 2 mil tourinhos geneticamente avaliados e com CEIP por ano. Uma das preocupações da empresa é o controle da endogamia, conhecida popularmente como consanguinidade. O grande volume de matrizes envolvidas no projeto é fator importantíssimo para seu controle. Os níveis de endogamia são constantemente aferidos e têm-se um estudo detalhado dos *pedigrees* para realização dos acasalamentos. Desde 2001, o processo de acasalamento é realizado com auxílio de programas de computador, que também otimizam o resultado do índice CFM e suas respectivas DEPs, junto com o controle da endogamia.

Em 1994, a Agro-pecuária CFM começou a estudar características reprodutivas e os efeitos genéticos sobre elas. A abordagem inovadora do assunto, estimulada pelo Dr. Bruce L. Golden, então na *Colorado State University*, resultou em características como *Stayability*, ou habilidade de permanência no rebanho, e probabilidade de prenhez de novilhas quando expostas aos touros, por volta dos 14 meses de idade, a conhecida PP14. O impacto dos trabalhos na área reprodutiva foi enorme, e hoje o rebanho Nelore da CFM conta com expressiva porcentagem de animais, filhos e netos de novilhas que emprenharam ao redor dos 14 meses de idade, ou seja, animais que têm genética para precocidade sexual. Hoje, mais de 30% das matrizes da CFM permanecem 6 ou mais anos no rebanho, produzindo um bezerro/ano. Precocidade + longevidade, o caminho mais curto para a rentabilidade.

O rigor na colheita dos dados no campo, a correta classificação dos animais em grupos de contemporâneos e sua representatividade dos efeitos de ambiente, o alto número de animais avaliados e a exatidão dos procedimentos utilizados na montagem dos bancos de dados, quer no que tange aos registros de produção, quer nos registros de *pedigree*, aliados à qualidade das metodologias aplicadas na estimação dos valores genéticos dos animais, expressos em DEP – Diferenças Esperadas de Progênie - garantem a oferta, ao mercado, de animais de alta qualidade genética.

Em congruência com a visão empresarial da Agro-pecuária CFM, corroborando o resultado efetivo na melhora da rentabilidade do seu projeto pecuário, são medidas características de real valor econômico para a produção de carne a pasto. No programa de melhoramento do Nelore CFM, são avaliadas as seguintes características, com suas devidas importâncias ao sistema de produção e suas respectivas DEPs:

Peso ao nascer (kg) - DEP calculada com base no peso real ao nascimento. Esse peso vem sendo monitorado de modo a evitar um aumento significativo, o que poderia vir a causar problemas de parto. O peso ao nascer é o melhor indicador da facilidade de parto. Touros com DEPs baixas ou mesmo negativas são desejáveis para essa característica.

Peso na desmama (kg) - DEP calculada com base no peso obtido ao redor de 205 dias de idade (próximo à desmama). A DEP para esse peso reflete o potencial de ganho de peso do animal, independentemente da produção de leite de sua mãe, ou seja, a ação direta dos genes do próprio animal. Esse peso é muito importante para os produtores de bezerros. Touros com DEPs elevadas e positivas são os mais indicados.

Materno total (kg) - A DEP para essa característica é obtida pela soma da metade da DEP para Peso na Desmama (efeitos diretos) com a DEP para habilidade materna (diferença esperada para produção de leite e proteção do bezerro). A DEP para Materno Total expressa o potencial total de desmama que um animal pode transmitir, incluindo os efeitos diretos dos genes sobre o crescimento e que irão influenciar a produção das filhas do reprodutor.

Ganho de peso da desmama ao sobreano (kg) - A DEP para essa característica expressa o potencial de ganho de peso no período compreendido entre a desmama e os 18 meses (550 dias) e, portanto, refere-se ao ganho de peso em

345 dias após a desmama. Essa característica demonstra o desempenho potencial em pasto. DEPs mais elevadas são as mais indicadas.

Conformação, precocidade e musculosidade (un) - As DEPs para essas características são baseadas nos escores de avaliação visual. A avaliação visual é realizada por pessoal treinado e segue procedimento padrão estabelecido pela CFM, com notas que variam de 1 a 6. O objetivo da seleção para essas características é a obtenção de animais adequados à competitiva indústria da carne bovina. Assim, DEPs mais elevadas são as mais indicadas, sempre levando-se em conta um perfeito balanceamento do animal.

Umbigo (un) – A DEP de umbigo baseia-se na avaliação visual, com notas que variam de 1 a 5. Essa característica auxilia no monitoramento do tamanho do umbigo dos animais. Umbigos mais longos podem predispor o animal a lesões físicas localizadas.

Altura (cm) - As DEPs são baseadas em medidas tomadas na garupa dos animais a uma idade em torno dos 18 meses, com a preocupação em formar um plantel de estatura média, evitando-se vacas muito grandes. As DEPs positivas são desejadas, mas nesse caso, as DEPs muito elevadas poderiam levar a um aumento excessivo do tamanho dos animais. A altura na garupa apresenta-se também correlacionada com a estrutura anatômica do animal para suportar a musculatura.

Perímetro escrotal (cm) - As DEPs são calculadas com base em medidas do perímetro escrotal, obtidas ao redor dos 18 meses de idade. Pesquisas científicas têm demonstrado que o perímetro escrotal é favoravelmente correlacionado com a idade na puberdade, qualidade e quantidade de sêmen, desenvolvimento ponderal e precocidade sexual das filhas e irmãs dos touros. A utilização das DEPs para perímetro escrotal, como critério de seleção em bovinos de corte, tem sido prática comum em todo o mundo. As DEPs mais elevadas são as melhores. A seleção para perímetro escrotal, no entanto, não é uma substituição para a seleção direta sobre o desempenho reprodutivo da fêmea.

Probabilidade de prenhez de novilhas (PP14 - %) - As DEPs são calculadas por metodologia especial, com base nas informações de prenhez das novilhas expostas ao touro, ao redor dos 14 meses (12 a 16) de idade, em uma estação de monta de 120 dias. As novilhas que, no final da estação, apresentem diagnóstico de prenhez positivo recebem o valor 1 (um), e as vazias recebem o valor 0 (zero). As DEPs são expressas em porcentagem, indicando a probabilidade (a mais ou a menos) de determinado touro produzir filhas precoces.

Stayability, capacidade de permanência no rebanho (%) - A metodologia de cálculo das DEPs é a mesma utilizada para a PP14. A característica, no entanto, é definida como a capacidade que a vaca tem de permanecer no rebanho, produtiva, por seis anos ou mais. Desde que a vaca foi selecionada para integrar o rebanho, ela recebe o valor 1 (um) se apresentar um parto por ano até os seis anos ou mais; e recebe o valor 0 (zero) se tiver sido descartada antes dos seis anos. A característica tem validade se a política adotada no rebanho ou população for de descartar as vacas que não ficaram prenhes ao final de cada estação de monta. Com essa política, se a vaca pare aos seis anos ou após essa idade, é porque ela vinha parindo regularmente no rebanho desde a sua entrada em reprodução. As DEPs são também expressas em porcentagem e indicam a probabilidade (a mais ou a menos) que um touro apresenta para produzir filhas que permaneçam produtivas no rebanho por seis anos ou mais.

A **Tabela 1** apresenta a descrição sumária do banco de dados da avaliação genética da raça Nelore de 2007, com base na safra 2006 até a desmama.

É importante ressaltar o expressivo número de observações utilizado para a estimação das DEPs, em alguns casos centenas de milhares, bem como o número de grupos de contemporâneos e de fazendas, em que as medidas foram tomadas. Esses números garantem estimativas mais acuradas dos valores genéticos dos reprodutores da CFM. Como a regulamentação do CEIP limita a um máximo de 30% dos animais geneticamente superiores que podem receber esse certificado, e esse critério, no caso da CFM é o

Tabela 1. Descrição do banco de dados utilizado na avaliação genética da raça Nelore, em 2007, e fazendas da empresa.

Característica	Nº de observações	Nº de touros	Nº de vacas	Nº de grup. de contemp.	Nº de fazendas (CFM)	Média
Peso ao nascimento	179.270	793	67.319	3.348	16	30,8
Peso na desmama	403.968	964	148.362	10.166	22	177,4
Peso aos 550 dias	114.413	887	52.512	4.986	17	296,8
Ganho de peso pós-desmama (345 dias)	113.819	883	52.261	4.811	17	112,5
Conformação (notas 1 a 6)	102.511	791	46.598	4.215	14	3,8
Precocidade (notas 1 a 6)	98.384	789	44.955	3.960	14	3,7
Musculosidade (notas 1 a 6)	102.529	791	46.611	4.231	15	3,6
Perímetro escrotal 550 dias	51.941	807	30.738	2.268	14	27,0
Altura 550 dias	81.237	603	35.781	3.352	9	134,8
Escore de umbigo (notas 1 a 5)	59.210	462	27.156	2.471	10	2,6
Precocidade de novilhas (PP14)	28.212	467	18.372	83	5	16,0%
Stayability	91.206	774	59.145	774	31	30,4%

Índice CFM, pode-se garantir que os touros com CEIP de origem CFM são touros situados entre os 30% melhores quanto a esse critério de seleção, aprovados em exames andrológicos e, portanto, aptos a melhorar os rebanhos em que serão utilizados.

Assim, o critério de seleção do programa CFM de melhoramento da raça Nelore é o Índice CFM, expresso por:

$$\textbf{Índice}_{CFM} = 2(PD/\sigma_{gPD}) + 4(GPSOB/\sigma_{gGPSOB}) + 2(MUSC/\sigma_{gMUSC}) + 2PE/\sigma_{gPE})$$

Em que:

Índice_{CFM} =	Índice CFM de seleção.
PD =	DEP para peso na desmama.
GPSOB =	DEP para ganho de peso da desmama ao sobreano (medido ao redor dos 18 meses).
MUSC =	DEP para o escore visual de musculosidade ao sobreano (medido ao redor dos 18 meses).
PE =	DEP para perímetro escrotal ao sobreano (medido ao redor dos 18 meses).
σ_{gPD} =	desvio-padrão genético para peso na desmama.
σ_{gGPSOB} =	desvio-padrão genético para ganho de peso da desmama ao sobreano.
σ_{gMUSC} =	desvio-padrão genético para musculosidade ao sobreano.
σ_{gPE} =	desvio-padrão genético do perímetro escrotal ao sobreano.

O programa CFM de melhoramento genético da raça Nelore é o maior e mais antigo programa privado de melhoramento genético dessa raça. Seu sucesso se deve a uma conjunção de fatores mas, principalmente, ao fato do mesmo ter sido desenvolvido para selecionar reprodutores adequados aos sistemas de produção mais comuns do País. O sucesso e o reconhecimento do programa CFM no mercado pecuário são a prova mais eloquente da adequação de seus critérios de seleção.

A Agro-pecuária CFM, ao longo dos mais de 30 anos do programa de melhoramento genético do seu rebanho Nelore, já disponibilizou ao mercado mais de 27 mil touros geneticamente avaliados, desde 1985 até o ano de 2009 (safra 2007), todos entre os Top 20 a 30% de cada geração. Também já foram comercializadas mais de 600 mil doses de sêmen de seus touros pelas empresas de inseminação. Considerando-se taxas zootécnicas de fazendas comerciais e estabilidade de rebanho, os touros CFM já tiveram uma produção acumulada acima de 4,0 milhões de produtos com a influência da sua genética, levando-se em conta os descendentes até a quinta geração. Esse resultado comprova a importância da genética CFM no cenário da pecuária nacional. A **Tabela 2** apresenta uma estimativa do impacto dos touros vendidos pela Agro-pecuária CFM, na pecuária nacional, nos últimos 27 anos.

Tabela 2. Produção acumulada de produtos com influência da genética CFM, conforme a sua geração, desde a primeira safra de touros até 2007*.

Tipo de reprodução	Total de Filhos (as)	Total de Netos (as)	Total de Bisnetos (as)	Total de Trinetos (as)	Total de Tetranetos (as)	Total Geral
Produtos de touros em monta natural	1.541.260	894.692	373.727	158.325	39.706	3.007.710
Produtos de touros e inseminação	1.830.745	1.006.562	699.490	158.325	39.706	3.734.828

*Índices zootécnicos de fazenda comercial: Relação touro/vaca de 1:25; Taxa de desmama: 70%; Taxa de mortalidade vaca: 1% ao ano; Taxa de prenhez de inseminação: 60%; Idade de prenhez de novilha: 24 meses; Touro trabalha por 5 anos; Número de crias por vaca: 4.

A acurácia das avaliações

A acurácia ou confiabilidade de uma estimativa pode ser conceituada como uma medida de risco que existe do parâmetro estimado vir a sofrer mudanças. Essa medida pode ser influenciada pela qualidade e pela quantidade das informações com as quais se estimaram as DEPs, os valores preditos.

A acurácia, no entanto, não depende somente do número de filhos de um reprodutor que foram medidos, mas também do número de parentes medidos que esse reprodutor teve e dos diferentes ambientes a que tais progênies foram expostas. Assim, é comum touros com menor número de filhos terem acurácias maiores, em decorrênia da contribuição de maior número de parentes na estimação de seu valor genético ou de diferentes ambientes.

A acurácia, correlação entre a predição do valor genético ($\hat{g}$) e o valor genético verdadeiro (g), é dada pela fórmula:

$$r_{(\hat{g},g)} = 1 - \sqrt{\frac{VEP}{\sigma^2}}$$

na qual **VEP** é a variância do erro de predição. Definida por essa fórmula, a acurácia é conhecida como **acurácia real**.

No entanto, a acurácia expressa dessa forma não tem comportamento linear com o número de progênies de um determinado touro, principalmente em números de filhos entre 10 e 50, e fica relativamente difícil para o criador leigo entender as grandes variações de acurácia que ocorrem com pequenas variações no número de filhos. Tendo em vista esse problema, o *Beef Improvement Federation*, dos Estados Unidos da América, adotou uma fórmula alternativa, que varia linearmente com o número de progênies e que dá valores de acurácia mais baixos e mais conservadores que os da **acurácia real**. A fórmula da **Acurácia BIF** é:

$$r_{(\hat{g},g)} = \sqrt{1 - \frac{VEP}{\sigma^2}}$$

Os programas de melhoramento e avaliação genética de reprodutores da raça Nelore da Agro-pecuária CFM e do Montana Composto Tropical®, descritos a seguir, utilizam-se do conceito de **Acurácia BIF**, para fins de informação da qualidade das estimativas em seus Sumários de Touros, divulgados anualmente.

Os resultados obtidos ao longo das gerações de um programa de melhoramento genético podem ser medidos por meio da tendência genética das suas características ao longo das gerações. Os **Gráficos** de **1** a **4** mostram a tendência genética do rebanho Nelore CFM, desde o início do programa de melhoramento para as principais características avaliadas e o Índice CFM de seleção. Esses resultados comprovam a evolução do potencial produtivo dos

Figura 1. Tendência genética do Peso ao sobreano do Nelore CFM.

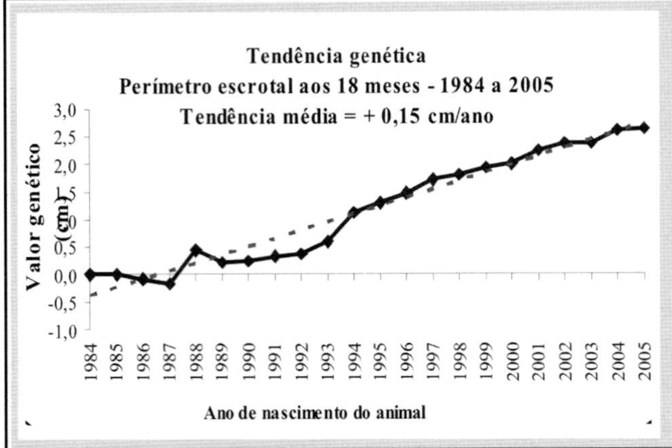

Figura 3. Tendência genética do perímetro escrotal do Nelore CFM.

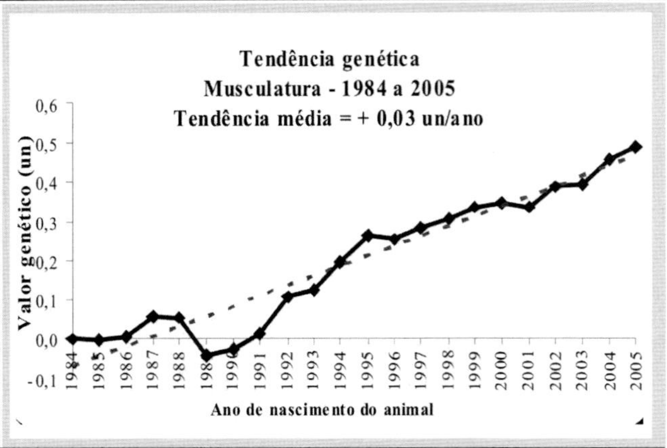

Figura 2. Tendência genética da musculosidade do Nelore CFM. (unidade da avaliação visual de musculosidade que varia da nota 1 a 6).

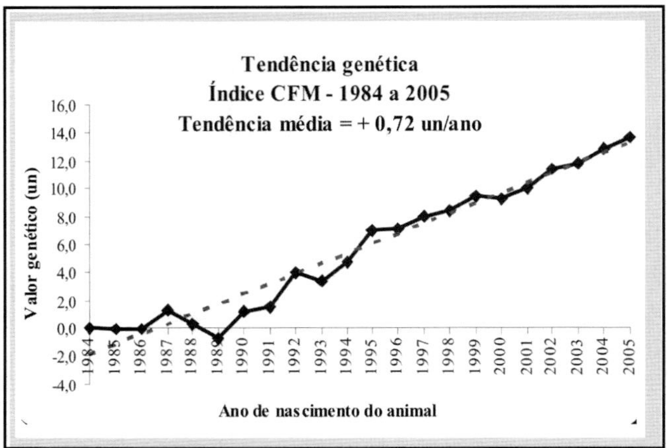

Figura 4. Tendência genética do Índice CFM de seleção. (Unidades de Índice CFM conforme fórmula apresentada).

animais Nelore CFM em regime de seleção totalmente a pasto.

Considerações finais

A Agro-pecuária CFM tem contribuído, nos 100 anos de sua presença no Brasil, de maneira decisiva para a agricultura e pecuária do País.

Da introdução de curvas de nível e outras técnicas de conservação de solo, as práticas de manejo e aperfeiçoamento dos sistemas de produção de bovinos de corte e leite, passando pelo respeito pelo ambiente, a empresa atingiu seu ponto máximo na pecuária de corte, com seu programa CFM de melhoramento de bovinos da raça Nelore, que a colocou na liderança da venda de touros jovens geneticamente avaliados no mercado brasileiro, que vende mais de 2 mil touros por ano.

O enfoque empresarial, o respeito ao cliente, a seleção rigorosa dos animais, direcionada para os sistemas de produção totalmente a pasto e semelhante aos usuários de sua genética, são alguns de seus mais importantes segredos.

Referências bibliográficas pertinentes ao assunto (citadas ou não no capítulo)

Benyshek, L.L.; Bertrand, J.K. National genetic improvement programmes in the United States beef industry. **S. Afri. J. Anim. Sci.**, v.20, p.103-113, 1990.

Ferraz, J.B.S.; Eler, J.P. The importance of correct genetic evaluation before embryo transfer. **Arquivos da Faculdade de Veterinária da UFRGS**, v.27, p.100-107, 1999. (Suppl)

Golden, B.L.; Snelling, W.M.; Mallinckrodt, C.H. **Animal Breeder's Tool Kit - User's Guide and Reference Manual**. Tech. Bulletin LTB92-2, Colorado State University, Agr. Exp. Station, 1992.

Golden, B.L.; Brinks, J.S.; Bourdon, R. A performance programmed method for computing inbreeding coefficients from large data sets for use in mixed-model analyses. **J. Anim. Sci.**, v.69, p.3564-3572, 1991.

Golden, B.L.; Snelling, W.M.; Evans, J.L.; Comstock, C.R. Reproduction: The next era evaluation. In: **Beef Improvement Federation Guidelines**, 1996.

Golden, B.L.; Snelling, W.M.; Mallinckrodt, C.H. **Animal Breeder's Tool Kit - User's Guide and Reference Manual - TK3/TKBLUP**. Tech. Bulletin LTB92-2, Colorado State University, Agr. Exp. Station, /suplemento/1995.

Mallinckrodt, C.H.; Golden, B.L.; Bourdon, R.M. The effect of selective reporting on estimates of weaning weight parameters in beef cattle. **J. Anim. Sci.**, v.73, p.1264-1270, 1995.

Meyer, K.; Carrick, M.J.; Donnelly, B.J.P. Genetic parameters for milk production of Australian beef cows and weaning weight of their calves. **J. Anim. Sci.**, v.72, p.1155-1165, 1994.

Quäas, R.L. Genetic evaluation – Past, Present and Future. In: SIMPÓSIO INTERNACIONAL DE GENÉTICA E MELHORAMENTO ANIMAL, Viçosa, MG, 21 a 24/9/1999, **Anais**, 1999, p.419-426.

Quinton, M.; Smith, C. Comparison of evaluation-selection systems for maximizing genetic response at the same level of inbreeding. **J. Anim. Sci.**, v.73, p.2208-2212, 1995.

Reverter, A.; Golden, B.L. Technical note: Changes in genetic predictions between subsequent evaluations. **J. Anim. Sci.**, v.73, p.2204-3307, 1995.

Reverter, A.; Golden, B.L.; Bourdon, R.M.; Brinks, J.S. Technical note: Detection of bias in genetic predictions. **J. Anim. Sci.**, v.72, p.34-37, 1994.

Robinson, J.A.B.; Armstrong, S.I.; Kuehni, P.P. Across breed evaluation of beef cattle carcass traits from commercial carcass data and real-time ultrasound. In: 6th WORLD CONGRESS ON GENETICS APPLIED TO LIVESTOCK PRODUCTION, Armidale, Austrália, January 1998. **Proceedings**, v. 23, p. 89-91, 1998.

Rodríguez-Almeida, F.A.; Van Vleck, L.D.; Cundiff, L.V. Effect of accounting for different phenotypic variances by sire breed and sex on selection of sires based on expected progeny differences for 200-and 365-day weights. **J. Anim. Sci.**, v.73, p.2589-2599, 1995a.

Tosh, J.J.; Wilton, J.W. Effects of data structure on variance of prediction error and accuracy of genetic evaluation. **J. Anim. Sci.**, v.72, p.2568-2577, 1994.

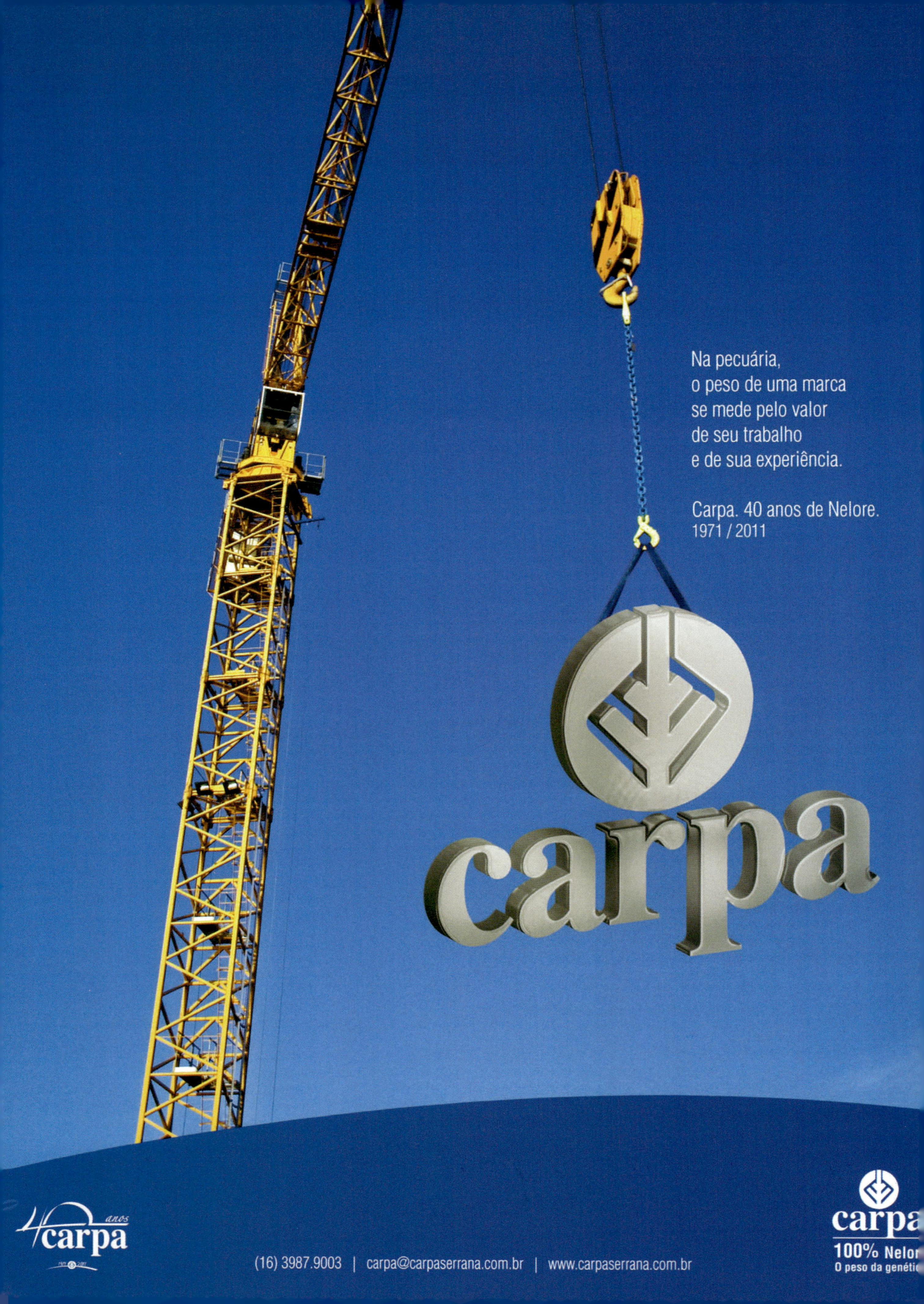
Na pecuária,
o peso de uma marca
se mede pelo valor
de seu trabalho
e de sua experiência.
Carpa. 40 anos de Nelore.
1971 / 2011
carpa
40 anos carpa
(16) 3987.9003 | carpa@carpaserrana.com.br | www.carpaserrana.com.br
carpa
100% Nelor
O peso da genéti

CAPÍTULO 44

Programa de melhoramento genético do Instituto de Zootecnia. Sertãozinho, SP

Maria Eugênia Zerlotti Mercadante
Pesquisadora do Instituto de Zootecnia
Estação Experimental de Sertãozinho
Sertãozinho, SP
mercadante@iz.sp.gov.br

Alexander George Razook
Pesquisador do Instituto de Zootecnia
Estação Experimental de Sertãozinho
Sertãozinho, SP
razook@iz.sp.gov.br

A história

A Estação Experimental de Zootecnia de Sertãozinho (EEZS) é um órgão do Instituto de Zootecnia (IZ) da Secretaria da Agricultura e Abastecimento do Governo do Estado de São Paulo, Brasil. Esse centro está localizado ao Norte do Estado de São Paulo e dedica-se, principalmente, ao melhoramento genético das raças Zebu: Gir, Guzerá e Nelore e da raça Caracu.

A formação do rebanho Nelore da Estação Experimental de Zootecnia de Sertãozinho (EEZS) teve início em 1937 e está descrita com detalhes em http://www.iz.sp.gov.br. Embora a EEZS tenha sido pioneira no Brasil na utilização de testes de desempenho individual (provas de ganho de peso) para a seleção de bovinos de corte, desde 1951, a seleção dos reprodutores dos rebanhos experimentais seguia os moldes tradicionais aplicados aos animais das raças zebu no Brasil, com muita ênfase na caracterização racial e sem critério(s) definido(s) de seleção.

Em 1976, um grupo de pesquisadores (dentre eles, Prof. Irineu Umberto Packer, Dr. José Benedito de Freitas Trovo, Dr. Willian T. Magee e Dr. Celso Boin) reuniu-se para delinear o programa de seleção para o rebanho Nelore da EEZS. Esse programa, ou experimento de seleção, deveria ser semelhante aos que já existiam com raças de corte de origem europeia em países de clima temperado, como o experimento realizado com a raça Shorthorn em *Alberta* e *Manitoba Agriculture Canada Research Stations*, entre 1960 e 1969 (Newman *et al.*, 1973), o experimento com a raça Hereford no *U.S. Meat Animal Research Center*, EUA, entre 1964 e 1980 (Koch *et al.*, 1994) e o experimento com a raça Angus no *Trangie Agricultural Research Centre*, Austrália, entre 1974 e 1989 (Parnell *et al.*, 1997). O que levou alguns centros de pesquisa a iniciar esses projetos de seleção de média a longa duração e de alto custo de manutenção foi que, nos anos de 1950 nos países desenvolvidos e, posteriormente, no Brasil, tornou-se necessário mostrar aos criadores de gado de elite e produtores de carne como fazer seleção mediante resultados de experimentos em bovinos e não por meio da teoria ou de experimentos realizados com animais de laboratório, como *drosophila* e camundongos. Outra justificativa para a implementação de tal projeto foi que, na década de 1970, a idade de abate dos novilhos no Estado de São Paulo era alta, com média de 45 meses, e não havia informações sobre a eficácia da seleção para crescimento em zebu. Portanto, era necessária a geração de conhecimento sobre a mudança fenotípica e genética com a aplicação de critérios de seleção fáceis de serem obtidos em grandes rebanhos e com custo baixo, principalmente na raça Nelore. Esse conhecimento gerado levaria a uma análise detalhada do impacto da seleção para crescimento sobre a produtividade geral do rebanho.

Assim, o projeto de seleção da EEZS foi implantado com o compromisso de obter resultados práticos sobre os efeitos da seleção dentro de rebanhos nos principais componentes econômicos de bovinos de corte, como crescimento, reprodução e carcaça. O projeto tem sido conduzido em um sistema de produção compatível com as condições brasileiras, para que seus resultados possam ser usados como indicativos do poder da seleção e do potencial de ganho genético dos rebanhos de corte brasileiros estabelecidos em pastagem. O programa de seleção da EEZS é único no mundo com raças zebu e é um exemplo didático de seleção dentro de rebanhos.

O delineamento do projeto de seleção

Inicialmente, coloca-se uma questão que é comumente feita por produtores: *por que a seleção dentro de rebanho?* A seleção entre rebanhos acelera o ganho genético, pois permite que o melhorista capture genes fora da população, utilizando mudanças genéticas e mutações que tenham ocorrido em qualquer outra população; promove o aumento da acurácia da avaliação em virtude do aumento do número de progênies avaliadas por animal; diminui o risco de depressão endogamia, etc. Entretanto, todo rebanho bem estruturado para realizar seleção entre rebanhos deve ter um esquema efetivo de avaliação dos animais em seus grupos contemporâneos dentro de rebanho. Isso ocorre porque, mesmo que o rebanho em questão participe de um programa de avaliação genética entre rebanhos, o resultado da avaliação genética pode não estar disponível em algum momento de tomada de decisão de seleção/descarte para a venda dos animais excedentes (por exemplo, num esquema de pré-seleção logo após a desmama), já que uma avaliação genética entre rebanhos depende de grande fluxo de informações entre criadores.

Em um experimento de seleção, em que o objetivo é quantificar o ganho genético nas características de seleção direta e nas correlacionadas, o rebanho é fechado e a reposição é toda feita pela seleção dentro do rebanho. Essa seleção é fácil de ser demonstrada, e os valores genéticos estimados a partir do desempenho individual, que é o caso do programa da EEZS, podem ser calculados com o auxílio de uma calculadora de mão.

O delineamento de um programa de melhoramento genético de bovinos de corte deve incluir, pelo menos, as seguintes etapas:

1) definição dos objetivos de seleção;

2) escolha dos critérios de seleção;

3) organização da obtenção dos registros de produção e genealogia;

4) utilização das informações para decidir que animais usar;

5) uso dos animais selecionados.

No programa de seleção da EEZS, o objetivo de seleção era aumentar a taxa de crescimento dos animais e, para isso, os critérios de seleção escolhidos foram o peso ao ano dos machos e o peso ao sobreano das fêmeas, utilizando-se somente a informação de desempenho individual (ou seleção fenotípica) para a escolha dos reprodutores e matrizes.

O projeto foi fundamentado em algumas estratégias de seleção, já usadas e descritas nos outros experimentos de bovinos de corte. Para obter progresso genético máximo por unidade de tempo, com seleção baseada no desempenho individual, trabalha-se, dentro dos limites biológicos, os fatores que afetam a taxa de ganho genético por unidade de tempo (ΔG):

$$\Delta \mathbf{G} = \frac{\mathbf{r}_{\mathbf{vg},\hat{\mathbf{vg}}}\, \mathbf{i}\sigma_{\mathbf{vg}}}{\mathbf{IG}} \qquad \mathbf{(1)}$$

em que:

$r_{vg,\hat{vg}}$ = é a acurácia da seleção

i = é a intensidade de seleção

σ_{vg} = é a variação genética

IG = é o intervalo de gerações

A acurácia da seleção é representada pela correlação entre o verdadeiro valor genético e sua predição para a característica sob seleção, e a predição pode ser a estimativa do valor genético calculado a partir de um grande banco de dados ou a partir de um único valor fenotípico (caso do critério de seleção aplicado no programa da EEZS). A intensidade de seleção é o diferencial de seleção expresso em unidades de desvio-padrão, ou seja, a diferença entre a média dos animais selecionados e a média dos contemporâneos, dividida pelo desvio-padrão fenotípico. A variação genética, representada em **(1)** pelo desvio-padrão dos valores genéticos não é um componente fácil de ser trabalhado, diferentemente da acurácia e da intensidade de seleção.

O intervalo de gerações é a média da idade dos pais quando os filhos nascem e é calculado por dois caminhos: mediante os touros, que é mais curto; e mediante as vacas, que é sempre mais longo, pois as mesmas permanecem mais tempo no rebanho. Bourdon (2000) ressalta que o conceito de intervalo de gerações funciona bem em populações ou rebanhos fechados a material genético de fora (como os dois rebanhos Nelore da EEZS), mas não em rebanhos abertos. Um touro pode ser velho em um rebanho com média genética alta, mas se ele for utilizado como reprodutor em um segundo rebanho de média genética inferior, ele poderá ser considerado novo.

No caso de seleção fenotípica (ou individual), a equação do ganho genético pode ser simplificada por:

$$\Delta \mathbf{G} = \frac{\mathbf{h^2 i}\sigma_{\mathbf{P}}}{\mathbf{IG}}.$$

Em que h^2 é a herdabilidade e σ_P é o desvio padrão fenotípico da caracteríca sob seleção. O termo $i\sigma_P$ é conhecido como diferencial de seleção fenotípico (DS), que é a diferença entre o desempenho médio dos indivíduos selecionados para serem pais da próxima geração e o desempenho médio de todos os animais, ou os potenciais pais, expressos na unidade da característica e, finalmente, chega-se a:

$$\Delta \mathbf{G} = \frac{\mathbf{h^2 DS}}{\mathbf{IG}},$$

ou, considerando as diferenças de DS e IG de touros (T) e vacas (V), tem-se que

$$\Delta G = h^2 \frac{DS_T + DS_V}{IG_T + IG_V} \qquad (2)$$

A atuação em cada componente da equação do ganho genético tem um custo sobre outro componente, ou seja, uma mudança favorável em um componente geralmente provoca mudança indesejável em outro. Por essa razão, a maximização de todos os componentes, simultaneamente, a fim de maximizar o ganho genético não é possível.

Há algumas decisões ou estratégias de seleção que têm de ser tomadas no delineamento do programa de seleção. Conhecendo-se a equação do ganho genético (ΔG), é possível entender as bases do programa de seleção da EEZS de modo simples:

1) Ampliação da base genética. A ampliação da base genética por meio da introdução de material genético diferente ao existente no rebanho, antes de iniciar o programa de seleção, é uma estratégia para introduzir variabilidade fenotípica (σ_p) e genética (σ_{vg}). Isso é feito por inseminação artificial ou por aquisição de animais de outros rebanhos.

2) Seleção dos animais com base em um número mínimo de características. O uso de um número reduzido de características, como critério de seleção dos animais, é uma estratégia usada para maximizar os diferenciais de seleção (DS), tanto de machos como de fêmeas. Na EEZS, os machos são selecionados com base no peso final após prova de desempenho (prova de ganho de peso), mas se, juntamente com o peso, o animal fosse selecionado também por escore de musculatura após o teste de desempenho, provavelmente, não seria possível selecionar os machos de maiores DS_T para peso, uma vez que a correlação genética entre peso e escore de musculatura, ao final da prova de desempenho, não é igual à unidade. Isso é um exemplo que pode ser estendido para outras características, como peso e perímetro escrotal ao final da prova de desempenho, peso e altura ao final da prova de desempenho, etc. Esse fato pode ser mostrado graficamente, pela plotagem dos diferenciais de seleção para peso (P378) e para perímetro escrotal (PE), aos 378 dias de idade dos machos do rebanho Nelore Seleção da EEZS, nascidos em 2004, e pela plotagem dos valores genéticos preditos para as mesmas características dos machos nascidos no mesmo rebanho desde 1981 (**Figura 1**). Os animais de maiores DS para P378 não são os de maiores DS para PE e, portanto, não seria possível selecionar aqueles de maiores DS para P378 ou para PE, simultaneamente.

Apesar da estratégia de selecionar os animais com base em uma só característica possa acelerar o ganho genético anual, isso tem a desvantagem de não levar em conta diretamente outras características que podem ser importan-

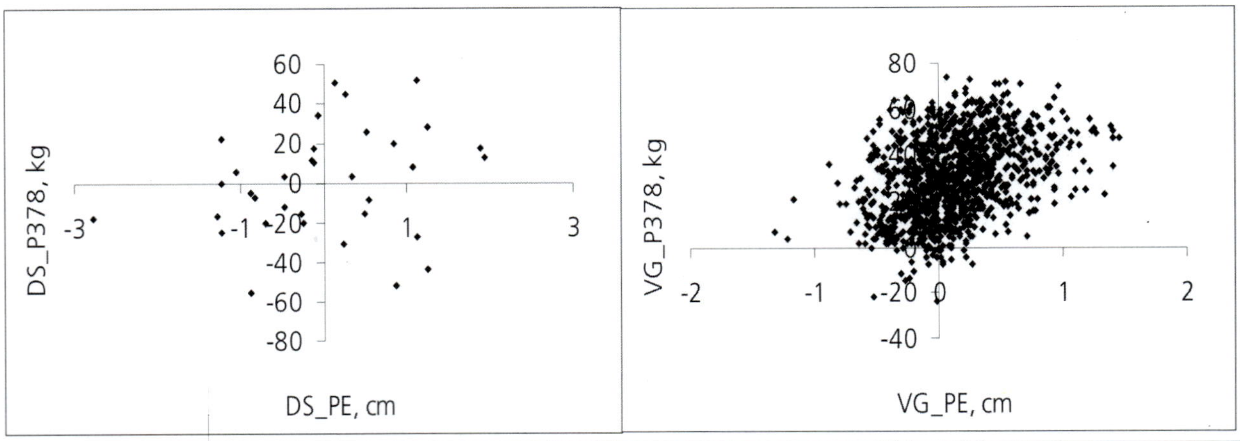

Figura 1. Diferenciais de seleção para peso e perímetro escrotal corrigidos para 378 dias de idade de machos nascidos em 2004 (esquerda), e valores genéticos preditos para peso e perímetro escrotal corrigidos para 378 dias para todos os machos, pertencentes ao rebanho Nelore Seleção da EEZS.

tes para reprodução, musculosidade e comercialização, tais como perímetro escrotal, padrão racial, etc.

3) Seleção dos animais com base em característica obtida em idade jovem e ausência de pré-seleção. A seleção com base em critério(s) obtido(s) em idade jovem, como o peso ao sobreano, possibilita a avaliação de todos os animais. Essa estratégia visa à maximização da intensidade de seleção (fórmula 1) ou, equivalentemente, do Diferencial de Seleção (fórmula 2), pelo fato de ter um maior número de animais no momento da seleção, quando comparado a um sistema que faz pré-seleção na desmama, por exemplo.

4) Seleção dos animais com base na informação do desempenho próprio (ou seleção fenotípica). A seleção dos animais com base no desempenho próprio possibilita o uso de reprodutores jovens e diminui o intervalo de gerações (fórmulas 1 e 2), o que maximiza o ganho genético por unidade de tempo. Entretanto, essa estratégia está intimamente ligada à acurácia da seleção (fórmula 1), uma vez que o uso de informações de parentes, principalmente o desempenho de progênies, aumenta sobremaneira a acurácia da seleção, ou seja, a correlação entre o valor genético predito e o verdadeiro. A acurácia do valor genético, no caso em que o desempenho próprio é a única fonte de informação usada na seleção, é igual à $\sqrt{h^2}$. Para peso ao sobreano, cuja herdabilidade é ao redor de 0,40, a acurácia do valor genético, levando-se em conta somente o desempenho próprio, é 0,63, ou 63%.

5) Uso de estação de monta reduzida. A redução das interferências do meio ambiente no grupo de contemporâneo com a implementação de uma estação de monta reduzida é estratégia essencial na condução de qualquer programa de melhoramento genético de bovinos de corte. Isso possibilita a padronização do ambiente e a formação de grupos de contemporâneos mais uniformes em termos de idade e com maior número de animais, o que aumenta a acurácia da avaliação genética e a resposta à seleção.

6) Minimização da endogamia. Levar em conta a genealogia de reprodutores e matrizes na formação dos lotes de monta para evitar acasalamentos entre parentes próximos, usar touros por tempo reduzido e evitar selecionar vários filhos de um mesmo reprodutor, são estratégias para manter a variabilidade fenotípica (σ_p) e genética (σ_{vg}) na população. Além disso, essas ações diminuem a probabilidade de ocorrência de genes deletérios recessivos em homozigoze, evitando a ocorrência de depressão endogâmica nas características de adaptabilidade.

Os rebanhos e os critérios de seleção

O estabelecimento do projeto de seleção da EEZS teve início com a redução da estação de monta, readequação da metodologia da prova de ganho de peso e seleção dos reprodutores fundadores usados em 1980. Simultaneamente, foi introduzido no rebanho Nelore material genético dos principais representantes das famílias existentes no Brasil na época (Cantor, Everest, Karvardi, Kurupathi e Nagpur), para ampliar a base genética e garantir variabilidade.

Em 1980, o rebanho Nelore foi dividido em dois, Nelore Controle (NeC), com 60 matrizes, e Nelore Seleção (NeS), com 120 matrizes. As vacas que sobraram deram origem a um terceiro rebanho, Nelore Tradicional, que não será descrito aqui. As primeiras progênies dos rebanhos separados nasceram em 1981, cujos pais já eram selecionados com base em DS para peso ao sobreano, 3 deles com DS positivo usados no NeS e 2 com diferencial nulo, usados no NeC.

Anualmente, são selecionados 7 a 10% dos machos nascidos e 55 a 65% das fêmeas nascidas, com base no diferencial de seleção em P378 e P550, respectivamente. No rebanho Nelore Seleção (NeS), são selecionados machos e fêmeas com os maiores diferenciais para as características P378 e P550 (**Figura 2**), em um esquema denominado de seleção direcional. Em geral, em mamíferos domésticos, a capacidade fecundante dos machos é maior que das fêmeas e, por essa razão, a seleção que pode ser aplicada nos machos é muito maior que aquela que pode ser aplicada nas fêmeas em um esquema de reprodução tradicional, em que não são usadas biotécnicas para aumentar a capacidade reprodutiva das fêmeas, como a transferência de embriões. No esquema de seleção dentro de rebanhos da EEZS, esse fato é ilustrado com o exemplo da seleção anual dentro do grupo de contemporâneos de machos do rebanho NeS nascidos em 2003 (**Figura 2a**) e do grupo de contemporâneos de fêmeas do rebanho NeS nascidas em 2003 (**Figura 2b**). A média dos DS dos machos selecionados (DS_T) foi 43kg (ou 330%) maior que a média dos DS das fêmeas selecionadas (DS_V), pelo fato de ter sido necessário reter somente 8,5% dos machos nascidos e 65% das fêmeas nascidas para reposição.

No rebanho NeC, são selecionados machos e fêmeas com diferenciais próximos de zero, ou seja, animais que estão na média dos contemporâneos de rebanho, em um esquema denominado de seleção estabilizadora (**Figura 3**). Isso faz com que o NeC seja um rebanho testemunha para o NeS, pois os animais apresentam hoje a mesma média de desempenho de P378 e P550 que tinham em 1980. O NeS é usado para monitorar a variação ambiental e, dessa forma, estimar as mudanças genéticas ocorridas no NeS para várias características, inclusive aquelas que só são possíveis de medir em um determinado ano ou em determinada amostra de animais, como é o caso das características de carcaça e qualidade de carne, consumo alimentar individual, etc.

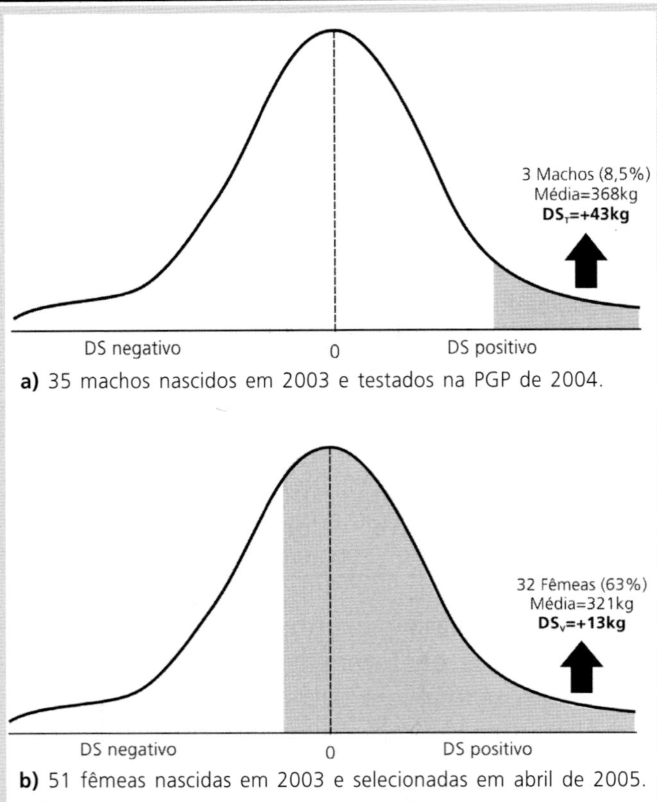

Figura 2. Posicionamento dos machos (a) e fêmeas (b) selecionados em relação ao grupo de contemporâneos na curva de distribuição de frequências, em esquema de seleção direcional.

Embora os animais, futuros reprodutores e matrizes, sejam selecionados com base em uma única característica, no momento da seleção dos machos considera-se também a ausência de defeitos e o parentesco entre os animais selecionados. Para evitar o aumento da endogamia em populações fechadas, evita-se selecionar dois filhos de um mesmo reprodutor em um grupo de contemporâneos, e três filhos de um mesmo reprodutor em dois anos consecutivos. Entretanto, a estratégia de evitar o aumento da endogamia conflita com a intensidade de seleção, ou, equivalentemente, com a seleção dos animais de mais altos DS.

O P378 (peso ao ano corrigido para 378 dias de idade) é obtido após prova de ganho de peso em confinamento de 168 dias, de acordo com a metodologia descrita por Razook *et al.* (1997); e o P550 (peso ao sobreano corrigido para 550 dias de idade) é obtido em pastagem. A razão da seleção dos machos ser em idade anterior à das fêmeas, é que os primeiros permanecem em confinamento (na prova de ganho de peso) após a desmama, que coincide com o período de seca, e as fêmeas permanecem em pastagem com ganhos relativamente baixos e muito variáveis. Portanto, o peso ao ano das fêmeas não reflete o real potencial para crescimento, o que é obtido, após o período das águas, ao sobreano.

Após a seleção, machos e fêmeas permanecem em pastagem e são colocados em reprodução aos dois anos de idade. Os touros são usados por dois anos consecutivos, aos 2 e aos 3 anos de idade, e a cada ano tem-se metade dos touros servindo com 2 anos e metade deles com 3 anos, portanto, com descarte de 50% dos touros/ano. As matrizes são descartadas (20%/ano) em decorrência da falha reprodutiva em dois anos consecutivos, doença ou idade avançada (após 12 anos). Na **Tabela 1**, é apresentado um resumo do tamanho dos rebanhos e dos lotes de acasalamento.

A estação de monta tem duração de 3 meses (dezembro a fevereiro). Os lotes de monta são formados de modo que cada reprodutor acasale com matrizes de todas as idades e que o parentesco da matriz com o touro seja mínimo. Os coeficientes de parentesco (também chamado de coeficiente de Wright) de cada matriz com os reprodutores que irão para monta, em um ano específico, são calculados utilizando-se a matriz de parentesco completa e um *software* específico. O acasalamento realizado nos rebanhos da EEZS é *quase* um exemplo de seleção massal ou individual, em que, segundo Falconer & Mackay (1996), os indivíduos selecionados, machos e fêmeas, são acasalados ao acaso.

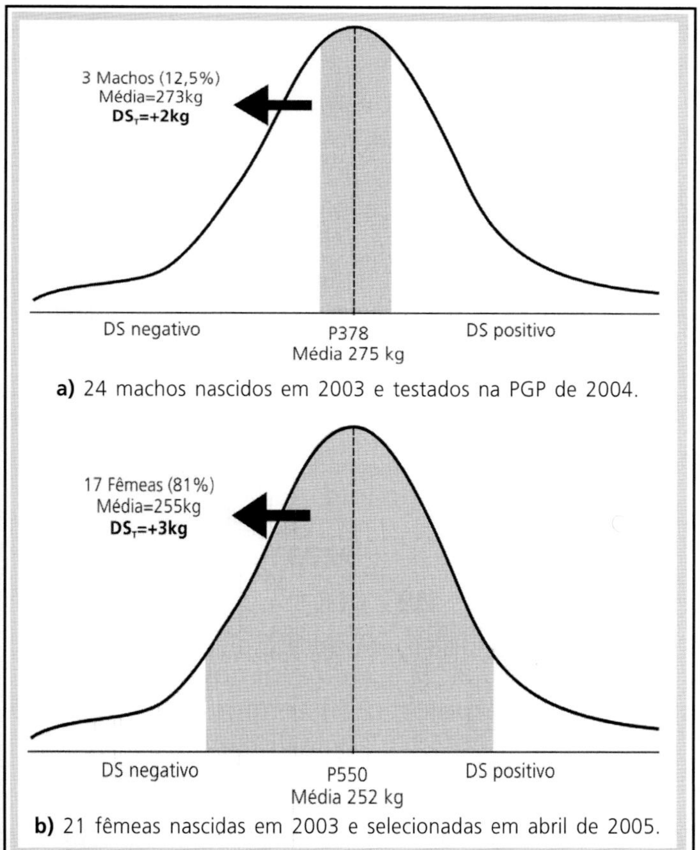

Figura 3. Posicionamento dos machos (a) e fêmeas (b) selecionados em relação ao grupo de contemporâneos na curva de distribuição de frequências em esquema de seleção estabilizadora.

Tabela 1. Tamanho dos rebanhos, dos lotes de acasalamento e descarte anual.

Item/Rebanho	NeC	NeS
Total touros	4	6
Total vacas	60	120
Touros de 2 anos	2	3
Touros de 3 anos	2	3
Vacas/touros 2 anos	15	15
Vacas/touros 3 anos	15	25
Descarte anual de machos	2	3
Descarte anual de vacas	12	24

NeC: Nelore Controle, NeS: Nelore Seleção.

A meta para o ΔG

A meta inicial do programa de seleção da EEZS era obter ΔG = 3,6kg/ano, como mostrado na equação do ganho genético:

$$\Delta G = h^2 \frac{DS_T + DS_V}{IG_T + IG_V} = 0,40\frac{57+24}{3,5+5,5} = 3,6 kg/ano$$

em que:

h^2= 0,40, a herdabilidade média do peso ao ano após prova de ganho de peso para os machos e peso aos 18 meses para as fêmeas.

DS_T= 57kg, que é a diferença entre a média de peso, aos 378 dias, dos machos selecionados para serem reproduto-res; e a média de peso, aos 378 dias, de todos os machos do Nelore Seleção que foram para a prova de ganho de peso em um determinado ano.

DS_V= 24kg, que é a diferença entre a média de peso, aos 550 dias, das fêmeas selecionadas para serem matrizes; e a média de peso, aos 550 dias, de todas as fêmeas do Nelore Seleção em um determinado ano.

IG_T= intervalo de gerações pelo lado de touros, considerando-se o uso de 50% de touros com 2 anos (3 anos quando nascem as progênies) e 50% de touros com 3 anos (4 anos quando nascem as progênies).

IG_V= intervalo de gerações pelo lado das

matrizes, considerando-se que a idade das fêmeas que vão para monta varia de 2 a 10 (3 a 11 quando as progênies nascem).

Seleção aplicada em P378 e P550

Na prática, os machos e fêmeas selecionados não contribuem com o mesmo número de progênies para a próxima geração. Diferenças em fertilidade estão sempre presentes, de modo que alguns touros e vacas contribuem com maior número de progênies que outros. Para obter a medida efetiva da seleção aplicada, os DS_T e os DS_V são ponderados pelo número de progênies. As médias dos diferenciais de seleção efetivos de touros e vacas expressam, em unidades reais, ou em unidades de desvio-padrão da característica (intensidade de seleção efetiva), a superioridade dos reprodutores no critério de seleção, em relação aos seus contemporâneos, ou seja, a seleção média efetivamente aplicada por ano. Os diferenciais decorrentes da seleção das vacas (máximo de 19kg em 1991) são sempre inferiores àqueles dos touros (máximo de 64kg em 1998), o que pode ser observado no gráfico dos diferenciais de seleção efetivos conseguidos no rebanho seleção (**Figura 4**, à esquerda). A média dos diferenciais de seleção efetivos pelo lado de touros foi 49,1kg; e pelo lado de matrizes foi 12,6kg no NeS. A contribuição dos touros no processo de seleção foi 80% do total nos dois sexos, comprovando a grande contribuição da seleção pelo lado de machos em esquemas tradicionais de seleção de bovinos, sem intensificação da reprodução das fêmeas.

As médias dos DS, tanto de machos quanto de fêmeas, têm variação relativamente pequena de ano para ano, pois são desvios da média dos contemporâneos e, no processo de seleção, o que se altera ano a ano são as médias de P378 e P550. Uma maneira de ver a seleção total aplicada em populações com sobreposição de gerações é mediante os diferenciais de seleção acumulados de touros e vacas (**Figura 4**, à direita). A média dos diferenciais de seleção efetivo de touros e vacas não é mais 43,6kg e 11,2 kg, em 2003, mas sim 177,4kg nos touros e 134,4kg nas vacas, em 2003, considerando a seleção aplicada nessas mesmas características desde 1981. Esses valores correspondem a 6,2 e 4,9 unidades de desvio-padrão de seleção aplicada nas características selecionadas em 23 anos (**Tabela 2**).

Na **Tabela 2**, estão a média de 23 anos dos diferenciais de seleção efetivos aplicados, tanto em kg como em unidades de desvio-padrão da característica (P378 e P550) e dos intervalos de geração de touros e vacas, além das médias dos diferenciais de seleção acumulados, dos coeficientes de geração e de endogamia em 2003.

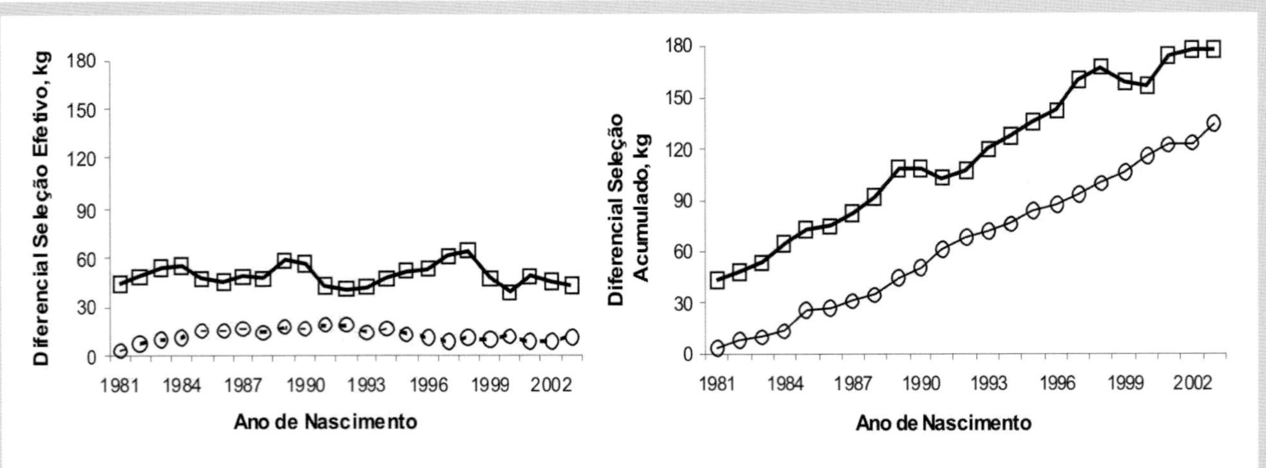

Figura 4. Diferenciais de seleção efetivos médios conseguidos nos machos (quadrado) e nas fêmeas (círculo), à esquerda, e diferenciais de seleção acumulados conseguidos nos machos e nas fêmeas, à direita, no rebanho Nelore Seleção, por ano de nascimento.

Tabela 2. Média dos diferenciais de seleção efetivos e acumulados (DSE e DSEA) e intensidades efetivas e acumuladas (iE e iA), dos intervalos de geração (IG) e dos coeficientes de geração[1].

Rebanho	DSEkg	iEu.d.p.[2]	DSEAkg	iAu.d.p.	IGanos	Coeficente de de geração[3]	Coeficiente endogamia[3]
NeC - touro[1]	**-0,4**	**-0,0**	**2,9**	**0,0**	**3,6**	5,1	4,3
NeC - vaca[1]	3,3	0,1	9,1	0,4	6,3		
NeS - touro[1]	**49,1**	**1,7**	**177,4**	**6,2**	**3,7**	5,1	4,0
NeS - vaca[1]	12,6	0,5	134,4	4,9	6,3		

[1]Adaptado de Razook (2006). [2]unidades de desvio-padrão. [3]em 2003.

A necessidade de evitar a endogamia e obedecer aos padrões raciais tem geralmente um *custo* sobre o DS aplicado, principalmente dos machos. No NeS, se os machos de maiores DS para P378 fossem selecionados, a média do DS não seria 49,1kg e sim 54,7kg (DS_T máximo), e a razão das duas médias (DS_T efetivo/DS_T máximo), razão a 0,90, indica que 10% do DS_T foi perdido por não selecionar dois filhos de um mesmo reprodutor em um ano e/ou por obedecer a padrões raciais. Fica claro com esse exemplo que, quanto maior o número de critérios a serem atendidos na seleção dos machos, menor será o diferencial de seleção que poderá ser aplicado na característica de interesse, por exemplo, peso ao sobreano.

As estratégias de evitar selecionar vários filhos de um mesmo reprodutor, de minimização do parentesco entre reprodutores e matrizes no lote de monta e de uso dos touros por somente dois anos, possibilitaram um controle efetivo da endogamia média nos dois rebanhos, que, em 1981, era de 3,2% e 3,3%; e, em 2003, de 4,0% e 4,3%, respectivamente, no NeS e no NeC.

O coeficiente de geração possibilita identificar animais contemporâneos, mas descendentes de gerações distintas em espécies em que há sobreposição de gerações como bovinos, e é expresso como o número médio de segregações mendelianas dos pais até os fundadores (animais nascidos até 1980). Após 23 anos de seleção, em 2003, a média do coeficiente de geração foi 5,1 em ambos os rebanhos, mas com animais contemporâneos que apresentam coeficiente de geração variando de 4,1 a 5,8.

Recalculando o ΔG

Considerando-se os DS_T e DS_V aplicados, os intervalos de gerações conseguidos pelo lado dos touros e vacas (IG_T e IG_V) e a herdabilidade realizada[1] de 0,47 para ambas as características (P378 e P550), o ganho genético conseguido (ou realizado), após 23 anos de seleção no rebanho seleção (NeS), foi menor que a meta inicial do projeto (ΔG= 2,9 kg/ano). Esse fato foi ocasionado pela seleção praticada menor que a esperada, com DS_T 14% menores e DS_V 48% menores que a meta inicial.

$$\Delta G = h^2 \frac{DS_T + DS_V}{IG_T + IG_V} = 0{,}47 \frac{49{,}1 + 12{,}6}{3{,}7 + 6{,}3} = 2{,}9 kg / ano$$

em que:

h^2= 0,47, a herdabilidade realizada para P378 e P550, calculada a partir da regressão linear dos desvios das médias anuais dos rebanho selecionado (NeS) em relação ao controle (NeC) em razão do diferencial de seleção acumulado (média dos DSAT e DSAV) do rebanho seleção (NeS).

DS_T= 49,1kg, que é a média dos diferenciais de seleção efetivo pelo lado de touros (**Tabela 2**). DS_V=12,6kg, que é a média dos diferenciais de seleção efetivo pelo lado de vacas (**Tabela 2**).

IG_T= intervalo de gerações pelo lado de touros (**Tabela 2**).

IG_V= intervalo de gerações pelo lado de vacas (**Tabela 2**).

[1] É a razão da resposta à seleção (calculada como desvio da população controle) e do diferencial de seleção acumulado.

Além disso, o intervalo médio de gerações pelo lado de vacas também foi maior que o esperado, pela necessidade de deixar vacas no rebanho mais que 11 anos. Entretanto, a herdabilidade realizada foi maior que a considerada na meta inicial.

No caso de herdabilidade de 0,37, estimada para P378 e P550, considerando-se todos os dados disponíveis e o parentesco completo (modelo animal), o ΔG seria menor de 2,3kg/ano.

Mudança das médias fenotípicas

As médias das características de crescimento nos 3 primeiros e nos 3 últimos anos do projeto de seleção fornecem uma estimativa da mudança fenotípica total ocorrida nos rebanhos, tanto nas características de seleção direta (P378 e P550), como nas demais características de crescimento, como peso ao nascer, peso na desmama e ganho médio diário na prova de desempenho (**Tabela 3**). A mudança fenotípica total (machos e fêmeas) foi de -1,5kg e 3kg no peso ao nascer; e 2,5kg e 16,5kg no peso na desmama, respectivamente, nos rebanhos NeC e NeS. Para as características pós-desmama, a mudança fenotípica total nos machos foi -3kg e 39kg no P378 e -19g/dia e 118g/dia no ganho diário durante a prova de ganho de peso, respectivamente, para NeC e NeS, e a mudança fenotípica total nas fêmeas foi 21kg e 71kg no P550, respectivamente, para NeC e NeS. Portanto, houve mudança fenotípica grande nas características de seleção direta, P378 e P550, de mais de 40kg/animal, o que reflete diretamente no aumento de renda no momento da comercialização, só considerando o peso, sem considerar o aumento do valor do animal para reprodução, decorrente de maior valor genético para peso ao sobreano. Ainda, a mudança fenotípica também ocorreu no peso na desmama, mais de 20kg/animal, com aumento de renda na venda de bezerros desmamados.

As médias fenotípicas de P378 e P550 dos rebanhos NeC e NeS, no decorrer dos anos (**Figura 5**), ilustram, além da mudança fenotípica, também as diferenças devidas às variações ambientais. O P378 é bem menos variável pela razão que uma *parte dele* (crescimento pós-desmama) é obtida em prova de desempenho em confinamento, cuja oferta de alimentos pode ser controlada. O mesmo não ocorre com o P550, cujas médias variam muito ano a ano. Na seleção para características de crescimento, é desejável que a oferta de matéria seca seja suficiente ao crescimento dos animais, caso contrário corre-se o risco de selecionar indivíduos com outras características que não o maior potencial para crescimento. Esse fato é bem evidenciado na **Figura 5** com P550. Somente a partir do momento em que houve maior oferta de alimentos (em 1993), os rebanhos começaram a se diferenciar no desempenho de P550.

Tabela 3. Médias das características de crescimento dos animais nascidos no início e atualmente no projeto de seleção.

Característica	NeC[1]		NeS[1]	
	Início	Atual	Início	Atual
PN (kg)	27	26	29	32
P210 (kg)	163	164	168	200
P378 (kg)	**277**	274	**295**	**334**
G112 (g/dia)	681	662	717	835
P550 (kg)	**242**	**263**	**250**	**321**

[1]Início 1981-1983, atual 2001-2003; NeC: Nelore Controle; NeS: Nelore Seleção; PN: peso ao nascer; P210: peso na desmama; P378: peso final na PGP, corrigido para 378 dias; G112: ganho médio diário na PGP; P550: peso final em pastagem, corrigido para 550 dias. Adaptado de Razook (2006).

O ΔG estimado por modelo animal

Em um experimento, a resposta à seleção pode ser estimada usando procedimentos de quadrados mínimos, como a média das progênies dos pais selecionados e, nesse caso, os efeitos ambientais são estimados pelo uso de uma população controle não selecionada, como é o caso dos rebanhos da EEZS e dos experimentos descritos por Newman *et al.* (1973), Parnell *et al.* (1997) e Koch *et al.* (1994). Entretanto, na estimação da resposta à seleção por quadrados mínimos, utilizam-se somente os registros da geração i para calcular a média da geração i, sem

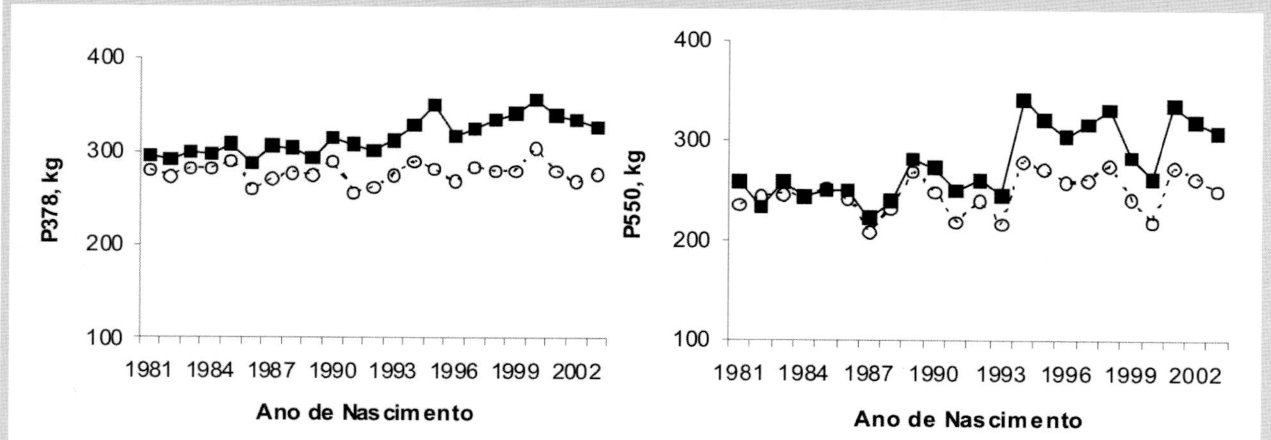

Figura 5. Médias fenotípicas de P378 (esquerda) e de P550 (direita) dos rebanhos Nelore Seleção (linha contínua) e Nelore Controle (linha tracejada).

considerar a informação das outras gerações, ou seja, esse tipo de análise ignora a estrutura dos dados, usando somente os registros de uma geração em particular para computar a resposta e ponderar igualmente todos os indivíduos selecionados (Walsh, 1999). Alternativamente, procedimentos de modelos mistos podem ser usados para analisar os dados, produzindo estimativas da variância genética e da resposta à seleção numa única análise (Sorensen & Kennedy, 1986). Com a metodologia de modelos mistos, ajustando um modelo animal, é possível incorporar a matriz das relações genético-aditivas. Isso possibilita incorporar todas as covariâncias (tanto aquelas entre indivíduos dentro de uma geração como aquelas entre indivíduos de diferentes gerações), além de considerar o fato de que algumas famílias fornecem mais informações e de ponderar corretamente os indivíduos dessas famílias, usando-se registros da geração corrente e de todas as gerações passadas para estimar a resposta à seleção.

A média dos valores genéticos do peso à seleção (P378 para os machos e P550 para as fêmeas), no início do experimento (1978-80), era –0,1 kg para os machos e -0,3 kg para as fêmeas. Em 2004, a média dos valores genéticos foi 1,4 kg e 1,9 kg, no NeC, e 51,4 kg e 42,2 kg, no NeS, para machos e fêmeas, respectivamente, o que representa a mudança genética total, assumindo que os fundadores (animais nascidos antes de 1978) possuíam valor genético igual a zero. Entretanto, esses são valores médios. Em 2004, o valor genético de P378 chegou a atingir 81,8kg, o que corresponde a uma DEP (diferença esperada na progênie) de 40,9kg.

Os ΔG, tanto para as características de seleção direta P378 e P550 como para as outras características obtidas até a seleção dos animais, como altura na garupa e os perímetros escrotal e torácico, foram estimados por meio da regressão das médias anuais dos valores genéticos de cada característica em função do ano de nascimento. Esses valores genéticos foram estimados considerando-se modelo animal e todo o parentesco entre os animais (**Tabela 4**).

Comparando-se ao ΔG de 2,9kg/ano no rebanho Seleção NeS, estimado para ambas as características, utilizando-se os diferenciais de seleção efetivamente aplicados e os intervalos de gerações conseguidos, a estimativa do ΔG obtida por modelo animal para P378 e P550 é menor (média de 1,94kg/ano). Dentre as possíveis razões para isso, está o fato de que os diferenciais de seleção para P378 e P550 não estão ajustados para as diferenças de desempenho provocadas pelos efeitos ambientais que podem não ter sido bem aleatorizados dentro dos grupos de contemporâneos, como o mês de nascimento e a idade da mãe, além dos efeitos maternos (genético aditivo e de ambiente permanente).

Em um trabalho clássico de simulação, Smith (1988) cita que, em esquemas tradicionais de bovinos, sem intensificação da taxa reprodutiva das fêmeas, a mudança genética anual teorica-

Tabela 4. Estimativas de ganho genético (ΔG) nos rebanhos Nelore Controle (NeC) e Nelore Seleção (NeS).

Rebanho	PN	P210d	P210m	P378	P550	ALT	PE	PTOR
NeC								
kg ou cm/ano	-0,01kg	-0,02kg	0,14kg	**0,02kg**	**0,03kg**	-0,03cm	0,01cm	0,03cm
% média/ano	-0,03%	-0,01%	0,08%	**0,01%**	**0,01%**	-0,02%	0,04%	0,02%
NeS								
kg ou cm/ano	0,19kg	0,64kg	0,24kg	**2,13kg**	**1,74kg**	0,29cm	0,05cm	0,26cm
% média/ano	0,67%	0,38%	0,14%	**0,72%**	**0,72%**	0,22%	0,22%	0,16%

PN: peso ao nascer; P210d: efeito direto do peso na desmama; P210m: efeito materno do peso na desmama; P378: peso final na PGP, corrigido para 378 dias; P550: peso final em pastagem, corrigido para 550 dias; ALT: altura na garupa obtida ao ano nos machos e ao sobreano nas fêmeas (média estimada nos dois sexos); PE: perímetro escrotal obtido ao ano; PTOR: perímetro torácico obtido ao ano em machos. Adaptado de Mercadante *et al.* (2007).

mente possível por seleção, em características de crescimento, é 1,4% da média. Os experimentos de seleção de bovinos de corte de raças europeias têm obtido taxas de mudança genética anual entre 0,78 e 1,2% da média ao ano em características de crescimento, e os ganhos genéticos anuais encontrados atualmente na Austrália para bovinos de corte são de, aproximadamente, 1% da média. No Brasil, os grandes programas de melhoramento genético de Nelore têm conseguido ganhos genéticos para pesos pós-desmama muito variáveis, de 0,15 a 0,77% da média/ano (Albuquerque *et al.*, 2006). Parece pouco, mas não é. Considerando-se um ganho genético de, por exemplo, 0,55% da média ao ano para peso aos 450 dias de idade de 270 kg (PMGRN - Lobo *et al.*, 2006), em 10 anos serão 15kg a mais por animal, em 20 anos serão 30 kg, e como esse aumento na produção/animal é passado para a progênie, o poder de multiplicação desse ganho em peso é enorme.

O ΔG nas outras características medidas até a seleção

A resposta correlacionada à seleção é definida como o ganho genético em uma ou mais características resultantes da seleção de uma outra característica, e ela é causada principalmente por pleiotropia (quando um gene influencia mais que uma característica).

Os ganhos genéticos correlacionados nas outras características mensuradas até a seleção dos animais (**Tabela 4**) foram positivos no NeS, com maior ganho correlacionado no peso ao nascer. O aumento do valor genético do peso ao nascer nem sempre é desejável, pois pode vir acompanhado de aumento de partos distócicos, principalmente em novilhas. Por outro lado, peso baixo ao nascimento é um fator predisponente da mortalidade perinatal de bezerros de corte. O ganho genético correlacionado positivo para peso na desmama, tanto nos genes para crescimento (0,38% da média de P210/ano), quanto nos genes para produção de leite das mães, efeito materno (0,14% da média de P210/ano), é muito favorável, já que também possibilita o uso desses touros para a produção de bezerros que serão comercializados na desmama. O ganho genético correlacionado no perímetro escrotal foi também positivo, mas baixo (0,22% da média do perímetro escrotal/ano), mostrando que peso ao sobreano e perímetro escrotal são quase independentes, e que, para obtenção de ganho genético no perímetro escrotal, deve-se incluí-lo no critério de seleção, por exemplo, por meio de um índice de seleção.

Esses resultados, independentemente da magnitude dos ganhos genéticos realizados nas características de crescimento, evidenciam que é possível alcançar significativo e constante progresso genético, mesmo em um rebanho pequeno como o NeS, por meio da seleção direcional, baseada em critérios simples de seleção, utilizando-se como informação o desempenho individual e uma reposição de touros e vacas rápida e dinâmica.

O ΔG em características de carcaça

Para estimar o ganho genético nas características de carcaça advindo da seleção para

Características	NeS	NeC	ΔG
Número de animais	125	107	
Peso final, kg	486	455	31*
Peso vazio, kg	441	415	26*
Peso carcaça quente, kg	286	269	17*
Rendimento da carcaça quente, %	58,9	59,0	-0,1^{NS}
Peso da carcaça resfriada, kg	282	265	17*
Comprimento de carcaça, cm	125	120	5*
Profundidade da carcaça, cm	40,2	39,8	0,4^{NS}
Dianteiro, kg	57,8	54,9	2,9^{NS}
Traseiro, kg	64,9	60,6	4,3*
Ponta de Agulha, kg	19,1	16,7	2,4*
Área do *longissimus*, cm^2	68,2	64,6	3,6
Espessura de gordura subcutânea, mm	6,73	6,09	0,64^{NS}
Força de cisalhamento,kg	4,56	4,53	0,03^{NS}

Adaptado de Bonilha *et al.* (2008).

peso ao sobreano, ao final da prova, uma amostra dos machos que era representativa da média final de P378 de cada rebanho, era retirada a cada ano (de 1992 a 2000), confinada e abatida, em diferentes experimentos. Uma análise conjunta (meta-análise) dos experimentos de abate foi realizada, e as características foram ajustadas para 22% de gordura no corpo vazio com a finalidade de comparar os animais em um ponto de maturidade comum. Pelo fato da meta-análise ter sido realizada com animais nascidos de 1992 a 2000, eles não representam a seleção acumulada até 2003, mas sim o efeito da seleção para peso ao sobreano por cerca de 15 anos.

A seleção para peso ao sobreano teve efeito indireto no peso da carcaça e no peso do traseiro, onde estão localizados os cortes de maior valor comercial, sem afetar a gordura corporal e o rendimento de carcaça. A força de cisalhamento, que fornece um indicativo da maciez da carne, foi aceitável para carne sem maturação, considerando-se padrões internacionais (abaixo de 5,0).

Considerações finais

É possível obter ganho genético constante e significativo em rebanhos fechados, mantidos com o uso anual de apenas seis touros e 120 vacas, por meio da seleção de animais com desempenho superior para características de média herdabilidade, como o peso ao sobreano. Esse ganho genético provoca mudanças desejáveis na quantidade do produto final, como peso da carcaça e peso do traseiro, sem alterar a qualidade.

Referências bibliográficas

Albuquerque, L.G.; Mercadante, M.E.Z.; Eler, J.P. Recent studies on the genetic basis for selection of *Bos indicus* for beef production. In: WORLD CONGRESS ON GENETICS APPLIED TO LIVESTOCK PRODUCTION, 8, 2006, Belo Horizonte. **Proceedings...** CD-ROM.

Baker, R.L.; Morris, C.A.; Johnson, D.L.; Hunter, J.C.; Hickey, S.M. Results of selection for yearling or 18-month weight in Angus and Hereford cattle. **Livestock Production Science**, v.29, p.277-296, 1991.

Bonilha, S.F.M.; Tedeschi, L.O.; Packer, I.U., Razook, A.G.; Alleoni, G.F.; Nardon, R.F.; Resende, F.D. Evaluation of carcass characteristics of *Bos indicus* and tropically adapted *Bos taurus* breeds selected for post-weaning weight. **Journal of Animal Science**,v.86, p.1770-1780, 2008.

Bourdon, R.M. Understanding animal breeding. **Upper Saddle** River: Prendice-Hall, 2000. 538p.

Falconer, D.S.; Mackay, T.F.C. **Introduction to quantitative genetics**. Essex: Longman, 1996. 464p.

Kinghorn, B.; Van Der Werf, M.J.; Ryan, M. **Melhoramento Animal: uso de novas tecnologias**. Tradução de Vânia Cardoso e Roberto Carvalheiro. 1.ed. Piracicaba: FEALQ, 2006. 367p. Título original: Animal breeding: use of new technologies.

Koch, R.M.; Cundiff, L.V.; Gregory, K.E. Cumulative selection and genetic change for weaning or yearling weight or for yearling weight plus muscle score in Hereford cattle. **Journal of Animal Science**, v.72, p.864-885, 1994.

Lôbo, R.B.; Bezerra, L.A.F.; Oliveira, H.N.; Magnabosco, C.U.; Albuquerque, L.G.; Bergmann, J.A.G.; Sainz, R.D.; Barros, P.S. Avaliação genética de touros e matrizes da Raça Nelore: Sumário 2006. Ribeirão Preto, ANCP. 2006. 124p.

Mercadante, M.E.Z.; Packer, I.U.; Razook, A.G.; Cyrillo, J.N.S.G.; Figueiredo, L.A. Direct and correlated responses to selection for yearling weight on reproductive performance of Nelore cows. **Journal of Animal Science**, v. 81, p. 376-384, 2003.

Mercadante, M.E.Z.; Razook, A.G.; Figueiredo, L.A.; Monteiro, F.M.; Packer, I.U. Análise genética multivariada e tendências genéticas de características de crescimento em rebanhos experimentais da raça Nelore. In: REUNION ASOCIACION LATINOAMERICANA DE PRODUCCION ANIMAL, 20, 2007, Cuzco. **Proceedings...** CR-ROM.

Mrode, R.A.; Smith, C.; Thompson, R. Selection for rate and efficiency of lean gain in Hereford cattle. 1. Selection pressure applied and direct responses. **Animal Production**, v.51, p.23-34, 1990.

Newman, J.A.; Rahnefeld, G.H.; Fredeen, H.T. Selection intensity and response to selection for yearling weight in beef cattle. **Canadian Journal of Animal Science**, v.53, p.1-12, 1973.

Parnell, P.F.; Arthur, P.F.; Barlow, R. Direct response to divergent selection for yearling growth rate in Angus cattle. **Livestock Production Science**, v.49, p.297-304, 1997.

Razook, A.G. Intensidades de seleção e mudanças genéticas em características de crescimento de rebanhos Nelore e Guzerá selecionados para peso pós-desmame. Relatório CNPq. 2006.

Razook, A.G.; Figueiredo, L.A.; Bonilha Neto, L.M.; Trovo, J.B.F.; Packer, I.U.; Pacola, L.J.; Cyrillo, J.N.S.G.; Ruggieri, A.C.; Mercadante, M.E.Z. Selection for yearling weight in Nelore and Guzerá zebu breeds: selection applied and response in 15 years of progeny. In: WORLD CONGRESS ON GENETICS APPLIED TO LIVESTOCK PRODUCTION, 6, 1998, Armidale, **Proceedings...** v.23, p. 133-136.

Razook, A.G.; Figueiredo, L.A.; Cyrillo, J.N.S.G.; Pacola, L.J.; Bonilha Neto, L.M.; Trovo, J.B.F.; Ruggieri, A.C.; Mercadante, M.E.Z. Prova de Ganho de Peso. Normas adotadas pela Estação Experimental de Zootecnia de Sertãozinho. Nova Odessa (SP), Instituto de Zootecnia. 1997. 42 p. (**Boletim Técnico n°.40**).

Razook, A.G.; Mercadante, M.E.Z. Ganhos de produtividade com o uso de touros provados. In: SANTOS, F.A.P.; MOURA, J.C.; FARIA, V.P. **Requisitos de qualidade na bovinocultura de corte**. Piracicaba: FEALQ, 2007. p.93-114.

Schmidek, A.; Mercadante, M.E.Z.; Paranhos da Costa; Razook, A.G.; Figueiredo, L.A. Falha na primeira mamada em bezerros Guzerá: fatores predisponentes e parâmetros genéticos. **Revista Brasileira de Zootecnia**, v.37, p.998-1004, 2008.

Smith, C. Potential for animal breeding, current and future. In: INTERNACIONAL CONFERENCE ON QUANTITATIVE GENETICS, 2., 1987, Raleigh, USA. **Proceedings...** Sunderland: Sinauer Associates, Inc., 1988, p.150-161.

Urioste, J.I.; Ponzoni, R.W.; Aguirrezabala, M.; Rovere, G.; Saavedra, D. Objetivos de selección para vacunos de carne em el Uruguay. In: **Genetica Animal: Contribuiciones em homenaje al Profesor Ing. Agr. Jaime Rovira**. CARDELLINO, R.; CARDELLINO, R. (Ed.). Editorial Hemisferio Sur, 2002, Uruguay. 152p.

Walsh, J.B. **Least-squares analysis of short-term selection experiments**. http://biosci.arizona.edu/zbook/volume_2/chapters/vol2_06.html. 1999.

Walsh, J.B. **Mixed-model and bayesian analysis of short-term selection experiments**. http://biosci.arizona.edu/zbook/volume_2/chapters/vol2_07.html. 1999.

CAPÍTULO 45

José Bento Sterman Ferraz
Professor Titular
Grupo de Melhoramento Animal
FZEA/USP. Pirassununga, SP
jbferraz@usp.br

Joanir Pereira Eller
Professor Titular
Grupo de Melhoramento Animal
FZEA/USP. Pirassununga, SP
joapeler@usp.br

Luis Adriano Teixeira
Médico Veterinário
Agropecuária CFM Ltda.
São José do Rio Preto, SP
lateixeira@cfm.com.br

Gabriela Giacomini
Zootecnista
Gerente de Operações da Montana
Composto Tropical
gabriela@compostomontana.com.br

Programa de melhoramento genético do Montana Composto Tropical

Introdução

O melhoramento genético é uma poderosa ferramenta de melhoria da produtividade e, associada à melhoria do ambiente oferecido aos animais, pode levar a pecuária a níveis de produtividade altamente competitivos e multiplicar os níveis de faturamento do setor.

O cruzamento é um dos recursos do melhoramento animal. Trata-se de um sistema de acasalamento em que animais de raças diferentes são utilizados para se obter uma maior produtividade na habilidade de produzir carne (ou outra característica de interesse) e tem-se apresentado como uma das maneiras *mágicas* de se aumentar rapidamente a produção pecuária. Os cruzamentos utilizam-se de fenômenos como a heterose e a complementaridade de raças.

O vigor híbrido ou heterose é um fenômeno genético que expressa a superioridade de indivíduos cruzados em relação à média dos desempenhos de seus pais, de raças puras. Tal fenômeno é decorrente do aumento da heterozigose, ou seja, os genes de um determinado *locus* são de origens diferentes e, portanto, as ações gênicas não aditivas se expressam de maneira mais evidente. A heterose ocorre em várias características de importância econômica, particularmente naquelas em que a ação gênica aditiva, cuja proporção em relação à variabilidade total é expressa pela herdabilidade, é de pequena monta.

Assim, a maioria das características reprodutivas e aquelas ligadas à adaptação dos animais ao meio ambiente são muito beneficiadas, quando animais cruzados são utilizados e comparados aos animais de raças puras. Como as características reprodutivas são beneficiadas, um dos usos mais importantes do cruzamento em bovinocultura de corte é a produção de fêmeas cruzadas, que são, em geral, sexualmente mais precoces, férteis, prolíficas, com melhor habilidade materna, enfim melhores produtoras de bezerros do que fêmeas puras. Por indivíduos cruzados, entendam-se indivíduos cujos pais são de raças, linhagens ou grupos endogâmicos diferentes. Em termos práticos, na pecuária de corte os cruzados são, em geral, provenientes de acasalamentos de animais de raças diferentes.

A heterose é proporcional ao grau de heterozigose obtido, portanto os cruzamentos devem sempre tentar manter o maior nível de heterozigose possível nas sucessivas gerações. A produção de *compostos* ou *raças sintéticas* pode ser uma alternativa para produção de animais com alta heterozigose, já que, em médio prazo, a retenção da heterose é um problema para os cruzamentos.

A complementaridade de raças é outro fenômeno em que se consegue reunir em um animal cruzado características das duas raças parentais, transformando o animal cruzado num *mix* de alto valor adaptativo e produtivo. Ele é baseado no conceito de que algumas raças combinam-se de melhor maneira do que outras e que, ainda, algumas raças são melhores como *raças paternas* e outras melhores como *raças maternas*. Assim, se uma raça, como a Nelore, é resistente às condições adversas de clima e qualidade de pastagens do Brasil Central e outra raça, como a Angus tem alta capacidade leiteira (para bovinos de corte), maior precocidade sexual e melhor ganho de peso, os bezerros cruzados reunirão a rusticidade do Nelore com a habilidade materna e ganho de peso do Angus.

Os resultados de qualquer sistema de cruzamento, no entanto, somente serão otimizados se animais geneticamente superiores forem utilizados. Apesar da heterose e da complementaridade das raças e fenômenos ligados à ação não aditiva dos genes, a produção ótima somente será atingida se os animais com os melhores alelos de ação aditiva forem utilizados. O cruzamento dos animais domésticos é o melhor exemplo de como as ações gênicas aditiva e não-aditiva se complementam. Programas que utilizam cruzamentos entre animais de mesma raça, como no caso de linhas endogâmicas diferentes, podem ter grandes diferenças de produtividade apenas porque os rebanhos fundadores tinham diferenças de mérito genético aditivo.

O uso de cruzamentos para aumentar a produtividade da pecuária brasileira de corte deve considerar que os animais são criados, em sua maioria, em ambiente tropical. Para isso, raças adaptadas a tais ambientes devem ser cruzadas com raças de alta produtividade e precocidade, tanto sexual quanto de crescimento. Como raças adaptadas, podem ser citadas as raças Nelore, Guzerá, Gir, Indubrasil, Brahman, muito conhecidas, além de Tuli e Bonsmara (*Bos indicus* da África), o Romo-Sinuano (*Bos taurus* da Colômbia), o Boran (*Bos indicus* da África), e o Caracu (*Bos taurus* adaptado no Brasil), além de raças sintéticas, como Belmont Red, Senepol e Senangus. Tais raças *adaptadas* devem ser cruzadas com raças altamente produtivas, como Simental, Aberdeen Angus, Red Angus, South Devon, Gelbvieh, Pardo-Suíço, Hereford, Limousin, Marchigiana, Charolês e outras raças europeias. Do acasalamento bem direcionado entre animais dessas raças resultam os bovinos compostos, que têm genes de duas ou mais raças. Alguns desses compostos passam a ser considerados como raças, a exemplo do Santa Gertrudis, do Brangus, Braford, etc.

Assim, o sucesso de qualquer programa de melhoramento genético animal, seja ele aplicado a raças puras, seja direcionado à melhoria de animais cruzados, depende de uma correta identificação de animais geneticamente superiores, ou seja, da correta estimação dos valores genéticos aditivos dos animais. A avaliação genética de animais puros e mestiços, utilizados em programas de cruzamentos, é fundamental para que tais programas tenham o sucesso máximo possível. Juntamente com a escolha das características desejáveis das raças a serem utilizadas, a avaliação genética é fundamental. Objetivos claramente definidos, conhecimento da genética das características adotadas como critérios de seleção, conhecimento das raças, animais geneticamente superiores, seleção tecnicamente criteriosa e correta aplicação do conhecimento científico são o segredo do sucesso de um programa de cruzamentos. Avaliar corretamente os resultados de um programa de cruzamento é de extrema importância, e comparações entre avaliações feitas em países diferentes podem ser de grande valor.

O cruzamento industrial pode estar com o próprio nome muito desgastado. Talvez fosse melhor designá-lo de cruzamento técnico. Esse sistema de acasalamento é complementar à seleção, e essas duas forças do melhoramento genético animal resultam em enormes avanços e grandes ganhos de produtividade. O cruzamento faz uso tanto da heterose (superioridade dos filhos cruzados em relação à produção média das raças paternas), quanto da complementaridade que existe entre as raças (é possível, combinando-se as raças certas, obter no animal *cruzado*, competências que existem em uma ou outra raça. Por exemplo, a vaca F1 Nelore x Angus é considerada por muitos uma das melhores vacas do mundo, pois é de médio porte, muito precoce, de alta fertilidade e não muito exigente). Esses fenômenos da genética têm sido utilizados há décadas pelos geneticistas vegetais, na avicultura, suinocultura e até em bovinos de leite, chegando à bovinocultura de corte mais recentemente.

Um sistema de cruzamento bem dimensionado e bem executado (isso é muito importante) pode levar a ganhos de 20 a 25% na produtividade dos animais. As características mais beneficiadas pelos cruzamentos são as ligadas à reprodução, que têm pouca influência da genética aditiva (e, portanto, têm baixa herdabilidade) e que são muito influenciadas pelo ambiente. As características de alta herdabilidade, como conformação, rendimento de carcaça, etc., são pouco beneficiadas pelos cruzamentos.

Na pecuária de corte brasileira não é diferente. Sistemas de cruzamento bem implantados tiveram ótimos resultados. No entanto, existem problemas: Sistemas de cruzamentos resultam em animais mais produtivos, porém que têm exigências diferenciadas quanto ao manejo e à alimentação. São mais sensíveis às mudanças de ambiente, à falta de comida e, principalmente, aos carrapatos. Há que se escolher as raças ideais para o cruzamento em cada região do País, respeitando-se as condições locais.

A formação da população de bovinos compostos Montana Composto Tropical®

Uma das opções para os problemas dos cruzamentos rotacionados é a formação de compostos, raças que utilizam os fenômenos de heterose e complementaridade em busca de animais mais produtivos, geneticamente superiores, selecionados em uma grande quantidade de animais nascidos.

Por meio da formação dos compostos, tenta-se obter vigor híbrido de maneira economicamente viável e com utilização prática e racional dentro do manejo da fazenda, com uso de touros que se reproduzam a campo, num processo capaz de *democratizar* o acesso ao cruzamento e os benefícios da heterose. O uso de touros compostos pode tornar-se uma poderosa ferramenta de aumento de produtividade, acessível ao criador de baixo e médio nível tecnológico. Os Programas de formação de compostos têm sido a grande novidade da pecuária de corte, dos anos 90, e deverão ser importantes fontes de produção de touros para a pecuária de corte de todo o mundo nas próximas décadas.

A Agro-pecuária CFM tinha, em meados da década de 1990, larga experiência em cruzamentos entre vacas zebuínas e reprodutores de várias raças de *Bos taurus*, quer na forma de monta natural, quer na de inseminação artificial. A dificuldade de implantação e controle dos diferentes sistemas de cruzamento fez com que a empresa procurasse novos caminhos. Sua associação com a *Leachman Cattle Company*, então a maior empresa de comercialização de touros dos Estados Unidos, levou à criação, em 1994, de uma *joint-venture* para criação e execução do projeto de melhoramento genético do Montana Composto Tropical® (**Montana**), um programa destinado a desenvolver um novo conceito na pecuária brasileira, o dos bovinos compostos.

Na visão da nova empresa, o touro composto ideal para ser utilizado na pecuária de corte brasileira, deveria:

- ser geneticamente superior, testado por programas de avaliação genética;
- provocar, em virtude da combinação com os genes das vacas azebuadas, base de nossa pecuária, valores expressivos de heterose na descendência;
- ser adaptado ao meio ambiente tropical e subtropical, realizando cobertura a campo;
- apresentar longevidade reprodutiva em regime de campo, permitindo que o investimento em sua aquisição seja amortizado ao longo da vida útil do touro (ao redor de 5 anos), sem aumentar o custo de produção das propriedades;
- ter preços de aquisição acessíveis e compatíveis com seu valor como melhoradores da produtividade dos rebanhos, facilitando o acesso de pequenos e médios produtores a esses animais superiores.

Preocupado em atender a demanda da melhor forma possível, o Programa Montana, baseando-se nos estudos clássicos de formação de bovinos compostos, desenvolvidos pelo U.S.D.A. *Roman Huskra Meat Animal Research Center*, de *Clay Center*, Nebraska, Estados Unidos da América, propôs-se a desenvolver, em ambiente tropical e subtropical do Brasil, um programa de formação de um bovino composto - o Montana Composto Tropical®, que, pela sua simplicidade e eficiência de produção, com o uso da monta natural e um sistema de produção a campo, pode ser utilizado em qualquer tamanho de propriedade ou rebanho.

O Programa **Montana** foi autorizado a emitir Certificados Especiais de Identificação e Produção - CEIP, em fevereiro de 2000, num reconhecimento da excelência do trabalho desenvolvido pela empresa. Foi o primeiro projeto de compostos a ser aprovado pelo Ministério da Agricultura Pecuária e Abastecimento (MAPA) para emissão do CEIP, sendo o maior projeto de melhoramento de bovinos compostos desenvolvido inteiramente no Brasil, com tecnologia mundial.

Para o desenvolvimento do **Montana**, tendo em vista a necessidade de um grande número de animais de várias composições raciais e em vários ambientes diferentes do país, a empresa implantou um sistema de franquias com renomados produtores, seguindo um padrão de acasalamento, a partir de vacas da raça Nelore ou vacas cruzadas, visando à obtenção de tourinhos de diferentes composições raciais até a obtenção dos animais com a composição desejada para o **Montana**.

A larga experiência e o conhecimento do mercado de reprodutores da Agro-pecuária CFM serviu de alicerce para a condução do projeto e gerenciamento do grupo de franqueados do Programa **Montana**. O projeto foi posto em prática a partir da estação de monta de 1994, com a abertura de sete franqueados no Brasil.

A primeira geração de produtos **Montana** nasceu em 1995 e, com os resultados práticos obtidos, o programa passou por uma fase de expansão e, em 1998, aumentou sua penetração no mercado brasileiro, ampliando a rede de franqueados também para o norte do Uruguai.

É da maior importância frisar que o conceito de bovinos compostos, semelhante ao utilizado, com sucesso, no melhoramento de milho, sorgo, suínos e aves, baseia-se não na obtenção imediata da heterose, mas na manutenção, a longo prazo, de níveis máximos de heterose e complementaridade nos cruzamentos.

Uma das forças do Programa **Montana** foi o sistema de franquia em detrimento às associações de criadores, pois todos os critérios de produção e diretrizes de seleção são únicos para todo o grupo, promovendo um progresso genético mais rápido. Ao longo dos quase 16 anos de projeto, foi possível superar toda fase de implantação e maturação, mesmo com os rigorosos parâmetros de qualidade impostos pela indústria frigorífica aos animais cruzados no início da primeira década do século XXI. O **Montana** comprovou que atende todas as exigências de carcaça e carne de qualidade, garantindo seu espaço na pecuária nacional.

Justificativa e bases científicas da formação de compostos

Como já foi destacado na introdução deste trabalho, uma das ferramentas mais poderosas que a pecuária de corte pode lançar mão para aumentar de maneira rápida e eficiente sua produtividade e competitividade é o cruzamento.

Os cruzamentos rotacionados, uma das técnicas mais utilizadas para retenção de altas porcentagens de heterose, apresenta problemas sérios relacionados à adaptação dos touros de origem europeia ao clima tropical, além de problemas para administrar os acasalamentos a que devem ser submetidos os diversos grupos de vacas. A flutuação da composição genética dos produtos, com variações na rusticidade, produtividade e padronização dos animais, dificulta bastante a adoção desse modelo. A grande variação dos tipos biológicos, com predominância sempre da última raça utilizada, é um dos problemas mais graves dos sistemas de cruzamento rotacionado.

Uma das alternativas para essa gestão é a formação de compostos, grupamentos de combinações raciais de bovinos que utilizam os fenômenos da heterose e complementaridade em busca de animais mais produtivos e geneticamente superiores. Esses animais devem ser selecionados a partir de uma grande quantidade de animais nascidos, que levem, a médio e longo prazo, a uma estabilização do tipo biológico dos produtos e a uma maior padronização da produção.

Animais compostos que pretendam atender às necessidades do mercado, principalmente touros com boa capacidade de serviço em ambientes tropicais, devem possuir algumas características essenciais, dentre as quais ressaltam-se:

- Tolerância ao calor e à umidade (adaptação às condições do clima tropical e subtropical úmido);
- Tolerância a ectoparasitas, como mosca do chifre e carrapatos;
- Convivência com endoparasitas, com níveis de prejuízo mínimos;
- Precocidade sexual das fêmeas, expressa pela capacidade reprodutiva, já a partir dos 14 meses;
- Alta fertilidade, com um mínimo de 70 a 75% de taxa de prenhez das fêmeas primíparas, que tenham tido seus primeiros partos aos 24 meses;
- Capacidade dos machos de realizarem cobertura a campo por, no mínimo, 5 anos, mantendo altos índices de fertilidade;
- Precocidade de acabamento, que permita abate de animais a partir dos 16 meses de idade em confinamento e 20 meses de idade em regime de pasto;
- Capacidade de produção de carne macia e com teor de gordura de marmoreio adequada às exigências do mercado de exportação.

Não existe, atualmente, uma única raça de bovinos que reúna todas essas características. Para suportar esse fato, podem-se citar os relatos dos experimentos de MARC/Clay Center, feitos por Koch *et al.* (1989), que verificaram existir significativa variabilidade entre e dentro de raças para a maioria das características importantes em bovinocultura de corte. Os mesmos autores verificaram que as fêmeas cruzadas *Bos taurus* x *Bos indicus* são vacas excepcionalmente produtivas, mas são menos precoces e tendem a produzir carnes menos macias que os cruzamentos *Bos taurus* x *Bos taurus*. Aqueles autores declararam que sistemas de cruzamentos que exploram a heterose, a complementaridade de raças e se adaptam aos recursos alimentares, oferecem a melhor alternativa para o manuseio dos antagonismos genéticos. Esses autores verificaram que cruzamentos entre *Bos taurus* e *Bos indicus* podem resultar em aumentos de produção, dependendo da característica avaliada, de até 50% em ambientes subtropicais, e que significativos níveis de heterose podem ser mantidos em sistemas de cruzamento rotacional e em populações compostas. Declararam, ainda, que populações compostas são eficientes alternativas para programas de cruzamento mais complexos e proporcionam uma base para se atingir e manter níveis ótimos de composição genética aditiva.

Em importante revisão a respeito de programas de melhoramento genético para exploração de heterose e complementaridade de raças, Gregory & Cundiff (1999) descrevem detalhadamente os experimentos de MARC/Clay Center, particularmente o Projeto de Avaliação de Germoplasma (Cundiff *et al.*, 1986), um extenso projeto, hoje em sua quinta etapa de execução (Cundiff *et al.*, 1993, 1997, 1998) e avaliaram o uso de populações compostas como alternativa para se atingir e manter níveis ótimos de desempenho em características de interesse bioeconômico em base contínua e em harmonia com o meio ambiente de produção e necessidades de mercado. Dentre as muitas conclusões dessa importante revisão, os autores ressaltaram que *as populações compostas ofereceram um sistema alternativo de acasalamento que é geralmente competitivo com os cruzamentos para exploração de heterose, e é mais fácil de manejar, independentemente do tamanho do rebanho*. Outra conclusão importante desses autores é que a heterose retida em gerações posteriores é igual, ou superior, à retenção de heterose esperada, garantindo, no longo termo, a manutenção do aumento de produtividade. Esses experimentos têm sido considerados de tanta importância pelos pesquisadores e pelo agronegócio da pecuária de corte norte-americana que continuam em andamento, mesmo após 25 anos, como pode ser compreendido pelo relatos de Cundiff *et al.* (1998) e Gregory & Cundiff (1999). Atualmente, esses trabalhos concentram-se em estudar a qualidade da carne em vários tipos de cruzamento (Cundiff *et al.*, 1998).

Num importante artigo que pode ser considerado básico para quem estuda compostos, apresentado em um curso sobre utilização de compostos em pecuária de corte, no Congresso Brasileiro de Reprodução Animal, promovido em Belo Horizonte, em julho de 1999, Bourdon (1999) expôs as bases da utilização de compostos em bovinocultura de corte, discutindo o conceito de composto, sua validade, sua comparação com outros sistemas de cruzamentos tradicionais, os cálculos de porcentagens de cruzamento (*outcrossing percentages*), retenção de heterose, acasalamentos em populações compostas em formação, formação de populações compostas, seleção em populações compostas, acasalamentos e melhoramento em populações compostas formadas e problemas na comercialização de material genético composto. No mesmo evento, Ferraz *et al.* (1999) apresentaram as bases de formação do **Montana**, e Bourdon (1999) desenvolveu argumentos sobre o impacto das modernas biotecnologias no melhoramento genético de compostos.

Relatar as referências da literatura sobre características estudadas em cruzamentos de bovinos de corte seria tarefa extremamente longa, mas, em geral, os estudos indicam grandes vantagens em desempenho de animais oriundos de cruzamentos sobre animais de raças puras. Atualmente, grandes esforços têm sido aplicados em estudos de efeitos de cruzamentos sobre características de carcaça (Kelly *et al.*, 1998) e/ou características que incluam ponderações econômicas, inclusive no Brasil (Perotto *et al.*, 1998). Técnicas de formação de touros compostos têm sido aplicadas em várias espécies, inclusive em gado de leite no Brasil (Madalena, 1998, 1999) e para utilizar características importantes do *Bos Indicus*, como a resistência a carrapatos (Teodoro *et al.*, 1998).

Baseados em evidências tão importantes, comprovadas em vários outros estudos publicados por esses autores, fundamentou-se o investimento no Programa **Montana**, objetivando a produção de animais que apresentem as características referidas como necessárias para um touro composto em ambiente tropical e subtropical.

A retenção de heterose, que em última análise é a busca do criador que utiliza cruzamentos que se traduzem em ganhos de produtividade, é variável segundo o sistema de cruzamento. A **Tabela 1** expõe o nível de retenção de heterose e a estimativa de aumento do peso na desmama, em diversos tipos de acasalamentos, segundo os estudos relatados por Gregory, Cundiff e Koch (1995).

A análise cuidadosa da **Tabela 1** indica que a utilização de compostos leva à retenção de

Tabela 1. Grau máximo de retenção de heterose e efeito médio estimado no peso na desmama de bovinos cruzados, segundo o tipo de cruzamento.

Tipo de cruzamento	Retenção de heterose (%)	Efeito estimado no peso na desmama (%)
Raças puras	0	0
Rotacionado entre 2 raças	66,7	15,5
Rotacionado entre 3 raças	85,7	20,0
Rotacionado entre 4 raças	93,3	21,7
Compostos de 2 raças	50,0	11,6
Compostos de 3 raças	65,6	15,3
Compostos de 4 raças	75,0	17,5
Compostos de 5 raças	78,1	18,2
Compostos de 6 raças	81,3	18,9
Compostos de 7 raças	85,2	19,8
Compostos de 8 raças	87,5	20,4

Fonte: Gregory, Cundiff e Koch (1995).

até 87,5% da heterose, nível muito próximo àqueles obtidos com utilização de cruzamentos rotacionados de 3 ou 4 raças, porém de maneira muito mais simples e com maior aplicabilidade e sem as restrições daqueles sistemas.

O sucesso e o futuro dos programas de formação de compostos dependem de vários fatores, entre os quais certamente estarão:

- Grande número de animais nas populações base, o que permite forte pressão de seleção aliada à pouca consanguinidade;
- Capacidade financeira de longo prazo, que permita suportar os custos de desenvolvimento dos compostos;
- Avaliação genética de todos os animais do programa, de forma a permitir que se utilizem não só a heterose e complementaridade de raças, mas também os efeitos aditivos dos genes;
- Utilização de material genético de qualidade superior, proveniente de fontes de todos os continentes e que garantam a contribuição de genes ligados à produtividade e à adaptação ao ambiente tropical;
- Critérios de seleção que envolvam não só características de desempenho ponderal, mas também aspectos ligados à precocidade, fertilidade, habilidade materna e qualidade de carne, bem como o nível de adaptação dos animais;
- Contínua monitoração das tendências genéticas.

As bases dos estudos que determinaram contribuições ótimas de cada raça em populações multirraciais começaram a ser desenvolvidas por Kinghorn (1980), para características simples, e por Kinghorn (1982), para várias características. Newman *et al.* (1988) utilizaram metodologia de otimização das composições raciais em populações sintéticas, proposta por Lin (1996), uma evolução da metodologia original de Kinghorn, e desenvolveram pesquisa em ambiente tropical seco com moderada exposição a carrapatos, na *National Cattle Breeding Station Belmont*, localizada no Estado de Queensland (próximo ao paralelo 23° S, na Austrália). Esses autores, em experimento que se utilizou de animais das raças Brahman e Boran (*Bos indicus*), *Bos taurus* africanos (Tuli, uma raça do grupo Sanga), *Bos taurus* europeus (Charolês) e de uma raça composta (Belmont Red), definiram que a composição ótima para um composto de duas raças naquelas condições foi 0,32 *Bos indicus* (Brahman) e 0,68 *Bos taurus* (nesse caso, Charolês), e para um composto de três raças foi 0,28 Brahman, 0,59 Charolês e 0,13 Belmont Red, uma composição semelhante à indicada pelo programa Montana, que também se utiliza de animais desses três tipos biológicos. Nesse composto de 3 raças do trabalho de Newman *et al.* (1998), a composição, em termos de grupos NABC seria 5 (N), 2 (A), 0 (B) e 9 (C). Infelizmente, aqueles autores não chegaram a valores propostos para compostos de quatro raças. Segundo Euclides Filho (1999), o uso de raças de animais *Bos taurus* adaptadas, desde que apresentem bom potencial de produção, em cruzamentos com raças zebuínas, pode também se constituir em forma bioeconomicamente viável para produzir carne bovina. Esse autor cita, em seu trabalho, várias evidências experimentais que confirmam essa afirmativa, o que dá suporte científico à constituição do grupo biológico A, o grupo dos animais de raças adaptadas que o projeto **Montana** utiliza.

NABC - Um sistema inovador de identificação da composição racial dos animais

Dado o grande número de raças gerenciadas dentro de um programa como esse, o conceito de raça tradicional torna-se difícil de gerenciar. Na tentativa de solução desse problema, decidiu-se adotar o conceito de tipo biológico, agrupando as diferentes raças que podem ser utilizadas, segundo suas semelhanças de tipo, função, fisiologia, aspectos de crescimento e reprodução.

O programa **Montana** agrupa os animais segundo suas raças de origem em:

- **Grupo N**: animais da espécie *Bos indicus*, os zebuínos, como a Gir, Guzerá, Indubrasil, Nelore, Tabapuã e outros zebuínos de origem africana, como o Boran. Essas raças contribuem para o programa com sua alta rusticidade, sua resistência a parasitas e seu rendimento de carcaça e são a base inicial do programa, constituída principalmente por vacas da raça Nelore;
- **Grupo A**: bovinos de origem não zebuína adaptados aos trópicos, por meio de seleção natural ou artificial. Esse grupo inclui as raças Afrikander, Belmont Red, Bonsmara, Caracu, Romo-Sinuano, Senepol, Tuli e outras. Animais dessas raças contribuem para o programa com seu alto grau de adaptabilidade ao clima tropical e fertilidade, além de algumas características relacionadas à qualidade de carne.
- **Grupo B**: taurinos de origem britânica, como as raças Aberdeen Angus, Devon, Hereford, Red Angus, Red Polled, South Devon, etc. No programa **Montana**, predominam as raças Red Angus e South Devon. Essas raças contribuem com a precocidade sexual e de acabamento, além de características de conformação frigorífica, crescimento, qualidade de carcaça e carne;
- **Grupo C**: taurinos da Europa continental, incluindo as raças Charolesa, Gelbvieh, Limousin, Pardo-Suíço, Simental, Marchigiana, Piemontês, etc. Essas raças contribuem para o **Montana** com seu alto potencial de crescimento, rendimento e qualidade de carcaça. Um dos principais cuidados que o programa **Montana** toma nesse grupo é evitar o uso de reprodutores que deixem descendência de grande porte, composta de animais normalmente mais tardios. A precocidade sexual e de crescimento têm sido rigorosamente verificadas.

Os animais do programa **Montana** têm sua composição racial calculada como múltiplos de 1/16 dos totais de genes de cada animal. Alguns exemplos de composição racial no sistema NABC podem ser vistos na **Tabela 2**.

O agrupamento das raças utilizadas por tipos biológicos é uma extrapolação dos resultados dos estudos de *Clay Center*, relatados por inúmeros trabalhos, como os de Gregory et al. (1980), Koch *et al.* (1989), Cundiff *et al.* (1993), Gregory *et al.* (1993), Cundiff *et al.* (1997),

Tabela 2. Exemplos de composição racial de bovinos de corte, segundo o sistema NABC, adotado no programa de compostos Montana.

	Composição racial em 1/16				
Raça do animal	**N**	**A**	**B**	**C**	**NABC**
Nelore	16	0	0	0	16 0 0 0
Nelore x Red Angus (ou Angus, South Devon, Hereford, etc.)	8	0	8	0	8 0 8 0
Nelore x Simental (ou Limousin, Charolês, Gelbvieh, etc.)	8	0	0	8	8 0 0 8
Senepol (ou Caracu, Bonsmara, Tuli, etc.)	0	16	0	0	0 16 0 0
Senepol x Nelore	8	8	0	0	8 8 0 0
Caracu x (Senepol x Nelore)	4	12	0	0	4 12 0 0
Bonsmara x (Red Angus x Nelore)	4	8	4	0	4 8 4 0
Tuli x (Simental x Nelore)	4	8	0	4	4 8 0 4
Bonsmara x ((Simental x (Red Angus x Nelore))	2	8	2	4	2 8 2 4

Gregory & Cundiff (1999). Esses trabalhos, desenvolvidos dentro do GPE (*Germplasm Evaluation Program*) e GPU (*Germplasm Utilization Program*), programas básicos de pesquisa do *Clay Center*, definiram não só as bases para formação de compostos, como também a heterose que seria retida nesses compostos. Pelo estudo detalhado dessas pesquisas, pode-se verificar que o desempenho dos animais de cada raça já estudada naquele centro pode ser agrupado segundo a origem geográfica das raças, pois elas foram selecionadas durante longo tempo, provavelmente séculos, para necessidades regionais. Assim, o agrupamento das raças nos tipos biológicos N, A, B e C, como proposto no presente projeto, pode ser considerado racional e totalmente eficiente.

Calcular a composição racial de um produto de dois animais de raça conhecida, segundo o sistema NABC, é muito fácil e de extrema importância para se decidir qual o tipo de touro **Montana** mais adequado para as necessidades do pecuarista. Os passos para esse cálculo podem ser auxiliados pela **Tabela 3**, apresentada a seguir. O método é simples e os passos são:

1. Preencha, na **Tabela 3**, a coluna da composição racial do touro, no sistema NABC (↓);

2. Preencha, na mesma **Tabela 3**, a linha que considera a composição racial das matrizes, também no sistema NABC (←);

3. No encontro da linha N do pai com a coluna N da mãe, some os valores de N do pai com o N da mãe e divida por 2, preenchendo a célula;

Tabela 3. Tabela para cálculo de composição racial no sistema NABC de produtos compostos, conhecidas as composições raciais dos pais no programa Montana.

Pai ↓		Mãe			
		N	A	B	C
					←
N					
A					
B					
C					
NABC do produto					

4. Repita esse procedimento nas células A (pai) x A (mãe), B (pai) x B (mãe) e C (pai) x C (mãe);

5. Anote o valor dessas células na linha NABC do produto. Pronto!

O que se considera como um animal Montana

Partindo-se do princípio que o animal **Montana** deve ser bem adaptado às condições de ambiente tropical e que atenda às necessidades listadas anteriormente, serão considerados animais **Montana** aqueles animais que:

1. Sejam produzidos dentro do Programa **Montana** e seus franqueados;

2. Tenham, em sua composição racial, um mínimo de três raças, o que, em conjunto com a(s) raça(s) das vacas com os quais serão acasalados, garantiria um máximo nível de heterose e complementaridade quando comparados com os F1, mesmo a médio e longo prazos, já que o composto final seria normalmente um composto de 4 ou mais raças (Gregory, Cundiff e Koch (1995);

3. Atendam aos limites apresentados na **Tabela 4**.

4. Pelagem com a cor variando do creme ao cereja. Não são aceitos animais brancos, pretos ou com as listras típicas da pelagem araçá. Manchas brancas serão aceitas em pequena quantidade nas áreas sombreadas ou na cabeça.

Tabela 4. Composição racial de animais **Montana**.

Item	Mínimo	Máximo
Número de raças	3	Sem limite
Grupo N	0	6/16
Grupo A	2/16	14/16
Grupo N + Grupo A	4/16	16/16
Grupo B	0	12/16
Grupo C	0	12/16
Grupo B + Grupo C	0	12/16

5. O umbigo não deve ultrapassar a linha imaginária traçada entre as articulações dos membros anterior e posterior, no caso de animais machos.

Critério de seleção

Ao sobreano, todos os animais considerados **Montana** pelas normas técnicas do Programa **Montana**, aprovadas junto ao MAPA, e possuidores de Índice Montana positivo, serão listados por esse índice. Dentro dessa lista, chamada de Lista de Candidatos a CEIP, serão então escolhidos os animais **Montana** merecedores de CEIP, respeitando a avaliação fenotípica, de carcaça e os níveis de pressão de seleção admitidos pelo MAPA para os programa de CEIP, de 20 a 30% dos melhores animais, conforme o progresso genético das gerações.

Como definido acima, o critério final de seleção é o *Índice Montana*. Esse índice é usado na seleção dos touros e é divulgado em todos os certificados e nos Sumários de Touros. O *Índice Montana* é calculado de acordo com a seguinte fórmula:

$$I_{Montana} = -PN/\sigma_{gPN} + 3(PD/\sigma_{gPD}) + 4(GP/\sigma_{gGP}) + (MUSC/\sigma_{gMUSC}) + PE/\sigma_{gPE}),$$

Em que:

$I_{Montana}$ = Índice Montana de seleção;
PN = DEP para peso ao nascer;
PD = DEP para peso na desmama;
GP = DEP para ganho de peso da desmama aos 14 meses de idade;
MUSC = DEP para o escore visual de musculosidade aos 14 meses;
PE = DEP para perímetro escrotal medido aos 14 meses;
σ_{PN} = desvio-padrão genético para peso ao nascer;
σ_{PD} = desvio-padrão genético para peso na desmama;
σ_{gGP} = desvio-padrão genético para ganho de peso da desmama aos 14 meses;
σ_{gMusc} = desvio-padrão genético para musculosidade aos 14 meses;
σ_{gPE} = desvio-padrão genético do perímetro escrotal aos 14 meses.

Como se pode depreender da fórmula do Índice Montana, as DEPs utilizadas serão expressas com unidades de desvio-padrão.

Como usar a composição racial dos animais para escolher o touro a ser utilizado nas vacas disponíveis

O conhecimento das composições raciais dos animais permite que o criador decida pelo tipo de produto que ele quer, considerando o mercado, seu ambiente, a disponibilidade e a qualidade da forragem, e o manejo.

Como regras genéricas, podem-se listar:

1. Os animais devem ter as melhores DEPs possíveis, pois o sucesso dos programas de cruzamento depende não só da heterose e da complementaridade, mas também da qualidade genética dos animais;

2. Os animais do tipo biológico **N** contribuem para o programa não só com sua adaptação ao ambiente tropical, em especial com sua resistência ao carrapato, mas também com sua precocidade de acabamento e rendimento de carcaça;

3. Os animais do tipo biológico **A**, os europeus adaptados ao clima tropical ao longo de muitas décadas, contribuem para os cruzamentos com sua rusticidade, capacidade de crescimento, porte, rendimento de carcaça e com qualidade de carne;

4. Os animais do tipo **B**, daquelas raças de origem britânica, podem contribuir de maneira pronunciada para a precocidade sexual, habilidade materna, produção de leite, fertilidade, mas também com aspectos ligados à qualidade de carne e precocidade de acabamento (embora nem sempre isso ocorra). No entanto,

contribuem negativamente, aumentando a sensibilidade a carrapatos e moscas;

5. Os animais do tipo **C**, europeus de origem continental, trazem para programas de cruzamento grande contribuição na velocidade de crescimento e porte dos animais, embora, em geral, atinjam a cobertura de gordura necessária na carcaça apenas com 18 ou mais arrobas de peso. Tal como as raças europeias britânicas, contribuem negativamente, aumentando a sensibilidade a carrapatos e moscas.

Estabelecidas as regras básicas, pode-se enumerar algumas regras específicas, a serem utilizadas na definição do tipo NABC que o criador deseja ter em sua propriedade:

1. Sempre, num programa de cruzamento, o que importa é a composição racial dos produtos e não das vacas ou touro. Não se esqueça também que bezerra nascida nesse programa de cruzamento é uma vaca em potencial e seu tamanho e peso adulto devem ser considerados;

2. Defina muito bem o ambiente, a nutrição, a disponibilidade de alimentos e o manejo que os animais terão à sua disposição, lembrando-se de que animais mais produtivos são, em geral, mais exigentes;

3. Entenda muito bem o clima da região onde os animais serão criados. Climas tropicais exigem animais mais resistentes ao calor e à umidade;

4. *Sua região tem muito carrapato?* Quanto mais carrapato tiver, mais azebuado deve ser o produto dos cruzamentos;

5. O animal que tem a maior heterose possível é o animal *meio sangue*, também conhecido como F1. Essa heterose será tanto maior quanto mais distantes, do ponto de vista genético, forem as raças. O ideal seria manter a composição genética dos produtos de cruzamento em 50% de N+A e 50% de B+C.

6. Ambientes mais tropicais ou mais hostis exigem que N+A seja maior que 50%. Ambientes mais temperados (do Paraná para o Sul), microrregiões temperadas ou de solos de alta fertilidade, permitem que N+A seja menor do que 50%.

Utilizando-se dessas regras básicas e específicas, o pecuarista pode definir qual o touro mais apropriado para seu trabalho, sua região e seu mercado.

As avaliações genéticas do Programa Montana

O conceito de avaliação genética dentro do Programa **Montana** sempre teve papel principal. Como o projeto teve início com a *joint-venture* das empresas líderes do mercado de touros no Brasil (Agro-pecuária CFM) e Estados Unidos (*Leachman Cattle Company*), o Montana já nasceu com todo *know-how* necessário para esse mercado e, desde seu início, deu-se a efetivação da avaliação genética de todo rebanho envolvido.

Os geneticistas Joanir Pereira Eler e José Bento Sterman Ferraz, da Faculdade de Zootecnia e Engenharia de Alimentos da Universidade de São Paulo, são os responsáveis pela orientação do programa de melhoramento genético, que teve grande suporte inicial do Dr. Bruce L. Golden, na época da *Colorado State University*.

Junto com o grupo de franqueados do **Montana**, formado por renomados pecuaristas localizados estrategicamente ao longo dos principais polos pecuários do Brasil e Norte do Uruguai, foi possível implementar a correta escrituração zootécnica e a formação do maior banco de dados multirracial em condições tropicais envolvidos num projeto de composto.

O Programa **Montana** avalia as seguintes características, todas elas com efetiva importância econômica para o sucesso da produção de carne, e suas respectivas estimativas de DEPs:

Peso ao nascer (kg): DEP calculada com base no peso real ao nascimento. Esse peso vem sendo monitorado de modo a evitar um aumento significativo, o que poderia vir a causar problemas de parto.

Peso na desmama (kg): DEP calculada com base no peso obtido ao redor dos 205 dias de idade (próximo à desmama). A DEP para esse peso reflete o potencial de ganho de peso do animal, independentemente da produção de leite de sua mãe, ou seja, a ação direta dos genes do próprio animal.

Materno total (kg): A DEP para essa característica é obtida pela soma da metade da DEP para peso na desmama (efeitos diretos) com a DEP para habilidade materna (diferença esperada para produção de leite e proteção do bezerro). A DEP para Materno Total expressa o potencial total de desmama que um animal pode transmitir, incluindo os efeitos diretos dos genes sobre o crescimento e os efeitos dos genes que irão influenciar a produção leiteira das filhas do reprodutor.

Peso ao ano (kg): DEP calculada com base no peso tomado ao redor de 14 meses. Essa DEP refere-se à capacidade que o animal tem de ganhar peso ao redor de 1 ano de idade, ou seja, expressa seu potencial de crescimento, independentemente de sua mãe.

Ganho de peso pós-desmama (kg): A DEP expressa o potencial de ganho dos 205 aos 390 dias (ganho obtido em 215 dias pós-desmama).

Musculosidade (un): As DEPs para essa característica são baseadas nos escores de avaliação visual. A avaliação visual é realizada, por pessoal treinado, ao ano de idade e segue procedimento padrão estabelecido pelo Programa **Montana**, com notas que variam de 1 a 6, objetivando a seleção de animais adequados à competitiva indústria da carne bovina.

Altura (cm): As DEPs são baseadas em medidas tomadas na garupa dos animais, a uma idade em torno dos 14 meses. Os programas de melhoramento genético têm se preocupado em formar um plantel de estatura média, evitando-se vacas muito grandes.

Umbigo (un): A DEP baseia-se na avaliação visual do umbigo, com notas que variam de 1 a 5. Essa característica auxilia no monitoramento do tamanho do umbigo dos animais.

Perímetro escrotal (cm): As DEPs são calculadas com base em medidas do perímetro escrotal, obtidas, atualmente, ao redor dos 14 meses de idade. Pesquisas científicas têm demonstrado que o perímetro escrotal é favoravelmente correlacionado com idade na puberdade, com qualidade e quantidade de sêmen, desenvolvimento ponderal e precocidade sexual das filhas e irmãs dos tourinhos.

A **Tabela 5** apresenta a descrição sumária do banco de dados da avaliação genética da população de bovinos compostos Montana Tropical® de 2007, com base na safra 2005.

Tabela 5. Descrição do banco de dados utilizado na avaliação genética da população de bovinos compostos Montana, em 2007.

Característica	N° de observações	N° de touros	N° de vacas	N° de grup. de contemp.	N° de fazendas	Média
Peso ao nascimento	284.780	1.082	142.875	3.985	54	32,7
Peso aos 205 dias	282.615	1.111	137.817	4.497	52	186,9
Peso aos 420 dias	111.351	801	69.759	5.054	50	263,3
Ganho de peso pós-desmama	107.027	791	66.563	4.839	50	4,0
Musculosidade (notas 1 a 6)	96.662	732	60.736	4.343	49	
Perímetro escrotal aos 420 dias	38.560	638	29.964	2.208	46	27,5
Altura aos 420 dias	96.284	726	61.790	4.155	49	123,0
Escore de umbigo	86.513	715	53.509	3.964	49	2,1

É importante ressaltar o expressivo número de observações utilizado para a estimação das DEPs do Programa **Montana**. Em algumas características, quase três centenas de milhares de observações foram utilizadas, com grande número de grupos de contemporâneos e de fazendas nas quais as medidas foram tomadas. Esses números garantem estimativas mais acuradas dos valores genéticos dos reprodutores **Montana**. O Programa **Montana** utiliza a *Acurácia BIF* (*Beef Improvement Federation*), em detrimento da *acurácia real* na publicação das DEPs do seu Sumário de Touros.

A regulamentação do CEIP limita ao máximo de 30% os animais que podem receber esse certificado. Porém, com base no critério de seleção e no projeto **Montana** que está autorizado a certificar, em 2008, cerca de 25% dos machos nascidos, pode-se garantir que os touros Montana são reprodutores situados entre os 30% melhores quanto ao critério de seleção, aprovados em exames andrológicos e, portanto, aptos a melhorar os rebanhos em que serão utilizados.

Considerações finais

Desde 1994, o Programa **Montana** tem contribuído de forma efetiva na implantação prática dos conceitos de cruzamento na pecuária tropical. Mostra ao criador comercial, independentemente do tamanho do rebanho, que ele pode ter acesso aos enormes benefícios do cruzamento de forma simples e sustentável.

O alto rigor técnico e a seriedade na avaliação genética aditiva desenvolvidos pelo Programa **Montana** e seus franqueados, consolidaram um mercado para quase 1.000 touros comercializados por ano, com preços semelhantes aos dos melhores touros comerciais do País, o que evidencia seu sucesso no mercado.

O Programa **Montana** conseguiu fazer uso das melhores ferramentas de melhoramento genético com a utilização intensiva e rigorosa das avaliações genéticas unidas aos benefícios do cruzamento, tendo papel principal na história da pecuária sustentável e de alta rentabilidade.

Referências bibliográficas pertinentes ao assunto (citadas ou não no capítulo)

Arnold, J.W.; Bertrand, J.K.; Benyshek, L.L. Animal model for genetic evaluation of multibreed data. **J. Anim. Sci.**, v.70, p.3322-3332, 1992.

Bourdon, R. Biotechnology and composite cattle breeding. **Rev. Bras. Reprod. Animal**, v.23, p.118-120, 1999.

Bourdon, R. Composites 101. **Rev. Bras. Reprod. Animal**, v.23, p.122-127, 1999.

Brisbane, J.R.; Gibson, J.P. Including genetic relationships in selection decisions: alternative methodologies. **Theor. Appl. Genet.**, v.91, p.769-775, 1995.

Crews, D.H.; Kemp, R.A. Maternal (co)variance components for carcass trait breeding values among crossbred beef cattle. In: 6th WORLD CONGRESS ON GENETICS APPLIED TO LIVESTOCK PRODUCTION, Armidale, Austrália, January 1998. **Proceedings**, v.23, p.177-180, 1998.

Cundiff, L.V.; Gregory, K.E.; Koch, R.M. Cicle V of the germplasm evaluation (GPE) program in beef cattle. In: **Beef Reserach - Progress Report nº 4.** USDA, Agric. Res. Service, p.3-5, 1993.

Cundiff, L.V.; Gregory, K.E.; Wheeler, S.D.; Shackelford, S.D.; Koohmaraie, M.; Freetly, H.C.; Lunstra, D.D. Preliminary results from cicle V of the cattle germplasm evaluation program at the Roman L. HruskaU.S. Meat Animal Research Center. In: **Germplasm Evaluation Program - Progress Report nº 16.** USDA, Agric. Res. Service, July, p.2-11, 1997.

Cundiff, L.V.; Gregory, K.E.; Wheeler, S.D.; Shackelford, S.D.; Koohmaraie, M. Preliminary results from cicle V of the cattle germplasm evaluation program at the U.S. Meat Animal Research Center. In: 6th WORLD CONGRESS ON GENETICS APPLIED TO LIVESTOCK PRODUCTION, Armidale, Austrália, January 1998. **Proceedings**, v.23, p.185-188, 1998.

Davis, K.C.; Tess, M.W.; Kress, D.D.; Doornbos, D.E.; Anderson, D.C. Life cycle evaluation of five biological types of beef cattle in a cow-calf range production system: I model development. **J. Anim. Sci.**, v.72, p.2585-2590, 1994a.

Davis, K.C.; Tess, M.W.; Kress, D.D.; Doornbos, D.E.; Anderson, D.C. Life cycle evaluation of five biological types of beef cattle in a cow-calf range production system: II biological and economic performance. **J. Anim. Sci.**, v.72, p.2591-2598, 1994b.

Dickerson, G.E. Inbreeding and heterosis in animals. In: ANIMAL BREEDING AND GENETICS SYMPOSIUM, Blackburg, Va., 1972. **Proceedings**, p.54-77, 1972.

Eisen, E.J. Genetic models to predict crossbred performance: a review. **Braz. J. Genetics**, v.12, p.13-26, 1989.

Elzo, M.; Bradford, G.E. Multibreed sire evaluation procedures across countries. **J. Anim. Sci.**, v.66, p.4079-4090, 1985.

Elzo, M.A. Restricted maximum likelihood procedures for the estimation of additive and nonadditive genetic variances and covariances in multibreed populations. **J. Anim. Sci.**, v.72, p.3055-3065, 1994.

Elzo, M.A.; Wakeman, D.L.; Dixon, W.P. Genetic variability and sire evaluation for additive and nonadditive preweaning growth genetic effects in na Angus-B-Multibreed population. In: 6th WORLD CONGRESS ON GENETICS APPLIED TO LIVESTOCK PRODUCTION, Armidale, Austrália, January 1998. **Proceedings**, v.23, p.93-96, 1998.

Euclides Filho, K. Cruzamentos na pecuária de corte nos trópicos. In: SIMPÓSIO INTERNACIONAL DE GENÉTICA E MELHORAMENTO ANIMAL, Viçosa, MG, 21 a 24/9/1999, **Anais**, 1999, p.419-426.

Famula, T.R. Simple and rapid inversion of additive relationship matrices incorporating parental uncertainty. **J. Anim. Sci.**, v.70, p.1045-1048, 1992.

Famula, T.R.; Pollack, E.J.; Van Vleck, L.D. Genetic groups in dairy sire evaluation inder a selection model. **J. Dairy Sci.**, v.66, p.927-938, 1983.

Fernando, R.L. Analysis of data from crossbred populations. In: SIMPÓSIO INTERNACIONAL DE GENÉTICA E MELHORAMENTO ANIMAL, Viçosa, MG, 21 a 24/9/1999, **Anais**, 1999, p.401-419.

Ferraz, J.B.S.; Eler, J.P; Golden, B.L. A formação do composto Montana Tropical. **Rev. Bras. Reprod. Animal**, v.23, p.115-117, 1999.

Ferraz, J.B.S.; Eler, J.P; Golden, B.L. Análise genética do composto Montana Tropical. **Rev. Bras. Reprod. Animal**, v.23, p.111-113, 1999.

Golden, B.L.; Bourdon, R.M.; Snelling, W.M. Additive genetic groups for animals evaluated in more than one breed association national cattle evaluation. **J. Anim. Sci.**, v.72, p.2559-2567, 1994.

Gregory, K.E.; Cundiff, L.V. Breeding programs to use heterosis and breed complementarity. **Rev. Bras. Reprod. Animal**, v.23, p.65-77, 1999.

Gregory, K.E.; Cundiff, L.V. Crossbreeding in beef cattle: evaluation of systems. **J. Anim. Sci.**, v.51, p.1224-1242, 1980.

Gregory, K.E.; Cundiff, L.V.; Koch, R.M. Breed effects, dietary energy density effects, and retained heterosis on different measures of gain efficiency in beef cattle. **J. Anim. Sci.**, v.72, p.1138-1154, 1994a.

Gregory, K.E.; Cundiff, L.V.; Koch, R.M. Genetic and phenotypic (Co) variances for growth and carcass traits of purebred and composite populations of beef cattle. **J. Anim. Sci.**, v.73, p.1920-1926, 1995a.

Gregory, K.E.; Cundiff, L.V.; Koch, R.M. Genetic and phenotypic (Co) variances for production traits of female populations of purebred and composite beef cattle. **J. Anim. Sci.**, v.73, p.2235-2242, 1995b.

Gregory, K.E.; Cundiff, L.V.; Koch, R.M. Genetic and phenotypic (Co) variances for production traits of intact male populations of purebred and composite beef cattle. **J. Anim. Sci.**, v.73, p.2227-2234, 1995c.

Gregory, K.E.; Cundiff, L.V.; Koch, R.M.; Dikeman, M.E.; Koohmaraie, M. Breed effects, retained heterosis, and estimates of genetic and phenotypic parameters for carcass and meat traits of beef cattle. **J. Anim. Sci.**, v.72, p.1174-1183, 1994b.

Gregory, K.E.; Cundiff, L.V.; Koch, R.M.; Dikeman, M.E.; Koohmaraie, M. Breed effects and retained heterosis for growth, carcass, and meat traits in advanced generations of composite populations of beef cattle. **J. Anim. Sci.**, v.72, p.833-850, 1994c.

Gregory, K.E.; Koch, R.M.; Cundiff, L.V.; Lunstra, D.D. Germplasm utilization in beef cattle. In: **Beef Reserach - Progress Report n° 4.** USDA, Agric. Res. Service, p.7-21, 1993.

Groen, A.F.; Kennedy, B.W.; Eissen, J.J. Potential bias in inbreeding depression estimates when using pedigree relationships to assess the degree of homozygosity for loci under selection. **Theor. Appl. Genet.**, v.91, p.665-671, 1995.

Hagger, C.; Schneeberger, M. Influences of amount of pedigree information on computing time and of model assumptions on restricted maximum-likelihood estimates of population parameters in swiss black-brown mountain sheep. **J. Anim. Sci.**, v.73, p.2213-2219, 1995.

Kelly, M.J.; Thompson, J.M.; Newman, S.; Ferguson, D.M. Differences between Brahman, Santa Gertrudis and Belmont Red breeds in subcutaneous fat distribution over the carcass. In: 6th WORLD CONGRESS ON GENETICS APPLIED TO LIVESTOCK PRODUCTION, Armidale, Austrália, January 1998. **Proceedings**, v.23, p.109-112, 1998.

Koch, R.M.; Cundiff, L.V.; Gregory, K.E. Beef cattle breed resource utilization. **Braz. J. Genetics**, v.12, p.55-80, 1989.

Koch, R.M.; Cundiff, L.V.; Gregory, K.E. Cumulative selection and genetic change for weaning or yearling weight or for yearling weight plus muscle score in hereford cattle. **J. Anim. Sci.**, v.72, p.864-885, 1994.

Koch, R.M.; Jung, H.G.; Crouse, J.D.; VareL, V.H.; Cundiff, L.V. Growth, digestive capability, carcass, and meat characteristics of *Bison bison*, *Bos taurus*, and *Bos* x *bison*. **J. Anim. Sci.**, v.73, p.1271-1281, 1995.

Kress, D.D.; Doornbos, D.E.; Anderson, D.C.; Davis, K.C. Tarentaise and hereford breed effects on cow and calf traits and estimates of individual heterosis. **J. Anim. Sci.**, v.73, p.2574-2578, 1995.

Lin, C.Y. Technical note: Optimization of breed composition to maximize net merit of synthetic populations. **J. Anim. Sci.**, 74:1477-1480, 1996.

MacMillan, I.; Fairfull, R.W.; Friars, G.W. The effect of simultaneous selection on the genetic correlation. **Theor. Appl. Genet.**, v.91, p.776-779, 1995.

Madalena, F. Dairy cattle breeding program in Brazil. Development of the Brazilian milking hybrid (MLB). In: FAO/ICAR WORKSHOP IN ANIMAL BREEDING STRATEGIES, Bella Itália, Setembro 1999. **Proceedings** / no prelo/, 1999.

Madalena, F. Hybrid F1 *Bos taurus x Bos indicus* dairy cattle production in the state of Minas Gerais, Brazil. In: 6th WORLD CONGRESS ON GENETICS APPLIED TO LIVESTOCK PRODUCTION, Armidale, Austrália, January 1998. **Proceedings**, v.27, p.199-202, 1998.

Miller, S.P.; Goddard, M.E. The super-breed approach to modelling additive and non-additive genetic effects between and within breeds in multibreed evaluations. In: 6th WORLD CONGRESS ON GENETICS APPLIED TO LIVESTOCK PRODUCTION, Armidale, Austrália, January 1998. **Proceedings**, v.23, p.97-100, 1998.

Newman, S.; Hayes, B.; Kinghorn, B.; O'neill, C.J.; Frisch, J.E. Predictin of optimal composites for growth from a tropical crossbreeding experiment. In: 6th WORLD CONGRESS ON GENETICS APPLIED TO LIVESTOCK PRODUCTION, Armidale, Austrália, January 1998. **Proceedings**, v.23, p.235-238, 1998.

Paschal, J.C.; Sanders, J.O.; Kerr, J.L.; Lunt, D.K.; Herring, A.D. Postweaning and feedlot growth and carcass characteristics of Angus, Gray Brahman-, Gir-, Indu-Brazil-, Nellore-, and Red Brahman-Sired F1 calves. **J. Anim. Sci.**, v.73, p.373-380, 1995.

Perotto, D.; Abrahão, J.J.S.; Moletta, J.L.; Cubas, A.C. Crossbredding systems for beef production in the north-west region of Paraná - Brazil. In: 6th WORLD CONGRESS ON GENETICS APPLIED TO LIVESTOCK PRODUCTION, Armidale, Austrália, January 1998. **Proceedings**, v. 23, p. 251-254, 1998.

Pollak, J.; Quäas, R.L. Multibreed evaluation of beef cattle. In: 6th WORLD CONGRESS ON GENETICS APPLIED TO LIVESTOCK PRODUCTION, Armidale, Austrália, January 1998. **Proceedings**, v.23, p.81-88, 1998.

Robison, O.W.; McDaniel, B.T.; Rincon, E.J. Estimation of direct and maternal additive and heterotic effects from crossbreeding experiments in animals. **J. Anim. Sci.**, v.52, p.44-50, 1981.

Rodríguez-Almeida, F.A.; Van-Vleck, L.D.; Cundiff, L.V.; Kachman, S.D. Heterogeneity of variance by sire breed, sex, and dam breed in 200-and 365-day weights of beef cattle from a top cross experiment. **J. Anim. Sci.**, v.73, p.2579-2588, 1995b.

Roso, V.M.; Fries, L.A. Maternal and individual heterozygosities and heterosis on preweaning gain of Angus x Nelore calves. In: 6th WORLD CONGRESS ON GENETICS APPLIED TO LIVESTOCK PRODUCTION, Armidale, Austrália, January 1998. **Proceedings**, v. 23, p. 105-108, 1998.

Van Vleck, L.D.; Cundiff, L.V. Prediction error variances for interbreed genetic evaluations. **J. Anim. Sci.**, v.72, p.1971-1977, 1994.

Wei, M.; Werf, J.H.J. VAN DER. Genetic correlation and heritabilities for purebred and crossbred prefomance in poultry egg production traits. **J. Anim. Sci.**, v.73, p.2220-2226, 1995.

Westell, R.A.; Quass, R.L.; Van Vleck, L.D. Genetic groups in an animal model. **J. Dairy Science**, v.71, p.1310-1322, 1988.

CAPÍTULO 46

Programa de melhoramento genético do Nelore Lemgruber

José Bento Sterman Ferraz
Professor Titular
Grupo de Melhoramento Animal
FZEA/USP. Pirassununga, SP
jbferraz@usp.br

Joanir Pereira Eller
Professor Titular
Grupo de Melhoramento Animal
FZEA/USP. Pirassununga, SP
joapeler@usp.br

Eduardo Penteado Cardoso
Fazenda Mundo Novo
epcardoso@fazendamundonovo.com

Introdução e história

Em 1878, um engenheiro e fazendeiro do Estado do Rio de Janeiro, Manuel Ubelhart Lemgruber (Manduca), em passagem por Hamburgo (Alemanha), observou no zoológico local alguns exemplares de bovinos exóticos de cor branca ou acinzentada, altos e encorpados, com bastante couro e uma corcova proeminente acima da paleta e denominados Ongole. Pela origem dos animais - sul da Índia, uma região tropical como a maior parte do Brasil - e pela utilização dada a eles naquele longínquo país - tração de implementos e carroças além da produção de leite - Manduca (**Figura 1**) acreditou que eles poderiam ser muito úteis em nossas paragens.

Nessa mesma viagem, passou por Londres, onde encomendou os primeiros exemplares: o touro Hanomet (apelidado de Maomé) e as vacas Vitória e Golconda. Em 1880 e 1893, Manduca efetuou outras 2 importações por meio da empresa Haagenbeck, especializada no transporte de animais para zoológicos de várias partes do mundo. Essas importações vieram diretamente da Índia e Manduca recomendou que fossem escolhidos animais de maior porte e provenientes de diferentes regiões, para evitar ascendência comum.

Foto 1. Sr. Manuel Ubelhart Lemgruber com o touro Piron, 1906.

Manduca mal poderia imaginar que o Nelore (nome dado pelos brasileiros a essa raça) seria, no futuro, tão bem sucedido no Brasil, onde, nada menos do que 80% do rebanho de corte tem, no mínimo, metade de seus genes de origem Nelore na sua composição racial. Trata-se de uma evolução sem precedentes na história da pecuária mundial, considerando-se que, de 1878 a 1962 foram trazidos ao Brasil diretamente da Índia aproximadamente 5 mil animais dessa raça. É claro que esse crescimento fantástico deu-se também através de cruzamentos absorventes com as vacas de raças europeias então existentes no País. Nesse contexto, é fundamental a influência da linhagem Lemgruber na formação e consolidação da raça Nelore no Brasil.

Nas décadas subsequentes, Manduca Lemgruber e seus descendentes - Flávio, Agostinho e Otacílio - continuaram a criar e selecionar a raça nas pastagens montanhosas de suas propriedades no Rio de Janeiro, especialmente na Fazenda Santo Antônio, localizada no município de Sapucaia, RJ, de onde os animais se disseminaram por todo o país por meio de outros criadores, notadamente Pedro Marques Nunes. A partir da década de 1940, um pecuarista de Curvelo/MG - Geraldo Soares de Paula - passou a adquirir animais da família Lemgruber e a criá-los nos cerrados nativos daquela região do Centro-Norte mineiro. Selecionador nato e com grande intuição, Geraldo de Paula tinha convicção de que a linhagem Lemgruber não deveria ser miscigenada com as importações mais recentes da raça Nelore, notadamente as de 1960 e 1962. Em suas mãos, essa linhagem permaneceu fechada e pura, sem a influência do novo material genético introduzido nessa época, que se tornou muito popular e disseminou-se por todas as regiões do Brasil.

Acreditando na opinião de Geraldo de Paula e do técnico Fausto Pereira Lima, o fundador da Manah e presidente na época, Eng. Agr. Fernando Penteado Cardoso, definiu que a empresa desse continuidade ao melhoramento da referida linhagem face às suas características zootécnicas favoráveis, batizando-a de *Lemgruber* em homenagem a seus iniciadores. Assim sendo, a partir de 1974, a Manah adquiriu do criador mineiro o touro Mistério (**Figura 2**), dando início a um processo intenso de infusão desse sangue nas mais de 2.000 vacas Nelore puras de origem (P.O.), oriundas de rebanhos famosos existentes na época. Até o ano de 1985, a Manah trouxe 65 cabeças desse criador mineiro, sendo 10 machos e 55 fêmeas, e esse material genético constituiu-se na base do rebanho Nelore da linhagem Lemgruber da empresa. Também contribuiu para o rebanho da empresa algumas aquisições feitas do criador fluminense Paulo L. Lemgruber, da mesma família de Manduca. A partir de 1980, esse rebanho passou a ser avaliado geneticamente por métodos científicos, sendo um dos primeiros a realizar mensurações testiculares e a adotar provas de desempenho oficiais a pasto.

Nessa época, iniciou-se o trabalho de aprimoramento do Nelore Lemgruber que teve um grande salto, em 1982, com o aconselhamento técnico do Prof. J. Bonsma da África do Sul, e,

Foto 2. Touro Mistério - RGD 7015.

posteriormente, pelo Prof. D. Hargrove, dos E.U.A., que confirmaram as qualidades dessa linhagem e indicaram as regras básicas a serem seguidas para uma seleção visando a eficiência funcional.

Em 2001, todo o plantel Nelore Lemgruber da Manah - constituído por mais de 3.700 animais P.O. - foi adquirido pelos irmãos Fernando Cardoso Filho e Eduardo Cardoso, e transferido para a Fazenda Mundo Novo, localizada em Uberaba/MG, dando continuidade à seleção iniciada por Manduca, em 1878, e que teve sequência nos trabalhos de Geraldo de Paula, de Paulo Lemgruber e da Manah.

A Fazenda Mundo Novo

Localizada a meio caminho entre Uberaba e Uberlândia, a Fazenda Mundo Novo possui uma área total de 4.250ha, dos quais 1.450ha em área de Reserva e Preservação Permanente e cerca de 2.800 ha em pastagens cultivadas. A fazenda está localizada ao redor das coordenadas 19°22'S e 48°13'W.

A região apresenta altitude elevada, com mínimo de 800 m acima do nível do mar, o que torna o clima ameno, com noites frescas e alguma ocorrência de geadas nas baixadas, nos meses de outono/inverno.

Como a maior parte da região Central do País, as chuvas apresentam distribuição irregular ao longo do ano, sendo que 85% do total de 1.800 mm ocorrem de outubro a março.

A área de pasto está subdividida em 110 piquetes, com média de 26 ha cada e a grande predominância é de capins do gênero *Brachiaria*, que cobrem cerca de 2.400 ha, ou seja, 85% do total de pastagens.

Todos os pastos são servidos por bebedouros naturais, sendo a água totalmente originada dentro da propriedade. Cochos removíveis de sal mineral e tambores para estoque do produto estão presentes em todos dos piquetes. A subdivisão dos pastos e os corredores são feitos por cerca elétrica de 2 fios, totalizando mais de 130 km de extensão.

Como forma de racionalizar o manejo do gado, a Fazenda está dividida em 9 seções capazes de comportar diferentes categorias animais. Três currais foram construídos em locais estratégicos, como forma de evitar uma distância excessiva até os pastos.

Os currais, denominados modelo Grandin, obedecem aos princípios da moderna filosofia de manejo racional de gado, onde os animais são submetidos ao mínimo de estresse possível, conforme o sugerido pela Dra. Temple Grandin (http://www.grandin.com). São de formato circular, com 4 ou 5 subdivisões, e a área de trabalho - seringa, tronco, embarcadouro, brete, balança e apartador - localizada no seu centro. O grande diferencial com relação aos currais tradicionais consiste na seringa com espaço redutível e no tronco em curva, ambos vedados lateralmente. Essa geometria permite a melhor movimentação dos animais, além de necessitar menos mão de obra na execução dos trabalhos de rotina. O acesso do gado à seringa se dá por um corredor de circulação que acompanha o anel externo do curral.

O capim é a base de alimentação de sistemas de produção sustentáveis de bovinos de corte, como é o caso da Fazenda Mundo Novo (**Figura 3**). Como forma de aumentar a capacidade de lotação dos pastos, correções do solo e adubações estratégicas e econômicas em parte

Foto 3.Vista Parcial da Fazenda Mundo Novo - Uberaba, MG.

da área em pastagem, fazem parte da rotina da Fazenda. Na correção, utilizam-se gesso e calcário e a adubação compreende o uso de fósforo, potássio e microelementos a cada 4 anos e de nitrogênio todos os anos, em meados de fevereiro, com vistas a incentivar o crescimento mais intenso do capim no final do verão, formando uma reserva de macega para ser consumida na seca.

Objetivos de seleção

Pode-se definir a palavra "seleção" como *a escolha judiciosa dos melhores animais dentro de condições ambientais previamente estabelecidas*. Seguindo o aconselhamento de J. Bonsma, a Fazenda Mundo Novo centra seu programa de seleção genética em 4 princípios básicos, listados a seguir na ordem decrescente de importância:

Adaptação ao ambiente: Os animais devem ser selecionados no ambiente em que sua progênie será criada. No Brasil, mais de 90% da carne bovina é produzido em regime de pasto, com grande predominância de capins do gênero *Brachiaria* e em solos ácidos de baixa ou média fertilidade. Esse é o grande diferencial da pecuária de corte brasileira, que tornou essa atividade extremamente competitiva em nível mundial, a ponto de o Brasil ter-se tornado o 2° maior produtor e o 1° maior exportador mundial de carne bovina, em parte graças aos baixos custos de produção. Todo o rebanho da Fazenda Mundo Novo permanece o ano inteiro em pastagens, recebendo somente um adequado suprimento de minerais e de suplementos proteico-energéticos.

Procura-se utilizar o manejo mais simples possível, muito semelhante ao que qualquer pecuarista adota em sua propriedade. Como forma de agregar maior rusticidade e, consequentemente, menores custos de produção à genética Lemgruber, optou-se pela menor utilização de produtos químicos nos animais, não se adotando rotineiramente qualquer tratamento contra mosca-dos-chifres, bernes ou carrapatos, além do uso mínimo de vermífugos. Dessa forma, a seleção é direcionada para as condições ambientais predominantes na maioria das fazendas do Brasil.

Fertilidade: É uma característica economicamente fundamental na atividade pecuária, não só pela melhoria do desfrute do rebanho, mas também pela maior velocidade no processo seletivo. Tanto nas fêmeas como nos machos, a seleção tem se baseado em animais sexualmente precoces de acordo com o meio ambiente de produção, e que apresentem também uma longa vida reprodutiva. A longevidade reduz os custos de amortização dos reprodutores e reprodutrizes, em virtude do maior número de crias por eles produzidas. Adicionalmente, as fêmeas precisam apresentar habilidade materna consistente, cuidando e desmamando crias saudáveis e pesadas. Os machos sofrem mensurações testiculares aos 12 e 18 meses, medindo-se não só o perímetro, mas também o comprimento e diâmetro dos testículos e determinando-se o volume escrotal.

Aptidão econômica: A atividade pecuária precisa ser economicamente sustentável. Dessa forma, várias características são consideradas quando se enfoca o aspecto econômico da seleção do Nelore Lemgruber:

- **Peso ao nascer**. A totalidade dos bezerros é pesada logo após o parto. Com isso são detectados os reprodutores que possam vir a produzir bezerros com altos pesos ao nascer, bem como aqueles que estão dentro ou abaixo da média. Machos com peso ao nascer superior a 40kg são desclassificados como reprodutores da Mundo Novo, mesmo que as demais características sejam adequadas.

- **Ganho de peso**. Por se tratar de raça de corte, a velocidade com que o animal atinge determinado peso é fundamental. Nesse contexto, avalia-se também a habilidade materna das matrizes pelas pesagens dos bezerros aos 120 e aos 205 dias. Todos os machos que permanecem na Fazenda após o descarte da desmama - cerca de 400 por ano - são subdivididos em 8 lotes e participam de 8 Provas de Ganho em Peso a Pasto oficiais da ABCZ. Essas PGPs são extremamente importantes, pois os animais de uma mesma prova (lote) são obrigados a permanecer juntos por um longo tempo (10 meses), incluindo obrigatoriamente o período das águas e da seca. Somente os tourinhos classificados como Elite e os melhores da categoria Superior são submetidos a avaliações subsequentes, visando à escolha dos prováveis reservas de cada safra. Simultaneamente, as fêmeas que também são retidas após a desmama são distribuídas em 6 lotes manejados separadamente e são pesadas nas idades padrão de 365 e 550 dias, eliminando-se as que sejam muito leves.
- **Temperamento**. Desde o final da década de 1980, o rebanho Lemgruber vem tendo o temperamento monitorado, por meio da adoção da técnica denominada *distância de fuga* em todos os animais aos 18 meses de idade. Para permanecer na Fazenda, o tourinho precisa ter escore superior de temperamento, ao passo que fêmeas mais agitadas são descartadas.
- **Conformação para corte**. Avaliada somente nos machos aos 18 meses de idade, busca-se valorizar a musculosidade dos animais, bem como a distribuição das carnes, arqueamento e profundidade de costelas, amplitude e comprimento do lombo, volume do posterior e precocidade de acabamento.
- **Bainha**. Aos 18 meses de idade, os tourinhos e novilhas sofrem avaliação da bainha, levando-se em consideração seu comprimento, diâmetro (nos machos) e conformação.
- **Repelência a parasitas**. A ocorrência de ectoparasitas - mosca do chifre, berne e carrapato - é avaliada visualmente em todos os animais aos 18 meses de idade. Como forma de se descobrir indivíduos mais tolerantes aos endoparasitas, 1/3 dos animais (machos e fêmeas) são vermifugados somente na desmama.
- **Conversão alimentar**. De adoção mais recente, pretende-se descobrir os indivíduos que apresentem um melhor aproveitamento do alimento ingerido. O teste é feito anualmente nos 50 tourinhos com 18 meses de idade de melhor desempenho nas PGP's a Pasto e que não apresentem outras características limitantes, em cooperação com a Faculdade de Zootecnia e Engenharia de Alimentos da Universidade de São Paulo.
- **Padrão racial**. É fundamental a preservação das características morfológicas preconizadas para a raça Nelore. A avaliação é efetuada pelos técnicos da ABCZ, quando executam as inspeções para a concessão dos Registros Genealógicos de Nascimento (RGN) e Definitivo (RGD). Esses técnicos também vistoriam os machos aos 18 meses, por ocasião do final das PGPs (EPMURAS).

Algumas avaliações adicionais são efetuadas e podem ser motivo de descarte sumário de animais: padrão morfológico da linhagem Lemgruber, dimorfismo e aparelho sexual, aprumos dos membros anteriores e posteriores, ossatura, glândulas mamárias (úberes e tetas), libido a campo dos touros, dentre outros.

Todas as informações anualmente coletadas na Fazenda Mundo Novo, cerca de 20.000, são enviadas para o Grupo de Melhoramento Animal e Biotecnologia do Departamento de Ciências Básicas da Faculdade de Zootecnia e Engenharia de Alimentos da USP/Campus de Pirassununga, que elabora um Sumário de Animais e apresenta as Diferenças Esperadas na Progênie (DEPs) de 14 características diferentes, calculadas para todas as categorias animais.

As avaliações genéticas

Em 1998, o presidente da Agro-Pecuária CFM Ltda, Joseph M. Purgly, autorizou a liberação dos geneticistas do Grupo de Melhoramento Animal da Faculdade de Zootecnia e Engenharia de Alimentos da Universidade de São Paulo, Joanir Pereira Eler e José Bento Sterman Ferraz, que então executavam a avaliação genética do programa de melhoramento da raça Nelore daquela empresa, para que pudessem organizar o programa de melhoramento genético da linhagem Lemgruber.

Seguindo os objetivos gerais preconizados para o melhoramento do Nelore Lemgruber, foram definidos os critérios de seleção, e as informações geradas passaram a ser montadas, controladas e mantidas, gerando os bancos de dados necessários às avaliações genéticas.

As avaliações genéticas dos animais da raça Nelore linhagem Lemgruber são expressas em Diferenças Esperadas de Progênie (DEPs). O uso dessas informações, de maneira adequada, constitui-se em poderosa ferramenta auxiliar dos criadores na definição de seus critérios de escolha e utilização de touros e matrizes na reprodução. A utilização das DEPs já se tornou regra geral entre os pecuaristas e se constitui em um importante fator de aumento de produtividade, competitividade e lucratividade. AS DEPs são a melhor estimativa do valor genético aditivo do gameta médio de um reprodutor, sendo a melhor previsão possível de que um reprodutor, aí incluídas também as matrizes, tem a transmitir para seus descendentes. As DEPs são as verdadeiras especificações técnicas desses reprodutores.

É importante ressaltar que o objetivo do uso de Diferenças Esperadas de Progênies (DEPs) é identificar os animais geneticamente superiores. Isso é válido não somente para os touros, mas, principalmente, para os animais jovens, reprodutores e matrizes, auxiliando não só nas definições de acasalamento, mas também no descarte de animais. O uso das DEPs de maneira adequada aumenta muito o ganho genético por ano.

O programa de avaliação genética da Fazenda Mundo Novo/Nelore Lemgruber vem sendo realizado desde 1999 e emitindo Sumários de Touros, Vacas e animais em crescimento, não só para uso interno da empresa, mas também para ser disponibilizado para terceiros.

Na avaliação genética de 2009, foram analisados treze critérios de seleção, alguns deles inéditos em avaliações genéticas da raça Nelore:

Peso ao nascer (PN) = peso real ao nascimento em kg. Este peso deve ser monitorado para evitar-se um aumento significativo no peso ao nascimento dos bezerros, com consequentes problemas de dificuldade de parto. Esse peso é o melhor indicador da facilidade de parto. Touros com DEPs baixas ou até mesmo negativas são desejáveis para essa característica.

Peso aos 4 meses de idade (P4M) = peso, em kg, medido ao redor dos 120 dias de idade. Essa característica é um dos melhores indicadores da habilidade materna das vacas. Touros com DEP positiva e elevada são os mais indicados.

Peso na desmama (PD) = peso, em kg, medido na desmama do bezerro, em torno de 205 dias. A DEP para esse peso reflete o potencial que o animal tem para desmamar, independentemente da produção de leite de sua mãe, ou seja, a ação direta dos genes do próprio animal. Esse peso é muito importante para os produtores de bezerros. Touros com DEP positiva e elevada são os mais indicados.

Peso ao ano (PES12) = peso, em kg, medido ao redor dos 12 meses de idade. A DEP para esse peso reflete o potencial que o animal tem para reagir ao estresse da desmama e crescer sem a presença da mãe. Touros com DEP positiva e elevada são os mais indicados.

Ganho de peso ao sobreano (GPSOB) = ganho de peso, em kg, medido pela diferença entre o peso ao sobreano e o peso na desmama.

Peso ao sobreano (PSOB) = peso, em kg, medido ao redor dos 18 meses de idade. A DEP para esse peso é a soma da DEP PD + a DEP GPSOB e reflete o potencial para peso na desmama mais o potencial que o animal tem para ganhar peso da desmama aos 18 meses. Touros com DEPs positivas e elevadas são os mais indicados.

Ganho de peso na prova a pasto da ABCZ (GP224) = ganho de peso em 224 dias de prova. Essa característica só é medida nos machos de cada safra, mas se constitui em uma informação importante, tendo em vista o seu caráter oficial e seu controle de lotes.

Perímetro escrotal (PE) = essa medida, expressa em cm, é tomada nos machos na época da pesagem aos 18 meses de idade, é correlacionada com idade na puberdade, qualidade e quantidade de sêmen, fertilidade, desenvolvimento ponderal e precocidade sexual das filhas e irmãs dos tourinhos. O uso dessa característica para compor os critérios de seleção em bovinos de corte tem sido prática comum na maioria dos bons programas de melhoramento em todo o mundo. As DEPs mais elevadas são as melhores. Seleção para PE, no entanto, não é uma substituição para a seleção direta sobre o desempenho reprodutivo da fêmea.

Foram incluídos, também, características medidas pelos escores visuais que, por sua subjetividade, dependem muito do treinamento e motivação do avaliador. São elas:

Bainha (BAI) = DEP para comprimento, diâmetro e conformação do umbigo. É apresentada em escores de 1 a 5. DEPs mais altas refletem animais de umbigo mais adequado.

Temperamento (TEMP) = DEP para docilidade, avaliada pela reação de cada animal na presença do avaliador na arena de manejo. É apresentada em escores de 1 a 5. DEPs positivas e elevadas indicam animais mais dóceis e, portanto, recomendados.

Conformação para corte (CONF) = DEP para comprimento e arqueamento de costelas, musculosidade, volume do posterior e precocidade no acabamento da carcaça. Essa característica é medida somente nos machos aos 18 meses de idade, embora as DEPs sejam calculadas também para as fêmeas. DEPs mais altas significam animais com melhor conformação frigorífica.

Padrão racial (PR) = DEP para características raciais típicas da raça Nelore.

Padrão Lemgruber (PL) = DEP para características raciais típicas da linhagem Lemgruber: couro abundante, ossatura forte, orelhas mais pesadas, costelas profundas e arqueadas, cauda longa, boca larga, etc. DEPs elevadas indicam animais com melhor padrão da linhagem Lemgruber.

Repelência (REP) = DEP para escore visual de repelência a ectoparasitas. Valores negativos significam maior sensibilidade à mosca do chifre, bernes ou carrapatos, ao passo que valores positivos significam maior repelência. Essa característica está sendo medida em caráter experimental, mas deve tornar-se extremamente útil.

A **Tabela 1** apresenta informações sobre as diversas características analisadas.

As análises realizadas

Os dados foram analisados segundo metodologia de modelos mistos, considerando-se um modelo animal completo específico para cada variável, em análises multicaracterísticas com todas as correlações entre as características envolvidas. Por exemplo, a avaliação envolvendo peso ao nascer, peso aos 4 meses, peso na desmama, ganho de peso pós-desmama em 345 dias, ganho de peso na prova a pasto (224 dias), perímetro escrotal e temperamento foi processada em uma única análise com as sete características.

A solução das equações de modelos mistos tem sido obtida com utilização do sistema PEST (GROENEVELD, E. 2009. PEST2 *User's Guide and Reference Manual version 2.0. Department of Animal Science, University of Illinois, Urbana*), um dos softwares mais atualizados em uso pelos programas de avaliação genética.

Tabela 1. Número de observações e médias das características observadas nos animais utilizados na avaliação dos touros incluídos no Sumário de Animais Nelore Lemgruber 2009.

Característica	Toda a população		Safra 2007	
	Nº de Obs.	Médias	Nº de Obs.	Médias
Peso ao nascer, kg	14.369	30,7	895	31,1
Peso aos 4 meses, kg	12.293	125,1	797	126,4
Peso na desmama, kg	19.513	172,6	890	182,2
Idade na desmama, dias	19.513	208,9	890	200,5
Peso ajustado para 205 dias, kg	19.513	170,8	890	184,2
Média da idade da mãe ao parto, meses	19.513	87,9	890	93,2
PES205 ajustado para idade da mãe, kg	19.513	174,0	890	187,0
Peso aos 12 meses, kg	14.499	212,6	625	229,2
Ganho de Peso pós-desmama, em 345 dias, kg	15.110	126,6	634	139,5
Ganho de peso prova ABCZ (224 dias), kg	4.615	109,2	302	127,7
Peso ajustado para 550 dias, kg	13.171	300,8	634	331,9
Perímetro escrotal aos 18 meses, cm	6.001	24,8	302	27,2
Bainha, unid. (escore)	12.801	3,2	625	3,3
Temperamento, unid. (escore)	9.118	3,3	625	3,1
Padrão Racial, unid. (escore)	6.127	3,0	615	3,1
Padrão Lemgruber, unid. (escore)	5.232	3,1	624	3,2
Repelência, unid. (escore)	3.697	3,3	625	2,9

Nas análises genéticas, os efeitos fixos têm sido os grupos de contemporâneos, formados pela concatenação da fazenda, safra, sexo e grupo de manejo do animal, classe de idade da mãe ao parto, além da idade do animal no momento da medição (considerada uma covariável).

Os efeitos considerados como aleatórios são os valores genéticos direto e materno do animal, efeito de ambiente permanente da vaca e efeitos residuais

Os parâmetros genéticos utilizados (**Tabela 2**) foram estimados por máxima verossimilhança com uso do sistema VCE (KOVAC, M. & GROENEVELD, E. 2008. VCE-6 *User's Guide and Reference Manual version 6.0. Department of Animal Sciences, University of Ljubljana, Slovenia*).

Tabela 2. Coeficientes de herdabilidade para efeitos diretos (h^2) e efeitos maternos (h^2m) utilizados no Sumário de Touros Nelore Lemgruber 2009.

Característica	h^2	h^2m
PN	0,25	0,05
P120 (Peso aos 4 meses)	0,32	0,10
PD	0,32	0,10
PES12	0,25	0,09
GPSOB	0,19	-
GP224	0,30	-
PE	0,33	0,15
Temperamento	0,19	-
Bainha	0,33	-
Padrão Lemgruber	0,32	-
Repelência	0,32	-

A acurácia ou confiabilidade de uma estimativa, que é uma medida da correlação entre a estimativa obtida e o valor real do parâmetro, reflete o quanto o valor estimado está próximo do valor real. Quanto maior o valor indicado da acurácia, maior o grau de confiabilidade das estimativas obtidas.

Nas avaliações genéticas do Nelore Lemgruber, são apresentados o número de progênie dos touros e também a acurácia das estimativas de DEPs. Para os touros, a acurácia apresentada é a acurácia BIF (Segundo a *Beef Improvement Federation* - USA).

O resultado das avaliações genéticas é apresentado como estimativas do valor ou mérito genético dos animais. A expressão do mérito genético dos animais, nos sumários de bovinos de corte no Brasil, se faz na forma de DEPs - Diferenças Esperadas da Progênie, que refletem as diferenças em desempenho, expressas em unidades da característica que a descendência de um determinado reprodutor, macho ou fêmea, terá, em virtude do efeito dos genes desse(a) reprodutor(a) em relação a outros(as) reprodutores(as) dentro da mesma avaliação.

As informações contidas num Sumário de Touros são, sem dúvida, a melhor ferramenta de seleção disponível para os criadores produzirem mudanças genéticas, na direção desejada, em seu rebanho.

Um Sumário não pretende definir quais são os animais bons ou ruins, mas, pelo contrário, auxiliar nas decisões dos produtores, com base nas informações a respeito do material genético disponível para eles. O melhor animal para o rebanho de determinado criador, no caso expresso em DEPs, dependerá do seu mercado, das condições de ambiente existentes onde seus animais serão criados, do seu objetivo atual e do real nível genético de seu rebanho de matrizes.

No processo de decisão, os criadores podem seguir essa sequência de passos:

1. As características mais importantes na pecuária de corte estão, sem dúvida nenhuma, ligadas à fertilidade. Um rebanho fértil garantirá um baixo custo de produção. Deve-se sempre escolher fêmeas com base na facilidade de parto, precocidade sexual, (1° parto o mais cedo possível dentro do ambiente de criação), regularidade nas parições e longevidade reprodutiva.

2. A escolha dos touros deverá ser feita com base em critérios de produção, o que irá garantir maior aporte de capital no futuro. Um exemplo é utilizar touros que produzam filhos que proporcionem mais quilogramas de bezerros desmamados/ fêmea exposta, mas sempre tenham pesos ao nascer moderados. Adicionalmente, o criador deve estar atento para o crescimento pós-desmama.

É importante lembrar que em determinados ambientes, com pastagens de qualidade inferior ou períodos prolongados de seca, não é muito interessante selecionar-se para altos pesos na desmama, pois as vacas não terão condições de ambiente para expressar seu potencial.

Um lembrete muito importante: um reprodutor deve ter seu patrimônio genético o mais balanceado possível para o criador. Alguns touros apresentam DEPs extraordinárias para peso na desmama, por exemplo, mas um ganho de peso ao sobreano médio ou abaixo da média. O uso desses animais reforçará determinada característica, em detrimento de outras. Cada criador, levando em consideração suas necessidades, seu meio ambiente, as condições de manejo e pastagens, deverá definir seu limite ótimo para cada característica. Nem sempre o máximo é o melhor. Deve-se ressaltar, no entanto, que selecionar para muitas características, simultaneamente, reduz o ganho em cada uma delas. Assim, o foco da seleção deve ser colocado nas características mais importantes economicamente, apenas monitorando as demais características.

O mais importante no momento da escolha dos reprodutores é definir adequadamente os objetivos na produção de gado de corte, por intermédio do correto diagnóstico de seu rebanho e da definição de quais características devem ser melhoradas.

Uma conta muito útil é a seguinte: imagine que um touro A tenha DEP de +10,0 kg para Ganho de Peso ao Sobreano, e outro touro B tenha DEP de -5,0 kg para a mesma característica. Os filhos do touro A serão, em média, 15 kg mais pesados que os filhos do touro B, se ambos forem acasalados com vacas semelhantes. Multiplique esta arroba extra de peso vivo por filho por 30 filhos/ano e por 6 anos (vida útil do touro) e por 52% de rendimento de carcaça. O resultado é de cerca de 94 arrobas, equivalentesd a cerca de R$ 7.000,00, a preços de dezembro de 2009, que é o valor da diferença, no bolso do criador, entre os valores de abate dos filhos dos touros A e B.

Tendências genéticas

Os gráficos apresentados a seguir demonstram as tendências genéticas observadas na população analisada (médias dos valores genéticos por safra a partir de 1996) e demonstram para os leitores, de maneira clara e objetiva, os resultados reais obtidos por esse programa, que são mostrados aos pecuaristas neste capítulo.

Tendência genética
Peso ao nascimento - 1996 a 2007
Tendência média = + 0,07 kg/ano

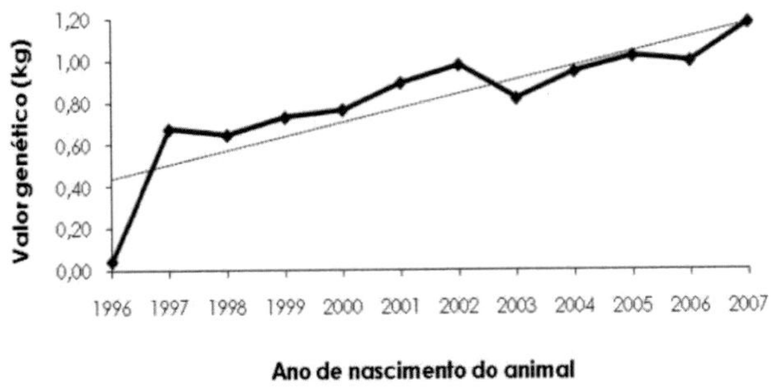

Tendência genética
Peso aos 120 dias - 1996 a 2007
Tendência média = + 0,51 kg/ano

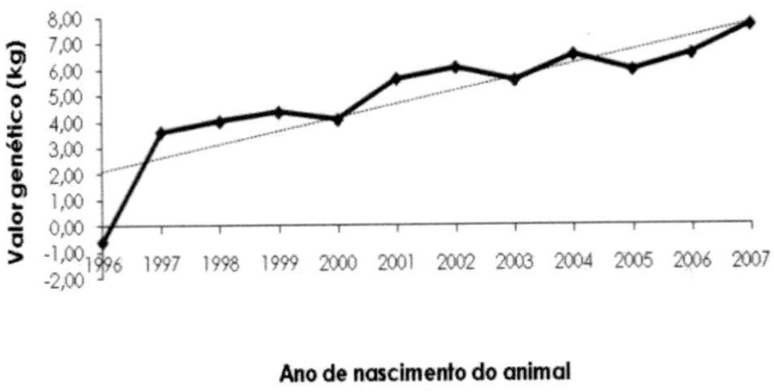

Tendência genética
Peso à desmama - 1996 a 2007
Tendência média = + 0,83 kg/ano

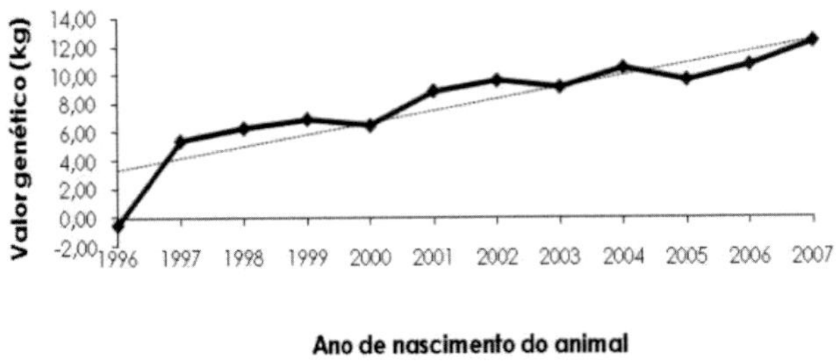

Tendência genética
Peso aos 12 meses - 1996 a 2007
Tendência média = + 0,80 kg/ano

Tendência genética
Ganho de Peso da Desmama ao Sobreano - 1996 a 2007
Tendência média = + 1,21 kg/ano

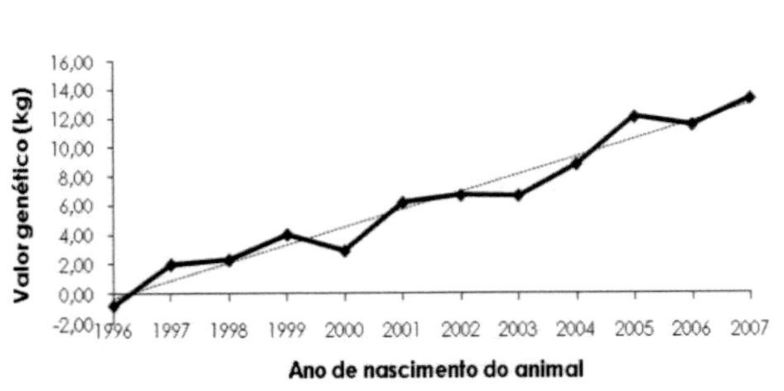

Tendência genética
Peso ao sobreano - 1996 a 2007
Tendência média = + 2,02 kg/ano

Tendência genética
GP224 - 1996 a 2007
Tendência média = 0,30 kg/ano

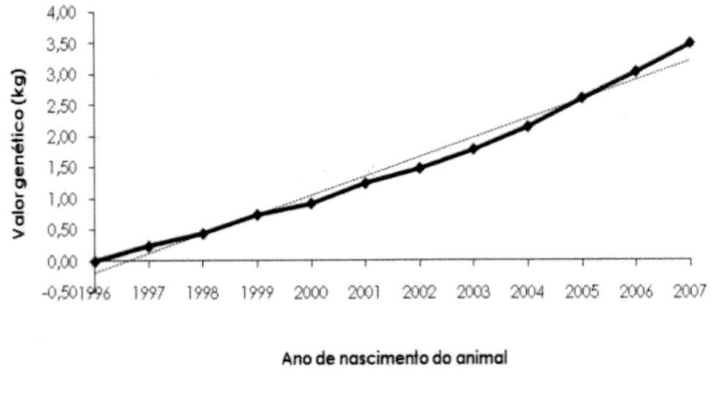

Tendência genética
Perímetro escrotal - 1996 a 2007
Tendência média = + 0,09 cm/ano

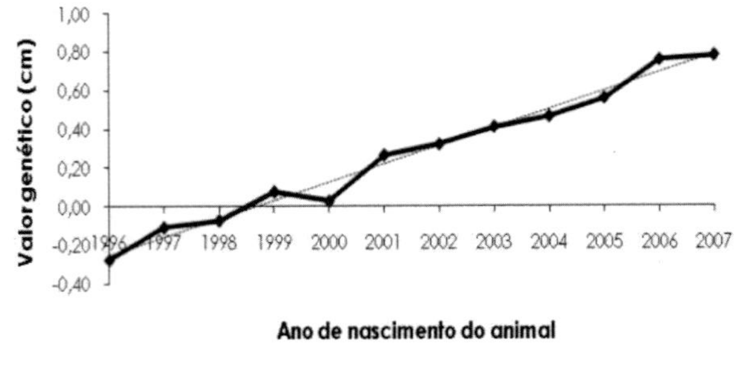

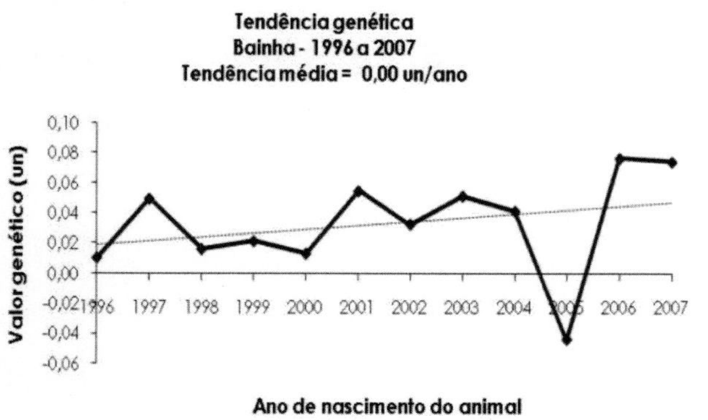

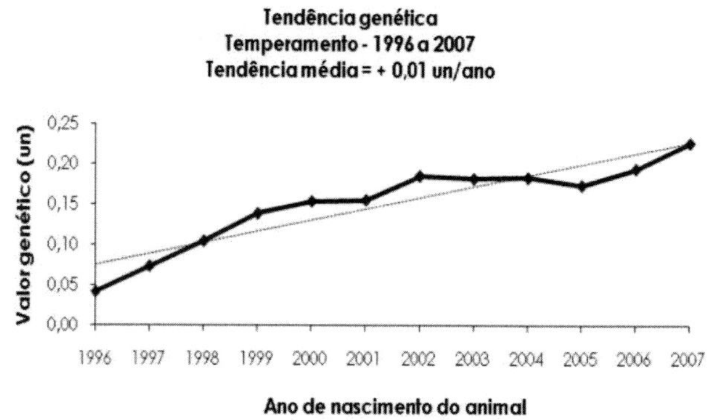

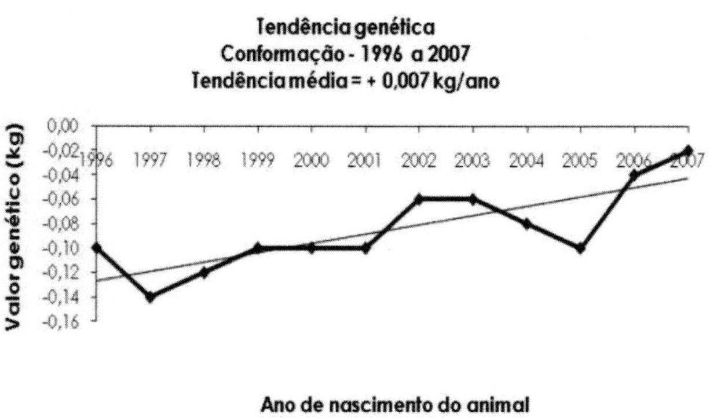

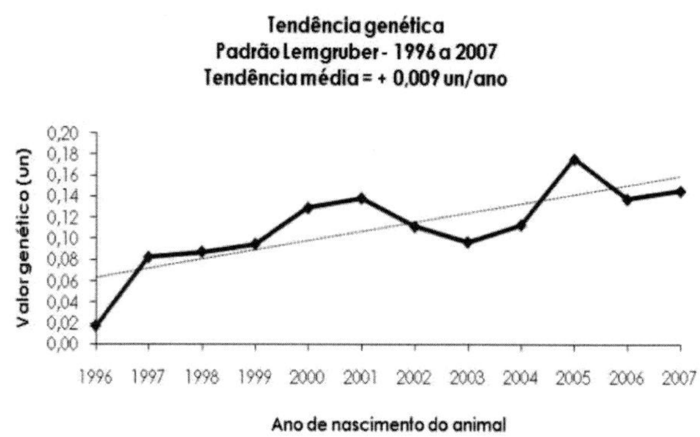

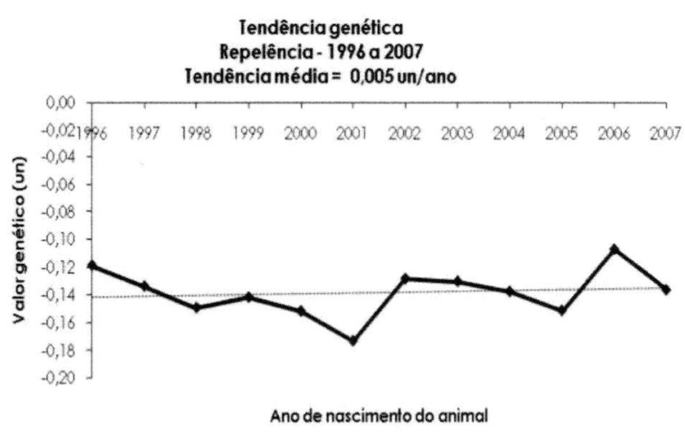

Considerações finais

O programa de melhoramento genético do Nelore Lemgruber, implantado há cerca de 35 anos conta com avaliação genética, realizada pelo Grupo de Melhoramento Animal e Biotecnologia da Faculdade de Zootecnia e Engenharia de Alimentos da Universidade de São Paulo há mais de 10 anos. É um programa muito bem sucedido, que coloca à disposição do pecuarista brasileiro animais com características marcantes, como rusticidade, conformação frigorífica, temperamento dócil, fertilidade e habilidade materna, dentre outras, com genealogia diferente da maioria dos animais Nelore registrados na Associação Brasileira de Criadores de Zebu, portanto animais PO. Dessa forma, constitui-se esse material genético numa excelente opção para os criadores da raça Nelore, tanto de gado registrado quanto de gado comercial. A maior prova disso reside na venda, pela Mundo Novo, de cerca de 300 tourinhos/ano e no fato de que mais de 30% dos touros Nelore com sêmen à venda no Brasil têm genes da linhagem Lemgruber, uma prova inegável de suas qualidades.

Nelore Lemgruber
O caminho certo para a pecuária lucrativa.
A linhagem Lemgruber, presente no Brasil desde 1878, constitui-se em uma valiosa fonte genética - touros, matrizes e sêmen - para que os criadores obtenham o máximo de lucratividade em seus negócios.
Fone: 34| 3359-0354 - Uberaba / MG
www.fazendamundonovo.com
Nelore
Lemgruber

Só Connan é granulado. Os outros são pó.
EMPRESA CERTIFICADA
BPF
ASBRAM · SINDIRAÇÕES · ANDIFOS
SISTEMA DE GESTÃO CERTIFICADO
Fundação Vanzolini
NBR ISO 9001:2008
MANAFOS
POLINUTRIENTE AGLOMERADO
Connan é o unico suplemento mineral na forma de polinutriente aglomerado que garante uma nutrição animal perfeitamente balanceada e sem desperdício.
Connan
COMPANHIA NACIONAL DE NUTRIÇÃO ANIMAL
Toda força em resultados.
Fone: 15| 3363-980
Boituva / SP

Seção X Sanidade

CAPÍTULO 47

Clostridioses gangrenosas

- *Manqueira*
- *Edema maligno*
- *Gangrena gasosa*
- *Hemoglobinúria bacilar*

Antonio Carlos Paes
Professor Livre Docente
Depto. de Higiene Veterinária e Saúde Pública
FMVZ/UNESP. Botucatu, SP
paesacmi@fmvz.unesp.br

Doenças causadas por bactérias do gênero *Clostridium*

Introdução

As bactérias que compõem o gênero *Clostridium* são grandes, medindo aproximadamente de 0,3 a 1,3 μm de largura por 3,0 a 10 μm de comprimento. São bacilos retos ou ligeiramente curvos, Gram-positivos e a maioria deles apresenta mobilidade pela presença de flagelos peritríquios, com exceção das cepas de *Clostridium perfringens*.

São bactérias produtoras de fermentção, catalases negativas, oxidases negativas e requerem meios enriquecidos para crescimento e isolamento. As bactérias patogênicas do gênero *Clostridium* são anaeróbicas estritas e, na presença de oxigênio, formam os chamados esporos ou endósporos, que provocam saliência da célula mãe, observados nas células em microscópico ótico.

São cultivadas em estufas para incubação em ambiente anaeróbico ou em jarras especiais onde as placas de cultivo são incubadas juntamente com gerador de anaerobiose (Anaerogen-Oxoide), que rapidamente confere atmosfera anaeróbica essencial para o isolamento de bactérias do gênero *Clostridium*, reduzindo o nível de oxigênio na jarra para valores inferiores a 1% em menos de 30 minutos.

Os meios especiais enriquecidos para isolamento são o ágar-sangue enriquecido com extrato de levedura, vitamina K e hemina ou meios como o Tarozzi que contêm tioglicolato com fragmentos de fígado ou carne e que também contêm peptona, sulfato de magnésio, cloridrato de cisteína, sulfato de potássio e glicose com pH ajustado para 7,3.

O período de incubação varia de 3 a 5 dias, e as colônias observadas nas placas são irregulares, com exceção do *Clostridium perfringens* cujas colônias são circulares.

Todas as bactérias do gênero *Clostridium* são encontradas no solo e no tubo digestivo e fezes de animais em todo o mundo, fazendo parte da microbiota intestinal normal. Também são encontradas em água e sedimento.

Os esporos ou endospóros são extremamente resistentes à dessecação, aos desinfetantes e ao calor; por isso materiais contaminados devem ser fervidos por 20 a 30 minutos ou, preferencialmente, autoclavados.

O solo contaminado por esporos assim permanece por dezenas de anos, e as doenças originadas por eles são denominadas por alguns autores de telúricas, ou seja, originadas da terra ou do solo.

As bactérias do gênero *Clostridium* são causadoras de uma ampla gama de enfermidades nos animais domésticos e todas as espécies patogênicas deste gênero possuem a capacidade de produzirem potentes toxinas letais.

Mais de 100 bactérias são descritas no gênero *Clostridium*, porém de interesse em medicina veterinária podem ser citadas:

- *Clostridium perfringens* → envolvido em enterotoxemia e gangrena gasosa
- *Clostridium chauvoei* → causador de manqueira
- *Clostridium septicum* → envolvido no edema maligno
- *Clostridium novyi* tipo A e *Clostridium sordelli* → envolvidos na gangrena gasosa
- *Clostridium haemolyticum* → causador da hemoglobinúria bacilar
- *Clostridium tetani* → causador do tétano
- *Clostridium botulinum* → causador do botulismo.

Em relação à patogenicidade pode-se dividir as bactérias do gênero *Clostridium* em três grupos:

• Histotóxicas ou causadoras de gangrenas:
- *C. chauvoei*
- *C. septicum*
- *C. novyi*
- *C. sordelli*

• Enterotoxigênicas→ produtoras de potentes toxinas no intestino dos animais com manifestações sistêmicas letais, enterite hemorrágica aguda e morte súbita.
- *Clostridium perfringens* sorotipo B, C, D e, ocasionalmente, A, E

• Neurotóxicas → causadoras de toxi-infecções com manifestações neurológicas.
- *C. tetani* = produz a neurotoxina tetanospasmina causadora do tétano
- *C. botulinum* = produz a neurotoxina botulínica causadora do botulismo.

Manqueira

Definição

Enfermidade infecciosa aguda, não contagiosa, de alta letalidade. Geralmente acomete muitos animais ao mesmo tempo, particularmente quando submetidos às mesmas condições. É de extrema importância em virtude das grandes perdas econômicas que ocorrem nas criações atingidas por causa da elevada mortalidade.

A denominação Manqueira, a mais corretamente adotada, deve-se à intensa claudicação apresentada pelos animais afetados, em decorrência do quadro de severa gangrena na musculatura dos membros afetados, embora ocorram também lesões gangrenosas nas musculaturas dorsal e cervical.

A enfermidade, no Brasil, também é conhecida por Carbúnculo Sintomático, nome que não é o mais correto e gera confusão com Carbúnculo Hemático, doença de extrema gravidade para os animais domésticos e para a espécie humana.

Nos Estados Unidos da América, a doença é corretamente denominada *Black-Leg* (Perna Negra) pelo aspecto que o quadro de gangrena confere às massas musculares afetadas.

Ao contrário dos casos comuns de gangrena que envolvem ferimentos contaminados, na Manqueira o processo é atraumático, ocorrendo infecção endógena.

Etiologia

A Manqueria apresenta como agente o *Clostridium chauvoei*, cujas características morfológicas, tintoriais e de isolamento foram descritas no início do capítulo.

Como já foi citado, na Manqueira não há ferimento prévio ou qualquer outro tipo de vulneração para penetração de esporos do *Clostridium chauvoei*, pois estes já se encontram dormentes nas massas musculares, nos locais onde ocorre o quadro de gangrena.

Já, em 1875, Bollinger demonstrou que a Manqueira possuía um agente etiológico distinto do Carbúnculo Hemático, fato confirmado por Feseri em 1876 e, nesse mesmo ano, Roux conseguiu cultivar a bactéria causadora da Manqueira em meios artificiais e essa técnica de cultivo foi aperfeiçoada por Kitassato em 1889.

A denominação *Clostridium* vem do grego *closter* que significa "roca de fiar" devido sua morfologia; e *chauvoei*, em homenagem ao pesquisador Chauveau.

Produção de toxinas

As cepas de *Clostridium chauvoei* são produtoras de potentes toxinas que provocam graves lesões no organismo hospedeiro.

Há produção de cinco toxinas ou antígenos solúveis que são:

- toxina α (alfa) $\rightarrow$ hemolisina estável frente a oxigênio que é letal, hemolítica e necrotizante.
- toxina β (beta) $\rightarrow$ desoxirribonuclease ou DNAse.
- toxina γ (gama) $\rightarrow$ hialuronidase.
- toxina δ (delta) $\rightarrow$ hemolisina lábil frente ao oxigênio
- neuraminidase

Essas toxinas produzidas pelo *Clostridium chauvoei*, estão associadas com sua patogenicidade e também, sendo antígenos solúveis, estão associadas com a imunidade frente ao mesmo.

Epidemiologia

Embora não possa ser estimada numericamente em percentuais, a morbidade da doença é elevada, pois numerosos animais podem albergar esporos do *Clostridium chauvoei* dormentes em suas massas musculares, pois os solos são altamente contaminados pela forma esporulada do agente, e essa contaminação ocorre porque a bactéria tem como hábitat o intestino dos animais e é constantemente eliminada para o meio ambiente. Dessa forma, o solo é mantido perpetuamente contaminado, em decorrência da extrema resistência ambiental de tais esporos.

A doença apresenta distribuição mundial e acomete os bovinos de forma independente de sexo, raça, clima e estação do ano.

Porém o fator idade impõe uma limitação para a ocorrência da doença, que ocorre apenas na faixa etária de três até vinte e quatro meses, não sendo observada em animais de mais idade, sendo inclusive um fator importante no diagnóstico diferencial com gangrena gasosa e edema maligno.

A letalidade da doença fica ao redor de 100%; mesmo quando surgem muitos casos em um rebanho, o diagnóstico precoce pode ajudar no tratamento dos animais acometidos e aqueles cujo tratamento foi realizado corretamente no início dos sintomas clínicos apresentarão maior probabilidade de sobrevivência.

Fisiopatologia

Os animais ingerem os esporos de *Clostridium chauvoei* presentes no solo durante o pastejo e os mesmos alcançam o intestino e penetram pela mucosa entérica e através da circulação, alcançam o fígado onde se localizam nas células de Kupffer, nos espaços de Disse e nas células endoteliais dos capilares.

A partir do fígado, alcançam a corrente circulatória e, conduzidos provavelmente no interior de macrófagos, chegam às grandes massas musculares. O *Clostridium chauvoei* tem preferência pelas grandes massas musculares dos membros posteriores, como o semimembranoso e o semitendinoso, porém também se localiza nos músculos dorsais, cervicais, psoas menores, diafragma e coração. Os esporos permanecem quiescentes nas células endoteliais dos capilares das massas musculares envolvidas.

Traumas nas grandes massas musculares criam um ambiente de baixo potencial de óxido-redução, gerando um ambiente anaeróbico que propicia a germinação dos esporos e produção pela bactéria das potentes toxinas que acarretam o quadro de gangrena e o desencadeamento do quadro clínico da Manqueira.

As condições traumáticas envolvem coices, quedas, vacinas com adjuvantes muito irritantes que causam deficiência circulatória e necrose local que determinam hipóxia tecidual; assim favorece a vegetação do microrganismo anaeróbico, que se multiplica e agrava a lesão inicial pela ação de suas toxinas, aumenta a área necrosada e, consequentemente, favorece mais ainda a vegetação de novos esporos que, por sua vez, levam a mais produção de toxinas, agravando o processo da enfermidade pelo grande aumento de áreas gangrenadas nas massas musculares.

Ingestão de esporos do solo contaminado
↓
Mucosa intestinal
↓
Fígado
↓
Circulação sanguínea (macrófagos)
↓
Grandes massas musculares
↓
Esporos quiescentes nas células endoteliais dos capilares
↓
Traumas na musculatura
↓
Hipóxia tecidual – baixo potencial de óxido-redução
↓
Baixa tensão de oxigênio
↓
Oxidação incompleta do piruvato
↓
Acúmulo de ácido láctico
↓
Queda do pH tecidual
↓
Anaerobiose
↓
Vegetação dos esporos de *Clostridium chauvoei*
↓
Multiplicação intensa da forma vegetativa
↓
Produção de toxinas
↓
Gangrena das massas musculares

Fisiopatologia da Manqueira

Ação das toxinas de *Clostridium chauvoei* no organismo hospedeiro

• Toxina Alfa (α)

É uma hemolisina estável frente ao oxigênio que provoca hemólise e necrose das massas musculares. Possui ainda ação letal, levando à morte o animal afetado poucas horas após o início das manifestações clínicas da enfermidade.

• Toxina Beta (β)

É uma DNAse ou desoxirribonuclease que atua diretamente sobre o DNA celular, provocando efeitos letais nas células dos animais.

• **Toxina Gama (γ)**

Age lesivamente sobre o ácido hialurônico que é o cemento entre as células, e seus efeitos provocam aumento de permeabilidade vascular, acarretando os edemas e hemorragias observad

• **Toxina Delta (δ)**

É uma hemolisina lábil frente ao oxigênio.

Quadro clínico

A enfermidade acomete bovinos entre seis e vinte quatro meses de idade, embora já se tenha atendido bezerros entre três e quatro meses de idade com diagnóstico confirmado de Manqueira.

Os animais acometidos subitamente apresentam-se febris e com evidente claudicação, quando as massas musculares dos membros são acometidas.

Ao exame clínico, a temperatura retal apresenta-se elevada, ao redor de 40°C ou mais e observa-se aumento do volume nos músculos afetados dos membros, dorso ou região cervical, que progridem rapidamente. Tais aumentos de volume à palpação apresentam claros ruídos de crepitação na área edematosa em decorrência da grande produção de gás nos focos gagrenosos em virtude da multiplicação da bactéria. A evolução para a morte pode ser de doze a vinte quatro horas, embora sejam observados quadros extremamente agudos com evolução inferior a doze horas.

Por outro lado, muitos animais afetados podem sobreviver por período superior a dois ou três dias, seja por haverem sido acometidos por cepas menos toxigênicas ou por terem sido submetidos a tratamento. Nesses animais além dos sintomas clássicos da Manqueira, pode-se observar apatia, anorexia e urina de coloração marrom-acastanhada em virtude da mioglobinúria decorrente das lesões nas grandes massas musculares, lembrando sempre que o pigmento mioglobina é altamente nefrotóxico.

A punção nas áreas de edema e crepitação revela o escape de fluido de aspecto serossanguinolento e com bolhas de gás, sendo que lâminas do referido fluido, coradas pelo método de Gram, revelam presença de grande número de bacilos Gram-positivos com os característicos esporos subterminais.

Após a morte, em aproximadamente trinta a quarenta minutos, é estabelecido um quadro acentuado de *rigor mortis*, com o cadáver apresentando as patas esticadas, na posição vulgarmente denominada *cavalete*, além de inchaço e sangramento moderado a intenso pelos orifícios naturais.

Esse sangramento, que é observado no *post-mortem* levou a inúmeros casos em que a Manqueira foi confundida com Carbúnculo Hemático, sendo talvez esse o motivo pelo qual até hoje tem sido erroneamente denominada Carbúnculo Sintomático.

Foi atendido na Disciplina de Enfermidades Infecciosas um garrote com Manqueira com extensa lesão gangrenosa na musculatura do membro posterior direito, que sobreviveu após tratamento com penicilina, embora com necrose e perda de grande musculatura que levou à atrofia do membro, originando quadro de claudicação irreversível. O tratamento foi demonstrativo em aula prática para os alunos de graduação e envolveu além do antimicrobiano intensa fluidoterapia pois, por causa das lesões musculares, o animal apresentou mioglobinúria, elevação de ureia, creatinina, CK e AST. Logo, os bovinos acometidos em um rebanho devem receber penicilina e mantidos em lugar tranquilo com água e alimento, e os menos acometidos se recuperarão, pois um tratamento como o descrito excede em muito o valor econômico dos animais e deve ser reservado para aqueles de alto valor econômico em virtude do seu patrimônio genético.

Lesões anatomopatológicas macroscópicas

O exame externo dos cadáveres de bovinos acometidos por Manqueira mostra o quadro de *rigor mortis* exacerbado, inchaço extremo do cadáver e sangramento pela boca, narina, ânus e vulva, o sangue aspecto espumoso e coagula no tempo normal ao contrário do que ocorre no Carbúnculo Hemático.

São observados edemas ou tumefações de grandes massas musculares nos membros e região dorsal ou cervical e, ao corte dessas massas observa-se a presença de líquido serossanguinolento, musculatura de coloração vermelho-enegrecida, em decorrência da necrose e hemorragias nos músculos próximos a área de gangrena. Os músculos apresentam aspecto escuro como se fossem cozidos, sem brilho e com os grupos de fibras separados por exsudato sanguinolento e bolhas de gás, que alcançam até o tecido subcutâneo.

Ao corte das massas musculares, os vasos deixam fluir grandes quantidades de bolhas de gás e se despreende forte odor rançoso, ocasionada pela intensa produção de ácido butírico pelo *Clostridium chauvoei*.

A necropsia não deve ser realizada a campo, para evitar a excessiva contaminação do solo pelos esporos do agente.

As carcaças rapidamente entram em autólise e, na abertura delas, também são observados derrames serossanguinolento nas cavidades torácica, abdominal e no saco pericárdico, petéquias e sufusões em epicárdio, endocárdio, diafragma e serosas do aparelho digestivo.

A ação sistêmica das toxinas do *Clostridium chauvoei* é a responsável pelo quadro de hemorragias generalizadas. Porém, ao contrário dos casos de Carbúnculo Hemático, na necropsia de casos de Manqueira, o sangue é encontrado totalmente coagulado nos grandes vasos e câmaras cardíacas, a despeito das hemorragias observadas através dos orifícios naturais.

Lesões anatomopatológicas microscópicas

São observadas em lâminas coradas pelo método da hematoxilina-eosina (HE) necrose de coagulação de fibras musculares com edema e hemorragias intersticiais.

Ocorre moderado infiltrado inflamatório de células mononucleares e focos de degeneração vacuolar e hialina no tecido muscular, que pode se apresentar fragmentado e com a perda da estriação.

Tratamento

Sempre que houver envolvimento de animais de produção o médico veterinário deve ter em mente, em primeiro lugar, a relação custo-benefício para não incorrer no erro de realizar um tratamento cujo custo exceda o valor do animal tratado.

Os casos de Manqueira podem ocorrer de forma individual ou serem acometidos poucos animais, mas, na grande maioria das vezes, embora a enfermidade não seja transmissível de animal para animal, ela apresenta característica de surtos.

Nesse caso, todos os animais afetados deverão ser tratados com penicilina e, para preservação, todos da mesma faixa etária poderão ser tratados preventivamente para evitar maiores prejuízos.

Recomenda-se a imediata aplicação de uma dose de penicilina cristalina de 40.000 UI/kg de peso vivo, por via intravenosa, seguida da imediata aplicação de compostos que contenham penicilina de longa ação, na mesma dose, por via intramuscular.

Esse último tratamento deve ser repetido após cinco dias, pois a penicilina benzatina apresenta níveis terapêuticos efetivos por até sete dias, logo os animais apresentarão concentração sanguínea do antimicrobiano por cerca de dez a quatorze dias.

Dessa maneira, os animais com menores lesões de massas musculares, consequentemente com menores alterações orgânicas, sobreviverão, ao passo que os animais mais afetados apresentarão um quadro de letalidade muito maior.

Porém, nas situações especiais da ocorrência de Manqueira em animais de alto valor zootécnico, além da aplicação de penicilina, deve ser realizada a administração de fluidos, com solução de Ringer-Lactato com 5% de glicose ou solução glicofisiológica para a eliminação de toxinas e da hemoglobina, que apresenta efeitos nefrotóxicos acentuados e de cortisona para estabilização de membranas celulares e diminuição de danos celulares causadas pelas toxinas produzidas pelo *Clostridium chauvoei*.

E, apesar do valor zootécnico dos animais, há que se ter cuidado em não tratar animais com extensas áreas de gangrena em massas musculares, pois, além da pequena possibilidade de êxito, caso os mesmos se curem, o déficit causado pela perda de massa muscular inviabilizará a futura vida reprodutiva e produtiva dos sobreviventes.

Diagnóstico

A campo, o diagnóstico da Manqueira é importante, porque medidas eficazes para proteção e tratamento dos outros animais susceptíveis do rebanho devem ser imediatamente preconizadas pelo Médico Veterinário, pois a perda de tempo para seu início pode acarretar graves prejuízos econômicos.

O diagnóstico clínico é baseado no exame cuidadoso de animais, entre três e vinte e quatro meses de idade, que apresentarem claudicação e massas musculares com aumentos de volume de aspecto edematoso, quentes e crepitantes à palpação nos membros afetados ou mesmo, sem claudicação, com as lesões características nas musculaturas dorsal e cervical.

As massas musculares que apresentam as lesões descritas podem ser puncionadas com agulhas esterilizadas de grosso calibre e seringas esterilizadas. Dos locais puncionados se obtém líquido sanguinolento de coloração amarronzada com presença de bolhas de gás e odor francamente rançoso, que se deve à grande produção de ácido butírico pelo *Clostridium chauvoei*. O líquido obtido através das punções de massas musculares é estendido em lâminas de vidro, que, a seguir, são coradas pelo método de Gram e mostrarão ao microscópio ótico a presença de grande número de bacilos Gram-positivos com os característicos esporos subterminais.

Esse método de visualização do agente é bastante rápido e de fácil execução e embora não identifique o clostrídeo envolvido, já orienta as medidas que o médico veterinário irá tomar de imediato, ou seja, tratamento dos animais afetados e início de medidas de profilaxia que consistem básicamente na vacinação, no menor tempo possível, dos animais sem sintomatologia.

A outra forma rápida e segura de se chegar ao diagnóstico da enfermidade é pela realização da necropsia dos animais que vão a óbito ou dos sacrificados *in extremis*.

Não se deve realizar a necropsia a campo ou nas pastagens para que não ocorra uma maior contaminação do solo pelos esporos do agente presentes no animal necropsiado.

Porém as necropsias poderão ser realizadas em locais onde seja possível realizar limpeza e desinfecção ou na borda de valas profundas cavadas, nas quais os animais deverão ser enterrados após incineração e/ou cobertura com cal virgem. As lesões características de gangrena das massas musculares envolvidas, com aspecto de carne cozida e grande escape de bolhas de gás ao corte, são extremamente sugestivas para o diagnóstico de Manqueira.

A impressão de fragmentos de massas musculares em lâminas de vidro coradas pelo método de Gram mostrarão, ao microscópio ótico, os característicos bacilos Gram-positivos com esporos subterminais.

O líquido obtido das punções deve ser mantido em seringas cujos êmbolos devem ser travados com esparadrapo, e as agulhas mantidas nos protetores, para evitar o derramamento do mesmo; ou então transferi-lo para frascos esterilizados que devem ser hermeticamente fechados e mantidos em isopor com gelo reciclável e encaminhados para laboratório de diagnóstico bacteriológico para cultura, isolamento e tipificação do *Clostridium chauvoei*

Da mesma forma, em isopor sob refrigeração, fragmentos de massas musculares colocadas em frascos esterilizados também podem ser encaminhados para diagnóstico bacteriológico seguindo os mesmos procedimentos.

Deve ser novamente enfatizado que o material enviado para cultura e isolamento do agente deve ser colocado em isopor muito bem vedados com fita adesiva resistente, e o gelo utilizado sempre deve ser o reciclável que é colocado em material plástico à prova de vazamento, jamais devendo ser utilizado o gelo comum, pois este ao se liquefazer, deixará o meio interno do isopor cheio de água e material contaminado, comprometendo o laboratorista com risco de contaminação, além da total falta de higiene, imperdoável para profissionais de nível superior.

Também é necessário ser enfatizado que não se deve jamais enviar o osso da canela para o diagnóstico da Manqueira, como era antigamente recomendado pelos pesquisadores.

Tal procedimento praticamente envolvia a dissecação da pata do animal morto, contaminação ambiental, riscos para quem retirasse o material, além do envio de um osso para o laboratório e não de fragmentos de massas musculares necrosadas, das quais era possível isolar o *Clostridium chauvoei* e realizar o diagnóstico com precisão e mais facilmente.

O isolamento do *Clostridium chauvoei* é realizado a partir do líquido obtido da punção das áreas gangrenosas ou de fragmentos de tecido muscular lesado. Tanto o líquido de punção como o fragmento de tecido muscular podem ser cultivados em meio líquido à base de tioglicolato, como o meio de Tarozzi, em estufa a 37°C, durante 24 a 48 horas e, após este período, uma alíquota de 10 µL é retirada e semeada por estriamento em placa de Petri com meio ágar-sangue de carneiro a 5%. As placas são incubadas em condições de anaerobiose em jarra Mc Intosh e Fields, a 37°C, por 24 a 48 horas. Na rotina laboratorial de diagnóstico bacteriológico da Disciplina de Enfermidades Infecciosas dos Animais [da FMVZ/UNESP – Botucatu, SP] tem-se obtido amplo sucesso cultivando material de fragmentos de tecido muscular e líquido de punção de áreas de gangrena diretamente nas placas de ágar-sangue de carneiro e incubando-as em anaerobiose em jarras de Mc Intosh e Fields durante 72 horas. Após esse período, observam-se nas placas colônias irregulares com halo de hemólise beta. Esfregaços das colônias em lâmina de vidro coradas pelo método de Gram, mostram as características dos bacilos Gram-positivos com esporos subterminais.

As colônias para a caracterização e confirmação do isolamento de *Clostridium chauvoei* são submetidas às seguintes provas bioquímicas:

- Motilidade: +
- Redução de nitrato: +
- Ureia: -
- Dextrose: +
- Lecitinase: -
- Lipase: -
- Hidrólise de gelatina: -
- Digestão de caseína: -
- Produção de indol: -
- Fermentação da glicose: +
- Fermentação da lactose: +
- Fermentação da sacarose: +
- Fermentação da maltose: +

Outro método de diagnóstico para a identificação de *Clostridium chauvoei* é realizado através do inóculo de um mililitro do sobrenadante da cultura em meio de tioglicolato, em cobaias, por via intraperitoneal, e os animais vão a óbito entre 24 a 72 horas e o decalque de fígado corado pelo método de Gram mostra os bacilos Gram-positivos característicos.

As cobaias apresentam lesões hemorrágicas generalizadas, congestão e degeneração hepáticas, necrose no tecido muscular e subcutâneo. Se o mesmo tipo de inóculo, pela mesma via, for realizado em coelhos, nada ocorre a esses animais, enquanto outros clostrídeos matam coelhos e cobaias.

Se for cultivado fígado, sangue ou material de tecido necrosado das cobaias, facilmente será reisolado o agente, em placas de ágar-sangue de carneiro, cultivadas em anaerobiose.

Atualmente, é comum o diagnóstico por métodos de biologia molecular como o PCR (*polymerase chain reaction*).

A cultura pura, obtida em atmosfera de anaerobiose, é processada por técnica de PCR para o gene que codifica a subunidade 16S rRNA do *Clostridium chauvoei*, o que possibilita a correta identificação do agente da Manqueira.

Outra técnica de diagnóstico por PCR foi desenvolvida para a identificação de *Clostridium chauvoei*, com a utilização de *primers* que amplificam um fragmento de 516 bp do gene estrutural flagelar. Esse método detecta a sequência de DNA do *Clostridium chauvoei* em amostras de músculos e em exsudatos obtidos de camundongos após doze horas de inoculação.

Embora necessitem de laboratórios equipados e pessoal técnico especializado, as técnicas de PCR constituem um rápido e seguro método de diagnóstico.

Outra forma bastante utilizada para diagnóstico de Manqueira e outras clostridioses gangrenosas é constituída pelas técnicas de anticorpos fluorescentes aplicadas a espécimes de lesões que são métodos confirmatórios, rápidos e sensíveis, embora também para sua realização sejam necessários laboratórios equipados e pessoal técnico treinado.

Diagnóstico diferencial

Quando se aborda o diagnóstico diferencial em relação à Manqueira, deve-se ter em mente Edema Maligno, Gangrena Gasosa e Carbúnculo Hemático.

O Edema Maligno e a Gangrena Gasosa também são doenças causadas por outras espécies de bactérias do gênero *Clostridium* e com caráter gangrenoso, que também serão abordadas no presente capítulo.

Porém, tanto a Gangrena Gasosa como o Edema Maligno, necessitam da presença de ferimentos prévios no corpo do animal por onde ingressam os esporos dos clostrídeos causadores de tais enfermidades e, também, não existe uma faixa etária típica de acometimento, sendo atingidos bovinos de qualquer idade em qualquer região do corpo.

Quanto ao Carbúnculo Hemático, cujo agente etiológico é o *Bacillus anthracis,* apresenta-se em grandes surtos, nos quais muitos animais são acometidos, a letalidade é muito próxima de 100% e acomete os animais sem menor distinção de faixa etária.

O Carbúnculo Hemático ou Anthrax, como é bastante conhecido, é de ocorrência rara na atualidade no Brasil, porém sempre deve ser lembrado que, além da virulência para os animais, também acomete a espécie humana; consiste em uma grave zoonose, inclusive tratada hoje na esfera de bioterrorismo.

Os animais que vão a óbito acometidos por Carbúnculo Hemático apresentam *rigor mortis* precoce, ocorrendo o mesmo aos que são acometidos pela Manqueira; porém o *Bacillus anthracis* provoca hemorragia muito mais severa pelos orifícios naturais do cadáver, e o sangue caracteristicamente é incoagulável. Também no Carbúnculo Hemático existem muitas áreas de edema subcutâneo, mas o agente dessa enfermidade não produz gás em hipótese alguma, não havendo a ocorrência das extensas áreas de crepitação observadas no tecido muscular e subcutâneo dos bovinos acometidos pela Manqueira.

Além disso, no pós-morte, se a temperatura retal for aferida após 30 a 45 minutos, serão encontrados valores acima de 45°C em virtude da intensa fermentação da glicose pelo *Bacillus anthracis*.

Profilaxia

É baseada na vacinção dos animais susceptíveis, pois como o hábitat dos clostrídeos é o solo e todos os animais ingerem esporos qualquer outra medida profilática é absolutamente inviável.

A vacina para prevenção de Manqueira é uma bacterina, ou seja, contém os corpos celulares inativados de *Clostridium chauvoei*. Porém, na atualidade, praticamente é pouco produzida a vacina apenas contra a Manqueira, sendo fabricadas pelos grandes laboratórios produtores as chamadas vacinas polivalentes, que contêm clostrídeos inativados para prevenção de Manqueira, Gangrena Gasosa e Edema Maligno e toxóides, para prevenção de enterotoxemia.

Os toxoides são toxinas detoxificadas, que perderam a patogenicidade e não a antigenicidade.

Se for utilizada nos rebanhos a vacina apenas contra a Manqueira, embora não seja o praticado na atualidade, deve-se aplicar a primeira dose ao redor de três meses de idade, reforço após 30 dias e doses de reforço semestrais até que os animais completem dois anos de idade, período após o qual a doença não mais acomete os bovinos.

Na atualidade, para a facilidade de manejo, são utilizadas as vacinas polivalentes, e os rebanhos são vacinados a partir dos três meses de idade, reforço em 30 dias e, a seguir, poderão ser vacinados anualmente; mas o ideal é que sejam vacinados duas vezes ao ano, desde que o manejo e o custo sejam adequados para os produtores.

No esquema de duas doses com seis meses de intervalo, será conferida, aos rebanhos, uma proteção melhor contra Manqueira e, principalmente, contra a Enterotoxemia, que além de acometer animais jovens, no momento atual vem acometendo com frequência os animais adultos.

Exemplos de vacinas contra as clostridioses

Vacina contra carbúnculo sintomático
- Vencofarma do Brasil
- Culturas de *Clostridium chauvoei* mortas por formaldeído e adsorvidas pelo gel de hidróxido de alumínio que é o adjuvante.

Sintoxam Polivalente
- Merial Saúde Animal Ltda.
- Toxoides de *Clostridium perfringens* B/C
- Toxoides de *Clostridium perfringens* D (antitoxina Epsilon)
- Toxoides de *Clostridium septicum*
- Toxoides de *Clostridium novyi*
- Toxoides de *Clostridium sordelli*
- Bacterina de *Clostridium chauvoei*

Esses dois exemplos mostram os tipos de vacina, sendo as polivalentes em número muito maior e as mais utilizadas nos rebanhos atualmente, já que visam a um espectro de proteção maior, sendo que algumas contêm o toxoide botulínico e o toxoide tetânico.

Como são vacinas com múltiplos antígenos, é fundamental a aplicação da dose de reforço, conforme o preconizado anteriormente neste capítulo.

Deve-se enfatizar que foram citadas duas vacinas como exemplo e que os compêndios veterinários contêm todas as existentes no mercado e, como já foi afirmado, a maioria delas polivalentes.

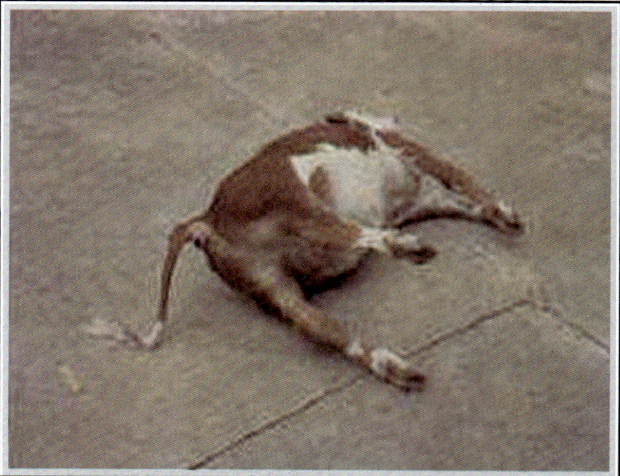

Figura 1. Manqueira, Novilha, *rigor mortis* precoce - Prof. Dr. Antonio Carlos Paes (Arquivo Pessoal).

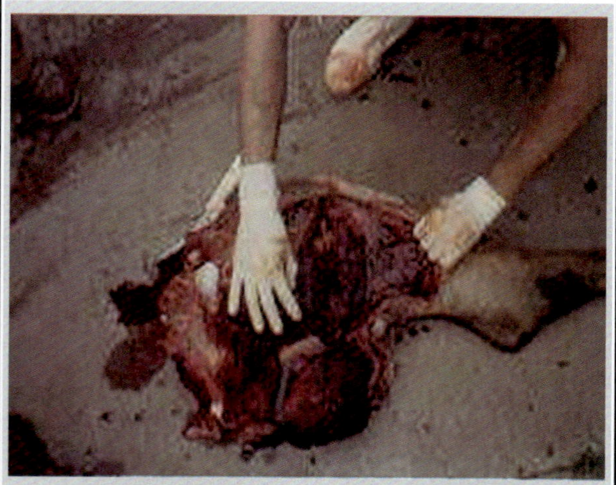

Figura 2. Gangrena da musculatura de membro posterior Manqueira. Fonte: Prof. Dr. Antonio Carlos Paes. Arquivo Pessoal.

Figura 3. Manqueira, membro anterior, aumento de volume da região gangrenada. Fonte: Prof. Dr. Antonio Carlos Paes. Arquivo Pessoal.

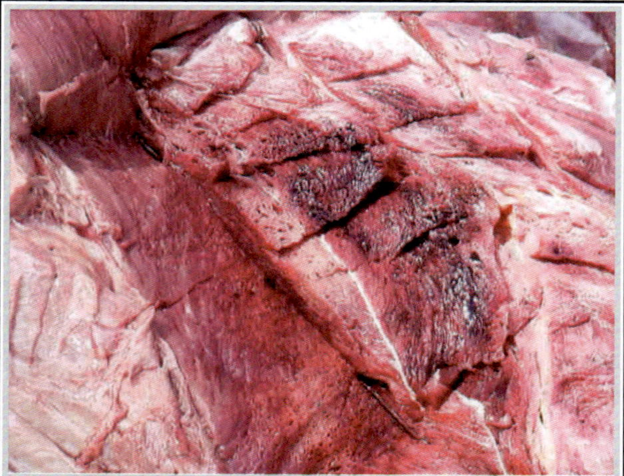

Figura 4. Manqueira, gangrena das massas musculares. Fonte: Prof. Dr. Antonio Carlos Paes. Arquivo Pessoal.

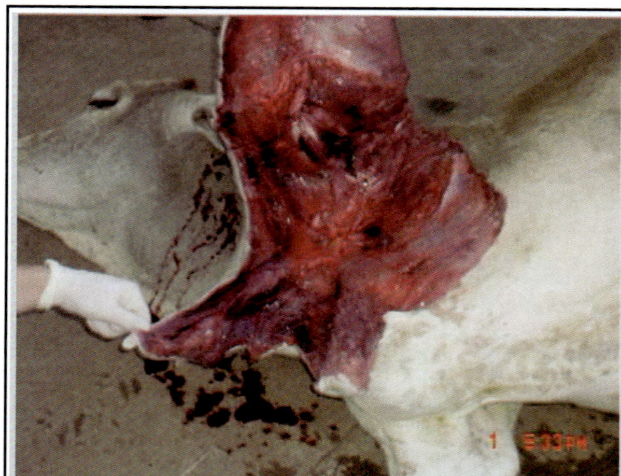

Figura 5. Manqueira, necrose da musculatura cervical e do membro anterior. Fonte: Prof. Dr. Antonio Carlos Paes.Arquivo Pessoal.

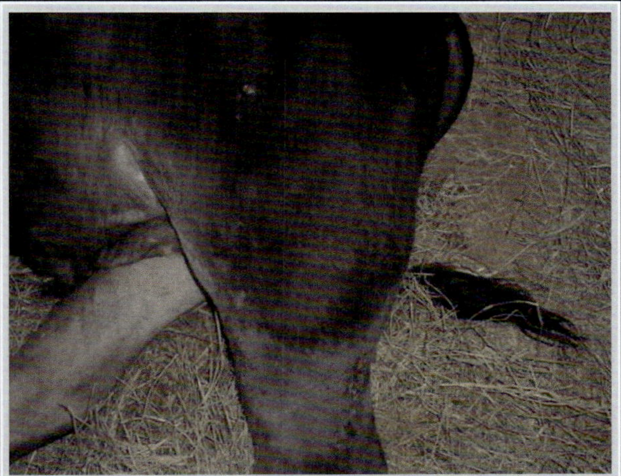

Figura 6. Manqueira, bezerro de 8 meses, aumento de volume de membro posterior. Fonte: Prof. Dr. Antonio Carlos Paes. Arquivo Pessoal.

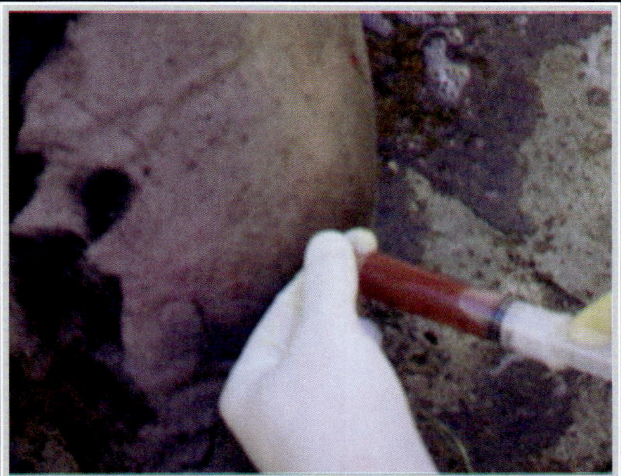

Figura 7. Manqueira, bezerro de 8 meses, colheita de material para cultura e identificação do *Clostridium chauvoei* Fonte: Prof. Dr. Antonio Carlos Paes. Arquivo Pessoal.

Referências bibliográficas

Assis, R.A.; Facury Filho, E.J.; Lobato, F.C.F.; Carvalho, A.U.; Ferreira, P.M.; Carvalho, A.V.A. Surto de carbúnculo sintomático em bezerros. **Ciência Rural**, v.35, n.4, p.945-947, 2005.

Corrêa, W.M.; Corrêa, C.N.M. Clostridioses. In: Corrêa, W.M.; Corrêa, C.N.M. **Enfermidades Infecciosas dos Mamíferos Domésticos**, Rio de Janeiro: Medsi, 1992, p. 291-315.

Cortinas, T.I.; Mattar, M.A.; Guzmán, A.M.S. Alpha and beta toxin activities in local strains of *Clostridium chauvoei*. **Anaerobe**, v.5, p.297-299, 1999.

Di Genaro, M.S.; Micalizzi, B.; Guzmán, A.M.S. *Clostridium chauvoei*: immunological characterization of antigenic preparations. **Anaerobe**, v.5, p.301-303, 1999.

Gregory, L.; Della Libera, A.M.M.; Birgel Junior, E.H.; Pogliani, F.C.; Birgel, D.B.; Miyashiro, S.; Baldassi, L. Carbúnculo sintomático: ocorrência, evolução clínica e acompanhamento da recuperação de bovino acometido de "Manqueira". **Arquivos do Instituto Biológico**, v.73, n.2, p.243-246, 2006.

Guzmán, A.M.S.; Micalizzi, B.; Cortiñas, T.I.; Mattar, M.A. Immunological study of *Clostridium chauvoei* in San Luis. **Anaerobe**, v.5, p. 275-278, 1999.

Kojima, A.; Uchida, I.; Sekizaki, T.; Sasaki, Y.; Ogikubo, Y.; Tamura, Y. Rapid detection and identification of *Clostridium chauvoei* by PCR based on flagellin gene sequence. **Veterinary Microbiology**, v.78, p.363-371, 2001.

Kuhnert, P.; Krampe, M.; Capaul, S.E.; Frey, J.; Nicoleti, J. Identification of *Clostridium chauvoei* in cultures and clinical material from blackleg using PCR. **Veterinary Microbiology**, v.51, p. 291-298, 1997.

Mattar, M.A.; Cortiñas, T.I.; Di Genaro, M.S.; Guzmán, A.M.S. Immunogenic Power of cellular and extracellular antigens of *Clostridium chauvoei* strains isolated in San Luis, Argentina. **Anaerobe**, v.5, p. 295-296, 1999.

Miyashiro, S.; Nassar, A.F.C.; Souza, M.C.A.M.; Carvalho, J.B.; Adegas, J.E.B. Identification of *Clostridium chauvoei* in clinical samples cultures from blackleg cases by means of PCR. **Brazilian Journal of Microbiology**, v.38, p.491-493, 2007.

Quinn, P.J.; Carter, M.E.; Markey, B.K.; Carter, G.R. **Clinical Veterinary Microbiology** (Eds.) London: Mosby, 1994, 625 p.

Quinn, P.J.; Markey, B.K.; Carter, M.E.; Donnelly, W.J.C.; Leonard, F.C.; Maguire, D. **Microbiologia veterinária e doenças infecciosas**. Porto Alegre: Artmed, 2005. 512p.

Radostits, O.M.; Gay, C.C.; Hinchcliff, K.W.; Constable, P.D. **Veterinary Medicine: A textbook of the disease of cattle, horses, sheep, pigs and goats**. (10° Eds.) Philadelphia: Saunders Elsevier, 2007, 2156 p.

Sasaki, Y.; Kojima, A.; Aoki, H.; Ogikubo, Y.; Takikawa, N.; Tamura, Y. Phylogenetic analysis and PCR detection of *Clostridium chauvoei, Clostridium haemolyticum, Clostridium novyi* types A and B, and *Clostridium septicum* based on the flagellin gene. **Veterinary Microbiology**, v.86, p. 257-267, 2002.

Edema maligno

Definição

Enfermidade infecciosa, não contagiosa, superaguda ou aguda, febril, gangrenosa e septicêmico-hemorrágica que ocorre por meio da contaminação de feridas, fraturas expostas e lesões no conduto ginecológico imediatamente após o parto.

Etiologia

O agente do Edema Maligno é o *Clostridium septicum*, que caracteristicamente é um bacilo Gram-positivo, em forma de longos filamentos compostos por diversas células. A célula individualmente mede 0,6 a 0,8 µm de largura por 3,0 a 8,0 µm de comprimento.

Seus esporos possuem forma oval e são subterminais, e para seu isolamento e identificação são necessários os mesmos procedimentos de anaerobiose já descritos para o *Clostridium chauvoei*.

Após 48 a 72 horas de incubação em anaerobiose em agar-sangue de carneiro, há o crescimento de colônias que medem entre 2 a 5 mm de diâmetro, planas, ligeiramente elevadas, de coloração cinza brilhante, com bordas acentuadamente irregulares ou rizoides, circundadas por uma zona de 1 a 4 mm de hemólise completa.

As cepas de *Clostridium septicum* são produtoras de toxinas que determinam seu grau de patogenicidade.

Toxina Alfa (α) → letal, necrotizante e hemolítica.

Toxina Beta (β) → desoxirribonuclease e ação leucotóxica.

Toxina Gama (γ) → hialuronidase.

Toxina Delta (δ) → necrotizante, hemolisina.

Epidemiologia

O reservatório do agente é o intestino das diversas espécies de animais domésticos. O *Clostridium septicum* eliminado para o solo, em contato com o oxigênio, forma esporos e permanece por longo tempo no meio ambiente, o que faz do Edema Maligno também uma doença telúrica.

São acometidos bovinos de qualquer faixa etária, de ambos os sexos, não depende de raça ou de influências climáticas. É doença de distribuição mundial.

A letalidade, mesmo sob intervenção terapêutica, é muito alta, ocasionado pelo quadro superagudo ou agudo da enfermidade, a produção de toxinas e ocorrência de septicemia.

Patogenia

O Edema Maligno pode ser considerado basicamente como uma infecção exógena necrosante de tecidos moles.

Ocorre por meio da contaminação de ferimentos, cirurgias como castração, descorna, fraturas expostas e lesões que ocorrem no colo do útero ou no canal vaginal no pós-parto imediato, especialmente nos partos dificultosos, com auxílio e colocação de velas uterinas por pessoal de lida ou mesmo profissionais com as mãos sujas.

O mecanismo para a ocorrência de gangrena é similar ao descrito para a Manqueira, ou seja, os ferimentos são contaminados pelos esporos do *Clostridium septicum* que, ao encontrarem situação de anaerobiose com baixo potencial de óxido-redução vegetam e iniciam a produção maciça de toxinas que acarreta o estabelecimento do quadro de gangrena no local afetado. Porém, ao contrário do *Clostridium chauvoei*, o *Clostridium septicum* é altamente invasivo, há ocorrência de septicemia com quadro hemorrágico generalizado.

Quadro clínico

Os bovinos afetados apresentam-se anoréxicos, apáticos e febris. Nos locais onde houve a contaminação de uma lesão previamente existente ou mesmo que tenha havido lesões traumáticas com materiais contaminados (pregos, pedaços de madeira, grampos de cerca), há a ocorrência de edemas pastosos de rápida progressão. Os edemas são de rápida progressão, quentes à palpação, porém com pouca presença de crepitação por causa da pequena produção de gás pelo *Clostridium septicum*.

A evolução clínica é muito rápida, havendo registro de óbito que ocorre em menos de 8 horas, 12 horas, 24 horas e, raramente, são ultrapassadas as 48 horas.

Nos muitos casos atendidos, foram observados, além dos sintomas clínicos descritos, pulso filante, taquicardia e temperatura acima de 40,5°C, em virtude do quadro de septicemia. E os animais, além do desconforto, apresentam franca hemoglobinúria ocasionada pela intensa hemólise provocada pelas toxinas hemolíticas do agente. A destruição de células do tecido muscular libera mioglobina para a circulação e esta, juntamente com a hemoglobina, exercem graves efeitos nefróticos, o que é um fator complicador a mais para um quadro sistêmico basicamente muito grave.

Achados de necropsia

Imediatamente após o óbito, nos animais se estabelece o *rigor mortis* e podem ocorrer sangramentos pelas cavidades naturais, simultaneamente à Manqueira e o sangue é plenamente coagulável. Porém, ao contrário da Manqueira, a área de gangrena apresenta-se em local onde ocorreu ferimento; logo a lesão pode ocorrer em qualquer local do corpo do animal acometido.

O aspecto das massas musculares é bastante similar ao descrito nos casos de Manqueira. Porém, como o *Clostridium septicum* é invasivo e circula, foram observados quadros de derrames serossanguinolentos nas cavidades torácica e abdominal e no saco pericárdico, petéquias e sufusões em pleura visceral e parietal, em epicárdio e endocárdio e em todas as serosas.

Tratamento

O antimicrobiano de eleição para o Edema Maligno é a penicilina; porém o prognóstico é muito reservado e depende da extensão das massas musculares envolvidas no quadro gangrenoso.

Deve-se, inicialmente, administrar 40.000 UI/kg de peso vivo por via intravenosa de penicilina cristalina e, em seguida, administrar por via intramuscular compostos de múltiplas penicilinas, cuja dose de 40.000 UI/kg de peso vivo deve ser centrada na fração benzatina. Mesmo assim, recomenda-se que, após seis horas de administração da penicilina cristalina, a dose deve ser repetida pela mesma via, para garantir níveis terapêuticos adequados do antimicrobiano.

Se animais valiosos forem acometidos por Edema Maligno, além do tratamento com o antimicrobiano, deve-se na medida do possível, debridar a área gangrenada e limpá-la com água oxigenada para combater diretamente o *Clostridium septicum*. Também os animais devem ser mantidos em fluidoterapia constante com solução Ringer-Lactato com adição de 5% de glicose para os rins funcionarem adequadamente, e para as toxinas, especialmente as originadas pela necrose da musculatura e da hemólise, sejam eliminadas.

Nos casos mais graves, podem-se utilizar corticosteroides, como a hidrocortisona ou, preferencialmente, a dexametasona para manter a integridade das membranas celulares, o que se torna muito interessante em decorrência do grande aumento da permeabilidade vascular por todo o organismo afetado.

Os animais, durante o tratamento, devem ser monitorados constantemente e, mesmo assim, os índices de letalidade são muito elevados.

Diagnóstico

Pode ser dado pela presença de ferimentos e lesões gangrenosas nas massas musculares adjacentes que são características. Impressões de tecido muscular em lâminas coradas pelo método de Gram mostrarão grande número de bacilos Gram-positivos característicos com esporos ovais subterminais e apresentando-se em longos filamentos.

O diagnóstico é concluído por meio de cultura do agente em anaerobiose e seu isolamento e caracterização, seja por provas bioquímicas ou por PCR.

Profilaxia

As vacinas polivalentes utilizadas atualmente contêm o *Clostridium septicum* e devem ser administradas em todos os animais do rebanho a partir de 90 dias de idade.

Na primeira vacinação, deve-se sempre fazer o reforço após 30 dias e, a seguir, o esquema preconizado para a Manqueira até 24 meses de idade; após, realizar vacinação anual em todo o rebanho.

Gangrena gasosa

Definição

Enfermidade toxi-infeciosa, não contagiosa, aguda septicêmica e gangrenosa, que, para sua ocorrência, sempre deverá existir um ferimento prévio contaminado por terra ou material fecal.

Etiologia

O agente mais frequente causador de Gangrena gasosa é o *Clostridium perfringens.* Porém a enfermidade pode ser causada por *Clostridium sordelli* e *Clostridium novyi* sorotipo B.

Clostridium perfrigens

Bacilo Gram-positivo, que mede de 0,6 a 0,8 µm de largura por 2,0 a 4,0 µm de comprimento e possui esporos subterminais.

É um grande produtor de gás em meios de cultura e alguns autores o denominam *storm* ou clostrídeo tempestuoso, produz gás também em grande quantidade nas áreas gangrenadas dos ferimentos contaminados, o que caracteriza a denominação da enfermidade.

Qualquer sorotipo pode causar o quadro de Gangrena gasosa.

Toxinas menores produzidas pelo *Clostridium perfringens*

- Theta → letal, hemolítica e necrotizante;
- Kappa → colagenase (enzima proteolítica);
- Mu → hialuronidase → ataca o ácido hialurônico que é o cemento intercelular;
- Nu → DNAse → desoxirribonuclease → destruição do DNA celular.

O *Clostridium perfringens* produz também toxinas ditas maiores, porém, na Gangrena gasosa, apenas a toxina maior alpha é importante, pois é uma lecitinase lesiva para membranas celulares, causando morte e destruição celular.

Clostridium sordelli

Bacilo Gram-positivo curto com esporos cilíndricos.

Clostridium sordelli: quatro toxinas, fibrinolisina, lectinase, hemolisina e uma letal toxina responsável pelo edema generalizado, choque e morte súbita.

Clostridium novyi tipo B

Bacilo Gram-positivo com esporos subterminais ovais ou cilíndricos, que mede de 0,8 a 1,0 µm de largura por 3,0 a 10,0 µm de comprimento.

Toxinas produzidas pelo *Clostridium novyi* Tipo B:

- Alpha → ação letal e necrotizante → provoca aumento da permeabilidade capilar e produz intenso edema gelatinoso no tecido muscular e mionecrose;
- Beta → lecitinase, necrotizante, letal e hemolítica;
- Zeta → hemolisina.

Para que ocorra a Gangrena Gasosa é necessária a presença de ferimento prévio, perfurante ou perfuro-cortante que venha a ser contaminado com terra e fezes e, em consequência, com o desenvolvimento de áreas com baixa tensão de oxigênio, o que faz com que os esporos dos clostrídeos presentes vegetem e produzam as toxinas que irão provocar o quadro gangrenoso e septicêmico altamente letal, mesmo quando se estabelece procedimento terapêutico correto.

Podem ser acometidos bovinos de qualquer raça e idade e já foram atendidas vacas com gangrena gasosa no conduto ginecológico e vagina por contaminação imediatamente pós-parto, em áreas traumatizadas durante a parição.

Portanto qualquer área do corpo do animal pode apresentar lesões de gangrena gasosa, e o quadro evolui rapidamente para um desenlace fatal, em cerca de 12 a 24 horas, raramente com sobrevivência acima de 48 horas.

Quadro clínico

Os animais apresentam-se apáticos, anoréxicos, com a temperatura retal entre 40 a 41°C, com consequente quadro de taquicardia e taquipneia.

As áreas de ferimentos contaminados, nas

quais se estabelece o quadro de gangrena, apresentam-se aumentadas de volume, quentes, dolorosas e com evidente crepitação à palpação, ocasionada pela intensa produção de gás.

Em consequência da ocorrência de hemólise e destruição de tecido muscular, a urina assume coloração castanha (tipo coca-cola) em virtude da presença de hemoglobina e mioglobina que exercem ações nefrotóxicas graves.

Nos casos de septicemia, observam-se sangramentos pelos orifícios naturais e, se houver edema e hemorragias pulmonares, é estabelecido o quadro de severa dispneia e extravasamento de líquido espumoso sanguinolento pelas narinas.

Como ocorre com a Manqueira após óbito, o rigor mortis precoce é estabelecido e, em cerca de 30 a 40 minutos, o animal apresenta a característica posição de cavalete.

Achados de Necropsia

Na área onde ocorreu o ferimento e a contaminação pelos esporos de clostrídeos, observa-se edema crepitante e, ao corte, além das características lesões gangrenosas nas massas musculares e tecido subcutâneo, há escape de bolhas de gás dos capilares das áreas lesadas.

Verificam-se também derrames serossanguinolentos cavitários e, no saco pericárdio, edema e hemorragias pulmonares, petéquias pleurais, petéquias e sufusões em epicárdio e endocárdio, sufusões nas serosas do pré-estomago e do intestino.

Diagnóstico

A história clínica de ferimentos prévios e o exame clínico levam à suspeita de gangrena gasosa.

Exame citológico de material obtido das áreas gangrenadas em esfregaços de lâminas de vidro coradas pelo método de Gram mostrará os bacilos Gram-positivos característicos dos agentes causadores de Gangrena Gasosa.

As lesões necroscópicas e exames citológicos bastam para fechar o diagnóstico a campo, quando não há possibilidade de encaminhamento de material para laboratório especializado.

A cultura, isolamento e caracterização dos agentes envolvidos fecha o diagnóstico.

Para cultura e isolamento do agente devem ser encaminhados fragmentos de tecido muscular, de tecido subcutâneo ou o líquido serossanguinolento das lesões. Os fragmentos de tecido devem ser encaminhados em frascos esterilizados, absolutamente fechados, e o líquido em seringa com agulha protegida e êmbolo travado com esparadrapo.

Qualquer que seja o material entre os descritos a ser enviado para o laboratório de diagnóstico bacteriológico, deve ser encaminhado em isopor com gelo reciclável e muito bem vedado.

Prognóstico

Mesmo nos casos nos quais o diagnóstico é feito rapidamente, o prognóstico é sempre reservado.

Tratamento

Deve ser seguido, na íntegra, o mesmo protocolo de tratamento indicado para os casos de Edema Maligno.

Profilaxia

Além dos cuidados visando evitar a ocorrência de ferimentos, quando ocorrerem, procurar tratá-los devidamente no menor tempo possível. Administrar as vacinas polivalentes contra clostridioses nos rebanhos em animais a partir dos 90 dias de idade, revacinação em 30 dias e, após, aplicar a revacinação animal.

Quando for iniciada assistência em rebanho não vacinado anteriormente, todos os animais devem receber inicialmente a vacina e o reforço após 30 dias.

Hemoglobinúria bacilar

Definição

Enfermidade infecciosa superaguda, septicêmica e hemorrágica que acomete bovinos.

Etiologia

O agente etiológico da Hemoglobinúria Bacilar é o *Clostridium haemolyticum*, antes denominado *Clostridium novyi* tipo D. Essa bactéria tem como reservatório o trato digestivo dos bovinos, é encontrada em estado de dormência também no fígado desses animais e é constantemente eliminada para o solo, onde, na forma esporulada, mantém o agente no meio ambiente por longos períodos de tempo.

Existem relatos de isolamento do agente de ossos de animais mortos por Hemoglobinúria bacilar há mais de um ano.

O *Clostridium haemolyticum* é um bacilo Gram-positivo, longo, que mede aproximadamente 1,0 µm de largura por 3,0 a 10,0 µm de comprimento e apresenta esporos subterminais ovais e cilíndricos. Em meios de cultura, como o ágar-sangue de carneiro, após 72 horas de incubação em anaerobiose desenvolve colônias de aspecto rizoide com grande zona de hemólise beta.

É produtor de uma toxina que possui ação hemolítica muito potente, além de ser necrotizante e letal.

Epidemiologia

Embora a doença acometa os bovinos sem distinção de sexo, raça e idade, é relacionada com pastos úmidos e/ou mal drenados, presença de Fascíola hepática e ocorre mais frequentemente no verão e outono. É uma doença muito rara em áreas secas, embora haja relato de ocorrências.

No Brasil, costuma ocorrer em alguns locais da Região Sul, nos quais são comuns pastos úmidos ou alagadiços e ocorrência de fasciolose hepática, embora não seja descartada a ocorrência em outras regiões. Na década de 1960, foi relatado um surto na região do litoral norte do Estado do Rio Grande do Sul, com morte de 2.500 bovinos.

A doença foi registrada no Oeste e Sudeste dos Estados Unidos, Canadá, México, Venezuela, Chile, Turquia, Reino Unido, Irlanda, Austrália e Nova Zelândia.

O reservatório do *Clostridium haemolyticum* é o intestino dos bovinos, sendo o mesmo eliminado para o meio ambiente por meio das fezes, gerando grande contaminação do solo pelos esporos.

Outra forma de contaminação do solo se dá pelos cadáveres de animais mortos pela enfermidade e que não foram incinerados e/ou enterrados profundamente envoltos em cal virgem.

Nas áreas endêmicas, o agente é sempre encontrado em estado de dormência, no fígado dos animais saudáveis, em estado de latência, até surgirem as condições anaeróbicas ideais para a multiplicação e desencadeamento da enfermidade.

A letalidade da enfermidade é muito elevada, próxima de 100%, mesmo quando os animais são tratados.

Patogênese

Como geralmente os esporos do *Clostridium haemolyticum* estão em estado de latência, no fígado de bovinos e nas áreas em que a Hemoglobinúria Bacilar é endêmica, são necessárias situações que tornem o órgão predisposto, ou seja, criem áreas de anaerobiose.

Os fatores predisponentes podem ser teleangectasia, necrobacilose por *Fusobacterium necrosphorum* ou a presença de Fascíola Hepática. Porém a migração de vermes é o fator primário que leva à necrose hepática e ao estabelecimento de condições de anaerobiose no fígado, levando a multiplicação do *Clostridium haemolyticum*. Ocorre, então, a produção da toxina hemolítica extremamente potente e que também provoca extensas áreas de necrose. A toxina hemolítica é liberada sistemicamente, resultando em toxemia, danos vasculares generalizados e hemólise intravascular.

A multiplicação do agente provoca formação de trombos e êmbolos bacterianos nos sinusoides hepáticos e no ramo subterminal da veia porta; em consequência, ocorrem os grandes infartos anêmicos característicos da doença. Esses infartos anêmicos com aspecto necrótico são observados na superfície da cápsula hepática, como áreas irregulares similares a mapas geográficos em relevo com 1 a 2 mm de espessura.

A potente toxina hemolítica causa súbita e grave anemia e, como ocorre septicemia, a ação da toxina mais o quadro de hipóxia tecidual causado pela a anemia levam a um aumento da permeabilidade vascular que é responsável pelas numerosas hemorragias petequiais e sufusões nas serosas, derrames sanguinolentos nas cavidades torácicas e abdominal, enterite catarro-hemorrágica e intensa hemoglobinúria.

O quadro evolui rapidamente para a morte na grande maioria dos casos clínicos.

Quadro clínico

Nas áreas endêmicas, o período de incubação pode ser de sete a dez dias. A doença é de curta duração, e bovinos a pasto podem ser encontrados mortos sem que houvesse apresentado qualquer alteração detectável.

A duração do curso clínico da enfermidade varia de doze horas em vacas prenhes e pode, eventualmente, durar até quatro dias em vacas secas. As vacas prenhes sempre abortam.

Frequentemente, ocorre doença súbita, de início abrupto com anorexia, parada de ruminação, da defecação e agalaxia.

A temperatura corporal alcança 41°C e há intensa dor abdominal evidenciada pela postura com dorso arqueado e a extrema relutância dos animais em se locomoverem e, quando o fazem, emitem frequentes gemidos.

A respiração é dificultosa e com grande amplitude, e o pulso é rápido e filante. Na fase inicial da enfermidade, observam-se severa

Fisiopatologia da Hemoglobinúria bacilar

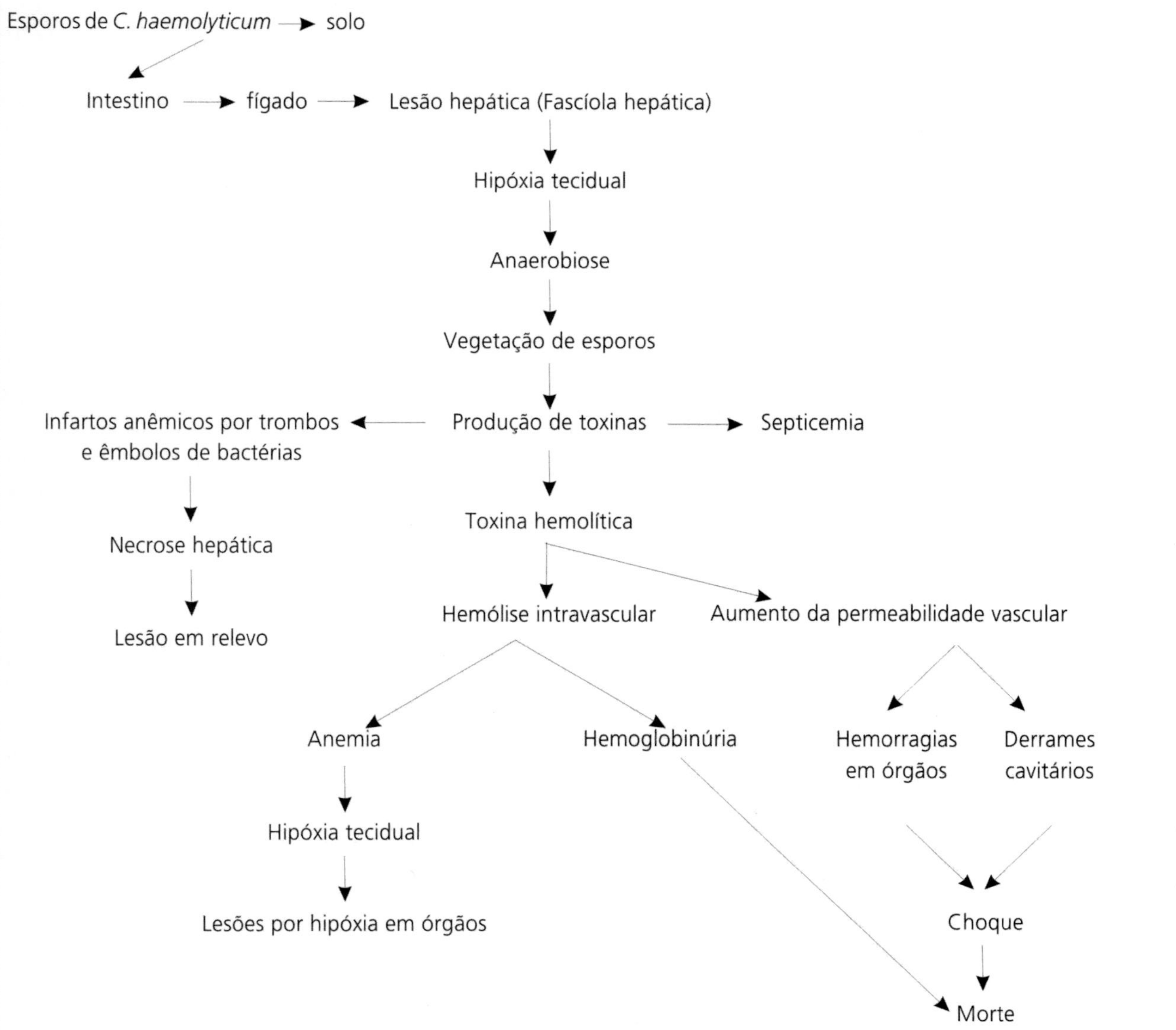

dispneia e a temperatura para valores subnormais. É estabelecida uma grave anemia de rápida e evidente evolução, que se manifesta pela intensa palidez das mucosas aparentes, que há poucas horas apresentavam coloração dentro da normalidade.

As fezes apresentam coloração marrom-escura, mas também com frequência ocorre diarreia com muco ou francamente sanguinolenta. A urina apresenta coloração vermelho-escura, em decorrência da hemoglobinúria causada pela hemólise intravascular, já que praticamente não há hemácias íntegras nas amostras colhidas.

A ocorrência de icterícia é de discreta à moderada.

É muito comum a ocorrência de edemas nos flancos dos animais acometidos.

Patologia clínica

Nos estágios finais da enfermidade, ocorre acentuada anemia com queda do hematócrito e dos níveis de hemoglobina e níveis muito baixos de hemácias.

Um bovino com séria eritrocitária normal pode desenvolver grave anemia, às vezes, em menos de doze horas de evolução clínica.

A contagem leucocitária pode variar de valores normais até leucocitose intensa com neutrofilia.

A cultura de sangue total, durante a fase aguda da enfermidade, leva ao isolamento de *Clostridium haemolyticum*.

Achados de necropsia

Nos cadáveres, o *rigor mortis* se estabelece rapidamente, com os animais apresentando-se na posição de cavalete. A região da cauda e períneo apresenta-se com restos de fezes sanguinolentas. Edema gelatinoso crepitante e hemorragias difusas são observados no tecido subcutâneo. Mucosas aparentes estão discretamente ictéricas.

Grandes quantidades de fluido sanguinolento nas cavidades torácica e abdominal e no saco pericárdico. Ocorrem hemorragias no epicárdio e no endocárdio, e hemorragias generalizadas subserosas também se fazem presentes. Outro achado frequente é a enterite catarro-hemorrágica com graus variáveis de severidade.

A lesão característica da Hemoglobinúria Bacilar é o infarto isquêmico no fígado; um ou mais estão presentes no órgão e variam de 5 a 20 cm de diâmetro. Os infartos são pálidos (anêmicos), rodeados por uma zona de hiperemia, e apresentam a aparência de necrose local. Frequentemente, esses infartos são vistos na superfície da cápsula hepática com áreas irregulares similares a *mapas em relevo* com 1 a 2 mm de altura.

Urina avermelhada está presente nos rins e na bexiga; os rins apresentam petéquias subcapsulares e ficam acastanhados, em virtude da impregnação por hemoglobina. A bexiga apresenta petéquias e sufusões na mucosa e na serosa.

O *Clostridium haemolyticum* pode ser isolado das áreas de infarto hepático, do sangue, baço e muito outros órgãos dos animais recém-mortos; porém, pouco tempo após a morte, os invasores bacterianos impedem que o diagnóstico bacteriológico seja corretamente realizado.

Diagnóstico

Pela história clínica, exame clínico acurado e lesões anátomopatológicas macroscópicas, pode-se chegar a um diagnóstico presuntivo a campo, especialmente se as mortes estiverem ocorrendo em pastos úmidos, alagadiços ou mal drenados, e a fasciolose hepática se fizer presente.

Bacterioscopia de *imprint* de tecidos ao redor das áreas de infartos em lâminas coradas pelo método de Gram, mostrará as características bacilos Gram-positivos longos e com esporos subterminais.

A confirmação do diagnóstico se dá pela cultura em anaerobiose, isolamento e identificação do agente. Essa identificação, na atualidade, é realizada pelo teste da reação da cadeia pela polimerase (PCR) nos microrganismos isolados, pela imunofluorescência direta em *imprints* em lâminas de tecido hepático das zonas hiperêmicas ao redor dos infartos anêmicos com anticorpos fluorescentes produzidos em coelhos.

Diagnóstico diferencial

Geralmente deve ser realizado com Septicemia Hemorrágica, causada por *Pasteurella multocida*. Essa enfermidade pode causar morte súbita ou, após curto período de evolução clínica, causa profusa diarreia sanguinolenta, mas não há hemoglobinúria e nem o estabelecimento de *rigor mortis* precoce e, principalmente, não ocorrem os patognomônicos infartos anêmicos hepáticos com aspecto de alto relevo observados na Hemoglobinúria bacilar.

Também deve ser descartado o Carbúnculo Hemático ou Antrax, uma grave zoonose causada pelo *Bacillus anthracis*, que é a doença com a qual a Hemoglobinúria Bacilar é mais frequentemente confundida.

No Carbúnculo Hemático, ocorrem mortes súbitas, e a urina assume coloração escura, os animais apresentam-se dispneicos e morrem entre 12 a 48 horas ou pouco mais. O *rigor mortis* se estabelece rapidamente, porém são verificados edemas subcutâneos generalizados sem crepitação, há extravasamento de sangue pelos orifícios naturais e o mesmo é incoagulável, e a temperatura corporal dos animais se eleva após a morte, podendo, em cerca de 45 minutos, ultrapassar 50 a 55°C pela intensa fermentação da glicose provocada pelo *Bacillus anthracis*.

Tratamento

O tratamento específico mais indicado para eliminar o *C. haemolyticum* é com penicilina em altas doses. Devem ser aplicados 40.000 UI/kg de penicilina cristalina por via intravenosa e, ao mesmo tempo, administrar, por via intramuscular profunda, compostos que apresentem na sua composição penicilina potássica, procainada e benzatina, ajustando a dose de 40.000 UI/kg com base nesta última. Como a penicilina cristalina é totalmente excretada do organismo por via renal, em seis horas, e as penicilinas administradas por via intramuscular levam cerca de oito horas para alcançarem bons níveis terapêuticos, recomenda-se, na sexta hora de tratamento, nova dose de penicilina cristalina por via intravenosa.

Embora alguns autores recomendem o uso de tetraciclinas no tratamento da Hemoglo-binúria Bacilar, a experiência prática mostra que as penicilinas são realmente os antimicrobianos mais eficazes frente às bactérias do gênero *Clostridium*.

O tratamento de suporte é realizado com transfusão sanguínea que praticamente se faz necessária em todos os casos, em virtude da intensa hemólise intravascular observada na enfermidade.

Solução parenteral de fluidos e eletrólitos com adição de 5% de glicose deve ser administrada nos animais para repor a volemia, fornecer energia e fazer com que os rins eliminem as toxinas e a hemoglobina que, por sua vez, é um pigmento altamente nefrotóxico.

O bom funcionamento renal é fundamental para eliminação de toxinas e garantir o sucesso do tratamento. Porém, por mais que o mesmo seja instituído no início dos sintomas clínicos, a letalidade na Hemoglobinúria Bacilar é muito elevada.

Profilaxia

Nas regiões endêmicas, nas quais a Hemoglobinúria Bacilar constitui realmente um problema grave, as principais medidas profiláticas inespecíficas incluem drenagem de pastagens para evitar áreas alagadiças, na medida do possível, incinerar ou enterrar profundamente carcaças de animais que morrem a campo e combater a Fascíola hepática com a utilização de vermífugos adequados.

A medida profilática específica é a utilização de vacinas. Existe, produzida pelo IRFA Quim e Biotecnologia Industrial, a vacina contra a Hemoglobinúria Bacilar dos Bovinos, que é uma suspensão inativada de *Clostridium haemolyticum*, uma bacterina, portanto, que tem como adjuvante hidróxido de alumínio.

Nas áreas endêmicas, a vacina deve ser aplicada nos plantéis em animais acima de três meses de idade e, na primeira vacinação dos rebanhos, deve ser aplicado reforço em 30 dias.

A partir daí, os rebanhos devem ser revacinados anualmente e, embora a vacina garanta proteção por um ano, nas áreas endêmicas de alto risco muitos autores indicam reforços semestrais.

Para introduzir um bovino ou um rebanho proveniente de área indene para uma área endêmica, só se deve fazê-lo após o animal ou os animais receberem duas doses de vacina em intervalo de 30 dias.

Referências bibliográficas

Baldassi, L. Clostridial toxins - potent poisons, potent medicines. **J. Venom. Anim. Toxins incl. Trop. Disease**, v.11, n.4, p.391-411, 2005.

Corrêa, W.M.; Corrêa, C.N.M. Clostridioses. In: Corrêa, W.M.; Corrêa, C.N.M. **Enfermidades Infecciosas dos Mamíferos Domésticos**, Rio de Janeiro: Medsi, 1992, p. 291-315.

Quinn, P.J.; Carter, M.E.; Markey, B.K.; Carter, G.R. **Clinical Veterinary Microbiology** (Eds.) London: Mosby, 1994, 625 p.

Quinn, P.J.; Markey, B.K.; Carter, M.E.; Donnelly, W.J.C.; Leonard, F.C.; Maguire, D. **Microbiologia veterinária e doenças infecciosas**. Porto Alegre: Artmed, 2005. 512p.

Radostits, O.M.; Gay, C.C.; Hinchcliff, K.W.; Constable, P.D. **Veterinary Medicine: A textbook of the disease of cattle, horses, sheep, pigs and goats**. (10° Eds.) Philadelphia: Saunders Elsevier, 2007, 2156 p.

Smith, B.P. **Medicina interna de grandes animais**. (3° Eds.) Barueri: Manole, 2006.

Tweten, R.K. *Clostridium perfringens* beta toxin and *Clostridium septicum* alpha toxin: their mechanisms and possible role in pathogenesis. **Veterinary Microbiology**, n.82, p.1-9, 2001.

CAPÍTULO 48

Clostridioses enterotóxicas

• *Enterotoxemia*

Antonio Carlos Paes
Professor Livre Docente
Depto. de Higiene Veterinária e Saúde Pública
FMVZ/UNESP. Botucatu, SP
paesacmi@fmvz.unesp.br

Enterotoxemia

Definição

Enfermidade toxi-infecciosa, não contagiosa que ocorre de forma superaguda e aguda e apresenta letalidade muito elevada.

Etiologia

O agente envolvido na gênese da enterotoxemia é o *Clostridium perfringens* e as toxinas ditas maiores produzidas pelos diferentes tipos da bactéria. Essas toxinas também são denominadas enterotoxinas, e as mais frequentes causadoras de enterotoxemia nos bovinos são relacionadas aos tipos B, C e D de *Clostridium perfringens*. O tipo C é o menos frequentemente envolvido na enterotoxemia dos bezerros. *Clostridium perfringens* é um bacilo Gram-positivo, que mede 0,6 a 0,8 µm de largura por 2,0 a 4,0 µm de comprimento e apresenta esporos subterminais.

Como as outras bactérias desse gênero, é anaeróbica estrita e, após 72 horas de incubação em ágar-sangue de carneiro, desenvolvem-se colônias de aspecto rizoide com dupla zona de hemólise. Quando é cultivado em meios líquidos, como o meio de Tarozzi ou em meios contendo leite litmus, produz elevadas quantidades de gás, tendo por esse motivo recebido a denominação de clostrídeo *tempestuoso* (*storm* clostridia).

Como já foi referido, existem cinco tipos de *Clostridium perfringens* identificados pelas letras A, B, C, D, E e os mais importantes no nosso meio são os tipos B e D.

Epidemiologia

O hábitat do *C. perfringens* é o trato intestinal dos bovinos e são eliminados para o solo juntamente com as fezes estas são os principais reservatórios do agente. Os esporos dos tipos B e C sobrevivem por longo tempo no solo, e os esporos do tipo D não persistem mais de um ano no mesmo. A doença produzida pelo *Clostridium perfringens* ocorre em bezerros nos primeiros dias de vida ou do primeiro mês até o quarto mês de vida, dependendo do tipo tipo de *clostridium* envolvido, o qual será descrito a seguir:

Enterotoxemia em bezerros neonatos

O agente etiológico predominante é o *Clostridium perfringens* tipo B, sendo que o *Clostridium perfringens* tipo C é de ocorrência pouco comum em bezerros. A doença comumente ocorre na forma de surtos de severa disenteria e mortes em bezerros de sete a dez dias de idade. Tanto o *Clostridium perfringens* tipo B como o *Clostridium perfringens* tipo C produzem toxinas alfa (α) e beta (β).

A toxina α é letal, é uma fosfolipase e hidrolisa os fosfolipídeos de membranas de eritrócitos, plaquetas, leucócitos e células endoteliais, resultando em lise celular e outras formas de citotoxicidade e morte celular. A toxina β é letal e necrotizante e, inicialmente, produz danos nas microvilosidades com degeneração das mitocôndrias e destruição e descamação das células epiteliais e produção de enterite hemorrágica e ulcerações intestinais.

Verifica-se, principalmente, necrose da mucosa do jejuno e hemorragias em linfonodos do mesentério. A toxina β provoca aumento da permeabilidade capilar e pode facilitar sua própria penetração a partir do intestino.

Segundo estudos recentes, há evidência direta de que a toxina β pode formar poros nas membranas. Tais poros tiveram sua dimensão determinada em aproximadamente 12 Å (angstrons) de diâmetro. A taxa de inserção da toxina β nas membranas é estimulada pela presença de cátions bivalentes. O efeito primário da betatoxina provoca danos neurológicos essenciais durante o curso da enfermidade. A seletividade de cátions nos poros é compatível com os efeitos neurológicos causados pela betatoxina, e patologias neurológicas são sempre associadas com a infecção *C. perfringens* tipo C.

Todas as observações de diversos experimentos levaram à conclusão de que a betatoxina exerce efeitos neurológicos nos hospedeiros por afetar diretamente a distribuição de cátions através das membranas de células excitáveis, despolarizando-as.

A predominância da doença em animais muito jovens está relacionada com a imaturidade de seus tratos digestivos e com a rápida colonização do intestino pelo *Clostridium perfringens* na ausência de flora intestinal madura. A idade dos animais que sofrem a incidência dessa enfermidade é explicada pela observação de que a toxina β sofre inativação pela enzima tripsina, componente das proteases pancreáticas, e de que o colostro é rico em inibidores da tripsina.

Patogênese

O *Clostridium perfringens* é ingerido do solo, quando os bezerros tentaram apanhar pequenas plantas ou lambê-las, e das mamas maternas contaminadas pelo solo ou por fezes. O agente prolifera e se adere na superfície das vilosidades das células epiteliais intestinais; porém a produção de toxinas e lesões na mucosa entérica podem preceder a ligação com as células.

Os fatores que permitem a adesão e proliferação dos clostrídeos são poucos compreendidos. Após a ligação e proliferação do *Clostridium perfringens*, evidencia-se a ação das enterotoxinas patogênicas cuja ação deletéria já foi descrita, inclusive seus efeitos no sistema nervoso.

Quadro clínico

Nos bezerros afetados, observam-se diarreia, disenteria e dor abdominal aguda, acompanhada de gemidos e mugidos fortes e frequentes e andar cambaleante e incerto.

Podem ocorrer sinais nervosos adicionais, incluindo tetania e opistótono. Nos casos muito agudos, a morte ocorre em poucas horas, algumas vezes sem ocorrência de diarreia evidente. Nos casos menos severos, a doença persiste por até quatro dias, e a recuperação é lenta, durando cerca de dez a quatorze dias.

Pela experiência prática, houve a oportunidade de atender muitos casos de bezerros com enterotoxemia nos primeiros dez dias de vida. A maioria dos que foram a óbito apresentaram curso clínico de um dia ou menos, poucas manifestações de diarreia, febre, andar cambaleante, decúbito, opistótono e movimentos de pedalagem, evidenciando a ocorrência de comprometimento neurológico na enfermidade.

Achados de necropsia

Enterite hemorrágica com ulcerações na mucosa entérica, principalmente no jejuno e íleo e na válvula ileocecal. As lesões de enterite são mais severas e evidentes no íleo.

A mucosa intestinal apresenta coloração vermelho-escura, e as úlceras são grandes com até 2,5 cm de diâmetro, quase transmurais, mas muito menores na válvula ileocecal.

O conteúdo intestinal é sanguinolento e pode ter coágulos de fibrina. Podem ser observadas também úlceras abomasais.

Há presença de grande quantidade de líquido na cavidade peritonial que coagula em contato com o ar. Hemorragias petequiais ou sufusões em epicárdio e endocárdio e derrame no saco pericárdio são comuns em bezerros que morrem de enterotoxemia.

Os achados histopatológicos dos segmentos intestinais afetados incluem hemorragias na mucosa, necrose, exsudato fibrinoso e infiltrado neutrofílico.

No trabalho rotineiro, quando bezerros suspeitos de enterotoxemia são necropsiados, segmento de alça de intestino delgado é levado para cultura em laboratório e sempre são realizados esfregaços de mucosa de jejuno e íleo em lâminas coradas pelo método de Gram e visualizados, à microscopia ótica, um grande número de bacilos Gram-positivos com esporos subterminais, característicos de bactérias do gênero *Clostridium* em cada campo examinado.

Diagnóstico

Os achados clínicos levam à suspeita, principalmente pela faixa etária dos animais afetados, sete a dez dias de vida, e pela ocorrência de mortes súbitas com ou sem diarreia.

A cultura de material de mucosa de intestino delgado em anaerobiose e o isolamento após 72 horas de incubação de clostrídeos cujas colônias rizoides apresentam um duplo halo de hemólise em associação com as características lesões anatomopatológicas macroscópicas, praticamente fecham o diagnóstico.

Também o esfregaço de raspado da superfície das mucosas de jejuno e íleo em lâminas coradas pelo método de Gram, mostra grande número de bacilos Gram-positivos com as características dos clostrídeos à microscopia ótica.

Pela experiência prática, é observado grande número de clostrídeos, cerca de 50 a 100 células por campo, em praticamente todas as necropsias realizadas em bezerros mortos por enterotoxemia.

Em situações a campo, quando não é possível o envio de material para laboratório especializado, esse método, juntamente com a necropsia realizada imediatamente após a morte, é de grande ajuda para o diagnóstico e imediata tomada de medidas profiláticas.

O filtrado de conteúdo intestinal obtido com a utilização de filtros especiais que impedem a passagem de qualquer tipo de bactéria e inoculados por via intraperitonial em camundongos, que morreriam em poucas horas, foi utilizado muito tempo como forma de diagnóstico, mas hoje tem sido deixado de lado. Também a tipificação definitiva do clostrídeo envolvido era tradicionalmente realizada por ensaios biológicos, porém na atualidade, tais métodos estão sendo abandonados por razões humanitárias e foram substituídos por imunoensaios, como PCR e ELISA.

Um teste multíplex de PCR possibilita a caracterização dos *Clostridium perfringens* isolados, baseada no seu genótipo de produção de toxinas. As técnicas de PCR detectam os genes que codificam as toxinas maiores alfa e beta, podendo diferenciar clostrídeos toxigênicos isolados de animais doentes ou mortos pela doença de amostras não toxigênicas isoladas de animais normais.

Tratamento

Para alcançar sucesso no tratamento da enterotoxemia, é fundamental que o mesmo tenha início o mais rapidamente possível, logo no estabelecimento dos primeiros sintomas clínicos. Mesmo assim, o prognóstico para os animais doentes sempre é reservado.

O antimicrobiano de escolha para tratamento da enterotoxemia é a penicilina, que ainda apresenta ação eficaz contra as bactérias do gênero *Clostridium* e alcança elevados níveis no intestino.

No início do tratamento, deve-se aplicar, por via intravenosa, penicilina cristalina na dose de 40.000 UI/kg e, em seguida, aplicar, por via intramuscular, composto que apresente na sua formulação penicilinas de rápida e longa ação, como a penicilina benzatina.

A dose é de 40.000 UI/kg baseada na fração penicilina benzatina. Como os níveis de antimicrobiano administrados por via intramuscular podem estar baixo, seis horas após a primeira aplicação repetir a benzil penicilina. Caso o tratamento logre êxito, uma segunda dose de penicilina de longa ação é aplicada, na mesma dose e pela mesma via, cinco dias após.

A terapêutica de suporte consiste em fluidoterapia com solução de Ringer, adicionado de 5% de glicose a 50%, para restabelecer a volemia e fornecer substrato energético ao paciente. Em casos mais graves, pode-se administrar cortisona para que a ação da mesma estabilize as membranas celulares afetadas pela ação da toxina.

Pode ser administrada dexametasona na dose de 1 a 2 mg/kg, via intravenosa ou intramuscular, principalmente se os sintomas nervosos já estiverem se estabelecido.

A dexametasona pode agir como um coadjuvante no tratamento, mas pode não exercer um papel decisivo na recuperação do animal, mas tem sido utilizada nos casos mais graves para combater as lesões e minimizar lesões celulares.

Muitos autores, principalmente norte-americanos, recomendam como primeira medida para o tratamento de enterotoxemia a administração de soro hiperimune antitoxinas de *C. perfringens*, porém esse produto não é disponível no mercado brasileiro.

Profilaxia

Como os animais acometidos são os bezerros neonatos nos primeiros dez dias de vida, é evidente que o uso da vacina nos mesmos é totalmente equivocada. Portanto a cobertura vacinal deve ser efetivada nas matrizes para propiciar a transferência de imunidade passiva pelo colostro. Independente da ocorrência da enterotoxemia, é fundamental que todos os bezerros mamem o colostro nas primeiras horas de vida e o ideal seria que recebessem nas primeiras 24 horas 50 mg/kg de peso vivo.

Em criações bem manejadas, as matrizes devem ser vacinadas anualmente contra enterotoxemia, preferencialmente no terço final da gestação, por volta do sétimo mês, e o ideal é que a vacina seja aplicada até 30 dias antes do parto.

Se a vacinação ocorrer em período muito próximo do parto, não haverá tempo hábil para que o sistema imune da vaca elicie uma resposta protetora adequada.

Se houver ocorrência de enterotoxemia em uma criação, cujas as matrizes não são vacinadas ou o foram há muito tempo, imediatamente todas as vacas prenhes deverão receber a vacina e o reforço entre 21 a 30 dias.

Como a doença acomete neonatos, a vacinação das fêmeas prenhes é a melhor medida profilática para controle da enterotoxemia.

Embora o descréscimo do título de anticorpos transferidos pelo colostro diminua bastante por volta de 90 dias de vida, os bezerros serão vacinados na rotina de prevenção de todas as clostridioses, mas sem visar à proteção contra enterotoxemia. Assim, dentre as vacinas disponíveis no mercado brasileiro, as mais utilizadas são as denominadas vacinas polivalentes, por conterem ampla gama de antígenos clostridianos. Estão contidos em tais vacinas toxoides de *Clostriudium perfringens* tipo B, de *Clostriudium perfringens* tipo C, ou seja, a toxina detoxificada que não possui ação patogênica, mas mantém a antigenicidade.

O toxoide principal dessas vacinas visa à proteção contra a toxina β (beta), mas as vacinas também contêm toxoide de *Clostridium perfringens* tipo D, que visa à proteção contra a toxina ε (épsilon).

Também estão contidos em tais vacinas toxoides de toxinas de *Clostriudium septicum, Clostriudium novyi, Clostriudium sordelli* e *Clostriudium tetani.*

As vacinas, além das toxinas detoxificadas ou toxoides, contêm *Clostriudium chauvoei* inativado, e algumas incluem o *Clostriudium haemolyticum* inativado; ou seja, além dos toxoides existe a fração bacterina composta pelas supracitadas bactérias inativadas.

Essas vacinas são as utilizadas nos bezerros a partir de quatro meses para prevenção de todas as clostridioses citadas neste capítulo. Os jovens recebem reforço vacinal após 30 dias e, a seguir, entram no esquema anual, em que se encaixam as fêmeas gestantes que recebem a vacinação para prevenir a enterotoxemia dos bezerros neonatos.

Enterotoxemia por *Clostridium perfringens* Tipo D

Ocorre como resultado da proliferação do *Clostridium perfringens* tipo D no intestino delgado de bezerros entre um a quatro meses de idade, sendo raças de corte particularmente as mais acometidas, pois a hipernutrição pela ingestão maciça de grãos ou de pastagens muito ricas fornece o substrato para a rápida proliferação do agente. Também a alteração brusca da alimentação pode predispor a ocorrência da enfermidade, pois bezerros introduzidos em lotes com alimentação diferente e mais rica desenvolvem rapidamente a doença.

Bezerros com um mês ou mais, se ingerirem excessivas quantidades de leite, também estão propensos a essa forma de enterotoxemia.

Em suma, na maioria das vezes, os animais afetados são aqueles que recebem dieta altamente nutritiva e apresentam estado nutricional muito bom, pois, nessas condições, o *Clostridium perfringens* tipo D prolifera rapidamente no trato intestinal e produz quantidades letais de toxina épsilon (ε), o que não ocorre na presença de baixa quantidade de substrato fermentável. O hábitat natural desse microrganismo é o intestino dos bovinos, porém em quantidade inferior às outras cepas de clostrídeos.

O solo é contaminado pelas fezes dos bovinos, mas os esporos do *Clostridium perfringens* tipo D não persistem por mais de um ano no meio ambiente.

A doença apresenta distribuição mundial e não está relacionada a sexo, raça, estação do ano e clima.

Patogênese

No curso normal dos eventos, os esporos de *Clostridium perfringens* tipo D são ingeridos e destruídos em grande número no ambiente ácido do rúmen e abomaso, entretanto muitos sobrevivem para alcançar o duodeno, onde ocorre a multiplicação e produção da toxina épsilon. A toxemia não ocorre porque o peristaltismo contínuo e o movimento da ingesta leva a população bacteriana e o conteúdo de toxinas para níveis intestinais mais baixos. Porém, nos animais hipernutridos ou submetidos a uma alteração brusca da alimentação, passando de alimentos menos nutritivos para dietas ricas, seja de grãos e/ou abundância de pastagens, a fermentação que se estabelece propicia a intensa multiplicação das cepas de *Clostridium perfringens* tipo D.

O mecanismo clássico de enterotoxemia por este tipo de clostrídeo inicia-se com a diminuição de peristaltismo no íleo em virtude da rica ingesta alimentar. Sob tais condições, o *Clostridium perfringens* tipo D que habita as regiões mais baixas do trato intestinal, multiplica-se intensamente, consegue colonizar o jejuno, produzindo e liberando grandes quantidades de toxina épsilon. Esta é produzida sob a forma de prototoxina ou toxina precursora que apresenta atividade biológica mínima.

A prototoxina é ativada pelas proteases tripsina e/ou quimiotripsina e por metaloproteinase produzida pelo próprio clostrídeo através da clivagem proteolítica nos peptídeos terminais amino e carboxi. A toxina épsilon ativada apresenta ação toxigênica mil vezes superior que a prototoxina original.

A produção da toxina épsilon é codificada por um gene carreado por um grande plasmídeo e sua ação neurotóxica é superada apenas pelas neurotoxinas botulínica e tetânica.

A toxina épsilon ativa aumenta a permeabilidade da mucosa intestinal o que facilita muito a sua absorção e, inclusive, a de outras toxinas. Assim, atinge a circulação geral e exerce seus efeitos em diversos órgãos, principalmente no cérebro e nos pulmões.

Receptores para a toxina épsilon foram identificados nas células endoteliais vasculares. A toxina causa degeneração das junções celulares, permitindo influxo de proteínas e fluidos que resultam em edema e ruptura celular.

Os sinais clínicos e os achados patológicos podem ser explicados pelos danos vasculares disseminados e pelo aumento da permeabilidade celular. A toxina épsilon tem a capacidade de atravessar a barreira hematoencefálica que perde a sua integridade e penetra no parênquima cerebral.

Os casos agudos são caracterizados pelo desenvolvimento de degeneração do endotélio vascular cerebral, edema perivascular e intercelular, ruptura de astrócitos perivasculares e em elevação da pressão intracerebral ao severo edema cerebral vasogênico difuso. As células endoteliais lesadas pela toxina épsilon mostram-se edemaciadas e com perda de organelas citoplasmáticas.

São produzidos focos microscópicos de necrose no gânglio basal, tálamo, cápsula interna, hipocampo, substância negra, substância branca cortical e no cerebelo. A toxina épsilon também produz edema vasogênico ativo com acúmulo de fluido em forma de efusão rico em proteínas no coração, pulmões e rins. Mesmo produzida em menores proporções, a toxina épsilon provoca lesões endoteliais, obstrução vascular, falhas da perfusão tecidual e injúrias isquêmicas por hipóxia.

Achados clínicos

Podem ocorrer mortes súbitas sem apresentação de sintomas clínicos prévios e nenhuma evidência de que o animal tenha se debatido, caracterizando o quadro superagudo da doença. Nos casos de manifestação clínica da enfermidade, predominam os sinais neurológicos.

Mais comuns são os casos agudos com início súbito com os bezerros mostrando sinais de apatia, depressão, seguidos por sintomas de dor abdominal, como contração da musculatura da região e ranger de dentes. Em poucas horas, o quadro clínico evolui para andar cambaleante, cegueira, decúbito lateral, opistótono e convulsões que persistem até a morte do animal que ocorre em duas horas ou pouco mais.

Mesmo com a instituição de tratamento adequado, a grande maioria dos animais vai a óbito.

Nos casos subagudos, muitos dos quais com recuperação dos animais, estes se apresentam quietos, dóceis ou apáticos, anoréxicos e com cegueira aparente, embora os reflexos oculares permaneçam normais. Alguns animais podem se manter nesse estágio por dois a três dias e depois se recuperam completamente. Nessa forma de apresentação da enfermidade, a morte pode ocorrer até em doze horas ou pouco mais.

Quando ocorrem surtos em criações, todas as três formas da doença podem ocorrer.

Achados de necropsia

Nos casos superagudos, não são observadas lesões macroscópicas. Nos casos agudos, a condição corporal dos animais é muito boa, porém sempre há marca de fezes no períneo e rápida decomposição da carcaça.

Há presença excessiva de líquido cor de palha no saco pericárdico e na cavidade torácica e abdominal que coagula ao contato com o ar. São observadas petéquias e sufusões em grande número no epicárdio e endocárdio, congestão pulmonar severa e edema pulmonar.

O abomaso contém sempre a presença de

alimentos, sua mucosa se apresenta congesta. Duodeno, jejuno e íleo apresentam enterite hemorrágica, e o conteúdo líquido sanguinolento pode apresentar grande quantidade de bolhas de gás e, às vezes, de moderada a grande quantidade de fibrina.

O fígado se apresenta congesto e o baço se apresenta aumentado de volume e edemaciado. Não se apresentam nos bezerros os rins amolecidos clássicos da enterotoxemia por *Clostridium perfringens* tipo D observados nos ovinos, que levou a enfermidade nessa espécie a ser denominada *doença do rim polposo*.

Diagnóstico

Normalmente, a grande maioria dos autores considera que o diagnóstico para essa forma de enterotoxemia é baseado no isolamento e identificação do *Clostridium perfringens* tipo D no duodeno, jejuno e íleo dos animais afetados ou através da demonstração da presença da toxina épsilon no conteúdo de duodeno e, principalmente, do íleo, embora outros fluidos corporais possam ser utilizados para este tipo de diagnóstico.

O teste de ELISA de captura policlonal pode detectar baixas concentrações de toxina épsilon em conteúdo de duodeno e íleo, além de fluido do saco pericárdico e do humor aquoso. Embora os testes de ELISA sejam sensíveis e específicos, não são disponíveis em grande escala na atividade diária, sendo somente disponibilizados em laboratórios bastante equipados e possuidores de pessoal técnico especializado altamente treinado.

Embora a cultura de material de duodeno e/ou íleo de bezerros mortos em anaerobiose, e o isolamento de bactéria do gênero *Clostridium* não seja um procedimento dificultoso e seja realizado em muitos laboratórios, os procedimentos para a tipificação desse agente isolado, como *Clostridium perfringens* tipo D, é bastante difícil e necessita de laboratórios equipados e o pessoal técnico qualificado da mesma forma.

O médico veterinário a campo, nas situações rotineiras do dia, encontrará grande dificuldade para obtenção do diagnóstico, seja pela impossibilidade de realização de necropsia, dificuldade do envio do material a um laboratório de diagnóstico, seja pela distância, dificuldades econômicas ou mesmo pelo desconhecimento do material a ser enviado e/ou como mantê-lo viável para o diagnóstico.

O profissional médico veterinário a campo pode, com alguns recursos, que hoje são imprescindíveis para o exercício adequado da profissão, chegar ao diagnóstico correto da doença, pois quando ela se manifesta o faz de forma aguda ou superaguda, com enorme letalidade, devendo providências serem tomadas de imediato sem mesmo poder se dar ao luxo de esperar três dias por um diagnóstico básico, pelo isolamento de uma cepa clostridiana.

Portanto, quadros de mortes súbitas ou quadro clínico que manifesta sintomatologia neurológica, como opistótono, cegueira e convulsões e rápida evolução entre um e quatro meses de idade, são claramente sugestivos de enterotoxemia pelo *Clostridium perfringens* tipo D.

As lesões macroscópicas podem estar ausentes na forma superaguda, porém as observadas na necropsia de animais vitimados pela forma aguda podem direcionar o diagnóstico.

Esfregaços de raspado da mucosa de duodeno, jejuno e, principalmente, íleo em lâminas coradas pelo método de Gram mostraram, ao microscópio ótico, grande quantidade de bacilos Gram-positivos com esporos subterminais.

Todos os passos citados do histórico ao exame clínico e exame citológico, passando pela necropsia, pode levar ao diagnóstico presuntivo da enfermidade e instituição de medidas profiláticas e terapêuticas, com as primeiras sempre sendo mais efetivas que as segundas.

Caso o diagnóstico confirmatório seja necessário ou desejado, o correto envio de material para o diagnóstico bacteriológico e/ou detecção da toxina deve ser providenciado. Para isso, um segmento de íleo com cerca de 10 a 15 cm de comprimento deve ser seccionado, dobrado em forma de U e amarrado com barbante nas extremidades em conjunto; a seguir, esse segmento intestinal deve ser colocado em frasco previamente esterilizado contendo glicerina a 50%, em volume tal que mantenha o material recoberto e este é enviado ao destino, sem refrigeração, com total viabilidade para o diagnóstico.

Se o laboratório de diagnóstico ficar a pouca distância e a entrega for realizada no máximo até seis ou oito horas, o segmento intestinal deverá ser envolto em papel alumínio, envolvido a seguir em plástico impermeável e mantido em isopor com quantidade de gelo reciclável suficiente para a adequada refrigeração.

É fundamental que os médicos veterinários saibam como enviar os mais diversos tipos de material para os laboratórios de diagnóstico para evitar situações constrangedoras, como aquelas nas quais recipientes, ao serem abertos, contêm material em franca putrefação e, consequentemente, refletem perda do diagnóstico, desrespeito ao colega laboratorista e riscos para a saúde das pessoas envolvidas.

Além das formas de diagnóstico citadas, outra forma de detectar a presença da toxina no conteúdo de alça intestinal (duodeno ou íleo) é através do material contido na mesma.

Todo conteúdo líquido da luz intestinal é centrifugado por cerca de dez minutos a 4.000 rpm, novamente é tratado com antibióticos, ampicilina e gentamicina e, após aproximadamente oito horas, inocula-se 0,1 a 0,2 mL desse fluido por via intraperitoneal em camundongos, que morrem em poucas horas com grave sintomatologia neurológica. Esse tipo de procedimento é atualmente evitado ao máximo por questões humanitárias e somente utilizado se não houver outro recurso disponível e o diagnóstico se faça realmente necessário.

Os laboratórios de diagnóstico e pesquisa devem ser equipados e utilizar o teste de ELISA para detecção da toxina épsilon, mais sensível e específico, para evitar a desnecessária utilização de animais de laboratório.

Tratamento

A evolução da enfermidade é extremamente rápida para que seja estabelecido tratamento efetivo.

Nas primeiras manifestações, deve-se imediatamente administrar, por via intravenosa, penicilina cristalina na dose de 40.000 UI/kg e, imediatamente, após, administrar, por via intramuscular ou subcutânea, composto que contenha penicilina sódica, potássica e benzatina, ficando a dose de 40.000 UI/kg na fração benzatina. Mesmo com toda a utilização de penicilinas citadas, é conveniente, após seis horas, se o animal sobreviver esse tempo, repetir a penicilina cristalina, na mesma dose, por via intravenosa.

Nos poucos casos de êxito no tratamento, o composto de múltiplas penicilinas deve ser repetido no quinto dia.

O tratamento também envolve a administração de fluidos por via intravenosa e hidrocortisona, em doses de 10 mg/kg e, em casos muito graves, pode-se chegar até 50 mg/kg por via intravenosa, como tentativa de diminuir o quadro de vasculite, estabilizar os endotélios vasculares e diminuir os edemas generalizados.

Pode-se estimular a diurese com a administração de solução saturada de manitol, visando à diminuição dos edemas do sistema nervoso central.

Porém, mesmo que o tratamento seja realizado logo no início dos sintomas clínicos e de forma correta, a letalidade é extremamente elevada.

Nos Estados Unidos, a principal prescrição para o tratamento de bezerros acometidos por enterotoxemia causada pelo *Clostridium perfringens* tipo D é a administração de soro hiperimune antitoxina épsilon, na dose de 200 UI/kg de peso vivo, por via intravenosa, em uma única aplicação. Porém, o mercado brasileiro não dispõe de tal medicamento, e o tratamento é aquele que foi descrito acima.

Profilaxia

Deve-se cuidar da alimentação dos bezerros, para evitar o excesso de ingestão de leite, a hipernutrição pela ingestão maciça de grãos ou pastagens muito nutritivas, o que fornece substrato para a rápida proliferação do *Clostridium perfringens* tipo D.

Principalmente, devem-se evitar as alterações bruscas na alimentação dos animais, evitando que animais oriundos de locais onde a alimentação era mais pobre sejam rapidamente submetidos a dietas altamente nutritivas, que os colocarão em franca situação de risco de desenvolverem quadro fatal de enterotoxemia.

Outra medida fundamental de profilaxia é a vacinação das fêmeas prenhes, conforme já foi indicado na primeira parte deste capítulo, pois as vacinas comerciais protegem frente à toxina épsilon do *Clostridium perfringens* tipo D.

É fundamental que as fêmeas prenhes recebam duas doses de vacina com intervalo de trinta dias, devendo a segunda dose ser administrada no máximo um mês antes da parição, para que o sistema imune materno produza quantidades protetoras de anticorpos que o neonato ingerirá com o colostro.

Nos bezerros, a imunidade transmitida passivamente pode durar cerca de oito a doze semanas. Por volta de noventa dias de vida, os bezerros já adentram ao esquema de vacinação rotineiro proposto na primeira parte deste capítulo.

Tal procedimento, se seguido com rigidez todos os anos, faz com que as perdas pelas doenças clostridianas entéricas alcancem uma incidência muito baixa.

Comentários finais

Ao longo de quase três décadas no atendimento dos animais portadores de enfermidades infecciosas, tem-se notado grande aumento no número de bovinos adultos acometidos por quadros clássicos de enterotoxemia, com letalidade extremamente elevada. Tais eventos são sempre relacionados com alterações bruscas de alimentação, ingestão de grandes quantidades de alimentos ricos em animais de confinamento e, há algum tempo, pelo elevado consumo de cama de frango, quando tal procedimento era permitido.

Os quadros clínicos observados variaram de morte súbita até as clássicas manifestações neurológicas de dificuldade de locomoção, decúbito, opistótono e movimentos de pedalagem que antecedem o óbito, que ocorre geralmente em menos de doze horas.

Ao exame necroscópico, observa-se sempre um quadro padrão compatível com enterotoxemia na sua apresentação clássica, caracterizado por derrame serossanguinolento no saco pericárdico, extensas hemorragias em epicárdio, pneumonia e congestão pulmonar, abomasite congestiva severa e enterite francamente hemorrágica por todo o intestino delgado com conteúdo de sangue e coágulos de fibrina na luz, presença de pequenas úlceras na válvula íleocecal e linfonodos do mesentério em reação e hemorrágicos. O exame citológico de esfregaços de duodeno, jejuno e íleo, em lâminas coradas ao Gram, revelou grande quantidade de bacilos Gram-positivos com o característico esporo subterminal.

A cultura de conteúdo de intestino delgado em meio de ágar-sangue de carneiro em anaerobiose revelou, em 72 horas, o crescimento de colônias de aspecto rizoide com o característico halo de beta-hemólise.

Como poucos laboratórios especializados identificam os sorotipos de clostrídeos, muitas vezes faltou a identificação definitiva das amostras.

Porém, algumas vezes, quando foram enviadas amostras para classificação no Instituto Biológico de São Paulo, particularmente numa ocorrência que vitimou duas dezenas de vacas Nelore de elevado padrão racial, a amostra isolada de intestino e sangue cardíaco colhidas imediatamente após a morte dos animais revelou a presença de *Clostridium perfringens* tipo A. Esse sorotipo é realmente citado em livros-texto como causador de enterotoxemia em bovinos adultos e equinos, porém necessário se faz que todas as amostras isoladas desses casos sejam sorotipificadas para a devida identificação das cepas clostrideanas causadoras de enterotoxemia em bovinos adultos.

Referências bibliográficas

Baldassi, L. Clostridial toxins - potent poisons, potent medicines. **J. Venom. Anim. Toxins incl. Trop. Disease**, v.11, n.4, p.391-411, 2005.

Corrêa, W.M.; Corrêa, C.N.M. Clostridioses. In: Corrêa, W.M.; Corrêa, C.N.M. **Enfermidades Infecciosas dos Mamíferos Domésticos**, Rio de Janeiro: Medsi, 1992, p.291-315.

Dorca-Arévalo, J.; Soler-Jover, A.; Gilbert, M.; Popoff, M.R.; Martín-Satué, M.; Blasi, J. Binding of ε-toxin from *Clostridium perfringens* in the nervous system. **Veterinary Microbiology**, v.131, p.14-25, 2008.

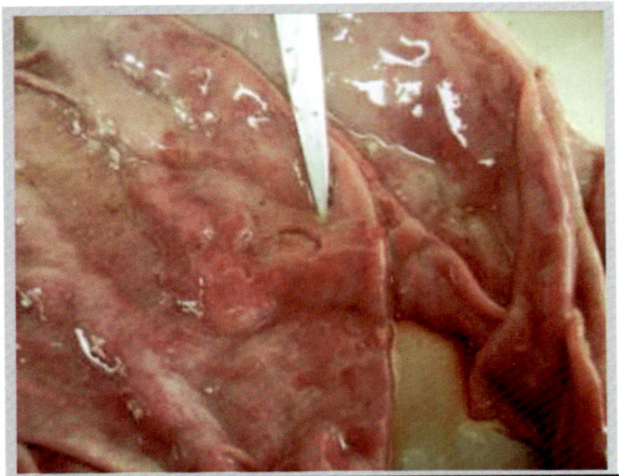

Figura 1. Bezerro com enterotoxemia por *Clostridium perfringens* tipo D - abomasite ulcerativa (Prof. Dr. Paes - arquivo pessoal).

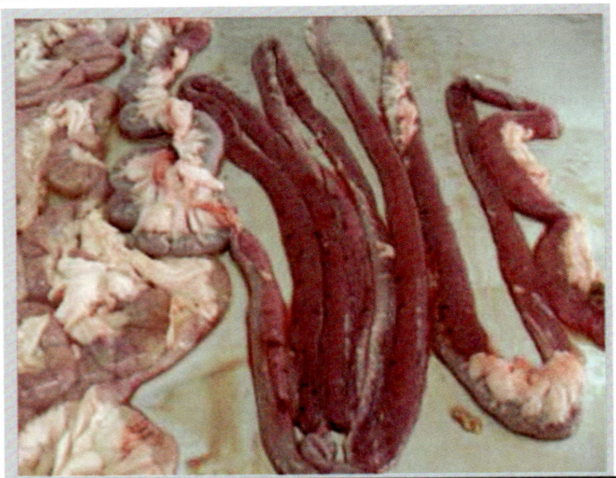

Figura 2. Bezerro com enterotoxemia por *Clostridium perfringens* tipo D - aspecto de enterite hemorrágica (Prof. Dr. Paes - arquivo pessoal).

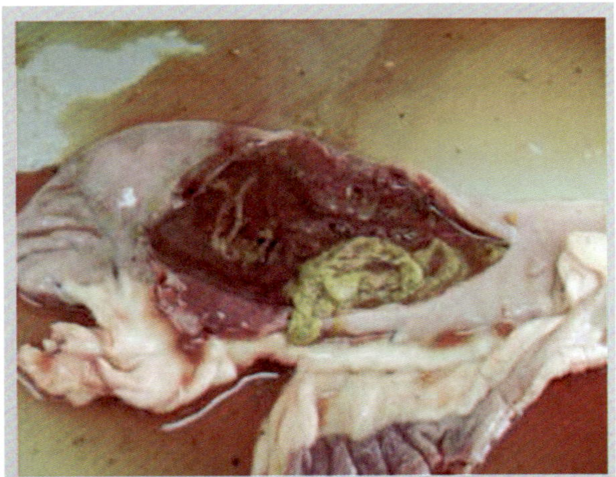

Figura 3. Bezerro com enterotoxemia por *Clostridium perfringens* tipo D - enterite-fibrino hemorrágica (Prof. Dr. Paes - arquivo pessoal).

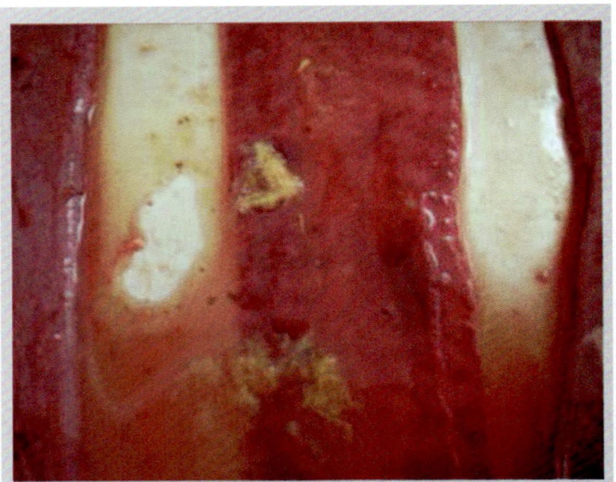

Figura 4. Bezerro com enterotoxemia por *Clostridium perfringens* tipo D - enterite-fibrino hemorrágica (Prof. Dr. Paes - arquivo pessoal).

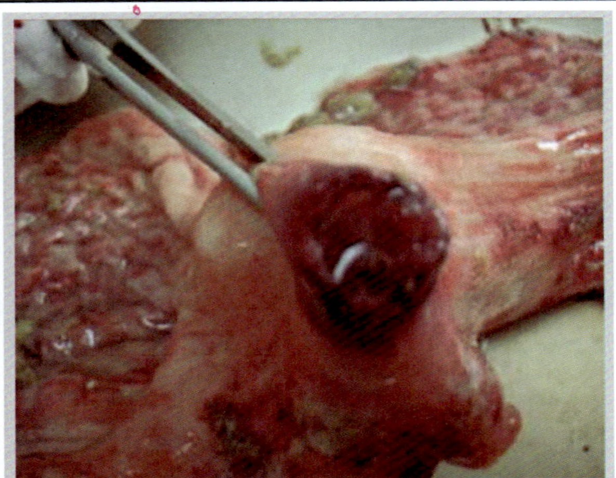

Figura 5. Bezerro com enterotoxemia por *Clostridium perfringens* tipo D - úlceras e hemorragia de válvula íleocecal ((Prof. Dr. Paes - arquivo

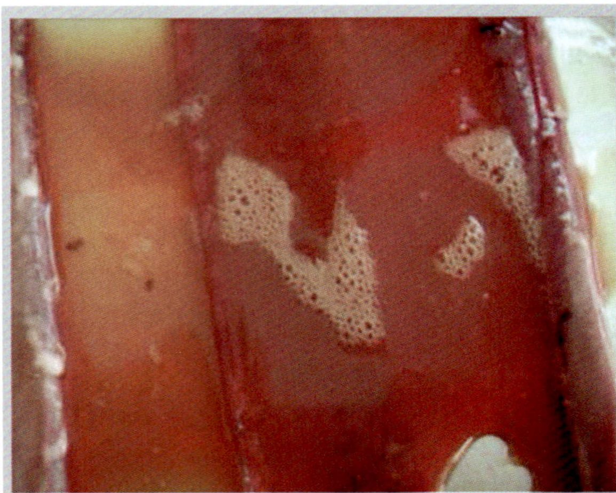

Figura 6. Bezerro com enterotoxemia por *Clostridium perfringens* tipo D - enterite hemorrágica e acúmulo de bolhas de gás característicos (Prof. Dr. Paes - arquivo pessoal).

Fernandez-Miyakawa, M.E.; Jost, B.E.; Billington, S.J.; Uzal, F.A. Lethal effects of *Clostridium perfringens* epsilon toxin are potentiated by alpha and perfringolysin-O toxins in a mouse model. **Veterinary Microbiology**, v.127, p.379-85, 2008.

Finnie, J.W. Neurological disorders produced by *Clostridium perfringens* type D epsilon toxin. **Anaerobe**, v.10, p.145-150, 2004.

Layana, J.E.; Miyakawa, M.E.F.; Uzal, F.A. Evaluation of different fluids for detection of *Clostridium perfringens* type D epsilon toxin in sheep with experimental enterotoxemia. **Anaerobe**, v.12, p.204-206, 2006.

Losada-Eaton, D.M.; Uzal, F.A.; Miyakawa, F. *Clostridium perfringens* epsilon toxin is absorbed from different intestinal segments of mice. **Toxicon**, v.51, p.1207-1213, 2008.

McClane, B.A. An over view of Clostridium perfringens enterotoxin. **Toxicon**, v.34, n.11/12, p. 335-43, 1996.

Quinn, P.J.; Carter, M.E.; Markey, B.K.; Carter, G.R. Clinical Veterinary Microbiology (Eds.) London: Mosby, 1994, 625 p.

Quinn, P.J.; Markey, B.K.; Carter, M.E.; Donnelly, W.J.C.; Leonard, F.C.; Maguire, D. **Microbiologia veterinária e doenças infecciosas**. Porto Alegre: Artmed, 2005. 512p.

Radostits, O.M.; Gay, C.C.; Hinchcliff, K.W.; Constable, P.D. **Veterinary Medicine: A textbook of the disease of cattle, horses, sheep, pigs and goats**. (10° Eds.) Philadelphia: Saunders Elsevier, 2007, 2156 p.

Rings, D.M. Clostridial disease associated with neurologic signs: tetanus, botulism, and enterotoxemia. **Vet. Clin. Food Anim.**, v.20, p.379-391, 2004.

Smith, B.P. **Medicina Interna de Grandes Animais**. (3° Eds.) Barueri: Manole, 2006, 1728 p.

Songer, J.G.; Miskimins, D.W. Clostridial abomasitis in calves: Case report and review of the literature. **Anaerobe**, v.11, p.290-294, 2005.

Tweten, R.K. *Clostridium perfringens* beta toxin and *Clostridium septicum* alpha toxin: their mechanisms and possible role in pathogenesis. **Veterinary Microbiology**, v.82, p.1-9, 2001.

Uzal, F.A.; Kelly, W.R.; Morris, W.E.; Assis, R.A. Effects of intravenous injection of *Clostridium perfringens* type D epsilon toxin in claves. **J. Comp. Path.**, v.126, p.71-5, 2002.

CAPÍTULO 49

Clostridioses neurotóxicas

- *Tétano*
- *Botulismo*

Antonio Carlos Paes
Professor Livre Docente
Depto. de Higiene Veterinária e Saúde Pública
FMVZ/UNESP. Botucatu, SP
paesacmi@fmvz.unesp.br

Tétano

Definição

Tétano é uma enfermidade toxi-infecciosa, não contagiosa, de extrema gravidade, desencadeada por uma potente neurotoxina denominada tetanopasmina, cuja ação deletéria no sistema nervoso somente é suplantada pela neurotoxina botulínica.

Etiologia

A toxina tetânica é produzida pela forma vegetativa do *Clostridium tetani,* bacilo Gram-positivo com dimensões de aproximadamente 5,0 µm de comprimento por 5,0 µm de largura, que apresenta evidente e característico esporo terminal que lhe confere um aspecto similar a *palito de fósforo* ou *baqueta de tambor*, em lâminas de colônias do agente coradas pelo método de Gram. O *Clostridium tetani* é desprovido de cápsula e forma esporos na presença de oxigênio.

Para seu isolamento, o material a ser pesquisado deve ser cultivado em ágar-sangue de carneiro ou meios contendo tioglicolato, como o meio de Tarozzi, e incubado a 37°C em anaerobiose estrita durante setenta e duas horas.

O material a ser cultivado, visando ao isolamento e identificação de *Clostridium tetani,* é constituído por tecido necrótico de ferimentos ou cirurgias mal sucedidas, particularmente castrações, material de cordão umbilical ou secreção desses mesmos locais. O ideal é que, antes que esses materiais sejam cultivados, passem por tratamento térmico a 80°C durante vinte minutos, pois nessa temperatura todos os contaminantes são eliminados, e o *Clostridium tetani* permanece plenamente viável.

A cultura pode ser realizada em placas de ágar-sangue de carneiro diretamente ou tubos contendo tioglicolato e, por vezes, após o crescimento em anaerobiose nesse meio, alguns autores recomendam inoculação do material isolado no meio líquido contendo tioglicolato em ágar-sangue de carneiro com o repique sendo incubado novamente em anaerobiose por setenta e duas horas. No meio de ágar-sangue, o *Clostridium tetani* forma colônias de aspecto rizoide e hemolíticas.

Resistência ambiental

A forma vegetativa do *C. tetani* é muito sensível ao calor e aos desinfetantes, porém forma esporos na presença de oxigênio. A forma esporulada apresenta exacerbada resistência ambiental, resistindo a 121°C por 10 a 15 minutos em autoclave, resiste a desinfetantes e, no solo, pode persistir por dezenas de anos, muitas vezes até um século. Como o tétano é uma doença ligada à presença de esporos do *C. tetani,* alguns autores a denominaram de doença telúrica.

Habitat

O *C. tetani* possui como hábitat natural o intestino dos animais domésticos e da espécie humana, fazendo parte da composição da flora normal. Já foi identificado no intestino de equídeos, ruminantes, cães, gatos, ratos, cobaias, galinha e da espécie humana.

O grande reservatório é o solo pela contaminação permanente através das fezes dos animais domésticos e pela resistência e longevidade dos esporos. Os solos agricultáveis adubados com fezes de animais são reservatórios evidentemente mais ricos.

Produção de toxinas pelo *Clostridium tetani*

Existem onze cepas de *Clostridium tetani*, sendo tal classificação baseada nos antígenos flagelares. As diferentes cepas apresentam distintas capacidades de produção de tetanospamina, porém a toxina produzida por todas as cepas é a mesma, o que explica o fato de existirem afirmações de diversos autores sobre cepas mais ou menos toxigênicas ou cepas mais ou menos virulentas.

A produção de toxinas é codificada por plasmídeos, que são elementos genéticos extracromossomais.

As cepas de *C. tetani* produzem uma hemolisina, denominada tetanolisina, de importância secundária, cuja única ação é provocar danos em membranas celulares nos locais de ferimentos contaminados pelo agente, acarretando aumento na área de anaerobiose. Sua presença não é necessária para o estabelecimento e o desenvolvimento do quadro de tétano.

Todas as cepas de *C. tetani* produzem uma neurotoxina lipoproteica extremamente potente que é a única responsável pelo estabelecimento do quadro de tétano. É produzida pelas células clostrodianas em crescimento e liberada somente na lise celular.

Características da Tetanospasmina

É um composto lipoproteico cujo peso molecular varia entre 150.000 a 170.000 dáltons e apresenta uma cadeia polipeptídica denominada toxina progenitora. Esta, nos focos e ferimentos contaminados, sofre clivagem extracelular por ação de proteases de outras bactérias aeróbicas que contaminaram tais locais.

O processo de clivagem libera a toxina tetanospasmina para execer seus efeitos patogênicos. A tetanospasmina, também denominada toxina tetânica, apresenta duas porções:

O fragmento A ou cadeia leve, cujo peso molecular é de 50.000 dáltons, e o fragmento B ou cadeia pesada com peso molecular de 100.000 dáltons. Os fragmentos A e B permanecem unidos por pontes de dissulfeto.

A tetanospasmina não apresenta qualquer função ou utilidade para o *C. tetani* e é considerada uma *anomalia natural*, pois atua no sistema nervoso central onde o agente bacteriano que a produz não tem acesso. É termolábil, sendo destruída em cinco minutos quando submetida à temperatura de 56°C.

Sua purificação e tratamento com formalina a 0°C provoca sua rápida conversão a toxoide tetânico utilizado como vacina contra o tétano desde 1925, quando foi produzida pelos experimentos de Descombey e Gaston Ramon, este, médico veterinário francês, e o primeiro integrante dessa profissão a ser diretor do Instituto Pasteur de Paris.

A forma de toxoide indica que a toxina tetânica, a tetanospasmina, perdeu totalmente a sua patogenicidade e manteve integralmente a sua antigenicidade. Constitui um dos antígenos vacinais mais potentes, garantindo elevados níveis de proteção contra o tétano se corretamente administrada.

Regiões funcionais da Tetanospasmina

A porção carboxterminal da cadeia pesada da tetanospasmina é responsável pela ligação neuroespecífica, pois apresenta grande afinidade e especificidade pelos terminais nervosos. A absoluta neuroespecificidade da neurotoxina tetânica é o maior determinante de sua patogenicidade. A porção carboxiterminal da cadeia pesada, além de ser a responsável pela ligação neuroespecífica, também é responsável pelo seu transporte axonal retrógrado.

A toxina tetânica liga-se aos gangliosídeos do tecido nervoso de forma irreversível e, recentemente, ocorre a descoberta de um gangliosídeo de peso molecular 1.500 dáltons, denominado glicosilfosfatidilinositol (GPI) que contém a glicoproteína que interage como receptor da tetanospasmina.

A porção amino-terminal da cadeia pesada é responsável pela internalização da toxina tetânica no tecido nervoso, alcançando o citoplasma dos axônios. Após a internalização, a porção amino-terminal da cadeia pesada se insere através da membrana do lisossomo, em pH ácido, e auxilia a translocação da cadeia leve que é dotada de atividade específica endopeptidase zinco dependente para as proteínas envolvidas na fusão de vesículas sinápticas com a membrana citoplasmática e, portanto, a atividade catalítica da cadeia leve é prevenir a exocitose de neurotransmissores e, consequentemente, a neurotransmissão.

A cadeia leve da toxina tetânica é zinco endopeptidase específica para os componentes centrais e essenciais do aparato de liberação de neurotransmissores, impedindo, portanto, essa ação.

O impedimento da liberação de neurotransmissores inibidores caracteriza o tétano como paralisia espástica em virtude do bloqueio de circuitos inibitórios da corda espinhal.

A ação toxigênica da toxina tetânica se dá por meio de mecanismo sequencial que compreende a ligação nas células nervosas, internalização, passagem através de membranas, translocação no citoplasma neuronal e clivagem catalítica de substratos proteicos. Ocorre a lise das sinaptobrevinas, que são vesículas associadas às proteínas de membrana, sendo que os componentes proteicos dessas vesículas contêm os neurotransmissores e aquelas agem na liberação destes.

Letalidade da Tetanospasmina

A dose letal para a espécie humana é de 2,5 ng/kg de peso vivo, ou seja, 175 ng para um pessoa de 70 kg.

Para os ratos, a dose letal é de 1 ng/kg e de 0,3 ng/kg para a cobaia.

Deve-se sempre levar em conta, como será visto adiante, que a susceptibilidade ao tétano varia muito entre as diferentes espécies animais.

Locais de ação da Tetanospasmina

Nas sinapses de alfa-neurônios motores com os interneurônios inibidores de Renshaw, tendo como efeito o impedimento da liberação de neurotransmissor inibitório, glicina.

Nos interneurônios inibidores do tronco cerebral, impedindo a liberação do neuro-transmissor inibitório ácido gama-aminobutírico (GABA).

Os efeitos da ação da tetanospasmina perduram por várias semanas.

Epidemiologia

A doença apresenta distribuição mundial, sendo que o solo e o aparelho digestivo das diversas espécies de animais constituem o seu reservatório. São portadores de *C. tetani* no trato digestivo os equídeos, bovinos, caprinos, ovinos, suínos, cães, gatos, ratos, cobaias, galinhas e a espécie humana.

A ocorrência de tétano não depende de sexo, raça, idade, estação do ano e clima, porém a susceptibilidade maior ou menor dos animais à enfermidade é inteiramente relacionada com a espécie.

Os equinos constituem a espécie mais susceptível ao tétano, com elevada ocorrência de casos, ao passo que os bovinos são muito menos susceptíveis com menor ocorrência de casos, mas mesmo assim é uma doença importante, pois em situações acidentais pode causar enormes prejuízos.

O tétano é uma enfermidade toxi-infecciosa não contagiosa, porém, muitas vezes, com os bovinos submetidos a certas condições, a doença pode simular um surto, como ocorreu recentemente no Pará onde, após a aplicação de vacina antirrábica em oitenta animais, quatro animais (5% do lote vacinado) foram acometidos pela enfermidade.

Também se registraram diversos casos ocorridos quase que simultaneamente em bovinos alimentados com alimentos grosseiros, que causam lesões na boca e língua e outras regiões do aparelho digestivo, lesões estas perfurantes propícias à instalação e multiplicação do agente.

Ingresso no organismo hospedeiro

Os esporos do *C. tetani* penetram no organismo hospedeiro através de ferimentos perfurantes ou perfurocortantes, castrações, caudectomia e cordão umbilical mal tratado. Como o *C. tetani* não é invasivo, é necessário que se estabeleçam condições de anaerobiose para que os esporos vegetem e ocorra a produção de toxina.

Letalidade

Depende do período de incubação, o que leva à afirmação de que a gravidade do quadro clínico é inversamente proporcional ao período de incubação. Esse é o motivo pelo qual o tétano, na espécie humana, era conhecido como o *mal dos sete dias* pelo grande número de crianças vitimadas pela enfermidade no período neonatal, em decorrência de falta de assepsia no cordão umbilical.

Fatores que influenciam o período de incubação

- Quantidade de tetanospasmina produzida na lesão;
- Toxigenicidade da cepa clostridiana infectante;
- Dimensão da área necrosada e consequente grau de anaerobiose gerado;
- Título de antitoxina do hospedeiro.

Patogênese

No tétano, não ocorrem lesões estruturais e sim lesões bioquímicas.

Em ferimentos perfurantes, perfurocortantes, castrações ou outros procedimentos cirúrgicos que sejam contaminados por terra e/ou fezes que contenham esporos de *C. tetani* e bactérias piogênicas, a infecção resultante irá produzir áreas de necrose que levará ao estabelecimento de situação de anaerobiose nos tecidos afetados, cujo potencial de óxido-redução ficará reduzido a níveis inferiores a 0,01 Volt.

Nessa situação, os esporos de *C. tetani* vegetam, ocorre multiplicação bacteriana e produção de tetanolisina e de tetanospasmina.

A tetanospasmina, por ação da sua cadeia pesada, liga-se às terminações nervosas periféricas no local e penetra nos axônios dos nervos motores na placa neuromuscular terminal, e a partir daí, ocorre transporte retrógrado ou centrípeto nos axônios motores. Nessas condições, a tetanospasmina avança através dos axônios motores cerca de 75 a 250 mm por dia até alcançar o corpo celular neural da corda espinhal, ou seja, os cornos ventrais da medula espinhal e, a partir daí, ocorre ascensão bilateral da toxina com difusão no sentido cranial, alcançando áreas do tronco encefálico. A tetanospasmina irá exercer suas ações patogênicas na medula espinhal, inibindo a liberação do neurotransmissor inibitório da fenda sináptica que é a glicina e, no tronco cerebral, atuará inibindo a liberação de outro neurotransmissor inibitório pós-sináptico que é o ácido gama-aminobutírico (GABA).

Portanto, a ação primordial da tetanospasmina basicamente consiste em inibição de neurotransmissores inibidores.

A glicina, que é um aminoácido, é liberada a partir dos interneurônios inibitórios da corda espinhal (Células de Renshaw) e exerce sua ação bloqueando a excitação e a liberação de acetilcolina na placa motora terminal. O impedimento ou bloqueio da liberação de glicina incorre na ausência de sinais inibitórios para os neurônios motores, havendo liberação constante de acetilcolina nas fibras musculares, levando a um quadro de contração muscular irreversível e sustentada, paralisia espástica e hiperestesia.

A inibição da liberação do neurotransmissor pós-sináptico ácido gama-aminobutírico no tronco cerebral, faz com que os alfa-neurônios motores pós-sinápticos percam sua inibição, sendo constantemente ativados por impulsos nervosos descontrolados que têm como consequência o quadro de tetania característico.

A espasticidade muscular e paralisia espástica severa devem-se ao bloqueio inibitório irreversível dos neurônios que previnem ou evitam a contração de um músculo ou grupo de músculos, quando seus antagonistas estão contraídos.

A hiperestesia é a resposta exacerbada a estímulos mecânicos, sonoros e luminosos.

Deve ser ressaltado que, quando ocorre grande produção de tetanospasmina nos ferimentos contaminados, enquanto uma parte da toxina penetra nos axônios motores, uma outra parte alcança a circulação sanguínea e pode penetrar em axônios motores longe do local de anaerobiose, como centros motores da cabeça e pescoço que possuem fibras curtas, o que faz com que essa toxina alcance o sistema nervoso central antes mesmo daquela que vem sendo conduzida pelo tecido nervoso a partir da área lesada de anaerobiose. Logo os sintomas de tétano iniciam-se em grupos musculares distantes da área de lesão na cabeça e pescoço, e esse quadro é denominado tétano descendente, ao passo que, quando os sinais clínicos principiam a partir da musculatura da área lesada, tem-se o quadro de tétano ascendente.

Essa toxina circulante justifica o uso de soro antitetânico que será descrito na terapêutica do tétano.

As consequências da ação da tetanospasmina determina o quadro clínico do tétano, cujas principais consequências, como paralisia espástica da musculatura, inclusive dos músculos envolvidos na respiração, levam à asfixia mecânica. Outras consequências são exaustão geral, acidose metabólica e parada cardiorrespiratória.

Manifestações clínicas

A grande e principal manifestação clínica do tétano é o quadro de paralisia espástica generalizada concomitantemente com severa hiperestesia que acarreta grandes respostas a estímulos mecânicos, sonoros e luminosos.

O período de incubação é bastante variável e, quanto mais curto, mais graves são os sintomas e pior o prognóstico.

Algumas vezes, o período de incubação é mais longo e, nesse caso, sequer se consegue detectar a área de ferimento onde ocorreu a penetração dos esporos do *C. tetani*.

Porém, em alguns casos graves de tétano onde não são observados ferimentos, não se pode jamais deixar de lado a hipótese de ferimentos no interior da cavidade oral, causados por alimentos grosseiros. Por outro lado, casos extremamente graves ocorrem após castração ou em neonatos, às vezes com menos de uma semana de vida, em virtude dos péssimos cuidados com o cordão umbilical, tornando-o uma porta de entrada para o desencadeamento de enfermidade. Em ambos os casos, os tecidos necrosados, onde existem coleções purulentas que propiciam o desenvolvimento de anaerobiose, são visíveis e o *C. tetani* pode, inclusive, ser isolado desses locais.

Os animais com tétano apresentam-se com hipertermia em decorrência do processo de rigidez que leva a intenso trabalho muscular, taquicardia e taquipneia em virtude da acidose metabólica ocasionada por esse mesmo trabalho muscular, que é muito intensa nos equinos e menos evidente nos bovinos. Ao tocar nos grupos musculares, especialmente o esternocleidomastoideo, observa-se sua intensa rigidez e uma resposta hiperestésica bastante acentuada do animal afetado.

O animal também apresentará exageradas respostas a estímulos sonoros e luminosos e, no momento de tais respostas, observa-se a exposição da terceira pálpebra ou membrana nictitante.

As orelhas se apresentam rígidas, sendo que muitos autores denominam orelhas em tesoura, narinas dilatadas, trisma mandibular em consequência da paralisia espástica dos músculos faciais, tornando impossível a abertura da boca do animal para a ingestão de alimentos e água, o que geralmente ocorre nos casos mais graves. Os animais respiram com dificuldade quando há comprometimento, mas não paralisia completa dos músculos intercostais, o que lhes acarreta a chamada *fáceis de tétano*, com narinas dilatadas e olhos muito abertos, denotando o intenso desconforto.

Os animais apresentam andar característico por causa da rigidez dos membros e praticamente não dobram mais qualquer articulação, havendo consequente andar arrastado ou envarado.

Outro sinal característico do tétano é a elevação da raiz da cauda, que também é denominada cauda em bandeira.

Nos casos mais graves ou quando há demora em tratar os animais, estes não se sustentam mais em estação, caem em decúbito lateral, com os membros esticados em posição de cavalete e opistótono.

Nesses casos, a morte ocorre mais rapidamente, e animais sob tratamento podem se curar ou demorarem mais para o desenlance.

Em relação aos bovinos, o valor intrínseco do animal determina se o tratamento será economicamente viável ou se o animal será sacrificado para poupar o sofrimento e evitar mais perdas econômicas.

Nos animais que vão a óbito, o exame necroscópico não mostrará nenhum tipo de lesão relacionada com a enfermidade, pois a toxina tetânica provoca apenas alterações bioquímicas no organismo afetado.

Prognóstico

Dependerá do período de incubação, se o animal começou a ser atendido logo que se iniciaram os sintomas, do manejo correto dos bovinos afetados e do valor econômico dos mesmos.

Tratamento

Deve ser realizado para cumprir os seguintes objetivos:

- propiciar relaxamento muscular para evitar acidose e asfixia;
- diminuir a hiperestesia;
- manter o animal hidratado;
- manter as necessidades calóricas;
- manter o equilíbrio acidobásico;
- eliminar o foco de produção de neurotoxina, se ainda estiver presente;
- neutralizar a tetanospasmina circulante;
- propiciar ambiente escuro e silencioso;
- propiciar bom piso para os bovinos para evitar a laminite.

Para diminuição da hiperestesia e para relaxamento muscular, deve-se administrar benzodiazepínicos na dose de 1 a 2 mg/kg de peso vivo, por via intramuscular, a cada 12 horas. Não se deve exceder a dose e utilizar a via intramuscular para a aplicação para evitar a queda dos animais, que acarretará consequências extremamente desfavoráveis.

Pela prática, tanto com equinos e ruminantes e cães, têm-se utilizado um medicamento de linha humana, denominado comercialmente Coltrax, cujo princípio ativo é uma substância chamada tiocolquicósido, relaxante de musculatura estriada. São aplicados 2 mg/kg de peso vivo por via intramuscular a cada vinte e quatro horas, com resultados razoáveis.

Para a destruição do *C. tetani,* utilizam-se compostos com múltiplas penicilinas, na dose de 40.000 UI/kg de peso vivo, com base na fração penicilina benzatina, por via intramuscular profunda, aplicando-se a segunda dose cinco dias após.

Quando são atendidos animais com tétano, que tenham a porta de entrada identificável, ou seja, um ferimento contaminado presente, administra-se, além do composto de múltiplas penicilinas citado, penicilina cristalina por via intravenosa, também na dose de 40.000 UI/kg de peso para uma ação mais rápida e efetiva frente ao *C. tetani*.

Para neutralização da possível toxina tetânica circulante aplica-se, por via intravenosa, 200.000 a 250.000 UI de soro antitetânico por kg de peso vivo em uma única aplicação.

Caso o animal doente seja um bezerro, aplica-se metade da dose, ou seja, 100.000 UI/kg de peso vivo.

A dose do soro antitetânico sempre foi motivo de controvérsias entre autores, porém deve ser ressaltado que esse medicamento, uma suspensão de anticorpos antitetanospasmina, um composto antitoxina tetânica, visa à neutralização da mesma presente na corrente sanguínea e, por vezes, pode ser que um ferimento altamente infectado em um cordão umbilical de bezerro possa ser uma fonte maior de tetanospasmina do que um ferimento em um bovino adulto. Nesse caso, a explicação seria um ferimento com menor área de necrose e consequente anaerobiose ou a presença de uma cepa de *C. tetani* com baixo poder toxigênico.

Porém, ao longo de muitos anos, tem-se utilizado esse procedimento padrão com bons resultados.

Nos casos em que a porta de entrada dos esporos seja visível, como onfaloflebites, castrações e outros ferimentos contaminados, deve ser feita a debridação do tecido afetado, limpeza adequada e desinfecção com água oxigenada e iodo a 5%.

Os animais em tratamento devem ser mantidos em baias escuras, longe de ruídos e somente abordados para o tratamento e alimentação, caso consigam se alimentar, se não houver trisma de mandíbula ou intensa rigidez cervical. Se isso realmente estiver presente, deve-se administrar alimentação parenteral, com administração de solução de Ringer-Lactato adicionado de 5% de solução de glicose a 50%, até que o animal recupere os movimentos de mandíbula e pescoço.

É fundamental que o animal permaneça em estação, mesmo que amparado por aparelhos de sustentação, pois o decúbito é muito desfavorável ao prognóstico. Foram atendidos mais de duzentos bovinos em tétano e todos os quadros de decúbito evoluíram para o óbito.

Nos bovinos, havendo taquicardia e taquipneia, pode-se administrar 0,5 a 1 mL/kg de peso vivo de bicarbonato de sódio a 10% por via intravenosa, embora a acidose seja menos grave que a observada nos equinos.

É preciso atenção com o animal em tratamento e recuperação, para evitar ou identificar, principalmente, quadros de pneumonia por bactérias oportunistas. Caso isso realmente ocorra, deve-se lançar mão de antibióticos de espectro superior à penicilina e administrá-lo concomitantemente para evitar danos ao animal.

Um grave e desagradável problema para o médico veterinário a campo é a ocorrência de tétano em vacas recém-paridas, quando houve penetração dos esporos de *C. tetani* por lesões vaginais ou uterinas, em virtude da contaminação fecal ou pelas mãos de peões ou profissionais descuidados que tentam remover a placenta ou colocar medicamentos por via uterina. Geralmente esses quadros de tétano são confundidos com hipocalcemia, que é a chamada tetania pós-parto, e a administração de cálcio leva à exacerbação do quadro de tétano e é letal para a vaca.

Portanto, nesses casos, o profissional deve realizar um exame clínico muito minucioso para identificar com segurança a patologia envolvida.

Diagnóstico

O diagnóstico de tétano é eminentemente clínico, já que a enfermidade não causa nenhuma lesão estrutural no organismo hospedeiro.

Profilaxia

Para a espécie bovina, as principais medidas profiláticas em relação ao tétano são: cuidados de limpeza e desinfecção do cordão umbilical nos neonatos, higiene no procedimento de qualquer ato cirúrgico, incluindo, principalmente, as castrações e descornas.

Se um bovino de alto valor sofrer traumas

perfurantes ou perfurocortantes ou trabalhos dificultosos de parto que provoquem lacerações, além do tratamento preventivo com penicilina, deve-se administrar 10.000 UI de soro antitetânico por via intravenosa ou intramuscular profunda.

Nenhum dos tratados de medicina veterinária indica como rotina a vacinação de bovinos contra o tétano, porém, atualmente no mercado, entram as vacinas polivalentes para imunização frente às clostridioses; algumas contêm na sua formulação o toxoide tetânico. Nesse caso, animais importantes de uma criação, principalmente vacas, poderiam receber uma dose dessa vacina no terço final de cada gestação, o que, além da proteção à matriz, transferiria imunidade passiva à cria, que perduraria até aproximadamente quatro meses de idade, quando entrariam no calendário sanitário de vacinações

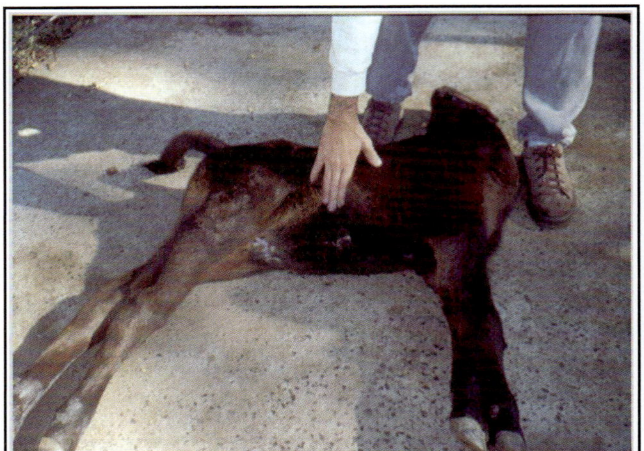

Figura 1. Tétano em bezerros - via de ingresso pelo cordão umbilical - Prof. Dr. Antonio Carlos Paes, Arquivo Pessoal.

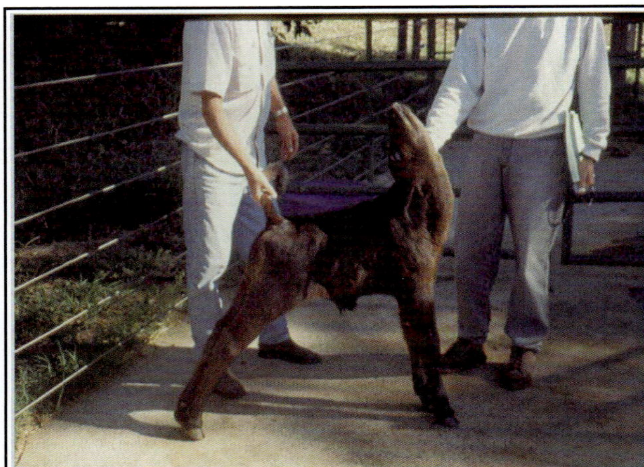

Figura 2. Tétano em bezerro – paralisia espástica e opistótono – Prof. Dr. Antonio Carlos Paes, Arquivo Pessoal.

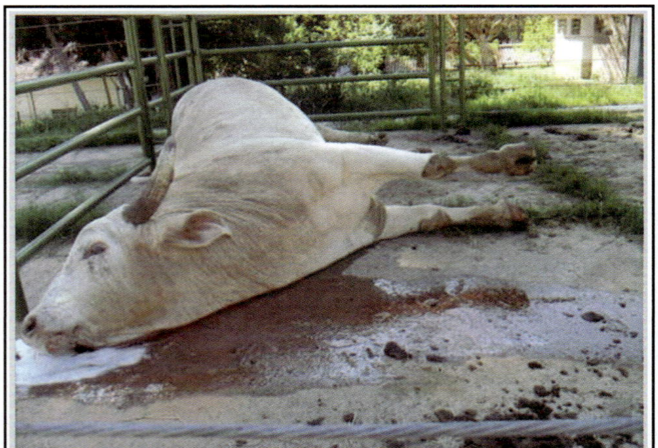

Figura 3. Tétano em bezerros - via de ingresso pelo cordão umbilical - Prof. Dr. Antonio Carlos Paes, Arquivo Pessoal.

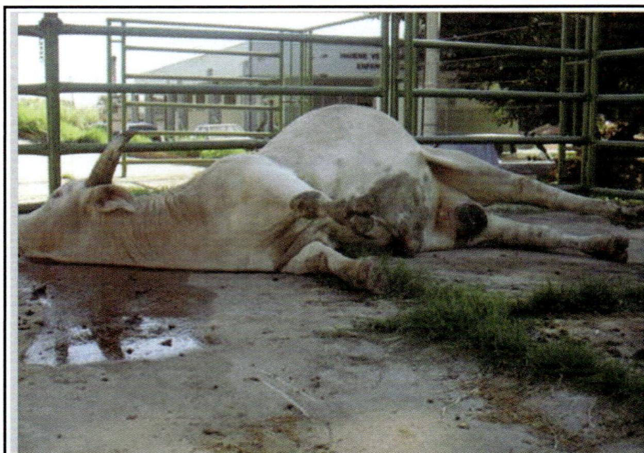

Figura 4. Bovino adulto com tétano - via de ingresso castração – Prof. Dr. Antonio Carlos Paes, Arquivo Pessoal.

Referências bibliográficas

Baldassi, L. Clostridial toxins – potent poisons, potent medicines. **J. Venom. Anim. Toxins incl. Trop. Disease**, v.11, n.4, p.391-411, 2005.

Barbosa, J.D.; Duarte, M.D.; Oliveira, C.M.C.; Silveira, J.A.S.; Albernaz, T.T.; Cerqueira, V.D. Surto de tétano em búfalos (*Buballus bubalis*) no Estado do Pará. **Pesquisa Veterinária Brasileira**, v.29, n.3, p.263-5, 2009.

Berne, R.M.; Levy, M.N.; Koeppen, B.M.; Stanton, B.A. **Fisiologia** (5° Ed) Rio de Janeiro: Elsevier, 2004, 1082 p.

Caleo, M.; Schiavo, G. Central effects of tetanus and botulinum neurotoxins. **Toxicon**, v.54, p.593-9, 2009.

Coleman, E.S. Clostridial Neurotoxins: Tetanus and Botulism. **The Compendium**, v.10, n.20, p.1089-97, 1998.

Corrêa, W.M.; Corrêa, C.N.M. Clostridioses. In: Corrêa, W.M.; Corrêa, C.N.M. **Enfermidades Infecciosas dos Mamíferos Domésticos**, Rio de Janeiro: Medsi, 1992, p.291-315.

Grumelli, C.; Verdeiro, C.; Pozzi, D.; Rossetto, O.; Montecucco, C.; Matteoli, M. Internalization and Mechanism of Action of Clostridial Toxins in Neurons. **NeuroToxicology**, v.26, p.761-7, 2005.

Gyles, C.L.; Prescott, J.F.; Songer, J.G.; Thoen, C.O. **Pathogenesis of Bacterial Infections in Animals** (3°Ed) Iowa: Blackwell Publisching Professional, 2004, 456 p.

Humeau, Y.; Doussau, F.; Grant, N.J.; Poulain, B. How botulinum and tetanus neurotoxins block neurotransmitter release. **Biochimie**, v.82, p.427-46, 2000.

Lalli, G.; Bohnert, S.; Deinhardt, K.; Verastegui, C.; Shiavo, G. The journey of tetanus and botulinum neurotoxins in neurons. **Trends in Microbiology**, v.11, n.9, p.431-7, 2003.

Quinn, P.J.; Carter, M.E.; Markey, B.K.; Carter, G.R. **Clinical Veterinary Microbiology** (Eds.) London: Mosby, 1994, 625 p.

Quinn, P.J.; Markey, B.K.; Carter, M.E.; Donnelly, W.J.C.; Leonard, F.C.; Maguire, D. **Microbiologia veterinária e doenças infecciosas**. Porto Alegre: Artmed, 2005. 512p.

Radostits, O.M.; Gay, C.C.; Hinchcliff, K.W.; Constable, P.D. **Veterinary Medicine: A textbook of the disease of cattle, horses, sheep, pigs and goats.** (10° Eds.) Philadelphia: Saunders Elsevier, 2007, 2156 p.

Todar, K. The Pathogenic Clostridia. **Todar´s Online Textbook of Bacteriology**, disponível em: www.mhtml:file://E:\Clostridium\PathogenicClostridia.mht, acesso em: 23/07/2007.

Botulismo

Definição

É uma enfermidade toxi-infecciosa causada pela ingestão da toxina botulínica, produzida pela forma vegetativa de *Clostridium botulinum*. A toxina botulínica é uma neurotoxina com tal poder de ação que a coloca na posição de mais potente toxina biológica existente. No Brasil, a enfermidade é vulgarmente conhecida como doença da vaca caída.

Etiologia

Clostridium botulinum, bacilo Gram-positivo, anaeróbico, que forma esporo subterminal oval em presença de oxigênio em pH próximo ou pouco acima da normalidade. Mede aproximadamente 4,0 a 6,0 ¼m de comprimento por 0,9 a 1,2 µm de largura e para seu isolamento é necessária condição de anaerobiose estrita, cresce bem em meio como ágar-sangue de carneiro, em temperatura de incubação de 35°C durante cinco dias.

Como a maioria de isolamentos de *Clostridium botulinum* são realizados a partir de materiais extremamente contaminados, como fezes, carcaças de animais mortos, lodo de poças ou bebedouros e cama de frango, recomenda-se que os mesmos sejam submetidos a tratamento térmico entre 65 a 80°C, durante 30 minutos, para que os contaminantes sejam eliminados.

Os esporos resistem a esse tratamento, pois

para serem inativados devem ser submetidos a 121°C durante 15 minutos. A toxina botulínica é destruída se submetida a 100°C durante 20 minutos. Após cinco dias de incubação em anaerobiose a 35°C em ágar-sangue de carneiro observa-se o crescimento de colônias hemolíticas lisas ou rizoides.

O hábitat natural do *Clostridium botulinum* é o solo e o trato digestivo dos animais. A toxina botulínica é produzida durante o crescimento vegetativo da bactéria, é estável, altamente letal e viável por longos períodos, particularmente em ossos de animais que morreram a campo.

Em costelas de cadáveres de bovinos decompostos em pastagens, escolhidas aleatoriamente, no Estado de São Paulo, foram identificados esporos de *Clostridium botulinum* em mais de 55% das amostras. Os esporos do agente são encontrados em alta concentração no solo nas proximidades de cadáveres nas pastagens.

Os esporos podem resistir no solo por até 20 anos. Quando encontram condições favoráveis passam para a forma vegetativa, multiplicam-se e passam a produzir toxina. As condições ditas favoráveis para a vegetação dos esporos são temperatura, umidade, pH adequado, decomposição de material orgânico animal ou vegetal e anaerobiose.

São identificados sete tipos sorológicos de *Clostridium botulinum*, e a sua distribuição é mundial. As toxinas por eles produzidas são designadas pelas letras A, B, C, D, E, F. As toxinas A, B, E, F são mais frequentes em casos de botulismo na espécie humana, ao passo que as toxinas C e D causam botulismo em bovinos, eqüinos e aves.

As toxinas produzidas pelos diversos tipos de *Clostridium botulinum* são proteínas antigenicamente diferentes, mas com a mesma potente neurotoxicidade.

Características da Neurotoxina Botulínica

É uma metaloprotease Zinco dependente, produzida pelas formas vegetativas de *Clostridium botulinum*, que tem como alvo de ação determinado a acetilcolina contida nas placas nervosas terminais. Como sua molécula é muito grande para atravessar a barreira hematoencefálica intacta, sua ação seletiva nos terminais colinérgicos é limitada aos sistemas colinérgicos periféricos. O local alvo primário é a junção neuromuscular, onde atua no nervo motor terminal, impedindo a liberação de acetilcolina, o neurotransmissor primário das sinapses.

A toxina botulínica persiste longo tempo em cadáveres e ossos abandonados nas pastagens, mesmo sob ação da luz solar. Também começa a ser produzida pouco tempo após a morte; já ao redor de 30 dias é detectada a presença da toxina, que pode se manter ativa até 351 dias.

Essa persistência é influenciada por diversos fatores ambientais como umidade e temperatura adequadas e ocorrência de anaerobiose.

Embora a toxina botulínica tenha a capacidade de ultrapassar barreiras mucosas e resiste à ação do suco gástrico, particularmente em monogástricos como o equino ou na espécie humana, nos ruminantes uma substancial quantidade da mesma pode ser destruída nos processos de digestão bacteriana no rúmen, mas a quantia absorvida é suficiente para exercer sua ação letal.

Geralmente a concentração plasmática da toxina permanece abaixo dos limites de detecção para o mais sensível teste de detecção, o bioensaio com camundongos.

O período de tempo que a toxina permanece no trato intestinal ou na corrente sanguínea após a ingestão permanece indeterminado.

A toxina botulínica é termorresistente e para ser inativada pelo calor deve ser submetida à temperatura de 100°C durante 20 minutos.

É a mais potente toxina biológica conhecida e apenas 1 mg em estado puro pode causar a morte de um milhão de cobaias.

Epidemiologia

Os esporos de *Clostridium botulinum* apresentam distribuição mundial, apresentando resistência ambiental elevada.

No caso do Botulismo em bovinos, a forma endêmica ocorre em criações extensivas, principalmente nas regiões cujo solo apresenta acentuada deficiência de fósforo. No caso específico do Brasil, grandes áreas de pastagens apresentam como fonte de alimento para os animais capim do gênero *Bracchiaria*, que apresenta pouca exigência e cresce muito bem em solos pobres, impedindo inclusive a erosão. Logicamente cresce em solos com deficiência de fósforo, levando tal deficiência aos bovinos que dele se alimentam

No Brasil, a incidência de Botulismo bovino é maior em gado de corte, acometendo principalmente animais criados em sistema extensivo.

Foi registrada inicialmente no Estado do Piauí, no final da década de 1960, e depois nas décadas de 1970, 1980 e 1990 ocorreram grandes surtos no Centro-oeste e Sudeste do Brasil. Em todos os locais havia a correlação com solos deficientes em fósforo, carcaças abandonadas, levando à falta de suplementação mineral adequada. Também houve relato da enfermidade no Rio Grande do Sul, em 1984, sendo ali denominada *mal de Alegrete*.

Pode acometer bovinos de leite ou mesmo bovinos confinados em virtude da administração de milho mal conservado, silagens contaminadas com animais mortos, geralmente pássaros ou pequenos roedores. A ingestão de água contaminada por carcaças de animais em decomposição ou matéria orgânica vegetal nas mesmas condições foram relatadas em muitas propriedades nos Estados de São Paulo, Mato Grosso e Goiás.

O hábito de alimentar bovinos com cama de frango foi responsável por inúmeros surtos de Botulismo em gado de corte e de leite, com elevadas perdas, com letalidade variando de 88 a 100%.

O uso da cama de frango para alimentação animal foi proibida, em 2001, pela Instrução Normativa n° 15, do Ministério da Agricultura, Pecuária e Abastecimento, como medida de prevenção da ocorrência da Encefalopatia Espongiforme Bovina, mas a dificuldade de fiscalização não erradicou essa malfadada atividade totalmente, havendo possivelmente burla, o que ainda acarreta problemas com botulismo em bovinos de leite confinados.

Em termos mundiais, a ocorrência de Botulismo é mais frequente no Hemisfério Sul, sendo que, na África do Sul e na Austrália, a enfermidade é extremamente importante, ocasionando, ao longo de muitas décadas, graves prejuízos econômicos para a pecuária bovina.

O reservatório dos esporos é o solo e o hábitat do *Clostridium botulinum*, especialmente dos tipos C e D é o trato digestivo de bovinos e equinos que, constantemente contaminam o solo, aumentando o conteúdo de esporos do mesmo.

No Brasil, os bovinos são acometidos pela toxina botulínica produzida pelos sorotipos C e D de *Clostridium botulinum*, havendo um único relato de doença causada pelo sorotipo B, em 1988.

A letalidade do Botulismo é extremamente elevada e mesmo animais que não morram pela enfermidade apresentam dificuldade de recuperação pelo decúbito prolongado, muitos dos quais acabam sendo sacrificados.

A enfermidade para sua ocorrência não depende de sexo, raça ou faixa etária e nem estação do ano; porém está muito relacionada com terras pobres, deficientes em fósforo, criação extensiva de bovinos com deficiência na suplementação de minerais e com períodos de seca, nos quais é exacerbada nos animais a perversão alimentar caracterizada pela osteofagia de carcaças erradamente abandonadas nas pastagens.

A ocorrência de Botulismo é encadeada por uma cadeia de fatores contribuintes para a ocorrência da doença:

- a presença de esporos que podem vegetar e produzir a toxina em matéria orgânica depositada no solo ou em lagoas e locais de água empoçada;
- carcaças de animais mortos abandonados em pastagens, nas quais os esporos se multiplicam e produzem toxina;
- osteofagia pelos animais de rebanhos inadequadamente mineralizados que ingerem restos de ossos e carcaças;
- vegetação deficiente em fósforo, ou seja, capim deficiente que cresce em solos pobres;
- solo deficiente em fósforo.

Essas são as condições para a ocorrência da forma clássica do Botulismo, e as que ocorrem por ingestão de silagem contaminada são puramente acidentais. As que ocorrem por ingestão de cama de frango deveriam ser consideradas como situações nas quais os proprietários simplesmente buscam criar problemas ao invés de procurar soluções.

Mecanismo fisiopatológico do Botulismo

A toxina botulínica é ingerida da forma de uma prototoxina e é ativada pela ação de proteases endógenas. A toxina botulínica ingerida é distribuída por todo o organismo pela corrente sanguínea.O processo de intoxicação pela neurotoxina botulínica é um processo de múltiplos estágios.

No primeiro estágio da intoxicação, a toxina liga-se seletivamente através da sua cadeia pesada a receptores, proteínas e gangliosídeos, localizados na membrana plasmática do nervo motor terminal. Essa ligação da toxina na membrana da célula nervosa terminal inicia o segundo estágio do processo de intoxicação que é caracterizado pela penetração, mediada por receptores, ou seja, penetração por endocitose para o interior de endossomos.

O terceiro estágio da intoxicação ocorre no interior dos endossomos, no qual as ligações de dissulfeto entre as cadeias pesada e leve da toxina são reduzidas, e a subsequente queda do pH endossomal promove uma alteração na conformação da molécula da toxina botulínica, permitindo que a cadeia leve penetre através da membrana endossomal para o citoplasma celular, possibilitando campo de ação para a toxina botulínica.

Após essa translocação para o citoplasma, a cadeia leve da toxina botulínica está livre para atuar nos seus alvos intracelulares durante o estágio final da intoxicação. Nesse último estágio do processo, a neurotoxina por ação enzimática realiza um processo de clivagem em uma de três proteínas específicas encontradas no terminal pré-sináptico: SNAP-25, sinaptobrevina e sintaxina, que são necessárias para a liberação de acetilcolina. Em circunstâncias normais, essas proteínas atuam na fusão da vesícula sináptica com as membranas terminais. Essa fusão e a subsequente liberação de acetilcolina na fenda sináptica são desencadeadas pela ação de íons de cálcio (Ca^{2+}).

A clivagem de uma única das proteínas referidas inibe a fusão vesicular e a liberação de acetilcolina. As toxinas botulínicas que acometem os bovinos são o sorotipo C que cliva SNAP-25 e sintaxina e o sorotipo D que cliva a sinaptobrevina. A consequência final é a interrupção da passagem dos impulsos nervosos para os músculos e consequente paralisia flácida

Quadro clínico

O período de incubação é bastante variável, podendo variar de um a três até 17 dias ou, segundo alguns autores, de 18 horas a 16 dias nesse caso, ocorrendo tal incubação na forma experimental da enfermidade. Nos casos de doença natural, bovinos expostos a quantidades moderadas de neurotoxina botulínica apresentam sinais de fraqueza em 24 a 48 horas e apresentam-se em decúbito dois a três dias, antes que ocorra o óbito.

Se a dose de exposição for elevada, os bovinos podem morrer em 24 a 48 horas. Nos casos menos graves, o curso da enfermidade pode ser de dois a trinta dias. Os sinais clínicos causados pela intoxicação com os tipos C e D variam consideravelmente e dependem da quantidade de toxina que foi ingerida. A doença pode arbitrariamente ser dividida em superaguda, aguda, subaguda e crônica, baseando-se no início e na sequência de desenvolvimento de paralisia nos diferentes grupos musculares e na severidade dos sinais clínicos.

As formas aguda e superaguda são raras e ocorrem apenas sob determinadas circunstâncias, como ingestão de silagem muito contaminada, quando a ação da toxina mata os animais entre 24 a 48 horas de curso clínico.

Os animais que adquirem a enfermidade em criações extensivas a campo, por ingestão de ossos ou outros materiais orgânicos em putrefação, mais comumente desenvolvem a forma subaguda ou crônica da enfermidade. A duração do quadro clínico até ocorrência do óbito está diretamente correlacionada com o período de incubação, que é curto nas formas aguda e superaguda e duram 7 dias ou mais nos casos crônicos.

O início dos sintomas clínicos é abrupto e o primeiro sinal observado é a dificuldade de locomoção; porém, nos surtos que ocorreram em rebanhos leiteiros, houve drástica redução na produção de leite nos dias que antecederam o aparecimento da sintomatologia.

Os animais acometidos não apresentam nenhum sinal de febre, e o estado mental não sofre qualquer anormalidade. Ocorre dificuldade de locomoção, principalmente com os membros posteriores e se propaga para os anteriores, para o pescoço e cabeça, em quadro generalizado de paralisia flácida.

Os animais dobram os membros, deixam de se locomover e entram em decúbito external, mas mantêm a atenção no ambiente e plena consciência. Se não ocorrer total paralisia de língua e mandíbula, os animais apreendem o alimento que conseguem e tentam ingeri-lo.

Com a evolução do quadro clínico, há parada dos movimentos ruminais, diminuição do tônus muscular da língua e da cauda. Na fase final da evolução, observa-se total flacidez da língua, inclusive com o animal sendo incapaz de recolhê-la para o interior da boca, o que impede totalmente a mastigação e a deglutição.

A dificuldade respiratória é evidente, com inspiração bifásica e bradicardia, com a morte sobrevindo por paralisia da musculatura intercostal e parada da respiração. Na forma superaguda da enfermidade, muitos animais morrem subitamente sem que nenhum sinal clínico seja observado.

Nos animais ainda vivos e que são examinados, é marcante a paralisia dos músculos da locomoção, mastigação e deglutição, com ocorrência de abundante sialorreia e, em pouco tempo, os animais estão prostados e em completo quadro de paralisia flácida, com a língua totalmente fora da cavidade oral e paralisia da mandíbula.

Na forma aguda, os sinais lembram os da fase superaguda, porém o curso da doença é um pouco mais lento, ocorrendo a paralisia flácida, decúbito external e pescoço voltado para trás com a cabeça tocando o flanco do animal. No estágio final, os animais vão para decúbito lateral, há parada ruminal e paralisia dos músculos envolvidos na respiração e morte.

Achados de necropsia

Não há nenhuma lesão anatomopatológica macroscópica ou microscópica em bovinos vitimados pelo Botulismo, pois as lesões no organismo ocorrem em nível bioquímico.

Diagnóstico do Botulismo bovino

O diagnóstico padrão ouro para o Botulismo bovino é a demonstração da presença da toxina botulínica através da prova de bioensaio com camundongos, utilizando-se soro, fluido ruminal, conteúdo intestinal e fígado de animais mortos ou doentes, apesar da limitada sensibilidade dessa prova. O bioensaio em camundongos não é sensível o suficiente para a detecção de baixos níveis de toxina botulínica na circulação, sendo tais níveis comuns nos bovinos afetados.

A detecção da toxina em fluido ruminal, conteúdo intestinal ou soro sanguíneo fornece evidência para o diagnóstico definitivo de Botulismo. Porém, no fígado, o encontro da toxina pode significar que foi produzida após a morte do animal, portanto não basta para se chegar a um diagnóstico conclusivo.

Por esse motivo, é muito importante que os animais sejam submetidos à necropsia logo após a morte ou no mínimo três após a mesma. Materiais muito bons são obtidos de animais sacrificados na fase terminal da enfermidade e imediatamente necropsiados.

O material a ser colhido para envio a laboratório de diagnóstico consiste de sangue para obtenção de alíquota de soro ao redor de 5 mL, 20 mL de líquido ruminal, 20 mL de conteúdo intestinal e 100 g de fígado. Soro, líquido ruminal e conteúdo intestinal devem ser colocados em frascos esterilizados e adequadamente fechados, e a porção de fígado pode ser acondicionada em papel alumínio, com duplo envoltório.

Se houver imediato encaminhamento do material para o laboratório, fazê-lo em isopor contendo gelo reciclável e muito bem fechado. O material pode permanecer overnight em refrigerador comum e ser encaminhado no dia seguinte nas condições descritas.

Caso ocorra demora para que o material seja enviado ao laboratório de diagnóstico, o mesmo deve ser congelado a -20°C e, no momento do envio, seguir os mesmos procedimentos de acondicionamento.

No teste de bioensaio em camundongos, soro, fluido ruminal, conteúdo intestinal ou triturado de fígado devidamente tratados, preparados, centrifugados e filtrados em Millipore (0,22μ), têm uma alíquota de 0,5 mL inoculada por via intraperitoneal em camundongos que, a partir daí, serão observados por um período de 96 horas. Aproximadamente 24 horas, em caso de presença da toxina botulínica, os camundongos começam a apresentar perda de tônus muscular, que é muito evidente no abdômen, desenvolvendo aparência de cintura fina ou abdômen de vespa, em consequência da respiração abdominal; em seguida, desenvolve-se paralisia flácida generalizada e morte, confirmando o diagnóstico de Botulismo.

Nesse teste, o resultado positivo é conclusivo e, quanto ao resultado negativo, restará a dúvida da possibilidade do bovino haver morrido de Botulismo, mas com baixos níveis da toxina nos materiais testados. Existe um teste de ELISA realizado com soro de bovinos doentes ou mortos, mas cuja sensibilidade é muito baixa, a tal ponto que os pesquisadores concluíram que não serve como substituto do bioensaio com camundongos.

O diagnóstico do Botulismo em bovinos também pode ser realizado por meio da técnica de Microfixação de Complemento em soro sanguíneo, fígado e líquido ruminal.

Segundo trabalho de Dutra *et al.* (1993), os resultados obtidos com essa técnica para diagnóstico de Botulismo bovino em soro sanguíneo, líquido ruminal e fígado de animais que morreram de doença natural nas formas aguda, subaguda e crônica e de três animais intoxicados experimentalmente foram francamente superiores aos obtidos com bioensaio com camundongos para as mesmas amostras.

Essa técnica, embora exija laboratório equipado e pessoal técnico competente, mostrou-se bastante eficaz para o diagnóstico conclusivo de Botulismo em bovinos, auxiliando muito os profissionais de campo envolvidos diretamente com o problema.

O diagnóstico clínico a campo pode ser alcançado se o profissional médico veterinário for atento à sintomatologia clínica muito característica de paralisia flácida cujo início foi uma simples dificuldade locomotora, decúbito external, paralisia de mandíbula e língua pendente para fora da boca com o animal impossibilitado de recolhê-la e a consciência plenamente preservada. Esse quadro clínico é apresentado por muitos animais que foram expostos à mesma fonte de infecção que pode ser carcaças abandonadas e/ou poças de água com animais mortos no seu interior. Deve-se lembrar sempre que tais casos ou surtos ocorrem em rebanhos mal manejados, em solos pobres, deficientes em fósforo e sem mineralização adequada.

Mesmo nesses casos, quando medidas profiláticas devem ser instaladas, é fundamental que material para diagnóstico seja enviado a um laboratório especializado.

Em casos nos quais muitos animais são encontrados já mortos, essa remessa é mais importante ainda, procurando enviar material de diversos animais e também pesquisar outras causas que possam causar morte no rebanho, sempre devendo o médico veterinário descartar a possibilidade de ocorrência de Raiva para a preservação e proteção da Saúde Pública.

Profilaxia

- Envolve a remoção dos fatores predisponentes para a ocorrência de Botulismo no rebanho;
- Incinerar e/ou enterrar profundamente e envolvidas por cal virgem as carcaças que já existiam nas pastagens e as que morreram recentemente no surto;
- Havendo condições, pode ser procedida a pré-compostagem das carcaças dos mortos no surto, e o tratamento prévio do cadáver em leiras estáticas individuais com material carbonáceo, conforme descreve a literatura.

O sistema de compostagem promove a reciclagem do material orgânico que acaba retornando ao solo como fertilizante após a destruição das bactérias patogênicas.

- Mineralizar adequadamente o rebanho para suprir a deficiência de fósforo. Se possível, analisar o solo e capim e formular o suplemento mineral corretamente.
- Cuidar das pastagens e mantê-las limpas;
- Cuidar dos bebedouros e sempre que possível evitar acúmulos de água propícios para a decomposição de matéria orgânica;
- Instituir esquema de vacinação com as vacinas que contenham como antígenos os toxoides C e D de *Clostridium botulinum*.

A vacinação é instituída nos rebanhos em que ocorreram casos ou surtos de Botulismo, utilizando-se duas doses da vacina contendo toxoides C e D e adjuvante de alúmen de potássio em intervalos de 30 dias. Depois o rebanho será vacinado anualmente, e os animais jovens devem receber a primo vacinação aos quatro meses de idade, com reforço após 30 dias. Vale ressaltar que apenas a realização da vacinação, sem que sejam observadas as demais medidas profiláticas, será inútil para a solução do problema.

Comentários finais

Não foi abordado o tratamento de animais acometidos por Botulismo, pois a relação custo benefício é extremamente negativa. Animais de alto valor zootécnico podem ser tratados com administração de fluidos, seja solução Glicofisiológica ou Ringer Simples adicionado de 5% de glicose, antibióticos para prevenção de infecções secundárias, principalmente pneumonias e complexos vitamínicos, mas com maus resultados se os animais não forem mantidos em estação. Na grande maioria dos casos, o tratamento só faz aumentar os prejuízos da produção.

Referências bibliográficas

Acha, N.; Szyfres, B. **Zoonosis y Enfermidades Transmisibles Comunes Al Hombres y a Los Animales. Volumen I**. (3°Eds) Washington: Organización Panamericana de La Salud, 2001. 398 p.

Coffield, J.A.; WhelcheL, D.D. Botulinum neurotoxin. **Veterinary Toxicology**, p. 755-70, 2007.

Costa, G.M.; Salvador, S.C.; Pereira, M.N. Botulismo em bovinos leiteiros no Sul de Minas Gerais, Brasil. **Ciência Rural**, v.38, n.7, p.2068-71, 2008.

Corrêa, W.M.; Corrêa, C.N.M. **Enfermidades Infecciosas dos Mamíferos Domésticos**. Rio de Janeiro: MEDSI, 843 p., 1992.

Curci, V.C.L.M. **Resposta humoral de bovinos para os toxoides botulínicos C e D**. Tese (Doutorado). Faculdade de Ciências Agrárias e Veterinárias - Universidade Estadual Paulista, Jaboticabal, 32 p., 2008.

Curci, V.C.L.M.; Dutra, I.S.; Döbereiner, J.; Lucas Junior, J. Pré-compostagem de cadáveres de bovinos acometidos pelo botulismo. **Pesquisa Veterinária Brasileira**, v.27, n.4, p.157-61, 2007.

Döbereiner, J.; Dutra, I. O Botulismo dos Bovinos e o seu Controle. **Comunicado Técnico 72: Embrapa, Ministério da Agricultura, Pecuária e Abastecimento**, p.1-6, 2004.

Dutra, I.S.; Döbereiner, J.; Rosa, I.V.; Souza, L.A.A.; Neonato, M. Surtos de botulismo em bovinos no Brasil associados à ingestão de água contaminada. Pesquisa Veterinária Brasileira, v.21, n.2, p.43-8, 2001.

Dutra, I.S.; Döbereiner, J.; Souza, A.M. Botulismo em bovinos de corte e leite alimentados com cama de frango. **Pesquisa Veterinária Brasileira**, v.25, n.2, p.115-9, 2005.

Dutra, I.S.; Weiss, H.E.; Weiss, H.; Döbereiner, J. Diagnóstico do botulismo em bovinos no Brasil pela técnica de microfixação de complemento. **Pesquisa Veterinária Brasileira**, v.13, n.¾, p.83-6, 1993.

Gyles, C.L.; Prescott, J.F.; Songer, J.G.; Thoen, C.O. Pathogenesis of Bacterial Infections in Animals. (3° Eds) Danvers: Blackwell Plubishing, 456 p, 2004.

Nassar, A.F.C.; Miyashiro, S.; Daniel, G.; Souza, S.F.; Peraçoli, F. Identificação da Toxina Botulínica Tipo C e D em Bovino - Relato de Caso. **Arquivos dos Instituto Biológico**, v.76, n.3, p.449-51, 2009.

Quinn, P.J.; Carter, M.E.; Markey, B.K.; Carter, G.R. **Clinical Veterinary Microbiology** (Eds.) London: Mosby, 625 p., 1994.

Quinn, P.J.; Markey, B.K.; Carter, M.E.; Donnelly, W.J.C.; Leonard, F.C.; Maguire, D. **Microbiologia veterinária e doenças infecciosas**. Porto Alegre: Artmed, 512p., 2005.

Radostits, O. M.; Gay, C. C.; Hinchcliff, K. W.; Constable, P.D. **Veterinary Medicine: A textbook of the disease of cattle, horses, sheep, pigs and goats**. (10° Eds.) Philadelphia: Saunders Elsevier, 2007. 2156 p.

Souza, A.M.; Marques, D.F.; Döbereiner, J.; Dutra, I. S. Esporos e toxinas de *Clostridium botulinum* dos tipos C e D em cacimbas no Vale do Araguaia, Goiás. **Pesquisa Veterinária Brasileira**, v.26, n.3, p.33-8, 2006.

Winn, W.C.; Allen, S.; Janda, W.; Koneman, E.; Procop, G.; Schreckenberger, P.; Woods, G. Koneman, **Diagnóstico Microbiológico: texto e atlas colorido**. Rio de Janeiro: Guanabara Koogan, 1565 p., 2008.

CAPÍTULO 50

Amanda Keller Siqueira
Doutoranda em Medicina Veterinária Preventiva
Depto. Higiene Veterinária e Saúde Publica
FMVZ/UNESP. Botucatu, SP
kellersiqueira@hotmail.com

Tatiana Salerno
Doutoranda em Medicina Veterinária Preventiva
Depto. Higiene Veterinária e Saúde Publica
FMVZ/UNESP. Botucatu, SP
tativet@ig.com.br

Antonio Carlos Paes
Professor Livre Docente
Depto. de Higiene Veterinária e Saúde Pública
FMVZ/UNESP. Botucatu, SP
paesacmi@fmvz.unesp.br

Doenças causadoras de diarreias em bezerros

- *Colibacilose*
- *Salmonelose*

Colibacilose

Introdução

As enterobactérias são reconhecidas como um dos grupos bacterianos mais estudados em todo o mundo. A família *Enterobacteriaceae* compreende vários patógenos, incluindo *Escherichia coli (E. coli)*, microrganismo complexo e extremamente versátil quanto à diversidade de infecções no homem e em animais. Descoberta em 1885 pelo Médico alemão Theodor Escherich, a partir das fezes de bebês, atualmente é uma das bactérias mais pesquisadas mundialmente.

No que diz respeito às interações entre animais, seres humanos e *E. coli*, pode-se dividir essa espécie bacteriana em dois grupos. O primeiro grupo é formado por comensais que habitam o intestino grosso de homeotérmicos de seu nascimento até a morte. O segundo, formado por cepas de *E. coli* patogênicas, pode causar diversos tipos de infecções e é constituído por muitos patótipos. Os microrganismos comensais podem causar infecções em indivíduos imunocomprometidos ou de maneira iatrogênica.

As estirpes patogênicas são importantes causas de infecções hospitalares, especialmente de distúrbios entéricos. Quando se observam as relações entre os animais e o homem, aqueles tornam-se importantes reservatórios e, quando infectados, geram graves perdas econômicas, principalmente quando animais de produção são acometidos.

Há vasta diversidade patogênica de *E. coli*. A espécie bacteriana compreende pelo menos seis patótipos associados às infecções intestinais (DEC – *Diarrheagenic Escherichia coli*) e vários outros associados com infecções extraintestinais (ExPEC – *Extraintestinal Pathogenic Escherichia coli*).

As manifestações clínicas das colibaciloses estão intimamente associadas com os diferentes fatores de virulência observados nos patótipos. Esses atributos específicos de virulência conferem enorme habilidade de adaptação para a bactéria a novos sítios de infecção.

Diarreia em ruminantes neonatos

A criação animal deve basear-se no manejo correto, compreendendo estado imunológico, alimentação, abrigo, desinfecção ambiental, higiene da área de criação e situação de saúde e vacinal do rebanho.

As principais causas de diarreias em bezerros são rotavírus e coronavírus, *Cryptosporidium* spp. e *E. coli*, *Salmonella* spp. e *Clostridium* spp. A incidência desses agentes pode variar de acordo com a idade do animal. Muitas vezes esses microrganismos estão em associação, agravando ainda mais o quadro clínico. Classicamente, *E. coli* é considerado o principal agente causal de enterites no homem e animais. Ocasionalmente, o agente é encontrado em ampla variedade de manifestações clínicas extraintestinais, incluindo afecções dermatológicas, pulmonares, neurológicas, oculares, articulares, gêniturinárias, entre outras, conotando também seu comportamento oportunista.

No entanto, para se fazer o diagnóstico etiológico definitivo é necessário lançar mão de exames complementares (hematológicos, parasitológicos, microbiológicos, moleculares, entre outros).

Oliveira Filho *et al.* (2007) encontraram enteropatógenos em 79,0% das amostras diarreicas e em 70,0% das amostras não-diarreicas de bezerros da raça Nelore estudadas. No grupo com diarreia, *E. coli* foi encontrado em 69% dos exames microbiológicos positivos. No grupo controle, 66,7% dos microrganismos isolados foram identificados como *E. coli*.

Esses achados comprovam a prevalência dessa bactéria em enterites de bovinos e também na microbiota normal dos animais.

Etiologia

E. coli são bacilos Gram-negativos, móveis ou não, anaeróbios facultativos, não esporulados, contendo diferentes fatores de colonização. Essas bactérias pertencem ao reino Monera, filo *Proteobacteria*, ordem *Enterobacteriales*, família *Enterobacteriaceae*, gênero *Escherichia*, espécie *coli*.

As enterobactérias apresentam membrana citoplasmática, espaço periplásmico, peptidioglicanos ou mureína e membrana externa. Podem apresentar filamento flagelar que se projeta do citoplasma. Possuem cápsula conhecida como antígeno K. A membrana externa é constituída por lipopolissacarídeos (LPS), porinas e fímbrias. O material genético é formado por um único cromossomo circular. Os plasmídeos, material genético extracromossomal, contém informações, como a produção de toxinas, resistência aos antimicrobianos, e podem ser transmitidos entre as linhagens de *E. coli*.

Os polissacarídeos de membrana, denominados antígenos O ou somáticos, determinam os mais de 170 sorogrupos. Os antígenos flagelares ou H são de natureza proteica e distinguem os sorotipos dos diferentes sorogrupos.

A patogenicidade e as manifestações clínicas das colibaciloses variam de acordo com a presença de diferentes fatores de virulência das linhagens bacterianas, em especial representados por adesinas, toxinas, sistemas de aquisição de ferro e multirresistência.

E. coli Diarreiogênicas (DEC)

As linhagens de *E. coli,* relacionadas às manifestações clínicas entéricas ou diarreiogênicas, são divididas, na atualidade, em seis classes ou grupos: *E. coli* enteropatogênica (EPEC), *E. coli* êntero-hemorrágica (EHEC), *E. coli* enterotoxigênica (ETEC), *E. coli* enteroagregativa (EAEC), *E. coli* enteroinvasora (EIEC) e *E. coli* que adere difusamente (DAEC).

E. coli Enteropatogênica (EPEC)

Foi a primeira categoria de *E. coli* diarreiogênica descrita. Os primeiros estudos datam de 1920 e 1930, na Alemanha, sendo confirmados, em 1945, na Inglaterra. Essa classe de *E. coli* é considerada a maior causa de diarreia em crianças com idade inferior a um ano em países em desenvolvimento.

Em 1995, foi reconhecida a existência de duas categorias de EPEC, denominadas típica e atípica. Esta última é considerada patógeno emergente tanto em países desenvolvidos quanto em desenvolvimento, incluindo o Brasil. Ambas causam lesão histopatológica no epitélio intestinal denominada lesão A/E (*attaching and effacing*). As principais diferenças são os sorotipos e a presença de plasmídeos específicos. Além disso, as linhagens típicas se aderem de forma localizada. As estirpes atípicas também se caracterizam por aderência localizada, porém frouxa.

EPEC se adere às células da mucosa do intestino delgado e cólon causando perda das microvilosidades e formando um pedestal de filamentos de actina (lesão A/E). As mudanças morfológicas nas microvilosidades estão associadas com a resposta inflamatória. Clinicamente, observa-se diarreia aquosa com muco e sem sangue, febre e desidratação.

O homem é reconhecido como único reservatório das EPEC típicas. Raramente são encontradas em animais. As prováveis fontes de infecção são portadores sadios ou doentes. As vias de transmissão incluem contato pessoal e ingestão de água e alimentos contaminados.

E. coli Enterotoxigênica (ETEC)

As ETEC produzem dois tipos principais de enterotoxinas denominadas toxinas termolábeis (LT) e termoestáveis (ST). A toxina LT possui grande peso molecular e está relacionada imunologicamente com a toxina da cólera. A toxina ST possui baixo peso molecular, perdendo a capacidade antigênica. Ambas são encontradas no DNA plasmidial, podendo ser transferidas entre linhagens de ETEC.

Ao aderirem às células da mucosa do intestino delgado com o auxílio de fímbrias de colonização, as bactérias liberam as toxinas. A LT altera a atividade da adenilciclase ativando canais de cloro, com consequente saída de água. A toxina ST estimula a secreção de cloro e inibe a reabsorção de NaCl, aumentando o afluxo de fluidos intestinais. A ação das duas toxinas resulta na incapacidade do enterócito em reter eletrólitos e líquidos celulares, provocando diarreia profusa e aquosa.

As ETEC constituem um dos mais importantes enteropatógenos para o homem. São responsáveis por aproximadamente 20% dos casos de diarreia em crianças com menos de cinco anos em países desenvolvidos. Também é o principal agente da *diarreia dos viajantes* em adultos.

O principal reservatório é o homem e as vias de transmissão são as fezes de doentes e portadores. A infecção ocorre pela ingestão de água e alimentos contaminados. Existem evidências de transmissão por contato pessoal, em berçários e enfermarias de pediatria. Pacientes acometidos pelo vírus da Aids também são alvos dessas bactérias.

E. coli Enteroagregativa (EAEC)

A principal característica das EAEC é seu padrão de adesão às células epiteliais que consiste em um agregado celular que lembra *tijolos empilhados*. Tal padrão é denominado agregativo e foi estabelecido em 1987, por pesquisadores chilenos, em estudo epidemiológico sobre a etiologia da diarreia infantil no país.

Essa categoria de *E. coli* diarreiogênica tem sido associada à doença diarreica aguda ou persistente em casos esporádicos, e em surtos de diarreia em países desenvolvidos ou em desenvolvimento, sendo considerado patógeno emergente. Outros estudos relatam a presença significativa de portadores assintomáticos.

Os mecanismos de patogenicidade das EAEC ainda permanecem em estudo, mas vários fatores de virulência foram descritos. Essa classe de *E. coli* produz a toxina termoestável de EAC (EAST-1) e a *plasmid-encoded toxin* (PET). A EAST-1 correlaciona-se com ST de ETEC, alterando a corrente iônica das células intestinais. PET induz rompimento do esqueleto da membrana celular. Sugere-se que a associação desses fatores culmine com a diarreia. Foram descritas duas proteínas extracelulares denominadas PIC (*protein involved in intestinal colonization*) e dispersina. PIC é uma mucinase que confere à bactéria, *in vitro*, resistência ao soro e à hemaglutinação. A dispersina é imunogênica e auxilia na dispersão da EAEC pela mucosa intestinal.

A doença típica é caracterizada por diarreia secretória, mucoide e aquosa, com período de incubação curto, pouca febre e vômitos esporádicos. A classe EAEC foi associada com diarreia persistente em diversos países, inclusive o Brasil, com duração igual ou superior a 14 dias. Diarreia do viajante também é associada com essa categoria de DEC.

Estirpes de EAEC já foram isoladas de animais (cavalos, cães, macacos, bovinos e suínos), mas o papel destes como reservatórios para o homem ainda não foi estabelecido. Diversos estudos em vários países apontam que os alimentos contaminados podem ser veículos de transmissão.

E. coli Enteroinvasora (EIEC)

A enfermidade diarreica provocada por *E. coli* enteroinvasora é semelhante à infecção causada pelo gênero *Shigella*. Possui a capacidade de invadir e multiplicar-se nas células do cólon intestinal do homem. A capacidade de invasão de células epiteliais e consequente infecção de células adjacentes por essas bacterias é regulada tanto por genes plasmidiais quanto por genes cromossomais.

A diarreia causada por essa categoria é aquosa, seguida por muco e sangue. O paciente também apresenta febre, mal estar e cólicas abdominais.

As infecções causadas por EIEC são mais frequentes em crianças maiores que dois anos de idade e em adultos. A transmissão é via fecal-oral e ocorre pela ingestão de água e alimentos contaminados. O reservatório dessa categoria de DEC é o homem. Possui importância indefinida nos animais.

E. coli que Adere Difusamente (DAEC)

As *E. coli* de aderência difusa são caracterizadas por padrão agregativo que envolve toda a célula. Esse padrão é devido à produção de adesina fimbrial responsável pela ação citopática da bactéria. Essa ação caracteriza-se pelo alongamento das microvilosidades ao redor da célula bacteriana, reduzindo a borda em escova da mucosa intestinal. Estudos demonstram DAEC como causa de diarreia em crianças maiores de um ano.

E. coli Êntero-hemorrágica (EHEC)

Descrita em 1983 como infecção intestinal, essa categoria de DEC foi reportada nos EUA em surto de diarreia sanguinolenta, em 47 pessoas, ocorrido após ingestão de hambúrgueres.

As EHEC são relatadas predominantemente em surtos ou em casos isolados em países desenvolvidos, tendo baixa frequência de isolamento em países em desenvolvimento. Muitas espécies de *E. coli* produzem toxina tipo Shiga, porém a grande maioria dos surtos estão relacionados ao sorotipo O157:H7.

Essa categoria é caracterizada por diarreia sanguinolenta, trombocitopenia e síndrome urêmica hemolítica (SUH) no homem. A causa da colite e da SUH é atribuída à produção da toxina de Shiga (*Shiga toxin producing E. coli*) ou STEC pelo sorotipo O157:H7. A toxina é também denominada verocitotoxina (vt).

A absorção da toxina tipo Shiga provoca hemorragias intestinais e lesão renal por inibição da síntese proteica. Os casos de infecção humana por *E. coli* O157:H7, principalmente em crianças, evoluem para falência renal e geralmente têm prognóstico desfavorável, mesmo com a instituição do tratamento.

Assim como EPEC, EHEC também causa lesão A/E, porém coloniza somente o cólon.

As EHEC podem ser encontradas nas fezes da maioria dos animais domésticos, mas o reservatório mais importante para o homem é o bovino. A principal via de transmissão é a ingestão de carnes mal passadas. Atualmente têm crescido os casos relacionados ao consumo de água, alface, frutas, sucos fermentados e leite.

Epidemiologia

A colibacilose ocorre principalmente nos animais recém-nascidos, sendo causa significante de perdas econômicas na produção animal. É uma doença multifatorial complexa.

Nos bezerros leiteiros, criados intensivamente com manejo deficiente, o índice de morbidade normal é de 30%, podendo atingir 75%. A mortalidade varia entre 10 a 50%. Já nos bezerros de corte, a morbidade varia entre 10 e 50% e a mortalidade entre 5 e 25%. O índice de mortalidade no rebanho varia entre 3 e 60%, dependendo do manejo.

Deve-se levar em consideração que o animal com diarreia é a principal fonte de contaminação do meio ambiente, podendo aumentar notavelmente as taxas de morbidade da propriedade.

Fatores de risco

São considerados fatores de risco as situações que podem contribuir para a ocorrência da enfermidade. Muitos fatores de risco são associados à ocorrência de colibacilose, aumentando a complexidade da infecção. A identificação e a remoção ou alteração dos pontos críticos na produção animal podem ser muito eficientes na prevenção, controle e tratamento das diarreias em bezerros.

Fatores de risco do indivíduo

Os fatores de risco inerentes ao hospedeiro consistem em imaturidade ao nascimento, idade, peso do animal, distúrbios do parto e falha de imunidade adquirida por colostro.

O escore corporal e a nutrição da fêmea prenhe podem afetar a saúde do bezerro e a qualidade do colostro. A falha na ingestão de quantidade adequada de colostro e a sua baixa qualidade é o principal fator de risco para o desenvolvimento de diarreia aguda.

Fatores de risco ambientais

Condições climáticas adversas podem contribuir para a maior incidência de colibaciloses. Durante os meses de inverno, as aglomerações podem contribuir para o aparecimento de surtos de diarreia. O clima úmido e quente do verão é muito favorável para a manutenção do microrganismo no ambiente.

O manejo do rebanho, do ponto de vista higiênico-sanitário, está intimamente associado com maior ou menor incidência da enfermidade.

Fatores de risco associados ao patógeno

A presença e a ocorrência de enteropatógenos nas fezes de bovinos doentes ou saudáveis variam de acordo com os fatores de virulência do agente infeccioso, localização geográfica do rebanho, a propriedade, a idade dos animais, além da rapidez do envio de amostras para diagnóstico microbiológico e do treinamento dos microbiologistas que realizarão esse diagnóstico. Infecções mistas são muito comuns. A cultura e pesquisa dos agentes infecciosos podem ser negativas em mais de 30% das amostras colhidas dos bezerros com diarreia, dessa forma, a clínica será soberana.

Patogenia

Colibacilose septicêmica

A septicemia por *E. coli* pode ocorrer em virtude da capacidade bacteriana de invasão tecidual e circulação sistêmica através do lúmen intestinal, das mucosas orofaríngeas ou dos vasos umbilicais. Os sinais observados são hipotermia, pressão sanguínea sistêmica reduzida, taquicardia e débito cardíaco reduzido, alterações no hemograma, distúrbios da coagulação sanguínea, hiperglicemia seguida por hipoglicemia e depleção do glicogênio hepático. Animais que se recuperam podem desenvolver artrite ou meningite em decorrência da circulação bacteriana e das características dos antimicrobianos utilizados no tratamento.

Colibacilose enterotoxigênica

As diarreias são resultantes de secreção aumentada ou de absorção diminuída. No caso da diarreia por *E. coli* ou colibacilose ou curso branco, há a excreção de toxinas (enterotoxinas) pela célula bacteriana, causando aumento de secreção intestinal. A estrutura das células intestinais não é afetada, porém a atividade das bombas de sódio, potássio e cloreto é aumentada.

Essas mudanças geram perdas de fluido e principalmente eletrolíticas. Enquanto houver compensação das perdas, o bezerro permanecerá ativo e mamando, no entanto, ao excederem os limites da ingestão, os efeitos sistêmicos de desidratação ou acidose serão observados.

O fluido é perdido, principalmente dos vasos, resultando em colapso cardiovascular. A acidose pode ser resultante de perda de bicarbonato nas fezes, geração de ácidos no trato gastrintestinal e síntese de ácido láctico em resposta à desidratação e falta de correta perfusão tecidual. O bezerro torna-se deprimido, para de mamar, torna-se fraco e, com a evolução do quadro, pode ocorrer decúbito e morte. Com a correção do desequilíbrio hidroeletrolítico e acidobásico, restaura-se a capacidade do animal andar e voltar a mamar.

Sinais clínicos

Septicemia

Atinge principalmente os animais com até quatro dias do pós-parto. A maioria dos animais acometidos tem baixos níveis de imunoglobulinas colostrais. A doença é superaguda, com 24 a 96 horas de duração, com taxa de mortalidade acima de 80%. Os animais apresentam-se apáticos e fracos, normalmente em decúbito e desidratados, taquicárdicos e hipotérmicos. O reflexo de sucção é fraco ou inexistente, a mucosa oral apresenta-se seca e fria, e o tempo de preenchimento capilar invariavelmente está aumentado. O envolvimento multissistêmico é característico da septicemia de bezerros neonatos.

Diarreia

E. coli causa diarreia em bezerros como resultado de infecção entérica. Essa é a forma mais comum de colibacilose em recém-nascidos com três a cinco dias de idade. A gravidade da infecção varia de acordo com a dose infectante (número de microrganismos que infectam o animal), com as características de virulência bacteriana e a competência imunológica do bezerro.

O microrganismo produz diarreia profusa, pastosa a líquida, amarelo-palha ao branco, podendo apresentar estrias de sangue e com odor fétido. É isolada principalmente em fezes de animais com mais de quatro dias de idade, embora possa ser causa de diarreia em bezerros mais velhos. Nos últimos anos, vem diminuindo a incidência dessa bactéria, provavelmente em razão do desenvolvimento de vacinas eficazes. Bezerros infectados apresentam reação inflamatória discreta na parede do intestino delgado e alguma atrofia de vilosidades.

A temperatura é normal na fase inicial da doença, caindo com o decorrer do tempo. Os bezerros perdem ou não a capacidade de sucção de leite de acordo com o grau de acidose, desidratação e fraqueza. A palpação abdominal revela alças intestinais repletas de líquido.

Essas bactérias também são importantes causas de diarreia em seres humanos, responsáveis por gastroenterite conhecida como diarreia dos viajantes.

Diagnóstico

O correto diagnóstico da etiologia das diarreias é útil, principalmente para o tratamento e para a adoção de medidas de prevenção. Após o diagnóstico, deve-se levar em consideração que a grande maioria dos agentes causais de diarreias podem ser encontrados em baixas porcentagens em rebanhos saudáveis. Dessa forma, deve-se atentar para os achados clínicos e as características individuais dos animais afetados.

No caso de óbito, o diagnóstico é firmado com base na presença de doença típica disseminada, na demonstração do agente no tecido intestinal alterado e no isolamento bacteriano. Os melhores resultados são obtidos quando o exame necroscópico é realizado logo em seguida da morte, pois autólise e invasão da mucosa intestinal por bactérias da microbiota ocorrem com apenas cinco minutos. Pequenos fragmentos de mucosa intestinal para diagnóstico histopatológico devem ser fixados em formol 10%. Uma porção intestinal deve ser amarrada com barbante em dois pontos distantes, removida e enviada imediatamente para cultivo microbiológico, em caixas refrigeradas. Não se deve congelar o material.

O diagnóstico clínico baseia-se no isolamento do agente a partir das fezes do animal sintomático. Grande parte das linhagens de *E. coli* isoladas de bezerros neonatos possuem o pili K99 como fator de virulência comum. Outros fatores de adesão importantes são K88, F41 e 987P. Atualmente, os marcadores de virulência podem ser detectados principalmente pelas técnicas moleculares.

Tratamento

Exame físico

O exame físico do bezerro sintomático é imprescindível para o estabelecimento da terapia. A presença de doença intercorrente deve ser determinada. O tratamento vai depender do grau de desidratação, da gravidade da acidose, da probabilidade de infecções concomitantes e da temperatura retal (presença ou ausência de hipotermia). A bradicardia também é um sinal que deve ser considerado clinicamente importante, refletindo a gravidade da enfermidade.

Exames hematológicos são úteis para a identificação de distúrbios metabólicos nos bezerros com diarreia. O sangue deve ser colhido em frascos ou seringas heparinizadas e transportado sob refrigeração para o laboratório. A mensuração da glicose sanguínea é de suma importância para reposição em conjunto com a fluidoterapia, a fim de se evitar choque. Esse exame pode ser prontamente realizado por aparelhos portáteis.

Fluidoterapia

As causas mais comuns de choque e morte na colibacilose são a desidratação e a acidose metabólica. Essas alterações devem ser corrigidas o mais breve possível. O tratamento tem que ter enfoque na normalização do estado sistêmico do animal.

A reidratação pode ser feita com soluções de eletrólitos e solutos não eletrolíticos com capacidade de penetração em todos os compartimentos líquidos corporais, na dose de 60 a 100mL/kg/dia, como dextrose 5% em água, solução salina a 0,9%, solução de Ringer ou solução de Ringer Lactato. Além do restabelecimento hidroeletrolítico, os animais em acidose devem receber agentes alcalinizantes em conjunto (lactato, acetato, gluconato), porém, alguns estudos demonstram que o bicarbonato é considerado eficaz. Após o restabelecimento da capacidade de sucção de leite, a terapia pode ser substituída por fluidoterapia oral.

Nutrição

O suporte nutricional deve ser considerado principalmente para os bezerros cronicamente infectados (leite integral de vaca, sucedâneos do leite, eletrólitos orais).

Antimicrobianos

O uso de antimicrobianos é feito para as diarreias bacterianas, mas também para aquelas causadas por outros agentes com o intuito de prevenir infecções secundárias ou oportunistas. A resistência de *E. coli* frente às drogas é muito frequente. O uso indiscriminado, sem base no antibiograma, leva à seleção de bactérias multirresistentes e dificulta o tratamento. Muitos trabalhos científicos relatam o perfil de sensibilidade de *E. coli* isoladas de diarreia em bovinos.

Orden *et al.* (1999) avaliaram a atividade de cefalosporinas e fluorquinolonas frente a 195 linhagens de *E. coli* isoladas de bovinos com diarreia. Entre 11 e 18% das bactérias estudadas foram resistentes ao ácido nalidíxico, cefalotina, enoxacino e enrofloxacino. A resistência ao enoxacino e enrofloxacino foi observada em índices semelhantes, o que revela grande risco à saúde pública, pois enoxacino é frequentemente utilizado em tratamentos para humanos e enrofloxacino para animais. Além do risco de infecção cruzada entre homens e animais, deve-se atentar para a transferência de resistência, uma vez que esta é conferida para toda classe de fluorquinolonas. Dessa forma, o uso veterinário abusivo de fluorquinolonas pode conferir resistência aos antimicrobianos da mesma classe utilizados na medicina humana.

Orden *et al.* (2000) estudaram susceptibilidade *in vitro* de 15 antimicrobianos frente a 195 *E. coli* isoladas de bezerros com diarreia. A porcentagem de resistência para estreptomicina, tilosina e tetraciclina foi acima de 65%. Altos níveis de resistência, entre 23 e 50%, foram observados para ampicilina, cloranfenicol, kanamicina, neomicina, sulfadimetoxina e trimetoprim.

No teste de difusão com discos, Oliveira Filho *et al.* (2007) observaram enrofloxacino e norfloxacino (92,75%), seguidos de gentamicina, florfenicol e sulfametoxazol/trimetoprim (91,3%), como os antimicrobianos com maior efetividade, enquanto as maiores taxas de resistência foram observadas para tetraciclina (30,4%) e ampicilina (31,9%). No grupo controle, foi detectado 100,0% de sensibilidade das linhagens de *E. coli* para enrofloxacino, norfloxacino, gentamicina, florfenicol e sulfametoxazol/trimetoprim. Nesse grupo, as maiores taxas de resistência das linhagens foram observadas com o emprego de neomicina (35,0%), tetraciclina (35,0%) e ampicilina (30,0%).

Sawant *et al.* (2007), ao estudarem 223 isolados de *E. coli* de fezes de vacas leiteiras saudáveis, frente a 21 antimicrobianos, observaram 8,97% resistentes apenas para tetraciclinas, 35,87% resistentes para tetraciclina e florfenicol e resistência múltipla a mais que três antimicrobianos em 40,4% das bactérias.

A susceptibilidade de 75 isolados de *E. coli* de bovinos com diarreia foi determinada pelo método de difusão com discos para 14 antimicrobianos por Guler *et al.* (2008). Em 77,3% dos isolados foi detectada multirresistência. Altos índices de resistência foram observados para cefalotina (72%), tetraciclina (69,3%), kanamicina (69,3%), ampicilina (65,3%), ácido nalidíxico (53,3%), sulfametoxazole/trimetoprim (52%) e enrofloxacino (41,3%). Não foi observada resistência para ceftiofur e cefoxitina.

Os testes de sensibilidade microbiana a drogas são de suma importância para a eficácia do tratamento instituído e também para a prevenção do surgimento de bactérias multirresistentes. No entanto, a distância dos laboratórios de microbiologia, a gravidade dos sintomas, o número de animais acometidos, a morte de animais de alto valor zootécnico, entre outros fatores, podem fazer com que o clínico necessite lançar mão de antimicrobianos usados na rotina da clínica médica dos animais domésticos o mais rapidamente possível. O tempo do tratamento deverá ser estabelecido de acordo com a gravidade do quadro, variando de 7 a 10 dias, porém podendo chegar a 15 dias.

Os aminoglicosídeos são antimicrobianos de amplo espectro, mas são particularmente efetivos frente às bactérias aeróbicas Gram-negativas como *Escherichia coli*. A gentamicina é um aminoglicosídeo eficaz, principalmente se for utilizada em associação sinérgica com o ceftiofur ou com a ceftriaxona. Pode ser administrada por via intramuscular ou intravenosa, na dose de 3 a 5 mg/kg de peso vivo, em intervalos de 12 horas (**Tabela 1**). Seu uso deve ser evitado em animais desidratados em consequência de seus efeitos colaterais de nefrotoxicidade, porém, após o restabelecimento da volemia, é também uma boa opção de tratamento.

Tabela 1. Antimicrobianos, doses, intervalos terapêuticos, vias de administração e incovenientes para o uso no tratamento de bovinos.

Antimicrobiano	Dose (mg/kg)	Intervalo (horas)	Via de administração	Inconvenientes
Ceftiofur	7,5	24	IM	- alto custo
Ceftriaxona	25	24	IM / IV	-
Danofloxacino	7,5	24	IM	-
Enrofloxacino	7,5	24	IM	-
Florfenicol	20	24	IM	-
Gentamicina	3 – 5	12	IM / IV	- nefrotoxicidade em animais desidratados
Norfloxacino	10	24	IM	-
Sulfametoxazole/ Trimetoprim	30	24	IM / IV	- alta resistência bacteriana
Tetraciclina	20	48	IM	- miosite necrosante, dor local, alta resistência bacteriana

Legenda: IM: intramuscular; IV: intravenosa.

Atualmente, há no mercado uma formulação para uso veterinário contendo uma cefalosporina de terceira geração, de uso exclusivo em medicina veterinária, denominada ceftiofur, cujos resultados observados no tratamento de pequenos e grandes animais têm sido muito bons. Esse antimicrobiano deve ser administrado na dose de 7,5mg/kg, uma vez ao dia, por via intramuscular (**Tabela 1**). Tem como principal limitação o fato de ser um medicamento caro e sua indicação de uso em animais de produção deve levar em consideração a relação custo/benefício. Também de terceira geração, a ceftriaxona ou ceftriona é uma cefalosporina com amplo espectro de ação e custo bem inferior ao ceftiofur, devendo ser administrada na dose de 25mg/kg, a cada 24 horas, por via intramuscular ou intravenosa (**Tabela 1**).

Com a proibição do uso do cloranfenicol nos animais, cujo leite e carne são destinados ao consumo humano, foi lançado no mercado um novo antimicrobiano de amplo espectro de ação, muito similar ao cloranfenicol. O florfenicol apresenta alterações químicas na molécula que eliminam os efeitos colaterais indesejáveis do cloranfenicol sobre as células sanguíneas e a medula óssea de primatas.

Após administração intramuscular em bovinos, a absorção é lenta e elevada, com meia-vida de 18 horas, o que é fundamental para facilitar o tratamento dos animais com melhor aproveitamento da força de trabalho, evitando a abordagem e a contenção dos animais mais de uma vez ao dia, fator de muita importância para as pessoas envolvidas no trabalho pecuário.

Embora os fabricantes do produto indiquem intervalos de 48 horas entre cada aplicação de 20mg/kg, tem-se observado que os resultados são significativamente melhores se o intervalo observado entre as doses for de 24 horas (**Tabela 1**). A duração do tratamento depende da gravidade do processo e da avaliação do profissional.

As fluorquinolonas são um grupo de antimicrobianos sintéticos utilizados em medicina humana e medicina veterinária para o tratamento de um grande número de enfermidades infecciosas. A absorção parenteral, por via intramuscular, é praticamente completa, inclusive podendo ocorrer prolongamento da meia-vida provavelmente em virtude da lenta liberação do medicamento do local de aplicação. As fluorquinolonas penetram e apresentam elevadas concentrações no interior de células fagocitárias, como neutrófilos, macrófagos e macrófagos alveolares, sendo que, nestes últimos, podem superar em cerca de dez vezes a concentração plasmática. Para o uso nas diarreias em bezerros são indicados danofloxacino ou enrofloxacino, ambos na dose de 7,5mg/kg, a cada 24 horas, por via intramuscular, ou ainda norfloxacino, 10mg/kg, também a cada 24 horas e por via intramuscular (**Tabela 1**).

As sulfonamidas possuem amplo espectro de ação, abrangendo bactérias Gram-positivas, bactérias Gram-negativas e diversos protozoários. Essas drogas passaram a ter largo uso na medicina humana e na medicina veterinária e, em consequência, ocorreu o surgimento de um grande número de microrganismos resistentes.

Depois de absorvidas, as sulfonamidas apresentam excelente distribuição pelos tecidos e líquidos orgânicos. Atingem concentrações terapêuticas nos pulmões, intestinos, em todo aparelho urinário e no tecido prostático (especialmente sulfametoxazole em associação com trimetoprim). Esses antimicrobianos devem ser administrados na dose de 30mg/kg, em intervalos de 24 horas, pelas vias intramuscular ou intravenosa (**Tabela 1**).

As tetraciclinas são antimicrobianos bacteriostáticos que agem sobre bactérias Gram-positivas aeróbicas e anaeróbicas, bactérias Gram-negativas, espiroquetas, micoplasmas, rickéttsias e clamídias, o que os torna com espectro de ação bastante amplo. As formulações oleosas de longa duração, na dose de 20mg/kg, em intervalos de 48 horas, por via intramuscular (**Tabela 1**), embora aparentemente sejam as opções mais práticas e baratas, apresentam dois graves inconvenientes que são a miosite necrosante, acarretando quadro doloroso no local da aplicação, e o elevado desenvolvimento de resistência das enterobactérias a esse grupo de antimicrobianos, o que, em breve, os tornará inviáveis para esse tipo de terapêutica, limitando seu uso na anaplasmose.

Prevenção

A prevenção é fundamentada em três princípios:

1. Ingestão de colostro;
2. Imunidade adequada;
3. Controle e prevenção de agentes infecciosos.

1. Ingestão de colostro

Os benefícios do colostro duram até quatro dias após o parto. Após esse período, caem os níveis de imunoglobulinas, e a maioria dos anticorpos já foi depurada no intestino. Assim, o bezerro deve receber de 2 a 3 litros de colostro em duas a quatro horas do nascimento, aproximadamente 50mL/kg em 24 horas.

2. Imunidade adequada

A vacinação contra *E. coli* pode ser eficaz se aliada com um bom programa de manejo. As vacinas são encontradas com um único antígeno ou associadas com outros agentes. Bacterinas com veículo oleoso devem ser administradas por via intramuscular ou subcutânea, em duas doses, administradas com 2 a 4 semanas de intervalo, sendo a última dose administrada 2 a 3 semanas antes do parto. Como reforço, anualmente, os animais devem receber uma dose de vacina 2 a 3 semanas pré-parto. Essas bacterinas apenas protegerão bezerros que ingerirem quantidades suficientes de colostro. Algumas bacterinas disponíveis no mercado estão sumarizadas na **Tabela 2**.

3. Controle e prevenção de agentes infecciosos

A maioria das enterobactérias pode sobreviver por longos períodos no ambiente. *E. coli* e *Salmonella* spp. sobrevivem meses em ambiente úmido. A limpeza e desinfecção dos bezerreiros e baias após a retirada de cada grupo de bezerros desempenham papel importante na redução da contaminação ambiental e de novas infecções em bezerros alojados. Todo equipamento (fômites) deve ser limpo e desinfetado. Água sob alta pressão é eficaz para remover mais de 90% dos agentes infecciosos. As superfícies devem ser lisas e impermeáveis para facilitar a limpeza. Os desinfetantes devem ser utilizados de acordo com as recomendações do fabricante e sempre após remoção da matéria orgânica.

As soluções de hipoclorito de sódio possuem ótimo espectro de ação, grande facilidade de uso e diluição, além de possuírem baixo custo, porém não são eficazes na presença de matéria orgânica. Uma diluição de 1:5 de hipoclorito de sódio em água (uma parte para quatro de água) é eficaz contra diversas bactérias e alguns vírus. Esse produto pode ser obtido em casas de produtos agropecuários, lojas de produtos químicos e em supermercados.

A dieta é importante para a prevenção das colibaciloses. Bezerros alimentados com leite de quartos mamários mastíticos ou contendo resíduos de antimicrobianos estão no grupo de maiores risco para apresentação de diarreia.

Como dito anteriormente, as enfermidades entéricas nos bovinos podem ter impacto negativo sobre os rendimentos da propriedade. Dessa forma, a prevenção e o controle são de fundamental importância para a lucratividade do produtor.

Tabela 2. Bacterinas de *E. coli* aprovadas para uso comercial em bovinos.

Antígenos	Vacina	Fabricante
K99, K88, F41, 987P	Prosystem 3	Intervet
K99	ScourGuard 3(K)	Pfizer Animal Health
?	Piliguard *E. coli*	Schering-Plough Animal Health

Fonte: Cortese, Victor S. Vacinas de bovinos e programas de vacinação de rebanhos. In: Smith, B.P. Medicina interna de grandes animais. 3ed. São Paulo: Manole, 2006. p.1403-1411.

Referências bibliográficas

Acha, P.N.; Szyfres, B. **Zoonosis y enfermedades transmisibles comunes al hombre y a los animales**. 3.ed. Washington: Organización Panamericana de La Salud, 2001. 398p.

Besser, R.E.; Griffin, P.M. *Escherichia coli* O157:H7 gastroenteritis and the hemolytic uremic syndrome: an emerging infectious disease. **Annu. Rev. Med.**, v.50, p.355-367, 1999.

Guler, L.; Gunduz, K.; Ok, U. Virulence factors and antimicrobial susceptibility of *Escherichia coli* isolated from calves in Turkey. **Zoonoses Public Health**, v.55, p.249-257, 2008.

Hacker, J. & Blum-Oehler, G. In appreciation of Theodor Escherich. Disponível em: http: www.nature.com/nrmicro/journal/v5/n12/full/nrmicro1810.htm. Acesso em 23/10/2008.

Kaper, J.B.; Nataro, J.P.; Mobley, H.L.T. Pathogenic *Escherichia coli*. **Nat. Rev.**, v.2, p.123-140, 2004.

Nataro, J.P.; Kaper, J.B. Diarrheagenic *Escherichia coli*. Clin. **Microbiol. Rev.**, v.11, n.1, p.142-201, 1998.

Naylor, J.M. Diarreia em ruminantes neonatos. In: Smith, B.P. **Medicina interna de grandes animais**. 3ed. São Paulo: Manole, 2006. p.352-366.

Oliveira Filho, J.P.; Silva, D.P.G; Pacheco, M.D.; Mascarini, L.M.; Ribeiro, M.G.; Alfieri, A.A.; Alfieri, A.F.; Stipp, D.T.; Barros, B.J.P.; Borges, A.S. Diarreia em bezerros da raça Nelore criados extensivamente: estudo clínico e etiológico. **Pesq. Vet. Bras.**, v.27, p.419-424, 2007.

Orden, J.A.; Ruiz-Santa-Quiteria, J.A.; Garcia, S.; Cid, D.; De La Fuente, R. *In vitro* activities of cephalosporins and quinolones against *Escherichia coli* strains isolated from diarrheic dairy calves. **Antimicrobial Agents and Chemotherapy**, v.43, p.510–513, 1999.

Orden, J.A.; Ruiz-Santa-Quiteria, J.A.; Garcia, S.; Cid, D.; De La Fuente, R. *In vitro* susceptibility of *Escherichia coli* strains isolated from diarrhoeic dairy calves to 15 antimicrobial agents. **J. Vet. Med**. B, v.47, p.329–335, 2000.

Papich, M.G.; Riviere, J.E. Fármacos antimicrobianos fluorquinolônicos. In: Adarus, H.R. **Farmacologia e terapêutica em Veterinária**. 8.ed. Rio de Janeiro: Guanabara Koogan, 2003. 1034p.

Petri Jr, W.A. Antimicrobial agents. Sulfonamides, trimethoprim-sulfametoxazole, quinolones and agents for urinary tarct infections. In: Hardman, J.G.; Limbird, L.E. Goodman & Gilman's. **The pharmacological basis of therapeutics**. 10. ed. New York: Mc Graw Hill, 2001. 2148p.

Quinn. P.J.; Carter, M.E.; Markey, B.M.; Carter, G.R. **Clinical veterinary microbiology**. London: Wolfe, 1994. 648p.

Radostitis, O.M; Gay, C.C.; Hinchcliff, K.W.; Constable, P.D. **Veterinary medicine. A textbook of the diseases of cattle, sheep, pigs, goats and horses**. 10.ed. London: W.B. Saunders, 2007. 2156p.

Ribeiro, M.G. Fatores de virulência em cepas de *Escherichia coli* isoladas de mastite bovina clínica e subclínica. 2001. 98p. Tese (Doutorado) – Faculdade de Medicina Veterinária e Zootecnia, Universidade de São Paulo, São Paulo.

Ribeiro, M.G.; Pinto, J.P.A.N.; Silva, E.O.T.R. *Escherichia coli* O157:H7. De hambúrguer, leite e outros gêneros alimentícios à colite hemorrágica e síndrome urêmico-hemolítica. **Hig. Alim.**, v.12, n.66/67, p.88-99, 1999.

Sawant, A.A.; Hegde, N.V.; Straley, B.A.; Donaldson, S.C.; Love, B.C.; Knabel, S.J.; Jayarao, B.M. Antimicrobial-resistant enteric bacteria from dairy cattle. **Applied and Environmental Microbiology**, v.73, p.156-163, 2007.

Schuch, L.F.D. Diarreia dos bezerros. In: Riet-Correa, F.; Schild, A.L.; Lemos, R.A.A.; Borges, J.R. **Doenças de ruminantes e equídeos**. 3.ed. Santa Maria: Pallotti, v.1, p.496-508, 2007.

Su, C.; Brandt, L.J. *Escherichia coli* O157:H7 infection in humans. **Ann. Int. Med.**, v.123, n.9, p.698-707, 1995.

Tavares, W. **Manual de Antibióticos e quimioterápicos anti-infecciosos**. 3.ed. São Paulo: Atheneu, 2002. 1216 p.

Trabulsi, L.R.; Alterthum, F. **Microbiologia**. 4.ed. São Paulo: Atheneu, 2005. 718p.

Veronesi, R.F. **Tratado de infectologia**. 3.ed. São Paulo: Atheneu, 2005. 2167p.

Salmonelose

Introdução

A salmonelose acomete diversas espécies em todo o mundo e sua ocorrência é comum em animais domésticos. O patógeno geralmente é excretado pelas fezes e a infecção ocorre principalmente por meio de ingestão. A enfermidade assumiu elevada importância na criação animal em virtude dos surtos ocasionados principalmente em bovinos e da ocorrência de infecções em humanos. *Salmonella* Dublin e *Salmonella* Thyphimurium são mundialmente conhecidas como os principais agentes causadores de salmonelose bovina, que acarretam grandes perdas econômicas aos produtores.

Etiologia

Bactérias do gênero *Salmonella* pertencem à família *Enterobacteriaceae*. Apresentam-se como bacilos Gram-negativos, não esporulantes, intracelulares e anaeróbios facultativos, geralmente móveis, e com flagelos peritríquios. As principais salmonelas de importância veterinária pertencem à *S. enterica* subespécie *enterica*. Nos últimos anos, o gênero vem sofrendo constantes modificações, entretanto, atualmente, a classificação utilizada propõe a existência de duas espécies: *Salmonella enterica* e *Salmonella bongori*. A primeira tem sido dividida em seis subespécies.

O gênero *Salmonella*, inicialmente descrito, em 1885, por Daniel Elmer Salmon e Theobald Smith em fezes de suínos com cólera, como na época eram chamadas as enterites suínas, inclusive a peste suína, contém mais de 2.500 sorotipos que são identificados com base no esquema de Kaufmann e White. Na sorotipagem são identificados os antígenos somáticos (O), flagelares (H) e, ocasionalmente, os capsulares (Vi).

Geralmente, com relação às provas bioquímicas, as salmonelas caracterizam-se por não fermentar a lactose, fermentam glicose com produção de gás (exceto *S.* Typhi), não produzem indol, não degradam a ureia e descarboxilam lisina e ornitina.

As salmonelas ainda podem ser classificadas em dois grupos distintos em relação ao hospedeiro que parasitam. Dessa maneira, classificamo-las como sorotipos hospedeiro-adaptados e não-adaptados. Os sorotipos hospedeiro-adaptados compreendem aqueles quase que restritos a uma espécie animal e que, frequentemente, causam doença clínica sistêmica. *S.* Typhy em humanos, *S.* Dublin em bovinos, *S.* Cholerasuis em suínos e *S.* Galinarum são exemplos de salmonelas hospedeiro-adaptadas. O grupo de salmonelas não-adaptadas ao hospedeiro engloba sorotipos comuns a muitas espécies animais e que determinam, na maioria das vezes, infecção assintomática ou doença autolimitante, restrita ao trato intestinal. *S.* Typhimurium possui importância crescente nos surtos de salmonelose humana em diversas regiões. Dessa forma, *Salmonella* Dublin é adaptada aos bovinos, diferentemente; *Salmonella* Thyphimurium possui amplo espectro de hospedeiros, incluindo bovinos. Em anos recentes, em decorrência da utilização de gêneros alimentícios incomuns de origem animal, algumas espécies exóticas de salmonelas têm sido reportadas em bovinos, como é o caso de *Salmonella* Newport.

Epidemiologia

Por ser a epidemiologia extremamente complexa, o controle da salmonelose em rebanhos bovinos torna-se grande desafio aos produtores. A prevalência e incidência da enfermidade diferem muito, por causa de determinadas áreas geográficas, clima, manejo e densidade populacional. Além disso, a biologia dos sorotipos difere amplamente, o que contribui para a disseminação da doença no rebanho e dificulta seu controle na criação animal.

As perdas econômicas sofridas pelo produtor relacionam-se aos custos com médico veterinário, tratamentos, exames laboratoriais, além da redução da eficiência alimentar dos animais acometidos, ocasionando redução no ganho de peso, diminuição na produção leiteira, abortamenos e óbitos.

Geralmente, em casos de surtos de salmonelose, em bezerros, a morbidade é elevada, principalmente naqueles com idade inferior a 12 semanas. O índice de morbidade, frequentemente, está em torno de 50%, embora possa superar esse valor. Caso não seja instituído tratamento adequado, a mortalidade dos bezerros pode chegar a 100%. Em animais adultos, essa taxa pode variar de 0-15%.

As salmonelas são disseminadas por via direta ou indireta. Animais criados em sistema intensivo são mais propensos a adquirir a doença, sendo também fontes de infecção para humanos. A ingestão do microrganismo é a principal forma de adquirir a enfermidade. As salmonelas podem estar presentes na água e no solo contaminado por fezes de animais. Rações, vegetais, carnes e vísceras cruas contaminadas durante o abate, também podem conter o microrganismo. No entanto, a principal fonte de contaminação do meio ambiente são as fezes de animais clinicamente doentes ou portadores assintomáticos. A doença geralmente é endêmica em bezerros, embora possam ocorrer surtos na propriedade. Em gados adultos criados a pasto a salmonelose ocorre com menor frequência.

S. Dublin também pode contaminar o leite em consequência da facilidade de se adaptar e colonizar a glândula mamária. Embora *S.* Thyphimurium não seja normalmente excretada no leite, exceto durante a fase de bacteremia, estudos demonstraram que a mesma foi isolada do leite de vaca saudável. As fontes adicionais de contaminação durante o processo de ordenha são a utilização de água contaminada na higienização de utensílio e da sala de ordenha e fômites contaminados. Além disso, trabalhadores que possuem hábitos de higiene precários e que apresentem quadro clínico de salmonelose, ou são portadores do microrganismo, também podem contribuir com a contaminação ambiental e de alimentos dos animais, bem como do leite durante a realização de ordenha. Em criações de bovinos, os ratos silvestres são considerados como os principais reservatórios de *S.* Dublin.

A introdução de portadores de salmonela na criação, a mistura de animais jovens suscetíveis, aliados a fatores estressantes, podem desencadear surtos de salmonelose no rebanho, com rápida disseminação do microrganismo.

S. Thyphimurium também pode ser transmitida por via aerógena, ocasionando infecção primária, uma vez que esse microrganismo sobrevive por longo período no ar.

Comparativamente a outros microrganismos da mesma família, espécies do gênero *Salmonella* são relativamente resistentes a diversos fatores ambientais. Multiplicam-se em temperaturas com variação de 8 a 40 °C e pH 4 a 8. As salmonelas podem resistir por até nove meses na água de bebida dos animais e em solos úmidos protegidas da luz ultravioleta. Esses microrganismos revelam elevada resistência à dessecação podendo sobreviver por anos em rações e, especialmente, em fezes secas de animais. No entanto, são sensíveis à elevadas temperaturas (acima de 70 °C) e à pasteurização.

Patogenia

Os principais fatores de virulência dos sorotipos de *Salmonella* relacionam-se com a habilidade da bactéria em invadir as células do hospedeiro, multiplicar-se dentro delas e resistir à fagocitose e à destruição por componentes plasmáticos do complemento. A virulência desses microrganismos deve-se, geralmente, à presença de fímbrias, flagelos, citotoxinas, endotoxinas lipopolissacarídeo e à resposta inflamatória que inicia na parede intestinal. A junção de alguns desses fatores contribui para a ocorrência de complicações sistêmicas graves.

Após aderir à superfície celular da mucosa intestinal, por meio das fímbrias, a salmonela induz a formação de invaginações na membrana celular, facilitando sua entrada através de vesículas ligadas à membrana. A multiplicação do microrganismo ocorre nessas vesículas e, eventualmente, são liberados dessas células.

A disseminação da salmonela dentro do hospedeiro deve-se à resistência à fagocitose e à ação letal de componentes do complemento. A resistência à destruição pelo complemento é parcialmente dependente das cadeias do antígeno O do lipopolissacarídeo (LPS). As cadeias de LPS também são responsáveis pelos efeitos endotóxicos da bactérias, contribuindo com a lesão das células epiteliais do intestino, o que resulta no desenvolvimento de diarreia, além de serem mediadores do choque endotóxico em casos de salmonelose septicêmica.

Doença clínica

As consequências da infecção por sorotipos de *Salmonella* variam de acordo com o estado do portador subclínico, as septicemias agudas e fatais. *Salmonella* Dublin geralmente é endêmica dentro da propriedade, havendo casos esporádicos quando os animais são submetidos a fatores estressantes. *Salmonella* Thiphimurium acomete normalmente apenas um animal, ou simultaneamente um pequeno grupo de animais. Quando a doença acomete pequeno grupo de bezerros ela é considerada grave.

A Salmonela localiza-se frequentemente nas mucosas do íleo, ceco e cólon, e também em linfonodos mesentéricos de animais infectados. A maioria dos microrganismos é eliminada pelo sistema de defesa do hospedeiro, no entanto, podem ocorrer casos de infecção subclínica, com eliminação de pequena quantidade de bactéria pelas fezes. Nas infecções latentes, a salmonela permanece na vesícula biliar e não são excretadas.

A forma clínica da doença geralmente acomete bezerros e, com menor frequência, bovinos adultos. Animais que possuem infecções latentes e subclínicas desenvolvem a doença quando submetidos a fatores estressantes, como transporte, superlotação, privação de água e alimento, alteração repentina da ração, variação de temperatura, prenhez, infecções intercorrentes, entre outros. Outros fatores que podem determinar a ocorrência de sintomas clínicos estão associados à quantidade de microrganismos ingeridos, suscetibilidade do hospedeiro, linhagem infectante e virulência do sorotipo envolvido. Abortamentos são comumente encontrados, sem a observação de sintomas clínicos evidentes. Geralmente, animais jovens debilitados ou velhos são suscetíveis à forma septicêmica da doença.

Salmonella Dublin acomete bovinos de diferentes idades. Esse patógeno é responsável por ocasionar grande variedade de sinais clínicos nesses animais, entre eles, doença entérica aguda ou crônica, septicemia, abortamentos, doença das articulações de bezerros, osteomielite e gangrena seca terminal em animais jovens; essas últimas são comumente observadas em quadros crônicos.

Salmonelose entérica

A salmonelose entérica pode ser aguda ou crônica e acomete bovinos de qualquer faixa etária. Animais jovens, após adquirir infecção severa, geralmente morrem em poucos dias. A forma aguda caracteriza-se por enterocolite súbita, gemidos, olhar para os flancos, febre, depressão, anorexia, diarreia profusa, fétida, com presença ou não de sangue, muco e fragmentos de descamação celular e mucosas aparentes congestas. Vacas em lactação geralmente apresentam agalaxia. Em decorrência da elevada desidratação, os animais apresentam perda de peso e as fêmeas prenhes podem sofrer abortamento.

A doença, embora possua caráter crônico, pode apresentar, por vezes, uma forma inicial aguda. Apresenta como características marcantes a presença de febre intermitente, fezes amolecidas e perda de peso gradativa até emagrecimento severo dos animais. A gangrena seca terminal é a sequela comumente encontrada em animais que apresentaram salmonelose entérica.

Gangrena seca terminal

A endotoxemia ocasionada por essa forma de salmonelose caracteriza-se por claudicação, edema dos membros posteriores abaixo dos boletos, ocasionado pela coagulação intravascular disseminada que resulta em isquemia local e gangrena da parte distal dos membros posteriores, orelhas e cauda. A porção distal do membro apresenta a pele seca ou úmida, fria e sem sensibilidade local. As falanges podem apresentar-se afastadas do metatarso. A extremidade distal da cauda pode estar seca e enrugada.

Salmonelose septicêmica

A forma septicêmica ocorre geralmente em animais jovens e neonatos, mas também pode acometer bovinos adultos. A enfermidade surge abruptamente com presença de febre alta, depressão e prostração. Animais leiteiros diminuem drasticamente a produção. Geralmente é fatal em bezerros, e o óbito pode ocorrer em 24-48 horas caso não seja instituído tratamento imediato. Os animais apresentam depressão profusa, apatia, febre elevada (40,5-42°C), prostração, dispneia e sintomas nervosos, como nistagmo e incoordenação motora. Diarreia e disenteria são raras. Animais que sobrevivem à enfermidade podem apresentar diarreia persistente, meningite, artrite ou pneumonia que poderão complicar a fase de recuperação.

Abortamentos

Abortamentos ocasionados por *Salmonella* Dublin ocorrem espontaneamente entre o 124 e 270 dias de gestação, em qualquer fase clínica da salmonelose e sem a presença de outros sintomas evidentes. Algumas vacas podem apresentar febre, anorexia, diminuição da produção leiteira e retenção placentária. Em alguns casos, os bezerros podem nascer precocemente e de forma abrupta e vir a óbito.

Osteomielite em bezerros

A osteomielite ocasionada por *Salmonella* Dublin envolve, frequentemente, a porção distal dos ossos dos membros ou as vértebras cervicais. São evidentes alterações nervosas em virtude da compressão da medula espinhal.

Diagnóstico

O histórico de surto na propriedade, contendo informações a respeito do grupo de animais acometidos, idade e quadro clínico, pode sugerir a ocorrência de salmonelose no rebanho. No entanto, é necessária a confirmação por exames laboratoriais, por meio do isolamento da *Salmonella* spp. a partir de fezes e sangue de animais vivos. Amostras de água e alimentos também podem ser cultivadas com a finalidade de se determinar a origem da infecção.

A grande dificuldade no diagnóstico da salmonelose em rebanhos é detectar animais portadores inaparentes. Para identificar os portadores subclínicos, recomenda-se a realização de cultivos fecais periódicos dos animais com intervalo de 15 dias. Quando a enfermidade é ocasionada por *Salmonella* Thiphimurium, devem ser avaliadas amostras de fezes de outras espécies animais que também contribuam como fonte de infecção da doença. Essas espécies são: cães, patos, equinos, ovinos e suínos.

O cultivo e isolamento bacteriano são extremamente importantes para a confirmação definitiva do diagnóstico. Porém, o sucesso no isolamento depende de alguns fatores, como o método utilizado para a coleta do material a ser processado, quantidade de amostra submetida, variação na eliminação do microrganismo e utilização de técnica adequada com meios seletivos específicos para o isolamento bacteriano.

Quando se opta pelo envio de fezes para o cultivo microbiológico, devem-se evitar as coletas realizadas com *swabs*, pois estes podem conter poucos microrganismos. Portanto, amostras de fezes líquidas enviadas preferencialmente em frascos esterilizados apresentam maiores êxitos no isolamento de salmonelas.

Após o óbito do animal, podem-se enviar ao laboratório conteúdo intestinal, amostras de lesão tecidual, bem como o conteúdo abomasal de fetos abortados. A confirmação de salmonelose septicêmica deve ser considerada, quando houver isolamento desses microrganismos a partir de órgãos parenquimatosos ou sangue de animais.

Em caso de suspeita de salmonelose, todo material encaminhado ao laboratório deverá ser plaqueado em meios de cultura seletivos para o isolamento de *Salmonella* spp. O cultivo deve ser realizado diretamente em ágar XLD ou VB (verde brilhante), e no caso de fezes, estas devem ser inoculadas concomitantemente em caldos de enriquecimento, como rapapport, tetrationato e selenito.

As placas e os caldos devem ser incubados em condições de aerobiose a 37°C por até 48 horas. Após, deve-se realizar subculturas a partir do caldo de enriquecimento em placas contendo VB e XLD, incubando-as em aerobiose, a 37°C, com leitura em 24 horas.

As colônias suspeitas de *Salmonella* spp. apresentam-se avermelhadas em ágar VB. Esse meio de cultura também adquire coloração vermelha, indicando a ocorrência de alcalinidade. Em ágar XLD, as colônias adquirem cor vermelha com centro enegrecido que indica alcalinidade com produção de H_2S. Essas colônias devem ser subcultivadas em ágar TSI e caldo lisina descarboxilase e mantidas em aerobiose a 37°C com leitura após 18 horas de incubação.

Após a confirmação por meio do isolamento bacteriano, pode ser realizada a sorotipagem com a utilização de antissoros para antígenos O e H, disponíveis comercialmente, realizando testes de aglutinação em lâmina. A fagotipagem pode ser utilizada em estudos epidemiológicos com o intuito de identificar isolados com características específicas, resistência múltipla a antimicrobianos e elevada virulência. Técnicas sorológicas, como ELISA de captura e aglutinação, são extremamente importantes para o diagnóstico em rebanhos bovinos, podendo indicar infecção ativa quando observada a ascensão dos títulos de anticorpos em amostras pareadas.

O isolamento intenso de *Salmonella* spp. sugere fortemente o envolvimento do patógeno na etiologia da enfermidade, porém pequena quantidade desse microrganismo isolado das fezes indica geralmente a presença de animal portador no rebanho.

Técnicas convencionais de PCR e PCR em Tempo Real também foram desenvolvidas para detectar a presença de *Salmonella* nas fezes. Essas técnicas oferecem redução dos limites de detecção do patógeno e do tempo para o diagnóstico, quando comparadas com técnicas convencionais de cultura fecal.

Diagnóstico diferencial

O diagnóstico clínico da salmonelose é extremamente difícil de ser realizado, em virtude das diversas formas de apresentação da enfermidade que se assemelham a inúmeras doenças. Portanto, para a confirmação do diagnóstico é necessário que sejam realizados exames laboratoriais complementares, como o isolamento bacteriano.

A forma septicêmica da salmonelose em bezerros deve ser diferenciada de outras septicemias ocasionadas por coliformes e pasteurelas. A forma entérica deve ser diferenciada de coccidioses, obstrução intestinal aguda, diarreia viral bovina e intoxicações por samambaia, arsênico e, em menor extensão, por chumbo.

Casos de osteomielite em bezerros e abortamento devem ser avaliados com cuidado e diferenciados de outras doenças que causem alterações neurológicas e abortamentos.

Achados de necropsia

Animais que vieram a óbito por septicemia podem não apresentar lesões macroscópicas, no entanto, pode ser evidente extensa hemorragia petequial em submucosas e serosas. Alguns animais podem apresentar esplenomegalia e nódulos paratifoides de coloração branca no fígado.

Nos quadros de enterite crônica, são observadas lesões nos intestinos delgado e grosso que variam desde enterite mucosa com petéquias em submucosa até enterite hemorrágica difusa. Nas enterites ocasionadas por *Salmonella* Dublin, são descritas lesões no abomaso, com múltiplas erosões em mucosa e petéquias em sua parede. Infecções ocasionadas por *Salmonella* Thiphimurium caracterizam-se por grave enterite necrótica no íleo e intestino grosso, presença de conteúdo intestinal aquoso com odor pútrido, podendo conter muco ou sangue total. Animais que sobrevivem por longos períodos podem apresentar necrose superficial da mucosa entérica, exsudação de fibrina e pseudomembrana diftérica. A parede da vesícula biliar pode apresentar-se espessa e inflamada. Os linfonodos mesentéricos mostram-se aumentados, edematosos e hemorrágicos.

Em casos de enterite crônica, são observadas discretas áreas de necrose da parede cecocólica, que se apresenta espessa e recoberta por grânulos de coloração cinza-amarelada. Com menor frequência, são verificadas lesões ulcerosas discretas em ceco. Baço e linfonodos mesentéricos encontram-se edemaciados. Também podem ser observados outros processos inflamatórios localizados, como pneumonia crônica, poliartrite e ostiomielite.

Tratamento

Desidratação, perda do equilíbrio eletrolítico, endotoxemia e bacteremia são os achados clínicos mais comuns da salmonelose em bovinos. O tratamento dessa enfermidade deve ser direcionado para repor as perdas de fluidos e eletrólitos, redução do risco de choque endotóxico com o uso de anti-inflamatórios não esteroidais e do uso consciente de antimicrobianos. Prover ambiente seco, limpo e aquecido, além de boa nutrição é fundamental para o sucesso do tratamento.

Existem muitas controvérsias para o uso de antimicrobianos no tratamento de salmonelose. O risco de seleção de bactérias resistentes e a ineficácia das drogas para microrganismos intracelulares apontam para o não-uso das mesmas. A bacteremia é um achado comum da enfermidade, assim o uso intensivo de antimicrobianos no início do curso clínico é recomendado. Antimicrobianos de amplo espectro devem, idealmente, ser utilizados após o resultado dos testes de sensibilidade microbiana. Em razão da bactéria ser intracelular facultativa, as drogas de escolha devem ter boa perfusão tecidual e alcançar concentrações terapêuticas dentro das células.

A ocorrência do aumento de multirresistência das estirpes de salmonelas deve-se principalmente à realização do tratamento em massa dos animais contactantes aliado a tratamentos profiláticos. Geralmente, estirpes de *Salmonella* possuem plasmídeos R responsáveis por codificar resistência múltipla. Em consequência, a utilização de antimicrobianos no tratamento da salmonelose deve ser realizada com o apoio de testes de sensibilidade microbiana. A reposição de fluidos e eletrólitos também é requerida para evitar a desidratação e o choque. A precocidade do tratamento com a utilização de antimicrobianos de amplo espectro é eficaz e reduz consideravelmente a mortalidade de animais no rebanho, exceto para bezerros acometidos por septicemia fulminante.

A resistência cruzada para antimicrobianos e também devida ao tratamento e prevenção de outras enfermidades, como a colibacilose, é observada. Estudos revelam altas taxas de resistência para tetraciclina, estreptomicina, sulfametoxazole e ampicilina. A presença de genes, principalmente blaCMY, para a produção de beta-lactamases, tem sido descrita em linhagens resistentes ao cefitofur. Essas cepas bacterianas normalmente apresentam baixa sensibilidade também para ceftriaxona. A emergência de *Salmonella* multirresistente reduz as opções terapêuticas para a enfermidade em humanos e animais. Alguns fenótipos de resistência dependem da espécie animal envolvida, no entanto, diversos clones são disseminados entre animais de produção e de companhia.

As cefalosporinas de terceira geração, como o cefitofur, são consideradas drogas de escolha para o tratamento de salmonelose em crianças. A resistência aos antimicrobianos é um grave problema de saúde pública. Estudos continuados devem ser realizados para o monitoramento da emergência de resistência em isolados humanos e animais.

Por muitos anos, cloranfenicol foi considerada droga de escolha para o tratamento de salmonelose em animais. Em agosto de 1994, esse antimicrobiano foi proibido na Europa para o uso em animais de produção. Em janeiro de 1995, uma nova droga da mesma família, florfenicol, foi licenciada para uso terapêutico em animais de produção. Logo após a introdução, isolados de *Salmonella* Typhimurium apresentaram resistência cruzada para ambas.

O aumento da prevalência de cepas de *S.* Typhi com reduzida susceptibilidade ao cloranfenicol estimulou a pesquisa por outros antimicrobianos com a mesma eficácia. As fluorquinolonas são uma classe de antimicrobianos com atividade *in vitro* e *in vivo* contra enteropatógenos. Ciprofloxacina possui grande efeito no trato biliar e intestinal de portadores crônicos, pois possui habilidade em ultrapassar a membrana celular dos fagócitos onde esses patógenos intracelulares se localizam.

Prevenção e controle

As medidas preventivas têm como objetivo reduzir o risco de exposição à infecção por salmonela em rebanhos bovinos. As principais fontes de infecção são os animais portadores e fômites contaminados.

Inicialmente, o produtor deve adquirir apenas animais de fontes confiáveis, evitando adquiri-los em leilões e promover quarentena dos mesmos antes de introduzi-los no rebanho. Esses animais devem ser negativos para salmonela em três amostragens consecutivas.

Programas adequados de manejo devem ser implantados para evitar superlotações e estresse dos animais, contaminação de água e alimentos. Associado ao manejo deve-se realizar o controle de roedores e outros animais sinantrópicos que auxiliem na disseminação do microrganismo no rebanho.

É essencial a realização de rotina de limpeza e desinfecção de utensílios e equipamentos, bem como a retirada e armazenamento adequado de dejetos para evitar a contaminação ambiental.

Para controlar surtos de salmonelose no rebanho bovino deve-se identificar e eliminar as fontes de infecção, isolar animais que apresentem sinais clínicos, reduzir a movimentação de animais e tratadores no rebanho e instituir o uso de pedilúvio, contendo iodofor a 3%, locados estrategicamente para inibir a disseminação da doença. Concomitantemente, o cuidado com descartes de carcaças e cama dos animais, a remoção dos dejetos e limpeza das instalações e utensílios com hipoclorito de sódio a 3% ou iodóforos também auxiliam no controle da disseminação da doença.

A utilização de antimicrobianos na ração como medida profilática não é recomendada, pois possibilita o desenvolvimento de estirpes resistentes.

Imunização

A imunização pode auxiliar na redução do número de bactérias eliminadas nas fezes dos animais, diminuindo a contaminação ambiental. Assim, a vacinação do rebanho pode limitar a disseminação da infecção durante surtos em rebanhos bovinos. Vacinas vivas modificadas ou atenuadas, que estimulam a imunidade humoral e a mediada por células, são preferíveis às bacterinas e são utilizadas para aumentar a resistência e reduzir a ocorrência de enfermidade clínica no rebanho.

As vacinas encontradas no mercado contêm cepas de *Salmonella* Dublin e *Salmonella* Thiphimurium. Animais adultos podem ser vacinados anualmente. Fêmeas prenhes também devem ser vacinadas 30 dias antes do parto, para conferir imunidade passiva ao recém-nascido. Os bezerros são vacinados com aproximadamente 15-20 dias de vida com reforço após 30 dias.

Aspectos de saúde pública

A salmonelose assumiu grande importância, principalmente em razão dos surtos por *Salmonella* Thyphimurium, observados em bovinos leiteiros, e a ocorrência de infecções em humanos. Atualmente, cepas de *S.* Thyphimurium são designadas como o segundo sorotipo mais encontrado em casos de salmonelose humana. Por meio de estudos verificou-se que, na Inglaterra, esse sorotipo é o mais isolado em casos de infecções bovinas, sendo, portanto, de elevada importância para a saúde pública. O CDC (Centro de Controle e Prevenção de Doenças Infecciosas) estima 1,4 milhões de infecções por *Salmonella* e 550 mortes nos EUA todos os anos.

A transmissão da doença para o homem ocorre geralmente de forma direta por meio da ingestão de alimentos contaminados, como água, leite e carne mal passada. Estudos canadenses, realizados em propriedades leiteiras, demonstraram que 63% dos indivíduos de 43 famílias avaliadas, que se alimentavam de leite cru, eliminavam *Salmonella* spp.

Moradores rurais, tratadores de animais, laboratoristas e médicos veterinários são mais suscetíveis à doença. Foi relatada a observação de dermatite pustular cutânea em braço de médico veterinário que declarou atendimento nos partos de bovinos infectados por *Salmonella* spp. Após diversos exames, foi constatado o isolamento de *S.* Dublin.

O isolamento de *S.* Thyphimurium DT 104 (cepa multirresistente) tem ocorrido com elevada frequência em diversos países. Esse fato tem preocupado pesquisadores e responsáveis pela saúde em todo o mundo.

Os sintomas clínicos em humanos, ocasionados por esse sorotipo, são diarreia, dor de cabeça, febre, náusea e vômitos. Raramente também podem ser observadas septicemias com complicação de quadros de meningite, osteomielite e artrite.

O controle e prevenção da enfermidade dependem de atividades de vigilância, investigações de surtos e identificação das fontes de infecção.

Referências bibliográficas

Arcangioli, M.A.; Setrin, S.L.; Martel, J.L.; Dancla, E.C. Evolution of chloranfenicol resistance, with emergence of cross resistance to florfenicol, in bovine *Salmonella* Typhimurium strains implicates definitive phage type (DT) 104. **J.Med.Microbiol.**, v.49, p.103-110, 2000.

Frye, J.G.; Fedorka-Cray, P.J. Prevalence, distribuition and characterization of ceftiofur resistance in *Salmonella enterica* isolated from animals in the USA from 1999 to 2003. **Antimicrob. Agents**, v.30, p.134-142, 2007.

Liberti, A.; Loiacono, L. Ciprofloxacin *versus* chloranfenicol in the treatment of *Salmonella* infection. Inter.**J. Antimicrob. Agents**, v.16; p.347-348, 2000.

Lu, Z.; Grohn, Y.T.; Smith, R.L.; Wolfgang, D.R.; Van Kessel, J.A.S.; Schukken, Y.H. Assessing the potential impact of *Salmonella* vaccines in an endemically infected dairy herd. **J.Theor.Biol.**, in press, 2009.

Lynne, A.M.; Dorsey, L.L.; David, D.E.; Foley, S.L. Characterization of antibiotic resistance in host-adapted *Salmonella* enterica. **International J. Antimicrob. Agents**, v.34, p.169-172, 2009.

Mandell, G.L; Bennett, J.E.; Dolin, R. **Principles and practice of infectious diseases**. v.02, 6.ed. Edinburgh: Churchill Livingstone, 2005. 1935p.

Mohler, V.L.; Izzo, M.M.; House, J.K. *Salmonella* in calves. **Vet.Clin. Food Anim.**, v.25, p.37-54, 2009.

Quinn, P.J.; Markey, B.K.; Carter, M.E.; Donnelly, W.J.; Leonard, F.C. **Microbiologia veterinária e doenças infecciosas.** Porto Alegre: Artmed, 2005. 512p.

Radostits, O.M.; Gay, C.C.; Hinchcliff, K.W. **Veterinary medicine: a textbook of the disease of catlle, horses, sheep, pigs and goats**. 10.ed. Philadelphia: Saunders, 2007. 2156 p.

Shakespeare, M. **Zoonoses**. London: Pharmaceutical Press, 2002. 285p.

Smith, B.P. **Medicina Interna de Grandes Animais**. 3.ed. São Paulo: Manole, 2006. 1728p.

Winn JR, W.; Allen, S.; Janda, W.; Koneman, E.; Procop, G.; Schrenckenberger, P.; Woods, G. **Koneman Diagnóstico Microbiológico: texto e atlas colorido**, 6.ed., São Paulo: Guanabara Koogan, 2008. 1565p.

Zhao, S.; McDermott, P.F.; White, D.G.; Qaiyumi, S.; Friedman, S.L.; Abbott, J.W.; Glenn, A.; Ayers, S.L.; Post, K.W.; Fales, W.H.; Wilson, R.B.; Reggiardo, C.; Walker, R.D. Characterization of multidrug resistant *Salmonella* recovered from diseased animals. **Vet.Microbiol.**, v.123, p.122-132, 2007.

SUMÁRIO PAINT:
AQUI NASCE GENÉTICA A TODA PROVA!

O PAINT, há 16 anos, desenvolve o melhoramento genético dos rebanhos num sistema para produção a pasto. Uma das grandes ferramentas que o programa disponibiliza, oriunda de uma sólida base de dados, é o Sumário PAINT Consolidado, que quantifica detalhadamente o valor genético dos animais avaliados. A versão 2009 tem avaliação de mais de 34 mil reprodutores, sendo que dos 10 melhores colocados, a bateria CRV Lagoa conta com 9 reprodutores para IPAINT e HGP e 8 para IDESM, todos com sêmen a pronta entrega. É a democratização da genética através da IA. Aplique-a com sabedoria. Fale com um Consultor CRV Lagoa.

Líderes IPAINT®

Nome do Reprodutor	IPAINT® D
MAGNIFICO (CFM)	23,61 1
NOTAVEL (CFM)	21,43 1
PAINT MATEIRO	21,03 1
PAINT DECLARADO	20,26 1
VAN BASTEM (AJ)	19,40 1
PAINT COMPLETO	19,10 1
PAINT ESTEIO	19,09 1
LINIERS (CFM)	19,03 1
PROVADOR (IZ)	18,28 1
NADA DA BONS.	18,00 1

Líderes IDESM

Nome do Reprodutor	IDESM D
PAINT IMPACTO	20,94 1
XANGO COL	20,90 1
MACUNI DO SALTO	20,89 1
RANGER COL	15,71 1
MAGNIFICO (CFM)	15,43 1
NADA DA BONS.	15,36 1
LINIERS (CFM)	14,60 1
PAINT ESTEIO	14,56 1
PAINT MATEIRO	14,55 1
QUARK COL	13,93 1

Líderes HGP

Nome do Reprodutor	IDESM D
PAINT ESTEIO	1,58
PAINT MATEIRO	2,12
BACKUP (CFM)	2,22
VAN BASTEM (AJ)	2,34
PROVADOR (IZ)	2,49
PAINT RUSTICO	2,65
MAGNIFICO (CFM)	2,71
TAPUAN (IZ)	2,83
JUAZEIRO (CFM)	2,84
RANGER COL	2,89

* Índice PAINT: proveniente da ponderação de 13 características

CRV Lagoa
Genética a toda prova
Tel. (16) 2105.2299
www.crvlagoa.com.br

CAPÍTULO 51

Rogério Giuffrida
Professor Doutor
Depto. Higiene Veterinária e Saúde Publica
FMVZ/Universidade do Oeste Paulista
Presidente Prudente, SP
rgiuffrida@unoeste.br

Antonio Carlos Paes
Professor Livre Docente
Depto. de Higiene Veterinária e Saúde Pública
FMVZ/UNESP. Botucatu, SP
paesacmi@fmvz.unesp.br

Rodrigo Costa da Silva
Pós-Doutorado
Depto. de Higiene Veterinária e Saúde Pública
FMVZ/UNESP. Botucatu, SP
silva_rcd@yahoo.com

Doenças infecciosas da reprodução

- *Brucelose bovina*
- *Leptospirose*
- *Tricomonose bovina*
- *Campilobacteriose genital bovina*

Brucelose bovina

Definição e importância econômica

A brucelose é uma enfermidade infectocontagiosa de caráter zoonótico e de evolução preferencialmente crônica. Acomete muitas espécies animais, caracterizando-se por desencadear principalmente transtornos reprodutivos e osteoarticulares. Nos bovinos, é conhecida também como aborto contagioso dos bovinos, aborto enzoótico dos bovinos, mal de Bang e doença de Bang.

A brucelose é uma das zoonoses mais frequentes no mundo, sendo endêmica em praticamente todos os países, com exceção do Japão, Canadá, Austrália e alguns países europeus nos quais foi erradicada. As autoridades sanitárias internacionais reconhecem apenas 17 países com rebanhos livres da infecção. Outros países, como os Estados Unidos, mantêm a infecção sob controle em seus rebanhos. A doença é endêmica principalmente em países em desenvolvimento e subdesenvolvidos da África, Ásia e América do Sul.

No Brasil, a doença apresenta uma situação endêmica razoavelmente estável, com prevalência variável entre as diferentes regiões que compõem os circuitos pecuários do País, fundamentalmente em razão das características econômicas, climáticas e sanitárias peculiares de cada localidade. Nos circuitos pecuários com grandes densidades populacionais de animais e intenso comércio de bovinos, a enfermidade tende a ter prevalências relativamente mais elevadas que em outras localidades.

Para os produtores, os principais prejuízos diretos desencadeados pela brucelose são relacionados à espoliação econômica dos bovinos cronicamente infectados, principalmente as fêmeas. São relatados: queda no ganho de peso da ordem de 10 a 15%, diminuição da produção leiteira em 10 a 24%, diminuição da produção de bezerros em 15%, aumento em até 30% na taxa de reposição de animais e diminuição da fertilidade geral do rebanho, elevando intervalo entre partos para até 20 meses. Algumas vacas afetadas podem ficar permanentemente estéreis. A enfermidade também prejudica a imagem comercial das fazendas que registraram casos em brucelose bovina. Segundo estimativas, os prejuízos diretos causados pela enfermidade nos EUA foram superiores a 300 milhões de dólares por ano, em 1983.

Para a economia do País, a brucelose causa prejuízos diretos ao comércio internacional de animais e aos produtos de origem animal, como carne e leite, ao tornar a pecuária vulnerável às barreiras e restrições comerciais de outros países. Além disso, há custos relacionados com programas de vigilância controle.

Os prejuízos indiretos são relacionados principalmente aos casos de infecções em humanos. No homem, a brucelose causa a enfermidade denominada febre de Malta ou febre ondulante, acometendo cerca de 500.000 indivíduos por ano no mundo todo. Os sintomas no homem são caracterizados por uma septicemia que acarreta febre intermitente, calafrios, dores e inchaços articulares, cefaleia, insônia, impotência sexual, constipação e insônia. Os indivíduos mais expostos são os que lidam com animais, tais como veterinários, criadores, tratadores e trabalhadores de frigorífico. A doença também afeta pessoas que vivem em regiões com baixas condições socioeconômicas e ingerem produtos de origem animal não-inspecionados, tais como leite cru e seus derivados frescos contaminados pela Brucella. O tratamento demorado e o caráter debilitante da enfermidade geram prejuízos econômicos e sociais ao afetarem a produtividade dos indivíduos doentes.

Etiologia

As bactérias do gênero *Brucella* apresentam-se como cocobacilos pleomórficos Gram-negativos, dispostos em cadeias curtas, medindo cerca de 0,5 a 0,7 µm x 0,6 a 1,55 µm, não formadores de esporos e sem motilidade. Para crescerem, necessitam de meios de cultura ricos em nutrientes, como o Ágar-Brucella e Ágar-sangue, no qual se desenvolvem em 3 a 7 dias, produzindo colônias pequenas, translúcidas e de aspecto leitoso. São microrganismos álcool-ácido resistentes, sendo corados pelo método de Ziehl-Nielsen e Koster modificados. As bactérias desse gênero são classificadas fenotipicamente por meio do seu comportamento bioquímico em testes laboratoriais.

Atualmente, existem sete espécies de *Brucella*, sendo divididas segundo suas características antigênicas em dois grupos: as cepas cujas colônias isoladas em ágar apresentam aspecto liso: *B. abortus* (bovinos e equinos), *B. suis* (suínos) e *B. melitensis* (caprinos e bovinos); e as cepas de colônias de aspecto rugoso: *B. canis* (caninos), *B. ovis* (ovinos), *B. neotomae* (roedores silvestres) e *B. maris* (mamíferos marinhos). As diferenças morfológicas entre os dois tipos de colônias se devem à composição dos lipopolissacarídeos da parede celular externa do microrganismo.

Paro os bovinos, a espécie mais importante é a cepa lisa *B. abortus*, que é dividida, segundo suas características metabólicas, antigênicas e de cultivo em oito biotipos (1, 2, 3 4, 5, 6 7,e 9). O biotipo 1 é o mais difundido entre os bovinos em todo o mundo, inclusive no Brasil.

Comparativamente a outros microrganismos, *B. abortus* é capaz de sobreviver por longos períodos no ambiente, mas apenas quando abrigada em locais úmidos e protegidos da radiação solar. No solo, desde que as condições supracitadas sejam satisfeitas, sobrevive por até 120 dias. Em descargas uterinas sobrevive por até 200 dias e, em fetos abortados e à sombra, por até 180 dias. As bactérias, apesar de viáveis, não se multiplicam nesses ambientes.

A bactéria não sobrevive aos processos de pasteurização, mas no leite cru a 15°C pode permanecer viável por até 38 dias, contaminando inclusive seus subprodutos, como queijos frescos e manteigas. Em esterqueiras é inativada naturalmente pela acidez. São facilmente destruídas por muitos desinfetantes. Em soluções de cloro a 2,5%, fenóis orgânicos a 2,5%, carbonato de cálcio a 10% e formaldeído a 2% são inativadas no prazo máximo de 30 minutos. O álcool 70% destrói prontamente a bactéria. Na luz solar direta sobrevive por no máximo 5 horas.

Epidemiologia

A brucelose ingressa nos rebanhos bovinos suscetíveis, geralmente, quando machos e fêmeas portadores ou cronicamente infectados são introduzidos no plantel e passam a disseminar a *B. abortus*. Esses animais apresentam enfermidade na forma subclínica ou assintomática e eliminam o agente para o ambiente por meio de diversas excreções e secreções. Potencialmente, qualquer fluido corporal dos bovinos infectados pode conter o agente, mas ele está presente em grandes quantidades nas secreções genitais das fêmeas, nos fluidos do parto, nos fetos abortados, em restos placentários e no leite. Em menor quantidade podem ser eliminados no sêmen, fezes e urina desses animais. Esses materiais infectados contaminam forragens, pastos, cochos de alimentação, bebedouros, mananciais de água e fômites.

Os animais suscetíveis infectam-se ao pastarem em ambientes contaminados, ingerirem alimentos e água contaminados ou entrarem em contato direto com animais portadores. Esta última situação é favorecida pelo hábito das vacas de lamberem ou cheirarem membranas fetais, bezerros recém-nascidos contaminados com fluidos do parto e os genitais de outras fêmeas. A mucosa respiratória e conjuntival também podem servir como porta de entrada nos animais suscetíveis, desde que os bovinos estejam aglomerados em um ambiente pouco ventilado e aerossóis infectantes sejam produzidos a partir de fluidos vaginais contaminados, o que ocorre, por exemplo, quando uma vaca recém-parida movimenta a cauda para espantar moscas.

A brucelose também pode ingressar em um rebanho suscetível se este for mantido em pastos contíguos com outros rebanhos que possuem animais portadores ou existir intercomunicação entre esses rebanhos por meio de rios e áreas úmidas. A introdução da infecção no rebanho também ocorre quando os bovinos da propriedade são levados para locais de aglomeração de animais, como leilões, feiras e exposições, onde são expostos ao agente e depois retornam ao rebanho de origem.

Nas fêmeas portadoras, a quantidade de bactérias eliminadas pelos fluidos genitais é particularmente maior nos períodos próximos ao momento do parto ou abortamento, quando o feto e anexos fetais são expulsos. Essa eliminação pode perdurar por até 30 dias após a expulsão do concepto. Após o parto, as fêmeas infectadas podem eliminar a bactéria persistentemente pelo leite duas semanas após contraírem a infecção. Nesse caso, os bezerros amamentados podem se infectar, mas como até os 6 meses de idade são menos suscetíveis à infecção, excretam a *B. abortus* via fecal transitoriamente por até 6 a 8 semanas após cessar a ingestão do leite contaminado. Em decorrência dos fatos supracitados, a infecção se dissemina dentro dos rebanhos com maior facilidade na época de parições, quando os pastos ficam contaminados com fluidos dos partos e os bezerros lactantes excretam a bactéria nas fezes.

A bactéria também pode ingressar no organismo do animal por soluções de continuidade presentes na pele, como as produzidas por feridas e lacerações. Touros infectados podem eliminar a bactéria via sêmen, mas a transmissão venérea da enfermidade não é considerada importante para bovinos, pois o muco vaginal ácido produzido durante o cio e as barreiras naturais da vagina podem ser desfavoráveis à sobrevivência do agente, a não ser que ele ingresse por lacerações vaginais ocorridas durante a cópula. Estima-se que a transmissão venérea ocorra em apenas 2% das vacas cobertas por touros brucélicos. Alternativamente, se as bactérias estiverem presentes no sêmen utilizado para inseminação artificial, poderão ser depositadas diretamente no ambiente uterino, favorável à sobrevivência do agente, levando a fêmea a infectar-se.

As fêmeas são mais suscetíveis à infecção que os machos. Quando a enfermidade ingressa em um rebanho, espera-se que ocorram muitos casos de abortamento no terço final gestacional, especialmente entre as novilhas. Cerca de dois anos após o ingresso do agente, os abortamentos brucélicos tornam-se mais raros nos rebanhos, ocorrendo mais frequentemente em fêmeas primíparas ou recém-introduzidas na fazenda. Bovinos castrados destinados à engorda não têm importância significativa na disseminação da brucelose dentro do rebanho, mas podem representar risco à saúde dos trabalhadores dos frigoríficos que manipulam a carne e fluidos corporais dos animais abatidos.

A movimentação de animais entre propriedades e entre lotes dentro das fazendas favorece a disseminação da brucelose. Rebanhos que apresentam alta rotatividade de animais, com agregação frequente de novos animais no rebanho são mais suscetíveis à introdução da doença, o que á comum nos circuitos pecuários das regiões Centro-Oeste do País, por exemplo. Sistemas de produção familiar baseados na compra de animais descartados por infertilidade, oriundos de outras propriedades, sem considerar a realização de provas sorológicas para atestar a sanidade dos animais, podem favorecer a disseminação da brucelose.

Os bovinos podem transmitir a *B. abortus* para outros animais. No caso dos suínos, apesar de se infectarem preferencialmente com a *B. suis*, a transmissão pode ocorrer via alimentar se forem fornecidos resíduos de laticínios, como o soro do leite, por exemplo. Os suínos infectados podem retornar a infecção aos bovinos, se houver contato entre as criações. Os equinos se infectam ao manterem contato no mesmo pasto com bovinos portadores e desenvolvem a infecção crônica na forma de abcesso localizado na cernelha, no entanto, são hospedeiros terminais do agente, não sendo considerados como fontes de infecção para os bovinos.

Os cães são pouco suscetíveis à infecção pela *B. abortus*, mas podem auxiliar a disseminar a doença ao carrear restos placentários entre as pastagens dos bovinos. Pássaros que pousam em restos placentários não são suscetíveis à infecção, mas também podem ajudar a disseminar mecanicamente a *Brucella* entre rebanhos. Animais silvestres, como queixadas e capivaras, podem portar o agente, caso exista contato com criações de bovinos infectados servindo como reservatórios da enfermidade. A brucelose nos bubalinos apresenta-se com características muito similares à infecção nos bovinos.

A transferência de embriões de fêmeas infectadas para sadias apresenta baixo risco de transmissão em razão da utilização de protocolos de lavagem recomendados pelas organizações internacionais de sanidade animal. Esses protocolos preservam a integridade da membrana pelúcida e removem as bactérias aderidas à superfície dos oocitos fertilizados. A transferência de embriões pode ser uma alternativa interessante para preservar a genética de animais infectados e de elevado valor zootécnico.

Patogenia e sinais clínicos

O período de incubação da brucelose varia de 2 semanas a 6 meses, na dependência de fatores como dose infectante, suscetibilidade do animal, idade gestacional da fêmea infectada e a via de infecção.

As bactérias ingressam mais comumente pela via oronasal. A partir do ponto de entrada, penetram na mucosa, geralmente na superfície das tonsilas, e são fagocitadas por células locais que as carreiam para os linfonodos satélites mais próximos. Nesses linfonodos, podem persistir por meses ou serem eliminadas. Vale ressaltar que as bactérias, apesar de fagocitadas, podem sobreviver no interior de macrófagos e neutrófilos ao expressarem genes que favorecem sua permanência nesse ambiente. Esses genes desencadeiam a ação de mecanismos que impedem a destruição intracelular da bactéria, tais como bloqueio da fusão fagossomo-lisossomo, formação de parede celular resistente às enzimas lisossomais, produção de cápsula antifagocitária e produção de antígenos de superfície que retardam a destruição da bactéria.

A partir dos linfonodos infectados, as bactérias chegam à corrente linfo-hematógena na forma livre ou no interior de monócitos. Essa bacteremia pode ocorrer por tempo variável e, durante esse período, as bactérias ingressam em vários tecidos. A invasão e multiplicação da bactéria nos tecidos colonizados depende basicamente de dois fatores. O primeiro é a presença de células do sistema mononuclear fagocitário (SMF). Como esta é a principal população de células infectadas pela brucela, órgãos com grandes quantidades dessas células, como o baço, fígado e linfonodos, são maciçamente colonizados pelo agente. Nessa fase, fígado e baço podem aumentar de tamanho e os linfonodos apresentarem-se reativos e com lesões necróticas no centro. A multiplicação da bactéria no SMF desses tecidos não leva a reflexos clínicos importantes. Lesões de caráter granulomatoso podem surgir em alguns deles. No interior dos fagócitos, as bactérias ficam protegidas da ação de anticorpos, do sistema complemento e de antibióticos.

O segundo fator importante para o desenvolvimento da brucela nos tecidos é a concentração e produção de um poliálcool denominado eritritol, substância capaz de estimular a multiplicação do agente. O eritritol está presente em maior quantidade em tecidos, como a placenta, órgãos genitais dos machos, ossos, articulações e parênquima mamário, o que explica o tropismo da bactéria por esses tecidos.

Nas vacas prenhes, o eritritol aumenta em grande quantidade a partir do terço final gestacional, estimulando o desenvolvimento das brucelas no tecido placentário, especialmente nos trofoblastos dos placentomas. A multiplicação das bactérias e a exposição dos tecidos placentários aos lipopolissacarídeos da parece celular bacteriana desencadeiam uma cascata inflamatória e leva à necrose desses tecidos. Os placentomas afetados apresentam necrose de grau variável e podem sofrer descolamento, o que tem consequências negativas para os processos de trocas metabólicas entre feto e mãe. Se a necrose for intensa o suficiente, o feto morre e é abortado em até dois dias. Se a necrose não for tão intensa ou atingir poucos placentomas, o abortamento pode ocorrer em fases mais tardias ou os fetos podem nascer fracos, vindo a morrer pouco tempo depois.

As brucelas também invadem os tecidos fetais, causando especialmente pneumonia supurativa bilateral. O período mais comum de abortamentos é o terço final gestacional. As vacas brucélicas que abortam acabam por desenvolver a imunidade do tipo celular e raramente abortam em gestações subsequentes, mas podem vir a conceber bezerros fracos e inviáveis.

Nos casos em que a necrose dos placentomas não é tão intensa, um infiltrado inflamatório de caráter serofibrinoso pode se depositar em sua superfície. Essa condição geralmente é associada a quadros de retenção de tecidos placentários. As vacas ainda podem apresentar endometrites que comprometem temporariamente sua fertilidade.

Na dependência da dose infectante, algumas vacas têm o aparelho reprodutor infectado, mas não desenvolvem sintomas. Essas vacas podem transmitir o agente a outras vacas ou, por via transplacentária, aos fetos que passam a portar o agente nos pulmões. Esses fetos podem sobreviver e vir a termo, desenvolvendo-se normalmente. O agente, no entanto, permanece latente nesses animais, que são soronegativos ou apresentam produção instável de anticorpos séricos. Esses animais, denominados de portadores latentes, geralmente soroconvertem ou desenvolvem a infecção, quando atingem a maturidade sexual ou, se forem fêmeas, quando ficam prenhes, vindo a abortar. Em razão da dificuldade de rastrear sorologicamente esses animais dentro do rebanho, acredita-se que eles possam funcionar como mantenedores da brucelose em algumas fazendas, dificultando o controle da enfermidade. Essa situação pode ocorrer entre 2,5 a 9% dos bezerros nascidos de mães soropositivas.

Nos touros, *B. abortus* multiplica-se no aparelho genital, podendo causar necrose dos testículos, epidídimos e vesícula seminal. Os testículos afetados apresentam-se aumentados de volume, uni ou bilateralmente, e com consistência amolecida. No interior da bolsa escrotal pode haver acúmulo de fluido serossanguinolento e debris necrótico-purulentos. Os touros acometidos ficam inférteis ou apresentam fertilidade diminuída.

Nas articulações, as brucelas podem levar ao aparecimento de higromas, inchaços articulares e tendinites em um ou mais membros, especialmente na articulação carpiana e tarsiana. Quadros de bursite cervical com presença de conteúdo serofibrinoso são relatados em alguns bovinos que, apesar de rara, é uma das principais lesões desencadeadas pela doença que levam condenação de carcaças em matadouros e frigoríficos. Nos ossos, há casos de osteomielite intervertebral cervical, torácica e lombar associados à brucelose.

Diagnóstico

Diagnóstico direto

O diagnóstico direto é baseado no isolamento da *B. abortus* a partir de materiais suspeitos, como leite, sêmen, descargas vaginais, fetos abortados, gânglios linfáticos e restos placentários. A manipulação desses materiais deve ser extremamente cuidadosa para evitar contaminação com bactérias saprofíticas ambientais que impedem o desenvolvimento da *Brucella* em meios de cultura. O indivíduo que manipula o material a ser colhido deve priorizar medidas de proteção individual, como luvas e avental.

O isolamento em atmosfera de microaerofilia e a classificação bioquímica de *B. abortus* é o método de maior fidedignidade para o diagnóstico, no entanto, pode demorar até duas semanas para ser completado e ainda representa riscos à saúde dos microbiologistas que manipulam as colônias isoladas. Além disso, se o material suspeito contiver muitos agentes contaminantes oriundos da microbiota superficial do animal e do ambiente, o isolamento pode ser prejudicado.

Outro teste empregado é a reação em cadeia da polimerase (PCR) que detecta fragmentos amplificados do DNA bacteriano. Pode ser uma boa alternativa à cultura, por obter resultados rápidos e precisos, mas a técnica é laboriosa, necessita de equipamento sofisticado e um técnico treinado.

Diagnóstico indireto

O diagnóstico indireto é baseado na detecção de anticorpos séricos produzidos. Os testes sorológicos podem ser empregados com amostras de soro, leite, plasma seminal e mucovaginal.

Resposta imune

Os diagnósticos baseados em sorologia são os mais utilizados para classificação de bovinos ou rebanhos como doentes. Os bovinos infectados apresentam produção de anticorpos aglutinantes direcionada contra a cadeia O de oligossacarídeos existentes na camada externa da parede celular da *B. abortus*. Os anticorpos produzidos são as imunoglobulinas da classe M (IgM), da classe G (IgG com dois isotipos- IgG1 e IgG2) e imunoglobulinas da classe A (IgA). A igM é a primeira a surgir, sendo detectada a partir do 5º ao 7º dia pós-infecção e alcança picos máximos entre o 13º e o 21º dia. Cerca de um dia após o aparecimento da IgM, o isotipo IgG1 já pode ser detectado no soro, apresentando picos de concentração entre o 28º e 42º dia pós-infecção. Após um período de tempo, a IgM tem seus níveis gradativamente reduzidos na circulação sanguínea, e os níveis de IgG1 permanecem inalterados. O isotipo IgG2 e a IgA são produzidos mais tardiamente e aumentam gradativamente, mas permanecem sempre em níveis baixos.

As IgGs e a IgM apresentam diferenças importantes no que concerne à configuração terciária das moléculas. Enquanto as IgGs são moléculas diméricas que possuem dois sítios de ligação em cada extremidade da molécula, totalizando quatro pontos de ligação, a IgM é uma molécula pentamérica que possui 10 sítios de ligação. Em decorrência disso, as moléculas de IgM apresentam uma maior probabilidade de se ligarem a antígenos estranhos em relação às IgGs, acarretando maior número de reações falso-positivas em testes sorológicos.

A resposta imune nos animais vacinados é muito similar a dos animais infectados. Há forte produção de IgGs e IgM, no entanto, as mesmas perduram apenas por aproximadamente 12 meses de idade nas fêmeas que foram vacinadas entre os 3 e 8 meses de idade. Como a IgM é menos específica que as IgGs e geralmente desaparece mais cedo da circulação sanguínea dos animais infectados, os testes diagnósticos sorológicos devem primar por detectar apenas preferencialmente as IgGs. No Brasil, as modalidades de testes sorológicos aprovadas para uso são as soroaglutinações rápida e lenta e a fixação de complemento.

Os anticorpos séricos produzidos após estímulos antigênicos de cepas de campo ou vacinas apresentam alguma proteção contra a brucelose, mas não são capazes de inativar as brucelas situadas no interior de células fagocíticas. Considera-se que é a resposta imune mediada por células que efetivamente combate o agente nessa localização. A reposta celular é mediada por linfócitos T (LT) tipo 1 que ativam os LT CD4+ e LT CD8+; este último, em especial, induz a lise de células com bactérias fagocitadas, expondo-as a outros macrófagos. Os LT também produzem o mediador interferon-gama, citocina capaz de ativar os macrófagos e melhorar sua capacidade de fagocitar e destruir as brucelas.

Soroaglutinação rápida com antígeno acidificado tamponado (AAT)

Consiste na reação de um antígeno na concentração de 8%, tamponado em pH 3,65 e corado com rosa de bengala com o soro dos animais em partes iguais (30 microlitros cada) em uma placa de vidro dividida em quadrantes. Após 4 minutos exatos de mistura contínua das amostras de soro e antígeno, a leitura é feita sob luz branca e um fundo de cor negra. Em caso de positividade, antígeno e anticorpo formam um complexo molecular insolúvel com aspecto de mosaico (aglutinado). Qualquer grau de reação deve ser considerado positivo. A vantagem desse teste é que, além de possuir custo baixo, ser de fácil execução e propiciar resultados imediatos, no pH citado, há o favorecimento da reatividade das IgGs e em detrimento de parte da reatividade da IgM, o que torna o AAT um teste relativamente específico. Como as moléculas de IgM permanecem íntegras, é possível que parte delas possam reagir com o antígeno, mesmo em pH ácido.

Soroaglutinação lenta em tubos (SAL)

Consiste em reagir diferentes diluições do soro do animal dentro de tubos de ensaio com um antígeno padronizado na concentração de 1%. São testadas quatro diluições por soro: 1:25, 1:50, 1:100 e 1:200. Após a mistura de ambos e incubação por 48 em estufa, os tubos são contrastados contra luz para observação de grumos de aglutinado. O título sérico do animal corresponde à recíproca da última diluição na qual se observou reatividade. Considera-se que reações incompletas possam ocorrer nas diluições. Vale ressaltar que o título observado nesse teste corresponde à concentração total de imunoglobulinas séricas (igGs e IgM).

Soroaglutinação lenta com 2-mercapto-etanol (SAL-2ME)

É realizada exatamente como a SAL, porém o soro do animal é tratado previamente à adição do antígeno com a substância 2-mercapto-etanol (2-ME) que é capaz de romper os radicais diol, que mantêm a integridade das moléculas de IgM. As unidades de anticorpos do tipo IgM remanescentes são capazes de reagir, mas não formam aglutinados. Nesse caso, apenas as moléculas de IgGs poderão reagir, mais especialmente a IgG1.

Interpretação de resultados das soroaglutinações

O teste com AAT é útil como teste inicial de triagem. Os animais que resultarem positivos no AAT podem ser encaminhados aos testes de SAL conjuntamente com a SAL-2ME para confirmação final. Há concordância aproximada de 97% entre o AAT e as provas lentas citadas. Um vez que o teste de SAL detecta IgG + IgM e a SAL com 2-ME apenas as IgG1, a comparação de resultados entre esses testes permite conhecer as quantidades específicas dessas imunoglobulinas no soro do animal testado. Animais com concentrações relativamente elevadas de IgM e baixas concentrações de igG têm resultados inconclusivos. Os Quadros 1 e 2 ilustram o critério adotado no Brasil para interpretação das provas sorológicas. Animais que apresentarem resultados inconclusivos nos testes de SAL e SAL-2ME devem ser retestados em dois meses. Se permanecerem com resultados inconclusivos, indica-se seu sacrifício.

A interpretação dos testes de

soroaglutinação deve consideradar os seguintes fatores como fontes de erro que geram resultados falso-positivos nos testes de soroaglutinação:

a) Presença de anticorpos vacinais residuais, que ocorrem especialmente se os animais foram vacinados tardiamente, após os 8 meses de idade. Para contornar esse problema, recomenda-se vacinar os animais na idade correta e testá-los sorologicamente após os 24 meses de idade;

b) Reação cruzada com imunoglobulinas similares, especialmente as induzidas por infecções causadas pela *Yersinia enterocolitica* sorotipo O9, cuja cadeia de oligossacarídeos O é idêntica a da *B. abortus*;

c) Presença de anticorpos colostrais. Nesse caso, recomenda-se testar os animais apenas após os 3 meses de idade.

Resultados falso-negativos podem ocorrer nas seguintes situações:

a) Efeito prozona: consiste em reações negativas decorrentes do excesso de anticorpos séricos que, ao ocuparem todos os sítios de ligação nos antígenos, impedem a formação dos mosaicos. Na subsequente diluição do soros em solução fisiológica, as reações passam a ser observadas;

b) Período que compreende entre os 15 dias antes e 20 a 30 dias após o parto ou abortamento, quando as imunoglobulinas são direcionadas para o leite e os fluidos fetais. Nesse caso, recomenda-se repetir a sorologia apenas 30 dias após o parto;

c) Início da infecção, quando as imunoglobulinas estão em concentrações insuficientes para as reações de soroaglu-

Quadro 1. interpretação da prova de SAL com 2-ME para fêmeas bovinas acima de 24 meses de idade e vacinadas com vacina B19 entre 3 e 8 meses de idade. (adaptado de Brasil, 2006).

2-MESAL	NR	1:25 I	1:25	1:50 I	1:50	1:100 I	1:100	1:200 I	1:200
NR	-	NE	NE	NE	NE	NE	NE	NE	NE
1:25 I	-	-	NE	NE	NE	NE	NE	NE	NE
1:25	-	-	+	NE	NE	NE	NE	NE	NE
1:50 I	-	-	+	+	NE	NE	NE	NE	NE
1:50	-	-	+	+	+	NE	NE	NE	NE
1:100 I	-	-	+	+	+	+	NE	NE	NE
1:100	Inc	inc	+	+	+	+	+	NE	NE
1:200 I	Inc	Inc	+	+	+	+	+	+	NE
1:200	inc	inc	+	+	+	+	+	+	+

NR: não reagente. I: Reação incompleta. +: positivo. -: negativo. NE- combinação de reações que não pode ocorrer. Inc: reação inconclusiva.

Quadro 2. interpretação da prova de SAL com 2-ME para fêmeas bovinas não vacinadas e machos (adaptado de Brasil, 2006).

2-MESAL	NR	1:25 I	1:25	1:50 I	1:50	1:100 I	1:100	1:200 I	1:200
NR	-	NE	NE	NE	NE	NE	NE	NE	NE
1:25 I	-	-	NE	NE	NE	NE	NE	NE	NE
1:25	-	-	+	NE	NE	NE	NE	NE	NE
1:50 I	-	-	+	+	NE	NE	NE	NE	NE
1:50	inc	Inc	+	+	+	NE	NE	NE	NE
1:100 I	Inc	Inc	+	+	+	+	NE	NE	NE
1:100	Inc	Inc	+	+	+	+	+	NE	NE
1:200 I	Inc	Inc	+	+	+	+	+	+	NE
1:200	Inc	Inc	+	+	+	+	+	+	+

NR: não reagente. I: Reação incompleta. +: positivo. -: negativo.NE- combinação de reações que não pode ocorrer tinação, o que ocorre, em geral, até os 30 dias pós-infecção.

Teste do anel do leite (ring-test)

Para a vigilância de rebanhos leiteiros, recomenda-se realizar ao menos quatro vezes ao ano o teste do anel do leite, que consiste na mistura de uma fração do leite do tanque de expansão da propriedade com uma quantidade padronizada de antígeno de *B. abortus* na concentração de 4% e corado com hematoxilina em um tubo de vidro. Como as vacas brucélicas eliminam anticorpos do tipo IgA via leite, que ficam aderidos à gordura, se ocorrer aglutinação, o aglutinado complexado a esses lipídios, tende a formar um anel visível na superfície do tubo de reação. Nesse caso, considera-se que, no rebanho, existem animais soropositivos e, então, todos os animais devem ser testados individualmente. Esse teste não deve ser realizado com amostras de leite com altas contagens de células somáticas ou leite ácido que resultam em falsopositivos. As amostras testadas devem ter sido colhidas há mais de 24 horas, para que a gordura seja naturalmente separada dos outros constituintes do leite e possa propiciar a formação do anel. Agitação excessiva do leite pode quebrar os glóbulos de gordura e também prejudicar a formação do anel. Leite pasteurizado, aquecido a mais de 40° C ou congelado, pode propiciar resultados falso-negativos. Esse teste pode ser utilizado nas plataformas de recebimento de leite para confirmar a sanidade do produto antes de processá-lo no laticínio, mas sua sensibilidade depende do tamanho do rebanho que constitui a amostra de leite testada.

Outros testes de aglutinação

Os testes de aglutinação com plasma seminal empregam os sobrenadantes de amostras de ejaculados centrifugados oriundos de touros doadores de sêmen e têm como objetivo a detecção de imunoglobulinas produzidas nos fluidos espermáticos. Esse teste pode ser útil em casos de touros soronegativos, mas que apresentam infecção persistente no aparelho genital. Esse teste não tem reconhecimento oficial no Brasil e pode propiciar resultados falso-positivos em alguns casos. O teste de aglutinação com muco vaginal visa detectar a produção de IgA local, mas propicia muitos resultados falso-positivos e negativos, além de apresentar riscos de infecção para quem manipula o material suspeito.

Fixação de complemento

Consiste no princípio de que a IgG1 ligada aos antígenos bacterianos são capazes de sequestrar frações hemolíticas do sistema complemento. É um dos testes mais específicos para a brucelose, detectando precocemente apenas a IgG1. É aceito como teste-padrão internacional, mas por ser caro e laborioso, é utilizado para animais previamente triados com o teste de AAT ou que irão transitar entre regiões ou países com *status* sanitários diferentes para brucelose.

Teste da polarização da fluorescência

É um dos testes recentemente desenvolvidos para o diagnóstico da brucelose. É baseado na premissa de que as moléculas de antígeno e anticorpo não ligadas apresentam movimentos giratórios aleatórios a uma determinada velocidade. Se ligadas, essas moléculas formam um complexo mais pesado, levando a uma velocidade de movimentos giratórios muito menores que os das moléculas livres. Como a velocidade dos movimentos das moléculas, desde que marcadas com isotiocianto de fluorosceína, pode ser determinada por sua exposição a uma determinada faixa de luz polarizada, é possível concluir, após esse teste, se ocorreu ligação entre os antígenos da brucela e os anticorpos específicos do soro.

Ensaios imunoenzimáticos

Os testes baseados em ensaios imunoenzimáticos (ELISA) são úteis para detectar anticorpos anti-brucella em muitos animais, pois emprega microplacas para até 96 reações simultâneas, incluindo as reações de controle positivas e negativas. Todavia, esses testes necessitam de reagentes padronizados e de aparelhos leitores de densidade ótica regulados para esse fim. Os dois principais testes estudados são o ELISA indireto e o ELISA competitivo. O primeiro teste possui boa sensibilidade, mas a especificidade é similar ao AAT. O segundo é altamente específico e sensível, no entanto, possui custo elevado para seu desenvolvimento.

Apesar de reconhecidos internacionalmente, esses testes não são comumente utilizados no Brasil, preferindo-se a facilidade das reações de soroaglutinação.

Necropsia fetal e histopatologia

Os fetos abortados apresentam, em geral, um aspecto fresco e relativamente conservado. Na necropsia, observa-se com mais frequência uma pneumonia bilateral marcante, cuja avaliação microscópica revela a presença marcante de infiltrados macrofágicos dispersos no tecido pulmonar. Após a necropsia, podem ser enviados aos laboratórios de diagnóstico os fetos inteiros ou apenas fragmentos de órgãos mais importantes, como baço, fígado, pulmão, rins e conteúdo abomasal, objetivando o isolamento da *B. abortus*.

Diagnóstico diferencial

O diagnóstico diferencial deve ser direcionado para enfermidades que interferem no desempenho reprodutivo dos animais, tais como rinotraqueíte infecciosa bovina, complexo diarreia viral bovina-enfermidade das mucosas, leptospirose, neosporose, campilobacteriose genital bovina, tricomonose bovina, micoplasmose e listeriose. Causas não-infecciosas e infecciosas não transmissíveis, tais como abortamentos fúngicos e causados por microrganismos saprofíticos do ambiente e do animal também devem ser investigadas.

Controle e profilaxia

O controle da infecção brucélica nos rebanhos bovinos é baseado na interrupção de seu ciclo de propagação entre os animais. Medidas de controle podem ser aplicadas às fontes de infecção e vias de transmissão e os suscetíveis protegidos por meio de vacinas.

Medidas aplicadas ao controle das fontes de infecção

Não há tratamento comprovadamente eficaz para a brucelose bovina, no que concerne à eliminação do agente infeccioso dos tecidos infectados dos animais doentes. Consequentemente, a melhor opção para programar o controle de dentro de uma fazenda de maneira eficaz é a eliminação periódica de animais doentes detectados por exames sorológicos. Recomenda-se testar sorologicamente todo rebanho com o AAT a cada dois meses, até que se obtenha dois resultados consecutivos negativos de todos as fêmeas acima de 24 meses de idade e machos acima de 3 meses. Durante a execução do controle, convém testar todos os novos animais a serem introduzidos no rebanho ou exigirem-se atestados de soronegatividade no momento da compra.

Medidas de controle das vias de transmissão

B. abortus é capaz de sobreviver no ambiente e em fômites por tempo suficiente para infectar os animais. Em razão disso, recomenda-se a desinfecção dos locais onde animais portadores estiveram presentes, especialmente se foram contaminados com restos placentários ou fluidos do parto. Os desinfetantes utilizados devem ser empregados segundo as recomendações técnicas, respeitando-se a diluição, volume utilizado e tempo de aplicação. Os principais desinfetantes recomendados para inativar as bactérias em ambientes contaminados são os fenóis a 1%, cresóis a 5%, formaldeído a 5% e hipoclorito de sódio a 2,5%, aplicados para agirem por, no mínimo, uma hora nas instalações, utensílios e até roupas dos funcionários que estejam contaminados. O hidróxido de cálcio a 15% pode ser empregado no solo coberto com terra nua, após revolvê-lo e compactá-lo. Recomenda-se, antes de utilizar os produtos para desinfecção, remover a matéria orgânica presente no ambiente a ser desinfetado, objetivando-se preservar a ação máxima dos desinfetantes.

Os pastos onde existiam animais portadores devem ser vedados ao uso por pelo menos 2 meses, objetivando-se a inativação natural do agente, especialmente se neles ocorreram partos ou abortamentos. Os fetos abortados e os anexos placentários devem ser recolhidos dos pastos com auxílio de luvas e enterrados com cal em covas de pelos menos dois metros de profundidade, ou serem incinerados.

Uma forma relativamente útil de minimizar os problemas de contaminação de pastos por fluidos genitais do parto é utilizar piquetes maternidade, que devem permanecer sem uso por pelo menos dois meses antes no início da estação de monta. Os animais que parirem nesses piquetes devem permanecer até a mamada do colostro para depois serem removidos para outros piquetes.

É imprescindível que, em centrais de inseminação artificial, os touros sejam rigorosamente avaliados por testes clínicos e sorológicos, pois os tratamentos com antibióticos e protocolos de congelamento e descongelamento do sêmen não interferem na sobrevivência das brucelas.

Proteção de animais suscetíveis

A vacinação é uma das ferramentas mais poderosas para impedir a disseminação da brucelose entre os rebanhos suscetíveis. Segundo estimativas, se a cobertura vacinal atingir 80% da população de bovinos de uma região, a doença apresentará prevalência de aproximadamente 2%.

Atualmente, dois tipos de vacinas atenuadas são disponibilizados para uso em bovinos: a B19 e a RBS1. A vacina B19 é constituída de uma cepa atenuada de *B. abortus* biótipo 1, descoberta no final dos anos 30. Ela é menos patogênica que as cepas de campo, mais estável e não é capaz de oxidar eritritol, tendo seu desenvolvimento até mesmo inibido por essa substância. Essa cepa vacinal é capaz de induzir imunidade idêntica a uma infecção por uma cepa de campo. A vacinação é feita na dose única de 4 a 12 x 10^{10} brucellas/mL, aplicada por via subcutânea, apenas em fêmeas de 3 a 8 meses de idade, induzindo principalmente a ativação da imunidade mediada por células. Essa vacina, conforme citado anteriormente, é capaz de induzir a formação de anticorpos aglutinogênicos até aproximadamente os 12 meses de idade. Em razão disso, não há sentido em testar sorologicamente fêmeas recentemente vacinadas. Segundo a lesgilação, necessita-se testar somente animais acima de 24 meses de idade. A vacina conserva virulência residual para machos que, se vacinados, podem desenvolver orquite ou apresentar títulos persistentes de anticorpos aglutinantes por toda a vida.

Não se recomenda vacinar fêmeas após os 8 meses de idade, ou realizar reforços vacinais, pois estes procedimentos levam à produção de anticorpos aglutinantes residuais por tempo superior a 24 meses, ficando impossível de distinguir-se por métodos sorológicos se são animais vacinados ou infectados. Fêmeas com menos de 3 meses não devem ser vacinadas, em decorrência da interferência de anticorpos colostrais.

Como animais leiteiros apresentam maturidade sexual mais precoce, em algumas raças recomenda-se realizar a vacinação no máximo até os 6 meses de idade. A vacina é capaz de proteger entre 60 e 75% dos animais por até sete anos após a vacinação.

Considerando que essa linhagem de *B. abortus* é inibida pelo eritritol, ela é praticamente inócua às bezerras. No entanto, algumas cepas são tolerantes a essa substância, o que explica a ocorrência de abortamentos em até 2,5% das vacas prenhes vacinadas. A cepa vacinal também é eliminada via leite, o que reforça a ideia de que não se deve vacinar fêmeas adultas.

A cepa RB51 é uma linhagem de B. abortus que, após o tratamento com rifampicina, modificou suas características antigênicas, perdendo a cadeia externa de polissacarídeos denominada cadeia O que, nas cepas lisas, é responsável pela indução da produção de anticorpos aglutinantes. Consequentemente, a RB51, apesar de possuir as mesmas características de proteção conferida pela B19, tem a vantagem de não propiciar resultados falso-positivos em testes de soroaglutinação. A vacinação pode ser feita em fêmeas de qualquer idade. Os casos de abortamento induzidos pela vacina são raros e ocorrem após os 6 meses de gestação. Sua principal utilidade é a vacinação de novilhas e vacas com mais de 8 meses de idade que não foram vacinadas com a B19. Ela também é indicada para conferir proteção a grupos de fêmeas adultas que foram expostos à *B. abortus* e estão sob grande risco de contrair a infecção. A desvantagem é seu custo, que pode ser superior ao custo da B19. Por ocasião da vacinação, as fêmeas vacinadas não devem receber antibióticos que poderiam inativar a cepa vacinal.

Considerando-se que ambas as vacinas são vivas e patogênicas para o ser humano, as vacinações devem ser monitoradas por um médico veterinário responsável e de preferência realizadas com equipamentos de proteção individual, como aventais, luvas, máscaras e óculos, pois os acidentes são muito comuns. Os frascos de vacina devem permanecer refrigerados durante a vacinação dos animais e devem ser descartados de maneira adequada e nunca reutilizados. No Brasil, a notificação de animais vacinados é compulsória.

Outras medidas de controle

Muitos fatores podem dificultar o controle da brucelose em um rebanho bovino, tais como prevalência da infecção dentro do rebanho, taxas de abortamentos, proximidade de rebanhos vizinhos sem controle para brucelose, recursos financeiros dos proprietários para a reposição de animais abatidos, disponibilidade de pastos para isolamentos de animais suspeitos ou para parição de animais (piquete-maternidade), disponibilidade de matadouros e frigoríficos preparados para receber animais positivos para o abate, cotação de preços de animais soropositivos descartados e disponibilidade de laboratórios e profissionais habilitados para o diagnóstico.

No Brasil, pretende-se erradicar a brucelose por meio de medidas de controle compulsórias e facultativas, norteadas pelo Programa Nacional de Controle e Erradicação da Brucelose e Tuberculose (PNCEBT, 2000). As principais medidas de controle são baseadas nas seguintes premissas:

- Obrigatoriedade da vacinação de todas as fêmeas dos rebanhos entre 3 e 8 meses de idade com a vacina B19, em dose única, e subsequente marcação com ferro candente na face esquerda, indicando que a vacina foi realizada e em que data foi feita;
- Obrigatoriedade da comunicação da presença de animais soropositivos em até 24 horas da sua detecção e subsequente, marcação com ferro candente na face direita, indicando positividade e abate em até 30 dias na propriedade de origem ou em frigorífico sob inspeção;
- Obrigatoriedade da apresentação de resultados de exames sorológicos ou atestados de vacinação para a comercialização, circulação entre barreiras sanitárias e participação em eventos onde há aglomeração de bovinos;
- Credenciamento dos médicos veterinários do setor privado para realização de testes de diagnósticos;
- Possibilidade das propriedades que comprovarem estar livres ou controladas, em relação à brucelose, solicitarem certificação oficial de seu estatus sanitário;
- Educação sanitária de proprietários de animais.

Referências bibliográficas

Acha, P.N.; Szyfres, B. **Zoonosis y enfermidades transmissibles comunes al hombre y los animales**. 2ª ed. Washington: Organización Panamericana de la Salud, 1989. p.14-36.

Almeida, L.P.; Reis, D.O.; Germano, P.M.L. Brucelose em bovinos com bursite cervical diagnosticada em abatedouro sob inspeção federal. **Ciência Rural**, v.30, n.2, pp.287-291, 2000.

BRASIL. Ministério da agricultura, pecuária e abastecimento – MAPA – secretaria de defesa agropecuária. Programa nacional de controle e erradicação da brucelose e tuberculose. Brasília, 2001. Disponível em: <http://www.agricultura.gov.br/sda/dd a/inicial.htm> acesso em set. 2001.

Gall, D.; Nielsen, K. Serological diagnosis of bovine brucellosis: a review of test performance and cust comparasion. **Revue Scientifique et Technique Office International Epizooties**, v.23, n.3, p.989-1002, 2004.

Jardim, G.C. *et al.* Diagnóstico sorológico da brucelose bovina em animais adultos vacinados com dose reduzida da cepa 19 de Brucella abortus. **Pesq. Vet. Bras.**, v.26, n.3, pp. 177-182, 2006.

Paulin, L.M. Artigo de revisão: Brucelose. **Arq. Inst. Biol.**, v.70, n.2, p.239-249, 2003.

Lage, A.P. *et al.* Brucelose bovina: uma atualização. **Rev. Bras. Reprod. Anim.**, v.32, n.3, p.202-212, 2008.

Leite, R.M.H. *et al.* A random sample survey of bovine Brucellosis in the State of Paraíba, Brazil. **Braz. J. Vet. Res. Anim. Sci.**, v.40, suppl.3, pp.170-174, 2003 .

Mathias, L.A. *et al.* Evolução de títulos sorológicos, nas provas de soroaglutinação em placa, antígeno acidificado tamponado e fixação de complemento, em bezerras Nelore vacinadas aos 18 meses de idade com Brucella abortus amostra B 19. **Pesq. Vet. Bras.**, v.21, n.4, pp. 139-142, 2001.

Megid, J. *et al.* Avaliação das provas de soroaglutinação rápida, soroaglutinação lenta, antígeno acidificado e 2-mercaptoetanol no diagnóstico da brucelose bovina. **Braz. J. Vet. Res. Anim. Sci.**, v.37, n.5, 2000. Avaliável em <http://www.scielo.br/scielo.php?script=sci_arttext&pid=S1413-95962000000500009&lng=en&nrm=iso>. Acesso em 19 junho de 2009.

Monteiro, L.A.R.C.; Pellegrin, A.O; Ishikawa, M.M.; Osório, A.L. Investigação epidemiológica da brucelose bovina em um estrato do Estado de Mato Grosso do Sul. **Pesq. Vet. Bras.**, v.26, n.4, pp. 217-222, 2006.

Nicoletti, P. The epidemiology of bovine brucellosis. **Advanced Veterinary Scientific Compendium Medical**, v.24, p.69-98, 1980.

Palmquist, O.K. Contribuição ao conhecimento da incidência da brucelose no Estado do Paraná (Brasil). **Braz. arch. biol. technol**, pp.307-309, 2001.

Poester, F.P.; Gonçalves, V.S.P.; Lage, A.P. Brucellosis in Brazil. **Veterinary Microbiology**, v.90, p.55-62, 2002.

Poester, F.P. *et al.* Efficacy of strain RB51 vaccine in heifers against experimental brucellosis. **Vaccine**, v.24, p.5327-5334, 2006.

Rivers, R. *et al.* Brucella abortus: inmunidad, vacunas y estrategias de prevención basadas en ácidos nucleicos. **Arch. med. vet.**, v.38, n.1, pp.7-18, 2006.

Silva Junior, F.F. *et al.* Avaliação do teste do anel em leite na vigilância epidemiológica da brucelose bovina em rebanhos e em laticínios. **Arq. Bras. Med. Vet. Zootec.**, v.59, n.2, pp.295-300, 2007.

Vasconcellos, S.A. *et al.* Bases para a prevenção da brucelose animal. **Comunicação Científica da Faculdade de Medicina Veterinária e Zootecnia da Universidade de São Paulo**, v.11, n.1, p.25-36, 1987.

Abortamento bovino por leptospirose

Introdução

Abortamento bovino por leptospirose consiste na morte embrionária ou fetal de produto bovino, causada pela infecção por tipo patogênico da bactéria *Leptospira*, resultando também em outras complicações reprodutivas e econômicas. A leptospirose é uma zoonose que afeta várias espécies de animais domésticos e silvestres, atuando como portadores (sadios ou doentes) ou reservatórios. A leptospirose bovina é uma doença infecciosa febril, aguda ou crônica, com evolução clínica inaparente, e apresenta vasculite generalizada, hematúria, anemia, icterícia, abortos, acarretando perdas econômicas por infertilidade do rebanho, nascimento de bezerros fracos e prematuros, retenção de placenta, decréscimo na produção de leite, problemas com mastite e morte, além de custos com despesas de assistência veterinária, vacinas e testes laboratoriais.

Etiologia

É causada por bactérias da ordem Spirochaetales, família Leptospiraceae e gênero *Leptospira*. Atualmente, há mais de 15 genomespécies conhecidas, sete das quais são patogênicas, e aproximadamente 200 sorovares. A principal espécie do ponto de vista clínico para o homem e animais é *L. interrogans* e *L. borgpetersenii*. Os sorovares Hardjo e Pomona são os mais importantes no mundo, sendo Hardjo o principal responsável por aborto bovino.

As leptospiras são destruídas pela dessecação, têm curta sobrevivência em água salgada, podendo resistir por longos períodos em água doce. São inativadas pelo calor a 60°C e desinfetantes comuns. A urina ácida é letal para as leptospiras, inativando-as entre uma hora e meia a duas horas. No solo úmido, a sua sobrevivência é longa, sendo curta em solo seco. Tem curta sobrevivência no leite diluído, mesmo quando proveniente de animais doentes.

Epidemiologia

A ocorrência da leptospirose é variável em

diferentes partes do mundo, podendo-se observar tanto a forma esporádica quando a endêmica. A leptospirose se dissemina muito rapidamente após ser introduzida em rebanhos bovinos. Inquéritos sorológicos em diversas regiões do mundo retratam a variabilidade da distribuição de sorotipos de leptospiras patogênicas. No Brasil, a doença é endêmica em bovinos. O sorovar Hardjo é predominante em rebanhos das Regiões Sul, Sudeste e Centro-Oeste, sendo associado a 47% de infertilidade em rebanhos não vacinados. *L. interrogans* sorovar Hardjo-bovis ocorre mundialmente e, em muitas áreas, predomina sobre Pomona em bovinos, e é mais comum em bovinos no Reino Unido, Austrália, Nova Zelândia e América do Norte, enquanto Hardjo-prajitno, na Europa.

A transmissão do sorovar Hardjo dentro do rebanho se dá principalmente por contato direto bovino a bovino, por meio de urina contaminada. Os bovinos podem eliminar leptospiras na urina por período entre 28 e 40 semanas, com progressivo declínio nas semanas subsequentes, persistindo no meio ambiente por tempo variável de acordo com as condições de umidade, temperatura e pH.

Após a infecção inicial, grande quantidade de leptospiras é eliminada pela urina. A infecção pelo sorovar Hardjo apresenta uma soroprevalência de 34 a 65% nos Estados Unidos, com 10% de abortos, e 25 a 65% na Europa, Austrália, Ásia e América do Sul. No Brasil, a soroprevalência da leptospirose em rebanhos é de 74% a 100% e, em animais, de 45,56% a 62,3%. Referente aos problemas reprodutivos, uma variação de 12 a 68,39% dos abortos são causados por leptospiras, sendo 20,98 a 65,60% causados pelo sorovar Hardjo.

Nas criações, a disseminação da leptospira é caracterizada pela presença de animais doentes ou portadores assintomáticos que eliminam o agente pela urina em descargas cérvico-vaginais, além dos fetos abortados e placenta, mantendo a doença endêmica na propriedade. A via venérea, pela monta natural realizada entre animais infectados, é uma importante via de transmissão da leptospirose em bovinos. A possibilidade de transmissão da leptospirose pelo sêmen industrializado é minimizada, desde que os critérios preconizados pela Organização Mundial de Saúde Animal (OIE) em relação à saúde do touro doador e à manipulação do ejaculado sejam seguidas. Além disso, a compra e trânsito de animais, compartilhamento de pasto com outras espécies como ovinos, acesso a rios, riachos, mananciais onde co-habitam outros rebanhos ou outras espécies e ainda a reposição de novilhas, são importantes fontes de infecção.

Outros meios de transmissão podem ser sangue ou tecidos de animais infectados, ou indiretamente pela água e/ou alimentos contaminados.

Dessa forma, a infecção é determinada por fatores, como as espécies animais de contato, os sorovares existentes na região, as condições ambientais e climáticas, além do manejo e das oportunidades de infecção direta ou indireta.

Suscetibilidade

Os animais criados extensivamente e em conjunto com outras espécies animais são os mais predispostos à infecção por Hardjo. A idade não interfere na suscetibilidade de contrair a infecção, porém fêmeas jovens possuem menor resistência e, portanto, maiores chances de abortarem. É considerada uma doença ocupacional para magarefes, fazendeiros, veterinários, zootecnistas, tratadores de animais, entre outros.

Patogenia

A leptospirose é uma doença septotóxica. As leptospiras penetram ativamente no organismo, alcançando a corrente sanguínea. Após bacteremia primária, chegam aos rins, trato genital e fígado, onde localizam-se e multiplicam-se. Com isso é alterada a função hepática. Os agentes são encontrados no sangue e órgãos parenquimatosos aos oito dias após a infecção (fase septicêmica). À medida que vão sendo formados anticorpos no sangue, o que acontece a partir do oitavo dia da doença, as leptospiras são destruídas na corrente sanguínea (fase tóxica).

Com a evolução da infecção e consequente produção de anticorpos, as leptospiras migram para os rins, localizando-se nos túbulos contornados proximais, escapando do sistema imune para não serem destruídas. Assim, os sinais clínicos são amenizados e os animais passam a eliminar leptospiras pela urina, manifestado estado de portador renal. As leptospiras localizadas nos rins servem como fonte de infecção para outros animais. Em virtude da capacidade das leptospiras de produzir lípases, liberam do tecido adiposo ácidos graxos que provocam processos hemolíticos e citolíticos. Porém, nem todos os tipos de leptospiras atuam dessa forma.

A ação hemotóxica de determinados tipos provoca a destruição de hemácias, provocando hemoglobinemia, hemoglobinúria, anemia e icterícia. Como consequência de uma intoxicação (ação endotóxica), altera-se o sistema nervoso central (SNC), com lesão dos vasos sanguíneos e das células dos órgãos. A anemia nos bovinos apresenta-se somente após o aparecimento de anticorpos sanguíneos.

Nas fêmeas bovinas, a localização precisa da infecção persistente no trato genital feminino é desconhecida, mas a bactéria tem sido isolada de múltiplas localizações. A infecção persistente do trato reprodutivo poder ser a mais importante manifestação da infecção por sorovar Hardjo, causando graves prejuízos econômicos, pois atua diretamente no útero e oviduto, interferindo na implantação do embrião e outros eventos anteriores à fase final da gestação.

A infecção persistente do trato genital masculino e feminino bovino é um achado proeminente das infecções pelo sorovar Hardjo e pode permanecer por mais de 12 meses. A infecção pelo sorovar Hardjo parece ter efeito direto sobre a fertilização interferindo com a função do corpo lúteo, por meio da diminuição dos níveis de progesterona. O sorovar Hardjo também tem sido relatado persistindo na glândula mamária de bovinos.

Sinais clínicos

Manifesta-se clinicamente pelo retorno ao cio (aborto precoce), com o feto autolisado, queda na produção leiteira, mastites, natimortos, fetos prematuros e/ou fracos, subfertilidade ou infertilidade decorrentes de complicações, com icterícia, hemorragias e morte. A doença em geral não chama a atenção, porém em alguns casos mais graves e experimentais, observam-se temperaturas de 40 a 41°C por três a sete dias, correspondentes à fase de leptospiremia, que é acompanhada por anorexia, depressão, discreta diarreia e às vezes hemoglobinúria, paresia ou paralisia do rúmen. Mais tarde poderão ocorrer abortos. Algumas vacas apresentam leite espesso, amarelado, às vezes com sangue, principalmente em infecção por *L. interrogans* sorovar Hardjo e, a seguir, diminuição em 80% ou mais do volume, retornando à produção normal em 10 a 15 dias.

O período de incubação varia entre três a 14 dias. Animais infectados podem morrer em 24 a 48 horas. Nos bezerros, há letargia, febre, discreta anemia, fraqueza, perda de apetite, prostração, urina com sangue, icterícia e morte em 5 a 15% dos animais. A infecção do útero pela bactéria leva a febre, às vezes imperceptível, e fêmeas no final da gestação apresentam aborto, podendo atingir a taxa de 40%. Os fetos já estão mortos 24 ou mais horas antes de serem expulsos. Em decorrência disso, é rara a identificação do agente, sendo destruído em razão de processos autolíticos. Os animais adultos podem apresentar quadro similar, não sendo tão comum. Alguns animais apresentam rigidez dos membros posteriores, e a icterícia é sinal muito raro. Ao baixar a temperatura, os animais afetados voltam ao normal, porém o crescimento sempre é retardado em relação aos que não sofrem a doença. Há fatores que modificam a apresentação clínica da enfermidade, tais como o estado de imunidade do rebanho bovino, a idade em que os animais são infectados, o estágio de gestação, o tipo de manejo, e aptidão. Normalmente, as fêmeas encontram-se, no momento do aborto, isentas de outros sinais clínicos, dando reação sorológica positiva. O aborto ocorre durante ou após o quinto mês de gestação.

A leptospirose causa aborto em 20 a 40% das vacas quando a infecção se processa no último trimestre da gestação Nesse caso, a solução do problema é a identificação dos sorotipos presentes e o uso de imunógenos específicos. Abortos, natimortos e nascimento de bezerros fracos ocorrem como resultado da infecção pelo sorovar Hardjo, mas geralmente são observados na primoinfecção de uma vaca gestante.

Como os animais adultos desenvolvem imunidade natural à infecção, somente bezerras são reinfectadas e abortam. Muitas vacas apresentam infecção subclínica por Hardjo na qual somente queda na produção de leite pode ser detectada. Na infecção por Pomona, os bovinos tendem a apresentar altos títulos de anticorpos com ou sem sinais clínicos, e não se tornarem portadores por longos períodos.

Imunidade

As leptospiras são pouco imunogênicas. Animais infectados podem desenvolver imunidade humoral que permanece por até seis meses, porém células de memória são mantidas. A imunidade na leptospirose é sorogrupo-específica e não sorovar-específica. Desse modo, vacas infectadas com sorovares saprófitas não estão protegidas contra futuras exposições a sorovares patogênicos, como Hardjo, Pomona e Icterohaemorrhagiae. Além disso, nem sempre uma vacina irá proteger rebanhos de regiões diferentes com a mesma eficiência. Assim, há certa controvérsia quanto às vacinas comerciais, sendo recomendada a vacinação com sorovares regionais.

Achados de necropsia

As alterações patológicas compreendem icterícia, anemia, diátese hemorrágica, necrose cutânea e das mucosas, lesões degenerativo-inflamatórias nos órgãos parenquimatosos, assim como rigidez cadavérica fracamente marcada ou ausente, acúmulo de líquido avermelhado e sorogelatinoso na região cervical e laríngea, paredes laterais do tórax e abdômen, repleção da bexiga urinária com urina cor de cereja, pontos hemorrágicos na zona cortical dos rins, coloração amarelada da superfície hepática e conteúdo vermelho-escuro e viscoso da superfície biliar.

Na necropsia de fetos é encontrada grande quantidade de líquido sanguinolento nas cavidades torácica e abdominal, edema subcutâneo de aspecto gelatinoso hemorrágico, manchas brancas nos rins, leve nefrite intersticial e caracteristicamente a gordura perirrenal apresenta-se hemorrágica. Os envoltórios fetais encontram-se edematosos e sem aspecto inflamatório. Os cotilédones estão alterados, com coloração castanho-clara ou amarela.

Os rins aparecem aumentados três a quatro vezes. A cápsula desprende-se facilmente e sua superfície é lisa, não raramente é irregularmente irrigada pelo sangue e exibe hemorragias puntiformes. Depois de uma evolução lenta, os rins adquirem consistência dura e coloração acinzentada ou cinza-amarelada. As lesões histológicas típicas são focos necróticos nos glomérulos e infiltração linfocitária do interstício.

Diagnóstico

A leptospirose pode ser diagnosticada pelos sinais clínicos e/ou diagnóstico laboratorial. O diagnóstico laboratorial muitas vezes é necessário e conclusivo, porém pode ser também sugestivo. A principal técnica laboratorial utilizada para se determinar o perfil sanitário de um rebanho é a pesquisa de anticorpos para *Leptospira* spp., utilizando-se a técnica de soroaglutinação microscópica (SAM), mesma técnica utilizada para o diagnóstico humano e em outras espécies animais.

Os laboratórios utilizam-se de aproximadamente 25 a 29 sorovares, dentre espécies patogênicas e saprofitas. É mais sensível na detecção de IgM do que IgG, porém apresenta uma baixa sensibilidade na leptospirose crônica na detecção de animais portadores. Título 100 já deve ser considerado na avaliação diagnóstico de um animal ou rebanho, porém cuidados devem ser tomados, visto que títulos de 100 a 400 podem também ser indicativos de reação vacinal, que pode permanecer por um a quatro meses.

Um aborto por *Leptospira* spp. só pode ser determinado com exatidão observando-se a dinâmica do título ou mediante a identificação do agente causal na vaca ou no feto. Porém, de tão grande importância é saber as limitações para o envio de material para o diagnóstico. Sabe-se que as leptospiras são bactérias sensíveis.

Quando há a suspeita de leptospirose em um animal com sinais clínicos sugestivos ou até mesmo em vaca que abortou, recomenda-se coletar urina, sangue ou até mesmo, no caso de abortamentos, encaminhar o feto abortado e placenta devidamente acondicionados sob refrigeração, nunca congelados, e protegidos da luz e sujidades ambientais, ao laboratório em até duas a três horas após a observação.

As alterações cadavéricas são as principais responsáveis pelo insucesso na detecção de leptospiras na técnica de microscopia em campo-escuro e cultivo em meios de cultura (Fletcher e EMJH) para tentativa de isolamento. Assim, a perfeita conservação do tecido a ser enviado e a rapidez com que ele chegar ao laboratório para o diagnóstico passam a ser fundamentais no sucesso do diagnóstico.

Para a determinação do perfil epidemiológico de um rebanho ou animal isolado, recomenda-se a realização de sorologia pareada com um intervalo de 30 dias, aproximadamente. No caso de rebanhos com frequentes problemas reprodutivos, sugestivos de leptospirose, devem ser realizados exames sorológicos a cada 6 meses, sempre que for introduzir um animal no rebanho, vender animais ou até mesmo exportar ou comercializar sêmen. A sorologia pareada mostra-se fundamental na detecção de infecção subclínica, exposição contínua e doença em constante evolução.

Animais que apresentem títulos sorológicos acima de 400 na primeira sorologia para sorovares patogênicos, ou até mesmo elevação de quatro vezes o título inicial, na sorologia pareada, devem ser separados dos demais, tratados e acompanhados com observação na evolução dos sinais clínicos. Essas medidas devem ser acompanhadas de sorologia a cada 4 meses para se acompanhar a evolução ou involução dos títulos sorológicos. Porém, as sorologias pareadas apresentam valor limitado nas infecções crônicas, porque o aborto ocorre após a infecção e os títulos permanecem estáveis ou declinam. Nas infecções crônicas por Hardjo, uma vaca que, ao abortar, apresenta título ≥300 tem 60% de chances de infecção fetal, ≥1000 tem 80% e ≥3000 tem 90%. Várias vacas que abortam, apresentando títulos ≥300, é uma evidência de rebanho não vacinado. Além disso, outros testes imunodiagnósticos podem ser utilizados, como ELISA indireto e ELISA de captura. A soroaglutinação macroscópica é uma possibilidade de utilização a campo, porém apresenta baixa sensibilidade além de não ser sorovar específico.

A microscopia de campo-escuro apresenta limitações. Independente do momento da coleta e do estado do material encaminhado ao laboratório, o diagnóstico por visualização em campo-escuro só permite a determinação de organismos espiroquetídeos, porém não permite fechar o diagnóstico como *Leptospira* spp. Desse modo, sempre se realizam exames complementares a esse, como cultivo microbiológico em meios de cultura, inoculação em hamsters (*Mesocricetus auratus*) e provas de biologia molecular (reação em cadeia pela polimerase – PCR), para verificar o crescimento exponencial da bactéria estudada, analisar a virulência da mesma e determinar o gênero, espécie e possivelmente o sorogrupo, respectivamente, confirmando ou não a infecção leptospírica.

Fetos abortados bovinos são usualmente autolisados nos quais nenhuma lesão ou bactéria é demonstrada. Assim, em um feto fresco a identificação positiva de leptospira nas lesões é difícil. As técnicas moleculares (PCR) apresentam considerável sucesso, porém todo o sucesso está concentrado na extração do DNA e sequência de oligonucleotídeos específicas utilizadas. Enquanto isso, as técnicas de imunoperoxidase são muito úteis na demonstração de leptospira em tecidos fixados em formalina e tecidos autolisados, apesar do teste não ser sorovar específico. A tradicional coloração por sais de prata de materiais fixados também é uma técnica que tem sucesso em poucos casos, pois seu sucesso não é interferido com a autólise dos tecidos.

Fixação de complemento pode ser utilizada, porém apresenta sensibilidade menor que a SAM. Anticorpos para leptospira podem ser detectáveis no soro de alguns fetos abortados. A maior parte dos inquéritos diagnósticos revela que a causa específica do aborto é identificada em somente 30% dos fetos submetidos ao diagnóstico laboratorial.

Diagnóstico diferencial

O histórico de vacinação de abortamentos bovinos é uma parte crucial da história, pois surtos de abortos a rinotraqueíte infecciosa bovina ocorrem inicialmente em vacas não vacinadas. Causas específicas de aborto em bovinos variam, dependendo da região geográfica. Outras causas comuns de aborto em bovinos incluem aborto por protozoários (*Sarcocystis* spp.,

Toxoplasma gondii e *Neospora caninum*). Causas menores incluem brucelose, diarreia viral bovina, placentite micótica, Campilobacteriose, *Actinomyces pyogenes* e ureoplasma.

Para bovinos reprodutores são exigidas sorologias pareadas anuais para leptospirose, com resultado não reagente para comercia-lização e exportação de sêmen, estabelecido pelo Ministério da Agricultura, Pecuária e Abastecimento (MAPA). Tal fundamentação se deve ao fato de a leptospirose ser considerada doença de notificação compulsória para qualquer espécie, segundo a Organização Mundial de Saúde Animal (OIE), e evitar a disseminação de sorovares regionais por território nacional e mundial.

Tratamento

A estreptomicina e dihidroestreptomicina foram dois dos primeiros antibióticos a serem utilizados para a terapia da leptospirose e são considerados, até hoje, as melhores opções de tratamento. O tratamento da leptospirose é feito com estreptomicina (25 mg/kg) e é eficaz na eliminação dos microrganismos excretados. Entretanto, os trabalhos que utilizam ambas as drogas no controle de leptospirose, pouco relatam sobre a eficiência reprodutiva dos bovinos após o tratamento com essa droga, e não previne a reinfecção, devendo a droga ser administrada ao mesmo tempo em todo o rebanho incluindo os animais recém-adquiridos em quarentena.

Dependendo da medicação, o estado de portador renal é eliminado, como no caso da estreptomicina e dihidroestreptomicina que possuem ação direta no rim, em especial nos túbulos contornados proximais, em que as leptospiras permanecem longe da ação dos anticorpos, destruindo as leptospiras. Outras drogas são também importantes no controle dos sinais clínicos na leptospirose, como as penicilinas, porém não tão eficientes e sem nenhuma ação sobre os túbulos renais. Atualmente, levanta-se a questão sobre o sulfato de estreptomicina, que parece ser uma excelente opção para o tratamento da leptospirose e, consequentemente, aumento da eficiência reprodutiva, porém mais estudos devem ser realizados para sanar todas as dúvidas referentes aos aspectos reprodutivos e econômicos, pois somente redução nos prejuízos reprodutivos foi observada.

Prevenção e controle

Informações epidemiológicas, como a deficiência reprodutiva dos plantéis, a presença de roedores, manejo sanitário de rebanhos e fatores ambientais e climáticos podem orientar para a suspeita de leptospirose. Desse modo, evitar a introdução de animais no rebanho, salvo quando negativos ao sorodiagnóstico ou previamente tratados com dihidroestreptomicina.

Tratar os animais sororreagentes do rebanho com dihidroestretomicina, fortalecimento da imunidade utilizando uma vacina que contenha as principais variedades presentes na região, vacinação seletiva, testes sorológicos pareados, segregação de classes de idade, se possível inseminação artificial, determinação de causas de falhas reprodutivas e isolamento das possíveis fontes de infecção no rebanho constituem medidas para a prevenção e controle da infecção no rebanho.

A vacinação sistemática reduz a frequência do problema. Em todos os casos deve-se, inicialmente, procurar a causa do aborto nos agentes infecciosos. Se der negativo, procurar nas causas não-infecciosas.

No mercado há disponível muitas vacinas, com antígenos regionais e até mesmo com antígenos para várias doenças, porém de eficácia desconhecida. Em algumas, determinados antígenos são mais imunogênicos em relação aos outros, conferindo proteção diferenciada ao animal, como é observado para Hardjo-bovis e Hardjo-prajitno.

Em rebanhos com alta ocorrência, a vacinação de todos os bezerros de quatro a seis meses de idade deve se realizada, seguida por vacinações anuais com vacinas que abrangem o maior grupo de leptospiras regionais. A primovacinação precisa de um reforço com três a quatro semanas de intervalo. Recomenda-se também vacinação estratégica um mês antes da estação reprodutiva.

A vacinação de bezerros com menos de três meses de idade não é efetiva e nem recomendada, mas recomenda-se a vacinação de vacas em estágios finais da gestação, o que garante imunidade aos bezerros. O uso da vacinação, porém, é um entrave para o diagnóstico sorológico da leptospirose, já que os anticorpos pós-vacinais persistem por até seis meses, dificultando a diferenciação de títulos vacinais de reações oriundas de infecção. No entanto, quando se tenta fazer o controle de animais positivos para leptospirose apenas com vacinação, corre-se o risco de haver o aumento do número de animais atingidos, uma vez que a vacinação não elimina o estágio de portador, por isso recomenda-se a associação com o uso de dihidroestreptomicina. Portanto, o tratamento é importante, porque elimina o portador renal, diminui a fonte de infecção e, consequentemente, a exposição de animais não-infectados com o agente.

Considerações finais

Abortamentos por leptospirose em bovinos são principalmente causados pelo sorovar Hardjo, transmitido diretamente de bovino a bovino, servindo também de fontes de infecção para o homem. O diagnóstico é realizado por meio de técnicas laboratoriais, porém a conservação sob refrigeração durante o envio do material é fundamental para o sucesso diagnóstico. A estreptomicina e dihidroestreptomicina são os antibióticos de eleição para o tratamento em bovinos, eliminando o estado de portador renal, porém medidas preventivas na introdução de animais no rebanho e de vacinação são importantes para prevenir a infecção e a disseminação no rebanho.

Referências bibliográficas

Acha, P.N.; Szyfres, B. **Bacterioses y mycoses**. In: ________ Zoonoses y enfermidades transmisibles comunes al hombre y a los animales. 3 ed. Washington: Organización Panamericana de la Salud, 2003. p. 149- 184

Alves, C.J.; Azevedo, S.S.; Santos, F.A.; Clementino, I.J.; Freitas, T.D.; Oliveira, A.G.F. Aspectos epidemiológicos da leptospirose bovina na microrregião de Pombal, Paraíba, semi-árido do Brasil. **Agropec. Téc.**, v.23, n.1-2, p.21-26, 2002.

Atxaerandio, R.; Aduriz, G.; Ziluaga, I.; Esteban, J.I.; Maranda, L.; Mainar-Jaime, R.C. Serological evidence of *Leptospira interrogans* serovar Bratislava infection and its association with abortions in cattle in northern Spain. **Vet. Rec.**, v.156, n.12, p.376-380, 2005.

Brasil 1995. **Manual de Leptospirose**. 2.ed. Fundação Nacional de Saúde, Ministério da Saúde, Brasília. 98p.

Brugge, L.A.; Dreyer, T.; Te Brugge, L.A. Leptospira interrogans sorovar hardjo associated with bovine abortion, South Africa. **Onderstepoort Journal of Veterinary Research**, v.52, p.51-52, 1985.

Cavazini, N.C.; Saldanha, G.B.; Silva, A.S.; Fernandes, M.B.; Badke, M.R.T.; Piveta, C.G. Eficiência reprodutiva de vacas com leptospirose após tratamento com sulfato de estreptomicina. **Rev. FZVA**, v.15, n.1, p.152-159, 2008.

Cole Jr., J.R.; Sulzer, C.R.; Pursell, A.R. Improved microtechnique for the leptospiral microscopic agglutination test. **App. Microbiol.**, v.25, n.6, p.976-980, 1973.

Corrêa, W.M.; Corrêa, C.N.M. **Enfermidades Infecciosas dos Mamíferos Domésticos**. 2.ed. MEDSI, Rio de Janeiro, 1992, 843p.

Ellis, W.A.; O'Brien, J.J.; Neill, S.D.; Hanna, J. Bovine leptospirosis: serological findings in aborting cows. **Vet. Rec.**, v.110, n.8, p.178-180, 1982.

Ellis, W.A. Bovine leptospirosis in the tropics: prevalence, pathogenis and control. **Prev. Vet. Med.**, v.2, p.411-421, 1984.

Ellis, W.A.; O'brien, J.J.; Cassells, J.A. *et al.* Excretion of *L. interrogans* serovar Hardjo following calving or abortion. **Research Veterinary Science**, v.39, p.296-98, 1985.

Ellis, W.A. Leptospirosis. **Journal of Small Animal Practice**, v.27, p.683-692, 1986.

Escamilla, H.P.; Martínez, M.J.; Medina, C.M.; Morales, S.E. Frequency and causes of infectious abortion in a dairy herd in Queretaro, Mexico. **Can. J. Vet. Res.**, v.71, n.4, p.314-317, 2007.

Faine, S. **Guidelines for the control of leptospirosis**. 2.ed. Geneva: World Health Organization, 1982. 171 p.

Figueiredo, A.O.; Pellegrin, A.O.; Gonçalves, V.S.P.; Freitas, E.B.; Monteiro, L.A.R.C.; De Oliveira, J.M.; Osório, A.L.A.R. Prevalência e fatores de risco para a leptospirose em bovinos de Mato Grosso do Sul. **Pesq. Vet. Bras.**, v.29, n.5, p.375-381, 2009.

Grooms, D.L.; Bolin, C.A. Diagnosis of fetal loss caused by bovine viral diarrhea virus and *Leptospira* spp. **Vet. Clin. North. Am. Food Anim. Pract.**, v.21, n.2, p.463-472, 2005

Grooms, D.L. Reproductive losses caused by bovine viral diarrhea virus and leptospirosis. **Theriogenol.**, v.66, p.624-628, 2006.

Guitian, J.; Thurmond, M.C.; Hietala, S.K. Infertility and abortion among first-lactation dairy cows seropositive or seronegative for *Leptospira interrogans* serovar Hardjo. **J. Am. Vet. Med. Assoc.**, v.215, n.4, p.515-518, 1999.

Gummow, B.; Myburgh, J.G.; Thompson, P.; van der Lugt, J.J.; Spencer, B.T. Three case studies involving *Leptospira interrogans* serovar Pomona infection in mixed farming units. **J. S. Afr. Vet. Assoc.**, v.70, n.1, p.29-34, 1999.

Hässig, M.; Lubsen, J. Relationship between abortions and seroprevalences to selected infectious agents in dairy cows. **Zentralbl. Veterinarmed. B**, v.45, n.7, p.435-441, 1998.

Higgins, R.J.; Harbourne, J.F.; Little, T.W.A. *et al.* Mastitis and abortion in dairy cattle associated with leptospirosis of the serotype hardjo. **Vet. Rec.**, v.107, p.307-310, 1980.

Horner, G. Bovine abortions. Laboratory findings. **Surveillance**, v.15, p.17, 1988.

Horsch, F. **Leptospirose**. In: Beer, J. (ed.) Doenças infecciosas em animais domésticos, 1.ed., Roca, São Paulo, v.2, p.305-324, 1988.

Kingscote, B.F.; Wilson, D. *Leptospira ponoma* abortion storm in a cattle herd in Saskatchewan. **Can. Vet. J.**, v.27, p.440-442, 1986.

Kmety, E.; Dikken, H. **Classification of the species Leptospira interrogans and history of its serovars**. Groninger: Univ. Press., 1993, The Netherlands.

Juliano, R.S.; Chaves, N.S.T.; Santos, C.A.; Ramos, L.S.; Santos, H.Q.; Meireles, L.R.; Gottschalk, S.; Corrêa Filho, R.A.C. Prevalência e aspectos epidemiológicos da leptospirose bovina em rebanho leiteiro na microrregião de Goiânia – GO. **Cien. Rural**, v.30, n.5, p.857-862, 2000.

Langoni, H.; de Souza, L.C.; da Silva, A.V.; Luvizotto, M.C.; Paes, A.C.; Lucheis, S.B. Incidence of leptospiral abortion in Brazilian dairy cattle. **Prev. Vet. Med.**, v.40, n.3-4, p.271-275, 1999.

Levett, P.N. Leptospirosis. **Clin. Microbiol. Rev.**, v.14, n.2, p.296-326, 2001.

Lilenbaum, W.; Dos Santos, M.R. Leptospirosis in animal reproduction: III. Role of the Hardjo serovar in bovine leptospirosis in Rio de Janeiro, Brazil. **Rev. Latinoam. Microbiol.**, v.37, n.2, p.87-92, 1995.

Moore, D.P.; Campero, C.M.; Odeón, A.C.; Bardón, J.C.; Silva-Paulo, P.; Paolicchi, F.A.; Cipolla, A.L. Humoral immune response to infectious agents in aborted bovine fetuses in Argentina. **Rev. Argent. Microbiol.**, v.35, n.3, p.143-148, 2003.

OIE 2006. Leptospirosis, Chapter 2.2.4. World Organization for Animal Health. Available in: <http://www.oie.int/eng/normes/mmanual/A_00043.htm>. Access in 22 sep 2009.

Prescott, J.F.; Miller, R.B.; Nicholson, V.M.; Martin, S.W.; Lesnick, T. Seroprevalence and association with abortion of leptospirosis in cattle in Ontario. Can. J. Vet. Res., v.52, p.210-215, 1988.

Radostits, O.M.; Gay, C.C.; Hinchcliff, K.W. *et al.* Veterinary medicine. A txtbook of the disease of cattle, horses, shepp, pigx and goats. 10.ed. Sauders Elsevier: USA, 2007. 2156p.

Smyth, J.A.; Fitzpatrick, D.A.; Ellis, W.A. Stillbirth/perinatal weak calf syndrome: a study of calves infected with *Leptospira*. **Vet. Rec.**, v.145, n.19, p.539-542, 1999.

Thurmond, M.C.; Picanso, J.P.; Hietala, S.K. Prospective serology and analysis in diagnosis of dairy cow abortion. **J. Vet. Diagn. Invest.**, v.2, p.274-282, 1990.

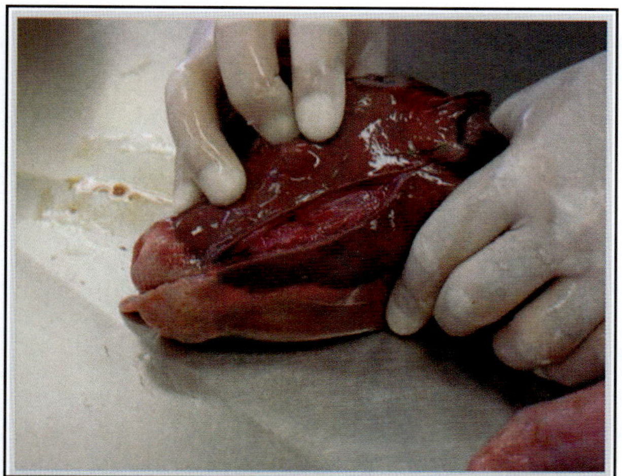

Figura 1. Edema gelatinoso hemorrágico subcutâneo na face. Fonte: Prof. Dr. Antonio Carlos Paes.

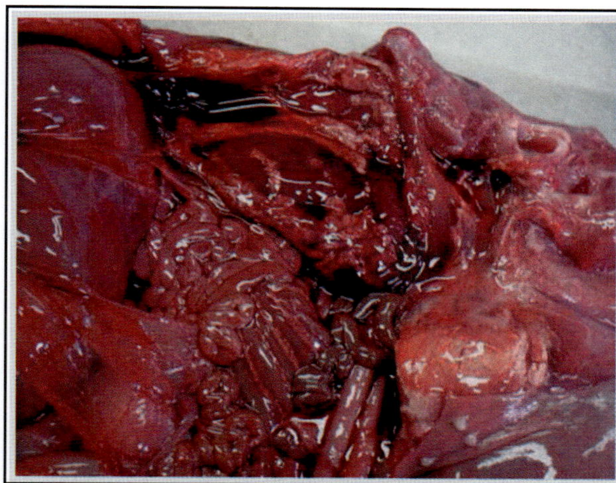

Figura 2. Gordura Perirrenal hemorrágica. Fonte: Prof. Dr. Antonio Carlos Paes. Arquivo Pessoal.

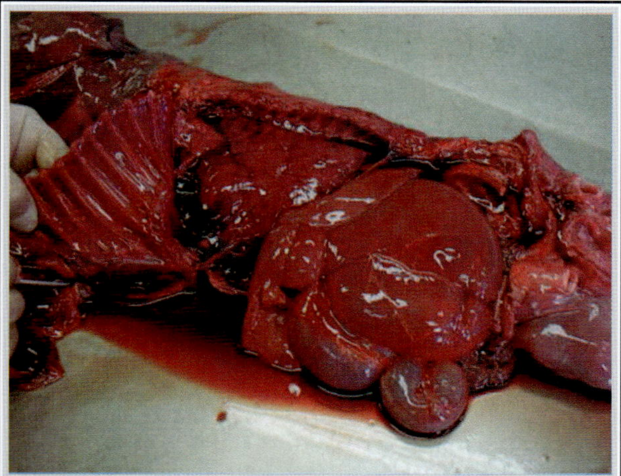

Figura 3. Hemorragia cavitária e visceral. Fonte: Prof. Dr. Antonio Carlos Paes. Arquivo Pessoal.

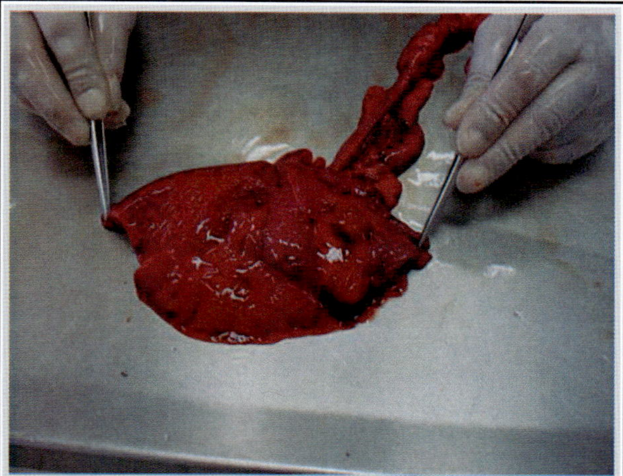

Figura 4. Pneumonia e hemorragia pulmonar fetal. Fonte: Prof. Dr. Antonio Carlos Paes. Arquivo Pessoal.

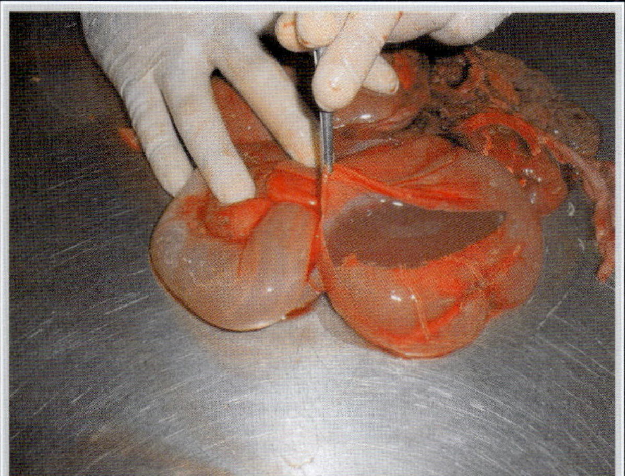

Figura 5. Líquido abomasal hemorrágico. Fonte: Prof. Dr. Antonio Carlos Paes. Arquivo Pessoal.

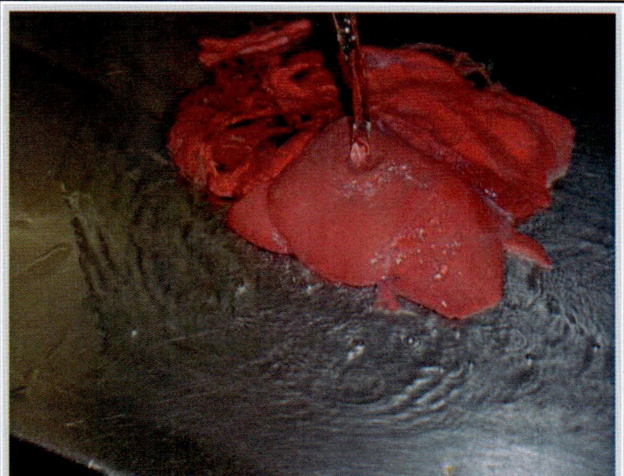

Figura 6. Degeneração de fígado fetal (detalhe na impressão do jato de água). Fonte: Prof. Dr. Antonio Carlos

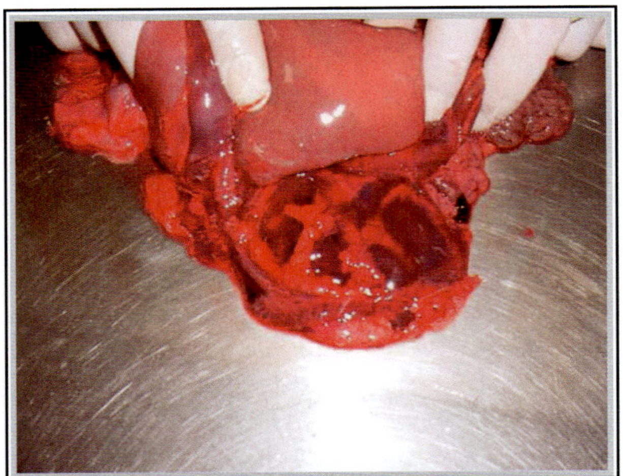

Figura 7. Rim e gordura perirrenal hemorrágica. Fonte: Prof. Dr. Antonio Carlos Paes.

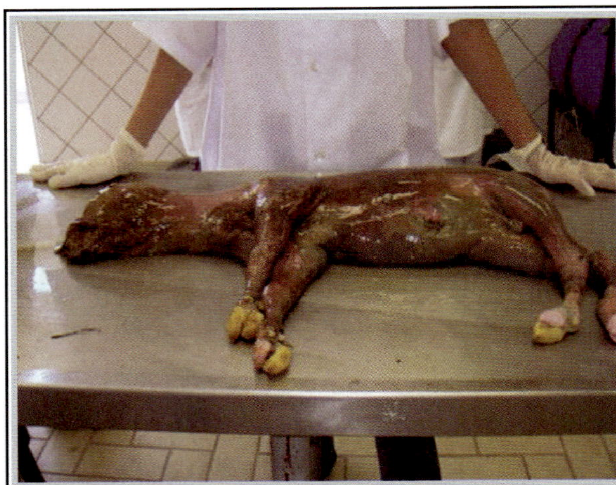

Figura 8. Aspecto de feto abortado por leptospirose. Fonte: Prof. Dr. Antonio Carlos Paes. Arquivo Pessoal.

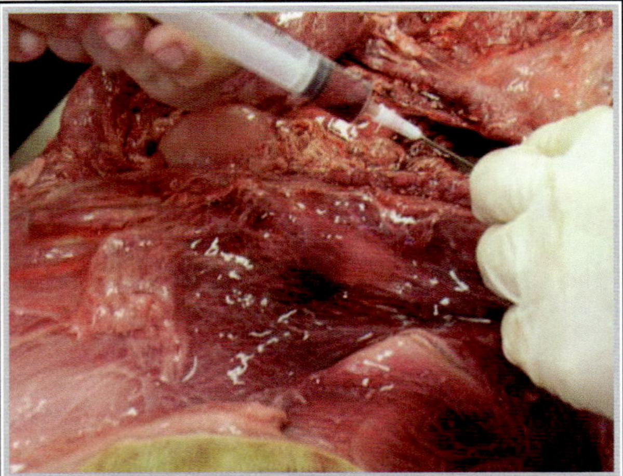

Figura 9. Hemorragia cavitária. Colheita de material para diagnóstico de campo escuro, cultura e PCR. Fonte: Prof. Dr. Antonio Carlos Paes. Arquivo Pessoal.

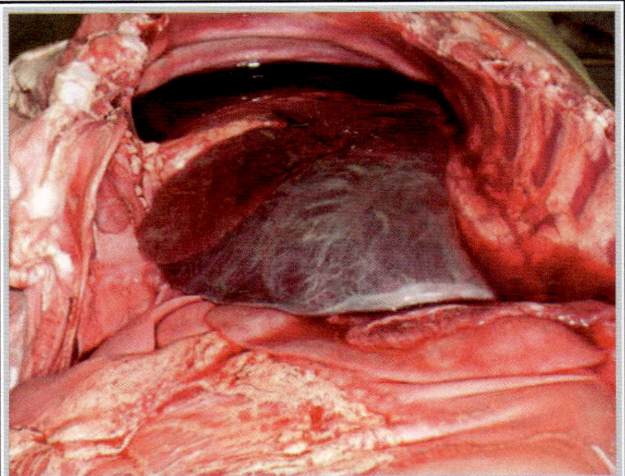

Figura 10. Pneumonia, hepatização vermelha e pleuris em feto abortado. Fonte: Prof. Dr. Antonio Carlos Paes.

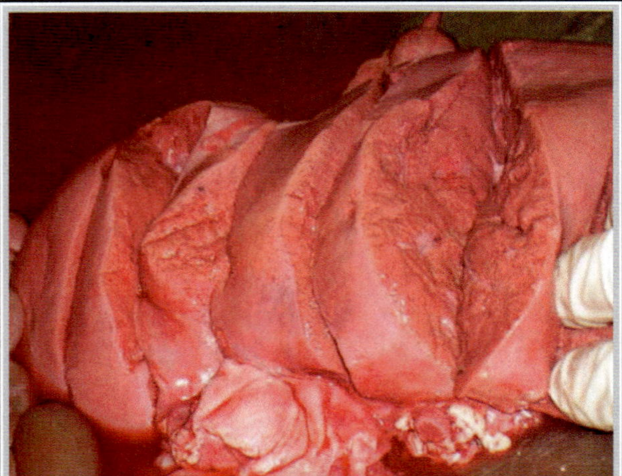

Figura 11. Degeneração do parênquima hepático. Fonte: Prof. Dr. Antonio Carlos Paes. Arquivo Pessoal.

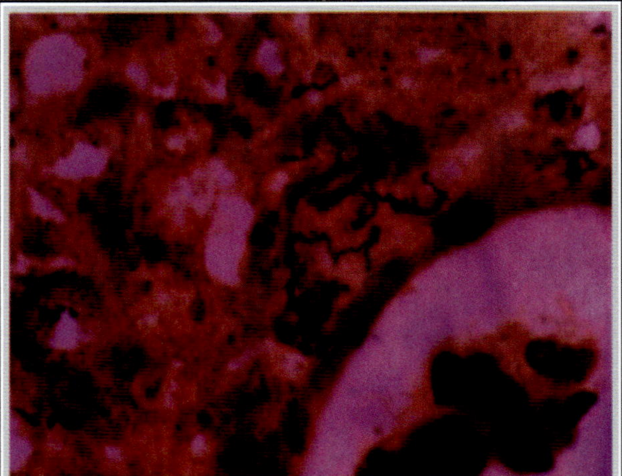

Figura 12. Leptospiras em túbulos renais. Histopatologia. Método de Whartin-Starry.

Tricomonose bovina

Definição e importância

A tricomonose ou tricomoníase genital dos bovinos é uma enfermidade de transmissão venérea do trato reprodutivo causada pelo parasito unicelular anaeróbico *Tritrichomonas foetus*, caracterizada por provocar perdas embrionárias, repetições de cio, piometras e abortamentos. O agente causador foi descrito pela primeira vez, na Itália, por Mazzanto, em 1900, mas apenas entre 1928 e 1933 foi associado com transtornos reprodutivos em bovinos.

Ao ingressar em um rebanho bovino, o *T. foetus* prejudica o desempenho reprodutivo dos animais. Segundo estimativas há uma queda de cerca de 20% no número de bezerros nascidos de mães infectadas e prolongamento do intervalo entre partos das vacas, acarretando impactos na produção leiteira e de corte. Há também prejuízos relacionados aos custos de tratamento dos animais, sacrifício de animais como improdutivos e reposição de animais abatidos.

Etiologia

Morfologicamente, o *T. foetus* caracteriza-se por apresentar formato piriforme ou arredondado, com tamanho variando de 8-18 a 4-9 µm, e estruturas de locomoção constituídas por três flagelos anteriores e uma membrana ondulante que se estende ao longo do corpo, terminando em um único flagelo posterior. Quando examinados em preparados frescos e sob microscopia de campo escuro ou contraste de fase, é possível observarem-se intensos movimentos de *rolamento*. Eles se dividem por fissão binária em um ciclo de vida simples exibindo, predominantemente, a forma de trofozooítos. Em condições ambientais adversas, internalizam os fragelos e formam estruturas de resistência singulares denominadas de pseudocistos, nas quais mantêm a capacidade de divisão celular e podem reverter a forma de trofozoítos se recolocadas em meios de cultura frescos.

Epidemiologia

A doença é endêmica em países com grandes rebanhos mantidos em regime de monta natural a pasto. Em alguns países foi erradicada com o uso intensivo de programas de inseminação artificial, como é o caso da Inglaterra. No Brasil, a doença foi diagnosticada pela primeira vez, em 1948, em um touro doador de sêmen no Rio Grande do Sul. Subsequentemente, foi diagnosticada em vários Estados do Nordeste (Ceará, Paraíba, Pernambuco e Bahia) e do Sudeste (Rio de Janeiro, Minas Gerais e São Paulo).

Há poucos estudos sobre a prevalência da infecção em rebanhos brasileiros. A maioria dos pesquisadores reporta entre 1,8 e 27% de positividade em amostras de esmegma de touros suspeitos.

O *T. foetus* habita o trato reprodutivo dos bovinos, incluindo as regiões anatômicas do prepúcio e pênis dos touros e a vagina e útero das vacas, sendo transmitido entre machos e fêmeas pela cópula. Nesses ambientes, o *T. foetus* permanece no meio extracelular aderido ao epitélio externo por meio de moléculas compostas por adesinas e outros receptores, resistindo à remoção por processos físicos.

No sistema genital dos machos, o agente fica albergado nas criptas prepuciais, na mucosa peniana distal e na porção inicial da uretra. Nesses ambientes, sua sobrevivência é favorecida pela baixa tensão de oxigênio existente no muco e no esmegma e a ausência de lesões macro ou microcópicas importantes na mucosa genital, o que desfavorece sua eliminação pelo sistema de defesa local. Em razão disso, os touros são considerados portadores assintomáticos e vitalícios do protozoário.

Quanto mais velho for o touro, maior a probabilidade de se tornar portador, pois, com a idade, as criptas prepuciais aumentam em profundidade, favorecendo a retenção de esmegma e a sobrevivência do protozoário. Além disso, touros mais velhos cobrem mais vacas que os mais novos, em virtude do comportamento de dominância no rebanho.

Sistemas de criação que utilizam intensamente a monta natural são mais propensos à disseminação do parasito. Relações touro-vaca elevadas favorecem a disseminação do agente, enquanto relações touro-vaca pequenas diminuem a probabilidade de transmissão. Já nos sistemas que utilizam inseminação artificial, a probabilidade de infecção é muito reduzida, pois, apesar de sobreviver ao congelamento e resfriamento do sêmen, o *T. foetus* é controlado pelo rigoroso sistema profilático imposto aos touros doadores de centrais de inseminação. No entanto, o uso de touros de repasse para emprenhar vacas com dificuldade de concepção pode comprometer os programas de inseminação artificial, pois essa categoria de machos normalmente se expõe com maior frequência ao agente ao copular com vacas que apresentam problemas de fertilidade.

Ao contrário dos machos, as fêmeas infectam-se de maneira transitória. Cerca de 2/3 delas são capazes de eliminar o agente do trato genital em um período de até dois meses pós-infecção. As que permanecem infectadas acabam por desenvolver os sintomas reprodutivos de repetição de cio, abortamentos e piometras. Em geral, o agente é depurado do sistema genital após três episódios de estro consecutivos, ocasião em que as defesas naturais do útero e vagina sobrepujam a sobrevivência do parasito. Uma pequena porcentagem de vacas permanece portadoras por até 300 dias, sem sintomas evidentes, podendo levar a gestação a termo e parir normalmente. Essas vacas podem manter o agente no rebanho até a próxima estação de monta.

Patogenia e sinais clínicos

A dose mínima infectante para as fêmeas é de 2 x 10^3 parasitos. Cerca de duas semanas após a infecção, o *T. foetus* é capaz de induzir processos inflamatórios no epitélio vaginal, caracterizados por infiltrados celulares de granulócitos polimorfonucleares, linfócitos, macrófagos e plasmócitos. As vacas podem apresentar descargas vaginais purulentas. As lesões são provavelmente induzidas pela secreção de uma cisteína-protease, que induz citotocicidade e apoptose em células epiteliais da vagina e útero. Outros possíveis fatores de virulência são as hemaglutininas e hemolisinas do parasito.

A partir da vagina, os protozoários podem invadir o útero, o que ocorre comumente após a implantação do embrião. Por volta da 5ª semana pós-infecção, o parasito produz a cisteína-protease que induz a apoptose e morte dos tecidos embrionários e células endometriais e causa inibição da divisão celular. Como a perda embrionária ocorre após a sua implantação, os episódios de retorno ao cio ocorrem em intervalos irregulares, mais comumente a cada 60 dias.

Os parasitos também podem ter acesso à membrana cório-alantoide por ocasião de sua formação. Nesse ambiente, permanecem no líquido aminiótioco e são aspirados pelo feto em formação, multiplicando-se, posteriormente, na lâmina própria intestinal e nos alvéolos e bronquíolos pulmonares. Nesses tecidos, o agente exerce sua atividade citotóxica, sendo comum a ocorrência de broncopneumonia. Nesses casos, o abortamento pode ocorrer no terço médio gestacional e, em raras vezes, no terço final.

Há evidências de que nos ovidutos, o *T. foetus* pode aderir às células não ciliadas e induzir apoptose celular. As fêmeas com infecção nesse local podem apresentar infertilidade permanente.

O parasito possui mecanismos para se evadir das defesas específicas e inespecíficas. A cisteína-protease possui atividade enzimática contra as imunoglobulinas, lactoferrinas e fibronectina. Acredita-se que a apoptose induzida pelo parasito nas células hospedeiras possa mitigar a resposta imune do hospedeiro e favorecer a permanência do agente no ambiente uterino, causando o processo crônico de infecção.

A resposta imune nas fêmeas infectadas é conferida pela produção de imunoglobulinas da classe A (IgA) e da classe G tipo 1 (IgG1) na mucosa vaginal que, juntas, têm função aglutinante, imobilizante e opsonizante. Ambas são produzidas a partir da 5ª semana pós-infecção e coincidem com as reabsorções embrionárias.

Diagnóstico

Os sinais sugestivos da infecção no rebanho podem ser avaliados por meio do histórico reprodutivo dos animais e das práticas de manejo adotadas. A confirmação é feita pela identificação do agente no prepúcio e muco cérvico-vaginal de animais portadores e em fetos abortados. Os diagnósticos diferenciais devem ser feitos com causas infecciosas de infertilidade, como campilobacteriose genital bovina, leptospirose, rinotraqueíte infecciosa bovina e complexo diarreia viral bovina- enfermidade das mucosas e causas não-infecciosas.

Histórico reprodutivo de rebanho

O rebanho acometido pode apresentar elevado percentual de vacas repetidoras de cio com intervalos irregulares e estros prolongados de até 70 dias, quedas nas taxas de concepção de 20-40%, abortamentos precoces, descargas uterinas purulentas e anestros.

Em decorrência das repetições de cios em períodos irregulares, as fêmeas são intensamente cobertas durante a estação de monta. O resultado é o aparecimento de lotes de bezerros não uniformes com relação à idade, indicando que várias vacas tiveram ciclos estrais muito intervalados. Os abortamentos são menos frequentes que as repetições de cio, não excedendo 10% dos animais afetados.

Métodos diretos

A identificação do agente no prepúcio dos machos portadores pode ser realizada com a colheita e avaliação de lavados prepuciais. Recomenda-se o repouso sexual dos machos por uma a duas semanas antes da colheita para impedir que a cópula diminua a quantidade de *T. foetus* nas secreções prepuciais. Os lavados são realizados com a infusão de um meio de transporte como lactato de Ringer, tampão fosfato (pH 7,4) ou solução salina (pH 7,4) na cavidade prepucial, seguida da obliteração do óstio e intensa massagem local, por aproximadamente cinco minutos, para desprender o esmegma presente nas criptas. Em seguida, o meio é aspirado ou colhido com funil estéril e encaminhado a um laboratório. Uma alternativa é utilizar *swabs* estéreis ou pipetas e peras estéreis para aspirar o esmegma que, logo após as colheitas, devem ser inoculados em um meio de transporte. Os materiais recolhidos devem ser depositados em frascos com vedação hermética e protegidos da luz com papel laminado, sendo encaminhados sem refrigeração ao laboratório por até no máximo 12 horas.

Os lavados colhidos podem ser centrifugados a 2.000 RPM, e o sedimento colocado entre lâmina e lamínula para observação em microscopia de contraste de fase ou campo escuro, sob aumento de 400 vezes. O teste é considerado positivo, se ao menos um parasito com morfologia e movimentação características da espécie for observado. A sensibilidade desse teste está entre 30 e 75%. Deve-se considerar que no trato genital dos bovinos habitam outras espécies de tricomonídeos identificados no prepúcio dos touros, como o *Tetratrichomonas* spp. e o *Pentatrichomonas hominis,* que podem estar presentes na cavidade prepúcial de touros virgens e causam apenas infecções transitórias no trato genital das fêmeas. Em razão disso, recomenda-se complementar o exame direto com a observação de esfregaços de sedimentos centrifugados do lavado, corados com Giemsa ou sais de prata para identificar o agente com chaves taxonômicas baseadas em morfologia.

Como o exame direto pode falhar em detectar o *T. foetus,* os sedimentos dos lavados centrifugados devem ser submetidos paralelamente ao método de cultivo, cuja sensibilidade varia entre 93,5 e 98%. Os meios recomendados devem conter impedidores seletivos para diminuir a contaminação pela microbiota prepucial. Os meios líquidos de Diamonds, Lactopep e Rieck são os mais indicados e devem ser preparados na véspera do uso, em decorrência da deterioração dos antimicrobianos impedidores presentes nas formulações. Após a inoculação e incubação a 37° C, leituras são feitas a cada 24 horas por meio de avaliação microscópica das regiões turvas observadas nos tubos suspeitos até o 7° dia. Um touro é considerado livre da infecção se apresentar três resultados negativos consecutivos intervalados de 7-14 dias.

Um *kit* especial para coleta e identificação do T. foetus está disponível nos Estados Unidos, consistindo de uma bolsa contendo meio de cultura na qual o material suspeito é inoculado, incubado e examinado sob microscopia (In Pouch TF©), podendo ser realizado a campo.

Os mesmos testes supracitados também são utilizados para avaliar a presença do parasito no muco cérvico-vaginal de vacas infectadas. O muco é aspirado com auxílio de espéculo e pipeta de inseminação descartável, cerca de 2-3 dias antes ou depois do cio previsto, período em que há um pico de multiplicação do agente na vagina. Para animais que abortaram, os lóquios, exsudatos purulentos, membranas fetais, conteúdo abomasal e muco em torno da língua do feto podem ser colhidos e enviados para exame em até 48 horas do abortamento.

As amostras suspeitas também podem ser submetidas ao teste da reação da polimerase em cadeia (PCR). Em teoria, esse teste é capaz de detectar, no mínimo 10, parasitos no esmegma prepucial dos touros, mas tem como desvantagem a baixa sensibilidade, em decorrência da presença de inibidores dos reagentes da PCR presentes no muco prepucial.

Métodos indiretos

Os métodos indiretos incluem a muco-aglutinação, utilizando muco cérvico-vaginal colhido logo após o cio e misturado com o antígeno composto de *T. foetus*, sendo consideradas positivas as amostras com aglutinação visível. Esse teste está em desuso para o diagnóstico individual, pois pode implicar resultados falso-positivos, se ocorrer presença de flocos de pus semelhantes aos aglutinados no muco vaginal; ou reações falso-negativas, se existir sangue no muco capaz de diluir as aglutininas presentes.

Controle e profilaxia

As medidas de controle mais importantes são baseadas na identificação dos machos portadores responsáveis pela manutenção do agente no rebanho. Esses animais devem ser afastados da reprodução e, caso compense financeiramente, medicados para erradicar o protozoário do trato genital. O tratamento é realizado com tripaflavina diluída em solução fisiológica a 1% e aquecida a 40° C, aplicada sob massagem vigorosa na superfície do pênis desembainhado e mucosa prepucial, por 10 minutos. Após a massagem, deve-se infundir 20 mL tripaflavina a 1% no canal uretral e complementar o tratamento com infusão de tripaflavina a 0,5% diluída em óleo mineral no prepúcio. Alternativamente, pode-se empregar esse princípio na forma de pomadas a 0,5% via uretral e tópica. São realizadas de duas a três aplicações com intervalos de 4-8 dias. A acriflavina a 1% na forma de pomadas em aplicação única é considerada mais barata e com eficácia similar ao uso da tripaflavina.

O metronidazole e dimetridazole são medicações eficazes que podem ser utilizadas por via oral, ou diluídas na água de bebida ou ração dos machos, porém podem ter custos proibitivos e desencadear reações adversas como diarreia e inapetência. Alguns pesquisadores recomendam o uso de penicilina G-procaína na dose de 7.000 UI/kg associada ao quimioterápico ipronidazole via parenteral (30 g por touro) em dose única, referindo a mais de 90% de cura. O tratamento pode ser estendido para mais duas aplicações em dias consecutivos, mantendo-se a dose de penicilina, mas dividindo-se pela metade a dose de ipronidazole (15g por touro) com 100% de cura.

Os touros tratados devem ser mantidos em repouso sexual e testados para o parasito ao menos três vezes, em intervalos de uma semana, para confirmar que estão livres do agente. Os casos irresponsivos ao tratamento devem ser descartados. O tratamento pode ser ineficaz para touros com mais de cinco anos de idade, em razão do grande número de criptas prepuciais profundas que protegem o agente da ação dos medicamentos. Nessa situação, recomenda-se seu descarte e substituição por animais mais jovens.

Uma medida importante para evitar a introdução da infecção em rebanhos é testar os touros antes da sua aquisição ou mesmo antes do ingresso na estação de monta. Machos de uso comunitário entre fazendas devem ser sempre evitados, e o uso de touros de repasse deve ser desencorajado.

Touros doadores de sêmen devem ser testados por múltiplas técnicas de diagnóstico para garantir que não são portadores do agente, que sobrevive às técnicas de congelamento/descongelamento do sêmen e não é afetado pelos antimicrobianos adicionados às partidas. Caso um animal seja portador, todas as partidas de sêmen provenientes do animal devem ser descartadas.

Para as fêmeas infectadas, recomenda-se o repouso sexual prolongado, que permitem as defesas do útero e vagina eliminarem o agente do trato reprodutivo durante os cios subsequentes. A recuperação ocorre em média em 12-14 semanas pós-infecção ou em cerca de três cios consecutivos completados. O uso de antissépticos intrauterinos não auxilia na eliminação do agente. Se as vacas apresentarem endometrites ou piometras, recomenda-se a aplicação de luteolíticos, como a prostaglandina F2-α, que induz a lise do corpo lúteo e, consequentemente, o cio.

Um bom programa de descarte baseado na detecção e eliminação de fêmeas com problemas reprodutivos pode auxiliar no controle da infecção. Novilhas devem ser preferencialmente cobertas por touros virgens.

Uma vacina comercial polivalente, contendo antígenos do *T. foetus* associados a outros microrganismos causadores de problemas reprodutivos, está disponível no mercado e pode ser empregada para complementar as medidas profiláticas supracitadas. Os imunógenos são capazes de proteger as fêmeas contra novas infecções ou acelerar a cura e, em algumas pesquisas, curou machos portadores. A imunidade induzida é baseada na produção de imunoglobulinas locais na mucosa vaginal da fêmea. As vacinas são realizadas em todos os animais, cerca de 30 a 120 dias antes das vacas entrarem na estação de monta ou serem cobertas. As novilhas devem receber doses de reforço intervaladas de 30 dias, e o rebanho é revacinado anualmente.

Referências bibliográficas

Agnew, D.W.; Munson, L.; Cobo, E.R.; Olesen, D.; Corbeil, L.B.; Bondurant, R.H. Comparative histopathology and antibody responses of non-*Tritrichomonas foetus* trichomonad and *Tritrichomonas foetus* genital infections in virgin heifers. **Vet Parasitol.**, v.151, n.2-4, p.170-80, 2008.

Corbeil, L.B.; Campero, C.M.; Van Hoosear. K.; Bondurant, R.H. Detection of trichomonad species in the reproductive tracts of breeding and virgin bulls. **Vet Parasitol.**, v.154, n.3-4, p.226-32, 2008.

Gomes, M.J.P.; Fernandes, J.C.T.; Silva, C.E. Identificação de *Tritrichomonas foetus* em bovinos no Estado do Rio Grande do Sul. **Arquivo Faculdade Veterinaria** UFRGS, Porto Alegre, v.19, p.103-111, 1991.

Hall, M.; Kvasnicka, W.G.; Hanks, D. *et al.* Improved control of trichomoniasis with *Tritrichomonas foetus* vaccine. **Agri-practice**, v.14, n.1, p.29-34, 1993.

Jesus, V.L.T.; Guida, H.G.; Andrade, V.L.B.; Serra-Freire, M.N.; Ramos, A.A.; Pereira, E.B.B. Comparação entre o uso de tripaflavina e dimetridazole no tratamento da tricomonose bovina. **Pesquisa Veterinária Brasileira**, v.16, n.2/3, p.49-51, 1996.

Leite, R.C.; Hadad, J.P.; Costa, G.M. *et al.* Técnica modificada para coleta de lavado prepucial de touros, para exame de tricomonose e ou campilobacteriose. **Revista Brasileira de Reprodução Animal**, v.19, p.434, 1995.

Parker, S.; Campbell, J.; Ribble, C.; Gajadhar, A. Sample collection factors affect the sensitivity of the diagnostic test for *Tritrichomonas foetus* in bulls. **Can J Vet Res**, v.67, n.2, p.138-41, May 2003.

Pellegrin, A.O.; Leite, R.C. Atualização Sobre Tricomonose Genital Bovina. **Corumbá: Embrapa Pantanal**, 2003.,18 p.

Rocha, F.S. *et al.* Investigação de *Campylobacter fetus* e *Tritrichomonas foetus* na mucosa prepucial de touros da região do Médio Paraíba, RJ. **Cienc. Rural**, v.39, n.5, 2009.

Skirrow, S.Z.; Bon Durant, R.H. Induced *Tritrichomonas foetus* infection in beef heifers. **Journal of the American Veterinary Medical Association**, v.196, p.885-889, 1990.

Skirrow, S.; Bon Durant, R.H.; Farley, J. *et al.* Efficacy of ipronidazole against trichomoniasis in beef bulls. **Journal of the American Veterinary Medical Association**, v.187, p.405- 407, 1985.

VIllarroel, A.; Carpenter, T.E.; Bon Durant, R.H. Development of a simulation model to evaluate the effect of vaccination against *Tritrichomonas foetus* on reproductive efficiency in beef herds. **Am J Vet Res.**, v.65, n.6, p.770-5, 2004.

Campilobacteriose genital bovina

Definição e importância

A campilobacteriose genital bovina (CGB) é uma enfermidade infecciosa de trans missão venérea causada pela bactéria *Campylobacter fetus* subespécie *venerealis*. A bactéria foi associada a problemas reprodutivos, pela primeira vez, em 1919, quando pesquisadores a isolaram a partir de amostras de um feto bovino abortado. A CGB também é denominada de infertilidade enzoótica dos bovinos.

A CGB desencadeia vários problemas reprodutivos em bovinos de corte ou leite, tais como: taxas elevadas de retorno ao estro, estros prolongados e em intervalos irregulares, anestros, diminuição da taxa de concepção, aumento do número de serviços por concepção, endometrites e abortamentos. Os prejuízos diretos aos pecuaristas são relacionados com a redução do número de bezerros nascidos na fazenda, redução do volume de carne e leite produzidos, comercialização de lotes de bezerros desuniformes, tratamento de animais doentes e descarte precoce de animais improdutivos. Alguns países impõem barreiras sanitárias internacionais ao comércio de animais e sêmen com a doença.

Como a CGB é veiculada pela via venérea, é considerada importante em países que mantêm grandes rebanhos bovinos em regime de monta natural, como é o caso do Brasil, da Austrália e da Argentina. Nesses países, ela é responsável pelas baixas taxas de desfrute e de produtividade observadas nos rebanhos nos quais é endêmica.

Etiologia

C. fetus é uma bactéria Gram-negativa, com aspecto de espirilo e medindo entre 2-5 μm de comprimento. Possui um ou mais fragelos em uma das extremidades e grande mobilidade que pode ser observada em microscopia de contraste de fase ou campo escuro. São microaerófilas, necessitando, para seu crescimento, de meios de cultura ricos em nutrientes e de atmosfera com baixos teores de oxigênio. São muito sensíveis às adversidades ambientais e desinfetantes, sobrevivendo poucas horas no ambiente extracorpóreo.

O *C. fetus* é dividido em duas subespécies: *C. fetus* subsp. *Venerealis,* que causa a CGB nos bovinos, e *C. fetus* subsp. *Fetus,* que habita o trato-gastrintestinal destes animais e causa septicemias e abortamentos esporádicos. As duas subespécies apresentam 99,9% de homologia genética e várias características antigênicas e fenotípicas em comum.

A subespécie *venerealis* é a mais amplamente disseminada e o agente da CGB. Ela possui apenas um sorotipo denominado de A e um biovar denominado de *intermedius*. Nos meios de cultura, após 48 horas de incubação, apresentam-se como colônias lisas, arredondadas e translúcidas, de poucos milímetros de diâmetro.

Epidemiologia

No Brasil, a doença foi identificada pela primeira vez, em 1956, a partir de um feto bovino abortado. Atualmente, encontra-se disseminada em muitos rebanhos de corte e leite espalhados pelos Estados de São Paulo, Rio Grande do Sul, Minas Gerais, Paraná, Bahia, Goiás, Rio de Janeiro e Mato Grosso do Sul, com prevalências variando de 8 a 46,9% para fêmeas e de 16,7% a 52,3% para machos.

A CGB ingressa em um rebanho quando são introduzidos reprodutores que portam o agente no sistema genital. A infecção passa de machos para fêmeas e vice-versa.

O principal veiculador é o touro, que pode portar o microrganismo de maneira assintomática nas criptas da cavidade prepucial, e transmitir a infecção de maneira mecânica, durante a cópula, a 100% das fêmeas cobertas. A colonização persistente da cavidade prepucial parece estar ligada à variabilidade molecular dos antígenos de superfície da bactéria que sofrem modificações constantes na sua composição molecular, permitindo que o agente escape da resposta imune local. Poucos touros são capazes de eliminar o agente espontaneamente.

Considera-se que apenas touros com mais de 4 anos de idade apresentam criptas prepuciais suficientemente profundas para portarem de maneira vitalícia o microrganismo no trato genital. Touros mais novos têm a cavidade prepucial colonizada apenas de maneira transitória, por algumas semanas, podendo, ainda assim, transmitir o microrganismo.

Apenas fêmeas maduras sexualmente são suscetíveis à infecção, especialmente as novilhas. As fêmeas infectadas apresentam com mais frequência episódios de retorno ao estro em intervalos irregulares e estros prolongados. As vacas infectadas demoram a emprenhar, necessitando de mais coberturas pelos touros, o que gera uma queda no número de bezerros nascidos e aparecimento de lotes de bezerros desuniformes com relação à idade e tamanho. O abortamento é relativamente raro, ocorrendo em proporções de 3 a 5% ao ano, predominando entre o quarto e sexto mês de gestação. Algumas vacas podem levar a gestação a termo, conceberem normalmente e permanecerem portadoras.

As fêmeas infectadas desenvolvem imunidade e eliminam o agente após apresentarem cerca de três períodos de estros consecutivos, ou aproximadamente 180 dias, mas algumas podem parir e portar o agente no fundo de saco vaginal e transmitir a infecção aos machos na próxima estação de monta.

Uma prática que favorece a disseminação do agente é o uso de touros de repasse para cobrir vacas que não emprenharam após serem submetidas à inseminação artificial. Esses touros, por serem utilizados para cobrir fêmeas de baixa fertilidade, se expõem mais intensamente ao *C. fetus* subesp. *venerealis*, e caso se tornem portadores da CGB, agem como amplificadores eficientes da infecção dentro de um rebanho. O uso de touros emprestados de outras propriedades pode facilitar a introdução do agente em um rebanho livre.

Mais raramente, a cama empregada para os touros pode veicular a enfermidade, desde que esteja contaminada com excretas frescas de animais portadores. Vaginas artificiais e vaginoscópios contaminados podem veicular a infecção entre os animais. O contato entre touros jovens durante práticas homossexuais pode ser uma forma de transmissão entre animais do mesmo sexo.

O sêmen resfriado ou congelado, contaminado durante a ejaculação, pode veicular a infecção pela inseminação artificial, mas essa é uma probabilidade remota, considerando-se o rigoroso controle da CGB em touros doadores de centrais de inseminação e a adição de antibióticos às partidas coletadas.

A enfermidade se dissemina mais facilmente em rebanhos de corte criados em grandes áreas agropastoris com sistema de monta natural o ano inteiro, ao invés de um período limitado de estação de monta. Em animais leiteiros, o manejo intensivo permite o acompanhamento mais frequente de parâmetros reprodutivos, o que leva o criador a fazer intervenções mais frequentes no rebanho, como descarte de touros e vacas com desempenho reprodutivo insatisfatório, o que tende a diminuir a probabilidade dos animais de se exporem ao agente.

O *C. fetus* subsp. *fetus* causa abortamentos esporádicos em bovinos e é veiculado pela ingestão de material contaminado com fezes. Durante a gestação, a vaca pode desenvolver bacteremia seguida de invasão dos tecidos placentários e abortamento.

Patogenia e sinais clínicos

Os machos portadores não apresentam alterações macro ou microscópicas na cavidade prepucial ou queda na qualidade espermática. Após a cópula, os fluidos genitais do touro carreiam o *C. fetus* subesp. *venerealis*, para a vagina da vaca. Como nesse momento a fêmea encontra-se na fase estrogênica do ciclo estral, o microrganismo precisa evadir-se da grande quantidade de fagócitos atraídos para a mucosa vaginal. Os mecanismos de evasão são relacionados à composição de antígenos proteicos de alto peso molecular e arranjo cristalino localizados na linha de superfície da parede celular bacteriana, denominados SAP (*surface array proteins*), que não permitem a fixação correta da fração opsonizante C3b do complemento e previnem a fagocitose pelos neutrófilos locais. A bactéria também possui microcápsula de natureza glicoproteica que confere resistência à fagocitose.

Na vagina, ocorre inflamação local com desenvolvimento de vestibulite e cervicite com exudação catarral e mais raramente purulenta. A região do corpo uterino pode apresentar-se hiperêmica. Após 12 dias da infecção, durante a fase progesterônica, o microrganismo migra pela cérvix e atinge o útero, causando inflamação local, caracterizada por infiltrações linfocitária, plasmocitária e neutrofílica na região periglandular uterina, induzidas pelos lipopolissacarídeos da membrana bacteriana. A endometrite acarreta queda na concentração de oxigênio local e alterações nos receptores responsáveis pelo processo de nidação dos embriões. Os embriões implantados degeneram e são eliminados, e as vacas afetadas retornam ao cio com intervalos irregulares, geralmente superiores a 35 dias. Em cerca de 20 dias, o microrganismo pode migrar para as tubas uterinas e causar salpingite e infertilidade temporária ou permanente.

As vacas que mantêm a gestação podem permanecer cronicamente infectadas e com o agente confinado ao fundo do saco vaginal e cérvix. Posteriormente, a bactéria pode atingir a placenta e o feto, desencadeando placentite necrótico-supurativa focal, e vasculite e edema dos placentomas.

As fêmeas infectadas desenvolvem imunidade humoral com produção local de IgA, que imobiliza a bactéria e facilita sua expulsão no estro e IgG-1 que possui atividade opsonizante para ao agente, curando-se em geral após 180 dias.Nos anos subsequentes ao ingresso da infecção no rebanho, apenas as fêmeas recém-introduzidas e novilhas passam a apresentar alterações reprodutivas.

Diagnóstico

Histórico reprodutivo do rebanho

Analisar os parâmetros produtivos da fazenda é útil para detectar anomalias no desempenho reprodutivo dos animais. No entanto, o caráter subclínico da CGB, aliada ao desconhecimento dos produtores rurais sobre a enfermidade, faz com que ela passe despercebida no rebanho, sendo detectada quando os exames de diagnóstico de gestação revelam taxas marginais de fertilidade. A queixa principal dos produtores refere-se à dificuldade das fêmeas em emprenhar, especialmente as novilhas.

O diagnóstico diferencial deve ser feito com a tricomonose bovina, leptospirose, rinotraqueíte infecciosa bovina e complexo diarreia viral bovina-enfermidade das mucosas, além de causas não-infecciosas de retorno ao estro e abortamentos.

Métodos diretos

Pelas características epidemiológicas da enfermidade, o touro portador é o animal de eleição para diagnosticar o agente infeccioso. Podem ser colhidas amostras de esmegma por lavados prepuciais, *swabs* e raspadores. Antes da coleta, o animal deve permanecer em repouso sexual de duas semanas para propiciar a multiplicação do agente no prepúcio e o aumento da probabilidade de detectá-lo. Antes de iniciar a coleta, o prepúcio deve ser tricotomizado e higienizado externamente com detergente neutro e água limpa. É importante que o animal urine durante esse procedimento, para evitar contaminação do material colhido. Alguns pesquisadores recomendam retirar previamente o esmegma superficial com auxílio de escovas estéreis para melhorar o acesso às criptas prepuciais.

Os lavados prepuciais podem ser realizados pela infusão, via óstio prepucial, de soluções contendo agentes redutores, como o tioglicolato de sódio ou solução salina seguidas de massageamento rigoroso do prepúcio externo, por pelo menos 5 minutos, para que o líquido retenha o conteúdo das criptas, sendo, em seguida, aspirado com seringa ou colhido com funil estéril. Quando o lavado prepucial contiver muitas fibras vegetais ou turvação excessiva pelo muco, é recomendado colher uma segunda amostra para evitar excesso de bactérias contaminantes na amostra. Se o lavado estiver em boas condições, cerca de 90% dos touros positivos podem ser identificados com uma única amostra. O lavado pode ser transportado no próprio meio de coleta sob refrigeração ou a temperatura ambiente, desde que em meios conservantes como o de Lander, Clark e Duffy Weybridge e Cary-Blair. Os materiais colhidos devem ser protegidos da luz com papel laminado e encaminhados para o laboratório em no máximo 4 horas, pois o microrganismo é bastante sensível ao oxigênio atmosférico. O touro é considerado negativo após três exames prepuciais intervalados de uma semana.

Para as fêmeas, pode-se aspirar o muco cérvico-vaginal com auxílio de pipeta de inseminação descartável, inoculá-lo em um dos meios de transporte supracitados e enviá-lo ao laboratório sob as mesmas condições supracitadas. Alternativas consistem em lavar a cavidade vaginal com 20-30 mL de tampão fosfato ou utilizar absorvente feminino, que é mantido em contato com o fundo de saco vaginal por 20 minutos e, a seguir, retirado e encaminhado em recipiente estéril para diagnóstico.

Fetos abortados podem ser enviados inteiros para diagnóstico ou apenas órgãos, como cérebro, fígado, pulmão, baço e conteúdo abomasal, refrigerados ou inoculados em meio de transporte. Para fetos menores, utiliza-se o líquido aminiótico e os restos placentários.

A partir dos meios de transporte, as amostras são centrifugadas e o sobrenadante purificado por filtração em membrana do tipo Millipore (poros de 0,65mm), que retém seletivamente o *C. fetus* para, a seguir, serem semeados em meios de cultura apropriados como o Ágar tioglicolato de sódio enriquecido com sangue bovino, ágar sangue ou Ágar-*Brucella* sob atmosfera de microaerofilia (10% de CO_2, 5% de O_2 e 85% de N_2). Alternativamente, o sobrenadante pode ser semeado diretamente em meios com suplementos antibióticos para inibir a microbiota contaminante, como é o caso do meio de Skirrow. É importante diferenciar por métodos bioquímicos ou moleculares as subespécies *venerealis* e *fetus*.

O exame direto em microscopia de contraste de fase ou campo escuro do conteúdo abomasal de fetos abortados entre lâmina e lamínula pode auxiliar no diagnóstico presuntivo, em que se observa a movimentação característica da bactéria.

Os materiais colhidos podem ser submetidos ao teste de imunofluorescência direta (IFD), que possui sensibilidade estimada de 92,59% e especificidade de 88,89%, sendo capaz de resultar positivo a partir de 10^4 Unidades Formadoras de Colônia por mL (UFC/mL) de lavado prepucial. Sua desvantagem é que não diferencia as subespécies *fetus* e *venerealis*. Outros problemas relatados para o teste de IFD são a subjetividade na interpretação e a diminuição da sensibilidade quando há baixa concentração de microrganismos.

O teste de amplificação das cadeias de DNA bacteriano (PCR) está disponível em alguns centros de diagnóstico e é capaz de acusar positividade entre 3 e 10^2 UFC/ mL de *C. fetus* subesp. *venerealis,* além de diferenciar as duas subespécies. A PCR pode resultar falso-negativa, quando tecidos vegetais, partículas de solo e urina estiverem presentes na amostra colhida.

Métodos indiretos

A resposta humoral nos touros é fugaz e a sorologia nesses casos tem pouca valia. Nas fêmeas, há uma forte resposta humoral que pode ser detectada com ensaios imunoenzimáticos (ELISA) direcionados para as IgA locais ou IgG sistêmicas. A técnica de mucoaglutinação cérvico-vaginal foi uma das mais utilizadas no passado, mas pode propiciar resultados falso-negativos em razão do tempo prolongado para que os anticorpos aglutinantes apareçam no muco vaginal, o que ocorre, em média, após 60 dias da infecção, com títulos detectáveis somente até sete meses pós-infecção. Há também possibilidade de resultados falso-positivos, quando o muco contém sangue ou pus.

Controle e profilaxia

Quando um ou mais animais em um grupo de bovinos estão infectados, as medidas de controle adotadas devem ser aplicadas em todo o rebanho ou lote. As principais medidas são o tratamento ou abate dos portadores, uso de inseminação artificial e vacinação de animais infectados ou não.

Tratamento

O tratamento de touros infectados é controverso, por isso muitos pesquisadores aconselham o abate dos animais. As melhores opções terapêuticas consistem na higienização da cavidade prepucial com água oxigenada em diluição terapêutica, seguida da infusão prepucial de 5 g de estreptomicina diluída em solução fisiológica e massagem vigorosa por, no mínimo, cinco minutos, uma vez ao dia, por cinco dias consecutivos. No primeiro e terceiro dias de tratamento, o animal deve receber uma dose parenteral de 20-25 mg/kg de estreptomicina, sendo considerado curado quando apresentar três exames negativos intervalados de uma a duas semanas.

O tratamento massal de fêmeas infectadas não compensa financeiramente, e a melhor opção é manter o lote suspeito em repouso sexual de pelo menos 180 dias para que desenvolvam imunidade e eliminem o agente. Essa medida não é 100% eficaz, pois algumas fêmeas permanecem portadoras até a próxima estação de monta, e outras, mesmo curadas, apresentam infertilidade permanente em decorrência de infecções nas tubas uterinas. As fêmeas com endometrites mais severas ou que abortaram podem ser medicadas com 1 g de estreptomicina associada a um milhão de UI de penicilina G-cristalina, dissolvidos em 50-100 mL de soro fisiológico e aplicados diretamente no útero. O tratamento pode ser repetido 48 horas depois.

Medidas de manejo

A inseminação artificial é uma excelente alternativa para impedir a propagação do agente e a sua eliminação em longo prazo, no entanto, implica custos elevados de implantação e um período de adaptação no manejo reprodutivo dos animais. Seus efeitos benéficos podem ser inutilizados se a fazenda utilizar touros de repasse. Uma alternativa é o uso de touros virgens para cobrir as fêmeas inférteis, especialmente as novilhas. É importante evitar a promiscuidade entre os lotes, conservando-se a integridade das cercas. Touros emprestados de outras propriedades, sem controle comprovado para CGB, não devem ser utilizados para a cobertura das vacas.

O ingresso da infecção em um rebanho é prevenido com a exigência de exames e certificação negativa para a doença nos animais adquiridos. Os touros que cobriram em outras fazendas devem ser examinados por ocasião de seu regresso à propriedade de origem.

Vacinação

Os animais suscetíveis podem ser protegidos com o uso de vacinas compostas de bacterinas e adjuvantes oleosos, disponíveis no mercado nacional em formulações polivalentes. Para protegerem de maneira eficaz, elas devem conter o antígeno K presente na microcápsula bacteriana, considerado alvo dos anticorpos opsonizantes. Há proteção cruzada entre as duas subespécies de *C. fetus*.

As vacinas são opções bastante eficazes para fazendas que não podem programar inseminação artificial. A vacinação é realizada em todas as fêmeas, a partir de 18 meses de idade, no período que compreende entre 30 e 120 dias antes da cobertura ou do início da estação de monta. As novilhas devem receber dose de reforço 30 dias após a primo-vacinação. Touros podem ser protegidos com duas doses intervaladas de 4-6 semanas. O rebanho deve receber reforço anual.

As vacinas podem funcionar como estimulantes específicos da imunidade que levam ao desaparecimento do *C. fetus* subesp. *venerealis* do trato genital de touros e vacas portadores, com taxas de cura que oscilam entre 70 e 100%. No entanto, ela nunca deve ser utilizada isoladamente e sim em conjunto com outras medidas supracitadas.

Referências bibliográficas

Ballabene, N.C.; Terzolo, H.R. Evaluation of antimicrobial drugs and atmospheres for the isolation of Campylobacter fetus subspp. *fetus* from the bovine genital tract. **Revista Argentina de Microbiologia**, v.24, n.3-4, p.113-25, 1992.

Bondurant, R.H. Venereal diseases of cattle: natural history, diagnosis, and the role of vaccines in their control. **Veterinary Clinics of North America: Food Animal Practice**, v.21, n.2, p.383-408, 2005.

Chen, S.S.; Redwood, D.W.; Ellis, B. Control of *Campylobacter fetus* in artificially contaminated bovine semen by incubation with antibiotics before freezing. **British Veterinary Journal**, v.146, n.1, p.68-74, 1990.

Cipolla A.L.; Casaro A.P.; Terzolo H.R.; Estela E.S.; Brooks, B.W.; Garcia, M.M. Persistence of *Campylobacter fetus* subspecies venerealis in experimentally infected heifers. **Veterinary Record**, v.134, n.24, p.628, 1994.

Figueiredo, J.F.; Pellegrin A.O.; Fóscolo, C.B.; Machado, R.P.; Miranda, K.L.; Lage, A.P. Evaluation of direct fluorescent antibody test for the diagnosis of bovine genital campylobacteriosis. **Revista Latinoamericana de Microbiologia**, v.44, n.3-4, p.118-123, 2002.

Garcia, M.M.; Ruckerbauer, G.M.; Eaglesome, M.D.; Boisclair, W.E. Detection of *Campylobacter fetus* in artificial insemination bulls with a transport enrichment medium. **Canadian Journal of Comparative Medicine**, v.47, n.3, p.336-40, 1983.

Genovez, M.E.; Scarcelli, E.; Rojas, S. Campilobacteriose genital: proposta de diagnostico mais sensivel em touros. **Arquivos do Instituto Biológico**, v.56, n.1/2, p.5-7, 1989.

Genovez, M.E.; Scarcelli, E.; Rojas, S.; Giorgi, W.; Caneto, C.N. Isolamentos bacterianos de fetos abortados de bovinos examinados no Instituto Biológico de São Paulo, no período de 1985 a 1992. **Brazilian Journal of Veterinary Research and Animal Science**, v.30, n.2, p.107-112, 1993.

Genovez, M.E. Campilobacteriose genital bovina. **Revista Brasileira de Reprodução Animal**, v.21, n.3, p.48-52, 1997.

Hum, S.; Quinn, K.; Brunner, J.; On, S.L. Evaluation of a PCR assay for identification and differentiation of *Campylobacter fetus* subspecies. **Australian Veterinary Journal**, v.75, n.11, p.827-31, 1997.

Jesus, V.L.T.; Tres, J.E.; Jacob, J.C.F.; Latorre, L.B.L.M.; Santos Junior, J.C.B. Campilobacteriose genital bovina: ocorrência nos estados do Rio de Janeiro e Minas Gerais. **Revista Brasileira de Ciências Veterinárias**, v.6, n.3, p.133-136, 1999.

Lage, A.P.; Pellegrin, A.O.; Costa, G.M.; Martins, N.E.; Silva, N.; Gomes. L.I.; Guimaraes, P.H.S.; Leite, R.C. Campilobacteriose genital bovina: diagnósticos realizados na escola de veterinária da UFMG de 1976 a 1996. **Revista Brasileira de Reprodução Animal**, v.21, n.2, p.164-166, 1997.

Leite, R.C.; Reis, R.; Rivera, F.E.B. Controle da vibriose bovina através da vacinação. **Arquivos da Escola de Veterinária da UFMG**, v.32, n.2, p.259-264, 1980.

McFadden, A.M.; Heuer, C.; Jackson, R.; West, D.M.; Parkinson, T.J. Investigation of bovine venereal campyloacteriosis in beef cow herds in New Zealand. **New Zealand Veterinary Journal**, v.53, n.1, p.45-52, 2004.

Monke, H.J.; Love, B.C.; Wittum, T.E.; Monke, D.R.; Byrum, B.A. Effect of transport enrichment medium, transport time, and growth medium on the detection of *Campylobacter fetus* subsp. *venerealis*. **Journal of Veterinary Diagnostic Investigation**, v.14, n.1, p.35-9, 2002.

Pellegrin, A.O.; Lage, A.P.; Sereno, J.R.B.; Ravaglia, E.; Costa, M.S.; Leite, R.C. Bovine Genital Campilobacteriosis in Pantanal, Mato Grosso do Sul State, Brazil. **Revue d Elevage Et de Medicine Veterinaire Des Pays Tropicaux**, v.55, n.3, 2002.

Pellegrin, A.O. A campilobacteriose e tricomonose são doenças reemergentes? **Revista Brasileira de Reprodução Animal,** v.23, n.4, p.523-31, 1999.

Stynen, A.P.R.; Pellegrin, A.O.; Fóscolo, C.B.; Figueiredo, J.F., Canella Filho, C.; Leite, R.C.; Lage, A.P. Campilobacteriose genital bovina em rebanhos leiteiros com problemas reprodutivos da microrregião de Varginha – Minas Gerais. **Arquivo Brasileiro de Medicina Veterinária e Zootecnia**, v.55, n.6, p.766-769, 2003.

Vargas, A.C.; Costa, M.M.; Groff, A.C.M.; Viana, L.R.; Krewer, C.C.; Spricigo, D.A.; Kirinus, J.K. Susceptibilidade antimicrobiana de *Campylobacter fetus* subsp. *venerealis* isolado de bovinos. **Pesquisa Veterinária Brasileira**, v.25, n.1, p.1-3, 2005.

CAPÍTULO 52

Tuberculose bovina

Antonio Carlos Paes
Professor Livre Docente
Depto. de Higiene Veterinária e Saúde Pública
FMVZ/UNESP. Botucatu, SP
paesacmi@fmvz.unesp.br

Definição

Enfermidade infectocontagiosa granulomatosa crônica de caráter progressivo que acomete bovinos e bubalinos, causando expressivas perdas econômicas e, como pode ser transmitida para a espécie humana, é uma grave zoonose.

Importância na pecuária bovina

Na pecuária bovina para a produção de leite, a tuberculose constitui um problema muito antigo que vem gerando controvérsias e discussões desde os primeiros anos do século vinte, existindo até um boletim da Secretaria da Agricultura do Estado de Minas Gerais, publicado em 1912, com o autor alertando para a gravidade do problema.

Infelizmente, o problema com a tuberculose permanece grave no século XXI, o que levou o Ministério da Agricultura, Pecuária e Abastecimento a criar, no ano de 2001, o Programa Nacional de Controle e Erradicação de Brucelose e Tuberculose (PNCEBT) normatizando as atividades para o diagnóstico dessa enfermidade, a indicação do sacrifício dos reagentes positivos, bem como a exigência do credenciamento de Médicos Veterinários para aquisição de antígenos para efetuarem diagnósticos padronizados em todo o território nacional.

As perdas na pecuária destinadas à produção de leite são muito grandes em virtude da drástica diminuição da produção, perda de bezerros e perda com o descarte dos animais adultos reagentes positivos. Embora o gado bovino europeu (*Bos taurus taurus*) utilizado para a produção de leite seja mais susceptível à tuberculose, bovinos mestiços girolandos também apresentam incidência da enfermidade nas mesmas proporções observadas para as raças puras Holandesa e Jersey, as mais utilizadas entre os produtores nacionais.

Embora os bovinos de origem indiana (*Bos taurus indicus*) sejam considerados mais resistentes à tuberculose, tem-se verificado inúmeras vezes a ocorrência de grande número de reagentes positivos em rebanhos de bovinos de raça Gir, puros, destinados à produção de leite, com comprovação das lesões em exames necroscópicos e nas condenações de carcaças em abatedouros. Em todas as necropsias realizadas, foi isolado e identificado o agente etiológico da tuberculose bovina.

Os bovinos da raça Nelore são considerados muito resistentes à tuberculose. Além disso, a criação extensiva a pasto, minimiza a promiscuidade entre os animais, e os índices de tuberculose são particularmente baixos se comparados com as outras raças. Porém, com o advento da criação de bovinos de corte em confinamento, a incidência de tuberculose entre os bovinos da raça Nelore aumentou de forma significativa, sendo que como professor de Enfermidades Infecciosas dos Animais (FMVZ/UNESP - Botucatu, SP) realizei muitas necropsias em bovinos dessa raça, com graves lesões tuberculosas, inclusive um caso de tuberculose óssea. Todos os diagnósticos necroscópicos foram confirmados por cultura, isolamento e caracterização do agente etiológico.

Também nos frigoríficos aumentou o número de condenações de carcaças de bovinos de raças indianas em virtude da tuberculose. Além disso, deve-se sempre ter em mente que houve um grande aumento na utilização de raças europeias de corte nas criações do Sudeste e do Centro-Oeste, e as mesmas são, há muito tempo, as principais produtoras de carne no Sul do Brasil, e tão susceptíveis à tuberculose quanto as raças europeias utilizadas na produção de leite. Portanto, as explorações de bovinos para o corte que utilizam raças europeias devem observar os mesmos cuidados para a profilaxia da enfermidade, como os praticados nas explorações bovinas para a produção de leite.

Finalmente, os bubalinos (*Bos bubalus*), cuja criação aumentou muito em todas as regiões do Brasil, além de há muito tempo ser explorada no Norte do País, também são muito susceptíveis à tuberculose, com ocorrência frequente de descarte em abatedouros e a identificação de muitos rebanhos contaminados.

Fica claro que, na atualidade, a tuberculose é um grande problema para todas as formas de exploração pecuária bovina. Requer cuidados no manejo e na profilaxia e somente lograrão êxito se os proprietários forem conscientes e os médicos veterinários preparados em relação aos conhecimentos sobre a doença, suas formas de transmissão e manutenção na natureza, nos métodos de diagnóstico mais corretos para que se obtenha o controle e, quem sabe, no futuro, a erradicação dessa enfermidade.

O papel do médico veterinário de campo é fundamental para qualquer tipo de ação contra a tuberculose bovina, pois a ele cabe o ônus de trabalhar no *epicentro do terremoto*, fornecendo dados sobre o diagnóstico, cuidando do abate dos animais positivos e sugerindo medidas cabíveis para o controle da enfermidade nas propriedades em que presta assistência técnica, além de ser o primeiro profissional a enfrentar preconceitos e crendices que envolvem as atividades contra essa doença no Brasil.

Agente etiológico da Tuberculose Bovina

Ordem: Actinomycetalis
Família: Mycobacteriaceae
Gênero: Mycobacterium
Mycobacterium bovis

Na mais recente classificação, a bactéria *Mycobacterium bovis* pertence ao agora denominado Complexo *Mycobacterium tuberculosis*, cujos membros são:

Mycobacterium tuberculosis, causador da tuberculose humana, em primatas não-humanos, além de caninos e suínos;

Mycobacterium africanum, causador da tuberculose humana na África; *Mycobacterium microti*, agente de tuberculose em roedores;

Mycobacterium pinnipedii, causador de tuberculose nos leões marinhos e na espécie humana; *Mycobacterium bovis* BCG (Bacilo de Calmette-Guérin), utilizado por longo tempo como agente da vacina contra a tuberculose na espécie humana;

Mycobacterium bovis, agente etiológico da tuberculose em bovinos, bubalinos, caprinos, ovinos, suínos e na espécie humana;

Mycobacterium bovis subespécie *Caprae*, causador de tuberculose em caprinos, bovinos na Europa, primatas não-humanos e responsável por 31% dos casos de tuberculose humana relacionados ao bacilo bovino.

No Brasil, já houve identificação de *M. bovis* subespécie *Caprae* causando tuberculose em caprinos.

Deve ficar esclarecido que os bovinos têm como único agente etiológico da tuberculose o *Mycobacterium bovis* e que a doença sempre apresenta evolução progressiva, jamais ocorrendo regressão ou cura clínica. Bovinos que mantiverem contato com pessoas tuberculosas e forem contaminados com o *Mycobacterium tuberculosis* não apresentarão doença progressiva e sim autolimitante; porém no período antes da eliminação do agente, os bovinos ficarão temporariamente sensibilizados e apresentarão reação positiva aos testes de tuberculinização intradérmicos aplicados.

Características do *Mycobacterium bovis*

São bactérias de forma bacilar, delgadas e alongadas medindo, em média, até 4,0 μm de comprimento. Não se coram pelos métodos de coloração rotineiros, e para sua visualização ao microscópico ótico devem ser coradas por método específico.

São chamados bacilos álcool-ácido resistentes (BAAR), pois quando corados pelo método de Ziehl-Neelsen retêm a cor vermelha da fucsina fenicada. Esse método é o único adequado para corar o *Mycobacterium bovis* e permitir a sua visualização microscópica, apresentando-se na forma bacilar, com o corpo celular bacteriano corado em vermelho pela fucsina de Ziehl, após a lâmina ser tratada com álcool 70° e H2SO41N. O exposto evidencia a grande resistência da membrana celular do *Mycobacterium bovis* o que, como será visto adiante, está diretamente ligado à sua resistência ambiental extrema e aos seus fatores de patogenicidade, principalmente a resistência à destruição no interior de macrófagos.

O *Mycobacterium bovis* é imóvel, desprovido de cápsula, não forma esporos e, como já foi citado, apresenta extrema resistência à lise intrafagocitária, principalmente pelo impedimento da formação dos fagolisossoma, ou seja, a fusão do fagossoma formado após a fagocitose com o lisossoma dos macrófagos.

Isolamento do *Mycobacterium bovis*

São necessários meios especiais que contêm gema de ovo, amido e asparagina. O meio utilizado na rotina diária é o Stonnebrink, podendo também ser utilizado o meio de Löewenstein-Jensen, específico para o isolamento do *Mycobacterium tuberculosis*; então, para utilizá-lo para isolamento de *Mycobacterium bovis,* deve-se confeccioná-lo sem adição de glicerol, que é inibidor do crescimento do bacilo bovino e estimulante do crescimento do bacilo da tuberculose humana.

Os meios de cultura devem ser colocados em estufa de aerobiose, pois o *Mycobacterium bovis* é uma bactéria estritamente aeróbica, a temperatura de incubação é de 37°C e o período para crescimento adequado é de 60 a 90 dias, embora na experiência rotineira foram obtidos crescimento significativo já aos 45 dias de incubação.

Nenhum tubo ou garrafa especial para a cultura deve ser descartado antes de pelo menos 90 dias de incubação.

Após o isolamento, o *Mycobacterium bovis* pode ser submetido a testes específicos para sua classificação bioquímica, que é de difícil realização e necessita laboratórios equipados, o que torna essa atividade restrita a algumas universidades e institutos de pesquisa, além de laboratórios de referência, como o Instituto Adolfo Lutz.

Porém obtém-se o material de lesões tuberculosas características, observadas na necropsia de bovinos, cultivando esse material e a micobactéria isolada, após 60 a 90 dias de incubação, certamente será o *Mycobacterium bovis*, embora para resultados de laudos e/ou trabalhos científicos sempre se faz necessária a identificação correta do agente.

Na atualidade, é cada vez mais frequente nos laboratórios especializados a utilização de técnicas de biologia molecular para o diagnóstico da tuberculose.

A reação em cadeia pela polimerase (PCR) pode ser realizada após o isolamento da bactéria ou em material obtido nas lesões observadas no organismo hospedeiro; nesse caso, a operação é mais prática e o resultado, plenamente confiável, pode ser obtido em três dias ao invés de noventa dias, quando é utilizado o método microbiológico.

Composição da parede celular do *Mycobacterium bovis*

O nome micobactéria tem como significado literal fungo-bactéria em decorrência das características peculiares de sua parede celular, que possui um complexo lipídico que chega a representar 60% do peso seco da célula bacteriana. A parede celular apresenta quatro camadas a partir da membrana citoplasmática:

- mureína ou peptidoglicano;
- arabinogalactan → constituído por arabinose e galactose;
- ácido micólico → é o maior componente da parede celular e responsável pela sua espessura e pela retenção de corantes;
- lipídios superficiais:
- Micosídeos ou cera D;
- Fator corda ou trealose 6-6 dimecolato.

Os componentes da parede celular do *Mycobacterium bovis* são fundamentais pela extrema resistência dessa bactéria frente aos fatores ambientais e aos desinfetantes comuns e pelo impedimento da formação do fagolisossoma e consequente sobrevivência intramacrofágica.

Resistência ambiental do *Mycobacterium bovis*

A resistência é extremamente elevada, o que faz com que a bactéria resista entre seis meses a dois anos, em fezes e materiais orgânicos em decomposição, e cerca de trinta dias em carcaças de bovinos enterrados profundamente. Nas pastagens, a radiação ultravioleta da luz solar promove rápida inativação do agente, porém nos locais de sombra pode sobreviver até dois anos. Em águas paradas em locais de sombra ou em bebedouros cobertos pode apresentar viabilidade de um ano.

Existem relatos de isolamento do bacilo da tuberculose bovina de carcaças abandonadas a campo durante dez meses. Porém o maior problema em relação à sobrevivência do bacilo da tuberculose bovina ocorre nas instalações, como estábulos, baias, salas de ordenha, troncos e bezerreiros onde o bacilo, ao abrigo da luz solar, pode permanecer viável por um período de até três anos.

Pela experiência de estudioso no assunto, pude observar e intervir em uma criação de elite de bovinos de corte de raça europeia que utilizava instalações anteriormente ocupadas por vacas de leite, cujo rebanho fora descartado há mais de trinta meses por problemas de alguns animais positivos aos testes de tuberculinização e, como estábulos e troncos não passaram por desinfecção com desinfetantes corretos, muitos dos novos animais foram contaminados quase três anos após a detecção do problema inicial.

Resistência frente ao calor

O *Mycobacterium bovis* resiste à autoclavação a 120°C por vinte minutos e, à fervura, durante cinco minutos. Na pasteurização lenta a 65°C resiste trinta minutos; e na pasteurização rápida a 72 a 74°C resiste quinze a vinte segundos.

Resistência frente aos desinfetantes

O *Mycobacterium bovis* resiste à grande maioria dos desinfetantes comuns e para a desinfecção com segurança das instalações deve ser utilizado fenol orgânico na concentração de 3 a 5%. Os compostos mais comuns contêm o orto-benzil-paraclorofenol e o fósforo-terciário-butilfenol e devem ser aplicados após a remoção de toda a matéria orgânica e permanecer nos ambientes a serem desinfetados por uma a duas horas; após esse período, removê-los com água corrente abundante.

Alguns autores afirmam que o hipoclorito de sódio a 5% pode ser uma boa opção para desinfecção de instalações contaminadas por bovinos tuberculosos; porém, pela experiência dos pesquisadores, pode-se confirmar a grande superioridade de ação dos fenóis orgânicos em relação a esse outro desinfetante. Todavia considera-se o hipoclorito a 5% uma excelente opção para a desinfecção diária das instalações ocupadas por bovinos.

Epidemiologia

A doença apresenta distribuição mundial e constitui um grave problema na América Latina, África e Ásia, causado por inevitáveis falhas em seu controle e erradicação, refletidas por baixa educação sanitária dos criadores, má infraestrutura veterinária para ações oficiais e falta de conhecimento sobre epidemiologia, patologia, diagnóstico e controle da enfermidade e de suas implicações para a saúde humana.

Na Europa Ocidental, a tuberculose bovina apresenta incidência muito baixa, embora na Irlanda e no Reino Unido ainda seja diagnosticada nos rebanhos bovinos e nos texugos, que nesses países, exercem papel fundamental como reservatórios e fontes de infecção para os bovinos. Na Europa Oriental, a incidência de tuberculose é maior, já que o seu combate ainda não alcançou o *status* observado no lado Ocidental do continente. Na Nova Zelândia, Austrália e Japão, a enfermidade apresenta-se sob total controle e praticamente deixou de ser problema. Deve-se destacar que o início do combate à tuberculose bovina na Austrália, visando à sua erradicação, ocorreu no ano de 1890.

Os Estados Unidos da América iniciou o combate da tuberculose bovina por volta de 1900, em grandes campanhas de diagnóstico e abate de reagentes positivos aos testes de tuberculinização com indenização dos proprietários. Porém, a maior demonstração de que o controle e erradicação da tuberculose bovina exigem ações constantes e duradouras e vigilância epidemiológica de elevada competência, ocorreu no próprio Estados Unidos que enfrentaram o recrudescimento da enfermidade em grandes rebanhos bovinos no Estado do Texas, por volta de 1995; em Minessota, Estado considerado livre há muito tempo, ocorreu, em 2005, diagnóstico de rebanhos positivos em Roseau County e, agora, no ano de 2008, a enfermidade foi diagnosticada em alguns rebanhos no Estado da Califórnia.

No Brasil, já em 1912, a Secretária da Agricultura de Minas Gerais advertia para a gravidade da tuberculose em rebanhos bovinos, em boletim escrito pelo médico veterinário Epaminondas Alves Magalhães, no qual descrevia as implicações para a saúde humana e relatava o grande número de condenação de carcaças bovinas no abatedouro de Juiz de Fora.

Por volta de 1944, a primeira edição do livro do Professor Osmane Hipólito, da Universidade Federal de Minas Gerais, descrevia a enfermidade e as suas implicações e prejuízos para a pecuária bovina nacional; também o Professor Walter Maurício Corrêa, titular da cadeira de Enfermidades Infecciosas dos Animais Domésticos, da Faculdade de Medicina Veterinária e Zootecnia/UNESP - Botucatu, SP, descreveu com propriedade a doença e seus reflexos na criação de bovinos e na saúde humana em trabalhos e nas duas edições de seu livro em 1979 e em 1992. Também não se pode deixar de mencionar os problemas suscitados pela polêmica entre os médicos Epifânio Pedrosa e Arnaldo Vieira de Carvalho, entre 1900 e 1901, na cidade de São Paulo, sobre tuberculose bovina, pois o primeiro eminente sanitarista condenava bovinos tuberculosos, enquanto o segundo, eminente cirurgião, afirmava ser a tuberculose bovina inócua para a saúde humana.

Enfim, tais fatos esclarecem que a tuberculose bovina é conhecida desde os primeiros anos do século vinte como um grave problema para a criação de bovinos no Brasil, porém pouco foi feito para o combatê-la seriamente, até o ano de 2001, quando o Ministério da Agricultura, Pecuária e Abastecimento (MAPA) criou o Plano Nacional de Controle e Erradicação de Brucelose e Tuberculose (PNCEBT), que oficializou e padronizou os testes a serem realizados, além de fazer com que os médicos veterinários que atuam a campo realizando diagnóstico dessas enfermidades tivessem que solicitar credenciamento junto ao Ministério da Agricultura, após realização de cursos, em Universidades ou Institutos, ministrados por instrutores certificados pelo referido órgão. Foi um grande passo no sentido de se iniciar o longo caminho do controle e erradicação dessas duas importantes doenças que já causaram incalculáveis prejuízos na produção de bovinos no Brasil. Portanto, é difícil estimar os índices de tuberculose nos rebanhos bovinos no Brasil, embora, em alguns dados, a prevalência de rebanhos reagentes esteja entre 7,1 até 15%. A observação ao longo de mais de 25 anos mostrou a tuberculose como um grande problema em rebanhos produtores de leite, em rebanhos mestiços, em rebanhos produtores de carne de origem europeia e de raças zebuínas, evidentemente estes últimos sendo os menos afetados.

Embora não se possa afirmar com certeza e base científica a morbidade da tuberculose nos rebanhos bovinos brasileiros, a letalidade seria de 100%, pois a doença é progressiva, a não ser que tais animais identificados por testes de tuberculinização intradérmica fossem sacrificados antes que a enfermidade alcançasse a plenitude da sua manifestação clínica.

O *Mycobacterium bovis* é o único agente causador da tuberculose bovina e acomete também bubalinos, caprinos, suínos e já existem relatos em ovinos.

Bovinos e bubalinos são acometidos de maneira independente de sexo e faixa etária e, em relação à raça, os bovinos europeus são mais susceptíveis, embora, como já citado anteriormente, a incidência de tuberculose venha crescendo nos últimos anos entre os animais de raças zebuínas.

As fontes de infecção para os bovinos susceptíveis são os bovinos doentes, porém o maior problema consiste nos animais ditos portadores inaparentes. Estes constituem realmente uma *bomba-relógio*, pois são os animais contaminados que ainda não apresentam nenhum sinal clínico da enfermidade que eliminam o *Mycobacterium bovis* através de suas secreções e excreções e até que sejam diagnosticados e sacrificados disseminam amplamente a tuberculose nos rebanhos.

Vias de eliminação do agente para o Meio Ambiente

- Gotículas e secreções do aparelho respiratório;
- Fezes;
- Leite e colostro → infecção dos bezerros lactantes;
- Urina;
- Sêmen.

Vias de transmissão do agente

- Aerossóis → principal via → 70% da tuberculose bovina é pulmonar
- Água e alimentos contaminados;
- Leite contaminado.

As duas últimas vias de transmissão originam os casos de tuberculose do aparelho digestivo.

A principal via de ingresso do *Mycobacterium bovis* nos bovinos é através do trato respiratório, em segundo lugar pela via oral, alcançando o aparelho digestivo, sendo que a penetração pelas mucosas é praticamente insignificante na transmissão da doença.

O sucesso na transmissão e contaminação de um hospedeiro suscetível depende de numerosos fatores:

- Frequência de excreção do bacilo pelo animal doente;
- Susceptibilidade do hospedeiro;
- Via de infecção;
- Dose infectante;
- Período de comunicabilidade entre os animais;
- Densidade da população animal;
- Manejo e instalações adequados;
- Estabulação dos animais → advento dos contaminantes.

Papel do Homem na transmissão da Tuberculose Bovina

O homem exerce um papel epidemiológico de importância menor na transmissão da tuberculose bovina, pois, embora essa tuberculose seja uma grave zoonose, um ser humano contaminado pelo *M. bovis* poderia, se tivesse contato direto na lida de animais, contaminá-los e introduzir a tuberculose em um rebanho, porém sem alcançar o poder de disseminação que origina a introdução de animais doentes nos rebanhos livres.

Se ao acaso uma pessoa tuberculosa, tendo como agente etiológico o bacilo da tuberculose humana, *Mycobacterium tuberculosis*, entrasse em contato com bovinos e os contaminasse, os mesmos não apresentariam o estabelecimento de doença, porém por um período de tempo variável apresentariam reação positiva a testes de tuberculinização intradérmica, devendo, portanto, em obediência à legislação brasileira, serem imediatamente sacrificados. Portanto cuidar da saúde do pessoal de lida dos rebanhos é, em última instância, prevenir a sanidade dos mesmos.

Fisiopatologia

A tuberculose bovina é o modelo de doença granulomatosa crônica, sempre apresentando aspecto progressivo, e as lesões observadas e as características da enfermidade são devidas aos fatores de patogenicidade presentes na membrana celular do *Mycobacterium bovis* e a resposta imune eliciada pelo organismo hospedeiro.

O bacilo da tuberculose bovina ingressa no organismo hospedeiro, nesse caso os bovinos susceptíveis, por via respiratória ou por via digestiva.

O agente apresenta multiplicação na porta de entrada e é fagocitado pelos macrófagos e, a partir daí, ocorre o grande paradigma da tuberculose ou a chamada *contradição dos macrófagos*, pois as células constituintes da principal linha de defesa frente a este tipo de microrganismo invasor, em decorrência da ação de fatores de patogenicidade do mesmo, fagocitam o *Mycobacterium bovis*, porém falham em destruí-lo e este se multiplica no interior dos fagossomos e não há formação do fagolisossoma, mecanismo fundamental para a destruição de microrganismos patogênicos invasores.

A virulência do *Mycobacterium bovis* está relacionada com a sua capacidade de sobreviver e multiplicar-se dentro dos macrófagos do hospedeiro, o que faz a cada 25 a 32 horas.

O genoma bacteriano contém aproximadamente 4.000 genes e cerca de 200 destes codificam enzimas para o metabolismo de ácidos graxos. Possívelmente, essa característica genética está relacionada com a capacidade do M. bovis crescer nos tecidos do hospedeiro, em que os ácidos graxos podem ser a principal fonte de carbono.

Sobrevivência Intracelular do *Mycobacterium bovis*

Para se instalar no organismo hospedeiro, o *M. bovis*, por intermédio de diferentes moléculas de superfície, pode se ligar a uma grande variedade de receptores celulares, como receptores Fc, receptores de complemento e receptores de manose dos macrófagos, ocorrendo penetração por endocitose e iniciando-se a infecção tuberculosa.

Após a penetração do agente por processo de endocitose, uma vez no interior dos macrófagos, forma-se um vacúolo denominado fagossomo, no interior do qual o bacilo se replica.

Ocorre impedimento da fusão do fagossoma com o lisossoma e a consequente formação do fagolisossoma. É um processo ativo, no qual as micobactérias vivas bloqueiam a formação do fagolisossoma, inclusive havendo inibição da liberação de íons de cálcio e bloqueio da mobilização e associação de proteínas mediadoras da fusão fagossoma-lisossoma.

Para sobrevivência intramacrofágica do *Mycobacterium* spp., foram identificados mecanismos como: inibição do processo de fusão, inativação de enzimas lisossômicas, modificação do fagolisossoma para facilitar a sobrevivência e a multiplicação do bacilo, fuga ou elisão dos bacilos para o citoplasma do macrófago a partir do fagolisossoma. Essa elisão e fuga está relacionada a um mecanismo que envolve o acesso do *Mycobacterium* ao ferro, pois o mesmo possui moléculas especializadas em captá-lo, que são os sideróforos, e esse mecanismo citado restringe a maturação do fagossoma.

Outro mecanismo potencial utilizado pelo bacilo da tuberculose para impedir a fusão do fagossoma com o lisossoma é pela ação dos lipídios sulfatados ou sulfolipídios de sua membrana celular, embora estudos recentes sugiram que o papel exercido por eles é menos importante do que muitos autores imaginam. Porém, mesmo assim, os lipídios sulfatados, além de promoverem o impedimento da fusão do fagolisossoma, atuam inibindo a fosforilação oxidativa das mitocôndrias dos macrófagos, o que leva ao decréscimo da capacidade fagocítica dessas células de defesa.

O *Mycobacterium bovis* pode sobreviver em compartimentos acidificados, e estudos experimentais revelaram que a maioria dos fagossomas continham micobactérias intativadas em contato íntimo com os lisossomas em infecção experimental de macrófagos alveolares. Esses estudos *in vitro* demonstraram que o *M. bovis* pode gerar grandes quantidades de amônia em suas culturas e, em virtude, disto pode se evadir do ambiente hostil tóxico no interior do lisossoma pela inibição da fusão do fagolisossoma e pela diminuição da potência das enzimas lisossomais via alcalinização.

Uma enzima da micobactéria, denominada glutamina sintetase, apresenta potencial de influenciar os níveis de amônia pela sua participação no metabolismo do nitrogênio. A glutamina sintetase é liberada em abundância nos sobrenadantes de cultura, e a microscopia eletrônica com marcadores revelou sua liberação nos fagossomas de macrófagos e monócitos infectados pelo bacilo da tuberculose.

A liberação dessa enzima no crescimento *in vitro* é associada com patogenicidade e é liberada em grandes quantidades por cepas patogênicas de *Mycobacterium bovis* e *Mycobacterium tuberculosis* e não o é por micobactérias não patogênicas. Esse achado guarda relação com a observação de que bases fracas de cloreto de amônia afetam os movimentos saltatórios dos lisossomas bem como alcalinizam o compartimento intralisossomal.

A sobrevivência intramacrofágica do *Mycobacterium bovis* também está relacionada com o fator corda ou trealose dimicolato, outro fator de patogenicidade que é componente da parede celular do bacilo. O fator corda promove inibição da fusão fagolisossoma induzida pelos íons de cálcio, provoca retardo na acidificação lisossomal, apresenta ação tóxica sobre os macrófagos e inibe a migração de leucócitos.

Outro fenômeno importante para a sobrevivência do *Mycobacterium bovis* no meio intramacrofágico é a liberação pelas cepas mais virulentas da enzima superóxido dismutase (SOD), que protege a micobactéria dos efeitos tóxicos de radicais livres de oxigênio produzidos durante a reação oxidativa dos macrófagos.

Como se pode observar, o fator preponderante para que a infecção pelo *Mycobacterium bovis* evolua para um quadro de doença estabelecida é a sobrevivência e multiplicação do agente nas células de defesa do hospedeiro.

Após ingressar no organismo do hospedeiro bovino, o microrganismo multiplica-se na porta de entrada e é fagocitado por macrófagos, no interior dos quais se multiplica e impede a formação do fagolisossoma. Então é transportado pelos macrófagos até aos linfonodos satélites, em um período que varia entre sete e dez dias pós-infecção e, aos quinze dias pós-infecção, tem início a sensibilização de linfócitos TCD4+, que será completada em cerca de seis a oito semanas, e isso é muito importante para o diagnóstico imunoalérgico como será visto adiante.

Nos locais de multiplicação do *M. bovis*, há um predomínio de macrófagos e linfócitos no foco.

Os macrófagos modificam-se e originam as células epitelioides e células gigantes de Langerhans, que são componentes celulares típicos das lesões tuberculosas, e se dispõem em camadas ao redor do foco necrótico caseoso no centro da formação celular. Concomitantemente, ocorre estímulo para a proliferação de fibroblastos que irão formar a cápsula de natureza colágena que envolve totalmente a lesão, como uma tentativa do organismo em conter a evolução da tuberculose. Essa estrutura é um tubérculo típico e já está formado entre quatro a seis semanas pós-infecção.

A presença de um tubérculo típico em um órgão parenquimatoso e no seu linfonodo satélite recebe a denominação de complexo primário completo, também denominado complexo de Gohn, em medicina humana. No caso particular do intestino onde, prediante a rápida descamação e remoção celular na luz do órgão, o tubérculo típico se forma apenas nos linfonodos do mesentério e é denominado complexo primário incompleto.

Após estabelecida nos bovinos, a tuberculose bovina é um processo de evolução crônica progressiva, não ocorrendo nem cura clínica ou cura bacteriológica.

Formas de evolução

Após o estabelecimento da tuberculose no organismo de bovinos e bubalinos, pode ocorrer a evolução da doença no órgão atingido em primeiro lugar, principalmente nos pulmões, local de ocorrência da grande maioria dos casos de tuberculose nos bovinos. Ocorre difusão broncogênica e lesões disseminadas por todo o parênquima pulmonar e pelos linfonodos do mediastino; muitas vezes, como foi observado pela experiência do autor deste capítulo, podem ocorrer lesões tuberculosas até mesmo na serosa do saco pericárdico e no próprio epicárdio através de difusão por contiguidade.

Como a evolução do processo é crônica, a doença progride lentamente e evolui para a forma chamada tuberculose de grandes nódulos, na qual os tubérculos apresentam grandes quantidades de pus caseoso espesso.

Se o ingresso do agente da tuberculose no organismo do hospedeiro bovino se der por via digestiva, as lesões estabelecidas nos linfonodos do mesentério podem evoluir de forma idêntica a descrita para a forma pulmonar, disseminando-se por toda a cadeia mesentérica que apresentará grandes tubérculos a alcançar o fígado, o que acarretará a presença de lesões disseminadas por todo o parênquima hepático.

Por outro lado, se logo após o estabelecimento das primeiras lesões tuberculosas no hospedeiro bovino, seja no aparelho respiratório ou no aparelho digestivo, o referido hospedeiro apresentar um quadro de quebra de resistência do seu sistema imune por medicamentos imunossupressores, fome por seca ou erros de manejo, parições seguidas, elevada produção de leite ou até mesmo pela presença de uma cepa altamente virulenta de *Mycobacterium bovis*, este escapa dos focos primários e há intensa bacteremia pelas vias linfática e hematogênica e se instala nas serosas de todos os órgãos e também no parênquima dos mesmos. Esse processo é denominado generalização precoce e origina em quadro de tuberculose generalizada de pequenos nódulos, também chamada de disseminação pós-primária.

Por meio da generalização precoce, o bacilo da tuberculose bovina instala-se em todo o organismo, inclusive no parênquima da glândula mamária, causando um processo de mastite granulomatosa, cuja principal consequência é a eliminação do *Mycobacterium bovis* pelo leite, levando à contaminação os bezerros lactantes, aumentando a contaminação ambiental e colocando em risco a saúde humana, caso esse leite seja consumido sem que tenha sido submetido à pasteurização ou fervura, que deve durar cinco minutos para a completa inativação do agente. É comum, na rotina diária de atendimento, o diagnóstico de tuberculose em bovinos bastante jovens, com menos de três meses de idade com lesões, nesses casos, principalmente nos linfonodos do mesentério, já que o *Mycobacterium bovis* ingressou por via oral veiculado pelo leite materno.

A generalização da tuberculose pode levar ao desenvolvimento de lesões granulomatosas no baço e no tecido ósseo, sendo observada essa associação em uma vaca Nelore, com consequente isolamento e identificação do *Mycobacterium bovis*.

Também já foram diagnosticados por exame necroscópico dois casos de tuberculose encefálica. Ambos os animais apresentavam quadro clínico de distúrbio neurológico e, na necropsia, foram identificados dezenas de pequenos granulomas no espaço submeníngeo. Embora incomuns, também houve a oportunidade de diagnosticar dois casos de touros com tuberculose testicular, também fruto de generalização precoce, pois ambos apresentavam quadro de tuberculose disseminada. Tanto nos processos neurológicos como nos testiculares houve isolamento de *Mycobacterium bovis*.

Esquema da patogênese

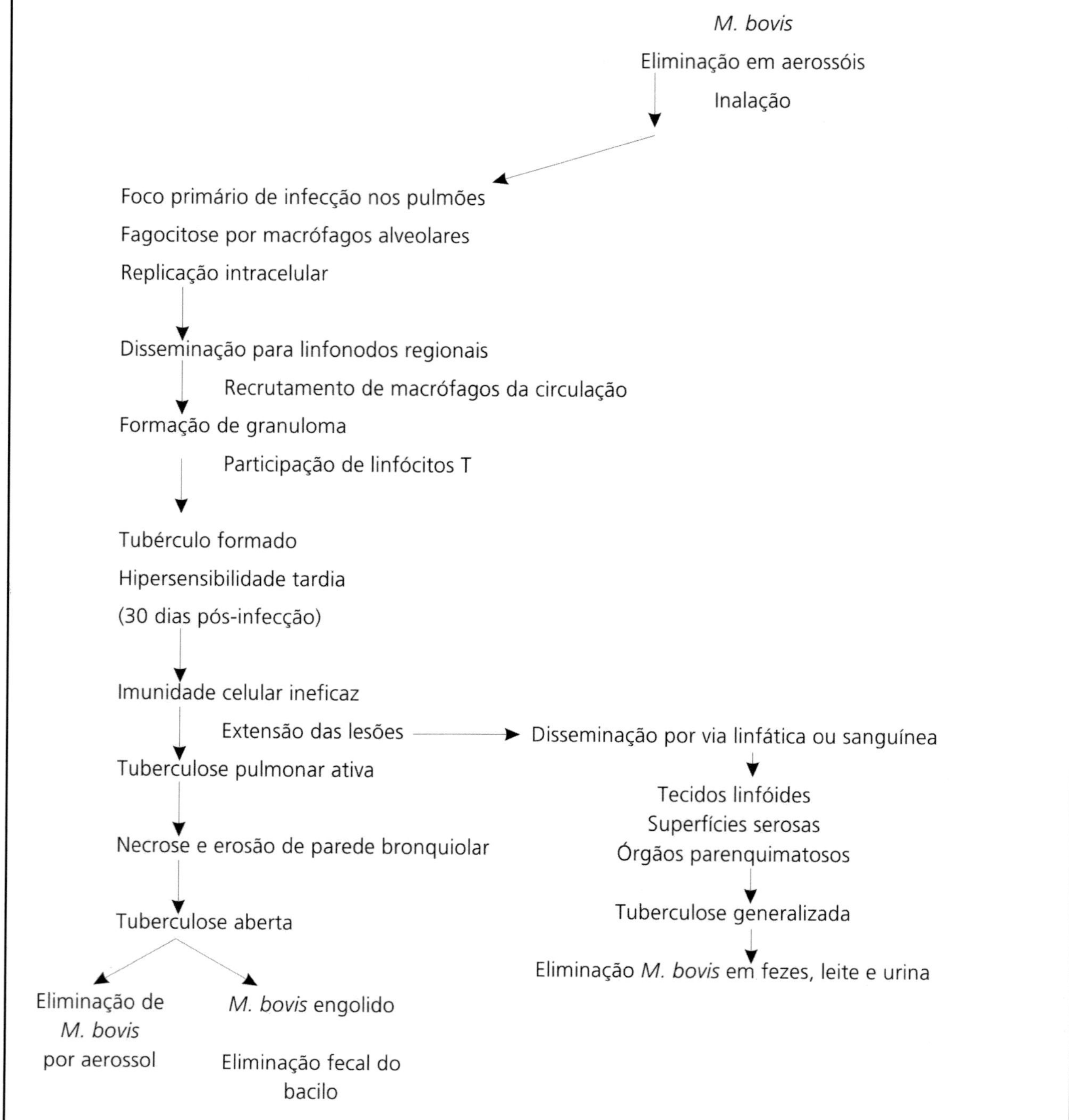

O Granuloma

O Granuloma tuberculoso

Tanto a tuberculose de pequenos nódulos que ocorre pela generalização precoce como a tuberculose de grandes nódulos, originada pela evolução crônica da enfermidade, independentemente do tamanho das lesões, estas são caracterizadas pela formação tipicamente característica que são os tubérculos ou granulomas.

Como bem definiu Pandy, *o granuloma tuberculoso é uma tentativa por parte do hospedeiro de localizar o processo da doença para permitir a atuação de mecanismos inflamatórios e imunes na destruição do bacilo*. Isso não alcança êxito no organismo dos bovinos, pois como já foi citado, a tuberculose bovina é uma enfermidade granulomatosa crônica de caráter progressivo.

A inflamação granulomatosa é um padrão distinto de reação inflamatória crônica, caracterizada por acúmulo focal de macrófagos ativados, os quais sempre desenvolvem um aspecto epitelioide e é encontrada em um número limitado de infecções, como a lepra e a esquistossomose além da tuberculose, e sua gênese é firmemente ligada a reações imunes.

Um granuloma é um foco de inflamação crônica constituído da agregação microscópica de macrófagos que se transformam em células epitelioides rodeados por um halo de leucócitos mononucleares, principalmente linfócitos e, ocasionalmente, plasmócitos e com um envoltório de fibroblastos e tecido conectivo.

Macrófagos epitelioides são macrófagos ativados com citoplasma abundante e caracterizam a resposta granulomatosa frente ao Mycobacterium bovis. Apresentam citoplasma granular rosa pálido denso e também pseudópodos duplos para se unirem às células vizinhas.

Os macrófagos por ação do TNF-α também podem se fundir por meio de um mecanismo ainda não elucidado para formarem as células gigantes de Langhans, orientadas ao redor dos locais onde se apresenta o bacilo da tuberculose.

As células gigantes de Langhans apresentam diâmetro de 40 a 50 μm e possuem uma grande massa citoplasmática com vinte ou mais pequenos núcleos arranjados perifericamente e representam o tipo mais bem sucedido de resposta tissular do hospedeiro frente à tuberculose.

O granuloma tuberculoso contribui para a proteção do hospedeiro por meio de diferentes mecanismos e talvez o mais importante seja a tentativa de prevenir a disseminação do *Mycobacterium bovis*.

O granuloma tuberculoso também restringe danos teciduais por proteger o tecido ao redor do mesmo da inflamação crônica. Sob grande influência de linfócitos $TCD4^+$, as lesões granulomatosas aumentam pelo recrutamento de outros tipos de células, como linfócitos, macrófagos e fibroblastos que rodeiam a lesão e secretam a matriz de uma capa extracelular que provê uma barreira física na tentativa de barrar a disseminação do *Mycobacterium bovis*.

Os granulomas maduros são constituídos por células epitelioides, células gigantes de Langhans e, no seu envoltório, apresentam-se linfócitos $TCD4^+$ e linfócitos $TCD8^+$ e, à medida que a imunidade celular se desenvolve, células vão sendo mortas, resultando na formação de um centro caseoso cercado por fibroblastos e outros linfócitos e monócitos oriundos do sangue.

A função principal dos linfócitos $TCD4^+$ na organização do granuloma é executada através da secreção de duas importantes citocinas envolvidas na função do granuloma, o Fator de Necrose Tumoral Alfa (TNF-α) e o Interferon Gama (INF-γ).

O TNF-α participa da formação do granuloma, regula o processo inflamatório e estimula macrófagos na tentativa de impedir a multiplicação do *Mycobacterium bovis*. Este, com a participação do TNF-α e de seu lipídio de parede, lipoarabinomanana, é capaz de induzir a necrose de caseificação no centro do granuloma tuberculoso.

O INF-γ participa intensamente na proteção contra o *Mycobacterium bovis* e é encontrado no sangue de animais experimentalmente infectados e mesmo em seres humanos tuberculosos em proporção inversa com o grau de severidade das lesões.

O INF-γ impede a dispersão de bacilos fagocitados e participa na formação do granuloma. Animais com deficiência de INF-γ por mutação do gene codificador do mesmo sofrem facilmente processos de tuberculose disseminada ou generalizada.

No granuloma tuberculoso, a necrose tende a ser incompleta, resultando em material amorfo sólido ou semissólido, acelular, referido como caseoso em decorrência da consistência de queijo e, após a formação do granuloma, o TNF-α participa na evolução para estabelecimento da necrose caseosa central.

Ao contrário do que pode parecer, a necrose caseosa pode servir para a contenção do bacilo devido ao ambiente anaeróbico que se instala no granuloma como um todo. Entretanto a necrose caseosa é inerentemente instável, especialmente nos pulmões, nos quais tende à liquefação, ocorrendo descargas através da árvore brônquica, com produção de uma cavidade tuberculosa e provendo condições nas quais a população bacteriana alcança elevadas concentrações. O material infectante liberado de uma cavidade resulta em novos focos exsudativos em outras partes dos pulmões, constituindo a chamada difusão broncogênica.

O fator de hipersensibilidade torna as células mais sensíveis aos efeitos tóxicos de elementos do corpo bacilar, a maioria deles de natureza lipoproteica, como o ácido tubérculo-esteárico, então a necrose de caseificação amplia-se aumentando o número de bacilos livres no meio extracelular. Se a hipersensibilidade se sobrepuser amplamente, a necrose de caseificação diminui, o caseo liquefaz, a proliferação bacilar progride e a tuberculose progride ativamente, sendo isso o que ocorre nos bovinos.

Quadro clínico

Nos casos de generalização precoce ou disseminação pós-primária da tuberculose, os sintomas clínicos evoluem rapidamente, e os animais apresentam temperatura flutuante com quadros febris e posterior retorno à temperatura normal, apetite caprichoso, animais apáticos e reagem menos à manipulação. Porém o principal achado clínico é o estabelecimento de emaciação progressiva, com perda de peso muito acentuada e evolução para caquexia e morte.

Os bovinos com a forma de evolução orgânica no aparelho digestivo apresentam, a longo prazo, quadro de emagrecimento progressivo, embora continuem alimentando-se normalmente e raramente apresentem diarreia, que não de ocorrência comum na doença.

Quando o quadro clínico estiver estabelecido, o animal doente já terá sido responsável pela contaminação ambiental e dos outros animais do rebanho pela eliminação de *Mycobacterium bovis* através das fezes.

No quadro de tuberculose pulmonar com evolução sem ocorrência de generalização precoce, os animais, ao apresentarem doença clínica, também apresentarão acentuada perda de peso, porém a sintomatologia pulmonar é francamente predominante, cansaço fácil após se locomoverem por certas distâncias, tosse crônica não paroxística e quadro clínico típico de broncopneumonia. Nos estágios avançados, quando grandes áreas pulmonares estão destruídas, a dispneia se agrava muito e anormalidades são detectadas na percussão e auscultação do tórax, como macicez, estertores, crepitações, roces pleurais e extensas áreas de silêncio. A pleurisia na tuberculose pulmonar bovina apresenta sintomas discretos em virtude da não-ocorrência de efusão pleural.

O aumento de volume dos linfonodos retrofaríngeos é causa de disfagia e até obstrução da faringe. Desordens reprodutivas, incluindo tuberculose uterina, são muito raras em bovinos, com exceção de alguns casos avançados nos quais a difusão por contiguidade pode causar salpingite e peritonite.

Na metrite tuberculosa, ocorre infertilidade ou há concepção seguida de aborto recorrente nos estágios iniciais da prenhez, e a principal manifestação clínica é a descarga vaginal purulenta crônica com resistência aos tratamentos estabelecidos.

Nos raros casos de tuberculose testicular, os testículos apresentam-se aumentados de volume com nódulos endurecidos e com pouca sensibilidade dolorosa à palpação.

A mastite tuberculosa reveste-se da maior importância em virtude dos riscos para a saúde humana e disseminação da doença para os bezerros.

A principal característica da mastite tuberculosa é a hipertrofia e endurecimento que se desenvolvem, em primeiro lugar, na porção superior do úbere, e a palpação dos linfonodos supramamários é essencial em todos os casos suspeitos de mastite tuberculosa. Aumento do volume de linfonodos supramamários e endurecimento dos quartos são sugestivos de tuberculose mamária. Nos estágios iniciais da mesma, o leite não apresenta anormalidades macroscópicas, porém flocos muito finos aparecem mais tarde e, no final da ordenha, há liberação de fluido cuja coloração varia de clara até âmbar. Nos estágios mais avançados da tuberculose mamária, apenas o fluido cor de âmbar é liberado no final da ordenha.

Lesões anatomopatológicas macroscópicas

Generalização precoce ou disseminação pós-primária

Os animais que morrem ou são sacrificados com esse tipo de enfermidade apresentam condição corporal com emaciação característica ou caquexia. A abertura das cavidades torácica e abdominal mostra a intensa disseminação de tubérculos ou granulomas tuberculosos pequenos, medindo cerca de um a três centímetros de diâmetro por todas as serosas e órgãos parenquimatosos.

Os pequenos nódulos apresentam-se na pleura, no espaço subpleural e por todo o parênquima pulmonar, saco pericárdico, epicárdio, baço, fígado, diafragma, serosa dos pré-estomagos, linfonodos pré-hepáticos e mesentéricos. Ao corte, tais nódulos deixam fluir pequena quantidade de pus, cuja característica similar a queijo levou à denominação de pus caseoso. Em alguns casos, os tubérculos são identificados também nos ossos e no parênquima da glândula mamária.

Conforme já foi citado, a tuberculose mamária apresenta riscos para a saúde humana e para os bezerros lactantes e, quando fruto da generalização precoce, muitas vezes o parênquima da glândula mamária apresenta grande número de pequenos granulomas ainda não detectáveis à palpação, mas a tuberculose é ativa e francamente progressiva com grande eliminação de *Mycobacterium bovis* no leite. Também em virtude da grave generalização precoce, foi identificado em uma vaca muito afetada, emaciada e com sintomatologia nervosa, tuberculose meníngea caracterizada por dezenas de nódulos de diâmetros inferiores a 1 cm nas meninges.

Em decorrência do aspecto peculiar dos pequenos granulomas tuberculosos que se desenvolvem durante o processo de generalização precoce, essa forma de tuberculose é comumente denominada tuberculose de pequenos nódulos e em denominações mais antigas, era chamada de tuberculose perlácea, pelo fato de alguns pesquisadores correlacionarem os pequenos granulomas com pérolas; ou também chamada de tuberculose miliar difusa, em razão da semelhança notada por outros pesquisadores com grãos de sorgo, cuja denominação em latim é *milium*.

Tuberculose de evolução orgânica

São os casos mais frequentes nos quais não ocorre disseminação pós-primária e sim o desenvolvimento da doença nos órgãos inicialmente atingidos. Cerca de 70% dessa forma de tuberculose, nos bovinos, ocorre nos pulmões e nos linfonodos do mediastino e caracteriza o que alguns autores denominam tuberculose de grandes nódulos, que pode ocorrer também se a infecção ocorrer por via digestiva, nos linfonodos submandibulares, mesentéricos, pré-hepáticos com disseminação por todo o parênquima do fígado.

São tubérculos ou granulomas tuberculosos característicos, de vários tamanhos, sendo que no parênquima pulmonar podem ser detectadas lesões de diâmetro superior a 10 cm e, em outras áreas, lesões menores que se formam por contiguidade ou por difusão broncogênica. Já houve a oportunidade de inúmeras vezes, em necropsias, observação de tubérculos de até 20 cm de diâmetro no parênquima pulmonar e linfonodos do mediastino com lesões que aumentaram enormemente o volume do mesmo, que apresentou dimensões de 15 cm de largura por mais de 30 cm de comprimento, como as mostradas nas fotos anexas. Ao corte, as lesões tuberculosas deixam fluir grande quantidade de pus caseoso, espesso, amarelado e caracteristicamente sem odor algum. Quando as lesões tuberculosas são muito grandes, observa-se o chamado *ranger* do fio da faca ao serem cortadas, em conseqüência do depósito de sais de cálcio que ocorre nos tubérculos mais antigos, que também apresentam, na sua região mais central, liquefação do pus caseoso.

Nos casos mais avançados de tuberculose, os pulmões ficam inteiramente tomados, o que explica a dispneia e a tosse que são características nos animais.

Já observamos uma vez, em necropsia de tuberculose pulmonar, a ocorrência de diversos granulomas na traqueia de uma vaca leiteira, que acarretou disseminação por todo o rebanho por falha de diagnóstico.

Nas lesões de tuberculose por contaminação por via digestiva, os linfonodos do mesentério e pré-hepáticos apresentam grandes volumes de pus caseoso, espesso e se observa a disseminação das lesões por todo o parênquima hepático.

Diagnóstico

O exame de um animal com sintomatologia de tuberculose em fase de evidência clínica da enfermidade não serve para obtenção do diagnóstico, que deve ser obtido de maneira definitiva e conclusiva.

O exame necroscópico, com a observação das lesões tuberculosas granulomatosas características e a cultura, isolamento e identificação do *Mycobacterium bovis*, diagnosticam a enfermidade nos animais submetidos a tais exames.

Exames de biologia molecular, como o da reação em cadeia pela polimerase (PCR) em amostras de tecidos com lesões, também são conclusivos para o diagnóstico da enfermidade individualmente. Porém, o objetivo fundamental no combate, controle e posterior erradicação da tuberculose nos rebanhos bovinos é o diagnóstico *in vivo* para a identificação e eliminação dos animais sem doença clínica, os portadores inaparentes, potenciais fontes de infecção para todos os elementos de uma criação.

A base fundamental para esse diagnóstico *in vivo* é o teste de tuberculinização intradérmica, cujo fundamento imunológico é a reação de hipersensibilidade tardia do tipo IV.

Existem diversos testes de tuberculinização intradérmica utilizados para diagnóstico da tuberculose em bovinos e que eram realizados aleatoriamente, de acordo com a característica dos rebanhos e preferência dos profissionais veterinários ou da sua prática na realização de um determinado tipo de teste. Tal procedimento carecia de uniformização e mesmo de métodos gerais para correta interpretação dos testes aplicados, gerando grandes controvérsias e problemas para o diagnóstico, o que prejudicava sobremaneira as ações para o combate da tuberculose bovina.

No ano de 2001, o Ministério da Agricultura, Pecuária e Abastecimento (MAPA) instituiu o Programa Nacional de Controle e Erradicação da Brucelose e da Tuberculose Animal (PNCEBT), com objetivo de diminuir o impacto negativo dessas enfermidades de caráter zoonótico, nos rebanhos e na saúde pública, e promover um avanço na competitividade da pecuária bovina brasileira frente a um mercado globalizado e muito exigente nos quesitos de sanidade.

O programa apresenta como objetivos a redução da prevalência e a incidência de novos focos de tuberculose e brucelose e criar um número significativo de propriedades certificadas como livres das referidas enfermidades, oferecendo, portanto, ao consumidor produtos de baixo risco sanitário.

Com essas medidas, foram padronizados os testes de tuberculinização que podem ser utilizados em todo o território nacional e realizados por médicos veterinários credenciados por meio de cursos teórico-práticos, fornecidos por instrutores por sua vez também credenciados pelo Ministério da Agricultura e ligados às universidades e institutos de pesquisa.

Essas medidas extremamente necessárias já há muitos anos, além da padronização dos métodos de diagnóstico, fez com que apenas médicos veterinários credenciados possam adquirir os antígenos para a realização dos testes de tuberculinização, e os mesmos, por sua vez, são responsáveis em comunicar os rebanhos nos quais a tuberculose foi diagnosticada e encaminhar os animais para que sejam sacrificados e tenham suas carcaças destruídas.

Inegavelmente, tais procedimentos, se seguidos à risca, farão com que a tuberculose bovina possa ser combatida com eficácia, pois essa enfermidade gera polêmicas neste País desde

1900 e, já em 1912, publicações da Secretaria de Agricultura das Minas Gerais, escritas por um médico veterinário chamado Epaminondas Alves de Souza, alertava para os riscos da doença para a saúde humana e enfatizava a elevada condenação de carcaças de bovinos tuberculosos nos abatedouros daquele Estado.

Teste de Tuberculinização intradérmica

É uma reação imunoalérgica, cutânea, de hipersensibilidade tardia do tipo IV, que utiliza como antígeno a tuberculina. Esta pode ser definida como um extrato obtido de filtrados de cultivos de *Mycobacterium bovis* cepa AN5 e *Mycobacterium avium* previamente esterilizados pelo calor; são proteínas ou tubérculo-proteínas utilizadas para medida da hipersensibilidade tardia, causada pela tuberculose ou por infecção por micobactérias não causadoras da referida enfermidade.

Em decorrência das origens, a tuberculina obtida das culturas de *Mycobacterium bovis* cepa AN5 ficou conhecida como tuberculina bovina ou tuberculina mamífera, enquanto a obtida a partir de culturas de *Mycobacterium avium* ficou conhecida como tuberculina aviária.

A tuberculina original, preparada por Robert Koch em 1890, é denominada OT, de *old tuberculin* ou tuberculina velha de Koch. Os testes de tuberculinização para diagnóstico da tuberculose humana foram iniciados em 1908, por Mantoux, utilizando a tuberculina velha de Koch, que não era um derivado purificado.

Em 1934, Dorset iniciou a produção de tuberculina a partir dos agentes cultivados em meios sintéticos e Seibert, também em 1934, desenvolveu a tuberculina conhecida como PPD (*Purified Protein Derivative*), sendo as proteínas separadas por meio de cultura por precipitação, purificadas por lavagens com ácidos e fosfatos e diluídas na concentração adequada para uso.

No Brasil, existe o PPD bovino, produzido a partir da amostra AN5 de *Mycobacterium bovis*, contendo 1 mg de proteína purificada por mL; e o PPD aviário, produzido a partir da amostra D4 de *Mycobacterium avium*, contendo 0,5 mg de proteína purificada por mL.

As tuberculinas devem ser mantidas sob a temperatura de 2 a 8°C, jamais devem ser congeladas e possuem validade de uso de até um ano após a fabricação.

Nas atividades de realização de testes de tuberculinização a campo, as pistolas utilizadas para esse fim deverão receber volume de tuberculina suficiente apenas para testar os animais já contidos, e os frascos com antígeno deverão sempre ficar em caixas fechadas de isopor com gelo suficiente para manutenção de temperatura adequada para a preservação das mesmas.

Equipamentos para o teste de tuberculinização

São desenvolvidos especificamente para essa finalidade e consistem de seringas especiais com dosadores automáticos de 0,1 mL, com agulhas pequenas de 3 a 4 mm e finas, de calibre 22G. Seringas e agulhas precisam ser adequadamente limpas e esterilizadas, porém devem estar livres de desinfetantes e antissépticos antes de serem utilizadas.

Faz-se necessário também um aparelho de tricotomia para marcar o local de inoculação das tuberculinas. Para a medida da pele dos animais testados antes e após a aplicação da tuberculina, é utilizado o cutímetro específico para tuberculinização de bovinos, conforme consta da recomendação do PNCEBT.

Testes de tuberculinização

As normas do Plano Nacional de Controle e Erradicação de Brucelose e Tuberculose (PNCEBT) permitem a realização de três testes de tuberculinização intradérmica em bovinos e bubalinos, a partir de seis semanas de idade.

Teste da prega caudal (TPC)

Indicado apenas para rebanhos bovinos de corte como prova de triagem.

Esse teste é realizado com a inoculação de 0,1 mL de tuberculina PPD bovina, entre seis e 10 cm da base da cauda, na junção das regiões com presença de pelos e glabra, cuidando para que o local esteja adequadamente limpo antes da aplicação.

A observação da formação de uma pequena pápula no local indica que a inoculação foi correta.

Embora a inoculação da tuberculina PPD na

prega caudal possa ser feita em qualquer lado, é recomendável, ao se testar um rebanho ou mesmo poucos animais, que o procedimento seja executado sempre de um mesmo lado.

Após 72±6 horas da inoculação será realizada a leitura do teste por visualização e palpação da região, sem a utilização de cutímetro, para obtenção de valores numéricos.

Segundo consta nas normativas do PNCEBT, qualquer aumento de espessura classifica o animal como reagente.

Nesse tipo de teste, as reações francamente positivas apresentam-se como aumento de espessura da prega caudal de aspecto pastoso, quente e dolorido à palpação, porém, seguindo as normativas vigentes, qualquer tipo de reação deve classificar os animais como reagentes, e os mesmos deverão ser submetidos a teste confirmatório entre 60 a 90 dias, a não ser que prevaleça o critério de descarte e sacrifício desses animais.

O teste confirmatório é o Teste Cervical Comparativo (TCC), realizado na pele do pescoço dos animais. Os animais reagentes no teste da prega caudal deverão sempre ser submetidos ao teste confirmatório, embora a pele da região da prega caudal seja cerca de vinte vezes menos reativa que a pele da região cervical dos bovinos, o que torna o teste da prega caudal bastante específico, porém muito pouco sensível, falhando na detecção de animais com infecções recentes, vacas velhas com doença mais avançada e vacas na época do periparto (até 5 dias antes e 15 dias pós-parto).

Portanto o teste da prega caudal pode falhar por apresentar um número grande de animais falso-negativos e menos falso-positivos, o que tornava a erradicação da tuberculose de um rebanho apenas com esse teste muito difícil, nos anos que antecederam a criação do PNCEBT.

Teste cervical simples

É o teste de rotina recomendado para o gado bovino e bubalino. É realizado com a inoculação intradérmica de 0,1 mL de tuberculina PPD bovina, na região cervical ou escapular, no mesmo lado em todos os animais do rebanho a ser testado, após demarcação do local de aplicação através de tricotomia. A formação de uma pápula indica que a inoculação foi correta. Antes da inoculação da tuberculina PPD mamífera, a espessura da pele no local será determinada pela medida com cutímetro, e o valor obtido será anotado no formulário adequado para exames de brucelose e tuberculose normatizado pelo PNCEBT.

Após 72±horas da inoculação, será realizada uma nova medida da dobra da pele no local de inoculação, e o novo valor será anotado também no respectivo formulário.

O aumento da espessura da dobra da pele (ΔB) será calculado subtraindo-se a medida da pele, 72 horas após a inoculação (B72), da medida da dobra no dia da inoculação (BO).

A interpretação dos resultados será feita de acordo com os critérios definidos na **Tabela 1** do Regulamento Técnico do PNCEBT.

Os animais reagentes inconclusivos poderão ser submetidos a teste confirmatório por meio do Teste Cervical Comparativo (TCC), em intervalo de 60 a 90 dias, ou a critério do médico veterinário habilitado serem considerados positivos e sacrificados. Os animais positivos deverão ser submetidos ao teste confirmatório, pois o Teste Cervical Simples é muito sensível e muito pouco específico, podendo induzir a erros de diagnóstico pelo grande número de falso-positivos, lavando ao sacrifício de animais não portadores de tuberculose.

Teste cervical comparativo

É o teste confirmatório utilizado em animais

Tabela 1. Interpretação do teste cervical simples em bovinos.

	Características da reação			
ΔB (mm)	**Sensibilidade**	**Consistência**	**Outras alterações**	**Interpretação**
0 a 1,9	-----	-----	-----	Negativo
2,0 a 3,9	Pouca dor	Endurecida	Delimitada	Inconclusivo
2,0 a 3,9	Muita dor	Macia	Exsudato	Positivo
			Necrose	Positivo
≥4,0	-----	-----	------	

Fonte: PNCEBT - 2006.

reagentes ao Teste Cervical Simples (TCS) e ao Teste da Prega Caudal (TPC).

É também recomendado como teste de rotina para criações com ocorrência de reações inespecíficas, estabelecimentos certificados como livres e para criações de bubalinos, visando à garantia de boa especificidade de diagnóstico.

Nesse teste são utilizados os dois tipos de tuberculina, que serão inoculados por via intradérmica, no volume de 0,1 mL, sendo o PPD aviário inoculado cranialmente e o PPD bovino caudalmente; a formação de uma pápula nos locais de aplicação indica que a inoculação foi correta.

A inoculação da tuberculina PPD aviária será feita na região cervical, na junção do terço anterior e do terço médio e a uma distância igual das bordas superior e inferior do pescoço; a tuberculina PPD bovina será inoculada também na região cervical, na junção do terço médio e terço posterior, obedecendo à mesma distância em relação às bordas superior e inferior do pescoço. Se a inoculação ocorrer na região escapular, a tuberculina PPD aviária será aplicada à frente da espinha da escápula e a 20 cm da cernelha, e a tuberculina PPD bovina será aplicada atrás da espinha da escápula e a 20 cm da cernelha, havendo uma distância mínima de 15 a 20 cm entre os locais de inoculação das duas tuberculinas, sendo esta mesma distância também observada quando as tuberculinas são inoculadas na região cervical.

É recomendado que a inoculação seja efetuada de um mesmo lado em todos os animais do rebanho testado. Os locais de aplicação serão demarcados por tricotomia, devendo-se evitar áreas com leões ou nódulos.

A espessura da dobra da pele será determinada pela medida com cutímetro antes de cada inoculação.

As medidas da dobra da pele, nos locais de inoculação da tuberculina PPD aviária e PPD bovina, serão anotadas nos respectivos campos no formulário para exame de brucelose e tuberculose. Após 72 ± 6 horas da inoculação será realizada nova medida da dobra da pele no local de inoculação da tuberculina PPD aviária e da PPD bovina, e os resultados serão anotados no mesmo formulário.

Da medida da dobra da pele, 72 horas após a inoculação, subtrai-se a medida da dobra da pele tomada no dia da inoculação para a tuberculina PPD aviária (ΔA) e para a tuberculina PPD bovina (ΔB). A diferença de aumento da dobra da pele provocada pela inoculação da tuberculina PPD bovina (ΔB) e da tuberculina PPD aviária (ΔA) será calculada subtraindo-se ΔA de ΔB.

Os resultados das diferenças ($\Delta B - \Delta A$) serão interpretados de acordo com os critérios definidos na **Tabela 2** do Regulamento Técnico do PNCEBT.

Tabela 2 . Interpretação do teste cervical comparativo em bovinos.

	$\Delta B - \Delta A$ (mm)	Interpretação
$\Delta B < 2,0$	-----	Negativo
$\Delta B < \Delta A$	< 0	Negativo
$\Delta B \geq \Delta A$	0 a 1,9	Negativo
$\Delta B > \Delta A$	2,0 a 3,9	Inconclusivo
$\Delta B > \Delta A$	? 4,0	Positivo

Fonte: PNCEBT - 2006.

Os animais reagentes inconclusivos poderão ser submetidos a um segundo Teste Cervical Comparativo, num intervalo mínimo de 60 dias entre os testes ou, a critério do médico veterinário habilitado, serem considerados positivos e destinados ao sacrifício ou à destruição das carcaças.

Os animais que apresentarem dois resultados inconclusivos consecutivos serão classificados como reagentes positivos e terão a mesma destinação.

O Teste Cervical Comparativo reúne sensibilidade e especificidade para o imunodiagnóstico da tuberculose bovina. É sem dúvida, o melhor dos três testes de tuberculinização permitidos atualmente no Brasil, pois inclusive supre as deficiências do Teste Cervical Simples em relação à ocorrência de reagentes falso-positivos, pois, com a aplicação das duas tuberculinas, as reações inespecíficas podem ocorrer em ambos os sítios de inoculação, o que diminui sensivelmente os erros de diagnóstico.

Dessensibilização pós-parto

Vacas tuberculosas apresentam um período de dessensibilização imediatamente antes e após o parto, e cerca de 30% ou mais dos animais, nesse período, apresentam reações falso-negativas a todos os testes de tuberculinização e apenas voltam a responder positivamente aos testes quatro a seis semanas mais tarde. Portanto, vacas no oitavo mês de gestação e até trinta dias após a parição não devem ser submetidas a testes de tuberculinização, pois os resultados obtidos com os mesmos não são confiáveis.

Dessensibilização por testes de Tuberculinização

O fenômeno de dessensibilização é causado pela absorção de tuberculina e outras proteínas estranhas. Após a realização de qualquer teste de tuberculinização deve ser observado um período mínimo de sessenta dias para a realização de um novo teste.

Pode-se classificar a definição de dessensibilização como o período após um teste de tuberculinização no qual um bovino, mesmo sendo tuberculoso, não apresentará reação alguma se for submetido a um novo teste de tuberculinização.

Portanto, na prática de campo, deve-se sempre ter em mente que animais inconclusivos ou que apresentem reação positiva ao Teste da Prega Caudal (TPC) ou ao Teste Cervical Simples (TCS) deverão ser mantidos em rigoroso isolamento, durante sessenta dias, até que possam ser submetidos ao Teste Cervical Comparativo (TCC).

Anergia

Anergia pode ser definida como a incapacidade de um bovino tuberculoso responder positivamente a qualquer teste de tuberculinização, em virtude da falência total do seu sistema imune em razão da fase avançada da tuberculose.

Sumário das causas principais de reações falso-negativas

- Casos avançados de tuberculose com falência imunológica.
- Infecções recentes pelo M. bovis, com menos de seis semanas de evolução.
- Vacas no período imediatamente anterior ou posterior ao parto.
- Bovinos muito velhos.
- Utilização de tuberculinas com potência abaixo da recomendada.
- Utilização de tuberculina contaminada.
- Variação na dose por utilização de seringas aplicadoras inadequadas.

Conduta frente a rebanhos com reagentes positivos

- Comunicação oficial da existência de reagentes positivos na propriedade para os órgãos oficiais, segundo as normas do PNCEBT.
- Descarte, sacrifício e destruição das carcaças dos reagentes positivos.
- Fazer o mesmo procedimento com os animais inconclusivos, caso o número de reagentes positivos seja elevado.
- Limpeza e desinfecção das instalações da fazenda com fenol orgânico a 3%.
- Repetir o procedimento após 15 dias.
- Depois de 60 dias, realizar Teste Cervical Comparativo em todos os animais do rebanho com idade superior a 60 dias.
- Se forem detectados animais reagentes positivos, realizar novamente os procedimentos de desinfecção com fenol orgânico a 3%.
- Realizar os testes de tuberculinização em todo o rebanho, obedecendo à idade mínima de 60 dias de idade, a cada 60 ou 90 dias, na dependência da conveniência do manejo na propriedade, até que dois testes consecutivos não mostrem mais nenhum animal positivo ou inconclusivo.
- Depois desse período, retornar aos testes semestrais de tuberculinização para o gado de leite ou para o gado de corte, nas propriedades com interesse em serem certificadas como livres de tuberculose.

Procedimentos de desinfecção

O *Mycobacterium bovis* é francamente resistente à grande maioria dos desinfetantes comuns utilizados na lida diária de criação de bovinos. Porém é sensível frente aos fenóis orgânicos, como o orto-benzil-paraclorofenol e p-terciário-butilfenol, na concentração de 3%. Deve-se deixá-los agir no ambiente a ser desinfetado por cerca de 1 a 2 horas. Após esse período de tempo, removê-los com água corrente abundante para evitar a permanência de resíduos tóxicos para os animais e para os trabalhadores.

A desinfecção de instalações é fundamental, pois sem a sua realização de nada vale o descarte dos animais positivos, pois a contaminação ambiental, pela longa sobrevivência do agente, acabaria por comprometer o rebanho.

A desinfecção deve ser realizada com solução de fenol orgânico a 3% (30 mL de fenol diluído em 970 mL de água), por trabalhadores protegidos por luvas, óculos e máscara, utilizando aspersores costais e pulverizando os locais a serem desinfetados a de uma altura de 1,80 m a partir do solo.

Nos locais de aplicação do fenol orgânico, as fezes e outros dejetos deverão ser totalmente removidos antes do início da desinfecção, pois o desinfetante deverá estar em contato direto com pisos e paredes e penetrar adequadamente em todas as reentrâncias. Portanto, é fundamental que os pisos sejam ser corretamente uniformizados, sem a ocorrência de fendas, buracos ou outras soluções de continuidade e, portanto, muitas vezes é necessário um trabalho de correção de pisos e paredes para um melhor êxito na desinfecção.

Estábulos, troncos, salas de ordenha e áreas, mesmo não cobertas, mas com piso de alvenaria ou cimento, devem ser desinfetados. Em relação à sala de ordenha deve-se salientar que as ordenhadeiras jamais devem ser desinfetadas com fenol orgânico pois se tornariam inutilizadas, e a limpeza rotineira das mesmas é suficiente para a remoção do bacilo da tuberculose.

Os cochos de alimentação e de sal feitos de madeira devem ser substituídos por cochos de material plástico, pois facilita a desinfecção, já que a madeira absorve o fenol orgânico, permanecendo assim os resíduos e o odor do desinfetante, o que inviabiliza seu uso futuro. Mesmo cochos de alvenaria ou cimento apresentam muitas reentrâncias e sempre se recomenda a substituição por material plástico.

Os bebedouros também devem ser desinfetados com extremo cuidado na remoção do fenol orgânico após seu período de atuação, para evitar acidentes com os animais, e o ideal é que também sejam substituídos por produtos plásticos.

Os bezerreiros também devem ser cuidadosamente desinfetados para a remoção do fenol orgânico.

Muitos autores recomendam o destelhamento temporário de instalações para que a radiação solar ultravioleta inative o M. bovis; porém esse procedimento é de pouca valia sem a utilização do fenol orgânico. Longos anos de prática levaram o autor deste capítulo a ter êxito apenas com o uso de desinfetantes fenólicos.

A radiação ultravioleta da luz solar é eficaz nas pastagens de onde foram removidos animais positivos, bastando que sejam deixadas vazias por cerca de 30 dias e, se possível, rebaixá-las por corte.

Tuberculose Bovina e saúde pública

O papel da tuberculose bovina na tuberculose humana gerou grandes debates entre os cientistas, médicos e médicos veterinários, além de criar muitas controvérsias nos estudos de bacteriologia e doenças infecciosas, sendo o tópico de maior interesse dos Congressos nos séculos XVIII e XIX.

Em 1797, Klenke, médico em Braunschweig, na Alemanha, relacionou pela primeira vez o consumo de leite de vaca *in natura* e o aparecimento de escrófulas (tuberculose cervical) na espécie humana.

Na primeira metade do século XIX, ocorreram profundas alterações nos conhecimentos sobre tuberculose, destacando-se as contribuições de Guret, em 1831, Hering, em 1849, e Fuchs, em 1859, que passaram a considerar a tuberculose pulmonar dos bovinos essencialmente igual à tuberculose pulmonar humana.

O médico militar francês Jean Antoine Villemin, em 1868, estabeleceu claramente a natureza da transmissibilidade da tuberculose e demonstrou que a doença podia ser produzida em coelhos e cobaias pela inoculação de material retirado de lesões tuberculosas humanas e bovinas. Com isso, ficou demonstrado que a tuberculose humana e animal eram doenças idênticas causadas por um agente transmissível.

Apesar da afirmação de Koch, em 1901, no Congresso Britânico de Tuberculose, de que o homem era muito resistente ao bacilo bovino, a Real Comissão Britânica de Tuberculose, em 1911, afirmou em seu relatório final que o bacilo da tuberculose bovina apresentava alto grau da patogenicidade para a espécie humana, especialmente para as crianças, podendo afetar os adultos inclusive com a forma pulmonar da doença, e que os bovinos eram inteiramente refratários ao bacilo da tuberculose humana.

No Brasil, em 1902, Clemente Ferreira descreveu a adoção dos primeiros dispositivos legais de âmbito municipal, instituindo a aplicação obrigatória do teste de tuberculinização nas vacas leiteiras e o abate dos animais com diagnóstico positivo, em 1897 no Rio de Janeiro e, em 1898, em São Paulo.

Em 1903, travou-se uma polêmica na cidade de São Paulo, o que fez com que o *Mycobacterium bovis* caísse em descrédito como agente patogênico para a espécie humana, segundo argumentava o famoso médico Arnaldo Vieira de Carvalho, proprietário de terras e personalidade de influência que, infelizmente, apregoava a inocuidade da ingestão de leite de vacas tuberculosas e considerava desnecessárias as medidas específicas de controle sanitário e abate de vacas positivas aos testes de tuberculinização, contrariando frontalmente as orientações técnicas de Epiphânio Pedrosa, médico e inspetor sanitário, que, em 1905, denunciou a ampla disseminação da tuberculose bovina nos rebanhos que forneciam leite para consumo da população humana, na cidade de São Paulo, numa época em que não existia a pasteurização, e as pessoas não cultivavam o hábito de ferver o leite que iriam consumir.

O conflito marcava mais um lance da polêmica sobre a transmissão da tuberculose para a espécie humana, pela ingestão do leite de vacas acometidas pela enfermidade, o que expunha inúmeras pessoas e, principalmente, as crianças à contaminação e risco de vida.

Trabalho publicado em 1974 pelos professores Walter Maurício Corrêa e Célia Nogueira Maurício Corrêa, da Faculdade de Medicina Veterinária de Botucatu*, é indicativo da patogenicidade do *Mycobacterium bovis* para a espécie humana, particularmente afetando crianças. De 200 amostras de *Mycobacterium* spp. isoladas da espécie humana, sete foram classificadas como *Mycobacterium bovis*.

As pessoas afetadas eram crianças, tendo a mais velha 12 anos, e quatro das sete amostras foram isoladas de suco gástrico, dois de urina e apenas um de escarro.

Das sete amostras isoladas e classificadas como *Mycobacterium bovis*, três delas mostravam resistência à isoniazida, estreptomicina e ácido para-amino-salicílico, juntamente com três drogas de primeira linha no tratamento da tuberculose humana.

O trabalho mostrou a existência de tuberculose humana pelo bacilo bovino, e este havia ingressado no organismo das crianças, por via oral, através do consumo de leite de vacas tuberculosas, sendo que apenas uma criança apresentava lesões pulmonares e o agente foi isolado do escarro.

Como já foi visto, os bovinos tuberculosos podem contaminar a espécie humana através da excreção do bacilo no leite, porém, mesmo em estágios iniciais da infecção, sem ocorrência de alterações pulmonares aparentes, os animais podem produzir aerossóis infectantes, contrariando o pensamento de muitos médicos veterinários que consideram como disseminadores somente os animais com lesões pulmonares.

A tuberculose humana causada por *Mycobacterium bovis*, no início do século XX, foi responsável por 10 a 18% dos casos dessa tuberculose.

Por volta de 1992, na América do Norte, América Latina e Caribe, foram detectados 8.000 casos de tuberculose humana pelo bacilo bovino por ano. Nessa mesma época, cerca de 10% dos casos de tuberculose humana foram causados pelo bacilo bovino nos países em desenvolvimento.

Na França, no início dos anos 1990, 0,1% dos casos de tuberculose humana foram causados por *M. bovis*, porém no Reino Unido essa cifra chegou a 5%.

Nos EUA, em 1996, 0,1% dos casos de tuberculose humana foram causados pelo bacilo bovino, porém, nas proximidades da fronteira mexicana, esses números chegavam a 3%. Na

Tabela 3, pode-se observar a incidência de tuberculose humana entre a década de 70 a 90 nos países industrializados.

No Brasil, praticamente não existem dados da incidência de tuberculose humana causada pelo *Mycobacterium bovis*. Embora os pacientes tuberculosos sejam tratados pelo Sistema Único de Saúde gratuitamente, desconhece-se os resultados de isolamento e de identificação desse agente para a população humana susceptível e de risco.

Existe uma padronização para que todos os pacientes suspeitos de tuberculose ou comprovadamente tuberculosos sejam submetidos à cultura de escarro, além de outros exames de rotina como baciloscopia, radiografia e teste de tuberculinização. Porém a cultura do escarro é feita com a utilização de Löwenstein-Jensen, que apresenta elevados teores de glicerol, que dificulta ou mesmo impede o crescimento do *Mycobacterium bovis*.

Seria ideal que pessoas tuberculosas que sabidamente consumissem leite *in natura* ou tivessem contato direto com bovinos tivessem seus escarros cultivados em meios seletivos para o *M. bovis*, como o Stonnebrink, que não possui glicerol e sim altos níveis de piruvato de sódio, necessários para o crescimento do bacilo bovino e então talvez fossem melhores os resultados epidemiológicos apenas, pois os pacientes que seguem à risca o tratamento acabam curados de tuberculose, embora o agente real da enfermidade acabe não diagnosticado.

O papel do médico veterinário no combate à Tuberculose Bovina

- Deve conhecer a doença com segurança.
- Diagnosticá-la de forma correta.
- Após o diagnóstico, realizar na íntegra as ações legais previstas no PNCEBT.
- Defender a sanidade dos rebanhos com orientações corretas para evitar a reincidência da doença.
- Defender a saúde humana, pois a medicina veterinária é a primeira linha de defesa da saúde pública.
- Agir sempre corretamente, defendendo a dignidade da profissão de médico veterinário.

Tabela 3. Tuberculose humana causada pelo ao *M. bovis* em países industrializados.

Países	Ano	Número	% do total de tuberculose
Austrália	1970-94	240	3.1
Inglaterra	1977-90	232	1.2
Alemanha	1975-80	236	4.5
Irlanda Rural	1986-90	17	6.4
Urbana	1982-85	9	0.9
Nova Zelândia	1983-90	22	7.2
Espanha	1986-90	10	0.9
Suécia	1983-92	96	2.0
Suíça	1994	18	2.6
U.S.	1980-91	73	3.0

Fonte: Adaptado de Cosivi *et al.*, 1998.

Referências bibliográficas

Abrahão, R.M.C.M. **Tuberculose humana causada pelo *Mycobacterium bovis*: considerações gerais e a importância dos reservatórios animais**. 1998. 318 f. Dissertação (Mestrado). Faculdade de Medicina Veterinária e Zootecnia, Universidade de São Paulo - USP.

Acha, P.N.; Szyfres, B. **Zoonosis y enfermedades transmisibles comunes al hombre y a lo animales**.(Eds) Washington: Organización Panamericana de La Salud, 2003. 398 p.

Alhaji, I. Bovine tuberculosis: A general review with special reference to Nigeria. **Vet. Bul.**, v.146, p.829-841, 1976.

Antunes, J.L.F. Tuberculose e leite: elementos para a história de uma polêmica. **Hist. Ciênc. Saúde - Manguinhos**, v.9, n.3, 2002.

Bathurst, R.R.; Barta, J.L. Molecular evidence of tuberculosis induced hypertrophic osteopathy in a 16th-century Iroquoian dog. **Journal of Archaeological Science**, v.31, p.917-25, 2004.

Brasil. Ministério da Agricultura, Pecuária e Abastecimento. **Programa Nacional de Controle e Erradicação da Brucelose e da Tuberculose Animal - PNCEBT/** organizadores, Vera Cecília Ferreira de Figueredo, José Ricardo Lôbo, Vitor Salvador Picão Gonçalves. - Brasília: MAPA/DAS/DAS, 2006.

Beer, J. **Enfermedades infecciosas de los animales domésticos**. Zaragoza: Editorial Acribia, 1999. 184 p.

Campos, H.S. Imunologia da Tuberculose. In: GELLER, M.; SCHINBER, M. **Diagnóstico e tratamento das doenças imunológicas**. (Eds) Rio de Janeiro: Elsevier, 2005, 497 p.

Collins, C.H. The Society for Applied Bacteriology. **J. Appl. Bacteriol.**, Symposium Supplement, v.81, 105p., 1996.

Corrêa, C.N.M.; Corrêa, W.M. Tuberculose Humana por Bacilo Bovino em São Paulo, Brasil. **Arq. Inst. Biol.**, v.41, n.3, p.131-4, 1974.

Corrêa, W.M.; Corrêa, C.N.M. **Enfermidades Infecciosas dos Mamíferos Domésticos**. Rio de Janeiro: MEDSI, 1992. 843 p.

Cosivi, O.; Grange, J.M.; Daborn, C.J.; Raviglione, M.C.; Fujikura, T.; Cousins, D.; Robinson, R.A.; Huchzermeyer, H.F.A.K.; Kantor, I.; Meslin, F.X. Zoonotic Tuberculosis due to *Mycobacterium bovis* in developing countries. **Emerging Infectious Disease**, v.4, n.1, 1998.

Cosma, C.L.; Sherman, D.R.; Ramakrishnan, L. The secret lives of the pathogenic micobactéria. **Ann. Rev. Microbiol.**, v.57, p.117-22, 1993.

Geller, M.; Scheinberg, M. **Diagnóstico e tratamento das doenças imunológicas**. Rio de Janeiro: Elsevier, 2005.

Grange, J.M. The mycobacteria. In: Parker, M.T.; Dverden, B.L. **Topley & Wilson's Principles of Bacteriology, Virology and Immunity**. (8 Eds.) Philadelphia: B. C. Decker, 1990. 709 p.

Grange, J.M. *Mycobacterium bovis* infection in human beings. **Tuberculosis**, v. 81, n.½, p. 71-77, 2001.

Kantor, I.N.; Ritacco, V. Bovine tuberculosis in Latin America and the Caribbean: current status, control and eradication programs. **Vet. Microbiol.**, v.40, p.5-14, 1994.

Koneman, E.W. Micobactérias. In: Koneman, E.W.; Allen, S.D.; Jonda, W.M.; Schreckenberger, P.C. **Diagnóstico microbiológico**: texto e atlas colorido. (Eds) Washington: C. Winn Jr., 2001, p.903-54.

Mariano, M. The experimental granuloma. A hypothesis to explain the persistence of the lesion. **Rev. Inst. Med. Trop. S. Paulo**, v.37, n.2, p.161-76, 1995.

Menzies, F.D.; Neill, S.D. Cattle-to-Cattle Transmission of Bovine Tuberculosis. **The Veterinary Journal**, v.160, p.92-106, 2000.

Moda, G.; Daborn, J.C.; Grange, J.M.; Cosivi, O. The zoonotic importance of *Mycobacterium bovis*. **Tubercle and Lung Disease**, v.77, p.103-8, 1996.

Morris, R.S.; Pfeiffer, D.V.; Jackson, R. The Epidemiology of *Mycobacterium bovis* infections. **Veterinary Microbiology**, v.40, n.1-2, p. 153-77, 1994.

Neill, S.D.; Pollock, J.M.; Bryson, D.B.; Hanna, J. Bovine tuberculosis - pathogenesis of *Mycobacterium bovis* infection in cattle. **Vet. Microbiol.**, v.40, p.41-52, 1994.

Pritchard, D.G. A century of bovine tuberculosis 1888-1988: Conquest and controversy. **J. Comp. Path.**, v.99, p.357-399, 1988.

Quinn, P.J.; Markey, B.K.; Carter, M.E.; Donnelly, W.J.C.; Leonard, F.C.; Maguire, D. **Microbiologia veterinária e doenças infecciosas.** Porto Alegre: Artmed, 2005. 512p.

Rosemberg, J. Mecanismo imunitário da tuberculose: síntese e atualização. **Boletim de Pneumologia Sanitária**, v.9, n.1, p.35-59, 2001.

Smith, J. *Mycobacterium tuberculosis* pathogenesis and molecular determinants of virulence. **Clinical Micobiology Reviews**, v.16, p.463-96, 2003.

Sousa, E.A. **Tuberculose nos Animaes**. (Eds) Bello Horizonte: Secretaria da Agricultura, 1912. 43 p.

Thoen, C.O.; Steele, J.H. ***Mycobacterium bovis* infection in animals and humans**. Ames: Iowa State University Press, 1995. 355 p.

Thoen, C.; Lobue, P.; Kantor, I. The importance of *Mycobacterium bovis* as a zoonosis. **Veterinary Microbiology**, v.112, p.339-45, 2006.

Trabulsi, L.R.; Alterthum, F. **Microbiologia**. (5 Eds.) São Paulo: Atheneu, 2005, p. 409-17.

Veronesi, R. Focaccia, R. **Tratado de Infectologia**. (2 Eds.) São Paulo: Atheneu, 2002.

Walker, E. Tuberculosis persists in US Livestock. J. Am. **Vet. Med. Assoc.**, v. 209, p. 1529-30, 1996.

Tuberculose em linfonodo do mesentério. Bezerra de 50 dias de vida. Fonte: Prof. Dr. Antonio Carlos Paes (Arquivo Pessoal).

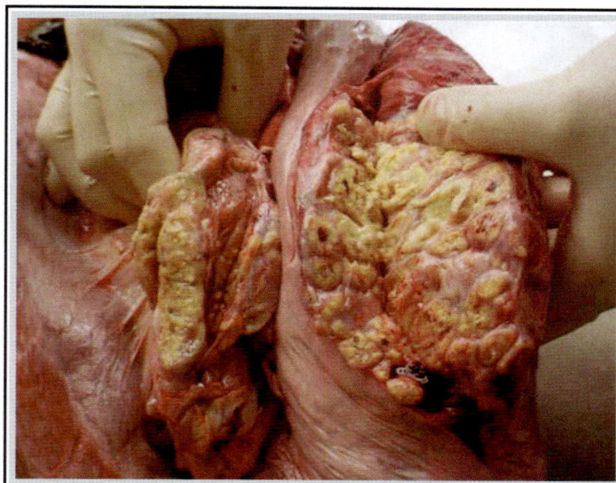

Tuberculose Pulmonar. Bovino adulto. Fonte: Prof. Dr. Antonio Carlos Paes (Arquivo Pessoal).

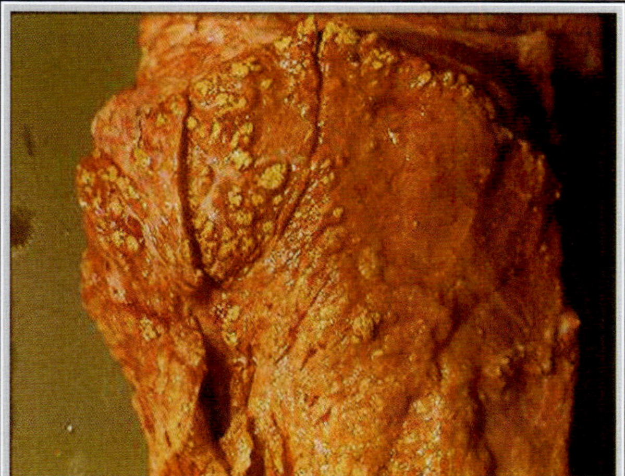

Tuberculose: parênquima de glândula mamária. Fonte: Prof. Dr. Antonio Carlos Paes (Arquivo Pessoal).

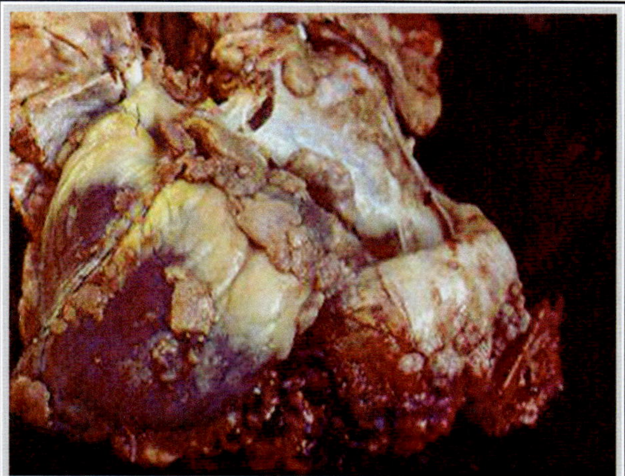

Tuberculose cardíaca em bovino. Fonte: Prof. Dr. Antonio Carlos Paes (Arquivo Pessoal).

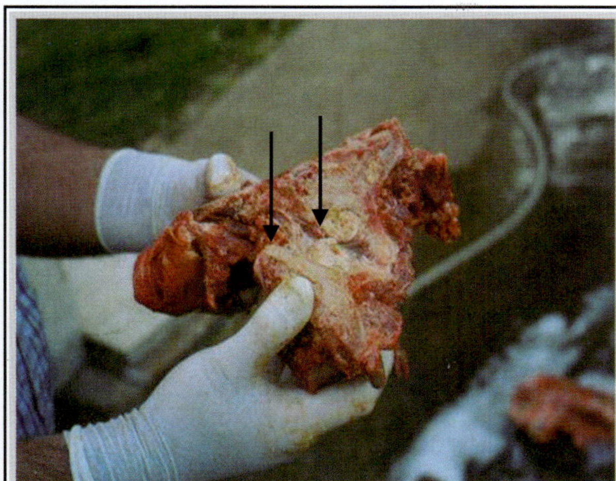

Tuberculose óssea em bovino Nelore. Fonte: Prof. Dr. Antonio Carlos Paes (Arquivo Pessoal).

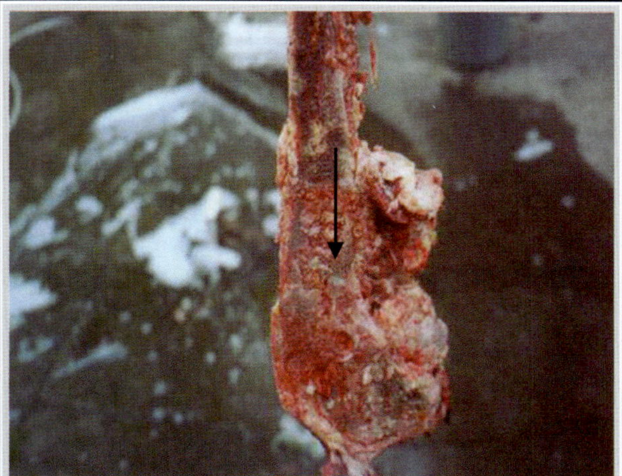

Tuberculose óssea em bovino Nelore. Fonte: Prof. Dr. Antonio Carlos Paes (Arquivo Pessoal).

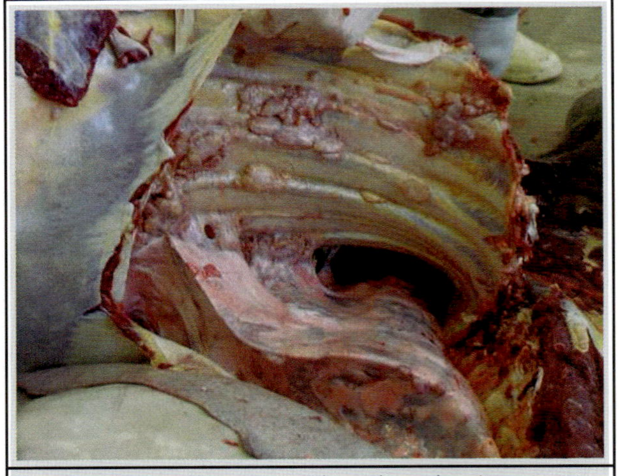

Tuberculose pulmonar e pleural em bovino. Fonte: Prof. Dr. Antonio Carlos Paes (Arquivo Pessoal).

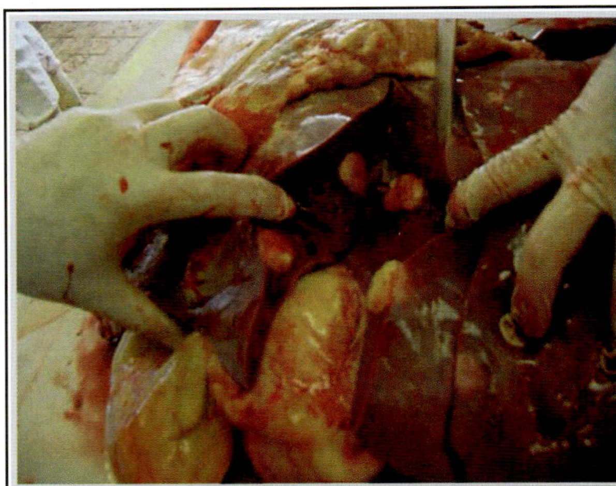

Tuberculose hepática. Fonte: Prof. Dr. Antonio Carlos Paes (Arquivo Pessoal).

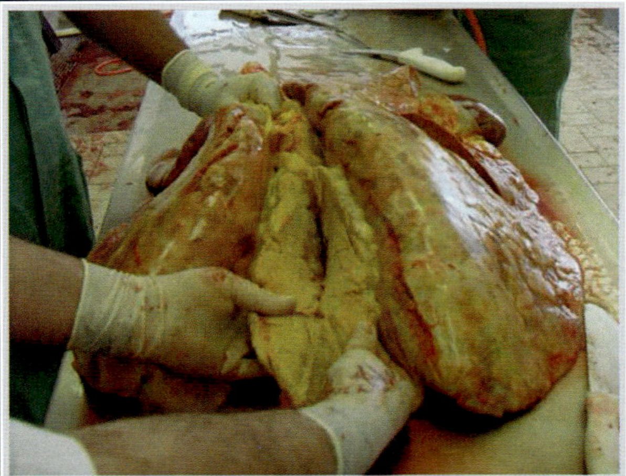

Tuberculose em linfonodo do mediastino. Fonte: Prof. Dr. Antonio Carlos Paes (Arquivo Pessoal).

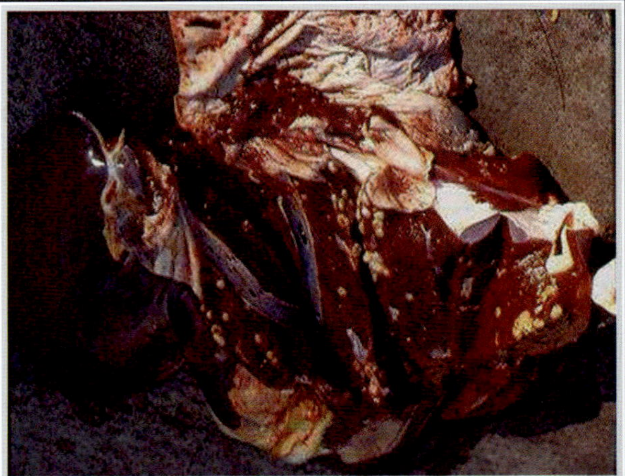

Tuberculose hepática de pequenos nódulos (generalização precoce). Fonte: Prof. Dr. Antonio Carlos Paes (Arquivo Pessoal).

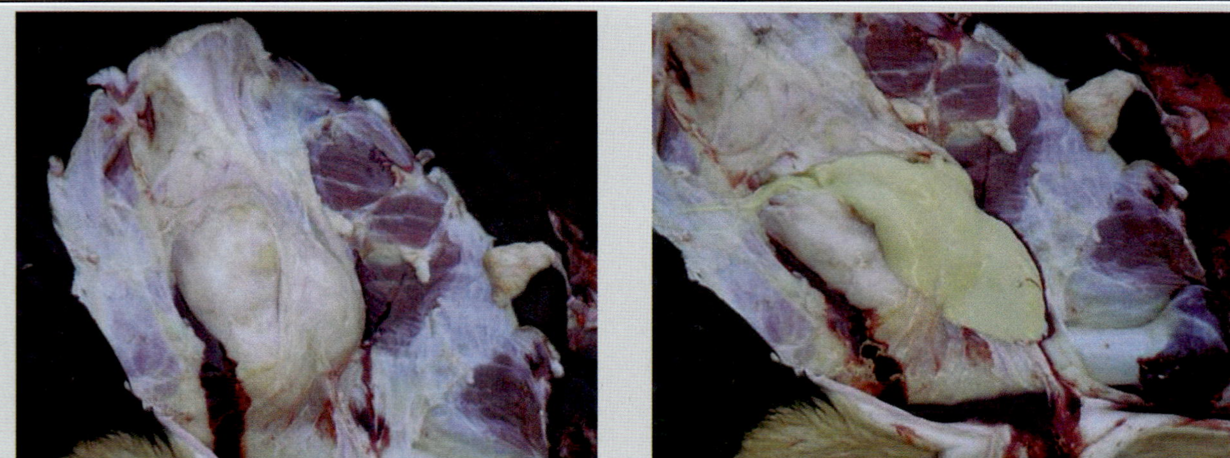

Tuberculose em linfonodo submandibular. Fonte: Prof. Dr. Antonio Carlos Paes (Arquivo Pessoal).

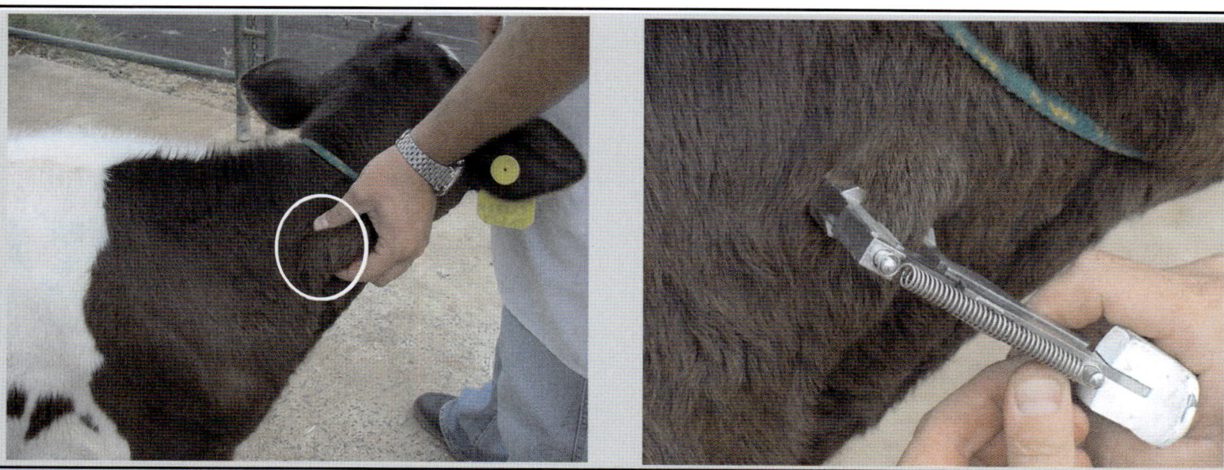

Bezerra positiva ao Teste de Tuberculinização Cervical (55 dias de vida). Fonte: Prof. Dr. Antonio Carlos Paes (Arquivo pessoal).

Vaca Gir positiva a Teste de Tuberculinização Cervical. Fonte: Prof. Dr. Antonio Carlos Paes (Arquivo Pessoal).

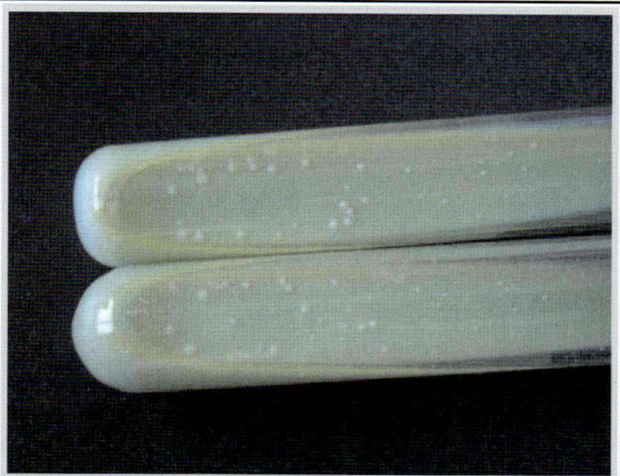

Cultura *M. bovis*, meio Stonnebrink. Fonte: Prof. Dr. Antonio Carlos Paes (Arquivo Pessoal).

Antonio Carlos Paes
Professor Livre Docente
Depto. de Higiene Veterinária e Saúde Pública
FMVZ/UNESP. Botucatu, SP
paesacmi@fmvz.unesp.br

Tatiana Salerno
Doutoranda em Medicina Veterinária Preventiva
Depto. Higiene Veterinária e Saúde Pública
FMVZ/UNESP. Botucatu, SP
tativet@ig.com.br

Amanda Keller Siqueira
Doutoranda em Medicina Veterinária Preventiva
Depto. Higiene Veterinária e Saúde Pública
FMVZ/UNESP. Botucatu, SP
kellersiqueira@hotmail.com

Marcella Zampoli Troncarelli
Doutoranda em Medicina Veterinária Preventiva
Depto. Higiene Veterinária e Saúde Pública
FMVZ/UNESP. Botucatu, SP
matroncarelli@yahoo.com.br

CAPÍTULO 53

Carbúnculo hemático
Pasteurelose bovina
Anaplasmose bovina
Listeriose bovina

Carbúnculo hemático

Definição

Enfermidade infectocontagiosa aguda ou subaguda que apresenta elevado índice de letalidade e acomete muitas espécies de animais domésticos e a espécie humana, constituindo-se em grave zoonose.

Essa enfermidade também é conhecida como Anthrax, denominação que causa pavor em muitos países, particularmente nos Estados Unidos da América, neste conturbado início de século XXI, devido à sua intrínseca conotação com bioterrorismo.

A palavra anthrax em grego significa carvão, ao passo que o outro vocábulo que define a enfermidade, carbúnculo, vem do francês *charbon*, que também significa carvão, em alusão ao aspecto do sangue e das vísceras, especialmente do baço de animais e seres humanos mortos pela enfermidade que apresentavam a coloração enegrecida característica.

Além da grande celeuma que causa com o bioterrorismo, essa enfermidade foi muito importante em virtude dos incalculáveis prejuízos que causou na Europa, arrasando criações de ovelhas e bovinos ao longo de séculos e ceifando milhares de vidas humanas, como será explicado quando se discorrer sobre o histórico do Carbúnculo Hemático/Anthrax.

Etiologia

Bacillus anthracis, bactéria Gram-positiva, de forma bacilar, que mede de 3,0 a 10,0 µm de comprimento por 0,5 a 2,5 µm de largura, possui cápsula que se mostra um pouco mais evidente em esfregaços de colônias coradas pelo método de Giemsa.

Bacillus anthracis não produz cápsula quando cresce nos meios ordinários de cultura e a mesma se desenvolve após o ingresso da bactéria no organismo hospedeiro. A formação de cápsula pode ser induzida *in vitro* sob condições especiais, como elevada pressão de CO_2 e meios contendo soro e bicarbonato ou meios contendo carvão ativado com e sem soro ou leite. A cápsula também é Gram-positiva, porém mais facilmente se torna descolorida do que o corpo celular dos bacilos Gram- positivos envoltos por uma cápsula Gram-negativa. Por isso, a informação anterior da melhor visualização da cápsula em lâminas coradas pelo método de Giemsa, que foi confirmada após ter sido feita necropsia em um bovino com a enfermidade com isolamento do *Bacillus anthracis* em laboratório.

Isso se deve ao fato da cápsula ser predominantemente composta por poli-D-glutamato.

A Gram positividade do *Bacillus anthracis* se perde com o passar do tempo transcorrido após o isolamento, gerando confusão ao se corar bactérias com vários dias de isoladas ou estocadas.

Bacillus anthracis faz parte do grupo de bactérias aeróbicas que formam esporos na presença de oxigênio. Quando as formas vegetativas esporulam frente a oxigênio, o esporo apresenta localização central na célula bacteriana. É imóvel, e o seu isolamento não apresenta maiores dificuldades, crescendo muito bem em meio de ágar-sangue ovino, em anaerobiose à temperatura de incubação de 37°C, embora a temperatura ótima de cresecimento situe-se entre 35° e 37°C, com o crescimento tornando-se lento se a temperatura for inferior a esses valores.

Bacillus anthracis utiliza fontes simples de nitrogênio e carbono para a produção de energia e crescimento e, embora cresça em meios ordinários de cultura, é importante a provisão de concentrações adequadas de tiamina e íons metálicos, particularmente potássio, magnésio, cálcio, ferro e manganês.

Em 24 a 48 horas de incubação são formadas colônias relativamente grandes, de 3 a 5 mm de diâmetro, acinzentadas, com aspecto de vidro fosco e superfície irregular por causa da presença de filamentos que crescem tangencialmente, o que levou alguns autores a denominá-las *colônias em forma de cabeça de Medusa*.

Resistência ao ambiente e aos desinfetantes

A forma vegetativa do agente não resiste à pasteurização ou a uma simples fervura, é sensível aos desinfetantes comuns e não sobrevive nos tecidos em putrefação. Por isso, não se deve realizar necropsia de animais mortos por Carbúnculo Hemático, pois os cadáveres entram rapidamente em putrefação e a forma vegetativa do *Bacillus anthracis* é destruída em pouco tempo.

Porém a forma vegetativa esporula (forma endósporos) na presença de oxigênio e os esporos apresentam resistência extrema frente ao meio ambiente e aos desinfetantes. Nos solos férteis, ricos em matéria orgânica, os esporos podem permanecer viáveis até um século.

Protegidos da dessecação em frascos há registros de 60 anos de viabilidade. Cerca de 22 anos após a morte de Louis Pasteur, descobriu-se em seu laboratório frascos contendo fios da seda que haviam sido embebidos em sangue de ovelhas que haviam morrido de Carbúnculo Hemático, pelo próprio pesquisador, quando ainda em franca atividade de campo, e o conteúdo ressecado desses fios foi cultivado e houve crescimento normal da bactéria, como se tal material houvesse sido colhido há poucas horas.

Os esporos resistem à fervura durante 10 minutos e a 140°C; em calor seco podem resistir até três horas. Também foi verificado que os esporos permanecem viáveis após uma hora a 125°C em autoclave de calor úmido.

A resistência dos esporos ao calor seco deve alertar os pesquisadores a tomarem cuidado especial com as lâminas coradas pelo método de Gram, pois a chama do bico de Bunsen utilizada para secar e fixar as mesmas é ineficaz para inviabilizá-los.

Os esporos apresentam elevada resistência frente aos desinfetantes comuns, o que levou muitos autores a recomendar a desinfecção de instalações e locais contaminados com hidróxido de sódio a 5% fervente (soda caústica fervente).

São recomendados formulações de desinfetantes contendo 10% de soda caústica quente, 4% de solução de formaldeído, 5% de hipoclorito de cálcio a 5% e 2% de glutaraldeído. A desinfecção com esse tipo de desinfetante é realizada nas instalações por duas vezes, em intervalo de duas horas entre cada aplicação, e deve ser utilizado 1L/m^2 de área a ser desinfectada. Após a aplicação do desinfetante, os locais devem permanecer fechados por três dias e depois devem ser lavados e ventilados.

Em solos contaminados, muitos autores recomendam a utilização de desinfetantes esporicidas, tais como solução de formaldeído a 4% na base de 5L/m^2, soda caústica a 10% a 10L/m^2 ou solução neutra de hipoclorito de cálcio a 10% a 10L/m^2.

Na África do Sul, foram realizadas desinfecções de grandes áreas de solo com o uso de esporicidas, porém, obviamente, não é recomendável desinfecção de todo o solo de uma propriedade, mas sim dos locais onde ocorreram mortes com hemorragias pelas cavidades naturais ou onde, inadvertidamente, foi realizada uma necropsia, ou currais e mangueiras onde os animais morreram.

Materiais não autoclaváveis devem permanecer em imersão *overnight* em formalina a 10% ou glutaraldeído a 5%.

Histórico

O Anthrax tem relatos de ocorrência no Antigo Egito e, atualmente, já foi provada sua ocorrência na mortalidade sazonal de bovinos na época dos faraós, fato que foi citado na Bíblia como a época dos *sete anos de vacas magras*.

Na atualidade, sabe-se que os esporos do *Bacillus anthracis* eram trazidos pelo fértil lodo das cheias do rio Nilo, causando surtos ocasionais de Carbúnculo Hemático no Egito.

Também as pragas que acometeram o Egito na época do patriarca Moisés e descritas no livro do Êxodo, lembram Anthrax em duas delas, a quinta que parece ser Anthrax Sistêmico e a sexta que lembra Anthrax Cutâneo, ambas as formas ceifando muitas vidas humanas.

A chamada Praga de Atenas, que ocorreu entre 430 a 427 a.C., parece ter sido um surto de Anthrax na população e citações de Homero e Lucrécio descrevem uma enfermidade similar à mesma.

O poeta Virgílio, na sua obra Geórgicas, descreveu em Naricum, nos Alpes Italianos, uma doença que denominou *praga de outono*, que causava destruição de rebanhos ovinos e grande mortalidade de equinos, bovinos, cães e animais selvagens, provocando *sangramentos e estupor* segundo a sua descrição, antes que sobreviesse a morte.

Plínio, homem de ciência da antiga Roma, descreveu essa doença como endêmica na Gália (atual França) e testemunhou quando a mesma alcançou a Itália.

Os médicos árabes, por volta do século XI a XII, denominavam a enfermidade de *fogo persa*.

Há referência ao Anthrax na Hipocrática, uma coleção de documentos veterinários do século X.

Acredita-se que a doença tenha se originado na Mesopotâmia e no norte da África, de onde se disseminou, associada ao processo de domesticação de animais ungulados selvagens, alcançando a Eurásia e depois chegando até a Austrália.

Anthrax parece ser a primeira doença de seres humanos e animais cujo determinante foi demonstrado e atribuído a um microrganismo.

No século XVII, na Europa, o Anthrax vitimou 60.000 pessoas e um número incalculável de animais. Também na Europa, no século XVIII, foi denominado Carbúnculo Maligno e, entre os anos de 1760 a 1780, ocorreram grandes surtos da enfermidade, que levaram à perda de 50% de todos os carneiros do continente. Também nessa época, a mortalidade de ovinos e outros animais era tão grave na França que foi criada a denominação *Campos Malditos de França*.

O Anthrax foi considerado como transmissível para a espécie humana pela primeira vez por Morand, em 1768, e por Fournier, em 1769.

Em 1769, na América Central, em Santo Domingo, ocorreu um surto em bovinos que alcançou a população humana, causando a morte de 15.000 pessoas. A transmissão entre animais foi descrita pela primeira vez por Eilett, em 1836, e confirmada por Gerlach, em 1845, ao infectar experimentalmente animais sadios, por via subcutânea, com o sangue de animais doentes e provocando neles a enfermidade.

Em 1850, Pierre Rayer e Casimir Joseph Davaine; em 1855, Pallender e, em 1857, Brawell observaram cada um a seu tempo corpúsculos de forma bacilar no sangue de animais mortos pelo Anthrax e atribuíram tal procedimento como uma forma de diagnóstico.

Pasteur, em 1876 e 1881, e Cohn e Koch, em 1876-1877, estabeleceram definitivamente a natureza bacteriana do Carbúnculo Hemático. A denominação *Bacillus anthracis* foi dada por Cohn em 1875.

Em 1878, Koch isolou o *Bacillus anthracis* e descobriu que a bactéria esporulava na presença de oxigênio. O famoso Postulado de Koch sobre enfermidades infecciosas foi realizado com o *Bacillus anthracis* por meio do isolamento da bactéria patogênica na sua forma pura em animais mortos pelo Carbúnculo Hemático, da inoculação dessa cultura pura em animais de laboratório, da reprodução da doença nos mesmos e, após sua morte, da recuperação do agente etiológico na forma pura.

Pasteur, em 1881, teve seu grande desafio em Pauilly Le Fort, na França, quando utilizou a sua vacina de esporos atenuados de *Bacillus anthracis*, que se mostrou eficaz ao proteger 100% de 25 vacas vacinadas e desafiadas, enquanto no lote-testemunha (25 vacas) desafiado sem vacina a letalidade foi de 100%.

Consta que, na época, Pasteur identificou placas de cultura nas quais o *Bacillus anthracis* não crescia em decorrência da contaminação por fungos, provavelmente do gênero *Penicillium*, o que indica que o grande cientista poderia ter identificado a penicilina 70 anos antes de Alexander Fleming.

Na África do Sul, Branford, em 1876, fez a primeira descrição científica de Anthrax na África do Sul, embora o médico explorador e missionário Livingstone havia descrito casos sugestivos da doença muitos anos antes.

Em 1877, na Inglaterra, John Bell descreveu o primeiro caso de Anthrax pulmonar por inalação de esporos de *Bacillus anthracis* em um separador de lã de uma indústria têxtil.

Koch suspeitava que o *Bacillus anthracis* possuía efeitos toxigênicos nos organismos hospedeiros e, em 1954, Smiter e Keppie identificaram o papel patogênico da toxina bacteriana.

Em 1979, um surto epidêmico de Anthrax em Sverdlovsk, nos montes Urais, na Rússia, com morte de muitos animais e de 96 pessoas, muitas das quais padeceram da forma pulmonar através da inalação do agente disseminado pelo vento depois de escape acidental de um laboratório militar. Porém, na Rússia, antes de 1917, já haviam ocorrido 15.000 casos humanos e, após o acidente de 1979, ocorreram 178 casos naturais em seres humanos.

Em muitos países de baixos recursos econômicos e poucos cuidados com educação em saúde pública, como Zâmbia, Nigéria, Tailândia, Myanmar (antiga Birmânia), Argélia e Mali há registros de muitas mortes de pessoas acometidas pela forma intestinal do Carbúnculo Hemático por haverem consumido a carne de animais mortos pela enfermidade.

Porém os países mais desenvolvidos, na época atual, sofrem graves consequências com o Anthrax, como a Austrália que, no verão de 1997, passou por um surto que alcançou 82 fazendas; no Canadá, em 1999, na província de Alberta, houve ocorrência da enfermidade em sete fazendas, causando a morte de 29 bovinos e um equino.

No Texas, em 1994, ocorreu uma epizootia que causou a morte de 218 bovinos, seis equinos e uma mula. Foi um surto anômalo, porque ocorreu em local de solo ácido, menos rico do que aqueles propícios para a manutenção de *Bacillus anthracis*.

Em Minnesota, houve diagnóstico de Anthrax por 256 vezes em 189 fazendas desde 1911, tendo ocorrido surtos em 2001 e 2005 nesse Estado.

No Chile, entre 1993 e 1998, foram identificados 68 focos de Anthrax em animais e, entre 1990 e 2000, ocorreram 215 casos humanos.

No Sul do Brasil, no Rio Grande do Sul, nos municípios de Jaguarão, Santa Vitória do Palmar, Bagé, Aceguá e Dom Pedrito ocorreram, entre os anos de 1978 a 2006, dez surtos de Anthrax com 270 animais afetados, dos quais 267 foram a óbito.

Sensibilidade do *Bacillus anthracis* frente aos antimicrobianos

A bactéria apresenta elevada sensibilidade às penicilinas e à ampicilina, que são as drogas de eleição para o tratamento de animais acometidos. Também apresenta sensibilidade à estreptomicina e às tetraciclinas, sendo que a primeira apresenta excelente ação sinérgica em associação com penicilinas e ampicilina.

No presente momento, a droga de escolha para pacientes humanos acometidos é o ciprofloxacino, frente ao qual o agente se mostra bastante sensível.

Espécies domésticas susceptíveis

São susceptíveis ao *Bacillus anthracis* os bovinos, bubalinos, ovinos, caprinos, equinos, suínos e cães. A doença não apresenta qualquer limitação quanto a sexo, raça, faixa etária, clima ou estação do ano no meio brasileiro.

Apenas há referência que uma raça de carneiro negro Algeriano é refratária ao *Bacillus anthracis*, embora ainda se desconheça se essa resistência é genética.

População humana de risco

É aquela que tem contato direto com os animais, no caso médicos veterinários, zootecnistas, peões, ordenhadores, magarefes e, particularmente, cardadores de lã de ovelhas, que podem inalar os esporos do agente ao trabalharem esse produto.

Nesse caso particular, ocorre pneumonia de extrema gravidade, podendo evoluir para a forma septicêmica, embora, mesmo esta não ocorrendo, a letalidade apenas pela forma respiratória do Anthrax é muito alta.

Qualquer segmento da população pode apresentar a forma digestiva ocasionada pela ingestão de carne contaminada pelos esporos, embora acometa com frequência as pessoas de segmentos menos favorecidos nos países pobres, como foi citado anteriormente.

Vetores

Ainda que a principal forma de transmissão se dê pelo contato direto com as secreções e sangue de animais doentes, que são as fontes de infecção, a doença pode ter vetores biológicos, como os carrapatos de bovinos com a doença terminal que apresentam o *Bacillus anthracis* no seu organismo, embora o seu papel como fonte de infecção seja praticamente desprezível.

O *Bacillus anthracis* pode também ter como vetores mecânicos a mosca doméstica, a mosca dos estábulos (*Stomoxys calcitrans*) e mosquitos do gênero Aedes, mas da mesma forma com ínfima participação na transmissão da enfermidade.

Aves que ingerem carniça, como os urubus, podem atuar como vetores mecânicos do agente. Veículos, pessoas, rios, riachos e o próprio ar podem carrear o *Bacillus anthracis*.

Papel do solo na enfermidade

O solo é o grande reservatório do *Bacillus anthracis*, que faz com que o Carbúnculo Hemático seja chamado de *doença telúrica*.

Solos férteis, com altos teores de matéria orgânica e altos teores de húmus, como as chamadas terras negras encontradas em muitas regiões da Europa, são denominados de *áreas incubadoras de Bacillus anthracis*.

Em solos desse tipo nas épocas quentes e úmidas, pode ocorrer vegetação dos esporos e multiplicação do agente e posterior esporulação, sendo o agente isolado de amostras de solo. Esses eventos, aliados à grande resistência dos esporos, praticamente perpetuam a ocorrência da enfermidade e explica porque, durante séculos, a Europa teve seus chamados campos malditos, que causaram incalculáveis prejuízos econômicos e grandes perdas de vidas humanas.

Solos argilosos, alcalinos, com altos teores de nitrogênio, como a terra-roxa do Brasil, também são propícios como reservatórios da bactéria por longos períodos de tempo, caso ocorra a enfermidade nesses locais.

Porém o solo arenito com baixos teores de matéria orgânica, como os solos compostos por arenito Botucatu ou por arenito Bauru, não são propícios como reservatórios de *Bacillus anthracis*, pois os esporos são lixiviados pela chuva em consequência da elevada porosidade que apresentam; mas caso ocorra um surto em regiões de solo de arenito, as medidas profiláticas a serem seguidas serão as mesmas.

Fontes de infecção

São os animais doentes, em recuperação ou mortos.

Os animais mortos ou na fase final da enfermidade apresentam graves hemorragias e contaminam todo o meio ambiente, solo, alimentos e água. Vacas em lactação que se recuperam da doença devem ter seu leite descartado após tratamento com um dos desinfetantes citados anteriormente.

Ingresso no organismo hospedeiro

Pode ocorrer por via oral, respiratória e percutânea.

Uma das formas mais comuns do ingresso da doença em criações de bovinos era através da administração de farinha de ossos, pois a mesma permanecia contaminante mesmo após tratamento com calor seco por três horas.

Atualmente, após o aparecimento de Encefalite Espongiforme Bovina, é proibida a administração desses compostos aos animais criados para consumo humano e, independentemente da importância dos príons, essa medida é absolutamente correta para a sanidade animal.

Patogênese

Bacillus anthracis apresenta fatores de virulência constituídos pela cápsula e pela toxina proteica complexa, composta por três fatores.

Os fatores de virulência são codificados por plasmídeos, sendo que a cápsula, composta unicamente por peptídeos do ácido poli-D-glutâmico, é codificada pelo plasmídeo pXO_2 com a participação de três enzimas: cap A, cap B e cap C; enquanto a toxina proteica complexa é codificada no plasmídeo pXO_1.

Fator de virulência capsular

É constituído pelo ácido poli-D-glutâmico que se liga covalentemente à camada de peptideo-glicanos da bactéria. A cápsula possui propriedades antifagocitárias e permite a aderência da bactéria ao macrófago sem que ocorram fagocitose e destruição da mesma.

A cápsula se forma a 37°C, após uma hora, *in vivo*, na presença de bicarbonato. Isso significa que a cápsula se forma muito rapidamente após o ingresso da bactéria no organismo hospedeiro, aproximadamente de forma concomitante com a germinação do esporo, o que deixa pouco tempo para o sistema imune combater a infecção.

Toxina proteica complexa

É uma exotoxina composta por três fatores: Fator I ou Fator de Edema, Fator II ou Antígeno Protetor e Fator III ou Fator Letal.

Fator I ou Fator de edema

É uma adenilato ciclase calmodulina dependente, ou seja, é inativa na sua forma extracelular, mas se exprime na presença de uma proteína de células eucariotas chamada calmodulina.

O Fator de edema apresenta múltiplas ações, aumenta a concentração celular de AMP cíclico privando a célula hospedeira de ATP, ou seja, da energia necessária para suas funções (se forem macrófagos ocorre prejuízo da fagocitose), inibe o metabolismo oxidativo de neutrófilos, que são seus alvos principais, aumenta muito a permeabilidade vascular, provoca distúrbios na homeostase da água, gerando severos quadros de edemas generalizados.

Pesquisas recentes indicam que o Fator de edema pode suprimir ou inibir a agregação plaquetária, o que faz com que o tempo de coagulação aumente. Esses achados podem explicar melhor a ocorrência de hemorragias sistêmicas, sintoma proeminente do Carbúnculo Hemático.

• Fator II ou Antígeno protetor

Apresenta papel fundamental na patogênese do Carbúnculo Hemático.

É um polipetídeo que é a molécula de ligação entre o Fator I e o Fator III, liga-se na superfície das células do hospedeiro e é clivado por uma protease celular chamada furina e, assim ativado, organiza-se em heptâmeros que atuam formando canais que constituem a via de translocação do Fator I e Fator III, que são liberados no citoplasma das células do hospedeiro, o que permite a ação patogênica da toxina proteica complexa.

Embora em menor proporção, o Fator II também apresenta ação antifagocitária, causando alterações em leucócitos.

Sem a presença do Fator II, não ocorre a ação patogênica da toxina proteica complexa, e resposta imune frente a esse fator garante proteção frente à ação do *Bacillus anthracis*.

- Fator III ou Fator letal

Apresenta natureza enzimática, é uma metaloprotease que se liga a dois átomos de zinco, mas não apresenta ação proteolítica comprovada.

Sua principal ação é a ativação de diversas citocinas, principalmente Fator de Necrose Tumoral Alfa (TNF-α) e Beta Interleucina 1 (IL-1).

Apresenta também uma ação sinérgica com o Fator de Edema, exacerbando seus efeitos.

Na forma superaguda do Carbúnculo Hemático, a ocorrência de morte súbita em animais sem qualquer manifestação patológica no cadáver, deve-se à ação direta do Fator Letal no sistema nervoso central, no centro respiratório.

Essa forma acarreta consequências desastrosas, quando os animais são necropsiados para obtenção de diagnóstico para essa morte súbita, e o solo e o meio ambiente são maciçamente contaminados.

Importância do Fator II na patogênese do Carbúnculo Hemático

Caso os fatores da toxina proteica complexa atuassem individualmente, a doença não se manifestaria.

Caso pudessem atuar aos pares, seria observado o seguinte:

I + III → nada ocorreria;

I + II → ocorrência de severo edema;

II + III → ação letal → ocorrência apenas de morte súbita sem lesões características da enfermidade;

I + II + III → quadro pleno e clássico de Carbúnculo Hemático.

O Fator II ou Antígeno Protetor liga-se a receptores celulares específicos do organismo hospedeiro e constitui um sistema de *up take* para o ingresso celular dos Fatores I e III.

Os efeitos somatórios dos componentes da toxina proteica complexa e da cápsula são a inibição da fagocitose, aumento da permeabilidade das células endoteliais dos capilares e retardo da coagulação sanguínea, morte de macrófagos e bloqueio da ação opsonizante do Complemento.

As principais lesões da forma septicêmica do Carbúnculo Sintomático em animais compreendem a tríade edema, hemorragia e necrose.

Ação conjunta da toxina proteica complexa

Por ação direta da toxina sobre o epitélio vascular, ocorre deterioração das células endoteliais e severas lesões vasculares que acarretam aumento intenso da permeabilidade vascular.

Ocorrem severas hemorragias generalizadas, edema subcutâneo generalizado com maior manifestação nas porções inferiores dos animais acometidos. Esses edemas são pastosos e não crepitantes, porque o *Bacillus anthracis* não produz gás.

Há desenvolvimento de edema pulmonar agudo, hipóxia tecidual, choque e asfixia.

No Carbúnculo Hemático, em virtude do quadro de septicemia massiva, há ocorrência de trombose capilar generalizada, com bloqueio dos capilares ocasionada pela grande quantidade de bactérias circulantes, que podem alcançar a cifra de 10^9 células bacterianas/mL de sangue (um bilhão de células bacterianas/mL de sangue), que é considerada a principal causa de morte.

Sabe-se por pesquisas em animais experimentais que um inóculo de $3x10^6$ *Bacillus anthracis* (três milhões de *B. anthracis*) é suficiente para provocar a morte, que sobrevém pela depleção de oxigênio e aumento da permeabilidade vascular, insuficiência renal aguda, falência respiratória e choque devido a anóxia.

Uma característica peculiar do Carbúnculo Hemático é a elevação da temperatura corporal dos animais acometidos logo após a morte, podendo ser registradas temperaturas superiores a 45°C, 30 minutos após o óbito. Isso se deve à intensa fermentação da glicose pelo agente, mobilização do glicogênio, formação de grande quantidade de ácido láctico e consequente queda do pH sanguíneo.

Essa intensa fermentação da glicose e formação de ácido láctico também explica o rápido estabelecimento do *rigor mortis*, o que faz com que entre 30 a 45 minutos após a morte os bovinos se apresentem com o abdômen repleto de gás e com os membros abertos e enrijecidos na denominada *clássica posição de cavalete*.

Outra peculiar característica do *post-mortem* no Carbúnculo Hemático, constituída por sangramentos através de todos os orifícios naturais sendo esse sangue praticamente incoagulável, é a relação com a fermentação total da glicose do animal vitimado pela ação do *Bacillus anthracis*.

A intensa fermentação da glicose e a consequente queda do pH sanguíneo é um estímulo à ação da fibrinolisina, o que traz como consequência a não transformação do fibrinogênio em fibrina, havendo total prejuízo da coagulação sanguínea levando ao quadro de hemorragias generalizadas.

Ingresso do agente no organismo hospedeiro

Pode ocorrer por via digestiva, respiratória e percutânea, embora esta última seja mais comum na espécie humana, causando um quadro denominado *pústula maligna*.

Após o ingresso no organismo hospedeiro, o agente multiplica-se na porta de entrada, alcança os linfonodos regionais geralmente levados no interior de fagócitos e daí se dissemina pelo sistema reticular. Nesses locais, ocorrem novos focos de multiplicação gerando um número elevadíssimo de *Bacillus anthracis* no organismo hospedeiro (cerca de um bilhão de bactérias por mililitro de sangue). Ocorre uma devastadora septicemia final com edemas e hemorragias generalizadas, choque, falência renal e respiratória e morte.

Quadro clínico em bovinos

O período de incubação é curto, entre 24 horas e pouco menos e no máximo 72 horas.

É muito comum em bovinos a forma superaguda ou apoplética como alguns autores a denominam. É mais frequente no início de surtos da enfermidade, e os animais apresentam morte súbita sem qualquer manifestação clínica ou queda, rápida convulsão e morte.

A forma aguda clássica é comum em bovinos, e os animais inicialmente apresentam febre intensa, com temperatura corporal ao redor de 41 a 41,5°C, anorexia, parada ruminal, excitação seguida por depressão, dispneia severa, incoordenação de movimentos, convulsões e morte. Caso o animal sobreviva por alguns dias são comuns fezes sanguinolentas, urina escura ou mesmo hematúria, corrimento nasal sanguinolento ou serossanguinolento espumoso, em virtude de edema e hemorragia pulmonar e edemas subcutâneos generalizados mais evidentes na região inferior do abdômen e pescoço.

Esses edemas são pastosos e intensos, mas jamais apresentam som de crepitação porque não ocorre formação de gás.

Muitas áreas edemaciadas podem apresentar necrose intensa antes que os animais vão a óbito.

No Carbúnculo Hemático, mesmo após o óbito, os animais podem dar sinais que podem levar ao diagnóstico da enfermidade. O primeiro deles é a evidente elevação da temperatura após a morte, que em 30 minutos pode alcançar valores acima de 45°C; o segundo é a presença de hemorragias pelas narinas, boca, ânus e vulva com o sangue caracteristicamente incoagulável;

e o terceiro é o estabelecimento de *rigor mortis* precoce que faz com que em 30 a 45 minutos o cadáver assuma a posição de *cavalete*.

Achados de necropsia

Necropsia de casos de Carbúnculo Hemático jamais deverão ser feitas em condições de campo, mas apenas em salas de necropsia adequadas e seguras. Uma única necropsia a campo causará um imensa contaminação tanto local, onde foi realizada e no trajeto em que o animal foi conduzido, quanto na exposição ao risco à vida de todos que manusearam o cadáver e do próprio médico veterinário.

Mesmo nos locais mais indicados para a sua realização, a necropsia envolve cuidados para o médico veterinário e seus auxiliares, que deverão utilizar luvas adequadas, botas, macacão, avental, máscara e óculos.

Na Disciplina de Enfermidades Infecciosas dos Animais - FMVZ/UNESP - Botucatu, há muitos anos foi realizada uma necropsia de um bovino vitimado por Carbúnculo Hemático, visualizado o agente em lâminas de sangue e, ao cultivá-lo, foi isolado o *Bacillus anthracis*.

O cadáver de um bovino morto por Carbúnculo Hemático apresenta rigidez cadavérica exarcerbada, sangramento pelos orifícios naturais e edemas pastosos subcutâneos generalizados e sem presença de crepitação.

À abertura do cadáver, o edema subcutâneo apresenta aspecto gelatinoso e, às vezes, há presença de sangue, as cavidades torácica e abdominal apresentam derrame sanguinolento de aspecto muito escuro, e as vísceras se apresentam hemorrágicas e escurecidas, particularmente o baço congesto e enegrecido e com a polpa desfazendo-se, o que caracteriza a denominação da enfermidade.

Observa-se pneumonia bilateral intersticial em fase de hepatização vermelha, com hemorragias e severo edema pulmonar; hemorragias cardíacas e derrame sanguinolento no saco pericárdico, fígado congesto com aspecto de degeneração e enterite hemorrágica em todos os segmentos intestinais. Hemorragias nos rins, áreas de infarto renal e petéquias e sufusões na mucosa e serosa da vesícula urinária.

A abertura das câmaras cardíacas e veias não revela a presença de qualquer tipo de coágulo, estando o sangue liquefeito e, se colhido e enfrascado, permanecerá na forma de fluido.

Todos os linfonodos do organismo do animal hospedeiro encontram-se escurecidos, edematosos, hemorrágicos e aumentados de volume.

Diagnóstico

É realizado pelo histórico clínico, exame clínico dos animais afetados e evolução da doença, aspecto dos cadáveres com sangramentos pelos orifícios naturais e sangue incoagulável, *rigor mortis* característico. Quando possível, deve-se acompanhar a evolução da temperatura interna do animal recém-morto e atentar para a presença de edemas subcutâneos generalizados sem crepitação.

Como a necropsia a campo é impensável, o médico veterinário a campo, com a utilização de luvas de proteção, deve colher, com seringas estéreis, através de punções, material de edemas do tecido subcutâneo e sangue da veia jugular, o que sempre é possível porque não ocorrerá coagulação.

O sangue e o líquido dos edemas deverá ser mantido em seringa, cuja agulha deverá permanecer colocada e travada com esparadrapo, o mesmo deverá ser feito com o êmbolo para evitar acidentes. O sangue poderá ser transferido para frascos estéreis, mas a recomendação é mantê-lo na seringa para evitar um risco desnecessário.

O material deve ser encaminhado a um laboratório com recursos de segurança para cultura, isolamento e identificação do agente. Este, junto com sangue e líquido de edema, deve ser encaminhado em isopor com gelo reciclável e, após os exames de praxe, todo esse material deve ser incinerado. Caso o médico veterinário possua condições de realizar uma lâmina de sangue corado ao Gram, deverá fazê-lo com extremo cuidado, pois a fixação ao bico de Bunsen não elimina o *Bacillus anthracis*, e essas lâminas constituem um grande risco para as pessoas que as manuseiam e devem ser incineradas ou deixadas por 12 horas em solução de formaldeído a 10% ou em soda cáustica e depois descartadas em caixas de descarte especial para material biológico de risco.

As lâminas de esfregaço sanguíneo ou de líquido de edema subcutâneo, quando coradas pelo método de Gram, revelam a presença de bactérias Gram-positivas, de forma bacilar, com as extremidades em ângulo reto e com presença de cápsula que se cora fracamente por esse método. Para um bom conhecedor de microbiologia, esse exame já serve como diagnóstico, porém o mesmo deve ser confirmado com a cultura e o isolamento do agente e serem comunicados aos órgãos oficiais de sanidade animal, pois o carbúnculo hemático é doença de comunicação obrigatória e há necessidade de autorização para a compra e utilização de vacina. A cultura é realizada seguindo a técnica descrita no início deste capítulo.

Outra maneira de diagnóstico, em desuso na atualidade, consiste na inoculação de sangue ou líquido de edema em cobaias ou ratos para verificar a ocorrência da enfermidade, verificar a presença do agente e isolá-lo.

O primeiro método de cultura microbiológica direta do sangue ou líquido do edema é mais rápido, evita sofrimento desnecessário de animais de laboratório e não necessita de um infectório com elevado grau de segurança.

Técnicas de anticorpos fluorescentes em lâminas com esfregaço de sangue podem ser úteis para o diagnóstico presuntivo.

Provas de ELISA e Western Blot são utilizadas para detecção de anticorpos contra o Fator II ou Antígeno Protetor em pessoas ou mesmo animais que adoeceram e se recuperaram e nos quais não houve a possibilidade de isolamento do *Bacillus anthracis*.

Em medicina veterinária, há muito tempo é utilizada a prova de Áscoli, que é um teste de termoprecipitação que detecta antígenos de *Bacillus anthracis* em material biológico, no caso o couro, devendo ser enviado um fragmento de orelha ou pele, quando houver a suspeita de Carbúnculo Hemático, embora para esses casos a cultura e o isolamento sejam muito superiores para fins de diagnóstico.

A prova de Áscoli tem valor limitado em decorrência da sua baixa especificidade, porém ainda é utilizada em alguns laboratórios em produtos de origem animal dos quais não é possível o isolamento do agente. Seja em fragmento de pele ou pedaço de orelha que é enviado ao laboratório, nesse material busca-se a identificação da presença do antígeno.

O material é dividido em pequenos fragmentos e o antígeno é extraído por fervura do material durante uma hora. A solução é filtrada após esfriar esse líquido claro é colocado em tubo e sobre ele coloca-se uma pequena quantidade de soro imune; nos casos positivos, forma-se anel opalescente na superfície correspondente à precipitação de complexos macromoleculares de antígeno-anticorpo.

Com a confirmação do diagnóstico e comunicação aos órgãos oficiais de sanidade animal, haverá interdição da propriedade e proibição do trânsito de animais até 30 dias após a vacinação.

Diagnóstico diferencial

Dentre todas as enfermidades confundíveis com Carbúnculo Hemático, a mais frequentemente confundida é a Manqueira que, por isso, recebeu a inadequada denominação de Carbúnculo Sintomático. Porém a Manqueira, causada pelo *Clostridium chauvoei*, acomete animais apenas na faixa etária de seis meses a dois anos, causa gangrena de massas musculares e intensa crepitação à palpação. O temor se estabelece, pois os bovinos que vão a óbito vitimados pela Manqueira apresentam *rigor mortis* também bastante acentuado e sangramento pelos orifícios naturais, mas que não são tão intensos e o sangue coagula, mas muitos animais podem ser acometidos.

A punção das áreas musculares gangrenadas revela líquido de coloração amarronzada, às vezes com bolhas de gás, que será estendido em lâminas coradas ao Gram, mostrando a presença de bacilos Gram-positivos, sem terminações em ângulo reto e com evidente esporo subterminal. Esse material cultivado em aerobiose apresentará crescimento negativo e, em anaerobiose, em 72 horas, serão obtidas colônias características de *Clostridium chauvoei*.

O Edema Maligno e a Gangrena Gasosa são doenças individuais que apresentam uma única área de gangrena, com alta produção de gás na segunda e pouca produção na primeira, mas, em ambos os casos, com a realização de exame clínico cuidadoso, é identificada a crepitação por presença de bolhas de gás.

Tanto na Manqueira como na Gangrena Gasosa e no Edema Maligno não se observa edema generalizado do subcutâneo.

A Septicemia Hemorrágica, causada por cepas altamente patogênicas de *Pasteurella multocida*, caracteriza-se por febre elevada, corrimento nasal sanguinolento e diarreia com sangue, mas este apresenta tempo de coagulação normal, não há edema subcutâneo, nem *rigor mortis* precoce e muito menos a temperatura se eleva após a morte.

Tratamento

O pouco êxito obtido com o tratamento só é factível de ocorrer se o mesmo for estabelecido logo no início dos sintomas.

A droga antimicrobiana de escolha para o tratamento de bovinos acometidos é a penicilina.

Para tratar um animal com Carbúnculo Hemático, deve-se sempre pesar a relação custo benefício, pois muitas vezes o tratamento salva um número mínimo de animais e maximiza os prejuízos econômicos do produtor.

Bovinos valiosos, ou não tão valiosos, cujo quadro clínico seja inicial, devem receber 40.000 UI/kg de peso vivo de penicilina cristalina por via endovenosa e, ao mesmo tempo, devem receber por via intramuscular profunda a mesma dose de penicilina benzatina contida nos compostos comerciais, que apresentam também penicilina potássica, procainada e estreptomicina.

Também se deve administrar a esses animais fluidoterapia agressiva com solução de Ringer adicionada de 5% de glicose, vitamina C, que age bem na recuperação de epitélios, e dexametasona na dose de 5mg/kg de peso vivo para atenuar o quadro de inflamação e estabilizar as membranas celulares, na tentativa de evitar o choque final. Após seis horas, deve-se administrar, por via intravenosa, uma segunda dose de penicilina cristalina, já que as penicilinas administradas por via intramuscular podem ainda não ter alcançado elevados níveis séricos.

Em animais muito caros, recomenda-se a utilização de coloides expansores do plasma para melhorar a perfusão e minimizar os efeitos da anóxia tecidual.

A penicilina por via intramuscular, caso os animais sobrevivam, deve ser repetida no quinto e décimo dias para garantia de eliminação do microrganismo.

Animais que porventura ainda não tenham apresentado sintomatologia clínica deverão receber compostos de penicilina por via intramuscular profunda no primeiro, quinto e décimo dias.

Profilaxia geral

1. Desinfecção de instalações e locais contaminados seguindo o protocolo apresentado no início do capítulo.

2. Descartar o leite de vacas sobreviventes após tratá-lo com soda cáustica ou formaldeído por duas a três horas.

3. Se possível, incinerar as carcaças, o que é muito difícil, mas seria o ideal.

4. Enterrar os animais sem jamais necropsiá-los, pois os cadáveres rapidamente entram em putrefação e a forma vegetativa do *Bacillus anthracis* é destruída em pouco tempo nessas condições. Os animais devem ser enterrados a dois metros de profundidade sobre cal virgem e, a seguir, antes do fechamento da vala, recobri-los com o mesmo produto.

5. Confirmado o diagnóstico, além de comunicar aos órgãos oficiais de sanidade animal, encaminhar todo o pessoal de lida e familiares para exames médicos, para que os profissionais de saúde humana tomem as providências cabíveis.

Profilaxia específica

Existe há muito tempo no mercado uma vacina contendo como antígeno esporos viáveis atenuados e, como adjuvante, saponina ou hidróxido de alumínio.

Essa vacina deve ser manipulada com cuidado para evitar acidentes para o aplicador, pois como foi afirmado, contém esporos vivos atenuados. O leite de vacas sãs em propriedades acometidas deve ser descartado por três dias, e o ideal seria que isso fosse feito após tratamento do mesmo com um dos desinfetantes indicados.

Outro cuidado com essa vacina é evitar que ela cause contaminação ambiental, sempre lembrando que é preciso autorização oficial para utilizá-la.

Em casos especiais de vacas ou touros valiosos que tiveram contato ou estiveram próximos de animais doentes e receberam penicilina preventivamente, somente deverão ser vacinados sete dias após a última dose de penicilina, caso contrário o antimicrobiano destruirá os esporos viáveis da vacina.

Todos os animais deverão ser vacinados e receberem reforço em um mês e, após, a vacina será aplicada uma vez ao ano durante muito tempo.

Em um caso que foi atendido e necropsiado, os animais da propriedade foram vacinados durante mais de 12 anos consecutivos. A vacinação só foi interrompida quando, após esse período, houve a colocação de animais sentinelas sem vacinação nos pastos da propriedade e nada aconteceu.

Existe também a vacina tipo Stern (pesquisador da África do Sul que a desenvolveu) denominada Carbazoo, que contém esporos avirulentos não capsulados e tem como adjuvante saponina ou hidróxido de alumínio e é mais segura, podendo ser utilizada em vacas prenhes e mesmo em equinos, pois nesta espécie a outra vacina desenvolve quadros de choque e/ou doença vacinal. A vacina tipo Stern é inócua, mas possui excelente atividade imunogênica e é obtida com esporos de uma cepa não capsulada de *Bacillus anthracis* desprovida de cápsula e denominada 34F2.

O esquema adotado para a vacina tipo Stern é o mesmo adotado para aquela com esporos atenuados viáveis.

Na espécie humana, a prevenção de Carbúnculo Hemático é baseada em:

- controle da doença em animais;
- educação sanitária da população de risco;
- prevenção de contato com animais doentes;
- impedimento da ingestão de carne e/ou leite de animais doentes;
- noções de higiene ambiental e pessoal;
- encaminhamento para tratamento médico do pessoal de lida com ferimentos cutâneos;
- desinfecção com formaldeído quente da da lã a ser trabalhada.

Os grupos profissionais expostos a risco podem ser vacinados com vacina contendo Fator II ou Antígeno Protetor, que perdeu a patogenicidade, mas manteve a antigenicidade. A vacina humana utilizada nos Estados Unidos da América e Grã Bretanha não apresenta células e é um filtrado de cultura de *Bacillus anthracis*, de cepa não capsulada, tendo como adjuvante hidróxido de alumínio. A potência dessa vacina não é alta e é possível que não seja efetiva contra todas as cepas existentes. Em países do leste europeu e na China, utiliza-se uma vacina viva atenuada esporulada e aplicada por escarificação.

A doença na espécie humana

O período de incubação pode variar de cinco dias a dois anos e se manifestar pelas formas clínicas cutânea, pulmonar ou respiratória e gastrintestinal.

A forma cutânea é a mais comum na espécie humana e a infecção ocorre por meio de contato com animais infectados, mais frequentemente com cadáveres ou lã e pelos contaminados. No local de penetração na pele surge um prurido, em seguida uma vesícula que se transforma em uma escara negra que é indolor e, se não houver tratamento médico a tempo, a infecção progride, ocorre septicemia e morte. A letalidade da forma cutânea de Carbúnculo Hemático na espécie humana pode chegar a 20%.

Também na espécie humana, após septicemia, observa-se o mesmo quadro de edema subcutâneo que o apresentado pelos animais.

A forma pulmonar ocorre pela inoculação de esporos de *Bacillus anthracis* e era antigamente chamada *doença dos cardadores de lã (wool sorter disease)*, que foi corretamente diagnosticada pela primeira vez em 1877, na Inglaterra, por John Bell em uma fábrica, acometendo um separador de lã de carneiro.

No início da enfermidade, os sintomas são leves e similares a uma infecção respiratória comum, porém em três a cinco dias os sintomas evoluem, com febre, choque e morte. Nessa forma de apresentação, a letalidade é extremamente elevada.

A forma intestinal ocorre em razão da ingestão de carne contaminada de animais acometidos e acarreta severo quadro gastroentérico com vômitos e diarreia hemorrágica, com letalidade ao redor de 75%.

Existem relatos na espécie humana de faringite necrótica causada pela ingestão de *Bacillus anthracis*.

Nos quadros humanos de Anthrax, em qualquer forma de apresentação, o agente se difunde por via hematogênica e linfática e alcança o sistema nervoso central, causando graves quadros de meningite.

Referências bibliográficas

Acha, P.N.; Szyfres, B. **Zoonosis y enfermedades transmisibles comunes al hombre y a los animales** (3 Eds.) Vol. 1. Washington: Organizacion Panamericana de la Salud, 2003. 398p.

Abrami, L.; Reig, N.; Goot, F.G. Anthrax toxin: the long and winding road that leads to the kill. **Trends in Microbiology**, v.13, n.2, p.72-8, 2005.

Alam, S.; Gupta, M.; Bhatnagar, R. Inhibition of platelet aggregation by anthrax edema toxin. **Biochemical and Biophysical Research Communications**, v.339, p.107-14, 2006.

Boseret, G.; Linden, A.; Mainil, J. ***Bacillus anthracis***. Service de Bactériologie et de Pathologie des Maladies Bactériennes, Faculté de Médecine Vétérinaire, Université de Liège

Carrada-Bravo, T. Ánthrax: Diagnóstico, patogenia, preventión y tratamientos. **Rev.Inst. Nal. Enf. Resp.Mex.**, v.14, n.4, p.233-48, 2001.

Corrêa, W.M.; Corrêa, C.N.M. E**nfermidades Infecciosas dos Mamíferos Domésticos**. Rio de Janeiro: MEDSI, 1992. 843 p.

Dixon, T.C.; Meselson, M.; Guillemin, J.; Hanna, P.C. Anthrax. **The New England Journal of Medicine**, v.341, n.11, p.815-26, 1999.

Gyles, C.L.; Prescott, J.F., Songer, J.G.; Thoen, C.O. **Pathogenesis of bacterial infections in animals** (3 Eds.) Ames: Blackwell Publishing, 2004. 456p.

Mandell, G.L.; Bennett, J.E.; Dolin, R. **Mandell, Douglas, and Bennett's Principles and Pratice of Inectious Disease** (6 Eds.) Philadelphia: Elsevier, 2005.

Mogridge, J. Defensive strategies of Bacillus anthracis that promote a fatal disease. Drug Discovery Today: Disease Mechanisms, 2008, doi: 10.1016/j.ddmec.2007.12.002.

Perret, C.; Maggi, L.; Pavletic, C.; Vergara, R.; Abarca, K.; Dabanch, J.; González, C.; Olivares, R.; Rodríguez, J. Ántrax (Carbunco). **Revista Chilena de Infectología**, v.18, n.4, 2001.

Parkinson, R.; Rajic, A.; Jenson, C. Investigation of an anthrax outbreak in Alberta in 1999 using a geographic information system. **Can.Vet. J.**, v.44, p.315-8, 2003.

Pasteur, L. Summary Report of the Experiments Conducted at Pouilly-le-Fort, Near Melun, on the Anthrax Vaccination. **Yale Journal of Biology and Medicine**, v.75, p.59-62, 2002.

Quinn, P.J.; Markey, B.K.; Carter, M.E.; Donnelly, W.J.C.; Leonard, F.C.; Maguire, D. **Microbiologia veterinária e doenças infecciosas**. Porto Alegre: Artmed, 2005. 512p.

Radostits, O.M.; Gay, C.C.; Hinchcliff, K.W.; Constable, P.D. **Veterinary Medicine: A textbook of the disease of cattle, horses, sheep, pigs and goats**. (10° Eds.) Philadelphia: Saunders Elsevier, 2007, 2156 p.

Santos, H.T. **Carbúnculo Hemático (Antraz): Uma zoonose importante no Rio Grande do Sul**. Disponível em: www.webrural.com.br. Acesso em: 14/09/2007.

Schild, A.L.; Sallis, E.S.V.; Soares, M.P.; Ladeira, S.R.L.; Schramm, R.; Priebe, A.P.; Almeida, M.B.; Riet-Correa, F. Anthrax in Cattle in Southern Brazil: 1978-2006. **Pesquisa Veterinária Brasileira**, v.26, n.4, p.243-8, 2006.

Sternbach, G. The History of Anthrax. **The Journal of Emergency Medicine**, v.24, n.4, p.463-7, 2003.

Todar, K. *Bacillus anthracis* and anthrax. **Todar's Online Textbook of Bacteriology**, disponível em: www.mhtml:file:// E:\Clostridium\PathogenicClostridia.mht, acesso em: 23/07/2007.

Turner, A.J.; Galvin, J.W.; Rubira, R.J.; Miller, G.T. Anthrax explodes in an Australian summer. **Journal of Applied Microbiology**, v.87, p.196-9, 1999.

Winn, W.C.; Allen, S.; Janda, W.; Koneman, E.; Procop, G.; Schreckenberger, P.; Woods, G. Koneman, Diagnóstico Microbiológico: texto e atlas colorido. Rio de Janeiro: Guanabara Koogan, 2008. 1565 p.

Pasteurelose bovina

Aspectos gerais e etiológicos

As pasteureloses em animais de produção apresentam-se difundidas mundialmente, principalmente em regiões frias e de clima temperado. Caracterizam-se como enfermidades infectocontagiosas agudas, possuindo três formas principais de apresentação clínica: septicêmico-hemorrágica, pneumônica e mamária. A forma encefálica e a paniculite fibrogranulomatosa proliferativa raramente são encontradas (**Tabela 1**).

A enfermidade ocorre após situações de estresse ocasionadas por embarque de animais, longas viagens, mudanças bruscas de temperatura (levando à queda de resistência pulmonar), nutrição inadequada, ocorrência de infecções pulmonares por microrganismos oportunistas, além de outros procedimentos de manejo que condicionem situações imunossupressivas. Não possui predileção por sexo, acometendo indistintamente machos e fêmeas, com maior frequência e gravidade em animais jovens.

Grandes prejuízos estão associados à elevada mortalidade, reduzidas taxas de crescimento, condenação de carcaças em abatedouros, descarte precoce de animais, custos com tratamento e mão de obra especializada.

Os agentes responsáveis por esses processos pertencem à Família Pasteurellaceae, sendo as espécies mais importantes para bovinos aquelas relacionadas aos gêneros *Pasteurella* e *Mannheimia*. Estes gêneros são compostos por bactérias Gram-negativas, que se apresentam sob a forma de bacilos ou cocobacilos com 0,2 x 1-2µm, imóveis, aeróbias e anaeróbias facultativas e comensais do trato respiratório superior de animais domésticos. Crescem em meios suplementados com sangue ou soro e geralmente permanecem viáveis por poucos dias em placas de culturas. Podem ser diferenciados pelas características morfotintoriais, bem como por reações bioquímicas.

As colônias de *Pasteurella multocida* são arredondadas, de coloração cinza, brilhantes, não-hemolíticas e com discreto odor adocicado. No entanto, as colônias de *Mannheimia haemolytica* (antiga *Pasteurella haemolytica* biotipo A) são beta-hemolíticas, inodoras e com crescimento em ágar MacConkey em forma de pequenos pontos avermelhados. As colônias de *Mannheimia granulomatis* (antiga *Pasteurella granulomatis*) são semelhantes à *M. haemolytica*, porém a hemólise em ágar-sangue ovino ou bovino desfibrinado é menos evidente quando comparada à beta-hemólise das colônias de *M. haemolytica*.

As linhagens de *P. multocida* podem ser diferenciadas por biotipagem e sorotipagem, enquanto as de *M. haemolytica* são diferenciadas por sorotipagem. De acordo com a sorotipagem, os tipos ou sorogrupos de *P. multocida* são identificados com base nas diferenças dos polissacarídeos capsulares designados A, B, D, E e F. Já os 12 sorotipos de *M. haemolytica* são reconhecidos com base em antígenos extraídos de superfície, sendo estes denominados de sorotipos 1, 2, 5, 6, 7, 8, 9, 12, 13, 14, 16 e 17.

Histórico

As enfermidades que levavam animais domésticos ao óbito por septicemia hemorrágica, denominadas popularmente de peste, eram conhecidas antes mesmo do século XIX. Bollinger descreveu a doença em animais selvagens e em bovinos, na Alemanha, em 1878, o que foi confirmado por Frank, em 1881, e por Friedberger no mesmo ano, no entanto, esse agente só foi isolado por Kitt em 1885.

Em 1886, Coze e Feltz reproduziram a doença em coelhos, inoculando material obtido de animais mortos pela doença. Após esses estudos, diversos pesquisadores, como Davaine, Vulpian, Bouley, Toussaint, Pasteur, Koch, entre outros, interessaram-se em estudar as septicemias hemorrágicas. Retomando as observações de Davaine, Gaffiky verificou que outras espécies de animais também apresentavam septicemia hemorrágica similar à descrita em coelhos. Com base nessas revelações, Toussaint reproduziu a enfermidade em um equino e uma ovelha.

Kitt, estudando as septicemias de bovinos, e Loeffler e Schütz as de suínos, concluíram que essa enfermidade era causada pelo mesmo tipo de bactéria. Hueppe, ao reproduzir o estudo, verificou que esses microrganismos eram responsáveis por doenças em mamíferos e aves.

Em 1887, Trevisan empregou, pela primeira vez, o termo *Pasteurella* para designar microrganismos de aspecto bipolar causadores de septicemia hemorrágica. A partir desse momento, esses agentes receberam o nome genérico *Pasteurella,* seguido do nome em latim da espécie acometida, por exemplo, *P. aviseptica, P. boviseptica* e *P. oviseptica*.

Galtier, em 1890, na França, e Lineaux, na Bélgica, atribuíram a septicemia hemorrágica em ovinos a bactérias bipolares e, em 1898, Ligniéris descreveu diversos casos de pasteurelose ovina na Argentina.

Entre 1937 e 1938, Rosenbusch e Merchant propuseram a unificação das espécies utilizando o nome *P. multocida* para designar os agentes das septicemias hemorrágicas dos animais. A proposta foi aceita, porém, atualmente são conhecidas diversas espécies de *Pasteurella* e *Mannheimia* patogênicas aos animais.

Septicemia hemorrágica

As septicemias hemorrágicas são ocasionadas por *P. multocida* tipo B2, na Ásia, Oriente Médio e alguns países do Sul da Europa, enquanto na África há o isolamento do tipo E2. No Brasil, diversos casos da enfermidade em bovinos têm sido confirmados mediante o isolamento de *P. multocida*, embora não haja dados sobre quais os sorotipos envolvidos. A septicemia hemorrágica é considerada primária, de caráter agudo e epidêmico, com grande importância em regiões endêmicas e de notificação obrigatória em alguns países. Essa forma de pasteurelose acomete animais de todas as idades, porém, em regiões endêmicas, ocorre comumente em indivíduos com seis a vinte e quatro meses de idade. Bubalinos são mais suscetíveis à doença que bovinos.

Os surtos ocorrem durante períodos de estresse ambiental, aglomerações e manejo inadequado. Animais mais velhos possuem imunidade proveniente de exposições prévias, considerados geralmente como portadores latentes da doença, por albergarem muitas vezes o microrganismo em suas criptas tonsilares e mucosa do aparelho respiratório alto (nasofaringe).

A eliminação de *P. multocida* ocorre periodicamente pelas secreções nasais, saliva e ou-

Tabela 1. Espécies patogênicas de *Pasteurella* e *Mannheimia* para bovinos e bubalinos e respectivas manifestações clínicas.

Espécies de *Pasteurella* ou *Mannheimia*	Hospedeiros	Manifestações clínicas
Pasteurella multocida tipo A	Bovinos	Pasteurelose pneumônica Mastite
Pasteurella multocida tipo B	Bovinos e búfalos	Septicemia hemorrágica
Pasteurella multocida tipo E	Bovinos e búfalos	Septicemia hemorrágica
Mannheimia haemolytica	Bovinos	Pasteurelose pneumônica
Mannheimia granulomatis	Bovinos	Paniculite fibrogranulomatosa
Pasteurella lymphangitidis	Bovinos	Linfangite

tras excreções, possibilitando a transmissão para animais sadios por meio da inalação ou ingestão de alimentos contaminados. As taxas de morbidade e mortalidade variam de 50 a 100%.

O período de incubação varia entre 2 a 4 dias, e a doença caracteriza-se por súbito estabelecimento de febre (41 - 42°C), profusa salivação, presença de petéquias em submucosas, grave depressão, com morte em 24 horas por endotoxemia. Podem ocorrer tumefações quentes e dolorosas no subcutâneo na região da garganta, barbela e peito.

À necropsia, os achados macroscópicos limitam-se a hemorragias petequiais difusas sob as serosas, edema pulmonar e de linfonodos, sendo que estes podem se apresentar hemorrágicos e com aumento de volume. Infiltrados subcutâneos, lesões de início de pneumonia, enterite e abomasite hemorrágica severa, presença de fluido sanguinolento na cavidade pleural e líquido no saco pericárdico, também podem ser observados. A enfermidade deve ser diferenciada de outros processos de pleuropneumonia contagiosa, leptospirose aguda e manqueira.

Pasteurelose pulmonar ("Febre do transporte")

A doença está comumente associada a *M. haemolytica*, sorotipo A1, embora A6 venha demonstrando aumento significativo. Com menor frequência, *P. multocida* tipo A, comensais do trato respiratório superior desses animais, também podem ser isoladas.

Diversos vírus respiratórios, como o parainfluenza 3, herpesvírus bovino 1 e vírus respiratório sincicial bovino podem predispor a invasão bacteriana. Essas bactérias, como *Chlamydia* sp., *Haemophilus somnus*, *Mycoplasma* sp. e *Salmonella* sp., possuem importante papel na patogênese da enfermidade, agravando os quadros de pneumonia.

A pasteurelose pulmonar acomete geralmente animais jovens, embora qualquer faixa etária possa desenvolver a doença, gerando grandes prejuízos ao produtor. A transmissão ocorre pela inalação de aerossóis eliminados por animais clinicamente doentes ou portadores assintomáticos. De forma similar a outras pasteureloses, os surtos ocorrem principalmente em épocas frias ou após condições de estresse, como longas viagens, aglomeração e falta de alimento, o que favorece a multiplicação desses microrganismos.

A enfermidade caracteriza-se por severa broncopneumonia e pleurisia, com manifestações clínicas de início súbito, como febre, depressão, anorexia, taquipneia, silêncio pulmonar, tosse e corrimento nasal mucopurulento.

À necropsia, observam-se pleuropneumonia fibrinosa extensa e grave, com congestão e edema pulmonar, consolidação ventral do lobo cranial dos pulmões, derrames pleurais e pericadiais.

A pasteurelose pulmonar deve ser diferenciada de diarreia viral bovina, febre catarral maligna, abscessos pulmonares, pleuro-pneumonia bovina contagiosa, rinotraqueíte bovina, pneumonias verminóticas, entre outras enfermidades que acometem o sistema respiratório.

Mastite

Em bovinos, a pasteurelose mamária ocorre de forma esporádica e não leva à letalidade dos animais, como pode ocorrer em ovinos. Acomete geralmente animais criados a pasto, que dormem diretamente sobre solo ou cama contaminados pelo patógeno, ou em casos de ordenha com bezerro ao pé, em virtude da presença de lesões nos tetos causadas pelo vigoroso ato de sugar de bezerros mais velhos. A presença de *P. multocida* na boca e faringe de bezeros faz com que essa bactéria seja transmitida diretamente ao teto durante o ato de mamar.

P. multocida raramente é isolada da glândula mamária de bovinos, porém pode estar associada a outros microrganismos oportunistas, como *Staphylococcus aureus*, Arcanobacterium pyogenes e *Streptococcus* sp., que invadem o tecido glandular mamário, secundariamente, agravando os quadros de mastite.

São evidenciados sintomas como febre, aumento de volume acentuado do úbere, presença de secreção anormal com evolução para agalaxia, subsequente fibrose e atrofia dos quartos afetados. Em decorrência dos surtos de mastite causada por *P. multocida* também podem surgir casos de pneumonias em bezerros.

A infecção da glândula mamária por *P. multocida* deve ser diferenciada de mastites ocasionadas por outros microrganismos, em especial por *Staphylococcus aureus*.

Encefalite

Os casos de encefalite por *P. multocida,* em animais domésticos e/ou de interesse econômico, são considerados raros, no entanto, a infecção encefálica ocasionada por esse agente tem sido descrita em bovinos, ovinos e búfalos.

Sialorreia, secreção nasal purulenta, pneumonia, tremores, agressividade, decúbito lateral, opistótono, movimentos de *pedalagem* e outras sintomatologias neurológicas podem ser observados. À necropsia, verificam-se congestão encefálica, grande coleção purulenta nas meninges, em região cortical e medular cerebral, lesões supurativas pulmonares, encefálicas e em seios nasais frontais.

A forma encefálica da pasteurelose deve ser diferenciada de outras enfermidades que levam às encefalites em bovinos, destacando-se raiva, encefalite herpética bovina, listeriose, poliencefalomalácia, encefalite espongiforme bovina, meningoencefalite tromboembólica, além de distúrbios neurológicos secundários a neoplasias, traumas, carências nutricionais (magnésio) ou ingestão de plantas tóxicas.

Paniculite fibrogranulomatosa proliferativa

A paniculite fibrogranulomatosa, conhecida como *Lechiguana*, é frequentemente observada no Estado do Rio Grande do Sul, embora também tenha sido descrita em bovinos de Minas Gerais e São Paulo. *Mannheimia granulomatis* é o agente responsável pela enfermidade, embora estudos epidemiológicos demonstrem a participação de larvas de *Dermatobia hominis* na etiologia e transmissão da enfermidade.

A doença caracteriza-se por formação subcutânea, localizada geralmente na região escapular e adjacências, de consistência firme, esbranquiçada, com pontos amarelados e crescimento rápido com constante aumento de volume que, se não for tratado, poderá levar o animal a óbito em 3 a 12 meses. Clinicamente, observa-se aumento de linfonodos regionais, acompanhado de emagrecimento progressivo. A pele que recobre a lesão pode apresentar alopecia, espessamento com crostas ou ulcerações.

Microscopicamente, a lesão apresenta proliferação focal de tecido conjuntivo fibroso, rico em fibras colágenas, infiltrado por plasmócitos, eosinófilos, linfócitos e, ocasionalmente, neutrófilos. Os vasos linfáticos mostram-se dilatados, contendo numerosos eosinófilos. Na maioria das lesões, muitas fibras colágenas encontram-se calcificadas. Em consequência da invasão dos músculos adjacentes, muitas fibras musculares degeneradas são observadas entre as fibras colágenas. Células musculares também estão presentes.

Patogenia

O agente irá ingressar no organismo pela via oral ou nasal, ou pode infectar feridas, como a *M. granulomatis*, através de larvas de *Dermatobia hominis,* multiplicando-se nesses locais. *M. haemolytica* e *P. multocida* colonizam a nasofaringe e tonsilas, desencadeando processos inflamatórios a partir dos fatores de virulência, como fímbrias, cápsula, proteases, leucotoxinas e endotoxinas. O quadro clínico pode evoluir para septicemia, com grande aumento da permeabilidade vascular, seguido de exsudação tissular, com evolução para processos supurativos, eventualmente hemorragias e/ou fibrinoses.

A patogenicidade do agente no trato respiratório promoverá lesões em diferentes graus, desde rinites a extensas áreas de pneumonia, podendo se disseminar por via sistêmica para outros órgãos, incluindo o encéfalo.

A infecção da glândula mamária decorre geralmente da penetração do agente, via ascendente pelo canal do teto, com posterior multiplicação e colonização do tecido glandular.

Diversos fatores de virulência serão de grande importância para o desenvolvimento da doença. Os antígenos somáticos de *P. multocida* possuem importante papel na determinação da patogenicidade, uma vez que o lipopolissacarídeo da parede celular bacteriana possui atividade endotóxica, gerando grande aumento da permeabilidade vascular. Sua cápsula lipopolissacarídea promove a adesão do microrganismo à mucosa, facilitando o processo de colonização.

P. multocida tipo A possui fímbrias que auxiliam na adesão das bactérias à mucosa e cápsula com ação antifagocitária.

Linhagens de *M. haemolytica* possuem os seguintes fatores de virulência:

1) **Fímbrias:** Possuem função de adesinas, auxiliando a aderência desses agentes no trato respiratório e promovendo sua colonização;

2) **Enzima proteolítica neuraminidase:** Promove a diminuição da produção de muco e perda da viscosidade, que interferem no *clearence* bacteriano e remove a fibronectina da superfície das células epiteliais, facilitando a adesão e colonização bacteriana;

3) **Cápsula de polissacarídeo:** Inibe a destruição do microrganismo pela fagocitose, impedindo a formação do fagolisossomo e aumentando a quimiotaxia de neutrófilos;

4) **Endotoxinas:** Alteram as funções dos leucócitos e são tóxicas para as células endoteliais;

5) **Leucotoxinas:** Possuem ação destrutiva sobre leucócitos (neutrófilos) e plaquetas, levando à liberação subsequente de enzimas lisossomais e de mediadores inflamatórios de células lesadas, ocasionando uma inflamação exacerbada com necrose tecidual.

Diagnóstico

O diagnóstico é realizado por meio do histórico de doença aguda com alta mortalidade, exposição dos animais a fatores estressantes, mudanças bruscas de temperatura associado à sintomatologia clínica dos animais, isolamento do patógeno e achados necroscópicos. Esfregaços de tecidos e sangue corados pelo método de Giemsa revelam grandes quantidades de microrganismos com aspecto bipolar.

O cultivo de órgãos afetados, lavados traqueais ou tecido pulmonar, leite, líquor, material purulento encefálico, de seios nasais frontais e punção de abscessos em placas de ágar-sangue ovino desfibrinado (5%) e agar-MacConkey, incubados em condições de aerobiose, a 37°C, por 24 a 72 horas, propiciam o isolamento do agente. Mediante o isolamento do microrganismo, o diagnóstico pode ser confirmado com base nas características de cultivo, morfotintoriais e bioquímicas. Os testes bioquímicos convencionais estão indicados na **Tabela 2**.

A hemaglutinação indireta com títulos de anticorpos 160 (1:160) é indicativo de exposição recente ao patógeno, podendo também ser utilizado como método diagnóstico.

Outros testes moleculares e sorológicos que permitem a identificação do microrganismo são: a reação em cadeia pela polimerase (PCR), biotipagem, ribotipagem, análise de restrição enzimática e sorotipagem.

Tratamento

A utilização de antimicrobianos no início do estágio febril é efetiva. Penicilinas (30.000 a 40.000 UI/kg da fração benzatínica a cada 5 dias em três aplicações) e tetraciclinas de longa ação (10 a 20 mg/kg) a cada 48 horas são utilizadas com frequência, porém, estudos recentes demonstram maior resistência desses microrganismos frente a essas drogas. A indicação primária desses medicamentos contra agentes Gram-positivos e como terapia alternativa contra microrganismos Gram-negativos podem explicar os altos índices de resistência do agente a esses antimicrobianos.

A utilização de oxitetraciclinas, sulfonamidas e ampicilina geralmente são eficazes.

Três aplicações de 20mg/kg de florfenicol, via intramuscular, a cada 24 horas, têm demonstrado bom efeito terapêutico quando a enfermidade é diagnosticada precocemente.

Em casos de encefalite, o tratamento é semelhante, no entanto, muitas vezes opta-se por sacrificar o animal.

Na mastite aguda, o objetivo do tratamen-

Tabela 2. Diferenciação de *P. multocida, M. haemolytica* e *M. granulomatis.*

Características	*P. multocida*	*M. haemolytica*	*M. granulomatis*
Hemólise em ágar-sangue ovino desfibrinado (5%)	-	+	+
Crescimento em ágar-MacConkey	-	+	V
Odor característico das colônias	+	-	-
Produção de indol	+	-	-
Catalase	+	+	+
Urease	-	-	-
Ornitina descarboxilase	+	-	-
Lactose	-	+	(+)
Sacarose	+	+	+
D-Trealose	V	-	-
L-arabinose	V	-	-
Maltose	-	+	(+)
D-xilose	V	+	V

+: maioria das linhagens positivas; (+) maioria das linhagens positivas em 3 a 14 dias; -: maioria das linhagens negativas; v: reação variável, NI: não informado.

to é salvar a vida do animal, pois o úbere afetado provavelmente estará perdido em termos de produtividade. Recomenda-se o uso de antimicrobianos de amplo espectro, preferencialmente com respaldo no antibiograma, associados ou não à terapia intramamária.

Controle e profilaxia

A adoção de medidas que minimizem fatores estressantes, associada ao programa de vacinação do rebanho auxiliam na profilaxia e controle da enfermidade evitando maiores prejuízos ao produtor.

A prevenção é realizada com 2 mL da vacina comercial ou autóctone por via subcutânea. As fêmeas devem ser vacinadas no oitavo mês de gestação, enquanto bezerros com 15 a 20 dias recebem a primeira dose da vacina, com reforço 21 dias após. Todos os animais deverão ser revacinados anualmente.

Estudos demonstram bons resultados com a aplicação de uma dose de vacina nos animais, três semanas antes de serem transportados. Vacinas para a *M. haemolytica* que incorporam leucotoxinas modificadas e antígenos de superfície podem induzir boa proteção.

Nos casos de mastites, a palpação rotineira dos úberes, realização dos testes da caneca de fundo escuro e *CMT - California Mastitis Test* durante a ordenha, juntamente com o descarte de animais com úberes afetados, reduzem a presença de reservatórios no rebanho.

Referências bibliográficas

Biester, H.E.; Schwarte, L.H.; Packer, R.A. Studies on sheep with demonstration of *Pasteurella* localized in the central nervous sistem. **Am. J. Vet. Res.**, v.3, p.268-273, 1942.

Birgel JR., E.H.; Ollhoff, R.D.; Benesi, F.J.; Viana, R.B.; Schalch, U.M.; Pacheco, J.C.G.; Florio, W.A.B.; Ramos, M.C.C.; Birgel, E.H. Ocorrência de Lechiguana (paniculite fibrogranulomatosa proliferativa) em bovino criado no Estado de São Paulo. **Arq. Inst. Biol.**, v.66 (supl.), p.130, 1999.

Bojesen, A.M.; Larsen, J.; Pedersen, A.G.; Mörner, T.; Mattson, R.; Bisgaard, M. **J. Wild. Dis.**, v.43, p.345-352, 2007.

Corrêa, W.M.; Corrêa, C.N.M. **Enfermidades infecciosas dos animais domésticos**, Medsi: Rio de Janeiro, 1992, 843p.

Dziva, F.; Muhairwa, A.P.; Bisgaard, M.; Christensen, H. Diagnostic and typing options for investigating diseases associated with *Pasteurella multocida*. **Vet. Microbiol.**, v.128, p. 1-22, 2008.

Goto, M. & Itakura, C. Lesions of central nervous system in a calf due to a *Pasteurella* organism. **Jap. J. vet. Sci.**, v.37, p.303-306, 1975.

Griffin, D. Economic impact associated with respiratiory disease in beef cattle. **Vet. Clin. Nort Am. Food Anim. Pract.**, v.13, p.367-376, 1997.

Kehrenberg, C.; Salmon, S.A.; Watts, J.L.; Schwarz. Tetracycline resistence Genes in isolates of *P. multocida, M. haemolytica, M. glucosida* and *M. varigena* from bovine and swine respiratory disease: intergeneric spread of the tet (H) plasmid pMHT1. **The J. Antimicrob. Chemother.**, v.48, p.631-640, 2001.

Lima, K.C.; Nardi Júnior, G.; Ribeiro, M.G.; Paes, A.C.; Megid, J.; Listoni, F.J.P. Encefalite bovina por *P. multocida.* Relato de um caso. Arq. do Inst. Biol. v.67, p.135-138, 2000.

Lockwood, P.W.; Hass, V. de; Katz, T.; Varma, K.J. Eficácia clínica do florfenicol no tratamento da síndrome respiratória bovina nos Estados Unidos. **A Hora Vet.**, ano 16, n.02, p.45-48, 1997.

Pereira, D.I.B.; Correa, F.R.; Ladeira, S.L. Estudos complementares da infecção por *Mannheimia granulomatis* (lechiguana) em bovinos. Pesq. Vet. Bras. v.20, p. 91-96, 2000

Quinn, P.J.; Markey, B.K.; Carter, M.E.; Donnelly, W.J.; Leonard, F.C. Microbiologia veterinária e doenças infecciosas. Porto Alegre: Artmed, 2005, 512p.

Radostits, O.M.; Gay, C.C.; Hinchcliff, K.W. *et al.* **Veterinary medicine. A textbook of the disease of cattle, horses, sheep, pigs and goats**. 10.ed. Saunders Elsevier: USA, 2007. 2156p.

Rao, P.V.R. Cerebral pasteurellosis in a buffalo. **Ind. Vet. J.**, v.48, p.423-426, 1971.

Ribeiro, G.A.; Carter, G.R.; Frederiksen, W.; Riet-Corrêa, F. *Pasteurella haemolytica*-like bacterium from a progressive granuloma of cattle in Brazil. **J.Clin. Microb.**, v.27, p.1401-1402, 1989.

Smith, B.P. **Medicina interna de grandes animais**. 3ª ed., São Paulo: Manole, 2006, 1728p.

Tavares, W. **Manual de antibióticos e quimioterápicos infecciosos**. 2 ed. São Paulo: Ateneu, 1996, 792p.

Varaschin, M.S.; Silva, A.M. Paniculite fibrogranulomatosa focal em bovino de Minas Gerais. **Ciência Rural**, v.28, p.151-153, 1998.

Virtala, A.M.K.; Gröhn, Y.T.; Mechor, G.D.; Erb, H.N. The effect of martenally derived immunoglobulin G on the risk of respiratory disease in heifers during the first 3 month of life. **Prev. Vet. Med.**, v.39, p.25-37, 1999.

Weekley, L.B.; Veit, H.P.; Eyre, P. Bovine pneumonic pasteurellosis. Part II. Clinical presentation and treatment. **Compendium on continuing education for the practicing veterinarian**, v.20, n.2, p.56-60, 1998.

Anaplasmose bovina

Introdução

A Tristeza Parasitária Bovina é um complexo de enfermidades infecciosas causado por *Babesia* e *Anaplasma*, constituindo-se fator limitante para o desenvolvimento da pecuária nos países em desenvolvimento. A anaplasmose bovina traz prejuízos significativos para a pecuária nacional e mundial. A América Latina perde entre US$ 800 a US$ 875 milhões com a doença todos os anos. Inicialmente considerado como estágio intraeritrocitário de *Babesia bigemina, Anaplasma marginale* foi distintamente identificado por Arnold Theiler em 1910.

Taxonomia

Anaplasma marginale era considerado hemoprotozoário, da ordem *Rickettsiales*, família *Anaplasmataceae*, gênero *Anaplasma*. A análise filogenética da região 16S do RNA ribossômico permitiu a reclassificação para o genogrupo II de *Ehrlichia*. As principais espécies conhecidas são *Anaplasma marginale*, mais patogênica para bovinos e *A. centrale*, responsável por uma forma branda de anaplasmose bovina. Em 2001, Dumler *et al.* propuseram que dentro da família Anaplasmataceae fossem incluídos *Wolbachia*, *Ehrlichia*, *Cowdria* e *Neorickettsia*, conservando os gêneros *Anaplasma* e *Aegyptianella*. Atualmente, as espécies de microrganismos inclusos nessa família foram reclassificados como bactérias.

Ciclo de vida

A transmissão de *A. marginale,* no Brasil, tem como principal vetor biológico e mecânico o carrapato *Boophilus microplus*. O ciclo de vida no bovino é caracterizado pela adesão dos corpúsculos iniciais à superfície dos eritrócitos, invaginação da membrana citoplasmática dos mesmos e penetração, onde iniciam a formação de um vacúolo. *Anaplasma* multiplica-se no vacúolo parasitóforo por divisão binária. Os corpúsculos de inclusão ou colônias possuem de 8 a 10 novos corpúsculos iniciais aptos a reiniciarem a infecção de outros eritrócitos.

A. marginale pode infectar um grande número de animais domésticos e selvagens, sendo patogênico para bovinos. Aproximadamente 20 espécies de carrapatos distribuídas pelo mundo têm sido consideradas transmissoras desse agente infeccioso.

A transmissão por insetos hematófagos, como moscas, mosquitos e tabanídeos, foi demonstrada. Outra forma de transmissão é a iatrogênica, relacionada com equipamentos para vacinação, descorna, tatuagem e cirurgias. A transmissão congênita ocorre com maior frequência em animais infectados no último trimestre da gestação.

Vários fatores estão relacionados com o aparecimento da doença nos bovinos, entre eles podem-se citar:

Idade

Acomete bovinos jovens e adultos, porém a severidade clínica é maior em animais com mais de três anos. A transferência de anticorpos maternos através da placenta não ocorre, portanto os anticorpos colostrais são fundamentais para a imunidade de bezerros recém-nascidos.

Raças

Zebuínos tendem a ser mais resistentes do que o gado europeu, por serem menos susceptíveis aos carrapatos.

Estado nutricional

Animais em ótimo estado corporal, com plano de manejo nutricional são mais resistentes à infecção.

Epidemiologia

A. marginale possui ampla distribuição geográfica nas Américas, na África e na Austrália. Na maioria do território nacional, existem condições favoráveis ao desenvolvimento de *Boophilus microplus*, exceto extremo Sul, regiões áridas do Nordeste e algumas áreas de grande altitude. A prevalência do microrganismo no Brasil tem grande variação, com índices que vão de 12 a 100%.

A população de vetores consegue manter-se o ano todo no Brasil, tornando o rebanho bovino relativamente resistente à doença, principalmente nos primeiros meses de vida. Nessas regiões, diminuem as taxas de mortalidade e as situações de surto são raras, criando estabilidade enzoótica.

Esses hemoparasitas são endêmicos em regiões tropicais e subtropicais, sendo fator limitante para a produção em razão das altas taxas de mortalidade, redução nos índices de produção de leite e carne, custos com tratamento e medidas de controle.

Sinais clínicos

Os animais acometidos com a forma aguda da doença apresentam febre, anorexia, apatia e anemia severa. Abortamentos são raros. Observa-se anemia em virtude da destruição extravascular dos eritrócitos no baço e na medula óssea. As células vermelhas parasitadas são removidas num período de poucos dias, chegando a 80% de redução do número de hemácias. As contagens absolutas de eritrócitos podem ser inferiores a dois milhões.

O pico de anemia ocorre com o volume globular inferior a 10%, um a três dias após o pico de parasitemia. Quatro a cinco dias após o pico pode haver poucas hemácias parasitadas, tornando o diagnóstico parasitológico quase impossível. O leucograma revela leucocitose por neutrofilia e linfocitose.

Imunidade

A imunidade contra *A. marginale* é de origem celular e humoral e de duração variável. Há evidência de resposta autoimune durante a fase aguda, parcialmente responsável pela anemia, tendo o baço importante função no desenvolvimento e na manutenção da imunidade, removendo rapidamente os eritrócitos da circulação, sem hemólise intravascular.

Patogenia

Anaplasma sp. são bactérias intraeritrocitárias obrigatórias e infectam hemácias maduras. A evolução da anaplasmose é dividida em quatro fases: período de incubação, fase de desenvolvimento, período de convalescência e portador.

O período de incubação varia entre 20 e 40 dias. As formas infectantes de *A. marginale*, corpúsculos iniciais, invadem as células epiteliais e, em seguida, as hemácias, formando vacúolos parasitóforos na margem das células. Multiplicam-se por divisão binária, originando entre quatro e oito corpúsculos de inclusão, que são transmitidos pelo rompimento dos eritrócitos ou por meio de pontes entre as células, sem provocar rompimento das membranas, iniciando novo ciclo.

Na anaplasmose é observado o decréscimo da acetilcolinesterase eritrocítica e a presença de fragilidade osmótica, aumentando assim a permeabilidade de membrana das hemácias, facilitando o parasitismo.

Na fase de desenvolvimento, a anemia é o principal sintoma, associada com apatia, anorexia, palidez de mucosas ou icterícia, febre, dispneia, taquicardia, fadiga, sialorreia, diarreia e poliúria, e até morte. O hematócrito de até 7% conota prognóstico desfavorável. No entanto, com hematócrito de 11% e regressão de anemia, o animal pode ser recuperado.

Anteriormente, acreditava-se que a anemia causada por *A. marginale* era resultante da destruição das hemácias, no entanto, a ausência de hemoglobulinemia e hemoglobinúria indicaram a ausência de hemólise intravascular na anaplasmose. Estudos recentes demonstraram a remoção dos eritrócitos parasitados através de fagocitose pelo sistema reticular endotelial (SER), resultando em processo inflamatório agudo e no consequente desenvolvimento de febre.

A captura contínua das hemácias leva para anemia moderada a severa. Além disso, a produção de anticorpos antieritrocitários contra as hemácias parasitadas e alteradas aumenta a remoção pelo SER. O nível da anemia depende do número de eritrócitos parasitados.

As membranas dos eritrócitos infectados apresentam alterações nos componentes proteicos e glicoproteicos. Esses achados revelam que a interação célula: parasito traz consequências ao metabolismo celular.

O período de convalescência dura de um a dois meses, podendo estender-se para três ou mais meses. O animal agora torna-se portador, apresentando baixos níveis de infecção durante meses ou anos. O parasito pode ser eliminado do organismo dos portadores ou, em caso de queda de imunidade, voltar a causar a doença clínica.

Portadores podem tornar-se aparentemente resistentes à doença clínica por períodos de duração variáveis que podem superar 30 meses, após a exposição inicial.

Achados de necropsia

Os principais achados de necropsia são edemaciação, palidez da carcaça e das mucosas, esplenomegalia, fígado friável e vesícula biliar distendida, além, obviamente, de sangue aquoso. Os rins podem apresentar-se congestos e o miocárdio com áreas hemorrágicas. A icterícia é um achado menos frequente na anaplasmose, quando comparada com casos de babesiose.

Diagnóstico

O diagnóstico é realizado associando-se sinais clínicos com a observação da bactéria nas hemácias de sangue periférico. Esse método é o mais simples e rápido para a identificação da etiologia de casos clínicos da anaplasmose. Esfregaços sanguíneos positivos, corados por Giemsa, revelam microrganismos intraeritrocitários, localizados na margem celular, densos, de coloração rósea escura, arredondados, com aproximadamente 0,3-1 μm de diâmetro.

Muitas técnicas sorológicas também têm sido descritas para o diagnóstico de *A. marginale*, incluindo teste de aglutinação em cartão, imunofluorescência, fixação de complemento, aglutinação em gel, radioimunoensaio e ensaio de imunoadsorção enzimática (ELISA), principalmente em fases de baixa parasitemia. Dentre esses, o ELISA é o teste mais aplicado. No entanto, existem problemas de especificidade dos testes que utilizam como antígeno corpúsculos iniciais parcialmente purificados de eritrócitos infectados, que podem reagir inespecificamente com anticorpos antieritrócitos presentes no soro dos animais testados.

Técnicas de biologia molecular têm sido desenvolvidas com a finalidade de agilizar o diagnóstico da enfermidade. A PCR convencional baseia-se na identificação genética do parasito, sendo considerada técnica de alta especificidade, no entanto, não permite estimar a concentração de DNA do parasito no sangue do animal. A PCR em tempo real pode ser empregada como técnica de alta especificidade na identificação e quantificação de *A. marginale*, minimizando os riscos de reações cruzadas com outras espécies, mas também com outros gêneros de parasitos de ruminantes, além de fornecer dados reais sobre os níveis de parasitemia.

Diagnóstico diferencial

Os sinais clínicos da anaplasmose devem ser diferenciados de outras condições infecciosas ou não, que causam febre, anemia, depressão, inapetência e redução da produção de leite. Da mesma maneira, os achados de necropsia também devem ser diferenciados de outras condições que causem anemia e consequente eritrofagocitose.

No Brasil, devem considerar, principalmente, babesiose, leptospirose, hemoglobinúria pós-parto, hemoglobinúria bacilar e intoxicação por chumbo que também levam para quadros de hemoglobulinemia e hemoglobinúria.

Tratamento específico

O tratamento da anaplasmose bovina requer a eliminação ou diminuição da presença do microrganismo e a prevenção de complicações secundárias.

Tetraciclina, oxitetraciclina e clortetraciclina são as drogas mais comumente utilizadas para o tratamento de infecções crônicas e agudas. Imidocarb também possui efeitos quimioterápicos específicos na infecção por *Anaplasma*.

As tetraciclinas inibem a multiplicação do parasito nos eritrócitos. Recomenda-se a aplicação, por via intramuscular, de oxitetraciclina de longa duração, na dose de 20mg/kg, em três repetições com intervalos de 48 horas. Esse protocolo reduz a parasitemia e diminui a sintomatologia clínica. Oxitetraciclina de curta duração, em uma concentração de 50-150 mg/mL ou tetraciclina podem ser administradas duas ou três vezes, por via intramuscular ou intravenosa, em uma dose de 10 mg/kg, em intervalos de 24 horas. Clortetraciclina deve ser indicada para animais de maior valor zootécnico em virtude do seu alto valor de mercado, devendo ser utilizada na dose de 10 mg/kg, em intervalos de 12 horas por cinco dias.

As doses terapêuticas de imidocarb para o tratamento da anaplasmose bovina variam entre 2-5 mg/kg, por via intramuscular ou subcutânea. A administração desse medicamento pode causar efeitos indesejáveis transitórios, como inchaço no local da aplicação, salivação intensa, lacrimejamento e descargas nasais.

Tratamento de suporte

A transfusão sanguínea pode ser indicada nos casos de anemia severa causada por *A. marginale*. De maneira geral, são recomendados 15 mL de sangue total por kg de peso vivo.

A reposição hidroeletrolítica e a administração de glicocorticoides em doses anti-inflamatórias (dexametasona 0,5 mg/kg, intramuscular ou subcutânea, em intervalos de 24 horas) devem ser consideradas.

Controle

As estratégias empregadas devem respeitar as condições geográficas e a epidemiologia da enfermidade no local avaliado. O controle do vetor pode ser realizado pelo manejo dos animais, rotação de pastagens, controle químico, controle microbiológico e controle imunológico.

O uso de acaricidas para o controle químico é contraditório, em razão dos altos custos, desenvolvimento de resistência, resíduos ambientais e em produtos de origem animal e por causa do grave impacto no ambiente.

O tratamento profilático com tetraciclina é utilizado para o controle microbiológico, porém aumenta os riscos de desenvolvimento de cepas resistentes do microrganismo e representa alto custo. Além do mais, a presença constante do vetor no clima tropical desqualifica esse método de profilaxia.

A premunição é um método de controle muito utilizado para promover o desenvolvimento de imunidade contra hemoparasitoses. A técnica baseia-se na inoculação de sangue de animal portador em susceptíveis e na quimioterapia com drogas específicas. O desenvolvimento de um processo moderno de premunição permite a utilização de inóculos padronizados de cada agente, tornando previsível o tempo de desenvolvimento dos sinais clínicos e até a intensidade da infecção.

O método mais utilizado atualmente é o uso de vacinas vivas. Os custos para a produção da vacina são altos, porque requer uso de bovinos para o processo de purificação. Pode haver contaminação por membrana de eritrócitos e por outros patógenos, gerando riscos aos animais e variação nas taxas de eficiência vacinal.

Pesquisas têm sido desenvolvidas com o intuito de reconhecer antígenos conservados em diferentes amostras de *A. marginale*, para o desenvolvimento de vacinas padronizadas e de eficiência constante. A membrana externa do microrganismo é capaz de induzir resposta imune protetora. Nela foram identificadas seis proteínas principais de superfície (MSP). A utilização de MSPs, principalmente MSP-2, tem sido avaliada e apontada como antígeno para a produção de vacinas sintéticas. Além disso, esse tipo de vacina reduz custos com a produção, sendo mais acessível aos produtores.

O cultivo *in vitro* de *A. marginale* tem apontado para outra alternativa na imunização contra o microrganismo. Além de conferir proteção, esse imunógeno está livre de células e patógenos de bovinos, sendo essa uma grande vantagem frente aos processos tradicionais de produção de vacinas.

Considerações finais

A campo, o diagnóstico é realizado quando o animal está no pico da parasitemia em decorrência dos sinais clínicos evidentes. Nessa fase, geralmente, a anemia é severa e o prognóstico ruim. Dessa forma, faz-se necessário o acompanhamento frequente do rebanho, monitorando hematócrito e parasitemia. De forma mais acessível, o produtor pode monitorar a temperatura retal dos animais, sendo a hipertermia indicativo para a instituição de tratamento. Sempre que possível, métodos de diagnóstico mais modernos devem ser empregados, com a finalidade de determinar o nível de infecção do rebanho para adoção de medidas necessárias para o controle e prevenção da anaplasmose bovina.

Referências bibliográficas

Amerault, T.E.; Roby, T.O. A rapid agglutination test for bovine anaplasmosis. **JAVMA**, v.153, n.12, p.1828-1831, 1968.

Araújo, F.R.; Madruga, C.R.; Soares, C.O. *et al*. Progressos na imunização contra *Anaplasma marginale*. **Pesq. Vet. Bras.**, v.23, n.4, p.139-148, 2003.

Barbet, A.F. Recent developments in the molecular biology of anaplasmosis. **Vet. Parasitol.**, v.57, p.43-49, 1995.

Braz, C.J.; Ribeiro, M.F.B.; Lima, J.D. *et al*. Development of an ELISA system for detection of anti-*Anaplasma marginale* antibodies in cattle in Brazil. **J. Vet. Med.**, n.47, p.241-248, 2000.

Carelli, G.; Decaro, N.; Lorusso, A. *et al*. Detection and quantification of *Anaplasma marginale* DNA in blood samples of cattle by real-time PCR. **Vet. Microbiol.**, v.124, p.107-114, 2007.

Carson, C.A.; Buening, G.M. The immune response of cattle to live and inactivated *Anaplasma* vaccines and response challenge. **S. Afr. Vet. Assoc.**, v.38, n.4, p.330-331, 1979.

Giardina, S.; Aso, P.M.; Bretaña, A. Antigen recognition on *Anaplasma marginale* and bovine erythrocytes: an electron miroscopy study. **Vet. Immun. Imunopathol.**, v.38, p.183-191, 1993.

Gonçalves, P.M. Epidemiologia e controle da tristeza parasitária bovina na região sudeste do Brasil. **Cienc. Rural**, v.30, n.1, p.187-194, 2000.

Kocan, K.M.; Yellin, T.M.; Ewing, S.A. *et al*. Morphologic of *Anaplasma marginale*, in nymphal *Dermacentor andersoni*. **Am. J. Vet. Res.**, v.45, p.1434-1440, 1984.

Kocan, K.M.; Fuente, J.; Guglielmone, A.A. *et al*. Antigens and alternatives for control of *Anaplasma marginale* infection in cattle. **Clin. Microb. Rev.**, v.16, p.698-712, 2003.

Molloy, J.B.; Bock, R.E.; Templeton, J.M. *et al*. Identification of antigenic differences that discriminate between cattle vaccinated with *Anaplasma centrale* and cattle naturally infected with *Anaplasma marginale*. **Int. J. Parasitol.**, v.31, p.179-186, 2001.

Palmer, G.H.; Brown, W.C.; Rurangirwa, F.R. Antigenic variation in the persistence and transmission of the ehrlichia *Anaplasma marginale*. **Microbes Infect.**, v.2, p.167-176, 2000.

Plumb, D. **Manual de farmacologia veterinária**. 5.ed. Inter-Médica: Buenos Aires, 2006. 880p.

Radostits, O.M.; Gay, C.C.; Hinchcliff, K.W. *et al*. **Veterinary medicine**. A txtbook of the disease of cattle, horses, shepp, pigx and goats. 10.ed. Sauders Elsevier: USA, 2007. 2156p.

Ribeiro, M.F.B.; Lima, J.D.; Guimarães, A.M. *et al*. Transmissão congênita de anaplasmose bovina. **Arq. Bras. Med. Vet. Zoot.**, v.47, n.3, p.297-304, 1995.

Riding, G.; Hope, M.; Waltisbuhl, D. *et al*. Identification of novel antigens from *Anaplasma marginale*. **Vaccine**, v.21, p.1874-1883, 2003.

Souza, J.P.C.; Soares, C.O.; Massard, C.L. *et al*. Soroprevalência de *Anaplasma marginale* em bovinos na mesorregião Norte Fluminense. **Pesq. Vet. Bras.**, v.20, n.3, p.97-101, 2000.

Vidotto, O.; Marana, E.R.M. Diagnóstico em anaplasmose bovina. **Cienc. Rural**, v.31, n.2, p.361-368, 2001.

Listeriose bovina

Introdução

Listeria foi descrita pela primeira vez em 1926, por Murray e colaboradores, tendo sido identificada como causa de um surto epizoótico em porcos-da-índia e coelhos. Após duas décadas dessa descrição, a listeriose foi diagnosticada em ovinos, outros animais domésticos e, ocasionalmente, em pequenos roedores, verificando-se surtos em diversas partes do mundo.

O primeiro caso humano confirmado foi relatado por Nyfeldt, em 1929, na Dinamarca. Posteriormente, Burn (1936) reportou que *Listeria monocytogenes* causava septicemia em neonatos e meningite fatal em pacientes adultos.

A listeriose tem apresentado aumento em sua incidência, particularmente em virtude do manejo intensivo dos animais de produção, especialmente na bovinocultura de carne e de leite, o que favorece o estresse e o desenvolvimento da doença nos animais. Soma-se ainda a própria característica de resistência ambiental da bactéria, que pode multiplicar-se em locais com reduzida temperatura, formando biofilmes e aumentando o risco de contaminação de produtos industrializados de origem animal. O severo quadro clínico da doença, bem como sua elevada taxa de letalidade e a associação com surtos em animais e humanos, despertam para nova atenção ao seu agente causal.

Definição

A listeriose é uma enfermidade aguda ou subaguda, causada por bactérias do gênero *Listeria*, caracterizada principalmente por meningoencefalite, abortamentos, ocorrência de natimortos e septicemia. Os índices de mortalidade, especialmente no caso de indivíduos imunocomprometidos, são da ordem de 25 a 50%.

É uma doença de ocorrência mundial, especialmente em países de climas temperados (América do Norte, Europa, Reino Unido, Nova Zelândia, Austrália), podendo ser sazonal.

Etiologia

O gênero *Listeria* possui seis espécies reconhecidas (*L. monocytogenes, L. ivanovii, L. innocua, L. seeligeri, L. welshimeri* e *L. gravi*), com 16 sorovares diferenciados por fórmulas antigênicas: somática (O) e flagelar (H). As cepas mais comuns são 4b, 1/2a, 1/2b e 3, distintamente distribuídas no mundo. *Listeria monocytogenes* é a espécie mais importante para bovinos e ovinos.

Morfologicamente, a bactéria apresenta-se como bacilo ou cocobacilo Gram-positivo. Anaeróbico facultativo, não esporulado, móvel a 20-25°C, esse microrganismo multiplica-se em temperaturas entre 30-37°C, mas pode permanecer viável entre -0,4°C a 45°C e em ambientes com pH entre 4,5 a 9,6. O isolamento em agar-sangue a 37°C, entre 24-48 horas é possível, principalmente se a quantidade de microrganismos contaminantes estiver reduzida. As colônias apresentam entre 0,2 a 0,5mm de diâmetro, são de coloração azul acinzentada a azul-esverdeada e produzem um estreito halo de beta-hemólise. O ambiente de microaerofilia (com saturação de 5-10% de CO_2) é o mais recomendado para o isolamento do agente.

Nos testes bioquímicos rotineiramente utilizados, o microrganismo apresenta resultado positivo às provas de catalase, glicose e esculina, e negativo às provas de urease, manitol e xilose.

Fatores de virulência

Listeria monocytogenes pode ser internalizada por células fagocíticas e não fagocíticas, por fagocitose induzida. A bactéria produz uma hemolisina solúvel, que é letal para ratos, denominada Listeriolisina O. Essa hemolisina rompe membranas lisossomais das células do animal infectado (especialmente de macrófagos e monócitos), o que possibilita a sobrevivência do microrganismo no citoplasma, por impedir a formação do fagolisossoma. Com isso, o agente fica protegido contra a ação da imunidade humoral, multiplicando-se no interior celular. A bactéria torna-se associada aos filamentos de actina no citoplasma e propele-se pela membrana plasmática, via polimerização de actina, possibilitando uma extensão em pseudópode pela célula do hospedeiro, facilitando então a transferência do agente a outro fagócito, evitando que a bactéria atinja o meio extracelular e permaneça exposta à ação do sistema imune.

A infecção celular é persistente, sendo que a enzima Superóxido Dismutase impede a atividade bactericida. Há tropismo do agente por células do sistema nervoso central e da placenta, pois nesses locais existem melhores condições para a multiplicação bacteriana.

A descarboxilase do ácido glutâmico, produzida por *L. monocytogenes,* pode estar relacionada às lesões provocadas nos neurônios, contribuindo para o agravamento do quadro clínico.

O microrganismo apresenta baixa virulência, e a doença ocorre em animais que apresentam imunidade reduzida, especialmente em decorrência de estresse.

Epidemiologia

Os reservatórios de *Listeria* são animais domésticos ou silvestres, incluindo aves, mamíferos e peixes. Não há predileção por sexo ou raça, e bovinos de qualquer idade podem adoecer. No entanto, a idade de maior acometimento corresponde ao período de erupção e/ou troca de dentes, cujas lesões decorrentes desse processo constituem porta de entrada para o microrganismo.

A incidência e prevalência de listeriose não são bem documentadas no mundo, certamente ocasionadas pelo reduzido diagnóstico e/ou notificação dos casos.

A bactéria é um agente ubiquitário, podendo formar biofilmes em solos e em vegetais em decomposição. A resistência ambiental de *Listeria* é considerável (**Quadro 1**).

Listeria resiste, ainda, a sucessivos congelamentos e descongelamentos. A resistência à pasteurização é discutida, especialmente pelo fato da bactéria se manter no interior de fagócitos. No entanto, a concentração microbiana deveria ser superior a 1.000 bactérias/mL de leite. Em estudos de termorresistência, verifica-se que o microrganismo é destruído pelo processo de pasteurização e que, possivelmente, a contaminação por *Listeria* em leite ocorra na etapa posterior à pasteurização. *Listeria* resiste, ainda, a elevadas concentrações de sal e

Quadro 1. Resistência ambiental de *Listeria*, segundo tempo, tipo de material e temperatura.

Tempo	Material	Temperatura
Três meses	Fezes de ovinos	25°C
11 meses e meio	Solo úmido	25°C
Mais de 16 meses	Fezes frescas de bovinos	25°C
Sete meses	Palha seca	25°C
Até 43 dias	Solo com esterco bovino	25°C
Mais de 24 meses	Fezes de bovinos em solo seco	25°C
Mais de 24 meses	Variado	-20°C

nitritos, que são comumente utilizados para a conservação de alimentos.

As vias de eliminação são fezes, urina, abortos, descargas uterinas, secreções nasais e leite. Vacas leiteiras podem eliminar a bactéria pelo leite por até 30 dias pós-infecção, representando sério risco à saúde pública.

A infecção ocorre pela ingestão de material contaminado, tais como água, alimentos, leite, entre outros. Fômites, como comedouros e bebedouros, também podem veicular o agente e contribuir para a transmissão. A difusão do microrganismo é ambiental, portanto os animais podem levar a doença de um rebanho a outro.

Durante o processo de produção de silagem utilizada para a alimentação dos bovinos, se forem mantidas boas condições para que o pH se mantenha estável entre 4,0 e 4,5, não ocorre a multiplicação de *Listeria*. No entanto, se houver fermentação incompleta, com pH 5,0, ocorre a deterioração aeróbica da silagem, com sobrevivência e multiplicação do agente, produzindo surtos infecciosos, que podem atingir mais de 5% do rebanho, em período de dois meses. Outras fontes de infecção incluem refugo orgânico, como cama de aviário, além de pastagem, produtos à base de soja, e uma variedade de grãos.

A letalidade da doença é da ordem de 25 a 50% e depende da manifestação clínica, do diagnóstico precoce, da terapêutica utilizada e do estado geral dos animais. Dentre os fatores predisponentes, citam-se a seca, a escassez de alimento, o transporte, o periparto e o parto, e demais fontes de estresse, como alterações climáticas bruscas, doenças intercorrentes e reduzida imunidade do hospedeiro. O período de inverno é bastante propício para a ocorrência de surtos, em decorrência da estabulação dos animais, o que aumenta a densidade animal e contaminação fecal do ambiente; fornecimento de alimento estocado (particularmente a silagem) e estresse associado às condições climáticas adversas.

Fisiopatologia

Na maioria dos animais, após a ingestão do microrganismo, este ultrapassa a mucosa intestinal, causando uma infecção inaparente, com bacteremia subclínica. A excreção fecal prolongada do agente torna o hospedeiro um portador, com elevada contaminação ambiental. A eliminação pelo leite e secreções nasais também pode estar presente, e após ocorre desenvolvimento de imunidade. Se houver desafio elevado, ocorre a forma septicêmica em neonatos.

Na forma meningoencefálica, conhecida também como *torneo* ou *circling-disease*, ocorre o ingresso do agente por via oral, a partir de lesões orais/dentárias, com acesso ao sistema nervoso central por via ascendente, quando a bactéria atinge o ramo facial do nervo trigêmeo e, após, intra-axonialmente, migra para o tronco encefálico, o epêndima e os olhos; ou por via hematogênica, quando o agente atinge os pedúnculos cerebrais e/ou o tronco encefálico.

Quadro clínico

Manifestações neurológicas

Encefalite

O quadro de encefalite, determinado pela infecção por *Listeria* em bovinos, geralmente cursa durante uma a duas semanas, após duas a três semanas de incubação. Inicia-se por febre, depressão, incoordenação e quedas, com posterior hipoalgesia e paralisia facial ipsilateral (auricular, mandibular, labial e palpebral), por disfunção assimétrica de nervos craniais (trigêmeo, facial, vestíbulo-coclear e glossofaríngeo). Outros nervos craniais e outras regiões encefálicas também podem ser afetados. Eventualmente pode ocorrer quadro excitatório. O animal apresenta ataxia, com andar em círculos, giro ortotônico cervical, com retroflexão ou ventroflexão, dificuldade de deglutição, salivação e *head tilt* (apoio da cabeça em anteparos) para o lado onde ocorreu a lesão. Durante essa última fase, muitos animais apresentam constante bruxismo. O óbito ocorre por falência respiratória, em dois a três dias, em praticamente 100% dos casos sem tratamento.

Mielite espinhal

Essa manifestação é menos comum e ocorre em bovinos de 12 a 18 meses de idade. É originada a partir de dermatites úmidas, com infecção de nervos sensoriais contíguos às regiões contaminadas, atingindo a medula espinhal (cervical ou lombar), com consequente inflamação. Inicia-se com febre, ataxia e paralisia, sem envolvimento de nervos cranianos. Os bovinos permanecem alerta e se alimentam, porém com rápida progressão e piora do quadro clínico. As meninges apresentam-se congestas e o líquor turvo, com aumento de proteínas e de leucócitos (mononucleares e linfócitos). É uma apresentação clínica pouco responsiva a tratamento.

Manifestações oculares

A infecção do nervo óptico por *Listeria* pode levar a endoftalmite, ceratite, estrabismo, nistagmo, panoftalmite com secreção purulenta. Ocorre constrição pupilar e lesões focais na superfície interna da córnea, com presença de material flocular na câmara anterior, pano e opacidade corneal, em um ou ambos olhos. Geralmente ocorre após contato dos olhos do animal com silagem contaminada.

Abortamento

A forma abortiva de listeriose é mais frequente em ovinos e caprinos. Ocorre invasão placentária, do líquido amniótico e do feto em 24 horas do início da bacteremia. O abortamento acontece entre cinco a dez dias pós-infecção (normalmente no terço final da gestação), em decorrência de edema e necrose placentária. Em alguns casos verifica-se o nascimento de neonato enfermo, além de metrite e placentite maternas. Se houver retenção fetal, ocorre septicemia na fêmea.

Ocasionalmente, durante surto de listeriose nos rebanhos, podem ser observados quadros de encefalite e abortamentos.

Forma septicêmica

Ocorre em ruminantes neonatos ou jovens, com elevada letalidade e péssimo prognóstico. A infecção se dá por via intestinal, após curto período de incubação (dois a três dias), com disseminação da bactéria por via linfo-hemática, atingindo órgãos como fígado e baço. O quadro clínico inicia-se com febre, depressão, emaciação, pneumonia e diarreia (em alguns casos). Em bezerros de três a sete dias de idade, nota-se opacidade corneal, nistagmo, dispneia e opistótono. A morte ocorre em 24 horas e as lesões evidenciadas são oftalmite e meningite serofibrinosa.

Mastite

A infecção da glândula mamária bovina por *Listeria* ocorre de forma oportunista, na medida em que este é um agente ambiental. Por isso a importância da realização do *pré-dipping*, com desinfetantes em correta concentração.

A mastite por *Listeria* pode envolver um ou mais quartos, sendo crônica e pouco responsiva a tratamento. Produz elevada contagem de células somáticas no leite, que apresenta aspecto inalterado.

Diagnóstico

Os sinais clínicos, associados aos dados epidemiológicos, contribuem para o diagnóstico presuntivo. Um completo exame neurológico, incluindo o exame dos nervos cranianos, é essencial para determinar a localização anatômica da lesão.

Para o diagnóstico microbiológico, realiza-se o cultivo em agar-sangue ou agar-chocolate, a partir de amostras de líquor, tecido cerebral, fezes, leite, urina e sangue. É importante ressaltar, no entanto, que o isolamento, a partir de líquor, é mais difícil. Na forma abortiva, recomenda-se a colheita de secreções vaginais da fêmea bovina até duas semanas pós-abortamento, além de placenta, leite e fezes. Do feto abortado, colhe-se fragmento de fígado, baço, pulmão, mecônio e conteúdo estomacal. Em caso de suspeita de quadro septicêmico, um fragmento de fígado deve ser colhido para diagnóstico. O ambiente de microaerofilia (10% CO_2), a 37°C, durante 24 horas, é ideal para o isolamento de *Listeria*.

No caso de amostras muito contaminadas, indica-se a adição de caldo nutriente, com posterior incubação a 4°C, durante 30 dias, com exames semanais. Essa técnica utiliza a característica de *L. monocytogenes* em crescer e multiplicar-se a baixas temperaturas, sobrepondo-se aos outros microrganismos que crescem mais lentamente. Em alguns casos, no entanto, pode haver o isolamento de listerias não patogênicas ou de microrganismos de outras espécies. Meios seletivos como CNA Agar (colistina e ácido nalidíxico), ou meio (sólido ou líquido) contendo ácido nalidíxico, tripaflavina e soro, apresentam excelentes resultados em amostras clínicas contaminadas, como exsudatos genitais, fetos e fezes.

Em caso de indisponibilidade de cultivo, o diagnóstico histopatológico torna-se uma opção, em materiais parafinados ou esfregaços, com coloração de Gram ou Giemsa. O material cerebral apresenta-se com microabscessos e infiltrado inflamatório vascular, especialmente composto por linfócitos e plasmócitos; além de neuronofagia, principalmente no tronco encefálico, gliose multifocal e degeneração axonal e microgranulomas. No quadro septicêmico, nota-se necrose multifocal e presença de microabscessos no fígado, baço e miocárdio. O exame histopatológico associado ao quadro clínico confirma a listeriose em bovinos, mesmo na ausência de isolamento do agente.

A imunoistoquímica apresenta-se como um teste rápido e prático para o diagnóstico da listeriose encefálica. O agente é detectado predominantemente em microabscessos e em extensas áreas de necrose, dentro e fora de macrófagos, no encéfalo.

À necropsia, as lesões macroscópicas podem ser inaparentes, ou apresentarem-se como meningite congestiva e líquor turvo. Na forma septicêmica, observa-se gastrenterite catarral e/ou hemorrágica, linfadenite mesentérica e presença de petéquias pleurais e epicárdicas. Já na forma abortiva, as lesões fetais são representadas por broncopneumonia supurativa, necrose hepatocelular multifocal, focos necróticos em miocárdio e baço; edema e autólise fetal.

Com relação à patologia clínica, o hemograma geralmente apresenta-se sem alterações. O exame do líquor revela pleiocitose, (geralmente >10 células/mL), com predominância de células mononucleares e elevada concentração de proteínas (normalmente >20 mg/dL), em consequência do processo inflamatório encefálico. Apesar do exame do líquor auxiliar no diagnóstico da listeriose bovina, há uma pequena correlação entre a extensão das alterações no líquor e a severidade ou desenvolvimento da doença.

Os testes sorológicos, como a aglutinação e a fixação de complemento, podem produzir falsos resultados, já que animais saudáveis apresentam anticorpos contra *Listeria*, além da possibilidade de ocorrer reações cruzadas com outros agentes, como *S. aureus, Enterococcus faecalis* e *Arcanobacterium pyogenes*. Alguns laboratórios utilizam a imunofluorescência direta, em virtude da melhor sensibilidade e especificidade diagnóstica. Recentemente, testes de ELISA têm sido desenvolvidos para detectar especificamente anticorpos contra a listeriolisina O e internalina A em soro bovino, mas os resultados ainda são insatisfatórios.

Os testes biomoleculares têm sido utilizados em pesquisas e contribuído para determinar a origem das cepas bacterianas em casos de surtos nos rebanhos. A reação em cadeia pela polimerase auxilia na identificação do DNA de *Listeria* em amostras ambientais e em alimentos, promovendo uma triagem, para posterior cultivo microbiológico e caracterização genotípica. Já a ribotipagem tem sido considerada uma técnica prática para investigações epidemiológicas.

Diagnóstico diferencial

A forma encefálica por listeriose em bovinos deve ser diferenciada de outras infecções e patologias neurológicas, como a cetose, a Raiva, a encefalite por *Herpesvirus* bovino-5, a poliencefalomalácia, a encefalopatia espongiforme bovina (em alguns países), além de meningites bacterianas, neoplasias, intoxicação por chumbo, migrações erráticas de parasitos, otite (média e interna), trauma, entre outras. A forma ocular deve ser diferenciada da oftalmia contagiosa. A forma abortiva deve ser diferenciada das outras causas de abortamentos que ocorrem no terço final da gestação, e a forma septicêmica deve ser distinguida de processos septicêmicos causados por outros agentes bacterianos.

Tratamento

Em bovinos adultos, na fase inicial da doença, recomenda-se a utilização de penicilina benzatina, ampicilina, tetraciclina ou florfenicol (**Quadro 2**).

Quadro 2. Terapêutica recomendada para o tratamento da listeriose bovina.

Princípio ativo	Dosagem	Via de adminstração	Intervalo de tratamento
Penicilina benzatina	40.000 UI/kg	Intramuscular	A cada cinco dias, com máximo de três aplicações.
Ampicilina	20 mg/kg	Intramuscular	A cada 12 horas, durante 15 dias.
Tetraciclina	20 mg/kg	Intramuscular	A cada 12 horas, durante 15 dias.
Clortetraciclina	20 mg/kg	Intravenosa	A cada 12 horas, durante 15 dias.
Tetraciclina longa ação	20 mg/kg	Intramuscular	A cada três dias, com total de cin co aplicações.
Florfenicol	20 mg/kg	Intramuscular	A cada 24 horas, durante 15 dias.

O tratamento de suporte deve ser associado, para a correção do equilíbrio ácidobásico e da desidratação.

Para a forma ocular, deve ser instituída a terapia antimicrobiana sistêmica, na fase inicial da doença, e utilização de corticosteroide e atropina subpalpebral, para promover a dilatação pupilar.

No quadro septicêmico, recomenda-se a utilização de antibioticoterapia de amplo espectro em animais com mais de 30 dias de idade, e ampicilina em caso de suspeita clínica.

Na forma abortiva, recomenda-se tratamento da fêmea, com infusão intrauterina com tetraciclina, associado ao tratamento sistêmico, de forma a prevenir a sepse e meningoencefalite.

Prognóstico

O prognóstico da listeriose em bovinos é reservado a mau, especialmente nos casos de acometimento neurológico agudo.

Profilaxia e controle

A listeriose é uma doença de difícil controle, em decorrência da característica ubiquitária do agente. Para a prevenção, os bovinos devem ser manejados adequadamente, de forma a evitar o estresse. Deve-se atentar para a produção adequada de silagem, de forma a proporcionar um ambiente ideal de fermentação que inibirá a multiplicação de *Listeria*. A estocagem, a manipulação e o fornecimento de alimento aos animais devem ser realizados de maneira a evitar a contaminação fecal. Os cochos devem ser construídos, visando evitar o contato dos olhos dos animais com a silagem.

A desinfecção das instalações, em caso de surtos, deve ser realizada utilizando-se creolina ou formaldeído a 3%. Os animais doentes devem ser isolados, e o leite descartado durante um mês. A tetraciclina deve ser administrada na ração de todos os animais.

Em alguns países, existem vacinas inativadas e autógenas, que conferem proteção parcial contra a bactéria, porém não estão disponíveis no Brasil.

Saúde pública

A listeriose é uma saprozoonose, ou seja, os animais e seres humanos estão expostos à mesma origem de infecção, que normalmente é decorrente de contaminação ambiental. No entanto, é importante ressaltar que o contato com animais de produção (doença ocupacional), e/ou o consumo de produtos de origem animal, têm produzido surtos de listeriose em humanos, com elevada letalidade, especialmente em neonatos, crianças, idosos e indivíduos imunocomprometidos. A bactéria também pode causar abortamentos em mulheres e é a terceira causa de meningite em recém-nascidos. Outras manifestações incluem endocardite, doença óculo-glandular e dermatite. A doença é considerada a mais importante zoonose de origem alimentar em humanos.

A contaminação dos alimentos pode ocorrer durante o processamento na indústria, em virtude da capacidade de multiplicação seletiva de *Listeria* a baixas temperaturas e da formação de biofilmes, que dificultam a limpeza. Há relatos na literatura de sobrevivência de *Listeria* por mais de 10 anos em ambientes de produção de alimentos. Frutas, legumes e verduras podem apresentar contaminação fecal. Frequentemente, pode ocorrer o crescimento seletivo de *Listeria monocytogenes* em alimentos, durante longos períodos de refrigeração.

Os surtos de listeriose em humanos têm sido associados com a ingestão de leite cru ou pasteurizado, queijos (especialmente frescais), sorvetes, salsichas e linguiças fermentadas (cruas), carnes cruas e pescado cru e defumado.

Em consequência do rápido curso clínico e elevada taxa de letalidade, a forma encefálica da listeriose em bovinos não contribui substancialmente para casos humanos de listeriose de origem alimentar.

As medidas de prevenção e controle devem ser empregadas tanto na indústria quanto no comércio e também pelos consumidores, por meio de medidas adequadas de higiene, controle de temperatura dos alimentos e cuidados para seu preparo.

Referências bibliográficas

Borucki, M.K.; Gay, C.C.; Reynolds, J.O.; McElwain, K.L.; Kim, S.; Call, D.R.; Knowles Jr, D.P. Genetic diversity of *Listeria monocytogenes* strains from a high-prevalence dairy farm. **Appl. Environm. Microbiol.**, v.71, n.10, p.5893-5899, 2005.

Bunning, V.K.; Donnelly, C.W.; Peeler, J.T.; Briggs, E.H.; Bradshaw, J.G.; Crawford, R.G.; Beliveau, C.M.; Tierney, J.T. Thermal inactivation of *Listeria monocytogenes* within bovine milk phagocytes. **Appl. Environm. Microbiol.**, v.54, n.2, p.364-370, 1988.

Chandio, T.H.; Soomro, A.H.; Bhutto, M.B.; Dewani, P.; Shah, G. Occurrence of *Listeria monocytogenes* in bovine milk in Hyderabad, Pakistan. **Annals of Microbiology**, v.57, n.3, p.341-344, 2007.

Fenlon, D.R. *Listeria monocytogenes* in the natural environment. In: Ryser, E.T.; Marth, E.H., editors. **Listeria, listeriosis, and food safety**. 2nd edition. New York: Marcel Dekker, p.299-358, 1999.

Ho, A.J.; Ivanek, R.; Gröhn, Y.T.; Nightingale, K.K.; Wiedmann, M. *Listeria monocytogenes* fecal shedding in dairy cattle shows high levels of day-to-day variation and includes outbreaks and sporadic cases of shedding of specific *Listeria monocytogenes* subtypes. **Prev. Vet. Med.**, v.80, n.4, p.287-305, 2007.

Mantilla, S.P.S.; Franco, R.M.; Oliveira, L.A.T.; Santos, E.B.; Gouvêa, R. Ocorrência de *Listeria* spp. em amostras de carne bovina moída comercializadas no município de Niterói, RJ, Brasil. **Ciênc. Agrotec.**, v.31, n.4, 2007.

Mesquita, A.J.; Iaria, S.T.; Nunes, I.A. Bactérias do Gênero *Listeria* em carne e água residuária de lavagem de carcaça de um matadouro-frigorífico e em carne moída comercializada na cidade de Goiânia-GO. **Anais Esc. Agron. e Vet.**, v.25, n.2, p.37-45, 1995.

Morin, D.E. Brainstem and cranial nerve abnormalities: listeriosis, otitis media/interna, and pituitary abscess syndrome. **Vet. Clin. Food Anim.**, v.20, p.243-273, 2004.

Quinn, P.J; Markey, B.; Carter, M.E.; Donnelly, W.J.; Leonard, F.C. **Microbiologia Veterinária e Doenças Infecciosas**. Ed. Artmed. Porto Alegre, 2005. 512p.

Radostits, O.M.; Gay, C.C.; Blood, D.C.; Hinchcliff, K.W. **Veterinary Medicine. A textbook of the diseases of cattle, horses, sheep, pigs and goats** 10th edition. Saunders Elsevier. Philadelphia, PA, 2007, 2.156p.

Ryser, E.T. Foodborne listeriosis. In: Ryser, E.T.; Marth, E.H., editors. **Listeria, listeriosis, and food safety**. 2nd edition. New York: Marcel Dekker, p.299-358, 1999.

Starič, J.; Kri•anec, F.; Zadnik, T. Listeria monocytogenes keratoconjunctivitis and uveitis in dairy cattle. **Bull Vet Inst Pulawy**, v.52, p.351-355, 2008.

Swaminathan, B.; Gerner-Smidtm, P. The epidemiology of human listeriosis. **Microbes and Infection**, v.9, p.1236-1243, 2007.

Xiuping, J.; Islam, M.; Morgan, J.; Doyle, M.P. Fate of *Listeria monocytogenes* in bovine manure-amended soil. **J. of Food Protect.**, v.67, n.8, p.1676-1681, 2004.

CAPÍTULO 54

Antonio Carlos Paes
Professor Livre Docente
Depto. de Higiene Veterinária e Saúde Pública
FMVZ/UNESP. Botucatu, SP
paesacmi@fmvz.unesp.br

Tatiana Salerno
Doutoranda em Medicina Veterinária Preventiva
Depto. Higiene Veterinária e Saúde Pública
FMVZ/UNESP. Botucatu, SP
tativet@ig.com.br

Marcella Zampoli Troncarelli
Doutoranda em Medicina Veterinária Preventiva
Depto. Higiene Veterinária e Saúde Pública
FMVZ/UNESP. Botucatu, SP
matroncarelli@yahoo.com.br

Febre aftosa
Estomatite vesicular
Leucose bovina

Febre aftosa

Definição e importância

A febre aftosa é uma enfermidade infectocontagiosa aguda com potencial de transmissibilidade extremamente alto entre os animais susceptíveis, podendo, em cerca de uma semana ou menos, acometer a totalidade dos componentes de um rebanho afetado. É caracterizada por vesículas, também denominadas aftas (ao que se deve a denominação da enfermidade), erosões e úlceras na mucosa oral, epitélio lingual, nasal, mamário, além de lesões características na região coronária dos cascos e nos espaços interdigitais. Acomete os animais biungulados, ou seja, bovinos, bubalinos, ovinos, caprinos e suínos, além de ruminantes silvestres, camelídeos e elefantes. Os equídeos são completamente refratários à enfermidade.

Pode-se afirmar com segurança que a febre aftosa é, na atualidade, a principal enfermidade infecciosa a ser considerada em relação à defesa sanitária animal na pecuária bovina de corte e produtora de leite. Faz parte do Código Zoossanitário Internacional da Organização Mundial de Sanidade Animal e, embora seja registrada em dois terços dos países membros dessa organização, é uma doença estigmatizante. Os países que não a controlam ou não a erradicam tornam-se verdadeiros párias no mercado global da carne bovina e seus derivados e suportam prejuízos econômicos extremos em virtude das drásticas perdas diretas e indiretas, pelo impacto social advindo das ações de controle, pelo desemprego que gera nos trabalhadores das pecuárias e dos frigoríficos, além do impacto político perante a comunidade internacional.

O surto de febre aftosa na Inglaterra, em 2001, gerou prejuízos imensos, sendo 2,75 bilhões de libras pelo custo direto da epidemia e 5,25 bilhões de libras de custos indiretos equivalentes a aproximadamente 32 bilhões de reais.

É relevante citar que o Brasil, nos últimos anos, embora tenha assumido o posto de maior exportador de carne do mundo, não coloca carne bovina *in natura* no Mercado Comum Europeu, nos Estados Unidos da América e Canadá e, se o fizesse, a grande receita em dólares atualmente gerada pelas exportações do produto poderiam ser triplicadas.

Histórico

A febre aftosa era conhecida na Antiguidade, sendo descrita em bovinos por Columela e Claudius Vegetus antes da era cristã, no Império Romano, mais precisamente na Itália, e, na Grécia, o grande filósofo Aristóteles acreditava na contagiosidade da enfermidade.

No ano de 1546, Girolamo Fracastoro fez a primeira descrição confiável da doença ao discorrer sobre a epizootia em bovinos do ano de 1514, na região de Verona, Itália, e, além de acreditar tratar-se de um processo contagioso, chegou a recomendar o isolamento dos animais doentes. Em 1683, Wincler, médico chefe do Princípe do Palatino, descreveu lesões em bovinos na Europa Central, as quais Leclainche identificou como aftas e, em 1686, Diderich, na Alemanha, descreveu bovinos com copiosa sialorreia.

No ano de 1765, Jean Baptiste Sagar, médico da Morávia, atualmente região da República Eslovaca, descreveu os sinais clínicos que observou em bovinos, pequenos ruminantes e suínos em uma monografia intitulada *Libellus de aphtis pecorinis anni* 1764 (Libelo das aftas ovinas do ano de 1764), na qual afirmava que os mais característicos dos sintomas eram as aftas. O autor afirmava que a doença era contagiosa. Ele descreveu a transmissão entre as espécies diferentes e citou o contágio através do leite. Antes das descrições de Sagar, Paulet e Hesse descreveram os mesmos sintomas em animais. No ano de 1696 e em 1764, a doença também foi descrita em Holstein (Alemanha).

No ano de 1777, Claude Bougelat, fundador da primeira escola de medicina veterinária do mundo na Maison Alfort, França, recomendava a desinfecção de instalações, nas quais haviam permanecido animais doentes, com vinagre evaporado em carvões ardentes.

Entre 1799 e 1800, Tóggia descreveu a ocorrência da doença em Piemonte (Norte da Itália) e classificou-a como epizootia pela rapidez da difusão, já que, no mesmo período, a referida enfermidade alcançou o Vêneto e a Lombardia. Foi o primeiro autor a utilizar o termo Febre Aftosa.

Delafond, em 1838, preconizava que os utensílios contaminados com a saliva de animais doentes fossem lavados com água fervente e que os mesmos permanecessem em isolamento.

Em 1839, Simonds descreveu a primeira ocorrência da doença na Grã-Bretanha, mesmo na total ausência de importação de animais. No ano de 1869, também na Grã-Bretanha foi estabelecida a primeira medida regulatória proibindo o movimento de animais durante a ocorrência de surtos.

Muitos veterinários da época, como Charlier, Fabre, Magne e Maret sabiam da contagiosidade da enfermidade pela inoculação de animais susceptíveis com o material retirado das lesões dos animais doentes. Porém outros pesquisadores não acreditavam nessa contagiosidade, porque simplesmente e erradamente inoculavam equinos e cães com material de bovinos doentes e, obviamente, não conseguiam reproduzir a enfermidade.

Reynal, em 1873, atribuía a doença ao calor, ao frio, à secura, à umidade, à má qualidade dos alimentos, ou seja, simplesmente a causas desconhecidas. Em 1870, a doença alcança os Estados Unidos da América, Argentina e Uruguai e, em 1871, chega ao Chile e ao Brasil.

Segundo outros autores, a febre aftosa foi relatada no Brasil, em 1895, após sua descrição na Argentina e Uruguai, coincidindo com a importação sistemática de reprodutores bovinos de raças europeias no surgimento da indústria frigorífica da Península Ibérica, onde a doença ocorria no final do século XIX. A ocorrência da febre aftosa contribuiu para a criação do Ministério da Agricultura em 1909.

Em 1873, houve o último surto na Austrália, tendo o vírus ingressado naquele país em palha contaminada que envolvia produtos importados da Inglaterra.

Em 1896, Albrecht descreveu a resistência dos equinos frente a enfermidade após inoculação experimental.

Em 1898, Nocard e Leclainche reconheceram o alto nível de susceptibilidade de bovinos, suínos, ovinos e caprinos e a possibilidade da contaminação natural em bubalinos, ruminantes silvestres e camelídeos.

No ano de 1897, Löffler e Frosch identificaram o agente da febre aftosa como sendo um vírus, sendo essa a primeira doença animal identificada de etiologia viral.

Em 1922, Vallé e Carré demonstraram a existência de mais de um tipo viral, identificando os tipos A e O e logo a seguir Waldmann e Trautwein identificaram o tipo C.

Em 1929, ocorreu o último surto de febre aftosa nos Estados Unidos da América, na Califórina, e os anos de 1951 e 1952 marcaram as últimas ocorrências no Canadá e, em 1954, ocorreu o último surto no México, tendo o vírus ingressado naquele país em vacas importadas do Brasil.

Atualmente, no Continente Americano, a febre aftosa está erradicada acima do estreito de Darien, que separa o Panamá e a Colômbia, ou seja, há muito tempo não existe mais febre aftosa na América Central e na América do Norte.

Entre 1967 e 1968, na Grã-Bretanha, ocorreu uma maciça epidemia com duração de oito meses; em 1993, na Itália, a doença foi identificada em bovinos importados do Leste da Europa. Em 1997, uma epizootia, em Taiwan, acarretou em poucos meses o sacrifício de quatro milhões de suínos.

No ano de 2000, ocorreram registros de focos de febre aftosa na China Continental, Taiwan, Coreia do Sul, Japão e Leste da Rússia.

Em 2001, ocorreu nova epizootia de febre aftosa na Grã-Bretanha, causada por um sorotipo O asiático do vírus com difusão para a República da Irlanda, França e Holanda.

Os prejuízos para a Inglaterra foram incalculáveis, já que a febre aftosa ocorreu em forma de epizootia na mesma época em que eram realizados grandes abates para o controle do *mal da vaca louca*.

O sorotipo O Asiático ou Amostra Pan-Ásia Sorotipo O foi identificado pela primeira vez, em 1990, no Noroeste da Índia, alcançou a Arábia Saudita, em 1994, chegou à Bulgária e Grécia, em 1996, e à Grã-Bretanha em 2001.

O mesmo vírus atingiu, entre 1999 e 2000 a China, Coreia do Sul, Japão, Rússia e Mongólia, mostrando que o vírus da febre aftosa possui imenso poder de difusão global.

Histórico recente na América do Sul

2000 - focos na Argentina, Brasil, Uruguai e Colombia - sorotipo O.
2001 - focos na Argentina, Uruguai e Brasil (RGS) - sorotipo A.
2002 - surtos no Paraguai e Venezuela - sorotipo O.
2003 - focos na Bolívia, Paraguai e Argentina - sorotipo O e sorotipo A.
2004 - focos no Peru - sorotipo A.
2004 - focos na Colômbia - sorotipo O.
2005 - focos na Colômbia e Equador - sorotipos A e O, respectivamente.
2005 - focos no Brasil (Mato Grosso do Sul) - sorotipo O.
2006 - focos na Argentina e Equador - sorotipo A e O, respectivamente.

2006 - focos no Brasil (Mato Grosso do Sul e Paraná) - sorotipo O.

O sorotipo C permaneceu oculto por muitos anos, sendo considerado quase extinto, porém ressurgiu no Amazonas em 2004.

No Chile, a doença é considerada extinta e o país é considerado livre de febre aftosa sem vacinação.

No Brasil, o Estado de Santa Catarina é considerado livre da enfermidade sem vacinação.

Agente etiológico

RNA vírus - Família *Picornaviridae* - Gênero Aphtovirus

A palavra picornavírus deriva do espanhol *pico* que significa muito pequeno.

O vírus da febre aftosa apresenta simetria icosaédrica, não possui envelope e o vírion apresenta dimensões de 25 a 30 nm de diâmetro.

O capsídeo de superfície externa é regular, simétrico, composto de sessenta unidades estruturais idênticas, sendo cada uma dessas unidades denominadas protômeros, cada um formado por quatro proteínas principais VP1, VP2, VP3 e VP4. São proteínas estáveis e garantem a proteção do genoma em ambientes hostis. A proteína VP4 está localizada na superfície interna do capsídeo.

As proteínas estruturais, pela sua sequência de aminoácidos, formam estruturas nas quais se localizam os receptores nos *Aphtovirus*, que são denominados *loops*.

Essas sequências de aminoácidos são determinantes do tipo celular a ser infectado e apresentam influência direta no tropismo celular e na patogenia das cepas virais. A proteína estrutural VP_1 é a única capaz de induz resposta sorológica específica por meio de anticorpos neutralizantes e, quando administrada sozinha para animais, pode conferir proteção frente a desafios com vírus homólogos. Porém a presença de todas as proteínas estruturais é essencial para a eficácia da vacina.

A variabilidade das regiões das proteínas estruturais determina a diferenciação do vírus da febre aftosa em diferentes sorotipos antigenicamente distintos entre si e também a diferenciação de sorotipos em subtipos. Esses subtipos apresentam diferença antigênica em relação ao sorotipo dos quais se originaram, muitas vezes tão significantes que não se verifica neutralização cruzada suficiente para conferir proteção, o que resulta no comprometimento da eficácia das vacinas.

Alguns autores denominam esse fenômeno de pluralidade viral do *Aphtovirus* e é de fundamental importância no combate, controle e erradicação da enfermidade, além de interferir na produção de vacinas.

Tipos virais

Existem em todo mundo sete tipos virais distintos causadores de febre aftosa. De nosso principal interesse estão os tipos que ocorrem na América do Sul que são A, O e C, que, além de nosso continente, apresentam ocorrência na África e Ásia.

No continente Asiático, além dos três sorotipos citados, é encontrado também o sorotipo Ásia 1, enquanto na África são encontrados outros três sorotipos denominados SAT1, SAT2 e SAT3, com a sigla referindo-se a *South African Territories*.

Em relação aos tipos de interesse nacional existem 11 subtipos para o sorotipo A, 32 subtipos para o sorotipo O e 5 subtipos para o sorotipo C.

Deve ser ressaltado que esses subtipos existem em diversas regiões de ocorrência dos sorotipos A, O e C e nunca todos em todos os locais de identificação. Dessa forma, no Brasil, as vacinas contra a febre aftosa contêm os seguintes sorotipos virais: A_{24} Cruzeiro, O_1 Campos e C_3 Indaial.

Isolamento viral

É realizado nos laboratórios de segurança máxima, e no Brasil, todo material para isolamento deve ser enviado para o Lanagro (Laboratório Nacional Agropecuário), em Belém, no Pará.

Para isolamento do vírus da febre aftosa, são utilizadas culturas de células de tireoide bovina, células renais bovinas, células renais de suínos e ovinos e células BHK-21 (*Baby Hamster Kidney*).

O vírus para produção de vacinas é obtido a partir de tecido lingual infectado em culturas de células de epitélio lingual ou células BHK, que são mais utilizadas nesse processo.

São produzidas cerca de um bilhão e quinhentos milhões de doses de vacina no mundo, e apenas os países da América do Sul consomem um bilhão e trezentos milhões dessas doses.

Resistência do *Aphtovirus*

Frente à variação de pH

São estáveis em pH entre 7,0 a 8,5 e desestabilizados em pH inferior a 6,5 e superior a 9,0. A acidez da carcaça no *rigor mortis* pode inativar o vírus, porém o pH da medula óssea, linfonodos e certos órgãos não declinam no *rigor mortis*, havendo nesses locais uma longa permanência viral. A persistência viral na medula óssea de cortes cárneos congelados pode variar de cinco a 11 semanas e, nas carcaças e peles de animais preparados pós-abate pode ser de 21 a 352 dias.

Esse fato explica o veto rigoroso e total na importação de carne *in natura* de países que não erradicaram a febre aftosa. Já se considera a possibilidade de introdução intencional do vírus da febre aftosa em países ou regiões livres da enfermidade, e esse procedimento é denominado agroterrorismo.

Frente a situações ambientais

Não resiste à radiação ultravioleta da luz solar direta, porém no solo, em ambientes sombrios, pode resistir de duas a cinco semanas.

No feno e no pelo dos bovinos resiste por quatro semanas. Pelo exposto, é um grande problema a persistência viral em estábulos e salas de ordenhas, além de troncos, comedouros e bebedouros. Problema que se avoluma imensamente se for considerado que, na fase aguda da doença, cada bovino acometido pode eliminar cerca de cem trilhões de partículas virais por dia para o meio ambiente.

Frente ao calor

É inativado em 15 minutos em temperaturas de 60 a 70°C; a 80°C resiste por três minutos e, no creme de leite a 93°C, pode persistir por 15 a 25 dias. É inativado instantaneamente pela fervura e pela pasteurização, e o congelamento o preserva indefinidamente.

Frente aos desinfetantes

Resiste ao éter, clorofórmio, iodóforos, amônia quaternária e hipocloritos. Em álcool 70°C resiste por três dias; no cresol durante seis horas, porém, em carbonato de sódio a 5%, não resiste por mais de 15 minutos, sendo esse o desinfetante de eleição contra o vírus da febre aftosa. Também é sensível ao hidróxido de sódio a 2%, fenol a 5% e ácido acético a 2%.

Epidemiologia

Situação mundial da enfermidade

A febre aftosa jamais ocorreu na Nova Zelândia, nas pequenas ilhas da Oceania, na Islândia e na Groelândia. Está erradicada há 135 anos na Austrália, não ocorre desde 1929 nos Estados Unidos da América, desde 1952 no Canadá e desde 1954 no México.

A América Central está, há tempos, livre da febre aftosa, pois há muito tempo não ocorre acima do Estreito de Darien, que separa o Panamá da Colômbia.

Está sob estrito controle na Europa Continental e também nas Ilhas Britânicas, onde não ocorre desde 2001. Porém a enfermidade é endêmica em grandes áreas da Ásia, África e América do Sul. Em relação a esta parte do Continente Americano, é considerada erradicada no Chile e o Brasil a vem combatendo com muito sucesso, pois há cerca de vinte anos os focos eram relatados às centenas por ano, e hoje a ocorrência de apenas um foco é considerada desastrosa e efetivas de combate são tomadas com a maior seriedade.

Para exemplificar a mudança em relação ao programa de controle e erradicação da febre aftosa, basta analisar a evolução da ocorrência de focos no Brasil, que, no ano de 1979 apresentou a ocorrência de 6.656 focos; em 1989 ocorreram 1.376 focos e, em 1999, foram registrados apenas 37 focos. Daí em diante, houve apenas as ocorrências dos focos no Rio Grande do Sul em, 2001, e no Mato Grosso do Sul, em 2005 e 2006; e nos anos de 2007, 2008 e 2009, nenhuma ocorrência da enfermidade foi registrada.

Em termos mundiais, no presente momento, a enfermidade é registrada em dois terços dos países membros da Organização Mundial de Sanidade Animal e apenas 54 países possuem reconhecimento de livres sem vacinação.

Poder de difusão global do vírus da Febre Aftosa

O grande surto de 2001 no Reino Unido foi causado pela amostra pan-Ásia sorotipo O, cuja primeira identificação aconteceu em 1990, na Região Noroeste da Índia, alcançou a Arábia Saudita, em 1994, chegou na Bulgária e Grécia, em 1996, e atingiu a China, Coreia do Sul, Japão, leste da Rússia e Mongólia, entre 1999 e 2000.

Alcançou, entre 1996 e 1998, o Iraque, Irã, Israel, Jordânia, Líbano e Síria, chegando também à África do Sul, onde ocorreu nas cercanias de Durban em porcos alimentados com restos contaminados de carne provenientes de barcos asiáticos.

Isso evidencia o grande poder de difusão do vírus da febre aftosa, o que faz com que os países livres da enfermidade reforcem continuamente seus mecanismos de defesa sanitária e imponham cada vez mais restrições à importação de carne e derivados dos países que ainda não erradicaram a doença.

Uma conjunção de baixa temperatura, alta umidade e ventos moderados favorecem sobremaneira a difusão do vírus, que pode alcançar locais distantes até 10 Km do foco original; porém, em 1981, houve difusão viral desde a França, através do vento, até a costa sul da Inglaterra a uma distância de 200 km. No surto de 1967/1968, no Reino Unido, a difusão aérea do vírus foi fundamental para a grande difusão da enfermidade.

Os rios e riachos também apresentam grande importância na difusão do vírus da febre aftosa, seja pela contaminação por dessedentação de animais doentes ou pela ação de pessoas irresponsáveis que os contaminam com restos de cadáveres.

As aves, caso ingiram alimentos contaminados em focos de febre aftosa, podem transportar o vírus, que passa incólume pelo seu trato digestivo, por longas distâncias, inclusive ultrapassando barreiras naturais, como colinas, montanhas e grandes cursos fluviais.

O homem apresenta também importante papel na difusão do vírus, principalmente os indivíduos que têm contato com focos e vão para outras propriedades com as mesmas roupas e calçados. Houve a oportunidade, nas décadas passadas, de presenciar até mesmo profissionais médicos veterinários se deslocarem de uma propriedade atingida pela enfermidade para outra ainda incólume a título de prevenirem os proprietários e, nessa situação, levarem o vírus diretamente para um novo rebanho. Diversos autores citam que, após 12 a 24 horas de contato com bovinos portadores de febre aftosa na sua forma clínica, médicos veterinários que tiveram todos os cuidados com higiene, mudaram de roupas e calçados, tiveram o vírus isolado de suas secreções nasais, podendo também colaborar na sua difusão.

Inclusive no Programa Nacional de Erradicação e Prevenção da Febre Aftosa é recomendado ordenar que não se admitam visitas de pessoas de outras propriedades pecuárias ou daquelas que, por seu trabalho, percorrem lugares com animais como inseminadores, inspetores de registro, coletores de leite, comerciantes e outros.

O médico veterinário ou funcionários, ao saírem de uma propriedade afetada, não devem visitar nenhum lugar onde existam animais susceptíveis, por um período de 72 horas.

Os veículos que adentram a uma propriedade acometida por febre aftosa, ao saírem da mesma devem ser cuidadosamente desinfetados com carbonato de sódio a 5%, de forma abundante, seja por aspersão ou por passagem em rodolúvios.

Espécies animais acometidas

São acometidos animais biungulados, bovinos, bubalinos, caprinos, ovinos e suínos dentre as espécies domésticas. Ocorre também em ruminantes selvagens, camelídeos e elefantes. Os equídeos são totalmente refratários à febre aftosa.

Os reservatórios do vírus e consequentes fontes de infecção são os animais doentes e os portadores inaparentes, já que, no pós-enfermidade, o vírus permanece na orofaringe e vai constantemente sendo eliminado para o meio ambiente por períodos que variam muito nas diferentes espécies animais, e nas vacas leiteiras o leite permanece infectante por até dois meses pós-infecção.

Duração do estado de portador pós-enfermidade

- Bovinos → até três anos e seis meses
- Ovinos → nove meses
- Caprinos → quatro meses
- Búfalo Africano → cinco anos ou mais
- Búfalo Asiático → dois a seis meses
- Suínos → três a quatro semanas

Pelo exposto, fica clara a justificativa da medida de abate sanitário adotada em todo mundo para evitar a difusão da enfermidade, com o sacrifício dos animais nos focos de ocorrência e em um raio de segurança de aproximadamente 10 km, que é chamado área perifocal.

Pela definição oficial, foco é a propriedade com animais enfermos e seus contatos. Em um país livre da enfermidade, um foco pode estar constituído por um só animal enfermo. Isso inclui as propriedades limítrofes ou vizinhas, cujos animais têm possibilidade de ter estado em contato direto com os da propriedade afetada. O perifoco ou zona perifocal é uma área variável estabelecida, de 5 a 10 km de raio, tendo como centro a propriedade afetada. Consideram-se essas propriedades ou estabelecimentos com alto risco de infecção, mesmo na ausência de animais doentes.

Compreende as propriedades que rodeiam a área focal em um raio de limites variáveis (em geral de 5 a 10 km), segundo acidentes geográficos (rios, lagos, montes), zonas agrícolas isentas de pecuária, áreas urbanas, que possam servir de barreira para evitar a difusão da enfermidade. O sacrifício dos animais enfermos e seus contatos tem como objetivo circunscrever, *in situ*, a principal fonte do vírus e a sua difusão e deve ser realizado no menor tempo possível.

A morbidade da febre aftosa é extremamente elevada, e a difusão em um rebanho susceptível é rápida e, após uma semana do aparecimento do primeiro animal doente, todos os animais apresentarão a enfermidade.

A letalidade é muito baixa e ocorre principalmente entre os animais jovens por lesões orais graves que dificultam a alimentação, pela dificuldade de locomoção ou por lesões miocárdicas ou forma cardíaca da febre aftosa. A letalidade entre os adultos é muito baixa e ocorre em animais muito debilitados; porém, se ocorrer um foco na atualidade, esse fator se tornará irrelevante pois todos os animais serão sacrificados.

Se houver a ocorrência de febre aftosa em um país ou região onde não ocorra há muito tempo, além de todas as perdas referidas, a letalidade seria muito mais elevada, inclusive pela forma miocárdica da enfermidade.

Fatores contribuintes para o ressurgimento de focos no Brasil e Sul da América do Sul

- Euforia enganosa com a aparente erradicação da enfermidade;
- Formação de imensa população bovina totalmente susceptível em virtude da interrupção da vacinação no Uruguai, em 1994, na Argentina e no Paraguai, em 1999, e em Santa Catarina e Rio Grande do Sul, em 2000;
- Progressiva perda da proteção em uma grande população bovina em um curto período de tempo;
- Movimentação de grande número de animais entre as regiões da América do Sul;
- Permanência de áreas endêmicas em algumas regiões da América do Sul;
- Deficiente manejo sanitário;
- Substancial redução da infraestrutura veterinária para ações de controle, prevenção, diagnóstico e educação;
- Subavaliação dos riscos de reintrodução do vírus;
- Prevalência dos interesses políticos e comerciais sobre os requerimentos sanitários;
- Omissão nos cumprimentos dos procedimentos e normas do Código Zoossanitário Internacional da Organização Mundial de Sanidade Animal;
- Falta de transparência e veracidade na informação da situação de sanidade animal em outros países.

Vias de excreção viral pelo hospedeiro doente

O vírus é eliminado para o meio ambiente em todas as secreções e excreções dos bovinos doentes, contaminando água, alimentos e fômites e tem início 24 horas antes dos primeiros sintomas em títulos significativos; sendo que as vacas em lactação já eliminam o vírus no leite três a quatro dias antes dos sintomas clínicos.

O vírus é eliminado pela saliva, lágrima, secreções nasais, leite, sêmen e pelo ar expirado. A urina e as fezes apresentam menores títulos virais.

Eliminação viral pelo ar expirado

Nos bovinos, essa via de eliminação alcança seu pico máximo na fase virêmica, o mesmo ocorrendo nos suínos, porém a eliminação viral por essa espécie é de 1.500 a 3.000 vezes superior à bovina. Por esse motivo, os suínos são conhecidos como amplificadores da infecção, ao passo que ovinos e caprinos apresentam os menores títulos virais no ar expirado e são chamados eliminadores silenciosos.

O poder de excreção viral pelos bovinos é muito elevado; pode alcançar 100 trilhões de partículas virais por dia, garantindo um imenso poder de contaminação ambiental pelos doentes em surtos de febre aftosa, o que explica a rápida difusão da enfermidade nos rebanhos afetados.

Ingresso no organismo hospedeiro susceptível

Os bovinos são sensíveis à infecção pelo trato respiratório e pela via digestiva com ingresso do vírus pela orofaringe.

A infecção pela via respiratória ocorre através das gotículas de ar expirado pelos animais doentes e pela via digestiva através da ingestão de água e alimentos contaminados.

Patogênese

Período de incubação

O período de incubação da enfermidade é variável e depende diretamente da amostra viral, da dose infectante, da via de transmissão, das condições de manejo que propiciem aglomeração de animais e da espécie animal. Na ocorrência da enfermidade nos rebanhos bovinos, o período de incubação varia de dois a seis dias, com casos extremos registrados de um dia de incubação e de até quatorze dias. Na espécie suína, é comum a ocorrência de incubação de um dia apenas.

Replicação viral no hospedeiro

Na primeira etapa do ciclo replicativo, ocorre a interação dos vírions com os receptores celulares, que são determinantes do tropismo tecidual e fundamentais na patogenia da enfermidade. Ocorre internalização nas células do hospedeiro por endocitose e a penetração do genoma ocorre a partir da vesícula endocítica acidificada.

A ligação do vírus aos receptores celulares se dá através da proteína VP_1, pela qual foi demonstrada uma sequência arginina-glicina-asparagina responsável pela ligação às moléculas de integrinas que servem como receptores.

O ciclo de replicação ocorre integralmente no citoplasma das células do hospedeiro e o RNA genômico serve como molde para a tradução e para a replicação, resultando em uma interação complexa entre fatores de tradução do hospedeiro e de replicação do RNA.

O ciclo de replicação é completado em poucas horas, em média entre três e cinco horas, e uma única célula infectada pode produzir até um milhão de partículas virais.

A infecção pelo vírus da febre aftosa resulta em inibição da síntese proteica celular, pois, após duas horas, a tradução de mRNA celular está parada e é substituída pela tradução de mRNA viral.

Disseminação viral no hospedeiro

As partículas virais, inicialmente, ligam-se às células epiteliais das mucosas, penetram no citoplasma e replicam-se até que as células se desintegrem. Isso libera muitas partículas virais para infectarem outras células, incluindo macrófagos que drenam o vírus pelo sistema eferente linfático para o sangue.

Independentemente da porta de entrada, somente quando o vírus alcança a corrente sanguínea é então disseminado para muitos sítios epidermais, provavelmente no interior de macrófagos.

Sítios de infecção primária

A faringe é o sítio primário mais frequente, e um a três dias pré-viremia já é alcançado pelo vírus, bem como a superfície dorsal do palato mole.

O vírus também tem como sítio de infecção primária as tonsilas, principalmente em ovinos e regiões de epitélio cornificado da boca. Porém as células cornificadas do epitélio da boca e da pele são consideradas focos ou sítios de infecção secundária.

Tecidos alvos do vírus da Febre Aftosa

- Mucosa bucal.
- Epitélio lingual.
- Mucosa nasal.
- Pilares do rúmen.
- Epitélio da mama.
- Parênquima glandular mamário.
- Zona coronária dos cascos.
- Tecido interdigital.
- Córion laminar ungueal.
- Miocárdio.
- Adenohipófise.
- Pâncreas.

Fisiopatologia macroscópica

Ingresso do vírus por via oral e/ou nasal
↓
Orofaringe
↓
Réplica viral no epitélio de revestimento
↓
Pálato mole
↓
Tecido linfoide regional
↓
Primeira viremia
↓
Formação de vesículas primárias no esôfago, língua, mucosa bucal, mucosa nasal, pilares do rúmen
↓
Ruptura das vesículas primárias
↓
Viremia maciça

Invasão dos tecidos de eleição
↓
Número imenso de vesículas secundárias
↓
Ruptura das vesículas
↓
Erosões
↓
Ulcerações
↓
Reepitelização
↓
- Fisiopseatologia Microscópica
↓
Vírus → receptores de células alvo (integrinas) → Penetração por endocitose
↓
Replicação viral no citoplasma
↓
Alterações celulares
↓
Inflamação
↓
Exsudação celular
↓
Líquido tissular da inflamação perfunde o epitélio
↓
Desarranjo da dinâmica hídrica celular
↓
Pápula
↓
Acúmulo contínuo de líquido no citoplasma
↓
Degeneração balonosa de Unna-Pappenhein
↓
Ruptura de múltiplas células
↓
Formação de vesículas (cavidades multicelulares cheias de líquido)
↓
Ruptura das vesículas
↓
Erosões
↓
Úlceras → Contaminação bacteriana secundária → Coleções purulentas / Necrose do epitélio
↓
Sangramento (atingida a lâmina própria)

Lesões degenerativas em órgãos

Coração
↓
Miocardite
↓
Estriações no músculo cardíaco
↓
"Coração tigrado de Kitt"

Adenoipófise
↓
Replicação viral nas células cromófilas
↓
Vacas inférteis
↓
Masculinização

Pâncreas
↓
Replicação viral nas Ilhotas de Langerhans
↓
Diabetes mellitus

A forma miocárdica da febre aftosa acomete principalmente bezerros e caracteriza-se por uma forma letal de miocardite na qual a musculatura cardíaca se apresenta com evidentes estriações, sendo o processo patológico denominado *coração tigrado de Kitt* em homenagem ao patologista alemão que primeiro o descreveu.

A ação do vírus no miocárdio foi comprovada pelo seu isolamento do músculo cardíaco e por imunoistoquímica. A consequência da réplica viral nas células cromófilas da adenohipófise é o aparecimento de vacas que se tornam inférteis, apresentam pelos arrepiados, duros e secos, com comportamento masculino, e que no Brasil eram chamadas *vacas ruças* ou *cocoteiras*.

A ação do vírus no pâncreas, nos poucos casos citados na literatura internacional, tem como consequências bovinos com alteração no metabolismo da glicose e com consequente hiperglicemia. São casos raros, e essa consequência não gera maiores danos.

Resposta imune do hospedeiro

É basicamente humoral e títulos significantes de anticorpos já são detectados entre o terceiro e quinto dias de evolução clínica, com grande elevação por volta do sétimo e oitavo dias. Esses anticorpos são detectados por exames sorológicos pelo método de ELISA e promovem o *clearance* do vírus da circulação e redução do título viral nos tecidos com redução da eliminação viral nas secreções e excreções.

Não ocorre *clearance* viral na orofaringe, o que torna os animais que se recuperam carreadores do vírus, atuando como reservatórios e fontes de infecção por longo período de tempo, mas com títulos altos de anticorpos por meses ou anos.

Quadro clínico

- Dias 0 a 2 → desenvolvimento de vesículas
- Dias 1 a 3 → ruptura das vesículas
- Dias 2 a 3 → desenvolvimento de erosões
- Dia 3 → piora intensa das lesões
- Dias 4 a 6 → exsudação serofibrinosa
- Dia 7 → início da reparação com marcante presença de tecido fibroso nas bordas das erosões

O acometimento de um rebanho bovino de leite ou de corte pela febre aftosa pode ser descrito como um verdadeiro pesadelo surrealista.

Ao exame clínico, a primeira grande observação é o estabelecimento de profusa sialorreia, que é característica na enfermidade, e rinorreia, inicialmente serosa, evoluindo para mucopurulenta. Os animais apresentam também temperatura corporal elevada nos primeiros dias de evolução clínica, entre 40 a 41°C e claudicação intensa.

São detectadas vesículas, úlceras e erosões na mucosa nasal, no muflo, na mucosa oral e no epitélio lingual. Muitas vezes, ao segurar a língua para exame, todo o epitélio da mesma se desprende deixando o órgão com o tecido muscular exposto e intenso sangramento. As úlceras e erosões nasais e gengivais acabam recobertas por tecido necrótico e purulento pela grande contaminação bacteriana secundária.

Os animais claudicam devido a presença de úlceras e erosões nos espaços interdigitais e nas porções posteriores dos membros anteriores e posteriores e pela inflamação na região coronária dos cascos. Quando não havia o estabelecimento de abate sanitário, os animais, ao se recuperarem, desenvolviam quadros graves de tilomas e achinelamento com crescimento anormal dos cascos. Os animais ficam impossibilitados de se alimentarem e apresentam grande dificuldade para ingestão de água e intensa dificuldade de locomoção, o que pode levar à morte dos mais fracos e debilitados.

O epitélio dos tetos apresenta também vesículas, úlceras e erosões que impedem os bezerros de mamarem, embora estes já tenham desenvolvidos graves lesões orais. Além das lesões nos tetos, há desenvolvimento de mastite viral, acometendo gravemente o parênquima da glândula mamária, que imediatamente tem esse quadro agravado pelas infecções bacterianas secundárias.

Nos rebanhos leiteiros, a mastite é evidente e gravíssima, e as vacas tem que ser esgotadas para minorar o sofrimento e serem tratados com antimastíticos, mas esse procedimento gera sofrimentos, pois a ordenha manual ou mecânica lesa muito o epitélio dos tetos, podendo inclusive haver perda do mesmo com sangramento e dor intensa.

Antes do estabelecimento do abate sanitário, a febre aftosa já gerava imensas perdas econômicas, em virtude dos gastos com antibióticos injetáveis e em formulações antimastíticas, fluidoterapia, perda da produção de leite durante a doença, porém mesmo após a mesma as vacas só voltavam a sua *performance* produtiva normal na lactação subsequente.

Pelo exposto, pode-se ter ideia do porquê da febre aftosa ser uma doença estigmatizante e faz com que os países livres da mesma apliquem severas medidas preventivas e também explica por que países como o Brasil, que busca o objetivo de alcançar grandes receitas com a exportação de carne, estabeleceu medidas de combate por meio do fuzil sanitário nos focos e perifocos.

Tratamento

Não há mais possibilidade de tratamento para a febre aftosa, pois todos os animais acometidos devem ser sacrificados, bem como todos os contactantes susceptíveis, mesmo não apresentando o quadro clínico da enfermidade.

Diagnóstico

É realizado em laboratórios de segurança máxima, localizados fora das áreas livres da enfermidade, em Pernambuco e no Pará.

Havendo suspeita de ocorrência da experiência de animais com quadro clínico similar à febre aftosa, seja por produtores seja por médicos veterinários, o serviço oficial de sanidade animal deve ser imediatamente comunicado e irá proceder para a confirmação ou não da existência da enfermidade no menor tempo possível, acionando todos os mecanismos oficiais regulamentados para que isso ocorra.

Devem ser colhidas amostras adequadas para que o diagnóstico de confirmação possa ser realizado, sendo esse procedimento realizado pelos órgãos oficiais.

Para o diagnóstico da febre aftosa devem ser recolhidas amostras de tecido epitelial da mucosa bucal, língua, da glândula mamária e podal, onde estão se manifestando vesículas e erosões. Sempre que possível, as amostras devem ser obtidas de vesículas linguais frescas ainda não destacadas, sendo que o epitélio que recobre as vesículas é extraído com tesoura e pinça previamente esterilizados. O líquido das vesículas pode ser colhido com seringas esterilizadas e, para aftas já abertas e as erosões, deve-se recolher o epitélio das bordas.

Para colher o material de lesões do úbere e podais é preciso lavar previamente os locais com água limpa em grande quantidade, porém sem a utilização de sabões ou desinfetantes. Todas as amostras devem ser acompanhadas de formulário de envio, conforme especificação do Ministério da Agricultura Pecuária e Abastecimento que consta no Programa Nacional de Erradicação da Febre Aftosa.

Todos os animais cujos materiais foram colhidos devem estar corretamente identificados, seja por tatuagens, brincos ou *chips* e terão sua identificação correlacionada com a amostra colhida. As amostras colhidas de cada animal devem pesar pelo menos dois gramas (2g) ou seja, o equivalente a um corte quadrado de epitélio de dois centímetros de lado.

O material assim obtido deve ser colocado imediatamente em frasco com líquido conservante em quantidade suficiente para que a amostra fique submersa.

Amostras líquidas, obtidas através da punção com seringas e agulhas esterelizadas contendo líquido conservante, também são apropriadas para diagnóstico.

O líquido conservante pode ser o meio Vallée com pH 7,6 ou Tampão de Glicerina Fosfatada (TGF), porém sempre se deve observar a cor desse meio conservante, pois contém um indicador de pH, que dá ao líquido cor rosada. Quando o meio apresentar coloração amarela ou alaranjada é indicativo de acidificação e o mesmo não deve ser utilizado. Antigamente, era utilizada a solução de Bedson, que consistia de glicerina diluída a 50% em Tampão Sorensen, que garantia para o material colhido pH em torno de 7,4 a 7,6.

As amostras sólidas devem ser colocadas em frascos esterilizados, de boca larga, com tampa rosqueada e com rótulo para correta identificação do animal fornecedor da amostra.

As amostras devem ser mantidas permanentemente refrigeradas até sua chegada ao destino final, que é o laboratório de diagnóstico do Ministério da Agricultura, Pecuária e Abastecimento (MAPA), e o Laboratório Nacional Agropecuário (LANAGRO), cujas unidades estão localizadas em regiões do Brasil ainda consideradas infectadas para febre aftosa. Apenas os laboratórios dos Estados do Pará (situado em sua parte norte no município de Belém) e de Pernambuco, localizados na zona infectada para febre aftosa, manipulam material infeccioso.

Os trabalhos de diagnóstico e pesquisa do PANAFTOSA, que envolvem material infeccioso, são realizados no laboratório de Belém do Pará e para lá são encaminhados os materiais descritos anteriormente.

No município de Pedro Leopoldo, no Estado de Minas Gerais, está em fase final de construção e instalação de um laboratório do Ministério da Agricultura, Pecuária e Abastecimento (MAPA) de biossegurança máxima para onde serão transferidos todos os testes de diagnóstico que envolvem manipulação de material infeccioso.

Provas de rotina para diagnóstico de Febre Aftosa

As provas de rotina para diagnóstico de febre aftosa realizadas nos laboratórios brasileiros são as seguintes e constam no Programa Nacional de Erradicação da Febre Aftosa:

- Para tipificação do vírus: fixação de complemento e prova indireta de ELISA;
- Para avaliação dos níveis de anticorpos: prova de ELISA em fase líquida e soro neutralização;
- Para detecção de anticorpos contra antígenos não estruturais: prova de VIAA, ELISA3ABC e EITB;
- Para pesquisa de vírus em líquido esofágico-faríngeo colhido através da técnica de PROBANG: inoculação em células BHK21 (três passagens em garrafas) seguida pela fixação de Complemento.

Além da linhagem de células BHK (*baby hamster kidney*), o vírus da febre aftosa pode ser isolado em culturas de células renais de bovinos, células de tireoide bovina e células renais de suínos e ovinos.

Teste VIAA (*Virus Infection Associated Antigen*)

Identifica anticorpos contra a proteína polimerase 3D, não é sorotipo específico e podem ocorrer resultados falso-positivos em animais submetidos a sucessivas vacinações.

EITB - *Enzyme Linked Immuno Eletrotransfer Blot*

Substitui largamente o teste VIAA pela sua sensibilidade superior.

Foi desenvolvido pelo PANAFTOSA e é utilizado no Brasil para controle da febre aftosa e detecta anticorpos contra antígenos não estruturais.

Prova fluorogênica de RT-PCR

Apresenta elevadas sensibilidade e especificidade, é de rápida execução, processa grande número de amostras ao mesmo tempo e detecta o genoma viral dos sete sorotipos do vírus da febre aftosa.

Esse teste pode ser realizado com amostras de tecido, PROBANG (sondas) de esôfago e faringe e sobrenadante de cultura de tecidos.

Apresentou 100% de sensibilidade na epizootia de febre aftosa do Reino Unido em 2001.

É realizado com extração total de RNA e amplificação do PCR através da prova fluorogênica em equipamento de RT-PCR.

Diagnóstico diferencial

- **Estomatite vesicular**

Assume hoje relevante importância o diagnóstico diferencial com Estomatite Vesicular, doença causadora de vesículas e aftas orais e podais em bovinos, pequenos ruminantes, suínos e equinos, que constitui grande diferença em relação à Febre Aftosa. Porém todos os detalhes de Estomatite Vesicular constam no capítulo específico neste livro, pois, na atualidade, o conhecimento sobre a mesma é fundamental para evitar diagnósticos errados, histeria e repercussões negativas da pecuária bovina brasileira no exterior.

- **Enfermidade das mucosas**

É citada por numerosos autores como sendo uma doença que pode ser confundida com a febre aftosa, portanto, faz parte do diagnóstico diferencial. Não se acredita que possam ser confundidas, pois a Enfermidade das Mucosas, causada pelo *Pestivirus*, acomete apenas animais infectados pelo agente ainda *in útero*, e que nascem reconhecendo o *Pestivirus* como próprio, especialmente a cepa não citopática, e incapazes de qualquer reação imunológica contra o mesmo e, ao serem infectados por cepa mutante do vírus, denominada citopática em razão da aquisição da proteína NS_3, torna-se letal para esses animais chamados portadores virêmicos permanentes.

A forma de Enfermidade das Mucosas acomete tais bovinos apenas entre 6 meses e 2 anos de idade, o que já é um grande diferencial em relação à febre aftosa, que acomete qualquer faixa etária. Os animais acometidos apresentam erosões e úlceras na língua, úbere e espaço interdigital, porém de gravidade muito menor que as observadas na febre aftosa, além de apresentarem quadro de diarreia e pneumonia e vão a óbito em 2 a 3 dias.

Medidas de controle pós-diagnóstico nos focos

- Interdição de propriedades pelas autoridades sanitárias comunicadas;
- Interrupção do tráfego de animais;
- Abate sanitário de doentes, contactantes e susceptíveis;
- Incineração ou enterro das carcaças em valas profundas;
- Desinfecção de instalações em carbonato de sódio a 5%;
- Rodolúvios e pedilúvios com o mesmo desinfetante;
- Barreiras sanitárias;
- Bloqueio em estradas;
- Desinfecções de veículos.

O problema maior nos focos é o destino das carcaças dos animais sacrificados em fazendas com alta densidade de população animal, o que torna impossível a incineração, e as valas de sepultamento ocupam grandes espaços e geram imensas quantidades de material infeccioso.

Por isso, torna-se necessária a repetição de que a ocorrência de febre aftosa é um pesadelo surrealista, pois, além do sofrimento dos animais, das perdas econômicas e da transformação de países produtores em párias do comércio internacional de carnes, ainda resta o último e grande problema, que também gera grandes prejuízos econômicos, que é a destinação das carcaças dos animais submetidos ao fuzil sanitário.

Vacinação

São vacinas trivalentes, com as cepas virais quimicamente inativadas e trabalhadas em laboratórios de alta segurança. As vacinas comercializadas no Brasil contêm adjuvante oleoso para potencialização da resposta imune e os sorotipos inativados A_{24} Cruzeiro, O_1 Campos e C_3 Indaial. Essas cepas foram escolhidas por serem representativas dos vírus circulantes e são imunodominantes, podendo conferir proteção contra possíveis variantes.

O calendário nacional de vacinação de bovinos e bubalinos contra febre aftosa é determinado pelo Ministério da Agricultura, Pecuária e Abastecimento e segue anexo ao final do capítulo. Em linhas gerais, são realizadas duas campanhas de vacinação por ano e, em 2009, no Estado de São Paulo, por exemplo, no mês de maio foram vacinados todos os bovinos e bubalinos com idade abaixo de 24 meses e, no mês de novembro, todo o rebanho será vacinado indistintamente.

Há variações no calendário entre os Estados do Brasil, com exceção do Estado de Santa Catarina, considerado área livre de febre aftosa sem vacinação.

Febre Aftosa e saúde pública

Apesar da alta incidência da enfermidade nos animais domésticos, antigamente no Brasil, e na atualidade em muitos países e das oportunidades para exposição à infecção a campo e nos laboratórios, a espécie humana é pouco susceptível ao vírus da febre aftosa. A susceptibilidade dos seres humanos ao vírus da febre aftosa foi motivo de controvérsias por muitos anos, porém, na atualidade, não existem dúvidas de que a enfermidade é uma zoonose, embora apresente incidência muito baixa.

O vírus da febre aftosa já foi isolado e tipificado em mais de 40 pacientes humanos. O sorotipo O em maior quantidade, além dos sorotipos A e C em menor quantidade. Outros casos foram diagnosticados mediante a reprodução da enfermidade em animais de laboratório, sem tipificação do vírus ou somente por provas sorológicas.

A infecção na espécie humana pode causar doença clínica ou pode ser assintomática. Acredita-se que, para que ocorra a infecção, é necessário haver uma exposição massiva ou causas predisponentes que alterem a susceptibilidade das pessoas.

A população de risco é aquela que mantém contato mais estreito com bovinos e bubalinos, como tratadores, ordenhadores, peões de lida, médicos veterinários e seus auxiliares, pessoal de laboratório e todos que consomem leite em regiões onde ainda a enfermidade não é controlada.

A doença na espécie humana

A febre aftosa é uma zoonose menor, com rara ocorrência na espécie humana; é benigna e com cura muito rápida.

O período de incubação é de dois a quatro dias, podendo chegar a oito dias. Na fase inicial, são observadas febre, dores pelo corpo, taquicardia e perda de apetite. A vesícula primária aparece nos locais de penetração do vírus, seja em ferimento na pele ou na mucosa oral; em seguida, a doença se generaliza e se formam aftas na boca, mãos e pés.

Quando não ocorre contaminação bacteriana secundária das aftas, o paciente se restabelece completamente em aproximadamente duas semanas.

Clinicamente, a febre aftosa pode ser confundida com outras enfermidades vesiculares que acometem a espécie humana, particularmente com infecções pelo vírus Coxsackie que causa lesões nas mãos, pés e boca.

As similaridades sintomatológicas da febre aftosa com outras estomatites fazem com que o único diagnóstico válido seja aquele confirmado por exames laboratoriais.

Considerações finais

Em aproximadamente duas décadas, o Brasil realizou notáveis progressos no combate e erradicação da febre aftosa, recuperando, aos poucos, a credibilidade do País e colocando-o como um dos maiores exportadores de carne bovina no mundo, malgrado alguns surtos acidentais no Rio Grande do Sul e Mato Grosso do Sul.

Esses casos apenas vêm reforçar o alerta para as autoridades de sanidade animal do País para a necessidade de grande vigilância nas extensas áreas fronteiriças do Brasil com seus vizinhos, para que novas e desafortunadas surpresas não venham a ocorrer com o Brasil, causando pesados prejuízos econômicos, sociais e políticos.

Na minha atividade de professor de enfermidades infecciosas, presenciei, durante toda a década de 1980 e metade da década de 1990, o surgimento de muitos surtos de febre aftosa, durante os quais a doença se espalhava, e os prejuízos eram incontáveis. Mesmo assim, era comum a existência de propriedades nas quais ocorriam surtos, porque os proprietários haviam adquirido apenas a nota fiscal da vacina e não a própria, ou então, em uma atividade inexplicável e absurda, compravam a vacina por obrigação, mas não a aplicavam, simplesmente atirando-a no lixo.

Presenciei, no início dos anos 1990, uma senhora trazendo um leitão para ser atendido no ambulatório da Disciplina de Enfermidades Infecciosas dos Animais da FMVZ - UNESP - Botucatu - SP e, ao examiná-lo, notei as graves lesões de cascos, já em fase de cicatrização e sugestivas de febre aftosa, que foi confirmada pelos órgãos oficiais da época após ter sido sacrificado o animal e enviado o material adequado para o diagnóstico. Porém, o mais interessante era o fato da referida senhora haver adquirido o suíno em um caminhão lotado de animais, com placa de outro Estado, que estava vendendo os animais vivos na periferia da cidade, fato que vinha se repetindo por diversas cidades, desde a fronteira do Estado de São Paulo.

Felizmente, com a febre aftosa ocupando os centros das atenções na mídia ligada às atividades pecuárias, quando relato tais acontecimentos, nas aulas de graduação e pós-graduação, os alunos ficam quase incrédulos, pois vivem um momento que tais atividades foram banidas e sabem dos prejuízos incalculáveis se ocorresse, por exemplo, um único foco nos Estados exportadores de carne.

Isso demonstra que houve grande evolução no combate a essa enfermidade e que, gradativamente, o Brasil se livrará dela até nas regiões Norte e Nordeste, ainda zonas de risco conforme se observa nos mapas anexos.

Isso se torna muito patente quando é analisada a evolução da ocorrência de focos de febre aftosa no Brasil antes e depois do combate à enfermidade pelos órgãos oficiais de saúde animal. Entre os anos de 1970 a 1979, o Brasil registrou 66.114 focos da enfermidade; entre os anos de 1980 e 1989, esse número caiu para 25.248 focos e, entre 1990 e 1999, houve redução para 7.550, e deve-se levar em conta que, em 1998, ocorreram 38 focos e, em 1999, 37 focos.

Em agosto de 2000, no Rio Grande do Sul, foi detectado um foco três a quatro semanas após a notificação de bovinos sorologicamente positivos na Argentina. Em setembro, ainda no Rio Grande do Sul, foram diagnosticados 22 focos e, além das propriedades-foco, foram identificadas 142 propriedades-contato, resultando no sacrifício de 8.185 bovinos, 772 ovinos, 4 caprinos e 2.106 suínos. Os focos localizavam-se no município de Jóia, em sistemas de produção tipo familiar, em pequenas propriedades que produziam leite para subsistência. Foram adotadas medidas sanitárias, tendo sido sacrificados os doentes e contactantes.

Em 2001, ocorreram 37 focos no Rio Grande do Sul, houve os surtos de 2005 e 2006, no Mato Grosso do Sul e, finalmente, nos anos de 2008 e até junho de 2009, nenhuma ocorrência de febre aftosa foi registrada.

Esse fato indica que, finalmente, um bom caminho foi encontrado e, embora muito ainda deva ser feito, jamais existirão anos com centenas e centenas de focos registrados. O objetivo agora é a consolidação do Brasil como maior País exportador de carne bovina do mundo.

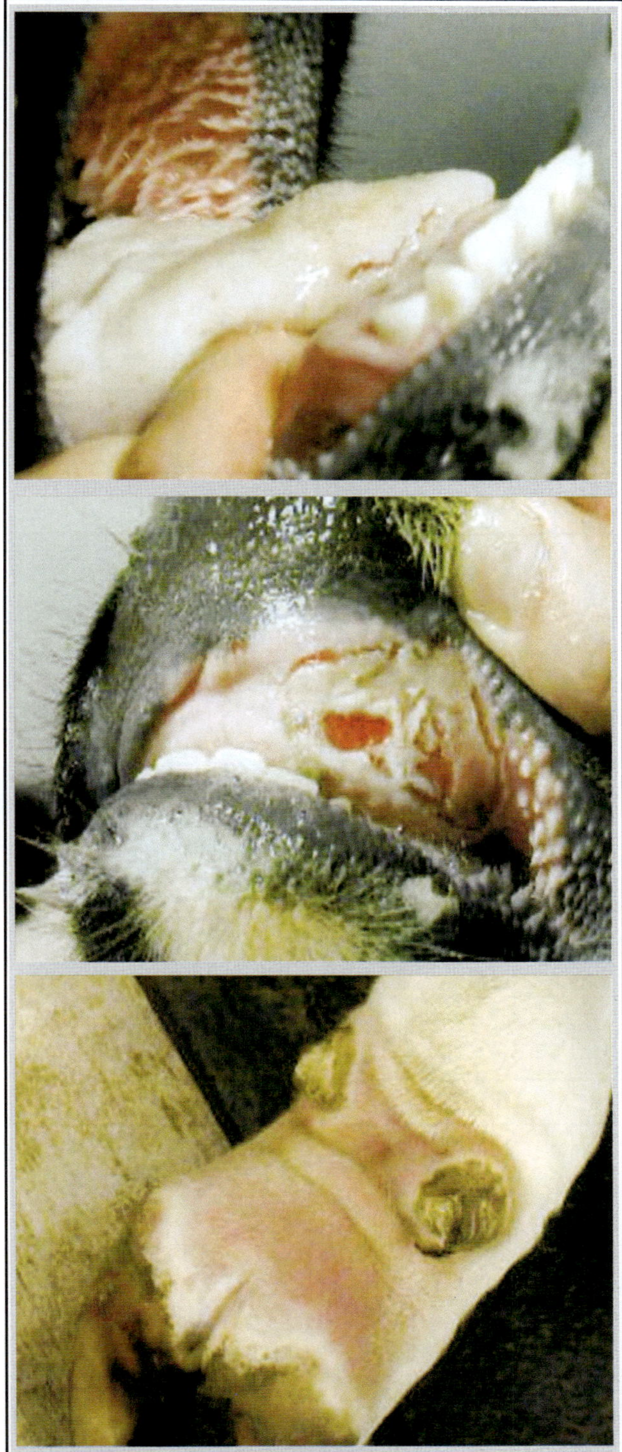

Fonte: Alexandersen *et al.*, 2003.

Fonte: Ministério da Agricultura, Pecuária e Abastecimento, 2001.

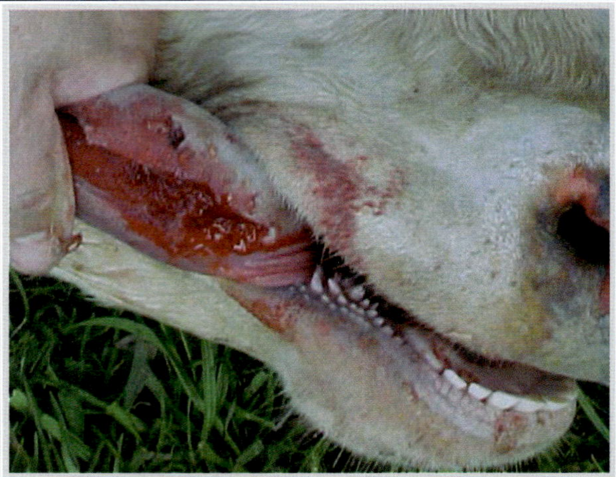

Fonte: Ministério da Agricultura, Pecuária e Abastecimento, 2001.

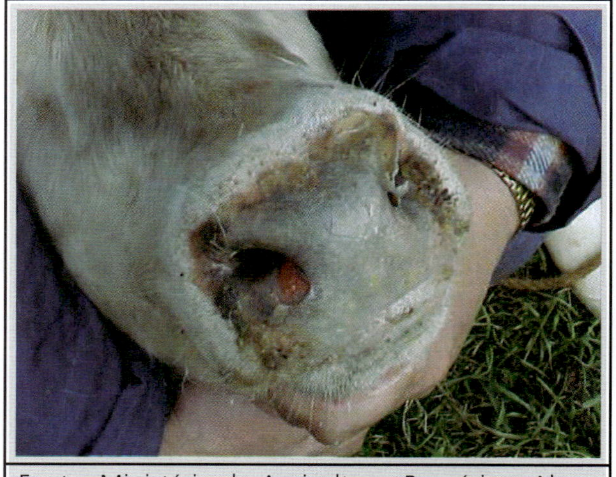

Fonte: Ministério da Agricultura, Pecuária e Abastecimento, 2001.

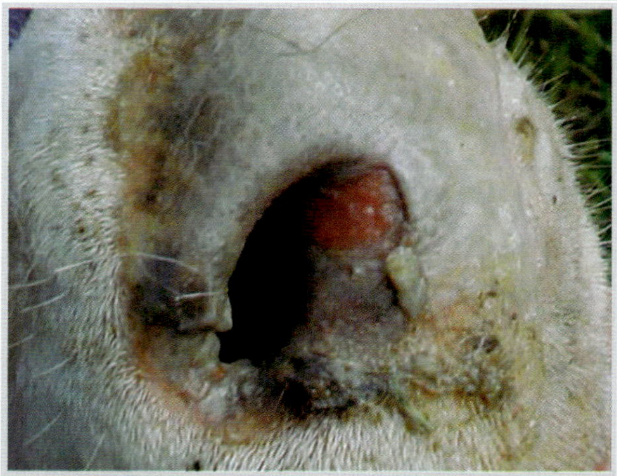

Fonte: Ministério da Agricultura, Pecuária e Abastecimento, 2001.

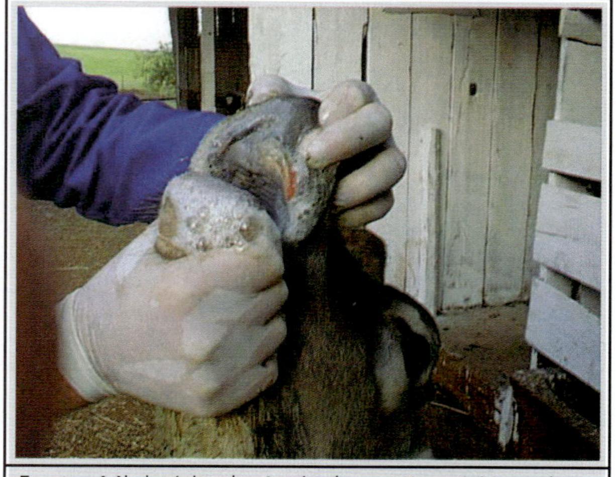

Fonte: Ministério da Agricultura, Pecuária e Abastecimento, 2001.

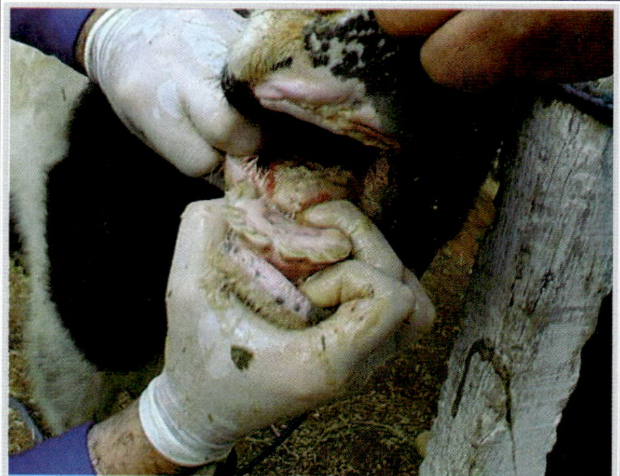

Fonte: Ministério da Agricultura, Pecuária e Abastecimento, 2001.

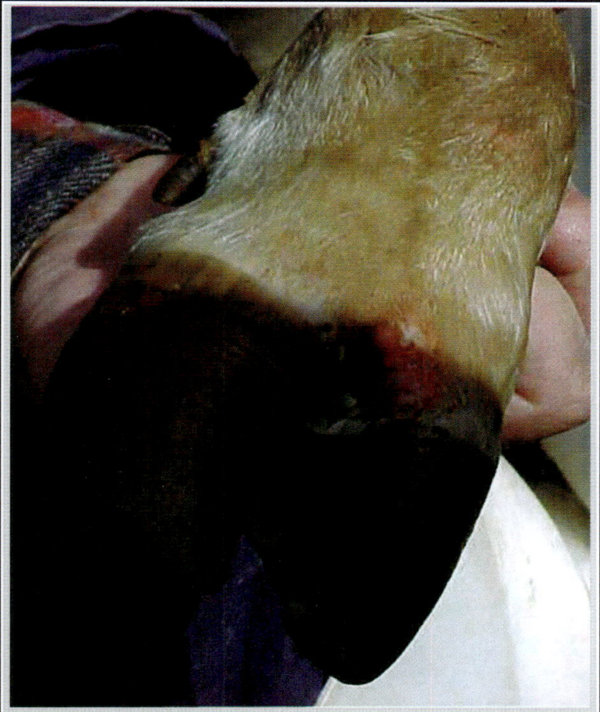

Fonte: Ministério da Agricultura, Pecuária e Abastecimento, 2001.

Fonte: Ministério da Agricultura, Pecuária e Abastecimento, 2001.

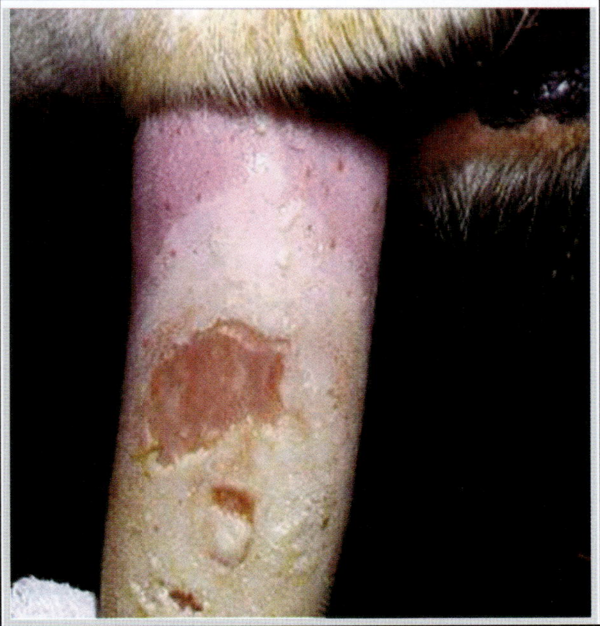

Erosão de língua. Fonte: Ministério da Agricultura, Pecuária e Abastecimento, 2001.

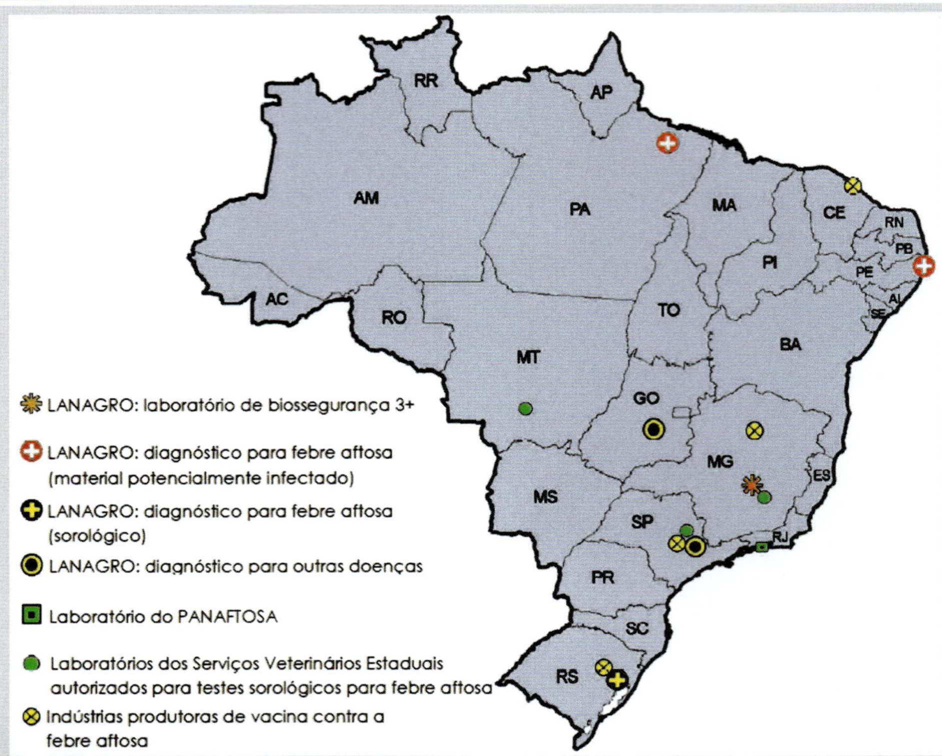

Fonte: Ministério da Agricultura, Pecuária e Abastecimento, 2009.

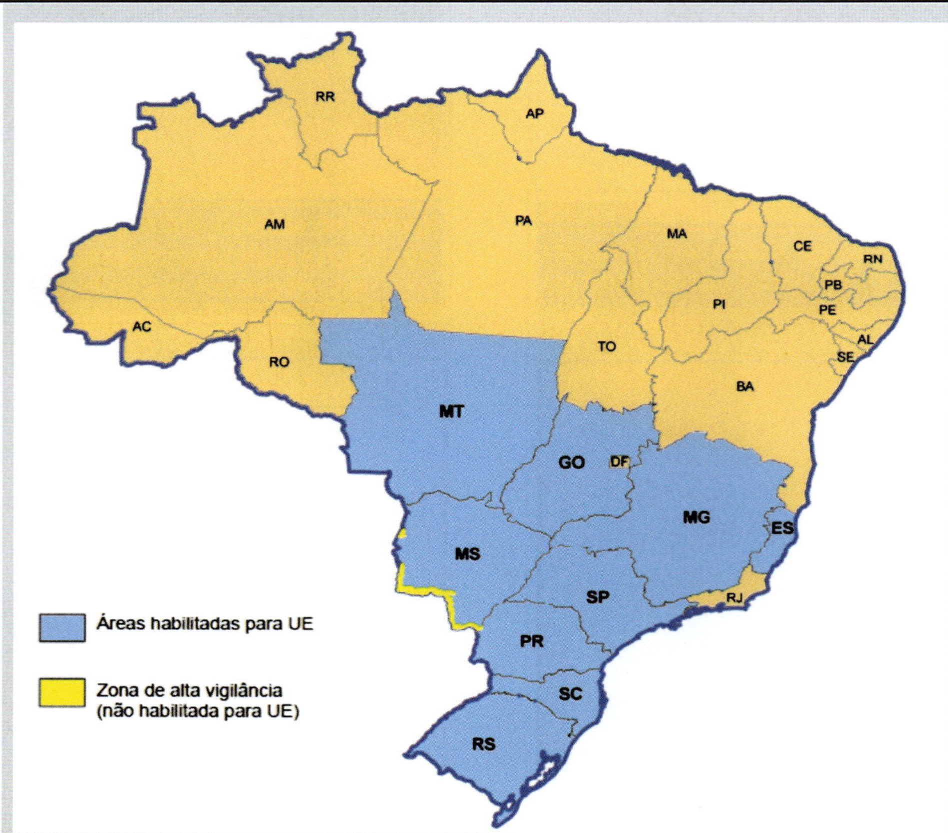

Fonte: Ministério da Agricultura, Pecuária e Abastecimento, 2009.

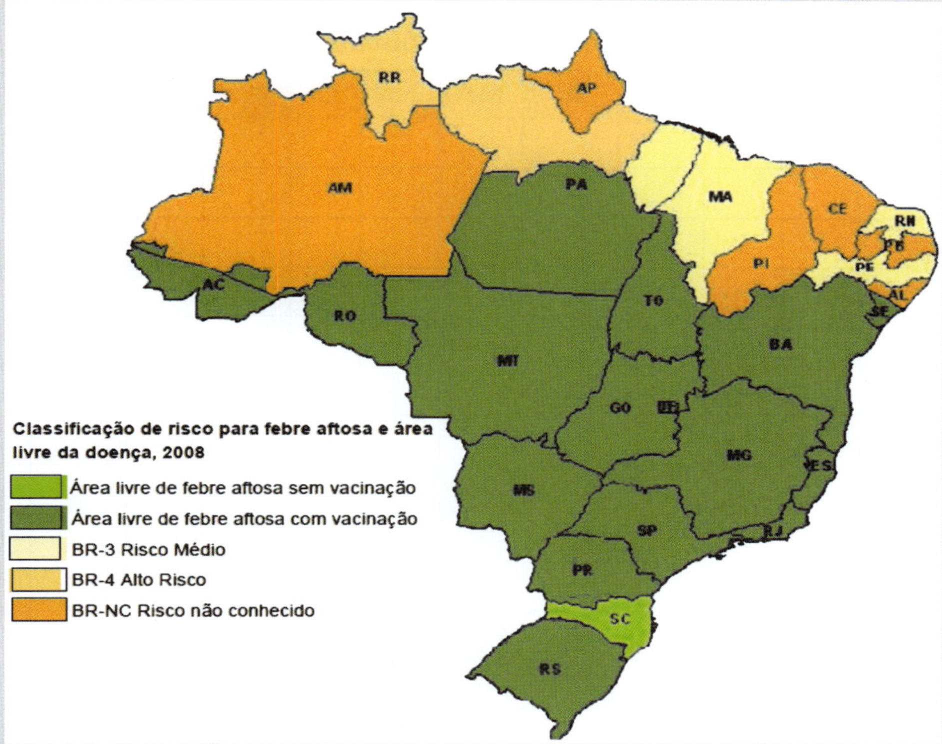

Fonte: Ministério da Agricultura, Pecuária e Abastecimento, 2009.

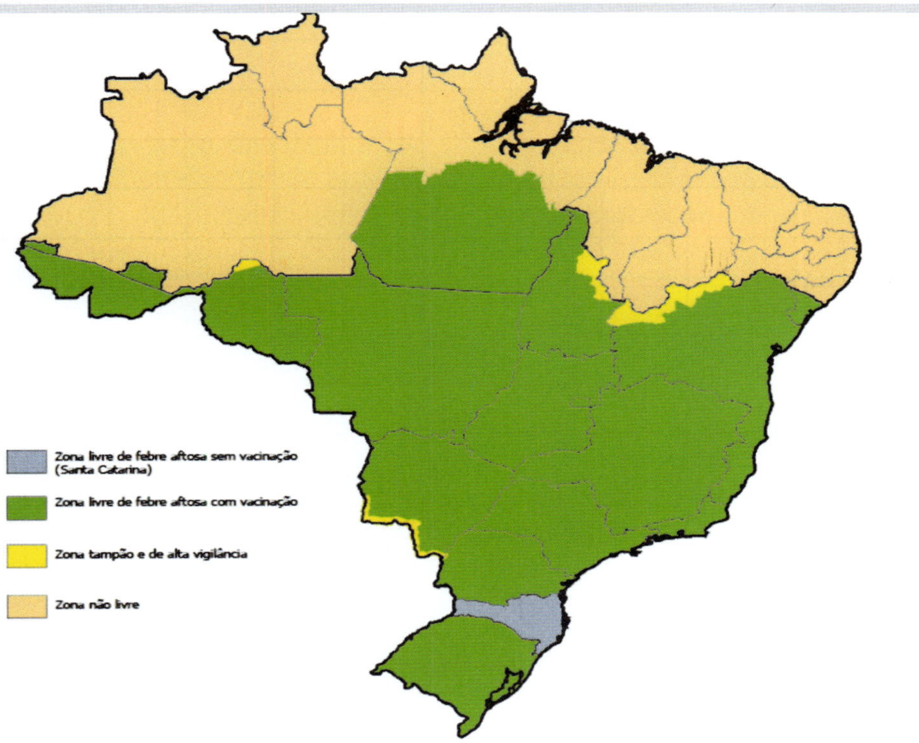

Fonte: Ministério da Agricultura, Pecuária e Abastecimento, 2009.

Calendário nacional de vacinação dos bovinos e bubalinos contra a Febre Aftosa - 2009

Uf	Jan	Fev	Mar	Abr	Mai	Jun	Jul	Ago	Set	Out	Nov	Dez
Acre					1						1	
Alagoas				1						1		
Amapá					1						1	
Amazonas					1						1	
Bahia					1						1	
Ceará				1						1		
Distrito Federal					1						1	
Espírito Santo					3						1	
Goiás					1						1	
Maranhão					1						1	
Mato Grosso		2			3						1	
Mato Grosso do Sul				1 Zav	3					1 Zav	1	
Minas Gerais					1						3	
Pará	4	4			1			4	4		1	
Paraíba				1						1		
Paraná					3						1	
Pernambuco				1						1		
Piauí					1						1	
Rio de Janeiro					1						1	
Rio Grande do Norte				1						1		
Rio Grande do Sul					1						3	
Rondônia					1						1	
Roraima				1						1		
São Paulo					3						1	
Sergipe					1						1	
Tocantins					1						1	

Legenda: 1 = vacinação em todo o rebanho. 2 = vacinação de animais com idade abaixo de 12 meses nas propriedades localizadas na faixa de aproximadamente 15 Km na fronteira com a Bolívia. 3 = vacinação de animais com idade abaixo de 24 meses. 4 = vacinação no Arquipélago do Marajó: 01 de janeiro a 15 de fevereiro e 15 de julho a 30 de agosto → todo o rebanho. * Em Mato Grosso do Sul, as propriedades localizadas na região do Pantanal tem a opção de vacinar todo o rebanho ou em maio/junho (01/05 a 15/06) ou em novembro/dezembro (01/11 a 15/12). A Zona de Alta Vigilância (ZAV) do Mato Grosso do Sul vacina todo o rebanho bovino no período de 01 de abril a 15 de maio e de 01 de outubro a 15 de novembro. ** Em Mato Grosso, as propriedades pantaneiras realizam vacinação anual de todo o rebanho no mês de novembro. Fonte: Ministério da Agricultura, Pecuária e Abastecimento, 2009.

Referências bibliográficas

Acha, P.N.; Szyfres, B. Fiebre Aftosa. In: Acha, P N.; Szyfres, B. **Zoonosis y Enfermedades Transmisibles Comunes al Hombre y los Animales** (3ª Eds) Washington: OPS, 2003, vol. II, p. 210-23.

Alexandersen, S.; Zhang, Z.; Donaldson, A.I.; Garland, A.J.M. The Pathogenesis and Diagnosis of Foot-and-Mouth Disease. **Journal of Comparative Pathology**, v.129, p.1-36, 2003.

Berríos, P. Fiebre aftosa en seres humanos. Um caso em Chile. **Revista Chilena de Infectologia**, v.24, n.2, p.160-3, 2007.

Brasil. **Programa Nacional de Erradicação e Prevenção da Febre Aftosa**. Brasília: Ministério da Agricultura, Pecuária e Abastecimento, 2007, 47 p.

Clavijo, A.; Kitching, P. The Nature and Diagnosis of Foot-and-Mouth Disease. **Clinical Microbiology Newsletter**, v.25, n.11, p.81-8, 2003.

Corrêa, W.M.; Corrêa, C.N.M. **Enfermidades Infecciosas dos Mamíferos Domésticos**. Rio de Janeiro: MEDSI, 1992. 843 p.

Flores, E.F. **Virologia Veterinária**. Santa Maria: Ed. Da UFSM, 2007. 888 p.

Genovese, M.A.; Saraiva, V.; Bergmann, I.; Naranjo, J.; Pompei, J.C.A.; Darsie, G.; Malirat, V.; Allende, R. **Manual procedimentos para a atenção às ocorrências de febre aftosa e outras enfermidades vesiculares**. Projeto BID/PANAFTOSA – OPS/OMS para os países do MERCOSUL Ampliado. Rio de Janeiro: PANAFTOSA – OPAS/OMS, 2007, 144 p.

Gloster, J.; Alexandersen, S. New Directions: Airborne Transmission of Foot-and-Mouth Disease Virus. **Atmospheric Environment**, v.38, p.503-5, 2004.

Kitching, R.P. A Recent History of Foot-and-Mouth Disease. **Journal of Comparative Pathology**, v.118, p.89-108, 1998.

Kitching, R.P.; Hutber, A.M.; Thrusfield, M.V. A review of foot-and-mouth disease with special consideration for the clinical and epidemiological factors relevant to predictive modeling of the disease. **The Veterinary Journal**, v.169, p.197-209, 2005.

Lyra, T.M.P.; Silva, J.A. A febre aftosa no Brasil, 1960-2002. **Arquivo Brasileiro de Medicina Veterinária e Zootecnia**, v.56, n.5, p.565-76, 2004.

Quinn, P.J.; Markey, B.K.; Carter, M.E.; Donnelly, W.J.C.; Leonard, F.C.; Maguire, D. **Microbiologia veterinária e doenças infecciosas**. Porto Alegre: Artmed, 2005. 512p.

Radostits, O.M.; Gay, C.C.; Hinchcliff, K.W.; Constable, P.D. **Veterinary medicine. A textbook of the disease of cattle, horses, sheep, pigs and goats**. 10 eds. USA: Saunders Elsevier, 2007. 2156 p.

Sutmoller, P.; Barteling, S.S.; Olascoaga, R.C.; Sumption, K.J. Control and eradication of foot-and-mouth disease. **Virus Research**, v.91, p.101-44, 2003.

Zhang, Z.; Alexandersen, S. Detection of carrier cattle and sheep persistently infected with foot-and-mouth disease virus by a rapid real-time RT-PCR assay. **Journal of Virological Methods**, v.111, p.95-100, 2003.

Estomatite vesicular em bovinos

Definição

A Estomatite vesicular é caracterizada como doença infectocontagiosa aguda, que acomete animais ungulados e biungulados, principalmente equinos, bovinos, suínos, pequenos ruminantes, espécies silvestres como camelídeos, bem como o homem, sendo considerada zoonose. Apresenta sintomatologia semelhante à febre aftosa, e está inclusa entre as enfermidades vesiculares dos bovinos e suínos, como a febre aftosa, o exantema vesicular e a enfermidade vesicular dos suínos.

A doença está catalogada na lista "A" do Código Zoossanitário Internacional, segundo a Organização Mundial de Sanidade Animal, antiga Organização Internacional de Epizootias (OIE).

Histórico

Embora tenha sido descrita por Theiler, em 1898, na África do Sul, a enfermidade parece ser originária das Américas. Durante a primeira guerra mundial (1914-1918), a doença foi descrita em equinos da Europa, e Jacoulet a denominou de *estomatite dos cavalos canadenses*, sendo observada na Inglaterra, Itália e Europa Central.

Em 1926, nos Estados Unidos, Olintsky descreveu o vírus da estomatite vesicular, denominado Indiana. Em 1926-27, Cotton demonstrou haver dois sorotipos: Indiana e New Jersey. Posteriormente, com a identificação de diversos surtos nas Américas, Federer estudou amostras e caracterizou o sorotipo Indiana em três subtipos: Indiana 1 (clássica), Indiana 2 (Cocal ou vírus da Argentina) e Indiana 3 (Alagoas ou vírus do Brasil). Atualmente, a enfermidade apresenta-se restrita ao hemisfério ocidental e acomete o Continente Americano de forma endêmica.

Estomatite vesicular no Brasil

No Brasil, não há relatos da ocorrência do sorotipo New Jersey, muito provavelmente em virtude do clima tropical da região.

O primeiro isolamento do vírus no País ocorreu no estado de Alagoas, em 1964, a partir de epitélio oral de equinos doentes. O vírus foi classificado como Indiana 3, por apresentar diferenças antigênicas em relação às amostras clássicas Indiana 1 e 2. Ainda, neste mesmo ano, foram relatados 40 casos da doença em humanos, que apresentaram sintomas clínicos semelhantes a gripe, como febre, dores de cabeça e garganta, semelhantes à gripe.

Em 1966, após um surto de estomatite em equinos, no município de Rancharia, em São Paulo, isolou-se o sorotipo Indiana 2 de amostras provenientes de animais afetados.

No Estado de Minas Gerais, em Araçuaí, foi descrito, em 1977, o primeiro isolamento do vírus Indiana 3 em bovinos. O sorotipo Indiana 2 também foi isolado em 1979 e 1983 no Estado de São Paulo, município de Ribeirão Preto, a partir de amostras de equinos.

Em 1984 e 1985, foi isolado no Estado de Sergipe o sorotipo Indiana 3, proveniente de amostras obtidas de equinos. Esse sorotipo também foi isolado de bovinos enfermos na região do Ceará, em 1984; Vale do Paraíba, SP em 1986 e estado de Santa Catarina em 1998.

No Brasil, de acordo com o Ministério da Agricultura, Pecuária e Abastecimento (MAPA), a doença já foi diagnosticada durante o período de 2000 a 2009 nos Estados de São Paulo, Pará, Pernambuco, Bahia, Goiás, Piauí, Rio Grande do Norte, Mato Grosso e Tocantins.

Importância econômica

A presença da estomatite vesicular em determinadas regiões pode interferir no intercâmbio comercial internacional dos animais e seus produtos e subprodutos. Os prejuízos estão relacionados à diminuição da produção leiteira, perda de peso dos animais causada pela incapacidade de se alimentarem, descarte de animais, suspensão de eventos agropecuários e comercialização de animais.

Saúde pública

A estomatite vesicular é considerada zoonose menor por se apresentar de forma branda, com sintomas semelhantes à influenza. Médicos veterinários, tratadores, ordenhadores e laboratoristas são indivíduos mais suscetíveis à enfermidade. A infecção pode ocorrer pelo contato direto com animais enfermos ou por aerossóis em laboratórios.

Os sintomas clínicos ocorrem aproximadamente 48 horas após a exposição ao vírus, com surgimento de hipertermia, calafrios, náuseas, dores oculares e musculares que desaparecem dentro de uma semana. Com menor frequência podem ser observadas a presença de pápulas e vesículas em mucosas oral e nasal.

Queiroz *et al.* (1988) descreveu o primeiro caso de encefalite associada à infecção viral em uma criança de três anos de idade que apresentava tremores e convulsões tônico-crônicas com duração de 3 a 5 minutos. Foi coletado material proveniente de raspado da garganta, onde foi isolado o vírus da estomatite vesicular, sorotipo Indiana.

Etiologia

A estomatite vesicular é ocasionada por

agente viral pertencente à família *Rhabdoviridae*, gênero *Vesiculovirus*. Possui forma de bastão, com comprimento e diâmetro variando entre 100 a 430 nm e 45 a 100 nm, respectivamente. Apresenta 5 polipeptídeos principais, denominados N (nucleoproteína), P (fosfoproteína), M (matriz proteica), G (glicoproteína), L (polimerase), ácido ribonucléico (RNA) de fita simples e envelope viral.

Há dois sorotipos virais imunologicamente distintos classificados como New Jersey (NJ) e Indiana (I). O sorotipo Indiana ainda é subdividido em três subtipos: Indiana I (amostra clássica), Indiana II (Cocal ou Argentina) e Indiana III (Alagoas ou Brasil). Dentre os dois sorotipos citados, o New Jersey é o mais comumente encontrado em surtos de estomatite vesicular, além de possuir elevada virulência, quando comparado ao sorotipo Indiana.

O vesiculovírus possui menor resistência frente às influências ambientais, quando comparado ao aftovírus, porém, pode resistir ao pH 3 por alguns minutos e apresenta-se estável entre pH 5 a 10. A molécula viral pode ser inativada com a utilização de hipoclorito de cálcio e Lysoform, ambos a 1%, após contato por 15 minutos, além de fervura e exposição a raios ultravioleta.

Epidemiologia

A enfermidade possui incidência sazonal e limita-se ao hemisfério ocidental. Possui caráter enzoótico em países tropicais, que possuem pluviosidade densa e elevadas populações de insetos.

Os sorotipos New Jersey e Indiana subtipo 1 são descritos nas Américas do Norte e Sul e acometem bovinos, equinos e humanos. O sorotipo Indiana subtipo 2 acomete equinos da América do Sul e Trinidad, enquanto o subtipo 3 é encontrado apenas no Brasil, ocasionando a doença em equinos, muares, bovinos e humanos.

Bovinos adultos com mais de seis meses de idade, equinos e suínos são os animais mais susceptíveis à enfermidade, enquanto ovinos, caprinos, camelídeos e o homem são acometidos com menor frequência.

Embora a transmissão da estomatite vesicular não esteja totalmente esclarecida, acredita-se que ela possa ocorrer pelo contato direto com secreções salivares, alimentos, água, fômites contaminados ou por insetos, que têm demonstrado grande importância na transmissão da enfermidade. Estudos têm observado a presença do vírus em vetores mecânicos (artrópodes e culicídeos) e biológicos (Flebotomínios ou *borrachudos*). Porém, ainda não se sabe como os insetos picadores adquirem o vírus. Experimentos têm demonstrado a replicação viral em alguns vetores, no entanto, não há observações de viremia nesses insetos.

Algumas espécies de animais selvagens, como veados, macacos, guaxinins, morcegos, suínos selvagens, porcos-espinhos, entre outros, têm demonstrado anticorpos para o vírus da estomatite vesicular.

Acredita-se também que o vírus possa entra no organismo através de abrasões na pele e mucosas ou pela picada de insetos. Portanto, o fornecimento de alimento grosseiro e o manejo inadequado de animais leiteiros, propiciando rachaduras e lesões nos tetos favorecem a infecção e disseminação da doença no rebanho.

Os surtos ocorrem durante três a quatro semanas e, embora a mortalidade seja baixa para bovinos e equinos, a morbidade é variável e pode acometer cerca de 60% do rebanho ou mais, principalmente se os animais são destinados à produção leiteira. A eliminação viral pela saliva pode ocorrer até 38 dias após a melhora clínica do animal. A penetração viral no hospedeiro pode ser através da mucosa oral, lesões na pele e picadas de insetos.

Até o momento, não há relatos sobre a transmissão da doença por meio da transferência de embrião e pelo sêmen. A possibilidade de transmissão via sêmen ainda é considerada pouco provável, no entanto, melhores estudos devem ser conduzidos com o intuito de comprovar essa hipótese, uma vez que foi verificada a presença do vírus em sêmen de touros assintomáticos pertencentes a uma central de inseminação artificial situada no Estado de São Paulo.

Patogenia

Após o curto período de incubação ocorre viremia primária, com consequente estabelecimento viral em mucosas oral e nasal, tetos, parênquima mamário e região podal, restringindo-se a esses locais.

A molécula viral possui uma glicoproteína que ligará o vírus à membrana celular do hospedeiro, promovendo a fusão do envelope e membrana celular, com introdução da ribonucleoproteína no citoplasma, formando o envelope viral por brotamento a partir da membrana celular.

Sintomas clínicos

Após o período de incubação da doença que pode variar de 2 a 21 dias, com média de 9 dias, há o surgimento súbito de febre, desenvolvimento de vesículas, erosões e úlceras na mucosa oral, lábios e dorso da língua, com sialorreia profusa, anorexia e eventual rinorreia serosa. A infecção geralmente é inaparente, sem manifestações clínicas, o que dificulta o diagnóstico. Apenas 10 a 15% dos animais adultos apresentam sintomas clínicos de estomatite vesicular.

Vacas lactentes podem apresentar graves lesões nos tetos, com acentuada queda na produção leiteira em decorrência da mastite viral primária. Lesões interdigitais e no epitélio da coroa do casco também podem ser observadas com menor frequência, ocasionando claudicação em bovinos acometidos.

Caso não haja agravamento do quadro clínico por meio de infecções bacterianas secundárias, a recuperação dos animais é rápida, autolimitante, com cura em torno de 2 semanas.

Diagnóstico

O diagnóstico laboratorial deve ser confirmado rapidamente em virtude da semelhança entre a estomatite vesicular e a febre aftosa. O mesmo pode ser executado pelo isolamento viral e identificação ou mediante provas sorológicas que permitem identificar e quantificar anticorpos específicos nos soros de animais acometidos

Epitélio de lesão, fluido vesicular e saliva são amostras adequadas para o isolamento viral ou detecção do antígeno viral. O vírus também pode ser isolado em cultivo de células VERO, em ovos embrionados ou por inoculação intracerebral em camundongos lactentes. A microscopia eletrônica pode auxiliar na identificação viral em amostras de material ou em cultura de tecidos.

Os níveis de anticorpos em animais recuperados podem ser detectados mediante testes sorológicos, como ELISA competitivo ou de captura específica de IgM, soroneutralização ou fixação de complemento. A reação em cadeia pela polimerase (PCR) ou a reação em cadeia pela polimerase por transcriptase reversa (RT-PCR) podem ser utilizadas para a rápida detecção do RNA viral em amostras clínicas.

A estomatite vesicular deve ser diferenciada de enfermidades, como a febre aftosa, enfermidade das mucosas e outras doenças vesiculares que acometem bovinos.

Prognóstico e tratamento

O prognóstico é favorável, uma vez que poucos animais apresentam sequelas ou perdas dos cascos. Diferentemente da febre aftosa, a estomatite vesicular apresenta baixa taxa de mortalidade e não ocasiona lesão cardíaca e hipofisária. No entanto, afecções bacterianas secundárias associadas a quadros de mastite devem ser combatidas rapidamente e de forma adequada, com o intuito de prevenir maiores perdas econômicas em virtude do descarte de animais afetados.

Até o momento não há tratamento disponível para animais acometidos pela estomatite vesicular. Geralmente, as lesões orais presentes nos animais não são tratadas, progredindo para a cura espontânea. O fornecimento de alimento macio e água fresca aos animais aceleram a cicatrização dessas lesões, com redução do período de anorexia.

A realização de tratamento suporte, com a utilização de antimicrobianos de amplo espectro para combater infecções bacterianas secundárias, associado à administração de antiinflamatórios não esteroidais auxiliam na recuperação dos animais.

Profilaxia

A realização de quarentena e isolamento dos animais enfermos são medidas necessárias em casos de surtos da doença. Os órgãos oficiais devem ser notificados imediatamente para que medidas profiláticas adequadas sejam tomadas.

O trânsito de animais fora da propriedade deve ser proibido até 30 dias após a cicatrização das lesões nos animais. O fornecimento de alimento macio, que facilite a mastigação e deglutição auxilia na diminuição do período de recuperação do animal enfermo.

Comedouros e bebedouros devem ser mantidos limpos e desinfetados, com remoção de restos de alimentos e fornecimento de água fresca. A desinfecção pode ser realizada com solução de formalina a 1% ou iodetos orgânicos. Instalações à prova de insetos e o controle desses vetores reduzem a probabilidade de infecção dos animais.

Raramente pratica-se a vacinação dos animais, porém, vacinas inativadas e atenuadas têm sido utilizadas em casos de surtos da doença, no entanto, sua eficácia não está bem determinada. Além disso, a vacinação interfere nos testes sorológicos e de monitoramento do rebanho.

No Brasil, não há vacinas disponíveis comercialmente, portanto, a realização de manejo adequado, o treinamento e capacitação profissional associado ao apoio dos laboratórios vinculados ao Ministério da Agricultura Pecuária e Abastecimento e cooperação técnica dos Programas de Saúde Animal auxiliam no controle da doença, com diminuição dos prejuízos econômicos.

Referências bibliográficas

Acha, P.N; Szyfres, B. **Zoonosis y enfermidades transmissibles comunes al hombre y a los animales**. 3ª ed., v.02, Organización Panamericana de la salud: Washington, 2003. 425p.

Alonso Fernandez, A.; Martins, M.; Gomes, M.P.D.; Allende, R.; Söndahl, M.S. Development and evaluation of an enzime-linked immunosorbent assay for the detection, typing and subtyping of vesicular stomatitis virus. **J. Vet. Diag. Invest.**, v.3, p.287-292, 1991.

Bridges, V.E.; McCluskey, B.J.; Salman, M.D.; Scott Hurd, H.; Dick, J. Review of the 1995 vesicular stomatitis outbreak in the western United States. **J. Am. Vet. Med. Assoc.**, v.211, n.5. p.556-560, 1997.

Hayek, A.M.; McCluskey, B.J.; Chavez, G.T.; Salman, M.D. Financial impact of the 1995 outbreak of vesicular stomatitis on 16 beef ranches in Colorado. **J. Am. Vet. Med. Assoc.**, v.212, n.6, p.820-823, 1998.

OIE. http://www.oie.int/eng/maladies/en_classification2008.htm, Acesso em 04 nov. 2008.

Corrêa, W.M.; Corrêa, C.N.M. **Enfermidades infecciosas dos animais domésticos**. Medsi: Rio de Janeiro, 1992, 843p.

Mead, D.G.; Howerth, E.W.; Murphy, M.D.; Gray, E.W.; Nooblet, R.; Stallknech, D.E. Black fly involvement in the epidemic transmission of vesicular stomatitis New Jersey virus (Rhabdoviridae: Vesiculovirus).**Vector-Borne and Zoonotic Diseases**, v.4, n.4, p.351-359, 2004.

Murphy, F.A.; Fauquet, C.M.; Bishop, D.H.L.; Ghabrial, S.A.; Jarvis, A.W.; Martelli, G.P.; Mayo, M.A.; Summers, M.D. Virus taxonomy. **Arch. Virol.**, v.140, supl.10, p.275-288, 1995.

Okuda, L.H.; Jerez, J.A.; Pituco, E.M.; Stefano, E.; Rordrigues, L.A. Estomatite vesicular: monitoramento em touros doadores de sêmen de uma central de inseminação artificial. **Arq. Inst. Biol.**, v.70, n.1, p.11-15, 2003.

Panaftosa Disponível em: <http://www.panaftosa.org.br >. Acesso em: 20 nov. 2008.

Quinn, P.J.; Markey, B.K.; Carter, M.E. *et al.* **Microbiologia Veterinária e Doenças Infecciosas**. São Paulo: Artmed, 2005. 512 p.

Quiroz, E.; Moreno, N.; Peralta, P.H.; Tesch, R.B. A human case of encephalitis associated with vesicular stomatitis virus (Indiana serotype) infection. **Am. J. Trop. Med. Hyg.**, v.39, n.3, p.312-314, 1988.

Radostits, O.M.; Gay, C.C.; Hinchcliff, K.W. *et al.* **Veterinary medicine. A textbook of the disease of cattle, horses, sheep, pigs and goats**. 10ª ed. Saunders Elsevier: USA, 2007. 2156p.

Smith, B.P. **Medicina interna de grandes animais**. 3ª ed., São Paulo: Manole, 2006, 1728p.

Leucose bovina

Definição

A leucose bovina é uma doença infectocontagiosa que acomete bovinos, causada por RNA vírus, caracterizada pela indução de neoplasias malignas, de caráter crônico.

Etiologia

A doença é causada por vírus pertencente à família Retroviridae, subfamília Oncornavirinae, gênero *Orcornavirus* bovino C. A partícula viral mede de 90 a 120 nm de diâmetro e é constiituída por um capsídeo icosaédrico, envelope lipoglicoproteico e genoma RNA fita simples, de polaridade positiva. Na mesma família, agrupam-se as subfamílias Lentivirinae (vírus responsáveis pela anemia infecciosa e Aids), e Spumavirinae (vírus não associados a doenças em animais).

O vírus apresenta reduzida resistência ambiental e é destruído por desinfetantes comuns, solventes de gordura, pasteurização, fervura e luz solar direta. Contém a enzima transcriptase reversa, que transforma o RNA viral em DNA, para que este possa se integrar ao genoma celular do hospedeiro.

Os oncornavírus exógenos infectam somente células somáticas (é o caso do vírus da leucose bovina), enquanto oncornavírus endógenos infectam células somáticas ou germinativas.

Antígenos virais

O vírus apresenta glicoproteínas no envelope, que induzem à resposta imune humoral (anticorpos soroneutralizantes, fixadores de complemento e precipitantes). A GP-51 é a glicoproteína mais importante, sendo pesquisada em provas diagnósticas sorológicas de soroneutralização, imunodifusão e fixação de complemento. Por ser um epítopo externo, a GP-51, quando detectada, indica estágio inicial de infecção.

A glicoproteína P24 é interna e está presente no capsídeo viral. Induz à produção dos mesmos tipos de anticorpos, com exceção dos soroneutralizantes. Como os anticorpos são produzidos inicialmente contra a glicoproteína GP-51, a P24 é menos utilizada em testes diagnósticos.

Epidemiologia

Distribuição

A doença foi originalmente descrita na Alemanha, em 1871. Apresenta distribuição mundial, à exceção de alguns países europeus que erradicaram a infecção a partir da década de 1980. A infecção ocorre com frequência em rebanhos do Canadá, Estados Unidos, alguns países da Europa e América do Sul.

A introdução da infecção pelo vírus da leucose bovina no Brasil está historicamente ligada à importação de reprodutores de alto valor zootécnico dos Estados Unidos e Canadá, seguida pela introdução maciça de animais provenientes do Uruguai na década de 70. A doença está amplamente disseminada no Brasil, com elevado número de bovinos soropositivos, causando redução da produção e descarte precoce de animais.

A prevalência média mais expressiva (em torno de 39,8%) ocorre na Região Sudeste, onde há elevada concentração de bovinos leiteiros. Inquéritos sorológicos realizados em rebanhos de Minas Gerais revelaram 28,4% de animais positivos; no Rio de Janeiro foram identificados 54,3% positivos e, em São Paulo, 49,2%. Em locais onde a pecuária leiteira é menos expressiva, como na Região Norte, relata-se prevalência média de 16,8%, com 8,9% animais positivos no Amazonas e 9,7% no Acre. Por outro lado, em Estados como Rondônia e Pará, relatam-se prevalências de 23% e 26%, respectivamente, em virtude da intensa circulação de animais e da composição dos rebanhos, em sua grande maioria, formados por animais oriundos das Regiões Centro-Oeste e Sudeste. Na Região Nordeste, a prevalência é estimada entre 5,1% a 16,9%, com média de 11,7%, sendo registrada praticamente em todos os Estados, como Bahia (16,1%) e Ceará (9,1%). Na Região Sul, calcula-se a média de 18,4% de prevalência, com cerca de 20% de soropositividade em bovinos do Rio Grande do Sul e 2% em Santa Catarina. Em Goiás, único Estado da Região Centro-Oeste onde se realizou o estudo de prevalência, foram identificados 35,6% animais soropositivos.

Suscetíveis

A doença acomete bovinos, especialmente europeus de aptidão leiteira, em decorrência da característica genética e tipo de manejo, que produz aglomerações e excesso de manipulações, o que facilita a transmissão. Em ovinos e caprinos, a suscetibilidade é experimental, pois estes animais não apresentam doença clínica. Em condições naturais, o vírus pode infectar zebuínos, búfalos e capivaras. Coelhos experimentalmente infectados podem desenvolver tumores ou imunodeficiência após tempo variável de incubação.

A positividade aumenta com a idade, em consequência da maior exposição e manipulação. Por esse motivo, os animais adultos (entre quatro e oito anos de idade) são, frequentemente, mais acometidos que os jovens. Um bovino infectado pode nunca apresentar a doença clínica. Por outro lado, em determinada fase, um outro animal pode desenvolver neoplasias. De 5 a 20% dos bovinos infectados desenvolvem linfossarcoma, especialmente os que apresentam mais de sete anos de idade.

Transmissão

A eliminação viral ocorre principalmente pelo sangue, no interior de linfócitos. O volume de 0,1 mL de sangue é suficiente para transmissão do vírus. O contato direto, o parasitismo por insetos hematófagos (30% dos casos) e fômites (especialmente agulhas – 70% dos casos – forma iatrogênica), também estão relacionados à transmissão. A *pré-imunição* constitui veiculação de sangue contendo linfócitos infectados a animais suscetíveis. Morcegos hematófagos também podem atuar como transmissores.

O leite e o colostro de animais infectados também podem conter o vírus, mas com menor importância epidemiológica.

Transmissões experimentais demonstraram que o vírus não está presente na saliva, mas é eliminado de forma intermitente pela urina. É presente ainda em descargas nasais e traqueais, mas somente no interior de células, não na forma livre.

O vírus ingressa no organismo do hospedeiro pelas mucosas, através da pele com solução de continuidade e pela via transplacentária. A infecção pelo vírus da leucemia bovina é vitalícia.

Fatores de risco

Os principais fatores de risco envolvidos na transmissão do vírus, bem como a classificação do nível de risco, estão apresentados no **Quadro 1**.

Fisiopatologia

Quando o vírus infecta a célula do hospe-

Quadro 1. Fatores e níveis de risco para a transmissão do vírus da leucose em bovinos.

Fator	Nível de risco de transmissão viral
Vaca (mãe) soropositiva[1]	limitado
Colostro de vaca soropositiva[2]	limitado
Leite de vaca soropositiva	limitado
Saliva	limitado
Brincos	elevado
Descorna	elevado
Excisão de tetos extranumerários	suspeito
Castração	suspeito
Tuberculinização[3]	limitado
Vacinação	elevado
Palpação retal	elevado
Sêmen[4]	limitado
Tabanídeos	elevado
Importação de animais	elevado
Contato entre animais infectados e não-infectados[5]	suspeito
Injeção	elevado
Transfusão sanguínea	elevado[6]
Transferência de embriões	limitado

[1]Se ocorrer infecção intraútero, o bezerro passa a eliminar o vírus a partir da terceira semana de idade, por toda a vida. Menos de 10% dos animais nascidos de fêmeas soropositivas (em torno de 4-8%) são portadores do vírus ao nascer. [2]Os anticorpos colostrais podem neutralizar o vírus. [3]A tuberculinização é intradérmica, sendo difícil a lesão de vasos. Deve-se levar em consideração também a dose infectante e o título viral. [4]Pode ocorrer a transmissão pelo sêmen, mas não é usual. A monta natural determina maior risco que a inseminação artificial. [5]Depende do tipo de manejo e porcentagem de animais infectados. [6]Manter os doadores isolados e somente utilizá-los após três testes consecutivos de IDGA negativos com intervalos de dois meses.

deiro, o RNA viral transforma-se em DNA, pela ação da enzima transcriptase reversa, no citoplasma. Esse DNA viral incorpora-se ao genoma celular presente no núcleo, transformando-se em provírus, que permanece latente e não produz alterações celulares. O provírus é então liberado da célula por brotamento, adquirindo o envelope da membrana citoplasmática.

Após oito dias da penetração do vírus em linfócitos, há infecção das células esplênicas. Aos 35-40 dias de infecção, o animal produz anticorpos contra a GP-51, sendo sorologicamente positivo. A partir dessa fase, o vírus é disseminado por todo o organismo do animal, que constitui importante fonte de infecção.

A infecção pelo vírus pode determinar o resultado sorológico positivo, a linfocitose persistente (30% dos casos) e o linfossarcoma (2 a 5% dos casos). No quadro de linfocitose persistente, o número de linfócitos, especialmente B, está aumentado, constituindo a fase benigna da doença. No entanto, 50% dos animais que apresentam essa fase podem desenvolver o linfossarcoma. Estudos demonstram que o TNF-α desempenha importante papel na proliferação maligna de linfócitos B e na formação de linfomas.

As imunoglobulinas, principalmente a IgM, ficam deficientes em função, e o animal permanece suscetível a infecções por outros patógenos, podendo apresentar diarreia e outras manifestações clínicas.

O vírus não possui um oncogene. A sequência do ácido nucleico na extremidade 3' do gene env, chamada região X, codifica as proteínas regulatórias *Tax* e *Rex*, que são centrais à formação neoplásica. A célula passa a se multiplicar intensamente, caracterizando o processo tumoral. Oncornavírus bovino C determina a ocorrência de linfossarcoma com ou sem metástase.

Quadro clínico

O período de incubação da leucose bovina é de quatro a cinco anos. No início da infecção, não ocorrem manifestações clínicas. O aparecimento de sinais clínicos e a duração da doença variam de acordo com o número e importância dos órgãos e tecidos envolvidos, bem como da velocidade com a qual as massas tumorais se desenvolvem. Uma vez que os sinais clínicos e o desenvolvimento tumoral são detectados, o curso é rápido e a morte do animal ocorre em duas a três semanas.

O aumento de volume dos linfonodos superficiais ocorre em 75 a 90% dos casos e é um achado inicial, geralmente em animais com quatro a oito anos de idade. O quadro de linfocitose persistente sem sinais clínicos ocorre mais cedo, mas raramente em animais com menos de dois anos de idade. Com o avanço da linfocitose, que perdura por mais de três meses, o animal apresenta-se suscetível a outras doenças, com clínica variável. A linfocitose persistente é considerada uma expressão subclínica da fase tumoral da doença.

No processo de linfossarcoma, as massas tumorais (reticulossarcoma) são altamente malignas e com elevada possibilidade de metástase. Determinam linfadenopatia (local ou generalizada), apatia, perda progressiva de peso, redução da produção leiteira, inapetência, timpanismo (por compressão esofágica), debilidade generalizada, febre e dispneia. Tumores que atingem a medula espinhal podem produzir distúrbios neurológicos com manifestações diversas, como a paresia de membros posteriores. No Brasil, há relato inclusive de linfossarcoma intracerebral, produzindo cegueira em bovino adulto.

Quando a válvula atrial é afetada, ocorre falência cardíaca, com hidropericárdio, hidrotórax e congestão hepática. A invasão de tecidos periorbitais geralmente resulta em exoftalmia. O comprometimento uterino pode ser evidenciado pela presença de numerosos nódulos à palpação retal. Lesões periuretrais podem determinar hidronefrose com aumento de volume renal. Nódulos renais produzem uremia terminal.

Anatomopatologia

À necropsia, verifica-se a presença de linfonodos infartados, a hipertrofia de órgãos linfoides, além de edema, hemorragia ou congestão. Em alguns casos, os linfonodos apresentam coloração amarelada (em decorrência de degeneração). Massas tumorais com o mesmo aspecto podem ser encontradas no coração, rins, intestinos, abomaso, medula espinhal e útero. Em animais neonatos ou jovens, as massas tumorais estão presentes especialmente nos rins, timo, fígado, baço e linfonodos periféricos e internos. Em adultos, o coração, abomaso e medula espinhal são mais frequentemente acometidos.

Diagnóstico

Métodos indiretos

Sorologia

IDGA

Realiza-se a imunodifusão em gel de ágar (IDGA), considerada a prova padrão para o diagnóstico, em virtude da elevada sensibilidade e especificidade. Realiza-se o diagnóstico do rebanho total, ou por amostragem. Pode ser realizada a detecção simultânea doas glicoproteínas GP-51 e P24.

ELISA

O ELISA (Ensaio Imunoenzimático) também tem sido utilizado no diagnóstico sorológico e apresenta vantagens como a maior sensibilidade e facilidade de automação. Tem apresentado resultados satisfatórios inclusive para a detecção de anticorpos em *pool* de amostras de soros de rebanhos com prevalência inferior a 1%. Essa técnica também pode ser empregada em amostras de leite de tanques de expansão, para triagem, com elevada concordância de resultados em relação ao IDGA realizado em amostras de soros. A análise do leite de mistura é um método rápido e prático para estudos epidemiológicos de larga escala, bem como em programas iniciais de erradicação.

Radioimunoensaio (RIA)

Em decorrência da elevada acurácia dessa técnica, ela pode ser utilizada para o diagnóstico individual, especialmente para a detecção de anticorpos em animais com menos de duas semanas de exposição ao vírus. O RIA também pode ser utilizado para análise de amostras de leite, bem como de soro de ovelhas em periparto.

Patologia clínica

Apesar do hemograma auxiliar na identificação da linfocitose persistente – dois exames intervalados por período de três meses, com aumento do número de linfócitos de no mínimo três vezes – a sorologia é o teste recomendado, pois existem outras causas dessa alteração em bovinos. A presença de elevado número de linfócitos imaturos no esfregaço sanguíneo é indicativa da doença. Quando células atípicas ou anormais são visualizadas, deve-se suspeitar da fase pré-leucêmica. Anemia também é frequente.

Métodos diretos

Isolamento viral

O isolamento viral pode ser realizado a partir de secreções e sangue (linfócitos) em cultura celular. Não se obtém o isolamento do vírus em animais de laboratório.

Técnicas biomoleculares

As técnicas de biologia molecular, como a reação em cadeia pela polimerase (PCR), têm auxiliado para o êxito diagnóstico e para a caracterização genotípica do agente. A PCR é útil na detecção precoce da infecção viral mesmo antes do hospedeiro produzir anticorpos. Em rebanhos nos quais a prevalência da leucose é inferior a 5%, a PCR é mais sensível que IDGA e ELISA. Os tecidos neoplásicos são considerados materiais de eleição para o diagnóstico por PCR.

Ressalta-se, no entanto, que a técnica ainda não é muito utilizada na rotina e possui aplicação apenas em pesquisas ou situações especiais.

Histopatologia

O diagnóstico definitivo de linfossarcoma no animal vivo pode ser obtido por exames histopatológicos superficiais obtidos por biópsia. A proliferação de células da linhagem linfocítica e infiltração maciça dessas células nos órgãos afetados são as principais evidências de leucose, ao exame histopatológico. A realização da imunoistoquímica em fragmentos de massas tumorais fixadas em formalina ou parafinados pode confirmar se as células neoplásicas são de origem tímica quando os tumores de cavidade torácica são examinados.

Os materiais que podem ser encaminhados para diagnóstico histopatológico são: amostras de massas tumorais fixadas em formalina, além de linfonodos aumentados de volume, medula óssea, fígado, baço, timo, átrio direito, abomaso e útero.

Diagnóstico diferencial

A leucose bovina deve ser diferenciada da tuberculose e actinobacilose, principalmente pelo quadro de emagrecimento progressivo do animal.

O linfossarcoma juvenil que esporadicamente acomete os bovinos, não é de etiologia viral. A necropsia e o exame histopatológico auxiliam na elucidação diagnóstica, na medida em que o tipo de apresentação histológica do linfossarcoma produzido pelo *Oncornavirus* bovino C é distinto daquele decorrente de linfossarcoma juvenil. No Brasil, há relato de leucose juvenil bovina multicêntrica em bezerros.

A pericardite traumática, que produz congestão cardíaca, também deve ser considerada no diagnostico diferencial.

A forma neurológica da doença, quando há acometimento da medula espinhal, deve ser diferenciada da Raiva que, em bovinos, determina manifestação clínica semelhante (paresia de membros posteriores), embora com evolução mais rápida.

Tratamento, profilaxia e controle

Não há tratamento. O animal soropositivo com sinais clínicos deve ser abatido. Em rebanhos com prevalência entre 1 a 2%, os animais soropositivos devem ser eliminados. Por outro lado, em rebanhos com elevada prevalência, pode ser realizada a tentativa de controle, já que o abate de todo rebanho não se justifica.

No caso de animais portadores inaparentes de elevado valor genético e/ou econômico, não se realiza o abate. No entanto, deve-se considerar a importância desses bovinos como fontes de infecção e manejá-los criteriosamente, de forma a evitar a transmissão aos demais animais do rebanho.

Realiza-se a sorologia e isolam-se os animais soropositivos. O reteste nos animais negativos deve ser realizado após 60 dias, e os positivos devem ser separados no rebanho isolado. Recomenda-se a intensificação dos cuidados no manejo dos bovinos, como utilização de uma luva de palpação por animal; uso de agulhas e seringas descartáveis, etc.

A fêmea de elevado valor genético deve ser isolada do rebanho, ser utilizada como doadora de óvulos e depois descartada. No caso de fêmeas prenhes, devem-se aguardar os nascimentos e não permitir que os bezerros mamem o colostro. O tratamento do colostro com pasteurização lenta (a 63°C durante 30 minutos) ou acidificação com ácido acético pode ser realizado. Se as vacas forem soropositivas, deve-se avaliar o valor dos bezerros, para isolamento ou descarte. Em rebanhos do Rio Grande do Sul, foi possível a obtenção de descendentes soronegativos por meio da substituição ou inativação pelo calor do leite materno administrado aos bezerros.

Caso o bezerro mame o colostro e seja soropositivo, realizar teste sorológico após seis meses, para diferenciar anticorpos colostrais ou decorrentes de infecção intrauterina.

No caso de touros de elevado valor, recomenda-se congelar o sêmen. Animais doentes ou com linfocitose persistente, que apresentem diarreia, pneumonia e outras manifestações clínicas, devem ser descartados gradualmente.

Deve-se adotar ainda um programa de controle de insetos hematófagos nas regiões onde há necessidade. No caso de isolamento de animais positivos e negativos, considera-se a distância mínima entre eles de 200 a 300 metros, em virtude da possibilidade de parasitismo pelos insetos.

Para a introdução de novos animais no rebanho, estes devem ser submetidos ao teste sorológico e mantidos em quarentena durante oito semanas, quando então devem ser novamente testados. Os animais devem permanecer soronegativos nos dois testes para então serem introduzidos no rebanho.

Um rebanho é considerado livre quando os animais permanecem soronegativos por dois anos, em exames semestrais.

A PCR pode ser utilizada para identificar animais jovens infectados e como teste complementar para elucidação de resultados discordantes entre testes, em rebanhos com baixa prevalência de infecção.

Em estudo comparativo para avaliação de

três diferentes métodos de controle da leucose bovina, realizado em rebanhos do Rio Grande do Sul, verificou-se que, para propriedades com reduzida taxa de infecção inicial (<10%), a eliminação total dos animais positivos apresentou resultados satisfatórios, com taxa de incidência nula durante o período de doze meses. Resultado semelhante foi obtido nas propriedades onde os animais foram separados em dois rebanhos, com a segregação dos positivos. Por outro lado, em propriedades onde o manejo misto de animais infectados e não-infectados era realizado, os resultados de soroconversão foram muito variados (entre 2,6% a 50%), indicando que esse tipo de controle necessitaria de um tempo maior para que os objetivos fossem alcançados. Concluiu-se ainda que a redução dos níveis de infecção em um rebanho, sem a necessidade do descarte imediato dos animais infectados, é possível a partir da substituição de ventres pelas novilhas da própria granja.

Vacinação

Atualmente não existem vacinas disponíveis contra o vírus da leucose bovina.

Saúde Pública

A princípio, a leucose bovina não é zoonose. No entanto, em virtude do vírus infectar células humanas em cultura, a carcaça do animal doente deve ser descartada.

Referências bibliográficas

Agottani, J.V.B.; Oliveira, K.B.; Faysano, L.; Warth, J.F.G. Leucose enzoótica bovina: diagnóstico, prevenção e controle. Disponível em: http://www.veterinariapreventiva.com.br/leucose.htm Acesso em: 10/04/2009.

Braga, F.M.; Laan, C.W.; Halfen, D.C.; Vidor, T. Avaliação de métodos de controle da infecção pelo vírus da leucose enzoótica bovina. **Ciência Rural**, v.27, n.4, p.635-640, 1997.

Carneiro, P.A.M.; Araújo, W.P.; Birgel, E.H.; Souza, K.W. Prevalência da infecção pelo vírus da leucose dos bovinos em rebanhos leiteiros criados no Estado do Amazonas, Brasil. **Acta Amaz.**, v.33, n.1, p.111-125, 2003.

Fighera, R.A.; Barros, C.S.L. Linfossarcoma intracerebral em bovino. Relato de caso. **Ciência Rural**, v.34, n.3, p.943-945, 2004.

Flores, E.F. (Org.). **Virologia Veterinária**. Santa Maria: Editora da UFSM, 2007. 888p.

Leuzzi Junior, L.A.; Alfieri, A.F.; Alfieri, A.A. Leucose enzoótica bovina e vírus da leucemia bovina. **Semina: Ci. Agrárias**, v.22, n.2, p.211-221, 2001.

Luders, M.A. **Prevalência de anticorpos contra o vírus da leucose enzoótica bovina em fêmeas com mais de dois anos no rebanho de bovinos leiteiros no município de Mafra-SC**. Monografia (Curso de Especialização em Sanidade Animal). Centro de Ciências Agroveterinárias – UDESC, Campus Lages. Santa Catarina. 2001. 30f.

Okada, K.; Ikeda, M.; Konnai, S.; Onuma, M.; Ishiguro, N.; Goryo, M. Tumor necrosis factor receptors on lymphoma cells in enzootic bovine leukosis. **Vet. Immunol. and Immunopat.**, v.128, p.211-347, 2009.

Peixoto, T.C.; Martini-Santos, B.J.; Yamasaki, E.M.; Galvão, A.; Salles, S.P.X. Leucose bovina juvenil multicêntrica em uma bezerra no Rio de Janeiro, Brasil.

Quinn, P.J; Markey, B.; Carter, M.E.; Donnelly, W.J.; Leonard, F.C. **Microbiologia Veterinária e Doenças Infecciosas**. Ed. Artmed. Porto Alegre, 2005. 512p.

Radostits, O.M.; Gay, C.C.; Blood, D.C.; Hinchcliff, K.W. **Veterinary Medicine. A textbook of the diseases of cattle, horses, sheep, pigs and goats** 10th edition. Saunders Elsevier. Philadelphia, PA, 2007, 2.156p.

Silva, R.C.; Fontana, I.; Meirelles, F.C.; Ruggiero, A.P.M.; Benato, N.; Borges, J.R.J. Ocorrência de leucose enzoótica bovina na forma de linfossarcomas no Distrito Federal: relato de caso. **Arq. Inst. Biol.**, v.75, n.4, p.507-512, 2008.

Tatiana Salerno
Doutoranda em Medicina Veterinária Preventiva
Depto. Higiene Veterinária e Saúde Publica
FMVZ/UNESP. Botucatu, SP
tativet@ig.com.br

Amanda Keller Siqueira
Doutoranda em Medicina Veterinária Preventiva
Depto. Higiene Veterinária e Saúde Publica
FMVZ/UNESP. Botucatu, SP
kellersiqueira@hotmail.com

Antonio Carlos Paes
Professor Livre Docente
Depto. de Higiene Veterinária e Saúde Pública
FMVZ/UNESP. Botucatu, SP
paesacmi@fmvz.unesp.br

Marcella Zampoli Troncarelli
Doutoranda em Medicina Veterinária Preventiva
Depto. Higiene Veterinária e Saúde Pública
FMVZ/UNESP. Botucatu, SP
matroncarelli@yahoo.com.br

CAPÍTULO 55

Herpesvírus bovino
Diarreia bovina a vírus
Febre catarral maligna

Herpesvírus bovino

Introdução

A palavra *herpes* origina-se do grego *herpein*, que significa rastejar. Esse significado veio com as observações das lesões de pele das pessoas acometidas que pareciam rastejar pelo corpo. Além disso, a capacidade desses vírus causarem infecções latentes ou inaparentes também é outra característica muito importante. Dessa forma, uma vez infectado por herpesvírus, o indivíduo permanece portador da forma latente. Essa é caracterizada pela ausência de replicação viral e de sinais clínicos, durando toda a vida do hospedeiro. A forma latente pode ser reativada a qualquer momento, principalmente por situações de estresse, durante as quais o vírus é novamente excretado, podendo inclusive ser transmitido a outros animais susceptíveis.

Todos os membros da família *Herpesviridae* possuem morfologia do vírion semelhante, baseada em um capsídeo de simetria icosaédrica, envelope contendo proteínas de membrana e um tegumento de matriz proteica entre o capsídeo e o envelope. Os vírions possuem como genoma uma molécula de DNA de fita dupla.

Os herpesvírus estão amplamente distribuídos na natureza, tendo diversas espécies de animais como hospedeiros naturais. Atualmente, são conhecidas cerca de 130 espécies, sendo várias destas de importância veterinária.

Herpesvírus bovino tipo 1 (BoHV-1)

Etiologia

Büchner e Trommsdorf descreveram na Alemanha, no século 19, o exantema vesicular coital, uma doença de bovinos provavelmente causada pelo herpes-vírus bovino tipo 1 (BoHV-1). A etiologia viral foi demonstrada, em 1928, por Reisinger e Reiman, ao conseguirem filtrar o agente infeccioso e reproduzir a doença venérea. Inicialmente, a infecção se restringia ao sistema reprodutor. Em meados do século 20 (1956), uma enfermidade que acometia o sistema respiratório se espalhou pela América do Norte. Esse tipo mais severo de infecção por BoHV-1 foi chamado rinotraqueíte infecciosa bovina (IBR). A doença se disseminou rapidamente pela Europa pela importação de animais leiteiros da América do Norte.

No Brasil, BoHV-1 teve seu primeiro isolamento, em 1978, a partir de um caso de vulvovaginite na Bahia. Diversos relatos confirmam a ampla distribuição viral em nosso País. Levantamentos revelam variações entre 8 e 82% de prevalência da infecção em diversas regiões brasileiras. Dessa forma, acredita-se que uma parcela muito pequena do rebanho bovino nacional esteja livre desse agente infeccioso. Os principais fatores que vêm contribuindo para a difusão desses microrganismos são a introdução nos rebanhos de animais oriundos de leilões ou de importações, sem exigências sanitárias necessárias para prevenir a infecção, a crescente utilização de confinamentos para a engorda de animais, a não-obrigatoriedade do controle virológico do sêmen comercializado no País e, principalmente, a falta de informação dos criadores, das autoridades e veterinários sobre essas viroses.

BoHV-1 é um dos oito herpes-vírus isolados de bovinos naturalmente infectados. Essa espécie viral faz parte da subfamília *Alphaherpesvirinae*, gênero *Varicellovirus*, formada por vírus caracterizados por possuírem grande número de hospedeiros, ciclo replicativo curto e habilidade de induzir infecção latente.

Esse vírus tem sido associado com diversas manifestações clínicas em bovinos, rinotraqueíte infecciosa (IBR), vulvovaginite pustular/balanopostite pustular infecciosa (IPV/IPB), abortamentos e infecção generalizada em neonatos. BoHV-1 pode ser subdividido em três diferentes genótipos baseados em características antigênicas: BoHV-1.1, BoHV-1.2a e BoHV-1.2b. BoHV-1.1 refere-se às amostras clássicas associadas com IBR e também é associado com abortamentos, principalmente na Europa e nas Américas. BoHV-1.2a tem alta prevalência no Brasil, sendo associado principalmente com IPV/IPB, abortamentos e também com infecções do trato respiratório. Já BoHV-1.2b é associado com doença respiratória branda e com IPV/IPB, mas ainda não foi associado com abortamentos. Estes últimos são frequentemente isolados na Austrália e Europa, sendo incomuns no Brasil.

Epidemiologia

BoHV-1 é mundialmente disseminado, apresentando diferenças significativas na incidência regional e na prevalência, de acordo com a localização geográfica e manejo reprodutivo.

Baseado em levantamentos sorológicos, diversos estudos têm sido realizados com o objetivo de identificar fatores de risco para a soropositividade para BoHV-1. Muitos desses fatores são bem caracterizados: idade, sexo (machos são mais frequentemente positivos do que fêmeas) e tamanho do rebanho. O contato direto entre animais, como feiras agropecuárias, também é um importante fator de risco.

A presença de portadores latentes é de fundamental importância para a manutenção do agente em uma população bovina. A reativação viral e a infecção de novas gerações de animais pode ocorrer ao nascimento, na cópula, durante o transporte ou após a introdução de novas matrizes no grupo de vacas leiteiras. A detecção de anticorpos específicos para BoHV-1 é a base para a identificação dos portadores e essa é a chave para o sucesso do programa de controle.

A capacidade de BoHV-1 infectar outras espécies de animais é mais um entrave para sua erradicação.

Multiplicação de BoHV-1 na célula

BoHV-1 inicia sua infecção após três passos. A primeira interação envolve baixa afinidade entre as proteínas virais e os receptores celulares. Esse passo é seguido por uma ligação estável com receptores celulares específicos. Após essa fase, a penetração viral na célula ocorre pela fusão do envelope viral com a membrana plasmática celular. Subsequentemente, o vírus entra no citosol celular. As partículas de BoHV-1 são transportadas para o núcleo, permitindo sua replicação.

Patogenia

Porta de entrada e tropismo

A porta de entrada de BoHV-1 é a mucosa do trato respiratório superior ou do trato genital. A infecção também pode ocorrer por inoculação no epitélio conjuntival. A principal via de transmissão é a direta, entre narinas. No entanto, a transmissão aerógena por aerossóis pode ocorrer entre distâncias curtas. A infecção genital direta requer contato ou cópula, porém também pode ocorrer por meio de inseminação ou fertilização com sêmen contaminado com o vírus. Estudos comprovam a resistência do agente ao congelamento.

Replicação na mucosa da porta de entrada

Uma vez dentro das células epiteliais, a fase lítica de replicação de BoHV-1 se inicia. Esta corresponde a expressão sequencial de genes virais e da consequente produção de nova progênie viral e morte celular. O efeito citopático (ECP) é caracterizado pelo abaulamento celular e pelo aparecimento de inclusões intranucleares. A morte celular ocorre por processos de apoptose e necrose durante o ciclo replicativo.

Além do efeito citopático direto, BoHV-1 também pode reduzir a reparação do epitélio respiratório, pela inibição da migração de novas células epiteliais nas áreas afetadas.

Difusão e disseminação

A infecção natural por BoHV-1 resulta na produção viral massiva na porta de entrada. A nova progênie de vírus se difunde no muco nasal sendo excretada e é responsável pela rápida disseminação da infecção no rebanho. Os novos vírus também se espalham no organismo do hospedeiro por disseminação local ou disseminação sistêmica por viremia e, eventualmente, por neuroinvasão.

Disseminação local

Dois caminhos diferentes são responsáveis pela disseminação de BoHV-1 na mucosa infectada. Inicialmente, os vírus expressam partículas no envelope capazes de interagir com os receptores das células susceptíveis. Por outro lado, as partículas virais podem migrar das células infectadas para as adjacentes não-infectadas (infecção direta célula a célula). Esse caminho é vantajoso porque a disseminação ocorre mesmo com a presença de anticorpos neutralizantes no meio extracelular.

Disseminação sistêmica por viremia

BoHV-1 pode se difundir no hospedeiro por viremia, conseguindo o acesso para um grande número de tecidos e órgãos, causando outras manifestações clínicas, como exemplo, abortamentos em vacas prenhes e infecção sistêmica fatal em muitos bovinos jovens soronegativos. Há pouca informação sobre o mecanismo de difusão sistêmica de BoHV-1. Após a inoculação intranasal de uma cepa altamente virulenta, os vírus são isolados por diversos dias a partir do soro de bovinos infectados.

Neuroinvasão

Durante a replicação primária nas superfícies mucosas, BoHV-1 pode infectar neurônios via terminações nervosas das mucosas e ascender até o sistema nervoso central (SNC). A mucosa da orofaringe possui terminações de pelo menos seis nervos, sendo os nervos olfatório e trigêmio os principais caminhos da neuroinvasão viral no SNC, principalmente utilizados por BoHV-5. BoHV-1 é esporadicamente isolado de bovinos com desordens do SNC. Muitos desses isolados são responsáveis por meningoencefalite aguda em bovinos adultos.

Resposta imune

Após a infecção primária, reações inflamatórias e celulares não específicas são a primeira resposta ao BoHV-1. Muitos dos mecanismos não específicos se constituem por ativação do sistema complemento e outros como interferon (IFN), induzidos pela replicação viral. A produção de citocinas provoca o recrutamento e a ativação de diferentes células, como macrófagos, neutrófilos polimorfonucleares e grandes linfócitos granulares (Natural Killer - NK). Esses mecanismos aumentam a secreção de citocinas no epitélio infectado e matam as células colonizadas pelo vírus. A ativação da imunidade celular não específica também é essencial na iniciação e regulação da resposta imune específica para BoHV-1.

A resposta imune celular específica é detectada com 5 dias pós-infecção e alcança seu pico com 7 a 10 dias. Essa observação geralmente coincide com o restabelecimento das manifestações clínicas. Linfócitos T-helper específicos mediam a lise das células infectadas com BoHV-1 pela ativação de macrófagos e NK através da secreção de IFNγ e IL-2 (interleucina 2), e pelo recrutamento e promoção da proliferação de linfócitos T-citotóxicos específicos. A imunidade humoral específica pode ser detectada próxima aos 10 dias pós-infecção.

Estratégias de evasão do sistema imune

Bovinos são capazes de desenvolver uma resposta imune eficiente após a infecção primária por BoHV-1, seguida, em muitos casos, de recuperação da doença e parada na excreção viral. No entanto, isso é controverso, pois bovinos desenvolvem infecção latente. Dessa forma, alguns pesquisadores especulam que essas estratégias de evasão facilitam o estabelecimento da infecção persistente.

Latência e reativação

Após a infecção primária por BoHV-1, os bovinos podem tornar-se portadores latentes. O vírus estabelece latência nos neurônios sensoriais do sistema nervoso periférico após replicação na mucosa. Ele penetra nas terminações dos nervos distribuídas no epitélio infectado. Os vírus, então, são transportados através de microtúbulos dos axônios para alcançar o corpo dos neurônios nos gânglios nervosos.

A reativação da infecção pode ocorrer após exposição a estímulos naturais ou tratamento com corticosteroides, culminando na transmissão viral para animais não-infectados geralmente sem sinais clínicos. Uma vez reativado nos neurônios dos gânglios regionais, BoHV-1 inicia um novo ciclo de replicação. A progênie viral alcança o sítio primário da infecção por meio dos axônios. No epitélio pode ou não haver reexcreção viral. Dois fatores podem influenciar a reexcreção do vírus: o estado imunológico e o fenótipo da progênie viral.

I. A resposta imune primária obtida após a exposição natural ao BoHV-1 ou ao esquema vacinal tem a habilidade para um controle efetivo da reexcreção viral. A resposta imune secundária reforçada por sucessivos estímulos também é efetiva para inibir a reexcreção do vírus. No entanto, quando o estímulo para a reativação ocorre nos dois primeiros meses após a primo-infecção não se espera que o sistema imune consiga inibir a reexcreção. Animais com altos títulos de anticorpos neutralizantes contra BoHV-1 antes da reativação poderão não reexcretar vírus.

II. O fenótipo da progênie viral tem influência na habilidade para o vírus ser reexcretado.

Sinais clínicos

A severidade da doença causada por BoHV-1 é influenciada por diversos fatores, como a virulência da cepa, os fatores de resistência do hospedeiro, especialmente a idade, e o potencial para ocorrer infecção bacteriana secundária.

Infecções subclínicas por BoHV-1 são comuns. Diversas cepas demonstram pouca habilidade para induzir sinais clínicos e são caracterizadas como fracamente virulentas. A imunidade colostral protege animais infectados de apresentarem sinais clínicos.

Após a inoculação intranasal em bovinos soronegativos, há o desenvolvimento de febre de 41°C por 4 a 5 dias, que pode ser acompanhada de apatia e anorexia. Vacas de leite podem apresentar grande redução na produção. Após 2 ou 3 dias de incubação, sinais oculares e respiratórios são observados. Os sinais decorrentes da grande resposta inflamatória e dos danos causados no epitélio são: mucosa nasal vermelha (nariz vermelho/*red nose*), descarga nasal de serosa a mucopurulenta e, em casos mais graves, tosse e dificuldade respiratória. Sinais oculares como conjuntivite e secreção mucopurulenta são comuns. A forma respiratória comumente acomete todo o rebanho. A morte não é comum na doença sem infecções secundárias, no entanto, doenças intercorrentes podem agravar muito o quadro clínico do animal podendo levá-lo a óbito. A forma ocular pode ocorrer em conjunto com a forma respiratória ou como entidade clínica distinta, manifestando-se apenas como severa conjuntivite.

A forma genital é usualmente transmitida na cópula. Os nomes dados para as doenças que afetam a vaca (vulvovaginite pustular infecciosa – VPI) e o touro (balanopostite pustular infecciosa – BPI) descrevem claramente o quadro clínico observado na infecção primária. Com essa forma de IBR, as fêmeas apresentam discreta elevação de temperatura corpórea e descargas vaginais leitosas. A cauda permanece elevada e em constante movimento. A vulva dos animais pode apresentar a mucosa hiperêmica e com pústulas. Essa sintomatologia dura aproximadamente duas a três semanas. Abortamentos e acometimento do sistema respiratório não são comuns. Nos machos, pode ocorrer inflamação do prepúcio com produção de secreções, e o pênis pode conter pústulas. Quadros mais severos restritos ao aparelho reprodutor podem levar para orquite no touro e endometrite na vaca.

O abortamento é consequência da infecção por BoHV-1, por via respiratória, em vacas soronegativas. Ele ocorre comumente entre o quarto e oitavo mês de gestação, porém a inoculação parenteral experimental de vírus pode induzir morte do embrião com três meses. Através da viremia, o agente infeccioso consegue ultrapassar a barreira materno-fetal e produzir infecção letal no feto.

Bezerros neonatos podem desenvolver infecção sistêmica após se infectarem congenitamente antes do nascimento ou logo no pós-parto. Animais privados de colostro apresentam grande risco de infecção. Salivação excessiva e diarreia são consequências da replicação viral no epitélio do sistema digestivo. Graves lesões são observadas no trato digestivo, como glossite, esofagite e necrose ruminal aguda. A morte acontece após 4 a 5 dias.

Diagnóstico

O histórico clínico da propriedade, os sinais clínicos e as lesões dos animais permitem o diagnóstico presuntivo da enfermidade. A confirmação da suspeita clínico-patológica deve ser firmada com base em exames laboratoriais. Durante a fase aguda das infecções, devem ser realizados testes para detecção viral, antígenos ou DNA do agente em amostras clínicas. Estas amostras são: *swabs* nasais e oculares, vaginais, prepuciais ou de áreas que apresentem lesões, tecidos (traqueia, pulmões) e fetos inteiros abortados ou tecidos fetais (pulmões, fígado e rins). As amostras devem ser remetidas em caixas de isopor contendo gelo, com a maior rapidez possível. Não é recomendado congelar, pois a temperatura de congelamento (aproximadamente -20°C) pode inativar o vírus.

Diagnóstico virológico

A imunofluorescência (IFA) é uma técnica rápida, realizada com anticorpos específicos, em cortes, impressões de tecidos ou esfregaços de secreções. O resultado pode ser obtido dentro de uma a duas horas. Suspensões de tecidos ou secreções de animais clinicamente infectados podem ser preparadas e inoculadas em culturas celulares com o intuito de isolar o vírus. BoHV-1 produz ECP em diversos tipos de culturas celulares. ECP pode ser observado entre 24 e 72 horas após a inoculação. O material só é considerado negativo após duas ou três passagens sem o aparecimento de alterações nas células. Se houver ECP compatível com herpesvírus, a confirmação do agente será dada com o uso de IFA ou imunoperoxidase (IPX), utilizando-se anticorpos monoclonais ou conjugados apropriados.

A PCR detecta DNA viral em amostras clínicas de forma rápida, específica e sensível. Possui aplicação importante na detecção do DNA viral nos sítios de latência, podendo ser o indicativo mais seguro da infecção. No entanto, essa técnica é restrita para a detecção viral em sua fase aguda.

Diagnóstico sorológico

O diagnóstico sorológico pode ser feito após duas coletas de soro, uma na fase aguda e a segunda duas a três semanas após. O aumento de quatro vezes no título de anticorpos entre as duas coletas é indicativo da infecção e pode confirmar o diagnóstico. Em fêmeas prenhes, é conveniente fazer uma coleta de soro antes da gestação e mantê-la congelada. Caso haja o aparecimento de problemas reprodutivos, uma nova coleta após o aparecimento de sinais clínicos deverá ser realizada, e ambas as amostras deverão ser submetidas ao laboratório devidamente identificadas.

As técnicas sorológicas mais utilizadas são o ELISA e a soroneutralização (SN). Deve-se ressaltar que esses testes não diferenciam infecções por BoHV-1 ou BoHV-5. O diagnóstico sorológico dá suporte à investigação clínica e também aos inquéritos epidemiológicos, certificação de rebanhos e triagem de reprodutores destinados à coleta e comercialização de sêmen. A detecção de anticorpos anti-BoHV-1 indica a condição de portador, com exceção de anticorpos vacinais.

Diagnóstico diferencial

A forma respiratória deve ser diferenciada das pneumonias causadas pelo vírus sincicial bovino e parainfluenza-3, assim como das broncopneumonias bacterianas secundárias. A conjuntivite deve ser diferenciada de infecções oculares por *Moraxella bovis*. Já a forma reprodutiva deve ser diferenciada de abortamentos por *Leptospira* spp. e *Brucella* spp., principalmente.

Controle e profilaxia

As medidas de controle devem ser relacionadas com a severidade da infecção no rebanho, práticas de manejo e com a prevalência da enfermidade. Duas principais estratégias podem ser adotadas de acordo com a situação epidemiológica e o histórico clínico dos rebanhos: controle com vacinação e controle sem vacinação. Rebanhos com histórico comprovado da infecção devem implementar a vacinação, com a finalidade de redução da circulação viral e da ocorrência de doença clínica, o que, consequentemente, reduz perdas econômicas.

Rebanhos com baixo risco, sem histórico da enfermidade ou sem sorologia positiva devem implementar medidas de biossegurança para prevenir a introdução do agente infeccioso. O simples teste sorológico de todos os animais que serão introduzidos no rebanho e o descarte de animais positivos são métodos efetivos.

Rebanhos com sorologia alta, sem histórico clínico de doença respiratória ou genital e sem problemas reprodutivos podem ser mantidos sem vacinação, porém com monitoramento contínuo.

As centrais de reprodução devem manter exames contínuos e, de preferência, de todos os ejaculados dos animais para assegurar-se da ausência de vírus, mesmo do sêmen de animais sorologicamente positivos.

Vacinação

As vacinas para BoHV-1 normalmente são formuladas em associação com outros antígenos: vírus da diarreia viral bovina, vírus respiratório sincicial bovino e/ou vírus da parainfluenza tipo-3,

Estão classificadas em quatro categorias: vivo modificada, inativada ou subunidade, DNA e vacina baseada em vetor. A vacinação vem sendo exaustivamente revisada e existe tendência na adoção da estratégia DIVA (diferenciar animais infectados de animais vacinados). Muitos países europeus têm iniciado programas de controle com o objetivo de erradicar BoHV-1 com base no uso de vacinas produzidas com vírus modificados através da deleção de genes específicos. O uso dessas vacinas, em conjunto com a detecção sorológica de anticorpos específicos para esses genes, pode diferenciar animais infectados de vacinados.

No Brasil, utilizam-se vacinas inativadas seguindo o esquema abaixo:

- na primeira semana após o nascimento, reforço com dois meses de idade e na desmama dos bezerros, com a finalidade de prevenir quadros neurológicos. Na ocorrência de surtos, a revacinação anual deverá ser preconizada;
- as fêmeas devem ser vacinadas com duas doses antes da inseminação ou monta natural com intervalos de quatro semanas para a prevenção da forma reprodutiva. Uma dose de reforço poderá ser administrada no intuito de maximizar a reposta imune;
- bezerros devem receber três doses de vacina para a prevenção do quadro respiratório. A primeira deve ser feita na desmama, a segunda após 30 dias e a terceira aos 60 pós-desmama. A progênie de vacas não vacinadas deve receber a primeira dose aos três meses de idade. Gado de leite e machos castrados serão vacinados de acordo com o esquema proposto para os bezerros.

Animais de todas as idades devem receber revacinações anuais para manter a imunidade no rebanho.

Novas tendências para a vacinação contra BoHV-1

Vacinas ideais são as que combinam eficácia e segurança nos resultados. Muitas vacinas de subunidades têm sido testadas. Elas são produzidas com glicoproteínas de membrana.

Vacinas produzidas com DNA plasmidial, contendo sequências codificadoras dos genes de glicoproteínas, também têm sido estudadas.

Herpesvírus bovino tipo 2 (BoHV-2)

Etiologia

O herpesvírus bovino tipo 2 (BoHV-2) é o agente causador da mamilite herpética (BHM), enfermidade que possui grande repercussão sanitária em rebanhos de bovinos leiteiros, criados especialmente em regiões de clima temperado.

A mamilite herpética caracteriza-se por lesões localizadas em tetos e úbere. Porém, com menor frequência, a doença pode se manifestar de forma generalizada, sendo denominada de pseudo *lumpy skin disease* (PLSD), acometendo a pele de todo o corpo, especialmente regiões da cabeça, dorso e períneo.

O BoHV-2 pertence à subfamília *Alphaherpesvirinae*, gênero *Simplexvirus*. Apresenta elevado grau de homologia com o vírus do herpes simplex humano (HHV-1 ou HSV), demonstrando grande similaridade genética e antigênica entre si. Em decorrência da semelhança com HSV-1, especula-se que a provável origem de BoHV-2 seja de primatas e não de animais biungulados.

O agente viral possui relativa resistência a influências ambientais e pode sobreviver ao congelamento. Desinfetantes à base de hipoclorito de sódio possuem menor eficácia quando comparados aos iodóforos.

Epidemiologia

Diversos países, como Estados Unidos, Quênia, Austrália, Reino Unido, Itália e Japão têm descrito a infecção e enfermidade associada ao BoHV-2, especialmente em virtude da importância econômica relacionada a rebanhos leiteiros. A mamilite possui ocorrência disseminada e pode resultar em perdas significativas, ocasionados pela redução da produção leiteira e agravamento do quadro com a ocorrência de mastites.

No Brasil, a enfermidade foi descrita nas décadas de 70 e 80; no entanto, estudos sorológicos, realizados em 2007 em duas importantes bacias leiteiras dos Estados do Paraná e Rio Grande do Sul, demonstraram soroprevalência de aproximadamente 30% em vacas de produção, confirmando a presença e disseminação do vírus em rebanhos brasileiros. Além disso, observações de campo revelam a ocorrência de doença clínica compatível com a causada pelo BoHV-2.

As formas localizada ou generalizada da doença têm sido relatadas em diferentes regiões geográficas. As infecções generalizadas (PLSD) ocorrem principalmente em áreas tropicais e subtropicais, nas quais se acredita que espécies de ruminantes selvagens possam ser reservatórios do vírus.

Foram detectados anticorpos neutralizantes contra BoHV-2 em elefantes, búfalos e outros ruminantes selvagens.

A mamilite herpética é comumente observada em bovinos leiteiros e de corte submetidos à exploração intensiva e sob elevada condição de estresse. As novilhas são geralmente mais acometidas e apresentam lesões severas, principalmente quando a temperatura encontra-se mais baixa. O trauma físico, aliado ao edema fisiológico do úbere e tetos, é considerado fator importante na patogenia da enfermidade e pode contribuir para o desenvolvimento de lesões.

A doença dissemina-se rapidamente entre os animais e, provavelmente, embora pouco esclarecida, a transmissão ocorra por contato direto ou indireto, através de fluidos vesiculares e crostas contaminadas. Acredita-se que a transmissão possa ocorrer pela introdução de animais infectados no rebanho, disseminando-se por meio do manejo inadequado dos animais pelos ordenhadores ou por insetos considerados vetores mecânicos. No entanto, nenhuma dessas possibilidades foi confirmada experimentalmente. A transmissão da mamilite pelos equipamentos de ordenha tem sido investigada, porém não há resultados conclusivos. Bezerros que mamam em vacas afetadas podem se infectar e transmitir o vírus a outros animais. Durante a fase aguda da doença, o vírus pode ser transmitido aos bezerros lactentes e estes poderão apresentar lesões vesiculares na região do focinho e comissuras labiais.

Embora a taxa de mortalidade seja baixa, a taxa de morbidade em rebanhos afetados pode variar de 18 a 90%. As perdas econômicas estão relacionadas principalmente à mastite, em decorrência da redução de até 20% da produção leiteira e descarte de animais após quadros graves e intratáveis.

Acredita-se que o BoHV-2 estabeleça infecção latente após a infecção aguda, em virtude do frequente desenvolvimento de lesões nos tetos imediatamente após o parto, devidas à imunossupressão, sem qualquer fonte externa de infecção. No entanto, maiores estudos devem ser realizados com o intuito de investigar a biologia da infecção latente.

Patogenia

A presença de lesões abrasivas na pele favorece a instalação da infecção. Após a penetração, ocorre replicação viral nas camadas profundas da epiderme e derme, com produção de células gigantes multinucleadas.

Sintomas clínicos

Infecções subclínicas são comuns nos animais. Por intermédio da inoculação experimental, verificou-se que o período de incubação varia de quatro a dez dias. Os sintomas clínicos iniciais caracterizam-se por regiões hiperêmicas circulares ou irregulares na pele dos tetos e úberes, com bordas geralmente bem definidas. Após, ocorre edemaciação da pele, com presença ou não de vesículas, com um a dois centímetros de diâmetro, que se rompem rapidamente, dando lugar a ulcerações superficiais da pele. Há rápida formação de crostas com bordas bem definidas e necróticas. Raramente podem ser observadas úlceras na mucosa vaginal. Não há doença sistêmica, e as lesões ficam confinadas aos tetos e úbere.

Em casos de infecção natural, a enfermidade apresenta curto período de evolução. As lesões são encontradas principalmente nos tetos, mas podem ser disseminadas para o úbere e região perineal. A mamilite herpética apresenta típica lesão com depressão central na superfície dos nódulos e necrose superficial da epiderme. Os tetos apresentam-se edematosos e doloridos. As lesões médias tendem a cicatrizar em até dez dias, no entanto, as úlceras graves podem persistir por dois a três meses.

A doença é autolimitante, persistindo no rebanho por seis a 15 semanas, porém a mastite é a sequela mais comum da enfermidade. Nesse caso, pode haver complicação do quadro clínico, se ocorrer infecções secundárias, retardando a cicatrização das lesões.

A forma cutânea da enfermidade (PLSD) também é autolimitante e ocorre de forma rara. Caracteriza-se por aparecer subitamente, com formação de nódulos firmes, circulares, de superfície plana com centro ligeiramente deprimido. Geralmente ocorrem na pele da cabeça, pescoço, dorso e períneo, mas podem surgir em qualquer parte do corpo dos animais. Após duas a quatro semanas, as lesões secam e desprendem-se do corpo do animal, com rápida cicatrização da região afetada.

Diagnóstico

A mamilite herpética bovina deve ser diferenciada de outras enfermidades que ocasionam mamilite vesicular ou crostosa, como urticárias, picadas de insetos e infecções virais por *Pseudocowpox* e *Vaccinia*, comumente encontradas principalmente na Região Sudeste do Brasil.

O diagnóstico clínico-epidemiológico deve ser acompanhado da confirmação por meio de exames laboratoriais. Amostras de fluidos vesiculares, crostas e soros coletados na fase aguda da doença são utilizados para o diagnóstico laboratorial. O isolamento viral possui maior êxito, quando se coleta líquido vesicular antes das vesículas se romperem, com o auxílio de seringas e agulhas finas. O material deve ser conservado à temperatura de 4°C para que haja sucesso no isolamento. Para a realização de exame histopatológico ou microscopia eletrônica, áreas de lesões podem ser incisadas e fixadas em formol a 10%.

O elevado conteúdo de partículas virais em fluido de vesículas frescas é característico de viroses vesiculares e pode ser facilmente propagado em cultivos celulares primários de bovinos e células de linhagens de rim de bovinos (MDBK). Os cultivos celulares devem ser incubados a 32°C, pois o BoHV-2 não se replica bem a 37°C.

A coloração pelo método de Giemsa de material impregnado em lâmina, obtido de biópsia da periferia das lesões vesiculares, permite visualizar em microscopia ótica, inclusões virais intranucleares.

Exames sorológicos, como a soroneutralização e ELISA, podem ser realizados quando se deseja detectar a presença de portadores latentes na população de bovinos.

Controle e Profilaxia

Vacinas inativadas e atenuadas de BoHV-2 têm sido estudadas, no entanto, ainda não revelaram proteção contra a doença clínica. Outros experimentos que utilizam inoculações parenterais, com isolados de campo, produzem lesões locais sem excreção viral e conferem boa imunidade sólida e duradoura, porém, há riscos da perpetuação do vírus pelo estabelecimento de infecções latentes em rebanhos em que o método é utilizado.

Manejo higiênico adequado da sala de ordenha e equipamentos, com a utilização de desinfetantes, quarentena dos animais recém-adquiridos, segregação dos enfermos, aliado ao combate de insetos e de possíveis vetores que possam transmitir o agente viral, são métodos profiláticos que devem ser instituídos no combate à enfermidade.

A utilização de antimicrobianos de uso tópico pode ser instituída no caso de infecções bacterianas secundárias.

Alguns antivirais têm demonstrado melhor eficácia da vidarabina sobre a replicação do BHoV-2, quando comparada com o aciclovir.

Herpesvírus bovino tipo 4 (BoHV-4)

Etiologia

Classificado na subfamília *Gammaherpesvirinae*, o herpesvírus bovino tipo 4 (BoHV-4) geralmente está associado a diversas manifestações clínicas, sendo também isolado de animais saudáveis. Possui grande similaridade com o herpesvírus saimiri, mas apresenta-se sorologicamente distinto dos outros herpes-vírus bovinos.

Epidemiologia

O BoHV-4 foi, inicialmente, isolado na Hungria, em 1963, de bezerros que apresentavam doença respiratória e ceratoconjutivite. Posteriormente, também foi observada nos Estados Unidos, em uma novilha com sintomas respiratórios. A infecção já foi descrita em outros países da América do Norte, Europa e alguns países da África e Ásia.

Embora o número de estudos sorológicos seja restrito, a infecção por BoHV-4 apresenta-se amplamente distribuída na população bovina. O vírus também foi isolado de bubalinos, ovinos e felinos domésticos.

Patogenia

A patogenia da enfermidade é pouco conhecida, em decorrência da escassez de relatos da doença adquirida naturalmente. A inoculação experimental também tem demonstrado dificuldade em reproduzir sintomas clínicos nos animais testados.

A infecção ocorre principalmente pela via oronasal, através da inspiração de aerossóis, contato indireto com fômites e ingestão de leite contaminado.

O BoHV-4 replica-se na mucosa do aparelho respiratório superior e epitélio intestinal. Pode infectar leucócitos e disseminar por via sistêmica para diversos órgãos e tecidos, como trato respiratório superior e inferior, baço, linfonodos, tonsilas, timo e rins.

Após a infecção aguda, o BHoV-4 permanece de forma latente em diversos sítios, como células mononucleares do baço, do sangue periférico e do sistema nervoso e pode ser reativado mediante situações de estresse ou pela administração de corticoides. A persistência viral em linhagens monocítico-macrofágicas sugere que a infecção possa induzir efeitos imunossupressivos.

Sintomas clínicos

Até o momento, a infecção pelo BoHV-4 não possui associação definida com determinada enfermidade ou síndrome clínica. O vírus foi identificado em bovinos assintomáticos e em animais que apresentavam diversas manifestações clínicas, como distúrbios respiratórios, reprodutivos, entéricos, conjutivites, mamilites e dermatites pustulares. Também foram descritos abortamento com demonstração do vírus no feto e em membranas fetais. A associação do BoHV-4 a orquites e azoospermia com excreção viral no sêmen tem sido sugerida em touros.

Diagnóstico

O diagnóstico pode ser realizado mediante isolamento viral, embora seja difícil a replicação do BoHV-4 em cultivos celulares.

Técnicas moleculares como a reação em cadeia pela polimerase (PCR) e *Southern blot* são utilizadas para verificar a presença do vírus em tecidos e órgãos.

A detecção de anticorpos contra o BHoV-4 pode ser realizada por fixação de complemento, imunodifusão em ágar, imunofluorescência indireta e por ELISA. A técnica de soroneutralização não é recomendada, uma vez que a infecção natural geralmente não induz níveis altos de anticorpos neutralizantes.

Controle e Profilaxia

Em decorrência do restrito conhecimento sobre a infecção por BoHV-4, não há consenso sobre possíveis medidas de controle a serem adotadas, havendo a necessidade de maiores estudos clínico-patológicos, com vistas a contribuir para o esclarecimento da infecção.

Herpesvírus bovino tipo 5 (BoHV-5)

Etiologia

O herpesvírus bovino tipo 5 (BoHV-5) é conhecido como agente etiológico da encefalite ou meningoencefalite herpética bovina. A enfermidade acomete principalmente animais jovens e geralmente é fatal.

O BoHV-5 pertence à subfamília *Alphaherpesvirinae*, gênero *Varicellovirus*. Antigamente, por causa das semelhanças biológicas e genéticas, o BoHV-5 era considerado subtipo do BoHV-1. A diferenciação desses dois vírus tornou-se possível apenas com o desenvolvimento de técnicas moleculares.

Epidemiologia

Em virtude da similaridade com o herpesvírus bovino tipo 1, a prevalência e distribuição mundial do BoHV-5 ainda permanece desconhecida. É provável que grande número de animais identificados como positivos para BHV-1 tenham sido infectados, na verdade, pelo BoHV-5.

A enfermidade causada pelo BoHV-5 acomete preferencialmente animais jovens, e a ocorrência de infecções naturais já foi descrita em bovinos, ovinos e caprinos. Apresenta baixa taxa de morbidade (1-10%) e elevada de mortalidade (até 100%). O aumento dessas taxas é observado principalmente em países do Hemisfério Sul, como Brasil, Argentina e Uruguai. No entanto, a encefalite herpética em bovinos possui baixa ocorrência em países do Hemisfério Norte devido, provavelmente, aos extensivos programas de vacinação contra o BoHV-1, pois aventa-se a hipótese dessa vacina também conferir proteção contra BoHV-5.

A realização de estudos clínico-epidemiológicos e virológicos tem demonstrado que o BoHV-5 é considerado importante agente da encefalite bovina no Brasil. No Rio Grande o Sul, surtos de meningoncefalite em bovinos tem sido associados ao BHV-5. Evidências clínicas confirmadas pelo isolamento viral têm demonstrado elevada prevalência da infecção por esse agente nos Estados do Mato Grosso, Mato Grosso do Sul, Minas Gerais, São Paulo, Rio de Janeiro, Paraná e Rio Grande do Sul. Deve-se ressaltar que esses dados não são precisos, uma vez que a infecção pode ocorrer sem a presença de manifestação clínica. Acredita-se, portanto, que a incidência da infecção por BoHV-5 seja muito maior do que os casos reportados.

Os surtos da doença ocorrem geralmente em virtude de condições de estresse, como desmama, transporte e mudanças no trato dos animais. A transmissão viral ocorre por meio do contato direto ou indireto com animais ou secreções contaminadas. O BoHV-5 é excretado pelas secreções nasais por 15 a 18 dias, com disseminação rápida entre os bovinos, principalmente quando a densidade populacional apresenta-se elevada.

Patogenia

Após a penetração do BoHV-5 pelo trato respiratório superior, o mesmo replica-se na mucosa nasal por 15 dias ou mais. Nesse momento, o animal pode apresentar manifestações clínicas respiratórias, semelhantes às encontradas nos casos de infecção por BoHV-1, porém, com menor severidade. Corrimento nasal e dificuldade respiratória são os sintomas relatados tanto em infecções naturais como experimentais.

A seguir, partículas virais invadem os neurônios sensoriais regionais, sendo transportados para o gânglio responsável pela inervação local. A partir daí, o vírus pode se estabelecer como infecção latente, não havendo replicação viral ou expressão de antígenos. A reativação da infecção latente de forma natural ou induzida pela administração de corticoides pode ocasionar desde sintomas neurológicos moderados e passageiros a graves e fatais. Nesses casos, pode-se observar quadros de meningoencefalite por BoHV-5 em um único animal, geralmente em idade adulta.

Além da fase de latência, o BoHV-5, após se replicar no gânglio trigêmio (responsável pela inervação das vias respiratórias), segue para o encéfalo, atingindo neurônios da ponte e do bulbo, disseminando-se para o cerebelo, tálamo e córtex cerebral. A doença neurológica pode ocorrer sob a forma de surtos ou acometer animais isoladamente. Bezerros submetidos a condições de estresse pós-desmama e mantidos em confinamento são os mais acometidos.

Sintomas clínicos

Os sintomas clínicos mais frequentes são: depressão, andar descoordenado, protusão da língua, bruxismo, salivação, opistótono, flexionamento do pescoço, pressionamento da cabeça contra obstáculos, cegueira, ataxia, convulsões, decúbito e, em muitos casos, a enfermidade progride para o óbito do animal. Geralmente as manifestações clínicas intensificam-se gradativamente e nem sempre estão presentes em todos os casos. Em determinadas situações, a depressão profunda é encontrada como único sintoma. A enfermidade clínica pode durar de poucas horas a vários dias.

A descrição de abortamento também tem sido relatada em rebanhos que apresentavam doença neurológica por BoHV-5, bem como o isolamento viral de sêmen de touro e produtos de abortamento, aventando-se a possibilidade desse herpes-vírus produzir infecção genital.

Diagnóstico

O diagnóstico é realizado com base na sintomatologia clínica do animal, associada aos testes sorológicos, moleculares e isolamento viral.

Em caso de doença neurológica, o cérebro deve ser encaminhado ao laboratório de virologia para se verificar, inicialmente, a presença do vírus rábico e, somente depois, em caso de negatividade, realizam-se testes diagnósticos para BoHV-5.

Amostras de cérebro e bulbo olfatório devem ser encaminhadas refrigeradas para a realização do isolamento viral em cultivo celular, sendo esta a técnica padronizada para o diagnóstico de infecção por BoHV-5. A seguir, faz-se a confirmação por imunofluorescência ou imunoperoxidase. Para amostras clínicas conservadas de maneira imprópria deve-se recorrer a técnicas de detecção de antígenos ou PCR, visando a obtenção de melhores resultados diagnósticos.

Exames histológicos de fragmentos do sistema nervoso central, acondicionados em formol a 10%, também podem ser utilizados como método diagnóstico e revelam geralmente quadros de encefalite não supurativa, infiltração linfocitária focal ou difusa e manguitos perivasculares. Com menor frequência, observam-se corpúsculos de inclusão e necrose neuronal, alterações características de infecção herpética.

Testes sorológicos, como soroneutralização e ELISA, podem ser utilizados, porém, não são capazes de diferenciar anticorpos anti-BoHV-5 de anti-BHV-1. A confirmação do agente e sua diferenciação do BoHV-1 só podem ser realizadas pela análise de restrição genômica, reatividade com determinados anticorpos monoclonais e PCR diferencial.

A infecção de bovinos por BoHV-5 deve ser diferenciada de outras enfermidades que apresentem manifestações neurológicas, como raiva, listeriose, babesiose e encefalopatia espongiforme bovina (BSE), propiciando correta interpretação clínica e confirmação diagnóstica.

Controle e Profilaxia

As medidas de controle e profilaxia para o BoHV-5 são idênticas às preconizadas para BoHV-1 em decorrência das semelhanças biológicas e epidemiológicas.

Até o momento não há vacinas específicas contra BoHV-5, porém, vacinas para BoHV-1 vêm sendo empregadas no controle da meningoencefalite ocasionada por BoHV-5, em virtude da reatividade cruzada entre esses dois herpes-vírus bovino.

Referências bibliográficas

Alice, J.J. Isolamento do vírus da mamilite herpética no Brasil. **Rev. Microbiol.**, v.8, p.9-17, 1977.

Campos, F.S.; Rijsewijk, F.A.M.; Hübner, S.O.; Oliveira, M.T.; Esteves, P.A.; Silva, A.D.; Roehe, P.M.; Franco, A.C. Prevalência de herpes-vírus bovino 1 e 5 no Rio Grande do Sul estimada pela detecção de DNA viral em gânglios neuronais. **Anais do Congresso Brasileiro de Veterinária**, Rio Grande do Sul, 2008.

Dewals B.; Gillet. L.; Gerdes, T.; Taracha, E.L; Thiry, E.; Vanderplasschen, A. Antibodies against bovine herpesvirus 4 are highly prevalent in wild African buffaloes throughout eastern and southern Africa. **Vet. Microbiol.**, v.110, p.209-220, 2005.

Elias, F.; Schild, A.L.; Riet-Correa, F. Meningoencefalite e encefalomalacia por Herpes vírus bovino-5 (BHV-5): distribuição das lesões no sistema nervoso central de bovinos naturalmente infectados. **Pesq. Vet. Bras.**, v.24, p.123-131, 2004.

Franco, A.C.; Roehe, P.M. Herpesviridae. In: Flores, E.F. **Virologia Veterinária**. Santa Maria: Editora UFSM, 2007. p.435-488.

Gomes, L.I.; Rocha, M.A.; Costa, E.A.; Lobato, Z.I.P.; Mendes, L.C.N.; Borges, A.S.; Leite, R.C.; Barbosa-Stancioli, E.F. Detecção de herpes-vírus bovino 5 (BoHV-5) em bovinos do Sudeste Brasileiro. **Arq. Bras. Med. Vet. Zootec.**, v.54, p. 2002

Halfen, D.C.; Riet-Correa, F. Infecções por herpes-vírus bovino-1 e herpes-vírus bovino-5. In: Riet-Correa, F.; Schild, A.L.; Lemos, R.A.A.; Borges, J.R. **Doenças de ruminantes e eqüídeos**. 3.ed. Santa Maria: Palloti, 2007. p.126-137.

Monge, A.; Elvira, L.; Gonzalez, J.V.; Astiz, S.; Wellenberg, G.J. Bovine herpesvirus 4 associated postpartum metritis in a Spanish dairy herd. **Res. Vet. Sci.**, v.80, p.120-125, 2006.

Moreira, S.P.G.; Samara, S.I.; Arita, G.M.M.; Ferreira, F.; Pereira, G.T. Monitoração de anticorpos neutralizantes para o vírus da rinotraqueíte infecciosa bovina em bezerros. **Braz. J. Vet. Res. Anim. Sci.**, v.38, n.3, p.127-130, 2001.

Muylkens, B.; Thiry, J.; Kirten, P.; Schynts, F.; Thiry, E. Bovine herpesvirus 1 infection and infectious bovine rhinotracheitis. **Vet. Res.**, n.38, p.181-209, 2007.

Radostitis, O.M; Gay, C.C.; Hinchcliff, K.W.; Constable, P.D. Veterinary medicine. **A textbook of the diseases of cattle, sheep, pigs, goats and horses**. 10.ed. London: W.B. Saunders, 2007. 2156p.

Roehe, P.M.; Da Silva, T.C.; Nardi, N.B.; Oliveira, L.G.; Rosa, J.C.A. Diferenciação entre os vírus da rinotraqueíte infecciosa bovina (BHV-1) e herpes-vírus da encefalite bovina (BHV-5) com anticorpos monoclonais. **Pesq. Vet. Bras.**, v.1, n.1, p.41-44, 1997.

Salvador, S.C.; Lemos, R.A.A.; Riet-Correa, F.; Roehe, P.M.; Osório, A.L.A.R. Meningoencefalite em bovinos causada por herpes-vírus no Mato Grosso do Sul e São Paulo. **Pesq. Vet. Bras.**, v.18, p.75-82, 1998.

Silva A.M.; Weiblen, R; Irigoyen, L.F.; Roehe, P.M; Sur, H.J.; Osorio, F.A.; Flores, E.F. Experimental infection of sheep with bovine herpesvirus type-5 (BHV-5). **Vet. Microbiol.**, v.66, p.89-99, 1999.

Smith, B.P. **Medicina Interna de Grandes Animais**, 3ª ed., Editora: Manole, São Paulo, 2006, 1728p.

Vogel, F.S.F.; Caron, L.; Flores, E.F; Weiblen, R.; Winkelmann, E.R.; Mayer, S.V.; Bastos, R.G. Distribuition of bovine herpesvirus type 5 (BHV-5) DNA in the central nervous system of latently experimentally infected calves. **J. Clin. Microbiol.**, v.41, p.4512-4520, 2003.

Wildman, B.K.; Perrett, T.; Abutarbush, S.M.; Guichon, P.T.; Pittman, T.J.; Booker, C.W.; Schunicht, O.C.; Fenton, R.K.; Jim, G.K. A comparison of 2 vaccination programs in feedlot calves at ultra-high risk of developing undifferentiated fever/bovine respiratory disease. **Can. Vet. J.**, v.49, p.463-472, 2008.

Diarreia Bovina a Vírus (Complexo EM/DBV)

Definição

Enfermidade infectocontagiosa de etiologia viral, com manifestações clínicas e patológicas múltiplas, que acomete apenas bovinos em diversas partes do mundo. Suas manifestações variam de leve quadro diarreico até apresentações gastroentéricas, respiratórias e imunossupressoras de extrema letalidade, além de grandes prejuízos reprodutivos.

Desde sua primeira descrição nos Estados Unidos da América, em 1946, por pesquisadores da Universidade de Cornell, muitos estudos foram realizados e muitas pesquisas recentes levaram a um maior entendimento sobre a complexa patogenia dessa enfermidade.

No momento presente, quando há grande interesse em sanidade nos animais de produção, essa enfermidade assume ou irá assumir importância capital em decorrência dos grandes prejuízos que causa e que, no Brasil, muitas vezes não são relacionadas a ela por puro desconhecimento, dificuldade de diagnóstico a campo e de identificação de animais portadores virêmicos permanentes e inaparentes que são fundamentais na manifestação da doença nos rebanhos.

Etiologia

A enfermidade é causada por vírus RNA da família *Flaviviridae*, Gênero *Pestivirus*, que apresenta vírion esférico com aproximadamente 60 nm de diâmetro, com nucleocapídeo icosaédrico revestido por envelope originado pelas membranas das células do hospedeiro. Esse envelope faz com que o vírus seja sensível à ação de solventes orgânicos que o inativam. O genoma viral é constituído por uma fita simples de RNA.

O vírus pode ser isolado em culturas celulares de células de turbinados bovinos ou células de turbinados de fetos bovinos, que são sensíveis ao efeito citopático induzidos por determinadas cepas virais e que são fundamentais para a diferenciação de linhagens citopáticas (cp) e não citopáticas (ncp).

Outros autores recomendam para o isolamento viral a linhagem celular MDBK (Madin Darby Bovine Kidney), na qual o vírus cresce muito bem.

Baseando-se nos efeitos da replicação do vírus nas culturas celulares, o vírus da DBV apresenta uma linhagem citopática (cp) e outra não citopática (ncp), indistinguíveis sorologicamente. A linhagem citopática ou biotipo citopático menos frequente, não produz infecções persistentes e tem importância apenas na Enfermidade das Mucosas. A linhagem não citopática ou biótipo não citopático é constituída pelo verdadeiro causador da enfermidade natural, pela infecção fetal e pelo aparecimento dos portadores virêmicos permanentes.

Importância do biotipo não citopático (NCP)

- Fundamental para a existência da enfermidade;
- Atravessa a barreira placentária;
- Promove a invasão fetal;
- Dissemina-se por todos os tecidos fetais;
- Estabelece infecção persistente;
- Origina animais persistentemente infectados (PI);
- Causa diarreia a vírus em animais imunocompetentes.

Animais PI são portadores virêmicos permanentes e constituem a maior fonte de infecção para os outros animais, e se estes forem fêmeas e alcançarem idade reprodutiva, a sua progênie será apenas de animais PI.

Biotipo citopático (CP)

- Mutação do biotipo não citopático, provavelmente no próprio organismo do hospedeiro PI;
- Recombinação com ácido nucleico da célula hospedeira ou mutações e/ou rearranjos genéticos que levam a expressão de uma proteína não estrutural NS_3, que é o marcador molecular da cepa;
- Apresenta tropismo particular por tecidos linfoides;
- Agente letal da Enfermidade das Mucosas em animais PI;
- Não produz infecção persistente.

Na natureza existem dois genótipos de vírus não citopatogênicos, genótipo I e genótipo II, que são antigenicamente distintos. Dois terços das amostras naturais isoladas no Brasil pertencem ao genótipo I, embora o genótipo II já tenha sido isolado no Sul do País, onde afetam animais jovens causando doença severa, com manifestações entérica e respiratória.

Nos Estados Unidos e Canadá, a maioria das cepas isoladas é não citopática pertencentes ao genótipo II e associadas com doença hemorrágica e trombocitopênica. O genótipo II também já foi identificado na Grã-Bretanha e na Eslováquia, de forma que esse genótipo já alcançou a Europa Central. Já o genótipo I é comum em todo o continente americano e europeu.

Os genótipos I e II foram assim classificados de acordo com características genéticas e antigênicas, em virtude das regiões muito variáveis na glicoproteína E2. Os vírus do genótipo I compreendem a maioria das cepas de referência e os vírus utilizados como antígenos vacinais nas vacinas disponíveis. Como a reação sorológica cruzada entre os genótipos I e II é baixa, podem ocorrer problemas para o diagnóstico correto e eficácia de vacinas.

Vacinas que contêm como antígeno cepas do genótipo I promovem apenas proteção parcial frente ao genótipo II. No Brasil, por volta de 2004 a 2005, eram disponíveis vacinas contendo apenas o genótipo I inativado, porém, nesse período, vacinas inativadas contendo cepas do genótipo I e genótipo II foram importadas de países do Mercosul e Europa e comercializadas no País. Todas as vacinas recentes incluem na sua formulação os genótipos I e II, inativadas e tendo como adjuvante o óleo mineral ou hidróxido de alumínio. Algumas vacinas qie contêm apenas o genótipo I ainda são comercializadas.

Os objetivos primordiais da vacinação dos rebanhos são a proteção relativa dos animais frente à enfermidade clínica, a redução da circulação do vírus, o impedimento da infecção fetal e a produção de produtos PI.

Epidemiologia

A doença apresenta distribuição mundial e afeta rebanhos do Canadá, EUA, Brasil e o restante da América Latina. Representa sério problema na Europa, principalmente na Grã-Bretanha e Noruega, ocorrendo também na África.

Nos anos de 1980 e 1990, a forma superaguda entérica e trombocitopênica da doença foi diagnosticada nos EUA e Canadá. O complexo EM/DBV tem como espécie-alvo os bovinos e não depende dos fatores sexo, raça, idade, estação do ano e clima.

Nos países da América do Norte e Europa, estima-se que, na população bovina acima de um ano de idade, 60 a 80% apresentam anticorpos neutralizantes contra o vírus.

Os programas de vacinação e a existência de animais persistentemente virêmicos, que excretam o vírus constantemente por toda a vida, são responsáveis pela soropositividade dos rebanhos. Tais animais constituem as maiores fontes de infecção para os bovinos susceptíveis e eliminam o vírus durante todo o seu período de vida por intermédio de corrimento nasal, saliva, lágrima, leite, sêmen, urina e fezes.

Estudos soroepidemiológicos de rebanhos revelam que os animais apresentam soroconversão nas primeiras semanas após seu ingresso em rebanhos que tenham animais PI. Inversamente, a ausência de animais PI em um rebanho o torna sorologicamente negativo. Por outro lado, a introdução de um animal PI em um rebanho desse tipo acarretará imensos prejuízos.

O vírus é transmitido por contato direto entre os animais e pela via transplacentária para o feto pela mãe, seja ela PI ou transitoriamente infectada. Epidemias de abortos e fetos com defeitos congênitos surgem quando a infecção viral fetal ocorre no primeiro trimestre da gestação em vacas de rebanhos livres, não vacinados, nos quais foram introduzidos animais PI.

Descargas do trato reprodutivo de vacas infectadas, sejam elas PI ou transitoriamente infectadas, também constituem grandes fontes de infecção. O contato focinho a focinho é um método efetivo da transmissão do vírus de animais PI para animais susceptíveis.

A acidental introdução de touro PI com fêmeas susceptíveis, durante a estação de monta, infecta todas as vacas e pode resultar em surtos da enfermidade. As fêmeas PI podem permanecer clinicamente normais por vários anos, reproduzindo-se sucessivamente, e sua progênie, aparentemente normal, é constituída na sua totalidade por produtos PI.

Assim, uma família maternal virêmica pode ser estabelecida e persistir por muitas gerações, constituindo o maior mecanismo de manutenção do vírus nos rebanhos. A transmissão do vírus entre animais saudáveis imunocompetentes é insignificante, pois produzem anticorpos e neutralizam o agente.

Touros PI podem introduzir o vírus em centrais de inseminação artificial. Tais touros eliminam o vírus no sêmen por longos períodos e, se forem introduzidos em rebanho susceptível, imediatamente aparecem efeitos indesejáveis na *performance* reprodutiva do mesmo.

Entretanto, touros PI podem apresentar sêmen de qualidade e fertilidade aceitáveis, embora com grandes quantidades de vírus.

Uma reprodutora não imune não emprenha quando coberta por um touro PI ou inseminada com seu sêmen até que se tenha soroconvertido. O uso do sêmen de touro não PI, porém transitoriamente infectado, tem o potencial de introduzir a infecção viral em um rebanho susceptível, porém, os índices de concepção permanecem normais.

A transmissão pelo ar pode ocorrer em bezerros confinados próximos de outros bovinos PI, em distância de até 10 metros, sem ocorrência de contato direto.

Experimentalmente, verificou-se a transmissão do vírus por moscas hematófagas que se alimentam em bovinos PI e depois vão se alimentar em bovinos normais. O vírus já foi isolado dessas moscas, porém o seu papel na cadeia epidemiológica é irrelevante.

O vírus pode ser transmitido de animal para animal pelas luvas de palpação retal utilizadas na realização de muitos toques sem serem substituídas.

Agulhas contaminadas podem carrear o vírus de animais PI para animais saudáveis.

Há relatos de infecção de receptoras de embriões durante a técnica de transferência embrionária, com soro fetal bovino utilizado durante o processo, que se apresentava contaminado com o vírus.

Formas de apresentação

Síndrome hemorrágica e Trombocitpenia

Ocorrem surtos dessa forma da enfermidade em rebanhos de gado leiteiro no Estado de Nova York nos Estados Unidos da América. O agente etiológico foi identificado como cepa norte-americana hipervirulenta do genótipo II do vírus da Diarreia Bovina a Vírus.

Foram acometidos bovinos adultos e animais jovens, e o quadro da enfermidade foi superagudo com manifestação clínica de diarreia sanguinolenta franca, hemorragias petequiais e equimoses nas conjuntivas e esclera, epistaxis, sangramento nos locais de injeções e derrames hemorrágicos na câmara anterior do olho, aumento do tempo de coagulação, pneumonia e estase rumenal.

O hemograma mostrou leucopenia e severa trombocitopenia, com contagem plaquetária caindo abaixo de 25.000 células/μL. O vírus foi detectado na medula óssea infectando megacariócitos, células precursoras das plaquetas. A letalidade dessa forma de apresentação da enfermidade ficou ao redor de 25%.

Diarreia bovina a vírus

Também denominada de Infecção de Animais Imunocompetentes Não Prenhes e DBV Subclínica.

Apresenta elevada morbidade e letalidade muito baixa. É caracterizada por febre moderada ou ausente, tosse, corrimento nasal, lesões ulcerativas discretas na mucosa oral e diarreia de leve a moderada que logo cessa, e os animais se recuperam. Rapidamente surgem anticorpos soroneutralizantes e o vírus é eliminado do organismo. Isso explica os elevados índices de soroconversão nos rebanhos. Os exames de sangue mostram como única alteração uma característica leucopenia.

O vírus pode ser detectado no sangue dos animais afetados entre quatro a seis dias após a infecção e persiste até o décimo quinto dia quando é eliminado, como foi citado anteriormente.

O período de incubação é curto, durando de dois a sete dias, e os antígenos virais em caso de doença clínica como manifestação de quadro respiratório e entérico podem ser detectados por prova de imunoístoquímica em tonsilas, linfonodos regionais e Placas de Peyer que são locais onde ocorre a replicação viral. O vírus também pode ser identificado por imunoístoquímica nos pulmões e no epitélio intestinal.

O agente etiológico mais envolvido no processo é o vírus da DBV genótipo I, não citopatogênico. Porém, ocasionalmente, quando o vírus da DBV genótipo II não citopatogênico está envolvido, a letalidade pode ser um pouco mais significativa, e todos os segmentos etários do rebanho são acometidos, porém a mortalidade citada incide principalmente nos jovens acima de seis meses de idade.

No entanto, mesmo em animais que apresentam a forma leve ou moderada da enfermidade, o vírus da DBV exerce ação imunossupressora e pode predispô-los a infecções com outros agentes patogênicos, especialmente agravamento do quadro de pneumonia por ação do herpes-vírus bovino tipo 1 ou de bactérias como *Pasteurella multocida* e *Mannheimia haemolytica*.

Ocorre, nesses casos, decréscimo no número de linfócitos B e de linfócitos T, e a severidade da linfopenia auxilia a suspeita de que a amostra seja muito ou pouco patogênica. Se a queda no número de linfócitos situar-se ao redor de 50 a 60%, pode-se deduzir que se está frente a um vírus de baixa patogenicidade, mas, se a queda atingir níveis de 90%, isso é indicativo de que a amostra viral é de alta patogenicidade.

Como a letalidade é muito baixa e a grande maioria dos animais afetados se recupera, o diagnóstico deve ser realizado por meio de exames sorológicos. Após a infecção, os títulos de anticorpos soroneutralizantes são detectados em duas a três semanas e alcançam o pico máximo em oito a dez semanas. Portanto, se for possível a realização de exames sorológicos pareados, pode-se obter diagnóstico conclusivo da ocorrência da enfermidade.

No caso de poucos animais que vão a óbito, o diagnóstico pode ser realizado por técnicas de imunoistoquímica de tonsilas, linfonodos, inclusive os mesentéricos e Placas de Peyer ou por isolamento do vírus a partir de linfonodos do mesentério, baço, mucosa entérica e fezes. Também podem ser utilizadas técnicas de imunofluorescência e RT-PCR, utilizando-se os mesmos tecidos citados.

Os casos clínicos da enfermidade, especialmente no acometimento de animais geneticamente valiosos, podem ser realizados com fluidoterapia e utilização de antimicrobianos de amplo espectro para tratamento de infecções bacterianas pulmonares secundárias.

As medidas de profilaxia incluem a vacinação de todos os animais do rebanho a partir de seis meses de idade, exceto na primovacinação, quando os animais mais novos podem ser vacinados, pois certamente não receberam a imunidade passiva dos anticorpos colostrais. Na primovacinação, é necessária a aplicação do reforço em quatro semanas e revacinação anual com uma dose apenas.

No Brasil, as vacinas, algumas já contendo os genótipos I e II, são inativadas e seguras para aplicação em fêmeas prenhes por não causarem doença pós-vacinal, porém se faz necessário o reforço na primovacinação. A necessidade de duas doses quando se estabelece a vacinação em um rebanho, o custo da vacina e o desconhecimento sobre a grande importância dessa enfermidade explicam o porquê ainda não se vacinam os bovinos corretamente no Brasil contra essa enfermidade.

Infecção de uma fêmea não PI antes da ovulação

A infecção aguda com o vírus da DBV, durante a fase de pré-ovulação, pode levar à viremia e ao decréscimo das taxas de concepção. Caso ocorra a concepção, os produtos serão normais, soronegativos e não PI.

Procedimentos de imunoistoquímica levam ao encontro do vírus da DBV nas células da camada granulosa e estromal do ovário após oito a trinta dias pós-infecção. A histopatologia dos ovários revela inflamação não purulenta difusa das células da granulosa e necrose folicular.

Essas lesões ovarianas são associadas com disfunção e diminuição da secreção de gonadotrofinas e progesterona. O desequilíbrio hormonal diminui o crescimento dos folículos, a taxa de ovulação e reduz até a colheita de embriões. Além disso, 58% ou mais de embriões colhidos dessas vacas transitoriamente infectadas apresentam-se infectados.

Tais achados explicam que, ao ingressar em um rebanho, além de abortos, nascimento de animais PI e mal formações fetais, o vírus da DBV, pura e simplesmente ataca diretamente o ovário, evitando que ocorra a fertilização ou então inviabiliza o embrião, ocasionando sérios prejuízos em um ponto fundamental da produção animal.

Infecção e perdas embrionárias precoces

Ao redor de trinta dias de gestação, o produto é muito susceptível à infecção transplacentária pelo vírus da DBV, pois aparentemente nesse período, a infecção parece ser mais efetiva, havendo então uma progressiva elevação de perda de prenhez entre 20 e 77 dias de gestação.

O desenvolvimento placentário com formação de placentomas e o desenvolvimento dos tecidos fetais fazem com que a agressão viral se torne mais grave, acarretando grandes perdas nessa fase.

Aborto de vacas não PI

São mais frequentes nos estágios iniciais da gestação, abaixo de 125 dias, embora abortos possam ocorrer na fase final da prenhez. A expulsão não ocorre no momento da morte fetal, mas semanas ou meses após, resultando em muitos fetos mumificados.

A patogênese do aborto ainda é incerta. Alguns autores descrevem a ocorrência de placentite necrosante, na qual foi detectada a presença do vírus; outros afirmam que as lesões placentárias não são tão severas e apenas propiciam a oportunidade de outros agentes infecciosos ultrapassarem a barreira placentária.

Porém, pesquisas em fetos viáveis demonstraram a presença de antígeno viral em muitos órgãos e tecidos, inclusive pulmões e miocárdio, levando muitos autores a darem crédito à ação direta do vírus da DBV em casos de aborto.

Efeitos teratogênicos fetais

Esses efeitos são observados quando a infecção fetal pelo vírus da DBV ocorre entre 80 e 150 dias de gestação, pois o feto parece mais susceptível aos efeitos teratogênicos quando seu sistema imune começa a se tornar competente, e os órgãos não estão completamente formados, sendo comuns lesões no sistema nervoso central e ocular.

As más formações do sistema nervoso central incluem microencefalia, hipoplasia cerebelar, hidrocefalia e perda de mielina. Sinais neurológicos como tremores, ataxia, total perda de equilíbrio, torcicolo e opistótono podem ser observados em bezerros neonatos que não apresentam a mínima condição de sobrevivência.

As anormalidades oculares são caracterizadas por reduzida pigmentação de retina, neurite ótica, catarata e microftalmia. Outros defeitos congênitos são hipotricose, alopecia e anquilose das articulações.

Antes mesmo de se falar sobre a gênese e os problemas causados por animais PI, já se vislumbra um quadro que pode estar acarretando graves prejuízos econômicos para a criação de bovinos no Brasil e não estar sendo adequadamente diagnosticado pelo pouco conhecimento que os profissionais apresentam em relação ao Complexo Enfermidade das Mucosas/Diarreia a Vírus Bovina, associado também às dificuldades de se chegar a um diagnóstico a campo.

Por isso, todo caso de aborto precoce ou em fase avançada de gestação deve ser pesquisado para que se encontre sua etiologia, lembrando sempre que não apenas a Rinotraqueíte Infecciosa Bovina (IR) causa abortos com feto mumificados.

É fundamental que os fetos abortados sejam encaminhados para diagnóstico e que, após o mesmo ser concluído um calendário zoossanitário cientificamente estruturado, seja instituído nas criações afetadas.

Enfermidade das mucosas

É a mais grave e importante evidência clínica da infecção de bovinos pelo vírus da DBV. Conhecida como enfermidade infecciosa aguda e letal, leva a óbito praticamente 100% dos animais acometidos, manifestando-se com sintomatologia respiratória e digestiva.

É causada por amostras citopáticas dos genótipos I e II do vírus da Diarreia Bovina a Vírus e acomete somente animais PI, geralmente na faixa etária compreendida entre seis a vinte e quatro meses de idade, sendo que tais animais foram infectados *in útero* por amostras não citopáticas em determinada fase gestacional. A manifestação da Enfermidade das Mucosas é muito rara em bezerros com idade inferior a seis meses e em adultos.

O nome Enfermidade das Mucosas ou Doença das Mucosas se deve aos pesquisadores Ramsey e Chivers, em 1953, ao observarem que a doença causava severas erosões, ulcerações e hemorragias nas superfícies das mucosas da cavidade oral, esôfago, abomaso e intestino e a denominaram como tal.

Origem dos animais PI

Bovinos PI constituem importante fonte de infecção para os rebanhos e são os principais responsáveis pela manutenção do vírus da DBV na natureza. Sem a existência deles, esse complexo de doenças deixaria de existir.

Caso não desenvolvam a forma de Enfermidade das Mucosas entre seis e vinte e quatro meses de idade, os animais PI eliminarão durante toda a sua vida o vírus da DVB para o meio ambiente através de fezes, urina, sangue, saliva, lágrima, secreções do aparelho respiratório, descargas uterinas, leite e sêmen. Além disso, os machos transmitem o vírus ao cobrirem vacas susceptíveis evidentemente não PI, acarretando perdas reprodutivas.

As fêmeas acarretam maiores prejuízos que os machos, pois além da maciça contaminação ambiental ao atingirem a idade reprodutiva, a sua progênie será constituída totalmente por produtos PI, ou seja, cada matriz produzirá uma descendência cuja principal função seria a de fonte de infecção de uma grave enfermidade para animais saudáveis dentro de uma população.

Já foram descritas as falhas reprodutivas, abortos e teratogênese fetal causada pelo vírus da DBV não citopático em razão da sua capacidade de ultrapassar a barreira placentária. Porém, quando a invasão fetal ocorre entre 45 a 125 dias de gestação, pode não ocorrer aborto e nem malformações fetais, os produtos nascem normais, pois serão PI por toda a vida.

Caso o vírus da DBV atravesse a barreira placentária e alcance os fetos com mais de 180 dias de gestação, estes se tornarão animais imunocompetentes e, como seu sistema imune já era ativo ao nascerem, se forem testados sorologicamente, apresentarão anticorpos soroneutralizantes contra a amostra viral que os infectou, e tal amostra não mais estará presente em seu organismo.

Os animais PI caracterizam-se pela ampla distribuição do vírus da DBV nos seus órgãos e tecidos. São imunotolerantes, e essa imunotolerância se restringe à amostra viral particular que causou a infecção intrauterina. Caso ocorra infecção com outras amostras nesses animais, haverá indução de resposta imune. Uma diferença em um único aminoácido é suficiente para que o sistema imune do animal PI a reconheça e elicie resposta imune contra essa nova amostra do vírus da DBV.

Os animais PI apresentam resposta imunocelular e humoral normais frente a qualquer outro antígeno. Pesquisas recentes sobre o mecanismo imunológico, que é ineficaz e envolvido com a manutenção da persistência viral, concluíram que a imunotolerância está relacionada com linfócitos T_{CD4+} não reativos frente à amostra viral causadora de infecção fetal.

Manifestações clínicas da enfermidade das mucosas

Como já foi citado anteriormente, ocorre mutação no organismo do animal PI na faixa etária entre seis e 24 meses, e a amostra viral não citopática adquire a poteína NS3, torna-se uma amostra citopática, e os animais imunotolerantes não conseguem que o seu sistema imune elicie qualquer resposta efetiva sobre a variante citopática do vírus DBV.

Inicialmente os animais ficam apáticos, a temperatura interna pode chegar a 41 até 41,5 °C. Surge corrimento nasal inicialmente seroso que, com o passar do tempo, torna-se mucopurulento; nesse período, evidenciam-se dispneia, diarreia líquida, em jatos e por vezes não severa, mas, de qualquer forma, os animais apresentam fezes secas ao redor do ânus, na cauda e nos membros posteriores.

Um exame clínico detalhado revelará erosões no muflo, que se apresenta com crostas ressecadas, mucosa nasal congesta, úlceras pequenas que medem ao redor de 5 mm na superfície inferior da língua e nas gengivas. As úlceras também se apresentam, na maioria dos casos, no espaço interdigital, ocasionando claudicação nos animais, por vezes acentuadamente.

A auscultação do pulmão revela severo quadro de comprometimento pulmonar, sendo identificados estertores, roces pleurais e grandes áreas de silêncio. A gravidade do quadro pulmonar se deve aos prejuízos causados pelo vírus no sistema imune dos animais PI, com o quadro clínico de Enfermidade das Mucosas, que acarreta alterações nas funções de macrófagos alveolares e neutrófilos, o que exarceba os efeitos pnemopatogênicos de bactérias, como *Mannheimia haemolytica* e *Pasteurella multocida* e do herpes-vírus bovino tipo 1, causador da Rinotraqueíte Infecciosa Bovina.

O leucograma desses animais mostra acentuada leucopenia, com a contagem de células brancas abaixo de 3000 células/μL, ocorrendo também trombocitopenia geralmente em grau não elevado. A duração do quadro clínico pode variar de poucos dias a uma semana, ou até no máximo duas semanas, porém, o óbito ocorre geralmente em uma semana.

Achados de necropsia

Ao exame externo do cadáver, observa-se desidratação intensa, globos oculares aprofundados nas órbitas, muflo muito ressecado, congestão de mucosa nasal, úlceras na língua, gengiva, na mucosa oral e nos espaços interdigitais. A região perianal, cauda e membros posteriores mostram sinais de que o animal apresentou intensa diarreia líquida.

As lesões nos órgãos consistem de traqueíte, eventuais casos de edema pulmonar, pneumonia bilateral em fase de hepatização vermelha e edema de septos, pleurite, derrame serossanguinolento em saco pericárdico, petéquias e sufusões em epicárdio. O esôfago apresenta ulcerações longitudinais extensas, denominadas por alguns autores de *úlceras em trincheira*. Petéquias e sufusões estão presentes em toda a mucosa dos pré-estômagos e abomaso (estômago verdadeiro). A mucosa intestinal apresenta congestão em grau variável, dependendo da gravidade da enterite desencadeada pela enfermidade.

A mucosa do omaso apresenta-se muito edemaciada, com erosões e pequenas úlceras, ocorrendo também lesões erosivas nos pilares do rúmen. A mucosa abomasal apresenta-se intensamente congesta, edemaciada e com numerosas erosões e úlceras, algumas chegando próximas de 10 mm de diâmetro. No intestino, observa-se enterite catarral severa em toda sua extensão e grande presença de conteúdo líquido nas alças, principalmente no ceco e cólon, que se mostram repletos de fezes líquidas esverdeadas. Ulcerações recobrindo toda a superfície da válvula ileocecocólica é um achado muito comum nessa enfermidade, sendo que as úl-

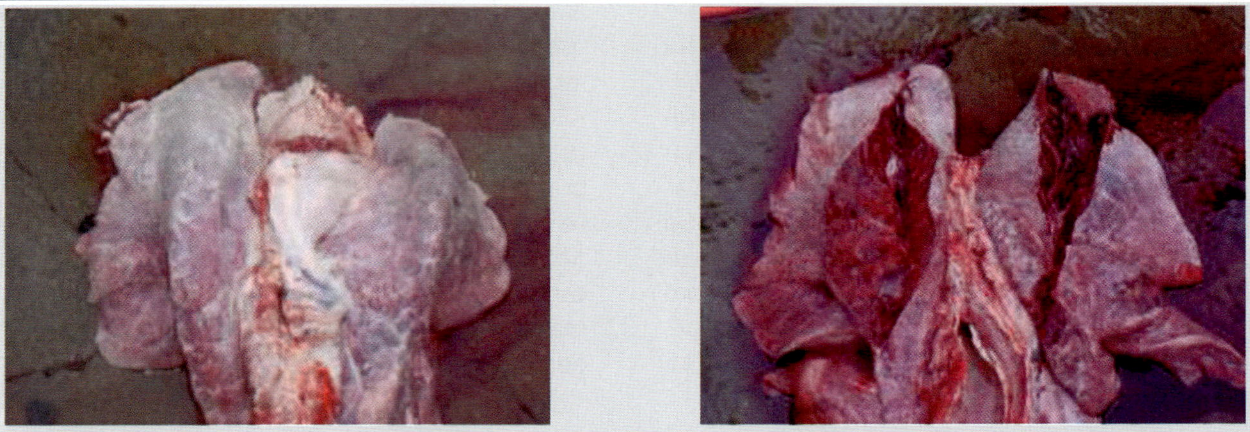

Figura 1. Enfermidade das Mucosas em novilha - Pneumonia. Arquivo pessoal, Prof. Dr. Antonio Carlos Paes, FMVZ/UNESP, 2009.

ceras geralmente não excedem 01 a 02 mm de diâmetro.

Outro achado característico da enfermidade são as marcantes estrias escuras ao longo dos vasos sanguíneos do ceco ocasionadas pela congestão do mesmo, em virtude da tiflite, que adquirem coloração escura e geram as denominadas *estrias zebroides*, que muitos autores consideram como sinais patognomônicos da enfermidade e outros a denominam de *listas de tigre*.

Os linfonodos do mesentério, ao corte, apresentam-se edemaciados e escurecidos, e as Placas de Peyer mostram-se evidentes, com presença de erosões. No intestino não são observadas.

As lesões histopatológicas do intestino compreendem a destruição do epitélio de revestimento das criptas de Lieberkhun, nas Placas de Peyer,

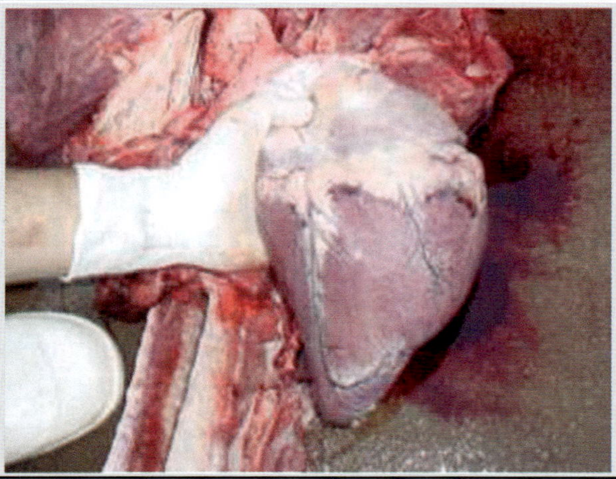

Figura 2. Enfermidade das Mucosas em novilha - Petéquias em epicárdio. Arquivo pessoal, Prof. Dr. Antonio Carlos Paes, FMVZ/UNESP, 2009.

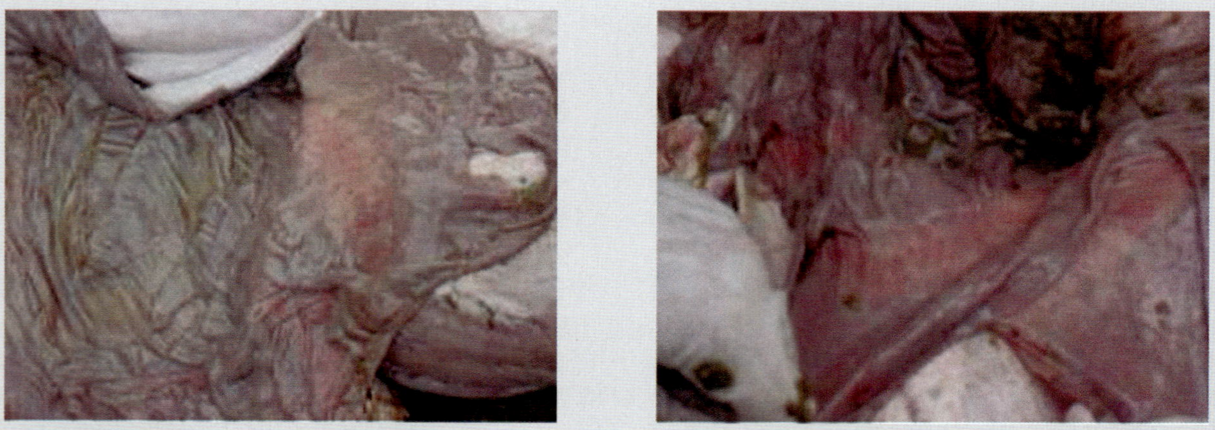

Figura 3. Enfermidade das Mucosas em novilha - Congestão e úlceras em mucosa de abomaso. Arquivo pessoal, Prof. Dr. Antonio Carlos Paes, FMVZ/UNESP, 2009.

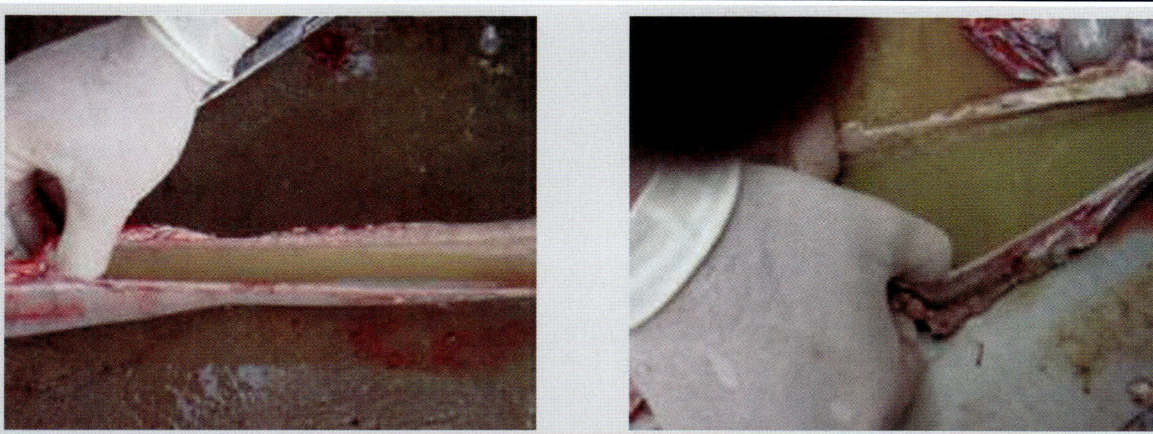

Figura 4. Enfermidade das Mucosas em novilha - Fezes líquidas em jejuno/íleo, com enterite severa. Arquivo pessoal, Prof. Dr. Antonio Carlos Paes, FMVZ/UNESP, 2009.

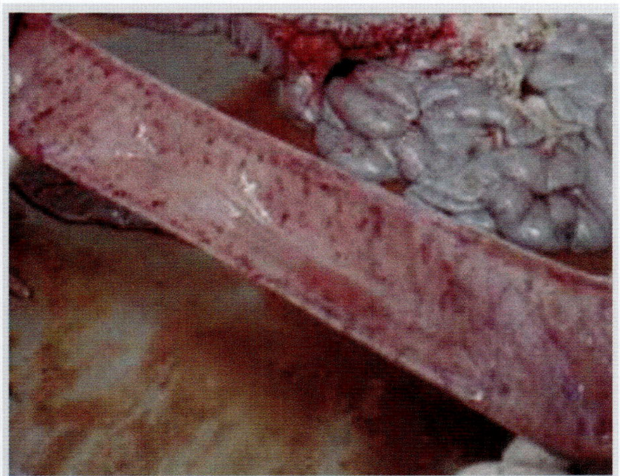

Figura 5. Enfermidade das Mucosas em novilha - Enterite catarral congestiva, visualizada após a remoção do conteúdo líquido. Arquivo pessoal, Prof. Dr. Antonio Carlos Paes, FMVZ/UNESP, 2009.

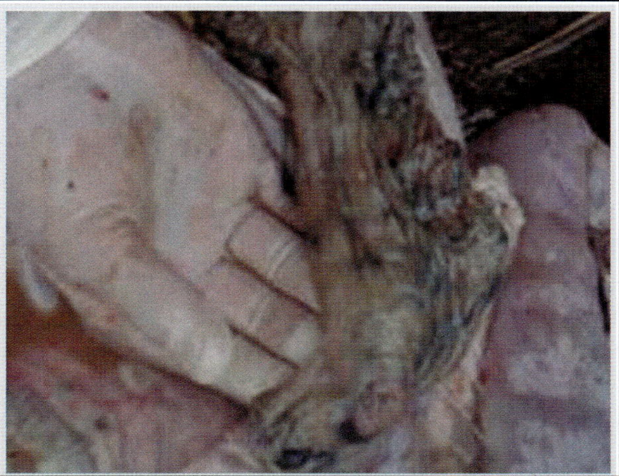

Figura 6. Enfermidade das Mucosas em novilha - "Estrias zebroides" em ceco. Arquivo pessoal, Prof. Dr. Antonio Carlos Paes, FMVZ/UNESP, 2009.

destruição dos folículos linfoides e colapso da lâmina própria. No intestino não é observado vasculite, mas esta é detectada nos demais órgãos afetados.

Diagnóstico

Nesse quadro de superinfecção com o biotipo citopático do vírus da DBV, o antígeno viral é detectado por técnicas de imunoistoquímica em todos os linfonodos do organismo do hospedeiro, das Placas de Peyer, baço, amídalas palatinas, epitélio da boca, glândulas salivares, língua, esôfago, células epiteliais bronquiolares, criptas da mucosa intestinal e pele.

Para o isolamento viral em laboratório de

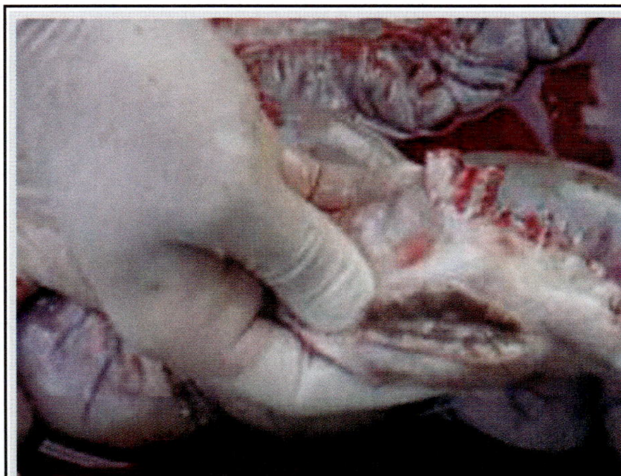

Figura 7. Enfermidade das Mucosas em novilha - Linfonodos do mesentério em reação. Arquivo pessoal, Prof. Dr. Antonio Carlos Paes, FMVZ/UNESP, 2009.

diagnóstico, o material de escolha para envio é constituído por linfonodos mesentéricos, baço, fragmento de pulmão ou sangue total. O mesmo deve ser enviado ao laboratório após ser devidamente acondicionado em frascos estéreis, dentro de isopor sob refrigeração, contendo gelo reciclável. Se ocorrer demora no envio, o material deverá ser mantido congelado.

Caso haja interesse no diagnóstico de Enfermidade das Mucosas em animal vivo, por isolamento viral, deve-se encaminhar amostra de sangue total ou creme leucocitário para o laboratório. No isolamento viral serão sempre detectadas as amostras não citopáticas, pelas quais o animal era PI e a amostra citopática originada da anterior, através de mutação.

Deve sempre ser lembrado que um bovino é PI apenas para um dos genótipos I ou II do vírus da DBV. Isso é importante porque pode complicar a análise de resultados e o diagnóstico conclusivo dos profissionais que atuam a campo, quando ao realizarem, por exemplo, sorologia de um animal PI com a apresentação de quadro clínico de Enfermidade das Mucosas e o mesmo reagir positivamente. Tal resultado não descarta o diagnóstico, pois o animal pode ser imunotolerante ao genótipo I e responder sorologicamente com produção de anticorpos soroneutralizantes frente a uma infecção pós-natal pelo genótipo II do vírus da DBV.

Portanto, *in vivo*, o diagnóstico de animais PI, enfermos ou sadios, é basicamente realizado pela detecção do antígeno viral no sangue, especialmente nos leucócitos, por meio de cultura, isolamento e tipificação sorológica do vírus da DBV.

O diagnóstico conclusivo da enfermidade faz-se necessário, pois, quando se manifestam os sintomas nos animais, podem ocorrer confusões com a IBR ou, excepcionalmente, com a Febre Aftosa, como já se observou. Porém, deve-se sempre atentar para quadros clínicos de Enfermidade das Mucosas, que ocorrem muitas vezes em um número reduzido de animas, ao passo que a IBR ocasiona graves problemas respiratórios, inclusive em animais adultos, e a Febre Aftosa constitui-se em surto explosivo de uma doença cujas lesões orais, nasais e mamárias são incomparavelmente mais graves e inconfundíveis.

Identificação de animais PI nos rebanhos

A identificação e posterior eliminação dos animais PI em um rebanho seria a melhor medida profilática a ser tomada, além da vacinação com vacina inativada, contendo os dois genótipos identificados do vírus da DBV. Porém essa medida é economicamente inviável nos grandes e médios rebanhos em decorrência do custo dos exames.

Os rebanhos com implantação do correto esquema de vacinação, como foi proposto neste capítulo, conseguem alcançar boa imunidade dos animais imunocompetentes, o que impede a invasão fetal e surgimento de novos PI, a ocorrência de Diarreia Bovina a Vírus, seja na forma de doença branda ou subclínica, cessam os problemas ovarianos e de *performance* reprodutiva, além das perdas embrionárias e fetais.

Porém, animais PI que ultrapassam a idade clínica para desenvolverem a Enfermidade das Mucosas seguirão a vida reprodutiva, com fêmeas produzindo sua progênie PI, e machos contaminando o meio ambiente, da mesma forma que também o fazem as fêmeas PI, além da produção da referida progênie.

Portanto, o ideal e economicamente viável seria que, nos rebanhos que possuam machos para doação de sêmen, utilizados em inseminação artificial para cultura ou repasse de fêmeas, esses animais tivessem seu sangue enviado para o laboratório para fins de cultivo e identificação viral, ou mesmo para a determinação por meio de técnicas como o PCR, realizados por alguns laboratórios que identificam de forma correta touros PI e sua imediata eliminação.

Porém, em rebanhos de elite de elevado valor econômico e genético, as matrizes e reprodutores devem ser testados para a detecção de animais PI. Na ocasião de compras de animais valiosos em negociação direta ou leilões, deve-se exigir exames negativos de tuberculose, brucelose e leucose, pois afirma-se que, no presente momento, seria necessário exigir também cultura de sangue negativa, ou imunofluorescência ou PCR também negativos para a presença do vírus da DBV, para evitar, dessa forma, que se gastem fortunas na aquisição de problemas.

Além disso, jamais deveriam adentrar touros em centrais de inseminação sem prévio exame realizado por laboratório de competência e de idoneidade comprovadas.

Comentários finais

Embora a recomendação para descarte e sacrifício de animais PI, muitos desses são geralmente fêmeas portadoras de elevado patrimônio genético. No entanto, independentemente da qualificação genética dessas fêmeas, as mesmas só poderiam gerar produtos PI. Porém, por volta de 1991, um pesquisador chamado Wentink e seus colaboradores preservaram o material genético de uma vaca PI extremamente valiosa, transferindo um embrião fertilizado da mesma para outra receptora imunocompetente vacinada. Antes da transferência, o embrião foi lavado e tratado de acordo com os métodos rotineiros preconizados pela IETS (*International Embryo Transfer Society*); a seguir, foi implantado na receptora sadia que pariu uma bezerra normal e imunocompetente frente ao vírus da DBV.

Após esse episódio, outros pesquisadores observaram resultados semelhantes em tais procedimentos, obtendo-se, dessa forma, produtos normais de matrizes PI. Porém, deve ser salientado que a resposta das matrizes PI frente ao estímulo hormonal não se traduz por resposta de superovulação, e apenas um pequeno número de embriões viáveis é obtido. Por exemplo, Wentink, em seu experimento, obteve um único embrião viável em seis obtidos. Em 1997, outro pesquisador, ao realizar experimentos com sete matrizes PI, obteve apenas nove embriões viáveis após 45 colheitas realizadas por lavados uterinos.

Traduzindo para as condições brasileiras, tal procedimento somente seria justificado frente a vacas PI extremamente valiosas, em condições especiais e isolamento e jamais se justificaria em condições normais de campo, pois, sem uma infraestrutura ideal e caríssima, apenas se estaria colocando a sanidade dos rebanhos em risco.

A recomendação final seria apenas a identificação e eliminação de machos e fêmeas PI e os procedimentos de profilaxia e manejo já descritos. Também se faz necessário conhecer muito bem o Complexo Enfermidade das Mucosas/Diarreia Bovina a Vírus, pois quanto mais se avançar no controle de enfermidades que já deveriam ter sido erradicadas nos rebanhos nacionais, mais importante essa doença assumirá na sanidade de produção bovina.

Referências bibliográficas

Corrêa, W.M.; Corrêa, C.N.M. **Enfermidades infecciosas dos animais domésticos**. Medsi: Rio de Janeiro, 1992, 843p.

Cortez, A.; Heinemann, M.B.; Castro, A.M.M.G.; Soares, R.M.; Pinto, A.M.V.; Alfieri, A.A.; Flores, E.F.; Leite, R.C.; Richtzenhain, L.J. Genetic characterization of Brazilian bovine viral diarrhea vírus isolates by partial nucleotide sequencing of the 5´-UTR region. **Pesq. Vet. Bras.**, v.26, p.211-216, 2006.

Flores, E.F. Urologia Veterinária. 1ª ed. Universidade Federal de Santa Maria: Santa Maria, 2007, 888p.

Flores, E.F.; Weiblen, R.; Scherer, C.F.C.; Gil, L.H.V.G.; Pilati, C.; Driemier, D.; Moojen, V.; Wendelstein, A.C. Identificação do vírus da diarreia viral bovina tipo 2 (BVDV-2) no Sul do Brasil. **Pesq. Vet. Bras.**, v.20, p.85-89, 2000.

Flores, E.F.; Weiblen, R.; Vogel, F.S.F.; Roehe, P.M.; Alfieri, A.A; Pituco, E.M. A infecção pelo vírus da diarreia viral bovina (BVDV) no Brasil - histórico, situação atual e perspectivas. **Pesq. Vet. Bras.**, v.25, p.125-134, 2005.

Fray, M.D.; Mann, G.E.; Clarke, M.C.; Charleston, B. Bovine viral diarrhea virus: its effects on ovarian function in the cow. **Vet Microb.**, v.77, p.185-194, 2000.

Goyal, S.M.; Ridpath, J.F. **Bovine Viral Diarrhea Virus: diagnosis, management and control**. 1a ed. Blackwell Publishing: Iowa, 2005, 273p.

Noronha, R.P.; Campos, G.S.; Sardi, S.I. Pesquisa do vírus da diarreia viral bovina em bovino jovens. **Braz. Vet. Res. Anim Sci.**, v.40, p. 424-430, 2003.

Quinn, P.J.; Markey, B.K.; Carter, M.E.; Donnelly, W.J.; Leonard, F.C. Microbiologia veterinária e doenças infecciosas. Artmed: Porto

Alegre, 2005, 512p.

Radostits, O.M.; Gay, C.C.; Hinchcliff, K.W. *et al.* **Veterinary medicine**. A textbook of the disease of cattle, horses, sheep, pigs and goats. 10ª ed. Saunders Elsevier: USA, 2007, 2156p.

Samara, S.I.; Dias, F.C.; Moreira, S.P.G. Ocorrência da diarreia viral bovina nas regiões sul do estado de Minas Gerais e nordeste do estado de São Paulo. **Braz. Vet. Res. Anim Sci.**, v.41, p.396-403, 2004.

Schild, A.N.; Riet-Correa, F.; Fernandes, C.G.; Damé, M.C.; Graça, D.L. Hipoplasia cerebelar e porencefaliaem bovinos charolês no sul do Rio Grande do Sul. **Ciência Rural**, v.31, p.149-153, 2001.

Vogel, F.S.F.; Flores, E.F.; Weiblen, R.; Mayer, S.V.; Quadros, V.L.; Oldoni, I. Magnitude, duração e especificidade da resposta sorológica em bovinos vacinados contra o vírus da diarreia viral bovina (BVDV). **Ciência Rural**, v.32, p.83-89, 2002.

Febre catarral maligna

Definição

A febre catarral maligna (FCM) é uma enfermidade infecciosa pansistêmica que acomete os tratos digestório e urinário, podendo causar ainda lesões oculares e encefálicas em bovinos e bubalinos. As formas clínicas são variáveis, porém praticamente todos os quadros culminam em óbito.

Etiologia

O grupo de vírus da FCM pertence ao gênero *Rhadinovirus*, subfamília Gammaherpesvirinae. Até o momento foram identificados nove vírus desse grupo; quatro associados à doença clínica em animais. A forma africana ou FCM gnu-associada é induzida pela cepa alcelaphine herpes-vírus-1 (AlHV-1), e está na lista de notificações obrigatórias da Organização Mundial de Saúde Animal. O AlHV-1 é linfotrópico, seu capsídio tem aproximadamente 140 a 220 nanômetros e é transmitido pelo gnu (*Connochaetes taurinus* e C. gnou, subfamília Alcelaphine). Em locais onde não há gnus, ocorre a forma denominada FCM não associada a gnus ou FCM ovino-associada, pois ovinos são implicados como portadores do agente etiológico, denominado herpes-vírus ovino-2 (OvHV-2). Os outros dois vírus associados à doença em veados incluem o herpes-vírus caprino-2 (CpHV-2), endêmico em cabras domésticas e um vírus de origem ainda não identificada.

Epidemiologia

Distribuição

A FCM apresenta distribuição mundial, e ocorre principalmente na África, acometendo veados e outros ruminantes silvestres, sob a forma de surtos. Esses animais podem transmitir o vírus a bovinos. Em alguns países, a doença ocorre inclusive em animais de zoológicos.

Na Austrália e Nova Zelândia, evita-se a criação consorciada de ovinos e bovinos, de forma a prevenir a transmissão, visto que as ovelhas podem eliminar elevada carga viral, especialmente durante a época do parto. É importante ressaltar que tanto nos gnus quanto nos ovinos a infecção é subclínica.

No Brasil, a FCM é descrita, desde 1924, tendo sido documentada em bovinos no Rio Grande do Norte, Rio de Janeiro, Bahia, Sergipe, Rio Grande do Sul, São Paulo, Paraná, Piauí e em cervídeos em cativeiro no Rio de Janeiro e em Mato Grosso. A FCM no País tem sido relatada esporadicamente em casos diagnosticados pelos sinais clínicos, achados de necropsia e histopatologia. Testes para determinação do agente etiológico não têm sido realizados ou têm sido procedidos sem êxito. Dessa forma, não há documentação do tipo de vírus que circula no País e que causa a doença em bovinos ou outras espécies.

Suscetíveis

A doença clínica tem sido descrita em mais de 17 espécies de ruminantes. Acomete principalmente bovinos, entre dois a quatro anos de idade. No entanto, há relatos de ocorrência em animais mais jovens ou idosos. Nesses casos, o diagnóstico diferencial com a doença das mucosas deve ser realizado.

Transmissão

Não há evidências de transmissão entre bovinos; por esse motivo, esses animais, bem como os cervídeos, são considerados hospedeiros finais. A eliminação viral ocorre por meio de excreções e secreções do animal infectado, porém em reduzidas quantidades. O período de persistência viral no meio ambiente é bastante curto (cerca de quatro horas).

A infecção ocorre pela inalação de aerossóis e/ou pela ingestão de pastagem ou alimentos contaminados por descargas nasais e oculares de animais infectados. No caso da doença ovino-associada, o vírus é eliminado pelo colostro, leite e secreções vaginais de ovelhas recém-paridas, contaminando o ambiente, que constitui via de transmissão importante para bovinos. Em um surto ocorrido em rebanho de Carmarthenshire, cinco de vinte bezerros Hereford apresentaram sinais neurológicos agudos e evoluíram a óbito em poucos dias, e somente um deles apresentou alterações oculares. Avaliando-se o histórico epidemiológico, constatou-se que os bezerros, no mês anterior à ocorrência do surto, estavam sendo mantidos nas mesmas instalações onde permaneciam 120 ovelhas recém-paridas.

Período de incubação e curso clínico

O período de incubação da febre catarral maligna é de 18 a 40 dias, com média de seis semanas. Esse período, no entanto, pode variar e alcançar até quatro meses. O curso da doença geralmente evolui de três a sete dias e raramente prolonga-se por mais de 14 dias. Embora a infecção aguda seja provavelmente seguida do estabelecimento de latência, não existem evidências de reativação e recrudescência clínica.

A doença ocorre em qualquer estação do ano, apesar da disseminação ser sazonal e de forma lenta. A morbidade pode chegar até 50%, atingindo 100% de letalidade, especialmente em caso de surtos.

Fisiopatologia

Embora o DNA viral possa ser detectado em células mononucleares circulantes e na maioria dos tecidos por PCR, o sítio celular da replicação do vírus in vivo é desconhecido. A ausência do vírus ou da expressão viral nas lesões indicam que o dano tecidual deve resultar da proliferação e disfunção de linfócitos-T citotóxicos induzida pelo vírus, ou seja, apresentam base imunopatológica. A perda de atividade dos linfócitos supressores facilitaria a proliferação linfoide observada na doença, enquanto a atividade descontrolada das células NK seria responsável pela destruição tecidual.

As lesões em epitélio, mesotélio e adventícias de vasos sanguíneos, principalmente de capilares e arteríolas, determinam quadro de vasculite e, por esse motivo, a doença é sistêmica. Essas lesões determinam alterações severas principalmente evidenciadas nos pulmões e na mucosa do trato respiratório anterior; nos rins (infarto), no trato digestivo, na língua e na mucosa oral; no cérebro; nos olhos e na bexiga.

Quadro clínico

As formas de apresentação clínica podem ser classificadas em: generalizada, digestiva (ou diarreica), e neuro-respiratória (ou cabeça-e-olho).

Forma generalizada

Geralmente inicia-se com febre (41 a 41,5 C), anorexia, agalactia, secreção nasal serosa (durante três a quatro dias), pneumonia severa, com dispneia e estertores, e diarreia sero-sanguinolenta profusa. A alteração de comportamento por causa da vasculite cerebral pode ser observada, além de hematúria. Exantema cutâneo e artrite também são relatados. A pele dos tetos, da vulva e do escroto, em casos agudos, pode apresentar-se crostosa e desprender-se.

Forma digestiva

Inicia-se com febre e diarreia mucoide de coloração esverdeada. Após dois dias de evolução, ocorre diarreia profusa, não responsiva a tratamentos, e pode conter sangue. O animal evolui a óbito em três a quatro dias, em virtude de quadro severo de desidratação. O vírus permanece em células de todo o trato digestivo. A causa da morte pode ser decorrente de falência renal, alterações pulmonares severas, lesões cerebrais, ou o somatório destas.

Forma neuro-respiratória

Inicia-se em três a sete dias pós-infecção, produzindo febre, corrimento nasal seroso, que evolui a muco-purulento, além de lesões em língua e gengiva (estomatite erosiva), agalactia e ceratite límbica. Após cerca de dois a três dias, a secreção nasal é intensificada. Epistaxe bilateral intensa e tosse podem ocorrer. A tosse é presumivelmente causada pela faringite, laringite e traqueíte necrosantes. Ocorre ainda edema palpebral e secreção ocular, além de congestão dos vasos esclerais, blefaroespasmo e fotofobia. Em três dias, ocorre derrame albuminoide na câmara anterior do olho, determinando ceratite total. Panoftalmite bilateral grave com perfuração da córnea e protrusão da íris podem ocorrer nos casos graves. As pontas das papilas bucais apresentam-se hemorrágicas, com necrose das extremidades. Com o tempo acabam se desprendendo e a papila assume um aspecto rombo. Nesse estágio, há intensa salivação. No décimo dia, ocorrem lesões vasculares cerebrais, produzindo alterações de comportamento no animal, tais como apatia, letargia, ataxia, trismo, nistagmo, pedalagem, agressividade e/ou convulsões e, finalmente, decúbito. Evidencia-se processo de linfadenopatia na região cranial. O óbito ocorre até o décimo quinto dia de evolução.

Diagnóstico

Isolamento viral

Em decorrência da reduzida quantidade de vírus eliminada pelas secreções e excreções do animal infectado, além do fato do agente apresentar-se no interior celular, seu isolamento é difícil. Há relatos na literatura de isolamento viral a partir de células tireoideanas e testiculares de bezerros. Em estudos de inoculação viral em coelhos, verificou-se que a transmissão para outros animais não ocorreu, embora o agente tenha sido isolado do baço dos animais experimentalmente inoculados. Ressalta-se ainda que o OvHV-2 não se replica em cultura celular.

Detecção do DNA viral

Considerando a dificuldade de isolamento do vírus, e com os avanços das técnicas biomoleculares, como a reação em cadeia pela polimerase (PCR), a detecção do DNA viral em tecidos e fluidos animais, bem como a caracterização genotípica do agente, têm sido possíveis. A PCR é considerada técnica diagnóstica confirmativa, e está sendo utilizada em substituição aos estudos de transmissão viral em animais de laboratório. A PCR permitiu ainda estabelecer que bovinos eventualmente recuperados da FCM tornam-se portadores crônicos.

Para o diagnóstico por PCR, devem ser destinados leucócitos frescos, tecido da tireoide, glândula adrenal, linfonodo, baço e pulmão.

Sorologia

A sorologia apresenta limitado valor diagnóstico, na medida em que uma pequena porcentagem dos animais soroconvertem, e o fazem somente em estágios avançados da doença. Os títulos de anticorpos são baixos e podem reagir cruzadamente com outros herpes-virus. Por outro lado, o ELISA competitivo com anticorpos monoclonais tem sido utilizado com êxito em estudos epidemiológicos.

Patologia clínica

Ao hemograma, destaca-se a leucopenia severa (3.000 a 6.000 leucócitos/ L) que, embora ocorra em todas as manifestações clínicas, está marcadamente presente na forma generalizada, bem como trombócitopenia acentuada.

Necropsia

Inúmeras lesões são observadas à necropsia da forma generalizada. Evidencia-se a erosão de muflo, de língua e gengiva, além da congestão do encéfalo e alterações no líquido cefalorraquidiano. Verificam-se ainda petéquias e sufusões nos pulmões, traqueíte, esofagite, congestão, edema e hemorragia de órgãos, degeneração e aumento de volume hepático, erosões em mucosas do trato digestivo, além de petéquias, sufusões subcapsulares e infartos renais, na maior parte das vezes anêmicos, bilaterais e extensos. Na bexiga, destacam-se as hemorragias severas, tanto na serosa quanto na mucosa.

As lesões necroscópicas da forma digestiva incluem: esofagite, abomasite catarro-congestiva a hemorrágica, com petéquias, sufusões e úlceras (que podem atingir 10 cm de diâmetro), além de enterite catarro-hemorrágica severa, aumento de volume de linfonodos, que podem estar hemorrágicos. Pode ocorrer ainda a despopulação de tecidos linfoides e a dilatação de sinusoides.

Na forma neuro-respiratória, evidenciam-se lesões severas nos cornetos nasais e no trato respiratório anterior, além de erosões na língua e gengiva. A região do muflo se desprende em virtude do processo necrótico. O cérebro apresenta intensa congestão. Em alguns casos, em decorrência da vasculite na base do corno, os chifres do animal podem apresentar-se amolecidos.

Histopatologia

Ao exame histopatológico, em todas as formas clínicas, verifica-se a presença de manguito perivascular (vasculite necrotizante), composto de linfócitos e macrófagos, além de infiltrados mononucleares em vários órgãos, degeneração fibrinoide, hiperplasia linfoide e necrose dos epitélios de revestimento.

As seguintes amostras podem ser destinadas ao exame histopatológico: cérebro fixado em formalina, linfonodos, mucosa do trato digestivo, incluindo faringe, esôfago, rúmen e placas de Peyer, fígado, glândula adrenal, rim, bexiga urinária, glândula salivar e olho fixado em Bouin.

Diagnóstico diferencial

A febre catarral maligna deve ser diferenciada da doença das mucosas, especialmente em animais com menos de dois anos de idade. Outras doenças semelhantes a FCM incluem rinotraqueíte infecciosa bovina, estomatite vesicular e febre aftosa. Tanto febre aftosa quanto estomatite vesicular cursam com alta morbidade e baixa mortalidade e, geralmente, não determinam quadro de diarreia.

Tratamento e prognóstico

Não há medicamentos com ação antiviral. Apesar de alguns autores indicarem tratamento de suporte, o prognóstico em geral é desfavorável, pois normalmente os animais infectados evoluem a óbito, mesmo com o uso de antimicrobianos, corticoides e fluidoterapia.

Profilaxia e controle

Medidas de controle incluem a minimização do contato entre bovinos e ovinos, particularmente durante a fase de parição de cordeiros. O gado não deve ser exposto a animais selvagens africanos, especialmente antílopes, que podem servir como portadores dos vírus da FCM. Tentativas de produzir uma vacina não têm sido bem sucedidas, e a vacinação geralmente não é usada na prática.

Referências bibliográficas

Flores, E.F. (Org.). **Virologia Veterinária**. Santa Maria: Editora da UFSM, 2007. 888p.

Garmatz, S.L. **Febre catarral maligna em bovinos no Rio Grande do Sul**. Dissertação (Mestrado). Área de Concentração em Patologia Veterinária, da Universidade Federal de Santa Maria (UFSM, RS). 2004. 110f.

Mitchell, E.S.E. & Scholes, S.F.E. Unusual presentation of malignant catarrhal fever involving neurological disease in young calves. **The Vet. Rec.**, feb 21, 2009.

Quinn, P.J; Markey, B.; Carter, M.E.; Donnelly, W.J.; Leonard, F.C. **Microbiologia Veterinária e Doenças Infecciosas**. Ed. Artmed. Porto Alegre, 2005. 512p.

Radostits, O.M.; Gay, C.C.; Blood, D.C.; Hinchcliff, K.W. **Veterinary Medicine. A textbook of the diseases of cattle, horses, sheep, pigs and goats** 10th edition. Saunders Elsevier. Philadelphia, PA, 2007, 2.156p.

CAPÍTULO 56

Raiva
Encefalopatia espongiforme bovina (BSE)

Simone Baldini Lucheis
Pós-doutorado em Medicina Veterinária
Depto. Higiene Veterinária e Saúde Publica
FMVZ/UNESP. Botucatu, SP
silucheis@fmvz.unesp.br

Antonio Carlos Paes
Professor Livre Docente
Depto. de Higiene Veterinária e Saúde Pública
FMVZ/UNESP. Botucatu, SP
paesacmi@fmvz.unesp.br

Raiva

Definição

A raiva é considerada uma das zoonoses de maior importância em Saúde Pública, não só por sua evolução drástica e letal, como também por seu elevado custo social e econômico. É responsável por encefalomielite aguda e invariavelmente fatal, causada por vírus do gênero *Lyssavirus*, atingindo todos os mamíferos, inclusive o homem.

Histórico

A raiva, palavra derivada do sânscrito, que significa *fazer violência*, é uma das doenças mais documentadas na história. A doença já era reconhecida há pelo menos 4.000 anos, e muitos dos primeiros registros relacionavam a infecção a mitos e crenças religiosas. Na obra Ilíada, Homero referiu-se provavelmente à raiva, quando mencionou que Sirius, a estrela mais brilhante do Cão da constelação de Orion, exercia uma influência maligna sobre a saúde das pessoas. Demócrito registrou pela primeira vez a raiva canina, cerca de 500 a.C. Aristóteles mencionou a *loucura dos cães*, mas acreditava que a enfermidade não fosse transmitida ao homem. A infecciosidade da saliva de cães raivosos foi documentada pelo escritor romano *Cardanus*. Este e outros escritores romanos descreveram o material infeccioso presente na saliva como um *veneno*, cuja palavra correspondente em latim é *vírus*, porém, o conceito contemporâneo do termo *vírus* vai muito além do sentido em que foi utilizado naqueles tempos. Somente no século 19 foi demonstrado que a raiva era uma doença contagiosa, quando Zinke (1804) provou que a saliva de um cão infectado, colocada sobre uma ferida aberta de um cão normal, era capaz de transmitir a doença.

As descobertas de Louis Pasteur representaram um marco importante em vários aspectos da microbiologia, especialmente para o estudo da raiva. Entre 1881 e 1885, ele desenvolveu o método de passagens do vírus da raiva em coelhos, originando o que foi denominado *vírus fixo*, ou seja, uma amostra que, quando inoculada, apresentava um período de incubação *fixo* (7-8 dias) e causava morte dos coelhos ao 11°-12° dia. Essa amostra foi a base para que Pasteur e seus colaboradores desenvolvessem a primeira vacina contra a raiva. Para tanto, buscando inativar o agente pelo calor brando, Pasteur mantinha medulas de coelhos dessecando em estufa a 37°C. Após 9 a 10 dias de incubação, a patogenicidade do agente era reduzida.

Em 1903, Adelchi Negri descreveu os corpúsculos de inclusão intracitoplasmáticos característicos em neurônios, os quais eram quase sempre detectados em animais infectados pelo vírus da raiva. Ele descreveu o achado de inclusões redondas ou ovais, que denominou Negri body, ou corpúsculos de Negri, com tamanho variando entre 0,25 a 27 µm, encontradas frequentemente nas células piramidais do hipocampo ou corno de Amon e nas células de Purkinje do cerebelo, podendo ser encontradas em células da medula e outros gânglios nervosos. A identificação desses corpúsculos foi, por muitos anos, até o advento da imunofluorescência, a principal ferramenta utilizada no diagnóstico rápido da raiva. A partir dos anos 1960, a imunofluorescência direta tornou-se, em razão de sua grande sensibilidade e especificidade, o principal método de diagnóstico rápido de raiva, assim permanecendo até o presente.

A raiva paralítica de bovinos foi diagnosticada pela primeira vez por Carini (1911), no Estado de Santa Catarina, quando corpúsculos de Negri foram identificados nos tecidos nervosos de cérebros de bovinos mortos por uma doença então misteriosa. Os colonos da região acreditavam que a doença era causada pelos morcegos hematófagos, e Carini mencionou esse fato em seu artigo publicado no Annales de L'Institut Pasteur de Paris. Pesquisadores da época classificaram o relato de Carini como uma *fantasia tropical*. Em 1916, Haupt e Rehaag, veterinários alemães contratados pelo governo catarinense, identificaram o vírus da raiva no cérebro de morcegos hematófagos. Muitas contestações se sucederam após o relato de Carini e de Haupt e Rehaag, pois o mundo relutava em aceitar que os morcegos pudessem ser *reservatórios* de vírus da raiva, considerando que, naquela época, Louis Pasteur afirmava que *para ser raiva, havia a necessidade do envolvimento de um cão raivoso*. Nos episódios de Santa Catarina, não havia relatos de ocorrência da doença em cães.

Entre 1925 e 1929, foi registrada a ocorrência de botulismo em bovinos e de poliomielite ascendente em seres humanos, na ilha de Trinidad, no Caribe. Dois médicos, Hurst e Pawan, confirmaram que a doença em bovinos e humanos tratava-se de raiva, transmitida por morcegos hematófagos. Após os trabalhos de Hurst e Pawan (1931-1932), Queiróz Lima (1934), Torres e Queiróz Lima (1935), aceitou-se finalmente a ideia de que morcegos hematófagos podiam transmitir raiva aos animais e aos seres humanos.

Etiologia

O vírus da raiva (RabV) pertence à ordem *Mononegavirales*, a qual compreende todos os vírus que possuem genoma formado por uma única molécula de RNA, de polaridade negativa. Dentro dessa ordem, o RabV é classificado na família *Rhabdoviridae*, no gênero *Lyssavirus*, juntamente com outros vírus denominados *vírus relacionados à raiva*, os quais apresentam semelhanças antigênicas com o RabV. Posteriormente, pelo uso de métodos de análise filogenética, o gênero *Lyssavirus* foi subdividido em seis genótipos distintos, sendo o RabV classificado como genótipo 1 e protótipo do gênero. Os demais *lissavírus* são classificados em outros seis genótipos distintos. Os genótipos 5 e 6, correspondentes aos *lissavírus* de morcegos europeus, foram subdivididos em subtipos. Além desses, outros quatro novos genótipos foram propostos, representados pelos vírus Aravan, Khujand, Irkut e West Caucasian, todos isolados de morcegos. Os membros do gênero *Lyssavirus* estão listados na **Tabela 1**.

Em relação à patogenicidade e imunogenicidade, o gênero foi subdivido em dois filogrupos: o filogrupo I compreende todos os vírus que causam encefalites fatais semelhantes à raiva em humanos; o filogrupo II é formado pelos vírus Mokola e *Lagos bat*, que são menos patogênicos para humanos, embora o Mokola já tenha sido detectado em casos de encefalite.

O RabV é envelopado e, como tal, sensível a detergentes e solventes lipídicos. Sua resistência fora do hospedeiro é baixa, e rapidamente inativado a temperaturas altas, sendo destruído a 50°C durante 15 minutos. É sensível ao dessecamento, luz solar, radiação ultravioleta, hipoclorito de sódio, soda cáustica a 2%, solventes de gorduras (éter, clorofórmio) e formalina. O vírus se mantém estável por longos períodos a 4°C, porém, se conservado a -20°C em tecidos mergulhados em glicerina tamponada (pH 7,2-7,6), ele se mantém por vários anos. A -70°C ou temperaturas mais baixas, o vírus se mantém viável indefinidamente.

Epidemiologia

Desde o início da década de 80, a raiva no Estado de São Paulo vem aumentando entre os animais domésticos rurais, denominados animais de interesse econômico ou simplesmente herbívoros, visto que a maioria se enquadra nessa categoria (bovinos, equinos, caprinos, ovinos, etc).

A raiva dos herbívoros é responsável por enormes prejuízos econômicos diretos na América Latina, da ordem de 30 milhões de dólares/ano, sendo que, no Brasil, esse valor aproxima-se de 15 milhões de dólares, com a morte de cerca de 40.000 cabeças bovinas. Ressalta-se que essa situação ocorre na América Latina por causa da presença do morcego hematófago *Desmodus rotundus*, apenas na faixa compreendida entre o México e a região central da Argentina, sendo essa espécie de quiróptero a mais importante na transmissão da raiva dos herbívoros.

Com a colonização europeia no Continente Americano e a introdução dos animais domésticos, principalmente bovinos e equinos, somado às alterações ambientais consequentes, foram proporcionadas condições ideais para a proliferação do morcego hematófago Desmodus rotundus. Outros Estados brasileiros e países da América Latina, nos quais existe o *Desmodus rotundus* também têm sofrido um incremento dos

Tabela 1. Membros do gênero *Lyssavirus*: classificação genotípica e distribuição geográfica.

Genótipo	Nomenclatura	Distribuição geográfica
Genótipo 1	Vírus da raiva (RabV)	Mundial
Genótipo 2	Lagos Bat	África
Genótipo 3	Mokola	África
Genótipo 4	Duvenhage	África
Genótipo 5	*Lyssavirus* europeu de morcegos 1 (EBL) 1)	Europa
Genótipo 6	*Lyssavirus* europeu de morcegos 2 (EBL) 2)	Europa
Genótipo 7	*Lyssavirus* australiano de morcegos (ABL)	Austrália
Novos genótipos propostos	Arayan, Khujand, Irkut, West Caucasian (morcegos)	Ásia Central

Fonte: Flores, E.F. Rhabdoviridae. In: Virologia Veterinária. Santa Maria: Ed. da UFSM, 2007, cap.27, p.702.

casos de raiva, principalmente em bovinos. Desde então, o Brasil é um dos países que mais têm sofrido as consequências da raiva de herbívoros, fato esse agravado ainda mais com o elevado número de subnotificações, causado pela falta de conscientização dos produtores e pela ineficiência de uma vigilância epidemiológica dos órgãos envolvidos no seu controle. Considera-se que, para cada caso notificado, outros dez não o são.

Muitos municípios, nos quais a raiva entre herbívoros está ocorrendo de maneira epidêmica ou endêmica, dispõem de uma área periurbana com características rurais, fato que acarreta a presença da doença no perímetro urbano. O herbívoro agredido pelo morcego pode infectar o homem, pois este, desconhecendo que se trata de um caso de raiva, ao perceber que o animal parece engasgado, com dificuldade para engolir, pode manipular o animal, na tentativa de ajudá-lo. A raiva dos herbívoros é, portanto, um problema de saúde pública, embora difícil de ser dimensionado, pois, mesmo para o médico, uma história pregressa de acidente com herbívoro pode passar despercebida.

No Brasil, a raiva dos herbívoros pode ser considerada endêmica e em graus diferenciados, de acordo com a região geopolítica, com notificação em diferentes espécies animais, sendo notificado 29.969 casos de raiva no período de 1996-2004. Na ausência de laboratório diagnóstico em alguns Estados brasileiros, é inegável que, em muitas regiões, a raiva esteja sendo subnotificada ou confundida com outras enfermidades. Os principais fatores que contribuem para que a raiva no Brasil se dissemine ainda de forma insidiosa e preocupante nos herbívoros domésticos são o aumento da oferta de alimento, representado pelo crescimento significativo dos rebanhos; ocupação desordenada, caracterizada por macro-modificações ambientais, como desmatamento, construção de rodovias e de hidroelétricas, que alteraram o ambiente em que os morcegos viviam, obrigando-os a procurar novas áreas e outras fontes de alimentação; oferta de abrigos artificiais, representados pelas construções, como túneis, cisternas, casas abandonadas, bueiros, fornos de carvão desativados e outros. Além disso, a atuação insatisfatória, em alguns Estados brasileiros, na execução do Programa Estadual de Controle da Raiva dos Herbívoros, cuja estratégia de ação baseia-se fundamentalmente na Vigilância Epidemiológica, na orientação da vacinação dos herbívoros domésticos e no controle de morcegos hematófagos da espécie *Desmodus rotundus*, sempre que houver risco de transmissão da raiva aos herbívoros.

A ocorrência de raiva bovina está associada à desinformação, atrelada à pobreza ou ao desânimo e falta de motivação. Os esforços despendidos pela Coordenadoria de Defesa Agropecuária (CDA) da Secretaria de Agricultura e Abastecimento (SAA) têm sido compensados pela tendência à baixa endemicidade, sendo que, no período compreendido entre os anos de 2000 (773 focos/propriedades) e 2001 (536 focos/propriedades), a prevalência da doença permitiu caracterizá-la como uma epidemia no Estado de São Paulo. Decidiu-se pela imunização de susceptíveis por meio da vacinação compulsória nas áreas de risco e o controle da população do transmissor, o morcego *Desmodus rotundus*, por intermédio de métodos seletivos que preservam as demais espécies de morcegos, portanto, respeitando o equilíbrio biológico do ecossistema considerado. Sendo assim, foram treinadas equipes do controle de população de morcegos hematófagos, equipadas, imunizadas, obedecendo a um plano de trabalho e com atividades quase que exclusivas nesse trabalho. A SAA fez convênios com prefeituras, que implementaram nos municípios o Controle da Raiva nos Herbívoros, cujos métodos de ação encontram-se descritos no tópico Profilaxia.

Nas décadas de 1910 a 1940, a raiva bovina esteve localizada principalmente no litoral brasileiro, possivelmente associada aos processos de ocupação do solo. A devastação da Mata Atlântica para aproveitamento de terras mais férteis, a introdução da pecuária bovina e a construção de ferrovias, rodovias, barragens, túneis, cisternas, canalizações de córregos e rios foram fatores que alteraram o hábitat dos morcegos, em especial os hematófagos. Posteriormente, surtos de raiva bovina ocorreram no interior dos Estados, acompanhando as grandes transformações ambientais geradas por atividades, como a agropecuária e a mineração, dentre outras.

A epidemiologia da raiva bovina envolve

fatores naturais, como o hábitat favorável aos morcegos, a presença do vírus da raiva no ciclo silvestre e fatores sociais que estabelecem a forma com que o homem desempenha a atividade econômica na natureza. Desse modo, a epidemiologia da raiva bovina está diretamente influenciada por fatores de ordem ambiental, desencadeados pelos seres humanos; portanto, para conhecimento do modelo epidemiológico da raiva bovina, deve-se necessariamente compreender a organização do espaço. O conhecimento de determinantes econômico-sociais de ocorrência, manutenção e evolução da raiva bovina é de fundamental importância, tanto para esclarecer seu comportamento epidêmico como para estabelecer medidas mais eficazes para o seu controle nas regiões endêmicas.

Os herbívoros são hospedeiros acidentais do vírus da raiva, pois, apesar de participarem da cadeia epidemiológica da raiva rural, somente contribuem como sentinelas para a existência do vírus. Sua participação nesse processo restringe-se ao óbito do animal, não havendo envolvimento no processo de transmissão a outras espécies, salvo quando de forma acidental. Essa afirmação é devida ao fato de que a raiva nos herbívoros tem baixa ou nula probabilidade de transmissão a outros animais, apresentando, principalmente, a característica paralítica, diferentemente da sintomatologia *furiosa*, observada nos casos de raiva em carnívoros.

Os morcegos hematófagos *Desmodus rotundus* são os principais transmissores da raiva aos herbívoros, pois estes últimos são as fontes de alimento mais comuns, constituindo a raiva rural. Os herbívoros podem também se infectar pela agressão de cães, gatos e outros animais silvestres, os quais podem também, eventualmente, servir de fonte alimentar para os morcegos hematófagos.

Dada as características da interação do *Desmodus rotundus* com o meio ambiente, o risco da raiva nos herbívoros pode ser explicada por dois componentes principais: a receptividade e a vulnerabilidade. A receptividade é o conjunto de variáveis que expressam a capacidade de o ecossistema albergar populações de Desmodus rotundus. Os determinantes da receptividade estão relacionados à disponibilidade de alimento e de abrigo. A vulnerabilidade é um conjunto de fatores relacionados à capacidade de ingresso do transmissor numa área e à circulação viral. Tais fatores possibilitam a difusão da doença para novas áreas e servem de facilitadores para que esse processo ocorra.

Fisiopatologia/patogenia

Após a introdução profunda do vírus da raiva pela mordida de um animal raivoso, a multiplicação inicial do vírus ocorre nas células dos músculos estriados no local. Os feixes neuromusculares fornecem importante local para a entrada do vírus no sistema nervoso, a qual também pode ocorrer nas placas motoras e terminais. O vírus atinge os proprioceptores de estiramento dos músculos ou as terminações nervosas motoras da musculatura. Uma vez iniciada a replicação viral, ocorre o transporte de partículas do genoma ao longo do axônio, até o Sistema Nervoso Central (SNC). Durante essa fase de infecção, a resposta imune é mínima, e explica por que o anticorpo neutralizante e a infiltração inflamatória geralmente estão ausentes por ocasião do estabelecimento dos sinais encefálicos. Os títulos de anticorpos atingem níveis substanciais apenas nos estágios terminais da doença. Após a entrada do vírus rábico no SNC, geralmente na medula espinhal, ocorrem ondas ascendentes de infecção neuronal e disfunção neuronal. Considera-se que o acúmulo de vírus em partes específicas do cérebro seja responsável pelos sinais clínicos. Quando o vírus atinge um local particular da medula, pode caminhar em direção centrífuga aos tecidos. Logo, o vírus pode ser encontrado em vários tecidos e órgãos. No entanto, acredita-se que a disseminação para as glândulas salivares ocorra assim que o vírus inicia sua disseminação no cérebro.

O vírus atinge as glândulas salivares e muitos outros órgãos da mesma forma, mas a natureza altamente infectante da saliva provém da passagem do vírus ao longo do trato olfatório para os botões gustativos e outros órgãos terminais sensoriais na orofaringe, mais do que das glândulas salivares. As variações nas principais manifestações, como mania ou paralisia, podem depender da fonte de vírus. O vírus dos morcegos hematófagos quase sempre causa a forma paralítica. O local da infecção e o tamanho do inóculo também podem influenciar o curso clínico.

As lesões da raiva são microscópicas, ficam limitadas ao SNC, e quanto à abrangência são extremamente variáveis. Durante o período de incubação, antes do comprometimento do SNC, a presença de vírus não pode mais ser evidenciada por métodos convencionais de diagnóstico, e alguns pesquisadores denominam esse período de *eclipse* viral. As partículas alcançam as células neuronais do tronco cerebral, hipocampo, tálamo, medula e cerebelo. As lesões de poliencefalomielite rábica são caracterizadas pela infiltração perivascular de células mononucleares, gliose focal e regional e neuronofagia. A degeneração do neurônio, circundada por macrófagos e, ocasionalmente, por outras células inflamatórias, forma um núcleo de neuronofagia, denominado de nódulo de Babes. Eventualmente, a vacuolização produz o aparecimento de lesão espongiforme na raiva. Ocorre também desmielinização. Agrupamentos de proteínas virais formando corpúsculos de inclusão intracitoplasmáticas, denominados de corpúsculos de Negri, são especialmente encontrados nos citoplasmas dos neurônios e células de Purkinge, no cerebelo.

Clínica

Entre os animais pecuários, os bovinos são os mais comumente acometidos. O período de incubação, nos casos de ocorrência natural, é de cerca de três semanas, mas varia de duas semanas a vários meses, embora períodos de incubação de cinco a seis meses sejam observados em bovinos.

O sinal inicial é o isolamento do animal, que se afasta do rebanho, apresentando certa apatia e perda do apetite, podendo apresentar-se de cabeça baixa e indiferente ao que se passa ao seu redor. Seguem-se outros sinais, como aumento da sensibilidade e prurido na região da mordedura, mugido constante, tenesmo, hiperexcitabilidade, aumento da libido, salivação abundante e viscosa e dificuldade para engolir (o que sugere que o animal esteja engasgado).

Experimentalmente, em bovinos, a média do período de incubação foi de 15 dias, e o curso médio da doença, de 3 a 4 dias. Bovinos não vacinados apresentaram incubação e duração clínica mais curtas da doença do que os vacinados. Os principais achados clínicos foram: salivação excessiva (100%), modificação comportamental (100%), tremores no focinho (80%), vocalização ou berros (70%), agressão, hiperestesia e/ou hiperexcitabilidade (70%), bem como paralisia faríngea (60%). A forma furiosa ocorreu em 70%.

Na forma paralítica, o dobramento das articulações dos boletos traseiros, inclinação e oscilação dos quartos traseiros ao caminhar, bem como frequente desvio ou flacidez da cauda para um dos lados são sinais precoces comuns. A sensação diminuída geralmente acompanha essa fraqueza, sendo mais evidente nos quartos traseiros, e um dos melhores critérios diagnósticos na detecção da raiva. Tenesmo, com paralisia do ânus, resultando na sucção e eliminação do ar, geralmente ocorre tardiamente nos estágios de incoordenação, logo antes de o animal tornar-se em decúbito, o que é um achado característico, mas pode ser transitório ou ausente. O corrimento de saliva é um dos achados mais constantes. Os "movimentos de bocejar" são mais precisamente descritos como tentativas mudas de urrar. Quando ocorre a paralisia, o animal fica em decúbito e incapaz de levantar-se. Nesse estágio, os touros apresentam frequentemente paralisia do pênis. A morte ocorre geralmente 48 horas após o decúbito desenvolver-se e depois de um curso de seis a sete dias.

Na raiva furiosa, o animal apresenta aspecto tenso, alerta, fica hipersensível aos sons e movimentos, sendo atraído pelo barulho, de forma que possa olhar atentamente ou abordar aquilo que seja para atacar. Em alguns casos, ele ataca violentamente outros animais ou objetos inanimados, sendo esses ataques quase sempre mal dirigidos e impedidos pela incoordenação do andar. Nesse estágio, urros altos são frequentes. O som é caracteristicamente rouco, e as ações exageradas. A excitação sexual também é comum, tentando os touros montar frequentemente sobre objetos inanimados. Nessa forma violenta da doença, o término é caracteristicamente repentino. Os sinais graves podem ser evidentes por 24 a 48 horas, representados por movimentos desordenados da cabeça, tremores musculares e ranger de dentes, midríase com ausência de reflexo pupilar, incoordenação motora, andar cambaleante e contrações musculares involuntárias. O animal entra em colapso subitamente e em um estado de paralisia, morrendo geralmente dentro de algumas horas.

Não existe um padrão consistente no desenvolvimento ou amplitude dos sinais. As temperaturas corpóreas geralmente ficam normais, mas podem-se elevar para 39,5 a 40,5°C nos estágios iniciais por atividade muscular. O apetite também varia, entretanto alguns animais não se alimentam, nem bebem, embora possam tomar o alimento à boca. A variação nos sinais clínicos é tão ampla, que qualquer animal conhecido como exposto e apresentando sinais de envolvimento da medula espinhal ou do cérebro deve ser considerado raivoso, até que se prove em contrário.

Lesões necroscópicas e achados histopatológicos

Não se constata lesão macroscópica consistente. Pode haver sinais de emaciação e automutilação. No entanto, os achados histológicos no SNC são compatíveis. Nota-se manguito perivascular, gliose focal e difusa, degeneração de neurônios e corpúsculos de inclusão intracitoplasmáticos de 2 a 8 µm de diâmetro, que correspondem aos corpúsculos de Negri acidófilos. Verifica-se uma diferença marcante entre espécies quanto à presença e distribuição desses corpúsculos. No hipocampo (o local ideal para pesquisa dessas estruturas), a quantidade de corpúsculos em pessoas e cães é variável. Em herbívoros, particularmente em caprinos e asininos e, em menor grau, em bovinos, encontra-se um grande número de corpúsculos de Negri de tamanhos variáveis.

Diagnóstico

O diagnóstico da raiva é um dos mais difíceis e uma das importantes obrigações do médico veterinário. Como na maioria dos casos, existe probabilidade de exposição humana e a falha na identificação da doença pode colocar a vida humana em risco. Nem sempre é suficiente afirmar que, se a raiva ocorrer na área, então todo animal que apresente sinais nervosos é classificado como raivoso, porque os sinais nervosos podem não ser evidentes por alguns dias depois que a doença começa. Além disso, muitos animais que sofrem de outra doença são deixados sem tratamento. Recomenda-se que se manipulem todos os animais suspeitos com extremo cuidado, mas continuar a tratá-los de outras doenças, se tal tratamento parecer indicado. Estando o animal raivoso, o mesmo morrerá, e o diagnóstico poderá, então, ser confirmado por exame laboratorial específico.

Diagnóstico laboratorial

Não existe, até o momento, um teste diagnóstico laboratorial conclusivo antes da morte do animal doente que expresse resultados absolutos. No entanto, existem procedimentos laboratoriais padronizados internacionalmente, para amostras obtidas *post mortem* de animais ou humanos suspeitos de raiva. As técnicas laboratoriais são aplicadas preferencialmente nos tecidos removidos do SNC. Fragmentos do hipocampo, tronco cerebral, tálamo, córtex, cerebelo e medula oblongata são tidos tradicionalmente como materiais de escolha.

O material deve ser acondicionado em saco plástico duplo, vedado hermeticamente, identificado de forma clara e legível, não permitindo que a identificação se apague em contato com a água ou gelo. No caso da colheita de vários fragmentos, é necessária a identificação de cada um deles. Uma vez devidamente identificado e acondicionado, deve ser colocado em caixa isotérmica, rotulada, bem fechada, não permitindo vazamentos que possam contaminar quem a transporte.

A qualidade do resultado laboratorial dependerá do estado de conservação do material enviado. Materiais autolisados interferem sobremaneira nas técnicas laboratoriais, muitas vezes tornando impossível a fidelidade do resultado.

Em razão do tempo que irá decorrer entre a colheita do material e a sua chegada ao laboratório, o modo de conservação deve variar. Se esse tempo for de até 48 horas, o material deverá ser enviado refrigerado e embalado em caixa isotérmica com bastante gelo; se o tempo for superior a 48 horas, o material também deverá ser enviado congelado e embalado em caixa isotérmica com bastante gelo e, se não houver condições adequadas de refrigeração, o material deverá ser imerso em solução salina com glicerina a 50%. A amostra nunca deve ser colocada em formol, pois esse procedimento inviabiliza a realização das provas diagnósticas de rotina. O que pode ser feito, entretanto, é o envio de amostras em formol, além daquelas conservadas das formas anteriormente descritas, somente para permitirem a realização de exames anatomopatológicos.

Quando de posse dos resultados laboratoriais, se for negativo para raiva, deve-se imediatamente pesquisar outras enfermidades, como diagnóstico diferencial, como descritas mais adiante.

No Estado de São Paulo, existem oito laboratórios que fazem diagnóstico da raiva: FMVZ/UNESP de Botucatu e Araçatuba, USP na capital, APTA - Polos de Presidente Prudente e Pindamonhangaba, Centro de Controle de Zoonoses da Prefeitura Municipal de São Paulo, Instituto Pasteur e Instituto Biológico. O Instituto Biológico, na capital, além do diagnóstico de raiva, faz também o diferencial para as demais doenças com sintomatologia nervosa. Para a vigilância epidemiológica da Encefalopatia Espongiforme Bovina - EEB (BSE), deve-se colher, também, o tronco encefálico conservado em formol.

As técnicas diagnósticas utilizadas para o exame de raiva de rotina são descritas a seguir:

a) Identificação imunoquímica do antígeno viral

a.1) Teste de Imunofluorescência Direta

O teste mais amplamente utlizado para o diagnóstico da raiva é a Imunofluorescência Direta (IFD), recomendado pela Organização Mundial de Saúde (OMS) e pela Organização Mundial de Saúde Animal (OIE). Esse teste pode ser utilizado diretamente numa impressão de tecido feita em lâmina de microscopia, ou ainda para confirmar a presença de antígeno de vírus da raiva em cultura celular. O teste de IFD apresenta resultados confiáveis em poucas horas, quando realizados em amostras frescas, em 95 a 99% dos casos. Para o diagnóstico direto, as impressões preparadas do hipocampo, cerebelo e medula oblongata são coradas com um conjugado específico marcado com substância fluorescente (anticorpos rábicos + isotiocianato de fluoresceína). No teste de IFD, os agregados específicos da nucleocapside são identificados pela fluorescência observada. A IFD pode ser aplicada em amostras conservadas em glicerina, após repetidas operações de lavagem.

b) Isolamento viral

Esse teste detecta a infecciosidade da amostra, por meio da inoculação da suspensão de tecidos extraídos da amostra suspeita, em sistemas biológicos, permitindo o isolamento do agente. É utilizado concomitantemente ao teste de IFD, conforme preconizado pela Organização Mundial de Saúde (1996).

b.1) Teste de inoculação em camundongo

Um grupo de camundongos, com idade entre 3 e 4 semanas, ou neonatos de 2 a 5 dias de idade, são inoculados intracerebralmente. Os camundongos adultos-jovens são observados por 30 dias e todo camundongo morto é examinado por meio da IFD. Para apressar o resultado da inoculação em camundongos neonatos, recomenda-se o sacrifício de um camundongo por vez, aos 5, 7, 9 e 11 dias pós-inoculação, seguidos da realização da IFD. O teste de isolamento *in vivo* em camundongos é oneroso e deve ser substituído, sempre que possível, por isolamento em cultivo celular.

b.2) Teste em cultura celular

A linhagem celular preconizada para esse tipo de teste é de células de neuroblastoma murino (NA-C1300). A replicação do vírus é revelada pela IFD. O resultado do teste é obtido 18 horas pós-inoculação. Geralmente, a incubação é continuada por 48 horas e, em alguns laboratórios, por até 4 dias. Esse teste é tão sensível quanto o teste de inoculação em camundongos. Uma vez existindo a unidade de cultura celular no laboratório, esse teste deve substituir o teste de inoculação em camundongos, evitando assim o uso de animais, além do fato de ser menos oneroso e mais rápido.

Prognóstico

O prognóstico é fechado: o clínico deve considerar como 100% letal o êxito da enfermidade em animais que apresentem sintomas de raiva. Não há nenhuma medida terapêutica favorável frente à raiva declarada ou sintomática.

Diagnóstico diferencial

A observação clínica permite levar somente à suspeita de raiva, pois os sinais da doença não são característicos e podem variar de um animal a outro ou entre indivíduos da mesma espécie. Não se deve concluir o diagnóstico de raiva somente com a observação clínica e epidemiológica, pois existem várias outras doenças e distúrbios genéticos, nutricionais e tóxicos, nos quais os sinais clínicos compatíveis com a raiva podem estar presentes.

Várias doenças caracterizam-se por sinais de estado mental anormal ou paralisia, ou uma combinação de ambos. Em bovinos, a raiva deve ser diferenciada de algumas doenças comuns que acometem o sistema nervoso, por exemplo, Febre catarral maligna, Meningoencefalite por Herpesvírus, neoplasias, hemorragias traumáticas, meningoencefalite purulenta e não-purulenta, abscessos cerebrais, babesiose cerebral, encefalopatia hepática, listeriose, clostriodioses (botulismo e tétano, principalmente), rinotraqueíte infecciosa dos bovinos (IBR), intoxicações (por plantas, medicamentos e agrotóxicos), distúrbios do metabolismo (eclampsia ou febre vitular) e traumatismos diversos. Na intoxicação pelo chumbo, durante a fase aguda e subaguda da intoxicação, os achados clínicos comuns são cegueira, convulsões, ranger das mandíbulas com a produção de saliva espumosa e movimentos espasmódicos das pálpebras e orelhas. Na intoxicação subaguda pelo chumbo, em bovinos, há cegueira, estupor, pressão da cabeça contra objetos, ranger dos dentes e quase nenhuma resposta ao tratamento. Os bovinos raivosos geralmente não ficam cegos, e os sinais de irritação motora, como convulsões e movimentos espasmódicos faciais, em geral não ocorrem. Entretanto, há sinais de comportamento mental bizarro, como olhar fixo selvagem, urros, bocejos, ataques e andar compulsivo. Outra doença que deve ser diferenciada é a tetania da lactação, que ocorre em vacas lactantes, em pasto exuberante na primavera, durante tempo frio, úmido e com vento, caracterizando-se por hiperestesia, tremores, convulsões, decúbito e morte rápida. A deficiência da vitamina A pode ocorrer em grupos de bovinos jovens, com seis a 18 meses de idade, que não estejam recebendo ingestão adequada de caroteno ou suplementos com vitamina A, caracterizando-se por cegueira na forma ocular e episódios de tremores e convulsões. A polioencefalomalácia é outra enfermidade a ser considerada, que se caracteriza por cegueira, nistagmo, opistótono e convulsões, não ocorrendo urros, perda da sensação e tenesmo. A listeriose em bovinos manifesta-se por sinais localizados de andar em círculos e paralisia do nervo facial; e a Encefalopatia Espongiforme Transmissível (EET), conhecida como *Doença da vaca louca*, que se caracteriza pelo comprometimento de bovinos com idade superior a 24 meses, com manifestação clínica de enfermidade neurológica ou debilitante, de caráter progressivo, com evolução superior a 15 dias.

Profilaxia

O principal objetivo do controle da raiva nos animais domésticos, de interesse econômico e silvestre, é a redução ou a eliminação da raiva humana. A abordagem mais racional, para reduzir os casos de raiva humana, seria reduzir a prevalência e a incidência da doença nos animais.

Os controles de focos da doença e das populações do transmissor pelas equipes da Coordenadoria de Defesa Agropecuária (CDA), órgão da Secretaria da Agricultura e Abastecimento do Estado de São Paulo, possibilitaram a redução drástica no número de propriedades com registro da doença de 536, em 2003, para 45, em 2008. Preocupado com o avanço da raiva dos herbívoros no final do ano de 2001, o Estado mudou a estratégia de ação com relação ao seu controle. Por meio da resolução 29, de 24 de setembro de 2001, a Secretaria da Agricultura tornou obrigatória a vacinação contra a doença em toda área de risco, abrangendo 18 regionais e cerca de 57 mil propriedades, vacinando um total de 3,2 milhões de animais.

O controle do morcego transmissor, *Desmodus rotundus*, passou a ser feito por meio de busca ativa, em que os técnicos da Secretaria, devidamente imunizados, treinados e equipados, passaram a visitar as propriedades em busca de animais agredidos e dos abrigos dos morcegos hematófagos, principalmente em áreas de cavernas e montanhas. Essas atividades foram contínuas nos últimos sete anos. Dez equipes trabalham duas semanas por mês, em forma de mutirão, em regiões específicas, ficando o controle diário por conta dos escritórios regionais de defesa agropecuária (EDAs), que totalizam 40 em todo Estado de São Paulo.

Com o trabalho, os focos de raiva diminuíram, e a obrigatoriedade da vacinação foi sendo suspensa gradualmente de 18 regiões para nenhuma. Atualmente, há 23 regionais cobertas pelo trabalho de mutirão, sendo que o Vale do Paraíba dispõe de duas equipes devidamente equipadas, com pessoal treinado fazendo a manutenção na região. No entanto, a Coordenadoria de Defesa Agropecuária (CDA) recomenda a imunização, quando houver agressões por morcegos hematófagos, e aplicação da pasta vampiricida ao redor da mordedura.

Estudos para o controle da raiva vêm sendo direcionados paralelamente aos de comportamento, controle e dinâmica de populações do morcego *Desmodus rotundus* e, consequentemente, de aspectos geográficos que favoreçam a existência de abrigos em certas áreas, em detrimento de outras. A espécie D. rotundus pode habitar abrigos artificiais (bueiros, casas e minas abandonadas), assim como abrigos naturais (grutas, cavernas e ocos de árvores) desde que se mantenha uma temperatura média entre 21 e 23°C e um mínimo de 45% de umidade.

Profissionais da Coordenadoria da Defesa Agropecuária (CDA), órgão responsável pelo controle da raiva dos bovinos no Estado de São Paulo, preconizam que, as áreas próximas às principais bacias hidrográficas do Estado deveriam ser consideradas como as mais importantes para o desenvolvimento de abrigos e, consequentemente, de epidemias de raiva em bovinos. Assim, nas regiões de vigilância da enfermidade, vincularam as ações de controle às áreas próximas aos principais rios. Entretanto, tal hipótese deve ser reavaliada, tendo em vista que, os fatores que levam os morcegos hematófagos a formarem colônias em determinadas regiões ainda não estão claros, e devem ser alvo de estudos mais específicos que, preferencialmente, integrem o Sistema de Informação Geográfica (SIG) e escala de análise.

A análise por meio de Sistemas de Informação Geográfica (SIG) possibilita integrar informações referentes aos fatores ambientais, associados a uma enfermidade para o mapeamento de zonas propícias para a sua ocorrência, contribuindo assim na prevenção e controle dos agravos decorrentes da raiva, no controle das populações de reservatórios e, também, aventando-se novas hipóteses acerca da história natural da raiva. Num país de dimensão continental como o Brasil, com uma grande carência de informações adequadas para a tomada de decisões sobre os problemas urbanos, rurais e ambientais, o geo-processamento apresenta um potencial enorme, principalmente se baseado em tecnologias de custo relativamente baixo, em que o conhecimento seja adquirido no local. Utilizando-se esse sistema, pode-se concluir que a presença de áreas sem notificação, cercada por área de risco, sugere uma situação de subnotificação, o que implica na necessidade de maior vigilância epidemiológica para a doença, além do incremento de educação sanitária da população dessas áreas. Portanto, tem-se a necessidade de realizar um constante trabalho por meio das ações previstas pelo Programa Nacional de Controle da Raiva dos Herbívoros. O geoprocessamento permite ainda iniciar a formação de um banco de dados com todas as variáveis importantes acerca da raiva em herbívoros. Enfatiza-se o potencial das técnicas de geoprocessamento como ferramenta de análise epidemiológica para a descrição da magnitude dos problemas de saúde, permitindo a descrição espacial da situação de um evento de saúde em uma área geográfica.

Ações em áreas epidêmicas

Imunização

Em uma área epidêmica, mais do que nunca a imunidade populacional deve ser preservada, se possível com o direcionamento das partidas de vacina liberadas com os maiores índices de aprovação, visto que a descarga viral é intensa e permanente, face à maciça presença do transmissor. Nessas regiões, a vacinação, obrigatoriamente, deverá ser de seis em seis meses, com vacina inativada, e os primovacinados serão revacinados, com intervalo de 30 dias, com vacina inativada. Animais recém-nascidos deverão receber a primeira dose de vacina no terceiro mês, e a revacinação será feita no quarto mês, tendo em vista a persistência dos anticorpos colostrais até o terceiro mês.

Controle populacional do *Desmodus rotundus*

Um dos critérios mais importantes na definição de áreas epidêmicas de raiva é a topografia acidentada, com consequente manutenção, em níveis elevados, da população de morcegos hematófagos e permanente circulação do vírus da raiva. Nessas áreas, procede-se a identificação de propriedades com ataques de morcegos hematófagos, pela verificação de lesões características provocadas pelas mordeduras desses animais; levantamento de coeficientes de mordedura, por meio da contagem dos animais com lesões recentes, bem como da quantidade das lesões por animal e controle da população de morcegos hematófagos, com as capturas noturnas. Essa atividade deve ser desenvolvida nas propriedades em que os coeficientes forem mais expressivos (superiores a 5%). Nas propriedades com coeficientes inferiores, recomenda-se o uso tópico da pasta vampiricida em mordedura.

É essencial o envio de espécimes de morcegos hematófagos capturados para o diagnóstico laboratorial, na tentativa de verificação da atividade viral na área que está sendo trabalhada.

Deve-se também realizar o levantamento de abrigos naturais e artificiais de *Desmodus rotundus;* controle populacional, por meio de capturas em abrigos; estímulo e orientação dos responsáveis pelas propriedades sobre a inviabilização dos abrigos artificiais de morcegos (fornos de carvão, porões, casas abandonadas, túneis, minas, etc). Quando possível a sua inviabilização, tal medida deve ser adotada. Essa inviabilização pode ser feita pela vedação, derrubada, iluminação natural, destelhamento e outras formas, dependendo de cada abrigo considerado e do destino que venha a ser dado aos mesmos, posteriormente. A orientação da localização e comunicação rotineira da existência de novos abrigos de morcegos deve ser estimulada para a realização de atividades de controle populacional, bem como para o estímulo e orientação para a vacinação de a toda população de susceptíveis, de todas as faixas etárias, com vacina inativada; para a orientação da revacinação de reforço, 30 dias após, também com vacina inativada e, finalmente, para a colheita e envio para diagnóstico laboratorial de amostras de animais mortos após apresentação de sintomatologia direta.

Estabelecimento de ações de vigilância

Para que haja eficiente vigilância epidemiológica, com o objetivo de complementar as ações de controle, deve-se proceder ao levantamento dos coeficientes de mordeduras de *Desmodus rotundus* de dois em dois meses, por amostragem; verificação do repovoamento, oito dias após a ação de captura e tratamento; inspeção de abrigos que venham a ser localizados e, quando for o caso, realizar o controle populacional, enviando, também, espécimes de morcegos para o diagnóstico laboratorial; desenvolvimento de ações permanentes de educação em saúde, que mantenham a população, o Serviço de Saúde, a Prefeitura Municipal e o Centro de Controle de Zoonoses em alerta para as questões relativas à raiva, principalmente quanto à notificação de casos suspeitos e ações de controle; atendimento a casos suspeitos, elaborando anamnese, realizando exames clínicos e necropsias, colheita de material para laboratório e levantamento de dados epidemiológicos (idêntico ao atendimento de foco).

Ações em áreas endêmicas

Imunização

Em áreas endêmicas, também, todos os esforços devem ser dirigidos para se atingir e manter uma imunidade populacional elevada e duradoura em todas as espécies susceptíveis, de tal forma que elas resistam aos frequentes desafios com o vírus da raiva, consequentes ao permanente ataque de morcegos hematófagos, durante suas atividades em busca de alimento.

Nessas regiões, a vacinação deve ser sistematicamente anual, com vacina inativada. Os primovacinados, obrigatoriamente, receberão duas doses de vacina, com intervalo de 30 dias. Animais recém-nascidos, assim como descrito para a área epidêmica, deverão receber a primeira dose de vacina no terceiro mês e a revacinação será feita no quarto mês.

Controle populacional do *Desmodus rotundus*

Nessa região, essa atividade, pelo mesmo motivo exposto para as áreas epidêmicas, não pode sofrer solução de continuidade. Deverão ser compostas equipes específicas e fixas, com médico veterinário e, no mínimo, dois auxiliares, para o desenvolvimento de atividades de controle populacional e outras ações de controle da raiva.

Dentre as ações de controle, destaca-se a identificação de propriedades com ataques de morcegos hematófagos; o levantamento de coeficientes de mordeduras; a realização de capturas em propriedades ou abrigos e a aplicação de anticoagulante; o envio de espécimes para diagnóstico laboratorial; estímulo e orientação para o uso tópico da pasta vampiricida em mordeduras; a localização, cadastramento e o mapeamento de abrigos de *D. rotundus*; estímulo e orientação para a inviabilização dos abrigos artificiais e para localização de novos abrigos de morcegos.

Estabelecimento de ações de vigilância

As ações de vigilância são complementares às ações de controle, devendo-se proceder ao levantamento dos coeficientes de mordeduras de *Desmodus rotundus*, de 4 em 4 meses, por amostragem; à verificação do repovoamento, oito dias após a ação de captura e tratamento; à inspeção de abrigos que venham a ser localizados e, quando for o caso, realizar o controle populacional, enviando também espécimes de morcegos para diagnóstico laboratorial; ao desenvolvimento permanente de ações educativas em saúde, que mantenham a população, o Serviço de Saúde, a Prefeitura Municipal e o Centro de Controle de Zoonoses, em alerta para as questões relativas à raiva, principalmente quanto à notificação de casos suspeitos e ações de controle; atendimento aos casos suspeitos, elaborando anamnese, realizando exames clínicos e necropsia; coleta e envio de material para diagnóstico e levantamento de dados epidemiológicos.

Atendimento a focos em áreas esporádicas

Nessas áreas, são dadas maior ênfase aos atendimentos de casos suspeitos de raiva e todos os esforços deverão ser dispendidos para o controle de cada episódio, de forma a impedir a disseminação dos mesmos para outras propriedades da área de influência do foco. Considera-se como área de influência de foco aquela compreendida em um raio de 5 km e as medidas a serem adotadas para o controle do foco são as mesmas das áreas epidêmicas e endêmicas.

Estabelecimento de ações de vigilância

Nas áreas de ocorrência esporádica de raiva, após o estabelecimento da doença e o controle dos focos (silêncio sintomatológico), as ações de vigilância devem perdurar por um período de 12 meses. Nesse período, a cada quatro meses, por amostragem, deverão ser levantados os coeficientes de mordeduras de morcegos hematófagos, nos rebanhos da área considerada, e é importante também verificar as condições de repovoamento, por *Desmodus rotundus*, de abrigos naturais e artificiais conhecidos. Além disso, deve-se proceder a inspeção de abrigos que venham a ser localizados e comunicados, com a finalidade de verificar a existência de morcegos hematófagos da espécie *Desmodus rotundus*.

Agressões a humanos

Cada vez mais há relatos de agressões a humanos pelo *Desmodus rotundus*, com finalidade de alimentação. Evidentemente, a preocupação é maior quando isso ocorre em regiões endêmicas e epidêmicas, face à circulação do vírus nas populações desses animais. Torna-se obrigatória a orientação às pessoas agredidas, no sentido de procurar imediatamente assistência médica especializada. A Norma Técnica de Tratamento Profilático recomenda, nesses casos, a soro-vacinação.

É indispensável e prioritário o controle populacional dos animais agressores. Caso seja possível, dever-se-á encaminhar espécimes ao laboratório, com a finalidade de se definir as áreas de risco para a espécie humana.

Educação em Saúde

Área endêmica / Área epidêmica

Nessas áreas, o programa de educação em saúde deve ser constante, a fim de estimular a adoção de medidas profiláticas. Esse trabalho deve ser feito em associação com Cooperativas, Sindicatos, Associações, órgãos oficiais de Saúde e Agricultura, mídia, etc. Deve haver distribuição permanente de material de divulgação, tais como folhetos, volantes, cartazes; integração com estabelecimentos públicos e particulares de ensino, especialmente alertando para a obrigatoriedade da vacinação, da necessidade do controle populacional de *Desmodus rotundus* e da notificação de novos abrigos e de casos suspeitos da doença.

Área esporádica

Deverá haver comunicação imediata e pessoal com os proprietários rurais da região abrangida no raio de 5 km, com a finalidade de informar e alertar para a ocorrência da doença, bem como da presença do morcego Desmodus rotundus e, principalmente, para a adoção emergente de medidas profiláticas específicas. Paralelamente, devem ser informados os órgãos de Saúde e Agricultura locais, as Prefeituras Municipais e/ou os Centros de Controle de Zoonoses, que deverão atuar conjuntamente.

Referências bibliográficas

Andrews, A.H.; Blowey, R.W.; Boyd, H.; Eddy, R.G. Raiva. In: ___. **Medicina Bovina - Doenças e Criação de Bovinos**. 2°Ed. Ed. Roca, 2008, cap.70, p.1031-1037.

Brasil, Ministério da Agricultura, Pecuária e Abastecimento. **Controle da Raiva dos Herbívoros** - Brasília: MAPA/DAS/DSA, 2005. 104p.

Coordenadoria de Defesa Agropecuária do Estado de São Paulo. Programa Estadual de Controle da Raiva dos Herbívoros. Disponível em: http://www.cda.sp.gov.br/www/programas/index.php?action=view&cod=39&nm=Sanidade%20Animal.

Corrêa, WM.; Corrêa, C.N.M. Raiva. In: ___. **Enfermidades infecciosas dos mamíferos domésticos**. Rio de Janeiro: Medsi, 1992, cap.68, p.609-628.

Filho, V.S.N. **Raiva Rural: A realidade que estamos enfrentando em São Paulo**. Disponível em http://www.spmv.org.br/conpavet2004/palestras%20-%20resumos/Vladimir.doc

Flores, E.F. *Rhabdoviridae*. In: **Virologia Veterinária. Santa Maria**: Ed. da UFSM, 2007, cap.27, p.691-719.

Gomes, M.N.; Monteiro, A.M.V.; Nogueira Filho, V.S.; Gonçalves, C.A. Áreas propícias para o ataque de morcegos hematófagos Desmodus rotundus em bovinos na região de São João da Boa Vista, Estado de São Paulo. **Pesq Vet. Bras.**, v.27, n.7, p.307-313, 2007.

Jones, T.C.; Hunt, R.D.; King, N.W. Moléstias causadas por agentes virais. In: **Patologia Veterinária**. 6°Ed. Ed. Manole, 2000, cap.8, p.334-339.

Organização Pan-Americana da Saúde. Unidade de Saúde Pública Veterinária. Centro Pan-Americano de Febre Aftosa. **Curso de Controle da Raiva Silvestre *(D. rotundus)* no Brasil**. Rio de Janeiro, 2007. 45p.

Radostitis, O.M.; Gay, C.C.; Blood, D.C.; Hinchcliff, K.W. Doenças causadas por Vírus e Chlamydia. In: **Clínica Veterinária. Um Tratado de Doenças dos Bovinos, Ovinos, Suínos, Caprinos e Equinos**. 9°Ed., 2002, cap.21, p.1077-1083.

Santos, J.C.M.; Campana, M.G.O.G.; Maia, T.A.C.; Moura, L.G.; Alves, J.N.M.; Peneluc, T.; Ribas, J.R.L. Caracterização da raiva dos herbívoros no Estado da Bahia, no período de 2006 a 2007 utilizando técnicas de geoprocessamento. Disponível em http://www.sovergs.com.br/conbravet2008/anais/cd/resumos/R1094-1.pdf.

São Paulo. Instituto Pasteur. **Manual Técnico. Controle da raiva dos herbívoros**, 1998.

São Paulo acaba com vacinação obrigatória. Disponível em http://www.portaldoagronegocio.com.br/conteudo.php?id=26768

Encefalopatia espongiforme bovina (BSE)

Introdução

As encefalopatias espongiformes transmissíveis fazem parte de uma família de doenças que acometem várias espécies de mamíferos e o homem, caracterizadas por degeneração do cérebro, com sinais e sintomas neurológicos severos e fatais.

A encefalopatia espongiforme bovina (EEB) - (em inglês, BSE, sigla para *bovine spongiform encefalopathy*), conhecida como *doença da vaca louca* - é uma doença neurodegenerativa transmissível e fatal de bovinos, caracterizando-se por uma condição degenerativa crônica do sistema nervoso central (SNC) de bovinos e, clinicamente, apresenta excitação, reação exagerada a estímulos externos e dificuldade de locomoção, principalmente em membros pélvicos. Apresenta um longo período de incubação, podendo variar de 4 a 5 anos e é fatal para os bovinos, em semanas a meses, desde o seu aparecimento.

Responsável por enormes prejuízos para o comércio internacional nos países onde foi diagnosticada e, principalmente, após a divulgação de que poderia se tratar de uma zoonose, transmitida pelo consumo de produtos cárneos contendo o agente etiológico, associou-se que os casos em animais precederam o aumento do número da doença em humanos, com a nova variante da doença de Creutzfeldt-Jacob.

Agente etiológico

O agente etiológico origina-se a partir de uma proteína que se faz presente em condições normais, na membrana plasmática de neurônios e outras células, cuja sigla é denominada PrP_C . Na doença, a proteína normal transforma-se em uma outra de conformação espacial alterada, agora denominada de PrP^{SC} - do inglês *proteinaceus infectious particle* - (**Figura 1**), identificada inicialmente em estudos de casos de *scrapie*, uma doença degenerativa cerebral em ovinos, com capacidade de modificar outras proteínas, tornando-as cópias de si mesma. Essa multiplicação anormal da proteína leva ao acúmulo de vacúolos no sistema nervoso, causando sua degeneração. Desse aspecto vacuolizado do sistema nervoso ao exame histopatológico resultou o termo espongiforme. Não há diferença na sequência de aminoácidos do príon normal e o do príon infeccioso, estando a diferença na organização espacial desses aminoácidos, conferindo ao príon infeccioso resistência à ação de enzimas, como as proteases[1].

O agente da EEB é altamente estável e resistente ao congelamento, ressecamento e calor de cozimento normal, de pasteurização e de esterilização à temperatura e tempos usuais (WHO).

Epidemiologia

A EEB foi identificada pela primeira vez na Grã-Bretanha, em 1986[10], mas dados epidemiológicos e revisões de arquivos de preparações histológicas deram conta da ocorrência de casos já em 1985[2]. Alguns estudos sugerem que

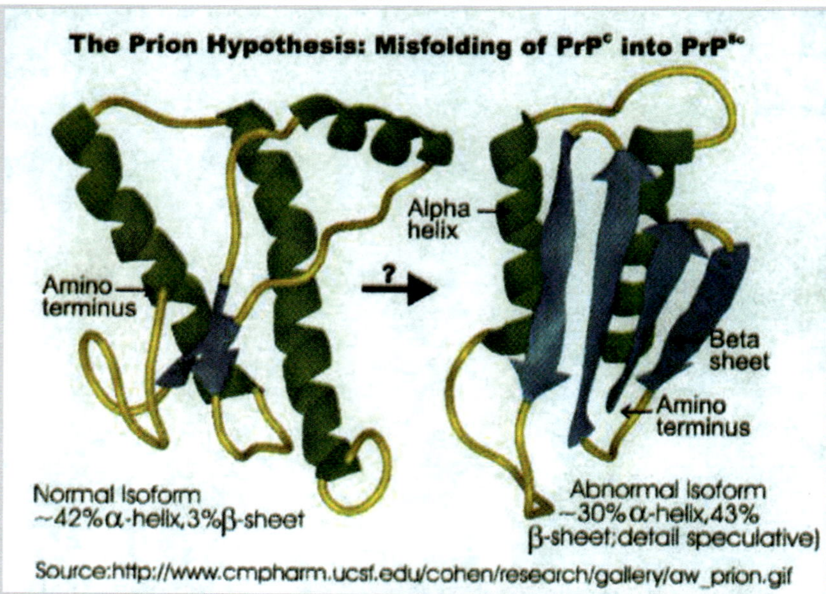

Figura 1. Conversão PrP_C em PrP^{SC} (*Proteinaceus Infectious Particle*), agente etiológico da Encefalopatia Espongiforme Bovina. Fonte: www.agricultura.gov.br - BRASIL, 2003.

casos possam ter ocorrido já na década de 70. A grande maioria dos bovinos afetados por EEB pertence a rebanhos da Grã-Bretanha. São oficialmente cerca de 180.000, desde 1986, distribuídos por 35.000 rebanhos, numa média de 1 a 2 casos por rebanho afetado. Fora da Grã-Bretanha, a doença foi confirmada num número relativamente pequeno (cerca de 2.800) de bovinos nativos da Alemanha, Áustria, Bélgica, Canadá, Dinamarca, Eslováquia, Eslovênia, Espanha, Finlândia, França, Grécia, Holanda, Irlanda, Israel, Itália, Japão, Liechtenstein, Luxemburgo, Polônia, Portugal, República Tcheca e Suíça. Com exceção de algumas poucas dezenas de casos, todos os 2.800 bovinos afetados fora da Grã-Bretanha são nativos. Em alguns países, ocorreram casos somente em bovinos importados, como foi o caso de Ilhas Malvinas e Oman. Embora não exista predileção por raça ou sexo ou por questões de manejo, a doença na Grã-Bretanha ocorre principalmente em vacas de leite, entre 3 e 6 anos de idade[2].

Quanto à propagação da epidemia, a explicação mais plausível seria a utilização dos tecidos de animais infectados na alimentação de ruminantes e, provavelmente, a propagação da enfermidade ocorreu por meio da reciclagem do agente pela alimentação. No ano seguinte à confirmação dos primeiros casos, foram diagnosticados números crescentes da doença no Reino Unido e houve o reconhecimento de que poderia tratar-se de uma epidemia. Assim, foram iniciadas investigações epidemiológicas com o objetivo de encontrarem indícios da causa da doença. Os estudos revelaram que o uso da farinha de carne e osso (FCO) poderia ser a fonte de infecção, já que a utilização de suplemento de origem proteica era uma característica comum nas propriedades onde foram diagnosticados os casos. Outra evidência que apoiou essa hipótese era a incidência mais elevada em bovinos de leite que, naquela ocasião, recebiam mais quantidade de suplementos proteicos que os animais destinados à produção de carne[3].

Com a evolução das investigações epidemiológicas no Reino Unido, foi confirmado que o surto inicial de EEB estava relacionado ao uso de FCO contaminada com o agente, tendo em vista que a mesma era fabricada a partir de restos de abatedouros de qualquer espécie animal, e eram utilizados para sua fabricação até animais encontrados mortos nas fazendas e material condenado pela inspeção sanitária. A matéria prima era cozida, a gordura separada por centrifugação e o material colocado sob pressão, resultando na obtenção de um material a partir do qual era produzida a FCO. O agente da EEB seria, dessa forma, reciclado, e serviria de alimento para outros animais, disseminando a doença. Os procedimentos utilizados nas graxarias da União Europeia, naquela época, eram incapazes de inativar o agente da EEB, embora alguns desses procedimentos pudessem diminuir a infectividade deste agente[4].

Sendo o período de incubação da doença de 5 anos em média, a infecção deve ter sido introduzida no final dos anos 70 e início dos anos 80, o que pode ter sido responsável pelo aumento da quantidade de agente da EEB na FCO e, consequentemente, o aumento na exposição dos bovinos ao referido agente[5].

A transmissão vertical da EEB não é reconhecida, porém estudos realizados na Inglaterra sugeriram que a prole de animais com EEB apresentava maior probabilidade de desenvolver a doença; também não é reconhecida a transmissão horizontal, não sendo demonstrado em estudos o risco de transmissão pelo sêmen ou pelo leite[6].

Experimentalmente, foi demonstrado que a EEB é transmitida a bovinos por meio da exposição parenteral e oral a tecidos cerebrais de animais infectados, sendo a fonte alimentar o meio de transmissão reconhecido, principalmente pela ingestão de FCO contaminada com o príon. Foi encontrada alta infectividade no tecido linfoide do íleo distal, medula óssea, gânglio trigêmeo, medula, olhos, amígdalas e cérebro. Esses órgãos e tecidos são denominados de materiais de risco específico para EEB, e as principais medidas de controle da doença aplicadas mundialmente têm como um dos principais focos a eliminação deste material nos abatedouros, a fim de evitar a sua incorporação às graxarias e a sua inclusão na fabricação de rações para animais.

Uma vez identificada a provável causa da epidemia, em 1988 a Inglaterra baniu totalmente o uso de FCO, porém a FCO derivada de ruminantes continuou permitida para a alimentação de suínos e aves, pois estas espécies não foram consideradas susceptíveis à EEB. Essa proibição teve um efeito essencial na evolução da epidemia, fato que não foi imediatamente notado em decorrência do longo período de incubação da doença. A epidemia britânica teve seu pico em janeiro de 1993, quando quase 1.000 novos casos eram diagnosticados por semana. A proibição em alimentar bovinos com proteínas originadas de ruminantes teve um grande impacto na epidemia, mas provou não ser totalmente eficaz, pois ainda ocorriam casos de BSE em animais nascidos após a proibição. Em junho de 2000, a União Europeia adotou normas requerendo que os países membros realizassem a remoção de todo material de risco específico, mas a maioria deles já havia instituído tais proibições[7].

Inicialmente, a EEB foi considerada como um problema confinado ao Reino Unido, porém logo surgiram indicações de que outros países para onde se haviam exportado animais, produtos e FCO também representassem risco para a doença. A EEB vem sendo diagnosticada atualmente na maioria dos países europeus e até fora da Europa. A sequência de relatos de casos autóctones é mostrada na **Tabela 1**.

No Brasil, atualmente o maior exportador de carne bovina, nunca foi diagnosticado um caso de EEB. Entretanto, para manter essa condição sanitária, o País deve manter uma política interna de prevenção à entrada e propagação do agente que, além de eficiente na proteção do rebanho brasileiro, possua credibilidade internacional para garantir a segurança dos produtos a serem exportados. Especificamente no caso da EEB, essa credibilidade é mais crítica principalmente pelo longo período de incubação da doença, em torno de 5 anos, o que determina que a segurança sanitária do País só poderá ser avaliada mediante a análise do seu sistema de vigilância e criação de bovinos e não pela presença da doença[6].

Tabela 1. Sequência de países que relataram casos autóctones de EEB por ano de notificação.[4]

1986	Reino Unido
1989	Irlanda
1990	Portugal e Suíça
1991	França
1997	Bélgica, Luxemburgo e Holanda
1998	Liechtenstein
2000	Dinamarca, Alemanha e Espanha
2001	Áustria, Rep. Tcheca, Finlândia, Grécia, Itália,Japão, Eslováquia,Eslovênia
2002	Israel e Polônia
2003	Canadá
2005	Estados Unidos

Sinais clínicos

O período de incubação da EEB é de 2 a 8 anos (média 5 anos), embora períodos de incubação mais longos tenham sido relatados. Após o aparecimento dos sinais clínicos, a doença evolui invariavelmente para morte num curso de 3 semanas a 6 meses.

Os sintomas nos bovinos afetados são caracterizados por desordens neurológicas progressivas, alterações do estado mental, como hipersensibilidade sonora e ao toque, agressividade e comportamento apreensivo. As alterações de temperamento também incluem relutância de outras vacas e comportamento alterado, quando submetidas a situações de confinamento. Os animais podem escoicear durante a ordenha e resistir ao manejo. Alguns podem lamber-se excessivamente, principalmente no focinho e franzir o nariz, ou podem apresentar reflexos de coceira, como no *scrapie*. Os principais distúrbios no comportamento incluem nervosismo, medo ou agressividade. Bovinos com EEB são frequentemente muito nervosos, alerta e excitáveis, alterações que podem se manifestar por um tipo de movimento espasmódico de todo o corpo. Os distúrbios de comportamento são mais evidentes quando o animal é excitado. Sinais clínicos possíveis de ocorrer também são salivação e um olhar assustado com olhos esbugalhados. Por vezes, o animal apresenta ranger de dentes. Alguns animais também exibem movimentos nervosos das orelhas.

Distúrbios na sensibilidade também são relatados, observando-se reação exagerada ao toque (alteração mais comum), ao som e à luz.

Alterações locomotoras também são evidentes, como falta de coordenação dos membros durante a marcha, normalmente iniciando-se com passadas hipermétricas, ligeiro cambaleio, finos tremores musculares, evoluindo para queda, incapacidade de levantar-se, com decúbito prolongado precedendo a morte[5]. Os sinais clínicos gerais incluem decréscimo na produção de leite e perda de peso, apesar da manutenção do apetite[8, 9,10,11].

Achados de necrópsia e histopatologia

Não há lesões macroscópicas diretamente relacionadas à doença, mas as lesões microscópicas da EEB são altamente específicas. Compreendem lesões degenerativas, simétricas e bilaterais, localizando-se em certas regiões da substância cinzenta do tronco encefálico[11,12]. Essas alterações caracterizam-se basicamente por vacúolos que dão o aspecto espongiforme à substância encefálica (**Figuras 2** e **3**).

Existem achados incidentais que devem ser considerados com cuidado ao exame histológico cerebral de bovinos. Vacúolos no citoplasma de neurônios do núcleo vermelho do mesencéfalo são um achado incidental comum em cérebro de bovinos e encontrados em 64% de encéfalos de bovinos normais[13]. Quando encontrados somente nesse local, não devem ser levados em conta no diagnóstico da BSE[11,12]. Inflamações não purulentas inespecíficas (manguitos perivasculares) são encontradas em cerca de 30% de bovinos adultos normais14 e podem resultar de infecções subclínicas ou latentes. Da mesma forma, aparecem grânulos intracitoplasmáticos de ceroide-lipofucsina nos neurônios. Esses achados parecem não ser significativos e devem ser considerados incidentais[11].

Diagnóstico

Inúmeros *kits* comerciais de testes rápidos estão aprovados e utilizados em vários países em programas de vigilância que realizam testes em larga escala, sendo responsáveis pela identificação da maioria dos casos de EEB. Em alguns países, dada a rapidez com que os resultados podem ser apresentados, os testes rápidos constituem-se em prova de triagem e a confirmação é dada pelo

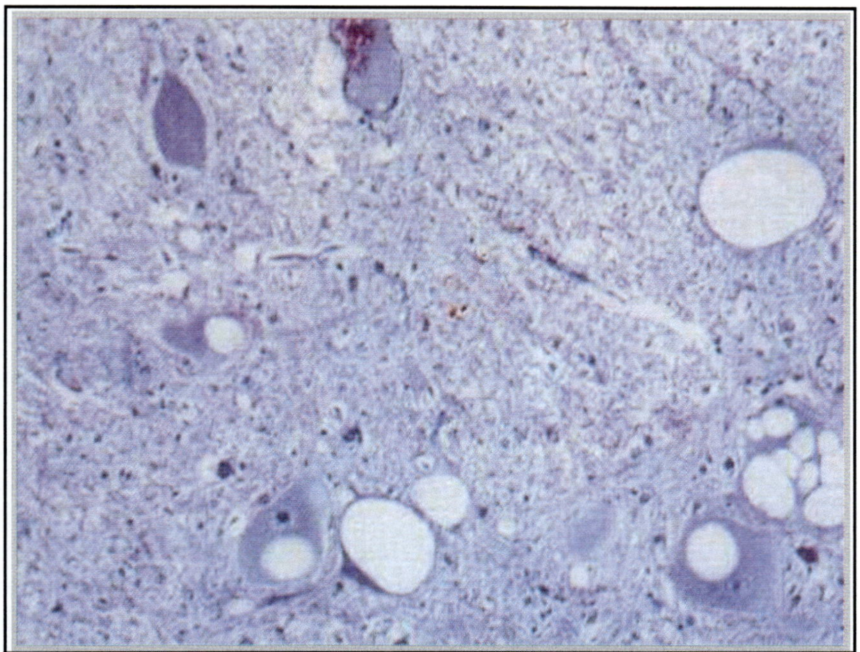

Figura 2. Vacuolização do pericário dos neurônios. Fonte: www.agricultura.gov.br - BRASIL, 2003.

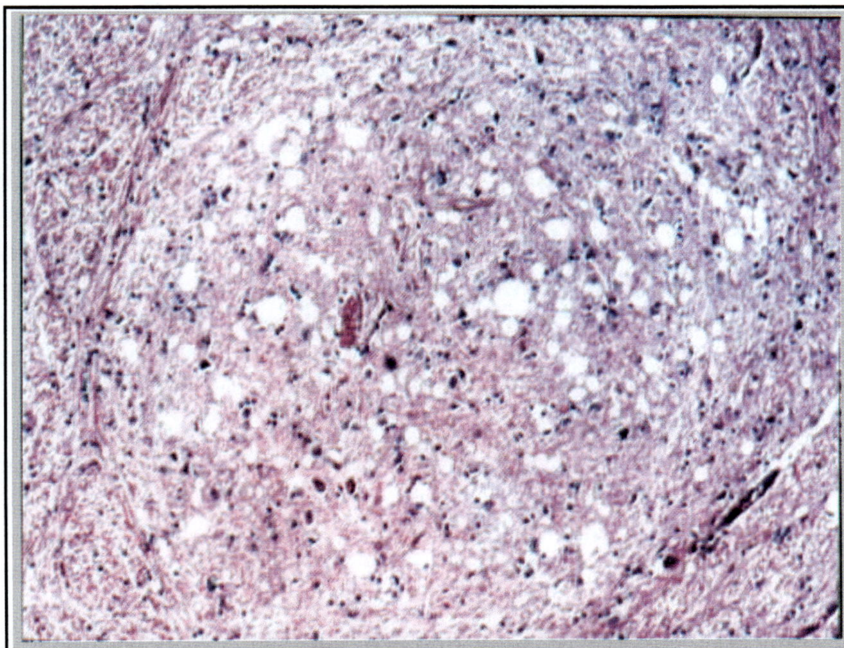

Figura 3. Vacuolização dos neurônios - alteração espongiforme. Fonte: www.agricultura.gov.br - BRASIL, 2003.

exame histopatológico ou imunoistoquímico das amostras encefálicas. Conforme consta no relatório de monitoramento de BSE publicado pela União Europeia, 80% das amostras positivas foram detectadas no material coletado pelo sistema de monitoramento efetuado nas populações de risco e 20% pela vigilância passiva.

Outros métodos diagnósticos utilizados são recomendados pela Organização Mundial para a Saúde Animal (OIE), estabelecendo que o uso de um ou mais métodos de diagnóstico por um país em particular deve depender do propósito a ser aplicado no contexto epidemiológico e sua validação para esse propósito, que variam desde a confirmação do diagnóstico clínico até a realização de testes para a comprovação da ausência da doença.

Os exames indicados pela OIE para a detecção da doença são:

- **Exame histológico:** Este exame é baseado na análise das alterações histopatológicas no Sistema Nervoso Central. São alterações neurodegenerativas caracterizadas por uma vacuolização espongiforme. Os vacúolos, de aproximadamente 30 a 40 µm de diâmetro, são encontrados na substância cinzenta e principalmente no córtex cerebral.
- **Microscopia eletrônica:** Na microscopia eletrônica, é possível a visualização de fibrilas características, denominadas fibrilas associadas a *scrapie* (SAF_s - *scrapie associated fibrils*), compostas na sua maior parte de PRP^{sc}. Essas fibrilas são identificadas em extratos cerebrais de animais afetados tratados com detergente. Apesar de ser uma uma metodologia com custo elevado, apresenta alta precisão e a possibilidade de visualização de estruturas específicas.
- **Métodos imunoquímicos:** Baseiam-se na propriedade de utilização de anticorpos antiproteína priônica que se ligam especificamente ao PRP_c e PRP^{sc}. Esses anticorpos são do tipo monoclonal e se ligam somente a um sítio da proteína. É utilizada a ação da protease, e como a PrP^{sc} é resistente a essa ação, posteriormente, os anticorpos marcados irão evidenciar a proteína priônica. É uma metodologia com custo elevado e de difícil execução, e apresenta como vantagens a detecção de pequenas quantidades de príon e a possibilidade de ser utilizada em tecidos autolizados.
- **Western-Blotting:** É feita a digestão do Príon com proteases. A PrP^{cs} é total, não sendo evidenciada na eletroforese, e a PrP^{sc} é posteriormente identificada na eletroforese. É um método bastante sensível e rápido, porém com custo elevado e necessita de confirmação.
- **Elisa:** Baseia-se na utilização de um anticorpo antipríon. Os testes rápidos utilizados em muitos países para o diagnóstico de EEB são técnicas automatizadas de imunotransferência e enzimoimunoensaio comercializados atualmente. Esses testes permitem um diagnóstico em menor tempo, quando comparados a outros exames, como o histopatológico e imunoistoquímico.

Controle, profilaxia e tratamento

Não há tratamento ou vacina para impedir o aparecimento da doença. Medidas para prevenir a introdução de casos incluem não importar ruminantes e seus produtos de países considerados de risco para a EEB, não alimentar ruminantes com proteína de origem animal, com cama de frango e resíduos da exploração de suínos e impedir a permanência de carcaças no campo.

A Instrução Normativa Ministerial n° 8, de 13 de fevereiro de 2001, tornou obrigatório o rastreamento de bovinos importados e proibiu o abate e consumo da carne de bovinos importados. Em caso de morte desses animais, o proprietário deverá comunicar o serviço oficial de defesa sanitária animal, que realizará os procedimentos técnicos recomendados e autorizará a destruição da carcaça. Preceitua, ainda, a referida Instrução Normativa que todo bovino procedente de países considerados de risco da EEB deverá, quando não mais destinado à finalidade reprodutiva, ser sacrificado e destruído, cabendo, nesse caso, *indenização pelo Governo Federal ao proprietário do animal sacrificado*, a ser paga de acordo com a avaliação prévia realizada por uma Comissão Oficial. Não existem testes que detectem a EEB em animais vivos antes de apresentarem os primeiros sintomas, sendo o diagnóstico baseado no exame de tecido encefálico após a morte; por esse motivo, colhe-se material e encaminha-se para análise laboratorial.

O sistema de vigilância sanitária da EEB passou a ser realizado conjuntamente ao sistema de vigilância sanitária da raiva animal. Dessa forma, todos os animais com sintomatologia nervosa de caráter progressivo deverão ser submetidos ao diagnóstico diferencial para raiva, EEB e outras encefalites.

A partir de 2002, foi incrementada a vigilância ativa em frigoríficos, tendo como população alvo dessa investigação os bovinos leiteiros acima de 30 meses de idade e todos os bovinos destinados ao abate de emergência.

Um ponto que favoreceu essa classificação foi o fato de que os sistemas de produção de leite e de carne bovina utilizados no Brasil são quase que exclusivamente a pasto, e a suplementação alimentar, quando ocorre, utiliza principalmente fontes de proteína de origem vegetal, tornando o País naturalmente refratário ao surgimento e à manutenção da EEB em seu território.

As medidas de vigilância epidemiológica a campo deverão ser intensificadas com colheita de material nos seguintes casos:

- Bovinos ou ovinos/caprinos com sinais clínicos de distúrbios nervosos ou alterações comportamentais de evolução subaguda, clínica igual ou superior a 15 dias;
- Bovinos ou ovinos/caprinos em decúbito, sem causa determinada;
- Bovinos ou ovinos/caprinos com doenças depauperantes.

Todo laboratório que realiza diagnóstico para raiva, deverá encaminhar, obrigatoriamente, amostras de material encefálico de animais investigados que tiverem idade superior a 24 meses para bovinos e 12 meses para ovinos, que resultaram exames negativos para raiva em dos laboratórios credenciados pelo MAPA, para a realização de diagnóstico das encefalopatias espongiformes transmissíveis.

Em 2004, para a implementação das ações de vigilância contra a doença, o Ministério da Agricultura, Pecuária e Abastecimento habilitou mais três laboratórios para o Diagnóstico da EEB pelo Exame de Histopatologia:

1. Departamento de Patologia da Universidade Federal de Santa Maria - UFSM-Referência Nacional;
2. Laboratório de Patologia da Uni-versidade Federal do Rio Grande do Sul - UFRGS;
3. Laboratório de Patologia da Universidade Federal do Mato Grosso do Sul - UFMS;
4. Laboratório de Patologia Animal do Centro de Saúde Animal e Tecnologia Rural da Universidade Federal de Campina Grande/PB;
5. Laboratório do Instituto Mineiro de Agropecuária - IMA/MG;
6. Laboratório de Anatomia Patológica do Instituto Biológico de São Paulo, SP.

Impacto na saúde pública

A EEB tornou-se um assunto de grande interesse quando ficou evidente a associação entre a doença em bovinos e a nova variante da doença de Creutzfeldt-Jacob em humanos, em 1996, quando foram relatados 10 casos entre pessoas de 16 a 39 anos de idade. A nova variante da doença de Creutzfeldt-Jacob, embora com sintomatologia semelhante à variante clássica, toma identidade própria por apresentar sintomatologia em indivíduos com idades inferiores a 60 anos[15].

O governo britânico, após campanha de incentivo ao consumo de carne bovina, teve que admitir que o homem também pudesse ser vítima da doença, sendo a mortalidade em 100% dos casos.

A partir de março de 1996, quando o governo britânico anunciou a possibilidade de ligação entre a EEB e a vDCJ, os países afetados pela EEB entraram em uma crise sanitária com impacto econômico sem precedentes. Como consequência, o medo da contaminação causou uma diminuição no consumo de carne, resultando em um período de grande fragilidade no mercado desse produto. Apesar de inúmeras campanhas informativas oficiais e várias medidas de prevenção adotadas, a desconfiança estabelecida pela população foi tamanha que provocou grandes perdas econômicas nos setores produtivos de carne[16].

O surgimento da BSE, com o agravante dessa doença ser a causa de uma nova variante da doença de Creutzfeldt-Jacob em humanos, gerou pânico, alarme, perda de confiança nos consumidores e quebra da cadeia produtiva[17].

Em humanos, nos estágios iniciais, os sintomas da vCJD são semelhantes a outras doenças neurológicas, como Mal de Alzheimer e depressão, ansiedade, lapsos de memória, perda de interesse na aparência e higiene pessoal e dificuldade em encontrar a palavra certa durante uma conversa. Após os estágios iniciais, o desenvolvimento da doença é rápido. Há perda de equilíbrio (síndrome cerebelar), alucinações repentinas durante o dia, muita sonolência, perda de coordenação de membros e cabeça. Progressivamente, os membros vão ficando endurecidos. Diminui muito a atenção ao ambiente externo e pode-se não mais reconhecer amigos ou familiares. No estágio terminal, o paciente fica acamado e com necessidade de cuidados constantes. As semanas finais são marcadas por um estado semelhante ao coma, a pessoa não consegue mais comer, beber ou engolir. O período de incubação é de, no mínimo, 5 anos. A morte ocorre normalmente em 18 meses a partir dos primeiros sintomas, podendo durar 2 anos ou mais[15].

Dados sobre o sistema de vigilância brasileiro

A produção de leite e de carne bovina no Brasil é feita quase que exclusivamente pela criação e engorda de animais a pasto. A suplementação alimentar, quando ocorre, é feita com proteína vegetal, tornando remota a difusão da EEB no País. No entanto, desde o aparecimento da doença, no Reino Unido, as autoridades sanitárias brasileiras preocuparam-se em proteger o País da entrada da EEB, visando à preservação do patrimônio pecuário e da saúde pública. Foram tomadas medidas sanitárias, como a restrição à importação de animais susceptíveis e seus produtos, quando originários de países de risco, o rastreamento dos animais importados desses países e a imposição de restrições à formulação de alimentos destinados aos ruminantes.

É grande o número de produtos para uso humano que são obtidos de tecidos de várias espécies de ruminantes. Essas substâncias de origem animal são utilizadas como componentes na produção de medicamentos, cosméticos, produtos biológicos e outros insumos para saúde humana. Diversas medidas sanitárias foram adotadas pela Agência Nacional de Vigilância Sanitária - ANVISA (www.avisa.gov.br/vacalouca/index.htm) com o objetivo de proteger a saúde da população, garantindo a segurança sanitária de produtos e serviços.

O governo brasileiro não importou farinha de carne e ossos dos países considerados de risco para a EEB, tendo como única e eventual fonte de risco os bovinos importados desses países, nos quais não foram detectados sinais de EEB. Considerando que as importações ocorreram entre 10 e 23 anos atrás (tempo consideravelmente mais longo do que o período médio de incubação da doença), a possibilidade de que esses bovinos venham a desenvolver EEB é remota. Não obstante, todos os bovinos importados, assim como seus descendentes, vêm sendo acompanhados, inclusive com análises laboratoriais. Em 2001 e 2002, foram examinados histologicamente 5.894 encéfalos de bovinos, sendo que 1.361 destes apresentavam sinais clínicos de doença neurológica. Essa cifra é de longe superior aos 433 encéfalos de bovinos com sinais clínicos nervosos que a OIE recomenda examinar.

Os países que mantêm comércio de produtos de origem animal com o Brasil consideraram satisfatórias as garantias fornecidas pelo governo brasileiro sobre os bovinos importados e quanto à estabilidade do sistema nacional de vigilância, classificando o risco de importação desses produtos e bovinos como desprezível[18].

Referências bibliográficas

Ducrot, C.; Arnold, M.; Koeijer, A.; Heim, D.; Calavas, D. Review on the epidemiology and dynamics of BSE epidemics. **Veterinary Research**, v.15, n.39, 2008.

Wilesmith J.W. Manual on Bovine Spongiform Encephalopathy, p.Food and Agriculture Organization of the United Nations, Rome, 1998.

Wilesmith, J.W.; Ryan, J.B.M.; Atkinson, M.J. Bovine spongiform encephalopathy: epidemiological studies on the origin. **Veterinary Record**, v.128, p.199-203, 1991.

Smith, P.; Bradley, R. Bovine spongiform encephalopathy (BSE) and its epidemiology. **British Medical Bulletin**, v.66, p.185-198, 2003.

Wells, G.A.H.; Konold, T.; Arnold, M.E.; Austin, A.R.; Hawkins, S.A.C.; Stack, M.; Simmons, M.M.; Lee, Y.H.; Gavier-Widen, D.; Dawson, M.; Wilesmith, J.W. Bovine spongiform encephalopathy: the effect of oral exposure dose on attack rate and incubation period in cattle. **J. Gen. Virol.**, v.88, p.1363-1373, 2007.

Pattison J.R. Bovine spongiform encephalopathy. Infect Dis Review 1: 119-121, 1999.

Doherr, M.G.; Hett, A.R.; Rufenacht, J.; Zurbriggen, A.; Heim, D. Geographical clustering of cases of bovine spongiform encephalopathy (BSE) born in Switzerland after the feed ban. **Veterinary Record**, v.151, p.467-472, 2002.

Davis A.J., Jenny A.L., Miller L.D. Diagnostic characteristics of bovine spongiform encephalopathy. **J. Vet Diagn Invest.**, v.3, p.266-71, 1991.

World health organization: Understanding the BSE Threat, WHO, Genebra, 23p, 2002.

Weber P., Mostl K., Weissenbock E., Mostl E., Baumgartner W. Bovine Spongiform Enzephalopathie (BSE)- Verlauf und Bekampfung 1987-1997. **Wien Tierarztl Mschr**, v.85, p.175-86, 1998.

Wells, G.A.H. Bovine spongiform encephalopathy: a neuropathological perspective. Brain Pathol 1: 69-78, 1991.

Wells, G.A.H. Bovine spongiform encephalopathy: diagnostic significance of vacuolar changes in selected nuclei of the medulla oblongata. **Vet. Rec.**, v.125, p.521-24, 1989.

Moynagh, J.; Schimmel, H. Tests for BSE evaluated. **Nature**, v.4000, p.105, 1999.

Gavier-Widen, D.; Wells, G.A.H.; Simmons, M.M.; Wilesmith, J.W.; Ryan, J. Histological observations on the brains of symptomless 7 year-old cattle. **J. Comp Path.**, v.124, p.52-59, 2001.

Will, R.G.; Ironside, J.W.; Zeidler, M.; Cousens, S.N.; Estibeiro, K.; Alperovitch, A.; Poser, S., Pocchiari, M.; Hofman, A.; Smith, P.G. A new variant of Creutzfeldt-Jakob disease in the UK. **The Lancet**, v.347, p.921-952,1996.

Setbom, M.; Raude, J.; Fischler, C.; Flahault, A. Risk perception of the "Mad Cow disease" in France: Determinants and Consequences. **Risk Analysis**, v.25, n.4, p.813-826, 2005.

Prata, L.P. Zoonoses na segurança alimentar. Avicultura industrial - Inocuidade da carne e ovos. **Biológico**, v.70, n.2, p.51-56, 2008.

Brasil. Ministério da Agricultura, Pecuária e Abastecimento. Procedimentos para o diagnóstico das doenças do Sistema Nervoso Central de Bovinos. Encefalopatia Espongiforme Bovina - compreendendo essa doença, 50p., 2003.

Colosso
A mais completa provedora
de soluções para o agronegócio.
ourofino
agronegócio
www.ourofino.com

CAPÍTULO 57

Complexo teníase humana

• *Cisticercose bovina*

Ingo Aron Sousa Mello
Médico Veterinário
Supervisor Técnico
Ourofino Saúde Animal
ingo.mello@ourofino.com

Gabriel Augusto de Faria Sandoval
Médico Veterinário
Diretor Técnico
Ourofino Saúde Animal
gabriel.sandoval@ourofino.com

Cisticercose bovina

Resumo

O complexo teníase humana – cisticercose bovina é uma antropozoonose, sendo a cisticercose bovina a prin cipal causa de condenação de carcaças em frigoríficos inspecionados. O *Cysticercus bovis* é considerado o patógeno de maior prevalência em carcaças ao abate e o que mais gera prejuízos econômicos para o produto final na comercialização (Garcia *et al*., 2006). É grande a importância desse complexo, tanto para saúde pública, pelo potencial zoonótico que o parasito alberga, como para a economia nacional, causando prejuízos aos pecuaristas e às empresas do setor pecuário em decorrência à quantidade de carcaças condenadas (Costa *et al*., 1999). O Brasil, atualmente, está em situação privilegiada no cenário da bovinocultura, apresentando-se como detentor do maior rebanho comercial do mundo, possuindo todas as condições para o setor das indústrias de carnes e derivados alcançarem uma maior participação no mercado internacional (Mello, 2006). Nesse contexto, a cisticercose bovina mostra-se como uma das maiores preocupações econômicas dos produtores. As condenações de carcaças nos frigoríficos crescem cada vez mais, seus prejuízos aos pecuaristas e a busca por tratamentos, motivaram a escolha pelo tema. No presente trabalho, estudou-se a prevalência da cisticercose bovina notificada ao abate, seus impactos econômicos aos produtores e as vantagens do tratamento. Calcularam-se os prejuízos econômicos aos produtores em virtude do deságio praticado pelos frigoríficos, decorrentes da notificação de cisticercose ao abate, e as vantagens do tratamento dos animais, no confinamento, com o uso de sulfóxido de albendazole injetável aos 90, 60 e 30 dias pré-abate.

Introdução

Aristóteles (348-322 a.C.) registrou valiosas informações sobre a ocorrência e o tratamento das doenças dos animais, fazendo inclusive alusão à cisticercose (Cortes, 1993). Aristófanes (384 a.C.), em uma de suas excelentes poesias, faz referência à inspeção de carnes destinadas ao consumo e, em seu livro Nuees, menciona algumas enfermidades que atacam os bovinos, entre elas a cisticercose (Moreno *et al.*, 1990). A cisticercose bovina é uma parasitose cosmopolita, cuja distribuição e prevalência são muito variáveis em diferentes áreas geográficas do mundo (Acha & Szyfres, 1986) e, no Brasil, onde ela é enzoótica, assume às vezes caráter epizoótico (Santos, 1993). Fatores sócioeconômicos e culturais, aliados à precariedade e ineficiência dos serviços de inspeção, vigilância sanitária e ao comércio clandestino de carnes contribuem para tal discrepância (Freitas & Palermo, 1996).

Epidemiologia

O homem é o principal disseminador da doença. Parasitado no intestino pela *Taenia saginata* (popularmente conhecido como solitária) que pode eliminar diariamente cerca de 800.000 ovos nas fezes. Por meio da ingestão desses ovos, o bovino adquire a cisticercose. O bovino é infectado quando ingere água, pastagens ou outros alimentos contaminados por fezes de pessoas portadoras do cestódeo. No interior do intestino do bovino, os ovos liberam formas larvares infectantes (metacestódeos) do parasito. Estas, ao atravessarem a parede intestinal do bovino, ganham a circulação e migram para os tecidos (larva migrans), onde se encistam e formam os cisticercos (*Cysticercus bovis*), também conhecidos como *canjiquinhas*. Cérebro, vísceras e musculatura são os tecidos de predileção para a formação dos cisticercos. Quando o homem ingere carne bovina crua ou mal cozida contendo cisticercos viáveis, estes evoluem para a forma adulta do verme no interior do seu intestino, fechando assim o ciclo do parasito (**Figura 1**).

A participação humana na ocorrência da cisticercose bovina é epidemiologicamente importante, principalmente em decorrência dos altos percentuais de carcaças infectadas provenientes de confinamentos. Tal fato pode ser explicado pelo intenso contato humano na manipulação das dietas fornecidas aos animais, pela qualidade da água oferecida aos animais e pela correlação positiva que a teníase humana e cisticercose bovina apresentam.

Importância

A doença nos animais é assintomática, não havendo manifestações clínicas ou econômicas aos olhos do produtor, enquanto os animais ainda estão vivos. Os impactos somente serão percebidos após o abate, nas linhas de inspeção. Nesse momento já não é possível fazer qualquer tipo de tratamento dos animais e a condenação parcial ou total das carcaças cisticercósicas implicará em prejuízos ao produtor. O diagnóstico da cisticercose bovina é realizado durante a inspeção *post mortem* nos frigoríficos, e consiste basicamente na detecção e avaliação visual (macroscópica) de cisticercos em tecidos e órgãos da carcaça. Coração, músculos da mastigação (masseter), língua, diafragma e seus pilares, massas musculares da carcaça e fígado são as principais áreas de inspeção. Em geral,

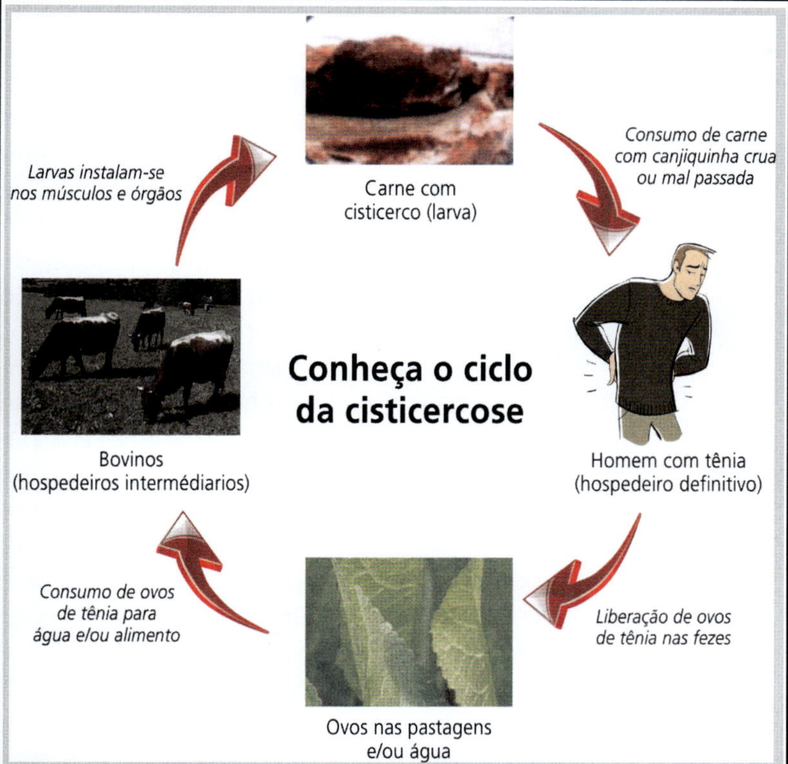

Figura 1. Ciclo da cisticercose bovina. Homem ingere carne com cisticerco e desenvolve teníase no intestino. Ao defecar, suas fezes podem conter mais de 800 mil ovos/dia, que contaminam a água e o alimento dos animais. O bovino, ao beber água ou comer alimentos contaminados com ovos, desenvolve o cisticerco na carne. Fonte: Arquivo técnico Ouro Fino.

na rotina pode haver três destinos para as carcaças, a liberação, o sequestro para tratamento com posterior liberação ou ainda a graxaria. Na ocorrência de cisticercose, a carcaça pode ser liberada quando for detectado na inspeção apenas 1 cisticerco calcificado (carcaças monocisticercósicas). Quando são encontrados até 3 cisticercos vivos, a carcaça é sequestrada, sendo encaminhada ao *Tratamento pelo frio* (15 a 21 dias em câmara frigorífica a -20 °C) (10), sendo posteriormente liberada para o consumo. Quando são encontrados de 4 a 10 cisticercos, a carcaça também é sequestrada e encaminhada para a salga, por 21 dias, e posterior aproveitamento condicional (conserva ou salsicharia). Carcaças apresentando mais de 10 cisticercos são encaminhas à graxaria (condenação total), onde originarão produtos derivados como óleos, banhas e farinha animal RIISPOA (Regulamento de Inspeção Industrial e Sanitárias de Produtos de Origem Animal) (BRASIL, 1997).

A desconfiguração (fatiamento) da carcaça na procura por cisticercos, perdas pela retirada das áreas que contêm os cistos, o deságio praticado pelos frigoríficos em virtude do sequestro de carcaças ou graxaria e até mesmo na recusa por parte dos frigoríficos em receber animais de propriedades onde a prevalência é historicamente alta, perda de qualidade para exportações e redução do consumo pelo *marketing* negativo, são as consequências econômicas diretas para cisticercose bovina. As consequências do complexo teníase humana – cisticercose bovina vão muito além do aspecto econômico, devendo ser tratada como uma questão de saúde pública e zoonose (Mello, 2006).

Etiologia

O complexo teníase humana-cisticercose bovina está definido como o conjunto de alterações patológicas causadas pela forma adulta da *Taenia saginata* e suas respectivas formas larvares. O complexo é formado pela *Taenia saginata,* classe Cestoidea, ordem Cyclophillidea, família Taeniidae e gênero *Taenia* e sua forma larvar o *Cysticercus bovis* (Moreira *et al.*, 2003). A teníase humana é uma parasitose provocada pela presença da forma adulta da *Taenia saginata*, que se localiza no intestino delgado do homem (Renúncio, 1997). A cisticercose bovina é uma infecção provocada pela presença da forma larvária da *Taenia saginata* principalmente nos tecidos do bovino (Alves, 2000; Minozzo, 2002). Dessa forma, a cisticercose bovina está enquadrada dentro do complexo teníase-cisticercose de grande destaque no contexto sócioeconômico mundial. Trata-se de uma zoonose em que o homem é o hospedeiro obrigatório de seu ciclo, participando como hospedeiro definitivo, enquanto os bovinos atuam como hospedeiros intermediários (Moreira *et al.*, 2003).

A cisticercose é caracterizada pela presença de cistos – nódulos translúcidos ou opacos –, principalmente nos músculos dos animais (**Figura 2**).

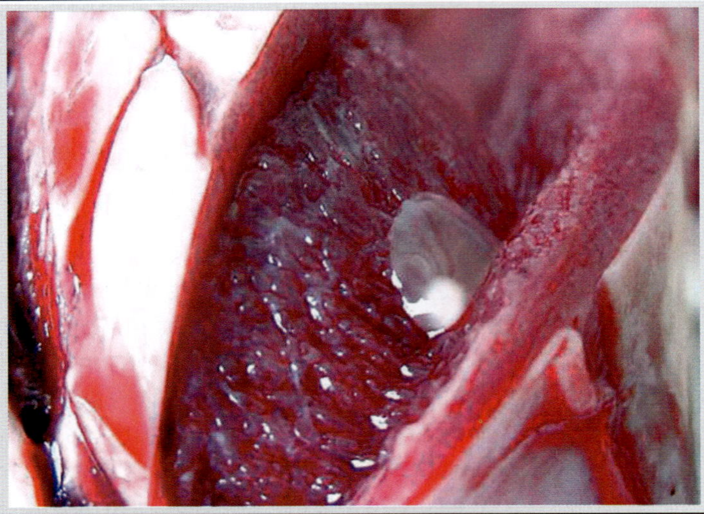

Figura 2. Cistos vivos de cisticercose bovina, identificados durante a inspeção do masseter (músculo mastigador) de um animal. Fonte: Arquivo técnico Ouro Fino.

Reservatórios e fontes de infecção

O homem é o único hospedeiro definitivo da tênia. A *Taenia saginata* parasita o intestino delgado do homem, causando a teníase humana, que é uma infecção intestinal. Os hospedeiros intermediários da *Taenia saginata* são os bovinos, raramente ovinos e caprinos e, excepcionalmente, o homem (Fortes, 1993; Funasa, 2000).

Em qualquer espécie, as informações obtidas durante a anamnese ou as evidências epidemiológicas oriundas dos registros sanitários, quando disponíveis, podem oferecer subsídios valiosos no encaminhamento do diagnóstico da doença. A presença de portadores de *Taenia saginata* entre as pessoas de uma granja de exploração de bovinos justifica a suspeita de cisticercose na criação (Côrtes, 2000).

Biologia e meios de transmissão

A cisticercose bovina ocorre pela contaminação das pastagens, alimentos via cocho e água por fezes humanas carreadoras de ovos do parasita. Quando o ovo é ingerido pelo hospedeiro intermediário (bovino), suas secreções gástricas e intestinais digerem o embrióforo (ovo) e ativam a oncosfera ou embrião. Usando seus ganchos, a oncosfera lacera a mucosa e atinge a circulação sanguínea ou linfática. Uma vez no seu local de predileção, a oncosfera perde os ganchos e se desenvolve, formando o cisticerco (Urquhart *et al.*, 1998). Da ingestão de ovos, pelo bovino, até o encistamento da larva viva, são necessários, em média, 27 dias (Mello, 2006).

O homem adquire a teníase ingerindo carne de bovino crua ou mal passada, ou pode adquirir a cisticercose pela a ingestão do ovo da tênia existente em produtos hortifrutigranjeiros contaminados ou devido a maus hábitos de higiene. No intestino delgado, a larva evagina e adere-se à parede do intestino, dando início ao parasitismo, competindo com a nutrição humana. A tênia não possui tubo digestivo definido, fazendo absorção pela superfície corporal. Cerca de 62 a 72 dias, após a infecção, a larva atinge seu estagio adulto e inicia a eliminação dos primeiros proglotes grávidos que saem pelas fezes (Acha & Szifres, 1991).

A via de transmissão de maior importância na disseminação da cisticercose é constituída pelos alimentos contaminados com ovos maduros. As pastagens podem ser contaminadas com fezes eliminadas diretamente nos campos de criação, sendo ingeridas pelos animais (Moreira *et al.*, 2003). O homem com teníase contamina o meio ambiente com ovos eliminados nas fezes, e os bovinos, ao se alimentarem nesses ambientes contaminados, ingerem (direta ou indiretamente) ovos da *Taenia saginata,* com posterior desenvolvimento da forma larval, o cisticerco. O homem, ao se alimentar da carne bovina, contendo cisticerco, adquire a teníase (Alves, 2000), fechando o ciclo teníase humana-cisticercose bovina (Mello, 2006).

Um homem que tem teníase elimina junto com suas fezes ovos da tênia. Esse portador pode eliminar milhões de ovos, diariamente, livres nas fezes ou como segmentos intactos (proglotes), contendo cada um cerca de 250.000 ovos, e estes podem sobreviver no pasto durante vários meses (Urquart, 1998; Funasa, 2000). A resistência desses ovos no meio externo é bastante grande, suportam a maioria dos tratamentos de águas residuais, são encontrados no líquido decantado dos tanques de sedimentação e suportam o processo fermentativo que se desenvolve no *sistema de lodos ativos*, cujo produto é utilizado como fertilizante orgânico. Os efluentes dos esgotos, mesmo dos previamente tratados, podem conter ovos e disseminá-los pelos rios e campos, quando há inundações, quando as águas são desviadas para irrigação ou quando esses são utilizados como adubo (Rey, 1973).

O hábito pouco higiênico de defecar a céu aberto, ou existência de sanitários sem as devidas fossas (algumas instaladas sobre córregos e rios), o costume de criar os animais com lixo e detritos de toda sorte, contribuem para o problema (Rey, 1973; Acha & Szyfres, 1986 apud Pfuetzenreiter, 1997). Quando os bovinos ingerem, direta ou indiretamente esses ovos, adquirem a cisticercose. A ingestão de ovos pelos animais dá-se na maior parte das vezes por ingestão de fezes, proglotes, pastagem ou volumoso contaminados oferecidos aos animais, polpa de frutas contaminada com ovos, água contaminada com ovos e outras formas decorrentes do manejo intensivo empregado por pessoas portadoras de tênia (Pfuetzenreiter, 1997; Mello, 2006). O homem contrai as teníases pela ingestão de carnes cruas, ou mal passadas (submetidas a um tratamento insuficiente pelo calor) de bovinos que contenham cisticercos vivos (Rey, 1973; Fortes, 1993; Urquhart, 1998; Funasa, 2000).

A cisticercose humana é adquirida quando o homem ingere ovos da *Taenia saginata* ou *Taenia solium*, contidos na água ou alimentos (frutas, verduras) contaminados com fezes humanas que contêm ovos das tênias. A contaminação do homem pode ocorrer também por autoinfecção, quando por falta de hábitos higiênicos adequados após a defecação, não lavar as mãos, ou por movimentos retrógrados do conteúdo intestinal, refluxos e vômitos (Alves, 2000).

Sinais clínicos

Teníase humana

As manifestações clínicas são variáveis, de acordo com a idade e o estado de saúde do hospedeiro definitivo. Podem incluir irritabilidade, insônia, anorexia ou apetite exagerado, perda de peso, dor abdominal, distúrbios digestivos, náuseas, vômitos, diarreia alternada com constipação, sensação de dor e fome. Muitas infecções são assintomáticas, exceto pelo incômodo de apresentar segmentos de vermes emergindo pelo ânus (Organização Panamericana da Saúde, 1983; Fortes, 1993; Funasa, 2000).

Cisticercose bovina

A enfermidade nos animais geralmente não se manifesta na forma clínica, seu curso é silencioso (Mello, 2006). A infecção experimental em bovinos com altas doses de ovos de *Taenia saginata*, pode produzir febre, debilidade, sialorreia, anorexia e rigidez muscular. A morte pode ocorrer por miocardite degenerativa (Acha & Szifre, 1986).

Profilaxia

O controle da cisticercose bovina está vinculado à adoção de medidas higiênico-sanitárias que interrompam o ciclo do parasita e impeçam a ingestão dos ovos da tênia pelos animais. As medidas de controle não devem somente contemplar os animais, mas também o homem, o principal disseminador da doença nos rebanhos. Qualquer medida de controle que interrompa o ciclo do parasita deve ser avaliada. Justifica-se a adoção de medidas de educação sanitária, prevenção, controle e tratamento para o complexo cisticercose bovina – teníase humana, pois é uma questão de saúde pública (Mello, 2006).

Sendo o homem responsável pela contaminação de aguadas e pastagens através de suas fezes, o uso de fossas sanitárias na propriedade deve ser instituído com o intuito de evitar tal contaminação. Porém tal medida só é efetiva depois de garantida a conscientização dos funcionários, que só deixarão de contaminar as pastagens quando estiverem cientes de sua importância no controle da doença da guarantia de que os animais não tenham acesso a locais que recebam esgoto humano do tratamento antiparasitário semestral dos funcionários da fazenda com medicamento específico para o parasito, diminuindo as chances de ocorrência da teníase humana e possível eliminação de ovos nas fezes. Os benzimidazóis são indicados para o tratamento humano e animal. À inspeção em frigoríficos, sequestro, condenação de carcaças infectadas e o combate ao abate clandestino (não inspecionado) são fundamentais para interrupção do ciclo (Mello, 2006).

A profilaxia da doença está baseada na educação sanitária, hábitos de higiene e destino apropriados dos dejetos, melhoria das condições sócioeconômicas da população, tratamento de águas e esgotos, diagnóstico e tratamento das pessoas parasitadas, interrupção do ciclo do parasita por diagnóstico com base na inspeção pós-morte e saneamento correto das carnes (Thorton,1969). O combate a doença nos animais por meio de tratamentos representa uma excelente forma de diminuir ou interromper o ciclo, principalmente quando instituído nas áreas de maior prevalência (Mello, 2006). É evidente que o problema ocorre pela falta de educação sanitária da população que vive na zona rural por deficiências de saneamento básico, porém outros fatores de risco contribuem para que o ciclo biológico permaneça em nosso convívio. Dentre eles pode-se citar a comercialização e consumo de carne bovina originada de abates clandestinos, onde não se realiza nenhum tipo de controle da saúde ou do processamento animal. Os hábitos culturais revestem-se de grande importância, quando determinam o consumo de alimentos potencialmente perigosos, como a predileção por carne mal passada (Costa *et al.*, 1999).

Assim, o sistema de vigilância sanitária enfatiza a importância do médico veterinário e seus auxiliares na inspeção de bovinos abatidos, como guardiões da saúde do homem, identificando carcaças portadoras de cisticercose e determinado a conduta apropriada nesses casos. A atuação do médico veterinário constitui, portanto, uma importante medida preventiva capaz de interromper o ciclo biológico do parasita (Souza *et al.*, 1997).

Estudos de prevalência

A prevalência da cisticercose no Brasil, atualmente, é superior a 5,0%, sendo os Estados de Goiás, Minas Gerais, São Paulo e Santa Catarina os mais preocupantes.

A rotina de inspeção de carnes em bovinos (exame pós-morte) é o principal método para diagnóstico e a principal medida de saúde pública na interrupção da transmissão da *Taenia saginata* (Walter, 1980). Em bovinos, a detecção da cisticercose ocorre na fase final de exploração, ou seja, após o abate realizado em frigoríficos sob fiscalização (Ungar *et al.*, 1991). O diagnóstico *post-mortem* realiza-se através de incisões na musculatura e órgãos que são os locais de predileção dos cistos (Fukuda,1998).

O conhecimento da prevalência da doença, tanto no homem quanto nos animais, é deficiente, pois são dados isolados, não ordenados e comparáveis, portanto, não traduzem uma realidade (Soulsby, 1974; Pawlowski, 1982; Alves, 2000). No entanto, surge a necessidade de maiores pesquisas nesse sentido (Alves, 2000). Os valores da prevalência de cisticercose bovina (*Cysticercus bovis*) provêm dos serviços de inspeção veterinária em frigoríficos (Organizacion Panamericana de La Salud, 1983).

O matadouro desempenha duas funções básicas no que se refere ao complexo teníase/cisticercose (*T. saginata*). A primeira é participar da prevenção da teníase humana, por meio da destinação adequada de carcaças e órgãos bovinos cisticercóticos. A segunda é atuar como fonte de dados estatísticos e nosogeográficos, função esta primordial dentro da vigilância sanitária (Ungar, 1990). O diagnóstico da cisticercose, somado à informação de origem do animal, possibilita definir as áreas de ocorrência da doença, bem como a sua quantificação.

O Serviço de Inspeção Federal atua como fonte de dados estatísticos para atuação eficiente da vigilância sanitária. O diagnóstico da cisticercose, bem como a informação da origem do animal, possibilita definir áreas de ocorrência da parasitose e sua quantificação (Souza *et al.*, 1997).

Atualmente, o diagnóstico é realizado em frigoríficos, baseando-se na observação de cisticercos nos tecidos, superficialmente ou nos pontos de cortes, peças e regiões anatômicas consideradas de eleição e nas características macroscópicas dos cisticercos, de acordo com o artigo 176 do RIISPOA (BRASIL, 1997).

O RIISPOA, em seu artigo 176, parágrafo 5°, determina que na rotina de inspeção de bovinos, na Inspeção Final, identifica-se a lesão parasitária inicialmente observada e examinam-se sistematicamente os músculos mastigatórios, coração, porção muscular do diafragma, inclusive seus pilares, bem como músculos do pescoço, estendendo-se o exame aos músculos intercostais e aos outros músculos sempre que necessário (BRASIL,1997).

A taxa de prevalência da *Taenia saginata* está classificada segundo a World Health Organization (Gemmell *et al.*, 1983) em três diferentes grupos: países de alta endemia ou regiões onde sua presença na população é superior a 10%; países de moderada prevalência com taxa de infecção de 0,1 – 10% e baixa prevalência com taxa de infecção menor que 0,1% ou ausência total de organismos endêmicos (Pawlowski & Schultz, 1972). Os países da América do Sul são classificados como países de moderada prevalência (Gemmell *et al.*, 1983; Flisser *et al.*, 1997; Minozzo, 2002).

A prevalência da cisticercose em bovinos foi estudada durante cinco anos (1974 a 1979) em diversos Estados brasileiros, sendo a porcentagem bastante variável (0,57 a 51,0%) (Schenk & Schenk, 1982). As prevalências de cisticercose bovina, de acordo com dados de frigoríficos do Estado do Rio de Janeiro, variaram de 0% a 0,20%, no período de 1961 a 1970 (Francis *et al.*, 1979). Nos frigoríficos do Mato Grosso do Sul foi constatada a prevalência de 1,0% para cisticercose (Schenk, 1982). Em frigoríficos sob controle do Serviço de Inspeção Federal (SIF) a prevalência de cisticercose bovina, em 1992, foi de 5,5% (Ungar & Germano, 1992).

As taxas de ocorrência encontradas foram de 4,19%, 4,68%, 4,97%, 3,54%, 3,24%, para os anos de 1988, 1989, 1990, 1991, 1992, respectivamente. A situação do complexo teníase-cisticercose parece ser pouco conhecida no Brasil, em virtude, possivelmente, da escassa ou falha na divulgação dos dados obtidos, tanto pelo serviço de inspeção como pelos laboratórios de saúde coletiva, contribuindo também para o fato a ausência de um programa de controle. Admite, ainda, que a ocorrência da cisticercose no País é superior aos dados publicados (Santos, 1993).

Outro estudo relata a análise da prevalência de cisticercose durante 15 anos (1979 a 1993) em bovinos abatidos em Uberlândia, procedentes de seis Estados (MG, GO, PA, MT, TO e SP). O estudo revelou a parasitose, com frequência variando entre 0,35% a 4,07%, com tendência ascendente da parasitose em Minas Gerais (Reis *et al.*, 1996).

Em um estudo realizado por Souza *et al.* (1997), foram colhidos dados obtidos num frigorífico sob Inspeção Federal, referentes ao abate de bovinos provenientes de 157 municípios do Estado de Minas Gerais. No período de janeiro de 1990 a dezembro de 1994, verificou-se que 4,15% apresentaram-se parasitados pelo cisticerco. A maior taxa foi 4,62% em 1991 e, a menor, 3,32% em 1990.

A prevalência da cisticercose bovina de um frigorífico de Uberlândia (MG), nos dados obtidos nos arquivos de SIF no período de 1994 a 1998, foi de 3,20% (Reis & Raghiante, 2000). A ocorrência de cisticercose em 60 bovinos abatidos clandestinamente, no município de Silva Jardim (RJ) foi de 21,67% (Fernandez & Rezende, 2001).

Durante janeiro de 1975 a maio de 1976, em Presidente Prudente, a prevalência de 5,32% foi verificada para cisticercose, sendo 28,93% de cisticercos vivos e 71,06% de calcificados (Costa *et al.*, 1977).

A existência de cisticercose em cortes cárneos de traseiro bovino, a partir de carcaças infectadas com um cisticerco degenerado identificado na cabeça ou no coração, foi verificada quando 31,25% dos animais infectados acusaram o cisticerco em um dos seus cortes nobres fatiados, sendo 12,50% dos cisticercos vivos e 18,75% calcificados (Rodrigues, 1993).

Em 2001, foi registrado em São Paulo que, dos bovinos abatidos, 4,63% estavam parasitados por cisticercose, e que 26,36% eram cisticercos vivos e 73,64% calcificados. Também em um frigorífico de Barretos (SP), no período se 1993 a 2001, foi determinada a prevalência de 5,73% para cisticercose nos animais abatidos, sendo 35,72% na forma viva e 64,28% calcificada (Fukuda *et al.*, 2003).

Os bovinos adultos são mais resistentes à infecção por ovos de *Taenia saginata*, apresentando menor número de cisticercos e maior número de cistos calcificados (Minozzo, 2002). O *Cysticercus bovis* pode ser encontrado nos músculos, fígado, coração, pulmões, traqueia, diafragma, linfonodos, além de outras partes do corpo dos bovinos (Hunt *et al.*, 1997). Os músculos mais afetados pelos cisticercos em ordem decrescente de predileção nos animais são: o cardíaco, os mastigatórios, o diafragma, a paleta, a perna e o esôfago (Minozzo, 2002). Em animais monocisticercósicos, os músculos mastigatórios e o coração, são os mais frequentemente comprometidos (Koudela, 1969).

Na infecção experimental, os cistos encontram-se distribuídos por toda a musculatura dos animais (Koudela, 1969). Experimentalmente, verifica-se grande variação nos resultados apresentados quanto à atividade biológica dos cisticercos, cerca de 40,9% apresentavam-se vivos e 59,1% calcificados (Gusso *et al.*, 2000). Em outro trabalho mais recente, 81,20% dos cisticercos apresentam-se vivos e 18,80% degenerados (Minozzo, 2002).

Durante dois anos, em Barretos (SP), registrou-se a prevalência de 2,52% para cisticercose em animais abatidos. Em relação aos bovinos monocisticercósicos, 63,86% dos cisticercos estavam localizados no coração, 32,54% na cabeça e 1,83% no diafragma (Santos, 1984).

Bovinos oriundos de várias regiões dos Estados de São Paulo, Minas Gerais e Goiás foram abatidos e inspecionados. Verificaram-se 5,10% de prevalência para cisticercose bovina, 97,3% desses animais eram monocisticercósicos e 3,32% pluricisticercósicos. Dos monocisticercósicos, frequentemente localizaram-se no coração (58,41%), cabeça (33,25%), pilares do diafragma (4,62%), esôfago (2,56%) e diafragma (1,16%), sendo 18,12% vivos e 81,88% degenerados. Nos pluricisticercósicos, 67,36% cisticercos apresentavam-se vivos e 32,64% degenerados (Santos, 1993).

As regiões anatômicas mais frequentemente afetadas pelos cisticercos são a cabeça (34,32%) e o coração (63,68%), apresentando prevalência de 98% agrupando esses dois locais. Quanto ao total de casos de cisticercose bovina, relacionados à viabilidade dos cisticercos, observaram-se percentuais médios de 89,08% de cisticercose calcificada e 10,92% viva (Manhoso, 1996).

Verificou-se que a ocorrência de cisticercose em animais abatidos em frigoríficos sob ação do Serviço de Inspeção Federal e Inspeção Estadual, no município de Uberlândia, foi 3,9% para carcaças que apresentaram cisticercose viva e 6,09% calcificada; outro levantamento apontou 1,42% para cisticercose viva e 2,54% calcificada. Do total de animais abatidos, verificaram-se 6,9% de carcaças parasitadas. Ainda foi verificado que os cisticercos se localizavam mais frequentemente nos músculos masseteres (52%) e no coração (42,5%) (Almeida *et al.*, 2002).

Em frigoríficos do Estado do Rio de Janeiro, verificaram-se percentuais de 3,26% nos músculos mastigatórios, 1,63% no coração, 0,46% na língua e 0,46% no diafragma. A prevalência da cisticercose no Estado foi de 5,81%, sendo 24% cisticercos vivos e 76% degenerados (Santos, 2002).

Em São Paulo, determinou-se prevalência de 2,97% para cisticercose, sendo, 52,02% calcificados. Quanto à localização dos cisticercos, 50,84% ocorreram no coração, 45,89% na cabeça e 1,05% no esôfago. Houve a seguinte distribuição anatômica: musculatura dianteira (46,00%), musculatura traseira (35,33%), musculatura cardíaca (6,98%), músculos mastigatórios (3,56%), diafragma (2,56%), pulmões (2,14%), fígado (1,71%), língua (1,00%), parênquima renal (0,43%), músculos hioideos (0,28%), não mostrando predileção pelos tecidos normalmente pesquisados pelo serviço de inspeção (língua, coração, diafragma, músculos mastigatórios), notadamente pelos músculos cardíacos e mastigadores (96,73%) (Fernandes *et al.*, 2002).

Ao serem localizados cisticercos, em quatro bovinos experimentalmente infectados, abatidos e inspecionados cuidadosamente após 90 dias, foram recuperados 3,5% deles, sendo 81,20% vivos e 18,80% mortos. Os cistos encontrados apresentaram a seguinte distribuição: músculos hioideos (0,28%), rins 03 (0,43%), língua (1,0%), fígado (1,71%), pulmões (2,14%), diafragma (2,56%), músculos da mastigação (3,56%), coração (6,98%), musculatura traseira (35,33%) e musculatura dianteira (46%). Na infecção experimental, os cistos encontraram-se distribuídos por toda a musculatura dos animais, não mostrando predileção pelos tecidos normalmente pesquisados pelo serviço de inspeção (língua, coração, diafragma e músculos mastigatórios). Afirmam ainda que os dados da inspeção de rotina podem não estimar a real prevalência da cisticercose bovina (Minozzo *et al.*, 2002).

No Oeste de São Paulo, no período de 1999 a 2001, a prevalência de cisticercose, a forma do cisto, bem como seus locais de eleição foram verificados. Encontraram uma prevalência média de 9,73%, dos quais 21,89% eram cistos vivos e 78,11% calcificados. Quanto à localização dos cistos, 99,40% foram monocisticercósicos, destacando-se os músculos cardíacos juntamente com os masseteres (55,01%) e pterigoides (44,15%), enquanto no esôfago (0,17%), língua (0,04%), fígado (0,02%) e músculos da carcaça (0,01%) registraram-se menor ocorrência. As carcaças pluricisticercósicas representaram 0,6% e, dentro desse grupo, 51,69% apresentaram duas localizações, destacando o conjunto cabeça e coração, 28% três localizações e 20,31% mais que três localizações (Manhoso & Prata, 2004).

Em animais monocisticercósicos inspecionados, a ocorrência de cisticercose no coração esquerdo foi de 73,2%, estatisticamente maior do que no direito (26,7%). A ocorrência de cisticercos mortos (83,5%) superou a de vivos (16,5%), assim como a localização interna (70,06%) dos parasitas, em relação à externa (29,4%) (Santos *et al.*, 2001).

Costa *et al.* (2005) examinaram, pela técnica de Santos e do fatiamento, 240 corações comercializados na cidade de Nova Friburgo (RJ). Encontraram 24 (10%) parasitados pelo *Cysticercus bovis*, sendo 15 (6,25%) detectados pelo fatiamento, sete (2,92%) pela técnica de Santos e dois (0,84%) por ambas as técnicas. A condição degenerada dos cisticercos foi predominante (88,46%). Os dados da inspeção de rotina podem não estimar a real incidência da cisticercose bovina (Minozzo, 2002).

No Estado de São Paulo, as regiões de Ribeirão Preto, Bauru e Marília, responsáveis por 19,9% do total geral de abate do Estado em 1992, apresentavam valores de prevalência da doença estatisticamente significantes, constituindo áreas de risco em potencial para a ocorrência da cisticercose bovina (Ungar & Germano, 1992), sendo essas áreas indicadoras da ocorrência da teníase humana, ocasionada pela ingestão de ovos de *T. saginata* provenientes de fezes humanas pelos animais (Moreira *et al.*, 2003).

Importância econômica para a pecuária de corte

A importância do complexo está descrita em vários trabalhos sobre o tema, citando os prejuízos que acarretam nos rebanhos bovino e suíno, causados pelas condenações de vísceras e carcaças (Alves, 2000). Os casos de cisticercose bovina no Brasil têm apresentado prevalência crescente nos últimos anos (Ungar & Germano, 1997; Carmo *et al.*, 1997). Os referidos estudos basearam-se no levantamento de dados registrados pelo Serviço de Inspeção Federal junto aos estabelecimentos/frigoríficos de cada região.

No Brasil, mais de 5% dos bovinos abatidos e inspecionados pelo Serviço de Inspeção Federal (SIF) estão infectados por cisticercos, mas dados atualizados e reais de prevalência e de infecção por tênia e cisticercose são ainda inconclusivos (Santos, 1993). O SIF (DIPOA/DAS/MAARA) identificou que 3,06% dos bovinos abatidos inspecionados nos anos de 1989 a 1991 apresentavam cisticercose (Kopp *et al.*, 1994).

Dados estatísticos não são o ponto forte do Brasil, mas sabe-se que é comum encontrar 3% de cisticercose no gado abatido em frigoríficos inspecionados por autoridades federais (SIF). Esse problema pode ser ainda mais grave com a incidência da doença parasitária no gado das vizinhanças de centros urbanos, abatido em frigoríficos que operam à margem da lei ou sob a proteção dela, em muitos Estados e municípios, porém de maneira frouxa e inadequada (Felício *et al.*, 1999). Estudos recentes demonstram prevalências para cisticercose dramaticamente preocupantes, principalmente para animais oriundos de confinamentos e/ou procedentes do Estado de Goiás – Brasil (Mello, 2006).

A cisticercose bovina ocupa um lugar de destaque na economia paulista, observando-se elevação do número de casos de bovinos abatidos com a doença. Nesse sentido, a matança clandestina de animais é um problema grave, já que nesse tipo de abate a carne não é submetida a controle sanitário e sua comercialização coloca em risco a saúde do consumidor (Côrtes, 2000).

Essa zoonose é um fator preocupante para a pecuária de corte em diferentes regiões, causando perdas econômicas consideráveis ocasionadas pelas condenações parciais (tratamento pelo frio ou salga) ou totais (graxaria) de carcaças cisticercósicas, conforme as recomendações contidas no RIISPOA (BRASIL, 1997).

Durante a inspeção *post-mortem* de carcaças e vísceras, o médico veterinário e inspetores auxiliares deparam-se com diferentes formas de apresentação do cisticerco, que são classificadas em vivas ou calcificadas e localizadas ou generalizadas, de acordo com o aspecto larval e distribuição na carcaça (BRASIL, 1997). Nesses casos, as carcaças e órgãos são encaminhados ao Departamento de Inspeção Final (DIF) para que se faça a reavaliação dos achados *post-mortem*. Quando existem dúvidas quanto ao aspecto do cisticerco (vivo ou morto), geralmente são classificados como vivos para evitar possíveis riscos à saúde do consumidor, já que a inspeção visual por si só não possibilita identificar o processo degenerativo do cisticerco. Isso acarretará em perda da lucratividade do frigorífico por gastos adicionais com o tratamento pelo frio dessas carcaças, que poderiam ser destinadas para o consumo imediato (Mello, 2006).

As formas de pagamentos pelos frigoríficos aos produtores são fundamentadas de acordo com normas pré-determinadas ou contratos, e variam em razão da distância de procedência dos animais, sexo, tipos de carcaça, castrados ou não e de acordo com diversas penalizações praticadas (Mello, 2006). A prática mais comum de pagamento é por peso morto, com as condenações sendo assumidas pelo produtor, ou aplicando-se um deságio no preço pago quando há condenações parciais e aproveitamento condicional das carcaças (IEL, CNA & SEBRAE CNA, 2000; Mello, 2006). Outro grande impacto da cisticercose está no fatiamento das carcaças e órgãos na procura por cisticercos, a perda em média é de 15kg/animal (Mello, 2006).

As principais alterações patológicas identifica-das pelo SIF estão representadas na **Figura 3** (Mello, 2006). A cisticercose bovina tem participação superior às demais afecções (**Figuras 3** e **4**).

A distribuição da cisticercose bovina, conforme critério de classificação adotado pelo SIF/MARA é, em média, de 66% para viva e de 34% para calcificada (Mello, 2006). Quanto ao destino das carcaças (artigo 176 do RIISPOA de 1997), verifica-se que 77,25% das cisticercoses diagnosticadas são liberadas. O deságio praticado pela maioria dos frigoríficos é de 30% para as carcaças sequestradas ao tratamento pelo frio (TF), 15 a 20 dias em câmara frigorífica a -20 °C, sendo esse o destino mais comum paras carcaças sequestradas (**Figura 2**). A conserva e esterilização também são praticadas, mas com menor frequência (Mello, 2006).

Tratamento proposto

Experimentos recentes indicam que o sulfóxido de albendazole (sua forma ativa) não só matam larvas adultas de helmintos como também os ovos, tendo ações ovicida, larvicida e

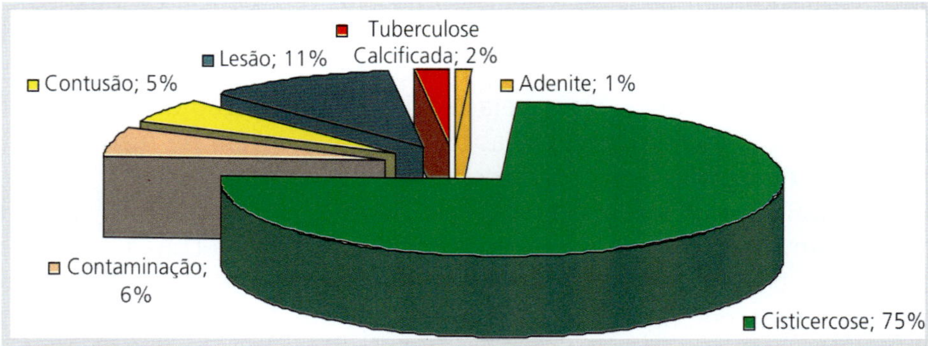

Figura 3. Representação gráfica das principais lesões identificadas pelo SIF em bovinos abatidos em 35 frigoríficos do Estado de São Paulo.

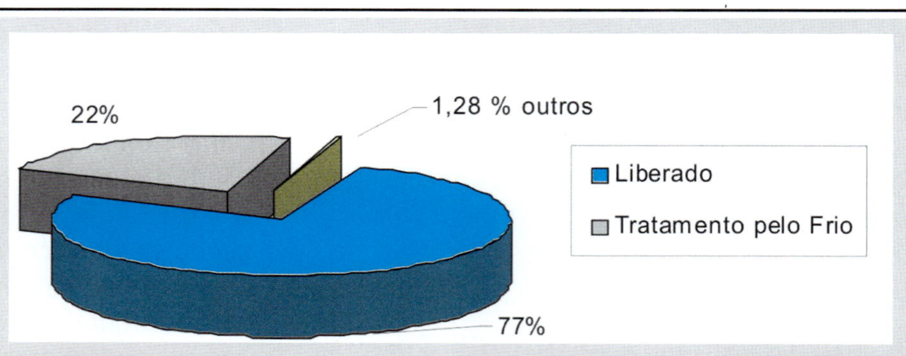

Figura 4. Representação gráfica do destino das carcaças com cisticercose bovina de 35 frigoríficos do Estado de São Paulo, conforme critério adotado pelo SIF. Fonte: Mello, 2006.

adulticida (**Tabela 1**). Embora vários metabólitos do albendazole tenham sido descritos, o sulfóxido de albendazole constitui-se no principal, com expressivo efeito anti-helmíntico (Marriner & Bogan, 1980 citados por Cisikó, 1996). A administração direta do sulfóxido de albendazole torna-se necessária e vantajosa, evitando-se a metabolização de seu precursor, com as consequentes variações interindividuais dos níveis de composto ativo (Galtier *et al.*, 1986) (**Figura 5**). O sulfóxido de albendazole é o metabólito ativo antiparasitário interno de maior espectro e eficácia do mercado, não necessitando sofrer alterações químicas dentro do organismo animal, pois apresenta-se na forma biodisponível (Mello, 2006).

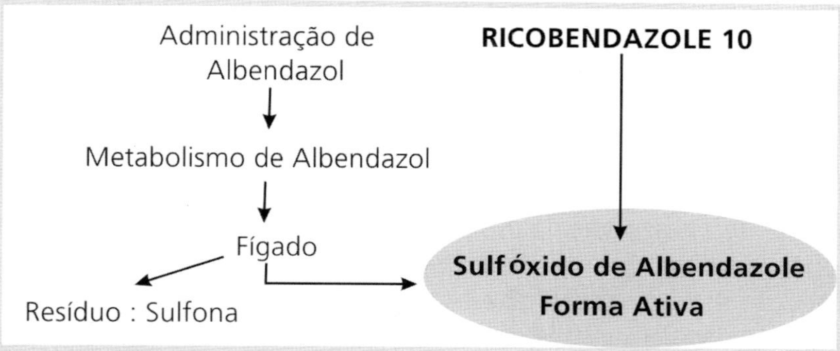

Figura 5. Sulfóxido de Albendazole, forma ativa do Albendazole e Ricobendazole.

É absorvido rapidamente, alcançando o pico plasmático entre 4 e 7 horas após a aplicação, observando-se uma fase prolongada de eliminação que permite a detecção no plasma desde os 15 minutos até aproximadamente 40 horas após a administração. A disponibilidade plasmática do sulfóxido de albendazole, em bovinos, administrado na dose de 2,5 mg/kg, via subcutânea, é superior à administração, via oral, de albendazole na mesma dose (Lanusse *et al.*, 1995).

Quanto ao mecanismo de ação, o sulfóxido de albendazole atua interferindo no metabolismo energético do parasita, inibindo a absorção e/ou o metabolismo da glicose, resultando no esgotamento das reservas energéticas do parasita e morte por inanição. A alteração metabólica foi observada para diversas espécies de helmintos intestinais e metaformas circulantes, os parasitas sofrem desregulação metabólica em vários sítios diferentes, a maioria envolve produção de energia no parasita, em contraste com os anti-helmínticos não benzimidazólicos que atuam em vias neuromusculares do parasita e os paralisam. Para os benzimidazólicos, acredita-se que a via comum e o mecanismo de ação primário da droga é a inibição da b-tubulina polimerase, causando um transtorno na formação dos microtúbulos citoplasmáticos. Outras alterações bioquímicas no parasita que contribuem para a desregulação metabólica são a inibição da fumarato redutase mitocondrial, o transporte reduzido de glicose e o desacoplamento da fosforilação oxidativa (Horton, 2000).

O uso de sulfóxido de albendazole, como anti-helmíntico, foi avaliado em bovinos (Prichard *et al.*, 1985), sendo amplamente recomendado para esses animais. É considerado um dos avanços na indústria farmacêutica por apresentar menor toxicidade que os outros anti-helmínticos benzimidazólicos e por poder ser utilizado também em infecções sistêmicas como a hidatitose e a cisticercose, sendo inclusive tratamento de primeira escolha para essas situações (Araújo, 2005).

A eficácia do sulfóxido de albendazole 10% foi comprovada, sendo superior a 98,8% como

Tabela 1. Espectro de ação do Sulfóxido de Albendazole.

Princípio ativo	Nematódeos gastrintestinais	Nematódeos pulmonares	Cestodeos	Ostergia	Cisticercose Tipo II	ovos	larvas	adultos
Sulfoxido de Albendazole								
Ivermectina Doramectina Abamectina Moxidectin Levamisol								

anti-helmíntico (Costa *et al.*, 1999), com 86,7% de eficácia para degeneração e/ou calcificação dos cistos de *Cysticercus bovis* (Barbosa *et al.*, 2003).

A ação do sulfóxido de albendazole a 10% injetável, na dose de 2,5 mg/kg é completa e altamente eficaz, pois no momento é o mais potente ovicida do mercado, sendo também larvicida e adulticida (**Tabela 1**), ocasionando controle das verminoses, não somente nos animais e na cisticercose, mas também de outros vermes e na redução da reinfestação por metaformas nas pastagens, onde se encontram 90% de toda a população parasitária.

O sistema de confinamento traduz-se em alto risco de infecções por ovos de *Taenia saginata* nas condições inadequadas de manejo higiênico do rebanho. O sulfóxido de albendazole 10% mostra-se altamente efetivo sobre a forma metacestódeo da *Taenia saginata*. Os índices de condenação de carcaças foram drasticamente reduzidos para 1%, utilizando-se 3 aplicações; a primeira aplicação na entrada do confinamento e 20 dias de intervalo entre a segunda e terceira aplicações. Redução para 0% com 4 aplicações, sendo a primeira aplicação na entrada do confinamento e 15 dias de intervalo entre a segunda, terceira e quarta aplicações (Biondi *et al.*, 1999).

O uso estratégico de anti-helmínticos pode propiciar uma redução de 2% em mortalidade e um ganho médio de 41 kg de peso vivo, por animal, no abate (Bianchini & Honer, 1999). O desempenho financeiro de dosificar os animais três vezes ao ano (maio, julho e setembro) proporciona, em dois anos, um retorno de 457,46% sobre o custo da aplicação do anti-helmíntico (Bianchini & Honer, 1999).

Prejuízos à cadeia produtiva

Os impactos do complexo teníase-cisticercose atingem toda a cadeia produtiva. Todos os elos da cadeia produtiva da pecuária de corte são afetados diretamente ou indiretamente. A cisticercose bovina atua no rebanho de maneira silenciosa e, ao abate, traz um prejuízo inesperado e muitas vezes é um momento dramático que surpreende o produtor que vê todo o seu investimento e expectativa se perderem diante da desvalorização do sequestro da carcaça e das perdas decorrentes do fatiamento e graxaria. Muitas vezes, uma boa gestão e planejamento durante a produção foram muito bem aplicados e são comprometidos por essa doença silenciosa.

Funcionários da propriedade

As prevalências de cisticercose bovina e teníase humana reservam correlação positiva. No Brasil, a prevalência de teníase humana é superior aos 10% (Pawlowski & Schultz, 1972; Urquhart *et al.*, 1998), o que reforça o conceito de prevenção da doença e tratamento periódico humano.

Pecuaristas / Gado de Corte

Os prejuízos ao produtor estão relacionados abaixo:

- Deságios decorrentes das condenações parciais;
- Penalizações pelas altas prevalências e histórico dos fornecedores (ex: final do abate, devolução do lote, recusa de desembarque);
- Condenação total – graxaria;
- Morte de animais – sintomatologia variável.

Frigoríficos

Para os frigoríficos, os prejuízos ainda não foram mensurados. Relatos de profissionais do setor de abate e processamento revelam:

- Atrasos na linha de abate pelo acúmulo de carcaças para inspeção decorrente de lotes com alta prevalência;
- Mobilização de pessoal para acelerar o processo de inspeção quando ocorre acúmulo de carcaças;
- Gasto extra com energia elétrica para o tratamento pelo frio (TF);
- Hora extra dos funcionários;
- Alteração do destino programado para a carne: graxaria, embutidos, salga e conserva;
- Perda de até 15kg decorrente do fatiamento à inspeção;
- Condenação total das vísceras;
- Diminuição do *shelf-life* para os cortes sequestrados que seguiram para o varejo;
- Desvalorização da carne nos cenários econômico nacional e mundial;
- Entraves para a exportação;

Consumidor

As exigências dos consumidores e mercados especializados pela qualidade e segurança alimentar são cada vez mais expressivas. As consequências da cisticercose bovina ao consumidor estão indicadas abaixo:

- Baixa qualidade da carne;
- Diminuição do *shelf life;*
- Risco à saúde humana, pelo potencial zoonótico que alberga (teníase);
- Risco de contaminação ambiental e infecção humana por ovos de tênia que provocam a neurocisticercose humana.

Discussão

A cisticercose bovina representa hoje uma das mais importantes doenças para o mercado pecuário de corte. Poucos são os estudos que demonstram seus prejuízos econômicos, mas acredita-se que sejam superiores aos indicados neste trabalho. Deve-se considerar não somente o aspecto econômico para a pecuária, mas também os impactos sociais, sanitários e epidemiológicos.

Conclusões

São inúmeros os prejuízos ocasionados ao mercado da carne em virtude da ocorrência da cisticercose bovina em um rebanho de corte.

As vantagens econômicas decorrentes do uso racional de vermífugos são grandes. O tratamento dos animais com cisticercose bovina (vermifugação com ricobendazole) reduz os prejuízos decorrentes das condenações de carcaças e contribui de forma sanitária e econômica em todos os elos da cadeia produtiva.

Trabalhos recentes ainda não publicados demonstram excelente relação custo/benefício para (03) três aplicações de Sulfóxido de Albendazole à 10 % (2,5 mg/Kg, SC) com intervalos de 30 dias entre as aplicações para desafios de prevalência superiores à 2 % de cisticercose ao abate, (02) duas aplicações de Sulfóxido de Albendazole à 10 % (2,5 mg/Kg, SC) com intervalos de 30 dias entre elas para desafios de prevalência entre 1 % a 2 % e apenas (01) uma aplicação do produto nessa mesma dosagem para prevalências menores que 1 % com apenas uma aplicação aos 90 dias antes do abate. Lembrando que o tempo médio de calcificação do cisticerco após a morte é de aproximadamente 50 dias.

Referências bibliográficas

Acha, P.N.; Szifres, B. **Zoonosis y enfermedades transmisibles comunes al hombre y a los animals**. 2. ed. Washington: OPS/OMS, 1986. p.763-73.

Acha, P.N.; Szifres, B. **Zoonosis and communicable diseases common to man and animals**. Washington: Pan American Health Organization, 1991.

Almeida, L.P.; Moreira, M.D.; Reis, D.O.; Santos, W.L.M. Cisticercose bovina: um estudo comparativo entre animais abatidos em frigoríficos com serviço de inspeção federal e com inspeção municipal. **Revista Higiene Alimentar**, v.16, n.99, p.51-55, 2002.

Almeida, D.O. **Cisticercose bovina em matadouro sob inspeção sanitária em Teixeira de Freitas - BA. I - Prevalência da enfermidade. II - Análise anátomopatológica de diagnósticos sugestivos de cisticercose**. 2006. Dissertação (Mestrado em Medicina Vetrinária), Universidade Federal Fluminense, Niterói.

Alves, T.A.G. Prevalência da cisticercose em bovinos e suínos no Município de Camboriú. **Trabalho de conclusão de curso em Ciências Agroveterinárias**, Universidade do Estado de Santa Catarina. Lages, 2000.

Antoniuk, A. Cisticercose e saúde pública. In: ENCONTRO DO CONE SUL E SEMINÁRIO LATINO-AMERICANO SOBRE TENÍASE E CISTICERCOSE, 1994, Curitiba. **Anais...** Curitiba: Secretaria da Saúde do Paraná, 1994. p.38-44.

Araujo, G.S.B. Albendazol. **Trabalho de Conclusão de Curso em Farmacologia**. Universidade de Brasília, Brasília, 2005.

Barbosa, F.C.; Cabral, D.D.; Sopelete, M.C.; Calderon, A.E.; Mendes, A.S.; Júnior, I.K.; Machado, R.J.S. Eficácia do sulfóxido de albendazole na cisticercose bovina. **A Hora Veterinária**, v. n. p.18-20, 2003.

Bianchin, I.; Honer, M.R. **Verminose bovina: Ocorrência e controle estratégico**. Embrapa - GNPGC - Gado de Corte 1999. Disponível em: <http://www.cnpgc.embrapa.br/biblioteca/bovcorte/sani/egcdi07.htm> Último acesso em jan/2007.

Biondi, G.F.; Henrique, C.H.; Oliveira, A.C. Alto índice de cisticercose bovina, em sistema de confinamento, detectado no município de Goiânia (GO): estratégia de controle através da utilização do sulfóxido de albendazol 17%. **A Hora Veterinária**, v., n.18, p.27-30, 1999.

BRASIL. Ministério da Agricultura. Lei 1.283 de 18/12/1950, regulamentada pelo decreto 30.691 de 20/03/1952 e alterado pelo decreto 1.255 de 25/06/1962. Regulamento Inspeção Industrial e Sanitária de Produtos de Origem Animal. **RIISPOA**, 1997.

Carmo, R.G. Prevalência da cisticercose bovina no Estado do Mato Grosso do Sul. **Revista Higiene Alimentar**, v.10, n.50, p.45-50, 1997.

Cisikó, G.Y.; Banhidi, G.Y.; Smjén, G.; Laczar, P.; Laczay, P.; Vanyné, S.G.; Lehel, J.; Fekete, J. Metabolism and pharmacokinetics of albendazole after oral administration to chickens. **Journal Veterinary Pharmacology Therapeutic.**, v.19, p.33-5, 1996.

Côrtes, J.A. **Epidemiologia**: conceito e princípios fundamentais. São Paulo: Varela, p. 227, 1993.

Côrtes, J.A. Complexo teníase humana – cisticercose bovina e suína II – Cisticercose bovina e suína. **Revista Educação Continuada**, v.3, n.2, p.61-71, 2000.

Costa, A.J.; Sobrinho, A.M.; Avila, F.A.; Sobrinho, E.C. Distribuição geográfica da frequência da cisticercose bovina em algumas regiões do Estado de São Paulo, Brasil. **Científica**, v.5, n.3, p.370-379, 1977.

Costa, A.J.; Cesco, F.T.R.S.; Henrique, C.H.; Soares, V.E.; Silva, G.S.; Nascimento, A.A.; Moraes, F.R. Atividade anti-helmíntica de duas formulações de sulfóxido de albendazole em bovinos naturalmente infectados por nematódeos parasitos. **Ars Veterinária**, v.15, p.1-6, 1999.

Costa, R.F.R.; Santos, I.F.; Nascimento, E.R.; Tortelly, R. Pesquisa de cisticercose em corações de bovinos comercializados na cidade de Nova Friburgo/RJ, inspecionados pelas técnicas de Santos e do fatiamento. **Revista Higiene Alimentar**, v.19, n.129, p.82-87, 2005.

Costa, S.H.V.; Cândido, J.B.; Maddarenna, E.F. Complexo teníase humana: cisticercose bovina com ênfase na profilaxia. **Anuário de Pesquisas Acadêmicas**, p.16 – Medicina Veterinária, 1999.

Felício, P.; Carvalho-Rocha, J.C.M.; Shibuya, C.M. Higiene Alimentar. In: ___ **Parcerias Verticais de Carne Bovina e Serviços de Alimentação**. Fundo de Desenvolvimento da Pecuária do Estado de São Paulo (FUNDEPEC), 1999.

Fernandes, J.O.A.; Silva, C.L.S.P.; Borges, J.H.R.; Pegaiane, J.C.; Coelho, R.V. Prevalência da cisticercose bovina em animais abatidos em estabelecimento sob Regime de Inspeção Federal no munícipio de Andradina, SP. **Ciências Agrárias: Saúde**, v.2, n.1, p.14-17, 2002.

Fernandez, A.T.; Resende, R.C. Ocorrência de cisticercose em bovinos abatidos clandestinamente no município de Silva Jardin – RJ. In: CONGRESSO ESTADUAL DE SAÚDE PÚBLICA E ALIMENTOS, 2001, Nova Friburgo. **Anais...** Nova Friburgo, 2001.

Flisser, A.; Madrazzo, I.; Delgado, H. **Cisticercosis humana**. México: Manual Moderno, p.1-64, 1997.

Fukuda, R.T. Avaliação comparativa das técnicas de inspeção do diafragma no diagnóstico da cisticercose bovina em estabelecimentos sob inspeção federal do Estado de São Paulo. **Revista Higiene Alimentar**, v.12, n.55, p.51-62, 1998.

Fukuda, R.T.; Prata, L.F.; Verardino, H; Almeida, L.A.M. Evolução da cisticercose em animais abatidos no Estado de São Paulo. **Revista Higiene Alimentar**, v.17, n.108, p.21-31, 2003.

Fukuda, R.T.; Santos, I.F., Andrade, C.R. **Estudo comparativo entre técnicas de inspeção do diafragma para o diagnóstico da cisticercose bovina**. Disponível em: www.bichoonline.com.br/artigos/ha0003.htm. Acessado em 22 out. 2006.

Fortes, E. **Parasitologia veterinária**. 2. ed. Porto Alegre: Sulina, p. 606, 1993.

Francis, M.; Mendonça, J.M.; Brito, D.B.; Rodrigues, P.C. Cisticercose bovina, suína e humana e suas relações com tênias humanas. **Atas Sociedade Biológica do Rio de Janeiro**, v.20, n.1, p.1-5, 1979.

Freitas, J.A., Palermo, E.N. Complexo teníase – cisticercose: avaliação parcial da situação no Estado do Pará. **Brazilian Journal Veterinary Research Animal Science**, v.33, supl., p.27-5, 1996.

FUNASA - **Guia de vigilância epidemiológica. Vigilância Epidemiológica de Doenças e Agravos Específicos c. 5.33. Teníase/ Cisticercose**. Disponível em: <http://www.fus.gov.br/conepi/GVE/GVE0533B.htm> Acesso em 22 out. 2006.

Galtier, P.; Alvineri, M.; Delatour, P. *In vitro* sulfoxidation of albendazole by ovine liver microsomes: assay and frequency of various xenobiotics. **American Journal of Veterinary Research**, v.47, n.2, p.447-450, 1986.

Garcia, L.N.N.; Pereira, M.A.V.C.; Barbosa, C.G. Relação cisticerco/animal a partir de dados oriundos do Serviço de Inspeção Federal (SIF) do Estado do Rio de Janeiro -RJ, no período de 1997 a 2003. In: **14° Congresso de Parasitologia Veterinária**, Ribeirão Preto (SP), 2006.

Gemmell, M. **Guidelines for surveillance preventionand control of taeniasis and cysticercosis**. Genève: World Health Organization (WHO), 1983. p.23-107.

Gusso, R.L.F.; Minozzo, J.C.; Thomaz-Soccol, V.; Camargo, N.J.; Lopes, C.M. Experimental infection of cattle with eggs of *Taenia solium*. **Archives of Veterinary Science**, v.5, p.23-27, 2000.

Horton, J. Albendazole: a review of anthelmintic efficacy and safety in humans. **Parasitology**, v.121, p.113-132, 2000.

Kopp, R.L.; Weffort-Santos, A.M.; Rocha, A.A. Teníase humana - prevalência na população de duas cidades do Sudoeste do Paraná. **Anais...** 1 Encontro do Cone Sul e Seminário Latino-Americano sobre Teníase e Cisticercose, Curitiba, Pr., Brasil., 38-44, 1994.

Koudela, K. Tropical Especifity of Harmful Beef Cysticercosis. **Die Fleishwitschaft**, v.49, n.6, p.13-15, 1969.

IEL, CNA & SEBRAE. Estudo sobre a Eficiência Econômica e Competitividade da Cadeia Agroindustrial da Pecuária de Corte no Brasil. **CNA - Confederação da Agricultura e Pecuária do Brasil**. Pecuária de Corte. Brasília, D.F.n° 2, cap.4. p.159, 2000.

Lanusse, C.E. Comportamento farmacocinético y eficácia clínica de drogas antihelmíntica em ruminantes. In: **9° Seminário Brasileiro de Parasitologia Veterinária**, Campo Grande, MS. p. 329-341.1995.

Lanusse, C.E.; Sanches, S.; Alvarez, L.; Virkel, G.; Lifschistz, A.L.; Imoeriale, F.; Monfrinotti, A. **Avaluation de la biodisponibilid plasmática de ricobendazole em bovinos**. Relatório técnico, Tandil/Faculdad de Ciências Veterinárias, Universidad Nacional del Centro, 1995, (Relatório Técnico).

Manhoso, F.F.R. Prevalência de cisticercose bovina em animais abatidos no município de Tupã, SP (1992-1993). **Revista Higiene Alimentar**, v.10, p.44-47, 1996.

Manhoso, F.F.R.; Prata, L.F. Prevalência da cisticercose bovinana Região Oeste do Estado de São Paulo. **Revista Higiene Alimentar**, v.18, n.121, p.42-49, 2004.

Marriner, S.E.; Bogan, J.A. Pharmacokinetics of albendazole in sheep. **American Journal Veterinary Research**, v.41, n.37, p.112-9, 1980.

Mello, I.A.S. Cisticercose bovina: Prevalência Importância Econômica e Tratamento. 2006. 81 f. **Monografia**. Medicina Veterinária, FCAV/UNESP, dez/2006.

Minozzo, J.C.; Gusso, R.L.F.; Castro, E.A.; Experimental bovine infection with *Taenia saginata* eggs: recovery rates and cysticerci location. **Brazilian Archives of Biology and Technology**, v.45, n.4, p.451-455, 2002.

Minozzo, J.C.; Soccol, V.T.; Olortegui, C.C.; Soares, V.E.; Da Costa, A.J. Teste imunoenzimático (enzyme-linked immunosorbent assay) para diagnóstico da cisitcercose bovina e estudo da cinética de produção de anticorpos contra-*Cysticercus bovis.* **Ciência Rural**, v.34, n.3, 2004.

Moreira, P.R.R.; Zafalon, L.F.; Jorge; P.S. Número de casos de cisticercos detectados em bovinos, em matadouro localizado na região de Ribeirão Preto, no período de agosto a novembro de 2003. **UNIMAR Ciências**, v.12, p.1-2, 2003.

Moreno, L.S.; Fernandez, C.C.; Cancio, S.F. **Aspectos epidemiológicos de las zoonosis**. Madrid: Ministério de Sanidad Y Consumo, p. 419 1990.

ORGANIZACION PANAMERICANA DE LA SALUD. **Diagnóstico de la salud animal en las Américas**. Washington, DC, 1983. p. 10-3. Publicación científica, 452.

Pawlowski, Z.S.; Schultz, M.G. Taeniasis and cysticercosis (*Taenia saginata*). **Advances in Parasitology**, v.10, p.269-343, 1972.

Pawlowski, Z. Taeniasis and cysticercosis. In: Jacobs, L.; Arambulo, P. **Parasitic zoonosis**, v.1, p.313-48, 1982.

Pfuetzenreiter, M.R. Aspectos sócioculturais e econômicos de pacientes com diagnóstico preliminar de cisticercose cerebral em Lages, Santa Catarina, Brasil. Florianópolis - SC, 1997. 131p. **Dissertação (Mestrado em Saúde Pública)** - Centro de Ciências da Saúde, Universidade Federal de Santa Catarina, 1997.

Prichard, R.K.; Hennessy, D.R.; Steel, J.W.; Lacey, B. Metabolite concentrations in plasma following treatment of cattle with five anthelmintcs. **Research in Veterinary Science**, v.39, n.2, p.17-8, 1985.

Queiroz, R.P.V.; Santos, W.L.M.; Barbosa, H.V.; Souza, R.M.; Santos Filho, A.M.P. A importância do diagnóstico da cisticercose bovina. **Revista Higiene Alimentar**, v.11, n.77, p.12-15, 2000.

Reis, D.O.; Mundim, M.J.S.; Caabral, D.D.; Costa-Cruz, J.M. Cisticercose bovina: 15 anos de ocorrência em animais abatidos em Uberlândia, Minas Gerais, Brasil. **Revista Higiene Alimentar**, v.10, n.43, p.33-35, 1996.

Reis, D.O.; Raghiante, F. Cisticercose bovina: tendência da doença em animais abatidos em um frigorífico de Uberlândia, MG, sob inspeção federal, 1994-1998. **Revista Higiene Alimentar**, v.4, n.70, p.20-22, 2000.

Rey, L. **Parasitologia**. Rio de Janeiro: Guanabara Koogan, p. 695, 1973.

Renuncio, A. Complexo teníase cisticercose em Santa Catarina. In: Seminário Brasileiro de Parasitologia Veterinária, 10. SEMINÁRIO DE PARASITOLOGIA VETERINÁRIA DOS PAÍSES DO MERCOSUL, 1, 1997, Itapema, 1997. **Anais...** Itajaí; 1997. p. 447-51.

Rodrigues, L.V.C. Inspeção sanitária e critério de julgamento de cisticercose bovina calcificada: infecção leve. **Ciência Rural**, v.3, n.23, p.339-344. 1993.

Rodrigues, N.C.; Fallavena, L.C.B.; Chiminazzo, C.; Pianta, C.; Ribeiro, L.A.O. Causas de óbitos em animais durante exposições agropecuárias (Expointer) nos anos 1996 a 2001. **A Hora Veterinária**, v.22, n.132, p.24-30, 2003.

Santos, I.F. Diagnóstico da cisticercose bovina em frigoríficos. **Revista Higiene Alimentar**, v.7, n.25, p.26-34, 1993.

Santos, I.F.O. *Cysticercus bovis* (forma larvar da *Taenia saginata*) pode infectar o homem? **Revista Higiene Alimentar**, v.10, n.44, p.13-14, 1996.

Santos, I.F.; Mano, S.B.; Tortelly, R.; Santos, M.L.S.; Silva, D.A.S. Estudo da localização do *Cysticercus bovis* em corações de bovinos abatidos sob inspeção. **Revista Higiene Alimentar**, v.15, n.89, p.37-44, 2001.

Santos, R.E.V. Exame *post mortem* pela técnica de Santos, no estudo da prevalência da cisticercose bovina em frigoríficos do Estado do Rio de Janeiro, comparada à utilizada pelo Serviço de Inspeção Estadual. 2002. 64f. **Dissertação** (Mestrado em Medicina Veterinária) – Faculdade de Veterinária, Universidade Federal Fluminense, Niterói, 2002.

Schein, F.B.; Santos; M.D.; Neto, G.J.M.; Freitas, S.H.; Simões, M.J.; Martins, E.B.P.; Camargo, L.M. Prevalência de cisticercose em bovinos abatidos em frigoríficos com Inspeção Federal, no Estado de Mato Grosso. **Arquivo do Instituto de Biologia**, v.71, p.1-749, 2004.

Schenk, M.A.M.; Schenk, J.A. Prevalência de tuberculose, cisticercose e hidatidose em bovinos abatidos nos frigoríficos – frigoríficos do Estado de Mato Grosso do Sul, Brasil (1974/1979). **A Hora Veterinária**, v.1, n.5, p.28-31, 1982.

Soulsby, E.J.L. Taeniasis y cysticercosis: el problema en el viejo mundo. In: REUNION INTERAMERICANA SOBRE EL CONTROL DE LA FIEBRE AFTOSA Y OTRAS ZOONOSIS, 1974, Puerto España. Washington, DC, Organización Panamericana de la Sahid, 1975. p.136-42. (OPAS - Publicación Científica, 295).d

Souza, R.M.; Antunes, C.F.; Guatimosim, C.B.; Ribeiro, R.M.P.; Oliveira, A.L.; Santos, W.L.M. A importância do Serviço de Inspeção Federal na vigilância sanitária de alimentos. Cisticercose Bovina. **Revista Higiene Alimentar**, v.11, n.48, p.19-21, 1997.

Thorton, H. **Compêndio de inspeção de carnes**. 5. ed. São Paulo: Fremig, 1969. p.22-25, 1969.

Ungar, M.L.; Germano, M.I.S.; Biggi, G.S.; Germano, P.M.L. O valor dos registros de estabelecimentos de abate para a saúde pública. **Comunicação Cientifica da Faculdade de Medicina Veterinária e Zootecnia - USP**, v.14, p.16-5, 1990.

Ungar, M.L.; Germano, P.M.L. Etiopatologia da cisticercose bovina. **Comunicação Cientifica da Faculdade de Medicina Veterinária e Zootecnia - USP**, v.15, n.1, p.43-49. 1991.

Ungar, M.L.; Germano, P.M.L.Prevalência da cisticercose bovina no Estado de São Paulo (Brasil). **Revista de Saúde Pública**, v.26, n.3, 1992. Disponível em: <http://www.scielo.br/scielo>. Acesso em: 6/nov/2006.

Urquhart, G.M.; Armour, J.; Duncan, J.L.; Dunn, A.M.; Jennings, F.W. **Parasitologia veterinária**. Rio de Janeiro: Guanabara Koogan, p. 273, 1998.

Zanella, A.J. Considerações éticas relacionadas com a utilização de animais em feiras agropecuárias. **A Hora Veterinária**, v.1, n.123, p.58, 2001.

Walter, M. *Taenia saginata* cisticercosis: a comparison of routine meat inspession and carcase dissection resultsin calves. **The Veterinary Record**, v.12, p.401-402, 1980.

CAPÍTULO 58

Controle de endoparasitos em bovinos de corte

Alvimar José da Costa
Professor Titular
Depto. de Patologia Veterinária
FCAV/UNESP. Jaboticabal, SP
cppar@asbyte.com.br

Fernando Almeida Borges
Professor Adjunto
Departamento de Medicina Veterinária
FAMVZ/UFMS. Campo Grande, MS
faborges@nin.ufms.br

Introdução

O desenvolvimento da bovinocultura depende, além de outros fatores, de boas condições sanitárias do rebanho. Novas tecnologias, como o uso em cruzamentos industriais de raças europeias (*Bos taurus*), reconhecidamente mais susceptíveis aos parasitos que animais de raças zebuínas (*Bos indicus*) e o aumento da taxa de lotação das pastagens, favorecem o parasitismo e aumenta os prejuízos por ele causados. Dessa forma, destaca-se a importância do controle das parasitoses para tornar a atividade mais eficaz e competitiva economicamente.

Os helmintos representam grave problema sanitário ao rebanho bovino. Existe vasta literatura referente aos danos por eles causados, destacando-se os efeitos deletérios no ganho em peso, na conversão alimentar, na produção leiteira, no desempenho reprodutivo, na qualidade de carcaça, no sistema imune e, em alguns casos, podem causar a morte (Hawkins, 1993). No Estado do Rio Grande do Sul, estima-se que a mortalidade de bezerros causada por verminose varia de 10 a 30%, e a diferença entre o ganho em peso dos animais tratados e não tratados, seja de 50 kg/bezerro. (Pinheiro *et al.*, 2000). Mais preocupante ainda são as verminoses subclínicas, que causam grandes perdas no potencial de produção e são difíceis de serem estimadas (Coop & Holmes, 1996).

Além das verminoses gastrintestinais, os bovinos são acometidos de outras parasitoses importantes, inclusive de seu caráter zoonótico. Dentre elas, destaca-se a cisticercose, causada por larvas do cestódeo *Taenia saginata*, que tem o homem como hospedeiro definitivo. É de grande relevância, pelas perdas econômicas resultantes da desvalorização das carcaças bovinas. Sua biologia, epidemiologia e medidas de controle são diferentes dos nematódeos e serão abordados em um tópico neste capítulo. Outra zoonose que envolve os bovinos é a fasciolose, causada pela *Fasciola hepática*, trematódeo restrito a algumas regiões do Brasil, em decorrência da necessidade de hospedeiro intermediário pouco comum, o molusco.

As perdas decorrentes da verminose podem ser minimizadas com o controle químico. Apesar da crescente preocupação com os resíduos de produtos antiparasitários nos alimentos e no ambiente, este tende a ser o mecanismo mais utilizado no tratamento, enquanto medidas complementares, como o controle biológico e a vacinação, não apresentarem resultados satisfatórios para uso no campo. O grande problema atual é o crescente número de relatos de resistência aos anti-helmínticos, surgindo então o conceito de uso racional e sustentável das drogas. Por esse motivo, neste capítulo, será dada atenção especial à resistência antiparasitária.

Nematódeos gastrintestinais: espécies, biologia e epidemiologia

Espécies Importantes

As principais espécies de nematódeos gastrintestinais parasitos de bovinos de corte no Brasil pertencem aos gêneros, *Haemonchus*, *Cooperia*, *Trichostrongylus*, *Oesophagostomum*, *Bunostomum* e *Ostertagia* (**Tabela 1**).

Tabela 1. Principais nematódeos gastrintestinais de bovinos no Brasil e seu hábitat.

Hábitat	Nematódeos
Abomaso	*Haemonchus* spp., *Trichostrongylus axei*, *Ostertagia* spp.;
Intestino delgado	*Cooperia spp.*, *Bunostomum phlebotomum*, *Trichostrongylus colubriformis*, *Strongyloides papillosus*, *Toxocara vitulorum*, *Nematodirus spathiger;*
Intestino grosso	*Oesophagostomum radiatum*, *Trichuris spp.*

Biologia e aspectos epidemiológicos

O ciclo de vida desses helmintos é direto, ou seja, não necessita da participação de hospedeiros intermediários, e pode ser dividido em duas fases: vida livre e parasitária.

A fase de vida livre inicia-se com a eliminação de ovos dos nematódeos junto às fezes, dos quais, em condições adequadas de temperatura, umidade e oxigenação, eclodem as larvas de primeiro estágio (L1) que sofrem duas mudas até atingirem o terceiro estágio (L3), que é a forma infectante para os bovinos. Durante a fase ambiental, os ovos e larvas são muito susceptíveis às condições climáticas. Não suportam temperaturas extremas (temperatura ótima entre 20 e 26°C) e necessitam de umidades elevadas e locais protegidos da radiação solar. Dependendo do tipo da gramínea, se ereta ou cespitosa, como o *Panicum,* se compacta ou decubente, como a *Brachiaria* spp., ou rasteiras ou prostrado, como o *Paspalum* spp., dar-se-á um ecossistema peculiar, associado a fatores abióticos (temperatura e umidade) que favorecem ou limitam a sua sobrevivência. Por isso, condicionados a um desses fatores, podem ocorrer surtos de verminose durante a época mais favorável, normalmente a das águas, beneficiados pelo rápido desenvolvimento das larvas. Quando as condições climáticas são adversas, as larvas se mantêm na base das gramíneas, protegendo-se para melhor sobrevivência. Por isso, podem ocorrer surtos de verminose durante o verão, pois as chuvas favorecem o desenvolvimento das larvas. Quando as condições climáticas são adversas, as larvas podem penetrar alguns centímetros no solo, que pode interferir na sobrevivência dessa fase no ciclo de vida dos nematódeos, havendo favorecimento quando é arenoso.

Os bovinos infectam-se ingerindo as larvas de terceiro estágio juntamente com a gramínea. As larvas deverão sofrer mais duas mudas até tornarem-se vermes adultos. A primeira muda ocorre nos tecidos do trato gastrintestinal, chamada fase histotrófica, enquanto a segunda (L4 para L5) ocorre na luz do órgão. Alguns fatores relacionados ao hospedeiro podem influenciar o estabelecimento e sobrevivência dos nematódeos: estresse, idade, raça, condição nutricional, gestação e lactação.

O percentual de cada espécie de nematódeos gastrintestinais na carga parasitária total de bovinos pode variar conforme a região climática, mas, de maneira geral, os seguintes dados observados para a Região Sudeste: *Cooperia* spp. = 77,91%, *Haemonchus* spp. = 18,50%, *Oesophagostomum radiatum* = 2,01% e *Trichostrongylus* spp. = 1,13% (Borges *et al.*, 2001), podem ser extrapolados para quase todo o território brasileiro, exceto a Região Sul, onde há a importante presença de *Ostertagia* spp. Os parasitos dos gêneros *Cooperia* spp. e *Haemonchus* spp. representam mais de 95% da carga parasitária total em bovinos, e o surgimento de populações desses parasitos resistentes aos anti-helmínticos podem se tornar um grave problema sanitário na pecuária bovina.

Patogenia

Haemonchus spp., em decorrência do seu hematofagismo e pela perda sanguínea causada pelas hemorragias na mucosa abomasal (**Figura 1**), é o mais patogênico nas regiões tropicais (Pradhan & Johnstone, 1972). Além disso, as lesões no epitélio gástrico causam redução na secreção de HCl e pepsinogênio, resultando em aumento do pH e inativação da pepsina, consequentemente, ocorre interrupção da digestão de proteínas (dispepsia). Um sinal clínico clássico da redução de proteínas plasmáticas (albumina) é o edema submandibular (**Figura 2**).

Cooperia spp. e *Trichostrongylus* spp. apresentam patogenicidade moderada, podendo causar edema e redução no tamanho das vilosidades com destruição do epitélio intestinal, diminuindo a capacidade de digestão de nutrientes, a chamada síndrome da má absorção (Armour *et al.*, 1987). As infecções por esses nematódeos podem causar diarreia. Bressan *et al.* (1995) demonstraram perda de peso e hipoalbuminemia em bovinos experimentalmente infectados com larvas de *H. placei* e *C. punctata*.

Controle químico

Principais anti-helmínticos

Para o controle dos nematódeos gastrintes

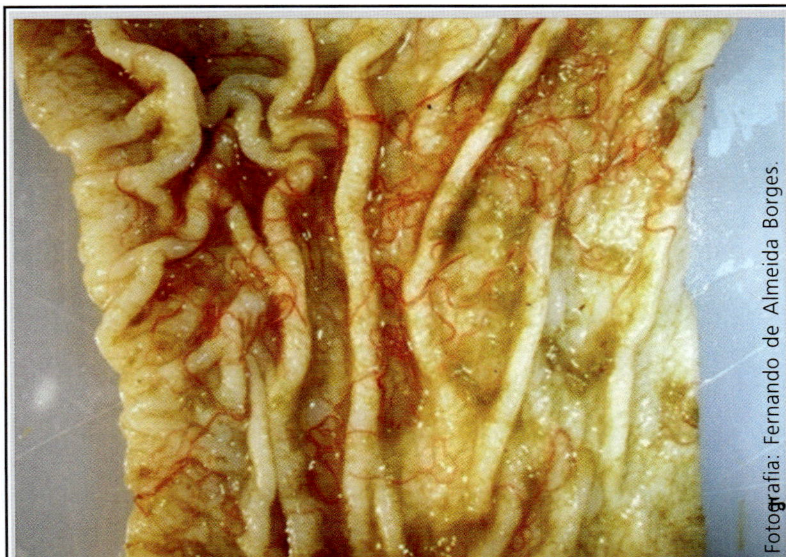

Figura 1. Abomaso de bovino parasitado por *Haemonchus* spp., nematódeos de coloração vermelha, demonstrando marcante hematofagismo.

Figura 2. Bovino apresentando edema submandibular em consequência de parasitismo por nematódeos gastrintestinais.

nais de bovinos, existem três grupos químicos de amplo espectro de ação: benzimidazóis, imidatiazóis e lactonas macrocíclicas (LM). Recentemente, foi descoberta uma nova classe de anti-helmínticos, os cyclooctadepsipeptides, dos quais, PF1022A e emodepside foram avaliados em bovinos e apresentaram-se eficazes contra uma estirpe de *Cooperia oncophora* resistente à ivermectina (Samson-Himmelstjerna *et al*., 2005). Porém, ainda não há nenhuma formulação comercial no Brasil.

As primeiras drogas de amplo espectro de ação foram os benzimidazóis, que atuam contra várias espécies de nematódeos gastrintestinais e pulmonares, cestódeos e trematódeos, além de apresentarem eficácia contra todas as fases dos nematódeos, ou seja, ovos, larvas e adultos. Seu mecanismo de ação é a interrupção da formação de microtúbulos no interior das células por meio da ligação na β-tubulina, consequentemente, inibe-se o transporte de vesículas secretoras e a absorção e digestão de nutrientes fica comprometida, causando a morte por inanição.

Os benzimidazóis mais importantes para bovinos são: albendazol, fenbendazol, tiabendazol, oxfendazol. O tiabendazole foi introduzido no mercado, em 1961, e os demais compostos dessa classe, que foram sintetizados posteriormente, apresentaram maior ação anti-helmíntica e menos efeitos adversos em mamíferos. O período residual é curto, sendo observados ovos de nematódeos nas fezes a partir do 21° dia pós-tratamento.

O surgimento dos benzimidazóis causou uma grande revolução no tratamento anti-helmíntico e, após o início do seu uso, na década de 60, acreditou-se que o problema da verminose dos animais domésticos estaria resolvido e sua erradicação seria uma questão de tempo. Infelizmente, isso não ocorreu, e seu uso indiscriminado levou à seleção de parasitos resistentes, que, atualmente, estão presentes em quase todos os rebanhos bovinos.

Os imidatiazóis, representados por tetramisole e sua forma levógira - levamisole, surgiram em 1965 e agem como agonistas nicotínicos da acetilcolina, causando estímulo dos gânglios simpáticos e parassimpáticos dos nematódeos, o que resulta em paralisia espástica. Comumente, o parasito é eliminado ainda vivo junto às fezes. O espectro de ação é amplo, agindo contra as formas adultas das principais espécies de nematódeos de ruminantes,

É normal encontrar ovos de helmintos nas fezes de bovinos tratados com imidatiazóis já no décimo dia pós-tratamento, em virtude do fato de apresentarem pouca eficácia contra formas imaturas dos parasitos e do reduzido período residual (meia-vida de eliminação: 4 a 6 horas).

Além da ação contra os nematódeos, o levamisole tem um importante efeito imunorregulador, pois aumenta o estímulo dos agentes que induzem a resposta mediada por linfócitos T e macrófagos, proporcionando assim melhor resposta imune celular. Por esse motivo, tem sido usado em associação com algumas vacinas, potencializando-as.

Em 1975, foi descoberto um novo grupo químico, o das lactonas macrocíclicas (LM), que compreende as avermectinas e milbemicinas. Esse grupo causou enorme impacto, pelo fato de poder ser utilizado em diversas espécies de animais, elevada segurança clínica e por apresentar elevada eficácia contra artrópodes e nematódeos (endectocidas). O grupo das avermectinas (*a* sem + *verm* verme + *ect* ectoparasita + *in* produto farmacêutico) é constituído pela ivermectina, abamectina, doramectina, eprinomectina e selamectina. É produzido na fermentação com o fungo encontrado no solo *Streptomyces avermitilis* (Burg *et al.*, 1979), cujas cepas foram isoladas no Japão e, posteriormente, na Itália. As milbemicinas (*milb* ácaro + *myc* fungo + *in* produto farmacêutico) são produzidas por outras espécies de fungo. A milbemicina D deriva do *S. hygroscopicos* e a moxidectina do *S. cyanogriseus*.

Todas as LM apresentam o mesmo mecanismo de ação que consiste na ligação da molécula da droga a canais de cloro potencializados pelo glutamato (GluCl), presentes em diversos locais do organismo dos invertebrados. A ativação desses canais permite a entrada de íons cloro nas células (hiperpolarização) e, consequentemente, bloqueio de transmissões interneurais de nervos excitatórios (Kass *et al.*, 1980), causando paralisia muscular flácida, principalmente da faringe (Geary *et al.*, 1993). Há evidências da presença de receptores em células musculares do aparelho reprodutor das fêmeas, o que pode explicar a ação dessas drogas na fertilidade e ovipostura dos nematódeos.

As propriedades químicas de uma LM necessárias para absorção, transporte e ação direta sobre uma determinada espécie de parasito localizado em determinado órgão do hospedeiro, são diferentes para outras espécies que parasitam outros locais. Por isso, as concentrações mínimas letais são diferentes para as diversas espécies de parasitos, variando entre 2 e 200 ìg kg^{-1} (Shoop *et al.*, 1995), e cada LM apresenta sua própria espécie dose-limitante. Como exemplo, observa-se melhor eficácia da ivermectina contra artrópodes, comparativamente à abamectina que, por sua vez, é mais eficaz contra nematódeos (Shoop & Soll, 2002).

O comportamento farmacocinético das LM depende da via de administração, formulação, condição corpórea e espécie animal a que é destinada (Fink & Porras, 1989). As avermectinas são altamente lipofílicas, tendo assim pouca solubilidade em soluções aquosas – 0,006 a 0,009 ppm (Jackson, 1989). Essa característica faz com que após ser absorvida, independentemente da via de administração, a molécula seja distribuída por todo o corpo do animal e concentre-se, particularmente, no tecido adiposo. Esse compartimento do organismo possui vascularização limitada, fazendo com que a liberação da droga seja mais lenta, aumentando o tempo de sua permanência no plasma (Chiu *et al.*, 1990). Somado a isso, o uso de veículos que permitem lenta absorção no local de aplicação da droga pode resultar em prolongado efeito residual (Lo *et al.*, 1985), os chamados endectocidas de longa ação.

As diferenças na estrutura química das LM resultam em variações no perfil farmacocinético das formulações. Ivermectina é a menos lipofílica das LM, sendo utilizada em veículo não aquoso (60% propileno glicol/40% glicerol formol), que é responsável pela lenta absorção da droga, quando administrada via subcutânea, apresentando Tmax (tempo para o surgimento da concentração plasmática máxima) de 43 horas. A formulação comercial que contém doramectina possui veículo oleoso (óleo de gergilim/oleato de etila - 90:10) e é a que apresenta o maior Tmax (144 horas). A moxidectina é a mais lipofílica das LM (100 vezes mais do que a ivermectina), ao mesmo tempo em que é a mais hidrossolúvel, podendo ser empregado um veículo aquoso que permite rápida absorção da droga, sendo observado o menor Tmax (21 horas) e o maior acúmulo da droga no tecido adiposo. Em consequência dessas diferenças, enquanto a ivermectina apresenta concentrações na mucosa do trato gastrintestinal acima de 1 ng/g (concentração mínima eficaz contra nematódeos) por 18 dias, essas concentrações de doramectina são observadas durante 38 dias. Uma particularidade deve ser observada para a abamectina, que não pode ser utilizada em bovinos com idade inferior a quatro meses, pois pode causar intoxicação e lesões no sistema nervoso central.

Outros fatores, tais como a qualidade dos produtos comerciais, a raça, idade, sexo e estado nutricional dos bovinos podem influenciar a farmacocinética das LM.

Atualmente, existem formulações comerciais que contêm elevadas concentrações de LM com veículos que permitem lenta absorção das drogas, resultando em longo período residual. Há também compostos com associações entre diferentes avermectinas, com o objetivo de obter maior eficácia endectocida.

O primeiro passo para que se possa realizar um controle eficaz de endoparasitos de bovinos de corte é a escolha correta do anti-helmíntico. *A questão é qual princípio ativo deve ser utilizado?* Não há uma resposta padrão que sirva para todas as propriedades rurais, devendo ser realizado um teste de redução na contagem de ovos nas fezes para avaliação da eficácia de diferentes antiparasitários. O resultado pode variar entre as propriedades, até mesmo entre as vizinhas, uma vez que cada uma delas apresenta um histórico de tratamentos e, com isso, a seleção para a resistência antiparasitária será diferente.

Quando tratar?

Existem vários esquemas de tratamento:

• **Curativo**: tratamento apenas dos animais que apresentam sinais clínicos. Essa prática apresenta as desvantagens de permitir perdas produtivas significativas e não há controle efetivo da população parasitária. A vantagem é que preserva a *refúgia* (ver adiante).

• **Tático**: é realizado em períodos críticos, tais como período pré-parto, aquisição de novos animais e variações climáticas que possam originar surtos de verminose.

• **Seletivo**: a distribuição da verminose nos animais de um rebanho não é homogênea, é do tipo agregada, ou seja, poucos bovinos apresentam elevado ou baixo/inexistente parasitismo, enquanto a maioria dos hospedeiros apresenta infecção média, por isso nem todos os animais necessitam de tratamento. No tratamento seletivo, utilizam-se determinados critérios, tais como contagens de OPG ou produtividade. Isso pode reduzir drasticamente a seleção para resistência, porém é ainda de pouca aplicação prática em grandes rebanhos bovinos.

• **Estratégico**: é uma prática de caráter preventivo e baseia-se na epidemiologia das nematodioses. Os principais estudos sobre o controle estratégico de bovinos de corte foram realizados pela Embrapa Gado de Corte. De um modo geral, a recomendação é que os tratamentos devam ser concentrados na época seca do ano, quando a maioria da população parasitária está nos hospedeiros e há menor proporção dos nematódeos que estão no ambiente. Nos Estados de Mato Grosso do Sul, Mato Grosso, Goiás, Rondônia, Acre, Pará, Maranhão, Bahia, Minas Gerais, Rio de Janeiro, São Paulo, Paraná, grande parte do Piauí e Região Central-Sul do Amazonas, a estação seca ocorre nos meses de junho, julho e agosto. Nos Estados mais ao Norte do País, Roraima e Amapá, o período seco ocorre nos meses de janeiro, fevereiro e março (Bianchin, 1995).

Em relação ao controle químico da verminose de bovinos de corte, um cuidado muito importante, para o qual pouca atenção tem sido dada, é o respeito ao período de carência das formulações anti-helmínticas. Essa é uma questão de saúde pública, pois pode trazer danos ao consumidor; e também de aspecto econômico, pois pode ser futuro motivo de embargo para a exportação da carne bovina brasileira.

Quais animais devem ser tratados?

A idade, contato prévio com nematódeos, estado fisiológico e condição nutricional são alguns fatores que interferem na resposta do hospedeiro ao parasitismo. Os bovinos de corte podem ser divididos em quatro categorias, conforme a susceptibilidade à verminose e à necessidade de tratamentos (**Tabela 2**).

• **Antes da desmama**

Os bezerros de corte, antes da desmama, normalmente, apresentam poucos problemas de verminose, pois o colostro fornece defesa contra os parasitos e a ingestão de pastagem que

Tabela 2. Classificação dos bovinos quanto à susceptibilidade a verminose e à necessidade de tratamentos, conforme esquema de controle estratégico.

Categoria animal	Prejuízo	Dosificações
Bezerro antes da desmama	Baixo	Depende manejo
Desmama até 24-30 meses	Alto	Maio, julho e set.
Boi de engorda	Baixo	Out. ou nov.
Vacas	Baixo	Jul. ou nov.

Fonte: Bianchin (1987), Honer & Bianchin (1987).

contém larvas de nematódeos ainda é pequena. Alguns fatores, tais como raça, taxa de lotação, condição nutricional, número de larvas de helmintos nas pastagens e condições climáticas podem gerar desequilíbrio na relação hospedeiro-parasito e tornar a verminose um problema mais grave.

Alguns trabalhos demonstram a vantagem do tratamento anti-helmíntico nos bovinos dessa categoria. A aplicação de uma ivermectina de longa ação em bezerros com idade entre três e cinco meses resultou em acréscimo, em relação a animais não tratados, de 2,5 a 11,7kg (média de 6,8kg) em machos e de -1,6 a 9,7kg (média de 6,5kg) em fêmeas, no período entre o tratamento e a desmama. Esses valores podem ser interessantes no caso de pecuária de ciclo curto, em que a idade ao abate pode ser reduzida com a aplicação de anti-helmíntico no período pré-desmama (Catto *et al.*, 2005).

- **Desmama aos 24 meses**

Essa é a categoria mais sensível à ação dos helmintos, exigindo maior atenção. Nas regiões do Brasil onde o período seco ocorre, predominantemente, nos meses de junho, julho e agosto, recomenda-se o tratamento em maio, julho e setembro (Bianchin & Honer, 1995). Um estudo demonstrou que esse esquema de tratamento pode resultar em retorno financeiro de 457,46%, após dois anos.

Para os bovinos nessa faixa etária, criados Região na Sudeste, em boas pastagens, são preconizados dois tratamentos sustentáveis: início da seca (maio) e início das águas (setembro) que, segundo o Dr. Gilson P. de Oliveira (CPPAR/FCAVJ/UNESP), redundaria em controle suficiente.

No Rio Grande do Sul, os bezerros nascidos na primavera serão desmamados no outono, quando deve ser iniciado o controle estratégico com tratamentos em março, junho, setembro e novembro. Os bezerros que nascem no verão/outono podem apresentar elevado parasitismo já aos 90 dias de idade, devendo ser tratados em maio, julho, setembro, novembro e março. Quando completarem um ano, segue-se o esquema anterior. Há também os animais que são desmamados precocemente com 60 a 90 dias de idade, que são altamente susceptíveis à verminose. Para esses animais, recomenda-se tratamento a cada 60 dias até apresentarem peso acima de 140kg e, a seguir, esquema tradicional. Esses esquemas recomendados para bovinos de corte no Rio Grande do Sul são os que apresentam a menor relação custo benefício, mesmo havendo altos gastos com anti-helmínticos.

- **Machos adultos**

Os touros de serviço podem ser tratados antes da estação de monta, pois o estresse, nesse período, pode resultar em queda na resposta imune e consequente aumento do parasitismo.

Alguns estudos demonstraram o possível efeito positivo no tratamento de bovinos no início da fase de engorda, a pasto ou confinamento. Essa é uma recomendação questionável, uma vez que, em experimentos realizados pela equipe do CCPAR/UNESP, observou-se pouco ou nenhum retorno financeiro de animais já adultos, principalmente no sistema de confinamento.

- **Fêmeas adultas**

As fêmeas, quando estão adultas, já desenvolveram resposta imune efetiva que lhes confere resistência aos helmintos, não havendo necessidade de tratamento anti-helmíntico, mesmo se apresentarem uma determinada carga parasitária. No entanto, com o objetivo de reduzir a presença de larvas de nematódeos na pastagem em que ficarão os bezerros, recomenda-se a aplicação de um anti-helmíntico um mês antes do período de parição, principalmente nas fêmeas primíparas.

Tratamento x ganho de peso

A ação dos helmintos gastrintestinais nos bovinos de corte é, na maioria das vezes, subclínica, não sendo observados sinais evidentes do parasitismo. O que ocorre é o retardamento no crescimento dos animais, com atraso na idade de abate e no início da vida reprodutiva. Um estudo realizado no Canadá, demonstrou que, mesmo em bovinos que apresentavam pequena eliminação de ovos de helmintos, houve retorno econômico com maior ganho de peso de animais tratados com ivermectina (Kennedy *et al.*, 1989).

No Brasil, diversos estudos demonstraram o efeito da administração de anti-helmínticos no ganho de peso de bovinos, destacando-se os estudos com endectocidas. O tratamento estratégico nos meses de maio, junho e setembro em bezerros na desmama, aos 24 a 30 meses, resultou em redução de 2% na mortalidade e aumento de 41kg por animal no momento do abate (Bianchin *et al.*, 1996)

Em um trabalho realizado em São Paulo, com bezerros Nelore recém-desmamados, mantidos em pastagem de *Brachiaria decumbens*, e submetidos a tratamentos com diferentes endectocidas de longa ação, observou-se ganho de peso, após 120 dias, de 13,42kg, 4,26kg nos dois grupos tratados e perda de 15,75kg no grupo não tratado. Esse experimento foi realizado no período seco do ano, entre os meses de maio e setembro, e ocorreu o óbito de três animais do grupo controle, demonstrando que a verminose em bovinos de corte, além da perda de peso, pode resultar em mortalidade (Bresciani *et al.*, 2003).

Um experimento realizado em Minas Gerais, com bovinos mestiços com 10 meses de idade, divididos em quatro grupos, três tratados com lactonas macrocíclicas de alta concentração e prolongado período residual e um grupo controle, demonstrou que, após 60 dias do tratamento, houve acréscimo de 21,15; 14,15 e 10,90kg no ganho de peso dos grupos tratados em relação ao controle (Costa *et al.*, 2004).

Resultado contrário aos descritos anteriormente foram observados em um experimento com bovinos Nelore, manejados em piquetes formados, predominantemente, por *Brachiaria decumbens*, *Brachiaria humidicola* e *Brachiaria brizantha*, com taxa de lotação variando de 1 a 5 animais/ha, sendo observado que o parasitismo por nematódeos gastrintestinais, com predominância de *C. punctata*, não foi influenciou o desenvolvimento ponderal (Nicolau *et al.*, 2002).

Controle não-químico da verminose bovina

O controle da verminose de bovinos de corte, fundamentado exclusivamente no uso de formulações anti-helmínticas, pode ser pouco sustentável em razão do surgimento de populações de nematódeos resistentes. Além disso, há também o problema de resíduos na carne. Dessa maneira, sugere-se o emprego concomitante de outras medidas com o objetivo de reduzir a população parasitária a níveis aceitáveis economicamente. Com isso, seria necessário menor número de tratamentos com anti-helmínticos convencionais, para tornar a atividade mais rentável e retardar o processo de seleção para a resistência.

Existem vários estudos a respeito de medidas que auxiliem no controle do parasitismo, havendo controvérsia sobre a utilização de algumas delas nas condições brasileiras de criação de bovinos de corte. A seguir, serão apresentadas as principais formas de controle não-químico, sendo necessário senso crítico para sua aplicação na prática.

Medidas de higiene e manejo

Para bovinos de corte criados em regime de pastejo, algumas medidas profiláticas podem ser adotadas, visando a redução da carga parasitária. Os animais jovens devem ser separados dos adultos, uma vez que estes são portadores assintomáticos de nematodioses e contaminam o ambiente com os ovos eliminados nas fezes. A correta higiene dos comedouros e bebedouros pode reduzir o parasitismo, enquanto medidas de higiene das demais instalações rurais parece não interferir muito na população parasitária de bovinos criados a pasto, assim como o uso de esterqueiras. Cuidados especiais devem ser tomados quando há elevada taxa de lotação, pois pode resultar em supercontaminação da pastagem.

Período de descanso das pastagens

Esse procedimento consiste em impedir o acesso de animais a uma pastagem por determinado período de tempo, agindo sobre a fase de vida livre dos nematódeos. Dessa forma, ocorre a eliminação das larvas presentes e evita-se a reinfestação por ovos de helmintos. A sobrevivência das larvas na pastagem depende de umidade elevada, proteção da radiação solar e temperatura ideal. Esta última, quando muito baixa (4°C), impede o desenvolvimento e, quando muito alta (acima de 37°C), aumenta o metabolismo das larvas que consomem rapidamente a reserva energética e, sabendo que, quando estão no terceiro estágio (L3) não se alimentam, morrem por causa da desnutrição.

O fator limitante dessa técnica é o tempo necessário para que ocorra a morte da totalidade ou maioria das larvas presentes na pastagem. Ainda são necessários estudos sobre o período de sobrevivência das larvas nas diversas condições ambientais brasileiras. Em média, nos meses quentes do ano, quando as larvas apresentam menor longevidade, são necessários 60 dias para que ocorra redução significativa do número de larvas. (Ramos *et al.*, 1993). Dessa forma, deve-se realizar o correto manejo de pastagens, considerando-se o valor nutritivo das gramíneas.

Nutrição

A verminose gastrintestinal em bovinos causa redução na disponibilidade de nutrientes, em consequência de menor ingestão voluntária, digestão e absorção. Além disso, há elevada perda de proteínas endógenas no trato gastrintestinal, por exemplo, no caso de infecção por *Haemonchus contortus* em ovinos, que pode resultar em necessidade de síntese adicional de 50g de proteína a cada dia. Ainda relacionado ao impacto nutricional do parasitismo sobre o hospedeiro, há a atividade do sistema imune e reparação tecidual que são realizados à custa, principalmente, de proteínas.

A melhora nas condições nutricionais do hospedeiro aumenta a capacidade de aquisição e expressão da imunidade contra os parasitos. Estudos controlados têm mostrado que a suplementação proteica com várias fontes, tais como farelo de soja, peixe, algodão, girassol e ureia, podem reduzir as contagens de OPG e a carga parasitária em ruminantes durantes suas fases mais susceptíveis, como o crescimento e o pré-parto. Um estudo realizado no Brasil demonstrou que a suplementação proteica de bezerros foi responsável pela redução de 40% do número total de *Haemonchus placei* (Gennari *et al.*, 1995).

Na **Tabela 3**, está apresentada a ordem de prioridade dada por animais em crescimento e em reprodução, ao fracionamento dado aos nutrientes quando as fontes são escassas. Quanto maior a prioridade dada a uma função, menor a possibilidade desta ser afetada pela nutrição do hospedeiro. Dessa forma, bovinos de corte em fase de crescimento, quando expostos a um desafio por nematódeos, pela primeira vez, irão priorizar a aquisição da imunidade em detrimento do ganho de proteínas e lipídios, resultando em menor ganho de peso. Por outro lado, as vacas em gestação ou lactação priorizam as funções reprodutivas, resultando em menor expressão da imunidade, ocorrendo, nessa fase, um aumento da susceptibilidade dos animais e consequente maior eliminação de ovos de nematódeos nas fezes.

A viabilidade da utilização da suplementação nutricional em condições de campo, como uma estratégia de controle de parasitos, dependerá de melhores estimativas da concentração proteica a ser utilizada, da relação custo x benefício e das condições de manejo da propriedade rural.

Seleção genética

O parasitismo em animais de um mesmo rebanho não ocorre de maneira uniforme, sendo

Tabela 3. Prioridade dada aos nutrientes pelo bovino em crescimento e em reprodução a diversas funções do organismo.

Animal em desenvolvimento		
Fase de aquisição da imunidade	**Fase de expressão da imunidade**	**Animal em reprodução**
1. Manutenção da proteína corporal[1]	1. Manutenção da proteína corporal[1]	1. Manutenção da proteína corporal[1]
2. Aquisição da imunidade	2. Ganho de proteínas	2. Reprodução (gestação/ lactação)
3. Ganho de proteínas	3. Expressão da imunidade	3. Expressão da imunidade
4. Manutenção e ganho de lipídios	4. Manutenção e ganho de lipídios	4. Acúmulo de gordura

[1]Inclui o reparo e reação tecidual ao parasitismo. Coop & Kyriazakis (1999).

observados bovinos com elevada carga parasitária e outros com reduzido número de parasitos. Tal fato ocorre porque há diferença na resposta imune entre os animais, e essa característica pode ser observada em algumas raças, principalmente nas zebuínas, que apresentam menor susceptibilidade à ação de parasitos. É importante saber que dentro de uma mesma raça também há grande variação na resposta aos parasitos, devendo, portanto, considerar o efeito do indivíduo e não apenas da raça.

Os bovinos podem ser classificados em resistentes, resilientes e susceptíveis quanto à sensibilidade ao parasitismo. Animais resistentes são aqueles capazes de produzir uma resposta imune que impede o estabelecimento de larvas infectantes, reduz a taxa de crescimento, fecundidade e persistência dos parasitos adultos. Dessa forma, esses bovinos apresentam reduzida carga parasitária. Resiliência pode ser definida como a habilidade de manter níveis razoáveis de produtividade mesmo sob elevada infecção parasitária (Coop & Kyriazakis, 1999). Essas duas características são totalmente dependentes da condição nutricional do animal, ou seja, para que os bovinos possam expressar uma resposta efetiva contra os parasitos, há a necessidade de uma dieta adequada, principalmente em relação às proteínas metabolizáveis. Bovinos susceptíveis são aqueles que podem apresentar alta carga parasitária e, consequentemente, redução na produtividade, presença de sinais clínicos e até mesmo a morte.

A resposta do organismo do hospedeiro ao parasitismo é capaz de eliminar ou reduzir a carga parasitária, impedir o estabelecimento de larvas infectantes e reduzir a postura de ovos pelas fêmeas de nematódeos gastrintestinais. A capacidade do bovino de regular a carga parasitária é controlada geneticamente, e é uma característica moderadamente herdável (Gasbarra & Miller, 2000), podendo, então, ser um parâmetro para avaliação e seleção de reprodutores.

A seleção de bovinos resistentes ao parasitismo pode ser realizada por meio de exames coproparasitológicos para contagem de OPG. Essa ainda não é a ferramenta ideal para a seleção, pois, além da resistência do hospedeiro, há inúmeros outros fatores que causam variação no número de OPG. Estudos atuais têm buscado a padronização de marcadores genéticos para essa característica, que seria o método mais preciso para a identificação de bovinos resistentes.

Um possível ponto negativo na seleção de indivíduos resistentes seria a concomitante seleção de bovinos com menor desempenho produtivo. Há controvérsia quanto à correlação entre essas duas características; alguns autores afirmam não haver efeito deletério na produção (Albers *et al.*, 1987), enquanto outros observaram efeito positivo (Gasbarre & Miller, 2000; Bisset *et al.*, 2001).

Rotação pecuária/agricultura

A utilização de áreas de plantio de culturas agrícolas para pastagens apresenta vantagens do ponto de vista operacional, ou seja, pode ser realizado para a reforma de áreas de pastagens degradadas e também para o controle de parasitos, uma vez que essas áreas tornam-se praticamente livres de larvas de nematódeos. Um cuidado especial deve ser tomado no momento da introdução de bovinos em pastagens recém-formadas, caso contrário, o processo de seleção da resistência a anti-helmínticos pode ser rapidamente acelerado, conforme será discutido a seguir (*tratar e mover ou mover e tratar?*).

Medidas complementares ainda em pesquisa

Fitoterapia

Os extratos de plantas têm efeito sobre a população de parasitos que agem diretamente sobre os nematódeos e também regulam mecanismos mediados pelo organismo do próprio hospedeiro. Inúmeras espécies de plantas estão sendo estudadas em todo o mundo e, dos extratos obtidos, destacam-se os taninos condensados.

Os resultados das pesquisas em ruminantes demonstram que a eficácia dos tratamentos com extratos vegetais não é tão elevada quanto a dos anti-helmínticos convencionais, devendo ser utilizados, então, como ferramenta que irá auxiliar no controle da verminose bovina, reduzindo a carga parasitária e, consequentemente, o número de tratamentos necessários com as drogas (Githiori *et al.*, 2006).

Um possível ponto negativo na utilização de compostos anti-helmínticos oriundos de plantas é o fator antinutricional que poderia interferir nos processos de ingestão e digestão.

Controle biológico

Consiste em combater as fases de vida livre dos nematódeos parasitos gastrintestinais que ficam nas fezes por meio da administração, via alimento, de fungos que se alimentam das larvas dos parasitos, chamados fungos nematófagos. No Brasil, há alguns grupos de pesquisa nessa área, e os resultados são promissores, sendo esperada a sua utilização no campo em futuro próximo.

Vacina

A vacina poderia ser uma das principais ferramentas no controle de verminose de bovinos, pois não há resíduos na carne e leite e não causa impacto ambiental, porém, ainda não há nenhuma apresentação comercial disponível. Os estudos nessa área estão muito avançados, pois, com a utilização de técnicas modernas de biologia molecular, foi possível a descoberta de vários antígenos. Apesar disso, a expectativa de lançamento de uma vacina multivalente para o controle de nematódeos gastrintestinais de ruminantes ainda é muito remota. Os principais obstáculos são a produção de preparações recombinantes estáveis com custos satisfatórios e que confiram resposta prolongada sem muita variação entre os hospedeiros, além de adjuvantes apropriados (Smith *et al.*, 2006).

Homeopatia

O insucesso no tratamento e controle de verminose já enfrentado por alguns bovinocultores, associado ao alto custo do uso de anti-helmínticos, tem estimulado a procura por novas alternativas, destacando-se o crescente interesse pela homeopatia. Qualquer ferramenta que possa auxiliar no controle de parasitos deve ser devidamente estudada para comprovação de sua eficácia. As pesquisas na avaliação da homeopatia no controle da verminose de ruminantes ainda são recentes, e os resultados não apontam essa medida complementar de controle tão promissora quanto as demais supracitadas.

Um estudo realizado em ovinos naturalmente infectados por nematódeos gastrintestinais, em que foi realizado tratamento diário com um produto homeopático durante seis meses, demonstrou maior ganho de peso e menor intensidade de infecção parasitária nos animais do grupo controle, que não receberam esse tratamento, em relação aos ovinos tratados com homeopatia (Rocha *et al.*, 2006). Resultado semelhante foi observado em outra pesquisa em que foi avaliado o tratamento homeopático diário de ovinos durante 18 meses, não havendo redução significativa nas contagens de OPG (Chagas *et al.*, 2008). Ainda não há trabalhos para avaliar o efeito da homeopatia no controle da verminose em bovinos.

Resistência antiparasitária

Definição

O método mais empregado no controle de verminoses de ruminantes domésticos é o uso de produtos químicos. Porém, a utilização de anti-helmínticos, como ferramenta exclusiva de controle, tem seu futuro comprometido em virtude do progressivo aumento do número de casos de resistência e da falta de perspectiva de descoberta de novas moléculas com propriedades terapêuticas antiparasitárias. Dessa forma, é importante adotar medidas que prolonguem a vida útil das drogas disponíveis no mercado, assim como meios de controle complementares (Fao, 2003).

A resistência às drogas, é atualmente, o maior entrave no controle de parasitos dos animais de produção (Nari & Eddi, 2003). É definida como a habilidade de uma população de parasitos em tolerar doses de drogas que seriam letais para a maioria dos indivíduos de uma população normal (susceptível) dessa mesma espécie (Stone, 1972). Essa é uma característica genética, portanto, herdável e irreversível.

Nos nematódeos, o fenômeno da mutação genética, causada pela ação direta da droga, parece estar ausente, sendo a resistência resultado da seleção dentro de uma população de genes que conferem essa característica, havendo sua presença antes mesmo do primeiro contato com a droga (McKenzie, 1985). Nesse processo, ocorrem três fases: na inicial, há baixa frequência de indivíduos resistentes na população; na intermediária, com a contínua exposição à droga, há aumento dos indivíduos heterozigotos (SR); na última fase, os indivíduos homozigotos (RR) predominam na população e não são eliminados pela droga (Prichard *et al.*, 1990). Ou seja, a pressão de seleção exercida pelos tratamentos com anti-helmínticos é a responsável pela eliminação dos indivíduos susceptíveis e pela sobrevivência apenas dos resistentes, até que haja maior prevalência desses indivíduos dentro da população e o princípio ativo não apresente eficácia. Dessa forma, após o início do uso de um princípio ativo, haverá a seleção genética dos parasitos resistentes e a questão, então, não é se ocorrerá resistência, mas, sim, *quando e em qual intensidade?*

As características genéticas que conferem resistência são traduzidas em diferentes modificações bioquímicas e moleculares que determinam a diminuição do efeito da droga contra o parasito. Podem ocorrer as seguintes modificações: alterações de diminuição do número e/ou da afinidade dos receptores aos quais a droga se liga, modificações estruturais que reduzem a captação do princípio ativo, aumento do metabolismo enzimático e/ou efluxo (Mottier & Lanusse, 2001).

Situação no Brasil

O parasitismo causado por nematódeos gastrintestinais em bovinos, diferentemente do que ocorre em ovinos, muitas vezes apresenta evolução subclínica. Dessa forma, fármacos que apresentam percentuais de eficácia entre 50 e 70% podem controlar os efeitos adversos causados por esses parasitos, mesmo com a presença da resistência. Isso faz com que a resistência a anti-helmínticos, em bovinos, seja visualizada menos facilmente do que em ovinos (Fao, 2004).

O primeiro relato no Brasil de resistência de nematódeos gastrintestinais parasitos de bovino ocorreu em 1990, no município de Bagé, Rio Grande do Sul, sendo observada eficácia de apenas 81% para ivermectina, 88% para albendazole e 60% para oxfendazole contra *Haemonchus* spp. (Pinheiro & Echevarria, 1990). Desde então, até o início da década atual, houve poucos registros de resistência de nematódeos de bovinos, talvez, em razão da ausência de novos casos ou negligência dos pesquisadores.

Estudos mais recentes demonstraram a resistência a anti-helmínticos em bovinos no Brasil. Paiva *et al.* (2001) realizaram teste de redução na contagem de ovos nas fezes de bovinos no município de Caraguatatuba, São Paulo, e verificaram eficácia de 82,5% no grupo tratado com ivermectina. Em Santa Catarina, foi observada resistência à ivermectina em 60% das propriedades avaliadas, 30% ao levamisole e 10% ao albendazole (Souza *et al.*, 2002), prevalecendo o gênero *Cooperia*. Dois testes controlados realizados no município de Seropédia, Rio de Janeiro, em 1998, apontaram resistência de *Cooperia punctata* à ivermectina e à doramectina, que apresentaram 53,9 e 82,4% de eficácia, respectivamente (Cardoso *et al.*, 2002). Também em relação a essas duas avermectinas, Rangel *et al.* (2005) observaram resistência de *Cooperia* spp. e *Haemonchus* spp., por meio de teste de redução na contagem de OPG no município de Betim, Minas Gerais. Nesse mesmo Estado, Borges *et al.* (2005) avaliaram a eficácia de ivermectina na dose de 630 µg/kg e observaram resistência de *H. placei*, *C. punctata* e *C. spatulata,* em cinco rebanhos avaliados, e de C. pectinata em dois deles. Mello *et al.* (2006) avaliaram a eficácia anti-helmíntica de diferentes lactonas macrocíclicas em bovinos no município de Santa Maria, Rio Grande do Sul, sendo constatada a resistência de *Trichostrongylus* spp. e *Cooperia* spp em todas as formulações. Um estudo realizado em 25 propriedades rurais na Região Noroeste de São Paulo, avaliando a eficácia de ivermectina, moxidectina, sulfóxido de albendazole e fosfato de levamizole, demonstrou resistência de *Cooperia* spp. e *Haemonchus* spp. a estes princípios ativos, em 23, 0, 5 e 2 propriedades, respectivamente (Soutello *et al.*, 2007).

Essas observações demonstram o crescente problema da resistência no território nacional, destacando-se *Cooperia* spp., parasito dose-limitante para a ivermectina, ou seja, aquele contra os quais é necessário maior concentração desse princípio ativo e, também *Haemonchus placei*. Esses dois gêneros de nematódeos são os de maior importância na verminose bovina. Além disso, caso não ocorra uma mudança na forma como tem sido realizado o controle antiparasitário, podem-se esperar casos de resistência múltipla a diversos princípios ativos em várias espécies de nematódeos parasitos de bovinos.

Os resultados de experimentos realizados pela equipe do CPPAR/FCAVJ/UNESP, com avaliação após a necropsia de bovinos oriundos de rebanhos nos Estados de São Paulo e Minas Gerais, têm demonstrado a redução na eficácia de formulações que contêm ivermectina em alta concentração, ocorrendo, em alguns casos, eficácia nula contra *Haemonchus placei*. Esse fato demonstra a gravidade desse problema, uma vez que as avermectinas representam um dos principais grupos químicos utilizados no tratamento e controle de nematodioses gastrintestinais de bovinos.

Diagnóstico

Uma pergunta que tem sido comum, atualmente, é o que fazer em relação à resistência antiparasitária. Sem dúvida, a primeira atitude é a realização do diagnóstico precoce, pois essa é etapa primordial para se tomar qualquer medida corretiva a tempo e deve ser realizada quando ainda pequena proporção da população apresenta essa característica.

É fundamental a diferenciação da resistência de outras causas na falha do tratamento de parasitos. Por exemplo, o uso de doses incorretas, qualidade inferior da formulação anti-helmíntica comercial, época do ano (poderia reduzir o período residual do anti-helmíntico), presença de formas imaturas e alterações nos parâmetros farmacocinéticos dos produtos ocasionados por fatores relacionados ao hospedeiro, tais como sexo, raça, idade, estado nutricional e jejum prévio.

Existem diversas técnicas para o diagnóstico e quantificação da resistência, algumas *in vivo* e outras *in vitro*, que diferem quanto à sensibilidade e acurácia. Das técnicas *in vivo,* existem o teste de redução na contagem de ovos por grama (OPG) de fezes e o teste anti-helmíntico controlado. O primeiro é o mais largamente utilizado no campo e será detalhadamente descrito a seguir; o segundo é o método mais preciso e de maior confiabilidade, porém é muito oneroso e requer treinamento técnico mais especializado, pois é necessária a necropsia dos bovinos e a recuperação, contagem e classificação dos helmintos presentes no trato gastrintestinal. Essa técnica é utilizada apenas em instituições de pesquisa para fins específicos, como a avaliação anti-helmíntica de novas formulações e com pouca aplicação no campo.

Os métodos *in vitro* consistem, principalmente, de testes de viabilidade de ovos, desenvolvimento de larvas, motilidade de larvas, provas bioquímicas e de biologia molecular (FAO 2004) e são utilizados para a quantificação do nível de resistência. Espera-se que as técnicas de biologia molecular possam ser corretamente desenvolvidas para uso rotineiro, pois são as que apresentam maior sensibilidade, podendo detectar a resistência quando está presente em poucos indivíduos dentro da população de parasitos. Essa característica é muito desejável, pois, segundo alguns pesquisadores, no caso de nematódeos gastrintestinais, particularmente para as lactonas macrocíclicas, seria importante haver técnicas que detectassem a frequência do fenótipo resistente quando for inferior a 1% da população. (Le Jambre *et al.*, 2000).

O teste de redução na contagem de ovos por grama (OPG) de fezes é o principal método para o diagnóstico da resistência, pois pode ser utilizado para avaliar qualquer grupo químico, é pouco oneroso e o mais difundido. Sua metodologia é simples e pode ser realizado o treinamento do pessoal de campo, uma vez que os ovos de nematódeos podem ser identificados facilmente. No entanto, apresenta algumas desvantagens, como reduzida sensibilidade – consegue detectar a resistência apenas quando ela já atinge mais de 25% da população de parasitos e, em alguns casos, baixa correlação com o número de nematódeos presentes no trato gastrintestinal (Coles *et al.*, 2006). A metodologia deve ser padronizada, pois se observa grande variação entre os pesquisadores, e consiste na comparação do número de OPG, por meio da técnica de McMaster (Gordon &Withlock, 1939), antes e após o tratamento (ver **Quadro 1**).

Quadro 1. Teste de redução na contagem de ovos por grama (OPG) de fezes para o diagnóstico da resistência a anti-helmínticos em bovinos (Cole *et al*., 2006).

Seleção dos bovinos	Animais jovens com contagens de OPG acima de 150, que não tenham sido tratados com anti-helmínticos nas últimas 8 a 12 semanas.
Composição dos grupos	15 bovinos em cada grupo, distribuídos pela contagem de OPG pré-tratamento. Deve haver um grupo controle (não tratado).
Tratamento	Deve haver a pesagem dos animais para a administração da dose correta, seguindo recomendações do fabricante.
Amostragem	O tempo pós-tratamento para a realização de novos exames coproparasitológicos varia conforme o princípio ativo avaliado e deve ser de: **Levamisole**: 3–7 dias pós tratamento (dpt); **Benzimidazole**: 8–10 dpt; **Lactonas macrocíclicas**: 14–17 dpt; Quando for avaliado mais de um grupo químico, pode-se realizar a amostragem no 10º dpt , para reduzir o manejo com os animais e facilitar a execução do teste.
Diagnóstico do gênero	Cultura de larvas devem ser realizadas para a caracterização morfológica dos gêneros resistentes (ver detalhes em Ueno & Gonçalez, 1988).
Interpretação dos resultados	Calcular a média aritmética, percentual de eficácia e nível de confiança a 95%. % de eficácia = 100 x [1- (*OPG pré-tratamento - OPG pós-tratamento/ OPG pré-tratamento*)]. Para ser caracterizada a resistência, deve-se observar: **a)** eficácia inferior a 95%; **b)** nível de confiança a 95%, inferior a 90%.

Prevenindo e manejando a resistência

Nas condições climáticas brasileiras e com o sistema de criação de bovinos a pasto, é inviável pensar na erradicação dos nematódeos gastrintestinais. Uma vez que é inevitável o convívio dos animais com os parasitos, deve-se caracterizar o controle da verminose como uma medida a longo prazo, tornando prioritária a sua sustentabilidade. Dessa forma, não pode haver um pensamento imediatista, visando apenas à produtividade máxima dos animais, mas, sim, a preocupação com a saúde e bem-estar do rebanho dentro de um programa de controle sanitário que possa ser utilizado por um longo período de tempo.

Como visto anteriormente, a resistência é um fator que pode colocar em risco o controle da verminose bovina e considera-se um fato inevitável. A questão é como retardar o processo de seleção, devendo então ser adotadas algumas medidas que possam reduzir o nível de resistência a determinados princípios ativos.

•monitoramento constante da eficácia dos anti-helmínticos

Para impedir que a proporção de parasitos resistentes aumente dentro da população, é importante o monitoramento periódico da eficácia do princípio ativo que está sendo utilizado para o controle anti-helmíntico. Isso poderá ser realizado por meio do teste de redução na contagem de OPG, conforme descrito anteriormente. Assim que for detectada a resistência a determinada droga, seu uso deverá ser imediatamente suspenso e empregado outro grupo químico. Deve-se observar a troca do princípio ativo e não apenas o nome comercial da formulação, prática comum entre os produtores rurais. Dessa forma, o diagnóstico precoce da resistência e, após isso, a troca de princípio ativo, reduzem a pressão de seleção para a resistência que ocorreria caso houvesse o uso contínuo dessa droga. O grande desafio para o controle sustentável da verminose bovina é a escassez de grupos químicos diferentes, sendo disponíveis apenas três (benzimidazoles, lactonas macrocíclicas e imidazotiazoles).

•cuidados na aquisição de novos animais

A introdução, no rebanho, de bovinos oriundos de uma propriedade na qual há histórico de resistência anti-helmíntica pode ser um dos fatores que causam maior aceleração no processo de seleção de populações de parasitos resistentes. Exemplos clássicos podem ser observados na Espanha, Eslováquia e Grécia, em que os primeiros relatos de resistência em ovinos ocorreram apenas após a importação de animais do Reino Unido e Nova Zelândia. Em estudo realizado com pequenos ruminantes, avaliou-se a correlação entre algumas medidas de manejo e a seleção para resistência, sendo observado que a introdução no rebanho de animais portadores de parasitos resistentes foi a de maior impacto, seguida de uso de doses incorretas e pouca *refúgia* no momento do tratamento (a *refúgia* será discutida a seguir) (Silvestre *et al.*, 2002). Por isso, quando novos animais são adquiridos, o proprietário poderá, simultaneamente, *comprar* a resistência.

A introdução de novos animais no rebanho requer algumas medidas de quarentena. Assim que chegarem à propriedade, os bovinos deverão ser tratados com combinações de diferentes princípios ativos, visando à eliminação total da carga parasitária e exames coprológicos para a contagem de OPG deverão ser realizados para a avaliação da eficácia anti-helmíntica. Caso ocorra uma falha nessa etapa, poderá haver sobrevivência de elevado número de parasitos resistentes que produzirão milhares de ovos e contaminarão o ambiente com os parasitos que possuem o genótipo para a resistência. Caso não haja histórico de resistência na propriedade de origem dos animais, não há necessidade desse tipo de tratamento.

Nesse ponto de vista, um momento crítico na bovinocultura de corte é o da reposição, quando um elevado número de bovinos, proporcionalmente aos já existentes, é introduzido no rebanho.

•alternância de princípios ativos

Esse é um assunto que gera bastante polêmica entre os especialistas. Alguns pesquisadores defendem a teoria do uso sequencial do mesmo princípio ativo até o momento em que a eficácia seja reduzida por causa da resistência. Segundo esses pesquisadores, o uso alternado de drogas poderia, teoricamente, gerar resistência múltipla às drogas. Outros pesquisadores afirmam que o rodízio de drogas pode prevenir a resistência, ocorrendo a troca de princípios ativos antes que a frequência de alelos resistentes seja elevada e aqueles poucos parasitos resistentes sejam controlados pela outra droga com mecanismo de ação diferente.

Apesar dessa complexa discussão teórica, há a necessidade urgente e prática de responder a uma questão comum entre os produtores rurais: *deve-se trocar o anti-helmíntico? De quanto em quanto tempo?*

Estudos recentes têm demonstrado que o uso frequente do mesmo princípio ativo é uma maneira fácil e rápida de seleção de subpopulações de nematódeos que apresentam a capacidade de sobreviverem ao tratamento, condenando, assim, o esquema de tratamento sequencial, sem a alternância de drogas (Barnes *et al.*, 1995; Silvestre *et al.*, 2002).

A segunda dúvida é quando deve ser trocado o grupo químico. Uma simulação utilizando modelos matemáticos foi realizada para a comparação entre três esquemas de controle de verminose: sequencial, rotação lenta (anual) e rotação rápida (2 tratamentos com a droga A e um com a B), sendo realizados três tratamentos anuais em cada um deles. No tratamento sequencial, cada droga foi utilizada a cada cinco anos e, ao final de dez anos, observou-se prevalência dos alelos responsáveis pela resistência de 30 e 60%, ou seja, houve seleção de subpopulações resistentes às duas drogas. A rotação anual também causou a seleção de parasitos resistentes, sendo observada frequência gênica de 60 e 40% ao final desse período. A administração da droga A, nos dois primeiros tratamentos a cada ano, seguida da utilização da droga B (rotação rápida), causou a eliminação dos parasitos resistentes à droga A, observando-se reduzida frequência de alelos resistentes (Barger *et al.*, 1992). Esses resultados demonstram que a troca de princípios ativos deve ser rápida, de modo a eliminar os parasitos que estavam sendo selecionados para a resistência.

A resposta a essa segunda questão ainda não está totalmente definida, pois vários fatores, entre eles clima, potencial biótico dos nematódeos, persistência de eficácia da droga e a época em que são realizados os tratamentos, interferem profundamente no processo de seleção de parasitos resistentes.

•dose correta

Outro assunto que causa discussão entre os pesquisadores é *qual dose que seleciona mais rapidamente para a resistência, a abaixo (sub) ou a acima (super) do recomendado pelo fabricante?* Para responder essa pergunta é necessário lembrar de como ocorre a evolução genética da resistência, descrita anteriormente, com a participação de indivíduos homozigotos susceptíveis (SS), heterozigotos SR e RR. As superdoses eliminam todos os indivíduos SS e SR, selecionando apenas os parasitos RR. Dessa forma, toda a refúgia presente nos hospedeiros é eliminada, e o acasalamento entre esses nematódeos sobreviventes irá gerar apenas gerações RR. Por isso, o uso de dose acima do recomendado pelo fabricante é um sério fator para aceleração do processo de resistência.

O uso de subsoses sempre foi incriminado como um dos principais causadores da resistência antiparasitária. Esse conceito é verdadeiro para a resistência antimicrobiana, em que as subdoses causam a mutação genética responsável pela sobrevivência da bactéria, chamada resistência adquirida. No caso dos nematódeos, esse evento parece não ocorrer, sendo a resistência um processo de seleção de indivíduos que já apresentavam essa característica. Alguns estudos foram realizados com o objetivo de avaliar a relação entre a dose do anti-helmíntico e a frequência de alelos para a resistência. Modelos matemáticos demonstraram que essa relação é mais complexa do que se imaginava. A subdose pode ser dividida em três categorias: dose muito baixas, intermediárias e próximas à dose normal. A primeira é capaz de eliminar apenas uma parcela dos parasitos homozigotos susceptíveis (SS), resultando em, praticamente, nenhuma seleção para a resistência, porém a eficácia é tão reduzida que o controle da verminose seria insuficiente. A subdose intermediária elimina todos os SS e uma parte de heterozigotos (SR), ou seja, os parasitos heterozigotos sobreviventes podem, ainda, gerar descendentes heterozigotos (SR) homozigotos resistentes (RR) ou susceptíveis (SS), permitindo a manutenção da susceptibilidade à droga. A subdose próxima à dose normal causa elevada seleção para a resistência (Smith *et al.*, 1999).

Qual seria, então, a recomendação prática, uma vez que é inviável a pesagem individual de bovinos de corte em grandes rebanhos? Quando for realizado o tratamento de um lote homogêneo, recomenda-se pesar os menores animais e utilizar essa dose para todo o lote. Com isso, será evitada a superdose que, conforme descrito anteriormente, é mais prejudicial à manutenção da sensibilidade dos nematódeos às drogas. É importante observar que essa medida não poderá ser tomada para lotes muito heterogêneos em relação ao peso.

•combinação de princípios ativos

A combinação de drogas pode ser uma ferramenta muito eficaz na prevenção da resistência e consiste na administração simultânea de dois ou mais princípios ativos diferentes. O mecanismo básico dessa estratégia é que um dos princípios ativos, presentes na associação, elimine os parasitos que possuem os genes para a resistência a outro anti-helmíntico também componente da associação. Dessa forma, para que ocorra a seleção de parasitos resistentes, estes devem expressar os mecanismos de resistência a todos os componentes da combinação, simultaneamente, fato pouco provável (Fao, 2003).

A eficácia da associação de drogas para prevenir a resistência a anti-helmínticos foi avaliada por meio de modelo matemático (Barner *et al.*, 1992) e, considerando um período de dez anos, observou-se que o uso simultâneo de dois princípios ativos distintos resultou em pressão de seleção muito reduzida para a resistência, enquanto o uso alternado das duas drogas resultou em 60 e 70% de frequência do alelo resistente (R).

Os pré-requisitos para sua utilização são os seguintes:

a) que os princípios ativos tenham mecanismos de ação diferentes;

b) que não haja resistência cruzada, ou seja, os mecanismos moleculares de resistência pelos parasitos sejam distintos;

c) que os componentes da associação devem apresentar mesmo período residual, caso contrário, a droga mais persistente poderá exercer maior pressão de seleção;

d) que não deve existir resistência a nenhum dos componentes da combinação, uma vez que, estabelecida a uma das drogas, sua eficácia será reduzida e haverá maior risco de seleção para resistência à(s) outra(s) droga(s).

•*refúgia*

Um conceito muito discutido atualmente entre os pesquisadores é a *refúgia*, que pode ser definida como a proporção da população do parasito que não é exposta à droga, escapando, assim, da seleção para a resistência (van Wyk 2001), considerando-se tanto aqueles que estão no hospedeiro, quanto os que estão no ambiente. Todas as medidas que preservem a *refúgia* resultam na sobrevivência de um maior número de parasitos sensíveis que podem passar essa característica para as futuras gerações, mantendo a susceptibilidade dos nematódeos aos anti-helmínticos.

A grande questão é como deixar uma parcela da população de parasitos sem ser exposta à droga (*refúgia*) sem que ocorra aumento descontrolado do parasitismo e consequente risco à saúde dos bovinos e perda de produção animal. Os fatores descritos a seguir podem interferir no processo de seleção genética para a resistência em razão de estarem intimamente relacionados à *refúgia*.

•controle não-químico

O emprego das medidas de controle não-químico, discutidas anteriormente, permite o controle mais sustentável da verminose, havendo menor necessidade do uso de anti-helmínticos. Com isso, ocorre menor pressão de seleção e conservação da população de nematódeos em *refúgia*.

•tratamento seletivo

O tratamento massal, ou seja, aquele em que todos os animais do rebanho recebem anti-helmíntico simultaneamente, faz com que toda a população em *refúgia* dentro dos hospedeiros seja eliminada. Em oposição a essa prática, o tratamento seletivo tem como alvo apenas as categorias mais susceptíveis em determinadas épocas do ano, conforme a epidemiologia (ver **Tabela 2**). Assim sendo, alguns animais não são tratados e mantêm uma parcela dos parasitos em *refúgia* (van Wyk *et al.*, 2006).

•frequência de tratamento

O número de tratamentos ainda é a principal causa de seleção rápida da resistência (Dobson *et al.*, 1996), sendo importante a redução de sua frequência ao longo do ano. Por esse motivo, os sistemas supressivos de controle deverão entrar em desuso.

O esquema de controle estratégico preconizado para os bovinos de corte no Brasil apresenta, do ponto de vista da seleção da resistência, vantagem e desvantagem. O principal ponto positivo é a redução no número de tratamentos, sendo realizados no máximo quatro, conforme descrito anteriormente. A desvantagem é que os tratamentos são concentrados no período seco do ano, época desfavorável à sobrevivência das larvas nas pastagens e, consequentemente, à *refúgia*. Dessa forma, no final desse período, haverá poucas larvas no ambiente e somente parasitos resistentes nos hospedeiros, condição extremamente favorável à seleção da resistência.

•mover e tratar versus tratar e mover

No manejo de bovinos de corte, comumente há a introdução de animais em áreas de pastejo que passaram por longo período de descanso ou em pastagens recém-formadas que, provavelmente, encontram-se livres de ovos e larvas de nematódeos. Uma prática comum no campo é o tratamento dos animais com anti-helmíntico antes de serem movidos para uma nova pastagem. Caso os animais sejam medicados e, em seguida, transferidos para uma pastagem livre de parasitos, ***todos*** os ovos eliminados junto às fezes serão dos nematódeos que sobreviveram ao tratamento, ou seja, os resistentes. Dessa forma, esse procedimento irá impedir a preservação da *refúgia* e acelerar o processo de seleção para resistência. A recomendação correta é mover os bovinos e depois tratá-los, permitindo que a pastagem seja contaminada com parasitos que ainda não foram expostos à droga (Molento *et al.*, 2004).

•drogas de longa ação

O desenvolvimento de formulações antihelmínticas de longa ação é considerado um grande avanço para o controle da verminose bovina, sendo observado período residual acima de 126 dias para alguns fármacos (Geurden *et al.*, 2004). Apesar desse efeito benéfico, a utilização constante dessas formulações pode trazer problemas. A justificativa teórica está baseada no comportamento farmacocinético das formulações de longa ação e sua consequente pressão de seleção. Existem três fases distintas: na primeira, há a eliminação de todos os genótipos (SS, SR e RR); na segunda, com o declínio da concentração plasmática da droga, há sobrevivência dos parasitos RR; na última etapa, ocorre sobrevivência dos RR e SR. Dessa forma, enquanto ocorrer a segunda fase que, dependendo da formulação pode ser de várias semanas, o animal tratado continuará ingerindo larvas na pastagem e todas as Sr e SS serão mortas, enquanto as RR sobreviverão. O resultado disso é um efeito devastador na *refúgia* e o favorecimento da sobrevivência e reprodução dos nematódeos resistentes. O mesmo fato ocorre na fase três, porém, de forma menos expressiva, pois há a sobrevivência de nematódeos SR que poderiam ainda manter a susceptibilidade na população (Molento & Prichard, 1999).

Seguindo essa teoria, para reduzir a seleção para resistência, é preferível o uso de drogas de curta ação, com menor período residual.

Cisticercose bovina: epidemiologia, prevenção e tratamento

Taenia saginata é um cestódeo, ou seja, um platelminto que possui o corpo segmentado, que apresenta o homem como hospedeiro definitivo e o bovino como hospedeiro intermediário. Estima-se que 77 milhões de pessoas no mundo apresentam *Teníase* por *T. saginata*.

O parasito adulto acomete ***apenas*** o homem, no qual se reproduz, resultando na liberação, no ambiente, de segmentos finais do seu corpo, chamados proglotes. Cada proglote possui cerca de 160 mil ovos e pode ser eliminada passivamente nas fezes do homem ou ativamente nos intervalos das dejeções. A movimentação ativa das ploglotes até sua eliminação representa um importante aspecto de sua epidemiologia, pois facilita sua disseminação no ambiente. As proglotes rompem-se, e os ovos são espalhados no ambiente, contaminando as pastagens, água e alimentos destinados (volumoso e concentrado) aos bovinos, podendo permanecer viáveis por até 12 meses.

Os bovinos infectam-se ingerindo alimentos ou água contaminados com os ovos da *Taenia saginata*, que, após passagem pelo estômago, perdem a casca e liberam o embrião hexacanto contido em seu interior. Este penetra nas vilosidades intestinais, atinge a circulação sanguínea e dirige-se aos tecidos, preferencialmente a musculatura, onde irá evoluir para o estágio de larva ou cisticerco, chamado de *Cysticercus bovis*. A cisticercose, nada mais é, então, do que o parasitismo do bovino pela larva da *Taenia saginata*. Com o passar do tempo, pode ocorrer a morte e calcificação das larvas, por isso, na carcaça bovina, podem ser encontrados cisticercos vivos, degenerados ou calcificados.

Os locais de predileção dos cisticercos e onde são, preferencialmente, procurados na inspeção de carcaças são: músculos mastigadores, cardíacos e porções do diafragma, podendo também alojarem-se no sistema nervoso central (**Figura 3**). Segundo o Regulamento de Inspeção Industrial e Sanitária de Produtos de Origem Animal (RIISPOA), a presença de infecção discreta ou moderada determina a condenação dos tecidos ao redor dos cistos e o tratamento da carcaça durante 21 dias em salmoura ou 10 dias em câmera fria. A presença de muitos cisticercos vivos resulta na condenação total da carcaça. Alguns trabalhos alertam para uma possível falha nos atuais critérios de inspeção da carcaça bovina, podendo haver casos em que há falha na detecção dos cisticercos.

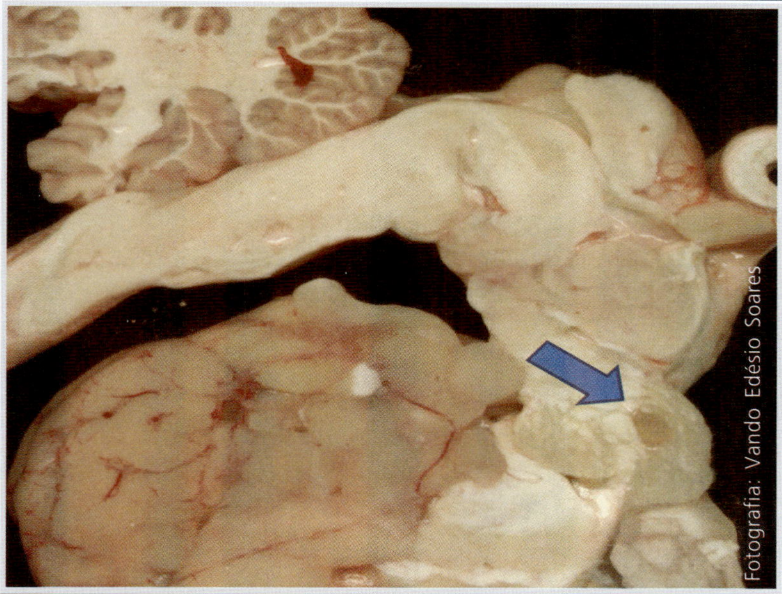

Figura 3. Larva de *Taenia saginata* (cisticerco) no sistema nervoso central de bovino.

A prevalência da cisticercose bovina é variável, podendo atingir valores elevados, como os observados em 1992 e 1993 (12,5 e 10,7%, respectivamente), em rebanhos oriundos de São Paulo e Mato Grosso do Sul, mas, normalmente, mantém a média de 2,2%.

A grande importância da cisticercose bovina não está relacionada à sua patogenia nos animais, pois causa poucos danos, mas sim ao enorme prejuízo econômico por causa da desvalorização ou condenação das carcaças, sendo estimado em US$164 milhões na América Latina. Isso quer dizer que, durante o sistema de criação de bovinos de corte, não há como saber se os bovinos estão ou não parasitados pela larva de *Taenia saginata*, pois não há sinais clínicos nem métodos de diagnóstico. Dessa forma, o pecuarista apenas tomará conhecimento do problema após o abate dos animais, quando já houve o prejuízo.

O controle químico da cisticercose bovina continua sendo um grande desafio para as instituições de pesquisa e companhias farmacêuticas veterinárias. Ainda não há nenhum produto comercial comprovadamente 100% eficaz na morte e calcificação dos cisticercos vivos. O sulfóxido de albendazole é a droga de eleição no tratamento da cisticercose, sendo recomendados de dois a três tratamentos com dose acima de 2,5 mg/kg (existem trabalhos com até 50 mg/kg) em intervalos inferiores a 40 dias. Cuidado deve ser tomado em relação ao período de carência dessas formulações, que geralmente é de 14 dias.

Tendo em vista que não existem métodos de diagnóstico, enquanto o animal está vivo, e nenhuma formulação comercial é 100% eficaz, a melhor maneira de reduzir os prejuízos da cisticercose é sua prevenção e, para isso, deve-se considerar todo o complexo teníase/ cisticercose.

A única forma dos bovinos infectarem-se é a ingestão de ovos que são eliminados ***exclusivamente*** pelo homem que, por sua vez, apenas apresentará teníase se ingerir carne bovina não inspecionada ou indevidamente preparada. Sendo assim, a prevenção da teníase humana é basicamente o consumo apenas de carne bovina inspecionada e evitar ingestão de carne crua ou mal cozida. O consumo de carne clandestina no Brasil é muito comum, sendo acima de 70% em algumas regiões.

Para evitar que o bovino adquira a cisticercose, ele não deverá ingerir os ovos de *T. saginata*. Para isso, todas as principais medidas de prevenção deverão estar voltadas ao homem:

- diagnóstico e tratamento dos portadores de teníase, principalmente os trabalhadores temporários e permanentes;
- disponibilizar banheiros aos trabalhadores temporários;
- saneamento básico;
- evitar utilizar iodo ativado para adubação de pastagens ou ares de lavoura;
- fornecer água de boa qualidade aos bovinos, visto que vários surtos em animais confinados ocorreram em virtude da utilização de água contaminada.

Pesquisas atuais estão mostrando bons resultados na vacinação de animais. Essa seria uma ferramenta extremamente útil na prevenção da cisticercose em animais.

Referência bibliográfica

Albers, G.A.A; Gray, G.D.; Piper, L.R.; Barker, J.S.F.; Le Jambre, L.F.; Barger, I.A. The genetics of resistance and resilience to Haemonchus contortus infection in young Merino sheep. **International Journal for Parasitology**, v.17, n.7, p.355-1363, 1987.

Armour, J.; Bairden, K.; Holmes P.H.; Parkins, J.J.; Ploeger, H.; Salman, S.K.; McWilliam, P.N. Pathophysiological and parasitological studies on *Cooperia oncophora* infections in calves. **Research in Veterinary Science**, v.42, p.373-381, 1987.

Barger, I.A., Ba, E.H., Dobson, R.J. Modelling anthelmintic resistance. Modelling vector-borne and other parasitic diseases. Joint Proceedings International Laboratory for Research on Animal Diseases and The Food and Agriculture Organization of the United Nations Ilrad, Nairobi, Kenya p. 177, 1992.

Barnes, E.H.; Dobson, R.J.; Barger, I.A. Worm control and anthelmintic resistance: adventures with a model. **Parasitology Today**, v.11, p. 56-63, 1995.

Bianchin, I. Controle estratégico de parasitos em bovinos de corte. **Revista Brasileira de Parasitologia Veterinária**, v.6(2, supl. 1), p.418-422, 1997.

Bianchin, I. ; Honer, M.R.; Nunes, S.G.; Curvo, J B ; Nascimento, Y. A. Epidemiologia dos nematódeos gastrintestinais em bovinos de corte nos cerrados e o controle estratégico no Brasil. **Circular Técnica**, v.24, p.1-120, 1996

Bianchin, I. Controles estratégicos dos helmintos gastrintestinais em bovinos de corte no Brasil. **A Hora Veterinária**, v.39, p.49-53, 1987.

Bianchin, I; Honer, M.R. Verminose bovina: ocorrência e controle estratégico. **Circular Técnica**, v.7, 1995.

Bisset, S.A., Morris, C.A., Mcewan, J.C., Vlassoff, A. Breeding sheep in New Zealand that are less reliant on anthelmintics to maintain health and productivity. **N. Z. Vet. J.**, v.49, p.236-246, 2001.

Borges, F.A. *et al*. Use of verapamil to increase anthelmintic efficacy of ivermectin against drug-selected strain of *Haemonchus contortus*. *In:* 20TH World Associations for the Advancement of veterinary Parasitology. Christchurch, Nova Zelândia, D11. 2005.

Borges, F.A.; Silveira, D.M.; Graminha, E.B.N.; Castagnoli, K.C.; Soares, V.E.; Nascimento, A.A.; Costa, A.J. Fauna helmintológica de bovinos da região de Jaboticabal, Estado de São Paulo. **Semina. Ciências agrárias**, v.22, n.1, p.45-50, 2001

Bresciani, K.D.S.; Freitas, D.; Buzzulini, C.; Chechi, J.P.; Silva, G.S.; Costa, G.H.N.; Oliveira, G.P.; Costa, A.J. Efeito da Associação ivermectina+abamectina (3,5%) no desenvolvimento ponderal de bezerros Nelore mantidos sob pastejo. **A Hora Veterinária**, v.23, n.5, p.37-40, 2003.

Bressan, M.C.R.; Gennari, S.M.; Santos Filho, J.P.; Rogero, J.R. Pathophysiological observations on calves concurrently infected with *Cooperia punctata and Haemonchus placei.* **Arquivo Brasileiro de Medicina Veterinaria e Zootecnia**, v.47, n.1, p.53-4, 1995.

Cardoso, J.M.S.; Sant'anna, F.B.; Martins, I.V.F.; Correa, T.R.; Grisi, L. Identificação de *Cooperia punctata* (Linstow, 1907) resistente a ivermectin e doramectin em bovinos no Estado do Rio de Janeiro. In: Congresso Brasileiro de Parasitologia Veterinária, 12.,2002, Rio de Janeiro. *Anais*... CD-ROOM.

Catto, J.B.; Bianchin, I.; Torres Junior, R.A.A. Efeitos da everminação de matrizes e de bezerros lactentes em sistema de produção de bovino de corte, na região do Cerrado. **Pesquisa Veterinária Brasileira**, v.25, n.3, p.188-194, 2005.

Chagas, A.C.S.; Vieira, L.S.; Freitas, A.R.; Araújo, M.R.A.; Araguão, W.R.; Navarro, A.M.C. Anthelmintic efficacy of neem (*Azadirachta indica* A. Juss) and the homeopathic product Fator Vermes in Morada Nova sheep. **Veterinary Parasitology**, v.151, p.68-73, 2008.

Chiu, S.H.L. *et al*. Absorption, tissue distribution and excretion of tritium-labeled ivermectin in cattle, sheep and rat. **Journal of Agriculture Food and Chemistry**, v.38, p.2072-2078, 1990.

[My paper]Coles, G.C.; Jackson, F.; Pomroy, W.E.; Prichard, R.K.; Von Samson-Himmelstjerna,G.; Silvestre, A.; Taylor, M.A.; Vercruysse, J. The detection of anthelmintic resistance in nematodes of veterinary importance. **Veterinary Parasitology**, v.136, p.167-185, 2006.

Coop, R.L.; Holmes, P.H. Nutrition and parasite interaction. **International Journal of Parasitology**, v.26, p.951-962, 1996.

Coop, R.L.; Kyriazakis, I. Nutrition-parasite interaction. **Veterinary Parasitology**, v.84, p.187-204, 1999.

Costa, A.J.; Oliveira, G.P.; Arantes, T.P.; Borges, F.A.; Mendonça, R.P.; Santana, L.F.; Sakamoto, C.A.M. Avaliação comparativa da ação anti-helmíntica e do efeito no desenvolvimento ponderal de bezerros tratados com diferentes avermectinas de longa ação. **A Hora Veterinária**, v.24, n.139, p.31-34, 2004.

Dobson, R.J.; Lejambre, L.; Gill, J.H. Management of anthelmintic resistance: inheritance of resistance and selection with persistent drugs. **International Journal for Parasitology**, v.26, p.993-1000, 1996.

Fao. Module 2. helminths: anthelmintic resistance: diagnosis, management and prevention. **Guidelines resistance management and integrated parasite control in ruminants**. FAO:Roma, p. 78-118, 2004.

Fao. **Resistencia a los antiparasitarios: estado actual con énfasis en América Latina**. Roma:FAO, Salud Animal, p.1-52, 2003.

Fink, D.; Porras, A. Pharmacokinetics of ivermectin in experimentally infected cattle. In; Campbell, W.C. (ed.) **Ivermectin and abamectin**. Springer – Verlag; Nova Iorque, 1989, p. 90-113.

Gasbarre, L.C.; Miller, J.E. Genetics of Helminth Resistance. In: Axford, R.F.E.; Bishop, S.C.; Nicholas, F.W.; Owen, J.B. (Eds.), Breeding for Disease Resistance in Farm Animals, 2nd Edition, CABI Publishing, pp. 129-152, 2000.

Geary, T.G.; Sims, S.M.; Thomas, E.M.; Vanover, L.; Davis, J.P.; Winterrowd, C.A.; Klein, R.D.; Ho, N.F.H.; Thompson, D.P. *Haemonchus contortus*: ivermectin-induced paralysis of the pharynx. **Experimental Parasitology**, v.77, p.88-96, 1993.

Gennari, S.M.; Abdalla, A.L.; Vitti, D.M.S.S.; Meirelles, C.F.; Lopes, R.S.; Bressan, M.C.R.V.; Vieira-Bresssan, M.C.R. *Haemonchus placei* in calves: effects of dietary protein and multiple experimental infection on worm establishment and pathogenesis. **Vet. Parasitol**., v.59, p.119-126, 1995.

Geurden, E.; Claerebout, E.; Deroover; Vercruysse, J. Evaluation of the chemoprophylactic efficacy of 10% long acting injectable moxidectin against gastrointestinal nematode infections in calves in Belgium, **Vet. Parasitol.**, v.120, p.331-338, 2004.

Githiori, J.B.; Hoglund, J.; Waller, P.J.; Baker, R.L. Evaluation of anthelmintic properties of some plants used as livestock dewormers against Haemonchus contortus infections in sheep. **Parasitology**, v.129, p.245-253, 2004.

Hawkins, J.A Economic benefits of parasite control in cattle, **Veterinary Parasitology**, v.46, p.159-173, 1993.

Honer, M.R.; Bianchin, I. Considerações básicas para um programa estratégico da verminose bovina em gado de corte no brasil.. **Circular Técnica**, v.20, p.1-53, 1987.

Jackson, H. Ivermectin as a systemic insecticide. **Parasitology Today**, v.5, p.146-155, 1989.

Kass, I.S.; Wang, C.C.; Walroun, J.P.; Stretton, A.O.W. Avermectin $B_{1\alpha}$, a paralyzing anthelmintic that affects interneurons and inhibitory motoneurons in *Ascaris*. Proceedings of National Academy of Sciences of USA, 77, p.6211-6215, 1980.

Kennedy, M.J.; Zobell, D.R.; Goonewarden, L. Effect of ivermectin on weight gains on yearling steers on pasture in central Alberta. **Can Vet J.**, v.30, n.4, p.346-347, 1989.

Le Jambre, L.F. *et al.* Inheritance of avermectin resistance in *Haemonchus contortus*. **International Journal for Parasitology**, v.30, p.105-111, 2000.

Lo, P.; Fink, D.; Williams, J.; Blodinger, J.P. Pharmacokinetics studies of ivermectin: effect of formulation. **Veterinary Research Communications**, v.9, p.251-268, 1985.

McKenzie, J.A. Genetics of resistance to chemotherapeutic agents. In: Anderson, N.; Waller, P.J (ed) **Resistance to anthelmintic drugs**, Melbourne: Australian Wool Corporation Technical Publication, p. 89-95, 1985.

Mello, M., Depner, R., Molento, M., Ferreira, J. Resistência lateral às macrolactonas em nematodas de bovinos. **Archives of Veterinary Science**, v.11, n.1, p.8-12, 2006.

Molento, M.B. et al. Influence of verapamil on the pharmacokinetics of the antiparasitic drugs ivermectin and moxidectin in sheep. **Parasitology Research**, v.92, p.121-127, 2004.

Molento, M.B.; Prichard, R.K. Effects of the multidrug-resistance-reversing agents verapamil and CL 347,099 on the efficacy of ivermectin or moxidectin against unselected and drug-selected strains of *Haemonchus contortus* is jirds (*Meriones unguiculatus*). **Parasitology Research**, v.85, p.1007-1011, 1999.

Mottier, L.; Lanusse, C. Bases moleculares de la resistencia a fármacos antihelmínticos. **Revista de Medicina Veterinária**, v.82, n.2, p.74-85, 2001.

Nari, A.; Eddi, C. Resistance to ecto and endo-parasites. *A challenge for the XXI century?* In: International Seminar in Animal Parasitology – "World situation of parasite resistance in veterinary medicine", 5., October, 2003, Merida, Yucatan, México. **Anais...** 2003, p. 53-60.

Nicolau, C.V.J.; Amarante, A.F.T.; Rocha, G.P.; Godoi, W.A.C. Relationship between performance and infections by gastrointestinal nematodes in growing Nelore cattle. **Arq. Bras. Med. Vet. Zootec.**, v.54, n.4, p.351-357, 2002.

Paiva, F.; Sato, M.O.; Acuna, A.H.; Jensen, J.R.; Bressan, M.C.R.V. Resistência a ivermectina em *Haemonchus placei e Cooperia punctata* em bovinos. **A Hora Veterinária**, v.20, n.120, p.29-32, 2001.

Pinheiro, A.C; Echevarria, F.A.M. Susceptibilidade de *Haemonchus* spp. em bovinos ao tratamento anti-helmintico com albendazole e oxfendazole. **Pesquisa Veterinária Brasileira**, v.10, n.1-2, p.19-21, 1990.

Pinheiro, AC.; Alves-Branco, F.P.J.; Sapper, M.F.M. Programa básico de orientação para o controle da verminose dos bovinos de corte no Rio Grande do Sul. In: **Controle dos principais ectoparasitos e endoparasitos em bovinos de corte no Rio Grande do Sul**. Bagé, Embrapa Pecuária Sul, Documentos, 18, p.39, 2000.

Pradhan, S.L.; Johnstone, I.L. *Haemonchus contortus*-the effect on lambs of prolonged exposure to daily and weekly doses of infective larvae. **Parasitology**, v.64, n.1, p.143-52, 1972.

Prichard, R. Anthelmintic resistance in nematodes: Extent, recent understanding and future directions for control and research. *International Journal for Parasitology*, v.20, p.515-523, 1990

Ramos, C.I.; Pfuetzenreiter, M.R.; Costa, F.S.; Dalagnol, C.A. Desenvolvimento e sobrevivência da fase de vida livre de nematódeos parasitas de bovinos em pastagens naturais dos Campos de Lages, SC, Brasil. **Revista Brasileira de Parasitologia Veterinária**, v.2, n.2, p.133-140, 1993.

Rocha, R.A., Pacheco, R.D.L.; Amarante, A.F.T. Efficacy of homeopathic treatment against natural infection of sheep by gastrointestinal nematodes. **Brazil. J. Vet. Parasitol**., v.15, p.23-27, 2006.

[My paper]Samson-Himmelstjerna, G.; Harder, A.; Sangster, N.C.; Coles, G.C. Efficacy of two cyclooctadepsipeptides, PF1022A and emodepside, against anthelmintic-resistant nematodes in sheep and cattle. **Parasitology**, v.130, p.343–347, 2005.

Shoop, W.L.; Mrozik, H.; Fisher, M.H. Structure and activity of avermectins and milbemycins in animal health. **Veterinary Parasitology**, v.59, n.2, p.139-156, 1995.

Shoop, W.L.; Soll, M. Chemistry, pharmacology and safety of the macrocyclic lactones. In: Vercruysse-J; Rew-RS (ed.), **Macrocyclic lactones in antiparasitic therapy**. CAB International, Wallingford, UK, p.1-29, 2002.

Silvestre, A.; Leignel, V.; Berrag, B.; Gasnier, N.; Humbert, J.F.; Chartier, C.; Cabaret, J. Sheep and goat nematode resistance to anthelmintics: pro and cons among breeding management factors. **Vet. Res**., v.33, p.465-480, 2002.

Smith, G.A.; Grenfell, B.T.; Isham, V.; Cornell, S. Anthelmintic resistance revisited: under-dosing, chemoprophylactic strategies, and mating probabilities. **International Journal for Parasitology**, v.29, n.1, p.77-91, 1999.

Smith, W.D; Zarlenga, D.S. Developments and hurdles in generating vaccines for controlling helminth parasites of grazing ruminants. **Veterinary Parasitology**, v.139, p.347-359, 2006.

Soutello, G.V.; Seno, M.C.Z.; Amarante, A.F.T. Anthelmintic resistance in cattle nematodes in northwestern Sao Paulo State, Brazil, **Veterinary Parasitology**, v.148, n.3-4, p.360-364, 2007.

Stone, B.F. The genetics of resistance by ticks to acaricides. **Australian Veterinary Journal**, v.48, p.345-350, 1972.

Souza, A.P.; Ramos, C.I.; Dalagnol, C. *et al.* Resistência de helmintos gastrintestinais de bovinos a anti-helmínticos no Estado de Santa Catarina. In: CONGRESSO BRASILEIRO DE PARASITOLOGIA VETERINÁRIA, 12, 2002, Rio de Janeiro. **Anais...**Rio de Janeiro: 2002.

Ueno, H. & Gonçalves, P.C. **Manual para diagnóstico das helmintoses de ruminantes**. 4 ed. Japão: JICA. 1998. 166p.

Van Wyk, J.A.; Hoste, H.; Kaplan R.M.; Besier R.B. Targeted selective treatment for worm management: *How do we sell rational programs to farmers?* **Veterinary Parasitology**, v.139, p.336-346, 2006.

Van Wyk, J.A. Refugia - Overlooked as perhaps the most potent factor concerning the development of anthelmintic resistance. **Onderstepoort Journal of Veterinary Research**, v.68, p.55-67, 2001.

CAPÍTULO 59

Romário Cerqueira Leite
Professor Titular
Departamento de Medicina Veterinária Preventiva
Escola de Veterinária - UFMG
Belo Horizonte, MG
romarioleite@gmail.com

Arildo Pinto da Cunha
Doutorando em Ciência Animal
UFMG. Belo Horizonte, MG
arildo.pcunha@gmail.com

Ana Cristina Passos de Paiva Bello
Doutoranda em Ciência Animal
UFMG. Belo Horizonte, MG
ana.pbello@gmail.com

Luísa Nogueira Domingues
Doutoranda em Ciência Animal
UFMG. Belo Horizonte, MG
dominguesln@gmail.com

Eduardo Bastianetto
Doutorando em Ciência Animal
UFMG. Belo Horizonte, MG
ebastianetto@yahoo.com.br

Controle de ectoparasitos em bovinocultura de corte

Introdução

O Brasil dispõe de um dos maiores rebanhos bovinos comerciais do mundo. É natural que, juntamente com esse rebanho, coexista uma enorme quantidade de espécies parasitárias, como carrapatos, moscas e larvas de moscas considerados os principais ectoparasitos de bovinos de corte nos trópicos. Com a evolução dos sistemas de produção, traduzida em melhorias genéticas pela seleção e introdução de raças especializadas, aumento da produtividade das pastagens e aumento das densidades absolutas e relativas por unidade de área (cabeça/ha), os efeitos deletérios dos parasitismos conjugados multiplicam-se, resultando em perdas consideráveis de animais e seus produtos.

Atualmente, a cadeia produtiva da carne no Brasil tem

sofrido grandes pressões sanitárias em razão de sua importância no mercado internacional, no sentido de aumentar, não só a qualidade de seu produto como também a produtividade de seu rebanho, buscando a sustentabilidade financeira da propriedade. Entretanto, muitas questões têm sido levantadas quanto ao manejo sanitário ao qual o rebanho brasileiro está submetido. De fato, não há uma uniformização nem priorização quanto às ações preventivas e de controle das parasitoses. Essas ações de manejo sanitário contra as ectoparasitoses, principalmente aquelas contra carrapatos e moscas, assumem um lugar importante como fator de custo de produção, já que correspondem a um vertedouro de recursos dentro da propriedade, podendo representar até 5% dos custos operacionais do sistema. Além disso, como fator complicador, constata-se o fenômeno da resistência a inúmeras bases químicas, resultante do mau uso dos produtos carrapaticidas/inseticidas.

Neste capítulo, serão abordados alguns dos aspectos relevantes dos fatores ambientais, socioeconômicos e culturais que, frequentemente, são pouco lembrados por pesquisadores e técnicos nas proposições de métodos de controle dos parasitos. Em relação aos hospedeiros, serão lembradas as grandes transformações que aconteceram em termos de cruzamentos raciais e aumento de concentrações de animais por áreas que condicionam as interações parasitos/hospedeiros e contribuem para um maior desenvolvimento dos parasitos. Também serão levantados aspectos fundamentais da biologia e epidemiologia dos agentes parasitários seguidos das respectivas proposições, para permitir ao leitor construir um raciocínio que o faça entender os processos e efeitos dessas parasitoses, e os princípios científicos que permitem propor métodos de controle que vão além da simples aplicação desordenada de produtos antiparasitários.

O meio ambiente

Os aspectos climáticos do meio ambiente que influenciam a biologia dos hospedeiros e agentes parasitários serão tratados no momento da abordagem de cada espécie. Neste tópico ainda serão enfatizados principais pontos de contato e apoio relativos ao meio ambiente sócioeconômico, estrutural e cultural, com os quais os profissionais constroem as intervenções dentro de cada propriedade. Destes, destacam-se os pecuaristas, os operadores locais do sistema - da gerência ao peão -, a infraestrutura local e os produtos antiparasitários.

Os pecuaristas

Os criadores de bovinos no País diferenciam-se entre si e atuam segundo costumes regionais. A maioria sobrevive de seus ganhos, e suas práticas de manejo não são uniformes. Por consequência, na prática, observa-se uma grande diversidade nos esquemas e métodos de aplicação de produtos antiparasitários. Um ponto agravante desse processo é o elevado nível de desconhecimento acerca dos ciclos biológicos, mecanismos de atuação dos parasitos e os métodos empregados para seus controles, o que dificulta sobremaneira o estabelecimento de protocolos únicos para transferência de tecnologias.

De modo geral, os prejuízos causados pelas parasitoses são pouco percebidos pelos produtores que dificilmente conseguem explicar de que maneira eles ocorrem. Por isso, é de fundamental importância o papel que os técnicos exercem como transmissores das informações relevantes para que haja uma maior clareza sobre o que são os parasitos, como atuam e os prejuízos que eles causam, para que compreendam a necessidade da utilização correta dos programas e produtos antiparasitários e, consequentemente, tenham maior aproveitamento dos seus investimentos.

Outro diagnóstico de destaque para a escolha de um método ou programa antiparasitário a ser utilizado na propriedade é conhecer em profundidade quais os objetivos que o produtor quer alcançar com seu empreendimento. Esse ponto torna-se, para os técnicos, um objetivo determinante para escolha do programa a ser instalado. Programas eficientes de controle, implantados sem as devidas avaliações financeiras têm sido causa de abandono em muitos dos projetos de controle estratégicos de parasitos. Em outras palavras, o produtor tem que conhecer exatamente a importância do projeto, concordar com ele para que incorpore a prática em seu cotidiano, principalmente porque, uma vez implantado, ele terá que ser executado enquanto durar o empreendimento.

Os operadores dos sistemas

Neste tópico, encontram-se os maiores problemas e também as melhores soluções para as práticas do controle estratégico auxiliares no manejo parasitário em bovinos. Trata-se do homem, é nele e com ele que devem ser compartilhadas as atenções mais importantes. Não ocorre transferência de tecnologia entre dois interlocutores se um deles não detém o conhecimento que lhe permita compreender toda a extensão do problema para propor e executar uma determinada tarefa. Da mesma forma que é importante a integração plena do proprietário ao programa antiparasitário, também ao operador devem ser dadas informações detalhadas sobre as atividades a serem executadas. Assim, as informações devem circular igualmente entre técnicos, produtores e trabalhadores.

O treinamento de pessoal na pecuária constitui-se um dos investimentos mais importantes a serem realizados no sistema. O conhecimento das espécies parasitárias, seus ciclos de vida, os prejuízos causados por elas, as formas e esquemas de combate têm que, necessariamente, fazer parte do cotidiano do trabalhador para que o sistema alcance seus melhores resultados.

A infraestrutura

De maneira geral, as instalações para contenções para práticas de imunização existentes nas propriedades, atualmente, são oriundas de antigas campanhas contra febre aftosa e raiva dos herbívoros, construídas a partir da década de 1960. Essas estruturas podem perfeitamente ser utilizadas para os tratamentos antiparasitários de uso oral, injetáveis e *pour-ons*. Entretanto, nem sempre tais estruturas encontram-se em estado adequado de conservação. Por vezes, apresentam-se sem cobertura contra intempéries, acessórios de segurança e passarelas adequadas. É sempre bom lembrar que é imprescindível uma contenção eficiente para que não se percam dosificações - injetáveis ou orais - e, principalmente, para garantir a segurança dos trabalhadores e animais.

Por outro lado, a situação torna-se crítica quando se trata da aplicação de inseticidas/carrapaticidas. Nesses casos, pode-se considerar que existe um enorme descompasso entre as tecnologias de controle propostas, a qualidade dos produtos ofertados aos produtores e os sistemas de aplicação em uso no País. Além das diferenças entre os métodos de aplicação utilizados nas diferentes regiões do Brasil, são raras as propriedades que dispõem de equipamentos para aplicação dos produtos, particularmente aqueles que compõem o grupo dos concentrados emulsionáveis que são aplicados após diluição em água. Apesar de predominarem em termos de número de marcas e apresentações comerciais e serem aqueles que mais tempo têm de existência em comercialização no País, são também os mais mal utilizados no campo. Sobre a infraestrutura para aplicação de carrapaticidas/inseticidas, serão detalhados alguns aspectos mais importantes.

Na Região Sul, predomina o uso dos banheiros de imersão, seguidos pelos bretes de aspersão e um uso ainda considerável de pulverizadores costais de uso agrícola. Já, no restante do País, observa-se a predominância do uso dos aspersores costais, independentemente do tamanho dos rebanhos, fato que se constitui em uma das principais causas de erros na aplicação de carrapaticidas/inseticidas. Também são bastante utilizados os pulverizadores tanques agrícolas de grande volume, tipo rema-rema ou *capeta*, de desempenho intermediário e utilização deficitária. Mais recentemente, houve a entrada no comércio dos pulverizadores de uso residencial *hobby* ou profissionais de várias marcas que vêm ganhando espaço nesse mercado. Todos proporcionam erros primários de utilização que consistem na aplicação dos produtos mantendo-se os animais soltos ou, na melhor das hipóteses, semicontidos em um curral de menor área. O comportamento de fuga dos animais mantidos dessa maneira resulta sempre em animais parcialmente tratados ou não tratados, particularmente no que diz respeito à região da cabeça e pavilhão auricular, fontes permanentes de infestações residuais ao tratamento incompleto, causa importante de falhas no controle.

Outras consequências desse processo são: grande perda de volume de emulsão carrapaticida, o que torna os equipamentos antieconômicos e poluidores; a distância mantida entre o operador e o animal impede o acesso às partes baixas dos animais, locais efetivamente mais importantes para aplicação dos carrapaticidas dada as preferências desses sítios de parasitismos pelos carrapatos; com grande frequência, os bicos pulverizadores estão dispostos frontalmente nas lanças, o que impede a aplicação correta nas dobras de pele do períneo, baixo ventre e axilas, obrigando também o operador a realizar grande esforço na aplicação para atingir razoavelmente o local alvo. Dessas impropriedades resultam desperdícios de produto, como no caso dos aspersores mecanizados, em que para um tratamento eficiente podem ser necessários até sete litros por unidade animal (U.A.) ou, ao contrário, insuficiência de banho, como no caso do uso dos aspersores costais, em que se constata uma média de 250 mL de calda aspergida por U.A., quando a indicação de bula para esses produtos recomenda cinco litros, em média.

Uma sugestão razoável que pode ser difundida para correção dos problemas relacionados aos tratamentos por aspersão é a mecanização da aplicação por intermédio de um equipamento específico para essa atividade a ser construído na propriedade. Em primeiro lugar, será necessário construir um equipamento reservatório-propulsor potente, que garanta a pressurização da calda em direção aos aspersores, e também que tenha um retorno ao reservatório para manter a emulsão em agitação. Além disto, será de extrema importância acoplar o sistema a uma seringa de contenção apropriada para manter os animais adequadamente durante o serviço. Também deverá ser feita a adequação de uma lança, que deve ser equipada com bicos dispostos de forma transversal, que permitem a operação de banho correta, distanciada de 20 a 30cm do corpo do animal, garantindo a segurança do operador, acesso aos pontos críticos do animal e rapidez operacional. Os operadores, nesse caso, trabalham sempre em sentido oposto e contrário, um caminhando da frente para trás e o outro no sentido inverso, para evitar a contaminação de ambos e ao mesmo tempo ajustar a posição dos animais para o banho. Nesse sistema garante-se, de uma só vez, grande rapidez na operação e redução no consumo do produto para uma média eficaz de 2,5 a 3 litros por U.A. tratada, o que significa uma redução de aproximadamente 50% dos custos de tratamento, em comparação com os sistemas tradicionais.

Em tempos de grande prevalência de estirpes de carrapatos resistentes na maioria dos rebanhos, esse método de aplicação sem reaproveitamento de calda excedente dos banhos, pode representar grande valor na eficácia dos tratamentos.

Em relação aos banheiros de imersão, ainda que possam ser considerados os mais eficientes e econômicos métodos até então utilizados para controle de ectoparasitos, vários são os fatores causadores do declínio de seu uso. Em primeiro lugar, em face da difusa seleção de estirpes de carrapatos resistentes às várias bases carrapaticidas introduzidas sucessivamente no mercado de insumos veterinários nas ultimas cinco décadas, no Brasil e em vários Países do mundo, houve uma grande restrição da expansão da produção de formulações específicas para uso em banheiros de imersão. Tal fato, associado ao custo de implantação, de manutenção de novos banheiros e das cargas, desencoraja o corpo técnico e os produtores a seguirem nessa direção. Entretanto, aqueles proprietários que já possuem essas instalações não devem abandoná-las sem antes efetuar uma rigorosa avaliação das possibilidades de continuar utilizando-as por intermédio de controles de qualidade efetuados pelas empresas fornecedoras dos produtos, de informações oriundas dos operadores do equipamento, da avaliação de sensibilidade das estirpes dos carrapatos locais, para determinar a melhor escolha dos produtos para uso, da manutenção rigorosa dos níveis d'água e concentração de uso dos produtos, do controle dos níveis de lastro, prevenção de vazamentos e inundações, manutenção de coberturas, etc.

Os bretes de aspersão constituem, também, uma alternativa viável como método de aplicação de parasiticidas, desde que sejam tomadas algumas medidas preventivas aos problemas que muitos deles possuem. De maneira geral, o túnel borrifador é de pouca extensão, propiciando uma rápida passagem dos animais que, de uma forma geral, são ariscos pela própria condição de manejo a que são submetidos. Esse problema pode ser solucionado com o emprego de cortinas estrategicamente adaptadas ao aparelho, de modo a retardar a passagem dos animais. Além disso, é preciso ter toda a atenção com a distribuição dos bicos aspersores no que diz respeito ao número, localização e condição de funcionamento. Eles devem ser numericamente superiores no piso e laterais inferiores do aparelho. Uma vez que esse sistema funciona com calda reaproveitada, e muitos detritos não filtrados podem causar entupimentos de bicos, pode-se esperar a perda da eficácia do tratamento. Faz-se necessária, também, atenção redobrada na concentração da calda, pois, com frequência, os últimos animais tratados nesse sistema podem receber tratamento volumetricamente correto, porém com concentração insuficiente para promover dosificação eficaz.

Os antiparasitários - carrapaticidas e inseticidas

Com o objetivo de disponibilizar ao leitor uma fonte de consulta rápida de produtos ectoparasiticidas, encontra-se em anexo a este capítulo uma listagem sintética dos principais produtos comerciais registrados no Ministério da Agricultura, atualmente disponibilizados pelo mercado, na qual estão indicadas as composições de bases, suas misturas e concentrações, de forma a permitir uma escolha de acordo com o propósito de uso. Essa listagem foi extraída do Manual de Produtos Veterinários (MVP), veículo oficial do SINDAN, que pode ser acessado por intermédio do site http://www.cpvs.com.br (**Anexo 1**).

Como pode ser percebido, há um grande número de produtos disponíveis no mercado para serem utilizados como ectoparasiticidas, entretanto, há pouca variedade de bases químicas. Ocorre que as mesmas bases são apresentadas em produtos diferentes pelos diversos laboratórios que disputam esse mercado. A escolha dos produtos a serem utilizados demanda estudos e planejamentos criteriosos por parte dos veterinários assistentes que, necessariamente, têm que considerar, para sua indicação terapêutica, as condições epidemiológicas encontradas em cada propriedade, assim como o histórico de uso dos produtos e o estado de sensibilidade dos parasitos aos fármacos. Além disso, o acompanhamento dos efeitos terapêuticos torna-se cada vez mais imperioso, uma vez que resistências aos produtos antiparasitários já estão manifestas no País para quase todos os grupos parasitários.

Os hospedeiros animais - Os bovinos

A população de parasitas, a intensidade de parasitismo e o impacto das parasitoses sobre a pecuária de corte nacional está intimamente relacionada com as diversas densidades animais, nas quais são manejados os rebanhos bovinos. Durante longo período da história da pecuária brasileira, pequenos rebanhos eram criados em largas extensões de pasto, mantendo por isso baixíssima densidade animal. Na década de 1970, calculava-se uma densidade média bovina de aproximadamente 0,4 cabeças/ha/ano para as propriedades do Brasil Central. Além disso, a população bovina de corte era predominantemente de origem zebuína, raça esta reconhecidamente resistente às infestações pelos carrapatos, em decorrência de um longo processo de seleção dos animais, determinado pela origem comum dos hospedeiros e seus parasitos. Portanto, naquela época os carrapatos não eram motivo de preocupação dos criadores de animais de corte.

Com o expressivo desenvolvimento agrícola, iniciado a partir desta década, o encarecimento das terras determinou, por um lado, o deslocamento de parte dos rebanhos para áreas mais distantes nas quais o preço das terras era menor; e, por outro, os que permaneceram foram automaticamente obrigados a um adensamento crescente e constante para manter competitividade com a agricultura. O adensamento resultante exigiu melhorias das técnicas de manejo das pastagens e, ao mesmo tempo, propiciaram excepcionais condições ecológicas para o desenvolvimento dos carrapatos, assim como para os demais parasitos. Dessa forma, a maior densidade animal facilita o acesso de parasitas à alimentação, o que aumenta o grau de infestação dos hospedeiros.

Os agentes - O carrapato do boi, o berne, a mosca-dos-chifres, a mosca dos estábulos, e a mosca- das-bicheiras

De maneira geral, o desenvolvimento das populações parasitárias segue a dinâmica das estações do ano. Os ciclos de vida das populações do carrapato, berne, mosca-dos-chifres, mosca-dos-estábulos e mosca-das-bicheiras intensificam-se a partir da primavera, o que determina o crescimento das populações desses parasitos durante verão e outono. Nesses períodos, também há uma maior disponibilidade de plantas forrageiras nas pastagens, o que favorece uma maior capacidade de defesa natural dos bovinos, tornando-os menos vulneráveis às infestações e suas consequências.

A distribuição dos parasitos não é equitativa em todos os animais do rebanho. Observa-se uma distribuição binomial negativa em que um pequeno número de animais alberga a maior parte dos parasitos em vida parasitária. A maioria dos animais do rebanho permanece com baixas infestações, que não causam prejuízos significativos aos animais mas têm grande importância na difusão e na manutenção das populações de parasitas. Como consequência da distribuição binomial negativa dos parasitos, apenas uma parcela de indivíduos apresenta os sinais clínicos típicos encontrados em animais com alta parasitemia. A manifestação clínica dos animais é percebida pelos pecuaristas, que utilizam de forma empírica a prática de medicar somente os animais mais *fracos ou infestados*. Esse ato minimiza o prejuízo presente no sistema de produção por evitar a morte do animal, entretanto, numa visão contemporânea, é um típico exemplo de intervenção terapêutica ineficiente ou mesmo um claro diagnóstico de ausência de programa antiparasitário na propriedade.

Essa prática perpetua-se por decorrência da visão fragmentada dos pecuaristas sobre o problema das parasitoses animais e da venda livre dos produtos no mercado sem a exigência do receituário de prescrição medicamentosa. Como consequência desse mal uso de fármacos, estima-se que são perdidas 70% das dosificações anti-helmínticas realizadas nos bovinos no Brasil (Pereira; Leite; Bianchin, 2005), assim como se mostram crescentes os diagnósticos de resistência difusa e múltipla de carrapatos e moscas-dos-chifres por todo o território brasileiro (Barros, 2006; Furlong; Martins; Prata, 2007). Os antiparasitários representam, aproximadamente, 34,0% do mercado de insumos veterinários do País (Sindan, 2008).

Os esforços técnicos devem, portanto, modificar esse quadro por meio da difusão por toda a cadeia produtiva da adoção de programas estratégicos integrados de controle, já largamente publicados por Institutos de Pesquisa e Universidades Brasileiras. Nesses programas, é preconizada a medicação preventiva dos animais, na qual é maximizado o potencial parasiticida das drogas de forma que seus efeitos sejam traduzidos em investimentos e não em custos aos sistemas de produção. A busca permanente desses conhecimentos por estudantes, técnicos e pecuaristas é o caminho para o desenvolvimento sustentado da pecuária brasileira.

Com o intuito de alcançar esses objetivos, serão apresentadas, para cada um dos principais ectoparasitos, que afetam a bovinocultura de corte do País, informações importantes que permitem aos estudantes, profissionais e produtores, planejar e executar os programas antiparasitários também apresentados neste capítulo.

O carrapato do boi – *Rhipicephalus (Boophilus) microplus*

O carrapato dos bovinos *Rhipicephalus (Boophilus) microplus* (Canestrini, 1887) (Acari: Ixodidae) destaca-se dentre os ectoparasitos que interferem na produtividade animal, causando prejuízos à pecuária de corte em todo o mundo, sendo o carrapato mais importante dos bovinos

(Martins, 2006). Estima-se que anualmente, no Brasil, esse carrapato cause um prejuízo de US$ 2 bilhões (Grisi *et al.*, 2002).

Está presente nas regiões tropicais e subtropicais do mundo, entre os paralelos 32°N e 32°S, sendo encontrado na América do Sul e Central, México, Ilhas do Caribe, Austrália, África do Sul e alguns Países da Ásia (Gonzales, 1974). Durante sua alimentação, ocorre a ingestão de tecidos e sangue do hospedeiro e a passagem da saliva do carrapato para o corpo do animal, onde estão presentes toxinas, moduladores da resposta imune e parasitos. O animal parasitado apresenta redução do apetite e fraqueza, que culmina na debilidade nutricional (Gibbs, 1985). Fatores, como idade, estado físico e nutricional, raça e tipo de manejo ao qual o animal está submetido, e características imunológicas individuais interferem no grau de parasitismo pelo carrapato.

Essa espécie está comprovadamente envolvida na transmissão de doenças causadas por protozoários, bactérias e vírus. É o vetor dos protozoários *Babesia bovis*, *Babesia bigemina* causadores da piroplasmose e, em determinadas condições, pode transmitir a rickéttsia *Anaplasma marginale*, agente da anaplamose bovina. Essas doenças causam nos animais quadros de febre, anemia e prostração, que interferem no crescimento e podem levar os animais a óbito, elevando o custo de produção em todo o mundo (Bellato, 1981; Nuñes; Cobeñas; Molteldo, 1982; Hoogstraal, 1992).

Os prejuízos decorrentes da ação dos carrapatos sobre os hospedeiros podem ser considerados de duas ordens. Prejuízos de **ordem direta** que dizem respeito ao hematofagismo e estão diretamente relacionados à severidade da infestação, resultando, na maioria das vezes, em diminuição do apetite com consequente perda de peso, queda de produtividade, baixa natalidade e, em situações espoliativas extremas, ao óbito do animal (Horn, 1983). Estima-se que cada carrapato, ao completar seu ciclo sobre o corpo do animal, realiza a ingestão de 0,5 a 3 mL de sangue (Nuñes; Cobeñas; Moltedo, 1982). Lesões causadas pelos carrapatos adultos não transpassam o couro, entretanto, além de gerarem a depreciação de seu valor pelas cicatrizes, também abrem portas para infecções secundárias e contaminações por miíases (Penna, 1989).

Os prejuízos de **ordem indireta** dizem respeito ao consumo exagerado, muitas vezes durante todo o ano, de produtos químicos potencialmente tóxicos a quem os manipula, aos animais, ao ambiente e aos gastos decorrentes das instalações, do equipamento e do desvio da mão de obra de sua rotina para os constantes tratamentos. Segundo Rocha (2005), o uso de produtos carrapaticidas é feito com número excessivo de banhos, sem base metodológica, apenas para evitar altas infestações, em que a qualidade do banho carrapaticida é afetada tanto pela falta de um equipamento condizente com o sistema de produção como pelo desconhecimento dos produtos e da biologia desse parasito.

Esse carrapato apresenta alta especificidade parasitária, parasitando quase exclusivamente os bovinos. Aproximadamente 5% dos carrapatos, independentemente de seu estágio de desenvolvimento, presentes em uma propriedade encontram-se nos animais. Os 95% restantes estão no ambiente, nas formas de teleóginas, ovos e larvas. Ao se aplicar um medicamento carrapaticida nos animais, serão atingidos somente a fração da população em fase parasitária (5%), razão pela qual o nível de eficácia do produto empregado, necessariamente, terá que superar 95%, devendo-se dar preferência para aqueles que superam 99% de eficácia nos testes de laboratório.

O carrapato do boi realiza todo o seu ciclo de vida sobre o hospedeiro, o que o classifica como carrapato monoxeno. Segundo Furlong (2000), seu ciclo de vida está dividido em duas fases que, em condições ótimas de temperatura e umidade (27°C e umidade do ar maior que 70%), ocorrem da seguinte maneira no território brasileiro.

Fase de vida livre

O período de pré-postura médio varia de dois a quatro dias, tendo início a partir da queda da fêmea ingurgitada no ambiente para realizar uma postura única de até 3.000 ovos. O período de postura dura até quatro semanas, há a eclosão de uma larva de cada ovo em até sete dias após o inicio da postura e posterior fortalecimento da cutícula das larvas em 2 a 3 dias. As larvas possuem fototropismo positivo, migram até a extremidade de folhas e arbustos, onde aguardam a passagem do hospedeiro durante o dia; ao entardecer, retornam ao solo. Sua capacidade de migração lateral é bastante reduzida. Em condições adequadas, essa fase estará completa em 35 dias. Nas condições tropicais e subtropicais, essas larvas poderão sobreviver por mais um período de 30 a 90 dias.

Fase de vida parasitária

Após subir e se fixar no animal, as **Larvas** alimentam-se inicialmente, de tecidos do hospedeiro por elas digeridos e, em seguida, de sangue. A ecdise (troca da cutícula externa) para o estagio de **Ninfa** ocorre depois de quatro a sete dias. Inicia-se, então, outra fase de alimentação que perdura por mais sete dias, seguida de nova ecdise para o estágio **Adulto**, de duração média de sete dias. Na forma adulta, ocorre maturação sexual, acasalamento, alimentação e queda das fêmeas. Todo o ciclo sobre o corpo do animal completa-se em 18 a 22 dias. Somando-se as fases de vida livre e parasitária, o período médio de desenvolvimento e de sobrevivência desses carrapatos nas condições tropicais e subtropicais é de 120 dias.

Interferência do meio ambiente sobre a biologia e o controle do *R. (B.) microplus*

As condições climáticas interferem de forma significativa sobre as etapas da fase de vida livre, enquanto a fase de vida parasitária sofre pouca influência da temperatura e da umidade (Furlong, 2000). Nos meses de inverno, a temperatura exerce limitações ao desenvolvimento dos ínstares presentes nas pastagens, diminuindo, consideravelmente, a reinfestação sobre os animais. Temperaturas inferiores a 15° C interferem na eclodibilidade dos ovos (Gonzales, 2003). Em Vacaria, RS, Laranja *et al.* (1986) observaram que não houve eclosão de larvas em posturas realizadas por teleóginas no período de inverno. Em território Argentino, no inverno, o ciclo completa-se em até 193 dias (Nuñes; Cobeñas; Moltedo, 1982). No Sudeste do Brasil, Oliveira *et al.* (1974) observaram a interferência das condições climáticas nos períodos da fase não parasitária, em que a sobrevivência das larvas foi mais curta no verão e maior no inverno.

Nas regiões Central (Sudeste e Centro-Oeste), Norte e Zona da Mata do Nordeste brasileiro, as condições médias de temperatura e umidade permitem o desenvolvimento e a sobrevivência dos carrapatos em todos os meses, podendo apresentar até quatro gerações ao longo do ano. A partir da primavera (1ª geração), observa-se, nessas regiões, o crescimento das populações em vida livre e parasitária, que continua crescente durante o verão (2ª geração) até atingir seu maior número nos meses do outono (3ª geração). No inverno (4ª geração), há uma desaceleração do aumento populacional que varia em razão da intensidade de frio. Assim, as 3ª e 4ª gerações serão os alvos principais do programa estratégico, ficando reservadas às 1ª e 2ª gerações as ações de controle tático.

Controle estratégico

Como dito anteriormente, para iniciar a implementação de um esquema de controle é primordial que os agentes diretamente envolvidos com o sistema estejam integralmente cientes do processo. Para isso, faz-se necessária uma capacitação do grupo de trabalho para que, ao compartilharem do conhecimento sobre a atividade, tornem-se competentes e, ao mesmo tempo, sirvam como difusores dessa tecnologia a outras propriedades ao redor. Esse conhecimento inicia-se pela capacidade do executor para realizar a diferenciação e identificação das espécies, ter em mente seus ciclos de vida e sua epidemiologia.

Com esse tipo de programa, objetiva-se a diminuição da infestação e não sua erradicação, já que, como a maioria dos estados do País é considerado endêmico para a Tristeza Parasitária Bovina, é necessário manter um número baixo de carrapatos para se manter o sistema imune do hospedeiro competente para novas infestações pelos agentes parasitários da Tristeza Parasitária Bovina.

Após a capacitação do pessoal e da estruturação da propriedade, o próximo passo é caracterizar o perfil de sensibilidade dos carrapatos aos produtos das diferentes bases carrapaticidas, disponíveis no mercado, para determinar o(s) mais eficaz(es). Para tanto, faz-se necessária a colheita e o envio ao laboratório de, no mínimo, 200 fêmeas completamente ingurgitadas, colhidas de animais que não tenham sido banhados nos últimos 30 dias e acondicionadas, para análise, em caixa de papelão ou envelope pardo. Os testes deverão ser realizados dentro de um período máximo de 48 horas. O produto ideal deverá alcançar uma eficácia igual ou superior a 95%. Apenas após a posse desses resultados, deve-se avaliar o custo-benefício dos produtos possíveis de serem escolhidos. Esses cuidados resultarão na otimização e prolongamento da vida útil de cada base utilizada. Esses testes deverão ser realizados pelo menos uma vez ao ano, necessariamente antes do início do programa.

Deve-se ficar atento para o fato de que os diferentes sistemas de produção também vão interferir diretamente no grau de infestação do rebanho. Sistemas intensivos, com alta densidade animal, podem agravar as infestações por parasitos. Essas situações exigem uma atenção ainda maior ao tratamento correto do rebanho (Labruna; Veríssimo, 2001) de modo que cada categoria deverá ser observada por causa do risco de infestação a que está submetida.

Quando tratar os animais?

Como já dito anteriormente, um dado importante a ser levado em conta ao se traçar um programa de controle estratégico é a dinâmica das gerações do carrapato ao longo do ano.

Essa proposta visa à unificação dos tratamentos para as diferentes altitudes, de forma a uniformizar um controle estratégico integrado de parasitos para toda a propriedade, além de englobar os carrapatos dos bovinos e equinos, bernes e moscas-dos-chifres, de modo que seja uma ação concentrada e viável na rotina de trabalho de propriedades produtoras de gado de corte.

Por essas razões, pré-determinou-se o período de início dos tratamentos dos bovinos em abril, coincidindo com o início dos tratamentos das infestações dos equinos por *Amblyomma cajennense* e a vermifugação estratégica dos bovinos de corte, que é feita no mês de maio, de modo a maximizar a mão de obra disponível na propriedade. Além dos fatos acima descritos, nessa época ocorre uma diminuição do número e da intensidade das chuvas nas regiões Centro-Oeste e Sudeste, reduzindo o risco de lavagem dos produtos aplicados por aspersão ou *pour-ons*.

O programa de banhos deve ser mantido durante um período de 120 dias, que corresponde ao tempo da queda da teleógina ao chão, da postura e da eclodibilidade e da viabilidade das larvas no ambiente, como já explicado. O intervalo entre os tratamentos não pode ser pré-determinado, os animais devem ser medicados novamente ao se observar o aparecimento da partenógina (fêmea semi-ingurgitada), que mede ao redor de 3mm.

O número de tratamentos durante o período de controle estratégico e a sua eficiência serão determinados pela sensibilidade dos carrapatos aos medicamentos utilizados, pela densidade animal, pela composição racial do rebanho, além da eficiência na utilização dos medicamentos. Espera-se que, a partir do primeiro ano, ocorra uma redução do número de tratamentos em cada programa estratégico.

Uma vez alcançado o sucesso no controle dos carrapatos pela aplicação dos tratamentos estratégicos, sua manutenção no sistema será mantida pelos tratamentos táticos que, além de garantir níveis econômicos de infestações nos animais, resultarão também num processo importante de limpeza de pastagens.

Controle tático

Os banhos táticos são executados fora do período de 120 dias do controle estratégico. Devem ser realizados nas situações em que o programa anual esteja em risco, como exemplo, ao se introduzir animais oriundos de outros rebanhos e nos animais considerados fundo de rebanho (5 a 20%) de cada categoria, que mantém uma maior carga parasitária e devem ser observados permanentemente.

O Berne - *Dermatobia hominis*

Díptero pertencente à família Cuterebridae, a mosca- *Dermatobia hominis* (Lineu Jr., 1781), é endêmica na região Neotropical, sendo encontrada em zonas úmidas, desde o Sul do México até o Norte da Argentina.

Suas larvas são biontófagas, alimentam-se de tecido vivo dos seus hospedeiros e causam o quadro conhecido como miíase primária cutânea nodular ou berne, enquanto os adultos, que possuem um curto período de vida, não se alimentam e são inofensivos aos hospedeiros. Os movimentos das larvas dentro dos nódulos causam dor, inquietação e irritação, prejudicando a alimentação e o descanso dos animais, levando a uma menor produção de leite e carne (Netto *et al.*, 2001). Os nódulos levam à desvalorização do couro (Magalhães; Lesskiu, 1982) e, em conjunto com a redução na produção de leite e carne, geram prejuízos estimados em 260 milhões de dólares anuais na América Latina (Lancaster; Meisch, 1986).

Os adultos dessa espécie vivem dentro das matas, próximos às pastagens, onde se protegem dos raios solares e da dessecação. As larvas parasitam mamíferos silvestres e domésticos. Entre os animais domésticos, têm preferência pelos bovinos e cães, mas também parasitam os bufalinos, gatos, suínos, homem e raramente os equinos.

As fêmeas capturam outros dípteros durante o vôo e depositam seus ovos na parte lateroventral do abdômen dos mesmos. Esses insetos são considerados vetores ou foréticos dos ovos de *D. hominis*. Mais de 50 espécies, pertencentes às famílias Muscidae, Anthomyidae, Tabanidae, Sarcophagidae, Culicidae, Simulidae e Cuterebridae podem servir de carreadores dos ovos de *D. hominis* (Batista; Leite, 1997; Silva Jr., 2000).

Ainda dentro dos ovos, ocorre o desenvolvimento da larva L1 e, quando os vetores pousam sobre um mamífero, o calor e odor emanado por eles estimulam fortemente a emergência das larvas e a transferência das mesmas para os hospedeiros. As larvas penetram na pele intacta pelo pedículo piloso, provocando uma miíase nodular cutânea. O tamanho dos nódulos aumenta à medida que as larvas crescem e as secreções sanguinolentas emanadas atraem um maior número de insetos vetores, aumentando assim a possibilidade de uma maior reinfestação pelas larvas do berne ou o surgimento de miíases secundárias. O três estágios larvais então se desenvolvem e as larvas maduras abandonam naturalmente os animais, durante a noite ou nas primeiras horas da madrugada, para evitar a ação abrasiva do sol e dos predadores, e caem no solo onde se enterram em diversas profundidades e se desenvolvem as pupas. Os adultos emergem nas primeiras horas da manhã e, em consequência da sua curta longevidade, possuem um vigor sexual acentuado. Tanto machos quanto fêmeas copulam de 4 a 5 vezes e, no segundo dia de vida, a fêmea já inicia a oviposição sobre os vetores.

O ciclo é completado com 80 a 100 dias, o que determina de duas a três gerações ao ano. A incubação dos ovos demora oito dias e os três ínstares larvais desenvolvem-se em 35 a 41 dias dentro da pele de seu hospedeiro. O estágio de pupa desenvolve-se no solo com 32 a 40 dias. Os adultos podem sobreviver, em média, de três a seis dias (Borja, 2002).

As infestações iniciam em meados da primavera, alcançam seu pico máximo no verão, começam a diminuir em meados do outono e atravessam o inverno em números muito baixos, chamando pouca atenção dos produtores. Porém, do ponto de vista epidemiológico, têm uma enorme importância na manutenção das populações, pois irão gerar o aumento populacional a partir da primavera seguinte. Por essa razão, os tratamentos estratégicos contra o berne devem se concentrar durante a estação seca, pois, dessa maneira, o combate aos bernes fará parte do controle estratégico integrado de ectoparasitos dos bovinos de corte.

Controle estratégico

O controle eficiente dos bernes nas propriedades não é tarefa fácil de alcançar em virtude da grande diversidade de hospedeiros alternativos, tanto domésticos quanto silvestres, do grande número de espécies de insetos vetores dos ovos e larvas e do sistema extensivo de manejo do gado bovino que corroboram a manutenção do ciclo selvagem de *D. hominis* (Borja, 2002). Desde meados do século 20, predominaram, para o tratamento dos bernes, formulações de bases fosforadas de aplicação tópica por pulverização ou aplicação por pincel em misturas oleosas, como óleo queimado de uso automotivo. A partir de 1980, com o advento das avermectinas, ocorreu uma forte mudança na escolha dos fármacos antiberne, de forma que os bernicidas fosforados passaram a ser utilizados de forma marginal. Por causa da sua alta sensibilidade às avermectinas e à moxidectina (Moya-Borja *et al.*, 1993; Borja *et al.*, 1998; Netto *et al.*, 2001) e do uso rotineiro destas no controle dos endoparasitos dos bovinos, nota-se, nesta década, uma grande diminuição das populações de *D. hominis* nas propriedades que utilizam tais drogas.

A aplicação dos endectocidas para o controle desse parasito só terá sucesso quando for efetuada em todo o rebanho, utilizando-se a dose padrão recomendada pelo fabricante, pois animais infestados e não tratados mantidos nos rebanhos serão fontes de infestação naquele ambiente. A medicação dos animais nos meses de maio, julho e setembro, para o controle das verminoses, associada a tratamentos intermediários com bernicidas de uso local durante um período de cinco meses, a partir de abril, reduzirá drasticamente as infestações nos rebanhos.

Controle tático

Caso sejam encontrados nódulos primários em animais após o período de controle estratégico é necessário buscar sua origem, se oriunda do próprio rebanho ou de rebanhos vizinhos. Além disso, pastagens sujas abrigam animais silvestres e grande quantidade de vetores que podem manter o ciclo silvestre do parasita, o que obriga, nessas circunstâncias, vigilância redobrada. Os tratamentos táticos seguem a frequência e a lógica empregada nos tratamentos táticos do carrapato dos bovinos. Também, nesses casos, a tendência geral a ser observada nos anos seguintes é a queda gradativa das infestações por bernes nos rebanhos tratados estrategicamente.

Mosca-dos-chifres - *Haematobia irritans irritans*

A mosca-dos-chifres *Haematobia irritans irritans* (Linnaeus, 1758) (Diptera: Muscidae), apresenta ampla distribuição geográfica, ocorrendo na Europa, norte da África, Ásia, Austrália e América. A introdução desse parasito no Continente Americano ocorreu, no final do século XIX, com bovinos trazidos da Europa (Riley, 1889). Sua presença na América do Sul foi reportada pela primeira vez na Venezuela (Volgesang; De Armas, 1940) e, no fim da década de 70, foi registrada na região Norte do Brasil, sendo descrita pela primeira vez em 1983 (Valério; Guimarães, 1983).

A mosca-dos-chifres ficou confinada no Norte do País por cerca de 10 anos, em decorrência da barreira natural formada pela Floresta Amazônica, conseguindo ultrapassá-la somente por meio do transporte de animais parasitados para outras regiões do País. Atualmente, encontra-se distribuída em todos os estados brasileiros. O clima tropical, subtropical e o predomínio da pecuária extensiva praticada na Região Central contribuíram para sua rápida dispersão e estabelecimento (Honer; Bianchin; Gomes, 1991).

Seu nome científico, *H. irritans*, já sugere o motivo da sua importância: machos e fêmeas com seu hábito alimentar exclusivamente hematófago, causam uma imensa irritação e desconforto aos animais e prejudicam a alimentação, o repouso adequado e provocam um expressivo gasto de energia, motivos pelos quais os animais reduzem o ganho de peso, a produção de leite e apresentam problemas reprodutivos e danos ao couro (Suárez; Fort; Busetti, 1995; Gugliemone *et al.*, 1999; Bianchin *et al.*, 2004). Estima-se que as perdas causadas diretamente pela irritação aos animais somadas às perdas relativas ao controle deste parasito, como mão de obra, produtos veterinários e gastos com equipamentos e instalações, gerem um prejuízo de US$865 milhões anuais no País (Bianchin; Koller; Detmann, 2006).

Machos e fêmeas são hematófagos, quando adultos. As fêmeas só deixam os hospedeiros para ovipor nas fezes recém-defecadas e logo depois retornam ao parasitismo. Cada fêmea é capaz de colocar de 100 a 200 ovos viáveis, em média, durante todo seu período de vida que pode chegar a até 35 dias.

O principal hospedeiro desse ectoparasita é o gado bovino e há preferência pelos animais de origem europeia (*Bos taurus*) e seus cruzamentos e por animais de pelagem escura, adultos e machos. Entretanto, dependendo do nível de infestação das propriedades, podem ser parasitados também os equinos, os animais de pelagem clara, os animais jovens e até mesmo o homem.

As fêmeas grávidas realizam as posturas nas bordas das massas fecais recém-depositadas, nas quais, em menos de 24 horas, as larvas iniciam seu desenvolvimento. Em poucos dias, as larvas encontram-se completamente desenvolvidas e atingem a fase de pupa que se desenvolve na própria massa fecal ou no solo logo abaixo desta. A pupa então se desenvolve para os adultos que emergem dos pupários e vão à procura dos hospedeiros quando o ciclo reinicia (Thomas, 1985; Mendes; Linhares, 1999).

O tempo de desenvolvimento da larva e da pupa é influenciado pela temperatura, sendo que o frio aumenta o intervalo de mudança dessas fases (Palmer; Bay; Sharpe, 1981; Collares, 1990; Lysyk, 1992; Barros, 2002). Quando as temperaturas médias diárias, de um período igual a 10 dias, superam 26,5° C, e nesse mesmo intervalo ocorrem três dias de chuva ou acumulam-se 50mm de água, tem-se o encurtamento do período pupal e o ciclo de vida se fecha em até oito dias (Collares, 1990).

A população de mosca-dos-chifres tem um acréscimo seguindo o aumento da temperatura e pluviosidade (primavera), após uma estação seca e fria, e outro no fim do período das águas (outono), após a redução das chuvas do verão. As chuvas excessivas do verão, assim como o clima seco e frio do inverno, não são favoráveis ao desenvolvimento da mosca, determinando baixas infestações no rebanho (Collares, 1990; Saueressig, 1993; Alves-Branco, Pinheiro, Sapper, 1997; Lima, Perri, Prado, 1999; Barros, 2001; Marques *et al.*, 2006).

Em relação ao *status* de sensibilidade das moscas-dos-chifres aos inseticidas utilizados, deve-se ressaltar que o histórico de mau uso para seu combate, desde sua introdução na região do Brasil Central, início da década de 1990, deixou consequências que já podem ser consideradas graves em termos de seleção de estirpes resistentes em todas as regiões do País. Sucessivamente, as formulações de bases piretroides, seguidas pelas formulações mistas de piretroides e fosforados de aplicação tópica *pour-ons* ou de aspersão já não produzem os efeitos iniciais em muitos criatórios (Barros, 2005). Ultimamente, predominam, pela praticidade de seu uso, as formulações fosforadas de liberação lenta em brincos impregnados, comercializados por várias empresas de produtos veterinários. A escolha do método de combate à mosca, assim como a escolha dos produtos a serem utilizados, devem ser motivos de uma avaliação acurada dos produtores e técnicos.

Controle estratégico

Ao implementar um programa de controle da mosca-dos-chifres deve-se propor práticas de ação que considerem as características biológicas da mosca, do medicamento que será utilizado, das condições ambientais e físicas do sistema de produção em questão.

O principal objetivo a ser alcançado é a quebra dos picos de crescimento exponencial da mosca, que ocorre em meados da primavera, antes que as infestações atinjam limites prejudiciais, quando o número médio situa-se ao redor de 200 moscas por animal (limiar econômico) e os animais encotram-se bastante inquietos, com intensos movimento de cabeça e cauda. Esse período acontece quando os animais estão saindo do período da seca, as vacas estão recém-paridas, magras, no pico do aleitamento, e os touros estão se preparando fisiologicamente para a cobrição. É quando os animais precisam ser protegidos para que possam aproveitar ao máximo a rebrota do capim, acumulando reservas para a próxima estação de monta. Também é necessário quebrar o segundo pico de moscas que ocorre ao final do verão e início do outono, durante as últimas chuvas da estação. Dessa forma, o controle estratégico da mosca-dos-chifres concentra-se em dois tratamentos a serem realizados nos meses de outubro e março/abril.

Sugere-se que, no início do período chuvoso, todos os animais do rebanho recebam duas aplicações de uma formulação pour-on na dosagem correta, segundo o peso dos animais, com intervalo de 14 dias entre as mesmas, ou duas aplicações intervaladas de sete dias, se o produto de escolha for uma formulação de aplicação por aspersão. Se a escolha for pelos brincos impregnados com produtos organofosforados, os mesmos devem permanecer por um período máximo de 120 dias. Ao final desse período, é necessária a retirada dos brincos em virtude da baixa quantidade de inseticida liberada. A insistência na utilização de quantidades reduzidas de medicamento, seja através dos brincos, banho de aspersão ou por medicação tópica *pour on*, permite a sobrevivência e multiplicação de moscas resistentes, facilitando o desenvolvimento de resistência na população.

No final da estação chuvosa (março/abril), nova avaliação deverá ser feita em razão das condições climáticas do ano e da carga parasitária para escolha da estratégia e de produtos a serem utilizados em todo o rebanho.

Controle tático

É importante enfatizar a necessidade de difundir entre criadores a ideia de que, sendo impossível erradicar a mosca-dos-chifres, necessita-se aumentar o grau de tolerância do proprietário às moscas, aceitando-se uma taxa de infestação reduzida sobre os animais. Essa medida é fundamental para preservar as poucas alternativas farmacológicas que estão disponível no mercado para combate à mosca-dos-chifres.

Após o outono e o término da estação chuvosa, dificilmente haverá infestações acima do limiar econômico, portanto, durante este período, não será necessário fazer nenhum tipo de tratamento no rebanho.

Associados ao controle químico, deve-se considerar a importante ação do besouro *Digitonthophagus gazella* (Fabricius, 1787) (Coleoptera: Scarabaeidade) que age indiretamente sobre as moscas, ao enterrar as massas fecais e/ou desestruturá-las, o hábitat dos estágios imaturos. Esse besouro contribui também na reciclagem de nutrientes, estrutura, aeração e limpeza do solo, evitando que ocorra grande acúmulo de fezes no pasto e diminua o espaço de alimentação do gado (Mliranda; Santos; Biachin, 2000).

Mosca-dos-estábulos - *Stomoxys calcitrans*

A mosca-dos-estábulos, *Stomoxys calcitrans* (Linnaeus, 1758), é um díptero pertencente à família Muscidae, assim como *H. irritans*. Apresenta ampla distribuição geográfica e está presente em diferentes regiões do Brasil (Freitas *et al.*, 1984).

Hematófaga, suas dolorosas picadas causam um imenso desconforto aos seus hospedeiros, ocasionando redução na produção de leite (Guimarães, 1984; Bruce; Decker, 1958), ganho de peso e conversão alimentar (Wieman, 1993). Essa espécie ainda ocasiona prejuízos pelo fato de transmitir parasitos como *Trypanosoma evansi*, agente do *mal das cadeiras*, *Anaplasma marginale*, vírus da anemia infecciosa equina e da leucose bovina (Foil *et al.*, 1983; Freitas; Romero, 1991; Queiroz *et al.*, 2000; Melo *et al.*, 2001), além de ser vetora das larvas de *Habronema muscae* e ovos de *D. hominis* (Mello; Cuocolo, 1943; Batista; Leite, 1997).

Adultos, machos e fêmeas são hematófagos, de hábitos diurnos e são encontrados sobre seus hospedeiros ou nas partes altas das paredes de estábulos e habitações próximas às estrebarias (Batista *et al.*, 2005; Kasai, Schumaker, Dell Porto, 1990). As larvas e pupas desenvolvem-se em matéria orgânica úmida em decomposição onde são depositados os ovos pelas fêmeas.

O ciclo total de ovo a adulto oscila entre 33 e 36 dias na temperatura de 21°C, sendo que, em condições adversas, pode se estender além de dois meses. As fêmeas iniciam a postura nove dias após a emergência do pupário, o período de incubação dos ovos pode durar de dois a cinco dias, quando a temperatura situa-se entre 21 e 26°C, o período larval estende-se por 14 a 16 dias na mesma temperatura e o período pupal pode oscilar entre 5 a 26 dias (Bitencourtt, 1998).

As fêmeas realizam as posturas na matéria orgânica em decomposição, como restos de silagem, misturadas a fezes de animais em um ambiente úmido que se acumulam nos currais, debaixo ou ao redor de cochos de alimentação. Também, com as fezes dos animais misturadas com palha de café e urina (Guimarães, 1984; Skoda, Thomas, Campbell, 1991; Lysyk, 1993). Dentre os melhores substratos para a criação da mosca- dos-estábulos, destacam-se as fezes das aves e dos suínos (Guimarães, 1984; Bruno *et al.*, 1993), que produzem grandes surtos e prejuízos em bovinoculturas conduzidas ao redor de granjas de aves ou suínos em varias regiões do País. Surtos de mosca-dos-estábulos já foram observados também em pastagens vizinhas de lavoura de mamão, quando restos de caules apodrecidos, oriundos da recepagem para o controle do vírus do mosaico do mamoeiro, não foram enterrados.

Há maior incidência de adultos que parasitam os hospedeiros no início da primavera ao início do verão, com decréscimo da população no fim do verão e outono, atingindo os níveis mais baixos no inverno, possivelmente influen-ciados negativamente por baixos níveis de umidade relativa e pluviosidade (Kasai *et al.*, 1990; Gonçalves; Veiga, 1994; Bittencourt, 1998; Batista *et al.*, 2005).

Essa espécie parasita diversos animais destacando-se os equinos e bovinos, que são atacados preferencialmente nos membros torácicos (Lysyk, 1995; Dougherty *et al.*, 1993; Bittencourt, 2000). As cabras e ovelhas também podem ser atingidas e são parasitadas principalmente nas pernas. Os suínos são mais parasitados atrás das orelhas, e os cães são atacados com maior frequência na ponta das orelhas. O homem também pode ser picado até através da vestimenta (Guimarães, 1984).

Com o intuito de se livrar das moscas e das suas picadas dolorosas, os bovinos e equinos se protegem em riachos, lagoas, represas e até mesmo na lama, na qual se esfregam até cobrir todo o corpo para formar uma camada espessa. Os animais também se agrupam para esfregar uns nos outros e proteger os membros torácicos das picadas (Guimarães, 1984; Bittencourt, 1998). Os cavalos se locomovem a esmo no campo na tentativa de espantar as moscas, e os bovinos levantam os membros, realizam movimentos bruscos com a cabeça, cauda, orelhas e pele (Dougherty *et al.*, 1993). Mediante esse esforço contínuo, há um maior gasto de energia, os animais ficam cansados, não se alimentam normalmente, emagrecem e ficam predispostos a outras doenças.

Controle estratégico

A melhor forma de controle para *S. calcitrans* é diminuir o substrato de oviposição e desenvolvimento das larvas e pupas para, assim, evitar o surgimento de novas gerações. Dessa forma, deve-se implementar nas propriedades a remoção contínua de restos alimentares, esterco e qualquer outro tipo de matéria orgânica, oriunda dos cochos, currais e estábulos. Essa operação deverá ser rotineira na propriedade. Todo esse material deve ser levado para áreas de produção de lavouras e lá distribuído em camadas de perfil menor que dois centímetros de espessura, para inviabilizar o ambiente de reprodução das moscas ou, até mesmo, enterrá-lo com práticas agrícolas de aração e gradagem. Também pode ser direcionado para esterqueiras, se a propriedade possuir estrutura adequada de manejo desses restos, em que o calor produzido pela fermentação será suficiente para destruir as formas imaturas presentes. Não se recomenda a utilização rotineira de aplicação de inseticidas como forma prioritária de combate a essa praga. Em propriedades que realizam o controle das moscas-dos-chifres pelo uso do programa de controle estratégico integrado, os problemas dos ataques pela mosca-dos-estábulos tendem a ser minimizados.

Controle tático

Como complemento do controle estratégico, em situações de surtos ocasionais, pode-se aplicar inseticidas nos estábulos, currais, abrigos e cercas, locais onde os adultos das moscas se abrigam nos intervalos da alimentação, e nos próprios animais com o intuito de diminuir, momentaneamente, a população de adultos.

É necessário, entretanto, avaliar as causas das ocorrências, se decorrentes de um acúmulo momentâneo de substrato por uma situação anômala de manejo ou se os surtos derivam de restos orgânicos de produção permanente, como aqueles oriundos de restos de lavouras, palhas de culturas, como a do café, ou mesmo aqueles derivados de sistemas de produção avícola ou suinícola. Nesses casos, por se tratar de situações complexas e de alto risco de litígio e ações judiciais, deve o produtor prejudicado, embasado em laudos técnicos comprobatórios, buscar acordos com os responsáveis da fonte de substratos para a solução do problema. Em muitos casos conhecidos, somente a via judicial poderá resolver a situação.

A mosca-das-bicheiras -*Cochliomyia hominivorax*

Cochliomyia hominivorax (Coquerel: 1858) (Diptera: Calliphoridae) é nativa da América Neotropical, ocorrendo desde o Sul dos Estados Unidos ao Norte do Chile. Entretanto, com as campanhas de erradicação desenvolvidas, principalmente pelos Estados Unidos e México, sua atual distribuição endêmica compreende as

Américas Central e do Sul e Ilhas do Caribe (FAO, 1992a).

Segundo a FAO (1992b), em grande parte das Américas, essa mosca é considerada a principal praga dos bovídeos e a segunda mais importante dentre as pragas causadas por artrópodes, em decorrrência do prejuízo causado pelo hábito alimentar de suas larvas. As larvas alimentam-se de fluidos e tecido muscular vivo dos seus hospedeiros, causando o quadro conhecido como miíase cutânea primária* ou bicheira. O parasitismo pelas larvas de *C. hominivorax* ocasiona menor produção de leite e carne pelos animais, lesões no couro e torna os hospedeiros suscetíveis a outras doenças (FAO, 1992b).

Adultos, machos e fêmeas, têm hábito diurno, podem voar por mais de 40 km e sobrevivem, em média, quatro semanas sobre temperatura de 25°C e umidade relativa do ar de 70%. São inofensivos para os hospedeiros, apresentam aparelho bucal lambedor e alimentam-se de açúcares vegetais, podendo a fêmea alimentar-de exudados de lesões cutâneas e secreções de mucosa dos mamíferos.

As fêmeas são fecundadas uma única vez na vida, sendo que machos e fêmeas estão maduros sexualmente após 36 a 48 horas de nascidos. A fêmea inicia a postura com quatro a cinco dias de nascida, fazendo deposição dos ovos na margem das lesões recentes ou nas cavidades naturais dos animais de sangue quente.

Os ovos são brancos, elípticos e medem aproximadamente 1mm de comprimento. Após 12 a 24 horas, eclode uma larva de primeiro estádio (L1) de cada ovo. Essa larva, por movimentos próprios, alcança a lesão cutânea e inicia o parasitismo, isto é, começa a se alimentar vorazmente do tecido vivo do hospedeiro com ajuda de enzimas proteolíticas produzidas por elas. Após mais dois dias, a L1 muda para L2, e esta transforma-se em L3 depois de mais três dias. Nesse estádio, a larva abandona espontaneamente o hospedeiro, chega ao solo onde se enterra e realiza muda para pupa. A pupa não se alimenta, respira oxigênio e completa seu desenvolvimento em sete a 10 dias, quando então emerge o inseto adulto. No verão, o ciclo completo pode ocorrer em duas semanas (Leite, 2004).

As lesões formadas nos locais onde as larvas se desenvolvem exalam um odor desagradável que pode servir como atrativo para novas, posturas dessa mosca, como também de outras como *Phaenicia* spp., *Lucillia* spp., *C. macellaria*, que normalmente proliferam em carcaças, mas podem crescer em tecido necrosado de animais vivos, originando as miíases secundárias. As lesões podem evoluir consideravelmente e, dependendo da localização, podem causar cegueira, peritonite, manqueira, afecções dentárias ou genitais, além de infecções bacterianas (Oliveira, 1982).

Altas precipitações e inverno rigoroso reduzem as populações de *C. hominivorax* e há um aumento na população sob temperaturas altas e com umidade relativa favorável, características que ocorrem após as primeiras chuvas da primavera e no outono em grande parte do território brasileiro (Wiegand *et al.*, 1991; Gomes *et al.*, 1998).

Controle estratégico

O controle das miíases ou bicheiras é uma pratica cotidiana em todas as propriedades. A melhor forma de controlar as bicheiras por *C. hominivorax* é a proteção das feridas em que as fêmeas realizam as posturas, como as provocadas por descorna, castração, cura de umbigo ou lesões acidentais. Suas ocorrências são pouco previsíveis, de forma que a melhor estratégia a ser utilizada é sua prevenção. Deve haver uma vigilância constante dos animais para que, assim que for detectada uma lesão, promover seu imediato tratamento e proteção.

Algumas práticas cirúrgicas acontecem rotineiramente em uma propriedade de gado de corte. Nas castrações, descornas e preparos de rufiões, podem ser aplicados, preventivamente, nos animais 200 mcg de doramectina por via intramuscular por kg de peso corporal, 24 horas

* Miíase: Infestação de vertebrados vivos por larvas de dípteros. Podem ser primárias ou obrigatórias - causadas por larvas que necessitam obrigatoriamente passar pelo período parasitário em tecidos vivos dos hospedeiros (larvas biontófagas); ou facultativas ou secundárias – causadas por larvas que usualmente desenvolvem-se em matéria orgânica em decomposição, mas podem atingir o tecido necrosado (necrobiontófagas) de um hospedeiro vivo.

antes do ato cirúrgico, como forma de inviabilizar a postura e a instalação de miíases por *C. hominivorax*. Essa prática assegura uma eficácia média de 95% na prevenção de instalação de bicheiras (Borja *et al.*,1996). A cura de umbigo de animais recém-nascidos pode ser efetuada, da mesma forma, pela aplicação da mesma dosagem logo após o nascimento

Práticas tradicionais anteriores e alternativas ainda muito utilizadas, usam mata-bicheiras de bases inseticidas em forma de *sprays*, pastas e líquidos, que garantem bons níveis de eficácia, dependentes da forma e do rigor como forem aplicados. Em todos os casos, o processo cicatricial exige a vigilância diária da ferida que, em média, encerra-se ao redor de 15 dias.

Para os casos imprevistos em que for detectada uma bicheira já instalada, realizar a lavagem do local com água e sabão. Utilizar, em seguida, substâncias larvicidas, como éter ou clorofórmio, retirar as larvas uma a uma com a ajuda de uma pinça, fazer uma análise minuciosa do local para não deixar nenhuma larva ou corpo estranho que possa impedir o processo cicatricial. Avaliar a necessidade da administração de uma antibioticoterapia ao animal, no caso de sinais de inflamação de origem infecciosa.

Após todo esse procedimento, deverá ser aplicado um repelente de moscas nas bordas da ferida para evitar novas oviposições. Nunca se deve aplicar inseticidas diretamente sobre as lesões das bicheiras, pois pode haver intoxicação dos animais, particularmente aqueles muito jovens. A fração inseticida dos *sprays* é constituída, na maioria das vezes, por produtos fosforados de toxicidade elevada.

No Sul dos Estados Unidos, assim como no Norte da África, onde esse inseto foi introduzido em 1988, conseguiu-se sua erradicação pela técnica de soltura de machos estéreis no campo. Esses machos copulam com as fêmeas e estas produzem ovos inférteis e, então, o ciclo não se completa. Juntamente com essa técnica, ainda foram utilizadas medidas de educação sanitária, inspeção e tratamento das bicheiras, armadilhas letais para insetos adultos e animais sentinelas (FAO, 1992a). Esse modelo de erradicação representa um fato singular para a entomologia, com resultados efetivos de custo-benefício positivos para pecuária; entretanto envolve um complexo programa de preparação e execução que requer grandes somas de recursos financeiros e infraestrutura. No Brasil, essa técnica ainda não está disponível, mas testes já estão sendo realizados.

Considerações finais

A síntese de um programa estratégico integrado para o controle dos parasitos de bovinos de corte apresentada na forma de um calendário, encontra-se no **Anexo 2**.

Trata-se de uma sugestão à qual poderão ser adicionadas outras práticas sanitárias para compor um calendário geral para cada propriedade. Além de permitir um planejamento técnico e economicamente correto para a racionalização de compras e aplicação dos insumos de produção, os carrapaticidas e inseticidas, o calendário permitirá criar indicadores de acompanhamento e execução de tarefas previstas, o que poderá facilitar o processo administrativo do empreendimento.

O calendário proposto destina-se a ser utilizado nas Regiões Sudeste, Centro-Oeste e Sul da Amazônia, nas quais a característica climática comum é o inverno seco, representada pelos meses de junho, julho e agosto como os mais secos de cada ano (Honer; Bianchin,1987). Nessas regiões, concentram-se aproximadamente 70% dos animais e rebanhos de corte do País.

Indicadores epidemiológicos semelhantes podem ser utilizados para a montagem de programas estratégicos integrados de controle de parasitos nas Regiões Sul, Nordeste e Extremo Norte, desde que sejam ajustados os meses de implantação do programa e observadas as características epidemiológicas dos ectoparasitos regionais.

Referências bibliográficas

Introdução

Barros, A.T.M. Situação atual da resistência de *Haematobia irritans* a diferentes princípios ativos. In: CONGRESSO BRASILEIRO DE PARASITOLOGIA VETERINÁRIA,14., SIMPÓSIO LATINO-AMERICANO DE RICKETTSIOSES, 2., 2006, Ribeirão Preto. **Resumos...** Ribeirão Preto: CBPV, p.210. 2006.

Furlong, J.; Martins, J.R.; Prata, M.C. O carrapato dos bovinos e a resistência: temos o que comemorar? **A Hora Veterinária**, Porto Alegre, Ano 27, n.159, 2007.

Pereira, A.B. da Luz; Leite, R.C.; Bianchin, I. Prejuízos econômicos e importância do controle estratégico. In: SIMPÓSI PFIZER SOBRE VERMINOSE BOBVINA, 2., 2005, São Paulo. **Anais...**, p.7-14, 2005.

Sindan, Sindicato Nacional da Indústria de Produtos para Saúde Animal. **Mercado Veterinário, 2008**. Disponível em: http://www.sindan.org.br/sd/sindan/index.html Acesso em: 12/11/2009.

Rhipicephalus (Boophilus) microplus

Bellato, V. Tristeza parasitária dos bovinos. In: CURSO SOBRE PARASITOSES DOS RUMINANTES, 1., **Anais...**1981, Lages. p.113-130, 1982.

Furlong, J. Carrapato dos bovinos, conheça bem para controlar melhor. In: ENCONTRO INTEGRADO DE MÉDICOS VETERINARIOS DA ZONA DA MATA-MG, 1., Juiz de Fora, **Anais...** p.15-23, 2000.

Gibbs, H.C. Effects of parasites on Animal and Meat Production. In: Gaafar, S.M.; Howard, W.E.; Marsh, R.E. **Parasites, Pest and Predators**, Amsterdam: Elsevier, v.2, p.20-27, 1985.

Gonzales, J.C. **O controle do carrapato do boi**. 3 ed. Passo Fundo: UPF, 2003, 129p.

Gonzales, J.C. **O carrapato do boi: vida, resistência e controle**. São Paulo: Mestre Jou, 1974. 101p.

Grisi, L.; Massard, C.L.; Borja, G.E.M.; Pereira, J.B. Impacto econômico das principais ectoparasitoses em bovinos no Brasil. **A Hora Veterinária**, Porto Alegre, n.125, p.8-10, 2002.

Hoogstraal, H. Ticks. In: Gaafar, S.M.; Howard, W.E.; Marsh, R.E. **Parasites, Pest and Predators**, Amsterdam:Elsevier, v.2, p. 347-370, 1982.

Horn, S.C. **Carrapato, berne e bicheira no Brasil**. Ministério da Agricultura, Brasília, 1983, 153p.

Labruna, M.B.; Verissimo, C. J. Observações sobre a infestação por *Boophilus microplus* (Acari: Ixodidae) em bovinos mantidos em rotação de pastagem, sob alta densidade animal. **Arquivos do Instituto Biológico**, São Paulo, v.68, n.2, p.115-120, 2001.

Laranja, R.J. *et al*. Potencial de reprodução do *Boophilus microplus* na região de campos de cima da serra, Vacaria, R.S. **Bol. Inst. Pesq. Vet. Desidério Finamor**, v.9, p.9-17, 1986.

Martins, J.R. Controle estratégico do carrapato *Boophilus microplus*. CONGRESSO BRASILEIRO DE PARASITOLOGIA VETERINÁRIA, 14., SIMPÓSIO LATINO AMERICANO DE RICKETTSIOSES, 2., 2006, Ribeirão Preto. **Mesa Redonda...** Ribeirão Preto: CBPV, p. 119-120, 2006.

Nuñes, J.L.; Cobeñas, M.E.M.; Molteldo, H.L. ***Boophilus microplus*, La garrapata comun del ganado vacuno**. Hemisferio Sur 1Ed. Bs. Rep. Argentina, 184p, 1982.

Oliveira, G.P.; Costa, R. de P.; Mello, R.P. de; Meneguelli, C.A. Estudo ecológico da fase não parasitária do *Boophilus microplus* (Canestrini, 1887)(Acarina:Ixodidae) no Estado do Rio de Janeiro. **Arq. Univ. Fed. Rur.**, v.4, n.1, p.1-10, 1974.

Penna, V.M. *Boophilus microplus:* A resistência genética do hospedeiro como forma de controle. **Cadernos Técnicos da Escola de Veterinária da UFMG**, v.4, p.3-65, 1989.

Rocha, C.M.B.M. **Percepção e atitude de produtores de leite de Minas Gerais de diferentes estratos de produção em relação ao *Boophilus microplus***. 2005. 62p. Tese de Doutorado - Escola de Veterinária. Universidade Federal de Minas Gerais, Belo Horizonte, 2005.

Dermatobia hominis

Batista, Z.; Leite, R.C. Ocorrência de vetores biológicos da *Dermatobia hominis* (L. Jr., 1781) (Diptera: Cuterebridae), capturados com armadilha de Magoon na região metalúrgica do Estado de Minas Gerais. Brasil. **Revista Ciência Rural**, v.27, p.645–649, 1997.

Borja, G.E.M. Biologia do berne, comportamento, distribuição, dinâmica populacional, prejuízo e manejo integrado. **A Hora Veterinária**, Ano 22, n.129, p.41-44, 2002.

Borja, G.E.M.; Mercier, P.; White, C.R. Persistência comparativa de quatro endectocidas contra infestação natural por *Dermatobia hominis* em bovinos. **A Hora Veterinária**, v.18, n.106, p.33-39, 1998.

Lancaster, J.L.; Meisch, M.V. **Arthropods in livestock and poultry production**. New York: John Miley & Sons, 395 pp, 1986.

Magalhães, F.E.P.; Lesskiu, C. Efeito do controle do berne sobre o ganho de peso e qualidade dos couros em bovinos de corte. **Pesquisa Agropecuária Brasileira**, v.17, n.2, p.329-336, 1982.

Moya-Borja, G.E.; Muniz, R.A.; Samaria A. *et al*. Therapeutic and persistent efficacy of doramectin against *Dermatobia hominis* in cattle. *Veterinary Parasitology*, v.49, n.1, p.85-93, 1993.

Netto, F.G.S.; Gomes, A.; Magalhães, J.A.; Tavares, A.C.; Teixeira, C.A.D. **Avaliação da avermectina no controle da mosca-do-berne (*Dermatobia hominis*) em Rondônia**. Rondônia. EMBRAPA-CPAF, 2001. p. 3-6 (Comunicado Técnico, 190).

Silva Jr., V.P. da. **Biologia da fase parasitária da *Dermatobia hominis* (Linnaeus, Jr, 1781) (Diptera:Cuterebridae) em bovinos, capacidade de oviposição em condições laboratoriais e ocorrência em hospedeiros naturais.** 2000. 105p. Tese de Doutorado – Escola de Veterinária. Universidade Federal Rural do Rio de Janeiro, 2000.

Mosca-dos-chifres

Alves-Branco, F.P.J.; Pinheiro, A.C.; Sapper, M.F.M. Epidemiologia da *Haematobia irritans* na região da campanha do RS – Dados preliminares. **Revista Brasileira de Parasitologia Veterinária**, v.6, n.2 (suplemento 1), p.46, 1997.

Barros, A.T.M. Dynamics of *Haematobia irritans irritans* (Diptera: Muscidae) infestation on Nelore cattle in the Pantanal, Brazil. **Memórias do Instituto Oswaldo Cruz**, v.96, n.4, p.445-450, 2001.

Barros, A.T.M. Desenvolvimento de *Haematobia irritans* em massas fecais de bovinos mantidas em laboratório. **Pesquisa Agropecuária Brasileira**, v.37, n.2, p.217-221, 2002.

Barros, A.T.M. **Aspectos do controle da mosca-dos-chifres e manejo da resistência**. Corumbá: EMBRAPA, 2005. 23p. (Documento Embrapa, n. 77).

Bianchin; I; Koller, W.; Alves, R.G.O.; Detmann, E. Efeito da mosca-dos-chifres, *Haematobia irritans* (L.) (Diptera: Muscidade), no ganho de peso de bovinos Nelore. **Ciência Rural**, v.34, n.3, p.885-890, 2004.

Bianchin; I; Koller, W.; Detmann, E. Sazonalidade de *Haematobia irritans* no Brasil Central. **Pesquisa Veterinária Brasileira**, v.26, n.2, p.79-86, 2006

Collares, N.C.P. **Biologia da *Haematobia irritans* em Roraima**. 1990. 67p. Dissertação de Mestrado – Escola de Veterinária, Universidade Federal de Minas Gerais, Belo Horizonte, 1990.

Guglielmone, A.A.; Gimeno, E.; Zsdiart, J. *et al.* Skin lesions and cattle hide damage from *Haematobia irritans* infestations. **Medical and Veterinary Entomology**, v.13, p.324-329, 1999.

Honer, M.R.; Bianchin, I.; Gomes, A. **Mosca-dos-chifres**: histórico, biologia e controle. Campo Grande: EMBRAPA, 1991. 34 p. (Documento EMBRAPA, n. 45).

Lima, L.G.F.; Perri, S.H.V.; Prado, A.P. Comparação de métodos de contagem da mosca-dos-chifres (*Haematobia irritans irritans*) por estimativa visual e por filmagem em bovinos da raça Nelore. In. SEMINÁRIO BRASILEIRO DE PARASITOLOGIA VETERINÁRIA, 11., **Anais...**, Salvador, p. 121, 1999.

Lysyk, T.J. Simulating development of immature horn flies, *Haematobia irritans irritans* (L.) (Diptera: Muscidae), in Alberta. **Canadian Entomologist**, Ottawa, v. 124, p. 841-851, 1992.

Marques, R.P.; Souza-Polezzi, R.C.; Maruyam, L.C.T.; Barros, A.T.M. Níveis de infestação de *Haematobia irritans* (Diptera: Muscidae) no município de Cassilândia-MS. In: CONGRESSO BRASILEIRO DE PARASITOLOGIA VETERINÁRIA, 14., SIMPÓSIO LATINO-AMERICANO DE RICKETTSIOSES, 2., 2006, Ribeirão Preto. **Resumos...** Ribeirão Preto: CBPV, p. 207. 2006.

Mendes, J.; Linhares, A.X. Diapause, pupation sites and parasitism of the horn fly, *Haematobia irritans,* in south-eastern Brazil. **Medical and Veterinary Entomology**, v.1, n.13, p.185-190, 1999.

Miranda, C.H.B.; Santos, J.C.C.; Bianchin, I. The role of *Digitonthophagus gazella* in pasture cleaning and production as a result of burial of cattle dung. **Pasturas Tropicales**, v.22, n.1, p.14-18, 2000.

Palmer, W.A.; Bay, D.E.; Sharpe, P.J.H. Influence of temperature on the development and survival of the immature stages of horn fly, *Haematobia irritans irritans* (L.). **Protection Ecology**, v.3, n.4, p.299-309, 1981.

Riley, C.V. The horn-fly. **Insect Life**. Washington, v.2, p.93-103, 1889.

Saueressig, T.M. Dinâmica populacional da mosca-dos-chifres *Haematobia irritans* em uma área do Distrito Federal. In: CONGRESSO INTERNACIONAL DE MEDICINA VETERINÁRIA EM LÍNGUA PORTUGUESA, 6., 1993, Salvador. **Anais...** p. 344-345. 1993.

Suáres, V.H.; Fort, M.C.; Busetti, M.R. Observaciones del efecto de la mosca de los cuernos en el comportamiento y la produtividad de la cría bovina en la región semiárida pampeana. **Revista de Medicina Veterinaria**, Buenos Aires, v. 76, p. 83-87,1995.

Thomas Jr. , D.B. The pupation site of some dung-breeding Diptera in Central Texas with special emphasis on the horn fly, *Haematobia irritans* (L.). **Southwestern Entomologist**, v.10, n.4, p.274-278, 1985.

Valério, J.R.; Guimarães, J.H. Sobre a ocorrência de uma nova praga, *Haematobia irritans* (L) (Diptera: Muscidae) no Brasil. **Revista Brasileira de Zoologia**, v.1, p.417-418, 1983.

Volgesang, E.G.; De Armas, J.C. La mosquilla del ganado, *Lyperosia irritans* (L. 1761) en Venezuela. **Revista de Medicina Veterinaria y Parasitologia**, v.2, p.95-98, 1940.

Stomoxys calcitrans

Batista, Z.; Leite, R.C. Ocorrência de vetores biológicos da *Dermatobia hominis* (L. Jr., 1781) (Diptera: Cuterebridae), capturados com armadilha de Magoon na região metalúrgica do Estado de Minas Gerais. Brasil. **Revista Ciência Rural**, v.27, p.645–649, 1997.

Batista, Z.; Leite, R.C.; Oliveira, P.R.; Lopes, C.M.L.; Borges, L.M.F. Populational dynamics of *Stomoxys calcitrans* (Linneaus) (Diptera: Muscidae) in three biocenosis, Minas Gerais, Brazil. **Veterinary Parasitology**, v.130, p.343–346, 2005.

Bittencourt, A.J. **Aspectos clínicos-epidemiológicos de *Stomoxys calcitrans* (Linnaeus, 1758) em bovinos e eqüinos em Espírito Santo do Pinhal, SP.** 1998. 120p. Tese de Doutorado – Escola de Veterinária. Universidade Federal Rural do Rio de Janeiro, Seropédica, 1998.

Bittencourt, A.J.; Borja, G.E.M. *Stomoxys calcitrans* (L.): Preferência por regiões do corpo de eqüinos para alimentação. **Parasitologia al Dia**, v.24, n.3-4, 2000.

Bruce, W.N.; Decker, G.C. The relationship of stable flie abundance to milk production in dairy cattle. **Journal of Economic Entomology**, v.51, n.3, p.269-274, 1958.

Bruno, T.V.; Guimarães, J.H.; Santos, A.M.M.D.; Tucci, E.C. Synantropic flies (Diptera) and their predators breeding in poultry manure in the state of São Paulo, Brazil.**Revista Brasileira de Entomologia**, v.37, n.3, p.577-590, 1993.

Dougherty, C.T.; Knapp, F.W.; Burrus, P.B. *et al.* Multiple release os stable flies (*Stomoxys calcitrans* L.) and behaviour of grazing beef cattle. **Aplied Animal Behavior Science**, v.38, n.3-4, p.191-212, 1993.

Foil, L.D.; Meek, C.L.; Adams, W.V.; Issel, C.J. Mechanical transmission of equine infectious anemia virus by deer flies (*Crysops flavidus*) and stable flies (*Stomoxys calcitrans*). **American Journal of Veterinary Research**, v. 44, p. 115-116, 1983.

Freitas, M.; Costa, H.M.A.; Costa, J.O. *et al.* **Entomologia e Acarologia Médica e Veterinária**. 6 ed. Belo Horizonte, Precisa Ed. Gráfica, 1984.

Freitas, T.R.; Romero, C.H. Experimental transmission of bovine leukosis virus by leukocites recovered from the stable fly *Stomoxys calcitrans* L. **Brazilian Journal Medical Research**, v.24, p.1017-1023, 1991.

Gonçalves, N.M.F.; Veiga, L.A. Influence of temperature on the occurence of *Stomoxys calcitrans* in poultry ranches (*Gallus gallus*). **Arquivos de Biologia e Tecnologia**, v.37, n.4, p.853-864, 1994.

Guimarães, J.H. Mosca dos estábulos – Uma importante praga do gado. **Agroquímica Ciba-Geigy**, n.28, p.10-14, 1984.

Kasai, N.; Schumaker, T.T.S.; Dell' Porto, A. Variação sazonal de dípteros capturados em armadilha de Magoon modificada, em Santana de Paranaíba. Estado de São Paulo. **Revista Brasileira de Entomologia**, v.34, p. 369-380, 1990.

Lysyk, T.J. Adult resting and larval development sites of stable flies and house flies (Diptera: Muscidade) on Dairies in Alberta. **Journal of Economic Entomology**, v.86, n.6, p.1746-1753, 1993.

Lysyk, T.J. Temperature and population density effects on feeding activity of *Stomoxys calcitrans* (Diptera: Muscidae) on cattle. **Journal**

of Economic Entomology, v.32, n.4, p.508-514, 1995.

Mello, M.J.; Cuocolo, R. Alguns aspetos das relações do *Habronema muscae* (Carter 1861) com a mosca doméstica. **Arquivos do Instituto Biológico de São Paulo**, v.14, p.227–234, 1943.

Melo *et al.* Natural onfection of calves by *Anaplasma marginale* in dairy herds of the metalurgica region Minas Gerais. **Pesquisa Veterinária Brasileira**, v.21, p.146-150, 2001.

Queiroz, A.O.; Nehme-Russell, N.S.; Brandão, A.; Jansen, A.M. Homogeneity of *Trypanosoma evansi* isolates from domestic and sylvatic mammals from the Pantanal of Mato Grosso. **Microbós**, v.103, p. 27-30, 2000.

Skoda, S.R.; Thomas, G.D.; Campbell, J.B. Developmental sites and relative abundance of immature stages of the stable fly (Diptera:Muscidae) in beef cattle feedlot pens en eastern Nebraska. **Journal of Economic Entomology**, v.84, n.1, p.191-197, 1991.

Wieman, W.A.; Campbell, J.B.; Dehazer, J.A. *et al.* Effecs of stable flies (Diptera: Muscidade) and heat stress on weight gain feed conversion of feeder cattle. **Journal of Agricultural Entomology**, v.10, n.3, p.155-161, 1993.

Cochliomyia hominivorax

Borja, G.E.M.; Muniz, R.A.; Caproni Jr., L.; Moro, E.; Silva Jr., V.P. Comparação da eficácia profilática persistente de Doramectin e Ivermectin contra *Cochliomyia hominivorax* em bovinos.p.9-12,1996.In: SIMPÓSIO DECTOMAX - 147 provas de ação mais prolongada. Itapema,1996.

FAO. **The new world screwworm erradication programe, Northe Africa 1988-1992**. Rome, 1992a, 192p.

FAO. **Manual para el controle de la mosca del guzasano barrenador del ganado**. *Cochliomyia hominivorax* (Coquerel). Roma, 115p. 1992a.

Gomes, A.; Koller, W.W.; Honer, M.R.; Da Silva, R.L. Flutuação populacional da mosca *Cochliomyia hominivorax* (Coquerel: 1858) (Dipetra: Calliphoridae) capturada em armadilhas orientadas pelo vento (W.O.T) no município de Campo Grande, MS. **Revista Brasileira de Parasitologia Veterinária**, v.7, n.1, p.141-145, 1998.

Leite, A.C.R. Biologia e controle de *Cochliomyia hominivorax* (Dipetra: Calliphoridae). **Revista Brasileira de Parasitologia Veterinária**, v.13, suplemento 1, p.116-117, 2004.

Oliveira, C.M.B.; Borja, G.E.M.; Mello, R.P. Flutuação populacional de *Cochliomyia hominivorax* no município de Itaguaí, Rio de Janeiro, **Pesquisa Veterinária Brasileira**, v.2, p.139-142, 1982.

Wiegand, M; Brum, J.G.W.; Ribeiro, P.B.; Costa, P.R.P. Flutuação populacional de *Cochliomyia hominivorax* e *C. macellaria* (Dipetar: Calliphoridae) no município de Capão do Leão, Rio Grande do Sul. **Arquivo Brasileiro de Medicina Veterinária e Zootecnia**, v.42, p.155-162, 1991.

Anexo I

Ectoparasiticida

Fluazuron			
Produto	**Grupo químico**	**Ação**	**Princípio ativo**
Acatak-pour on	Fluazuron	Contato	Fluazuron 2,5%
Amidina			
Produto	**Grupo químico**	**Ação**	**Princípio ativo**
Acarmic 12,5%	Amidina	Contato	Amitraz 12,5%
Amiphós	Amidina	Contato	Amitraz 50%
Amipur	Amidina	Contato	Amitraz 12,5%
Amitracid	Amidina	Contato	Amitraz 12,5%
Amitox	Amidina	Contato	Amitraz 12,5%
Amitraz-hertape	Amidina	Contato	Amitraz 12,5%
Amitraz calbos	Amidina	Contato	Amitraz 12,5%
Banit	Amidina	Contato	Amitraz 12,5%
Biotox	Amidina	Contato	Amitraz 12,5%
Bovitraz	Amidina	Contato	Amitraz 12,5%
Carvet	Amidina	Contato	Amitraz 12,5%
Clipatic	Amidina	Contato	Amitraz 12,5%
Ectobion	Amidina	Contato	Amitraz 12,5%
Ectofarm	Amidina	Contato	Amitraz 12,5%
Ectofort	Amidina	Contato	Amitraz 12,5%
Ectop	Amidina	Contato	Amitraz 12,5%
Ectraz	Amidina	Contato	Amitraz 12,5%
Embratox	Amidina	Contato	Amitraz 12,5%, polisorbato 80 3,5%
Farmitraz	Amidina	Contato	Amitraz 12,5%
Flitox	Amidina	Contato	Amitraz 12,5%
Ibatox	Amidina	Contato	Amitraz 12,5%
Mantox	Amidina	Contato	Amitraz 12,5%
Mitranox	Amidina	Contato	Amitraz 12,5%
Mitraz	Amidina	Contato	Amitraz 12,5%
Mytraz	Amidina	Contato	Amitraz 12,5%
Nokalt pulverização	Amidina	Contato	Amitraz 12,5%
Paratick	Amidina	Contato	Amitraz 12,5%
Tacplus	Amidina	Contato	Amitraz 12,5%
Taktic	Amidina	Contato	Amitraz 12,5%
Ticktraz	Amidina	Contato	Amitraz 12,5%
Tickthal	Amidina	Contato	Amitraz 12,5%
Triatox	Amidina	Contato	Amitraz 12,5%
Trilac	Amidina	Contato	Amitraz 12,5%
Ultraplus	Amidina	Contato	Amitraz 12,5%
Fosforado			
Produto	**Grupo químico**	**Ação**	**Princípio ativo**
Carbeson	Fosforado + fosforado	Contato	Ddvp 60%, clorfenvinfos 20%
Ectobat 80	Fosforado + fosforado	Contato	Ddvp 60%, clorpirifos 20%
Ectofós	Fosforado + fosforado	Contato	Ddvp 60%, clorpirifos 20%
Farmaril	Fosforado	Contato	Carbaril 5%
Neguvon+assuntol	Fosforado + fosforado	Contato	Triclorfon 77,6%, coumafos 1%, ciflutrina 1%
Triclorsil	Fosforado	Contato	Triclorfon 98%
Umbicasco	Fosforado	Contato	Ddvp 2%, violeta de genciana 0,25%, cresol 1%

Anexo I

Ectoparasiticida

Piretroide			
Produto	**Grupo químico**	**Ação**	**Princípio ativo**
Baol	Piretroide	Contato	Cipermetrina 10%
Barrage	Piretroide	Contato	Cipermetrina 15%
Barragealfa Pou on	Piretroide	Contato	Alfametrina2,1%
Bayticolpou on	Piretroide	Contato	Flumetrina 1%
Bayticol Plus Pou on	Piretroide	Contato	Flumetrina 1%, Triclorfon 30%
Bayticol Pou on DA	Piretroide	Contato	Flumetrina 0,5%, Ciflutrina 0,25%
Beltox c	Piretroide	Contato	Cipermetrina 15%
Bovinal	Piretroide	Contato	Flumetrina 1,2%, coumafós 16%
Butox	Piretroide	Contato	Deltametrina
Carrapatox	Piretroide	Contato	Cipermetrina 10%
Ciperallvet	Piretroide	Contato	Cipermetrina 6%
Cipermetrina 150 nortox	Piretroide	Contato	Cipermetrina 15%
Cipersin	Piretroide	Contato	Cipermetrina (40% isômero cis) 20%
Cipertrat	Piretroide	Contato	Cipermetrina 5%
Ciperpurina	Piretroide	Contato	Cipermetrina 15%
Ciperpurina pour-on	Piretroide	Contato	Cipermetrina 5%
Cipertrin 15%	Piretroide	Contato	Cipermetrina 15%
Cipertrin pour-on	Piretroide	Contato	Cipermetrina 6%
Controller 200	Piretroide	Contato	Cipermetrina 2%
Controller ecto-pour-on	Piretroide	Contato	Cipermetrina 5%
Cypermeit	Piretroide + sinergista	Contato	Cipermetrina 15%, piperonila 30%
Cypermetril pour-on	Piretroide	Contato	Cipermetrina 5%
Cypermetril pulverização	Piretroide	Contato	Cipermetrina 15%
Cypermil pour-on	Piretroide	Contato	Cipermetrina 5%
Cypermil pulverização	Piretroide	Contato	Cipermetrina 15%
Cyperpour	Piretroide	Contato	Cipermetrina 15%
Cyperpour pour-on	Piretroide	Contato	Cipermetrina 5%
Cythal	Piretroide + sinergista	Contato	Cipermetrina 15%, piperonila 50%
Ectic	Piretroide	Contato	Cipermetrina 30%
Ectic pour-on	Piretroide	Contato	Cipermetrina 2,5%
Ectomin	Piretroide	Contato	Cipermetrina 10%
Ectomin	Piretroide	Contato	Cipermetrina (high cis 100%)10%
Ectoprado	Piretroide	Contato	Cipermetrina 15%
Ectosules	Piretroide	Contato	Cipermetrina 15%
Ectox	Piretroide	Contato	Cipermetrina 15%
Ectrin	Piretroide	Contato	Cipermetrina técnica 15%
Ectrin pour-on	Piretroide	Contato	Cipermtrina 5,5%
Elantik	Piretroide	Contato	Zetacipermetrina 6%
Elantik pour-on	Piretroide	Contato	Zetacipermetrina 2,5%
Flytick	Piretroide	Contato	Cipermetrina 15%
Grenad	Piretroide	Contato	Cialotrin
Parasitox	Piretroide + sigernista	Contato	Cipermetrina 5%, piperonila 20%
Parasitox pour-on	Piretroide + sigernista	Contato	Cipermetrina 7,5%, piperonila 30%
Piktox	Piretroide	Contato	Cipermetrina 5%
Sarcolin	Piretroide	Contato	Cipermetrina técnica 10%
Sarcolin 15%	Piretroide	Contato	Cipermetrina técnica 15%
Sarcolin pour-on	Piretroide	Contato	Cipermetrina 5%
Ultimate	Piretroide	Contato	Alfametrina 6%
Ultimate pour-on	Piretroide	Contato	Alfametrina 2%

Anexo I

Ectoparasiticida

Produto	Grupo químico	Ação	Princípio ativo
Piretroide + fosforado			
Produto	**Grupo químico**	**Ação**	**Princípio ativo**
Aciendel	Piretroide +fosforado	Contato	Cipermetrina, ddvp 6%
Alatox	Piretroide + fosforado	Contato	Cipermetrina 5%, ddvp 45%
Aspersin	Piretroide + fosforado	Contato	Cipermetrina, ddvp 20%, clorpirifós 50%
Ciclorfós	Piretroide + fosforado	Contato	Cipermetrina 20%, clorpirifós 50%
Cipertion	Piretroide + fosforado	Contato	Ethion 60%, cipermetrina 8%
Colosso Pulverização	Piretroide + fosforado	Contato	Cipermetrina 15%, clorpirifós 25%, ci tronelal 1%
Colosso *Pour-on*	Piretroide + fosforado	Contato	Cipermetrina 5%, clorpirifós 7%, citro nelal 0,5%
Controller BRN *Pour-on*	Piretroide + fosforado	Contato	Cipermetrina 5%, triclorfon 30%
Curadil	Piretroide + fosforado	Contato	Carbaril 2%, cipermetrina 1%, violeta de genciana 0,1%
Cyperclor plus *Pour-on*	Piretroide + fosforado	Contato	Cipermetrina 5%, clorpirifós 7%, pipe ronila 5%, citronelal 0,5%
Cyperclor Plus Pulverização	Piretroide + fosforado	Contato	Cipermetrina 15%, clorpirifós 25%, pi peronila 15%, citronelal 1%
Cypermil Plus Pulverização	Piretroide + fosforado	Contato	Cipermetrina 5%, ddvp 45%
Cyperpour Plus	Piretroide + fosforado	Contato	Cipermetrina 6,6%, ddvp 45%
Duplatic	Piretroide + fosforado	Contato	Cipermetrina, metrifonato
Ddvp-cis Nortox	Piretroide + fosforado	Contato	Cipermetrina 5%, ddvp 45%
Ectofarma	Piretroide + fosforado	Contato	Cipermetrina 4,5%, ddvp 50%
Metrinate *Pour-on*	Piretroide + fosforado	Contato	Cipermetrina 5%, piperonila 20%, tri clorfon 15%
Multi *Pour-on*	Piretroide + fosforado	Contato	Cipermetrina 5%, piperonila 5%, triclor fon 10%
Supocade	Piretroide + fosforado	Contato	Cipermetrina 2,5%, clorvinfos 13,8%
Tickplus	Piretroide + fosforado	Contato	Cipermetrina 6,6%, diclorfos 12,5%
Fipronil			
Produto	**Grupo químico**	**Ação**	**Princípio ativo**
Top-line *Pour-on*	Fipronil	Contato	Fipronil
Top-line Spray	Fipronil	Contato	Fipronil 0,32%, sulfadiazina de prata 0,09%, alumínio 3,1%
Avermectina			
Produto	**Grupo químico**	**Ação**	**Princípio ativo**
Abamect FC	Avermectina	Sistêmico	Abamectina 1%
Abamectan	Avermectina	Sistêmico	Abamectina 1%
Abamectin Nortox	Avermectina	Sistêmico	Abamectina 1%
Abamectina 1% Bayer	Avermectina	Sistêmico	Abamectina 1%
Abamectina 1% Champion	Avermectina	Sistêmico	Abamectina 1%
Abamectina 1% Chemitec	Avermectina	Sistêmico	Abamectina 1%
Abamectina 1% Ibravi	Avermectina	Sistêmico	Abamectina 1%
Abamectina 1% Ouro Fino	Avermectina	Sistêmico	Abamectina 1%
Abamectina 1% Ouro Fino LA	Avermectina	Sistêmico	Abamectina 1%
Abamectina 1% Pfizer	Avermectina	Sistêmico	Abamectina 1%
Abamectina Ouro Fino *Pour-on*	Avermectina	Sistêmico	Abamectina 1%
Abamectina *Pour-on*	Avermectina	Sistêmico	Abamectina 1%
Abamectina *Pour-on*JA	Avermectina	Sistêmico	Abamectina 0,5%
Abamectina *Pour-on* Nortox	Avermectina	Sistêmico	Abamectina 0,5%

Anexo I

Ectoparasiticida

Abamex	Avermectina	Sistêmico	Abamectina 10%
Abamic	Avermectina	Sistêmico	Abamectina 1%
Abanox-abamectina1%-noxon	Avermectina	Sistêmico	Abamectina 1%
Abanox pour-on 0,5%	Avermectina	Sistêmico	Abamectina 0,5%
Abatec	Avermectina	Sistêmico	Abamectina 1%
Abathor	Avermectina	Sistêmico	Abamectina 1%
Altec	Avermectina	Sistêmico	Ivermectina 1%
Avergen	Avermectina	Sistêmico	Abamectina 1%
Avotan	Avermectina	Sistêmico	Avermectina 1% (abamectina 1%)
Baymec	Avermectina	Sistêmico	Ivermectina 1%
Baymec prolong	Avermectina	Sistêmico	Ivermectina 1%
Bovectin	Avermectina	Sistêmico	Ivermectina 1%
Bullmec clássico	Avermectina	Sistêmico	Ivermectina 1%
Bullmec gold	Avermectina	Sistêmico	Ivermectina 3,25%
Bullmec pour-on	Avermectina	Sistêmico	Ivermectina 0,5%
Bullmectin injetável	Avermectina	Sistêmico	Abamectina 1%, vitamina b12 (cianocobalamina) 20.000mcg
Bullmectin pour-on	Avermectina	Sistêmico	Abamectina 0,5%
Coopermec	Avermectina	Sistêmico	Ivermectina 1%
Cyclomec	Avermectina	Sistêmico	Abamectina 1%
Cydectin	Avermectina	Sistêmico	Moxidectina 1%
Dectomax	Avermectina	Sistêmico	Doramectina 1%
Dispectin	Avermectina	Sistêmico	Abamectina 1%
Duotin	Avermectina	Sistêmico	Abamectina merial 1%
Ecomectin1% solução injetável	Avermectina	Sistêmico	Ivermectina 1%
Embramec	Avermectina	Sistêmico	Ivermectina 1%
Enthal	Avermectina	Sistêmico	Ivermectina 1%
Enthal pour-on	Avermectina	Sistêmico	Ivermectina o,5%
Exodus pour-on	Avermectina	Sistêmico	Abamectina 1%, levamisol base 20%
Genesis iver pour-on	Avermectina	Sistêmico	Ivermectina 1%
Goldmac	Avermectina	Sistêmico	Abamectina 1%, vit a 25.000.000 ui, vit d3 7.000.000, vit e 5.000
Goldmec	Avermectina	Sistêmico	Ivermectina 1%, vit a 25.000.000 ui, vit d3 7.000.000, vit e 5.000
Hipermec	Avermectina	Sistêmico	Ivermectina 1%
Ibactin	Avermectina	Sistêmico	Abamectina 1%
Ivergold	Avermectina	Sistêmico	Ivermectina 1%
Ivermax	Avermectina	Sistêmico	Ivermectina 1%
Ivermic	Avermectina	Sistêmico	Ivermectina 1%
Ivermectan	Avermectina	Sistêmico	Ivermectina 1%
Ivermecthal	Avermectina	Sistêmico	Ivermectina 1%
Ivermectin 1% nortox	Avermectina	Sistêmico	Ivermectina 1%
Ivermectin agener	Avermectina	Sistêmico	Ivermectina 1%
Ivermectina 1% champion	Avermectina	Sistêmico	Ivermectina 1%
Ivermectina 1% chemitec	Avermectina	Sistêmico	Ivermectina 1%
Ivermectina 1% j.a	Avermectina	Sistêmico	Ivermectina 1%
Ivermectina 1% jofadel	Avermectina	Sistêmico	Ivermectina 1%
Ivermectina 1% ouro fino	Avermectina	Sistêmico	Ivermectina 1%
Ivermectina 1% ouro fino l. A	Avermectina	Sistêmico	Ivermectina 1%
Ivermectina ouro fino pour-on	Avermectina	Sistêmico	Ivermectina 0,5%

Anexo I

Ectoparasiticida

Ivermectina 1% pour-on	Avermectina	Sistêmico	Ivermectina 1%
Ivermethal	Avermectina	Sistêmico	Ivermectina 1%
Ivermin	Avermectina	Sistêmico	Ivermectina 1%
Ivomec injetável	Avermectina	Sistêmico	Ivermectina 1%
Ivomec gold	Avermectina	Sistêmico	Ivermectina 3,15%
Ivomec pour-on	Avermectina	Sistêmico	Ivermectina 0,5%
Ivonox	Avermectina	Sistêmico	Ivermectina 1%
Ivonox pour-on	Avermectina	Sistêmico	Ivermectina 0,5%
Ivosint	Avermectina	Sistêmico	Ivermectina 1%
Ivotan	Avermectina	Sistêmico	Ivermectina 1%
Ivotan pre mix	Avermectina	Sistêmico	Ivermectina 0,4%
Lancer	Avermectina	Sistêmico	Abamectina 1%
Lancer I. A	Avermectina	Sistêmico	Abamectina 1%
Master lp	Avermectina	Sistêmico	Ivermectina 4%
Manvertin	Avermectina	Sistêmico	Ivermectina 1%
Megamectin	Avermectina	Sistêmico	Ivermectina 1%
Megamectin 3,5	Avermectina	Sistêmico	Ivermectina 3,5%
Mogimax	Avermectina	Sistêmico	Abamectina 1%
Mogimec	Avermectina	Sistêmico	Ivermectina 1%
Negaverm	Avermectina	Sistêmico	Abamectina 1,13%
Puritec	Avermectina	Sistêmico	Ivermectina 1%
Puritec gold	Avermectina	Sistêmico	Ivermectina 3,5%
Ranger	Avermectina	Sistêmico	Ivermectina 1%
Ranger la	Avermectina	Sistêmico	Ivermectina 1%
Solution 3,5% la	Avermectina	Sistêmico	Ivermectina 2,25%, abamectina 1,25%
Supramec	Avermectina	Sistêmico	Ivermectina 1%
Supramec pour-on	Avermectina	Sistêmico	Ivermectina 0,5%
Vertmax	Avermectina	Sistêmico	Ivermectina 1%
Virbamax	Avermectina	Sistêmico	Abamectina 1%
Virbamax pour-on	Avermectina	Sistêmico	Abamectina 1%
Virbamec	Avermectina	Sistêmico	Ivermectina 1%
Virbamec platinum	Avermectina	Sistêmico	Ivermectina 3,5%
Vitalmax	Avermectina	Sistêmico	Abamectina 1%
Vitalmax pour-on	Avermectina	Sistêmico	Abamectina 0,5%
Vitalmec	Avermectina	Sistêmico	Ivermectina 1%

Anexo II

Controle estratégico integrado de parasitos em rebanhos corte													
Animais do nascimento até a desmama													
Parasitos	Nascimento	JAN	FEV	MAR	ABR	MAI	JUN	JUL	AGO	SET	OUT	NOV	DEZ
Vermes													
Carrapatos													
Bernes													
Bicheiras													
Moscas dos chifres													
Animais da desmama ao abate ou parto													
Parasitos	Nascimento	JAN	FEV	MAR	ABR	MAI	JUN	JUL	AGO	SET	OUT	NOV	DEZ
Vermes													
Carrapatos													
Bernes													
Bicheiras													
Moscas dos chifres													
Fêmeas adultas													
Parasitos	Nascimento	JAN	FEV	MAR	ABR	MAI	JUN	JUL	AGO	SET	OUT	NOV	DEZ
Vermes													
Carrapatos													
Bernes													
Bicheiras													
Moscas dos chifres													

	Estratégico – Bernicida e Carrapacita em todo o rebanho
	Tático – Bernicida e Carrapacita em 20%e 30% dos animais mais infectados de cada categoria
	Estratégico – Vermífugo em todos os animais em fase de crescimento
	Tático – Vermífugo em animais sob risco (compra, confinamento, trocas de pastagens, etc.)
	Estratégico – Endectocida-Doramectina em recém nascidos e animais castrados
	Tático – Inseticida e Endectocida em bicheiros ocasionais
	Estratégico – Inseticida em todo o rebanho

CAPÍTULO 60

Ana Cláudia Ruggieri
Professora Doutora
Departamento de Zootecnia
FCAV/UNESP. Jaboticabal, SP
acruggieri@fcav.unesp.br

Ricardo Andrade Reis
Professor Titular
Departamento de Zootecnia
FCAV/UNESP. Jaboticabal, SP
rareis@fcav.unesp.br

Antonio de Queiroz Neto
Professor Adjunto
Departamento de Morfologia e Fisiologia Animal
FCAV/UNESP. Jaboticabal, SP
aqueiroz@fcav.unesp.br

Débora Fernanda Balbos
Zootecnista
Jaboticabal, SP
deborabalbos@yahoo.com.br

Principais plantas tóxicas que afetam bovinos de corte

Introdução

As pastagens representam uma fonte de alimento de menor custo e, quando manejadas de maneira eficiente, podem atender às exigências de preservação dos recursos ambientais e de sustentabilidade dos sistemas de produção. O ambiente da pastagem também apresenta grande variação em relação ao valor nutritivo da forragem disponível e quanto à presença de princípios tóxicos nas plantas. Alem disso, os teores de nutrientes e de princípios tóxicos das plantas variam tanto no tempo quanto no espaço.

A preferência dos ruminantes em pastejo é função de interações complexas, que envolvem aspectos genéticos e experiências dos animais, além de características morfológicas e composição química dos pastos, bem como os efeitos pósingestivo experimentados pelos animais (Burns *et al.*, 2001). O manejo do pastejo tem influência marcante sobre o processo de seleção e ingestão da forragem disponível.

A adoção de pressão de pastejo mais alta pode levar à ingestão de espécies menos preferidas, em relação àquelas de maior aceitabilidade (**Figura 1**) e, consequentemente, diminuírem as desejáveis e incrementar aquelas menos palatáveis e resultar no aparecimento de plantas invasoras.

O manejo inadequado das pastagens tem como resultado a sua degradação que, por causar o esgotamento da forrageira de interesse, permite a infestação por plantas daninhas. Uma vez instaladas, as plantas daninhas, em virtude da capacidade de interferência e por competir pelos fatores de crescimento, reduzem a produtividade da forrageira de interesse e promovem queda da capacidade de suporte da pastagem, tornando ineficiente a manutenção dos rebanhos, além de causar ferimentos e/ou intoxicação aos animais e comprometer a estética da propriedade.

As plantas daninhas ainda são normalmente as que produzem maior quantidade de sementes em relação às plantas cultivadas. Boswell (1962) cita que algumas espécies sobrevivem enterradas no solo seco ou úmido por 10 a 20 anos e algumas mais de 70, à espera de condições favoráveis para iniciar a germinação. Dentre as plantas daninhas que invadem as pastagens, têm-se aquelas que, além do inconveniente dentro do ambiente, podem ainda causar distúrbios aos animais, que são as plantas tóxicas invasoras de pastagens. Têm-se ainda algumas plantas forrageiras que por algum mecanismo causam efeitos tóxicos nos animais.

Em ambientes naturais, uma variedade de espécies vegetais apresenta princípios ativos capazes de promover distúrbios em animais. No entanto, são classificadas como plantas tóxicas de interesse pecuário as espécies que promovem intoxicação nos animais, mas apenas sob condições naturais (Barbosa *et al.*, 2007)

Planta tóxica não é só a que mata, mas também a que provoca perturbações diretas ou indiretas na saúde do gado, às vezes pouco percebidas, como o aborto. Consideram-se tóxicas as plantas que, ingeridas em condições de pastagem, causam danos (Afonso & Pott, 2000). A maioria das plantas tóxicas não é palatável aos bovinos, porém, a fome, causada por seca ou inundação, superlotação, queimada, mudança de pastagens, viagem e deficiências minerais, levam o animal a ingerí-las.

Nem todas as plantas demonstradas experimentalmente como tóxicas devem ser consideradas tóxicas de interesse pecuário, pelo simples fato de que nem todas são ingeridas pelos animais. Para provocarem efeitos nocivos, as plantas tóxicas têm de ser ingeridas em certas quantidades, relacionadas com o peso do animal (Tokarnia *et al.*, 2000). Há diversos fatores capazes de influenciar a toxidez das plantas. Esses fatores podem estar ligados à planta (fase de crescimento, partes tóxicas, estado de armazenamento, característica do solo e procedência) ou ao animal (espécie animal, idade, pigmentação, exercício, ingestão de água, tolerância e imunidade e resistência individual). A intoxicação pode ser aguda ou crônica, a qual decorre da ingestão continuada, acidental ou propositada de certas espécies vegetais (Riet-Correa *et al.*, 1993; Tokarnia *et al.*, 2000).

Com relação aos prejuízos diretos, a mortalidade de animais promovida por plantas tóxicas é, sem dúvida alguma, o que mais chama a

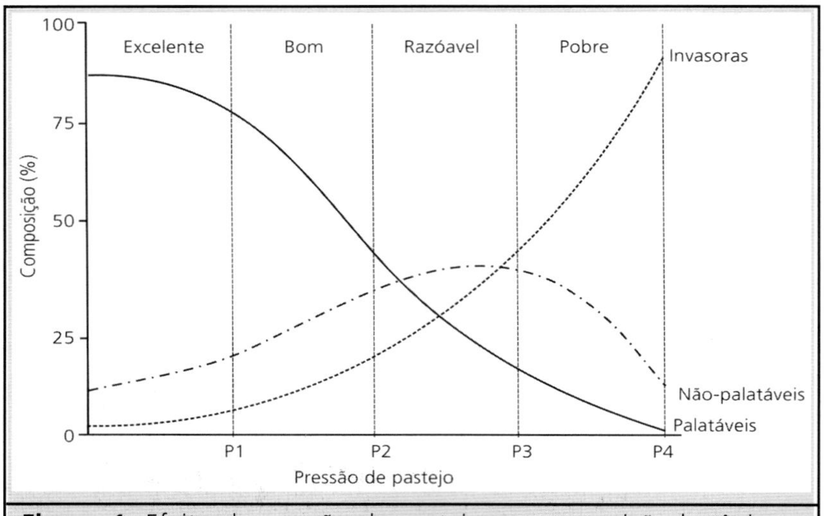

Figura 1. Efeito da pressão de pastejo na composição botânica e proporção relativa de plantas palatáveis, não-palatáveis e invasoras. (Adaptado de Stoddart *et al.*, 1975).

atenção, especialmente quando afeta uma grande porcentagem do rebanho. Riet-Correa & Medeiros (2001) estimaram o número de bovinos mortos por plantas tóxicas no Brasil e chegaram a valores entre 800.000 e 1.120.000 no ano de 2001. Barbosa *et al.* (2007) comentam que, como esse número foi obtido a partir da extrapolação da mortalidade por plantas ocorrida nos Estados do Rio Grande do Sul e Santa Catarina, provavelmente esteja subestimado, uma vez que a taxa de mortalidade por plantas tóxicas é maior nas Regiões Centro-Oeste, Nordeste e Norte do que nas Regiões Sul e Sudeste.

No Brasil, o número de plantas conhecidas como tóxicas para ruminantes e equinos aumenta constantemente. Atualmente são descritas pelo menos 88 espécies tóxicas, pertencentes a 50 gêneros (Riet-Correa & Medeiros, 2001). Entretanto, muitas plantas consideradas como tóxicas na maioria dos ambientes de pastagens, não são consumidas e, quando consumidas, seriam necessários meses de consumo da planta para que houvesse riscos de morte ou danos à saúde.

Plantas tóxicas invasoras de pastagens

Em ambientes tropicais e subtropicais, há um grande número de espécies que povoam as pastagens e, por esse motivo, são normalmente estudadas em grupos, que podem ser formados de acordo com a divisão regional, com a ação patológica, de acordo com as famílias botânicas e com os princípios tóxicos.

Na **Tabela 1** estão relacionadas algumas plantas tóxicas classificadas de acordo com sua ação patológica, em razão do quadro clínico que promovem nos animais mantidos em pastagens de clima tropical e subtropical (Barbosa *et al.*, 2007). As plantas listadas são aquelas mais evidenciadas e estão normalmente em ambientes naturais de pastagens. Algumas plantas que serão abordadas neste capítulo, porém, não estão listadas, por não possuírem causa toxicológica bem definida.

Algodão-bravo (*Ipomoea carnea*)

No Brasil, é muito conhecida uma planta chamada *Ipomoea fistulosa*, porém, de acordo com Austin (1977) citado por Kissman & Groth (1992), é apenas uma subespécie da *I. carnea*. O algodão-bravo é nativo da América do Sul e ocorre especialmente na Região Norte e Pantanal Brasileiro. Planta perene da família Convolvula-ceae, apresenta-se na forma arbustiva e pode chegar a 3m, com caule cilíndrico grosso leve, porém bastante resistente. Possui folhas simples pecioladas e flores grandes e vistosas, normal-mente de coloração rósea (Kissman & Groth, 1922). Essa planta normalmente cresce o ano todo, principalmente, em beiras de açudes e áreas alagadas. A Ipomea é conhecida popularmente como canudo, algodão-bravo ou capa-bode (Tokarnia *et al.*, 2000). A *I. riedelii* e *I. sericophylla*, que são plantas da mesma família, são conhecidas como anicão e jetirana, respectivamente. Estas, por sua vez, são plantas trepadeiras que crescem durante as chuvas, desaparecendo no período seco, tendo uma boa palatabilidade aos animais, especialmente aos caprinos (Barbosa *et al.*, 2006). A ingestão de grande quantidade dessas plantas causa doença do armazenamento lisossomal de oligossacarídeos (Riet-Correa *et al.*, 2006). Esse armazenamento ocorre porque o algodão-bravo possui os alcaloides suainsonina e calesteginas como principais princípios ativos, sendo a suainsonina- que é um alcalóide indolizidínico- considerada um potente inibidor da α-manosidase lisossômica e α-manosidase II do complexo de Golgi. A inibição da α-manosidase lisossômica provoca acúmulo de oligossacarídeos não processados adequadamente em lisossomos e perda da função celular seguida de morte da célula (Schwarz *et al.*, 2004).

A intoxicação por *I. carnea* tem sido verificada em caprinos, ovinos e bovinos, porém a intoxicação por *I. riedelii* e *I. sericophylla* ocorre somente em caprinos. Os animais têm que ingerir grandes quantidades das partes aéreas dessas plantas, por semanas, para se intoxicarem.

O algodão-bravo conserva-se verde durante a seca, proporcionando fonte de matéria verde para as espécies bovina, caprina e ovina em decorrência da escassez de pasto. A outra condição é que alguns animais desenvolvem um

Tabela 1. Principais plantas tóxicas que causam distúrbios nos animais mantidos em pastagens de clima tropical e subtropical.

Plantas que causam "morte súbita"	*Paulicorea marcgravii* (erva-de-rato); *Paulicorea aeneofusc*; *Mascagnia rígida* (tinguí); *Mascagnia elegans*.
Plantas que causam distúrbios gastrintestinais	*Enterolofium contortisiliquum* (tambor, tamboril, orelha-de-negro, orelha-de-macaco, timbaúba); *Stryphnodendron coriaceum* (barbatimão do Nordeste, barbatimão do Piauí); *Ricinus communis* (mamona, carrapateira); *Plumbago scandens* (louco);*Centratherum brachylepis* (perpétua).
Plantas hepatotóxicas	*Crotalaria retusa* (guizo-de-cascavel, feijão-de-guizo, chocalho-de-cobra, maracá-de-cobra, gergelim-bravo);*Tephrosia cinerea* (anil, falso anil); *Cestrum laevigatum*;*Copernicia prunifera* (carnaúba)
Planta nefrotóxica	*Thiloa glaucocarpa* (sipaúba, vaqueta)
Plantas que afetam o sistema nervoso central	*Ipomea carnea* susp *fistulosa* (algodão-bravo, canudo, mata-bode); *Ipomea asarifolia* (salsa); *Ipomoea riedelii* (anicão); *Ipomoea sericophylla* (jetirana); *Marsdenia* spp. (mata-calado); *Ricinus communis* (mamona, carrapateira); *Prosopis juliflora* (algaroba); *Anacardium* spp. (caju); (*Senna occidentalis*) fedegoso.
Plantas fotossensibilizantes	*Floehlichia ulbotiana* (ervanço); *Lantana* spp. (chumbinho); *Brachiaria* spp. (braquiária)
Planta de ação radiomimética	*Pteridium aquilinum* (samambaia-do-campo)
Plantas que causam anemia hemolítica	*Brachiaria radicans* (tannergrass); *Ditaxis desertorum; Indigofera suffruticosa* (anil)
Plantas cianogênicas	*Manihot esculenta* (mandioca, macaxeira); *Manihot* spp. (maniçobas); *Piptadenia marcrocarpa* (angico); *Piptadenia viriflora* (angico); *Sorgum vulgare* (sorgo)
Plantas que acumulam nitratos e nitritos	*Brachiaria arrecta (tannergrass)*; *Echinochloa polystachya* (capim-mandante); *Pennisetum purpureum* (capim-elefante)
Plantas que promovem distúrbiosreprodutivos	*Aspidosperma pyrifolium* (pereiro); *Mimosa tenuiflora* (jurema-preta)
Planta que afeta pele e anexos	*Leucaena leucocephala* (leucena)
Planta pneumotóxica	*Ipomoea batatas* + *Fusarium solani* (batata-doce mofada)

Adaptado de Barbosa *et al.* (2007).

gosto pela planta ou adquirem o vício de ingeri-la, hipótese não aceita por todos os pesquisadores (Tokarnia *et al.*, 2000).

Os produtores mencionam que, da mesma forma que no canudo, os caprinos desenvolvem avidez por essas plantas (Riet-Correa *et al.*, 2006). Entretanto, alguns estudos mostram alto grau de toxidez com essa espécie. Antoniassi *et al.* (2007) estudaram a intoxicação espontânea por algodão-bravo no Pantanal Matogrossense e verificaram que, das 500 cabeças da raça Nelore, criadas extensivamente na região visitada, 12 bovinos foram encontrados mortos. Alguns desses bovinos foram anteriormente observados magros e com andar lento. Foi verificado, que na ocasião, a região passava por período de estiagem e fraco desenvolvimento de forrageiras como "capim-mimoso" (*Axonopus* sp.) e *Andropogon* sp. e intenso desenvolvimento vegetativo do algodão-bravo, sendo que, em algumas áreas, essa planta constituía-se como a única fonte de vegetação disponível para alimentação dos bovinos. As partes aéreas da planta apresentavam-se intensamente consumidas. Bovinos com quadro clínico similar foram retirados da área invadida por algodão-bravo e colocados em áreas com pastagem nativa e de *Brachiaria* sp. e apresentaram melhora clínica após período de 15 dias. De maneira geral, após a ingestão prolongada, os animais apresentam sintomas de alterações do Sistema Nervoso Central (SNC), que podem se traduzir por salivação, andar desequilibrado, tremores ou mesmo convulsões. O tratamento, além da erradicação da planta, seria sintomático, procurando-se estimular o funcionamento dos rins e fornecer substrato energético para a detoxicação.

Batatarana (*Ipomoea asarifolia*)

Planta nativa da América tropical e no Brasil é também conhecida como "salsa". É espontânea a ocorrência dessa planta desde a Amazônia até o Estado de São Paulo. É uma planta herbácea, perene, de crescimento volúvel ou rastejante, pertencente à família Convolvulaceae, com comprimento de 1 a 6 m (Kissman & Groth, 1992). Apresenta inflorescência durante e após a cheia e produz sementes na época seca. É comumente encontrada em áreas sujeitas a inundação (Amazônia e Nordeste), em solos argilosos ou siltosos, geralmente em terreno perturbado (Kiilli & Ranga, 2003). Não tolera temperatura baixa. Se houver umidade no solo, floresce indeterminadamente (Kissman & Groth, 1992).

Dentre os princípios tóxicos prováveis verificados está o alcaloide derivado de ácido lisérgico (LSD) como o principal. Os principais sintomas aparecem nos bovinos em 2 a 4 dias e nos caprinos e ovinos somente algumas semanas após o início da ingestão (Tokarnia *et al.*, 1977). Não é conhecida a sua quantidade letal, porém sabe-se que é grande, pois o bovino pode ser intoxicado com apenas um dia de pastejo.

A batatarana é uma planta tóxica importante no semiárido paraibano, afetando bovinos, ovinos e caprinos. Nos anos de 2001 e 2002, ocorreram cinco surtos de intoxicação por essa planta, sendo um em caprinos, um em bovinos, um em bovinos e caprinos e três em ovinos. Em todos os casos, os sinais clínicos foram semelhantes aos observados experimentalmente, e os animais recuperavam-se em 4 a 15 dias após serem retirados das pastagens invadidas pela planta. Em um desses surtos, alguns dos animais morreram por que o criador não dispunha de uma área livre de planta para colocar os animais doentes. Todos os surtos ocorreram na época de estiagem, em áreas em que a batatarana era praticamente a única forragem disponível (Riet-Correa *et al.*, 2003).

Döbereiner *et al.* (1960) realizaram estudos com intoxicação experimental por batatarana administrada a bovinos, ovinos e caprinos. Em bovinos, os primeiros sintomas apareceram dentro de 2 a 4 dias, ao passo que, em ovinos e caprinos, só algumas semanas após o início da ingestão da planta. A evolução da intoxicação, nos bovinos, correspondia ao período em que os animais ingeriam a planta; enquanto a comiam, já mostravam sintomas. Já em ovinos e caprinos, a evolução era subaguda ou crônica; os animais continuavam a mostrar sintomas, mesmo após a ingestão da planta ter sido interrompida; em ovinos, porém, os sintomas iam gradualmente regredindo, enquanto em caprinos quase sempre evoluíam até a morte. Clinicamente, verificaram-se, em bovinos, balanço da cabeça, tremores musculares, desequilíbrio do trem posterior e queda do animal ao solo; esses sintomas, em geral, apareciam sem a movimentação dos animais, mas eram por ela intensificados ou, por vezes, só visíveis quando os animais eram tangidos; o apetite era mantido. Interrompida a ingestão da planta, os sintomas desapareciam em poucos dias, exceto quando as doses eram muito elevadas, ocorrendo então a morte.

A sensibilidade dos bubalinos e bovinos à intoxicação com *Ipomoea asarifolia*, foi também verificada por Barbosa *et al.* (2005). Todos os animais jovens expostos a quantidades que variaram de 10 a 25 g/kg de PV foram sensíveis à intoxicação, porém, nos bubalinos, os sintomas de incoordenação foram menos acentuados do que nos bovinos, com a tendência dos animais permanecerem em decúbito esternal. Os animais mais leves apresentaram os sintomas de intoxicação após 2h 45min. Porém, quando eram mais pesados, os sintomas manifestaram após período médio de 22horas. Segundo os autores, o que conduz a intoxicação natural é a fome, pois essa planta mantém-se verde o ano todo, inclusive na estação seca, porém, normalmente, é rejeitada pelos animais. A maioria dos casos de intoxicação com essa espécie é em animais jovens. Portanto, deve-se evitar o acesso de animais jovens a esses locais e retirar o gado quando houver problema. O tratamento principal consiste em se evitar que os animais ingiram essa planta. A estimulação da eliminação renal por meio do aumento da volemia e o uso de substratos hepáticos também são medidas auxiliares.

Caruru (*Amaranthus* spp.)

Também chamado de caruru-de-espinho, caruru-de-porco, bredo-branco é uma planta anual, herbácea, ereta, espinhenta, muito ramificada, de 50 a 100 cm de altura, originária da América Tropical e disseminada em mais de 40 países. Apresenta propagação por sementes (Lorenzi, 2000). A família Amaranthaceae possui aproximadamente 60 gêneros, de distribuição em todo o mundo, predominando, entretanto, nas zonas tropicais e subtropicais. Compreende representantes predominantemente herbáceos, com folhas inteiras, de disposição espiralada ou opostas cruzadas. Flores pequenas não vistosas, em geral secas, reunidas em inflorescências capituliformes ou em espiga ou cacho, monoclamídeas (Joly, 2002). É uma erva ou subarbusto ereto, de 20 a 80 cm de altura, espinhoso, com ciclo anual, tendo flor e semente praticamente durante o ano todo. A semente é propagada pelas fezes do gado. Comumente encontrada em locais não-inundáveis, preferencialmente estercados, como ao redor de currais, cochos, porteiras e malhadores. Trata-se de uma planta cosmopolita tropical e está presente em todas as sub-regiões do Pantanal, embora em populações esparsas (Lorenzi, 2000).

Mesmo sendo uma planta de ciclo vegetativo relativamente curto e possuir pequenos espinhos, ela é bem aceita pelos bovinos, podendo causar surtos de intoxicações. No Brasil, foi relatada a intoxicação natural em bovinos, determinada pela ingestão de *A. hybridus, A. blitum* e *A. spinosus* sempre cursando com nefrose tubular tóxica (Lemos *et al.*, 1993).

A ingestão de plantas do gênero Amaranthus pode causar dois tipos básicos de intoxicação. O primeiro tipo é caracterizado por nefrose tubular tóxica, que, em geral, cursa com edemas, sobretudo perirrenal, por vezes associado à presença de cristais de oxalatos nos túbulos uriníferos; a evolução desse quadro é de alguns dias. O segundo tipo manifesta-se com metemoglobinemia, decorrente dos altos níveis de nitratos/nitritos presentes na planta, com evolução de poucas horas (Tokarnia *et al.*, 2000).

Em bovinos, a nefrose tubular tóxica tem sido associada à ingestão de *Amaranthus hybridus, A. blitum, A. spinosus, A. quitensis* e de *A. retroflexus* e, nos suínos, à ingestão de *A. caudatus, A. viridis, A. quitensis* e *A. retroflexus* (Tokarnia *et al.*, 2000).

O quadro de metemoglobinemia causado pelo excesso de nitritos é descrito em bovinos que ingeriram *A. hybridus, A. viridis, A. retroflexus*; e em caprinos e em ovinos, pela ingestão de A. retroflexus (Rivera *et al.*, 1984).

Os sinais clínicos de intoxicação apresentados pelo animal após a ingestão da planta caracterizam-se pela falta de apetite, emagrecimento rápido, diarreia escura e fétida e edema que vai da região mandibular até a barbela. O bovino passa a maior parte do dia deitado e, quando se levanta, tem dificuldade de caminhar. Em casos de intoxicações espontâneas foi observado o desprendimento dos cascos em alguns animais.

A dose que leva o animal à morte não é muito conhecida, mas a quantidade da planta ingerida tem que ser elevada e ocorrer durante vários dias. Os princípios tóxicos prováveis são nitratos e nitritos contidos na planta, além de oxalatos e pode ser confundida com outras doenças tais como, febre aftosa, acidente ofídico e verminoses.

Dependendo do grau de comprometimento dos rins e da presença ou não de edema podem ser utilizados recursos como soroterapia e uso de diuréticos para facilitar a eliminação dos agentes tóxicos. O uso de glicose ou outros substratos hepáticos pode ser indicado. Por outro lado, a observação da coloração escura do sangue (cor de chocolate), evidenciando a presença de metemoglobina, característica das intoxicações por nitrato/nitrito requer a administração de solução de azul de metileno (2 a 4%) na dosagem de 5 a 10 mg/kg. Terapias de suporte para prevenir, dentre outras manifestações, a hipotensão arterial, podem ser necessárias.

Chumbinho, cambará (*Lantana* sp),

Trata-se de plantas cosmopolitas. Acredita-se que a maioria das espécies de Lantana sp são originárias das partes tropical e subtropical do Continente Americano. No Brasil, podem ser encontradas desde a Amazônia até o Rio Grande do Sul, em agrupamentos maiores ou menores, invadindo áreas de pastagens nativas ou cultivadas.

Lantana camara é um arbusto bastante conhecido por induzir a fotossensibilização hepatógena; é representada por muitos taxas (variedades), tóxicas ou não. Segundo Seawright (1965), citado por Tokarnia *et al.* (1999), as quantidades necessárias para causar intoxicação variam, sobretudo, com a variedade e, em menor grau, com a procedência. De acordo com a literatura e com observações levantadas por Tokarnia *et al.* (1999), surtos de intoxicação por *Lantana* spp. no Brasil, embora graves, são raros, pois só ocorrem quando os animais estão famintos e sendo transferidos de pasto ou região, além de, é claro, tratar-se de espécie ou de variedade tóxica de *Lantana* que existe em abundância. Essa planta, na Austrália, é considerada como uma das plantas tóxicas mais importantes, especialmente na costa de Queensland, onde causa a morte de 1.000 a 1.500 bovinos por ano.

Foram descritos surtos de intoxicação por *Lantana* spp. nos municípios de Cáceres, MT, de Cabo Frio, RJ (Tokarnia *et al.*, 1984) e de Canoinhas, SC (Riet-Correa *et al.*, 1984), todos com comprovação experimental da toxidez das lantanas envolvidas nos surtos. Assim, Tokarnia *et al.* (1984) administraram aos bovinos *Lantana tiliaefolia* Cham. (coletada em Mato Grosso, município de Cáceres) e *Lantana camara* var. *nivea* (Vent.) L.H. Bailey (coletada no Estado do Rio de Janeiro, município de Cabo Frio), em estado fresco, por via oral. Doses únicas de 30 e 40g/kg ou doses repetidas de 10g/kg, durante 4 a 5 dias, causaram graves sintomas com morte de parte dos animais, enquanto administração única de 20g/kg provocou sintomas moderados. Dose única de 10g/kg não causou sintomas de intoxicação, porém doses de 5g/kg por dia, administradas a um bezerro durante 22 dias seguidos, produziram leves sintomas de intoxicação.

Dessa maneira, as duas lantanas submetidas à experimentação demonstraram possuir efeito acumulativo quando a dose letal foi subdividida em 4 ou 5 doses diárias, mas não mais quando administrada em doses diárias correspondentes a oitava parte da dose letal. Foi verificado que, normalmente, os bovinos pastejam pequenas quantidades dessas plantas, o que, aparentemente, não tem causado danos à sua saúde.

Verifica-se que poucos estudos experimentais de administrações repetidas foram realizados para verificar o efeito acumulativo das lantanas, tanto em bovinos como em ovinos. Gopinath & Ford (1969) realizaram estudo, em que foram administradas doses únicas (10g/kg) da planta dessecada de *L. camara* e doses fracionadas (5 g/kg), em dois dias seguidos, e 2 g/kg por 5 dias seguidos, verificaram que somente os animais dos dois primeiros grupos adoeceram. Com base nesses experimentos, esses autores sugerem que os casos naturais da intoxicação por lantana devem-se ao rápido consumo de grandes quantidades da planta e não pela ingestão de doses repetidas, já que a planta não possui efeito acumulativo. São tóxicas tanto as folhas frescas quanto as dessecadas. A planta não perde a toxidez durante o processo de dessecagem e a mantém durante pelo menos um ano.

As quantidades necessárias para causar intoxicação com *Lantana* spp. em bovinos e ovinos foram verificadas no Brasil por alguns estudos. Silva & Couto (1971) administraram *Lantana camara* (coletada em Pernambuco) em estado fresco ou dessecado, por via oral, a oito bovinos, nas dosagens de 10 a 40g/kg/dia, durante 15 a 30 dias, tendo observado leves sintomas de fotossensibilização nos bovinos que ingeriram a planta fresca ou dessecada, nas doses diárias de 40 a 20 g/kg, durante 30 dias. Em outro experimento, RIET-Correa *et al.* (1984) administraram *Lantana glutinosa* Poepp. (coletada em Santa Catarina), em estado fresco, por via oral a bovinos, tendo provocado grave quadro de fotossensibilização e morte dos animais com doses únicas de 10, 20 ou 40 g/kg.

A patogenia da fotossensibilização deve-se à ação tóxica dos princípios ativos da planta sobre o fígado, lesando-o e impedindo a eliminação de produtos do catabolismo da clorofila, como a filoeritrina que, depositando-se em tecidos, como a pele, levam à fotossensibilização. Observa-se, ainda, que esses casos de fotossensibilização de origem hepática, também chamada de secundária, normalmente é acompanhada de icterícia, já que o fígado lesado não é capaz de conjugar a bilirrubina com o ácido glicurônico.

O tratamento dessas intoxicações deve ser feito à base de fluidoterapia, oferecimento de substratos para o fígado (glicose e outros *protetores hepáticos*), bloqueadores solares, pomadas epitelizantes e manutenção dos animais à sombra. Nos casos mais graves, pode ser indicado o uso de anti-histamínicos ou mesmo de corticoides.

Cipó de matas, Cipó prata, (*Mascagnia* sp)

Também conhecido por timbó, é a principal planta tóxica do Nordeste, sendo responsável por casos de morte-súbita. Pertence à família Malpigiaceae e apresenta-se em forma de arbusto escandente. Popularmente é conhecida por tingui e timbó e, na Bahia, como quebra-bucho e pela-bucho (Tokarnia *et al.*, 2000). Três espécies são consideradas importantes: *M. cartacea, M. pubiflora, M. rígida*. Essas espécies ocorrem desde o Nordeste até o Norte de Santa Catarina. São plantas perenes e reproduzidas por sementes. O sistema radicular é bastante desenvolvido, por esse motivo são encontradas em diversas regiões brasileiras. As espécies tóxicas que ocorrem no Brasil são semiarbustivas, com ramos em forma de lianas (cipós) compridas, flexíveis e cilíndricas (Kissman & Groth, 1992). Existem dúvidas quanto aos princípios tóxicos desse gênero, mas, provavelmente, os efeitos tóxicos são ocasionados pela ação de glicosídeos e saponinas (Tokarnia *et al.*, 1998).

De acordo com Tokarnia *et al.* (2000), há maior ocorrência desse Gênero em todo o Nordeste nas regiões do agreste e sertão, nos lugares mais frescos. Sob condições naturais, a intoxicação ocorre principalmente em bovinos (Tokarnia *et al.*, 1961, Medeiros *et al.*, 2002) e em caprinos (Oliveira *et al.*, 1978). A intoxicação ocorre mais na época da seca (entre agosto e setembro) quando a planta brota. O exercício ou a movimentação dos animais que ingeriram a planta favorece o aparecimento dos sinais clínicos ocasionando a morte súbita. Produtores do Ceará relatam que *"se o gado não for movimentado, ele pode ingerir a planta à vontade e até engorda"* (Tokarnia *et al.*, 2000). Há uma variação muito grande em relação à toxicidade dessa planta em diferentes regiões. As razões para tais variações na toxicidade não são conhecidas, mas isso é um importante fator para se considerar na epidemiologia e controle da intoxicação (Medeiros *et al.*, 2002).

Não foram relatados casos naturais de intoxicação em caprinos e ovinos. Em bovinos, a evolução é, em geral, superaguda (questão de minutos), porém, excepcionalmente, alguns animais sobreviveram até duas horas (Tokarnia *et al.*, 2000). Os animais afetados podem apresentar instabilidade, tremer e cair com movimentos de pedalagem. Opistótono, berros e taquicardia com arritmia são observados. A morte pode ocorrer dentro de um minuto a duas horas após os primeiros sinais clínicos. Aqueles menos afetados relutam em se movimentar e se recuperam, caso não sejam forçados a andar (Medeiros *et al.*, 2002). Não se observam alterações macroscópicas significativas. Na histologia, observa-se, em alguns animais, degeneração hidrópica no epitélio tubular renal (Tokarnia *et al.*, 2000).

São fundamentais os dados epidemiológicos e a manifestação de morte repentina, associada à presença da planta, além da lesão histológica renal que, quando presente, pode auxiliar para confirmação do diagnóstico (Riet-Correa *et al.*, 2001). O diagnóstico diferencial deve ser feito com o carbúnculo hemático, com acidente ofídico e com intoxicações por outras plantas que causam morte súbita, além de intoxicações por plantas cianogênicas (Tokarnia *et al.*, 2000).

Os animais morrem por insuficiência cardíaca aguda, à semelhança do que acontece com a intoxicação por *Palicourea* spp., sugerindo, assim, que o princípio tóxico seja o ácido monofluoroacético (Medeiros *et al.*, 2002).

Quanto ao tratamento específico, nenhum é preconizado, apenas o de suporte e o sintomático. Tranfusão sanguínea pode ser indicada em casos isolados.

Cutúbea (*Coutoubea ramosa*)

É uma planta da família das Gencianaceae, que possui hábito de crescimento ereto, alcançando de 10 a 70 cm de altura e possui a consistência meio carnosa. Apresenta ciclo anual, emitindo flores e semente no fim da cheia (de abril a junho). É muito encontrada em campos muito alagáveis, onde existem solos não muito arenosos, como os da Amazônia e do Pantanal. Nessa região, é frequente nas sub-regiões de Abobral, Barão de Melgaço e Poconé. Também é conhecida com o nome popular de Tingui

Essa planta causa intoxicação em bovinos em todas as fases vegetativas, desde a brotação, floração até a frutificação. Mesmo com a dessecação, ainda permanece tóxica por alguns meses. No Pantanal, tem sido observada e muito pastejada em campo com excesso de gado e em épocas de seca.

Os sinais da intoxicação pela cutúbea iniciam-se com o animal apresentando falta de apetite, anorexia e andar lerdo. Em seguida, apresenta sinais de dores abdominais, inquietação e diminuição dos movimentos ruminais. A superfície do corpo torna-se fria, ocorre aumento dos batimentos cardíacos e dos movimentos respiratórios, e o animal entra em estado de agonia e morre. A quantidade ingerida da planta que leva um bovino à morte está em torno de 20 g/kg de peso vivo (Tokarnia *et al.*, 1979). Os primeiros sintomas são observados aproximadamente 14 a 19 horas após ter completada a dose letal, quando ingerida em 24h, e duram cerca de 8 a 19h. Os princípios tóxicos prováveis ainda não são conhecidos, e a intoxicação por essa planta pode ser confundida com cólicas e picada de cobra. A cutúbea, dessecada após 4 meses e meio após a coleta, continuou a ser tóxica. Administrações repetidas de quantidades subletais e a bovinos revelaram que a planta não causa quadro de intoxicação crônica, não possui efeito cumulativo e os animais não adquirem tolerância aos seus efeitos (Tokarnia *et al.*, 1979).

É importante inspecionar brejos e baixadas antes de introduzir bovinos na área, pois é o local de maior frequência da planta.

Quanto ao tratamento específico, em virtude do desconhecimento sobre seu(s) princípio(s) ativo(s), deve ser apenas de suporte e sintomático.

Espichadeira (*Solanum glaucophyllum*)

Planta da família das Solanáceas, hábito de crescimento arbustivo pouco ramificado, com altura que varia de 0,5 a 1,8 m. Possui ciclo perene e apresenta flor e fruto praticamente durante o ano todo, exceto quando o solo estiver muito seco. A semente é espalhada pelas aves, que consomem o fruto; por isto, muitas vezes, a planta é encontrada próxima a cercas e cupinzeiros. A espécie é restrita a solos argilosos, férteis (ricos em cálcio), muito alagáveis e é muito comum em áreas pisoteadas, como perto de cochos, aguadas e porteiras, encontrada principalmente no Centro-Oeste e Sul do Brasil, até Argentina, frequente nas sub-regiões de Poconé, Miranda e Nabileque.

Dentre os princípios tóxicos prováveis estão o 1, 25-dihidroxicolecalciferol, que é a vitamina D_3 ativada, ou forma hormonal da vitamina D, um glicosídeo esteroidal.

Desde há muito, conhece-se os efeitos do consumo de plantas calcinogênicas pelos animais domésticos. A presença de vitamina D_3 e seus metabólitos em concentrações variadas acarreta o quadro clínico conhecido como calcinose enzoótica. A alteração da conformação de ossos e cartilagens, a calcificação de tecidos moles, a dificuldade de locomoção e, consequentemente, a alimentação levam a um quadro que, com frequência, pode acarretar a morte. Todavia, dependendo do estado geral dos animais e da quantidade de planta calcinogênica ingerida, os animais não morrem. A sintomatologia crônica, com manifestação mais branda do que a aguda, é acrescida de infertilidade e de dificuldade de concepção (Mello *et al.*, 1999).

As plantas calcinogênicas, como a espichadeira, são causadoras de intoxicações em animais domésticos de diversos países do mundo. Na Alemanha, Suíça e Áustria, a planta *Trisetum flavescens* (Gramineae), aveia dourada, é responsável pelo quadro clínico conhecido como calcinose enzoótica, que atinge bovinos (Dirksen *et al.*, 1973, citados por Mello *et al.*, 1999). Nos Estados Unidos, a doença, que atinge bovinos e equinos, é causada pela ingestão da planta *Cestrum diurnum* (Solanaceae), jasmim-do-dia (Krook *et al.*, 1975). No Brasil e Argentina, a *Solanum malacoxylon* (Solanaceae) sinonímia *S. glaucophyllum*, espichadeira ou duraznilo blanco, é responsável pela ocorrência da doença em bovinos (Döbereiner *et al.*, 1971).

A intoxicação pela ingestão dessa planta é crônica e a evolução é lenta. Essa planta está quase que restrita às sub-regiões Norte e Sul do Pantanal Mato-Grossense brasileiro, possui um princípio ativo semelhante à vitamina D, que aumenta a absorção de cálcio e fósforo ao nível intestinal. Esse princípio ativo permanece na folha mesmo depois de dessecada e caída, quando é ingerida (Afonso & Pott, 2000). O consumo, portanto, é maior na época seca, pois a planta verde raramente é pastejada pelo bovino. Provoca calcificação em vários órgãos, principalmente nos pulmões, artérias, veias e tendões, comprometendo assim suas funções normais. A deposição de cálcio nos tecidos colágenos dos tendões causa rigidez dos membros locomotores. Mello *et al.* (1999) comentam que, além dos sintomas clássicos da hipervitaminose D, como emagrecimento progressivo, inapetência, calcificação de tecidos moles, hipercalcemia, hiperfosfatemia, hiperplasia de células C da tireoide e osteopetrose, alguns trabalhos também relatam a ocorrência de infertilidade e dificuldades de concepção nos animais mantidos em pastagens que contenham plantas calcinogênicas. A intoxicação ocorre independentemente de raça, idade e sexo, porém, é mais frequente em vacas após o primeiro parto. No início, ao remover os animais afetados para locais sem a planta, os mesmos melhoram seu estado nutricional, porém as lesões não desaparecem. Basta a ingestão de apenas 1,0 g/kg de peso vivo ao dia para desenvolver um quadro de intoxicação.

O animal passa a apoiar-se nas pontas dos cascos e apresenta curvatura dorso-lombar (parecendo porco), dando aspecto de *espichado*. O bovino tem dificuldade de locomoção, ficando a maior parte do dia deitado. Os sintomas causados por essa planta frequentemente é confundido com tuberculose e, por esse motivo, há relatos de frigoríficos terem rejeitado as carcaças de bovinos do Pantanal, por suspeita da doença, (pericardite traumática, artrite crônica). Aos primeiros sinais de intoxicação deve-se proceder a retirada do gado da área.

Não existe tratamento curativo preconizado para a intoxicação por esse tipo de princípio ativo.

Falsa-ciganinha (*Riedeliella graciliflora*)

A *Riedeliella graciliflora* é uma planta arbustiva, atingindo 2m, pertence à família Leguminosae e à subfamília Faboideae. Essa espécie é frequentemente encontrada no Mato Grosso do Sul, em áreas desmatadas, pastagens cultivadas, cerrados, campos e capoeira. A descoberta da toxicidade dessa planta é recente, tendo sido constatada, pela primeira vez, a ocorrência de intoxicação e mortandade de bovinos em 1995 (Zanella *et al.*, 2007).

Embora seja uma leguminosa, o seu fruto não é uma vagem típica, pois possui o formato de um disco. Apresenta flor de setembro a janeiro, fruto de fevereiro a maio. Não há na literatura relatos de estudos químicos realizados com essa planta. Por esse motivo, a determinação da toxicidade aguda dessa planta, bem como sua constituição química, é extremamente importante, considerando que essa espécie é encontrada em toda a região de pastagem do cerrado (Kissman & Groth, 1992).

Não parece ser uma planta muito palatável, sendo pouco pastejada, mas as folhas secas caídas podem ser ingeridas junto com a forragem. Os sinais clínicos de intoxicação iniciam-se com salivação abundante, perda do apetite, retração dos glóbulos oculares, diarreia e falta de coordenação motora. Em seguida, o animal cai em decúbito lateral, entra em estado de agonia e apresenta hemorragia pelos orifícios naturais. A morte ocorre em poucas horas, caracterizando-se uma intoxicação aguda.

Estudo histológico de bovinos, camundongos, ratos e coelhos intoxicados pela planta *Riedeliella graciliflora* foi realizado por Riet-Correa *et al.* (2001). Os autores verificaram que, em bovinos, os gânglios linfáticos, baço, placas de Peyer e tecido peribronquial apresentavam necrose, afetando, principalmente, os centros germinativos dos folículos. Essa lesão foi menos severa em animais de laboratório. Em todas as espécies havia severa enterite e infiltração da lâmina própria do intestino por células mononucleares. Algumas dessas células estavam necróticas. Degeneração e necrose do epitélio, principalmente na superfície das vilosidades, e descamação das células epiteliais foram, também, observadas. No fígado, havia desorganização da estrutura trabecular e alguns hepatócitos apresentavam-se degenerados ou necróticos. Os rins apresentavam nefrose tubular. Diferentes graus de congestão foram observados no fígado, pulmões, rins, intestinos e linfonodos. As lesões observadas são similares às causadas por *Polygala klotzschii*, uma planta que contém 5- metoxi-podofilotoxina.

Não foi determinada ainda a quantidade letal, porém sabe-se que a parte aérea da planta possui alto índice de toxidez. Os princípios tóxicos prováveis ainda não são totalmente identificados, mas já se isolou a substância rutina que se trata de um glicosídeo. Pode ser confundida com doenças como carbúnculo hemático, carbúnculo sintomático e picada de cobra.

Zanella *et al.* (2007) isolaram os compostos fitol, ficaprenol-12, b-sitosterol, catequina e da quercetina-3-O-rutinosídio. Os autores fizeram a avaliação da toxicidade aguda em animais de laboratório e evidenciaram que o extrato etanólico e a fase hidrometanólica mostraram-se tóxicos, induzindo à morte dos animais em menos de cinco horas. Os autores sugeriram então que esses, possivelmente, seriam os compostos letais observados na espécie.

Quanto ao tratamento, limita-se ao sintomático e ao de suporte, objetivando-se estimular a metabolização e excreção do(s) princípio(s) ativo(s).

Fava-de-anta, faveira (*Dimorphandra mollis*)

A fava-de-anta, também conhecida como faveira ou barbatimão (falso barbatimão), é uma leguminosa da família das Caesalpiniaceae, com crescimento ereto, altura de 4 a 12m. As folhas são grandes e bipinadas, com folíolos alternos ou subopostos. As flores são pequenas de cor creme-amarelada, dispostas em espigas. A inflorescência possui a forma de candelabro, e os frutos são vagens eretas de comprimento entre 10 e 15 cm, com 3 a 4 cm de largura, que produzem cada uma, de 10 a 13 sementes alongadas e avermelhadas. Floresce entre novembro e abril e produz vagem na época seca (Kissman & Groth, 1992).

Essa planta é comumente encontrada no Cerrado, Brasil Central em solos arenosos e siltosos. A intoxicação é causada principalmente por suas favas, embora as folhas também sejam tóxicas e provoquem fotossensibilização, porém são pouco consumidas, principalmente por serem pouco acessíveis. As favas amadurecem e caem nos período de seca, sendo avidamente procuradas pelos bovinos. Em geral, a quantidade de favas não é suficiente para causar intoxicação, mas em áreas vedadas ou pastos manejados sob lotação rotacionada pode haver acúmulo de favas no chão (Ferreira, 1971).

Os principais sinais da intoxicação pela ingestão das favas manifestam-se, inicialmente, por distúrbios intestinais graves, também sendo tóxica aos rins. O animal apresenta fezes com muco e estrias de sangue e até coágulos sanguíneos. Ocorrem salivação espumosa, pêlos arrepiados, timpanismo, cólicas e, às vezes, prolapso do reto. Há diminuição dos movimentos ruminais e emagrecimento rápido, diminuição dos batimentos cardíacos e tremores musculares. No final da intoxicação, o bovino passa a maior parte do tempo deitado e gemendo, frequentemente, até a morte. De acordo com Feres *et al.* (2006) a morte pode ocorrer em 72 horas (curso agudo) ou após 3 a 17 dias (curso subagudo).

Há citações de que as favas causam também alto índice de aborto em vacas, mesmo com a ingestão de pequenas quantidades, o que ainda não foi confirmado experimentalmente. A dose letal pelas favas administradas experimentalmente é de 25 g/kg de peso vivo. O princípio tóxico provável é o glicosídeo (rutina) e pode ser confundido com verminoses, dermatites e doenças da reprodução. Alguns autores citam os princípios tóxicos como os flavonoides e alcaloides nas favas (Cintra *et al.*, 2002). A composição química da fava-de-anta foi investigada (Franco *et al.*, 1996) e a atividade farmacológica dessa planta é principalmente causada pela presença de flavonoides em suas frutas. A rutina, o componente ativo principal da fava-de-anta, é obtido do extrato seco de suas frutas, sendo um flavonoide heterosídeo que apresenta atividade antioxidante, antivirótica, antitumoral e anti-inflamatória.

Quanto ao tratamento das intoxicações, baseia-se no controle dos sintomas, prevenção da desidratação e favorecimento da metabolização e eliminação do(s) princípio(s) ativo(s).

Fedegoso (*Senna occidentalis*)

Leguminosa da família das Cesalpináceas, conhecida popularmente como fedegoso e mata-pasto, é um arbusto ereto, perene ou anual com 0,5 a 1,6 m de altura, nativo dos trópicos. Possui flores amarelo-ouro e vagens curvas, com ápices voltados para cima.Tanto as flores quanto as vagens ocorrem quase o ano todo. É de fácil propagação por semente, inclusive por meio do esterco. Tolera solos pobres, erodidos e secos. Essa planta é comumente encontrada em qualquer tipo de solo, em áreas perturbadas geralmente não-inundáveis, em sedes de fazenda, estradas, currais, lavouras e pastagens cultivadas, lagoas secas, principalmente em malhadouro e ao redor de cocho de sal. Caracteriza-se como invasora cosmopolita tropical (Blanco, 1978).

As intoxicações espontâneas por fedegoso foram descritas em várias espécies animais como bovinos, suínos e equinos (Martins *et al.*, 1986; Barros, 1999). As vagens, folhas e caules são tóxicos, contudo, as sementes são as mais tóxicas (Puleo, 1966, citado por Gonzáles *et al.*, 1994). A enfermidade ocorre pela ingestão de cereais ou feno contaminados com sementes ou outras partes da planta ou pela ingestão da planta por bovinos em pastoreio. A contaminação dos cereais ocorre durante a colheita mecânica de lavouras contaminadas por fedegoso (Tokarnia *et al.*, 2000).

A intoxicação em bovinos ocorre geralmente em animais maiores de um ano de idade, sob a forma de surtos, afetando de 10 a 60% do rebanho, com alta letalidade (Barros,1993). O princípio tóxico do fedegoso não foi identificado, mas a planta possui componentes potencialmente nocivos, como uma albumina, alguns derivados antraquinônicos de forte ação catártica e um alcaloide volátil e termolábil (Puleo, 1966, citado por Gonzales *et al.*, 1994).

O teor dos componentes potencialmente tóxicos das sementes pode variar de acordo com as condições do solo (tipo, adubação, etc.) e ambientais (temperatura, umidade) a que a planta foi submetida (Anton & Duquenóis, 1968, citados por Andrade, 2007). Assim, plantas invasoras de culturas adubadas em regiões tropicais poderiam apresentar sementes com concentrações diferentes dos princípios tóxicos.

No Pantanal, as folhas são pouco pastejadas, mas as vagens secas são ingeridas pelos bovinos. Como são pouco digeridas, as sementes são espalhadas pelas fezes, onde germinam. No Sul do País, ocorrem surtos de intoxicação por ingestão dessa planta após períodos de geadas. A intoxicação também se dá quando são fornecidas rações de grãos de cereais moídos e contaminados com sementes de fedegoso. O seu princípio tóxico possui efeito cumulativo, mas é destruído pelo calor.

No bovino, os sinais da intoxicação iniciam-se com diarreia, fraqueza muscular e falta de coordenação motora, principalmente dos membros posteriores. O animal apresenta tremores e relutância em caminhar e, quando caminha, arrasta as pontas dos cascos traseiros. No final do quadro da intoxicação, a diarreia aumenta e o animal, enfraquecido, cai e não se levanta mais. Causa degeneração e necrose dos músculos.

Ainda não é conhecida a quantidade de folhas que leva um bovino à morte, mas a intoxicação experimental pelas sementes está em torno de 10 g/kg de peso vivo. Os princípios tóxicos prováveis são N-metilmorfolina (alcaloide) e oximetilantraquinonas (albumina), pode ainda ser confundida com raiva ou botulismo.

A quantidade suficiente para o animal se intoxicar é de 1,5 a 3,0g por quilo de peso vivo (Afonso & Pott, 2000).

Quanto ao tratamento, também não há nenhum específico. Deve-se, no entanto, controlar os sinais clínicos e atuar para facilitar a metabolização e eliminação do agente tóxico. Como em todos os casos em que há aumento do trânsito intestinal, deve-se fazer fluidoterapia.

Guizo, guizo-de-cascavel, xique-xique (*Crotalaria spectabilis*) e outras espécies

O gênero *Crotalaria* possui cerca de 600 espécies nas regiões tropicais e subtropicais do mundo, principalmente no hemisfério sul, sendo mais numeroso na África e na Índia (Polhill, 1982). As espécies são comumente encontradas em ambientes com desequilíbrio, como próximo de estradas, terrenos abandonados e pastagens nativas. Além desses, observa-se a ocorrência em campos alagáveis, áreas alteradas por atividade agrícola, leiras provenientes de desmatamento e pastagens cultivadas, em solos de vários tipos, geralmente férteis. Caracteriza-se como invasora tropical originária da América do Sul e Central, que se reproduz por sementes (Lorenzi, 2000). Atualmente, várias espécies de *Crotalarias* tornaram-se altamente importantes na agricultura, pois são utilizadas como plantas forrageiras e em consórcio de culturas, para atenuar os problemas de erosão e melhorar a fertilidade do solo (Salgado *et al.*, 1987; Mateus & Wutke, 2006). A espécie Crotalaria lanceolata, vulgarmente conhecida como guizo-de-cascavel, chocalho-de-cobra ou xiquexique, é originária da África e foi introduzida no Brasil com a finalidade de cultivo para a cobertura de solo e fornecimento de adubo verde (Loenzi, 2000)

É uma herbácea ereta, pouco ramificada, de caule glabro de 50 a 100 cm de altura, pertencente à família das Leguminosas-Fabáceas, com ciclo anual, flor de coloração amarela, reunidas em inflorescência. As flores apresentam brácteas que se destacam das inflorescências quando as flores se abrem e com cicatrizes glandulares responsáveis por secretar néctar que atraem as formigas, protegendo assim as inflorescências (McKey,1989). Os frutos são deiscentes, e produzidos durante praticamente o ano todo. Possui vagens cilíndricas de 4 a 6cm de comprimento, e um único fruto pode conter cerca de quarenta e oito sementes, as quais apresentam variações na cor do tegumento. As vagens desse gênero são infladas, e as sementes ficam soltas dentro delas. Agitando-se as vagens ouve-se um ruído como o de chocalhos, semelhante ao de uma cascavel (Kissman & Groth, 1992).

No Brasil, existem mais de 40 espécies de *Crotalaria*, das quais sete no Pantanal, sendo umas mais, outras menos tóxicas. Há relatos de que o princípio tóxico dessa planta concentra-se mais nas flores e nas sementes. Embora conste como pouco palatável, as folhas foram pastejadas por bovinos no Pantanal, os quais ingerem também flores e frutos, principalmente em situações de fome.

Em razão da sua grande adaptabilidade às condições brasileiras, encontra-se hoje espalhada por quase todo o território, porém raramente formando densas infestações e sendo mais frequente na Região Sudeste.

A crotalária vem sendo muito utilizada em alguns Estados brasileiros em consorciação com a cultura de mandioca, com o intuito de promover maior eficiência no controle de plantas espontâneas e melhor equilíbrio da população de pragas e doenças. Além disso, tem-se a melhor exploração de água e de nutrientes, melhor proteção do solo pela cobertura foliar e maior retorno econômico (Schaffrath & Miller, 2000).

A planta é tóxica ao fígado, e os principais sinais da intoxicação por Crotalaria iniciam-se por contrações abdominais, perda de apetite, perturbações digestivas, perda do equilíbrio ao caminhar e alteração do sistema nervoso sob forma de excitação ou depressão. Após apresentar esses sinais, dificilmente o animal se recupera. Nos bovinos, os sinais clínicos são variáveis, podendo ser observados pela sintomatologia nervosa, caracterizada por agressividade, às vezes incoordenação, tenesmo, ocasionalmente prolapso retal e diarreia. O curso clínico é 2 a 7 dias, mas a maioria dos animais morrem em 24 a 72 horas; ou apresentam um quadro clínico caracterizado por emagrecimento progressivo, com diarreia ou não, que pode ser de vários meses, podendo observar-se antes da morte os sinais descritos anteriormente, ou os animais permanecem apenas em decúbito até a morte (Silva, 2006). Os sinais nervosos caracterizam-se por depressão, alterações de comportamento, movimentos involuntários, ataxia, pressão da cabeça contra objetos, andar a esmo ou em círculo e galope desenfreado com batidas em cercas ou outros obstáculos (sinais da hiperamonemia). Alguns animais demonstram sinais de dor abdominal, como escavar o solo, e com apoio constante dos membros pélvicos em obstáculos e arrastar de pinças. Existem casos em que o animal apresenta emagrecimento progressivo por 3 a 4 meses e outros em que o animal morre em 3 a 4 dias (Nobre *et al.*, 2004)

Os princípios tóxicos prováveis são alcaloides do grupo das pirrolizidinas, os quais podem ser confundidos com raiva e encefalite. Em estudo com intoxicação experimental de folhas, flores e vagens, as quantidades acima de 55g/kg de peso vivo ao dia foram suficientes para levar os bovinos à morte. As sementes também são consideradas venenosas, pois possuem o mesmo tipo de alcaloides.

Os alcaloides pirrolizidínicos constituem um grande grupo de moléculas de caráter básico que contêm nitrogênio em sua estrutura, normalmente formando um anel heterocíclico, o núcleo pirrolizidínico, sendo amplamente disseminados, tanto geograficamente quanto botanicamente. Eles formam uma classe de compostos secundários com cerca de 360 estruturas conhecidas que desempenham um importante papel na defesa química da planta, sendo tóxica para os vertebrados e não palatáveis para insetos herbívoros (Hartmann & Witte, 1995). Muitos desses alcaloides são hepatotóxicos e muitos outros são pneumotóxicos, neurotóxicos, mutagênicos e carcinogênicos.

O tratamento preconizado para as intoxicações por essa planta é apenas sintomático e de suporte.

Jurubeba (*Solanum fastigiatum*)

A *Solanum fastigiatum*, conhecida como jurubeba-do-sul, é uma planta nativa na Região Sul do Brasil, ocorrendo também nos países da Bacia do Prata. Comum no Rio Grande do Sul, especialmente na Depressão Central; presente também em outros Estados sulinos. A origem do nome vem do adjetivo latino *fastigiatum, que termina em ponta*, motivado pelos ramos fasciculados da inflorescência, que apresentam frutos em suas pontas. É um arbusto que atinge em torno de 1m de altura, com folhas largas e irregulares e flores brancas, que se reproduz por sementes. Os frutos são biloculares de coloração alaranjada com 1cm de diâmetro (Kissman & Groth, 1992).

É considerada grande invasora de pastagens ou de terrenos abandonados. Os nomes populares são: jurubeba, jurubeba-do-sul, jurubeba-velame, velame ou joá-preto. Essa planta é bastante parecida com diversas outras, que também são conhecidas pelo nome vulgar de jurubeba e é usada na farmacopeia popular, com as mesmas indicações da verdadeira juru-beba, *Solanum paniculatum* (Rech *et al.*, 2006). Como existem preparações comerciais à base de jurubeba, é comum que as firmas que as apresentam recebam material de plantas parecidas, inclusive de *Solanum fastigiatum*. A ingestão de partes da planta tem causado patologias em bovinos. A ocorrência maior tem sido em épocas de carência de forragem, e os animais precisam ingerir a planta por um período prolongado. Estudos realizados na Universidade Federal de Pelotas (Riet-Correa *et al.*, 1983) indicam que a sintomatologia é relacionada com disfunção cerebelar, com crises periódicas do tipo de epilepsia, que duram de alguns segundos a um minuto e são desencadeadas geralmente quando os animais são movimentados ou excitados. Há perda de equilíbrio e quedas, ficando os animais em decúbito dorsal ou lateral, com tremores musculares. Após as crises, os animais aparentam normalidade, mas alguns estendem o pescoço numa atitude de *olhar estrela* e buscam maior apoio com extensão dos membros anteriores. Em geral, não ocorre mortalidade diretamente relacionada com o problema, mas com as quedas pode haver fraturas. A patologia torna-se crônica e a regressão clínica é rara.

Para que ocorra a intoxicação é necessário que os bovinos consumam grandes quantidades da planta; a doença caracteriza-se por sinais neurológicos causados por vacuolização dos neurônios de Purkinje (Rech *et al.*, 2006).

Estudo realizado com bovinos, com idade média de 5 anos, que pastejavam em campos infestados por grande quantidade de jurubeba foi realizado por Rech *et al.* (2006). Foi diagnosticada intoxicação pela planta em 6,3% dos 301 encéfalos examinados e em 8,6% de bovinos com sinais clínicos de distúrbios nervosos. Os índices de morbidade e mortalidade foram, respectivamente, de 6,7 e 3,4%. Em seis casos, o tempo de evolução do quadro clínico foi informado e variou de 3 meses a 1 ano e meio. Clinicamente, além de emagrecimento progressivo, todos os bovinos apresentavam sinais de distúrbios nervosos caracterizados por graus variáveis de hipermetria, incoordenação, quedas e tremores musculares quando movimentados, excitados, ou presos por cordas. Apresentavam convulsões esporádicas ou frequentes que duravam alguns segundos e eram seguidas de recuperação.

Para os casos de intoxicação por essa planta, não há tratamento clínico específico, sendo as terapias preconizadas somente as de suporte e sintomáticas.

Erva-de-rato (*Palicourea marcgravii*)

Arbusto com 2m de altura, ramos secundários cilíndricos, os terminais compridos, angulosos, delgados, de cor vermelha escura ao secar, glabros ou levemente pubescentes na parte superior, estípulas agudas, triangulares, soldadas na base. Folhas curto-pecioladas, pubescentes, quando novas, opostas, oblongas, longamente acuminadas na parte superior. Inflorescências em panícula, com flores tubulosas amareladas na base e azul-arroxeadas na parte superior. Frutos bagas biloculares de início avermelhados e depois arroxeados (Oliveira *et al.*, 2003).

A *P. marcgravii* é uma planta nativa do Brasil, ocorrendo em praticamente todo o país. O fruto era antigamente empregado para matar ratos, daí seu nome popular erva-de-rato. Algumas plantas da família Apocynaceae e Asclepiadaceae, e até mesmo outras espécies de Rubiaceae, recebem esse mesmo nome popular e, devido a isso, *P. marcgravii* St. Hill. é muitas vezes referida como "erva-de-rato verdadeira" (Oliveira *et al.*, 2003).

P. marcgravii é a planta tóxica mais importante para bovinos no Brasil em decorrência da sua extensa distribuição, palatabilidade e toxidez alta e o efeito acumulativo (Tokarnia *et al.*, 1979).

Anualmente, tem-se a estimativa aproximada de um milhão de mortes de bovinos por ação de plantas tóxicas no Brasil (Riet-Correa & Medeiros, 2001). Na Região Amazônica, onde morre a metade dos bovinos vitimados por plantas tóxicas no Brasil, a erva-de-rato é responsável por, aproximadamente, 80% de todas as mortes causadas por intoxicações por plantas. Convém ressaltar que as plantas tóxicas são a causa mais importante de mortes de bovinos adultos nessa extensa região (Tokarnia *et al.*, 1979). O tratamento de animais intoxicados por *P. marcgravii* não é viável, mesmo que se conhecesse um tratamento, por causa da evolução superaguda da intoxicação.

Por outro lado, os únicos métodos profiláticos conhecidos são cercar bem as áreas infestadas ou erradicar a planta, medidas que apresentaram resultados insatisfatórios. É preciso, portanto, procurar outros métodos profiláticos mais eficientes para diminuir as perdas econômicas causadas por essa intoxicação. As informações que se obtêm frequentemente na região amazônica, mencionam que os búfalos são mais resistentes à intoxicação por plantas, isto é, que morrem menos búfalos que bovinos intoxicados por plantas. Já está bem estabelecido que as duas plantas tóxicas mais importantes da região amazônica são *Palicourea marcgravii*, na terra firme, e *Arrabidaea bilabiata*, na várzea.

Em Roraima, em vez de *A. bilabiata* ocorre *Arrabidaea japurensis*, de hábitat e ação semelhantes. O menor número de mortes de búfalos são devidas à ação de plantas tóxicas e pode ser explicado pela diferença no hábitat preferencial das duas espécies. Em terra firme, hábitat preferencial dos bovinos, a planta mais frequente é *P. marcgravii*, que é mais tóxica e consumida em quaisquer condições, mesmo sem fome; enquanto na várzea, o hábitat preferencial dos búfalos, a planta mais frequente é *A. bilabiata*, que é menos tóxica que *P. marcgravii* e consumida somente em condições de fome. Por exemplo, uma fazenda da Região Amazônica onde havia as duas plantas em abundância, nos seus respectivos hábitats, o fazendeiro relatou que criava bovinos, sempre tendo grandes perdas por morte. Foi aconselhado a criar búfalos em vez de bovinos, e o número de mortes diminuiu consideravelmente. Observou-se que o curral estava situado em terra firme; soltos, os búfalos dirigiam-se às extensas várzeas, onde havia *A. bilabiata*, e lá permaneciam a maior parte do tempo. Por outro lado, os bovinos, de acordo com o histórico do criador, quando soltos, dirigiam-se aos pastos de terra firme, entremeados de capoeiras e matas e onde *P. marcgravii* era abundante, ocorrendo mortes frequentes, principalmente quando os bovinos eram movimentados (Tokarnia, 1978).

Um outro motivo para menor número de mortes com búfalos é a maior resistência (tolerância) natural ou adquirida dos búfalos aos princípios tóxicos da planta. Por exemplo, foi fornecido um histórico de uma propriedade constituída só de terra firme, comparativamente, as mortes de búfalos, devidas a *P. marcgravii*, eram bem menos frequentes do que as de bovinos (Cunha, 1987).

Quanto ao tratamento, conforme já esclarecido anteriormente, por causa da natureza superaguda da evolução do quadro clínico da intoxicação, é inviável qualquer tipo de tratamento curativo, seja sintomático ou de suporte.

Louco (*Plumbago scandens*)

Plumbago scandens é um arbusto pequeno, ou subarbusto, de 0,5 a 1,5 m de altura, pertencente à família das Plumbaginaceae, que compreende cerca de 20 gêneros com aproximadamente 500 espécies, apresentando uma ampla distribuição geográfica. É difundida em áreas de restinga, caracterizadas por alta intensidade luminosa e solo arenoso perene, apresenta flores e frutos em grande parte do ano. Essa planta é disseminada pelos animais, pois o fruto fica preso aos pelos. As plantas geralmente são encontradas em trilhas de matas, em solos arenosos ou argilosos e férteis (Monteiro *et al.*, 2006)

É encontrada na América do Sul, em todas as sub-regiões do Pantanal, apenas não tendo sido encontrada no cerrado e na mata inundável. A densidade populacional desta planta no Pantanal é pequena, o que torna baixa a sua disponibilidade para o pastejo dos bovinos, além de ser pouco pastejada. Porém, o seu princípio tóxico é muito ativo, alguns gramas de folhas podem levar o animal à morte, e sabe-se que a folha jovem possui maior toxidez.

A toxicidade dessa planta foi testada experimentalmente em bovinos por Tokarnia & Döbereiner (1982), que utilizaram a dose tóxica de folhas frescas de 10g/kg de peso vivo. Um surto natural de intoxicação em caprinos foi descrito por Medeiros *et al.* (2001) na Paraíba. Experimentalmente, a planta foi testada em caprinos e a dose tóxica observada foi a partir de 5g/kg de folhas frescas recém-colhidas e, a dose letal, 25g/kg de peso vivo. Segundo Tokarnia *et al.* (2000) as lesões histológicas e os sinais clínicos sugerem doença causada por uma ação cáustica da planta na mucosa do trato digestivo. Essa planta possui plumbagina ou ophioxylina, substâncias cristalizáveis, acres e rubefaciente (Corrêa, 1926, citado por Silva, 2006).

A intoxicação é de caráter agudo e ocorre a morte em poucas horas após a ingestão da planta. Os primeiros sinais da intoxicação iniciam com sialorreia (baba) moderada. A mucosa bucal apresenta uma coloração cinza-escura, e a urina torna-se escura e avermelhada.

Ocorre edema submandibular, perda do apetite, paralisia dos movimentos ruminais e timpanismo. O animal fica inquieto com manifestação de cólicas, balança a cabeça, deita e levanta seguidas vezes e emite gemidos. Às vezes, apresenta tremores musculares nos flancos, o focinho fica seco e as extremidades frias. Após a apresentação desse quadro clínico, o animal morre em poucas horas.

Medeiros *et al.* (2001) relatam que, no estudo em que animais receberam quantidades de 5, 10 e 17,5g/kg de parte aérea da planta de *Plumbago scandens*, recuperaram-se em 1 a 5 dias. A urina voltou à coloração normal 8 a 24 horas após a administração. Os primeiros sintomas da intoxicação aparecem já durante ou logo após a parte final da administração da planta, ou em até 4 horas. A sintomatologia caracterizou-se por depressão, salivação espumosa, leve a acentuado edema submandibular, coloração cinzento-escura da mucosa bucal, urina de coloração marrom-avermelhada, anorexia, moderada a acentuada inquietação e leve até acentuado timpanismo, atonia ruminal, meteorismo, bruxismo, urina de cor marrom- escura a preta e sinais de dor abdominal com postura de membros abertos, gemidos, berros e movimentos laterais da cabeça (Medeiros *et al.*, 2001). Em achados de necropsia foi verificada a presença de coloração violeta escura a preta nas mucosas da língua, esôfago, retículo e saco ventral do rúmen; edema gelatinoso no rúmen e no retículo que apresentaram parede muito espessada no rúmen, o epitélio podia ser retirado com facilidade, deixando exposta a própria, com ou sem congestão ou hemorragias. Além disso, a mucosa bucal e a do esôfago apresentaram-se com coloração cinzento-escura. Histologicamente, observou-se edema da parede dos pré-estômagos com desprendimento do epitélio.

A coloração cinzento-escura da mucosa bucal e marrom-avermelhada da urina são sinais importantes para o diagnóstico. Para diferenciar com outras doenças é necessário não confundir as lesões do rúmen com lesões de autólise. Além disso, na intoxicação por *P. scandens*, analisa-se o espessamento da parede do rúmen. As doenças em que a urina toma coloração escura também devem ser levadas em consideração. Não se conhece tratamento específico para essa intoxicação. No entanto, as medidas profiláticas consistem em evitar que animais famintos ou transportados de uma área para outra tenham acesso a áreas que tenham a planta e deve, na medida do possível, erradicar a planta (Medeiros *et al.*, 2001).

Caso o curso agudo da intoxicação permita, deve ser instituído o tratamento de suporte visando ao equilíbrio hídrico-eletrolítico e ao estímulo à metabolização e eliminação do(s) princípio(s) ativo(s).

Mamona, mamoneira (*Ricinus communis*)

A mamona é um arbusto pouco lenhoso, copado, ereto, de 1 a 4 m de altura, conhecida como carrapateiro, palma-de-cristo, castor, bojureira. Há formas de folhas verdes e outras arroxeadas, pertencente à família das Euforbi-áceas, perene, mas de ciclo curto, produzindo flores e sementes em grande parte do ano. Geralmente é encontrada em áreas como beira de estradas, taperas, depósitos de lixo, terrenos não inundáveis, em solos argilosos ou arenosos, com boa fertilidade (Kissman & Groth,1992).

Essa planta possui diversas colorações de caule, folha palmatilobadas de pecíolo longo, medindo até 60cm de comprimento. As flores estão dispostas em racemos terminais com 15 a 50 cm de comprimento, sendo que as femininas localizam-se na parte superior, e as masculinas na parte inferior das inflorescências. Apresentam frutos do tipo cápsula, com deiscência explosiva, apresentando espinhos. As sementes são lisas e brilhantes, com manchas escuras, de diferentes tamanhos, formatos e grande variabilidade de coloração, extraindo-se delas um óleo de excelentes propriedades e de largo uso como insumo industrial. O fruto, quando maduro rompe-se ao sol e arremessa as sementes a vários metros de distância (Lorenzi, 2000; Rodrigues Filho, 2000). Normalmente, as sementes são extremamente atrativas para crianças, levando-as a ingerir quantidades consideráveis, causando assim sérias intoxicações.

A mamona é uma planta de origem africana invasora nos trópicos de todo o mundo. É encontrada em todas as sub-regiões do Pantanal. Ultimamente, a mamona vem se espalhando no Pantanal, talvez como impureza de sementes de braquiárias. O solo arenoso facilita a propagação da espécie. A planta não é rejeitada de modo geral, podendo ser consumida tanto as folhas como as sementes, mas essas são tóxicas. A torta de mamona não bem processada por calor também é tóxica (Lorenzi, 2000).

A mamoneira apresenta uma ampla capacidade de adaptação, mas necessita de chuvas regulares durante a fase vegetativa e de períodos secos na maturação dos frutos (Seara, 1989). É uma das principais oleaginosas do mundo, o teor de óleo na semente da mamoneira varia de 35 a 55% nos tipos cultivados, e bem menos nos tipos asselvajados. O óleo é impróprio para o consumo humano, tendo cerca de 90% de sua constituição com o ácido graxo especial ricinoleico, que confere a solubilidade do óleo em álcool (Freire, 2001). Atualmente, no Brasil, observa-se intensa expansão das áreas cultivadas com essa planta em decorrência da produção de biodiesel.

O consumo frequente de pequenas quantidades de sementes pode acarretar em imunidade, porém o mesmo não acontece com as folhas, sendo aguda a intoxicação por essa parte da planta, causando perturbação nervosa.

Os sinais de intoxicação apresentados têm predominância neuromuscular. O bovino começa a andar desequilibrado, com tremores musculares, dificuldade de caminhar longas distâncias e procura sempre ficar deitado. Ocorre também eructação excessiva, (arroto) acompanhada por sialorreia (baba). Já a intoxicação pelas sementes varia de aguda a subaguda, com o animal apresentando fraqueza, apatia e diarreia sanguinolenta, por irritação do tubo digestivo. Em torno de 20g de folhas frescas ou 2g de sementes por kg de peso vivo, ou um quarto disso, no caso de bezerro, torna-se letal ao animal. Os princípios tóxicos prováveis são ricinina (alcaloide) na folha e ricina (toxoalbumina) na semente, pode ser confundida com raiva e obstrução do esôfago. O quadro clínico-patológico produzido pela ingestão das folhas ou do pericarpo é bem diferente daquele provocado pelas sementes, pois é de ordem nervosa (Tokarnia & Döbereiner, 1997).

Em geral, sintomas aparecem depois de algumas horas, ou até mesmo dias após a ingestão. Nesse intervalo de tempo, nota-se a perda do apetite, o aparecimento de náuseas, vômitos e diarreia. Subsequentemente, esses sintomas se agravam. Os vômitos tornam-se persistentes e a diarreia passa a ser sanguinolenta (Ellenhorn & Barceloux, 1988).

Apesar da alta toxicidade das sementes de mamona, o óleo de rícino não é tóxico, visto que a ricina, proteína tóxica das sementes, não é solúvel em lipídios, ficando todo o componente tóxico restrito à torta (Gaillard & Pepin, 1999). A toxicidade da planta é conhecida desde tempos remotos. Segundo Lord *et al.* (1994), há mais de um século, foi isolada das sementes da mamona uma proteína denominada ricina.

Não há tratamento específico para a intoxicação por sementes ou folhas de mamona. Devese instituir uma terapia de suporte e sintomática.

Maria-mole, flor-das-almas (*Senecio brasiliense*)

Planta herbácea, perene, ereta e bastante ramificada com caule liso e estriado, e atinge 1 a 2 m de altura. É encontrada em várias regiões do Rio Grande do Sul, Santa Catarina, Paraná e São Paulo (Mendez, 1993).

As folhas são alternadas, pinadas e profundamente lobadas até a nervura central. A parte ventral da planta é lisa, enquanto a parte superior é pilosa. As folhas são densamente agrupadas no ápice. As inflorescências são capítulos numerosos arranjados em corimbos densos. As flores são amareladas e de dois tipos: folhas em discos, que possuem partes masculinas e femininas na mesma flor, e folhas radiadas que são exclusivamente femininas. O fruto é pequeno e possui plumagem branca que ajuda na dispersão pelo vento.

A intoxicação por plantas do gênero Senecio é uma das principais causas de morte em bovinos adultos no Rio Grande do Sul (Barros *et al.*, 1992), sendo responsável por mais de 50% de todas as mortes causadas por plantas no estado e é apontada como a segunda causa de morte em bovinos, sendo superada apenas pela tristeza parasitária (Riet-Correa & Medeiros, 2001), ocasionando um prejuízo anual de US$7,5 milhões (Karam *et al.*, 2004).

Os efeitos tóxicos de *Senecio* spp. estão relacionados com a presença, nessas plantas, de substâncias tóxicas conhecidas pelo nome genérico de alcaloides pirrolizidínicos ou APs (Liddel *et al.*, 1992; Méndez *et al.*, 1990).

A ingestão de *Senecio* spp. causa em bovinos lesões hepáticas crônicas, caracterizadas por fibrose, proliferação de ductos biliares e hepatomegalocitose (Barros *et al.*, 1987; Driemeier *et al.*, 1991; Driemeier & Barros,1992). Essas lesões acabam, após períodos relativamente longos, por causar insuficiência hepática com manifestações clínicas de distúrbios neurológicos, edemas cavitários, diarreia, tenesmo e prolapso de reto.

Os bovinos afetados desenvolvem hiperamonemia nas fases terminais (Petrie, 1987; citado por Barros *et al.*, 2007). Normalmente, quando é realizado diagnóstico de intoxicação por *Senecio* spp no rebanho bovino, há grande probabilidade de vários animais já estarem subclinicamente afetados, isto é, com lesões hepáticas, mas ainda sem apresentar sinais clínicos. Como as lesões causadas pela planta são progressivas, as mortes dos bovinos subclinicamente afetados pode ocorrer muito tempo após a ingestão da planta ser interrompida (Tokarnia & Döbereiner, 1984). Os testes de função hepática existentes são geralmente pouco confiáveis para detectar casos subclíncios da intoxicação por *Senecio* spp., pela simples razão de que a função hepática é normal nessa fase (Barros *et al.*, 2007).

Flor-das-almas é uma planta pouco palatável e os animais a ingerem em consequência da escassez de forragem, que pode ocorrer após seca ou superlotação das pastagens. Por esse motivo, os bovinos, equinos e ovinos (raramente) podem ser intoxicados espontaneamente por *Senecio* spp. em qualquer época do ano, embora os animais ingiram a planta principalmente nos meses de inverno, e a doença tende a ser mais prevalente de outubro a janeiro. Alguns animais pastejam preferencialmente essa planta se a alimentação contiver pouca fibra e, alternativamente, podem ingerir a planta dessecada quando incluída junto com o feno. Há relatos também de que bovinos adultos podem desenvolver o hábito da ingestão, a ponto de preferir *Senecio* spp. a outras plantas mais palatáveis (Tokarnia & Döbereiner, 1984).

Os alcaloides pirrolizidínicos estão dentre os princípios tóxicos de *Senecio* que, por sua vez, causam necrose de fígado e lesões de pulmão.

Para essa planta, não há tratamento específico devendo, portanto, instituir-se terapêutica para controlar os sintomas e de suporte, que não deve negligenciar o suporte hepático. A morbidade é, em média, 15%, e a mortalidade é virtualmente 100%.

Coerana, Mata-boi (*Cestrum intermedium*)

A planta coerana (*Cestrum intermedium*) tem também outros nomes vulgares como mata-boi e piloteira-preta. É um arbusto que pode atingir altura de 2 a 5 m, perene, e se reproduz por sementes. Possui folhas simples, alternadas com pecíolos com ate 14cm de comprimento. O florescimento normalmente ocorre em março-abril, com flores de coloração esverdeada com pedicelos curtos (Kissman & Groth, 1992). Essa planta pertence ao mesmo gênero da planta ornamental dama-da-noite (*Cestrum nocturnum*). Embora seja pouco palatável e com odor bastante forte, são ingeridas por bovinos quando os pastos estão escassos, sendo considerada uma das plantas tóxicas de maior importância no extremo Oeste e no Nordeste de Santa Catarina, bem como no Sudoeste do Paraná e Sul de São Paulo. De acordo com Gava *et al.* (1991), essa planta quando ingerida em dose única de 35g ou mais, ou em doses fracionadas de 2,5g/kg durante vários dias, provoca nos bovinos um quadro de intoxicação aguda, caracterizado por anorexia, parada da ruminação, apatia, salivação, fezes pastosas e escuras, tremores musculares, andar cambaleante, cabeça baixa, decúbito e morte entre 8 e 12 horas após o início da manifestação dos sintomas. Gava *et al.* (1996) administraram diferentes quantidades de folhas de coerana a bovinos machos com idade de 12 a 24 meses. Os autores verificaram que a planta foi tóxica com apenas 25g/kg, produzindo um quadro de perda de apetite, atonia ruminal, andar lento, membros afastados e, em alguns animais, foram verificadas manifestações de agressividade. Os animais permaneceram deitados durante muito tempo, às vezes com gemidos e, finalmente, em decúbito lateral com movimentos de pedalagem ocorrendo a morte entre 12 e 24 horas após o início da manifestação dos sintomas.

De acordo com Kissman & Groth (1992), os princípios tóxicos são desconhecidos, porém, segundo Pereira (1992), em outras espécies de *Cestrum* foi encontrado o princípio tóxico glicosídeo do grupo das saponinas. De acordo com o autor, a concentração desse princípio é maior nos frutos imaturos e folhas, variando sua intensidade sob a influência de determinados fatores, como estágio vegetativo, fase de brotação, frutificação e outros. Isso sugere que, possivelmente, o princípio tóxico da coerana também seja um glicosídeo, uma vez que os sintomas apresentados nas outras espécies são semelhantes.

O tratamento dessas intoxicações, que é sintomático e de suporte, pode incluir a transfusão sanguínea e a administração de grandes doses de glicose.

Mio-mio (*Baccharis coridifolia*)

A *Baccharis coridifolia*, subarbusto representante da família Asteraceae, é conhecida como mio-mio, vassourinha, alecrim-do-mato, *romeri-*

llo, ajenjo del campo, ñio-ñio e *toxic groundsel*. Floresce de fevereiro a junho e ocorre em campos secos e nas margens de trilhas, estendendo-se desde São Paulo até o Uruguai, Centro-Oeste da Argentina, Paraguai e Bolívia. Nos países de língua espanhola, a planta é conhecida como romerillo (Budel & Duarte, 2007). É uma das mais importantes e comuns plantas tóxicas no Sul do Brasil (Tokarnia *et al.*, 2000; Méndez & Riet-Correa, 2001).

A intoxicação espontânea afeta principalmente bovinos, menos frequentemente ovinos e raramente equinos. Tem sido reproduzida experimentalmente em várias espécies incluindo bovinos, ovinos, equinos e coelhos. O risco de intoxicação aumenta consideravelmente após o transporte, se os animais passam fome em viagens, quando ocorre superlotação e quando são colocados em pastos altamente infestados por *B. coridifolia* (Tokarnia *et al.*, 2000; Méndez & Riet-Correa, 2001; Rissi *et al.*, 2005).

Em bovinos, as principais lesões ocorrem no trato gastrintestinal e consistem de degeneração, necrose e desprendimento do epitélio de revestimento dos pré-estômagos. Há citações de lesões necróticas no tecido linfoide (Barros, 1993).

Dentre os metabólitos vegetais identificados, destacam-se os diterpenoides e os flavonoides. Os tricotecenos macrocíclicos (TMs) foram determinados como princípios ativos de *B. coridifolia* (Busam & Habermehl,1982). Essas substâncias são produzidas por fungos que crescem no solo e são absorvidos pela planta. Variações na toxidez entre os períodos de brotação e floração e entre os espécimes macho e fêmea de *B. coridifolia* foram relatadas (Tokarnia & Döbereinerer, 1975; Rodrigues & Tokarnia, 1995) e o princípio tóxico ocorreu em maior concentração nos espécimes fêmeas da planta (Jarvis *et al.*, 1988).

Embora a planta seja mais tóxica durante a floração, que ocorre no outono, a intoxicação espontânea ocorre todo o ano. Doses de 0,25-0,5g/kg da planta verde em floração podem causar a morte de bovinos. No período de brotação, são necessários 2g/kg para o mesmo efeito. De acordo com esse dado, a concentração do princípio tóxico é 4 a 8 vezes maior no período do florescimento.

A intoxicação por mio-mio em bovinos é uma doença aguda. Os sinais iniciam-se 5 a 30 horas após a ingestão da planta, e as mortes ocorrem 3 a 23 horas após o início dos sinais clínicos. Estes, por sua vez, consistem em anorexia, timpanismo discreto ou moderado, instabilidade dos membros pélvicos, tremores musculares, focinho seco, corrimento ocular seroso, fezes secas ou diarreia, salivação excessiva, sede, respiração rápida e trabalhosa, taquicardia e inquietude.

Todas as partes da planta são tóxicas, flores e sementes contêm a maior concentração dos princípios tóxicos que são tricotecenos macrocíclicos.

Como em toda intoxicação aguda, as possibilidades de intervenção são pequenas. Assim, caso o curso permita, deve-se instituir as terapias sintomática e de suporte.

Samambaia (*Ptiridium aquilinum*)

Planta da família Polypodiaceae, rizomatosa com folhas grandes de 60 a 180cm de comprimentos e 60 a 120cm de largura; bipinadas, com 35 as pinas profundamente lobadas. Os caules formam touceiras densas ou se estendem ao longo dos rizomas. Conhecida pelo nome de samambaia ou samambaia-do-campo (Tokarnia *et al.,* 2000).

A planta é encontrada em todo o País, sendo evidenciados surtos de intoxicação em todas as regiões. A doença nos bovinos ocorre de três formas clínicas: forma aguda com diátese hemorrágica (Barros *et al.*, 1987), hematúria crônica, (Souza & Graça, 1993) e tumores de células escamosas no trato digestivo superior (carcinomas) (Souza & Graça, 1993). Há ocorrência dessa planta em regiões montanhosas, frias e de alta pluviosidade, solos ácidos e bem drenados (encostas de morros), porém, adapta-se em outros ambientes.

O principal fator que leva os animais a ingerirem a planta é a fome. O vício também pode condicionar a ingestão. Todas as partes da planta são tóxicas (Tokarnia *et al.*, 2000), contudo, a toxicidade é maior na brotação, diminuindo lentamente com a maturação da planta (Evans, 1970). Sob condições naturais, sobretudo os bovinos são afetados pela ação radiomimética da planta e, em menor escala, os ovinos.

As quantidades necessárias para desenvolver o quadro clínico são sempre elevadas. O período de ingestão, embora prolongado, varia para cada quadro clínico-patológico (Tokarnia *et al.*, 2000). Em bovinos, a intoxicação aguda ocorre quando estes são transportados e colocados em pastos contaminados pela planta. Observa-se, após o inverno, período no qual os pastos estão com baixo valor nutritivo, a brotação da samambaia com intenso vigor, tornando-se mais disponível para os animais e, nessa situação, afeta de forma mais intensa os bovinos com menos de dois anos. Dessa forma, a morbidade pode chegar a 70%, e a letalidade é próxima a 100% (Tokarnia *et al.*, 1967).

A hematúria enzoótica tem caráter crônico, atingindo animais acima de quatro anos (vacas leiteiras e bois de trabalho); pode cegar a 10% de morbidade e 100% de letalidade. Os tumores do trato digestivo atingem bovinos acima de cinco anos, ocorrendo o maior número de casos em animais entre sete e oito anos, podendo ser observado o ano inteiro com uma morbidade de aproximadamente 3 e letalidade de 100% nas propriedades em que ocorrem a doença (Döbereiner *et al.*, 1967; Tokarnia *et al.*, 1969).

Em bovinos, a doença ocorre de três formas.

1) **Intoxicação aguda e subaguda (diátese hemorrágica)** - Os animais começam a apresentar pelo arrepiado, perda de peso, andar cambaleante, diarreia sanguinolenta, perda de apetite e febre (41-42 °C). As mucosas tornam-se pálidas, com petéquias na conjuntiva, gengivas e mucosa vulvovaginal. Os animais permanecem longo tempo em decúbito e observa-se presença de hemorragias no local de picadas de insetos ou agulhas. O hemograma revela anemia acentuada, leucopenia e trombocitopenia. Geralmente, ocorre a morte em uma a duas semanas após o início dos primeiros sinais, com curso clínico de 3 a 10 dias. Na necropsia, observa-se palidez das mucosas e vísceras, petéquias (gengivas, conjuntivas, mucosas da vulva e vagina) e equimoses e sufusões nas mucosas e serosas da cavidade torácica e abdominal. No fígado, em alguns casos, são observadas áreas de infarto. No intestino, o conteúdo pode apresentar grande quantidade de sangue e podem ser encontradas ulcerações na mucosa intestinal. No exame histológico, a lesão primordial a ser considerada é a necrose e o desaparecimento do tecido hematopoético.

2) **Hematúria enzoótica** - A principal alteração clínica é a hematúria, que pode ser intermitente ou contínua. Observa-se também emagrecimento, mucosas pálidas e queda na produção de leite. A doença pode persistir por até um ano, levando o animal à morte por caquexia. Na necropsia, além do emagrecimento, chama a atenção a palidez das vísceras de um modo geral. Na bexiga, há urina vermelha, às vezes com coágulos de sangue. O epitélio vesical apresenta-se engrossado e pode ser observado, na mucosa, hematomas ou pequenos nódulos firmes em número variável. No exame microscópico, as principais lesões são encontradas na bexiga que, além da hiperplasia do epitélio de transição, pode apresentar tumores como papilomas, adenomas, adenocarcinomas, carcinomas epidermoides, fibromas e hemangiomas

3) **Tumores do trato digestivo** - Primeiro observa-se a tosse. Posteriormente, percebe-se emagrecimento, dificuldade na deglutição, regurgitação dos alimentos e diarreia em estágio avançado da doença. Alguns animais podem manifestar timpanismo crônico. Pode haver aumento de volume dos linfonodos submandibulares e/ou pré-escapulares. Após um período clínico de 2 a 4 meses, ocorre o óbito do animal, geralmente em estado de caquexia. Na necropsia, esses tumores são encontrados geralmente na região faringeana na base da língua, sendo menos frequentes na região do cárdia, rúmen e esôfago. Na maior parte está associada aos papilomas. Os exames histológicos desses tumores revelam carcinomas epidermoides (Riet-Correa *et al.*, 2001). Em ovinos, embora sejam mais

resistentes do que os bovinos, a síndrome hemorrágica aguda causada por *P. aquilinum* tem sido descrita como caso natural (Sundeman, 1987).

O diagnóstico é feito pelos sinais clínicos, bioquímica sanguínea, dados epidemiológicos e achados de necropsia. Deve-se levar em conta que a planta pode não estar presente nos potreiros, no momento da morte dos animais (Riet-Correa *et al.*, 2001). O diagnóstico diferencial deve-se fazer com outras doenças que podem atingir o sistema hematopoético, como o linfossarcoma e com as doenças septicêmicas, como pasteurelose e carbúnculo hemático. Na hematúria enzoótica, é necessário diferenciar de outras formas esporádicas de hematúria que podem ocorrer em casos de graves lesões do trato urogenital, e nas doenças que cursam com hemoglobinúria.

Os carcinomas do trato digestivo devem ser diferenciados de outras neoplasias, como a papilomatose esofágica, da tuberculose, da actinobacilose, da actinomicose e de processos inflamatórios causados por corpos estranhos nas fossas nasais ou no tubo digestivo superior (Riet-Correa *et al.*, 1993). Numerosos compostos químicos têm sido isolados dessa planta e testados na sua capacidade carcinogênica. Um composto que contribui significantemente para a toxicidade de *P. aquilinum* é o glicosídeo norsesquiterpeno, denominado ptaquilosídeo, uma substância carcinogênica e mutagênica (Hirono *et al.*, 1984; Hirono, 1990).

O tratamento, além do sintomático e de suporte, deve incluir a vitamina K e, eventualmente, tranfusão sanguínea.

Maria-preta, timbó (*Ateleia glazioviana*)

Árvore decidual de 8 a 20m de altura encontrada mais frequentemente em áreas ensolaradas incluindo bordas de matas. Ocorre no Noroeste do Rio Grande do Sul e no Oeste e Meio-oeste de Santa Catarina. As folhas são imparipinadas, compostas de 19 a 25 folíolos, de coloração branca e são cilioladas. A floração ocorre de novembro a janeiro, enquanto o fruto pode ser encontrado de março a maio e consiste de uma vagem achatada com 4 a 5 cm de comprimento e 1,5 a 2 cm de largura. A vagem contém geralmente 2, no máximo, 3 sementes. Essas são reniformes, pequenas (0,4 por 0,7 cm de comprimento) e de cor marrom

A Maria-preta é uma das mais importantes plantas tóxicas do Noroeste do Rio Grande do Sul e Oeste de Santa Catarina. A intoxicação espontânea tem sido descrita em bovinos causando diferentes quadros clínicos, dependendo da quantidade e da forma como a planta é ingerida. A intoxicação espontânea em bovinos causa nascimento de animais fracos que morrem no período neonatal, abortos (Gava, 1993), e fibrose do miocárdio, com morte súbita ou insuficiência cardíaca congestiva e sinais clínicos nervosos (Gava, 2001; Gava & Barros, 2001). Recentemente, foi diagnosticado um surto espontâneo de intoxicação pela planta em ovinos (Gava *et al.*, 2003).

A prevalência de aborto causado pela intoxicação espontânea por A. glazioviana em vacas a pastoreio pode variar entre 10 e 40%, podendo em alguns surtos chegar a 100%. A morbidade em casos de insuficiência cardíaca congestiva varia de 10 a 60% e a letalidade é próxima de 100% (Gava & Barros, 2001). Miocardiopatia, sinais clínicos nervosos e abortos ou nascimento de animais fracos têm sido reproduzidos experimentalmente em bovinos, pela administração de A. glazioviana verde ou dessecada (Gava, 2001).

A forma cardíaca da enfermidade e sinais clínicos nervosos foram reproduzidos experimentalmente também em ovinos (Stigger *et al.*, 2001; Leite *et al.*, 2002). O princípio ativo cardiotóxico de *A. glazioviana* é estável a 100°C, e ratos, camundongos, coelhos e cobaios não são susceptíveis ao efeito cardiotóxico da planta (Leite *et al.*, 2002). O quadro nervoso da enfermidade, denominado forma letárgica, é caracterizado por marcada depressão, marcha incoordenada e batida contra objetos. As lesões histológicas, nos casos de morte súbita, caracterizam-se por marcada degeneração e necrose dos miócitos e fibrose do miocárdio. Os animais que desenvolvem insuficiência cardíaca congestiva apresentam, além das lesões cardíacas, congestão passiva crônica do fígado e edemas generalizados. Em alguns casos, observa-se, também, degeneração esponjosa no sistema nervoso. Quando o quadro clínico manifesta-se com sinais clínicos nervosos microscopicamente, os animais apresentam degeneração esponjosa localizada no sistema nervoso central, principalmente, na substância branca da medula cerebelar, pedúnculos cerebelares, ponte e medula oblonga (García Y Santos *et al.*, 2004). Não há tratamento para essa intoxicação, além do sintomático e de suporte.

Vernônia (*Vernonia rubricaulis; Vernonia molissima*)

Trata-se de um arbusto de 1 a 2m de altura, caule arroxeado, fino e pouco ramificado, com *batata* lenhosa subterrânea, pertencente à família das Asteráceas, perene, com flores e sementes em grande parte do ano. A semente é espalhada pelo vento. Essa planta é comumente encontrada em áreas alagáveis e em solos argilosos da América do Sul, da Colômbia à Argentina, no Pantanal, nas sub-regiões de Poconé, Cáceres, Miranda e Nabileque.

Embora quase desconhecida pelos pecuaristas, a vernônia pode causar grandes mortandades de bovinos, já registradas no Pantanal, nos municípios de Corumbá, Miranda e Cáceres. As intoxicações ocorrem na época seca, após os períodos de cheias e após as queimadas, quando o gado busca a rebrota da pastagem.

É uma planta hepatotóxica, cuja intoxicação é de caráter agudo, sendo que os bovinos adoecem e morrem em torno de 24 horas após sua ingestão. Os sinais apresentados pelo animal iniciam pela falta de apetite, o espelho do focinho fica seco, seguem-se com apatia, gemidos na expiração, tremores da cabeça, contrações gerais do corpo e andar desequilibrado. Quando deitado, apresenta torção do pescoço e os globos oculares ficam levemente retraídos. No final do quadro da intoxicação, o animal apresenta movimentos de pedalagem dos membros traseiros e dianteiros e emite gemidos e berros frequentes.

A quantidade de parte aérea da planta fresca que leva um bovino à morte está em torno de 20 a 30 g/kg de peso vivo. Os princípios tóxicos prováveis ainda são desconhecidos e podem ser confundidas com raiva e tétano.

A intoxicação espontânea por *Vernonia rubricaulis* em bovinos foi descrita pela primeira vez por Tokarnia & Döbereiner (1982), na região de Morro do Pantanal, no município de Corumbá, Estado de Mato Grosso do Sul. Esses autores investigaram a informação de que, anualmente, na época da seca, ocorrem mortandades em bovinos em certas invernadas que beiram o Pantanal. Foram examinados fragmentos de órgãos de bovinos oriundos da região de Morro do Pantanal. Os autores constataram lesões hepáticas acentuadas, caracterizadas por necrose difusa do parênquima hepático, associadas à congestão e hemorragias, nas regiões centrolobulares. Suspeitando de que fosse uma intoxicação por planta, os autores percorreram diferentes piquetes e reproduziram a doença administrando um subarbusto, posteriormente identificado como *Vernonia rubricaulis*. Essa planta era observada somente naqueles locais onde ocorriam as mortes.

Brum *et al.* (2002) realizaram levantamento de sinais clínicos dos bovinos que morreram em nove fazendas no Estado de Mato Grosso do Sul, entre setembro de 1999 e maio de 2001. Foram obtidas informações durante visitas realizadas, com os proprietários ou com os médicos veterinários de campo que trabalhavam nas fazendas. Os principais sinais clínicos registrados consistiram de agressividade numa primeira fase e, posteriormente, apatia, salivação, gemidos, incoordenação, retração de abdômen, fezes ressecadas com muco e estrias de sangue e focinho seco. Outros sinais observados em alguns animais foram pelos arrepiados, tremores musculares, fraqueza, retração do globo ocular, andar a esmo, olhar fixo, bradipneia, bradicardia e lacrimejamento. Todos os animais doentes entraram em decúbito e evoluíram para a morte. Naquelas fazendas em que os animais morreram, após serem introduzidos nos piquetes, os sinais clínicos iniciavam entre 12 e 48 horas após a introdução nos piquetes. A evolução clínica da doença variou entre 12 e 48 horas. Alguns animais foram tratados com anti-inflamatório esteroide (dexametasona), vitamina B1 e/ou com uma solução de vitaminas e aminoácidos, mas nenhum bovino sobreviveu.

Outras plantas do gênero Vernonia demonstraram, também, ser tóxicas (Brum *et al.*, 2002). São descritos casos de intoxicação natural por *Vernonia mollissima* em bovinos no Estado de

Mato Grosso do Sul (Döbereiner *et al.*, 1976). A enfermidade foi reproduzida experimentalmente em bovinos e ovinos (Gava *et al.*, 1987), caprinos (Stolf *et al.*, 1987) e coelhos (Tokarnia s *et al.*, 1986). Vernonia squarrosa, encontrada no Rio Grande do Sul, resultou tóxica experimentalmente para bovinos e ovinos, mas não se sabe qual é a real importância da planta, como causa de mortalidade sob condições naturais. Acredita-se que seja a responsável por mortes de ovinos no município de Uruguaiana (Tokarnia & Döbereiner, 1983). As três espécies de Vernonia citadas anteriormente são hepatotóxicas, produzindo quadro clínico-patológico caracterizado por necrose hepática (Tokarnia & Döbereiner, 1983). Outra espécie de Vernonia, *V. nudiflora*, encontrada também no Rio Grande do Sul, não tem ação hepatotóxica, mas mostrou ser irritante sobre a mucosa do tubo digestivo em experimentos com bovinos e ovinos. Em virtude da baixa palatabilidade e toxicidade relativamente baixa, acredita-se que seja pouco provável a ocorrência de casos naturais de intoxicação por essa planta (Döbereiner & Tokarnia, 1984).

Da mesma forma que plantas anteriormente descritas, por causar uma intoxicação de curso agudo, não há tratamento possível.

Ximbuva, timbaúva, tamboril (*Enterolobium contortisiliquum*)

Árvore grossa, de 8 a 18m de altura, copa larga, perde as folhas na estação seca, pertence à família das Leguminosas-Mimosáceas, floresce de setembro a novembro, produz fruto de agosto a novembro. Semente espalhada pela fauna. Geralmente, é encontrada em matas e cerradões, solos arenosos ou argilosos, com boa fertilidade, em quase todo o Brasil, do Amapá ao Rio Grande do Sul e da Bolívia ao Uruguai e distribuída em todas as sub-regiões do Pantanal em áreas não inundáveis. A parte tóxica importante dessa planta são os seus frutos, que amadurecem e caem no período da seca e apresentam boa palatabilidade para os bovinos.

O quadro de intoxicação manifesta-se poucas horas após a ingestão das favas, e a sua evolução é aguda e causa lesões no tubo digestivo.

Os principais sinais apresentados pelo animal intoxicado caracterizam-se por lassidão, diminuição ou até perda total do apetite. Em seguida, vem uma diarreia de coloração amarelada e fétida, acompanhada de outras perturbações digestivas. Ocorre retração acentuada dos globos oculares e, próximo à morte, o animal faz movimentos de pedalagem com os membros traseiros e dianteiros. Há citações de que as favas provocam aborto em vacas, mesmo em pequenas porções, embora, nesse caso, não causem outros sinais de intoxicação. A quantidade de favas que leva um bovino à morte na intoxicação experimental está em torno de 13 a 15g/kg de peso vivo.

Os princípios tóxicos prováveis são saponinas do tipo esteroidal e pode ser confundida com enterite e doenças da reprodução. *Enterolobium gummiferum* também pode causar fotossensibilização de origem hepática. Nessa intoxicação, além do tratamento de suporte e sintomático, deve-se administrar os *protetores hepáticos*, dentre os quais destaca-se a glicose, além de aumentar o filtrado glomerular para facilitar a eliminação dos metabólitos.

Plantas forrageiras associadas a fatores tóxicos

A redução na produtividade é a indicação de que os animais que pastejam certas forrageiras estão sofrendo distúrbios nutricionais dependentes da dieta. As substâncias tóxicas ou as deletérias contidas na forragem ou associada a ela são as causas mais importantes dos distúrbios nutricionais. Alguns fatores afetam seriamente a saúde do animal, enquanto outros reduzem a produção sem sinais de doenças.

Os rebanhos, em muitas partes do mundo, estão expostos a uma ampla variedade de plantas tóxicas. Todavia as condições ambientais e as práticas de manejo podem exacerbar o problema. Alguns distúrbios têm causas complexas as quais envolvem solo, planta, clima e fatores microbianos, e assim é muito difícil a sua predição. A prevenção e o controle dos distúrbios dependentes da dieta são também difíceis, decorrentes da ampla variedade de substancias envolvidas, bem como a diferença na susceptibilidade dos animais e também do manejo (Hegarty, 1982).

Os herbívoros são incapazes de evitar consistentemente as plantas que lhes causam prejuízos e, dessa forma, os manejadores das pastagens devem estar atentos aos fatores relacionados às forrageiras que podem causar problemas de saúde ao animal. Os imbalanços de nutrientes também podem ter efeito negativo no desempenho produtivo e reprodutivo dos animais em pastejo (Collins e Hannaway, 2003).

Muitos fatores contribuem para os distúrbios observados nos animais que ingerem forragem, e podem ser classificados nos seguintes grupos:

1. Distúrbios nutricionais;

2. Intoxicação por minerais;

3. Intoxicação por compostos que ocorrem normalmente na planta;

4. Distúrbios na fisiologia e metabolismo dos ruminantes;

5. Interação entre a nutrição e compostos tóxicos;

6. Intoxicação por compostos fornecidos pelo homem; e

7. Danos físicos.

Embora ocorram sobreposições entre os grupos enumerados, a classificação é particularmente útil para demonstrar a ampla variedade de distúrbios que podem ocorrer.

Os indicadores mais comuns da presença de distúrbios dependentes da dieta é a redução na produtividade (ganho de peso, produção de leite, carne ou lã). Em alguns distúrbios, essa redução ocorre sem afetar seriamente a saúde, mas, em outras situações, há efeitos agudos e crônicos, os quais podem colocar em risco a vida do animal.

Algumas plantas forrageiras contêm substâncias que, em certas situações, causam efeitos indesejáveis ao animal. O alto valor nutritivo é, muitas vezes, associado com toxicidade potencial, e esses riscos são aceitos para se tirar vantagem da capacidade produtiva da planta forrageira. Quando as condições que levam à intoxicação são entendidas, as plantas forrageiras, muitas vezes, podem ser usadas com vantagem, sem riscos sérios ao animal. Ademais, há situações em que o padrão de uso da terra e as condições climáticas podem restringir a dieta do animal de tal forma que espécies tóxicas compõem a maior parte da mesma.

Os distúrbios causados por plantas tóxicas são distintos daqueles de ordem estacional ou relacionado com espécies forrageiras, porque, no primeiro caso, as plantas tóxicas possuem compostos que podem ser evitados. Uma outra característica que permite distinguir os grupos é que plantas tóxicas são espécies nativas ou invasoras, e não plantas semeadas na pastagem.

As plantas tóxicas são consideradas espécies nativas ou invasoras indesejáveis que podem estar presentes nas pastagens cultivadas e nativas. Os distúrbios nos animais causados pela ingestão de plantas tóxicas não são raros, especialmente sob condições de superpastejo no início da primavera, quando a oferta de forragem é baixa. Há que se considerar que, para ser considerada planta tóxica, esta deve conter alguns compostos que são prejudiciais aos animais. Os efeitos tóxicos podem envolver aspectos negativos crônicos no crescimento ou atividade reprodutiva, ou mesmo causar efeitos agudos ou mesmo a morte.

Na **Tabela 2**, estão relacionadas as plantas forrageiras que mais causam distúrbios nos animais mantidos em pastagens de clima temperado e tropical.

Em termos gerais, parece mais lógico que os animais preferem evitar a consumir as plantas tóxicas. Há evidências de que os animais em pastejo tendem a consumir dietas de mais alto valor nutritivo, principalmente em relação aos conteúdos de energia e proteína, e que possuem mecanismos para evitar o consumo de plantas tóxicas. Os animais jovens do rebanho aprendem com os mais velhos quais as plantas que devem consumir e também quais evitar. Ainda, distúrbios que ocorrem no rebanho, resultantes da ingestão de plantas tóxicas, não são raros, especialmente em condições de superpastejo. Quando os animais estão muito famintos, os mecanismos ligados à aversão a determinadas plantas podem ser alterados.

Tabela 2. Famílias e espécies de plantas forrageiras que, em determinadas épocas podem conter compostos tóxicos em concentrações suficientemente altas para causar prejuízos aos animais.

Família	Nome comum	Compostos antiqualitativos
Poacea	Sorghum	Glicosídeos cianogênicos
(Gramíneas)	Festuca	Alcaloides (Ergolina)
	Azevém	Tremorgênicos
	Gramíneas tropicais	Oxalatos, saponinas, agentes fotossensibilizantes, nitrato
Fabacea	Alfafa	Saponinas, fitoestrógenos, agentes causadores de timpanismo
(Leguminosas)	Trevo branco	Cianogênicos, fitoestrógenos, agentes causadores de timpanismo
	Trevo vermelho	Eslaframina, fitoestrógenos, agentes causadores de timpanismo
	Trevo híbrido	Agentes fotossenssibilizantes
	Trevo doce	Cumarinas
	Trevo subterrâneo	Fitoestrógenos
	Leucena	Aminoácido não proteico

Essa revisão é relacionada, principalmente, com os distúrbios causados pelas substancias tóxicas contidas na forragem ou associadas a ela, e com aqueles distúrbios relativos à fisiologia e ao metabolismo produzido por essas substâncias.

Plantas forrageiras que contêm compostos nitrogenados

Timpanismo associado à alfafa e trevo

O principal distúrbio relacionado à fração proteica das plantas forrageiras é o timpanismo relacionado à ingestão de forragem tenras, principalmente as leguminosas de clima temperado (Hegarty, 1982; Collins e Hannaway, 2003; Mayland e Majak, 2007). Muitas espécies forrageiras podem causar o timpanismo, mas o problema ocorre com mais frequência nos animais que pastejam alfafa (*Medicago sativa*), trevo branco (*Trifolium repens*) e trevo vermelho (*Trifolium pratense*), mas há relatos de ocorrência do problema em animais mantidos em áreas de gramíneas de clima temperado de alto conteúdo de proteína (Collins e Hannaway, 2003). O timpanismo raramente ocorre em animais que pastejam leguminosas de clima tropical, e tal fato está relacionado à presença de compostos que causam a precipitação da proteína e também à baixa concentração de proteína solúvel nessas plantas (Hegarty, 1982).

Dessa forma, com a utilização de plantas que contêm altos níveis de proteína solúvel, e em certas condições ocorre a formação de uma espuma estável no rúmen-retículo dos animais, obstruindo o acesso ao esôfago, o que interfere na eructação dos gases produzidos no processo de fermentação (CO_2, metano). Esse processo resulta no acúmulo de gases e, assim, observa-se elevação da pressão intrarruminal levando à distensão do órgão (**Figura 2**). Essa distensão, por sua vez, afeta a respiração e causa distúrbios circulatórios e outros efeitos que podem levar o animal à morte.

O timpanismo pode ocorrer em pouco tempo após o inicio do pastejo e, assim, observa-se a distensão do lado esquerdo do rúmen e, nos casos mais graves, do lado direito também. Além disso, observa-se paralisação do pastejo, respiração ofegante, movimentos agitados, micção e defecação frequentes. Pode ocorrer morte do animal em poucos minutos após o início do processo, e timpanismo subagudo causa uma pequena distensão, sem causar danos ao animal.

A formação da espuma estável é causada por interações complexas entre a planta, animal e microrganismos ruminais, envolvendo um balanço delicado entre a produção de espuma e os fatores relacionados a sua inibição. Ademais, produtos secundários, como as saponinas, glicosídeos cianogênicos e aminas podem, em um dado momento, causar o timpanismo.

A presença de saponinas na alfafa pode resultar em aumento na estabilidade da espuma e diminuir a motilidade ruminal, contudo a seleção de plantas com baixos conteúdos desse composto não tem diminuído a ocorrência do problema. As saponinas são glicosídeos encontrados nas plantas forrageiras, e são classificadas como es-

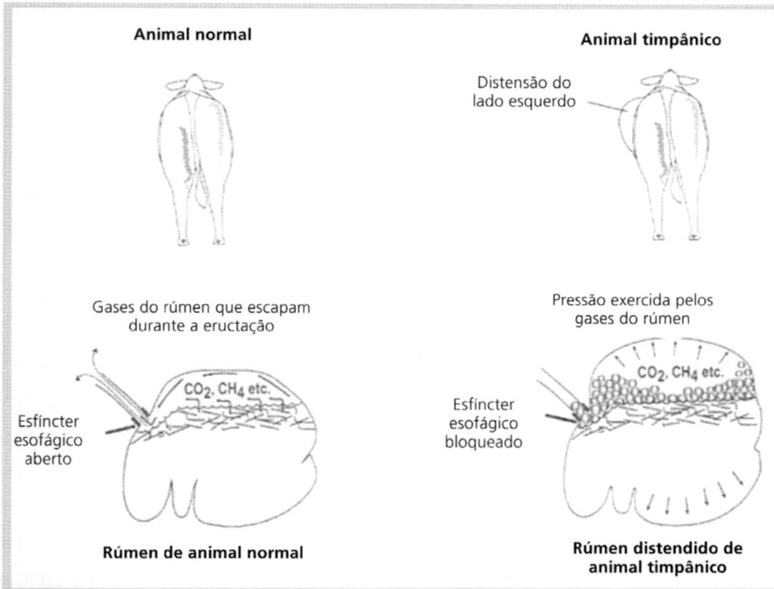

Figura 2. Ocorrência de timpanismo em alfafa (Adaptado de Collins e Hannaway, 2003).

teroidais presentes na *Brachiaria decumbens*; e as triterpenoides, contidas na soja e na alfafa (Fagliari, 2003). Todavia, atualmente, tem-se claro que esses não são os fatores principais da causa do timpanismo, mas podem intensificar o problema e causar efeitos secundários no animal (Hegarty, 1982).

A proteína solúvel das folhas é o principal agente causador do acúmulo de espuma estável no rúmen, contudo tem-se a ação de outros compostos, como o surfatante, ácido galacturônico e macromoléculas encontradas na saliva as quais podem aumentar a persistência da espuma da proteína da folha (Collins e Hannaway, 2003; Mayland e Majak, 2007). A ocorrência de taninos nas plantas de alfa pode diminuir a formação de espumas, pois reduz a solubilidade da proteína pela formação de complexos.

Segundo Collins e Hannawa (2003), Mayland e Majak (2007) há grande variação na susceptibilidade do animal ao timpanismo, podendo-se destacar os aspectos relacionados aos microrganismos do rúmen. A utilização de agentes antiespumantes, como óleos vegetais e detergentes, tem sido empregada como técnica para diminuir a ocorrência de timpanismo em animais mantidos em pastagens de alfafa (Mayland e Majak, 2007). Além disso, a utilização de pastos de leguminosas associados a gramíneas, a suplementação com monensina e outros ionóforos reduzem a incidência do timpanismo.

Aminoácidos na Leucena e Indigofera

Dentre os mais importantes aminoácidos tóxicos observados em plantas forrageiras, podem-se enumerar a mimosina encontrada na leucena (*Leucaena leucocephala*), a indospicina nas espécies de *Indigofera*, e o aminoácido contendo selênio que está envolvido na *doença alcalina* e cegueira cambaleante registrada em rebanhos mantidos em áreas que contêm plantas seleníferas (Hegarty, 1982).

A mimosina é um aminoácido não proteico que ocorre em altas concentrações nas folhas (8 a 10% da matéria seca) e sementes da leucena. A ingestão de altas quantidades desse princípio tóxico causa perda de peso, queda de pelos, problemas na glândula tireoide dos animais adultos. Esse composto resulta em inúmeros distúrbios metabólicos em não ruminantes, mas o composto é extensivamente metabolizado no rúmen, e o 3-hidroxi-4 piridina (3,4 DHP) é excretado na urina (Collins e Hannaway, 2003).

A redução da atividade da glândula tireoóide nos ruminantes que ingerem essa planta é causada pelo 3,4 DHP que não reage ao tratamento com iodo (Mayland e Majak, 2007).

Segundo Hegarty (1982), na Austrália, a inclusão de leucena em proporções menores do 30% da dieta é uma prática recomendada para garantir a segurança na sua utilização. Por outro lado, o problema de intoxicação com leucena não tem sido observado em outros locais, como na Nova Guiné, onde os animais ingerem plantas com a mesma concentração de mimosina. Pesquisas evidenciaram que os animais possuem capacidade de degradar o DHP no rúmen, minimizando assim os efeitos tóxicos da mimosina.

Recentemente, estudos desenvolvidos na Austrália evidenciaram que cabras oriundas do Havaí possuem uma bactéria ruminal (*Synergistes jonessii*) que utiliza o 3,4 DHP como fonte de energia para o seu desenvolvimento, eliminando assim o principio tóxico (Collins e

Hannaway, 2003; Mayland e Majak, 2007). A infusão ruminal dessa bactéria, em bovinos, transferiu essa habilidade para os animais, minimizando assim os problemas de intoxicação. Além disso, a bactéria pode ser transferida de um animal a outro do rebanho, mas o nível da bactéria diminuiu com a exclusão de leucena na dieta (Collins e Hannaway, 2003; Bush *et al.*, 2007).

A indospicina (L-2-amidino-6 ácido amino hexanoico) foi originalmente isolada da Indigofera spicata, uma leguminosa de clima tropical com elevado potencial forrageiro (Hegarty, 1982; Mayland e Majak, 2007). Esse composto não tem sido isolado em outro gênero de plantas, contudo possui potente agente hepatotóxico e interfere na reprodução dos animais.

Nitrato relacionado a *Brachiaria arrecta*

O nitrato ocorre normalmente em muitas plantas forrageiras, tais como alfafa, *tanner grass* (*Brachiaria arrecta*), kikuio (*Pennisetum clandestinum*), milho (*Zea mays*), sorgo (*Sorghum bicolor*) e híbridos de sorgo a capim Sudão (*Sorghum sudanense*), pois essa é a principal forma de absorção de N do solo.

O composto pode ser acumulado em altas concentrações sob condições específicas, tais como altos níveis de adubação nitrogenada, baixa intensidade luminosa, seca, ocorrência de doença que restringe as condições apropriadas para a plena utilização do N no metabolismo da planta (Collins e Hannaway, 2003; Mayland e Maja, 2007).

É oportuno salientar que, durante a ensilagem, o nitrato é completo, ou parcialmente degradado, produzindo amônia, óxido nitroso, nitrito e óxido nítrico como compostos intermediários do processo. Assim, problemas de intoxicação podem ocorrer durante o enchimento de silos nos quais há produção desses gases tóxicos, óxidos nítrico e nitroso, advindos da fermentação de plantas forrageiras ricas em nitrogênio na forma de nitrato.

Normalmente, o nitrato ingerido não é tóxico, e pode ser reduzido a nitrito no rúmen. Contudo, se a quantidade de nitrito produzida for maior do que a capacidade de redução desse a amônia, a qual é utilizada pelos microrganismos ruminais, pode ocorrer a metahemoglobinúria (Hegarty, 1982; Collins e Hannaway, 2003). O nitrito, na corrente sanguínea, transforma a hemoglobina em metahemoglobina, e assim restringe a capacidade de transporte de oxigênio para os tecidos. O transporte de oxigênio é prejudicado quando o teor de metahemoglobina alcança 30 a 40% da concentração total de hemoglobina e, nos casos agudos, tem-se em bovinos 60 a 80% de conversão (Fagliari, 2003).

As plantas forrageiras com concentração de nitrato de 0,44% da MS são consideradas seguras para todas as categorias do rebanho, contudo aquelas com valores mais elevados devem ser fornecidas com cuidado, especialmente para os animais em gestação. Muitos casos de intoxicação por nitrato ocorrem no campo, quando o animal está faminto e ingere grande quantidade de plantas potencialmente tóxicas, aquelas que contêm acima de 1,5% de nitrato, expresso como KNO_3. A ingestão de dose subletal pode causar vasodilatação, problema cardiovascular, aborto, distúrbios digestivos e diminuição na produção leite (Mayland e Maja, 2007).

A respiração ofegante, tremor muscular, falta de coordenação motora, diarreia e micção frequentes são sintomas de intoxicação por nitrato. Além disto, o sangue dos animais intoxicados tem a coloração achocolatada, ao invés da cor normal. Se houver suspeita de intoxicação, os animais devem ser removidos do pasto, e o fornecimento de dieta rica em energia é recomendado para aumentar a capacidade de utilização do N amoniacal disponível no rúmen.

Glicosídeos cianogênicos associados ao *Cynodon* e *Sorghum*

Os glicosídeos cianogênicos são compostos constituídos por um carboidrato e uma aglicona que, nesse caso, é o cianeto (CN^-). A aglicona é ligada ao carboidrato por uma ligação do tipo éter. Esses compostos ocorrem em muitas plantas forrageiras, como aquelas do gênero *Cynodon, Sorghum*, os híbridos de sorgo e capim Sudão (*Sorghum sudanense*) e o trevo branco.

No caso do sorgo, o glicosídeo cianogênico é denominado durrina. Já no caso trevo é denominado lotaustralina e linamarina, o mesmo composto encontrado na mandioca.

Durante a mastigação, a parede celular e as membranas são rompidas, resultando na mistura do conteúdo celular das células do mesófilo que contêm a enzima ß-glicosidase que atua no glicosídeo cianogênico liberando o cianeto (**Figura 3**). O cianeto é absorvido a partir da parede ruminal, cai na corrente sanguínea, atuando nos tecidos. A partir desse ponto, há interferência na capacidade de transporte de oxigênio do sangue, ou seja, respiração dos tecidos, levando à morte por paralisia respiratória (Collins e Hannaway, 2003; Mayland e Majak, 2007). Nos ruminantes, o cianeto é metabolizado a tiocianeto via oxidação por compostos doadores de enxofre no rúmen e, principalmente, no fígado sendo depois excretado.

Os sintomas de intoxicação incluem respiração ofegante e a seguir mais lenta, espasmos musculares e pupilas dilatadas. A morte pode ocorrer rapidamente, 15 minutos a duas horas após a ingestão. O envenenamento ocorre pela inibição da citocromo oxidase pelo cianeto e a dose letal de HCN varia de 0,5 a 3,5 mg/kg de peso.

A intoxicação ocorre quando os animais ingerem plantas de sorgo com altura inferior a 50 cm, ou mesmo após a ocorrência de geadas. Os perfilhos jovens dessa espécie contêm alta concentração de durrina, e observa-se rápido declínio com o desenvolvimento das plantas. As altas taxas de adubação aumentam os conteúdos de glicosídeo cianogênico e esse efeito é mais pronunciado nas plantas jovens. Assim, a adubação parcelada e mais tardia pode minimizar os efeitos deletérios.

A ocorrência de intoxicação aumenta após as geadas, pois o congelamento rompe as membranas das células e permite que a enzima ß-glicosidase entre em contato com o glicosídeo

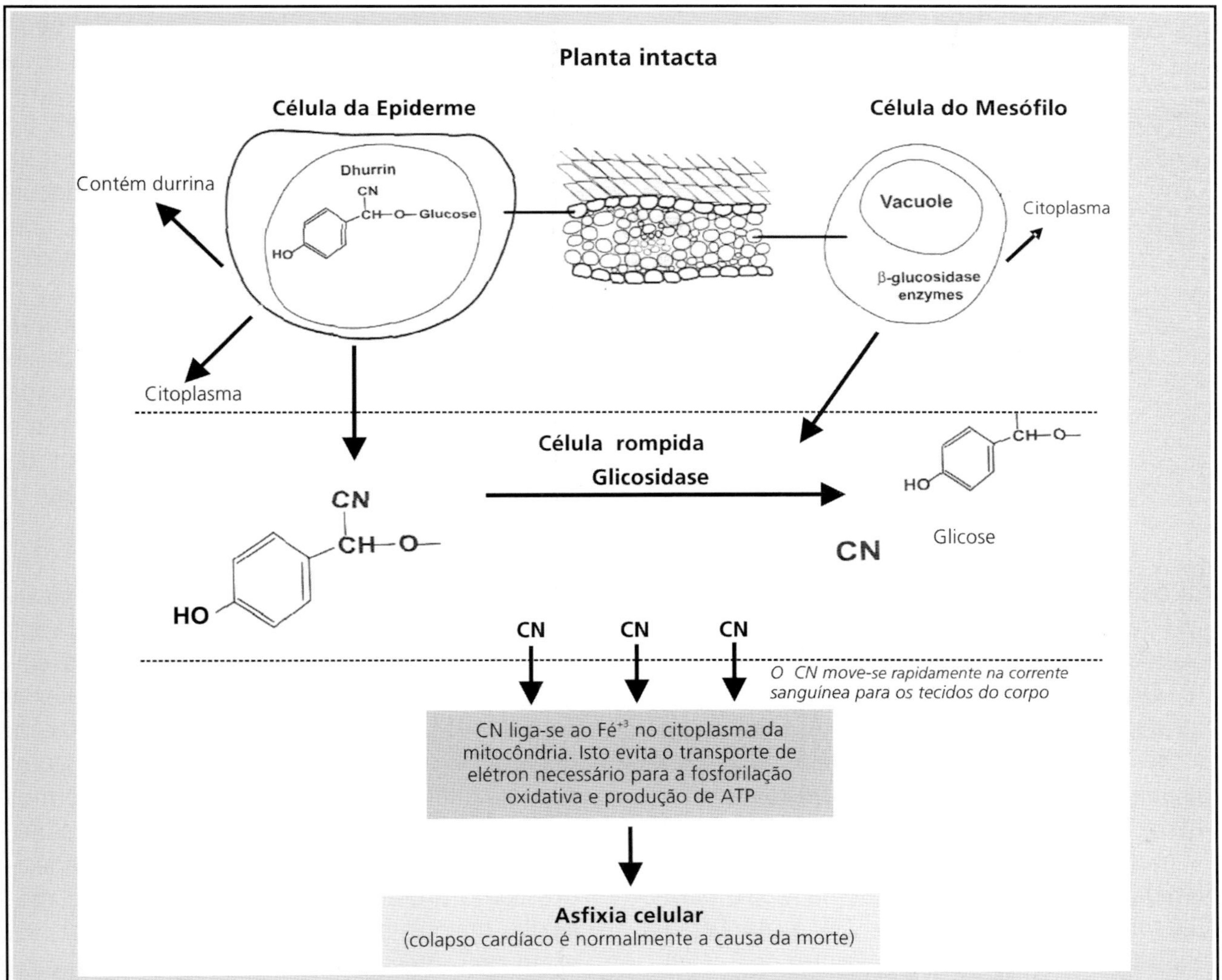

Figura 3. Esquema de liberação do HCN em forrageiras (Adaptado de Collins e Hannaway, 2003).

cianogênico, assim, recomenda-se o pastejo duas semanas após o problema. Da mesma forma, ocorre a liberação da enzima após o corte, contudo a ensilagem promove a volatilização do HCN. Cumpre salientar que o risco de envenenamento é alto no fornecimento de fenos picados, em virtude da rápida ingestão da forragem (Collins e Hannaway, 2007).

Oxalatos associados à *Brachiaria humidicola* e *Setaria* sp.

A ingestão de altas quantidades de oxalatos, comum nos animais mantidos em pastagens de *Brachiaria humidicola* e *Setaria*, propicia a complexação com o cálcio, formando compostos insolúveis (oxalato de cálcio).

Segundo Fagliari (2003), as consequências da alta ingestão de oxalatos pelos ruminantes são:

1. Metabolização do oxalato no rúmen com a produção de bicarbonato e carbonato;

2. Combinação dos oxalatos com íon cálcio no rúmen, formando um complexo insolúvel que é excretado nas fezes;

3. Absorção de oxalato na corrente sanguínea sistêmica e inibição da ação do cálcio sérico e tecidual, podendo causar hipocalcemia. Ou seja, deposição de oxalato de cálcio na parede dos vasos e, consequentemente, necrose e hemorragia, e também deposição de oxalatos de cálcio nos túbulos renais.

Assim, ocorre um desbalanço na relação cálcio fósforo, o que pode causar excessiva mobilização do mineral dos ossos. Os ossos com baixo nível de cálcio tornam-se fibrosos e deformados, levando a manqueira aos equinos.

Os distúrbios causados pela ingestão de oxalatos ocorrem em plantas com alta concentração desses compostos na matéria seca. A maioria das espécies forrageiras de clima tropical possui conteúdos de oxalatos abaixo de 1,0% na matéria seca, todavia o capim *Brachiaria humidicola* contém 1,0 a 2,0% na MS, o *buffel* (*Cenchrus ciliaris*) possui 1 a 2% e, na *Setaria sphacelata*, foram registrados valores de 3 a 5%. Além dessas espécies, têm-se altos valores nos capins Pangola (*Digitaria decumbens*), colonião (*Panicum maximum*) e também no kikuio. Estudos conduzidos no Brasil com *Brachiaria dictyoneura* cv *Llanero* (Nunes e Silva, 1998) mostram teores de oxalatos nas folhas, variando entre 1,5 e 2,2%. Os teores são considerados altos e, quando relacionados com os conteúdos de Ca, em termos da relação cálcio/oxalato, com valores entre 0,11 e 0,14, indicam potencial tóxico do capim Llanero para equinos, segundo as informações de Walthall *et al.* (1976). Os equinos não têm a capacidade de metabolizar o oxalato, o que acarreta a osteodistrofia fibrosa que é uma condição degenerativa dos ossos associada com o imbalanço cálcio fósforo.

Há poucos relatos de mortes de bovinos que pastejam essas espécies em relação à ingestão de oxalato. Os ruminantes são menos afetados, pois possuem microrganismo ruminal (*Oxalobacter formigens*) capazes de degradar o oxalato, mas o pastejo por períodos prolongados pode resultar em hipocalcemia intensa e deposito de cálcio nos rins, o que resulta em deficiência renal. Quando a capacidade de degradação do oxalato no rúmen é menor do que a ingestão, pode-se registrar a morte do animal em decorrência da hipocalcemia nos casos agudos e uremia causada por danos ao fígado nos casos crônicos (Hegarty, 1982).

Altos valores de oxalato na forragem não são desejáveis, pois esse composto tem baixo valor energético. A suplementação adequada com cálcio propicia condição para superar o problema relacionado aos altos conteúdos de oxalatos em forrageiras tropicais (Mayland e Majak, 2007).

Taninos associados a leguminosas tropicais

Os taninos são compostos secundários polifenólicos relacionados à rota do ácido chiquímico, e são capazes de formar complexos com a proteína, acarretando a sua precipitação. Esses compostos são agrupados em duas categorias, os taninos hidrolisáveis, que envolvem os ácidos fenólicos, como o gálico e uma hexose, tal como a glicose e os condensados, conhecidos como pró-antocianidinas, os quais são moléculas maiores dos que os primeiros. Os taninos estão presentes principalmente nas folhas, caules, raízes e flores das plantas forrageiras, mas a sua maior ocorrência é nas leguminosas.

Os taninos desempenham importante papel na defesa da planta contra patógenos, insetos e herbívoros. Nesse sentido, Bush *et al.* (2007) afirmam que os conteúdos de taninos condensados acima de 5,0% na MS reduzem o consumo voluntário e a eficiência digestiva dos ruminantes, provavelmente em decorrência da diminuição da palatabilidade da planta associada à sensação de adstringência.

A concentração de taninos está associada à presença de outros compostos, como exemplo, a presença de glicosídeos cianogênicos em trevo-pé-de-galinha é negativamente relacionada com a concentração de taninos, conteúdo de proteína e digestibilidade da planta, contudo há relação positiva com os valores de lignina. Tal fato pode explicar a menor digestibilidade da matéria seca de plantas ricas em tanino.

A redução da degradação ruminal da planta, mediante a presença de taninos, envolve, ambos a ação nos microrganismos e nas enzimas. Os taninos podem ligar-se a proteína dos microrganismos e da planta, formar quelatos com os íons metais requeridos pelos microrganismos e também serem tóxicos para as bactérias metanogênicas. Além disso, os taninos condensados inibem bactérias proteolíticas. Esse aspecto, em algumas situações, é positivo, pois o decréscimo na degradação da proteína diminui a incidência de timpanismo, e pode aumentar a eficiência de utilização dos compostos nitrogenados, pela elevação na disponibilidade desses compostos em nível de intestino.

Deve-se ter em mente que o uso de espécies arbóreas, arbustivas e plantas herbáceas não gramíneas permitem o controle de endoparasitos, em decorrência da ação de fitotoxinas, como biocida, ou mesmo antiparasitária, como no caso dos taninos (Launchbaug, 1996). Os taninos condensados podem ter efeito direto ou indireto no controle de parasitos grastrintestinal, o qual pode ser efetuado pela interação tanino-nematoide, talvez afetando aspectos funcionais dos parasitos gastrintestinais (Minn *et al.*, 2003; Minn e Hart, 2003).

Os taninos condensados extraídos de várias plantas podem atuar acentuadamente no decréscimo da viabilidade das larvas de vários nematoides de caprinos e ovinos. Esses compostos também podem reagir diretamente, interferindo na incubação e desenvolvimento dos ovos dos parasitos, diminuindo a produção de larvas. Indiretamente, os taninos podem melhorar aspectos da nutrição proteica, pela ligação com a proteína no rúmen, diminuindo a degradação microbiana e aumentando a absorção de aminoácidos no intestino, compensando assim a perda de proteína causada pela ação dos parasitos, estimulando ainda o sistema imunológico (Barry e McNabb, 1999).

Distúrbios causados por micotoxinas

Brachiaria decumbens

Há registros na literatura de inúmeros distúrbios nutricionais observados em animais mantidos em pastagens de gramíneas tropicais associadas à presença de micotoxinas. Essas substâncias são metabólitos produzidos por um agente infectante, normalmente um fungo, ou pela planta em resposta a uma infecção.

Dentre os problemas observados no Brasil, tem-se a fotossensibilização hepatógena de animais mantidos em pastagens de *Brachiaria decumbens* relacionada à presença do fungo saprófita denominado *Pithomyces chartarum* (Fagliari, 2003). O problema tem origem no acúmulo de esporodesmina, agente hepatotóxico produzido pelo fungo, principalmente no período mais quente e úmido do ano. A utilização de elevada pressão de pastejo induz o animal a desenvolver o pastejo baixo, e assim ingerir a forragem em decomposição que contém grande quantidade de esporos do fungo.

Na degradação da clorofila, ocorre a produção de filoeritrina que é excretada juntamente com a bílis. Os esporos podem causar danos ao fígado com o acúmulo de cristais em torno dos ductos biliares, e assim há deficiência na degradação da clorofila até filoeritrina. Além disso, o acúmulo de cristais nos ductos biliares está relacionado com a presença de metabólitos da saponinas esteroidais presentes na *Brachiaria decumbens*.

A alta concentração de filoeritrina circulante propicia a ação fotossensibilizante nos animais, notadamente nas áreas expostas ao sol, como face, orelhas, próximo aos olhos e lábios, levando à dermatite (Hegarty, 1982; Mayland e Majak, 2007).

Segundo Fagliari (2003), os casos de fotossensibilização podem ser classificados como agudo, crônico moderado e crônico grave. No caso agudo, os animais podem morrer em 2 a 5 dias. O autor afirma que a quantidade de esporos no pasto é afetada pelas condições climáticas, mas a altura e a quantidade de restos de forragem no solo são os principais fatores predisponentes à intensa esporulação do fungo.

O manejo das pastagens, com ênfase na manutenção da altura que minimize o acúmulo de forragem em decomposição é uma medida eficiente no controle do problema. Além desse ponto, deve-se diversificar as espécies forrageiras disponíveis na propriedade destinadas a animais jovens, associada à suplementação mineral, vacinação e vermifugação que podem contribuir para o controle da enfermidade.

Azevém, *Paspalum dilatatum*

A ingestão de Azevém (*Lollium perene*) e de *Paspalum dilatatum* infectado por fungos causa falta de coordenação motora nos animais, com agitação da cabeça, associada aos problemas neurológicos. Os sintomas são mais evidentes quando os animais são forçados a caminhar, todavia não há sinais patológicos nos tecidos nervosos, e após a mudança na alimentação ocorre a recuperação espontânea.

Algumas espécies do gênero *Paspalum* contêm uma micotoxina tremorgênica não alcaloide, associada ao fungo denominado ergo (*Claviceps paspalis*). A micotoxina está associada estruturalmente ao tremorgênico indólico na espécie de fungos *Pennicilium* que produzem os sintomas neurotóxicos.

Estudos conduzidos no Brasil, referentes à avaliação de espécies do gênero *Paspalum* (Costa *et al*., 2003), evidenciaram que o biótipo Virasoro não foi infectado por *Claviceps paspali*, que comumente ocorre em *P. dilatatum*, indicando resistência ao fungo. Esta espécie vulgarmente é denominada de capim-melador, pois a maioria dos biótipos apresenta susceptibilidade ao fungo *Claviceps paspali*, que aparece, inicialmente, na forma de exsudação escura e pegajosa nas espiguetas e sementes. A moléstia causada por esse fungo é a principal da espécie e causa problemas à saúde dos animais em pastejo (Everist, 1974).

Efeitos de compostos tóxicos sobre o consumo

Sabe-se que há grande variação na seleção da dieta pelos diferentes tipos de animais em consequência das alterações local e temporal da quantidade de forragem disponível, da preferência dos animais, da composição química da forragem. Segundo Launchbaugh (1996), na busca de alimentos os herbívoros desenvolveram adaptações que consistem em evitar o alimento e também mecanismos que alteram os valores hedônicos pré-ingestivos relacionados à qualidade da forragem (sabor, odor, aparência), os quais tem por base as sensações pós-ingestivas (por exemplo, benefício nutricional ou mesmo os distúrbios digestivos).

Os bovinos crescem e adquirem experiência no seu ambiente de pastejo, e assim acumulam conhecimento acerca da qualidade da forragem disponível e, consequentemente, refinam as suas habilidades no pastoreio (Launchbaugh e Döugherty, 2007). O aprendizado dos animais ocorre em decorrência de suas próprias experiências e também dos demais animais que estão no pasto.

Em ampla revisão, Barnes e Custine (1972) observaram que os cinco sentidos básicos envolvidos na busca de alimento (visão, tato, audição, olfato e paladar) variam com a espécie animal, mas as principais características envolvem os fatores químicos sabor e odor. Contudo, não significa que os fatores físicos, tais como consistência das folhas e resistência do caule não são importantes na resposta do animal ao sabor e odor da forragem. Ademais, o principal mecanismo envolvido na liberação de compostos antiqualitativos da forragem e que afetam diretamente a seleção e consumo do alimento são o rompimento físico dos tecidos e a volatilização dos compostos químicos.

Os compostos tóxicos na forragem podem afetar o animal, direta ou indiretamente e podem ser considerados compostos antiqualitativos. Da mesma forma, os aleloquímicos da forragem podem afetar outras plantas, insetos, fungos, bactérias, nematoides e outros animais. O conceito de aleloquímico implica que o composto pode participar dos mecanismos de defesa da planta, contribuindo para a adaptação e sobrevivência da espécie.

Nas plantas, os compostos tóxicos estão presentes como metabólitos secundários, ou seja, produtos de rotas envolvidas na síntese de compostos primários. Diferente dos compostos primários, os secundários não são essenciais para a estrutura celular das plantas, produção de energia, de proteína ou síntese de DNA e RNA. Esses compostos têm sido classificados em cinco grupos: terpenos, esteroides, acetogeninas, fenilpropanos e alcaloides.

De acordo com Launchbaugh (1996), os compostos secundários desempenham muitas funções nas plantas, por exemplo, reguladores de crescimento ou atividade biossintética, facilitadores do transporte, armazenamento de compostos ricos em energia ou de resíduos oriundos dos processos metabólicos. Esses compostos podem também afetar a habilidade das plantas sobreviverem a condições abióticas, como radiação ou umidade excessiva e temperaturas extremas. Interações biológicas importantes que são mediadas por compostos secundários incluem: proteção contra patógenos da planta, efeitos alelopáticos para diminuir a competição com outras plantas, e também a resistência aos herbívoros.

É oportuno salientar que nem todas as substâncias que afetam o comportamento ingestivo do animal em pastejo são compostos secundários, e também nem todos os compostos secundários afetam o pastejo. Portanto, os termos aleloquímico ou fitotoxinas são geralmente preferidos para descrever o conjunto de compostos químicos das plantas que têm impacto negativo no processo bioquímico básico, sobrevivência ou crescimento, ou comportamento seletivo dos herbívoros em pastejo (Launchbaugh, 1996; Launchbaugh e Döugherty, 2007).

O entendimento do papel das substâncias químicas das plantas no controle das interações planta/animal é importante para o manejo das populações de plantas e de animais no ecossistema da pastagem. Os teores dos compostos de defesa das plantas são os principais determinantes da produção dos herbívoros e do padrão de desfolhação da comunidade de plantas. A avaliação de como o composto afeta o herbívoro e as maneiras como esses respondem aos compostos é critico para o entendimento do papel dos animais no ecossistema da pastagem.

É um fato comum os herbívoros incluírem pequenas quantidades de fitotoxinas nas suas dietas, mas a norma é que a seleção de plantas ou partes delas é inversamente relacionada com o conteúdo desses compostos. É evidente que os animais possuem mecanismos de pastejo para evitar a exposição às substâncias tóxicas. Por meio do entendimento desses mecanismos de pastejo, pode-se predizer a maneira pela qual a estrutura bioquímica da planta influenciará a probabilidade da mesma ser pastejada.

As estratégias de herbivoria bem sucedidas envolvem o decréscimo da atratividade da planta como alimento, para que não ocorram a diminuição da sobrevivência e reprodução do animal ao ingerir a forrageira (**Figura 4**). Muitos autores consideram que o sabor desagradável de algumas toxinas das plantas pode ser um importante agente contra os herbívoros. Um número expressivo de aleloquímicos é amargo

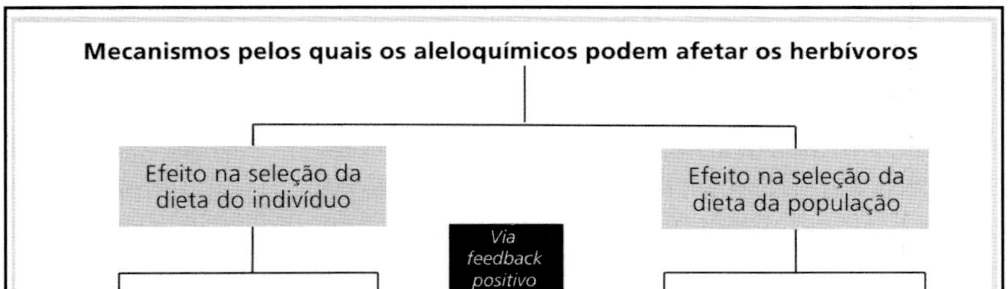

Figura 4. Características dos aleloquímicos das plantas que podem reduzir a probabilidade de pastejo severo pelos herbívoros. (Adaptado de Launchbaugh, 1996).

ou de sabor desagradável, ao menos para os humanos.

Os compostos amargos das plantas incluem muitos glicosídeos cianogênicos, alcaloides e flavonoides, enquanto os efeitos adstringentes são relacionados aos taninos. Embora o odor e/ou sabor repulsivos possam decrescer a probabilidade que a planta seja consumida em grandes quantidades, quando encontrada inicialmente pelo animal, o sabor *per se*, provavelmente não afetará os herbívoros experientes ao menos que o consumo seja seguido de uma consequência pós-ingestiva negativa. Ademais, a liberação de metabólitos pela volatilização ocorre em todas as plantas e, em muitas situações, os compostos voláteis não são liberados até que ocorra o rompimento físico das células e tecidos das plantas. Esses rompimentos podem ocorrer durante a colheita da planta, congelamento, ou mesmo a ingestão e ruminação pelo animal.

Aspectos sob o controle das intoxicações por plantas

Atualmente, a pesquisa sobre plantas tóxicas no Brasil é limitada, prioritariamente, pela identificação das espécies e pela determinação dos sinais clínicos, da patologia e alguns aspectos da epidemiologia das intoxicações. Poucos estudos têm sido realizados para determinar os princípios ativos das plantas e seus mecanismos patogênicos, bem como o controle das plantas tóxicas nas pastagens por adoção de tecnologias atuais de manejo.

A profilaxia e o controle das intoxicações por plantas, no Brasil, são realizadas com base no conhecimento dos fatores associados às plantas, aos animais, ao ambiente ou ao manejo que determinam a ocorrência, frequência e distribuição geográfica das intoxicações. De acordo com Riet-Correa & Medeiros, (2001) algumas das medidas preventivas e de solução incluem:

1) Em primeiro lugar, seria necessário identificar os princípios ativos ainda desconhecidos de muitas plantas tóxicas, pois é sabido que, atualmente, é desconhecido o princípio ativo de, pelo menos, 32 das 88 espécies tóxicas descritas no Brasil;

2) A utilização de cercas para isolar áreas contaminadas por plantas tóxicas;

3) Eliminação das espécies tóxicas, arrancando-as manualmente, utilizando herbicidas, roçando, capinando, lavrando, queimando ou pelo pastoreio com animais não-susceptíveis;

4) Utilização de sementes controladas para evitar a difusão de espécies tóxicas;

5) Confecção de fenos e silagem para evitar a contaminação por espécies tóxicas; e

6) Manejo dos animais e das pastagens, tais como evitar o pastoreio excessivo, utilizar animais de espécies ou idades resistentes a determinadas plantas, e evitar colocar animais recentemente transportados com fome ou sede em pastagens contaminadas por plantas tóxicas.

Em consequência da grande diversidade de compostos presentes nas plantas e dos diferentes efeitos que esses compostos causam no animal, as medidas de controle das intoxicações têm tido resultados limitados. Em consequência, as intoxicações mais importantes, mencionadas anteriormente, causam ainda, perdas econômicas significativas. Para controlar eficientemente algumas dessas intoxicações é necessário desenvolver tecnologia mediante programas de pesquisa interdisciplinares que contemplem os diferentes aspectos das intoxicações por plantas.

Nesse sentido, Riet-Correa & Medeiros, (2001) comentam sobre alguns métodos mais eficientes de controle das intoxicações por plantas, tais como:

1) Vacinação - a técnicas para produzir vacinas contra toxinas de plantas, de baixo peso molecular, têm sido desenvolvidas na Austrália nos últimos 25 anos. Porém nem todos os princípios ativos foram isolados com sucesso.

2) Controle biológico - muitas plantas têm sido controladas com sucesso utilizando-se inimigos biológicos, como insetos e outros patógenos de plantas.

3) **Detoxificação microbiana no rúmen** - esse é um mecanismo bem conhecido de resistência às intoxicações por plantas que é quando ruminantes ingerem quantidades crescentes de plantas que contêm oxalatos e desenvolvem mecanismos de detoxificação microbiana no rúmen Porém há necessidade do conhecimento prévio da(s) planta(s) tóxica(s) no ambiente e fazer o trabalho gradativo de detoxicação.

4) **Substâncias que neutralizam os princípios tóxicos** - o carvão ativado, com considerável capacidade de adsorver algumas substâncias no trato gastrintestinal, tem sido utilizado no tratamento de algumas intoxicações. O problema dessa substância é que são necessárias grandes quantidades para salvar os animais intoxicados.

5) **Utilização de programas de seleção para a obtenção de variedades de forrageiras ou grãos não tóxicos ou menos tóxicos** - é uma boa opção para forrageiras cultivadas, porém sabe-se que muitos anos são dependidos para obtenção de um material promissor e, nesse caso, solucionaria apenas o caso de plantas cultivadas.

6) **Aversão alimentar condicionada** - parece ser uma técnica relativamente rápida e de baixo custo que pode surtir resultados satisfatórios em ambientes pastoris.

O entendimento do conceito de aversão condicionada é fundamental nos estudos dos efeitos dos compostos antiqualitativos das plantas forrageiras nos animais em pastejo. De acordo com Launchbaugh (1996), os mamíferos herbívoros possuem várias adaptações para exercerem suas atividades ingestivas. Essas adaptações consistem de alguns padrões que induzem o animal a consumir determinadas espécies e evitar outras, e mecanismos que alteram o valor hedônico (aspecto associado ao prazer), associado à qualidade pré-ingestiva da planta (sabor, odor, aparência), com base na experiência pós-ingestiva (benefícios nutricionais ou problemas digestivos). Assim, as plantas tornam-se mais aceitáveis, quando o seu consumo promove experiências pós-digestivas mais favoráveis e menos palatáveis, quando o consumo acarreta problemas digestivos (**Figura 5**).

Segundo Launchbaugh e Döugherty (2007), em essência, os animais adquirem as preferências por plantas se uma consequência ingestiva positiva ocorrer após a ingestão, tais como: aumento da ingestão de proteína e de energia; recuperação da deficiência nutricional; recuperação após a incidência de doença. Por outro lado, o animal desenvolve aversão ao alimento quando o seu consumo resulta em consequência ingestiva negativa, principalmente associada ao estímulo do sistema emético do cérebro, associado à ocorrência de náuseas.

Quando um animal encontra uma nova planta, ele geralmente a ingere em pequenas quantidades. Se não ocorrerem sensações gastrintestinais desagradáveis, o animal, geralmente aumenta o consumo ao longo do tempo. Contudo, se animal sente-se mal após a ingestão,

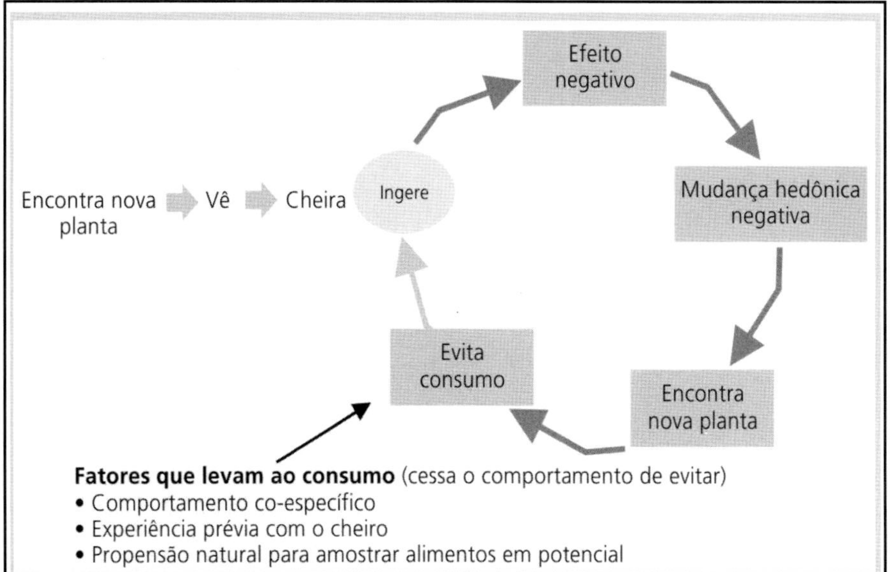

Figura 5. Processos pelos quais a aversão condicionada reduz a palatabilidade de plantas e a probabilidade de consumo. (Adaptado de Launchbaugh, 1996)

há, na sequência, a aversão condicionada pelo mal-estar. A formação da aversão condicionada envolve ambos, decréscimo na palatabilidade àquele sabor e a modificação do comportamento, ou seja, o animal passa a evitar a planta com base nos aspectos visuais, odor e sabor (**Figura 5**).

Uma forte aversão condicionada pode ocorrer quando uma fitotoxina estimula os centros eméticos do cérebro. Em humanos, os compostos que estimulam esses centros são aqueles que causam náuseas. Os herbívoros podem prontamente expressar aversão aos alimentos que estimulam os centros eméticos, contudo eles não podem ser capazes de evitar os alimentos que não causam náuseas, como aqueles causadores de alergias, timpanismo ou desconforto intestinal. Portanto, pode-se inferir que as plantas tóxicas mais perigosas são aquelas que não afetam o sistema emético do cérebro dos animais, uma vez que esses não são capazes de aprender a evitá-las pela aversão condicionada.

Segundo Launchbaugh (1996) e Launchbaugh e Döugherty (2007), as doses dos aleloquímicos que fazem com que o animal fique intensamente doente causam aversão mais forte do que aquelas que estimulam fracamente os centros eméticos. Além disto, o tempo de ação do aleloquímico é de importância, pois os herbívoros podem prontamente associar os sabores dos novos alimentos com o mal-estar intestinal no intervalo de oito horas após o consumo.

Os compostos químicos da forragem que reduzem a digestibilidade podem também proteger as plantas dos herbívoros, promovendo a diminuição do *feedback* positivo na formação da preferência condicionada (**Figura 4**). Assim, se todos os aleloquímicos reduzirem a digestibilidade da planta, a sua palatabilidade será também reduzida. É oportuno salientar que há três maneiras pelas quais os compostos químicos da planta podem reduzir a sua digestibilidade:

1. Os compostos podem formar complexos insolúveis com os nutrientes, tais como a proteção dos carboidratos estruturais pela lignina e mesmo a precipitação das proteínas pelo tanino e resinas.

2- Os aleloquímicos podem inativar enzimas digestivas. Por exemplo, a batata, soja, algodão, ervilhas, tomates podem conter tripsina e quimotripsina que podem interferir na digestão da proteína, particularmente em monogástricos. Ainda, compostos que precipitam proteínas, como gossipol e taninos, podem decrescer atividade das enzimas por meio de ligações com as suas proteínas.

3. Os aleloquímicos podem ter ação antimicrobiana que inibam os microrganismos do trato gastrintestinal.

Ademais, as plantas que contêm fatores antiqualitativos podem afetar os animais por intermédio dos efeitos gastrintestinais negativos ou minimizar os efeitos digestivos positivos. Os altos conteúdos de componentes da parede celular e de ceras podem representar mecanismos de diluição de nutrientes. Esse tipo de planta pode ser rejeitada pelo animal em detrimento daquelas de maior valor nutritivo.

Além de afetar a seleção da dieta pelo animal ou a quantidade consumida, alguns aleloquimicos podem reduzir a eficiência reprodutiva e, por conseguinte, a população.

Os animais apresentam mecanismos para evitar o consumo de plantas tóxicas, incluindo a habilidade comportamental, limitando assim a quantidade de toxinas ingeridas, e também sistemas internos que permitem a detoxificação ou tolerância às fitotoxinas ingeridas (Launchbaugh e Döugherty, 2007). Há vários mecanismos para minimizar os efeitos dos compostos tóxicos ingeridos, incluindo detoxificação por meio das alterações no ambiente do trato digestivo, por exemplo, o pH, temperatura e polaridade das soluções. Podem-se citar outros mecanismos, como a formação de complexos insolúveis (complexação de taninos), ou mesmo a ação de microrganismos sobre os aleloquímicos, incluindo a hidrólise ou redução da concentração e a degradação.

A intensidade da detoxificação pode ser afetada por inúmeros fatores como: dieta anterior à ingestão do principio tóxico, nível nutricional do animal, seleção da dieta.

É importante salientar que algumas práticas de manejo podem amenizar ou mesmo evitar que os animais consumam plantas tóxicas, podendo-se destacar:

- Adequação da taxa de lotação das pastagens, visando ao aumento da oferta de plantas de alto valor nutritivo;
- Suplementação da dieta, visando ao aumento do nível nutricional dos animais;
- Seleção e cruzamento de animais que possuam a habilidade para selecionar e detoxificar princípios tóxicos das plantas;
- Propiciar ao animal contato com animais experientes para o desenvolvimento da habilidade em reconhecer e evitar plantas tóxicas.

Considerações gerais

Os animais em pastejo podem ingerir inúmeras substâncias potencialmente tóxicas, contudo os mecanismos de detoxificação podem ocorrer no rúmen e nos tecidos, especialmente no fígado, mas quando a ingestão é superior à capacidade metabólica, os problemas podem se acentuar.

Na utilização de espécies forrageiras que apresentam potencial para causar distúrbios metabólicos nos animais, associadas à composição química e variação estacional, é importante a adoção de práticas de manejo que controlem ou minimizem as perdas de produtividade.

Dentre as técnicas utilizadas para amenizar os problemas referentes a forrageiras com características genéticas associadas à intoxicação, pode-se promover o melhoramento com vistas à obtenção de plantas com menor potencial de intoxicação. Por outro lado, nas intoxicações associadas a micotoxinas produzidas por microrganismos associados à forragem, as práticas de manejo das pastagens, a suplementação da dieta com nutrientes deficientes e o uso de medicamentos podem minimizar as perdas de produtividade dos rebanhos.

A manutenção da oferta de forragem com qualidade compatível com a exigência dos animais em pastejo, ao longo do ano, é uma prática imprescindível para minimizar os riscos de ingestão de plantas com potencial de intoxicação. Nesse sentido, as práticas de manejo requerem a adoção de ajustes na lotação, adubação estratégica, utilização de alimentos suplementares, e mesmo a venda de animais da propriedade.

Referências bibliográficas

Afonso, E.; Pott, A. **Plantas no Pantanal tóxicas para bovinos em Mato Grosso do Sul**. Embrapa, boletim nº44, 2000. 4p.

Andrade, D.A.V. de **Caracterização morfológica e citogenética de sementes e plântulas de algumas espécies de plantas tóxicas**. Faculdade de Ciências Agrárias e Veterinárias de Jaboticabal, SP, UNESP, Dissertação de Mestrado, 2007, 53p.

Antoniassi, N.A.B.; Ferreira, E.V.; Dos Santos, C.E.P.; De Arruda, L.P.; Campos, J.L.E.; Nakazato, L.; Colodel, E.M. Intoxicação espontânea por *Ipomoea carnea* subsp. *fistulosa* (Convolvulaceae) em bovinos no Pantanal Matogrossense. **Pesq. Vet. Bras.**, v.27, n.10, p.415-418, 2007.

Barbosa, J.D.; Oliveira, C.M.C.; Duarte, M.D.; Peixoto, P.V.; Tokarnia, C.H. Intoxicações experimental e natural por *Ipomoea asarifolia* (Convolvulaceae) em búfalos e outros ruminantes. **Pesq. Vet. Bras.**, v.25, n.4, p.231-234, 2005.

Barbosa, R.C.; Riet-Correa, F.; Medeiros, R.M.T.; Lima, E.F; Barros, S.S.; GIMENO J.E.; Molyneux, R.J.; Gardener, D.R. Intoxication by *Ipomoea sericophylla* and *Ipomonea riedelii* in goats in the state of Paraíba, Northeastern. **Brazil. Toxicon**, v.47, p.371-379, 2006.

Barbosa, J.D.; Ribeiro Filho, M.R.; Pacífico da Silva, I.; Soto-Blanco, B. Plantas tóxicas de interesse pecuário: importância e formas de estudo. **Acta Veterinaria Brasílica**, v.1, n.1, p.1-7, 2007.

Barnes, R.F.; Custine, D.L. **Allelochemistry and forage crop**. In Anti-quality components of forage. Matches, A. (ed.). Crop Science Society of American Inc. 1972. p. 1-13.

Barreto, R.A.; Hughes, J.B.; Souza, C.S.; Silva, V.D.A.; Silva, A.R.; Velozo, E.S.; Batatinha, M.J.M.; Costa, M.F.D.; El-Bachá, R.S.; Costa, S L. O alcaloide monocrotalina, extraído de *Crotalaria retusa*, altera a expressão de GFAP, a morfologia e o crescimento de culturas primárias de astrócitos. **Rev. Bras. Saúde Prod. An.**, v.7, n2, p.112-127, 2006.

Barros, C.S.L.; Graça, D.L.; Santos, M.N.; Barros, S.S. Intoxicação aguda por samambaia (*Pteridium aquilinum*) em bovinos no Rio Grande do Sul. **Hora Vet.**, v.7, n.37, p.33-39, 1987.

Barros, C.S.L.; Driemeier, D.; Pilati, C.; Barros, S.S.; Castilhos, L.M.L. *Senecio* spp. poisoning in cattle in southern Brazil. *Vet. Human Toxicol.*, n.34, p. 241-246, 1992

Barros, C.S.L. **Intoxicações por plantas que afetam o sistema muscular**. Intoxicação por *Senna occidentalis*, p. 201-213. In: Riet-Correa F., Méndez M.C. & Schild A.L (ed.) Intoxicações por Plantas e Micotoxicoses em Animais Domésticos. Hemisfério Sul do Brasil, Pelotas, RS. 1993. 340 p.

Barros, C.S.L.; Ilha, M.R.S.; Bezerra, P.S. *et al.* Intoxicação por *Senna occidentalis* (Leg. Caesalpinoideae) em bovinos em pastoreio. **Pesq. Vet. Bras.**, v.19, n.2, p.68-70, 1999.

Barros, C.S.L.; Castilhos, L.M.L.; Rissi, D.R.; Kommers, G.D.; Rech, R.R. Biópsia hepática no diagnóstico da intoxicação por *Senecio brasiliensis* (Asteraceae) em bovinos. **Pesq. Vet. Bras.**, v.27, n.1, p.53-60, 2007.

Basile, J.R.; Reis, A.C.F.; Gaste, L. Intoxicação aguda de bovinos pela samambaia (*Pteridium aquilinum* (L) Kuhn) no Estado do Paraná. **Revista Setor Ciênc. Agrárias**, v.3, n.67, p.170, 1981.

Blanco, H.C. Catálogo das espécies de mato infestantes das áreas cultivadas no Brasil - Família do amendoim do campo (Leguminosae). **O Biológico**, v.44, p.33-90, 1978.

Boswell, V.R. **Que son las semillas y que hacen introducción**. In: ESTADOS UNIDOS. Departamento de Agricultura. Semillas, México, Continental. cap.1, p. 19-36. 1962

Brum, K.B.; Purisco, E.; Lemos, R.A.A.; Riet-Correa, F. Intoxicação por *Vernonia rubricaulis* em bovinos no Mato Grosso do Sul. **Pesq. Vet. Bras.**, v.22, n.3, p.119-128, 2002.

Burns, J.C.; Fischer, D.S.; Mayland, H.F. Preference by sheep and goat among hay of eight tall fescue cultivars. **Journal of Animal Science**, v.79, p.213-224, 2001.

Bush, L.; Roberts, C.A.; Schultz, C. **Plant chemistry and antiquality components in forage**. In: Grazing animal behavior. In: Forages. Barnes, R.F., Nelson, C.J., Moore, K.J., Collins, M. Blackwell Publishing. Ames. Iowa. USA. 6° ed. vol. 2. 2007. 5p

Cintra, P.; Malaspina, O.; Petacci, F. *et al.* Toxicity of *Dimorphandra mollis* to Workers of Apis mellifera. **J. Braz. Chem. Soc.**, v.13, n.1, p.115-118. 2002.

Collins, M.; Hannaway, D.B. **Forage-related animal disorders**. In Forages. In: Forages. An introduction to grassland agriculture. Barnes, R.F., Nelson, C.J., Moore, K.J., Collins, M. Blackwell Publishing. Ames. Iowa. USA. 6° ed. Vol. 1. p. 415-441, 2003.

Costa, D.I.; Scheffer--Basso, S.M.; Favero, D.; Fontaneli, R.S. Caracterização morfofisiológica e agronômica de **Paspalum dilatatum** Poir. biótipo Virasoro e Festuca arundinacea Schreb. 2. Disponibilidade de forragem e valor nutritivo. **Revista Brasileira de Zootecnia.** v.32, n.5, p.1061-1067, 2003.

Cunha, M.R. Búfalo prova sua resistência à erva cafezinho. **Búfalo em Evidência,** v.1, n.3, p.2, 1987.

Curial, O. **Hematúria enzoótica dos bovinos. Observações anatomopatológicas**. Tese de Mestrado, Univ. Fed. Paraná, Curitiba. 1964, 46p.

Driemeier, D. & Barros, C.S.L. Intoxicação experimental por *Senecio oxyphyllus* (Compositae) em bovinos. **Pesq. Vet. Bras.**, v.12, p.33-42. 1992.

Driemeier, D.; Barros, C.S.L. & Pilati, C. Seneciose em bovinos. **Hora Vet.**, n.10, p. 23-30, 1991.

Döbereiner, J.; Tokarnia, C.H. & Canella, C.F.C. Intoxicação experimental pela "salsa" (*Ipomoea asarifolia* R. et Schult.) em ruminantes. **Arqs. Inst. Biol. Animal**, ,v.3, n.39-57, 1960.

Döbereiner, J.; Tokarnia, C.H. & Canella, C.F.C. Ocorrência da hematúria enzoótica e de carcinomas epidemoides no trato digestivo superior em bovinos no Brasil. **Pesq. Agrop. Bras**., v.2, n. 489:504, 1967

Budel, J.M. & Duarte, M.R. Caracteres morfoanatômicos de partes vegetativas aéreas de *Baccharis coridifolia* DC. (Asteraceae-Astereae). **Lat. Am. J. Pharm**., v.26, n.5 p.723-31, 2007.

Ellenhorn, M.J. & Barceloux, D.G. **Medical Toxicology: diagnosis and treatment of human poisonin**g. Elsevire, New York. 1988, p. 231-240.

Evans, I.A. **Bracken fern toxin**. X Int. Câncer Congr., Houston. 27pp. Hirono I. Aiso S. Yamaji T. Yamada K. Niwa H. Ojika M. Wukamatsu K. Kigoshi H. Nhyama K & Uosaki Y. 1984. Carcinogenicity in rats of ptaquiloside isolated from bracken. Gann v.75, n.10, p. 833-836. 1970

Everist, S.L. **Poisonous plants of Australia**. Sydney: 1974. 84p

Fagliari, J.J. **Fatores antiqualitativos em plantas forrageiras**. In: Volumosos na produção de ruminantes. Reis, R.A., Bernardes, T.F., Siqueira, G.R., Moreira, A.L. (ed.). FUNEP, Jaboticabal.165-177, 2003.

Ferreira, M.B. As plantas tóxicas no Distrito Federal. **Cerrado**, v.3, n.14, p.26-30, 1971.

Feres, C.A.O.; Tagliati, C.A.; Madalosso, R.C.; Rocha, O.A.; Leite, J.P.V.; Guimarães, T.M.D.P.; Toledo, V.P.P. Acute and chronica toxicological studies of *Dimorphandra mollis* in experimental animals.. **Journal of Ethnopharmacology**, v.108, p. 450-456, 2006.

Franco, T.T.; Rodrigues, N.R.; Serra, G.E.; Panegassi, V.R.; Buckeridge, M.S Characterization of storage cell wall polysaccharides from Brazilian legume seeds and the formation of aqueous two-phase systems. **Journal of Chromatography B: Biomedical Application**, v. 680, p.255-261, 1996

Freire, R.M.M. **Ricinoquímica**. In: AZEVEDO, D. M. P. de; LIMA, E. F. (eds.). O agronegócio da mamona no Brasil. Embrapa Algodão (Campina Grande, PB) - Brasília: Embrapa Informação Tecnológica. 2001.350 p.

Gaillard, Y. & Pepin, G. Poisoning by plant material: review of human cases and analytical determination of main toxins by higher-performance liquid chromatography- (tandem) mass spectrometry. **Journal of Chromatography B**, n.733 p.181-229, 1999.

García Y Santos, M.C.; Schild, A.L.; Barros, S.S., Riet-Correa, F.; Elias, F.; Ramos, A.T. Lesões perinatais em bovinos na intoxicação experimental por Ateleia glazioviana (Leg.Papilionoideae). **Pesq. Vet. Bras.**, v.24, n.4, p.178-184, 2004.

Gopinath, C. & Forde, E.J.H. The effect of Lantana camara on the liver of sheep. **J. Pathol.**, v.99, n.1, p.75-85, 1969.

Gonzales, E.; Butolo, J.E.; Silva, R.D.M.; Packer, I.U.; Lamas da Silva, J.M. Toxicidade de sementes de fedegoso (*Cassia occidentalis* L.) para frangos de corte. **Sci. Agric.**, v.1, n.51, p.169-174, 1994.

Hartkannt, T.; Witte, L. **Chemistry, biology and chemoecology of the pyrrolizidine alkaloid**s. In: Pelletier SW (ed) Alkaloids - Chemical and biological perspectives 9. Pergamon Press, Oxford, pp 155-233, 1995.

Hegarty, M.P. ***Deleterious factors in forages affecting animal production***. In: Nutritional limits to animal production from pastures. Hacker, J.B (ed.). CSIRO, Commonwealth Agricultural Bureaux. Farnham Royal. p. 133-150, 1982.

Hirono, I.; Aiso, S.; Yamaji, T.; Yamada, K.; Niwa, H.; Ojika, M.; Wukamatsu, K.; Kigoshi, H.; Nhyama, K. & Uosaki, Y. Carcinogenicity in rats of ptaquiloside isolated from bracken. **Gann**, v.75, n.10, p.833-836, 1984.

Hirono, I. Carcinogenity of bracken fern and its causal principle,. In: Thomson, J.A. & Smith R.T. (ed.) Bracken Biology and Management.AIAS (NSW) occasional Publication no. 40. **Aust. Inst. Agric. Science**, p.233-240, 1990.

Joly, A.B. **Introdução à Taxonomia Vegetal**. São Paulo: editora nacional. 2002. 777p.

Karam, F.S.C.; Soares, M.P.; Haraguchi, M.; Riet-Correa, F.; Méndez, M.C. & Jarenkow, J.A. Aspectos epidemiológicos da seneciose na região sul do Rio Grande do Sul. v. 24, p. 191-198, 2004.

Kiilli, L.H.P., Ranga, N.T. Ecologia da polinização de *Ipomoea asarifolia* (ders.) Roem. & Schult. (Convolvulaceae) na região semiárida de Pernambuco. **Acta Bot. Bras.**, v.17, n.3, p.355-362, 2003.

Krook, L.; Wasserman, R.H.; Mc Entree, K. *et al.* *Cestrum diurnum* poisoning in Florida cattle. **Cornell Vet**., v.65, p.557-575, 1975.

Kissman, K.G. & Groth, D. Plantas infestantes e nocivas. Basf, São Paulo. Tomo II. 1992. 798 p.

Launchbaugh, KL. **Biochemical aspects of grazing behavior**. In: The ecology and management of grazing systems. Hogdson, J., Illius, A.W. CAB International. Wallingford. p.159-184, 1996

Launchbaugh, K.L.; Dougherty, C.T. **Grazing animal behavior**. In: Forages. Barnes, R.F., Nelson, C.J., Moore, K.J., Collins, M. Blackwell Publishing. Ames. Iowa. USA. 6° ed. Vol. 2. p. 675-686, 2007.

Lemos, R.A.; Barros, C.S.L.; Salles, M.S.; Barros, S.S. & Peixoto, P.V. Intoxicação espontânea por *Amaranthus spinosus* (Amaranthaceae) em bovinos. **Pesq. Vet. Bras.**, v.13, n.1/2, p. 25-34. 1993.

Liddel, J.R.; Stermitz, F.R. & Barros, C.S.L. Pyrrolizidine alkaloids from Senecio oxyphyllus, a Brazilian poisonous plant. **Bioch. System. Ecol.** , v.20, p. 393-393, 1992.

Lord, J.M.; Roberts, L.M.; Robertus, J.D. Ricin: structure, mode of action and some current applications. **The FASEB Journal**, v. 8, p. 201-208, 1994.

Lorenzi, H. **Plantas daninhas do Brasil: terrestres, aquáticas, parasitas e tóxicas**. Nova Odessa: Plantarum, 2000, 624p

Martins, E.; Martins, V.M.V.; Riet-Correa, F. *et al.* Intoxicação por *Cassia occidentalis* (Leguminosae) em suínos. **Pesq. Vet. Bras.**, v.6, n.2, p.35-38, 1986.

Mateus, G.P. & Wutke, E.B. **Espécies de leguminosas utilizadas como adubos verdes**. 2006 http://www.aptaregional.sp.gov.br/artigo.

Mayland, H.F.; Majak, W. **Forage-induced animal disorders**. In: Forages. An introduction to grassland agriculture. Barnes, R.F., Nelson, C.J., Moore, K.J., Collins, M. Blackwell Publishing. Ames. Iowa. USA. 6° ed. Vol. 2. p. 687-707, 2007.

McKey, D. Interactions between ants and leguminous plants. **Adv. Leg. Biol.**, v.29, p.673-718, 1989.

Medeiros, R.M.T.; Barbosa, R.C.; Lima, E.F.; Simões, S.V.D. & Riet-Correa, F. Intoxication by *Plumbago scandens* in goats in Paraíba, Northeaster Brazil. **Vet. Hum.Toxicol.**, v.43, n.3, p.167-169, 2001.

Medeiros, R.M.T.; Geraldo Neto, S.A.; Barbosa, R.C.; Lima, E.F. & Riet-Correa, F., SUDDEN. Death caused by *Mascagnia rigida* in catlle in Paraíba, northeaster Brazil. **Vet. Hum. Toxicol.**, v. 44, n.5, p. 286-288. 2002.

Mello, J.R.B.; Langeloh, A.; Habermehl, G.; Krebs, H.C.; Bastos, F.C. Influência da administração de extratos de duas plantas calcinogênicas sobre a fertilidade de ratos. **Arq. Bras. Med. Vet. Zootec.**, v.51, n.5, 1999.

Méndez, M.C.; Riet-Correa, F.; Schild, A.L. & Martz, W. Intoxicação experimental por cinco espécies de Senecio em bovinos e aves. **Pesq. Vet. Bras.**, v.10, p.63-69, 1990.

Méndez, M.C. **Intoxicação por *Senecio* spp.**, p. 43-57. In: Riet-Correa, F., Méndez, M.C. & Schild, A.L. (ed.) Intoxicações por Plantas e Micotoxicoses em Animais Domésticos. Editora Hemisfério Sul do Brasil, Pelotas. 1993, 340p.

Moura, J.W. **Aberrações cromossômicas em bovinos intoxicados crônica e naturalmente pela samambaia *Pteridium aquilinum***. Tese de Mestrado, Inst. Biociências, Univ. São Paulo. 1989, 49p.

Monteiro, R.P.; Oliveira, E.A.; Teles, Y.C. F.; Cavalcante, K.P.L.; Fernandes, M.M.O.; Paulo, M.Q. **Análise da atividade toxicológica e citotoxicológica dos extratos de *Plumbago scanden***, Anais da 58ª Reunião Anual da SBPC - Florianópolis, SC - Julho/2006 CD room

Nunes, S.G.; Silva, J.M. **Potencial forrageiro da *Brachiaria humidicola* cv. Llanero (ex *B. dictyoneura*) para a recria de equinos**. Comunicado Técnico. CNPGC, EMBRPA. N° 56. p. 1-10, 1998.

Nobre, V.M.T.; Riet-Correa, F.; Barbosa Filho, J.M.; Tabosa, I.M. & Vasconcelos, J.S. Intoxicação por *Crotalaria retusa* (Fabaceae) em equídeos no semiárido da Paraíba. **Pesq. Vet. Bras.**, v.24, p.132-143. 2004

Oliveira, A.C.; Oliveira, G.C.; Paraguassu, A.A. & Freire, L.M.G.M. **Intoxicação por um "tingui" em caprinos na Bahia**. XVI Congr. Bras. Med. Vet, Salvador, Bahia. 1978, 120p.

Oliveira, R.B.; Godoy, S.A.P.; Costa, F. B. **Plantas Tóxicas: conhecimento para a prevenção de acidentes**. Ribeirão Preto: Holos Editora, 2003. v. 1. 64 p.

Parker, W.H. & McCrea, C.T. BRACKEN (Pterisaquilina) poisoning of sheep in the North York moors. **Vet. Rec.** , v.77, n.30, p. 861-866. 1965.

Pereira, C. A. **Plantas Tóxicas e Intoxicações na Veterinária**. UFG: Goiânia. 1992. 279 p.

Polhill, R.M. C*rotalaria in Africa and Madagascar*. A. A. Balkeama, Roterdam, 1982, 186p.

Rech, R.R.; Rissi, D.R.; Rodrigues, A.; Pierezan, F.; Piazer, J.V.M.; Kommers, G.D.; Barros, C.S. Intoxicação por *Solanum fastigiatum* (Solanaceae) em bovinos: epidemiologia, sinais clínicos e morfometria das lesões cerebelares. **Pesq. Vet. Bras.**, v.26, n.3, p.183-189, 2006

Riet-Correa, F.; Mendez, M.C.; Schild, A.L.; Summers, B.A. & Oliveira, J.A. Intoxication by *Solanum fastigiatum* var. *fastigiatum* as a cause of cerebellar degeneration of cattle. **Cornell Vet.**, v.73, p. 240-256, 1983.

Riet-Correa, F.; Schild, A.L.;Mendez, M.D.C.; Schild, A.L. **Intoxicações por plantas e micotoxicoses em animais domésticos**. Buenos Aires: Hemisfério Sul, 1993. 20p.

Riet-Correa, F.; Górniak, S.L.; Haraguchi, M.; Dagli, L.Z. Histological changes caused by experimental *Riedeliella graciliflora* (Leg. Papilionoideae) poisoning in cattle and Laboratory animals. **Pesq. Vet. Bras.**, v.21, n.1, p.5-7, 2001a.

Riet-Correa, F. & Medeiros, R.M.T. Intoxicações por plantas no Brasil e no Uruguai: Importância econômica, controle e riscos para a saúde pública. **Pesq. Vet. Bras.**, v.21, n.1, p.38-42, 2001b.

Riet-Correa, F.; Tabosa, I.M.; Azevedo, E.O.; Medeiros, R.M.T.; Simões, S.V.D.; Dantas, A.A.; Alves, C.J.; Nobre, V.M.T.; Athayde, A.C.; Gomes, A.A. & Lima, E.F. Doenças dos ruminantes e equinos no semiárido da Paraíba. **Semiárido em Foco**, v.1, p.2-111, 2003

Riet-Correa, F.; MEDEIROS R.M.T. & DANTAS A. F. Plantas tóxicas da Paraíba. SEBRAE, João Pessoa, 2006, 54p.

Rivera, M.; Aquilo, R.; Lorenzo, M.; Ferro, M. & Villalon, J. Reporte de intoxicación en bovinos jóvenes por el *Amaranthus viridis* (bledo blanco). **Rev. Cub. Cienc. Vet.**, v.15, p.335-338, 1984.

Salgado, L.B.; Bulisani, E.A.; Braga, N.R. & Miranda, M.A.C. de. ***Crotalária júncea***. In: INSTITUTO AGRONÔMICO (Campinas). Instruções agrícolas para o Estado de São Paulo. 4.ed. Campinas, 1987. p.81-82. (Boletim, 200)

Rodrigues Filho, A. **A cultura da mamona**. Belo Horizonte: EMATER-MG, 2000. 20p. (Boletim técnico).

SEARA (Fortaleza, CE). **Projeto recuperação da cotonicultura estadual**. Fortaleza: p. 32-39. 1989.

Silva, F.M. & Couto, E.S. Intoxicação experimental de bovinos pela Lantana camara no Estado de Pernambuco. **Arqs Esc. Vet.**, n.23, p.77-89. 1971.

Silva, D.M. **Plantas tóxicas para ruminantes e equídeos no Seridó Ocidental e Seridó Oriental do Rio Grande do Norte**, Universidade Federal de Campina Grande (Dissertação), 2006. 90p.

Schaffrath, V.R.; Miller, P.R.M. Consórcio de mandioca com crotalária - Efeito sobre plantas espontâneas. **Agroecologia e Desenvolvimento Rural Sustentável**, v.1, n.4, p.19-24, 2000.

Schwarz, A.R.; Hosomi, Z.; Henrique, B.S.; Hueza, I.; Gardner, D.; Haraguchi, M.; Gorniak, M.; Lima, S.; Bernardi, M.M.; Spinosa, H.S. Identificação de princípios ativos presentes na Ipomoea carnea brasileira. **Revista Brasileira de Ciências Farmacêuticas**, v.40, n.2, p.181-187, 2004.

Souza, M.V. & Graça, D.L. Intoxicação crônica por *Pteridium aquilinum* (L) Kuhn (Polypodiaceae) em bovinos. **Ciência Rural**, v.23, n.2, p. 203-207, 1993.

Stoddart, L.A.; Smith, A.D.; Box, T.D. **Range Management**. 3 ed. New York. McGraw-Hill Book Company, 531 p. 1975.

Sunderman, F.M. Bracken poisoning in sheep. **Aust. Vet. J.**, v.64, n.1, p.25-26, 1987.

Tokarnia, C.H.; Canela, C.F.C. & Döbereiner, J. Intoxicação por um "tingui" (*Mascagnia rigida* Griseb) em bovinos no Nordeste do Brasil. **Arqs. Inst. Biol. Animal**, v.4, p.203-215, 1961.

Tokarnia, C.H.; Döbereiner, J. & Canella, C.F.C. Ocorrência da intoxicação aguda pela "samambaia" (*Ptiridium aquilinum* (L.) Kuhn) em bovinos no Brasil. **Pesq. Agropec. Bras.**, v.2, p.329-336, 1967.

Tokarnia, C.H.; Döbereiner, J. & Canella, C.F.C. Ocorrência da hematúria enzoótica e de carcinomas epidermoides no trato digestivo superior em bovinos no Brasil. II Estudos complemetares. **Pesq. Agropec. Bras.**, v.4, p. 209-224, 1969.

Tokarnia, C.H.; Döbereiner, J.; Silva, M.F. **Plantas tóxicas da Amazônia a bovinos e outros herbívoros**. Manaus: INPA. 1979, 95p.

Tokarnia, C.H. & Döbereiner, J. Intoxicação experimental por *Plumbago scandens* (Plumbaginaceae) em bovinos. **Pesq. Agropec. Bras.**, v.2, n.3, p.105-112, 1982.

Tokarnia, C.H. & Döbereiner, J. Imunidade cruzada entre os princípios tóxicos de *Abrus precatorius* e *Ricinus communis*. **Pesq. Agropec. Bras.**, v.17, n.1, p.25-35, 1997

Tokarnia, C.H.; Döbereiner, J.; Peixoto, P.V. **Plantas tóxicas do Brasil**. Rio de Janeiro: Ed. Helianthus. 2000, 310p.

Van Soest, P.J. Nutritional ecology of the ruminant, ed., New York: Cornell University Press, 1994. 476p.

Zanella, D.F.P.; Garcez, W.S.G.; Garcez, F.R.; Hamerski, L.; Barbosa, C.S.; Silva, J.C.C. da, Abot, A.R. **Estudo Químico de *Riedeliella graciliflora* - Uma Planta Tóxica para o Gado**. 30ª Reunião Anual da Sociedade Brasileira de Química, 2007, Águas de Lindóia, SP, Sociedade Brasileira de Química, 2007, CD room.

CAPÍTULO 61

Programas sanitários: custos ou benefícios?

Maurício Palma Nogueira
Engenheiro Agrônomo
Diretor da Bigma Consultoria
mauricio@bigma.com.br

Maria Gabriela O. Tonini
Médica Veterinária
Consultora da Scot Consultoria
gabriela@scotconsultoria.com.br

Introdução

A pecuária de corte passa por um momento favorável. Até meados de 2008, os preços seguiam firmes e em alta, com perspectivas favoráveis para os produtores. A pressão que incidiu sobre os produtores, no período de 2002 à metade de 2007, passou a incidir sobre os frigoríficos a partir de 2007. A falta de matéria-prima e a dificuldade em repassar a alta dos preços para os consumidores consistiam em uma situação preocupante para a indústria de carne bovina brasileira.

O problema foi agravado pelos elevados investimentos que foram feitos pela indústria frigorífica. Essa indústria cresceu constantemente nos últimos anos. O aumento da capacidade de abate desequilibrou ainda mais a oferta e demanda no momento de alta do ciclo.

Alta do ciclo! O ciclo pecuário esteve desacreditado entre 2005 e 2007. Muitos passaram a crer que os tradicionais movimentos de altas e baixas nos preços pecuários haviam se extinguido com a modernização da produção. Basearam-se no longo período de baixa nos preços para diagnosticar o fim do ciclo. No entanto, diversas variáveis atuaram para que o ciclo se esticasse durante a última fase de baixa:

a) A melhoria nutricional nas fases de recria e engorda contribuiu para o aumento de oferta de animais terminados, reduzindo o tempo de abate dos animais;

b) A cria, ou produção de bezerros, apesar de não acompanhar o ganho tecnológico da recria e da engorda, também melhorou, e os índices zootécnicos, por sua vez, acompanharam o movimento;

c) O avanço da agricultura sobre área de pastagens, entre os anos de 2001 e 2004, e o refluxo dessas áreas, a partir de 2004, possibilitaram acesso a pastagens corrigidas e a *palhadas* – restos de culturas.

Essas variáveis permitiram que, entre 2004 e 2007, a pecuária fosse capaz de ofertar animais num ritmo superior às condições tradicionais da pecuária brasileira. O próprio abate de matrizes contribuiu para o aumento do desfrute do rebanho nacional. Ainda, em 2005, o surgimento de focos de febre aftosa prorrogou ainda mais a alta dos preços.

O ciclo pecuário continua existindo! Os preços baixos levam pecuaristas criadores a abaterem as matrizes com objetivo de aumentar a renda. Com o abate de matrizes, inicia-se um processo de redução de oferta de bezerros e bezerras. Quando o mercado *sente* a falta desses animais, inicia-se o movimento de alta. Na alta, acontece o inverso. Produtores buscam reter fêmeas que produzirão bezerros nos próximos anos. E é justamente essa busca desenfreada que dará força ao futuro ciclo de baixa: haverá excesso de bezerros num futuro próximo.

A duração do ciclo depende do tempo necessário para o mercado se ajustar. Meados de 2008, o desequilíbrio entre demanda e oferta abria excelentes perspectivas de preços para a pecuária nacional. Além da oferta reduzida, resultado do ciclo pecuário, a demanda mantém-se aquecida por conta dos investimentos dos frigoríficos e pelo consumo internacional. Em São Paulo, os preços já ultrapassavam os US$ 55,00/@ e permanecem firmes.

Todo o preâmbulo sobre a conjuntura nacional serve apenas para ilustrar um risco que pode estar escondido na pecuária de corte. O cenário atual tende a criar a falsa ideia de que a pecuária não viverá novas crises. Muitos já acreditam que o mundo depende apenas do Brasil para comer carne bovina e, com isso, terão que engolir os sistemas brasileiros de produção. No entanto, não é bem assim. Da mesma forma que o ciclo de alta chegou, haverá o próximo ciclo de baixa. Assim como o mercado doméstico se ajusta, o mercado internacional também se ajustará. É uma questão de tempo. E é nos momentos de alta, de preços favoráveis, que o empresário se prepara para os momentos de crises. Em outras palavras: é na época de vacas gordas que se ganha competitividade.

Por isso é imprescindível que os pecuaristas atentem para as exigências dos mercados compradores e medidas que devem ser adotadas na empresa para atender todas as exigências comerciais. E também deve estar atento às exigências financeiras, relacionadas aos resultados da empresa. Em outras palavras, é preciso adaptar o sistema de produção para produzir o que o consumidor quer nos preços que irão querer pagar.

A sanidade e a relação com os resultados da pecuária: macroeconomia

A importância sanitária para o acesso a mercados é inquestionável. O surgimento de um foco de febre aftosa, em qualquer região do País, derruba de imediato as cotações do boi gordo e das demais categorias animais. O impacto negativo é imediato. As exigências por garantias sanitárias apenas aumentarão nos próximos anos. Além de doenças, como febre aftosa, é provável que surjam novas exigências relacionadas a endoparasitas e a outras enfermidades, além da certificação de qualidade e origem das moléculas utilizadas nos medicamentos.

Se o consumidor exigir, a produção terá que se adequar à exigência. A pena pelo não atendimento dessas exigências será a dificuldade de acesso a mercados. Ou seja, poderão sobrar apenas os mercados que pagam menos pelos produtos. Isso já acontece. Atualmente, o Brasil atende apenas 47% do mercado internacional de carne *in natura*, ficando de fora de mercados, como Canadá, Coreia do Sul, México, Japão e Estados Unidos. Esses países representam 53% do mercado internacional de carne *in natura*, segundo a Associação Brasileira da indústria Frigorífica (ABIEC). Sendo assim, a eficiência do controle sanitário relaciona-se com os resultados macroeconômicos da pecuária. O acesso a mercados será rigorosamente proporcional à eficiência do controle sanitário do rebanho nacional.

A qualidade do couro também está ligada aos preços recebidos pelo produto e poderia amenizar algumas situações. Observe, na **Figura 1**, a relação do preço do couro com o preço do sebo, em reais, corrigidos pelo IGP-DI (Índice Geral de Preços – Disponibilidade Interna), no período de 2001 a 2008.

Comparando-se a média de 2007 e 2008 com a média de 2001 e 2002, os preços do couro recuaram 50%, quando se corrige a inflação pelo IGP-DI. No mesmo período, a cotação do sebo aumentou 19%, corrigindo os preços pelo mesmo critério. Observe que, em 2008, o preço do sebo até ultrapassou o valor do couro. As razões para essa alteração na relação entre os subprodutos são mercadológicas. O couro depende do mercado internacional, o que significa que suas cotações estão diretamente relacionadas com a oscilação cambial. Já o sebo depende basicamente do mercado de produtos de limpeza e, mais recentemente, do mercado de biodiesel. Ambos os setores expandiram-se no Brasil recentemente. No entanto, é notório que o couro brasileiro, de maneira geral, tem baixa qualidade. Se fosse melhor, provavelmente obteria melhores preços no mercado internacional, melhorando a renda da pecuária.

Abordar o assunto couro com pecuarista leva o debate do patamar técnico para o conceitual. É a velha discussão de que o produtor não recebe nada pelo couro. Mas, contrariando a argumentação dos produtores, a composição da receita de um frigorífico depende do mercado de couro, sebo e dos demais subprodutos. Embora não haja uma tabela com o preço estratificado em carne, couro, sebo e outros subprodutos, a venda dos mesmos compõe o preço da arroba bovina no campo. Para ilustrar o fato, a Scot Consultoria acompanha os preços dos subprodutos comercializados pelos frigoríficos, transformando-os em equivalente arroba do boi gordo.

O raciocínio é simples. A partir dos preços de venda da carne, couro, sebo e todos os subprodutos do boi, monta-se o preço de venda correspondente a uma arroba do boi gordo. O **Equivalente Físico**, indicador já tradicionalmente utilizado, refere-se ao preço da carne com osso. Ele é determinado em R$/@ e calculado pela soma dos valores ponderados dos preços do corte traseiro (48% do peso da carcaça), dianteiro (39% do peso da carcaça) e ponta de agulha (13% do peso da carcaça). Essa é a composição média na carcaça, portanto o conceito de equivalente físico nada mais é do que uma média ponderada, objetivando compor o preço final de venda no atacado.

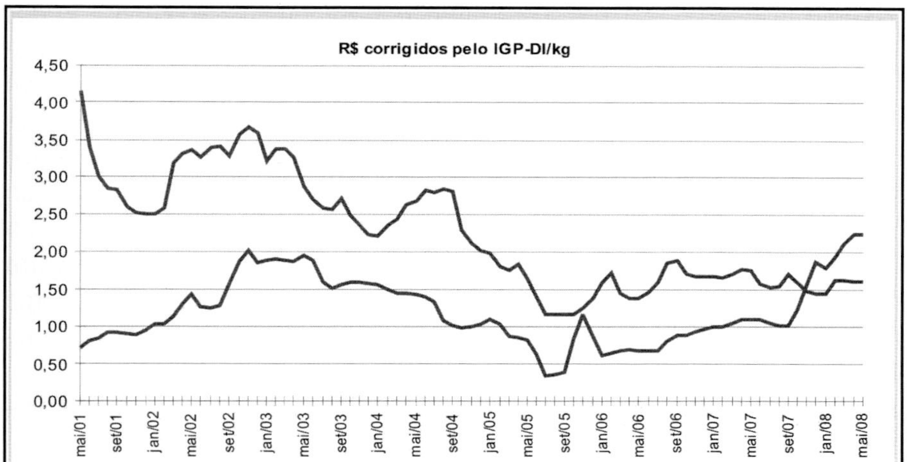

Figura 1. Preços do couro verde e do sebo em São Paulo, em R$/kg – valores corrigidos pelo IGP-DI. Fonte: Scot Consultoria.

A partir do conceito de equivalente físico, a Scot Consultoria elaborou o conceito de **Equivalente Scot**, que soma proporcionalmente a receita do couro e do sebo ao equivalente físico. Em uma análise mais avançada, há o **Equivalente Scot Carcaça**, que soma o equivalente físico, o couro, o sebo e todos os outros miúdos e demais subprodutos. Os valores dos três equivalentes e do preço do boi gordo no mercado físico em São Paulo estão expostos na **Figura 2**.

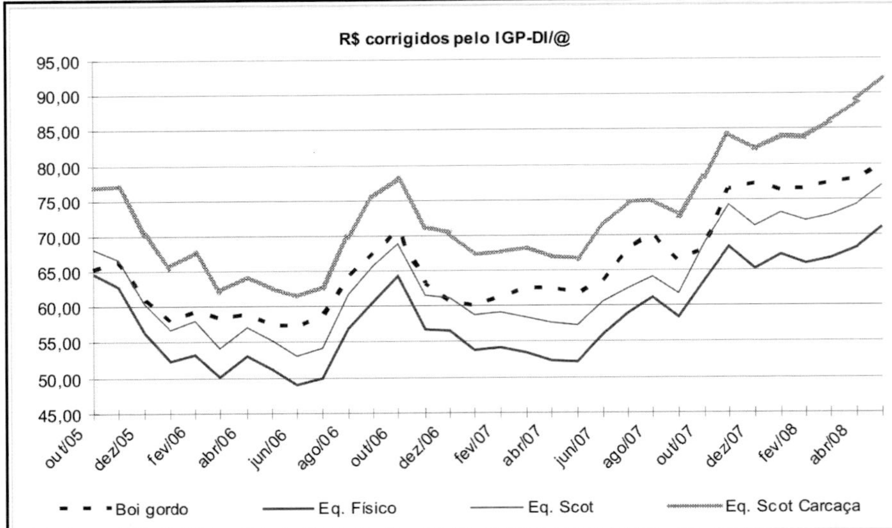

Figura 2. Evolução dos preços do boi gordo e dos Equivalentes Físicos, Scot e Scot Carcaça, entre 2005 e 2008, em reais corrigidos pelo IGP-DI. Fonte: Scot Consultoria.

Observe que o preço do boi gordo, em São Paulo, supera o Equivalente Físico e o Equivalente Scot. Grosso modo, apenas com a venda da carne, couro e sebo, o frigorífico teria margens negativas. Somente somando a venda dos miúdos, o frigorífico trabalharia com margens brutas positivas. Ainda há necessidade de se considerar os custos do próprio frigorífico. Evidentemente, o conceito de equivalente é uma referência. Na prática, a compra de fêmeas, desclassificação de carcaças, desossa e exportações tendem a melhorar o quadro dos frigoríficos. Ainda assim, não se pode dizer que o produtor não recebe pelo couro e demais subprodutos. Tais produtos fazem parte da composição de vendas dos frigoríficos.

A sanidade e a relação com os resultados da pecuária: microeconomia

Falar em sanidade no universo macroeconômico é simples. Ninguém, em sã consciência, subestima a importância da segurança alimentar e da qualidade dos alimentos.Mesmo assim, para que os produtores adotem bons programas sanitários, os benefícios precisam ser notados dentro da fazenda. É vislumbrando resultados nas finanças da empresa que o empresário adotará um programa sanitário como ferramenta gerencial de sucesso, para a obtenção de lucro.

Infelizmente, para o produtor rural, a sanidade animal parece estar relacionada a problemas, doenças, ou seja, um ônus que deve ser pago para que possa produzir bois. Parece lógico. Naturalmente, a compra dos medicamentos associa-se a doenças. É por isso que, geralmente, quando um pecuarista lista os maiores problemas ou custos de produção de sua atividade, quase sempre acaba colocando os medicamentos entre os primeiros da lista.

Trata-se de um comportamento natural. Mesmo o produtor conhecendo a real composição dos custos de produção de sua empresa, acaba associando medicamentos a problemas. Na prática, um dos menores custos de produção da atividade pecuária é justamente a compra de medicamentos para o programa sanitário. E a sua participação nos custos se reduz à medida que aumenta a tecnologia de produção pecuária. Observe na **Figura 3** a composição dos custos de produção de uma fazenda de ciclo completo com alta tecnologia, analisada pela Scot Consultoria, em 2007.

A compra de produtos veterinários representa pouco mais de 3% dos custos operacionais. Na fazenda usada como exemplo, a elevada participação dos insumos agrícolas evidencia que se trata de uma propriedade em processo de tecnificação, já que utiliza insumos para a

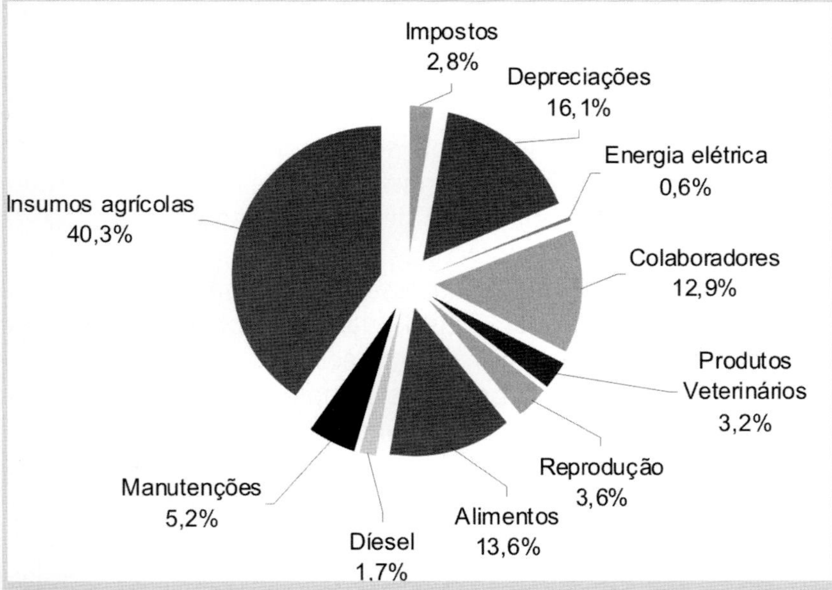

Participação dos custos operacionais em uma empresa de ciclo completo com aplicação de tecnologia – 2.550 hectares e 9.600 cabeças em Goiás. Fonte: Scot Consultoria.

correção e fertilização do solo e produz volumosos para a seca. Quanto maior a tecnologia aplicada, maior a importância de um excelente programa sanitário para garantir os resultados. É a garantia da qualidade. Mas, infelizmente, tanto na pecuária de leite como na de corte, há um conceito errado que acabou sendo arraigado no campo. Diversos empresários acabaram associando garantia de qualidade com aumento nos custos de produção. Muitos perguntam: *Quanto custaria garantir a qualidade do produto? O produtor estaria disposto a pagar pela qualidade, considerando o preço que recebe pela produção?* William Edward Deming, estatístico norte-americano convidado pela JUSE (União da Ciência e Engenharia Japonesa) para desenvolver métodos de aperfeiçoamento da qualidade para a indústria japonesa do pós-guerra proferiu a célebre frase: "*A produtividade é aumentada pela melhoria da qualidade. Este fato é bem conhecido por uma seleta minoria.*"

Se Deming estiver certo, o investimento em qualidade do produto deverá proporcionar retornos econômicos, ou seja, ganhos produtivos. Com isso, as vantagens do investimento em qualidade trariam benefícios a todos os elos da cadeia: indústrias de insumos, produtores, agroindústrias e consumidores.

Importância da sanidade na qualidade

O conceito moderno de qualidade não envolve apenas um único quesito, uma única disciplina. Imaginando a pecuária de corte, a garantia de qualidade inicia-se com a qualidade genética do animal, sua disposição para a produção e a qualidade de produto que tal indivíduo está apto a produzir, quando submetido a um sistema de produção adequado ao seu desempenho.

De posse do animal, todos os demais processos de produção serão igualmente importantes para que se garanta a qualidade do produto final. O volumoso ou a pastagem, a qualidade dos minerais e alimentos concentrados, o manejo do rebanho, a forma com que os animais são tratados pelos funcionários e a sanidade dos animais. Todos esses processos entram na composição da qualidade de produção.

Para entender melhor os componentes e a forma de gerenciá-los, é possível separar os grandes processos em disciplinas, classificando-as de acordo com a forma com que compõem a produção. Sendo assim, sugere-se que os processos estejam divididos em duas grandes disciplinas de produção:

a) disciplinas de ampliação da produção, aquelas cuja aplicação permite o aumento da produção por unidade;

b) disciplinas de garantia da produção, aquelas cuja aplicação permite garantir que o aumento da produção aconteça;

Para melhor visualizar essa classificação, a **Tabela 1** ilustra os principais processos e a classificação quanto à disciplina.

Na coluna de *ampliação*, da esquerda, estão as disciplinas que promovem aumento de produção. Quando o empresário investe em pastagens, há maior capacidade de suporte animal na empresa; quando investe em genética, aumenta o potencial de produção animal; quando investe em nutrição, aumenta também o ganho individual e por aí vai.

Tabela 1. Classificação dos grandes processos de produção entres as disciplinas que dominam o gerenciamento de uma propriedade pecuária.

Disciplinas de ampliação da produção	Disciplinas de garantia da produção
Volumosos/pastagens	Infraestrutura
Genética	Pessoal
Nutrição/alimentação	Sanidade
Conhecimento técnico	Gestão de custos e finanças

Fonte: Scot Consultoria.

Da mesma maneira, a coluna da direita, que são as disciplinas de *garantia* da produção, são igualmente necessárias. Para produzir é preciso infraestrutura, qualidade dos funcionários e sanidade animal. Em resumo, para cada investimento em ampliação da produção, é preciso investir proporcionalmente na garantia desse aumento, caso contrário corre-se o risco de não colher os benefícios.

O exemplo mais conhecido dessa relação entre disciplinas, de ampliação e de garantia, são as pastagens e as cercas. Há um ditado comum entre pecuaristas que o investimento em cercas aumenta a produção das pastagens e a capacidade de suporte das fazendas.

Na verdade, não há aumento nenhum na produção. O que ocorre é que as divisões de pastagens permitem um melhor aproveitamento do capim produzido. É a disciplina infraestrutura garantindo o aproveitamento da disciplina produção de pastagens.

O curioso dessa classificação é que, na coluna da direita, referente às disciplinas de garantia, estão os processos ou técnicas que os produtores menos gostam de adotar. Por exemplo, quando termina o investimento em currais e cercas, o produtor sente um alívio de missão cumprida. No entanto, à medida que melhoram os pastos, a genética e a nutrição, a sensação é sempre de seguir em frente, melhorar ainda mais.

Realmente, investir em infraestrutura, sanidade, funcionários acaba sendo menos motivador que investir em pastagens, genética e alimentação. Talvez seja uma questão de percepção. De um lado, o produtor percebe o ganho de produção. Do outro, é difícil visualizar o ganho produtivo, ou associar ao investimento.

Observe que até mesmo na questão de conhecimento e aplicação de técnicas, o produtor sempre se anima com alguma técnica de produção, inovação ou resultado experimentado a campo. Por outro lado, o mais importante que é gerenciar os custos de produção acaba sendo deixado de lado. São poucas as empresas que trabalham com um bom nível de detalhamento na gestão de custos.

Toda essa classificação sugerida pela Scot Consultoria tem o objetivo apenas de auxiliar a compreensão de um conceito simples: a produção sempre é nivelada pelo fator limitante. Adaptando-se os conceitos do químico Liebig – Justus Von Liebig (1803-1873) –, a produção é nivelada pelas variáveis que se encontram no mínimo em relação ao potencial de produção. Para entender melhor, a **Figura 4** ilustra esse conceito.

A **Figura 4** representa as mesmas disciplinas técnicas apresentadas na **Tabela 1**. O componente humano é quem garantirá o equilíbrio das disciplinas, seja na decisão ou execução.

Observe que os componentes principais do sistema de produção animal devem estar sincronizados tecnologicamente. Se o produtor faz tudo corretamente - como recomendado tecnicamente - mas os animais possuem genética desfavorável, a genética será o fator limitante para o potencial de produção. O mesmo vale para infraestrutura, produção vegetal, produção animal (alimentação), programa sanitário, enfim, para todos os setores produtivos de uma empresa pecuária.

A administração e os funcionários devem ser treinados para manejar todo o sistema. Empresas financeiramente saudáveis têm, necessariamente, esses fatores de produção em equilíbrio, independentemente do nível tecnológico em que se encontram.

De todos os componentes apresentados na **Figura 4**, é justamente o manejo, programa ou controle sanitário que demandam a menor quantidade de recursos. Em média, conforme visto anteriormente, o programa sanitário representa 2% a 4% do total dos custos de produção de uma fazenda de cria ou ciclo completo.

Em fazendas de recria e engorda, essa participação cai para cerca de 1%, tendo em vista o valor mais expressivo do bezerro no componente de custo de produção. Comprometer re-

Figura 4. Esquematização das diversas áreas técnicas na pecuária. Fonte: Scot Consultoria.

sultados por um componente tão pouco representativo nos custos de produção pode ser um desperdício desnecessário.

Análise de resultados com melhoria de programas sanitários

Para avaliar os impactos econômicos foram utilizados os resultados de uma pesquisa conduzida a campo, após o lançamento de um antiparasitário, conduzida por um dos laboratórios que atuam no mercado brasileiro.

A pesquisa, iniciada em 1998, abrangeu o universo de 75,5 mil animais, espalhados por todo o País. A comparação foi realizada entre o novo produto, que trazia uma nova tecnologia para o controle de endo e ectoparasitos, e outros produtos também de laboratórios de primeira linha. O resumo da pesquisa foi apresentado pelo médico veterinário Paulo César Colla, publicado em 2004, no livro "*Gestão Competitiva para Pecuária: II Encontro*", editado pela Scot Consultoria e pela PlanGesPec Consultoria. A principal variável de produção analisada foi o ganho de peso. A compilação final desse experimento, conduzido a campo, mostrou resultados 14,14% superiores para a aplicação do produto lançamento em relação ao tratamento com outros produtos, também de primeira linha. Quando se comparou com a testemunha, cujo único tratamento era de salvação, ou seja, não deixar que os animais morressem, o ganho médio foi 35% superior.

Embora não tenha sido mensurado, é provável que o resultado entre um bom programa sanitário e os comumente utilizados por produtores que ainda não dão grande importância à sanidade, sejam algo em torno de 15% a 30% melhores. No entanto, para a análise, foram considerados apenas 14% de acréscimo no ganho de peso, número obtido com a pesquisa a campo. A comparação foi feita também sob as seguintes premissas: nenhuma outra variável foi alterada, apenas o custo do programa sanitário e os resultados acrescidos com o ganho de peso. Partiu-se do pressuposto de que os ganhos seriam similares em diversos sistemas de produção, o que vai ao encontro com a própria característica do universo da pesquisa.

A empresa adotada para exemplo possui 7,8 mil hectares de pastagens com um rebanho de 18.421 cabeças em Goiás. A atividade é ciclo completo com aplicação de tecnologia. Todos os preços de insumos e animais foram atualizados para meados de 2008.

Atualizando-se os preços e considerando-se os resultados técnicos da empresa, a fazenda do exemplo trabalharia com um lucro operacional de R$378,78/ha/ano, um resultado excelente para a realidade da pecuária em 2008. Trata-se de uma empresa de alta tecnologia. Apenas para comparação, em 2007, as fazendas de ciclo completo em Goiás, com aplicação de tecnologia, apresentaram lucro operacional em torno de R$140,00/ha/ano, segundo acompanhamento da Scot Consultoria.

No programa sanitário usual, adotado na empresa, o orçamento anual por animal do rebanho para compra de medicamentos é de R$8,80, incluindo vacinações contra febre aftosa. Com o novo programa sanitário, os custos com produtos veterinários subiriam para R$16,45 por cabeça ao ano, 87% acima do programa anterior. Assim, a participação dos produtos veterinários nos custos de produção aumenta de 2,61% para 4,52%.

Como se espera mudança no desempenho dos animais e na produtividade, outras despesas também aumentam, como os gastos com alimentação, por exemplo. Com isso, em geral, as despesas aumentam 10%. As receitas aumentarão proporcionalmente ao aumento das vendas, com o acréscimo de 14% no ganho de peso dos animais. Ainda na composição das receitas, foram utilizados os dados de uma outra pesquisa, conduzida em Minas Gerais, no período de outubro de 2001 a fevereiro de 2004, comparando os mesmos tratamentos. O abate técnico indicou um aumento de 1,4% no rendimento de carcaça, quando comparado ao tratamento com produtos também de primeira linha. Esse ganho foi computado nas receitas para se calcular os resultados.

Analisar a relação benefício/custo do programa consiste em comparar a melhoria dos resultados esperados com o impacto no aumento das despesas. Se o resultado for positivo, a conclusão evidente é que vale a pena melhorar o programa sanitário. Se for negativo, é preciso reavaliar a adoção da técnica. Os resultados da análise, adotando-se todos os parâmetros anteriormente relacionados, estão expostos na **Tabela 2**. Ressalta-se que essa simulação limita-se apenas à inserção de preços de mercado e resultados de pesquisas numa empresa que administra todas variáveis envolvidas no ciclo completo.

Tabela 2. Resultados econômicos esperados para a empresa de 7,8 mil hectares voltados para a pecuária e 18.421 cabeças no rebanho: situação atual e situação desejada.

COMPONENTES	**Situação atual**	**Situação desejada**
Componentes de custos	**R$/ano**	**R$/ano**
Mineralização e concentrados	2.534.716,88	2.835.752,28
Produtos veterinários	162.106,09	302.951,30
Sêmen	62.156,25	62.156,25
Combustíveis	145.500,00	162.780,29
Calcário	225.000,00	225.000,00
Fertilizantes	1.020.000,00	1.020.000,00
Manutenção dos pastos	110.000,00	110.000,00
Manutenção de máquinas e benfeitorias	271.370,11	271.370,11
Custos variáveis	**4.530.849,33**	**4.990.010,24**
Mão de obra	330.600,00	330.600,00
Encargos sociais e décimo terceiro	426.360,00	426.360,00
Depreciação de máquinas e equipamentos	181.118,66	181.118,66
Depreciação de pastos	351.857,52	351.857,52
Depreciação de edificações e benfeitorias	90.251,45	90.251,45
Administração	71.760,00	71.760,00
Consultoria	12.000,00	12.000,00
Impostos e taxas	224.445,25	251.101,47
Custos fixos	**1.688.392,89**	**1.715.049,11**
Custos operacionais totais	**6.219.242,22**	**6.705.059,35**
Receita	**9.175.277,41**	**10.264.978,34**
Lucro operacional	2.956.035,19	3.559.918,99
Lucro por hectare	378,78	456,17
Rentabilidade	3,46%	4,16%
Rentabilidade operacional (sem o valor da terra)	10,37%	12,48%

Fonte: Scot Consultoria.

No caso analisado, mesmo em fazendas com resultados superiores à média nacional, espera-se ganhos com melhoria do programa sanitário, caso o mesmo ainda tenha pontos a melhorar. Como é comum encontrar empresas agropecuárias com taxas de lotações elevadas e bons programas nutricionais para animais em recria e terminação em confinamento que ainda pecam nos programas sanitários, pode-se estimar que muitos produtores poderiam melhorar consideravelmente os resultados em suas empresas.

Em escala, como é o caso do exemplo de uma empresa de grande porte, é fácil visualizar a diferença nos resultados. Da situação atual para a desejada, espera-se um aumento mensal de R$50,31 mil nos lucros. Trata-se de um ganho considerável, mesmo numa empresa já bem lucrativa. A rentabilidade, que é o lucro operacional do ano comparado com todo o patrimônio, aumenta de 3,46% para 4,16%. O conceito de rentabilidade é a capacidade do dinheiro se multiplicar.

Em 2007, por exemplo, a aplicação de recursos em fundos de renda fixa proporcionou rentabilidades em torno de 9,43%. Observe, na **Figura 5**, a rentabilidade comparativa entre as diversas opções econômicas analisadas pela Scot Consultoria.

Portanto, mesmo que o exemplo ilustre uma empresa bem lucrativa, a rentabilidade ainda situa-se dentro dos parâmetros atuais para as atividades agropecuárias. Vale ressaltar que a **Figura 5** baseia-se no exercício de 2007, enquanto o exemplo já considera o ano de 2008, com os preços consideravelmente mais altos.

As diferenças decorrem de aumento nos resultados técnicos da empresa. O ganho de peso vivo por hectare, por exemplo, aumenta apenas cerca de 54 kg por ano. Basta um pequeno ajuste na produção, desde que os custos permaneçam controlados, para que os resultados econômicos melhorem consideravelmente. Na **Tabela 3**, estão apresentadas as comparações entre ganhos de peso por hectare, produção em arroba e custos de produção.

A **Tabela 3** evidencia também o elevado potencial de melhoria de resultados que a aplicação de tecnologia possibilita na pecuária.

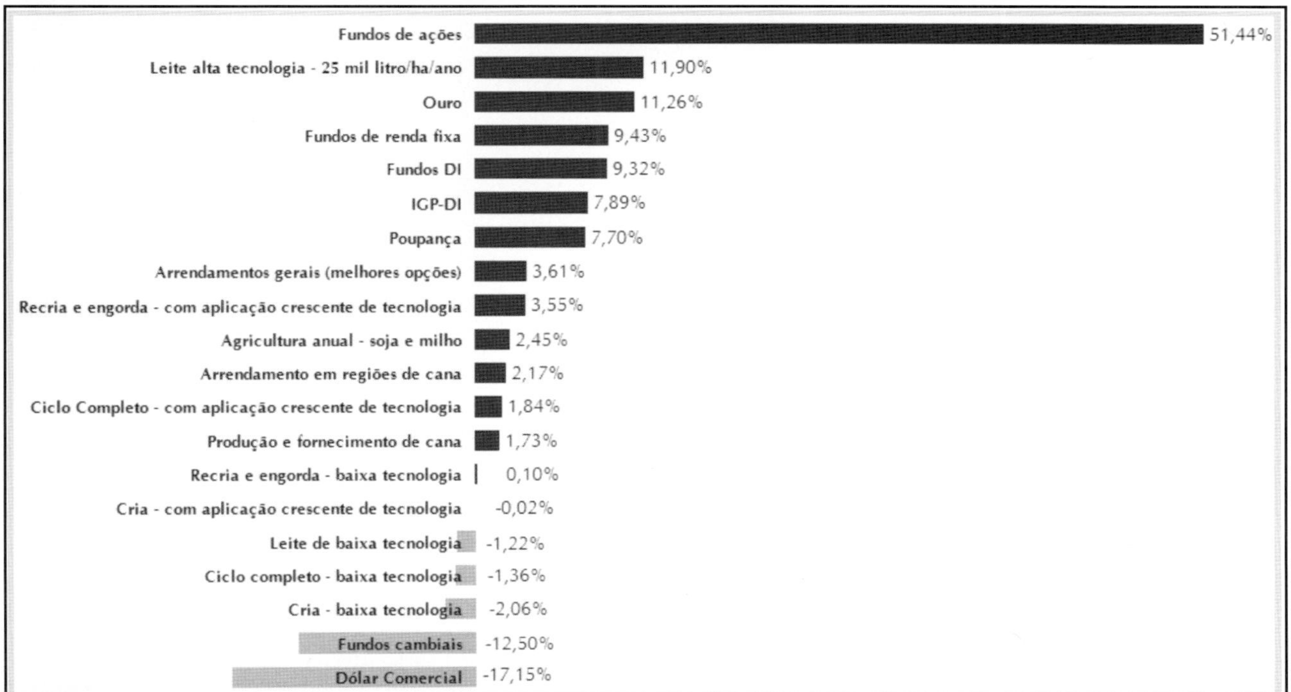

Figura 5. Índices e resultados estimados com investimentos financeiros e atividades agropecuárias em 2007. Fonte: Agroconsult/ Impar/ Scot Consultoria.

Tabela 3. Comparação técnica entre ambas as situações.		
Critério de comparação	**Atual**	**Desejada**
Produção por área - kg de peso vivo por ha/ano	455,15	509,21
Produção total em kg	3.552.015,29	3.973.870,04
Produção em arrobas	123.136,53	137.760,83
Custo operacional de produção - R$/@	50,51	48,67
Fonte: Scot Consultoria.		

Considerações finais

Muitas vezes, compara-se a produção pecuária, com baixo aporte de tecnologia, com a produção agrícola, altamente tecnificada. Por isso os resultados da produção agrícola são melhores.

Tecnificando a pecuária de corte, as perspectivas de ganhos são semelhantes. Claro que é preciso considerar uma particularidade da pecuária. Embora perfeitamente viável tecnicamente, a pecuária de corte demanda proporcionalmente mais capital para implementar tecnologias.

Observe o caso exemplificado. Apenas melhorando a sanidade do rebanho, com os devidos aumentos nas despesas, há um aumento de R$485,00 mil nas despesas anuais. Ou seja, para cada animal, é preciso aumentar os gastos em R$26,00/ano, o equivalente a quase um saco de sal a mais por cabeça por ano.

Embora os resultados melhorem, é preciso disponibilidade de caixa para atingi-lo. Quando a simulação envolve aportes tecnológicos na lotação, como correção de pastagens e melhoria da nutrição, por exemplo, a exigência de capital é ainda maior. Por essa razão que a pecuária vem se tecnificando num ritmo bem mais lento do que a agricultura. Evidentemente que os resultados simulados poderão ser menores ou mesmo maiores aos apresentados nessa análise.

Os resultados da pesquisa não se originaram de uma eventual capacidade milagrosa de um produto em fazer ganhar peso, mas sim de uma tecnologia, ou integração de tecnologias, mais eficientes para controlar determinados parasitos. Parasitos estes que agem inibindo o desempenho de todo o sistema de produção.

Na verdade, o programa sanitário não faz os animais ganharem mais peso; mas a inadequação do programa impede que os ganhos potenciais sejam evidenciados.

Colocar os conceitos em prática na própria empresa é bem simples. Para tanto, basta conhecer a composição dos custos e dos resultados e aplicar os conceitos técnicos disponíveis.

Vale lembrar: para que uma simulação proporcione os resultados práticos esperados, é essencial que haja rigor no planejamento e na execução das ações.

Referências bibliográficas

Deming, W.E. **"Qualidade: A revolução da administração."** Rio de Janeiro, Editora Marques Saraiva S.A., 367 p., 1990.

Embrapa. "Manual de boas práticas pecuárias, VI", Convênio CNI/SENAI/SEBRAE/EMBRAPA "Série Qualidade e Segurança dos Alimentos", 36 p. Brasília, 2005.

Embrapa. **"Manual de boas práticas pecuárias, VII"**, Convênio CNI/SENAI/SEBRAE/EMBRAPA "Série Qualidade e Segurança dos Alimentos", 20 p. Brasília, 2005.

Embrapa. **"Elementos de apoio para boas práticas agrícolas e o Sistema APPCC"**, Convênio CNI/SENAI/SEBRAE/EMBRAPA "Série Qualidade e Segurança dos Alimentos", 200 p., Brasília, 2004.

Embrapa. **"Manual de boas práticas agropecuárias e sistema APPCC"**, Convênio CNI/SENAI/SEBRAE/EMBRAPA "Série Qualidade e Segurança dos Alimentos", 123 p. Brasília, 2004.

Embrapa. **"Manual de boas práticas agropecuárias e sistema APPCC"**, Convênio CNI/SENAI/SEBRAE/EMBRAPA "Série Qualidade e Segurança dos Alimentos", 123 p. Brasília, 2004.

Colla, P.C. **"Qualidade sanitária: desafios para a moderna pecuária de corte"**, in anais do II Encontro Gestão Competitiva para a Pecuária de Corte, p 43-58, Scot Consultoria e Plangespec Consultoria, 197 p., Jaboticabal – SP, 2004.

Queiroz, M.E.P. **"Gestão empresarial em propriedades rurais pela qualidade total"**, Apostila de apoio a técnico e produtores, Scot Consultoria, 2001, 93 p.

Scot Consultoria, **"Site de informações"**, disponível em www.scotconsultoria.com.br.

Seção XI Carne

CAPÍTULO 62

Desafios para a cadeia produtiva da carne bovina

Pedro Paulo Pires
Pesquisador da EMBRAPA
Gado de corte. Campo Grande, MS
pedropaulo@cnpgc.embrapa.br

Tatiana Parreira de Oliveira Melo
Pesquisadora da EMBRAPA
Gado de corte. Campo Grande, MS
tatiana_parreira@hotmail.com

Introdução

A Pecuária de corte é uma atividade de grande importância econômica para o Brasil e, ao que tudo indica, deverá se fortalecer nos próximos anos, consolidando-se tanto como produtora de alimento nobre para o mercado interno, como elemento importante na captação de divisas para o País, por sua inserção no mercado mundial de carne bovina (Filho, 2000).

Transformações intensas marcaram a pecuária de corte brasileira na última década, resultantes principalmente da aplicação de técnicas modernas de produção, da utilização dos cruzamentos e a estabilização da economia que, ao permitirem ao setor ganhos extraordinários de volume e produtividade, foram determinantes para colocar o Brasil em condição de destaque como um grande produtor de carne bovina.

O Brasil detém o segundo maior rebanho comercial do mundo e é o maior exportador mundial. Apesar de ser o líder mundial em tonelagem de carne bovina exportada, o País tem uma renda relativamente baixa, já que não exporta para os mercados de maior valor agregado, pois, além da questão da presença de aftosa nos rebanhos, a carne brasileira, segundo alguns importadores, não é considerada de boa qualidade (Filho, 2006), ou ainda por não ter rastreabilidade.

É amplamente sabido que uma série de fatores externos e consequentes internos, imposta ao animal nas fases que antecedem ao abate, são vilões que interferem na qualidade da carne, bem como na aceitação do produto no mercado. Esses efeitos são totalmente ignorados por vários setores responsáveis, desde o produtor até o frigorífico.

Descuidos em todas as fases de produção e transporte que antecedem ao abate implicam em problemas que irão aparecer na hora em que o produto for consumido. A tecnologia do abate de animais destinados ao consumo somente assumiu importância científica quando se observou que os eventos que se sucedem, desde a propriedade rural até o abate do animal, tinham grande influência na qualidade da carne (Bulhões, 2002).

Para manter a liderança do País no mercado internacional é necessário que se garanta fornecimento de carne segura, possível de rastreamento e com qualidade. Também não se pode esquecer do mercado interno, que consome cerca de 75% da carne bovina produzida.

Dentro do segmento de carne bovina, visando ao atendimento do crescente nível de exigências dos consumidores, o varejo passou a exigir dos frigoríficos o fornecimento de carnes e carcaças que apresentem certas características qualitativas, principalmente maciez, cor e suculência.

Esse fato levou os frigoríficos a procurarem obter, junto aos produtores, animais mais jovens, com bom acabamento e potencialmente produtores de carne de qualidade.

Todo esse movimento para a obtenção de carne de qualidade, principalmente nos aspectos ligados à maciez é, atualmente, uma das prioridades das indústrias de carne do Brasil (Nogueira, 2007).

Para a carne bovina, os principais atributos de qualidade selecionados são: qualidade visual, qualidade gustativa, qualidade nutricional e aqueles relacionados à segurança do alimento, tendo como principal problema mundial atual a rastreabilidade. A maciez é a característica mais determinante na aceitação da carne pelos consumidores. Estudos recentes mostram que consumidores têm dificuldades em escolher carne por não terem certeza da qualidade, principalmente em relação ao atributo maciez. Todos os efeitos que podem causar impacto na maciez, como idade, raça, sexo, entre outros, devem ser explorados (Felício, 1999).

Entre vários outros fatores que contribuem para despertar o interesse de consumidores no exterior, segundo Simi (2003), podem ser relacionados:

1. Preço

O exportador deve levar em consideração, para definição do preço de exportação, tanto os custos para sua empresa como os preços praticados no mercado em que pretende colocar seu produto. A princípio, o preço de exportação não deverá estar acima do praticado no mercado – alvo.

2. Embalagem

A embalagem da mercadoria tem influência importante na aceitação do produto. Nas atuais condições de competição, a embalagem deve tanto servir para proteger o produto como para torná-lo mais atraente aos consumidores.

3. Atendimento ao consumidor

Para certos tipos de produtos, o atendimento tem assumido um papel crucial na competição internacional e pode ser determinante na tomada de decisões do consumidor. Ela deve proporcionar ao consumidor os seguintes serviços: garantia, instituições sobre o produto, atendimento a reclamações, treinamento de mão de obra especializada para manejo e preparo. O fator mais importante na aceitação da carne brasileira, principalmente na Europa, é que o boi brasilerio é produzido exclusivamente a pasto.

Pecuária de corte

A pecuária de corte, apesar de ser uma atividade que se encontra difundida em todos os Estados brasileiros, apresenta níveis médios de produtividade, muito abaixo do potencial. Todavia, as pressões impostas pela globalização da economia exigem do setor, assim como de todos os outros setores produtivos, uma reestruturação fundamentada na eficiência.

A pecuária de corte brasileira, que vinha almejando, timidamente, desde o início da década de 1990, aumento da eficiência produtiva, passa a ter essa demanda exacerbada, especialmente como resultado das pressões impostas pela globalização da economia.

A exposição dos mercados dos diversos países a essa competitividade globalizada, que se observa nos últimos anos, fez com que a necessidade de se produzir de forma eficiente e eficaz se tornasse, em muitos casos, sinônimo de sobrevivência ou permanência no negócio.

Na tentativa de atender a essa demanda, os diversos setores da economia têm procurado se ajustar, ao estabeler novos paradigmas, inovando e aprendendo a empregar a visão holística em qualquer atividade (Filho, 2000).

Nesse cenário, a competitividade tornou-se elemento fundamental no setor pecuário de corte e, com ela, surgiu a necessidade de se disponibilizar, para o mercado consumidor, produtos que sejam de qualidade e apresentem baixos custos. De fato, o maior problema desse setor, no Brasil, é hoje a falta de competitividade. Dentre os diversos fatores que contribuem para o recrudescimento desse problema merece destaque a falta de oferta de produto de qualidade de forma contínua durante o ano todo (Filho, 2000).

A situação atual tem propiciado melhor estruturação da cadeia produtiva. Para desenvolver ações, atingir o objetivo de produzir carne bovina de qualidade de forma competitiva durante todo o ano, há necessidade de uma integração efetiva do segmento. Como as atividades necessárias permeiam diversas áreas do conhecimento e elos da cadeia, essas áreas devem ser desenvolvidas de forma coordenada e isso inclui a busca de soluções para problemas que dificultam ou impedem o desenvolvimento e a rentabilidade de toda a cadeia.

Qualidade total na pecuária será, em breve, uma obrigação. Existem restrições que devem ser reduzidas ou eliminadas para que a cadeia produtiva da carne bovina seja capaz de atingir seu objetivo de disponibilizar, com regularidade, produtos de qualidade de forma competitiva e que estejam alinhados com as exigências modernas de sustentabilidade, desenvolvimento e equidade social (Sancevero, 2002).

A inserção de tecnologias, hoje disponíveis na cadeia produtiva da carne bovina, poderia resultar em impacto substancial na produção de bovinos de corte e na competitividade dos diversos segmentos da cadeia produtiva da carne. A integração, quer seja na forma das alianças mercadológicas, quer seja ampliada para possibilitar integração de sistemas de produção especializados nas diversas fases da pecuária, deverá ser um importante componente do sucesso do negócio.

O sucesso da pecuária de corte está intimamente relacionado com a viabilidade dessa atividade ser conduzida dentro de uma perspectiva global do agronegócio. Grande parte do sucesso do empreendimento moderno está na dependência da adequação do trinômio genótipo-ambiente-mercado.

A necessária rentabilidade da atividade só será alcançada pelo estabelecimento de uma produção competitiva, ou seja, pela disponibilização de produtos de qualidade, com constância de oferta a preços adequados (Filho, 2000).

Perspectivas para os sistemas de produção de bovinos de corte no Brasil

A necessidade de contribuir não só para a sobrevivência do homem, mas, principalmente, para a importância de se legar às gerações futuras um meio ambiente saudável, sem poluição e que seja capaz de produzir alimentos, imporá, cada vez mais, o uso racional dos recursos de solo, água, planta e animal.

O bovino de corte, à semelhança de outros ruminantes, terá grande importância na condução de sistemas agrícolas sustentáveis. A pecuária tornar-se-á uma atividade empresarial. O aumento da competitividade, com reflexos em incrementos de custo, resultará em diminuição de lucro e aumento de risco. Nessa ótica, há necessidade de se melhorar o nível gerencial do empreendimento pecuário.

A globalização e abertura de mercados conduzem, inexoravelmente, a um aumento de competição. Nesse processo, análogo ao que já vem acontecendo com o setor industrial, somente sobreviverão e/ou terão possibilidade de crescimento os sistemas de produção que forem eficientes (Filho, 1997).

Nesse contexto globalizado que predomina no ambiente de qualquer atividade, a capacidade de competição constitui-se um elemento fundamental na determinação de seu desempenho futuro. Sem dúvida, para ser vencedor nesse ambiente competitivo, todos os segmentos isolados e/ou integrados deverão ajustar-se entre si, devendo o conjunto adequar-se às demais variáveis do ambiente geral. Se, por um lado, o processo de globalização vivenciado hoje com força avassaladora tem sido responsável, desde suas primeiras manifestações no mundo, há muitos séculos, pela uniformização de conceitos e padronização de demandas, por outro, exige maior eficiência, eficácia e competitividade dos diversos setores da economia.

E é isso que norteará o desenvolvimento e adequação dos empreendimentos destinados a produzir carne bovina no País. Por essa razão, qualquer avaliação, proposta ou discussão, mesmo que esteja diretamente relacionada com o sistema de produção, deverá levar em conta os demais segmentos da cadeia produtiva da carne bovina, englobando variáveis de mercado e exigências do consumidor, pois as transformações que vêm abalando o mundo não permitem que os segmentos de qualquer cadeia produtiva estabeleçam objetivos, metas e diretrizes sem considerarem os demais componentes que a integram (Filho, 2000).

É nessa ótica que os sistemas de produção, como mencionado por Filho (1996), serão intensificados em grau que será determinado pelas diversas variáveis e forças externas.

Dentre essas, destacam-se quatro grandes grupos. O primeiro, é constituído pelas forças inerentes ao sistema de produção, e refere-se à melhoria da eficiência produtiva. O segundo, compõe-se das variáveis de mercado e são capitaneadas pela competitividade e pelo atendimento das demandas do consumidor. O terceiro, é formado pelas imposições relacionadas com o meio ambiente e diz respeito tanto ao sistema de produção, no sentido de produzir de forma sustentável, quanto às indústrias frigoríficas e de transformação, com respeito à não-poluição e à produção de alimentos saudáveis. O quarto, que lentamente começa a se instalar e ganhar força, envolve o indivíduo no contexto global. Nesse caso, requer-se progresso com desenvolvimento social, crescimento com melhoria da distribuição dos ganhos e preocupação com o bem-estar individual e coletivo.

No tocante ao primeiro grupo, além das variáveis diretamente relacionadas com as pastagens, tornar-se-ão importantes a suplementação alimentar em pasto ou em confinamento. O potencial genético do animal assume papel preponderante nesse contexto, não só pela busca constante de maior capacidade de resposta, mas, principalmente, pela importância de se procurar melhor adequação do binômio genótipo-ambiente. O aspecto sanitário nessa nova concepção de sistema de produção mais intensificado e, especialmente, nessa visão global de mercado, na qual a qualidade da alimentação se transforma em requerimento primário do consumidor, reveste-se de nova roupagem (Filho, 2000).

Permeando tudo, Filho (2000) relata que há necessidade de transformar a mão de obra em todos os níveis e segmentos da cadeia produtiva da carne bovina, ressaltando-se, para o sistema de produção, a necessidade de treinamento, desde peões até o proprietário, passando pelos gerentes e capatazes.

Sistemas de produção de gado de corte

Deve-se considerar, ainda, ao se definir um sistema de produção, os aspectos sociais, econômicos e culturais, uma vez que estes têm influência decisiva, principalmente, nas modificações que poderão ser impostas por forças externas e, especialmente, na forma como tais mudanças deverão ocorrer para que o processo seja eficaz, e as transformações alcancem os benefícios esperados. Permeando todas essas considerações, devem estar a definição do mercado e a demanda a ser atendida, ou seja, quais são e como devem ser atendidos os clientes ou consumidores (Filho, 2000).

Assim, torna-se evidente que o estabelecimento e/ou a adequação de um determinado sistema de produção não depende unicamente do desejo do produtor, mas está, intimamente, relacionado com as condições socioeconômicas e culturais da região e da sua possibilidade e/ou capacidade de promover investimentos. Outro aspecto decisivo é a necessidade de que o sistema seja estruturado com base em objetivos bem definidos que, ao serem estabelecidos, devem levar em conta as demandas do mercado consumidor (Filho, 2000).

Considerando-se que, no Brasil, há tremenda diversidade em todos esses aspectos mencionados, considerando-se, ainda, o fato de que a atividade tem de ser, antes de qualquer coisa, um empreendimento econômico e, como tal, deve gerar lucros como premissa básica para que se desenvolva e prospere, pode-se concluir que, no Brasil, dificilmente, existirá um sistema de produção de gado de corte único. Assim, o uso isolado ou combinado das tecnologias disponíveis deve ser analisado dentro de cada contexto particular. Essa visão integrada é também de fundamental importância no próprio desenvolvimento de novas tecnologias. Entretanto, os cenários globais presentes e previsíveis permitem afirmar que a pecuária de corte brasileira tem grandes possibilidades de se estabelecer como atividade competitiva nos mercados nacional e internacional, podendo ser, em muitas situações, conduzida em sistemas altamente intensivos, competitivos, sustentáveis e economicamente viáveis (Filho, 2000).

Atualmente, como base nos padrões de exigência dos consumidores, pode-se mencionar a ocorrência de dois sistemas básicos de produção de carne bovina: sistema intensivo no uso de tecnologia e sistema tradicional. Esses sistemas são encontrados em todas as regiões brasileiras, embora em determinadas regiões possa prevalecer um sistema sobre o outro (Valle, 2004).

O sistema intensivo no uso de tecnologias é mais competitivo e representa a parcela mais avançada da cadeia produtiva da carne bovina. Ele é composto por produtores rurais que utilizam modernas técnicas de produção animal e por frigoríficos e processadores de carne, que utilizam modernos equipamentos e são qualificados para atender à demanda de mercados exigentes em qualidade, como o mercado externo, as butiques de carne e as redes de supermercados localizadas em regiões mais desenvolvidas (Valle, 2004).

No sistema de produção tradicional, estão reunidos os agentes menos competitivos da cadeia de produção da carne bovina. Estão incluídos, nesse segmento, os pecuaristas que utilizam pouca ou nenhuma tecnologia de produção, os pequenos abatedouros e frigoríficos que não possuem instalações adequadas e os abates clandestinos. As condições de transporte, armazenamento e exposição dos produtos desse sistema de produção são inadequadas, o que compromete a qualidade da carne bovina. Esses agentes não estão capacitados para atender aos mercados mais exigentes e, por isso, distribuem seus produtos em feiras livres e pequenos açougues (Valle, 2004).

Para estabelecimento de um sistema de produção alinhado com uma cadeia produtiva moderna, segundo Filho (2000), faz-se necessário, entre outras coisas, que se introduzam alternativas tecnológicas. Assim, o sistema deve se estruturar no sentido de possibilitar que:

- Todo animal seja identificado no nascimento de forma tal que, além do sexo, grupo genético e data de nascimento, possa ser garantido o monitoramento completo de sua identidade até o abate, garantindo, também, o gerenciamento da produção individual, em virtude da coleta de informações sobre a vida do animal e, consequentemente, a rastreabilidade. É importante notar que não existe qualquer restrição quanto ao sexo ou grupo genético do animal no processo de produção, entretanto é necessário evidenciar que o principal alvo de um sistema competitivo é a observação severa dos índices de desenvolvimento de cada animal no rebanho.

Para tal, será necessário num futuro próximo o uso de ferramentas de automação da coleta de dados sobre o desenvolvimento dos animais, como peso e temperatura corporal, e sem a necessidade de manejo especial dos rebanhos. Tudo isso será feito com animal no campo e já é possível com o uso de equipamentos desenvolvidos no Brasil e que compõem a moderna linha da zootecnia de precisão para a bovinocultura.

Qualquer animal que seja alocado em um grupo de manejo distinto, e toda vez que ele for submetido a manejo diferente daquele que deu origem ao grupo inicial será anotado automaticamente em *softwares*, permitirão as análises dos dados colhidos, oferecendo conhecimento ao produtor e possibilitando tomadas de decisões em tempos precoces. Assim, toda modificação importante de manejo que esse determinado animal, ou outro qualquer, sofrer deverá conduzi-lo a um novo grupo de manejo e, assim procedendo, todo o rastreamento da vida do animal será possível e imediata.

Esse procedimento visa à possibilidade do conhecimento do manejo global ao qual determinado animal foi submetido durante toda sua vida. Além disso, o monitoramento de todo animal deve conter um histórico de manejo sanitário, que deve constar das vacinas, do controle de endo e ectoparasitas e outros cuidados que, porventura, tenham sido necessários durante sua vida. Tais procedimentos têm o objetivo de garantir o rastreamento do produto final.

Rastreabilidade

Rastreabilidade é um sistema de controle de animais que permite sua identificação individual desde o nascimento até o abate, registrando todas as ocorrências relevantes ao longo de sua vida (Sistema, 2002). Esse sistema vai permitir ao empresário brasileiro estar apto a participar do mercado externo, com a vantagem de produzir com custos menores que seus concorrentes (Junqueira, 2002). A rastreabilidade existe para garantir ao consumidor um produto seguro e saudável, por meio do controle de todas as fases de produção, industrialização, transporte, distribuição e comercialização, possibilitando uma perfeita correlação entre o produto final e a matéria-prima que lhe deu origem (Filho, 2000).

Segundo Pires (2000), a rastreabilidade possui importante papel nas campanhas de erradicação de doenças, uma vez que o gerenciamento das campanhas sanitárias serão mais ágeis e receberão informações sobre os animais participantes dos diversos rebanhos envolvidos. O conhecimento de cada animal envolvido permitirá a atuação sanitária imediata e direcionada aos animais doentes dentro de toda a população de bovinos.

Importância da rastreabilidade para a saúde pública e a proteção do consumidor

Desde os anos 50, os consumidores do Reino Unido estão acostumados a dispor de alimentos baratos e com condições sanitárias garantidas. Nos anos 80 e 90, uma série de episódios provocaram não só um alarme, mas também a perda de confiança do público em relação aos produtores e ao governo. Como consequência, o setor sofreu um processo que desencadeou na aplicação de novos métodos de controle em todas as fases da produção. As fábricas de rações animais, a produção de gado, os matadouros e o uso ou descarte de subprodutos animais sofrem agora controle de uma rigidez inconcebível, antes da identificação da encefalopatia espongiforme bovina (EEB), no fim dos anos 80 (Pettitt, 2001).

Os consumidores do mundo inteiro estão mais exigentes com relação à qualidade de todo alimento consumido. Existe grande preocupação com a doença da vaca louca, na Europa, hambúrgueres contaminados por *Escherichia coli* O157:H7, nos Estados Unidos, frangos e suínos contaminados por dioxina, na Bélgica, queijos com *Listeria* também na França e focos de febre aftosa na Argentina, Sul do Brasil (Rio Grande do Sul) e Inglaterra (Ferreira e Meirelles, 2002).

Esses novos interesses sobre a saúde animal e sobre a segurança alimentar (*Escherichia coli* O 157:H7, *Salmonella* spp. e outras zoonoses) fazem com que o estabelecimento de um sistema retrospectivo (rastreamento de informações) seja uma abordagem lógica para assegurar a confiança do consumidor na carne bovina (MCallister *et al.*, 2001).

Na Europa, a rastreabilidade converteu-se numa questão de grande importância para os consumidores e, por delegação, para os numerosos varejistas que abastecem o mercado. Os varejistas organizaram a cadeia alimentar, de modo que fosse possível garantir e controlar por auditoria o fornecimento de produtos com a máxima qualidade e que não oferecessem risco à saúde do consumidor (Pettitt, 2001).

Importância da rastreabilidade na gestão da produção de carne bovina

A adoção da visão sistêmica na cadeia produtiva da carne bovina tem possibilitado a incorporação de novas tecnologias no sistema de produção, destacando- se o uso da tecnologia de informação na gestão do empreendimento.

A identificação eletrônica e a rastreabilidade permitem que o sistema de dados da propriedade rural seja alimentado com dados confiáveis, requisito indispensável para o planejamento das atividades e melhor coordenação entre os elos da cadeia (Machado e Nantes, 2000).

A amortização dos custos dessa tecnologia pode vir de duas maneiras: por meio da melhor remuneração do produto, de acordo com a qualidade desejada pela indústria, ou na forma de ganhos na eficiência produtiva, tendo por base um gerenciamento informatizado da produção. A identificação eletrônica dos animais e a rastreabilidade das informações, dentro das propriedades, permite alimentar um sistema de dados informatizados, flexibilizando os processos de gestão (Machado e Nantes, 2000).

Rastreabilidade como exigência para exportação de carnes

Hoje, a carne exportada segue um modelo de rotulagem com informações sobre a procedência (no caso, o País), endereço e localização do abatedouro, carimbo de inspeção do Serviço de Inspeção Federal (SIF), tipo de produto (carne resfriada sem osso, por exemplo), tipo de corte (filé, etc.), data de abate, prazo de validade, sexo do animal, idade, etc., com as quais é possível delimitar o grupo de fornecedores (Bezerra, 2001).

A União Europeia quer identificar a causa primária de um eventual problema sanitário constatado num corte exportado para algum de seus países membros. Quer saber se o problema surgiu na fase de cria, engorda ou processamento do produto, o que exige controle rigoroso; por isso, insiste na individualização. Grande parte dos criadores considera que a normatização nesses termos não passa de barreira protecionista disfarçada (Bezerra, 2001).

O Acordo sobre a Aplicação de Medidas Sanitárias e Fitossanitárias da Organização Mundial do Comércio admite o uso de medidas que incorporem a rastreabilidade e que podem afetar direta ou indiretamente os intercâmbios internacionais, sempre e quando tais medidas não infrinjam as disposições do acordo. Este estipula que qualquer medida que se adote deva estar justificada do ponto de vista científico, não imponha mais limitações do que as já necessárias ao comércio e seja coerente com o nível de proteção apropriado do país importador (Wilson e Beers, 2001).

Rastreabilidade na cadeia produtiva da carne bovina

A rastreabilidade pode ser aplicada a qualquer tipo de cadeia produtiva, sendo que, para cada uma, haverá critérios específicos para a qualidade final do produto. Essa qualidade pode ser orgânica, sanitária, de pureza, de isenção de transgenia ou de isenção de irradiação iônica ou nuclear, além de inúmeras outras que o mercado já exige ou pode passar a demandar (Dulley & Toledo,2003).

A adoção da visão sistemática na cadeia produtiva da carne bovina tem possibilitado a incorporação de novas tecnologias no sistema produtivo, destacando-se o uso da tecnologia de informação na gestão do empreendimento. A identificação eletrônica e a rastreabilidade permitem que o sistema de dados da propriedade rural seja alimentado com dados confiáveis, requisito indispensável para o planejamento das atividades e melhor coordenação entre os elos da cadeia (Machado e Nantes, 2000).

O fluxo da cadeia produtiva da carne bovina pode ser observado na **Figura 1**. Deve-se considerar que, em cada elo da cadeia produtiva,

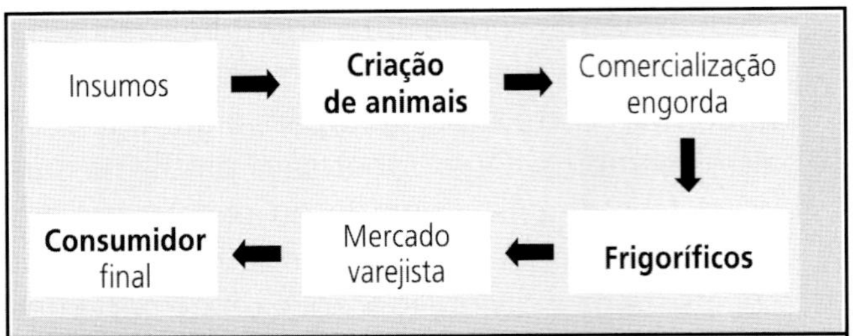

Figura 1. Fluxo da cadeia produtiva da carne bovina.

existe a necessidade de se realizar a rastreabilidade, portanto o fluxo de informação deverá fluir em cada elo. Nesse aspecto é importante a responsabilidade compartilhada entre os setores (Machado e Nantes, 2000).

Cadeia produtiva da carne bovina: postura estratégica

A ausência de coordenação da cadeia agroindustrial da carne bovina tem com efeito a falta de diferenciação do produto e de segmentação do mercado. Ou seja, a carne bovina é comercializada como uma *commodity* desde o pecuarista até a gôndola do supermercado. As transações têm sido feitas pelo mercado, no qual a identidade dos atores tem pouca importância (Vinholis, 1999).

Segundo Filho (1998), essa prevalência de relações de mercado gera alguns obstáculos à competitividade da carne bovina. Os frigoríficos, em sua maioria, trabalham sem marcas. Os açougues, na maior parte das vezes, não podem assegurar a procedência da carne. Os produtores entregam animais com características diferenciadas de idade, raça, sexo e gordura. Com isso, a cadeia tem mais dificuldades no atendimento das demandas do que se tivesse um agente estruturante, capaz de organizar desde as opções genéticas até a apresentação dos produtos.

Atentos a essa necessidade do mercado, algumas iniciativas de coordenação vertical dos segmentos da cadeia agroindustrial da carne bovina têm sido desenvolvidas em todo o País. Essas experiências têm como intuito agregar mais valor à carne bovina e, com isso, diferenciá-la e conquistar novos nichos de mercado (Vinholis, 1999).

Os empresários que não atenderem a essa convocação serão substituídos com uma velocidade acima do normal. Tem-se um produto que a população precisa e deseja consumir, tanto no mercado interno quanto no externo (Soares, 1999).

No setor produtivo, para Filho (2000), a imediata união e organização dos pecuaristas numa grande ação de divulgação da carne bovina é mais do que devida. No âmbito dos frigoríficos, necessário se faz um total treinamento dos setores de compras, transportes, recebimento de animais, abate e processamento.

No setor varejista, também treinamento da mão de obra envolvida é a palavra-chave. A remodelação dos equipamentos, com algumas exceções, também se faz necessária, já que a cadeia de frio é primordial na manutenção e garantia da qualidade da carne. Uma ampla divulgação, junto aos consumidores, dos critérios básicos utilizados na avaliação da qualidade é o mesmo que mostrar as regras do jogo, jogar às claras e, assim, conquistar mercado (Filho, 2000).

O consumidor é, finalmente, aquele a quem a cadeia da carne deve todos os seus esforços e resultados. É ele quem paga e, portanto, merece e exige uma grande campanha que mostre não só a face importante da carne como alimento saudável mas quais são as suas opções. Certamente, cada nicho de mercado vai ter a sua demanda específica e, por sorte, o bovino é um animal que fornece uma gama enorme de cortes, cada qual com uma característica própria, adequado a um segmento especifico do mercado. Produtos de A a Z para todos os gostos (Filho, 2000).

Mercado nacional

Foi a partir dos anos 70, que houve a grande transformação no setor de carne bovina no Brasil. A substituição de pastos nativos por forrageiras e o melhoramento genético dos bovinos, seja através de raças Zebuínas seja de cruzamentos industriais, trouxeram um impacto favorável. Um outro ponto importante hoje é a transferência dos sistemas produtivos para as regiões Norte e Centro-Oeste do País, causado, principalmente, pelo baixo custo da terra e proximidade de centros produtores de grãos, cedendo, assim, espaço para outras culturas mais elaboradas ou para sistemas especializados na produção de animais de alto valor genético (Simões & Ferreira, 2000).

Conforme discutido anteriormente, com o objetivo de produzir carnes com qualidade, estão sendo criadas alianças mercadológicas entre os diversos setores da cadeia produtiva, como: produtores, frigoríficos e cadeias de supermercado. No entanto, os participantes da aliança devem atender a algumas normas:

1. Para o produtor

- Manter programas sanitários completos na propriedade.
- Abater animais com peso mínimo de 180kg (Fêmea) e 220kg (Macho).
- Os animais deverão apresentar no máximo 4 dentes incisivos permanentes.
- Deverão ter cobertura de gordura entre 3 a 8 mm.
- Os animais devem estar dentro dos padrões sanitários exigidos pela legislação.
- Os animais serão marcados em conformidade com a legislação (Simões e Ferreira, 2000).

2. Para o frigorífico

- Poderão participar da aliança todos os frigoríficos habilitados para exportar para União Europeia e Estados Unidos da América.
- Os frigoríficos devem possuir noras mecanizadas na sala de abate.
- Sistema de frio (resfriamento, congelamento e estocagem).
- Sistema de tratamento de efluentes (respeito ao meio ambiente).
- Abastecimento com água potável.
- Desossa climatizada (10 graus centígrados).
- Transporte em equipamento refrigerado.
- Possuir um sistema de tipificação de carcaça que acompanhe todo o processo de abate (Simões e Ferreira, 2000).

3. Para o varejo

- Instalações adequadas: recebimento, desossa, câmara.
- Equipamentos e balcões frigoríficos com temperatura apropriada.
- Identificar a carne e informar quem é o fornecedor.
- Retirar da área e venda os produtos sem condições de comercialização (Simões e Ferreira, 2000).

Referências bibliográficas

Bezerra, J.A. Boi com marca de qualidade. **Globo Rural**, ano 17, n.193, p.43-49, 2001.

Bulhões, W.M.G. **O estresse anti-mortem de bovinos relacionado a fatores Intrínsecos e Extrínsecos que possam intervir na qualidade da carne**. Dissertação (Graduação) – Uniderp- Universidade para o Desenvolvimento do Estado e da Região do Pantanal, 129p. 2002.Campo Grande- MS. Dados Internacionais de Catalogação na Publicação (CIP).

Dulley, R.D.; Toledo, A.A.F. Rastreabilidade dos produtos agrícolas. **Informações Econômicas**, v.33, n.3, p.33-37, 2003.

Felício, P.E. Qualidade da carne bovina: características físicas e organolépticas. In: REUNIÃO ANUAL DA SOCIEDADE BRASILEIRA DE ZOOTECNIA, 26., 1999, Porto Alegre. **Anais...**Porto Alegre:SBZ, 1999. 89-97p.

Ferreira, L.C.L; Meirelles, M.B. **Avaliação da eficiência de quatro métodos para identificação de bovinos**. Campo Grande: UFMS, 2002 .60p. Disponível em:< FERREIRA, L.C.L; MEIRELLES, M.B. Avaliação da eficiência de quatro métodos para identificação de bovinos. Campo Grande: UFMS, 2002 .60p. Disponível em:<http://www.cnpgc.embrapa.br/publicacoes/tese/identificacao/index.html> Acesso 22 de Setembro de 2008

Filho, K.E. A pecuária de corte brasileira no terceiro milênio. In: SIMPÓSIO SOBRE O CERRADO, 8.; INTERNATIONAL SYMPOSIUM ON TROPICAL SAVANNAS, 1., 1996, Brasília. Biodiversidade e produção sustentável de alimentos e fibras nos cerrados. **Anais**. Planaltina: Embrapa-CPAC, 1996. 118-120p.

Filho, K.E. **A pecuária de corte no Brasil: novos horizontes, novos desafios**. Campo Grande: Embrapa – CNPGC, 1997. 28p. (Embrapa –CNPGC. Documentos, 69).

Filho, P.F. **Cadeia da Carne Bovina: os desafios da coordenação vertical**. Informe setorial:BNDES. Brasília, n.14, julho de 1998.

Filho, K.E. Produção de bovinos de corte e o trinômio genótipo – ambiente – mercado. Campo Grande: Embrapa Gado de Corte, 66p. 2000 (Documentos/ Embrapa Gado de Corte, ISSN 1517-3747; 85).

Filho, A.L. **Produção de Carne Bovina no Brasil: Qualidade, Quantidade ou ambas?** II SIMBOI - Simpósio sobre Desafios e Novas Tecnologias na Bovinocultura de Corte, 29 a 30.04.2006, Brasília-DF.

Junqueira, C.A.F. **Beefpoint: identificação animal**. 2002. Disponível em: http://www.beefpoint.com.br/secoes/radar/printpage.asp. Acesso em 22 setembro. 2008

Machado, J.G. de C.F..; Nantes, J.F.D. Utilização da identificação eletrônica de animais e da rastreabilidade na gestão da produção da carne bovina. **Revista Brasileira de Agroinformática**, v.3, n.1, p.41-50, 2000.

McAllister, T.A.; GIBB, D.J.; Kemp, R.A.; Huisma, C.; Olson, M.E.; Milligan, D.; Schwartzkopf-Genswein, K.S. Eletronic identification: applications in beef production and research. **Canadian Journal of Animal Science**, v.80, n.3, p.381-391, 2001.

Nogueira, K.L. **A influência de raça, sexo e idade sobre a qualidade da carne de Nelore e Braford.Pirassununga, 2007**. 50p. Dissertação (Mestrado) Faculdade de Zootecnia e Engenharia de Alimentos – Universidade de São Paulo. Departamento de Zootecnia. Área de Concentração: Qualidade e Produtividade Animal.

Pettitt, R.G. Rastreabilidad en el sector agropecuario y en las cadenas de supermercados. **Revue Scientifique et Technique Office International des Epizooties**, v.20, n.2, p.584-597, 2001.

Pires, P.P. **Identificação eletrônica e rastreamento de bovinos**. 2000.Disponível em: <http://www.cnpgc.embrapa.br/publicacoes/divulga/GCD49.html>. Acesso em: 22 Setembro. 2008.

Sancevero, A.B. **Competitividade da cadeia produtiva de carne bovina**. EMBRAPA. Agosto, 2002. Disponível em: http://www.cnpgc.embrapa.br/ informa/agosto2002/sancevero.htm . Acesso em: 22 junho 2008.

Simões, R.; Ferreira, R.C. Entraves comerciais às exportações de carne bovina. **Informe Agropecuário**, v.21, p.23-29, 2000.

Sistema Integrado de Rastreabilidade Bovina. 2002. Disponível em: <http://www.sirb.com.br/pg_rastreabilidade.php>. Acesso em: 22 setembro de 2008.

Soares, J.M. **Arquivo do Instituto Biológico**. São Paulo, 1999. 15-19p.

Valle, E.R. **Iniciando um pequeno grande negócio agroindustrial: processamento da carne bovina**/ Embrapa Gado de Corte, Serviço Brasileiro de Apoio às Micro e Pequenas Empresas. – Brasília, DF: Embrapa Informação Tecnológica, 2004. 184p.:il.- (Coleção agronegócios).

Vinholis, M.M.B. **Uma análise da aliança mercadológica da carne bovina baseada nos conceitos da economia dos custos de transação**.II. Workshop Brasileiro de gestão de sistemas agroalimentares – PENSA/ FEA/ USP/ Ribeirão Preto, 1999.

Wilson, D.W.; Beers, P.T. Rastreabilidad de animales y productos pecuarios en el comercio internacional y conformidad com los acuerdos de la Organización Mundial del Comercio. **Revue Scientifique et Technique Office International des Epizooties**, v.20, n.2, p.379-384, 2001.

CAPÍTULO 63

Classificação e tipificação de carcaças bovinas

Pedro Eduardo de Felício
Professor Titular
Faculdade de Engenharia de Alimentos
UNICAMP. Campinas, SP
pedro.felicio@gmail.com

Introdução

Carcaça bovina, por definição, é o bovino abatido, sangrado, esfolado, eviscerado, desprovido de cabeça, patas, rabo, glândula mamária (na fêmea), verga (pênis), exceto suas raízes, e testículos (no macho). Após sua divisão longitudinal em meias carcaças, antes da pesagem, lavagem e resfriamento, é feita a toalete que consiste em retirar os rins, gorduras perirrenal (sebo de rim) e inguinal (capadura), ferida de sangria, medula espinhal, diafragma e seus pilares (BRASIL, 1990). Essa definição é importante porque de um país a outro, ou no mesmo país, pode variar o procedimento de toalete. Assim, por exemplo, nos Estados Unidos, a definição de carcaça inclui a KPH fat (*kidney, pelvic and heart*), ou gorduras perirrenal, pélvica e interna do tórax, enquanto no

Reino Unido, a presença ou não dessas gorduras pode ser especificada.

As carcaças apresentam variabilidade nas suas principais características de peso, acabamento (gordura de cobertura) e conformação, que podem ser aferidas logo depois da toalete. E também em outras, como a cor da carne e a quantidade de gordura intramuscular, que devem ser avaliadas após o resfriamento. Todas são, em maior ou menor grau, dependentes de fatores intrínsecos de gênero, idade, genética; ou extrínsecos de manejo e alimentação do gado.

As características, bem como alguns dos fatores que influenciam a sua variabilidade, são denominados indicadores, porque fornecem alguma indicação de qualidade ou rendimento. Os indicadores podem ser empregados individualmente ou combinados, para agrupar carcaças semelhantes. A isso se dá o nome de classificação de carcaças, e os indicadores mais utilizados são aqueles comumente empregados na avaliação do gado em pé, sendo importante que haja essa correspondência para facilitar a compreensão do método.

Exemplos de classificação são as tradicionais categorias de gênero: boi gordo, vacas e touros; as que combinam gênero com idade aproximada: novilhos (macho jovem, castrado), novilhas (fêmea jovem, que não pariu ou de primeiro parto), vacas (fêmea adulta), touro jovem ou tourinho (macho jovem, não castrado). Outro exemplo, este da Argentina, é uma combinação de acabamento de gordura e conformação dentro de categorias de gênero e idade: novilhos de conformação JJ = *Superior*, J = *Muy Buena*, U = *Buena*, etc., com acabamento de gordura 0 – 4, em que JJ1 é a preferida, porque associa um excelente desenvolvimento muscular com a cobertura de gordura tida como ideal naquele país.

Quando assume esse caráter de estabelecer *a priori* uma hierarquia de classes, como é feito na Argentina com as letras da palavra JUNTA (Junta Nacional de Carnes), no Uruguai com as letras de INACUR (Instituto Nacional de Carnes), ou na UE-União Europeia com EUROP, ordenando a conformação – perfis da carcaça na América do Sul, ou musculosidade na EU -, então o sistema torna-se uma tipificação, porque ordena as classes para formar tipos.

Uma tipificação, em princípio, é formada de duas partes, sendo a primeira de classificação por gênero, idade aproximada (maturidade óssea ou dentária) e faixa de peso. O peso, geralmente, é um fator restritivo importante na atribuição de ágio ou deságio. A segunda parte é a tipificação propriamente dita, que consiste em alocar as carcaças já classificadas em tipos ordenados de melhor a pior, conforme outros indicadores que podem ser: conformação e acabamento, avaliados na carcaça quente, ainda na sala de matança, e outros como cor da carne, *marbling* (mármore) e área do olho de lombo, por exemplo, que só são aferíveis depois do resfriamento das carcaças, quando terá ocorrido o *rigor mortis*.

Em tese, as carcaças dos melhores tipos dariam carne de melhor qualidade, ou maiores rendimentos de desossa, ou uma combinação interessante de ambos. Por melhor qualidade entende-se a carne que, potencialmente, pode ser comercializada a preços relativamente superiores em certos mercados. Os maiores rendimentos trazem vantagens econômicas, porque diluem os custos por quilograma de carne desossada; entretanto, em geral, precisam ser limitados para que não prejudiquem a qualidade, como acontece com carcaças com musculatura bem desenvolvida, porém magras.

A vantagem de uma classificação simples, sobre uma tipificação que hierarquiza ou ordena, é que ela reúne as carcaças com características semelhantes em classes, mas deixa que o mercado mostre suas preferências, aumentando ou diminuindo a demanda por essa ou aquela categoria, inclusive dando oportunidade para que se expressem as preferências regionais ou locais. Isso não seria possível com uma tipificação oficial que determinasse o que é melhor e o que é pior.

Para Luchiari Filho (2000), como a preferência do consumidor muda com o tempo, um sistema somente de classificação parece ser o mais apropriado, principalmente quando se observam mudanças rápidas nos padrões de consumo.

A crítica que se faz a um sistema puro de classificação, que vise apenas ao agrupamento de carcaças semelhantes e, eventualmente, propôr metas em termos de frequências de aparecimento nos matadouros-frigoríficos, mas sem qualquer ordenação apriorística de qualidade ou rendimento, é a enormidade de combinações possíveis dos indicadores escolhidos. No caso de três níveis de maturidade, cinco de acabamentos e três de conformação, o resultado seria de 45 classes em cada um dos gêneros, o que, sem dúvida, é muito para que o mercado estabeleça comparações e venha diferenciar preços segundo as preferências das empresas frigoríficas para atendimento de seus clientes.

Já a tipificação, que ordena carcaças segundo um padrão hierárquico pré-estabelecido, tem como pontos negativos: a imposição aos mais diversos mercados dos conceitos de melhor e pior em termos de qualidade do gado e das carcaças; os problemas para as regiões que não atingirem as metas de bonificação; o fato de lançar mão de diferentes classes de carcaças não necessariamente homogêneas, para criar uns poucos tipos; e a dificuldade de fazer revisões periódicas em nível nacional, em decorrência da evolução da demanda no mercado, porque alguns setores poderiam se sentir prejudicados pelas mudanças.

Tais ponderações a respeito das vantagens e desvantagens de um sistema sobre o outro referem-se às normativas governamentais. Não se aplicam a situações particulares de empresas frigoríficas, enquanto não há um sistema oficial implantado. Também não se aplicam a possíveis métodos de previsão de rendimentos de carne desossada, como o *Yield Grading*, do USDA, pois o resultado é uma estimativa que deve ser considerada independentemente das peculiaridades do mercado.

Tipificação de carcaças nos Estados Unidos

Histórico da tipificação norte-americana

O mais importante, mais consolidado e, provavelmente, o mais antigo método oficial de tipificação de carcaças bovinas do mundo tem uma história de 93 anos. Em 1916, o Departamento de Agricultura dos Estados Unidos reconheceu a importância que teria um sistema de tipificação, para facilitar a produção e a comercialização de gado e carne. Planejou, então, publicar um boletim periódico de preços dos cortes primários de carne com osso, cujas cotações seriam dadas conforme os padrões de carcaça. Dois anos depois, adotou uma agenda que começava pelo acompanhamento e divulgação de preços de gado, segundo uma classificação que vinculava a avaliação dos bovinos em pé com o que se podia esperar das suas carcaças. Tais padrões preliminares viriam a ser publicados, em 1924, no *Department Bulletin nº1246*, sob o título *Market Classes and Grades of Dressed Beef*.

Segundo o *Official United States Standards for Grades of Carcass Beef,* os padrões preliminares foram postos em uso durante a I Grande Guerra para seleção de carne para as forças armadas americanas e as tropas dos aliados. Mais tarde, foram incluídos nas especificações do suprimento de carne bovina das esquadras emergenciais da marinha americana. E, em seguida, foram sendo gradualmente empregados nas compras feitas por empresas de restaurantes, hotéis e hospitais. Os padrões foram revisados e novamente publicados, em 1926, e adotados oficialmente na fase de implantação da tipificação de carcaças bovinas iniciada no ano seguinte (USDA, 1989).

Consta do artigo de Rhodes (1960), que tudo isso aconteceu numa época de baixa remuneração dos produtos agropecuários, nos EUA, entre 1924 e 1926, quando criadores de gado de raças britânicas, mais especificamente Angus, do Meio-Oeste americano, que terminavam novilhos e novilhas à base de grãos, estavam sofrendo com a pouca demanda pela carne e por reprodutores. Seus representantes, sob a liderança de Alvin H. Sanders, editor da *Breeder's Gazette*, decidiram iniciar uma campanha, para aumentar a demanda da carne que produziam, que teria como mote o *Better Beef* (carne de melhor qualidade). Ao mesmo tempo, faziam de tudo, via imprensa falada e escrita, para prejudicar a imagem da carne de gado terminado a pasto e leiteiro (havia na época uma campanha contra a tuberculose que enviava para abate grandes números de animais do rebanho leiteiro), carne magra, que Sanders ridicularizava chamando de *tiger-meat* (carne para tigre) ou *cat-meat* (carne para gato), e dizendo que era dura demais para a delicada mandíbula humana. Para ele, uma carne era *Prime Beef* ou era *tiger-meat*, sem meio termo.

Surge, então, na região Oeste, um movimento de criadores de raças britânicas, principalmente a Hereford, que terminavam o seu gado a pasto e não queriam ver desvalorizada a carne assim produzida. Esses criadores lançaram uma campanha denominada *Truth-in-meats* (a carne em que se pode acreditar), para posicionar seu produto no mercado como de média a boa qualidade.

Ambas as campanhas partiam da premissa de que os consumidores não sabiam diferenciar uma carne de *ótima* (animais da raça Angus terminados com grãos) ou de *boa qualidade* (da raça Hereford, terminados a pasto) de uma *tiger-meat* – 50% das donas-de-casa respondiam nas entrevistas que seus açougueiros lhes forneciam carne de *boa qualidade*, quando apenas 9% da carne do país todo poderia ser considerada de *ótima e boa qualidade* - e que precisavam ser educados. Ambos os grupos culpavam os intermediários pela desinformação dos consumidores e diziam que eles precisavam *aprender a lição de que carne muito magra é sempre dura e que os músculos do gado só se tornam macios e saborosos na presença de muita gordura*.

Tal fato mostra que a tipificação americana nasceu sob o signo da crença, que veio a ser imposta aos consumidores, de que a carne tem que ser gorda; crença, porque não havia ainda nada de pesquisa científica a respeito do assunto. E, quando elas começaram a aparecer causaram frustrações por não confirmar dogmas como esse a favor de carne muito gorda. Entretanto, já estavam sendo firmados os rígidos conceitos da tipificação por qualidade, com os tipos *Prime, Choice, Good,* e *Standard* para gado jovem de até cerca de 42 meses.

Com o tempo, a presença de crescentes teores de gordura intramuscular, que até 1965 era avaliada nos músculos intercostais, vistos pela face interna das costelas, e depois passou a ter como indicador o mármore do músculo *Longissimus dorsi*, tornar-se-ia sinônimo de melhor qualidade. Porém, as pesquisas conseguiam mostrar apenas uma baixa correlação entre gordura intramuscular e palatabilidade, possivelmente, porque a presença dos lipídios era indicativa de gado de raça britânica, muito bem alimentado com grãos e abatido ainda jovem, o que bastava para se ter carne macia, saborosa e suculenta, independentemente de se ter um teor maior ou menor de mármore.

A região Meio-Oeste do país, com o seu *Better Beef*, ficaria com os tipos *Prime* e grande parte do *Choice*, enquanto a região Oeste, do *Truth-in-meats*, com uma parte menor do *Choice* e o tipo *Good* (hoje *Select*). A identificação das carcaças por meio de carimbagem foi o meio escolhido para criar um canal de comunicação com o consumidor, o que foi providenciado com disputas ferrenhas entre três partes: os grupos *Better Beef* e *Truth-in-meats* brigavam porque o primeiro achava que devia identificar somente o tipo *Prime*, contra a vontade do segundo que queria que seu produto também fosse identificado; já o segmento indústrial – no qual predominavam as gigantes Armour, Swift, Wilson, Morris e Cudahy - mostrava um certo distanciamento da discussão, não querendo se envolver; em alguns momentos, defendia um sistema privado de tipificação, ou seja, independente do governo, como fez a Swift Co. que tomou a frente, começou a carimbar carcaças e acabou por levar as demais a tipificar de modo privado. Entretanto, desde o início, as empresas acataram os padrões do USDA, o que facilitou muito a transição para o sistema oficial administrado pelo governo federal.

Depois de passar por dez revisões (em 1939, 1950, 1956, 1965, 1973, 1975, 1980, 1987, 1989 e 1997), chegou ao que é hoje o *Quality Grading* (tipificação pela qualidade da carne), segundo o USDA (1997). Na revisão de 1965, foi introduzida a exigência de que todas as carcaças fossem seccionadas - entre a 12ª (penúltima) e a 13ª (última) costela - de modo a expor, para avaliação, a superfície do músculo *Longissimus dorsi* e a gordura subcutânea que o recobre dorsal. Outros músculos menos importantes e as gorduras inter e intramuscular também ficam expostos. Pôde-se, então, adotar o mármore como indicador de qualidade, em substituição ao *fat streaking* (gordura entremeada nos músculos intercostais), na face interna das costelas (USDA, 1989).

Na mesma ocasião, foi introduzido o *Yield*

Grading, que é a tipificação pelo rendimento estimado de quatro cortes principais: os da região dorsal limitados, cranialmente, pela seção entre a 5ª e a 6ª costela e, caudalmente, na seção entre alcatra e coxão, compreendendo *rib* (filé de costela) e *loin* (contrafilé, filé-mignon, acaltra com parte da picanha, dorsalmente, e pequena parte do patinho, ventralmente); *round* (coxão mole, coxão duro, lagarto, bem como uma pequena parte da picanha dorsalmente, e grande parte do patinho com maminha ventralmente, e músculos traseiros), e do dianteiro, o *chuck* (acém com paleta, sem peito ou músculo dianteiro). Esses cortes primários RLRC (*rib, loin, round, chuck*) representam pouco menos de 60% do total de carne, e cerca de 70% em valor.

Uma outra revisão importante foi a de 1975, quando foi tirada do sistema a conformação que era indicador no *Quality Grading*. De certo modo, a conformação servia para distinguir a origem, gado de corte ou leiteiro, mas favorecia o gado muito gordo que mostrava perfís mais arredondados de coxão, região dorso-lombar e paleta, porque a avaliação era subjetiva com base nos perfis da carcaça e não no desenvolvimento muscular. A conformação tornara-se desnecessária, porque as pesquisas não conseguiam demonstrar diferenças que justificassem seu uso como indicador de qualidade; no tocante a rendimentos, a introdução do *Yield Grading*, em 1965, já dava uma estimativa muito bem aceita no mercado.

Tipificação americana

A tipificação adotada nos EUA é um sistema formado por dois métodos, de certo modo, antagônicos, em que um é limitante do outro. Um tem a finalidade de ordenar da melhor para a pior carcaça pela qualidade, é o *Quality Grading* (QG). Por valorizar bastante o mármore (gordura intramuscular do músculo *Longissimus dorsi* na 12ª costela), os melhores tipos resultam em menores rendimentos de cortes desossados com gordura parcialmente removida. O outro método, o *Yield Grading*, deve ordenar as carcaças do maior (YG1) para o menor rendimento de desossa (YG5), em razão, principalmente, da espessura de gordura subcutânea (EG).

O *Yield Grade* aumenta com a EG e o rendimento de desossa dos cortes RLRC (*round, loin, rib and chuck*) diminui 2,3 pontos percentuais a cada grau. Assim, se o objetivo for YGs 1 e 2, será preciso escolher carcaças com EG bem reduzida, que dificilmente qualificariam para o tipo *Choice* do QG, pois este é mais compatível com YGs 3 e 4.

Yield Grading

O *Yield Grade* de uma carcaça é determinado com base na seguinte equação de regressão linear múltipla:

$$\mathbf{YG = 2{,}5 + (2{,}50 \times EG\ ajustada,\ in.) + (0{,}20 \times GPRC,\ \%) + (0{,}0038 \times PCQ,\ lbs) - (0{,}32 \times AOL,\ in^2)} \quad \text{(Eq. 1)}$$

Em que:

- EG ajustada é a espessura de gordura corrigida pelo tipificador com base em avaliação visual da gordura de cobertura da carcaça, em polegada;
- GPRC é a quantidade de gordura perirrenal, da pelve e da área cardíaca, em porcentagem do PCQ;
- PCQ é o peso da carcaça quente, em libras; e
- AOL é a área de olho de lombo, em polegadas quadradas.

Como se pode constatar (Eq. 1), o fator de maior importância na determinação do YG é a EG ajustada, em que para cada décimo de polegada (2,5 mm) de acréscimo, o YG sofrerá um aumento de 25% de um grau. Para 0,4 pol. (10 mm), o YG aumentará 1 grau. Assim, uma carcaça com 0,2 pol. (5 mm) de EG, 3,5% de GPRC (sebo), 600 lbs (272,7 kg) de peso quente, e 12 pol^2 (77,40 cm^2) de área de olho de lombo, terá um YG 2,14, que, na prática comercial, é arredondado para 2 (as decimais são eliminadas, restando apenas o número inteiro). Uma carcaça com o mesmo peso, % sebo, e AOL, que tivesse 0,6 pol (15 mm) de EG e não 0,2, daria um YG 3,14, que seria arredondado para 3. Na **Figura 1**, é ilustrado o método de mensuração da espessura de gordura na seção transversal do contrafilé entre a 12ª e 13ª costela.

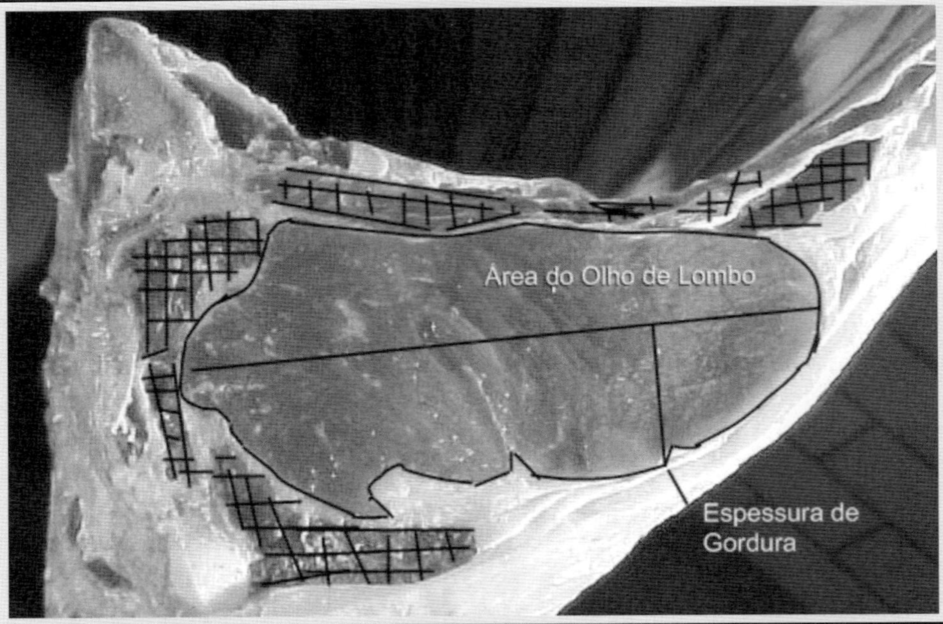

Figura 1. Contorno da área do olho de lombo (somente o músculo *Longissimus dorsi*, não inclui os demais músculos assinalados com reticulado) e indicação da medida de espessura de gordura (EG) perpendicular à superfície da camada de gordura subcutânea.

As gorduras perirrenal, pélvica e cardíaca, ou sebo, nos EUA, permanecem com a carcaça durante o período de resfriamento, portanto, representam uma perda de rendimento dos cortes desossados. Assim, durante a tipificação, cada ponto percentual a mais ou a menos na sua quantidade representará 20% de 1 grau para mais ou para menos, respectivamente. Se a mesma carcaça com YG 3,14 tivesse 4,5% de sebo, e não mais 3,5%, agora teria um YG 3,34 que continuará sendo arredondado para 3.

A área do olho de lombo (AOL) é medida na seção transversal do músculo *Longissimus dorsi* entre a 12ª e 13ª vértebras torácicas (**Figura 1**). Na prática, tipificadores treinados estimam a AOL visualmente, medindo com uma lâmina plástica quadriculada eventualmente (**Figura 2**). AOLs maiores implicam em maiores rendimentos de cortes cárneos. Uma variação de 1 pol² (6,45 cm²) implica em alteração de 32% de 1 grau. A carcaça do último exemplo, se tivesse 11 e não 12 pol², ou seja, 1 pol² a menos, teria YG 3,66, que na prática comercial continua sendo 3.

O peso da carcaça quente também pode ser obtido do peso da carcaça resfriada x 1,02, porque, em média, a perda no resfriamento é de 2%. Incrementos de peso da carcaça são acompanhados de aumentos na porcentagem de gordura, por isso resultam em redução no rendimento de desossa, isto é, aumento no valor do YG. Para cada 100 lbs (45,4 kg) de aumen-

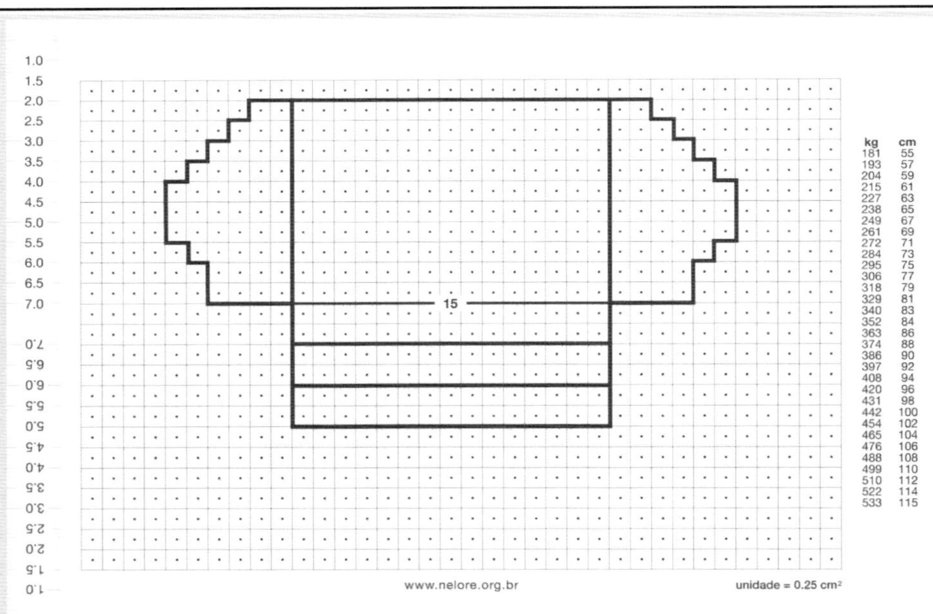

Figura 2. Lâmina plástica quadriculada para medir a área de olho de lombo em cm², adaptada para o sistema métrico decimal pela Associação de Criadores de Nelore do Brasil. Obs.: Quatro pontos contatos representam 1 cm².

to no peso da carcaça quente, dá-se uma variação de 40% de 1 YG para mais. Assim, a carcaça do último exemplo, cujo YG era 3,66, se tivesse pesado 700 lbs (318,2 kg) e não 600 (272,7 kg), agora passaria a YG 4,06, ou seja, 4.

A equação do YG também pode ser escrita no sistema métrico decimal, como se vê a seguir.

YG = 2,5 + (0,1 x EG ajustada, mm) + (0,2 x GPRC,%) + (0,0084 x PCQ, kg) - (0,0496 x AOL, cm²)
(Eq. 2)

Exemplo: YG = 2,5 + (0,1 x 8 mm) + (0,2 x 3,5%) + (0,0084 x 272 kg) - (0,0496 x 71 cm²) = 2,8

A equação 2 também pode ser representada sem a GPRC (gordura pélvica, perirrenal e cardíaca, %), nas situações em que o sebo é removido na sala de matança, como no Brasil, uma vez que a participação dela, na equação, foi originalmente concebida, prevendo-se que algum dia ou em outro lugar poderia ocorrer sua remoção da carcaça antes do resfriamento. Fica assim:

YG = 2,5 + (0,1 x EG ajustada, mm) + (0,0084 x PCQ, kg) - (0,0496 x AOL, cm²)
(Eq. 3)

Exemplo: YG = 2,5 + (0,1 x 8 mm) + (0,0084 x 272 kg) - (0,0496 x 71 cm²) = 2,1

Com base na equação 3, uma carcaça quente (sem GPRC), pesando 272 kg, com 8 mm de EG e 71 cm² de AOL, terá um YG de 2, que corresponde a 52,3% de cortes RLRC.

A equação original que estima a porcentagem de cortes RLRC foi desenvolvida por pesquisadores do USDA (Murphey *et al.*, 1960) a partir de 185 carcaças de novilhos e novilhas com grandes variações de peso e acabamento. Os autores chegaram a várias equações com diferentes indicadores, e acabaram sugerindo a seguinte, para servir de base ao *Yield Grading* na revisão feita cinco anos depois.

RLRC, % = 51,34 – (5,78 x EG, in.) – (0,462 x GPRC, %) + (0,740 x AOL, pol²) – (0,0093 x PCQ, lbs)
(Eq. 4)

Em que:

RLRC, %, é a soma dos cortes primários *rib, loin, round e chuck*, desossados e com gordura parcialmente removida, em porcentagem do peso da carcaça com GPRC.

Para dar um exemplo: 0,2 in de EG; 3% de GPRC; 12 pol² de AOL, e 600 lbs de peso de carcaça, dá um RLRC de 52,15.
RLRC%=51,34 – (5,78 x 0,2 in.)-(0,462 x 3%)+(0,740 x 12 pol²)-(0,0093 x 600 lbs) = 52,2%

Para transformar a equação 4 na equação 1 do *Yield Grading,* foi substituído o intercepto por 2,5 e, depois, dividiram cada um dos coeficientes de regressão linear múltipla por uma constante (k=2,3).

No Brasil, há equações disponíveis em artigos publicados por autores nacionais, para estimativas dos rendimentos em carne desossada e aparada só do traseiro especial, dos cortes do traseiro e dianteiro, dos cortes comerciais brasileiros, sem ponta-de-agulha, e da carne aproveitável total, incluindo retalhos magros. A equação seguinte é um exemplo tirado de um desses artigos (Felício e Allen, 1981/1982).

CCB (%) = 60,33 – 0,015 (PCQ, kg) – 0,462 (EG, mm) + 0,110 (AOL, cm²)
(Eq. 5)

Em que:

- CCB é o total de cortes comerciais brasileiros, desossados e aparados a 5 mm de gordura, sem incluir a carne da ponta-de-agulha;
- PCQ é o peso da carcaça quente, em kg;
- EG é a espessura de gordura, em mm;
- AOL é a área do olho de lombo, em cm².

Exemplo de CCB (%) = 60,33 – 0,015 (272 kg) – 0,462 (5 mm) + 0,110 (75 cm²) = 62,2%.

Luchiari Filho e Allen (1985), com base em estudo realizado entre 1978 e 1985, com 618 carcaças de gado abatido pelo Instituto de Zootecnia de Nova Odessa, SP, desenvolveram uma equação para estimativa da quantidade de carne desossada e aparada a 5 mm de gordura, a partir da qual seria feita uma tipificação do tipo *Yield Grading*, com três graus, 1-3, em que 1>72,2%; 2=70,0 – 72,2; e 3<70,0% de porção comestível (carne desossada e aparada).

Quality Grading

Na tipificação pela qualidade da carne das carcaças resfriadas, inicialmente determina-se o gênero (sexo), de modo a excluir touros, que não são tipificados e para tipificar touros jovens (*bullock beef*) separadamente de castrados, novilhas e vacas. As de touros jovens devem ter maturidade A (até aproximadamente 30 meses) para serem tipificadas.

O próximo passo é a avaliação de maturidade, que é feita pelo grau de calcificação das cartilagens das vértebras e pela cor da superfície do olho de lombo, indicadores esses que, ponderados por tipificadores treinados, darão uma nota de maturidade fisiológica. São cinco classes de maturidade: A – E, em que A refere-se às carcaças de bovinos jovens, e E às carcaças com evidências de maturidade avançada. A correspondência entre maturidade fisiológica e idade cronológica aproximada pode ser assim representada: A (9 – 30 meses), B (30 – 42), C (42 – 72), D (72 – 96) e E (acima de 96 meses).

Em seguida, avalia-se o mármore, ou gordura intramuscular, cuja avaliação é feita visualmente, na secção transversal do músculo *Longissimus dorsi* em termos de quantidade e distribuição. Sainz e Araújo (2001) explicam que cada grau de mármore é dividido em 100 subunidades, e os escores são expressos em décimos de grau (ex.: *Slight*^{90}, *Small*^{10}, *Small*^{100}). Os graus de mármore em ordem decrescente são: *slightly abundant, moderate, modest, small, slight, traces e practically devoid* (levemente abundante, moderado, modesto, pouco, leve, traços e praticamente nada). Isso para fins comerciais, porque em outras finalidades, de estudo, por exemplo, trabalha-se com três outros graus acima de *Slightly abundant: Very abundant, Moderately abundant e Abundant.*

Na **Tabela 1**, é apresentada uma correspondência entre o grau de mármore e o teor de lipídios intramusculares.

Tabela 1. Conteúdo de lipídios intramusculares por grau de mármore.

Mármore	% de lipídios
Moderadamente abundante	10,4
Levemente abundante	8,6
Moderado	7,3
Modesto	6,0
Pouco	5,0
Leve	3,4
Traços	2,5
Praticamente nada	1,8

Fonte: Savell, J. W.; Cross, H. R.; Smith, G. C. (1986).

Padrões fotográficos, como os da **Figura 3**, são empregados no treinamento de tipificadores. Todas as avaliações, tanto as que fazem parte do *Yield Grading*, como do *Quality Grading*, são feitas nas carcaças resfriadas, 24 a 48 horas *post mortem*.

Na **Figura 4**, é apresentada uma ilustração

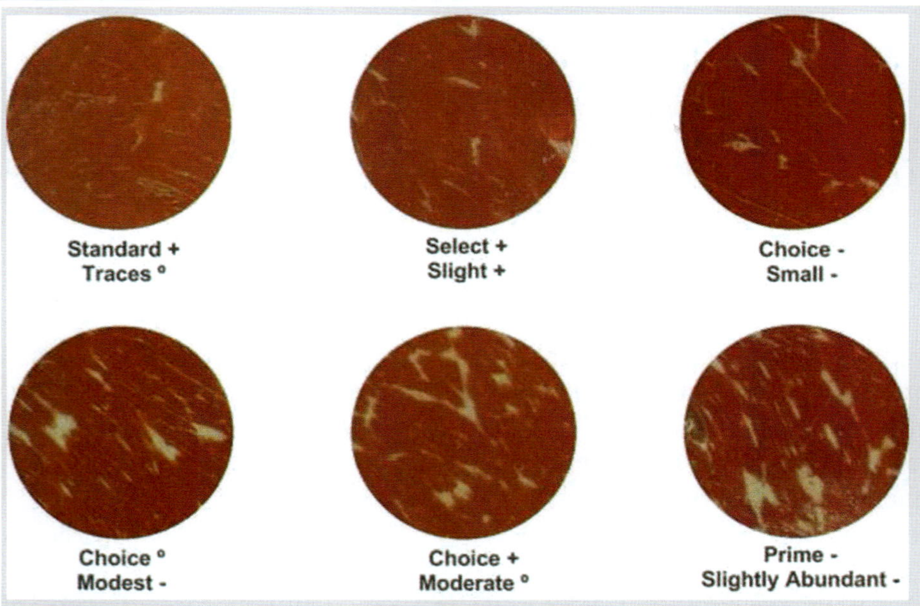

Figura 3. Padrão fotográfico de mármore representando de traços (USDA Standard+) a levemente abundante (USDA Prime-). Fonte: adaptado do *Meat Evaluation Handbook* (AMSA, 2001).

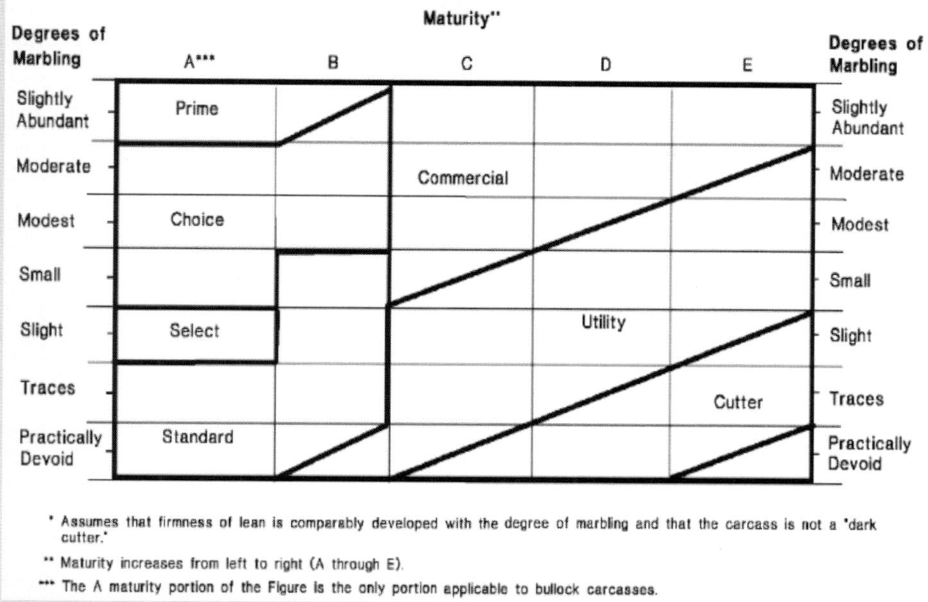

Figura 4. *Quality Grading* relacionando maturidade e mármore, segundo o USDA (1997).

do *Quality Grading* do USDA, conforme revisão de 31 de janeiro de 1997, relacionando maturidade com mármore para dar o *grau de qualidade* da carcaça. Assume-se que a carne magra (músculo) é firme, compatível com o grau de mármore, e não é *dark cutter* (carne escura devido ao pH e ≥ 6,0). Como exemplo, vê-se que o mínimo de mármore para *Choice* varia de *small* para carcaças de maturidade A a *modest* na maturidade B.

A *American Meat Science Association* publica uma tabela de preços médios, estimados para as combinações possíveis de *Quality Grading* com *Yield Grading*, que são baseadas em índices de ajuste fornecidos pelo USDA e em preços médios de mercado de carcaças do tipo *Choice*⁻ (*Low Choice*) *Yield Grade 3* (**Tabela 2**).

Embora não conste da **Tabela 2**, o mercado da carne, nos EUA, funciona com deságios de acordo com o peso da carcaça, tipo leiteiro e hematomas. Assim, por exemplo, carcaças com peso inferior a 272 kg ou superior a 410 kg são penalizadas em até US$25/45,4 kg; tipo leiteiro gera desconto US$5/45,4 kg e cancela um possível bônus para YG1 ou 2; e hematomas causam descontos, de até US$10/meia carcaça, conforme a gravidade das contusões.

Tabela 2. Estimativas de preços diferenciados de carcaças, nos Estados Unidos, outubro de 2009.

	Prime	Choice[1] (+/o)	Choice (-)[1]	Select	Standard
YG 1	142	136	132	125	116
YG 2	140	134	130	123	114
YG 3	138	133	129[2]	121	112
YG 4	127	121	117	110	101
YG 5	119	113	109	102	93

[1]Choice (+/o) = *High and medium Choice (modest e moderate)*; Choice (-) = *Low Choice (small)*; [2]valor base para estimar os preços de Choice (-) YG 1 a 5, a partir dos quais são obtidos os demais preços de referência. Preços em US$/100 lbs, ou 45,4 kg de peso de carcaça, com 3% de sebo de rim. Para converter em US$/ arroba, dividir por 3,0. Fonte: dados da AMSA (2001) atualizados pelo Dr. J.Wise, da AMSA, em outubro de 2009.

Tipificação de carcaças no Uruguai e Argentina

O *Sistema Oficial de Clasificación y Tipificación* está sob responsabilidade do INAC – Instituto Nacional de Carnes do Uruguai. As carcaças são inicialmente classificadas pelo gênero-maturidade como *Novillo, Vaca, Ternero* e *Toro*. Em seguida, essas classes são subdivididas como na **Tabela 3**.

Depois, as carcaças são tipificadas pela conformação conforme a sequência de letras I – N – A – C – U – R, e aí são feitas as combinações entre categoria de gênero-maturidade e conformação.

Exemplos:

AJ = *Novillo Joven*, de conformação A (comparável à retilínea);

N6 = *Novillo 6 D* (dentes incisivos permanentes), de conformação N (comparável à subconvexa);

Tabela 3. Combinação de gênero-maturidade com conformação na tipificação uruguaia.

Gênero-maturidade	Subclasses
Novillo (novilho)	*Novillito 0 D*[1], peso min. de carcaça 170 kg, abrevia-se N *Novillo Joven* (2-4 D), abrevia-se J *Novillo 6 D* (6 D), abrevia-se 6 *Novillo* (8 D), não se abrevia
Vacas	*Vaquillona* (0-2-4 D), peso min. de carcaça 150 kg, abrevia-se VQ *Vaca 6 D*, abrevia-se V6 *Vaca 8 D*, abrevia-se V
Ternero (garrote)	Machos castrados ou não e fêmeas, todos 0 D, e que não satisfazem os requisitos para *Novillito* ou *Vaquillona*
Toro (touro)	Machos inteiros ou castrados, que apresentem características sexuais secundárias e dentes incisivos permanentes

[1]D = nº de dentes incisivos permanentes. Fonte: Uruguay (1997, 2004).

VQC = VQ – *Vaquillona* de 0 a 4 D, de conformação C (comparável a sub-retilínea);
VC6 = V – *Vaca de 6 D*, de conformação C.

Em seguida, acrescenta-se um número correspondente ao escore de *terminación* (acabamento), avaliado conforme uma escala de cinco pontos (0-1-2-3-4).

O sistema de *Classification y Tipificación Oficial de Carnes Vacunas de la República Argentina* (ARGENTINA, 1973) também classifica as carcaças em categorias de gênero, maturidade e peso, depois tipifica pela conformação e gordura de cobertura. As de machos castrados são chamadas de *Terneros*, que são carcaças muito leves, 100-146 kg; *Novillitos*, quando leves, pesando entre 148 e 236 kg; e *Novillos*, quando pesadas, mais de 236 kg. As de fêmeas, chamadas de *Ternera*, com 100-146 kg; *Vaquillona*, entre 148 e 226 kg; e *Vacas*, pesando acima de 226 kg. Por fim as de *Toros*, machos não-castrados.

Nesse sistema, os Novillos são tipificados quanto à conformação com as letras JJ –J – U – U2 – N – T – A, e todas as outras categorias de gênero-maturidade (*Novillito, Ternero e Ternera, Vaquillona* e *Vaca*) com as letras AA – A – B – C – D –E – F. Em ambas as sequências, as letras representam a conformação, da melhor para a pior, como exemplo, JJ ou AA = *Superior*; J ou A = *Muy Buena*; U ou B = *Buena*, e assim por diante.

Como no sistema uruguaio, acrescenta-se um número para o escore de acabamento, também com escala de cinco pontos (0 – 1 – 2 – 3 – 4).

Esses dois sistemas estão bem alinhados ao da União Europeia, pois utilizam os indicadores conformação e acabamento com escalas semelhantes e hierarquizam as carcaças pela conformação como a UE, mas existem algumas diferenças no modo de se avaliar subjetivamente as características.

Ao mesmo nível de gordura na carcaça, uma conformação melhor é resultado de músculos mais espessos e, portanto, maior relação músculo:osso, sem diferenças aparentes na distribuição do peso dos músculos (Luchiari Filho, 2000). A distribuição muscular é uniforme, independente da raça e seleção, desde que em iguais condições de gênero, castração e fase da engorda, exceto nos hipertróficos (dupla-musculatura, *double-muscled* em inglês, ou *culard* em francês), encontrados em raças europeias continentais (italianas, francesas e belgas, por exemplo). Em outras palavras: nas partes mais valiosas (alcatra, contrafilé, filé-mignon, coxão e paleta) encontra-se o equivalente a 56% do peso total de músculos da carcaça (Felício, 2006).

Classificação de carcaças no estilo europeu

A classificação de carcaças, sem a hierarquia de tipos, é um esquema desenvolvido no Reino Unido e na França, no final dos anos 60 e início dos 70, que serviu de base para os sistemas em uso na União Europeia e na Nova Zelândia. Também, no Brasil, um sistema de classificação simples chegou a ser ensaiado pelo Ministério da Agricultura na década de 70.

Os esquemas desenvolvidos quase simultaneamente naqueles dois países da Europa e, possivelmente, em outros também, eram chamados de *carcase classification* (classificação de carcaças) pelos britânicos e *identification codifiée* (identificação codificada) pelos franceses. O objetivo era apenas classificar as carcaças, com base em alguns parâmetros realmente importantes para quem comercializa gado e carne, formando categorias homogêneas, sem qualquer pretensão de hierarquizá-las em tipos. Acreditava-se que, desse modo, surgiriam tendências no comércio, a partir de preferências locais ou regionais e, consequentemente, possíveis diferenciações de preços que deveriam flutuar conforme a oferta e procura no mercado. Na mesma época, uma comissão de veterinários brasileiros do Ministério da Agricultura recomendou a utilização da identificação codificada no Brasil (Pardi, 1971).

Enquanto na França a proposta era identificar várias características, desde a raça ou cruzamento do gado até a cor da carne e da gordura, o que resultava num código de muitos dígitos, no Reino Unido, a classificação era muito simples, tinha quatro dígitos, sendo uma letra para maturidade, outra para gênero (sexo), um número para acabamento e outro para conformação. A título de exemplo, YS24 correspondia a carcaças de novilhos (S de *steer*) de até dois dentes permanentes (Y = *young*), o equivalente a 18 a 28 meses em taurinos, com acabamento 2 (baixo nível de acabamento) e conformação 4 (superior), ambos em escalas de 1 a 5; YH42 identificava uma carcaça de novilha (H de *heifer*) com acabamento 4 (uniforme) e conformação 2 (subretilínea). Tanto na França como na Inglaterra, optou-se por utilizar a conformação no esquema de classificação, porque a indústria e o varejo insistiam em diferenciar a procedência dos cortes em termos de grandes grupos raciais: gado leiteiro, cruzas de touros de raças britânicas com vacas leiteiras, cruzas de touros de raças continentais com vacas leiteiras, etc. E definiu-se que a conformação seria julgada pelo grau de desenvolvimento muscular ou musculosidade.

Nas **Figuras 5** e **6**, são apresentadas ilustrações de acabamento de carcaça (escala de 5 graus) e conformação (perfis de 3 graus, de 3 a 5, de um total de 6).

Obviamente, não havia, na época, os recursos de informática e as leitoras ópticas de códigos de barra que existem hoje, então o mé-

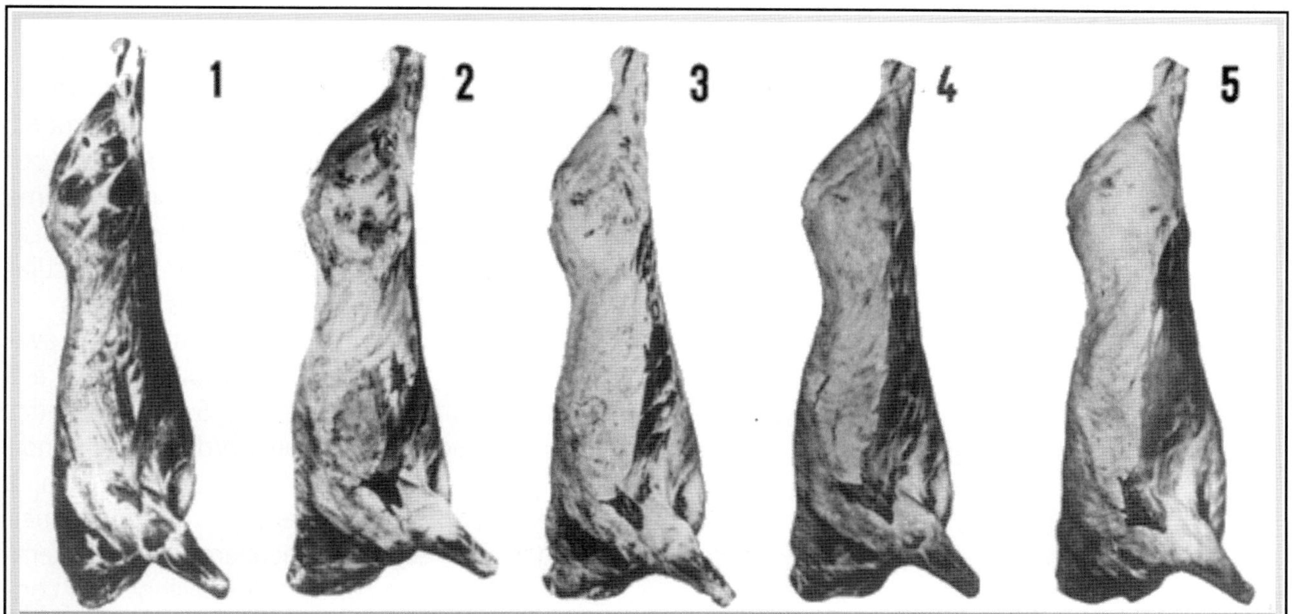

Figura 5. Padrão fotográfico britânico de acabamento de carcaça, que é semelhante em termos de escala e quantidade de gordura de cobertura em cada grau, de 1 a 5, ao adotado no Brasil, em que 1=ausente, 2=escassa, 3=mediana, 4=uniforme, 5=excessiva. Fonte: MLC (1975).

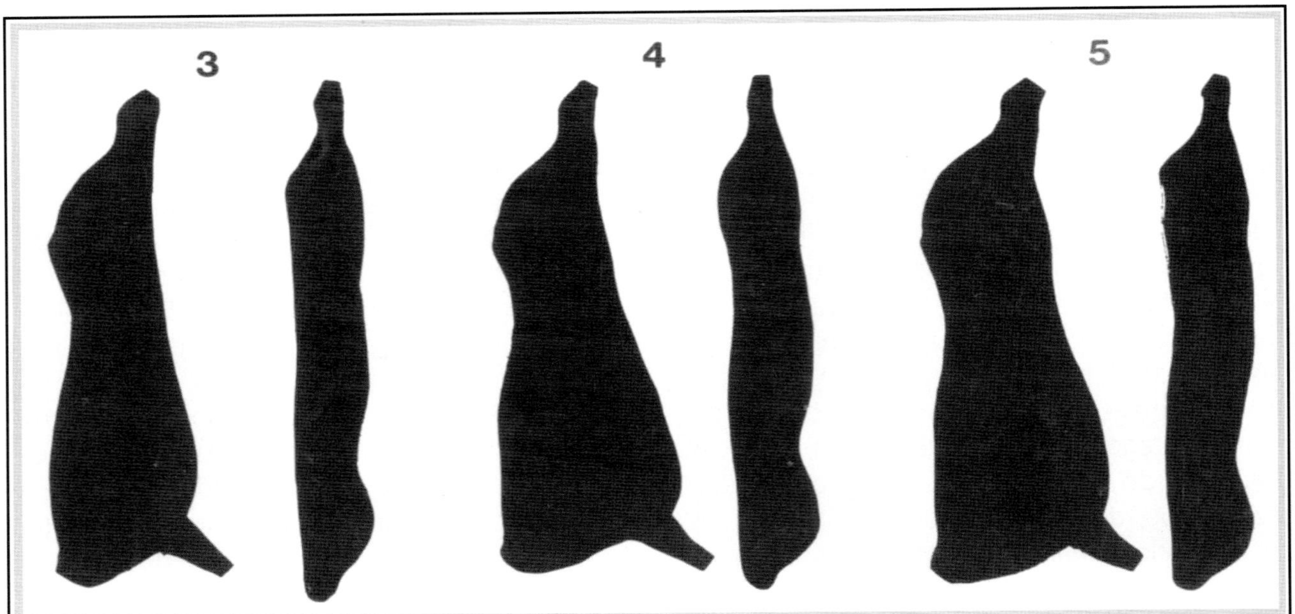

Figura 6. Padrão britânico de perfis de conformação de carcaças ilustrando os três graus superiores (3=retilíneo; 4=subconvexo; 5=convexo) numa escala de 1 a 5. MLC (1975).

todo era inviável. Curioso é que os veterinários brasileiros que aprenderam o método na França o simplificaram de tal modo que ele ficou praticamente idêntico ao britânico, e o utilizaram como *classificação pura e simples* em testes nos frigoríficos nos anos 70 (Barbosa dos Anjos comunicação pessoal[1]).

Na União Europeia, prevaleceu uma classificação das carcaças pelo acabamento (escores visuais de 1 a 5) e conformação, avaliada como escore de musculosidade (da mais para a menos musculosa, segundo as letras S-E-U-R-O-P) na qual é colocada tanta ênfase que acaba hierarquizando as carcaças, como nos sistemas tradicionais de tipificação.

Consta do Regulamento CE no. 1.234/2007 que, inicialmente, as carcaças são classificadas em:

A: de machos não-castrados, com menos de dois anos;
B: de outros machos não-castrados;
C: de machos castrados;
D: de fêmeas que tenham parido;
E: de outras fêmeas.

Depois, pela conformação, conforme a **Tabela 4**.

[1]Barbosa dos Anjos, J. Testes de aplicação comercial de um sistema de classificação de carcaças no Rio Grande do Sul no final da década de 70. Comunicação pessoal.

Por fim, avalia-se o acabamento de gordura, como na **Tabela 5**.

Diz ainda o Regulamento citado que os estados-membros ficam autorizados a proceder à subdivisão de cada uma das classes previstas de conformação e acabamento, até um máximo de três subposições. Para o MLC (2002), da Inglaterra, o grau de conformação é enquadrado em uma das cinco classes principais: E, U, R, O e P, e as classes U, O e P são subdividas em (+) e (-), superior e inferior, respectivamente (**Figura 7**). A classe E descreve carcaças de perfís incomuns, excepcionalmente arredondados, produzidas por gado de dupla musculatura, que representa uma pequena fração dos abates. Já a classe P aplica-se a carcaças com desenvolvimento muscular inferior, pobre, provindas de vacas leiteiras.

A classificação por acabamento é uma avaliação em cinco classes de 1 (muito magra) a 5 (muito gorda), e as classes 4 e 5 são subdividas em mais magras (L) e mais gordas (H). Quando se expressa a classificação de uma carcaça, a classe de conformação sempre vem em primeiro lugar e, em seguida, o acabamento. Por exemplo, carcaças bem comuns de novilhos têm conformação R e acabamento 4L, e na etiqueta ou carimbo aparece anotado R4L.

O significado das letras é: E – *excellent* (excelente ou convexa); U – very good (muito boa

Tabela 4. Conformação ou perfis de carcaça nas regiões dorsal, da coxa e da paleta.	
Classe de conformação	**Descrição**
S - Superior	Todos os perfis extremamente convexos; desenvolvimento muscular excepcio nal com duplos músculos
E - Excelente	Todos os perfis convexos a superconvexos; desenvolvimento muscular excepcional
U - Muito boa	Perfis em geral convexos,forte desenvolvimento muscular
R - Boa	Perfis em geral retilíneos; bom desenvolvimento muscular
O - Média	Perfis retilíneos a côncavos; desenvolvimento muscular médio
P - Fraca	Todos os perfis côncavos a muito côncavos; reduzido desenvolvimento muscular
Fonte: Comunidade Europeia (2007).	

Tabela 5. Quantidade de tecido adiposo no exterior da carcaça e na cavidade torácica.	
Classe de gordura	**Descrição**
1 - Fraca	Gordura de cobertura inexistente a muito fraca.
2 - Leve	Leve cobertura de gordura, com músculos quase sempre aparentes.
3 - Média	Músculos quase sempre cobertos de gordura, com exceção dos das coxas e da pá; reduzidos depósitos de gordura na cavidade torácica.
4 - Forte	Músculos cobertos de gordura, mas ainda parcialmente visíveis ao nível da coxa e da espádua; alguns depósitos pronunciados de gordura no interior da cavidade torácica.
5 – Muito forte	Carcaça coberta por uma camada de gordura; depósitos substanciais de gordura na cavidade torácica.
Fonte: Comunidade Europeia (2007).	

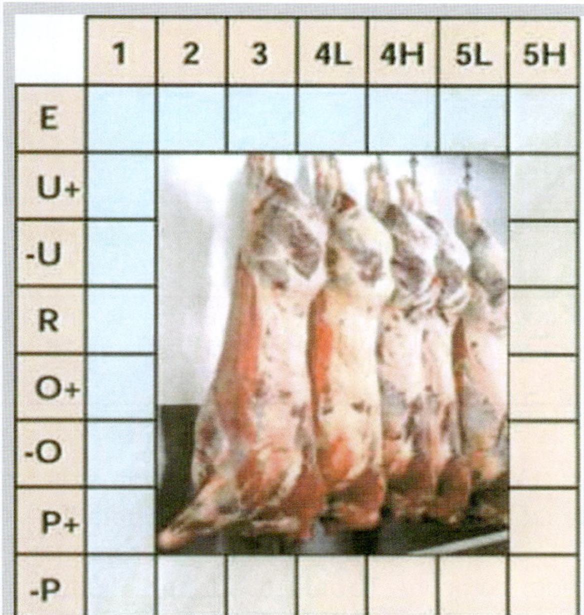

Figura 7. Sistema EUROP de classificação de carcaças da União Europeia, com subdivisões nas classes de gordura 4 e 5 e nas de conformação U, O e P, segundo o MLC (2002).

ou subconvexa); R – *good* (boa ou retilínea); O – **fair** (razoável ou sub-retilínea), e P – *poor* (pobre, ou côncava), para conformação. E 1 – *low* (gordura ausente); 2 – *slight* (escassa); 3 – *average* (mediana); 4 – *high* (uniforme), e 5 – *very high* (excessiva), para acabamento (MLC, 2002).

Sistema nacional de tipificação de carcaças

Histórico

No abate, sem nenhuma padronização oficial, ocorre uma seleção de carcaças para venda de carne a mercados que remuneram melhor. Tal seleção, geralmente feita pelo gênero – preferência para machos castrados - e faixa de peso da carcaça, evitando-se a falta ou o excesso de gordura de cobertura, é histórica no País, pois já era feita desde o final da II Guerra Mundial. Dessa época, há registros de dados estatísticos, das exportações para a Inglaterra, de traseiros com três costelas, dos tipos *chilled beef* especial, de 1ª e de 2ª pelo Frigorífico Anglo, de Barretos, SP, entre 1944 e 1985. O total dos três tipos de carne representava cerca de 27%, no período 1944 a 1964, e 36%, de 1965 a 1985, dos bovinos abatidos naquela indústria. Restavam no mercado interno os dianteiros com 10 costelas do tipo *chilled beef*, e as demais carcaças que eram enquadradas nos tipos consumo, charque e conserva (Pardi *et al.*, 1996).

Ainda segundo os mesmos autores, ao longo do tempo foram feitas diversas tentativas de racionalizar a comercialização dos bovinos de corte com o objetivo de beneficiar, principalmente, os produtores mais organizados com uma melhor remuneração de seu gado, e o consumidor, com uma carne de melhor qualidade. Portarias ministeriais foram publicadas em 1968, 1977 e 1981, e 1984. As duas últimas, a nº 220, publicada no Diário Oficial da União de 24/09/1981, e a nº 193, no DOU de 26/06/1984 (BRASIL, 1981 e 1984), já formavam tipos segundo as letras da palavra BRASIL. Depois, vieram as Portarias nº 612, publicada no DOU de 10/10/1989 (BRASIL, 1989), que passaria a reger o Sistema Nacional de Tipificação de Carcaças Bovinas, e a nº 268 (DOU de 08/05/ 1995), que define um tipo de carcaça a ser comercializado como *novilho precoce* com base na categoria de novilho *Jovem* (no máximo 4 dentes permanentes) da n° 612 (BRASIL, 1995).

Sistema oficial vigente, porém pouco utilizado comercialmente

O sistema brasileiro de tipificação é um esquema de classificação, seguido de hierarquização das carcaças em tipos, como nos métodos tradicionalmente empregados na Argentina e Uruguai. A classificação é feita quanto ao gênero e maturidade, e a tipificação propriamente dita, pela combinação das classes de gênero e maturidade, com restrições de conformação, acabamento e peso de carcaça, para enquadramento nos tipos.

A legislação ainda vigente é a Portaria Ministerial nº 612, de 05.10.1989 (Pardi *et al.*, 1996). Os parâmetros adotados para classificar são o gênero (M = macho; C = macho castrado; F = fêmea) e a maturidade dentária (dentes de leite ou da 1ª dentição, dois, quatro, seis e oito dentes incisivos permanentes) do bovino (**Tabela 6**). E para tipificar, a conformação, como avaliação subjetiva de perfis que demonstram o desenvolvimento das massas musculares do coxão, paleta e região dorso-lombar (C = convexa; Sc = subconvexa; Re = retilínea; Sr = sub-retilínea ou subcôncava; Co = côncava) e o acabamento da carcaça, como avaliação subjetiva da gordura subcutânea ou de cobertura, tendo como parâmetro o resultado esperado se uma medida fosse feita (1 = ausente; 2 = escassa, 1-3 mm; 3 = mediana, 4-6 mm; 4 = uniforme, 7-10 mm; e 5 = excessiva, 10 mm ou mais de gordura) sobre o contrafilé que, num padrão fotográfico, daria algo semelhante ao ilustrado na **Figura 5**.

Tabela 6. Esquema simplificado de classificação de carcaças, conforme a Portaria nº 612 (BRASIL, 1989)[1].

<table>
<tr><th>Dentição (d.i.p)</th><th>Macho</th><th>Castrado</th><th>Fêmea</th></tr>
<tr><td>0</td><td>Jovem (B)</td><td rowspan="3">Jovem (B°)[2]</td><td rowspan="3">Jovem (B°)</td></tr>
<tr><td>2</td><td rowspan="4">Adulto
(I e L)</td></tr>
<tr><td>4</td></tr>
<tr><td>6</td><td>Intermediário
(R)</td><td>Intermediário
(R)</td></tr>
<tr><td>8</td><td>Adulto
(S, I e L)</td><td>Adulto
(S, I e L)</td></tr>
</table>

[1]Conforme as letras da palavra BRASIL; [2]Para fins de exportação pela Cota Hilton, são excluídos os machos não-castrados, daí a separação entre B e B° (B bola).

A relação entre maturidade dentária e idade cronológica pode ser vista na **Tabela 7**.

Uma vez classificadas por gênero e maturidade, como na **Tabela 6**, faz-se a tipificação como consta da **Tabela 8**, hierarquizando em seis tipos designados pelas letras B-R-A-S-I-L, com restrições referentes ao peso da carcaça quente, tão mínimos que os frigoríficos estabelecem os seus bem acima do que está na portaria.

Tabela 7. Maturidade dentária (dentes incisivos permanentes) e idade cronológica aproximada em *Bos indicus* e *Bos taurus*.

Maturidade dentária	*Bos indicus*	*Bos taurus*
2	20 – 24	18 - 28
4	30 – 36	24 - 31
6	42 – 48	32 - 43
8	52 – 60	36 - 56

Fontes: Corrêa, A.N.S. (1996) para zebuínos; Kirton, A.H. (1989) para taurinos.

Tabela 8.Tabela de tipificação com as letras da palavra BRASIL.

Tipo[1]	Acabamento	Conformação mínima
B	Escassa, Mediana e Uniforme	Retilínea
Bº[2]	Escassa e Mediana	Retilínea
R	Escassa, Mediana e Uniforme	Sub-retilínea
A	Ausente e Excessiva	Sub-retilínea
S e I	Todas	Sub-retilínea
L	Todas	Côncava

[1]Seriam identificados com carimbo ou etiqueta os tipos B, Bo e R, porque os demais (A, S, I e L) enquadrariam vacas, touros e gado leiteiro que, em geral, levam a descontos nos frigoríficos; [2]Bº (cota Hilton), em relação a B, exclui carcaças com acabamento uniforme.

A classificação e o enquadramento em tipos são feitos na sala de matança; não se faz nenhuma avaliação qualitativa da carne, porque na carcaça quente a gordura não solidificou e o tecido muscular ainda está na fase pré *rigor mortis*. É, portanto, um sistema de tipificação de carcaça quente, como os da Argentina, Uruguai e União Europeia.

A crítica a esse sistema diz respeito ao enquadramento de carcaças desiguais em tipos, nos quais a qualidade da carne, ou o rendimento de desossa, deveriam ser uniformes. Como se vê, nas **Tabelas 6** e **8**, carcaças de machos jovens (zero d.i.p), de machos castrados e de fêmeas jovens (0 - 4 d.i.p.), com gordura de cobertura escassa, mediana ou uniforme, e conformação convexa, subconvexa ou retilínea são enquadradas todas no tipo B que, em tese, seriam as melhores.

É preciso ter em mente que o sistema BRASIL de classificação e tipificação de carcaças foi planejado para atender a uma exigência da Cota Hilton de que os cortes cárneos (de alcatra, contrafilé e filé-mignon exportados livres das taxas de ingresso na Europa) sejam elaborados a partir de carcaças tipificadas de gado jovem, novilhos e novilhas, de no máximo quatro dentes incisivos permanentes, exclusivamente criados em pastagens (Pardi *et al.*, 1996). E é assim que tem sido empregado para que o Brasil exporte até cinco mil toneladas de cortes especiais a preços compensadores.

Vale destacar, também, que especificações como a do tipo B e, em menor escala, a do R, foram bastante utilizadas em alguns estados ou regiões, para selecionar e isentar de ICMS, e até mesmo diferenciar preços em programas de incentivo para redução da idade de abate de bovinos de até 4 d.i.p. (aproximadamente 30 meses), denominados *novilhos precoce*.

A Instrução Normativa nº 9, de 2004

O novo sistema, cuja Instrução Normativa (IN) nº 9, de 04 de maio de 2004, instituía a obrigatoriedade da classificação de carcaças em todo o território nacional a partir do início de 2005, em todos os matadouros-frigoríficos com Inspeção Federal, ainda não foi implementado. A avaliação das carcaças teria que ser feita por profissionais habilitados, credenciados pelo MAPA, e pagos pelo setor privado. Os critérios adotados na IN nº 9, para classificação das carcaças, são gênero, maturidade, peso e acabamento. Os parâmetros gênero, maturidade e acabamento são os mesmos do sistema preconizado pela Portaria nº 612, mas já não é mencionada a avaliação de conformação, e não foi estabelecido se haverá classes de peso da carcaça quente ou se o peso será empregado como fator de restrição.

A grande mudança em relação à Portaria Ministerial nº 612, de 05.10. 1989, que continua vigorando para fins de exportação pela Cota Hilton, é que será eliminada a ordenação oficial das carcaças nos tipos B-R-A-S-I-L; supõe-se que as indústrias farão a ordenação conforme suas necessidades.

A implantação da classificação, conforme a IN nº 9, foi adiada pelo MAPA, com a IN nº 37, de 29.12.2004, sendo improvável que ocorra a curto ou médio prazo, em decorrência do desinteresse do próprio órgão federal que emitiu a normativa.

De qualquer modo, a IN nº 9 constitui um importante ponto de partida para implantação da classificação de carcaças nos matadouros-frigoríficos nacionais, seja como sistema oficial, no dia em que for preciso padronizar os critérios de julgamento, para que todos os envolvidos na comercialização de gado, carcaças e carne possam utilizar uma só linguagem.

Na **Tabela 9**, é apresentado um exemplo de associação entre gênero e maturidade para classificação de carcaças e, na **Tabela 10**, as combinações da tabela anterior, que podem ser de maior interesse para a classificação, são relacionadas com três das cinco classes de acabamento. Também na **Tabela 10**, podem ser vistas as quatro classes que podem compor a Cota Hilton, que são a CJ2 (castrado de até 4 d.i.p. com gordura escassa) e CJ3 (castrado de até 4 d.i.p. com gordura mediana), e as de novilhas FJ23 e FJ23.

Exemplo de uma nova tipificação de carcaça comercial

Desde o início de 2008, uma empresa de matadouros-frigoríficos implanta com sucesso uma nova tipificação de carcaças. O sistema, todo ele fundamentado em conhecimentos técnicos nacionais, leva em conta as características de peso e acabamento de gordura que, combinadas, formam classes de maior, menor, ou nenhum interesse para a empresa, dentro de cada gênero: machos castrados, não-castrados e fêmeas. A maturidade dentária é utilizada para hierarquizar tipos e diferenciar preços, de modo a valorizar gado mais jovem com peso e acabamento desejáveis, somente nas classes de peso e acabamento de maior interesse.

Nas **Tabelas 11** e **12**, são apresentados os esquemas empregados para classificar as carcaças pelo acabamento, maturidade dentária e peso quente em arrobas, de fêmeas e machos castrados, respectivamente. A diferenciação de preços, no caso de fêmeas, é feita pelo deságio para carcaças com peso abaixo de 12 arrobas e para as de acabamento ausente ou excessivo; nem ágio nem deságio para aquelas de acabamento escasso, peso de 12 a 13 arrobas, ou 8 dentes incisivos

Tabela 9. Exemplo de associação da maturidade dentária com o gênero.

Maturidade	Macho	Castrado	Fêmea
Jovem(0 e até 4 d.i.p.)	Touro Jovem(0 d.i.p.)	Novilho(até 4 d.i.p)	Novilha(até 4 d.i.p)
Intermediário(2 e até 6 d.i.p.)	Tourinho(2 d.i.p.)	Novilhão(6 d.i.p.)	Vaca(6 e 8 d.i.p.)
Adulto(>2 e até 8 d.i.p.)	Touro/Marruco(>2 d.i.p.)	Boi(8 d.i.p.)	

Tabela 10. Formação de classes pela associação de gênero-maturidade com acabamento.

Gênero – Maturidade	Acabamento		
	Escassa (2)	Mediana (3)	Uniforme (4)
Touro Jovem	MJ2	MJ3	MJ4
Tourinho	MI2	MI3	MI4
Novilho	CJ2*	CJ3*	CJ4
Novilhão	CI2	CI3	CI4
Boi	CA2	CA3	CA4
Novilha	FJ2*	FJ3*	FJ4

*Classes de carcaça, que dependendo do peso, podem compor a cota Hilton.

Tabela 11. Tipificação de carcaças bovinas de fêmeas, adotada por uma empresa nacional de frigoríficos.

Acabamento	Maturidade dentária	Peso de carcaça (arrobas) <12**	12 - 13	>13
Ausente	0 - 8			
Escassa	0 - 8			
Mediano	0			
e	2	Deságio	Preço do dia	Ágio
Uniforme	4			
	6			
	8			
Excessiva	0 - 8			

Tabela 12 Tipificação de carcaças bovinas de machos castrados, adotada por uma empresa nacional de frigoríficos.

Acabamento	Maturidade dentária	Peso de carcaça (arrobas) <15	15 - 16	16-23	>23
Ausente	0 - 8				
Escasso	0 - 8				
Mediano	0				
e	2				
Uniforme	4	Deságio	Preço do dia	Ágio	
	6				
	8				
Excessivo	0 - 8				

permanentes; e ágio para carcaças com peso acima de 13 arrobas, uma vez satisfeitas as condições de acabamento mediano ou uniforme e maturidade de 0 a 6 dentes permanentes.

No caso dos machos castrados, o deságio é para carcaças com peso abaixo de 15 ou acima de 23 arrobas e para as de acabamento ausente ou excessiva; não há ágio nem deságio para aquelas de acabamento escasso, peso de 15 a 16 arrobas; e há ágio para carcaças com peso de 16 a 23 arrobas uma vez satisfeitas as condições de acabamentos mediano ou uniforme.

Uma terceira tabela é utilizada para carcaças de machos inteiros, premiando apenas as de 0 a 2 dentes incisivos permanentes, com acabamentos mediano e uniforme, e peso entre 17 e 23 arrobas. Tanto no caso de machos castrados como não-castrados, a preferência de peso, sinalizada com maiores bônus, são as de 18 a 20 arrobas. O sistema penaliza carcaças de gado de origem leiteira; de marrucos (touros adultos), tourunos e carreiros (machos castrados tardiamente, adultos); as que apresentam lesão medicamentosa em cortes do traseiro; e as que são destinadas, pela Inspeção Federal, ao congelamento, conserva, salga ou graxaria (Franco, 2008; Pedroso, comunicação pessoal[2]).

A originalidade dessa tipificação está:

a) na combinação de classes de peso com as de acabamento;

b) na clara demonstração dos tipos que interessam à empresa, visando aos mercados interno e externo; e

c) no modelo de romaneio fornecido, que lista individualmente as carcaças pelo código da rastreabilidade, seguido dos critérios que levaram ao ágio ou deságio. Prevê-se que esse romaneio, semelhante a um extrato bancário, será utilizado pelos criadores como elemento auxiliar em seus programas de seleção de touros.

Esse programa de tipificação poderá "*servir de modelo, tanto para o governo (caso ele queira voltar a discutir a questão) quanto para outros frigoríficos interessados (...). Quais carcaças valorizar e qual prêmio pagar; isso, evidentemente, fica por conta de cada um*" (Felício, 2008).

Inovação Australiana

Novos indicadores

Além desses indicadores mais comumente empregados, como esses que foram apresentados até aqui, na Austrália (MSA, 2000), estão sendo estudados e aplicados na prática comer-

2. Pedroso, Eduardo Krisztán, zootecnista, especialista em segurança dos alimentos, que forneceu esses e outros detalhes do novo sistema de tipificação.

cial, para carcaças de bovinos jovens, novos indicadores, como:

- Composição racial do gado, mais especificamente as proporções de *Bos indicus* e *Bos taurus* no genótipo;
- Velocidade de ganho em peso, obtida dividindo-se o peso da carcaça pela idade, que é estimada pela maturidade óssea; há evidências de que a taxa de ganho possa ser positivamente associada com os atributos de qualidade organoléptica da carne;
- Tipo de pendura da carcaça durante o resfriamento ou pelo menos nas primeiras 10 horas de resfriamento; quando feita pela pelve, pode contribuir para diminuir o tempo de maturação de alguns cortes;
- Tempo de maturação que, segundo o MSA – *Meat Standards Australia*, deve ser de, no mínimo, cinco dias, sendo positivamente correlacionado com a qualidade organoléptica.

Tipificação de cortes cárneos

A novidade em matéria de padrões de qualidade da carne bovina surgiu na Austrália, a partir de 1996, com a denominação de *MSA – Meat Standards of Australia*, hoje um programa do *MLA – Meat and Livestock Australia*, atualmente executado em termos de treinamento e auditoria pelo *Aus-Meat Ltd*. Nas palavras dos idealizadores do método, "*o MSA tem potencial para revolucionar a comercialização da carne, porque diferentemente de outros sistemas descritivos, o MSA prevê acuradamente a qualidade organoléptica de cada corte de carne*" (MSA, 2000).

Figura 8. Selo de qualidade MSA, que garante a maciez da carne.

Os pontos-chave do MSA são: eliminar a necessidade de conhecimentos sobre carne por parte do consumidor; usar rótulos que orientem sobre o método correto de cocção para cada peça de carne, e garantir que o resultado seja satisfatório; satisfazer a necessidade do consumidor em três níveis de qualidade, isto é, 3 estrelas (maciez garantida), 4 estrelas (maciez *premium*), ou 5 estrelas (maciez *supreme*); envolver todos os setores da cadeia produtiva da carne; e fornecer *feedback* das informações sobre qualidade aos pecuaristas e às empresas frigoríficas.

Os cortes são tipificados, ou seja, ordenados de 3 a 5 estrelas, a partir de informações coletadas quando o gado é desembarcado na indústria (composição genética, ou seja, participação de *Bos indicus* e *Bos taurus* no genótipo); quando é abatido (peso da carcaça, uso ou não de estimulação elétrica); quando as carcaças são avaliadas após o resfriamento (maturidade óssea, espessura de gordura, teor de mármore, pendura pela pelve ou convencional); e na rotulagem dos cortes, após a desossa e embalagem individual (exigência de maturação por um tempo mínimo de uma semana, sendo que a possibilidade de ser vendida, em duas ou três semanas, pode mudar o número de estrelas de 3 para 4, ou de 4 para 5, conforme o corte e o método de cocção a ser empregado), informa o MSA (2003).

Nem todos os cortes precisam ser tipificados e identificados e de fato não o são. Os cortes do dianteiro, por exemplo, comercializados em cubos para cocção lenta, ou para processamento, não precisam ser tipificados. Por enquanto uns poucos cortes do dianteiro, mais especificamente, da paleta são identificados com o selo de maciez.

Essa inovação do Meat Standards of Australia poderá trazer grandes mudanças ao setor da carne; na pecuária, aumentando a demanda por gado de corte com certas características que, sabidamente, influenciam positivamente a tipificação dos cortes; e, na indústria, motivando o interesse pelas tecnologias pós-abate capazes de aumentar a proporção de cortes enquadrados nos melhores tipos e, consequentemente, a lucratividade da operação (Felício, 2005).

Referências bibliográficas

AMERICAN MEAT SCIENCE ASSOCIATION (AMSA). **Meat Evaluation Handbook**. American Meat Science Association, Savoy, IL. 2001.

ARGENTINA. Clasificación y Tipificación Oficial de la Carnes Vacunas. Ministerio de Agricultura y Ganadería de la Nácion. **Junta Nacional de Carnes**. Buenos Aires. 1973

BRASIL. Instrução Normativa nº 9. Sistema Brasileiro de Classificação de Carcaças de Bovinos. **Diário Oficial da União** de 04.05.2004. Ministério da Agricultura, Pecuária e Abastecimento, 2004.

BRASIL. Portaria n. 268. Padrões de valorização da qualidade comercial do Novilho precoce. **Diário Oficial da União** de 04.05.1995. Ministério da Agricultura, Pecuária e Abastecimento, 1995.

BRASIL. **Padronização de Cortes de Carne Bovina**. MA/SNAD/SIPA. Brasília, 98p. (O texto da referida publicação também pode ser encontrado em Pardi *et al.* 1993. Ciência, Higiene e Tecnologia da Carne. Vol. I. Goiânia: Editora UFG e EDUFF, 586pp.). 1990.

BRASIL. Portaria n. 612. Sistema Nacional de Tipificação de Carcaças Bovinas. **Diário Oficial da União** de 10.10.1989. Ministério da Agricultura, Pecuária e Abastecimento, 1989.

BRASIL. Portaria n. 193. Implanta o Sistema de Classificação de Bovinos e Bubalinos. **Diário Oficial da União** de 26.06.1984. Ministério da Agricultura, Pecuária e Abastecimento, 1984.

BRASIL. Portaria n. 220. Sistemas de Classificação de Carcaças Bovinas e Bubalinos. **Diário Oficial da União**de 24.09.1981. Ministério da Agricultura, Pecuária e Abastecimento, 1981.

COMUNIDADE EUROPÉIA (CE). Regulamento nº. 1234. Anexo V. Grelhas Comunitárias de Classificação de Carcaças. **Jornal Oficial da União Européia**. 2007.

Corrêa, A.N.S. Gado de Corte: **500 perguntas, 500 respostas**. EMBRAPA, Brasília - DF.1996.

Felício, P.E. de. Cadeia Produtiva: Boi premiado. **DBO**, São Paulo, ano 27, nº. 329, p.20-22, março 2008. Entrevista concedida à jornalista Maristela Franco.

Felício, P.E. de. "New Concepts of Cattle Growth" chega aos 30 anos. **Revista ABCZ**, ano 6, n.35, nov./dez., p.82, 2006.

Felício, P.E. de. Padronização e nomenclatura dos cortes cárneos. **Visão Agrícola**, n.3, jan/jun., p.103-106, 2005.

Felício, P.E. de.; Allen, D.M. Previsão de rendimentos em carne aproveitável da carcaça de novilhos Zebu. **Coletânea ITAL**, Campinas, v.12, p.203-217, 1981/1982.

Franco, M. Cadeia Produtiva: Boi premiado. **DBO**, São Paulo, ano 27, nº. 329, p.20-22, março 2008.

Kirton, A.H. Principles of classification and grading. In: Purchas, R.W., Butler-Hogg, B.W., Davies, A.S., editors. Meat Production and Processing, p. 143. **New Zealand Society of Animal Production**, Hamilton.1989.

Luchiari Filho, A.; Allen, D.M. A pratical beef carcass yield grade system. **Zootecnia**, Nova Odessa, v.23, n.3, p.223-232, 1985.

Luchiari Filho, A. **Pecuária da carne bovina**. São Paulo, 2000. 134p.

Meat Standards Australia (MSA). **User's guide to Australian Meat**. 3rd ed. Brisbane AUS-MEAT LIMITED. 2003, 84p.

Meat Standards Australia Information Kit (MSA). ***Meat and Livestock Australia***. 2001.
MLC. Beef Carcase **Authentication Service**. Meat and Livestock Commission. Milton Keynes, England. 2002, 8p.

MLC. Progress on Beef Carcase Classification. **Meat Trade Technical Bulletin**, n.22, 50p., 1975.

Murphey, C.E.; Hallet, D.K.; Tyler, W.E.; Pierce, J.C. Estimating yields of retail cuts from beef carcasses. Presented at the **62nd Meeting of the American Society of Animal Production**, Chicago, November 26, 1960.

Pardi, M.C. Classificação e tipificação de carcaças. In: 1° Encontro das Associações de Pecuária de Corte, 1971, São Paulo. **Anais**. São Paulo: Associações de Pecuária de Corte, 1971. p.57-62.

Pardi, M.C.; Santos, I.F.; Souza, E.R.; Santos, J.C. **A Epopeia do Zebu** – Um Estudo Zootécnico-Econômico – 1944/1994. Editora UFG: Goiânia, Go, 1996, 126p.

Rhodes, V.J. How the marking of beef grades was obtained. **Journal of Farm Economics**, v.XLII, n.1, p.133-149. 1960.

Sainz, D.; Araújo, F.R.C. Tipificação de carcaças de bovinos e suínos, **1° Congresso Brasileiro de Ciência e Tecnologia de Carnes**. In:

Carne: Qualidade e Segurança para os consumidores do Novo Milênio, p.26, 2001.

Savell, J.W.; Cross, H.R.; Smith, G. C. Percentage of Ether Extractable Fat and Moisture Content of Beef Longissimus Muscle as Related to USDA Marbling Score. **Journal of Food Science**, v.51, p.838-840, 1986.

URUGUAY. **Manual de carnes bovina y ovina**. Instituto Nacional de Carnes. Montevideo. 2004, 110 p.

URUGUAY. INACUR, Sistema Oficial de Clasificación y Tipificación de Carnes Vacunas, según resolución 65/97, de la **Junta del Instituto Nacional de Carnes**. 14 de abril de 1997.

USDA. Official United States Standards for Grades of Carcass Beef. **Agric. Marketing Serv., USDA**. Washington, DC. 1997.

USDA. Official United States Standards for Grades of Carcass Beef. **Agric. Marketing Serv., USDA**. Washington, DC. 1989.

CAPÍTULO 64

Fatores anteriores e posteriores ao abate que influenciam a qualidade da carne

Eduardo Francisquine Delgado
Professor Doutor
Departamento de Zootecnia
ESALQ/USP. Piracicaba, SP
efdelgad@esalq.usp.br

Carolina de Castro Santos
Doutora em Ciência Animal e Pastagens
ESALQ/USP. Piracicaba, SP
cdcsanto@esalq.usp.br

Introdução

Condição incontestável é a excelência de nome alcançada por qualquer setor que domine a arte de preparar uma carne de *primeira qualidade*. Aprende-se desde muito cedo na vida, a valorizar sobremaneira aqueles, indivíduos ou empresas, que se comprometem a fornecer ou servir boa carne. A tendência parece caminhar para o estabelecimento de marcas, que procuram assumir esse compromisso.

Hoje em dia, quando se pensa em qualidade, especialmente num ambiente urbano em que tudo é produzido, processado, embalado, transportado e servido sem que se tenha contato com qualquer dessas etapas, grande parte dos aspectos a serem considerados muitas vezes não estão diretamente relacionados com a bovinocultura de corte. Aspectos como higiene, conservação, processamento, embalagem e *marketing* são importantes na definição de qualidade, mas estão circunscritos ao setor industrial da cadeia da carne.

A qualidade da carne, tratada aqui, refere-se à percepção visual, gustativa e tátil que se tem dos cortes cárneos na compra, durante o preparo e no seu consumo. A descrição de fatores anteriores e posteriores ao abate que influenciam a avaliação visual e a palatabilidade da carne certamente pode ser encontrada em algumas obras de referência nacionais e internacionais. Talvez o maior desafio seja interligar esses fatores e como estão relacionados com as práticas da bovinocultura de corte brasileira.

Diversas características próprias dos músculos, para exercer suas funções anatomo-fisiológicas e que ditam a qualidade final da carne, serão discutidas. A interação ou a predominância de algumas daquelas em circunstâncias as mais diversas, encontradas nas condições anteriores e posteriores ao abate dos animais, fazem da ciência da carne um ramo que talvez não possa se desvencilhar da arte. Nesse tocante, há que se cuidar para não simplificar em demasia e deixar passar despercebido o que determina a qualidade organoléptica da carne. Também passa a ser um desafio rebuscar menos para não passar do ponto e perder-se o que realmente define as percepções dos autores.

Para facilitar o entendimento das implicações de condições anteriores e posteriores ao abate na qualidade da carne, faz-se necessária uma introdução breve em ciência da carne, abordando as seguintes características estruturais e bioquímicas da musculatura e sua relação com transformação em carne: tipo de fibra muscular, tecido conjuntivo, *rigor mortis,* reserva energética muscular, proteólise muscular, capacidade de retenção de água e marmorização.

Existe ainda uma variável que tem uma relação importante com qualidade da carne, que se relaciona ao perfil de ácidos graxos presentes na gordura. Todavia, esse tópico não será incluído nesta discussão, por não estar diretamente relacionado com impacto da estrutura muscular na qualidade da carne bovina, que envolve um aprofundamento no conhecimento do metabolismo de tecido adiposo, e ainda está num grau de sofisticação muito acima dos desafios mais urgentes da bovinocultura de corte.

Tipo de fibra muscular

Composição do músculo e da fibra muscular - As células da musculatura estriada esquelética são denominadas fibras musculares pela sua característica fusiforme alongada. Elas encontram-se agrupadas em feixes e grupamento de feixes de fibras que são recobertos por tecido conjuntivo **(Figura 1)**. Todo o processo de encurtamento e geração de força muscular é resultado da integração da contração que ocorre dentro de cada fibra muscular num processo somatório de forças dentro dos feixes de fibras.

As fibras musculares são compostas de pro-

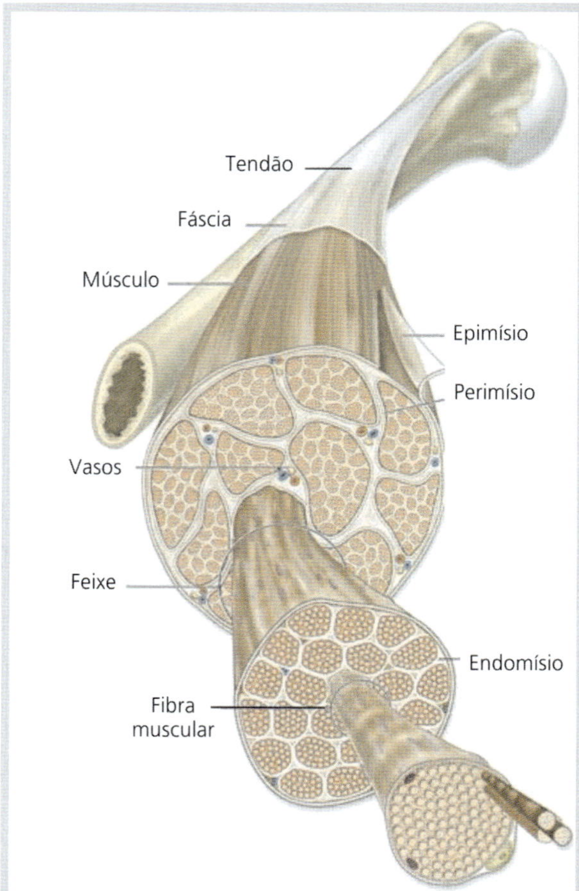

Figura 1. Diagrama esquemático da macroestrura da musculatura estriada esquelética. Tecido conjuntivo: Fáscia: tecido fibroso. Epimísio: recobre o músculo. Perimísio: envolve os feixes de fibras musculares. Endomísio: envolve cada fibra muscular.

teínas filamentosas (50 a 55%), compondo as miofibrilas. Estas miofibrilas são o arcabouço da fibra muscular e resultam de uma repetição sucessiva de unidades básicas de contração muscular denominadas sarcômeros (**Figura 2**). Delimitam o sarcômero as bandas ou discos Z e ancorados neles aparecem os filamentos finos. No interior do sarcômero ficam inseridos os filamentos grossos. As principais proteínas das miofibrilas funcional e quantitativamente são a miosina e actina, que formam os filamentos grossos e finos envolvidos na contração do músculo.

Miofibrila

Tipos de fibra – Embora a homologia (semelhança de estrutura) de proteínas miofibrilares específicas seja bastante elevada, existem variações importantes. As diversas formas variantes de uma mesma proteína, isto é, as isoformas desenvolvem função semelhante na estrutura da fibra muscular, mas com funcionamento suficientemente díspar para possibilitarem fibras musculares com características diferenciadas, podendo ser classificadas em tipos de fibra (**Tabela 1** e **Figura 3**).

A herdabilidade de tipos de fibra está num patamar entre médio para alto, indicativo de um bom parâmetro com potencial para seleção em programas de melhoramento. O número de fibras musculares, na maioria dos tipos biológicos explorados na pecuária de corte (exceto Piemontês e *Belgian Blue*), é fixo após o nascimento do animal e, com o crescimento e desenvolvimento, o tamanho e tipo de fibras vão sendo alterados. A seleção dos animais para crescimento acelerado resultou em fibras maiores e maior quantidade de fibras do tipo IIB. Além do exercício, poucos são os fatores que alteram o tipo de fibra, e a alimentação não parecem exercer grande influência. Não parecem existir dife-

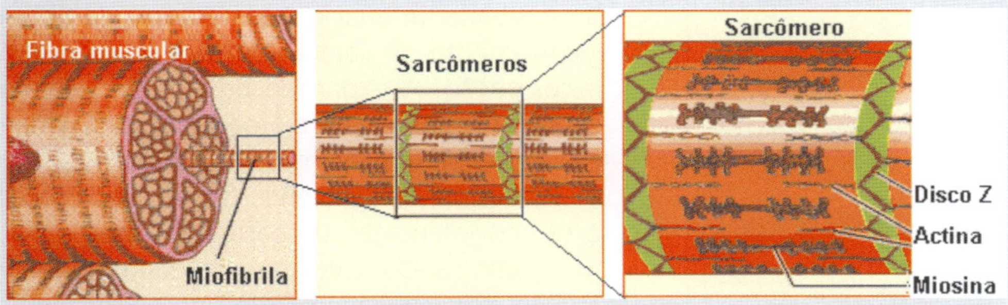

Figura 2. Diagrama esquemático da estrutura básica de contração (sarcômero). Adaptado da Enciclopédia Britânica, 1994.

Tabela 1. Comparação relativa das características físico-químicas e metabólicas das fibras musculares.

Tipo de fibra muscular[1] **Características**	**I ou vermelha**	**II ou branca**	**Implicações**
Isoforma de miosina	Tipo I - lenta	Tipo II- rápida	Velocidade, quebra de ATP, de contração e formação de lactato[2]
Diâmetro	Pequeno	Grande	Força
Mioglobina*	Alto	Baixo	Coloração
Glicogênio*	Baixo	Alto	Metabolismo glicolítico[2]
Capacidade oxidativa[3]	Alta	Baixa	Conteúdo de mitocôndrias, pigmentos e coloração
Capacidade glicolítica[4]	Baixa	Alta	Glicogenólise, formação de lactato e pH[2]
Fatigabilidade[5]	Baixa	Alta	Atividade da quebra de ATP e ligação miosina-actina (contração)[2]

[1] Simplificadamente - Tipo I ou vermelha = βR ou lenta oxidativa (SO - *slow oxidative*), Tipo IIA ou intermediária = αR ou rápida oxidativa e glicolítica (FOG - *fast oxidative and glicolitic*), e tipo IIB ou branca = αW ou rápida glicolítica (FG - *fast glicolitic*); *Conteúdo; [2] Ver discussões em *Rigor mortis* e reserva energética; [3]Maquinário enzimático capaz de fornecer energia através do ciclo dos ácidos tricarboxílicos; [4]Maquinário enzimático de capaz de fornecer energia através de reação anaeróbica a partir da quebra de glicogênio; [5]Relacionado com a rapidez de quebra de ATP, que depende da isoforma de miosina, causando demanda e queima de fontes de energia com diminuição de pH e comprometimento da contração muscular.

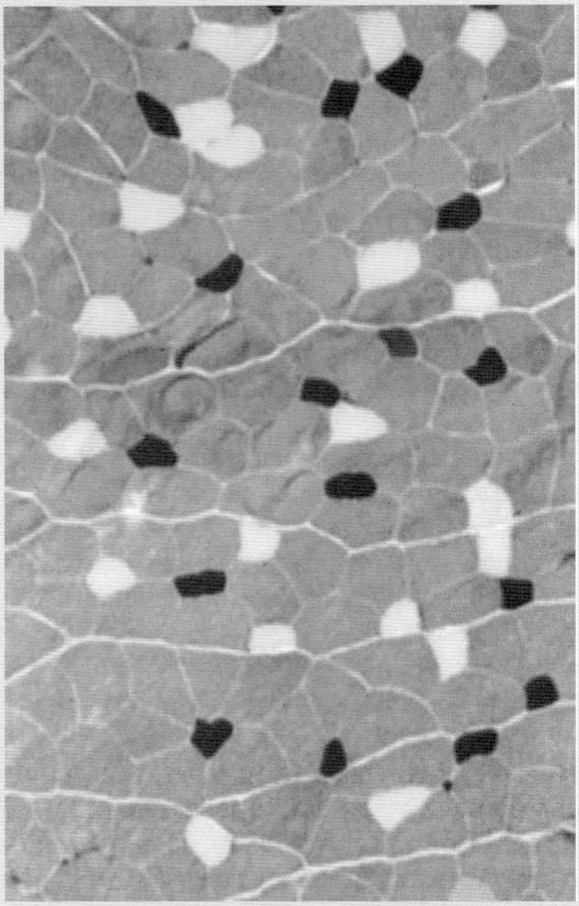

Figura 3. Diferenciação dos tipos de fibra em corte transversal de musculatura estriada esquelética marcados por imunoistoquímica (pH ácido), baseada na atividade de quebra de ATP da miosina. Tipo I: preta. Tipo IIA: branca. Tipo IIB: cinza

renças marcantes entre raças, mesmo quando comparam-se animais *Bos taurus* e *Bos indicus* (zebu) (Taylor, 2004b)

A maior parte dos músculos em bovinos é composta de uma mistura dos tipos de fibra muscular que reflete a função do músculo e, portanto, localização anatômica no corpo do animal e inclusive dentro do próprio músculo. Existem grandes diferenças ao se considerar o interior e exterior da massa muscular (**Tabela 2**).

Em teoria, quanto maior a quantidade de fibras do tipo I, mais vermelha (maior conteúdo de mioglobina e mitocôndrias) será a coloração da carne. Como cor é um fator importante no momento da compra de carne *in natura*, cor mais avermelhada será preferida. As fibras tipo I também são mais ricas em lipídios, sendo então associadas ao sabor/aroma e suculência. Por outro lado, as fibras tipo IIB são maiores e, portanto, mais resistentes à mastigação e cortes. O tamanho da fibra pode ser um fator determinante da textura (maciez) da carne. Todavia, a relação entre tamanho de fibra e porcentagem do tipo IIB com a textura limita-se aos primeiros poucos dias após o abate, nos quais não houve grande desestruturação das proteínas miofibrilares em virtude da maturação da carne (ver **Proteólise Muscular**).

Não parece haver diferenças em *dureza* de fibras de diferentes músculos, de maneira que fibras de mesmo diâmetro em diferentes músculos apresentam as mesmas características. Outro aspecto interessante é a similaridade entre diâmetro de fibras de animais de idades semelhantes e com mesmo comprimento de sarcômero, mesmo comparando-se diferentes raças. Portanto, diferenças no tamanho de fibra são diretamente relacionadas ao tipo de fibra e encurtamento de sarcômero observado durante contração. A expansão das fibras musculares, durante contração, é uma situação facilmente observável, pois os músculos tornam-se mais volumosos durante seu encurtamento no processo de movimentação de partes do corpo.

Uma característica de qualidade que pode também ser associada com o tipo de fibra muscular é a perda de líquido por gotejamento. Essa condição está inter-relacionada com estresse animal. A mensuração do potencial glicolítico dos músculos (glicose + glicose – 6 – fosfato + glicogênio + lactato), inversamente relacionado com a concentração residual dos carboidratos, resulta em bom preditor da perda por gotejamento, possivelmente por ser um bom indicador do tipo metabólico de fibra, que influencia o pH da carne (ver **Tabela 1** e **Gráfico 1**).

Na prática, essas relações entre tipos de fibras e aspectos de qualidade são mais difíceis de generalizar, justamente porque a qualidade final é determinada pela conjunção de respostas que as variáveis dos músculos apresentam aos diversos fatores anteriores e posteriores ao abate a que os animais e carcaças são submetidos.

Tecido conjuntivo – É um tecido de preenchimento, comumente chamado de sebo e apresenta-se como películas que recobrem os grupos musculares (epimísio – **Figuras 1** e **4**),

Tabela 2. Distribuição dos tipos de fibra muscular em diferentes músculos bovinos.

	Músculos*						
	LD	PM	GM	SM_{PI}	SM_{PE}	ST_{PI}	ST_{PE}
	Área do corte ocupada (%)						
Fibras βR /tipo I	24,0	54,2	23,2	10,5	15,0	34,7	10,8
Fibras αR/tipo IIA	20,0	10,8	17,2	25,0	24,5	23,6	14,3
Fibras αW/tipo IIB	56,0	35,0	59,6	64,6	60,5	41,7	75,0
Taxa Aeróbica[1]	0,80	2,01	0,69	0,55	0,66	1,43	0,34

*Músculos: LD = *Longissimus dorsi* (corte comercial – contrafilé); PM = *Psoas major* (corte comercial – filé-mignon); GM = *Gluteus medius* (corte comercial – picanha); SM_{PI} = Parte interna do corte do músculo *Semimembranosus* (corte comercial – coxão mole); SM_{PE} = Parte externa do corte do músculo *Semimembranosus* (corte comercial – coxão mole); ST_{PI} = Parte interna do corte do músculo *Semitendinosus* (corte comercial – lagarto); e ST_{PE} = Parte externa do corte do músculo *Semitendinosus* (corte comercial – lagarto). [1] Relação entre porcentagem de fibras R e porcentagem de fibras W. Adaptado de Hunt *et al*., 1977. Profile of fiber types and related properties of five bovine muscles. **Journal of food Science**, v.42, p.513-517.

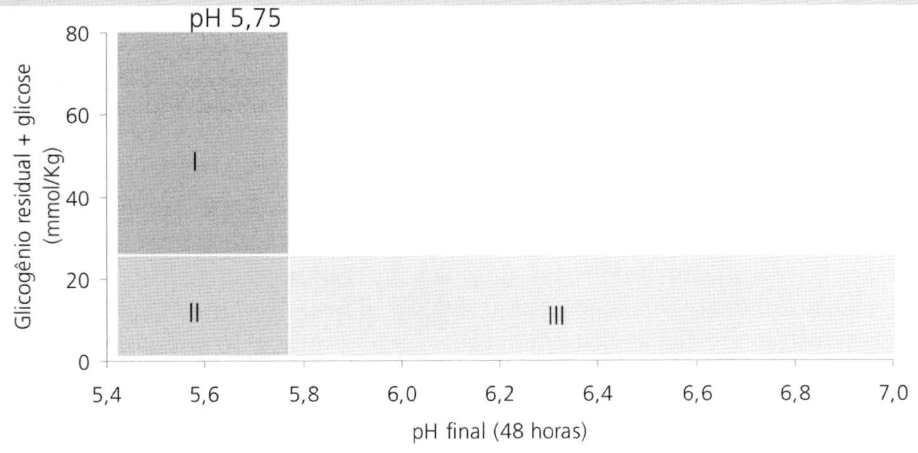

Categoria I: baixo estresse - sem problemas; Categoria II: médio estresse – potencialmente com problema; Categoria III: alto estresse – com problemas.

Gráfico 1. Sugestão para categorias de qualidade de carne bovina baseada na combinação de pH final e concentração de carboidrato residual (glicogênio + glicose). Adaptado de Immonen *et al*., 2000. Variation of residual glycogen-glucose concentration at ultimate pH values below 5.75. **Meat Science**, v.55, p.279-283

feixes de fibras musculares (perimísio) e cada fibra muscular (endomísio). Também compõe as aponeuroses. Na região do perimísio, pode ser observado o acúmulo de adipócitos (células que acumulam gordura), que formam a gordura intramuscular da carcaça (Ver **Marmorização**). Nesse mesmo local, aparecem os vasos sanguíneos, que muitas vezes podem ser visualizados a olho nu, e também estão presentes os nervos. A visualização grosseira da textura de um músculo consiste de feixes de fibras musculares circundadas pelo perimísio.

Esse tecido é composto, em grande parte, pela proteína mais abundante no organismo animal, o colágeno. Essa proteína tem a propriedade de formar fibras colágenas (fibras de maior diâmetro pela junção de várias fibrilas de colágeno) entrelaçadas como se fosse uma rede de fios que envolvem fibras e feixes musculares com função de suporte físico, atuando na adesão entre as fibras musculares, transmissão da força de contração e organização do tecido muscular.

A predominância de fibras colágenas bem estruturadas ocorre especialmente no epimísio e perimísio, e confere certa resistência à tração, não sendo surpresa a profunda importância desse tecido na definição da estrutura e textura da musculatura. O perimísio compreende cerca de 90% do tecido conjuntivo intramuscular e, portanto, é a porção que pode causar variabilidade na textura da carne. Essa porção do tecido conjuntivo pode ser dispersa, pouco desenvolvida e com aparência frágil em músculos de postura, resultando em textura fina na visualização do corte cárneo, apre-

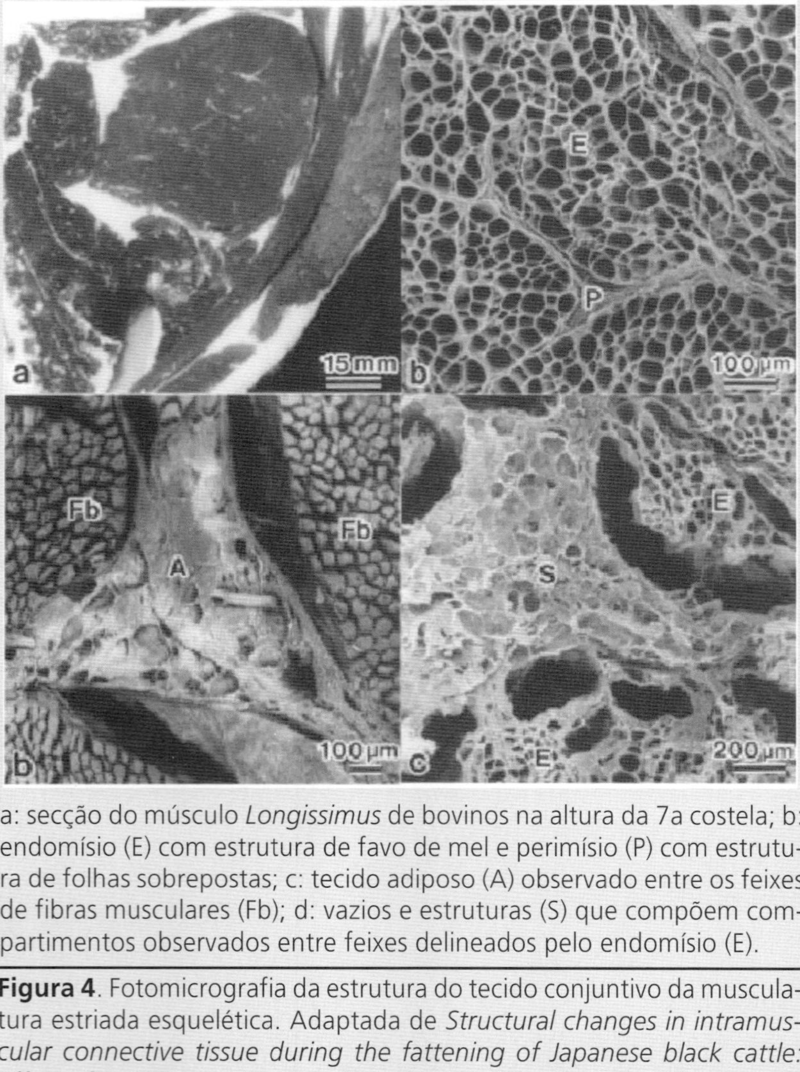

a: secção do músculo *Longissimus* de bovinos na altura da 7a costela; b: endomísio (E) com estrutura de favo de mel e perimísio (P) com estrutura de folhas sobrepostas; c: tecido adiposo (A) observado entre os feixes de fibras musculares (Fb); d: vazios e estruturas (S) que compõem compartimentos observados entre feixes delineados pelo endomísio (E).

Figura 4. Fotomicrografia da estrutura do tecido conjuntivo da musculatura estriada esquelética. Adaptada de *Structural changes in intramuscular connective tissue during the fattening of Japanese black cattle: effect of marbling on beef tenderization*. Nishimura *et al*., 1999. *Journal of Animal Science*, v.77, p.93-104.

sentando o contrafilé (*Longissimus*) como exemplo. Por outro lado, em músculos de movimentação, o perimísio aparece em estruturas espessas e envolve grandes feixes de fibras musculares que conferem uma textura grosseira ao corte, sendo representado pelo coxão duro (*Biceps femoris*). Pode-se verificar que a força mecânica necessária para cortar (força de cisalhamento) a carne cresce de forma paralela ao esforço despendido para cortar o tecido conjuntivo intramuscular (**Gráfico 2**). A força de cisalhamento é ainda mais alta quando a carne é tratada com calor durante cocção, em que ocorre encolhimento das fibras de colágeno e enrijecimento da matriz cárnea. Obviamente que, após a cocção, a participação do tecido conjuntivo na maciez da carne começa a diminuir frente ao componente fibra muscular, especialmente em casos em que não ocorreu proteólise após abate (ver **Proteólise muscular**).

No processo de envelhecimento do animal, as fibras colágenas tornam-se cada vez mais estáveis e interligadas, criando uma matriz cárnea ainda mais rija. A taxa de renovação dessa matriz diminui, e estruturas novas e com menor grau de interligação deixam de ser introduzidas em substituição à matriz enrijecida. Essa rigidez é exacerbada em decorrência de uma adesão mais firme das fibras musculares promovida pelo tecido conjuntivo. Dessa forma, em animais jovens, ocorre perda de adesão após cocção a 60° C, fato não observado em animais velhos. Esse processo parece ser acompanhado pela mudança na solubilidade do colágeno presente no músculo, e quanto menor a taxa de renovação e maior a interligação das fibrilas de colágeno menor será a solubilidade do colágeno (Ver **Gráfico 1**).

Como exemplo dessa rigidez, essa dura realidade é enfrentada pelo corpo humano durante o envelhecimento, e passa-se a sentir essas mudanças quando se percebe a perda de flexibilidade e na medida direta em que o alongamento vai se tornando cada vez mais *doloroso*!

Rigor mortis - O processo de enrijecimento da musculatura, após o abate do animal, é um processo natural. Numa condição em que a musculatura estriada esquelética não recebe mais o aporte de nutrientes vindos do sangue, em razão da cessação da circulação sanguínea, inicia-se a utilização de reserva de glicogênio para gerar energia. Esse processo, disparado pela necessidade de ATP durante associação actina-miosina na contração muscular, é dependente de cálcio. O controle da quantidade de cálcio

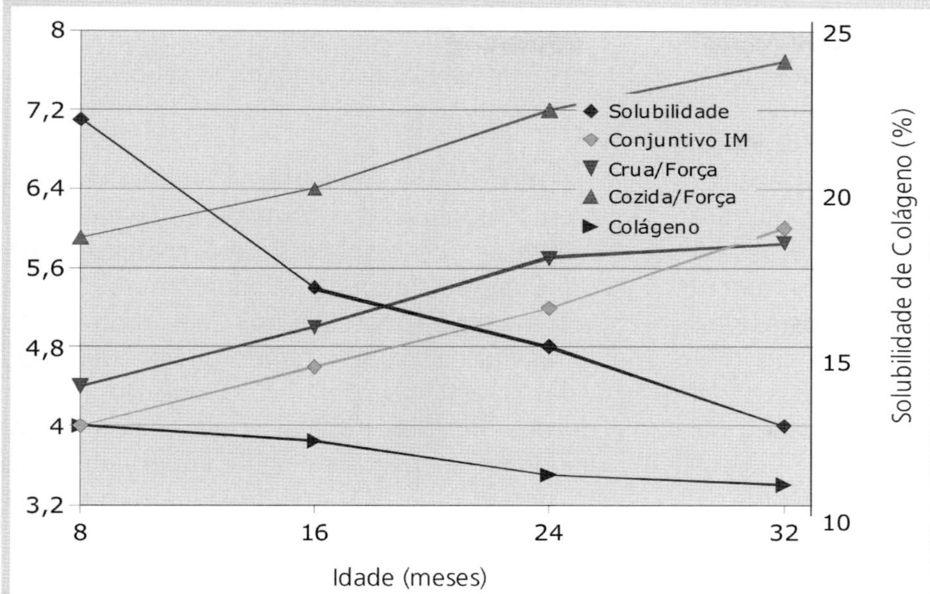

Gráfico 2. Mudanças no conteúdo (%, matéria seca) e solubilidade do colágeno (%), na força de cisalhamento do tecido conjuntivo intramuscular (Conjuntivo IM – gramas, valor do gráfico X 5) e da carne crua e cozida (gramas, valor do gráfico X 100) proveniente do músculo Semitendineo, durante diferentes idades (meses) na fase de crescimento e terminação de novilhos do tipo Wagyu. Adaptado de Structural changes in intramuscular connective tissue during fattening of Japanese Black cattle: Effect of marbling on beef tenderization. Nishimura *et al.*, 1999. **Journal of Animal Science**, v.77, p.93-104.

intracelular começa a falhar por causa da queda de temperatura e pH, pois é exercido por proteínas que formam os canais e a bomba de cálcio, que regulam a concentração do íon dentro da fibra muscular. Portanto, a partir de determinada temperatura (15° C) e/ou pH (6,0), durante o período *post-mortem* (após abate), a concentração desse cátion passa a ser suficiente para manter o ciclo de contração.

Quando ocorre a contração, que envolve o encurtamento do sarcômero, e não existem mais condições ótimas de pH e temperatura para geração de ATP e sua ligação com a miosina, atinge-se o enrijecimento máximo, com perda da elasticidade muscular, denominado *rigor mortis*. Essa condição está associada a uma ligação forte e permanente da actina com a miosina. Embora o encurtamento do sarcômero seja normalmente pequeno (10 a 15%), seu novo comprimento, mantido pela ligação actino-miosina, resulta em um arcabouço miofibrilar com grande sobreposição de proteínas filamentosas. Além disto, o pH baixo observado no *rigor* causa um encolhimento dos filamentos miofibrilares, diminuindo o espaço entre eles. Essa estrutura é mais resistente ao corte e mastigação, resultando em forças de cisalhamento mais altas e menor maciez.

Reserva energética muscular - A fibra muscular possui cerca de até 1 % da sua composição química na forma de grânulos de glicogênio. Esse material é de fundamental importância para o metabolismo energético das fibras, conforme descrito acima (ver **Tipos de fibras musculares**).

Esse combustível celular passa a ser ainda mais importante *post-mortem* porque, sem oxigênio proveniente do sangue, outros compostos, como ácidos graxos, não podem ser usados e a glicose também deixa de chegar às fibras musculares após cessação da circulação sanguínea. A fosfocreatina presente nos músculos serve para fornecer energia (Adenosina trifosfato - ATP) somente por um período reduzido após abate. O único composto utilizado como fonte de energia por um período mais longo passa a ser o glicogênio, especialmente em condições anaeróbicas (cessação do funcionamento do ciclo dos ácidos tricarboxílicos e fosforilação oxidativa por falta de oxigênio). Nessas condições, a glicólise anaeróbica forma ácido lático que apresenta um aroma agradável. A adenosina trifosfato (ATP), que é convertida em ADP, é ainda degradada para formar AMP e, finalmente, ao IMP (inosina monofosfato). Esse composto também apresenta característica de favorecer o aroma da carne.

A quebra do glicogênio, glicogenólise, ocorre também em situações normais nos músculos dos animais antes do abate, tão logo seja disparado o eixo do estresse com aumento de epinefrina no sangue. Outra situação que pode requerer uso da reserva de glicogênio concomitantemente com estresse psicológico seria uma movimentação intensa e prolongada sem possibilidade de descanso ou recomposição da reserva energética muscular. Isso seria causado pela utilização de grandes massas musculares relacionadas com movimentação e está ligado ao recrutamento intenso de unidades motoras compostas de fibras rápidas ou brancas e depleção das reservas de glicogênio muscular. No caso de ruminantes, um período longo (dias) é necessário para que haja recomposição de glicogênio muscular em dietas com alta proporção de alimentos concentrados (McVeigh & Tarrant, 1982).

Dessa forma, a preservação das reservas momentos antes do abate é condição essencial para permitir quantidade de glicogênio suficiente para que, durante a glicogenólise, ocorra a acidificação natural da carne pela quebra de ATP durante a contração juntamente com a formação e acúmulo de ácido lático (**Gráfico 3** – ver também **Manejo pré-abate**). O pH mais baixo da carne tem importância no controle do crescimento de vários tipos de microrganismos, e os compostos formados pela quebra de ATP e presença de ácido lático ajudam no sabor/aroma da carne.

Proteólise muscular – Embora o crescimento muscular seja comumente ligado unicamente ao processo de síntese proteica, existe um segundo componente importante no desenvolvimento da musculatura. Cada proteína das fibras musculares tem tempo de vida útil (meia-vida) característico, não passando de algumas dezenas de dias nos casos das maiores, mais abundantes e estruturalmente importantes. Existe, portanto, um sistema de hidrólise ou degradação das proteínas existentes (proteólise) e sua substituição por moléculas recém-sintetizadas. O processo de síntese e degradação proteica é denominado *turnover* proteico. Dessa maneira, para que haja acréscimo de proteína muscular (hipertrofia), faz-se necessária a síntese de proteínas para reposição das proteínas hidrolisadas (degradadas) e para aposição sobre proteínas existentes e intactas na estrutura muscular. A hipertrofia poderia então ser gerada pela diminuição da degradação proteica sem grandes mudanças na síntese proteica ou pelo aumento de síntese sem que haja mudanças na proteólise muscular.

Existem vários sistemas proteolíticos naturais presentes na musculatura estriada esquelética. Três merecem destaque:

1) catepsinas;

2) protease multicatalítica (proteasoma); e

3) sistema das calpaínas.

Os dois primeiros sistemas são extremamente importantes *in vivo*, mas com atuações específicas bem definidas e com característica de hidrolisarem, de forma bastante extensa, as proteínas por eles *processadas*, a ponto de resultar na produção dos

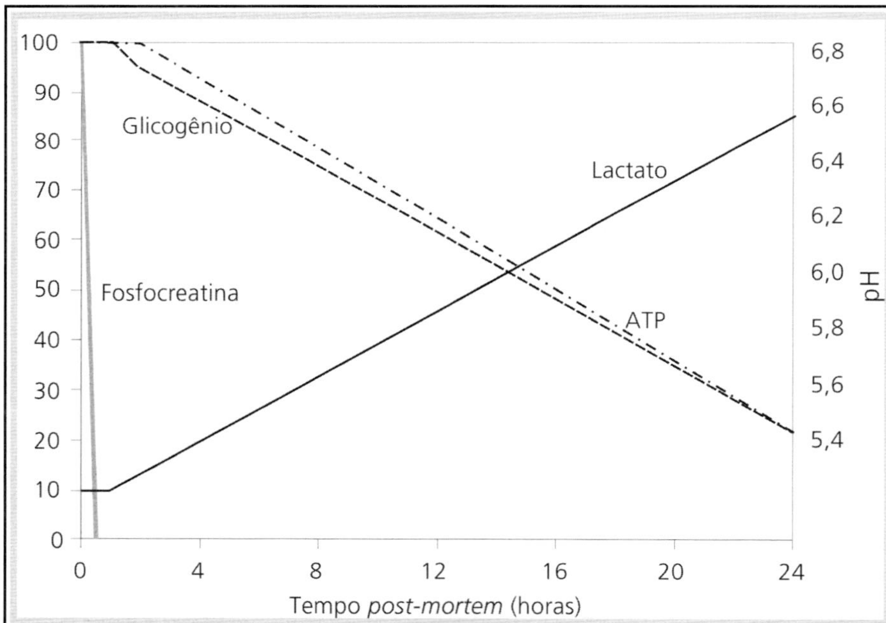

Gráfico 3. Esquema geral de mudanças nos componentes da reserva de energia muscular durante período *post-mortem*. Existem variações nas relações entre concentrações e tempo entre músculos e condições de reserva inicial. As concentrações máximas observadas nos músculos foram consideradas no patamar de 100%. Adaptado de Honikel, K. O. *Conversion of muscle to meat. In:* **Encyclopedia of Meat Science**, 2004.

blocos formadores das proteínas, os aminoácidos. Esse não é o caso observado durante o processo de amaciamento natural da carne.

O sistema proteolítico muscular, responsável por mudanças no período pré-abate e que tem implicações e atuação direta na transformação de músculo em carne, é descrito como o sistema das calpaínas. As calpaínas são enzimas cálcio dependentes presentes nas fibras musculares, que hidrolisam de forma limitada proteínas específicas em regiões estratégicas do sarcômero, liberando as *amarras* entre esse arcabouço da fibra e o citoesqueleto, afrouxando a estrutura miofibrilar sem destruí-la totalmente. Esse processo no músculo (*in vivo*) permite a liberação de proteínas miofibrilares que serão direcionadas para serem reincorporadas ao sarcômero ou, a partir de então, para o processo de *turnover* proteico com degradação extensiva por outros sistemas proteolíticos (citados anteriormente).

O sistema das calpaínas, especificamente a µ-calpaína, continua o afrouxamento da estrutura durante e após a transformação de músculo em carne. A ação dessas enzimas é capaz de romper a continuidade dos filamentos protéicos dentro dos sarcômeros, entre miofibrilas, e entre miofibrilas e o sarcolema (membrana da fibra muscular). Estas modificações, embora não sejam extensas e não produzam o aparecimento e acúmulo de aminoácidos, são suficientes para modificar a capacidade de resistência da carne ao corte ou mastigação. Portanto, essas enzimas são reconhecidamente implicadas no processo de maturação natural da carne sob refrigeração.

Dentro do sistema das calpaínas, uma proteína reguladora denominada calpastatina assume papel central. Esta proteína atua ligando-se às calpaínas, não permitindo a ação das enzimas na quebra da estrutura miofibrilar. Portanto, a calpastatina é uma proteína inibidora da ação enzimática das calpaínas, e está negativamente relacionada com processo de amaciamento e maciez final da carne.

Capacidade de retenção de água – O músculo é composto em sua maioria de água, sendo grande parte ligada às proteínas da fibra muscular. Essa água permanecerá em espaços entre as proteínas por forças, capilares, ainda que sob aplicação de forças, como temperatura e pressão para retirá-la. A essa propriedade da carne de reter sua própria água, ou mesmo aquela adicionada, dá-se o nome de capacidade de retenção de água. O espaço entre os miofilamentos é mantido por forças eletrostáticas, e a modificação desse arranjo espacial altera a quantidade da água imobilizada. Durante o *rigor mortis*, a ocorrência do encurtamento de sarcômero e queda de pH modificam o arranjo espacial. Na medida em que o pH da carne abaixa, as proteínas da fibra aproximam-se dos seus pontos isoelétricos, isto é, equilíbrio entre cargas positivas e negativas, diminuindo a retenção da água. Queda lenta de pH e pH final (após *rigor mortis*) elevado permitem maior retenção de água. Baixo pH final resulta em menor capacidade de retenção de água. Quanto menor o pH, maior a aproximação das miofibrilas (Ver ***Rigor mortis***) e menor o espaço para água dentro da estrutura miofibrilar. A capacidade de retenção de água está intrinsecamente ligada com a percepção das gradações da cor da carne. Quando se observa alta capacidade de retenção de água, ocorre menor reflexão à luz visível na superfície do corte cárneo e mais escura fica a aparência. Essa característica pode ser verificada pela menor luminosidade, (valor L* - **Tabela 3**) medida na carne por equipamento denominado colorímetro. Os valores de a* (intensidade do vermelho) e b* (intensidade do amarelo – **Tabela 4**), também medidas de cor da carne, são alteradas pelo pH final, com leituras também menores e, portanto, aparência escura em situações com pH final alto.

Marmorização – A deposição de tecido adiposo na carcaça segue um padrão de desenvolvimento bem caracterizado. A gordura inicia sua deposição na superfície do corpo do animal (gordura subcutânea) e prossegue com uma deposição de gordura entremeada aos músculos, na região do perimísio (gordura intramuscular), também denominada marmorização da carne. A relação entre marmorização e maciez determinada por instrumento é tênue, sendo que grupo de indivíduos treinados na percepção de textura (painel sensorial) são capazes de detectar diferenças em maciez independentemente da mar-

Tabela 3. Características de qualidade, pH e valores de leituras de categorias de cor pelo colorímetro, baseadas no valor de L*.

Características	Categorias de cor (baseadas no valor de L*)			
	1 (<33,50)	3 (35,00-36,49)	4(36,50-37,99)	6 (39,50-40,99)
Penalização[f] (%)	70	28	7	0
Ocorrência de carne escura (%)	100	73	23	0
pH	5,94	5,77	5,59	5,42
L*	32,7	35,8	37,4	40,2
a*	17,4	20,4	22,9	26,2
b*	5,8	7,8	9,1	11,5

[f]Sistema que penaliza a carcaça com carne escurecida no processo americano (USDA *Quality Grade*) de tipificação de carcaças. Adaptado de Wulf *et al*., 1999. Measuring muscle color on beef carcasses using the L*a*b* color space. **Journal of Animal Science**, v.77, p.2418-2427.

Tabela 4. Características de qualidade, pH e valores de leituras de categorias de cor pelo colorímetro, baseadas no valor de b*.

Características	Categorias de cor (baseadas no valor de b*)			
	1 (<6,00)	3 (7,00-7,99)	4 (8,00-8,99)	6 (10,00-10,99)
Penalização[f] (%)	82	39	4	0
Ocorrência de carne escura (%)	100	85	13	0
pH	6,38	5,84	5,58	5,45
L*	33,7	35,7	36,8	38,6
a*	16,6	19,9	22,0	24,9
b*	5,3	7,5	8,4	10,6

[f]Sistema que penaliza a carcaça com carne escurecida no processo americano (USDA *Quality Grade*) de tipificação de carcaças. Adaptado de Wulf *et al*., 1999. Measuring muscle color on beef carcasses using the L*a*b* color space. **Journal of Animal Science**, v.77, p.2418-2427.

morização, quando esta situa-se em patamares intermediários (**Tabela 5**). Somente em quantidades elevadas, a gordura intramuscular parece ser capaz de modificar a estrutura rígida do tecido conjuntivo que envolve os feixes de fibras (**Figura 4**, **c**). Essa interferência da gordura intramuscular pode ser verificada na chamada janela de palatabilidade (**Gráfico 4**). Portanto, a marmorização não define aspectos de textura, entretanto existe, obviamente, um aspecto de paladar e lubrificação da gordura que funcionam como coadjuvantes na percepção de sabor, aroma e textura, especialmente no caso de abuso no ponto de cozimento da carne.

Descritas as características da musculatura que definem a qualidade da carne, suas contribuições serão abordadas dentro dos seguintes fatores anteriores ao abate, que estão envolvidos nos processos decisórios dos produtores e técnicos nas áreas de ciências agrárias, quando é levada em conta a qualidade da carne a ser obtida:

Tabela 5. Gordura intramuscular (marmorização) e maciez da carne de animais de diferentes tipos biológicos.

Marmorização	Gordura no músculo (%)	Maciez (Painel sensorial)[ø] *Bos taurus**	*Bos indicus*[§]
Traço	2,7	6,7	5,7
Ligeiro	3,7	7,0	5,8
Pequeno	5,0	7,3	6,5
Modesto	6,6	7,4	6,5

[ø]Escores sensoriais variavam da seguinte forma: 9 = extremamente macia, 5 = aceitável e 1 = extremamente dura. *Novilhos filhos de vacas Angus x Hereford e Touros de uma das seguintes raças: Angus, Suíço Pardo, Charolês, Chianina, Gelbvieh, Hereford, Jersey, Limousin, Maine Anjou, Pinzgauer, Red Poll, Simental, Devon ou Tareentaise); [§]Novilhos filhos de vacas Angus x Hereford e Touros de uma das seguintes raças: Brahman ou Sahiwal. Adaptado de Effects of marbling on sensory panel tenderness in *Bos taurus* and *Bos indicus* crosses. Koch *et al*., 1988. **Journal of Animal Science**, v.66,(Suppl 1):305 (Abstr.).

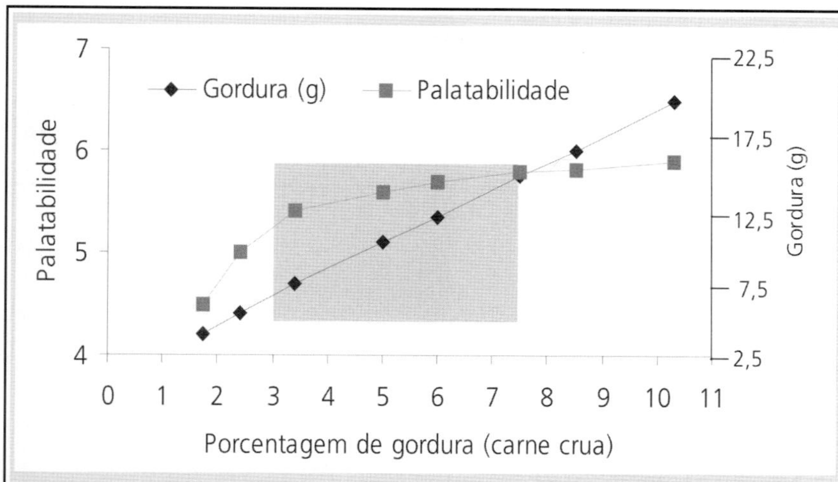

Gráfico 4. Janela de palatabilidade demonstrando a relação entre conteúdo de gordura e palatabilidade da carne (Modificado com permissão de Savell & Cross, 1988).

- Tipo biológico ou raça;
- Manejo nutricional;
- Comportamento animal;
- Manejo pré-abate;
- Hormônios e modificadores metabólicos.

Embora os itens apareçam de forma isolada e sejam utilizados como subdivisões do capítulo, nas discussões sobre cada fator verificar-se-á que existe uma interação e sobreposição dos tópicos.

Para finalizar a descrição, serão abordados apenas pontos críticos após o abate que podem ser extremamente comprometedores da qualidade final da carne, envolvendo manejo das carcaças e cortes nos frigoríficos.

Tipo biológico ou raça

O tipo biológico do animal, definido pelas características da raça ou raças que predominam na sua composição genética, é um ponto fundamental que pode definir a qualidade final da carne. Dentre as características relacionadas com o crescimento da musculatura e deposição de gordura, observa-se o tamanho na maturidade, a musculosidade e a localização dos depósitos de gordura que definem a precocidade de acabamento do animal e suas características de carcaça.

Embora exista um forte componente de predileção por determinados tipos biológicos pela adaptação a determinadas condições de cultura, deve-se ter em mente que nenhum grupo genético possui todas as características de qualidade que credenciem qualquer raça como sendo ideal.

As comparações entre tipos biológicos não podem ser consideradas completas, especialmente para grupos genéticos com número reduzido de material testado. Todavia, uma comparação abrangente, e que pode nortear algumas decisões considerando pontos fortes originados dos reprodutores de cada grupo racial, tem sido trabalhada por décadas na busca de qualidade da carne (**Tabela 6**).

Verifica-se que existe uma tendência para maior maciez em animais das raças de origem britânica, como Angus e Hereford. Essas raças ou tipos biológicos apresentam um grande acúmulo (excessivo) de gordura subcutânea (espessura de gordura) e intramuscular (marmorização) e menor musculosidade (AOL). Aparece, em seguida, um grupo com características de maior musculosidade e menor deposição de gordura na carcaça, representado pelos animais de origem continental, sendo Charolês, Simental e Limousin exemplos de relevância. O terceiro grupo, de grande interesse para a pecuária de corte brasileira, são os Zebuínos, com especial atenção para o Nelore. Este seria um grupo intermediário em termos de musculosidade e com boa deposição de gordura subcutânea, embora tenha a marmorização como ponto fraco. Tem sido verificado, em alguns tipos biológicos, um antagonismo entre marmorização e rendimento de cortes, sendo que a seleção para uma característica pode prejudicar a outra. Interessante notar que tipos biológicos que se destacam como mais eficientes quanto ao crescimento, especialmente ligados ao acréscimo de musculatura e menor acúmulo de gordura e, portanto, maior rendimento de cortes, apresentam-se em posições relativamente inferiores com relação à maciez (**Tabela 6**) e com quantidade de calpastatina muscular elevada (**Tabela 7**).

Tabela 6. Efeito da raça do reprodutor sobre características de carcaça e carne da progênie[§].

Característica	Raça do touro	Ponto de abate		
		Peso de carcaça (324kg)	Espessura de gordura (12 mm)	Marmorização (pequeno)
Peso de carcaça quente (kg)	Angus	—	305	261
	Charolês	—	357	357
	Nelore	—	331	352
Rendimento (%)	Angus	61,41	60,91	59,70
	Charolês	61,34	62,20	62,19
	Nelore	63,98	64,17	64,74
Espessura de gordura (cm)	Angus	1,42	—	0,68
	Charolês	0,92	—	1,20
	Nelore	1,13	—	1,41
AOL[f] (cm^2)	Angus	71,1	70,1	67,8
	Charolês	75,9	77,7	77,7
	Nelore	73,3	73,7	74,8
Marmorização*	Angus	542,8	530,3	—
	Charolês	480,9	500,2	—
	Nelore	483,6	487,8	—
Força de Cisalhamento (kg)[ø]	Angus	5,68	5,89	6,41
	Charolês	5,91	5,54	5,54
	Nelore	7,31	7,21	6,92
Maciez[A]	Angus	4,77	4,75	4,69
	Charolês	4,78	4,83	4,83
	Nelore	4,02	4,02	4,05
Suculência[B]	Angus	5,08	5,02	4,87
	Charolês	4,77	4,80	4,80
	Nelore	4,77	4,80	4,86

[§] Novilhos castrados, resultado de cruzamento dos touros das diferentes raças listadas com vacas Angus-Hereford. [f] AOL: área de olho de lombo; *400= leve; 500= pequeno; 600= modesto;[ø] força de cisalhamento determinada 7 dias pós-abate; [A] 1= extremamente dura; 4= ligeiramente dura; 5= ligeiramente macia; 8= extremamente macia; [B] 1= extremamente seca; 4= ligeiramente seca; 5= ligeiramente suculenta; 8= extremamente suculenta. Adaptada de Characterization of biological types of cattle (Cycle IV): carcass traits and longissimus palatability. Wheeler *et al.*, 1996. **Journal of Animal Science**, v.74, p.1023-1035.

Tabela 7. Relação entre atividade de calpastatina, crescimento, rendimento de cortes e força de cisalhamento em raças de diferentes origens.

Raças	Atividade Calpastatina[A]	Rendimento (%)	Força de Cisalhamento[B] (kg)	Ganho de peso diário (kg)	Gordura intramuscular (%)
Angus	2,55	61,0	6,35	1,27	4,79
Charolês	2,84	65,2	6,24	1,39	4,40
Nelore	3,25	64,3	7,14	1,17	4,25

[A]unidades de atividade de calpastatina por grama de músculo medida entre 24 a 31 horas após abate; [B]força de cisalhamento determinada 7 dias pós-abate.Adaptada de Shackelford *et al.*, 1994 Heritabilities and Phenotypic and Genetic Correlations for Bovine Postrigor Calpastatin Activity, Intramuscular Fat Content, Warner-Bratzler Shear Force, Retail Product Yield, and Growth Rate. **Journal of Animal Science**, v.72, p.857-863.

Manejo nutricional

Nessa parte, a discussão não engloba conceitos de nutrição ou formulação de dietas, pois foram tratados em outro capítulo deste livro. Todavia, a velocidade relativa de crescimento dos diferentes tecidos que compõem a carne é fator importante na definição de características biológicas da musculatura que influenciam na qualidade da carne produzida.

A decisão de manutenção de animais a pasto, da desmama ao abate, tem profundas implicações para a qualidade da carne, especialmente para tipos biológicos com problemas no processo de amaciamento natural (maturação) da carne.

Embora exista grande enfoque em manejo intensivo de pastagens, conservação de forragem, suplementação e terminação de bovinos em confinamento, a grande maioria dos bovinos abatidos no Brasil continuam sendo animais acima de 40 meses de idade. Esse processo, decorrente de vários ciclos de engorda e perda de peso até atingir peso vivo final suficiente para boa negociação, resulta em dois problemas: pouca cobertura de gordura na carcaça e *amadurecimento* do tecido conjuntivo na musculatura.

A gordura subcutânea exerce uma função importante no processo de transformação de músculo em carne. Durante o resfriamento da carcaça, uma camada mínima de cobertura de gordura que exerça função de isolante térmico para a musculatura é essencial para evitar o encurtamento excessivo do sarcômero, causado pelo resfriamento muito rápido do músculo (*cold-shortening*). Como discutido anteriormente, quanto menor o comprimento de sarcômero, menor a maciez. A relação entre capacidade de isolamento térmico, medida pela espessura de gordura subcutânea e força de cisalhamento, pode ser verificada na **Tabela 8**. Quanto maior a espessura de gordura, maior a temperatura da musculatura após 2,5 horas de resfriamento, maior o comprimento de sarcômero e, como resultado, menor a força de cisalhamento após maturação, isto é, carne mais macia.

Existem evidências de relação entre o ritmo de crescimento muscular e o sistema enzimático de degradação das miofibrilas e, portanto, impacto no processo de fragilização da estrutura miofibrilar (*maturação*).

Crescimento muscular acelerado, que envolve síntese e degradação proteicas de forma conjunta em níveis elevados, possibilita o maior potencial de proteólise durante o processo de maturação. Essa hipótese pode ser verificada pelos resultados de crescimento muscular quando são comparados novilhos e touros, em que os primeiros apresentam acréscimo muscular, resultante de altas taxas de síntese e degradação, e menor quantidade de calpastatina (**Tabela 9**). Os touros jovens apresentaram maior ganho de peso e menor conversão alimentar. Portanto o acréscimo de proteína muscular é dependente de uma menor degradação proteica. Essa situação aponta para maior capacidade proteolítica e carne com maior potencial de amaciamento em novilhos comparados a tourinhos de mesmo tipo biológico ou raça.

Todavia, o impacto de crescimento compensatório no potencial proteolítico pós-abate não parece ser satisfatório. Essas premissas precisam ainda ser comprovadas em bovinos, todavia apontam para utilização de bovinos jovens com alto crescimento muscular para obtenção de carne de melhor qualidade. Recomendação que corrobora outros aspectos envolvidos no estabelecimento de eficiência na bovinocultura de corte.

Tabela 8. Efeito da cobertura de gordura nas condições de resfriamento e encurtamento do músculo e endurecimento da carne.

Confinamento (dias)	Espessura de gordura (mm)	Temperatura* (°C)	Sarcômero (□m)	Força (kg)
0	3,05	25,8	1,73	8,23
84	9,78	31,9	1,91	4,37
140	15,03	33,7	1,84	4,26

Novilhos Angus X Hereford; *Temperatura medida 2,5 horas após abate. Effects of Days Fed, Carcass Grade Traits and Subcutaneous Fat Removal on Post-mortem Muscle Characteristics and Beef Palatability. Adaptado de May *et al.*, 1992. **Journal of Animal Science**, v.70, p.444-453.

Tabela 9. Características de desempenho, crescimento muscular e atividade de calpastatina em touros jovens e novilhos castrados.

Características	**Touros jovens**	**Novilhos castrados**
Ganho de peso diário	1,56	1,01
Conversão alimentar (kg/g)*	6,53	9,40
Atividade de Calpastatina	3,28	2,24
Degradação proteica (g/d)	366,75	525,56
Síntese proteica (g/d)	449,46	579,15
Acréscimo proteico (g/d)	82,71	53,59

* conversão de kg de alimento consumido por ganho de massa muscular em gramas.Adaptado de Effect of Castration on Myofibrillar Protein Turnover, Endogenous Proteinase Activities and Muscle Growth in Bovine Skeletal Muscle. Morgan *et al.*, 1993. **Journal of Animal Science**, v.71, p.408-414.

Tabela 10. Consumo alimentar residual, atividade de calpastatina e índice de fragmentação miofibrilar em novilhos confinados.

		CAR[1]	
		Baixo[2]	**Alto[3]**
Atividade de Calpastatina		5,2	4,6
Fragmentação miofibrilar*	Dia 1	67,7	72,5
	Dia 14	85,6	89,5

[1]Consumo alimentar residual; [2]alta eficiência; [3]baixa eficiência; *fragmentação miofibrilar medida pelo índice de fragmentação miofibrilar; relação positiva entre índice e maciez, ou seja, quanto maior o índice, maior a maciez. Adaptado de McDonagh *et al.*, 2001. Meat quality and the calpain system of feedlot steers following a single generation of divergent selection for residual feed intake. **Australian Journal of Experimental Agriculture**, v.41, p.1013-1021.

Por outro lado, existe uma ressalva a ser feita quanto a animais com alta eficiência alimentar. Obviamente, isso envolve tipos biológicos, mas existem diferenças que podem ser significativas quanto ao aproveitamento dos nutrientes pelos indivíduos dentro de uma mesma raça. Existe um trabalho que evidencia uma relação que pode ser estreita entre consumo alimentar residual (*residual feed intake*) e sistema proteolítico muscular. Animais mais eficientes (baixo consumo alimentar residual) apresentaram maior atividade da calpastatina e menor índice de fragmentação miofibrilar, indicando baixo potencial para amaciamento (**Tabela 10**).

Esse antagonismo entre eficiência de crescimento e qualidade de carne também aparece em outros modelos, como quando se comparam touros *x* novilhos castrados, animais implantados com esteroides sexuais *x* não implantados, e animais tratados com agonistas beta-adrenérgicos *x* não tratados (ver **Hormônios e modificadores metabólicos).**

Comportamento animal

Existem diferenças óbvias no comportamento de animais, e há necessidade de levar-se em conta tais diferenças ao lidar com determinados grupos de animais e mesmo na seleção de grupos. As implicações para qualidade de carne têm sido descritas recentemente, mas um exemplo é típico e caracteriza bem a importância do comportamento: a diferença entre machos inteiros e castrados.

Monta, comportamento agressivo e irrequieto próprios dos animais inteiros no estabelecimento de dominância acabam por criar um ambiente de grande movimentação dentro dos currais, baias ou gaiolas de transporte. Essa condição resulta em gasto de glicogênio muscular e depleção das reservas (**Tabela 11**), provocando queda lenta de pH e um pH final não inferior a 5,8 (ver **Gráfico 1**). Esse valor tem sido correlacionado com carne de aparência escura e firme, fenômeno denominado carne DFD (*Dry, firm and dark* ou *Dark cutting*) e considerado depreciativo pela condição de aparência, produção de carne com gosto não característico de carne fresca e menor durabilidade da carne (2 dias a menos na prateleira – vida de prateleira). Esta última situação está ligada a uma alta retenção de água e pH em patamar que favorece desenvolvimento microbiológico.

O comportamento do animal também é profundamente afetado pelo manejo a que é submetido durante movimentação e contato com o homem. A reatividade do animal a situações novas pode influenciar sua movimentação frente a deslocamentos forçados.

Os bovinos têm, como uma herança da condição de *presas* na natureza, adaptações como

Tabela 11. Concentração de glicogênio, ácido lático e potencial glicolítico de dois músculos de bovino de diferentes categorias animais.

Músculo	Animal	Glicogênio abate (mmol/Kg)	Potencial glicolítico (mmol lactato eq/kg)
Glúteo médio	Novilho	108[a]	215[a]
	Touro	91[a]	182[a]
Longíssimus dorsi	Novilho	90[a]	182[a]
	Touro	72[b]	144[b]

*Concentração de ácido lático em biópsia = 9,9 mmol/Kg. Letras diferentes dentro da mesma coluna diferem entre si (P<0,05). Adaptada de Immonen *et al.*, 2000. The relative effect of dietary energy density on repleted and resting muscle glycogen concentrations. **Meat Science**, v.54, p.155-162.

um ângulo de visão de quase 360° graus, permitindo uma percepção de qualquer movimento ao seu derredor, bem como a capacidade de ver claramente objetos diferentes com cada olho. Além disso, apresentam uma audição bastante sensível. Possuem também uma distância de conforto em relação a objetos ameaçadores, no caso dos humanos, chamada zona de fuga. Portanto, distraem-se com qualquer coisa que se movimente ou chame atenção ao seu redor, procurando deslocar-se para manter o objeto fora da sua zona de fuga. Podem-se verificar claramente problemas relacionados com elevado pH final, resultado de níveis baixos de reserva de glicogênio, quando animais são submetidos a condições desfavoráveis, em momentos como embarque e desembarque de caminhões antes do abate.

Além desse aspecto, existe a possibilidade de interação de comportamento típico do animal (especialmente reatividade) e práticas de manejo. Verificou-se a possibilidade de animais pouco reativos estarem sujeitos a maus tratos, o que, com certeza, depreciaria a carne em termos de cor e vida de prateleira, mas também acabam por causar lesões na carcaça que são descartadas no frigorífico. O volume de carne inutilizada por lesões não é desprezível!

Manejo pré-abate

A forma de manejar os animais no período que antecede o abate é fator determinante de qualidade da carne. Animais que sofrem algum tipo de estresse durante o embarque, transporte ou no curral de descanso tem maior predisposição a apresentar carne com problemas de qualidade. As razões foram exploradas anteriormente quando foram tratados os efeitos do comportamento do animal, suas implicações para as reservas de energia muscular e impacto nas variáveis de qualidade.

O ideal seria manejar o animal, não só no momento pré-abate, mas durante toda sua vida de uma forma menos agressiva. Durante o manejo para vacinação ou até mesmo cura do umbigo devem-se evitar gritos, bastões ou qualquer atitude de intimidação dos animais. A manutenção da calma e constância no manejo faz com que os animais se acostumem a ele, facilitando a sua entrada no curral da fazenda ou, até mesmo, no corredor de abate, por exemplo.

Não é demais lembrar que a maneira do animal reagir, frente a situações novas ou estressantes, depende tanto do comportamento intrínseco a ele como também do tipo de manejo a que está habituado. Animais que são frequentemente manejados de forma ordenada e calma no curral tendem a ser menos agressivos e aceitar mais tranquilamente a presença do ser humano.

As adaptações dos bovinos para lidar com situações ameaçadoras, apresentadas na seção anterior, têm transformado conceitos de manejo pré-abate com recomendações que englobam condições de manejo como:

1) corredores de embarque que não apresentem fendas para evitar que os animais se distraiam com a movimentação das pessoas e congestionem o deslocamento nas seringas, bretes, corredores e caminhão;

2) movimentação mais silenciosa, ordenada e com o menor número de pessoas possível.

Todavia, nas situações de pesagem e embarque para o transporte, frequentemente são vistos animais serem manejados da pior forma possível. Os peões geralmente fazem muito barulho, gritam e assoviam alto para espantar o animal, sacodem sacos sobre as suas cabeças, além de utilizar bastões com choque elétrico ou chicotes e mesmo varas com ferrão, práticas que devem ser restritas ou inexistentes, se for considerado o quesito qualidade de carne, por causar escoriações e danificar a carcaça. Essas condições ainda podem ser consideradas amenas, quando comparadas a situações comuns de pessoas batendo nos animais com pedaços de pau, fustigando, chutando os animais e fechando portas e porteiras sobre eles. *Onde mesmo eles atingem os animais?* Na parte mais nobre da carcaça em termos de carne, isto é, no dorso e no traseiro!

Em trabalho recente, utilizando-se número limitado de aplicação de choque elétrico associado a técnicas gentis de manejo, durante o embarque para o frigorífico, foi verificado que animais que receberam choques e tratamento mais agressivo (vários indivíduos no embarque, gritos, superlotação do caminhão e agressão), além de apresentarem um número elevado de contusões na carcaça produziram carne escura, com pH final elevado e uma relação negativa entre pH, 3 horas pós-abate, e fragilização da estrutura miofibrilar. Essa informação confirma relato de maiores dificuldades para a produção de carne macia quanto mais lenta a queda de pH no início do resfriamento (Smulders *et al.*, 1990).

A distância de transporte também é um manejo pré-abate de importância, especialmente em se tratando de temperaturas elevadas e alta carga em caminhões. Essas situações agravam o estresse do transporte e facilitam a perda de água. Associada a essa condição de transporte está a condição de infraestrutura do curral de descanso nos abatedouros, onde superlotação, mistura de lotes e falta de bebedouros podem ser relevantes para a qualidade da carne, à medida que impõem estresse, utilização de reservas de energia e os problemas já relacionados com essas condições. Isso sem contar com a maior incidência de escoriações e depreciação da carcaça.

Existem diretrizes técnicas para trabalhar com essa fase da criação que englobam conceitos, como zona de fuga, ponto de balanço e instinto de rebanho dos animais, e ainda faixa de influência do responsável pelo gado. Essas características são a base do que alguns denominam manejo racional.

Hormônios e modificadores metabólicos

A utilização de hormônios e modificadores metabólicos visando ao aumento do crescimento de tecido muscular ou simplesmente alteração das rotas catabólicas comuns durante a transformação de músculo em carne, tem sido uma intervenção biotecnológica comum em muitos países produtores de carne. Em termos de relevância de uso pela atuação no crescimento do animal, destacam-se nesse grupo os hormônios sexuais (esteroides) e os agonistas beta-adrenérgicos. Todavia, existem outros compostos, como o hormônio de crescimento e vitamina D (considerado um nutriente com efeitos hormonais) que atuam no crescimento e homeostase muscular e que podem modificar variáveis de qualidade. Outra possibilidade de modificação de metabolismo do tecido muscular e tecido adiposo (gordura), ambos importantes na composição da carne, reside na suplementação com vitamina E, visando à preservação das qualidades organolépticas do produto durante a sua vida de prateleira.

A influência exercida na musculatura por aqueles compostos que atuam no crescimento da musculatura, sejam de origem endógena (i.e., sintetizados pelo próprio animal) ou exógena (injetados, implantados ou fornecidos na dieta dos animais), ocorre por meio da intervenção no acréscimo de proteína durante o desenvolvimento do animal. Isso não significa um aumento de concentração de proteína na musculatura e, sim, um aumento de peso da musculatura. O acréscimo de proteína pode ocorrer por aumento de síntese de proteína no músculo e/ou diminuição da degradação proteica (ver **Proteólise Muscular**).

Os esteroides mais utilizados na produção animal incluem os andrógenos, estrógenos e os progestágenos, sendo eles naturais ou sintéticos. As preparações sintéticas são administradas, na maioria das vezes, pelos implantes subcutâneos. No geral, eles aumentam o consumo de alimento e a deposição de proteínas na musculatura (**Tabela 12**). Os resultados demonstram maior rendimento em carne, com menor maciez. Dependendo do tipo biológico e suas características, o comprometimento na qualidade pode não ser significativo.

Todavia, a utilização indireta desses compostos é muito antiga por meio de seleção dos animais por idade, sexo ou genótipo. Isso porque esses fatores interferem na síntese endógena dos esteroides sexuais e, portanto, atuam no crescimento da musculatura de forma similar àquela relatada para sistemas que implantam sondas subcutâneas com liberação desses compostos sintéticos. Ao encarar dessa maneira, pode-se entender o crescimento acelerado da musculatura em machos inteiros comparados com animais castrados, por uma menor degradação proteica e, possivelmente, devida à maior atividade de calpastatina. O resultado final dessa equação é maior eficiência de crescimento com comprometimento da qualidade final do produto quanto à maciez (ver discussão sobre eficiência de crescimento, rendimento de cortes e atividade de calpastatina em Tipo Biológico e raça).

Outro composto esteroide importante é a vitamina D, que é encontrada em duas formas na natureza: D_2 (ergocalciferol) e D_3 (colecalciferol). A vitamina D_2 é conhecida como sendo a forma sintética da vitamina, mas esta apresenta a mesma atividade que a vitamina natural (D_3).

Tabela 12. Efeito da composição de esteroides presentes no implante sobre características de carcaça e carne de novilhos.

	Controle	Implantes S®	Implantes R®
FC (kg)	4,00	4,43	4,32
Contrafilé[a]	3,00	3,12	3,37
Produto Cárneo (%)		+ 0,81	+ 2,41

®S = 20 mg benzoato de estradiol + 200 mg de progesterona no d1; ®R = 20 mg benzoato de estradiol + 140 mg de acetato de trenbolona (TBA) no d1; [a] Expresso como porcentagem do peso de meia carcaça. Adaptado de Anabolic implant effects on steer performance, carcass traits, subprimal yields, and longissimus muscle properties. Foutz *et al.*, 1997, **Journal of Animal Science**, v.75, p.1256-1265.

Nos animais, a influência dos raios solares sobre o 7-di-hidro-colesterol, forma sob a pele, a vitamina D.

No organismo, uma das principais funções da vitamina D é elevar os níveis de cálcio e fósforo do plasma por supersaturação, com a finalidade da mineralização normal dos ossos. Portanto, essa vitamina está intimamente ligada ao metabolismo de cálcio que atua na absorção de cálcio e fósforo, mobilização do cálcio dos ossos e imunidade. Dentre os diversos modos de ação, a vitamina D modifica a expressão de determinados genes, atua na flutuação do nível intracelular de cálcio com alteração no funcionamento de canais de cálcio. Como já exposto anteriormente, a contração muscular no animal vivo e o processo de proteólise, por meio das calpaínas, são dependentes de cálcio, portanto, uma maior quantidade desse mineral favoreceria a maciez da carne.

A vitamina D_3 é ingerida e, após sofrer vários processos bioquímicos, transforma-se no seu metabólito fisiologicamente ativo. O hormônio esteroide, 1,25-di-hidroxi-vitamina D_3, possui potência biológica que varia de 1 a 5 vezes a potência da vitamina D_3. Vários trabalhos relatam a utilização de doses de vitamina, variando de $1x10^6$UI a 7,5 $x10^6$UI de vitamina D3/animal/dia, fornecida por períodos de 2 a 10 dias consecutivos antes do abate, sendo a dose de 2 $x10^6$UI suficiente para causar elevação de cálcio plasmático. A eficiência dessa suplementação depende de uma exposição adequada aos raios ultravioleta. A elevação do cálcio plasmático está relacionada com um maior influxo de cálcio para o sarcoplasma das células musculares (**Tabela 13**).

Dentro do grupo dos agonistas beta-adrenérgicos, a ractopamina é a substância mais difundida, com aprovação recente para seu uso em gado de corte nos EUA. No Brasil, o uso já é liberado para suínos. Em outros países, a substância utilizada é o zilpaterol. São administrados sob a forma de aditivos alimentares, geralmente em dietas de alto-concentrado, na fase de terminação dos animais (4 a 8 semanas pré-abate). Agem na musculatura do animal, causando aumento de massa muscular e diminuição da quantidade de gordura. A utilização de suplementação com agonistas beta-adrenérgicos au-

Tabela 13. Efeito no conteúdo de cálcio plasmático e força de cisalhamento em novilhos suplementados com 5 X10[6] UI de vitamina D_3, 7 dias pré-abate.

	Tratamento	
	Controle	5 X10[6] UI
Ca plasmático (g/dl)	9,23	12,39
Força de cisalhamento, 7 dias*	4,70	4,12
Força de cisalhamento,14 dias*	4,03	3,87

* medida no músculo *Longissimus*. Adaptado de Swanek *et al*., 1999. Vitamin D3 Supplementation of Beef Steers Increases Longissimus Tenderness. **Journal of Animal Science**, v.77, p.874-881.

menta a porcentagem e tamanho de fibras glicolíticas na musculatura, fato relacionado com menor qualidade da carne, especialmente no que tange à maciez da carne. Existe uma percepção, ainda não comprovada inequivocamente, de que aquelas fibras (e.g., tipo IIB) apresentem uma relação calpastatina/calpaína desfavoráveis para o processo de maturação da carne (**Tabela 14**).

O hormônio do crescimento (GH), também conhecido como somatotropina (ST), é produzido na hipófise anterior, e sua secreção é regulada, principalmente, pelo fator liberador de somatotropina (GRF) e somatostatina, ambos produzidos pelo hipotálamo. A somatotropina age sinergicamente com agonistas β-adrenérgicos e com hormônios esteroides sexuais. Antigamente, seu uso era incipiente pois não havia muitas fontes disponíveis desse hormônio. Com o avanço das técnicas de DNA recombinante, foi desenvolvido o GH bovino recombinante, sendo seu uso aprovado como estimulante da produção de leite, mas não como promotor de crescimento.

Os efeitos gerais do uso de GH são aumentos na taxa de crescimento, melhora na eficiência alimentar e acréscimo na deposição proteica, com redução na deposição de gordura na carcaça (Moseley *et al*., 1992). Esses efeitos são dependentes da dose, padrão e modo de administração, duração do tratamento, estado corporal, nutrição e categoria animal. Os níveis de proteína e energia da dieta, podem limitar a resposta anabólica ao GH. Esse aumento na deposição proteica deve-se a um aumento na síntese e não na diminuição da degradação proteica.

As mudanças na qualidade da carne, ditadas pelo tratamento com GH, são muito discretas, a ponto de haver um decréscimo na maciez medida por instrumentos, mas sem possibilidade de percepção por provadores em painéis sensoriais.

Uma última intervenção anterior ao abate que pode ditar propriedades importantes na carne seria a utilização de vitamina E. Também conhecida como α-tocoferol, é um nutriente essencial para o crescimento e a saúde de todas as espécies animais. É um composto lipossolúvel, encontrado nas plantas, principalmente nos clo-

Tabela 14. Efeito da injeção de beta–adrenérgicos na distribuição e área do tipo de fibras, atividade de calpastatina, força de cisalhamento e Índice de Fragmentação Miofibrilar (MFI) em novilhos.

			Controle	Tratadas	% de mudança
		βR/Tipo I	19,3	21,6	+11,9
	Porcentagem	αR/Tipo IIA	27,2	23,8	-14,3
Tipo de fibras		αW/Tipo IIB	53,5	54,6	+2,1
		βR/Tipo I	1,936	1,374	-0,41
	Área, mm²	αR/Tipo IIA	2,117	2,635	+24,5
		αW/Tipo IIB	3,553	3,821	+7,6
Calpastatina*	0		3,72	5,95	
	7		0,69	3,09	
Força de cisalhamento (kg)	1 dia		10,0	9,5	
	7 dias		6,5	9,0	
Índice de Fragmentação Miofibrilar (MFI)	1 dia		32	22	
	7 dias		70	20	

*Atividade total/grama de músculo. Adaptado de Wheeler *et al*., 1992. *Effects of the b-Adrenergic agonist* $L_{664,969}$ *on muscle protein turnover, endogenous proteinase activities and meat tenderness in steers.* **Journal of Animal Science**, v.70, p.3035-3043.

roplastos. As principais fontes na dieta para os humanos são os óleos vegetais e, em menor grau, as sementes e cereais.

É um antioxidante que pode ser utilizado na suplementação de bovinos na tentativa de se evitar a oxidação lipídica, que resulta em rancidez da carne. A vitamina E age retardando o processo de oxidação lipídica e pode atuar diminuindo a oxidação da mioglobina e proteínas miofibrilares.

A oxidação de mioglobina causa descoloração da carne, e pode se tornar um fator limitante na aquisição do produto cárneo pela importância dada à cor da carne pelo consumidor. Por outro lado, a oxidação de proteínas miofibrilares pode modificar a estrutura da fibra muscular e acelerar o processo de oxidação lipídica. Ambos os efeitos podem resultar em dificuldades na retenção de água nas fibras musculares. Em conjunto, essas alterações comprometem a palatabilidade e a *vida de prateleira*.

Alguns trabalhos (Augustini *et al.*, 1998; denHertogmeichke *et al.*, 1997) relatam que a suplementação com a vitamina E manteve a estabilidade da coloração da carne, retardando a oxidação da gordura, além de melhorar a capacidade de retenção de água.

Pontos críticos posteriores ao abate para obtenção de carne de *boa* qualidade

Entenda-se carne de *boa* qualidade, do ponto de vista do produtor, como aquela matéria-prima que não apresenta comprometimentos funcionais irreversíveis que limitem sua estocagem e manipulação para atingir padrões organolépticos desejados pelo consumidor. Por se tratar de bovinocultura de corte e qualidade da carne produzida, serão apontados pontos críticos posteriores ao abate para a obtenção de produto de *boa* qualidade que possam ser de alguma forma controlados antes do animal desembarcar no matadouro. Dentre os diversos pontos críticos podem-se citar:

•Encurtamento excessivo de sarcômeros pelo frio (*cold shortening*): ocorre em condição de queda de temperatura muito rápida e pode ser evitado se houver quantidade de gordura suficiente na superfície da carcaça, protegendo as células da ação do resfriamento muito rápido. Portanto, manejo nutricional e tipo biológico/raça passando pela definição de ponto de abate estarão envolvidos nas estratégias de controle desse ponto crítico. Na indústria de produtos cárneos, pode ser evitado também com modos de pendura diferenciados, que serão citados abaixo.

•Endurecimento da carne (*rigor mortis*): Embora possa ser evitado o encurtamento excessivo, sempre vai ocorrer encurtamento das unidades básicas de contração, seja em condições refrigeradas seja em temperatura ambiente, causando enrijecimento do músculo e dureza na carne. A indústria de produtos cárneos pode também evitar, por meio de modos de pendura, assim como congelamento ultrarrápido da carcaça. Ambos não permitem encurtamento do sarcômero.

Outro recurso utilizado seria o processo de maturação, no qual a carne é mantida sob refrigeração constante (± 2° C) por, pelo menos 14 dias, para garantir consistência na obtenção de maior maciez do produto cárneo pela degradação de proteínas miofibrilares. Uma maneira de acelerar e aumentar a eficiência desse processo reside na marinação ou injeção de cálcio na carne.

Dentre outros fatores, o tipo biológico e raça, hormônios e modificadores metabólicos, bem como eficiência de crescimento são pontos de controle desse ponto crítico, pela possibilidade de alterar o potencial de amaciamento presente na matéria-prima músculo.

•Acidificação da carne (queda de pH): em bovinos, existe uma relação entre reserva de glicogênio no músculo no momento do abate e a velocidade de queda do pH. Quanto mais alta a reserva, mais rápida será a queda de pH com implicações para maciez, capacidade de retenção de água e cor do corte (ver **Manejo pré-abate**). Portanto, esse ponto crítico poderia ser controlado pelo manejo pré-abate e comportamento animal dentro de tipo biológico/raça. No caso da indústria, pode ser implementado o uso de estimulação elétrica. Não obstante, a reserva de glicogênio pode ser um coadjuvante naquele procedimento.

Alguns procedimentos passíveis de serem aplicados pela indústria de produtos cárneos foram citados na discussão dos pontos críticos posteriores ao abate para obtenção de carne de *boa* qualidade. Uma rápida descrição dos seus efeitos e relação com os pontos críticos faz-se necessária para um entendimento das variáveis envolvidas nos resultados obtidos com tais manipulações.

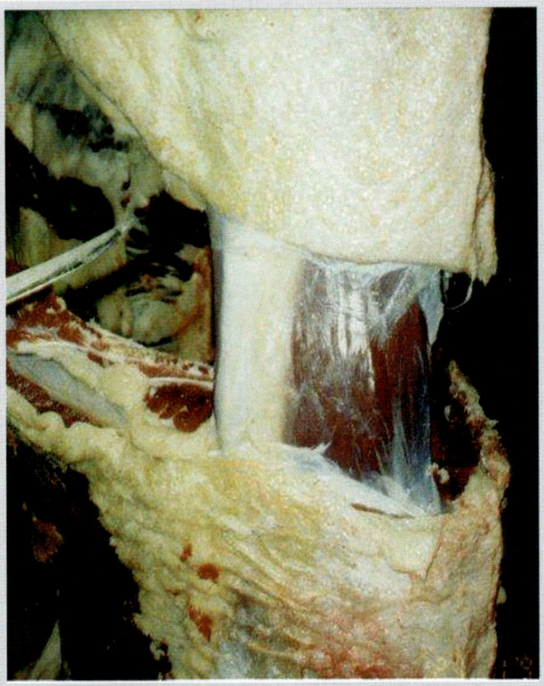

Figura 5. Pendura pelo tendão de Aquiles e sustentação do peso da carcaça pelo músculo *Longissimus* (contrafilé) *Tenderstretch*.

• **Modo de pendura**: influencia a maciez, pois, dependendo do tipo de pendura, evita-se o encurtamento de sarcômero. Nos frigoríficos brasileiros, faz-se a pendura pelo tendão de Aquiles do animal, que ainda permite um certo encurtamento de sarcômero causado pelo frio. Uma outra forma de se realizar a pendura, denominada *tenderstretch,* continua sendo o uso do tendão como estrutura de sustentação da carcaça pendurada, todavia, um corte na altura da 12ª costela para liberar o músculo *Longissimus dorsi* (contrafilé) dos ossos não permite encurtamento das estruturas dessa musculatura (**Figura 5**).

Há também a pendura pelo ísquio (osso coxal ou da pelve) que também evita o encurtamento, esticando alguns músculos do traseiro (**Figura 6**).

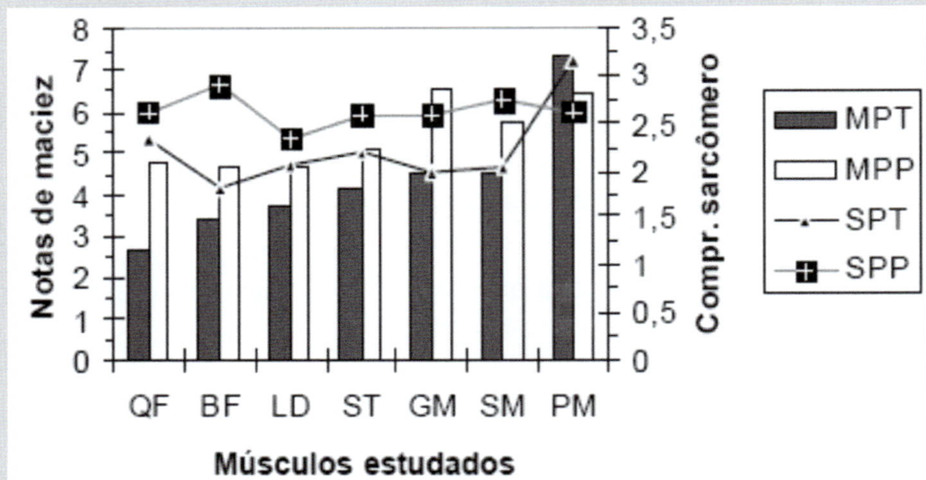

M (maciez), barras; MPT e MPP= maciez pendura pelo tendão e pela pelve, respectivamente escala de 8 pontos, em que: 1=extremamente dura e 8 =extremamente macia) e no comprimento de sarcômero (S, sarcômetro), linhas; SPT e SPP = sarcômero pendura pelo tendão e pela pelve, respectivamente) de sete cortes (QF= Quadríceps femoris/patinho; BF= Bíceps femoris/coxão duro; LD= *Longissimus dorsi*/contrafilé; ST= Semitendíneo/lagarto; GM= Glúteo médio/alcatra; SM= Semimenbranoso/coxão mole; PM = *Psoas major*/filé-mignon).

Figura 6. Efeito do método de pendura das carcaças de novilhos Zebu na maciez sensorial. Adaptado de Cia e Norman, 1977. Qualidade da carne nelore e o mercado mundial. Pedro Eduardo de Felício, IX Seminário do PMGRN: Comemoração dos 32 anos do GEMAC. Departamento de Genética, Faculdade de Medicina de Rib. Preto, Universidade de São Paulo. 08/dezembro/2000. (Texto de conferência em CDRom).

•**Marinação ou injeção com cálcio**: método de processamento usado com o intuito de amaciamento da carne. Pode ser feito por infusão do músculo na solução de cloreto de cálcio ou por meio de injeção diretamente no músculo. Ambos os procedimentos visam melhorar e acelerar o processo de amaciamento feito pelas enzimas proteolíticas, m e μ calpaínas. Como que essas enzimas necessitam de concentrações mínimas de cálcio para atuarem, uma maior quantidade desse mineral no músculo agiliza o processo, principalmente pelo recrutamento da m-calpaína para participar do amaciamento. Atividades mais baixas 7 dias pós-abate significam que a enzima foi recrutada e, portanto, extinguiu-se sua atividade.

Dependendo do momento em que o cálcio é utilizado, diferentes respostas podem ser obtidas. Quando usado no pré-rigor, tem mais eficiência do que no pós-rigor, exibindo forças de cisalhamento bem menores com a injeção de cálcio (**Tabela 15**).

•**Estimulação elétrica**: Utilizada para garantir maciez e coloração adequada em cortes de carcaças submetidas a resfriamento rápido ou provenientes de animais inteiros. Consiste em aplicar, nas carcaças, correntes elétricas com voltagens determinadas com o objetivo de acelerar o *rigor mortis*. Geralmente, utilizam-se baixas voltagens, mas deve-se considerar a frequência e a duração dos pulsos, além da taxa de resfriamento e o tipo de animal envolvido. A corrente elétrica provoca contração muscular, acelerando a glicólise e resultando numa queda rápida de pH. Desse modo, evita o encurtamento excessivo de sarcômero, que compromete a maciez, embora outros fatores, como ruptura física da matriz miofibrilar e talvez a estimulação da proteólise, também estejam envolvidos. Estímulo elétrico facilita também o processo de desossa a quente, fornecendo carne tão macia quanto desossada a frio (maneira usual).

Tabela 15. Medidas de Força de cisalhamento e atividades de m-calpaína e calpastatina em animais tratados com injeção de cloreto de cálcio no pré e pós-rigor.

Tratamento[f]	Força de cisalhamento[g]	Atividade de m-calpaína*	Atividade de calpastatina
Controle	7,24	0,86	1,20
Injeção pré-rigor	2,81	0,14	0,19
Injeção pós-rigor	3,85	0,45	0,69

[f]pré-rigor: 30 minutos pós-abate; pós-rigor: 24 horas pós-abate; [g]medida aos 7 dias pós-abate; *atividade total por grama de músculo. Adaptado de Wheeler *et al.* , 1992. The Effect of Post-mortem Time of Injection and Freezing on the Effectiveness of Calcium Chloride for Improving Beef Tenderness. **Journal of Animal Science**, v.70, p.3451-3457.

Referências bibliográficas

Augustini, C.; Schwartz, S.J.; Kirchgessner, M. Improvement of the quality of beef dietary vitamin E supplementation in the finishing period of young bulls. 2. Colour, fat stability and drip loss. **Fleischwirtschaft**, v.78, n.3, p.208-215, 1998.

denHertog-meischke, M.J.A.; Smulders, F.J.M.; Houben, J.H. *et al.* The effect of dietary vitamin E supplementation on drip loss bovine longissimus lumborum, Psoas major and Semitendinosous muscles. **Meat Science**, v.45, n.2, p.153-160, 1997.

Felício, P.E. QUALIDADE DA CARNE NELORE E O MERCADO MUNDIAL. **IX Seminário do PMGRN: Comemoração dos 32 anos do GEMAC**. Departamento de Genética, Faculdade de Medicina de Rib. Preto, Universidade de São Paulo. 08/dezembro/2000. (Texto de conferência em CDRom.

Foutz, C.P.; Dolezal, H.G; Gardner, T.L. *et al.* Anabolic implant effects on steer performance, carcass traits, subprimal yields, and longissimus muscle properties. **Journal of Animal Science**, v.75, p.1256- 1265, 1997.

Honikel, K.O. Glycolysis In **Encyclopedia of Meat Sciences**, Elsevier Academic Press, 1ª ed., 2004, v.I, p.314-318.

Hunt, M.C.; Hedrick, H.B. Profile of fiber types and related properties of five bovine muscles. **Journal of Food Science**, v.42, p.513-517, 1977.

Immonen, K.; Poulanne, E. Variation of residual glycogen-glucose concentration at ultimate pH values below 5.75. **Meat Science**, v.55, p.279-283, 2000.

Immonen, K.; Schaefer, D.M.; Poulanne, E. *et al.* The relative effect of dietary energy density on repleted and resting muscle glycogen concentrations. **Meat Science**, v.54, p.155-162, 2000.

Koch, R.M.; Crouse, J.D.; Dikeman, M.E. *et al.* Effects of marbling on sensory panel tenderness in *Bos taurus* and *Bos indicus* crosses. **Journal of Animal Science**, v.66, (Suppl 1); p.305 (Abstr.), 1988.

May, S.G.; Dolezal, H.G.; Gill, D.R. *et al.* Effects of days fed, carcass grade traits and subcutaneous fat removal on *postmortem* muscle characteristics and beef palatability. **Journal of Animal Science**, v.70, p.444-453, 1992.

McDonagh, M.B.; Herd, R.M.; Richardson E.C. *et al.* Meat quality and the calpain system of feedlot steers following a single generation of divergent selection for residual feed intake. **Australian Journal of Experimental Agriculture**, v.41, p.1013-1021, 2001.

McVeigh, J.M.; Tarrant, P.V. Glycogen content and repletion rates in beef muscle, effects of feeding and fasting. **Journal of Nutrition**, v.112, p.1306-1314, 1982.

Morgan, J.B.; Wheeler, T.L.; Koohmaraie, M. *et al.* Effect of castration on myofibrillar protein turnover, endogenous proteinase activities and muscle growth in bovine skeletal muscle. **Journal of Animal Science**, v.71, p.408-414, 1993.

Nishimura, T.; Hattori, A.; Takahashi, K. Structural changes in intramuscular connective tissue during the fattening of Japanese black cattle: effect of marbling on beef tenderization. **Journal of Animal Science**, v.77, p.93-104, 1999.

Shackelford, S.D.; Koohmaraie, M.; Gregory, K.E. *et al.* Heritabilities and phenotypic and genetic correlations for bovine postrigor calpastatin activity, intramuscular fat content, warner-bratzler shear force, retail product yield, and growth rate. **Journal of Animal Science**, v.72, p.857-863, 1994.

Smulders, F.J.M.; Marsh, B.B. Swartz, D.R. *et al.* Beef tenderness and sarcomere length. **Meat Science**, v.28, p.349-363, 1990.

Swanek, S.S.; Morgan, J.B.; Owens, F.N. *et al.* Vitamin D3 supplementation of beef steers increases *Longissimus* Tenderness. **Journal of Animal Science**, v.77, p.874-881, 1999.

Taylor, R.G. Connective Tissue Structure, Function and Influence on Meat Quality In **Encyclopedia of Meat Sciences**, Elsevier Academic Press, 1ª ed., 2004, vol I, p.306-313a.

Taylor, R.G. Muscle Fibre types and Meat Quality In **Encyclopedia of Meat Sciences**, Elsevier Academic Press, 1ª ed., 2004, vol II, p.876-882.b

Wheeler, T.L.; Crouse, J.D.; Koohmaraie, M. The Effect of Postmortem Time of Injection and Freezing on the Effectiveness of Calcium Chloride for Improving Beef Tenderness. **Journal of Animal Science**, v.70, p.3451-3457, 1992.

Wheeler, T.L.; Koohmaraie, M. Effects of the β-Adrenergic agonist $L_{664,969}$ on muscle protein turnover, endogenous proteinase activities and meat tenderness in steers. **Journal of Animal Science**, v.70, p.3035-3043, 1992.

Wheeler, T.L.; Cundiff, L.V.; Koch, R.M. *et al* Characterization of biological types of cattle (Cycle IV): carcass traits and longissimus palatability. **Journal of Animal Science**, v.74, p.1023-1035, 1996.

Wulf, D.M.; Wise, J.W. Measuring muscle color on beef carcasses using the L*a*b* color space. **Journal of Animal Science**, v.77, p. 2418-2427, 1999.

Referências de livros

Aberle, E.D.; Forrest, J.C.; Gerrard, D.E.; Mills, E.W. **Principles of Meat Science**. Kendall/Hunt Publishing Company, 4 ed., 354 p., 2001.

Jensen, W.K.; Devine, C.; Dikeman, M. **Encyclopedia of Meat Sciences**, Elsevier Academic Press, 1a ed., 3 volumes, 1473 p., 2004.

Lawrie, R.A. **Ciência da Carne**, 6 ed. Porto alegre: Artmed, 384 p., 2005.

Revisões recentes

Delgado, E.F.; Santos, C.C. Maciez da carne em função das enzimas proteolíticas. IV Congresso Brasileiro de Ciência e Tecnologia de Carnes. **Anais...**9 a 11 de outubro,2007- Campinas/SP, p. 33-40.

Delgado, E.F.; Soria, R.F.; Leonardo, E.F. Estresse durante manejo pré-abate tem implicações fisiológicas modificadoras da qualidade de carne em bovinos de diferentes tipos biológicos. IV SIMPEC "Otimizando a Pecuária de corte", **Anais...**19 a 21 de maio, 2005 – Lavras/MG, p. 77-101.

Koohmaraie, M.; Geesink, G.H. Contribution of postmortem muscle biochemistry to the delivery of consistent meat quality with particular focus on the calpain system. **Meat Science**, v.74, p.34-43, 2006.

Bernadette D.G.M. Franco
Professora Titular
Departamento de Alimentos e Nutrição Experimental
FCF/USP. São Paulo, SP
bfranco@usp.br

Mariza Landgraf
Professora Associada
Departamento de Alimentos e Nutrição Experimental
FCF/USP. São Paulo, SP
landgraf@usp.br

Maria Teresa Destro
Professora Associada
Departamento de Alimentos e Nutrição Experimental
FCF/USP. São Paulo, SP
mtdestro@usp.br

Eb Chiarini
Pós-Doutorando
Departamento de Alimentos e Nutrição Experimental
FCF/USP. São Paulo, SP
ebchiarini@usp.br

Angela Palamin Azevedo
Mestre em Ciência dos Alimentos
Departamento de Alimentos e Nutrição Experimental
FCF/USP. São Paulo, SP
angelaazv@yahoo.com.br

Graciela Volz Lopes
Mestre em Ciência dos Alimentos
Departamento de Alimentos e Nutrição Experimental
FCF/USP. São Paulo, SP
gracielavlopes@yahoo.com.br

Verônica Simões Fogo
Mestre em Ciência dos Alimentos
Departamento de Alimentos e Nutrição Experimental
FCF/USP. São Paulo, SP
veronica_fogo@hotmail.com

CAPÍTULO 65

Perigos e riscos microbiológicos em carne bovina

Introdução

No passado, os principais problemas microbiológicos relacionados à carne bovina eram decorrentes das zoonoses clássicas, ou seja, doenças ou patógenos transmitidos dos animais para seres humanos, tais como tuberculose bovina, e de microrganismos patogênicos que causam patologias nos próprios animais. Entretanto, as medidas introduzidas pelos procedimentos de inspeção veterinária têm se mostrado bastante efetivas na diminuição desses problemas. Por exemplo, bovinos com tuberculose apresentam alterações muito características nos linfonodos (linfoadenite granulomatosa), que são facilmente detectáveis durante a inspeção. O principal problema atual são as zoonoses latentes, causadas por microrganismos patogênicos presentes em animais chamados *reservatórios*, nos quais esses microrganismos não causam nenhuma patologia. Uma vez presentes nos animais, podem contaminar a cadeia produtiva de produtos cárneos, principalmente durante o processo de abate. Dessa forma, o *slogan "animal saudável, carne saudável"* nem sempre é verdadeiro, pois a qualidade e segurança da carne dependem da aplicação rigorosa de medidas higiênicas durante toda a cadeia produtiva (ICMSF, 2005).

Segundo a literatura, vários microrganismos patogênicos já foram envolvidos em doenças associadas ao consumo de carne bovina. Com relação a produtos cárneos, há consenso internacional de que os patógenos de maior relevância são *Salmonella* spp., *Listeria monocytogenes* e *E.coli* produtora de toxina de Shiga. Entretanto, *Campylobacter* spp. é, em certos países, um patógeno de importância crescente (ICMSF, 2005, Sofos, 2008).

É importante salientar também que as carnes podem estar contaminadas com uma variedade de microrganismos não patogênicos que, embora não representem risco para o consumidor, podem causar alterações indesejáveis nas características do produto, tais como textura, cor, limosidade superficial, etc. Entre esses microrganismos merecem destaque *Pseudomonas* spp, *Shewanella* spp, *Enterobacteriaceae*, *Brochothrix thermosphacta*, bactérias lácticas, clostrídios psicrotróficos, leveduras e bolores (ICMSF, 2005).

Para perfeita compreensão do conteúdo deste capítulo, é importante distinguir *perigos microbiológicos* de *riscos microbiológicos*. Segundo a Organização Mundial da Saúde, denominam-se *perigos* os agentes potencialmente causadores de um acontecimento adverso à saúde da população, podendo ser físicos, químicos ou biológicos. Por outro lado, *risco* refere-se às consequências da ação de um perigo, sendo uma função da probabilidade de ocorrência de um efeito adverso e da gravidade desse efeito (Codex Alimentarius, 1999).

Perigos microbiológicos

Salmonella spp.

O gênero *Salmonella* spp., pertencente à família *Enterobacteriaceae,* apresenta as seguintes características: bastonetes retos (0,7-1,5 x 2,5 μm) Gram negativos e geralmente móveis por flagelos peritríquios, exceção feita à *S. pullorum* e à *S. gallinarum*. São anaeróbios facultativos e catabolizam glicose e outros carboidratos com produção de ácido e, geralmente, gás.

São microrganismos mesófilos, mas algumas salmonelas são capazes de multiplicação em temperaturas elevadas (≤54°C), enquanto outras têm propriedades psicrotróficas, podendo multiplicar-se em temperaturas de refrigeração (2°C a 4°C). Porém, valores máximos e mínimos dependem do sorovar (D´Aoust *et al.*, 2007). São relativamente termossensíveis, pois são destruídos a 60°C em 15 a 20 minutos. Sobrevivem bem em temperaturas de refrigeração. O congelamento provoca uma redução significativa do número de células viáveis, mas nunca a destruição completa. Segundo a literatura, *S.* senftenberg 775W é a mais termorresistente, 31 minutos a 57°C, enquanto a *S.* typhimurium é destruída em 1,2 minutos; considera-se que essa espécie seja 10 a 20 vezes mais resistente ao calor que as demais (D'Aoust *et al.*, 2007).

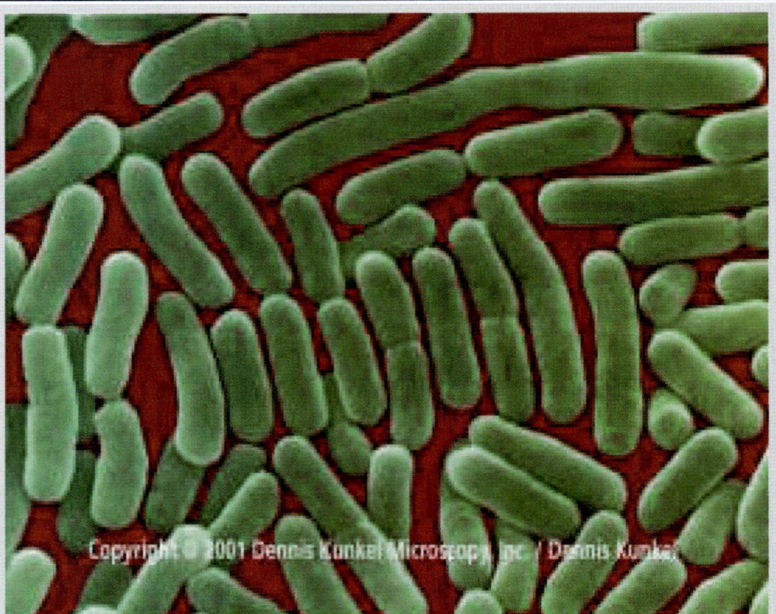

Figura 1. *Salmonella* ssp., web.uconn.edu.

A atividade de água mínima para multiplicação da *Salmonella* é de 0,93, enquanto o pH ótimo fica entre 6,5 e 7,5, sendo que valores superiores a 9,0 e inferiores a 4,0 são bactericidas. Os efeitos bactericidas ou bacteriostáticos do pH dependem da natureza química do ácido utilizado para a acidificação. Entre os ácidos orgânicos, os ácidos acético e propiônico são mais inibitórios do que os ácidos lático e cítrico, comumente empregados na acidificação de alimentos. As salmonelas são capazes de se adaptar ao pH ácido, sobrevivendo bem em condições ácidas, por exemplo, durante o processo de fermentação de alimentos. As salmonelas não toleram concentrações de sal superiores a 9%. O nitrito é inibitório e seu efeito é acentuado pelo pH ácido.

O gênero *Salmonella* compreende duas espécies: *S. enterica* e *S. bongori*. Recentemente, foi proposta a inclusão de uma terceira espécie denominada *S. subterrânea*, isolada de sedimento coletado na região aquífera de Oak Ridge, Estados Unidos, que apresenta 96,4% de similaridade com *S. bongori*. A espécie *S. enterica* tem seis subespécies, cada uma delas com vários sorovares, dependendo da composição antigênica da parede celular (antígenos 0) e dos flagelos (antígenos H), conforme descrito no **Quadro 1**.

Quadro 1. Espécies, subespécies e sorovares de *Salmonella* spp.

espécie	subespécie	número de sorovares
enterica	*enterica*	1504
	salamae	502
	arizonae	95
	diarizonae	333
	houtenae	72
	indica	13
bongori	-	22
subterranea	-	-
Total		2541

Fonte: D'Aoust *et al.*, 2007.

A nomenclatura das espécies, subespécies e sorovares de *Salmonella* spp. tem passado por constantes alterações. Atualmente, considera-se internacionalmente aceito o esquema proposto pelo Centro para Controle e Prevenção de Doenças (*Centers for Disease Control and Prevention*) dos Estados Unidos, no qual o gênero, a espécie e a subespécie são escritos em letras itálicas, o sorovar é escrito em letras ocidentais, por exemplo: *Salmonella enterica* subsp. *enterica* sorovar Enteritidis. Por conveniência, costuma-se citar apenas o gênero e o sorovar, grafando-se, por exemplo, *Salmonella* Enteritidis, *Salmonella* Typhimurium, *Salmonella* Infantis, etc.

As salmonelas podem ser classificadas em três grupos:

1) os sorovares que infectam somente humanos, que incluem *S.* Typhi, *S.* Paratyphi A e *S.* Paratyphi C. Esse grupo inclui os agentes das febres tifoides e paratifoides, que são as mais graves de todas as enfermidades produzidas por *Salmonella* spp.;

2) os sorovares adaptados aos hospedeiros, como *S.* Gallinarum (aves), *S.* Dublin (bovinos), *S.* Abortus-equi (equinos), *S.* Abortus-ovis (ovinos) e *S.* Choleraesuis (suínos);

3) sorovares sem preferência de hospedeiro, que podem ser patogênicas para os humanos e para outras espécies animais, e incluem a maioria dos sorovares transmitidos por alimentos (Poppof *et al.*, 2004).

As doenças causadas por *Salmonella* podem ser subdivididas em três grupos: febre tifoide, causada por *S.* Typhi; febres entéricas (paratifoides), causadas por *S.* Paratyphi (A, B, C) e enterocolites (ou salmoneloses), causadas pelas demais *Salmonella* spp. A febre tifoide só acomete humanos e, normalmente, é transmitida por água e alimentos contaminados com material fecal humano. As febres entéricas são bastante semelhantes à febre tifoide, mas os sintomas clínicos são mais brandos. As salmoneloses caracterizam-se por sintomas que incluem diarreia, náuseas, cefaleia, febre, dores abdominais e vômitos. O período de incubação da salmonelose é de 8 a 22 horas, já, na febre tifoide, o período de incubação varia de 7 a 28 dias e a dose infectante é baixa (Franco e Landgraf, 1996).

A febre tifoide inicia-se com a penetração nas células epiteliais intestinais, invasão da lâmina própria e entrada na corrente linfática. Os microrganismos são, então, fagocitados por células de defesa (macrófagos), dentro das quais se multiplicam, causando a destruição dos macrófagos, com liberação de inúmeras bactérias na corrente circulatória, por meio da qual podem atingir diversos órgãos, como fígado, baço e vesícula biliar, até estabelecer uma infecção sistêmica. Enquanto está no interior dos macrófagos, *S.* Typhi não é destruída por antibióticos, razão pela qual a antibioticoterapia nem sempre é eficiente, em um único tratamento. Geralmente, nas febres entéricas ocorrem septicemia, febre, vômitos e diarreia. Enquanto a febre tifoide pode durar de uma a oito semanas, as febres entéricas duram, no máximo, três semanas. Os pacientes com febre tifoide, se não tratados no início da doença, desenvolvem anticorpos séricos contra antígenos O e H da bactéria, bem como imunidade persistente. Os portadores crônicos de *S. Typhi* geralmente apresentam níveis elevados de anticorpos contra o antígeno Vi presente nesse sorovar.

Em se tratando de enterocolites, as salmonelas, depois de ingeridas e após ultrapassarem a mucosa do estomago, iniciam o processo infeccioso na mucosa do intestino delgado e do cólon. As salmonelas multiplicam-se, aderindo-se às células epiteliais da região ileocecal, penetram nas células da mucosa, injuriando-as e migrando para a lâmina própria. Nesse tipo de infecção, as salmonelas ficam restritas à lâmina própria e são fagocitadas pelos macrófagos e monócitos, resultando em respostas inflamatórias, decorrentes da hiperatividade do sistema reticuloendotelial. Nesses casos, raramente se observa septicemia e a infecção fica restrita à mucosa intestinal. A resposta inflamatória do hospedeiro se dá com a hipertrofia e hiperplasia dos folículos linfoides, mediada por liberação de prostaglandinas, que estimulam a adenilciclase, produzindo ativa secreção de fluídos e resultando em diarreia aquosa (Strohl *et al.*, 2004).

Na fase aguda da enfermidade, o microrganismo pode ser isolado do material fecal. A presença do microrganismo nas fezes diminui gradualmente, com redução de mais ou menos 50% na segunda semana; cerca de 15% na quarta semana e raramente perdura por mais de seis a oito meses. Os que continuam excretando *Salmonella* são tidos como portadores. As bactérias restantes localizam-se em certos locais dos intestinos, na vesícula biliar, no fígado e até nos rins, sendo excretadas continuamente. Essa eliminação permanente de microrganismos pode perdurar por semanas, meses e mesmo por anos. Além do homem, os animais passam a se comportar como importantes reservatórios de microrganismo (Pardi *et al.*, 2001).

O índice de mortalidade é relativamente baixo; em média, 4,1% dos indivíduos envolvidos vão a óbito. A mortalidade está diretamente relacionada com a idade do indivíduo infectado: 5,8% no primeiro ano de idade, 2,0% entre 1 a 50 anos e 15% entre pessoas com mais de 50 anos (Jay, 2005).

É importante ressaltar que certos indivíduos apresentam um maior risco de desenvolver a doença do que a população em geral, sendo esse grupo de indivíduos denominado grupo de risco, nos quais estão incluídos os recém-nascidos, idosos, mulheres grávidas, imunocomprometidos, que apresentam outras doenças concomitantes, e aqueles com algum tipo de dependência química. Uma parte importante da caracterização do perigo é considerar que as enfermidades têm efeitos mais severos nesses grupos de risco, que representam quase 20% do total da população. Cabe ressaltar que a resposta de uma população humana à exposição a qualquer patógeno veiculado por alimentos depende não apenas do estado geral de saúde do indivíduo, mas também é um reflexo das características da virulência do patógeno, número de microrganismos ingeridos e capacidade do alimento alterar as características do microrganismo. A dose infectante pode variar em razão do sorovar e de sua afinidade a determinadas espécies animais. Menos de 10 células da *S.* Typhi, exclusivamente humana, são suficientes para desencadear doença no homem, enquanto são necessárias 10^{11}/g da *Salmonella* Pullorum, adaptada às aves, para causar a infecção em humanos (Jay, 2005).

Salmonella spp. é o principal microrganismo causador de doenças de origem alimentar tanto no Brasil como em outros países mais desenvolvidos. Na União Europeia, a *European Food Safety Authority* reportou que, no período entre 2001 e 2005, ocorreram 5.355 surtos, dos quais 3.406 (63,6%) foram causados por *Salmonella* spp. Esses surtos envolveram 25.760 indivíduos, dos quais 3.354 precisaram ser hospitalizados e 16 morreram (EFSA, 2005). Nos Estados Unidos, de acordo com o *FoodNet*, dos 17.883 casos de doenças transmitidas por alimentos confirmados laboratorialmente, em 2007, *Salmonella* spp foi responsável por 6.790 casos, ou seja, 38%. Ainda, essa porcentagem não difere significativamente daquela observada no período entre 2004 e 2006 (CDC, 2008).

No Brasil, segundo dados da Secretaria de Vigilância Sanitária do Ministério da Saúde, no período de 1999 a 2006, ocorreram 5.699 surtos de doenças transmitidas por alimentos, envolvendo 114.244 pessoas. Dos surtos em que foi possível determinar o microrganismo envolvido, verificou-se que 46,3% foram causados por salmonelas (SVS, 2005). De acordo com informações coletadas no Centro de Vigilância Epidemiológica do Estado de São Paulo, no ano de 2001, 23% dos surtos foram causados por *Salmonella* spp., 57% de origem desconhecida e 20%, causados por outros patógenos (CVE, 2004). Esses números são certamente inferiores aos reais, pois no Brasil, assim como em outros países, pouco se conhece sobre a magnitude do problema, visto que muitos surtos não são notificados. Além disso, o agente etiológico é desconhecido em quase 50% dos surtos ocorridos no País (SVS, 2005). As carnes vermelhas foram responsáveis por 11,6% dos surtos de origem alimentar ocorridos no Brasil entre 1999 e 2006 (SVS, 2005).

Os dados de prevalência de *Salmonella* spp. em carne bovina são bastante variáveis, dependendo de uma série de fatores, tais como condições climáticas, forma de manejo do gado, condições de abate e condições de armazenamento das carcaças, além de aspectos laboratoriais para pesquisa do patógeno, tais como forma e tamanho da amostragem e metodologia analítica adotada (ICMSF, 2005). Na União Europeia, a *European Food Safety Authority* reportou que, no período de 2003-2006, a positividade para *Salmonella* spp. nas carcaças bovinas, amostradas nos abatedouros de países nos quais esse monitoramento é feito, foi muito baixa, variando de <0,1% a 0,6% (EFSA, 2005). Resultados similares são observados nos Estados Unidos. Sofos *et al.* (1999) amostraram 3.780 carcaças em sete abatedouros americanos, no inverno e verão, em três diferentes pontos do abate: pré-evisceração, pós-lavagem das carcaças e após 24 horas de refrigeração, verificando que a incidência mais alta de *Salmonella* spp. foi 4,4%. White *et al.* (2007), do *Food Safety Inspection Service* do Departamento de Agricultura dos Estados Unidos, relataram que, no período de 1998 a 2003, a positividade para *Salmonella* spp. foi de 1,9% nas carcaças de bovinos (242 positivas em 12.884 testadas), 0,4% nas carcaças de vitelo (50 positivas em 12.835 testadas) e 2,8% em carne moída (3.839 em 134.788 testadas). Na Irlanda, Jordan *et al.* (2006) relataram que *Salmonella* spp. foi isolada em 1% das 110.229 amostras de carne crua analisadas (Jordan *et al.*, 2006). No Canadá, Bohaychuk *et al.* verificaram que nenhuma das 100 amostras de carne moída coletadas em supermercados locais foi positiva para *Salmonella* spp. (Bohaychuk *et al.*, 2006). Um estudo conduzido no Nepal indicou uma incidência mais elevada: 13,5% das amostras de carne de búfalo foram positivas para *Salmonella* spp. (Maharjan *et al.*, 2006).

No Brasil, os dados são escassos, limitando-se a estudos isolados, realizados com amostras coletadas no comércio e não diretamente nos frigoríficos. Almeida *et al.* (2002) pesquisaram a *Salmonella* spp. em carne bovina, em cortes e moída, encontrando 20% das amostras analisadas apresentando resultado positivo. Sigarini *et al.* (2006) realizaram um levantamento em cortes de alcatra em estabelecimentos comerciais, localizados em Cuiabá - MT, verificando que 12,5% do total de amostras analisadas antes da desossa encontravam-se contaminadas por *Salmonella* spp. Valores mais elevados (20%) foram verificados após a desossa, indicando que os produtos analisados foram obtidos ou conservados de maneira imprópria. Aquino, em 1991, relatou que 57% das amostras de carne moída comercializada na cidade de Manaus-AM estavam contaminadas com *Salmonella* spp.

Listeria monocytogenes

L. monocytogenes é uma das seis espécies que constituem o gênero Listeria. As outras espécies são: *L. ivanovii*, *L. innocua*, *L. seeligeri*, *L.*

welshimeri e *L. grayi*. Entre essas espécies, somente *L.monocytogenes* e *L.ivanovii* são patogênicas, sendo que somente a primeira afeta o homem, *L.ivanovii* é considerado um patógeno animal (Montville e Matthews, 2005).

Listeria monocytogenes causa a listeriose, uma das mais severas infecções de origem alimentar. Trata-se de uma doença zoonótica grave que pode levar ao aborto, a problemas neurológicos e a disfunções gastrintestinais. Ao contrário da maioria dos patógenos, que geralmente provocam apenas sintomas gastrintestinais, a listeriose em humanos caracteriza-se por infecções do sistema nervoso central (meningite, encefalite e meningoencefalite), bacteremia primária e septicemia. A doença apresenta baixa morbidade e alta mortalidade (até 51%) e acomete, principalmente, grupos de risco, como mulheres grávidas, neonatos, indivíduos imunocomprometidos e idosos (Rocourt *et al.*, 2000).

A listeriose é observada com mais frequência em países industrializados, pois sofre influência das mudanças no estilo de vida da população que consome cada vez mais alimentos processados, do tipo *pronto para o consumo,* e que geralmente são conservados em temperatura de refrigeração (Swaminathan *et al.*, 2007). A maior ocorrência nos países desenvolvidos também pode estar associada ao fato de que, nesses países, o sistema de notificação de surtos de doenças de origem alimentar é mais organizado e eficiente. No Brasil, a notificação desse tipo de agravo não é eficiente. Os sinais clínicos semelhantes aos de uma gripe, podendo ou não ocorrer manifestações gastrintestinais, contribuem para uma conclusão diagnóstica inespecífica e/ou automedicação, mascarando a ocorrência verdadeira dos casos de listeriose (Santos *et al.*, 2004). De acordo com Lee, 2007, os casos anuais de listeriose, nos Estados Unidos, são da ordem de 2.500, dos quais 90% geram hospitalização e 20% vão a óbito. No Brasil, são pouquíssimos os relatos clínicos (Hofer *et al.*, 1998, Landgraf *et al.*, 1999).

L. monocytogenes é um microrganismo ubiquitário que pode ser isolado do solo, água, silagem, vegetais e outras fontes ambientais. É capaz de se multiplicar em temperaturas de refrigeração (4°C a 8°C), assim como em temperaturas mais elevadas (até 45°C). O pH mínimo para sua multiplicação é 4,4, sendo, porém, capaz de sobreviver por longos períodos em pH inferior a 4,3. Os ácidos orgânicos (cítrico, acético e lático) são mais inibidores que os inorgânicos, como HCl. Para a maioria das cepas, a atividade da água deve ser ≥ 0,97, com um mínimo de 0,93. No entanto, algumas cepas podem multiplicar-se em Aa igual a 0,90, e sobreviver por longo tempo em alimentos com Aa inferior a esse valor. A termorresistência de *L. monocytogenes* aumenta com a diminuição da Aa do alimento, o que representa um problema para alimentos cuja segurança baseia-se na combinação de tratamento térmico com baixa Aa. *L. monocytogenes* pode multiplicar-se em concentrações relativamente elevadas de sal (10% a 12% de NaCl), sendo que sobrevive por longo tempo em concentrações mais elevadas. O abaixamento da temperatura aumenta a sobrevivência em ambientes com elevado teor de sal, representando também um problema para a indústria de produtos cárneos curados (Montville e Matthews, 2005).

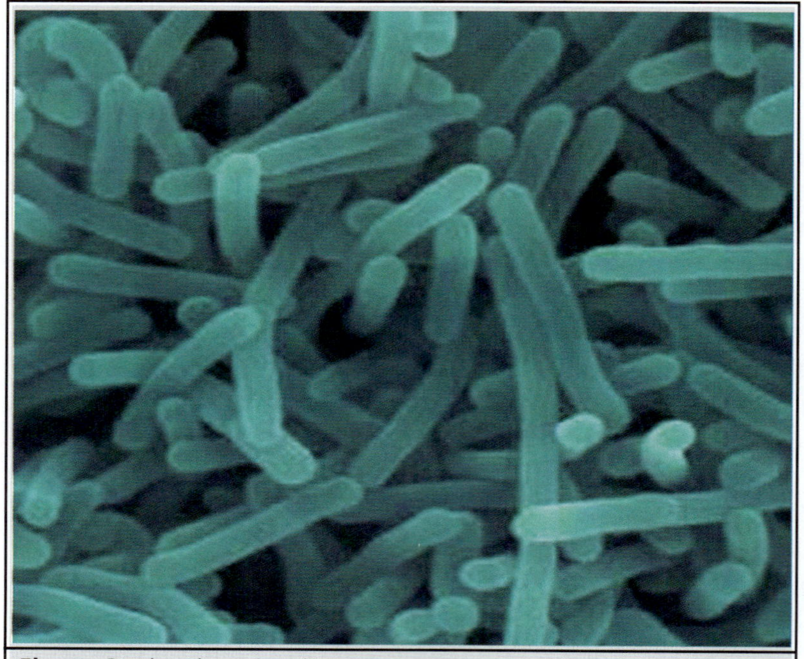

Figura 2. *Listeria monocitogenes*, www.popsci.com.

São conhecidos 13 sorotipos de *L. monocytogenes*, sendo que 95% das cepas isoladas de casos de listeriose pertencem aos sorotipos 1/2a, 1/2b e 4b (Montville e Matthews, 2005).

Hofer *et al.* (2000) verificaram as espécies e sorotipos presentes em 3.532 culturas com diagnóstico presuntivo para *Listeria*, isoladas de diferentes fontes (humanos, animais, alimentos e ambiente), no Brasil, no período de 1971 e 1997. Do total de 3.112 cepas confirmadas como pertencentes ao gênero *Listeria*, 2.330 haviam sido isoladas de alimentos, sendo 382 (12,3%) *L. monocytogenes*, 1.886 (80,9%) *L. innocua*, 37 (1,58%) *L. seeligeri*, 22 (0,9%) *L. welshimeri* e 3 (0,1%) *L. grayi*.

Na produção primária de animais de abate, *L. monocytogenes* tem sido isolada desde o alimento ingerido por eles até nas fezes. O confinamento dos animais pode favorecer a disseminação de *Listeria* e de outros microrganismos patogênicos no rebanho. Num estudo realizado com bovinos confinados em Nebraska, EUA, detectou-se uma média de 22% de fezes de animais contaminados com *Listeria* spp., sendo 2,2% positivas para *L. monocytogenes*, estando os animais clinicamente sadios (Siragusa *et al.*, 1993). Estudos de Buncic, (1991), realizados com fezes bovinas, revelaram contaminação por *L. monocytogenes* em 19% das amostras analisadas. Kalender (2003) reportou que 1,53% das amostras de fezes bovinas estavam contaminadas com *L. monocytogenes*.

No Brasil, alguns estudos realizados para pesquisa de *L. monocytogenes* em produtos cárneos revelaram presença elevada do patógeno em carnes e derivados: 71,7% (Destro *et al.*, 1991), 48,3% (Aragon-Alegro *et al.*, 2005) e 17,6% (Barros *et al.*, 2007).

Escherichia coli produtora de toxina de Shiga

Escherichia coli é um microrganismo presente no trato intestinal de animais saudáveis, inclusive o homem, fazendo parte da microbiota normal. No entanto, algumas linhagens desse microrganismo podem ser patogênicas e causar doenças no homem e também nos animais (Meng *et al.*, 2007).

Para alimentos, a linhagem patogênica de *E.coli* de maior relevância é denominada STEC. Essas bactérias produzem citotoxinas e são responsáveis por um amplo espectro de doenças humanas que variam de diarreias brandas até severas e sanguinolentas a complicações graves como colite hemorrágica (HC), síndrome urêmica hemolítica (HUS) e púrpura trombótica trombocitopênica (TTP) (Meng *et al.*, 2007). A esse grupo de microrganismos pertence o sorotipo O157:H7, reconhecido como patógeno em 1982, quando foi associado a dois surtos de colite hemorrágica, de origem alimentar, nos Estados de Michigan e Oregon, Estados Unidos (Riley *et al.*, 1983). Ambos os surtos foram relacionados ao consumo de hambúrgueres de carne bovina, sendo a *E. coli* O157:H7 isolada de hambúrguer cru congelado pertencente ao mesmo lote do envolvido em um dos surtos (Wells *et al.*, 1983). Desde então, mais de 100 surtos foram documentados, 52% dos quais atribuídos ou relacionados a alimentos derivados de carne (Woerner *et al.*, 2006). O maior surto relacionado a alimentos já relatado ocorreu no Japão, entre os meses de maio e dezembro de 1996, envolvendo mais de 11.000 casos. Nesse mesmo ano, 21 idosos morreram em um grande surto envolvendo 501 casos na Escócia (Meng *et al.*, 2007).

Pelo menos 30 países em 6 continentes já relataram doenças causadas por *E. coli* O157:H7

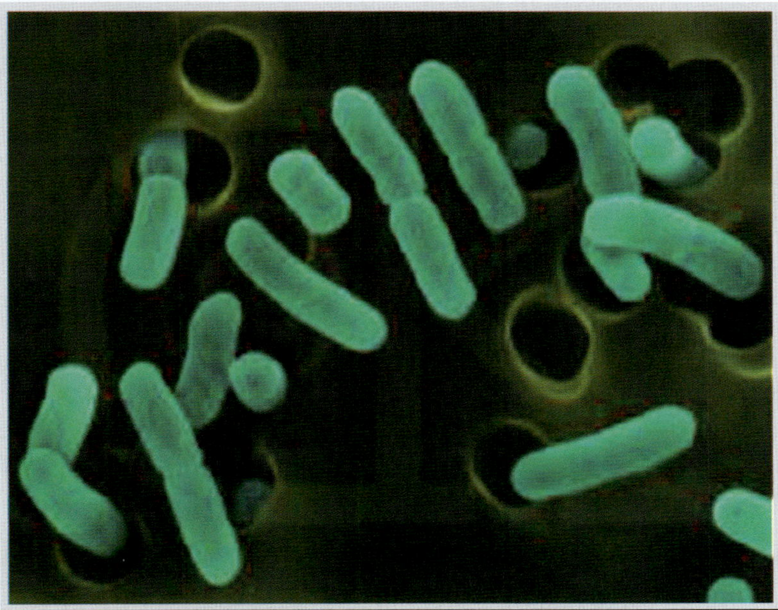

Figura 3. *Escherichia coli* produtora de toxina de Shiga, www.med.sc.edu.

em humanos, sendo esse um sério problema de saúde em muitos países desenvolvidos, entre eles Estados Unidos, Canadá, Japão e Reino Unido (Meng *et al.*, 2007). Nos Estados Unidos, *E. coli* O157:H7 é a única grande causa de HC e HUS em crianças (Echeverry *et al.*, 2006). De acordo com o CDC (*Centers for Disease Control and Prevention*) em estimativa de 1999, aproximadamente 73.000 casos de infecção e 61 mortes são anualmente atribuídos a esse patógeno naquele país (CDC, 2007).

Porém, apesar da maioria dos casos esporádicos e surtos terem sido relatados em países desenvolvidos, infecções humanas associadas a cepas de STEC têm sido também descritas nos países da América Latina, incluindo Argentina e Chile (CDC, 2002b). Na Argentina, onde HUS é endêmica, a taxa de incidência anual em crianças é estimada em 9,2 para cada 100.000 (Balagué *et al.*, 2006), constituindo a primeira causa de insuficiência renal aguda em crianças e a segunda de insuficiência renal crônica. STEC são responsáveis por 20% dos casos de transplante renal em crianças e adolescentes (Bentacor *et al.*, 2007).

No Brasil, são poucos os relatos de doença humana por STEC, contrastando com a vizinha Argentina (Guth *et al.*, 2002). Infecções têm sido restritas a casos esporádicos de diarreia não sanguinolenta causadas por cepas não O157 (CDC, 2002b). Apesar de uma alta frequência de cepas de STEC terem sido encontradas em alimentos e em reservatório animal, apenas alguns sorotipos identificados em animais são reconhecidos como causas de doenças humanas, como exemplo, O157:H7, O22:H16, O82:H8 e NT:H21 (CDC, 2002a).

O mecanismo de patogenicidade desses microrganismos ainda não foi completamente elucidado. Sabe-se que a bactéria causa diarreia pela sua capacidade de aderir à membrana da célula epitelial intestinal do hospedeiro e colonizar o intestino grosso, produzindo uma ou mais toxinas. No entanto, não se sabe muito a respeito dos mecanismos de colonização (Meng *et al.*, 2007).

A STEC produz uma ou duas citotoxinas denominadas toxina de Shiga tipo 1 (Stx1) e tipo 2 (Stx2), das quais Stx2 é fator de virulência primário para HUS (Tzipori *et al.*, 2004). Essas citotoxinas são também denominadas verotoxinas (VTs), uma vez que sua atividade biológica pode ser observada em culturas de células Vero, originárias de rim de macaco, ou toxinas Shiga-like (SLTs), já que são semelhantes à toxina produzida pelo bacilo de Shiga (*Shigella dysenterieae* tipo 1), causador da disenteria bacilar. São proteínas de alto peso molecular e sua produção é determinada por dois fagos lisogênicos distintos (Meng *et al.*, 2007).

A toxina de Shiga é composta de uma subunidade A e cinco subunidades B. O modo geral de ação dessas toxinas envolve a adesão a um receptor glicolipídico na superfície da célula por meio das subunidades B e a internalização da subunidade A, que é enzimaticamente reduzida a um fragmento A1, que então se liga à fração 60S dos ribossomos dos enterócitos para inibir a síntese proteica e interromper o funcionamento da célula (Kodama *et al.*, 1999).

Um fator de virulência adicional é a formação de lesões no intestino do hospedeiro do tipo *attaching and effacing* (AE), ou *adesão íntima e destruição das microvilosidades*. As lesões AE são mediadas pelo produto do gene cromossomal *eae*, a intimina, um fator para aderência na mucosa do hospedeiro. Ocorrem alterações no citoesqueleto das células epiteliais da mucosa intestinal, com destruição das microvilosidades e acúmulo de actina no local da adesão. Verifica-se a ação nos vasos sanguíneos das microvilosidades, com eliminação de sangue nas fezes (Meng *et al.*, 2007).

O gado bovino é considerado um importante reservatório desse patógeno, apesar da colonização do intestino e do modo de eliminação não estarem bem definidos. Os animais são colonizados transitoriamente e eliminam *E. coli* O157:H7 nas fezes por um curto período de tempo. A concentração do microrganismo em fezes de gado varia de 10^2 a 10^5 UFC.g^{-1}. A prevalência e liberação de *E. coli* O157 foi relatada como sendo dependente da estação do ano, nos Estados Unidos e na Europa, com aumento durante o verão (Alam & Zurek, 2006).

O primeiro relato de *E. coli* O157:H7 em gado ocorreu, em 1977, na Argentina, proveniente de um bezerro de 3 semanas com colibacilose. Em muitos países foi encontrada prevalência de 60% de STEC em rebanhos bovinos, mas na maioria dos casos é de 10 a 25% (Meng *et al.*, 2007).

Nos Estados Unidos, Elder *et al.* (2000) avaliaram a frequência de contaminação nas fezes, no couro e na carcaça de gado durante o processamento. Dos 29 lotes de animais analisados, 72% apresentaram pelo menos uma amostra fecal positiva para *E.coli* O157 e 38% apresentaram amostras de couro positivas. A prevalência de *E.coli* O157 nas fezes e no couro foi 28% (91/327) e 11% (38/355), respectivamente. Dos 30 lotes em que a carcaça foi analisada, 87% apresentaram pelo menos uma amostra positiva na pré-evisceração, 57% na pós-evisceração antes de intervenção antimicrobiana, e 17% no pós-processamento. A prevalência de *E. coli* O157 nessas três etapas foi de 43% (148/341), 18% (59/332) e 2% (6/330), respectivamente.

Na Irlanda, Carney *et al.* (2006), analisando sobras de carne, carcaças e carne da cabeça em um matadouro, constataram a presença de *E. coli* O157 em 2,4% (32/1351) das sobras de carne, 3% (4/132) da carcaça e 3% (3/100) da cabeça.

No Brasil, em estudo no qual foram coletadas 153 amostras de fezes de gado selecionado em 6 fazendas leiteiras, no Estado de São Paulo, a taxa de STEC isolada variou entre 3,8 a 84,6% dependendo da fazenda analisada. STEC foi identificada em 25,5% (39/153) dos animais e, dentre estes, 84,6% (33/39) estavam saudáveis (Irino *et al.*, 2005).

A contaminação de seres humanos ocorre por meio do consumo de alimentos contaminados, particularmente carne moída cozida de maneira inadequada e leite não pasteurizado ou contaminado após pasteurização (Alam & Zurek, 2006).

Os dados sobre ocorrência de STEC em carnes e produtos cárneos no Brasil são bastante limitados. Em 1997, Cerqueira *et al.* (1997) detectaram uma prevalência alta de STEC entre as cepas de *E. coli* isoladas de produtos cárneos crus comercializados no Rio de Janeiro. No Rio Grande do Sul, Bernardi *et al.* (2004) detectaram a presença de *E. coli* enteropatogênica (EPEC) e *E. coli* O157 em amostras de carnes moídas comercializadas em Pelotas. Rigobelo *et al.* (2006), analisando carcaças bovinas de um abatedouro em São Paulo, detectaram STEC em 1,2% das amostras. Bergamini *et al.* (2007) reportaram a ocorrência de cepas de STEC pertencentes a sorogrupos não O157, contendo sequências de genes responsáveis pela patogenicidade de STEC, em amostras de carne moída comercializada em São Paulo.

Muitos fatores que afetam a prevalência dos microrganismos em carne fresca incluem o tipo de alimentação, transporte, processo de abate e uso de antimicrobianos. Manuseio e transporte podem deixar os animais estressados, o que pode aumentar a liberação de material fecal e patógenos. Barham *et al.* (2002) constataram que um número maior de patógenos é encontrado na pele dos animais durante o transporte do pasto à planta de processamento. O veículo de transporte foi considerado uma possível fonte do patógeno, mas não se sabe como meios de transporte limpos e sanitizados antes dos animais serem carregados afetarão a contaminação no couro dos animais que entrarão no matadouro.

Cobbold e Desmarchelier (2000, 2001) demonstraram que, por volta do período de desmama, bezerros leiteiros apresentam o maior risco de transmissão. A contaminação microbiana da carne ocorre quando o couro, contaminado por fezes, poeira e sujidades, é removido da carcaça do animal (coureamento) (Penney *et al.*, 2007). Uma vez na superfície da carcaça, o patógeno pode ser disseminado pelo manuseio e aparamento das sobras da carne e carne da cabeça. A cabeça, que é a parte mais baixa do animal durante os primeiros estágios do coureamento, é a parte mais susceptível à contaminação causada pela água que espirra ou escorre de outras partes da carcaça e pelo contato com operadores e superfícies. A contaminação da carne da cabeça com microrganismos patogênicos, entre eles *E. coli* O157:H7, pode representar um risco significante durante o processamento e procedimentos do abate e, assim, os produtos finais contaminados poderão apresentar riscos para o consumidor (Carney *et al.*, 2006).

Campylobacter spp.

As bactérias do gênero *Campylobacter* incluem as espécies *C. coli*, *C. lari* e *C. jejuni*. São bactérias Gram negativas, com morfologia típica de bastonetes curvos, espiralados, formando um *S*, ou o formato de asa de gaivota. Sua multiplicação ocorre somente em atmosfera de microaerofilia, requerendo 5% de O_2 e temperatura preferencial de 42°C durante um período de 48 horas.

Além disso, são capnofílicas, ou seja, requerem cerca de 10% de CO_2 para sua multiplicação. Não produzem endósporos, e apresentam um tamanho de 0,2 a 0,9 µm de largura por 0,5 a 5 µm de comprimento. Em culturas mais antigas, ou sob condições de cultivo adverso, as células de *Campylobacter* spp. podem adquirir formas esféricas ou cocoides, o que representa um estágio degenerativo de seu ciclo de vida, sem levar à perda de seu poder infectante (Nachamkin, 2007).

Uma característica importante dentro do gênero *Campylobacter* é a capacidade de multiplicação acima da temperatura de 37°C. Algumas espécies multiplicam-se bem entre 25°C e 37°C, mas não a 42°C, e há espécies que não apresentam essa capacidade a 25°C, multiplicam-se a 37°C, com um ótimo de temperatura a 42°C. Este último grupo é denominado termofílico ou termotolerante e contém principalmente espécies envolvidas com processos gastroentéricos, dos quais o mais importante é *Campylobacter jejuni*. Essas bactérias são altamente sensíveis ao sal, sendo essa sensibilidade variável em razão da temperatura. São também bastante sensíveis ao pH ácido e à desidratação (Nachamkin, 2007).

Essas espécies estão presentes no trato intestinal de animais de sangue quente e, portanto, podem contaminar os alimentos de origem animal (Stern *et al.*, 2001). As aves domésticas são consideradas o principal reservatório de *Campylobcter jejuni,* e esse microrganismo pode ser encontrado em até 90% das carcaças de frango (Dickins *et al.*, 2002). Não há hospedeiro estrito e, em infecção experimental, todos os tipos de animais podem ser infectados com qualquer espécie de *Campylobacter*. A frequência de *Campylobacter* nas fezes de bovinos é variável, podendo ir de 5%, como relatado na Califórnia (Hoar *et al.*, 2001), até 90%, como descrito por Inglis *et al.* (2004), no Canadá.

Embora os bovinos sejam também carreadores frequentes de *Campylobacter* spp. (Stanley & Jones, 2003; Inglis *et al.*, 2004), a carne bovina tem sido pouco incriminada como veículo de transmissão da infecção para humanos (Hakkinen *et al.*, 2007). Não há relatos sobre a ocorrência de *Campylobacter* spp. em cortes bovinos no Brasil.

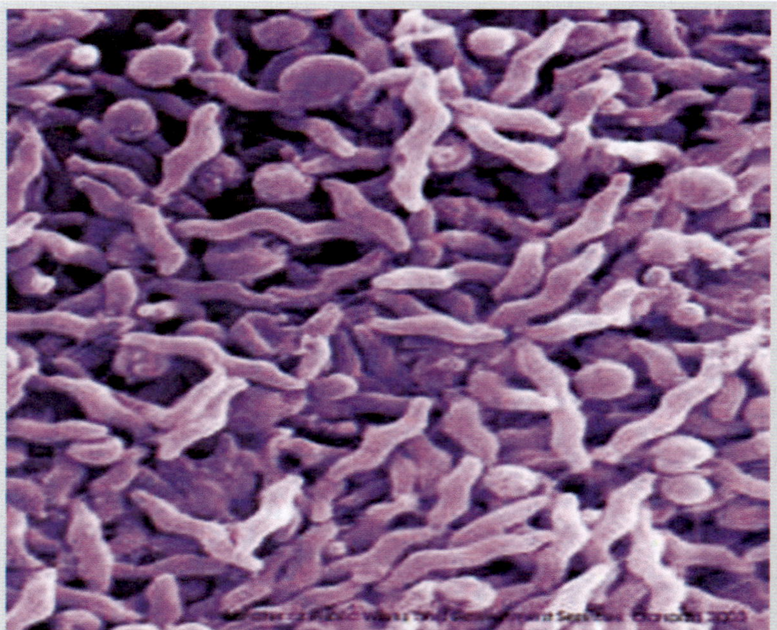

Figura 4. *Campylobacter* ssp., www.*campylobacter*blog.com.

Na maioria dos países desenvolvidos, *Campylobacter jejuni* é o principal responsável por causar infecções zoonóticas entéricas humanas (WHO, 2001; Açik & Çentikaya, 2005). Em países industrializados, em torno de 85-95% e 5-10% das infecções por *Campylobacter* são causadas por *Campylobacter jejuni* e *Campylobacter coli*, respectivamente (Vandamme, 2000). Cepas de *Campylobacter jejuni*, isoladas de bovinos, foram implicadas na infecção de um grande número de pessoas em Ontário, Canadá em 2000 (Clark *et al.*, 2003).

A campilobacteriose atinge todas as idades, com um pico em crianças abaixo de quatro anos e adultos jovens de 15 a 44 anos, e demonstra variação sazonal, tendo maior ocorrência nos meses mais quentes do ano. Por outro lado, em países em desenvolvimento, a maioria das infecções ocorre em crianças e não há relatos da observação sazonal da doença.

O mecanismo de patogenicidade de *Campylobacter jejuni* ainda não foi completamente elucidado. Diversos fatores de virulência têm sido descritos, como a produção de toxinas, motilidade, invasão e aderência na mucosa intestinal do hospedeiro. Foi proposto que *C. jejuni* coloniza a mucosa intestinal humana de maneira semelhante às bactérias espirais da microbiota normal. *C. jejuni* tem a morfologia em espiral, são microaerófilas e podem penetrar profundamente nas criptas intestinais. A adaptação ao muco e à motilidade intestinal pode ser determinante na virulência de *C. jejuni* (Stern *et al.*, 2001).

A infecção por *Campylobacter* spp. em humanos pode manifestar-se de várias formas, sendo a enterocolite a mais comum. A sintomatologia da campilobacteriose é clinicamente semelhante à causada por diversos outros patógenos entéricos. O período de incubação varia normalmente de dois a cinco dias, podendo se estender até 10 dias. A doença caracteriza-se por diarreia acompanhada de febre baixa e dores abdominais. Em alguns casos, a febre pode ser alta e as fezes podem conter sangue, leucócitos e muco. Vômitos são raros. A fase aguda da diarreia dura dois ou três dias, mas as dores abdominais podem persistir por até três semanas. Os pacientes recuperam-se em uma semana e apenas 20% dos casos necessitam de terapia com antibióticos (Nachamkin, 2007).

A maioria das infecções é autolimitada, sendo necessária apenas reposição hidroeletrolítica. Nos casos mais graves, recomenda-se o uso de antimicrobianos, nos quais a droga de eleição é a eritromicina. Ciprofloxacina e outras fluoroquinolonas foram inicialmente utilizadas com sucesso, mas, mediante o aumento de resistência em alguns países, a indicação desta droga passou a ser menos frequente (Snelling *et al.*, 2005).

Complicações decorrentes de enterite não são comuns, embora, tenham sido relatados casos de bacteremias, septicemias, artrite reativa, endocardites, infecção do trato urinário, peritonites, meningites e abortos após a infecção intestinal. A infecção por *C. jejuni* é o antecedente mais comum das síndromes de neuropatia periférica de Guillain-Barre (GBS) e de Miller Fisher (MFS) (Stern *et al.*, 2001; Nachamkin, 2007). Outra sequela é a Síndrome de Reiter, uma artropatia reativa com dor, podendo ser crônica (Stern *et al.*, 2001). Como a *E. coli* O157:H7, *Campylobacter* tem uma dose infectante baixa, particularmente em crianças (Nachamkin, 2007).

Outros microrganismos patogênicos de relevância

A literatura relata a ocorrência esporádica de outros microrganismos patogênicos em carne bovina, como *Staphylococcus aureus*, *Clostridium botulinum* e *Clostridium perfringens* (ICMSF, 2005).

Staphylococcus aureus é um contaminante originário da pele dos animais, dos equipamentos (luvas, aventais, etc.) e das mãos dos trabalhadores. O resfriamento da carne bovina a < 7°C, durante armazenamento, transporte e comercialização, é suficiente para impedir a multiplicação desse microrganismo. Mesmo em temperaturas um pouco superiores, *S. aureus* dificilmente se multiplica, já que é um mau competidor, e será suplantado pela microbiota autóctone da carne bovina. Ressalte-se que a importância de *S. aureus* como perigo microbiológico deve-se à sua capacidade de produzir enteroxinas, mas para que isso aconteça é necessária uma população de pelo menos 10^6 UFC.g^{-1}. Além disso, a capacidade de produzir toxinas das cepas de *S.aureus* de origem animal é menor dos que das cepas de origem humana. Não há nenhum relato de intoxicação estafilocócica causada por carne crua (ICMSF, 2005).

Quanto ao *Clostridium botulinum*, sua ocorrência em carne bovina é muito baixa e menos frequente do que em carnes de outros animais. Os casos de botulismo associados à carne foram causados por produtos cárneos inadequadamente processados ou conservados, não havendo relato de botulismo causado por consumo de carne crua (ICMSF, 2005).

Clostridium perfringens é um contaminante superficial de carcaças bovinas, ocorrendo em baixas contagens e na forma de células vegetativas. A contaminação pode ser proveniente das fezes do animal ou de sujidades aderidas à carcaça. O resfriamento das carcaças a <15°C é suficiente para inibir a multiplicação desse microrganismo. Os poucos casos de intoxicação alimentar por *Clostridium perfringens* associados ao consumo de carne bovina foram devidos à sobrevivência de esporos em carnes mal cozidas e mal conservadas após o cozimento, sem reaquecimento antes do consumo (ICMSF, 2005).

Prevenção e controle da contaminação

Nenhum procedimento durante a transformação de um animal vivo em carne para consumo pode assegurar que o produto final esteja totalmente livre de microrganismos patogênicos. Entretanto, com o uso adequado de estratégias de controle da contaminação é possível reduzir os riscos a níveis seguros para a saúde do consumidor. O controle dos perigos microbiológicos deve ocorrer em todas as etapas da produção de carne bovina, ou seja, produção animal, transporte dos animais, abate dos animais e resfriamento, armazenamento, transporte e comercialização das carcaças. Todas as medidas de controle devem estar direcionadas para a redução do nível inicial de contaminação, bem como para prevenir o aumento da contaminação existente (ICMSF, 2005).

As principais fontes de contaminação microbiana da carne bovina são os microrganismos presentes no próprio animal e o homem (Borsch e Arinder, 2002). Para o controle do nível inicial dos perigos microbiológicos nos animais, na fazenda, é fundamental a adoção das boas práticas no manejo animal, evitando-se superpopulação, alimentação inadequada, tratamento veterinário inadequado e estresse, que são fatores que contribuem para a ocorrência e disseminação dos microrganismos patogênicos (Brashears *et al.*, 2005). As estratégias para o controle de riscos na produção de carne bovina devem se iniciar na fazenda sendo, portanto, necessário um programa eficiente de monitoramento da saúde animal desde seu nascimento (Desmachelier *et al.*, 2007).

Ainda na fazenda, um rigoroso controle da ração animal é a principal medida para evitar que os animais sejam contaminados. As rações podem contaminar-se durante sua produção, bem como podem ser contaminadas pelos próprios animais portadores desses patógenos, disseminando os microrganismos na fazenda. A remoção adequada das fezes dos animais e desinfecção dos locais de guarda dos animais são também medidas importantes para o controle dos perigos microbiológicos, pois evitam sua recirculação no ambiente. Outros animais (cães, gatos, pássaros, etc.), bem como insetos e roedores são também fontes importantes de contaminação, e seu acesso aos locais de manutenção dos animais deve ser evitado (ICMSF, 2005).

No abate, as carcaças contaminam-se a partir do couro, pelos e trato intestinal. O cuidado e treinamento dos trabalhadores e o tempo disponível para as operações de remoção do couro e evisceração são críticos na limitação da contaminação. Os trabalhadores necessitam de treinamento e de compreensão das consequências da falta de higiene nessas etapas. A lavagem das carcaças com água quente ou com soluções adequadas para esse tipo de produto e a imediata refrigeração das carcaças e miúdos são passos importantes no controle da contaminação (Gill, 2005). É importante salientar que o ambiente é também fonte importante de contaminação. Sabe-se que certos patógenos, principalmente *Listeria monocytogenes* e *Salmonella* spp., podem estar presentes nas paredes, chão, ralos, bacias e instrumentos, facilitando a contaminação cruzada (Borch e Arinder, 2002).

Durante a refrigeração, é importante a certificação que a temperatura é uniforme em toda a câmara (<7°C), e que a capacidade de refrigeração esteja adequada para o volume a ser refrigerado. O mesmo vale para o transporte e distribuição para consumo (ICMSF, 2005).

O manipulador é o principal ponto critico de controle, em todas as etapas do processo de produção de alimentos, pois, por meio dele, pode ocorrer a disseminação de microrganismos, deteriorantes e/ou patogênicos. A correta antissepsia das mãos, antes de qualquer procedimento, aliada à higienização e desinfecção adequadas dos instrumentos de trabalho (utensílios e equipamentos) são medidas importantes de controle. Além disso, são imprescindíveis a boa higiene corporal, o uso de roupas limpas, unhas, cabelo e barba aparados, e a boa saúde (ICMSF, 2005).

O uso de Boas Práticas de Agricultura (BPA) e a implantação de Boas Práticas de Fabricação (BPF) e dos princípios de Análise de Perigo e Pontos Críticos de Controle (APPCC ou HACCP), durante toda a cadeia produtiva da carne bovina, são as formas efetivas de mitigar os riscos microbiológicos no produto final (Sofos, 2008). Essas estratégias permitem:

1. reduzir a contaminação do animal vivo;
2. minimizar o acesso de microrganismos à carne;
3. reduzir a contaminação do ambiente de processamento;
4. inativar a contaminação;
5. prevenir ou controlar os microrganismos que tenham sobrevivido aos procedimentos de higienização.

Os perigos microbiológicos na carne bovina e os riscos a ela relacionados são uma constante preocupação para o setor cárneo, e o seu controle continuará sendo o principal desafio para o futuro, sendo necessário compreender que a gestão dos perigos e riscos depende de um esforço integrado entre todos os setores envolvidos, desde a fazenda até a mesa, que inclui produtores, processadores, embaladores, distribuidores e consumidores. É importante sempre ter em mente que a absoluta maioria das doenças veiculadas pelos alimentos, inclusive a carne bovina, é decorrente do manuseio inadequado, e que os microrganismos envolvidos nas zoonoses latentes chegam aos alimentos através do ambiente de processamento. Consequentemente, a segurança desses alimentos é diretamente dependente da educação dos consumidores e do controle da contaminação ambiental.

Referências bibliográficas

Alam, M.J.; Zurek, L. Seasonal prevalence of *Escherichia coli* O157:H7 in beef cattle feces. **J. Food Prot.**, v.69, n.12, p.3018-3020, 2006.

Açik, M.N.; Çentinkaya, B. The heterogeneity of *Campylobacter coli* strains isolated from healthy cattle. **Lett Appl Microbiol**, v.41, p.397-403, 2005.

Almeida, A.S.; Gonçalves, P.M.R.; Franco, R.M. *Salmonella* em cortes de carne bovina inteiro e moído. **Rev. Hig. Aliment.**, v.16, n.96, p.77-81, 2002.

Aquino, JS de. Estudo microbiológico da carne moída comercializada na cidade de Manaus-Amazonas, análise de contaminação por bactéria do gênero *Salmonella*. 01/11/1991. 45p. Mestrado. Instituto Nacional de Pesquisas da Amazônia - Tecnologia de Alimentos e nutrição.

Aragon-Alegro, L.C.; Wittman, R.M., Padovani, C.R., Landgraf, M.; Franco, B.D.G.F.; Destro, M.T. Detection of *Listeria* sp. in meat using TECRA Visual Immunoassay and BIOCONTROL Visual Immunoprecipitative Assay for Listeria immunoassays and a cultural procedure. **J. Rapid Methods Aut. Microbiol.**, v.13, p.204-212, 2005.

Balagué, C.; Khan, A.A.; Fernandez, L.; Redol, A.L.; Aquili, V.; Voltattorni, P.; Hofer, C.; Ebner, G.; Duenãs, S.; Cerniglia, C.E. Occurrence of non-O157 Shiga toxin-producing *Escherichia coli* in ready-to-eat food from supermarkets in Argentina. **Food Microbiol.**, v.23, p.307-313, 2006

Barham, A.R.; Barham, B.L.; Johnson, A.K.; Allen, D.M.; Blanton, J.R.; Miller, M.F. Effects of the transportation of beef cattle from the feedyard to the packing plant on prevalence levels of *Escherichia coli* O157 and *Salmonella* spp. **J. Food Prot.**, v.65, n.2, p.280-283, 2002.

Barros, M.A.F.; Nero, L.A.; Silva, L.C.; Ovidio, L.; Monteiro, F.A.; Tamanini, R.; Fagnani, R.; Hofer, E.; Beloti, V. *Listeria monocytogenes*: occurrence in beef and identification of the main contamination points in processing plants. **Meat Sci.**, v.76, p.591-596, 2007.

Bentancor, A.; Rumi, M.V.; Gentilini, M.V.; Sardoy, C.; Irino, K.; Agostini, A.; Cataldi, A. Shiga toxin-producing and attaching and effacing *Escherichia coli* in cats and dogs in a high hemolytic uremic syndrome incidence region in Argentina. **FEMS Microbiol. Lett.**, v.267, p.251-256, 2007.

Bergamini, A.M.M.; Simões, M.; Irino, K.; Gomes, T.M.T.; Guth, B.E.C. Prevalence and characteristics of Shiga-toxin producing *Escherichia coli* (STEC) strains in ground beef in São Paulo, Brazil. **Braz. J. Microbiol.**, v.38, p.553-556, 2007.

Bernardi, E.; Armas, R.D.D.; Ribeiro, G.A. Caracterização microbiológica e sorológica de linhagens de *Escherichia coli*, isolada de carne moída comercializada em Pelotas, RS. **Rev. Hig. Aliment.**, v.18, n.125, p.182-86, 2004.

Bohaychuk, V.M.; Gensler, G.E.; King, R.K.; Manninen, K.I.; Sorensen, O.; Wu, J.T.; Stiles, M.E.; McMullen, L.M. Occurrence of Pathogens in Raw and Ready-to-Eat Meat and Poultry Products Collected from the Retail Marketplace in Edmonton, Alberta, Canada. **J. Food Prot.**, v.69, n.9, p.2176-2182, 2006.

Borch, E.; Arinder, P. Bacteriological safety issues in red meat and ready-to-eat meat products, as well as control measures. **Meat Sci**, v.62, p.381-190, 2002.

Brashears, M.; Loneragan, G.; Younts-Dahl, S. Controlling microbial contamination on the farm: an overview. In **Sofos, J.N. Improving the safety of fresh meat. CRC Press**, p.156-174, 2005.

Buncic, S. The incidence of *Listeria monocytogenes* in slaughtered animals, in meat and in meat products in Yugoslavia. **Int. J. Food Microbiol.**, v.12, p.173-180, 1991.

Carney E.; O'Brien, S.B.; Sheridan, J.J.; McDowell, D.A.; Blair, I.S.; Duffy, G. Prevalence and level of *Escherichia coli* O157:H7 on beef trimmings, carcasses and boned head meat at a beef slaughter plant. **Food Microbiol.**, v.23, p.52-59, 2006.

CDC - **Center for Disease Control and Prevention**. Disponível em: http://www.cdc.gov/ncidod/dbmd/diseaseinfo/escherichiacoli_g.htm>. Acesso em 01 mar. 2008.

CDC - Center for Disease Control and Prevention. **First Shiga toxin-producing *Escherichia coli* isolate from a patient with hemolytic uremic syndrome, Brazil**. v.8, n.5, 2002a.

CDC - Center for Disease Control and Prevention. **O157:H7 Shiga toxin-producing *Escherichia coli* strains associated with sporadic cases of diarrhea in São Paulo, Brazil**. v.8, n.4, 2002b.

CDC - Center for Disease Control and Prevention. **Preliminary FoodNet Data on the Incidence of Infection with Pathogens Transmitted Commonly Through Food - 10 States, United States**, 2007. MMWR 2008, v.57, n.14, p.366-370.

Cerqueira, A.M.F.; Tibana, A.; Guth, B.E.C. High occurrence of Shiga-like toxin-producing (SLT) strains among diarrheagenic *Escherichia coli* isolated from raw beef products consumed at Rio de Janeiro City, Brazil. **J. Food Prot.**, v.60, p.177-180, 1997.

Clark, C.G.; Price, L.; Ahmed, R.; Woodward, D.L.; Melito, P.L.; Rodger, F.G.; Jamilson, F.; Cieben, B. *et al.* Characterization of waterborne outbreak-associated *Campylobacter jejuni*, Walketon, Ontario. **Emerg. Infect. Dis.**, v.9, p.1232-1241, 2003.

Cobbold, R.N; Desmarchelier, P.M. Characterisation and clonal relationships of Shiga-toxigenic *Escherichia coli* (STEC) isolated from Australian dairy cattle. **Vet. Microbiol.**, v.79, p.323-335, 2001.

Cobbold, R.N.; Desmarchelier, P.M. A longitudinal study of Shiga-toxigenic *Escherichia coli* (STEC) prevalence in three Australian dairy herds. **Vet. Microbiol.**, v.71, p.125-137, 2000.

Codex Alimentarius. 1999. Principles and guidelines for the conduct of Microbiological Risk Assessment, CAC/GL - 30, Roma: **Codex Alimentarius**. Disponível em: http://www.codexalimentarius.net

CVE - Centro de Vigilância Epidemiológica (2004). **Divisão de Doenças de Transmissão Hídrica e Alimentar - CVE/SES/SP.** INFORMNET. Apresenta tabelas de surtos de doenças transmitidas por alimentos notificados ao CVE - Estado de São Paulo. Disponível em: http://www.cve.saude.sp.gov.br/htm/hidrica/dta_estat.htm Acesso:04/05/2007

D'Aoust, J.Y.; Maurer, J.; Bailey, J.S. *Salmonella* species. In: Food Microbiology. **Fundamentals and frontiers** (Doyle, M.P. & Beuchat, L.R., eds). ASM Press, 2007 p.187-236.

Desmarchelier, P.; Fegan, N.; Smale, N.; Small, A. Managing safety and quality through the red meat chain. **Meat Sci.**, v.77, p.28-35, 2007.

Destro, M.T.; Serrano, A.M.; Kabuki, D.Y. Isolation of *Listeria* species from some Brazilian meat and dairy products. **Food Control**, v.2, n.2, p.110-112, 1991.

Dickins, M.A.; Franklin, S.; Stefanova, R.; Schutze, G.E.; Eisenach, K.D.; Wesley, I.; Cave, M.D. Diversity of *Campylobacter* isolates from retail poultry carcasses and from humans demonstrated by pulsed-field gel electrophoresis. **J. Food Prot.**, v.65, p.957-962, 2002.

Echeverry, A.; Loneragan, G.H.; Brashears, M.M. Survival of *Escherichia coli* O157:H7 in bovine feces over time under various temperature conditions. **J. Food Prot.**, v.69, n.12, p.2851-2855, 2006.

Elder, R.O.; Keen, J.E.; Siragusa, G.R.; Barkocy-Gallgher, G.A.; Koohmaraie, M.; Laegreid, W.W. Correlation of enterohemorrhagic *Escherichia coli* O157 prevalence in feces, hides, and carcasses of beef cattle during processing. **PNAS**, v.97, n.7, p.2999-3003, 2000.

European Food Safety Authority. The Community Summary Report on Trends and Sources of Zoonoses, Zoonotic Agents, Antimicrobial Resistance and Foodborne Outbreaks in the European Union in 2005, **The EFSA Journal** (2005) 130, 1-310. Disponível em http://www.efsa.europa.eu

Franco, B.D.G.M.; Landgraf, M. Microbiologia dos Alimentos, Ed. Atheneu, 1996.

Gill, C.O. Sources of microbial contamination at slaughtering plants. In **Sofos, J.N. Improving the safety of fresh meat**. CRC Press, 2005. p231-241.

Guth, B.E.C.; Souza, R.L.; Vaz, T.I.; Irino, K. First Shiga toxin - producing *Escherichia coli* isolate from a patient with Hemolytic Uremic Syndrome. **Emerg. Infect. Dis.**, v.8, n.5, p.535-536, 2002.

Hakkinen, M.; Heiska, H.; Hänninen, M. Prevalence of *Campylobacter* spp. in cattle in Finland and antimicrobial susceptibilities of bovine *Campylobacter jejuni* strains. **Appl. Environ. Microbiol.**, v.73, n.10, p.3232-3238, 2007.

Hoar, B.R.; Atwill, E.R.; Elmi, C.; Farver, T.B. An examination of risk factors associated with beef cattle shedding pathogens of potential zoonotic concern. **Epidemiol Infect**, v.127, p.147-155, 2001.

Hofer, E.; Nascimento, R.S.; Oliveira, M.A. Meningite por *Listeria monocytogenes*. Relato de casos em pacientes do Distrito Federal. **Revista da Sociedade Brasileira de Medicina Tropical**, v.31, p.173-177, 1998.

Hofer, E.; Ribeiro, R.; Feitosa, D.P. Species and serovars of the genus *Listeria* isolated from different sources in Brazil from 1971 to 1997. **Memórias do Instituto Oswaldo Cruz**, v.95, p.615-620, 2000.

Inglis, G.D.; Kalischuk, L.D.; Busz, H.W. Chronic shedding of *Campylobacter* species in beef cattle. **J Appl Microbiol**, v.97, p.410-420, 2004.

ICMSF - **International Commission on Microbiological Specifications for Foods**. 2005. Microorganisms in Foods. 6. Microbial Ecology of Food Commodities. Kluwer Academic/Plenum Publishers.

Irino, K.; Kato, M.A.M.F.; Vaz, T.M.I.; Ramos, I.I.; Souza, M.A.C.; Cruz, A.S.; Gomes, T.A.T.; Vieira, M.A.M.; Guth, B.E.C. Serotypes and virulence markers of Shiga toxin-producing *Escherichia coli* (STEC) isolated from dairy cattle in São Paulo State, Brazil. **Veterinary Microbiol.**, v.105, p.29-36, 2005.

Jay, J.M. **Modern Food Microbiology**. Maryland: Aspen , 6 ed, 2005. 679p.

Jordan, E.; Egan, J.; Dullea, C.; Ward, J.; McGillicuddy, K.; Murray, G.; Murphy, A.; Bradshaw, B.; Leonard, N.; Rafter, P.; McDowell, S. *Salmonella* surveillance in raw and cooked meat and meat products in the Republic of Ireland from 2002 to 2004. **Int. J. Food Microbiol**. 112(1), 66-70, 2006.

Kalender, H. Detection of *Listeria monocytogenes* in faeces from chickens, sheep and cattles in Elazig Province, Turkey. **J. Vet. Anim. Sci.**, v.27, p.449-451, 2003.

Kodama, T.; Nagayama, K.; Yamada, K.; Ohba, Y.; Akeda, Y.; Honda, T. Induction of apoptosis in human renal proximal tubular epithelial cells by *Escherichia coli* verocytotoxin 1 in vitro. **Med. Microbiol. Immunol.**, v.188, p.73-78, 1999.

Landgraf, A.M.; Kobata, A.M.M.; Jakabi, M.; Kirschbaum, C.R.A.; Marchi, C.R. Surto de meningite por *Listeria monocytogenes*. **Ver. Inst. Adolfo Lutz**, v.58, p.63-67, 1999

Lee, R.M. *Listeria* hysteria. **Control of Lm on RTE meat products**. Disponível em www.uogelph.ca/crifs/%20Symposium%202005/presentations. Acesso em 18 jan 2007.

Maharjan, M.; Joshi, V.; Joshi, D.; Manandhar, P. Prevalence of *Salmonella* species in various raw meat samples of local market of Kathmandu. **Ann. N.Y. Acad. Sci.**, v.1081, p.249-256, 2006.

Meng, J.; Doyle, M.P.; Zhao, T.; Zhao, S. Enterohemorrhagic *Escherichia coli*, In Doyle, M.P.; Beuchat, L.R. **Food Microbiology. Fundamental and Frontiers**. 3. ed. Washington, D. C.: ASM Press, p. 249-269, 2007.

Montville, T.J.; Matthews, K.R. **Food Microbiology** - an Introduction. ASM Press, 2005.

Nachamkin, I. *Campylobacter jejuni*. In Doyle, M.P.; Beuchat, L.R. **Food Microbiology. Fundamental and Frontiers**. 3. ed. Washington, D.C.: ASM Press, p. 237-248, 2007.

Pardi, M.C.; Santos, I.F.; Souza, E.R.; Pardi, H.S. **Ciência e higiene da carne. Tecnologia da sua obtenção e transformação**. Universidade Federal Fluminense. EDUFF - Editora Universitária, 2001. 623p.

Penney, N.; Bigwood, T.; Barea, H.; Pulford, D.; LeRoux, G.; Cook, R.; Jarvis, G.; Brightwell, G. Efficacy of a peroxyacetic acid formulation as an antimicrobial intervention to reduce levels of inoculated *Escherichia coli* O157:H7 on external carcass surfaces of hot-boned beef and veal. **J. Food Prot.**, v.70, n.1, p.200-203, 2007.

Popoff, M.Y.; Bockemühl, J.; Gheesling, L.L. Supplement 2002 (no. 46) to the Kauffmann-White scheme. **Res. Microbiol**, n.155 p.568-570, 2004.

Rigobelo, E.C.; Stella, A.E.; Ávila, F.A.; Macedo, C.; Marin, J.M. Characterization of *Escherichia coli* isolated from carcasses of beef cattle during their processing at an abattoir in Brazil. **Int. J. Food Microbiol**., v.110, p.194-198, 2006.

Riley, L.W.; Remis, R.S.; Helgerson, S.D.; McGee, H.B.; Wells, J.G.; Davis, B.R.; Hebert, R.J.; Olcott E.S.; Johnson, L.M.; Hargrett, N.T.; Blake, P.A.; Cohen, M.L. Hemorrhagic colitis associated with a rare *Escherichia-coli* serotype. **N. Engl. J. Med.**, v.308, p.681-685, 1983.

Rocourt, J.; Jacquet, C.H.; Reilly, A. Epidemiology of human listeriosis and seafoods. **Int. J. Food Microbiol**., v.62, p.197-209, 2000.

Santos, L.A.G.; Teodoro, V.A.M.; Monteiro, L.L.; Guimarães, K.R.; Pinto, P.S.A.; Bevilacqua, P.D. Listeriose transmissível por produtos de origem animal. **Rev. Hig. Aliment.**, v.18, n.124, p.35-42, 2004.

Sigarini, C.O.; Oliveira, L.A.T.; Figueiredo, E.E.S.; Carvalho, J.C.A.P. Avaliação microbiológica da carne bovina desossada, em estabelecimentos comerciais do município de Cuiabá, MT. **Rev. Hig. Aliment.**, v.20, n.139, p.89-97, 2006.

Siragusa, G.R.; Dickson, J.S.; Daniels, E.K. Isolation of Listeria spp. from feces of feedlot cattle. **J. Food Prot.**, v.56, n.2, p.102-105/109, 1993.

Snelling, W.J.; Matsuda, M.; Moore, J.E.; Dooley, J.S.G. Under the Microscope - *Campylobacter jejuni*. **Lett. Appl. Microbiol.**, v.41, p.297-302, 2005.

Sofos, J.N. Challeges to meat safety in the 21st century. **Meat Sci.**, v.78, p.3-13, 2008.

Sofos, J.N.; Kochevar, S.L.; Reagan, J.O.; Smith, A.C. Incidence of *Salmonella* on beef carcasses relating to the U.S. Meat and Poultry Inspection regulations. **J. Food Prot.**, v.62, n.5, p.467-473, 1999.

Stanley, K.; Jones, K. Cattle and sheeps farms as reservoirs of *Campylobacter*. **J Appl. Microbiol.**, v. 94, p. 104S-113S, 2003

Stanley, K.; Wallace, J.S.; Currie, J.E.; Diggle, P.J.; Jones, K. The seasonal variation of thermophilic campylobacters in beef cattle, dairy cattle and calves. **J. Appl. Microbiol.**, v.85, n.3, p.472-480, 1998.

Stern, N.J.; Line, J.E.; Chen, H.C. *Campylobacter*, p. 301-310. In Downes, F.P.; Ito, K. (ed.), **Compendium of methods for the microbiological examination of foods**, 4th ed. American Public Health Association, Washington, D.C. 2001.

Strohl, W.A.; Rouse, H.; Fisher, B.D. **Microbiologia Ilustrada**. São Paulo: Ed. Artmed S.A, 2004.316p.

SVS - Secretaria de Vigilância em Saúde. **Vigilância epidemiológica das doenças transmitidas por alimentos no Brasil, 1999-2004**. Boletim Eletrônico Epidemiológico ano 05 no 06 p. 2-7, 2005. Disponível em http://portal.saude.gov.br/portal/arquivos/pdf/apresentacao_dta.pdf (acesso em 28/04/2008).

Swaminathan, B.; Cabanes, D.; Zhang, W.; Cossart, P. *Listeria monocytogenes*. In Doyle, M.P.; Beuchat, L.R. **Food Microbiology: fundamental and frontiers**. 3. ed. Washington, D.C.: ASM Press, p. 322-341, 2007.

Tzipori, S.; Sheoran, A.; Akiyoshi, D.; Donohue-Rolfe, A.; Trachtman, H. Antibody therapy in the management of Shiga toxin-induced hemolytic uremic syndrome. **Clin. Microbiol. Rev.**, v.17, n.4, p.926-941, 2004.

Vandamme, P. Taxonomy of the family *Campylobacteriaceae*. In *Campylobacter* ed. Nachamkin, I.; Blaser, M.J. p. 3-27. Washington: ASM Press, 2000.

Wells, J.G.; Davis, B.R.; Watchsmuth, I.K.; Riley, L.W.; Remis, R.S.; Sokow, R.; Morris, G.K. Laboratory investigation of hemorragic colitis outbreaks associated with a rare *Escherichia coli* serotype. **J. Clin. Microbiol**., v.18, p.512-520, 1983.

White, P.L.; Naugle, A.L.; Jackson, C.R.; Fedorka-Cray, P.J.; Rose, B.E.; Pritchard, K.M.; Levine, P.; Saini, P.K.; Schroeder, C.M.; Dreyfuss, M.S.; Tan, R.; Holt, K.G.; Harman, J.; Buchanan, S. *Salmonella* Enteritidis in meat, poultry and pasteurized egg products regulated by the U.S. Food Safety and Inspection Service, 1998 through 2003. **J. Food Prot.**, v.70, n.3, p.582-591, 2007

Woerner, D.R.; Ransom, J.R.; Sofos, J.N.; Dewell, G.A.; Smith, G.C.; Salman, M.D.; Belk, K.E. Determining the prevalence of *Escherichia coli* O157 in cattle and beef from the feedlot to the cooler. **J. Food Prot.**, v.69, n.12, p.2824-2827, 2006.

WHO - World Health Organization. 2001. **The increasing incidence of human campylobacteriosis. Report and Proceedings of a WHO Consultation of Experts**, Copenhagen, Denmark (21-25 November 2000).

Seção XII

Economia e Gestão

CAPÍTULO 66

Planejamento e gerenciamento de fazendas de gado de corte

Ricardo Burgi
Mestre em Ciência Animal e Pastagens
Burgi Consultoria Agropecuária
Piracicaba, SP
burgi@uol.com.br

Alexandre Vaz Pires
Professor Associado
Departamento de Zootecnia
ESALQ/USP. Piracicaba, SP
alvpires@esalq.usp.br

Introdução

Na pecuária de corte, o processo de intensificação da produção segue duas vertentes principais:

- o aumento do desempenho animal;
- o aumento da lotação das pastagens.

Na região tropical, o aumento da lotação das pastagens é preponderante na intensificação da produção e resulta em elevados ganhos de escala, podendo multiplicar por cinco ou mais vezes o tamanho do rebanho. O aumento do desempenho animal, apesar de ser essencial ao sucesso do empreendimento, pode ser lento, se depender de ganhos genéticos expressivos, e geralmente resulta em incrementos mais modestos na produtividade, da ordem de 20 a 50%.

O processo de intensificação da produção na pecuária de corte, por meio do aumento da capacidade de suporte das pastagens, quase sempre eleva os custos de produção, porém é esperado que esse aumento nos custos seja compensado por um aumento significativo das receitas, principalmente em decorrência dos ganhos com a escala de produção, o que proporciona aumento da rentabilidade sobre o capital investido no projeto, especialmente sobre o capital imobilizado em *terras*.

A intensificação de um sistema de produção leva a um maior risco econômico, em razão do aumento no número de componentes do custo de produção (como será visto a seguir), além de existir a possibilidade de descolamento entre o preço dos insumos e os valores pagos pela arroba do boi e pelo bezerro, uma vez que o preço dos insumos é mais sensível a variações das *commodities* agrícolas, principalmente grãos, do que a variação dos preços da pecuária de corte, em que o seu uso ainda é muito restrito. Esse aumento no risco econômico pode ser minimizado com planejamento e gerenciamento adequados.

O planejamento de sistemas de produção de gado de corte, bem como de qualquer empreendimento, deve vislumbrar e prever a facilitação das atividades de gerenciamento. O planejamento das estruturas física e operacional, por exemplo, apresenta reflexos importantes sobre o manejo rotineiro do rebanho e sobre a eficiência do trabalho na fazenda.

O gerenciamento requer o estabelecimento de sistemas de informação na fazenda, a implantação de controles financeiros e operacionais, a análise rotineira de dados e a reavaliação periódica das perspectivas econômicas e operacionais.

Planejamento

Etapas do planejamento

O planejamento de fazendas de gado de corte passa pelas seguintes etapas:

a) Coleta de dados

Devem ser realizadas visitas técnicas à fazenda para levantamento das seguintes informações básicas:

- Roteiro de acesso;
- Topografia, vegetação, tipos de solos, conservação dos solos, disponibilidade de água, pluviosidade, reserva ambiental, vizinhos, etc.;
- Levantamento e considerações sobre as fontes de energia e sistemas de comunicações;
- Relação e estado das benfeitorias;
- Relação e estado do parque de máquinas;
- Quadro de mão de obra, com funções, salários e capacitações;
- Composição, qualidade e sanidade do rebanho;
- Relação e estado das pastagens;
- Insumos comumente utilizados;
- Coleta de amostras de solos (se necessário);
- Controles e relatórios existentes.

Além dos dados acima, a serem coletados *in loco*, são necessárias as seguintes informações:

- Levantamento topográfico da fazenda;
- Dados climáticos regionais - séries históricas;
- Fotos aéreas ou de satélite;
- Análises de solos antigas (se existirem);
- Estimativa dos índices zootécnicos atuais do rebanho;
- Levantamento do mercado local de insumos;
- Levantamento de mercados para os produtos da fazenda - frigoríficos, leilões, corretores de gado, etc.

b) Levantamento do perfil do Fazendeiro / Empresário

É essencial conhecer o perfil do fazendeiro ou empresário quanto aos aspectos relacionados a seguir, pois esse conhecimento é determinante para a definição do sistema de produção a ser implantado e para a escolha do grau de intensificação com que se poderá operar.

Aversão ao risco

Na pecuária de corte, como em qualquer outra atividade, existe um risco econômico inerente ao sistema de produção. A capacidade com que o empresário lida com esse risco determina qual etapa e grau de intensificação será adotado no projeto de produção de gado de corte. Produtores com maior aversão ao risco sentem-se mais confortáveis trabalhando na fase de cria pouco intensificada, dessa forma os componentes do custo de produção são basicamente minerais e mão de obra (que apresentam boa estabilidade de preços), e seu principal componente da receita é o preço do bezerro. Produtores com menor aversão ao risco buscam projetos com possibilidade de maior rentabilidade, podendo trabalhar de forma mais intensiva nas fases de recria e terminação, sendo essa última feita no pasto ou em confinamento.

Produtor ou Negociante

O fazendeiro com perfil de *Produtor* é aquele que encara a fazenda como uma unidade de produção, que deve ser *azeitada* em busca de eficiência. É voltado para dentro das cercas da propriedade e busca, pelo treinamento e motivação do pessoal, do aprimoramento do manejo e da seleção do rebanho, a melhoria dos índices zootécnicos e o aumento da qualidade de seus produtos. O sucesso econômico do seu empreendimento depende da produtividade do seu sistema de produção e do reconhecimento da qualidade de seus produtos pelo mercado. Esse perfil é especialmente indicado para sistemas de produção que envolvam a fase de cria e/ou que operem mais intensivamente.

O fazendeiro com perfil de *Negociante*, geralmente, encara a fazenda como uma unidade de estocagem de gado. É muito *antenado* no mercado e consegue comprar bem as categorias intermediárias de bovinos, como bezerros desmamados, bezerros de sobreano, garrotes, bois magros e novilhas. Utiliza a fazenda para recria e/ou engorda dessas categorias de bovinos, que são apartados em lotes homogêneos e estão disponíveis para revenda a terceiros. O sucesso econômico desse sistema de produção depende essencialmente das compras de bovinos, que precisam sempre ser realizadas com preços vantajosos em relação ao mercado, e isso define a rentabilidade do negócio. Esse perfil é fortemente indicado para sistemas de produção baseados na recria. A intensificação do manejo de pastagens, nesse caso, permite um elevado ganho de escala, com o aumento da capacidade de estocagem de gado na fazenda.

Muitas vezes, os dois perfis estão presentes, ou a estrutura administrativa do fazendeiro conta com indivíduos que apresentam complementaridade nesses perfis, o que aumenta o leque de alternativas de sistemas de produção a serem explorados.

Delegador ou Centralizador

A característica do fazendeiro, de delegar ou centralizar decisões, pode implicar no planejamento de estruturas administrativas completamente diferentes.

Presença frequente ou esporádica na fazenda

Um perfil centralizador com presença frequente na fazenda não representa um problema administrativo. Porém, esse mesmo perfil, associado a uma presença esporádica e incerta na fazenda, pode inviabilizar a implantação de um sistema de produção intensivo.

Administração local ou à distância

Afetam o planejamento da estrutura administrativa e dos fluxos de informações gerenciais. A administração à distância dificilmente pode prescindir de um escritório administrativo local, para o controle do recebimento de insumos, pagamentos de mão de obra fixa e empreitas, gerenciamento de pessoal e de operações, solução de questões trabalhistas e fiscais, controles da produção, etc.

Preocupação social e ambiental

O planejamento da fazenda depende também de questões relacionadas com o fornecimento de benefícios a funcionários, tais como cesta básica, transporte escolar, transporte para a cidade no dia de pagamento, plano de saúde, fornecimento de carne e leite, contratação de mais de um empregado por família, alojamento de solteiros, cantina, etc. Essas questões devem ser esclarecidas com o fazendeiro e definem investimentos, como a necessidade de moradias e outras benfeitorias na fazenda, a necessidade de veículos e a distribuição e o consumo de energia elétrica. Representam também encargos adicionais sobre a folha de pagamentos, que devem ser incluídos no planejamento do custeio da fazenda.

A questão ambiental, especialmente no que concerne à reserva legal e à preservação de mananciais, deve ser discutida com o fazendeiro. Pode implicar na perda de áreas produtivas ou na necessidade de investimentos não-produtivos. Para evitar contratempos, qualquer planejamento de sistema de produção deve ser precedido da definição e demarcação das áreas de reserva legal e de preservação permanente. É preciso enfatizar que a preservação de mananciais e as medidas de conservação do solo resultam em vantagens imediatas para a produtividade da fazenda.

Capacidade de investimento

A capacidade de investimento do fazendeiro e a existência de possíveis fontes de financiamento devem ficar claras para o planejador, pois isso afeta a velocidade do cronograma físico de implantação do sistema de produção, inclusive a evolução do rebanho. Os sistemas de produção de gado de corte, especialmente os de produção intensiva, com elevado aporte de insumos para aumentar a capacidade produtiva das plantas forrageiras e/ou uso de confinamento para terminação dos animais, geralmente necessitam de um maior capital de giro. Esse aspecto deve ser quantificado ao empresário, pois pode superar sua capacidade de investimento inicial, demandando maior tempo para a implantação do projeto.

Projeto pessoal

O entendimento, pelo consultor técnico, do projeto pessoal do fazendeiro na pecuária de corte é importante para balizar as metas do sistema de produção. Muitas vezes, mais do que a rentabilidade do negócio, o projeto pessoal do fazendeiro pode ser o de tornar-se referência regional em produtividade, superar vizinhos, frequentar a mídia, ter dividendos políticos pela introdução de inovações tecnológicas, preparar a fazenda para os filhos ou outros objetivos.

c) Avaliação do potencial produtivo da fazenda

Na visita técnica à fazenda, além de realizar a coleta dos dados acima discriminados, deve ser elaborado um diagnóstico do potencial produtivo das áreas da fazenda. As áreas devem ser vistoriadas e classificadas quanto à aptidão para cria, recria, engorda e capacidade para produção intensiva de forragens, considerando-se aspectos como localização, topografia, fertilidade dos solos, acesso e posição das aguadas.

d) Proposição de um plano preliminar de sistema de produção

O Plano de Sistema de Produção deve ser proposto ao fazendeiro e sua equipe, para discussão e aprovação. Durante a elaboração do plano, é importante submeter cada passo às considerações do administrador da fazenda e/ou de outras pessoas da equipe que tenham vivência da propriedade e da região. O planejador precisa dessa experiência. A implantação de mudanças tem muito mais chances de sucesso se contar com o apoio, envolvimento e empenho da equipe. O Plano de Sistema de Produção deve ser uma criação coletiva do técnico, dos funcionários e do fazendeiro. Todos devem se sentir *pais* do novo projeto a ser implantado. O papel mais importante do planejador, nessa fase, é o de despertar e guiar o interesse de todos pelas mudanças, apresentando alternativas, conceitos e parâmetros técnicos e compondo um Plano de Sistema de Produção que destaque a contribuição de cada um dos envolvidos.

O Plano Preliminar de Sistema de Produção deve conter um descritivo técnico sucinto, a evolução do rebanho (**Figura 1**) e dos índices zootécnicos, o planejamento da estrutura física, a relação de investimentos, o cronograma físico de implantação do sistema de produção, o fluxo de caixa anual com horizonte de pelo menos 10 anos (**Figura 2**) e uma análise de rentabilidade (**Figura 3**).

O fluxo de caixa anual e a análise de rentabilidade, apresentados nas **Figuras 2** e **03**, abrangem 10 anos do projeto e, nessas figuras, estão apenas os anos "0", 2005, 2007, 2009, 2011, 2013 e 2014, além da coluna *TOTAL*, para melhor visualização. Os valores apresentados estão em reais de 2005 e, na análise de rentabilidade, a Taxa Interna de Retorno (TIR) representa a rentabilidade anual média (em valores reais, considerando moeda estável e inflação zero) que esse investimento poderá proporcionar, considerando-se o capital total empregado e a época

Figura 1A. Quadro da evolução do rebanho (início do projeto).

Evoluçao do Rebanho **2005** **Fazenda Lago Azul**

Categoria	Exist. Inic. Ano	Nasci mentos	Compras	Peso (@)	Sem.	Valores (R$)	Mortes	Venda	Peso (@)	% Conf.	Valores (R$)	Saldo Fim Ano	Mud.Cat. Inic.Ano
Vacas	3.506			14,0	1		35	374	14,5	50%	779,06	3.097	4,203
Nov. 2-3 anos	766		500	11,0	1	486,12	8	153	14,0	100%	816,94	1.105	812
Nov. 1-2 anos	913			9,0	1		9	91	12,0	100%	700,23	812	1.199
Bez. F 0-1 ano	1.276			10,0	1		13	64	5,0	0%	245,52	1.199	1.522
Bez. nasc. ano		3.204					160					3.044	
Bez. M 0-1 ano	1.276			10,0	1		13	64	7,0	0%	343,72	1.199	1.522
Garr. 1-2 anos	978			12,0	2		10	684	16,5	100%	962,82	283	1.199
Bois 2-3 anos	1.097				1		11	1.086	17,0	0%	834,75		283
Touros/Rufiões	177		10	70,0	1	1.964,13	2	35	20,0	0%	952,06	150	150
Total	9.989	3.204	510			26.864,94	260	2.551			2.117.929,81	10.892	10.892
Total UA	7.198												7.615

Natalidade(%)	**75,00**
Motalidade (%)	
- nasc. ano	5,00
- outros	1,00
Desc. Vacas (%)	10,66

Valor da arroba no ao			
Abr-Jun		Set-Nov	
Macho	Fêmea	Macho	Fêmea
49,1	44,2	58,4	52,5

Pastagens semi-intensivas	4.915 Ha	
Pastagens intensivas	442 ha	
Número de matrizes	5.015 matrizes	
Nº cab. suplem. (nov. reposição/bezerros)	812	2.399
Nº cab. conf. (semiconfin./confinamento)	326	1.116

Nº cabeças confinadas	1.116	Nº de arrobas vendidas	39.885	Nº @ compradas	5.903
Nº cabeças engordadas a pasto	1.436	Peso vivo médio de venda (@)	15,63	Valor médio (R$/@)	44.53
Nº Vaca e touros de descarte	409	Valor médio da arroba (R$/@)	53,10	Aumento estoque @	6.686

Figura 1B. Quadro da evolução do rebanho (projeto estabilizado).

Evoluçao do Rebanho		**2014**			**Fazenda Lago Azul**								
Categoria	**Exist. Inic. Ano**	**Nasci mentos**	**Compras**	**Peso (@)**	**Sem.**	**Valores (R$)**	**Mortes**	**Venda**	**Peso (@)**	**% Conf.**	**Valores (R$)**	**Saldo Fim Ano**	**Mud.Cat. Inic.Ano**
Vacas	4.500			14,0	1		45	990	15,0	50%	843,75	3.465	4.500
Nov. 2-3 anos	1.500			11,0	1		15	450	14,0	100%	847,00	1.035	1500
Nov. 1-2 anos	2.188			9,0	1		22	666	13,0	100%	786,50	1.500	2.188
Bez. F 0-1 ano	2.328			10,0	1		23	116	5,0	0%	260,00	2.188	2.328
Bez. nasc. ano		4.800					144					4.656	
Bez. M 0-1 ano	2.328			10,0	1		23	116	7,0	0%	364,00	2.188	2.328
Garr. 1-2 anos	2.188			12,0	2		22	2.166	17,00	100%	1.028,50		
Bois 2-3 anos					1				17,0	0%			
Touros/Rufiões	200		40	40,0	1	2.080,00	2	38	20,0	0%	1.040,00	200	200
Total	15.233	4800	40			83.200,00	296	4.544			4.080.948,89	15.233	15.233
Total UA	9.958												9.959

Natalidade(%)	**80,00**
Motalidade (%)	
- nasc. ano	3,00
- outros	1,00
Desc. Vacas (%)	22,00

Valor da arroba no ao			
Abr-Jun		Set-Nov	
Macho	Fêmea	Macho	Fêmea
52,00	44,2	60,5	54,5

Pastagens semi-intensivas		5.914 ha
Pastagens intensivas		809 ha
Número de matrizes		6.000 matrizes
Nº cab. suplem. (nov. reposição/bezerros)	1.500	4,377
Nº cab. conf. (semiconfin./confinamento)		3.778

Nº cabeças confinadas	3.778	Nº de arrobas vendidas	68.800	Nº @ compradas	1.600
Nº cabeças engordadas a pasto	766	Peso vivo médio de venda (@)	15,12	Valor médio (R$/@)	52,00
Nº Vaca e touros de descarte	1.028	Valor médio da arroba (R$/@)	59.32	Aumento estoque @	

Figura 2. Fuxo de caixa do projeto.

Fazenda Lago Azul	Projeto de intensificação da produção pecuária							Total
	Fluxo de Caixa – Horizonte de 10 anos							
	Ano 0	2005	2007	2009	2011	2013	2014	
Valor da terra	9.000.000,00							
Valor inicial do rebanho	3.600.000,00							
Investimentos (I)	**1.148.028,80**	**1.313,769,00**	**701.964,84**	**212.680,00**		**10.000,00**		**5.169.817,76**
i.1. compra de bovinos		262.864,00	262.993,65					849.130,94
i.2. form. pastagens e forrageira p/corte		680.905,00	301.993,65	186.930,00				2.098.408,65
i.3. instalações	983.278,80	135.000,00	42.106,25	15.750,00				1.612.528,17
i.4. máquinas e equipamentos	164.750,00	235.000,00	95.000,00	10.000,00		10.000,00		609.750,00
i.5. outros investimentos								
Custos (C)		**972.182,94**	**1.130.339,48**	**1.985.536,43**	**2.187.651,78**	**2.192.202,47**	**2.215.135,89**	**18.289.885,20**
c.1. bovino de reposição				63.483,99	71.869,94	83.483.99	83.200,00	520.068.81
c.2. pastagens e forragens		48.908,60	65.992,14	587.609,67	633.308,66	616.963,90	634.559,02	4.464.338,12
c.3. rebanho		424.668,98	539.144,76	660.074,03	773.855,52	792.987,59	802.824,04	6.798.582,94
c.4. tropa		13.000,00	13.000,00	13.000,00	13.000,00	13.000,00	13.000,00	130.000,00
c.5. salários e encargos		201.916,96	168.293,76	174.926,96	181.560,16	181.560,16	181.560,16	1.868.745,36
c.6. custo lavouras								
c.7. mecanização		119.019,52	155.031,55	292.658,83	305.118,56	295.241,46	300.311,81	2.510.455,23
c.8. manutenção instalações		28.023,45	35.504,87	32.713,12	28.870,30	21.428,93	22.208,12	290.317,17
c.9. administração		136.645,43	153.372,40	161.069,83	180.068,35	184.536,43	177.472,75	1.707.327,02
c.10. diversos								
Receitas (R)		**1.428.062,35**	**2.117.929,81**	**2.914.947,49**	**3.822.712,11**	**4.055.813,77**	**4.080.948,89**	**30.883.628,80**
r.1. venda de bovinos		1.428.062,35	2.117.929,81	2.914.947,49	3.822.712,11	4.055.813,77	4.080.948,89	30.883.628,80
r.2. venda de grãos								
r.3. outras receitas								
Fluxo líquido	-1.148.028,80	-85.889,59	285.625,50	716.731,06	1.635.060,33	1.853.611,30	19.829.040,42	
Fluxo acumulado		-2.005.918,39	-2.448.706,27	-931.960,77	1.683.342,83	5.558.112,84	25.387.153,26	

Figura 3. Análise de rentabilidade.

Fazenda Lago Azul	Projeto de intensificação da produção pecuária						Total
Análise de rentabilidade							
	Ano 0	2005	2007	2009	2011	2014	
Valor res. Equip/instalações							713.227,72
Valor residual do rebanho							8.250.000,00
Valor residual da terra							9.000.000,00
Fluxo líquido para cálculo da TIR		262.864,00	262.993,65				849.130,94
Com a terra		-14.605.918,39	285.625,50	716.731,06	1.635.060,33	1.853.611,30	19.829.040,42
Sem a terra		-5.605.918,39	285.625,50	716.731,06	1.635.060,33	1.853.611,30	10.829.040,42
Evolução patrimonial	13.748.028,80	14.365.500,84	15.752.015,33	16.046.711,72	16.473.223,78	17.058.087,75	17.963.227,42
Terra	9.000.000,00	9.000.000,00	9.000.000,00	9.000.000,00	9.000.000,00	9.000.000,00	9.000.000,00
Instalações	983.278,80	1.019.950,92	1.233.728,60	1.032.586,41	846.170,45	685.398,07	616.858,26
Máquinas/Equipamentos	164.750,00	366.800,00	405.752,00	269.681,28	172.596,02	120.461,45	96.369,16
Rebanho	3.600.000,00	3.978.749,92	5.112.534.73	5.744.444,02	6.454.457,31	7.252.228,23	8.250.000,00
Rentabilidade sobre o patrimônio (%)		**3,17**	**6,27**	**5,79**	**9,93**	**10,93**	**10,39**
Taxa interna de retorno Com a terra .... 7,93% a.a. Sem a terra ....16,40% a.a.						Repagamento: 5° ano	
Valor presente .... 6,00% a.a. = R$ 5.662.769,22							

de sua utilização ao longo da implantação do projeto.

O processo de criação do Plano de Produção serve para motivar o fazendeiro e sua equipe e o plano pronto constitui-se numa referência para tomada de decisões quanto ao tamanho do empreendimento e o ritmo dos investimentos.

A intensificação da produção pecuária, via de regra, resulta em aumento do rebanho e aumento do uso de insumos. Desse modo, o planejamento deve incluir também uma adequação da estrutura administrativa.

e) Elaboração do projeto do sistema de produção

A elaboração do Projeto do Sistema de Produção é essencialmente técnica e não requer grande envolvimento do fazendeiro e/ou de sua equipe. Trata-se apenas de detalhar tecnicamente o Plano de Sistema de Produção, já aprovado por todos. Deve incluir os projetos e orçamentos detalhados das estruturas físicas, o cronograma das operações e o orçamento das reformas e formações de pastagens, a seleção de marcas e modelos de tratores e máquinas, a seleção de insumos, o planejamento da estrutura operacional da fazenda, os mapas de situação atual e situação planejada, o planejamento econômico-financeiro e um descritivo de manejo que sirva de guia para as operações de campo.

Planejamento das estruturas física e operacional

O planejamento da estrutura física da fazenda depende do sistema de produção a ser adotado (cria, recria e/ou engorda; uso ou não de confinamento, pastagens irrigadas, suplementação com volumosos, etc.) e da definição da expectativa de evolução do rebanho, bem como seu tamanho e composição na estabilização do projeto. Envolve a escolha de espécies forrageiras, a formação de pastagens, a seleção do maquinário e o dimensionamento de currais, cercas, barracões, moradias, escritório, oficina, redes hidráulicas e elétricas, etc. Esse planejamento determina o montante a ser investido e visa à adequação da estrutura física ao tamanho do rebanho e ao sistema de produção pretendido.

O planejamento da estrutura operacional envolve a localização de estradas, acessos, corredores de manejo, aguadas, cochos de sal, áreas de produção de forragens e o posicionamento geral das benfeitorias na propriedade. Esse planejamento visa à otimização do gerenciamento, o fluxo de insumos na propriedade, o deslocamento interno de pessoal, o manejo do gado, o uso de máquinas e o controle das operações.

Circuito gerencial

O processo de intensificação de fazendas de gado de corte quase sempre requer a construção de novas cercas, de corredores, de sistemas de captação de água e de bebedouros, de divisão de pastagens para o manejo rotacionado, etc. O planejamento das estruturas física e operacional é uma oportunidade de implantar o que se chama de Circuito Gerencial. Os mapas das **Figuras 4A** a **4C** apresentam, respectivamente, as divisões de pastagens de uma fazenda sob manejo extensivo e duas alternativas de replanejamento das divisões de pastagens, visando ao manejo intensivo, sem a implantação e com a implantação do Circuito Gerencial.

O Circuito Gerencial é planejado definindo-se uma estrada que permita circular a fazenda

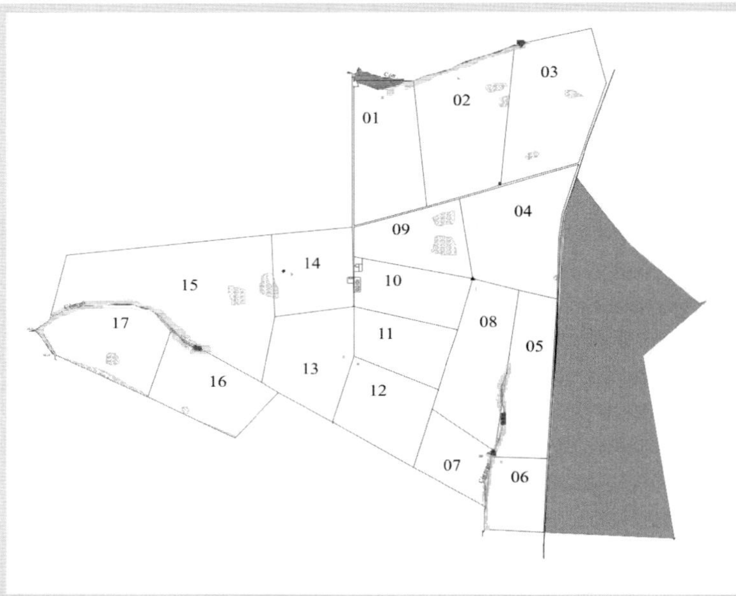

Figura 4A. Fazenda de gado de corte - Sistema extensivo.

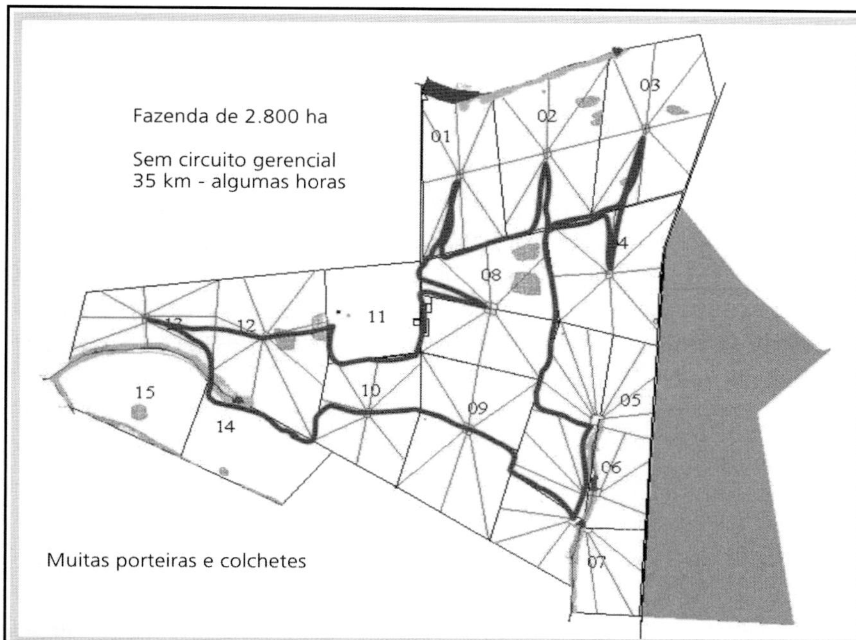

Figura 4B. Fazenda de gado de corte - Sistema intensivo - sem circuito gerencial.

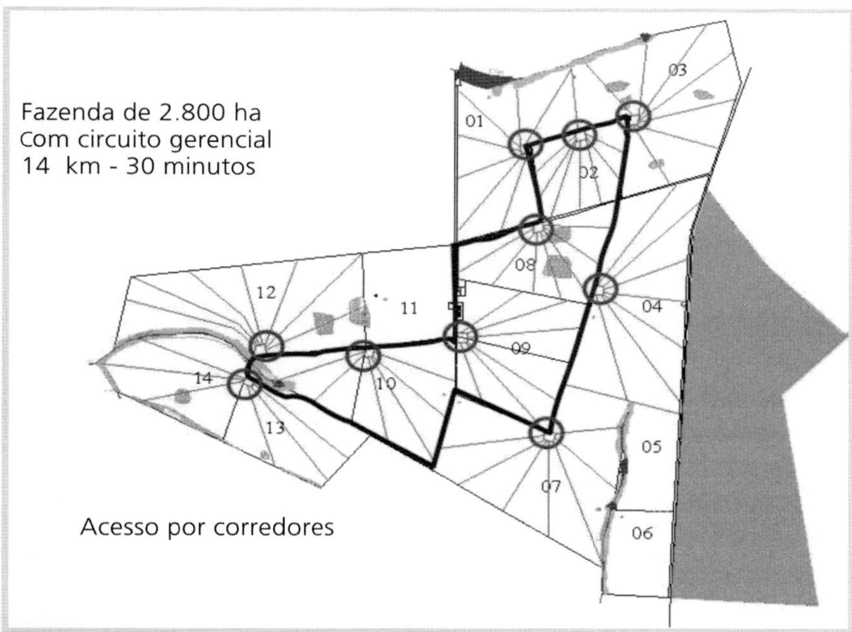

Figura 4C. Fazenda de Gado de Corte - Sistema Intensivo - com Circuito Gerencial.

toda, que dê acesso rápido e desimpedido a todos os centros dos módulos de pastejo rotacionado e facilite a distribuição de insumos, a inspeção do gado, dos pastos, dos cochos de sal e das aguadas. A estrada deve ser instalada com cercas, constituindo um corredor e evitando porteiras e outros obstáculos. Esse corredor também facilita o deslocamento do gado para o curral e entre os pastos.

O exemplo das **Figuras 4.A** a **4.C** refere-se a uma fazenda de 2.800 ha. No modelo da **Figura 4.C**, o Circuito Gerencial é um corredor de 14 km, que permite circular por quase todos os pontos importantes da fazenda em 20 a 30 minutos. No modelo da **Figura 4B**, o acesso a todos os centros dos módulos de manejo rotacionado, com idas e vindas pelos mesmos caminhos, irá representar cerca de 35 km de deslocamento, com muitas porteiras, colchetes e demandando algumas horas para inspecionar a fazenda, na mesma medida que o permitido pelo Circuito Gerencial.

A economia de transportes internos, de óleo diesel, de tempo dos vaqueiros e de deslocamento de máquinas, além de facilidade para um melhor acompanhamento das atividades pela gerência, pela assistência técnica e pelo próprio fazendeiro, proporciona melhor retorno econômico do projeto. O planejamento e implantação do Circuito Gerencial, se considerado desde o início da elaboração do projeto de intensificação, nem sempre implica em um investimento maior.

Planejamento econômico-financeiro

O planejamento econômico-financeiro deve considerar a capacidade de investimento do fazendeiro e suas fontes de financiamento. Inclui o Fluxo de Caixa Anual, o Fluxo de Caixa Mensal (do 1º ano do projeto e do projeto estabilizado) e uma análise de rentabilidade.

Para sistemas de produção de recria e/ou

engorda, o Fluxo de Caixa Anual com horizonte entre 5 a 10 anos, geralmente, é suficiente para avaliar a rentabilidade do empreendimento, especialmente se houver concentração de investimentos na fase inicial de implantação do projeto. Para sistemas que incluam a atividade de cria, o Fluxo de Caixa Anual deve ter horizonte entre 10 e 15 anos, pois a estabilização do rebanho, por mais que se concentrem investimentos na fase inicial do projeto, geralmente leva de 5 a 6 anos.

O Fluxo de Caixa Mensal deve abranger a fase de concentração de investimentos e, naturalmente, deve considerar o cronograma físico-financeiro de implantação do projeto. É importante para definir as datas de liberação de recursos pelas fontes de financiamento do projeto. A elaboração de uma previsão de Fluxo de Caixa Mensal para o projeto estabilizado permite avaliar a necessidade de capital de giro para o sistema de produção proposto.

A análise de rentabilidade (**Figura 3**) é realizada pela determinação da TIR (Taxa Interna de Retorno) e do Valor Presente do projeto. Também pode ser estimada a rentabilidade sobre o patrimônio, a cada ano do projeto, e a margem sobre o faturamento.

Gerenciamento

A intensificação da produção de gado de corte resulta em 2 aspectos que demandam forte incremento das atividades gerenciais:

a) Aumento do rebanho;

b) Aumento da quantidade de insumos.

Com o aumento da lotação das pastagens, decorrente de técnicas de manejo e de adubações, o tamanho do rebanho pode ser multiplicado por até 10 vezes. Isso gera a necessidade de controles da produção mais rigorosos e uma enorme quantidade de informações que devem ser coletadas e processadas rotineiramente.

A produção intensiva demanda mais insumos, seja por causa do aumento do rebanho, seja pela necessidade de adubações corretivas e de reposição. A reposição e reciclagem de nutrientes no sistema são inerentes à produção intensiva de plantas forrageiras, pois o uso intensivo extrai do solo e exporta mais nutrientes e, se não houver reposição adequada, resulta em rápida degradação das áreas de pastagem. As cotações, negociações de preço e fretes, pedidos de compra, recebimento e armazenamento de cargas, controle de estoques, etc. são operações multiplicadas com a intensificação da produção.

O quadro que segue apresenta uma simulação do tamanho do rebanho e das necessidades de insumos de uma fazenda com 500 ha de pastagens, sob manejo extensivo e intensivo. Nessa simulação, o manejo extensivo permite a recria e engorda a pasto de 250 cabeças em cada fase, com um ciclo de produção de 24 meses. A lotação média das pastagens é de 1 cab/ha (0,6 UA/ha). Por outro lado, o manejo intensivo prevê a recria intensiva a pasto (lotação de 4 UA/ha) e engorda confinada. O ciclo de produção é encurtado para 16 meses, e a produção da fazenda é multiplicada por 8 vezes.

Necessidade anual de insumos - Sist. extensivo X Sist. intensivo
(Recria e engorda - 500 ha de pastagens)

Discriminação	Unidade	Quantidade Extensivo	Quantidade Intensivo
Garrotes em recria	cab	250	2.000
Bois Magros em engorda	cab	250	2.000
Produção Anual	@	2.500	20.000
Número Empregados	un	1	5
Calcário	t	-	250,0
Fertilizantes NPK	t	-	75,0
Óleo Diesel	1.000 l	3,0	45,0
Ingredientes Rações	T	-	940,0
Sal Mineral	T	14,6	57,0
Total Insumos	T	17,6	1.367,0
Número de fretes	30 t	2	45

Na simulação apresentada, a produção é aumentada em 8 vezes, e a necessidade de insumos externos, em peso, é aumentada em 65 vezes. Enquanto, no sistema extensivo, os itens discriminados envolvem a necessidade de aquisição de apenas 2 tipos de insumos (*óleo diesel - 1 e sal mineral - 1*), no sistema intensivo são, pelo menos, 11 tipos de insumos diferentes (*calcário - 1, fertilizantes NPK - 3, óleo diesel - 1, ingredientes rações - 5, sal mineral - 1*).

A intensificação da produção pecuária requer um escritório bem estruturado, ágil e que opere com um fluxo livre e desimpedido de informações confiáveis. Em fazendas de maior porte, a implantação de um sistema de rádio permite comunicação permanente entre as frentes de serviço e também permite a otimização do comando, do transporte interno de insumos e do deslocamento da gerência e do pessoal de apoio, como mecânicos, tratoristas, etc.

No caso de administração à distância, a instalação de telefone, fax e/ou internet via satélite (hoje disponível em todo o País) facilitam o fluxo de informações e agilizam a tomada de decisões pelo fazendeiro. Também a adoção da concentração de pagamentos em determinadas datas facilita o planejamento e gestão dos recursos pelo administrador distante.

Organograma

O estabelecimento de um organograma para o empreendimento agropecuário define a hierarquia e divide as responsabilidades. Um organograma pode ser idealizado na elaboração do projeto do Sistema de Produção e depois ajustado às características da equipe, para aproveitar as qualidades de cada indivíduo. Um organograma típico para fazendas de gado de corte está apresentado a lado.

O organograma deve ser ajustado às características do empreendimento, se empresa ou pessoa física, incluindo diretorias, conselho administrativo, gerência técnica, etc. Para fazendas pequenas, uma sugestão de organograma é apresentada a lado.

As funções e atribuições de cada cargo devem ser definidas junto com o organograma e esclarecidas aos funcionários. É importante destacar as responsabilidades de cada um e sua posição na hierarquia do empreendimento. As vias hierárquicas devem ser respeitadas pelas chefias, tanto quanto pelos empregados subalternos. Parece óbvio, mas a vivência de campo recomenda destacar: *os empregados devem ser treinados para o desempenho de suas funções.*

Controles da produção

A implementação de controles da produção é um elemento-chave para o gerenciamento. Os principais controles em fazendas de gado de corte são:

Mapa do rebanho e controle sanitário

O mapa do rebanho apresenta a composição e o movimento do rebanho por categorias e tem como objetivo levantar os índices zootécnicos do rebanho. Deve ser pelo menos mensal.

Organograma da fazenda de gado de corte

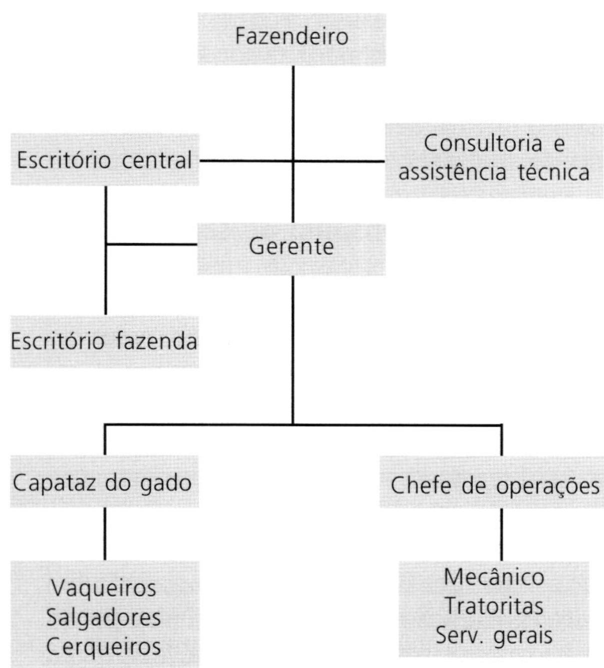

Organograma da fazenda de gado de corte (pequeno porte)

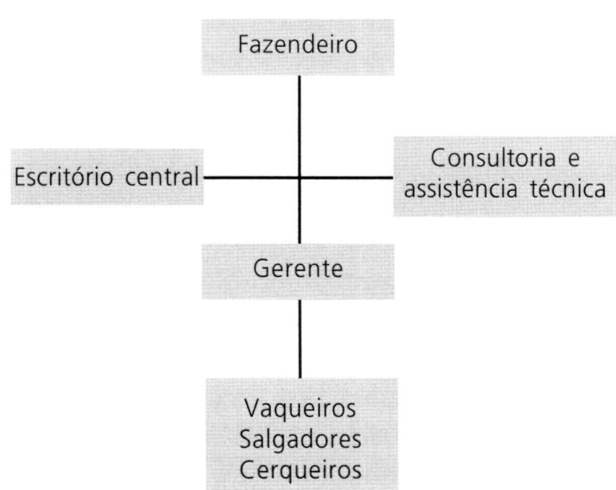

Envolve o registro diário de ocorrências do rebanho, como nascimentos, mortes, compras, vendas e mudanças de categoria. Além disso, deve incluir informações sobre a sanidade do rebanho, como registro de vacinações, combate a ectoparasitas, vermifugações e outros. Essas informações devem ser anotadas em fichas pelos vaqueiros e encaminhadas diariamente (ou semanalmente) ao gerente ou ao escritório. Os registros podem ser individualizados, como é o caso de gado registrado ou rebanhos de cria com programas de melhoramento genético. Os registros podem ser massais, simplesmente informando as ocorrências para grupos de bovinos classificados por era ou categoria. A **Figura 5** apresenta um modelo de Mapa Mensal do Rebanho.

Controle do consumo de sal mineral e suplementos

As operações de colocação de sal mineral e/ou de suplementos nos cochos devem ser registradas pelos vaqueiros em fichas próprias, informando produto, categoria animal, número de cabeças e pasto. Os registros devem ser enviados ao escritório e totalizados pelo menos mensalmente, por retiro, por categoria animal e por tipo de suplemento, com vistas ao controle do consumo médio. A mineralização do rebanho é um dos principais itens de custeio e o controle permite evitar perdas econômicas, seja por desperdício seja por subutilização dos suplementos.

Controle da lotação e da produção de pastagens

As ocorrências de movimento do gado, em cada pasto ou módulo de pastejo rotacionado, devem ser registradas diariamente. A pesagem ou a estimativa do peso dos bovinos que entram e saem de cada pasto, bem como do estoque de peso vivo a cada período (mensal, por exemplo), são informações que permitem calcular o suporte das pastagens e sua produtividade em termos de carne/unidade de área. Também devem ser registradas as aplicações de insumos nas pastagens, tais como fertilizantes e defensivos.

Controle de rebanho
Período - 01/06/08 – 30/06/08

Rebanho em produção

Categoria	Saldo Inicial	Entradas Nasc.	Compra	Transf.	Total	Saída Morte	Venda	Abate	Transf.	Total	Saldo Final
Touros	68				0	1				1	67
Matrizes	898				0	1				1	1897
Sub total	966	0	0	0	0	2	0	0	0	2	1964

Rebanho em crescimento e terminação

Categoria	Carimbo	Saldo Inicial	Entradas Nasc.	Compra	Transf.	Total	Saída Morte	Venda	Abate	Transf.	Total	Saldo Final
Machos	C-08	34				0					0	34
Fêmeas	C-08	23	2			2					0	25
Machos	C-07	726				0	1				1	725
Fêmeas	C-07	725				0	2				2	723
Machos	C-06	830				0	1				1	829
Fêmeas	C-06	828				0					0	828
Machos + 3 anos	374				0	1				1	373	
Fêmeas descarte	0				0					0	0	
Transferência	0				0					0	0	
Sub total	3540	2	0	0	2	5	0	0	0	5	3537	

Rebanho total

	Saldo Inicial	Entradas Nasc.	Compra	Transf.	Total	Saída Morte	Venda	Abate	Transf.	Total	Saldo Final
Total geral	5506	2	0	0	2	7	0	0	0	7	5501

Figura 5. Mapa mensal do rebanho.

Controle do uso e de manutenção de máquinas

Cada trator ou máquina agrícola deve ter sua ficha de manutenção, e sua ficha de uso. Na ficha de manutenção são anotados os abastecimentos, trocas de óleo e de filtros, substituições de peças e reparos em geral. Na ficha de uso, são anotadas as operações realizadas pela máquina diariamente na fazenda. As fichas devem ser periodicamente encaminhadas ao escritório, para determinação do custo-hora-máquina e para o rateio dos custos pelas atividades produtivas da fazenda.

Controle do confinamento

O confinamento para a terminação de bovinos é uma atividade de elevada intensificação e que implica em elevado aporte de insumos. É uma atividade que geralmente apresenta margem econômica estreita e sua adoção em fazendas de gado de corte tem uma justificativa mais estratégica do que econômica, pois permite adequar o uso das pastagens e distribuir as receitas durante o ano. Os controles da movimentação de bois, do ganho de peso e do consumo de alimentos são imprescindíveis para o gerenciamento e sucesso da atividade.

Outros controles podem ser implantados, como controle de fábrica de rações, controle de serviços de empreiteiros, controle de produção de volumosos, controles climáticos, etc.

Em fazendas de grande porte, com diversos retiros, é recomendável que o capataz de cada retiro transmita diariamente, via rádio, todas as ocorrências referentes ao movimento do gado e à localização dos lotes de gado nos pastos, bem como as ocorrências veterinárias e o fornecimento de sal mineral e de suplementos. No escritório da fazenda, essas informações devem alimentar um programa ou planilha eletrônica e gerar relatórios atualizados sobre o rebanho e a produção da fazenda.

Planejamento de operações e orçamento

Deve ser realizado com periodicidade pelo menos anual, com ajustes semestrais ou trimestrais. O planejamento de operações define a demanda de insumos, mão de obra e maquinário, quanto à quantidade e época, e tem uma influência direta na elaboração do orçamento.

A previsão da evolução do rebanho e das compras e vendas de bovinos também definem a necessidade de insumos importantes, como sal mineral, suplementos, produtos veterinários, sêmen, etc. A evolução do rebanho depende de se atingir os índices zootécnicos previstos no planejamento, tais como taxa de natalidade, taxa de desmama, taxa de mortalidade, ganho de peso, etc. Uma previsão realista do potencial produtivo do rebanho e de seu desempenho é peça-chave para o sucesso do orçamento.

O orçamento deve conter os itens de investimento e de custeio e a previsão de receitas da fazenda. Deve apresentar um fluxo de caixa mensal para o ano e ser reavaliado a cada trimestre ou semestre.

O cronograma de operações e o orçamento não devem ser impostos pelo fazendeiro ou pela assessoria técnica. Devem ser elaborados contando com o envolvimento e compromisso da equipe (gerente, chefe de escritório, capataz de gado, chefe de operações, etc.). O compromisso de todos com o cronograma de operações e com o orçamento é requisito fundamental para o sucesso do empreendimento. Todos devem ter informações permanentes sobre o andamento e prazo das operações e sobre a realização das receitas e dos custos, comparativamente ao que foi orçado. Esse retorno é importante para cobrar eficiência da equipe e também para obter mais realismo e consistência nos próximos planos de operações e orçamentos.

O gerente da fazenda deve atuar como *fiscal* do orçamento, controlando, *ao máximo*, os custos e realizando, *no mínimo*, as receitas previstas.

Referências bibliográficas

ANUALPEC 2002 - Anuário Estatístico da Produção Animal, 2002: coordenação técnica de Victor Abou Nehmi Filho e outros, Editora Argos Comunicação, São Paulo/SP, 400 p.

Curso BOVIPLAN - Intensificação da Pecuária de Corte no Brasil – editado por BOVIPLAN Consultoria Agropecuária Ltda., Piracicaba, SP - 165 p.

Simpósio sobre Produção Animal, 5o., Piracicaba/SP, 1987. Confinamento de bovinos de corte e leiteiros: anais / editado por Aristeu Mendes Peixoto, José Carlos de Moura e Vidal Pedroso de Faria. - Piracicaba: FEALQ, 1987.

CAPÍTULO 67

Sistema alternativo de produção de gado de corte: pecuária orgânica

Claudio Maluf Haddad
Professor Associado
Departamento Zootecnia
ESALQ/USP. Piracicaba, SP.

Fabiana Villa Alves
Pesquisadora DCR do Programa
Ciência Animal
Departamento de Zootecnia
FAMEZ/UFMS. Campo Grande, MS
fabiana@famez.ufms.br

Introdução

A crescente conscientização da sociedade com a preservação ambiental, acompanhada da preocupação com a segurança alimentar dos produtos consumidos, tem conduzido a uma transformação gradual dos sistemas de produção, processamento, comercialização e consumo de alimentos. Dessa forma, a produção agroecológica ou orgânica em pecuária de corte, baseada em princípios de sustentabilidade ambiental, econômica e social, apresenta-se como uma alternativa de produção ao sistema convencional utilizado (Alves e Haddad, 2003).

No Brasil, a atividade de pecuária orgânica é relativamente recente, sendo a primeira propriedade orgânica de cria (corte) certificada, em 1999 (Faz. Eldorado – Pantanal de

Paiaguás – MS) e, em 2000, foi realizada a primeira exportação de carne orgânica, pelo Frigorífico Independência, para a Comunidade Europeia.

O entendimento da atividade de produção em moldes orgânicos passa por uma visão holística do processo, fenômeno este denominado pelos técnicos de Tecnologia dos Processos em oposição à clássica Tecnologia de Produtos da Agricultura convencional.

A visão orgânica da produção (qualquer produto) visa, em última análise, à preservação da água, nas formas superficial ou profunda, doce ou salgada. Qualquer tecnologia de produção capaz de alterar ou contaminar a água é considerada fora do sistema orgânico. Essa visão holística do processo considera a saúde do produto final obtido como resultado da manutenção da saúde do solo, ar e água, e a fertilidade do solo, o alicerce de qualquer sistema produtivo.

As bases da Agricultura Orgânica foram definidas por Steiner, em 1924, mas seu fundamento é tão antigo quanto a humanidade. Preconiza, basicamente, a adoção de procedimentos que mantenham a sustentabilidade do meio, e essa sabedoria milenar é alicerçada pelo atual estágio de conhecimento da Química Agrícola, Biologia, Meteorologia, Nutrição, etc. Atualmente, a *World Commission on Environment and Development* (WCED, 1987) define desenvolvimento sustentável como aquele que encontra as necessidades do presente (recursos) sem comprometer a habilidade das futuras gerações em encontrar suas próprias necessidades.

Aos não acostumados a essas terminologias e conceitos, pode parecer difícil e um tanto poético definir Agricultura Orgânica, mas seus fundamentos são reais e invocam o conhecimento técnico produzido e acumulado ao longo dos anos, com bases científicas sólidas e bem estabelecidas.

Conceitos básicos

A Agroecologia é a ciência que apresenta uma série de princípios e metodologias para estudar, analisar, dirigir, desenhar e avaliar agroecossistemas. Sob essa legenda, encontram-se formas alternativas de se conceber a atividade agrícola, com concepções filosóficas próprias e, em alguns casos, com motivações de ordem religiosa, conforme a seguir:

Agricultura biodinâmica é o fruto da ciência espiritual antroposófica, fundada em 1924, por Rudolf Steiner. Embora fundamentada nos mesmos princípios e técnicas da agricultura orgânica, a biodinâmica apresenta peculiaridades, tais como: as questões espirituais ligadas à antroposofia; o uso de preparados biodinâmicos; os calendários astrológicos; os testes de cristalização sensitiva e cromatografia de solos e de plantas; as marcas registradas universais Demeter e Biodyn; e o equilíbrio e harmonia entre cinco elementos básicos: terra, plantas, animais, influências cósmicas e o homem.

Agricultura natural, um dos pilares da religião messiânica, concebida em 1935, por Mokiti Okada, tem como princípio o respeito às leis da natureza. As práticas agrícolas mais recomendadas são: rotação de culturas, uso de adubos verdes, compostagem e cobertura morta sobre o solo.

Permacultura é um sistema de agricultura alternativa desenvolvido por Bill Mollinson, na Austrália, cujo principal princípio é o cultivo alternado de gramíneas e leguminosas, e a manutenção de palha como cobertura do solo.

Agricultura biológica surgiu em 1941 a partir dos trabalhos de Hans Peter Rush e representa uma corrente francesa de agricultura alternativa, liderada por Claude Aubert. Particularidades desse método são a compostagem na superfície do solo e o teste microbiológico de Rush, para avaliação da fertilidade do solo.

Agricultura ecológica está ligada aos trabalhos de Hartmut Vogtmann, na Alemanha. Procura maior equilíbrio com o meio ambiente, buscando modelos agrícolas mais integrados e o manejo mais racional dos solos. É menos restritiva com relação ao uso de insumos do que a agricultura orgânica e a biodinâmica.

Agricultura regenerativa é o nome pelo qual a agricultura orgânica ficou conhecida nos EUA, ligada aos trabalhos de Robert Rodale, em 1983.

Em comum, todas as correntes apresentam forte preocupação com os destinos inseparáveis do homem e do meio ambiente. Contudo, o prin-

cipal fator que distingue a produção orgânica das demais vertentes da agricultura sustentável é a existência de legislação, modelos e certificados.

No Brasil, a agricultura orgânica acabou sendo a mais divulgada.

Pecuária orgânica – O estado da arte

Sua base de produção é a utilização dos recursos da pastagem, embora uma série de insumos seja de utilização proibida. Esse fato gera um primeiro conceito a ser admitido em Pecuária Orgânica: não há possibilidade de aproveitamento de todo o potencial da pastagem, uma vez que adubo nitrogenado sintético, herbicidas, inseticidas e fertilizações pesadas são práticas proibidas.

Em um estudo de simulação que envolve Sistemas de Produção Orgânico e Convencional, nas regiões de Pantanal (pastagem nativa) e Planalto (pastagem cultivada), Haddad *et al.* (2003) concluíram que a exploração da Pecuária Orgânica perdeu a competitividade com a Convencional quando esta última atingiu a taxa de lotação de 2 UA/ ha ou mais. No mesmo estudo, ficou evidenciada a supremacia da recria/engorda sobre a cria, qualquer que fosse o Sistema de Produção adotado.

Como dificilmente se consegue taxas de lotação acima de 2 UA/ha para o Sistema Orgânico, percebe-se que a sua aplicação deve explorar nichos mercadológicos específicos e, principalmente, nichos geográficos bem definidos.

Haddad e Castro (2001) descreveram o Sistema de Produção Orgânico, salientando que sua aplicabilidade é mais lucrativa em regiões como o Pantanal, Ilha de Marajó e Pampas Gaúcho, caracterizadas por terem forte atividade de cria, responderem pouco a insumos externos e possuir intenso apelo ecológico.

Entretanto, a Pecuária Orgânica pode se expandir para outras regiões, ganhando competitividade à medida que o valor agregado do produto (carne e subprodutos) aumente em relação ao convencional. Analistas de mercado de carne preveem, para um futuro não muito distante, sérias barreiras de cunho ecológico à entrada de carne brasileira oriunda da Amazônia nos centros consumidores europeus. As barreiras contituir-se-ão em rejeição por parte dos consumidores ambientalmente conscientes, do *boi de* capim oriundo da queima da floresta. Nesse contexto, a adoção da Pecuária Orgânica em áreas devastadas e degradadas da Amazônia contaria com a adesão dos movimentos ambientalistas, e a rastreabilidade obrigatória certificaria a procedência e o Sistema de Produção.

O mercado mundial de Produtos Orgânicos (geral) cresce a uma taxa anual de 25%, ao passo que a produção agropecuária convencional global não ultrapassa 1%.

No Brasil, a Agricultura Orgânica, incluindo o filão pecuário, registra desde 2002, crescimento anual de 50% e tende a aumentar.

Em relação ao rebanho bovino orgânico, estima-se que 550.000 cabeças (somente no Pantanal) estão certificadas ou em processo de conversão, abrangendo 150.000 ha com 17 associados e 18 fazendas. Caso houver oferta suficiente, estima-se que o mercado potencial de carne bovina orgânica, no Brasil, representará 10% do total produzido e que, provavelmente, essa carne será destinada principalmente ao mercado externo e a um nicho específico interno, disposto a pagar melhor por um produto diferenciado (Alves e Haddad, 2003).

Recente pesquisa de intenção de compra realizada na cidade de São Paulo com consumidores das classes A e B, em uma rede nacional de supermercados, revelou que a principal razão para uma hipotética aquisição de carne bovina orgânica é a preservação ambiental em harmonia com o Sistema de Produção (Associação Brasileira de Pecuária Orgânica – 2002 – dados não publicados). Essa mesma pesquisa revelou que o consumidor está disposto a pagar um adicional de até 20% sobre os preços da carne convencional.

Os mercados europeu, japonês e norte-americano são, nessa ordem, os maiores consumidores de carne bovina orgânica no mundo. Potencialmente, Argentina, Austrália, Brasil e Nova Zelândia respondem pelo grosso da produção orgânica mundial, mas os subsídios europeus aos seus pequenos produtores de carne orgânica também pesam na oferta mundial do produto.

Entretanto, o que se tem hoje é um nicho de mercado potencialmente muito grande, mas que não é atendido em sua plenitude pela ausência de produção. Mesmo os tradicionais exportadores brasileiros relutam em fechar novos contratos e abrir novos mercados, temerosos da inconstância da produção interna (Frigorífico Independência – comunicação pessoal).

Sistema orgânico de produção

As diretrizes, atualmente utilizadas para regulamentação do Sistema Orgânico no mundo, foram estabelecidas pela *International Federation of Organic Agriculture Movements* (IFOAM, 2002), as quais servem de base à instituição das normas vigentes em cada país, por exemplo, o EEC-Regulation 1804/1999, aplicável à União Europeia (Sundrum, 2001), as Diretrizes para o Padrão de Qualidade Orgânico *Instituto Biodinâmico* (IBD, 2002), à OIA- Brasil, entre outras utilizadas no Brasil. Ainda existem no Brasil a Instrução Normativa 7/99 do Ministério da Agricultura, Pecuária e Abastecimento e o decreto lei 10.831, de 23 de dezembro de 2003, que definem as normas nacionais para produtos orgânicos de origem vegetal e animal e seu sistema de produção.

O Sistema Orgânico de Produção de bovinos, como já mencionado, apresenta uma visão holística dos meios de produção – solo-planta-animal-clima-homem. A seguir, algumas características principais, lembrando que o sistema foi descrito em Haddad e Castro (2001) com detalhes:

Solo: é o alicerce de qualquer Sistema Orgânico de Produção. É encarado como um organismo vivo, que deve ser mantido saudável. É preciso haver manutenção constante do equilíbrio entre a biota, características físicas e propriedades químicas. Com exceção do C, H e O_2 oriundos da atmosfera, todos os demais elementos de um vegetal provêm da extração do solo.

O **nitrogênio**, componente mais exigido em sistemas intensivos de produção, não é permitido sob forma sintética, de modo que as adubações nitrogenadas são proibidas no Sistema Orgânico, limitando o potencial de produção da forragem. Em pequenas áreas, a utilização de esterco, compostagem e húmus constituem-se na condição natural de fertilização nitrogenada, evoluindo-se para adubação verde e pastagens consorciadas em larga escala. Embora haja natural dificuldade na manutenção de consórcio gramínea-leguminosa em áreas tropicais úmidas, a limitação de 2UA/ ha do Sistema Orgânico possibilita a perenidade do consórcio, difícil de se observar nos sistemas convencionais.

No Sistema Orgânico, procura-se *construir a* fertilidade do solo por meio da colocação de insumos corretivos permitidos, a ação fixadora de nitrogênio (simbiose com *Rhizobium*) e a ação da desfolha, morte e regeneração de raízes.

No caso do **fósforo**, são permitidas as rochas fosfáticas reativas (Arad, Gafsa, Carolina do Norte, Senegal, etc), e mesmo sua mistura prévia no esterco e compostagem, aumentando sua biodisponibilidade e reduzindo a possibilidade de perdas por fixação.

Para o **potássio**, é preciso consultar o padrão exigido (normas), uma vez que ocorrem variações entre certificadoras. Algumas não permitem o uso do cloreto de potássio (natural) sob a alegação de que o cloro pode afetar a biota do solo. Outras certificadoras ignoram essa colocação, uma vez que os solos brasileiros, normalmente, são bem supridos em K, e as adubações para altas produtividades não são permitidas no Sistema Orgânico. Algumas normas permitem o uso restrito de sulfato de potássio (artificial), proibindo o uso da forma cloreto, mas compostos de ocorrência natural (feldspato) têm uso livre.

Cálcio e **Magnésio** são oferecidos pela calagem, atividade sempre permitida no Sistema Orgânico, o mesmo acontecendo com o enxofre (gesso e enxofre elementar).

No caso dos microminerais, é na matéria orgânica que devem estar armazenados, em escala máxima, mas em caso de deficiência comprovada ou histórico de carência conhecida, seu uso químico-artificial é permitido. Importante monitorar os níveis de boro, cobalto e molibdênio nas pastagens consorciadas, culturas para adubação verde e bancos de proteína.

A aplicabilidade de insumos corretivos e fertilizantes em pecuária bovina orgânica está bem descrita em Boom (2002) e recomenda-se sua leitura para maiores detalhes.

Pastagens

O manejo da pastagem no Sistema Orgânico deve incluir, além do manejo ecológico do solo, a utilização de pastoreio rotacionado, técnicas de conservação do solo, verticalização dos pastos com extratos arbustivos e arbóreos (sistemas silvipastoris), utilização de pastagens consorciadas e até a utilização de mais de uma espécie herbívora (conjunta ou sequencial).

No caso do pastoreio rotativo, é importante assumir que cerca de 40 a 70% das pastagens podem ser desperdiçadas em pastejo não rotativo. A subdivisão de áreas permite o consumo mais uniforme da pastagem e o aumento da lotação, inicialmente, à custa de diminuição do desperdício.

É interessante ressaltar que a melhor subdivisão das áreas pode em nada lembrar os piquetes do pastoreio rotacionado intensivo convencional. Na região do Pantanal, comum por apresentar invernadas de até 1.000 ha, a subdivisão em *piquetes* de 100 a 200 ha permitiu consumo mais uniforme do pasto nativo, melhor controle de invasoras em virtude da recuperação uniforme da área no pouso, e valor nutritivo da forragem mais uniforme (Faz. Eldorado – Pantanal – MS). Foram utilizadas cercas eletrificadas com 2 fios, sendo o primeiro localizado a 80 cm do solo, permitindo o livre trânsito da fauna, e menor perda de carga elétrica por contato com a macega.

O uso de herbicidas é proibido no Sistema Orgânico, mas com um bom manejo de entrada e saída dos animais, recuperação uniforme da área e uso de tração física (roçada manual, uso de *link*, trilho, *Ikeda* e rolo-faca gigante) é possível assegurar controle efetivo de invasoras. Em algumas regiões do Nordeste e mesmo no Sahel subsaariano, a utilização de caprinos, de forma controlada, permite o controle de dicotiledôneas arbustivas, lembrando que o conceito de exploração da pastagem, em Pecuária Orgânica, implica na manutenção da biodiversidade, dificilmente observada nos sistemas convencionais.

Como já foi mencionado, a fertilização de correção de deficiência e reposição do extraído pode e deve ser aplicado no Sistema Orgânico. O constante monitoramento dos teores de nutrientes no solo e planta garantem tomada de decisão em tempo oportuno.

A utilização de extrato arbóreo é importantíssima no manejo da pastagem e do rebanho, qualquer que seja o Sistema de Produção adotado. No caso do orgânico, os sistemas silvipastoris colocam-se como alternativa de formação e manutenção de corredores de biodiversidade, com visível lucro ambiental para o meio (Silva, 1999).

São muitos os benefícios do sombreamento de pastagens para o complexo solo-planta-animal. Segundo Carvalho (1997), as vantagens são:

a) Resistência aos ventos, temperatura e excesso de precipitação das espécies localizadas no sub-bosque (pastagem);
b) Maior biodiversidade local, aumentando o número de inimigos naturais e promovendo o controle biológico de pragas e doenças;
c) Maior conforto térmico do animal e proteção contra os rigores climáticos;
d) Menor proliferação de plantas invasoras;
e) Possibilidade de fornecer alimento ao ruminante;
f) Menor erosão e menor dano na época seca;
g) Alteração no valor nutritivo das forrageiras com maior riqueza em nutrientes e menor teor de fração fibrosa;
h) Maior sucção (efeito bomba) de água e nutrientes do solo profundo para o superficial.

Em extensa revisão sobre os efeitos do sombreamento no desempenho de forrageiras, Gutmanis (2002) apresentou uma relação de espécies promissoras, tais como Greenpanic (*P. maximum* cv. Trichoglume), colonião (*P. maximum*), *B. brizantha*, *B. humidicula*, gordura (*Melinis minutiflora*) e leguminosas como pueraria (*P. phaseoloides*), calopogônio (*C. mucunoides*) e siratro (*Macroptilium atropurpureum* cv. siratro).

Os capins sombreados apresentam tendência a ter maiores teores de N, P, K, Ca, Mg, S, B e Cu e menores teores de Mn, Zn e Mo. Também apresentam menores teores de carboidratos solúveis, e essas reservas menores vão refletir no manejo pós-corte. Dessa forma, uma vez que a velocidade de rebrota fica reduzida, é preciso trabalhar com um tempo de descanso mai-

or ou manter resíduo de pastejo (Wong e Wilson, 1980).

Infelizmente, a grande maioria das fazendas convencionais do Brasil adota a prática de terra arrasada, praticamente eliminando todas as árvores por ocasião do desmatamento, e/ou deixando as remanescentes em condições precárias de sobrevivência. Nos processos de conversão do sistema convencional para o orgânico, algumas certificadoras exigem reflorestamento parcial da área. A Embrapa Gado de Leite possui uma publicação especifica sobre esse assunto (Carvalho, 1998).

Manejo animal

O sistema orgânico de produção de bovinos de corte adota o princípio d' *As cinco Liberdades*, que devem reger suas práticas de manejo animal (Moreira e Waligora, 2001).

a. **Livres de fome e sede**: os animais devem ter acesso à água fresca em qualidade e quantidade, além de uma dieta diversificada;
b. **Livres de desconforto**: ambiente apropriado, seco, ventilado e protegido de rigores climáticos;
c. **Livres de dor, ferimentos e doenças:** prioriza-se os métodos preventivos, mas não se descuida de um possível tratamento convencional;
d. **Livres para expressar seu comportamento natural**: o espaço aberto e a socialização com outros animais de sua espécie;
e. **Livres de medo e estresse**: as condições de manejo devem propiciar essa segurança.

O bem-estar dos animais não se restringe ao processo produtivo. O transporte e o abate são componentes fundamentais na definição de sistemas que minimizem ao máximo o sofrimento desnecessário dos animais. As técnicas de abate mais humanitárias e regras que regem o transporte animal fazem parte das exigências das certificadoras de boi orgânico em todo o mundo.

A saúde, dentro do contexto holístico, não é apenas ausência de doença, mas habilidade em resistir a infecções, ataques parasitários e perturbações metabólicas. Portanto, o objetivo principal das práticas de criação orgânicas embasa-se na prevenção da doença (vacinações) e na exploração de um ambiente que fortaleça suas capacidades naturais de defesa imunológica, ou seja, ambiente livre de estresse, de adequada nutrição e com práticas de manejo que assegurem o bem-estar (Darolt, 2001).

A raça bovina explorada deve ser a mais adaptada ao ambiente, evitando-se a introdução de material genético exótico que demanda maiores cuidados de sobrevivência. No tocante ao manejo da reprodução, admite-se a inseminação artificial, mas não a transferência de embriões, pois isso exige multiovulação artificialmente provocada. A estação de monta deve ser cuidadosamente planejada a fim de garantir a suplementação alimentar adequada no período crítico.

Admite-se a suplementação volumosa de qualquer espécie desde que produzida na própria fazenda (fenação, ensilagem, pastejo deferido, uso de palhadas, capineiras, etc.) (Haddad e Alves, 2004).

A suplementação mineral admite todos os elementos normalmente utilizados na linha branca (sal de verão), excetuando-se ionóforos, promotores de crescimento, hormônios, aditivos e ureia. Em relação a essa última, também é proibida sua utilização em suplementos proteicos para seca (proteinados), e esse fato gera a necessidade de se trabalhar com proteinados exclusivamente de origem vegetal, com teor proteico mais baixo (25/ 30% x 45/ 50% daquele contendo ureia) e, consequentemente, maior nível de consumo (0,8 a 1% do PV).

Todo calendário de vacinação é permitido, bem como a utilização de fitoterápicos e homeopatia. Ivermectina, abamectina e análogos são proibidos, de modo que a cura do umbigo deverá ser efetuada com solução de iodo a 5%, mantendo-se o umbigo imerso por dois minutos.

Esse fato gera um gargalo de eficácia em fazendas grandes, pois a cura do umbigo é demorada e deve ser bem realizada. Quase sempre se propõe um adicional financeiro (prêmio) aos peões encarregados dessa tarefa (Haddad e Castro, 2001).

A castração é permitida para animais até um ano de idade, utilizando-se qualquer método. O confinamento (quando existe) não deve ultrapassar 3 meses de duração, e a dieta (concentrado), constituída de alimentos orgânicos, não pode ultrapassar 40% da matéria seca total. Esse fato implica que, sob nenhuma hipótese, a dieta em volumosos pode ser inferior a 60% da MS, respeitando-se a fisiologia do ruminante sem alterar seu metabolismo.

Resumo da regulamentação de orgânicos

A produção, processamento e a rotulagem dos produtos orgânicos, no Brasil, são regidos pela Instrução Normativa 007/99, do Ministério da Agricultura, e pela Lei 10.831/ 03, em fase de regulamentação.

A IN 007/99 abrange os produtos agrícolas não transformados, os produtos de origem animal e os alimentos transformados. A mesma define as normas mínimas para produção, transformação e comercialização de produtos orgânicos. Define igualmente as exigências mínimas requeridas para inspeção à qual cada produtor, coletador, transformador ou cada comerciante de produtos orgânicos deve submeter-se e compromissar-se.

A IN 007/99 proíbe a utilização de organismos geneticamente modificados (OGM) e de seus derivados, em todos os níveis da produção e da transformação dos produtos agrícolas e animais (com exceção de alguns produtos veterinários).

Considera-se unidade de produção, a propriedade rural que esteja sob sistema orgânico de produção. Quando a propriedade inteira não for convertida para a produção orgânica, a produção convencional deve estar devidamente separada e passível de inspeção.

As regras gerais da produção orgânica são:

Período de conversão

Para que um produto receba a denominação de orgânico, deverá ser proveniente de um sistema em que tenham sido aplicadas as regras estabelecidas pela Lei 10.831, por um período variável de acordo com a utilização anterior da unidade de produção e a situação ecológica atual, mediante as análises e a avaliação da certificadora.

- **Culturas anuais:** um período mínimo do 12 meses de manejo orgânico deverá ser obedecido, para que a produção do ciclo subsequente seja considerada como orgânica;
- **Culturas perenes:** um período mínimo de 18 meses de manejo orgânico deverá ser obedecido, para que a colheita subsequente seja certificada como orgânica;
- **Pastagem perene:** um período mínimo de 12 meses de manejo orgânico ou de pousio deverá ser obedecido para que a parcela seja considerada como orgânica.

Os períodos de conversão acima mencionados poderão ser ampliados pela certificadora de acordo com o uso anterior e com a situação ecológica da unidade de produção, desde que seja julgada a conveniência.

Armazenagem e transporte

Os produtos orgânicos devem ser identificados e mantidos separados de produtos não-orgânicos durante todo o processo de armazenagem e transporte, de modo a evitar possíveis contaminações.

Produtos orgânicos e não-orgânicos não poderão assim ser armazenados ou transportados juntos; exceto quando claramente identificados, embalados e fisicamente separados.

A higiene e as condições ideais do local de armazenagem e do transporte de produtos são fatores essenciais para a certificação de sua qualidade orgânica.

Todos os produtos orgânicos devem estar devidamente acondicionados de forma a evitar a sua substituição ou alteração.

Rotulagem

Além de atender às normas vigentes quanto às informações que devem constar nas em-

balagens, os produtos certificados deverão conter um selo de qualidade registrado no Órgão Colegiado Nacional, específico para cada certificadora, atendendo às condições previstas no anexo VII, além das contidas abaixo:

a) será mencionado no rótulo a denominação *produto orgânico*, e o nome e o número de registro da certificadora junto ao Órgão Colegiado Nacional;

b) no caso de produto a granel, o mesmo será acompanhado do certificado de qualidade orgânico;

c) a pessoa física ou jurídica legalmente responsável pela produção ou processamento do produto deverá ser claramente identificada no rótulo;

d) produtos certificados, de um só ingrediente, poderão ser rotulados como *produto orgânico*;

e) produtos compostos de mais de um ingrediente, incluindo aditivos, em que nem todos os ingredientes sejam de origem certificada orgânica, deverão ser rotulados da seguinte forma:

- produtos compostos que apresentarem um mínimo de 95% de ingredientes de origem orgânica certificada, serão rotulados como produtos orgânicos;
- produtos compostos que apresentarem 70% de ingredientes de origem orgânica certificada, serão rotulados como produtos com ingredientes orgânicos, devendo constar nos rótulos as proporções dos ingredientes orgânicos e não-orgânicos;
- produtos compostos que não atenderem às exigências contidas nas alíneas *a* e *b* anteriormente mencionadas não serão rotulados como orgânicos.

f) água e sal adicionados, não poderão ser incluídos no cálculo do percentual dos ingredientes orgânicos;

g) todas as matérias-primas deverão estar listadas no rótulo do produto em ordem de peso percentual, de forma a ficar claro quais os materiais de origem certificada orgânica e quais os que não são; e

h) todos os aditivos deverão estar listados com o seu nome completo. Quando o percentual de ervas e condimentos for inferior a 2%, esses poderão ser listados como *temperos*.

Regras para produtos de origem animal

Os produtos orgânicos de origem animal devem provir de unidades de produção, prioritariamente autossuficientes quanto à produção de alimentos para os animais em processo integrado com a produção vegetal, conforme o anexo IV da IN007199.

Visando à sustentabilidade, esses sistemas devem obedecer aos seguintes requisitos:

a) respeitar o bem-estar animal;

b) manter um nível higiênico em todo o processo criatório, compatível com as normas de saúde pública vigentes;

c) adotar técnicas sanitárias preventivas sem o emprego de produtos proibidos;

d) contemplar alimentação nutritiva sadia e farta, incluindo-se a água, sem a presença de aditivos químicos e/ou estimulantes, conforme o anexo IV;

e) dispor de instalações higiênicas, funcionais e confortáveis;

f) praticar manejo capaz de maximizar uma produção de alta qualidade biológica e econômica; e

g) utilizar raças, cruzamentos e o melhoramento genético (não OGM) compatíveis tanto com as condições ambientais como com o estímulo à biodiversidade.

Entende-se por bem-estar animal, permanecer o mesmo livre de dor, de sofrimento, angústia e viver em um ambiente em que possa expressar proximidade com o comportamento de seu hábitat original: movimentação, territoriedade, ociosidade, descanso e ritual reprodutivo.

Os insumos permitidos e proibidos na alimentação animal estão especificados no anexo IV da IN007199.

O transporte, pré-abate e o abate dos animais devem seguir princípios humanitários e de bem-estar animal, assegurando a qualidade sanitária da carcaça.

Excepcionalmente, para garantir a saúde ou quando houver risco de morte de animais, na inexistência de substituto permitido, poderão ser

usados medicamentos convencionais. O uso desses medicamentos deve ser comunicado à certificadora, bem como registrada a sua administração. O período de carência, estipulado pela bula do produto a ser cumprido, deverá ser multiplicado pelo fator três, podendo ainda ser ampliado de acordo com a certificadora.

São permitidas todas as vacinas previstas por Lei.

A aquisição dos animais deve ser feita, preferencialmente, em criações orgânicas.

No caso de aquisição de animais de propriedades convencionais, estes devem ser prioritariamente incorporados à unidade produtora orgânica, com a idade mínima em que possam ser recriados sem a presença materna.

Os animais adquiridos em criações convencionais devem passar por quarentena tradicional ou outra a ser definida pela certificadora.

São condutas desejadas:

- Maximização da captação e uso de energia solar;
- Autossuficiência alimentar orgânica;
- Diminuir a dependência de recursos externos no processo produtivo;
- Associação de espécies vegetais e animais;
- Criação a campo;
- Abrigos naturais com árvores;
- Quebra-ventos;
- Conservação das forragens com silagem ou fenação (desde que de origem orgânica);
- Mineralização com sal marinho;
- Suplementos vitamínicos, óleo de fígado de peixe e levedura;
- Aditivos permitidos: algas calcinadas, plantas medicinais, plantas aromáticas, soro de leite e carvão vegetal;
- Suplementação com recursos alimentares, provenientes de unidade de produção orgânica;
- Aditivos para arraçoamento: leveduras e misturas de ervas e algas;
- Aditivos para silagem: açúcar mascavo, cereais e seus farelos, soro de laticínio e sais minerais;
- Homeopatia, fitoterapia e acupuntura.

São técnicas permitidas sob o controle da certificadora:

- Uso de equipamentos de preparo de solo na formação de pastagem, desde que não impliquem na alteração de sua estrutura;
- Aquisição de alimentos não certificados orgânicos, equivalente em até 20% e 15% do total da matéria seca de alimentos para animais monogástricos e para animais ruminantes, respectivamente;
- Aditivos, óleos essenciais, suplementos vitamínicos e sais minerais;
- Suplementos de aminoácidos;
- Descorra e castração; e
- Inseminação artificial.

São técnicas proibidas:

- Uso de agrotóxicos nas pastagens e culturas de alimentos para os animais;
- Uso do fogo no manejo de pastagens;
- Confinamentos e demais técnicas que restrinjam o bem-estar animal;
- Uso de aditivos estimulantes sintéticos na alimentação, na engorda e na reprodução;
- Descorna e outras mutilações;
- Presença e manejo de animais geneticamente modificados;
- Promotores de crescimento sintético;
- Ureia;
- Restos de abatedouros na alimentação;
- Qualquer tipo de esterco para ruminantes ou para monogástricos da mesma espécie;
- Aminoácidos sintéticos; e
- Transferência de embriões.

Insumos que podem ser adquiridos fora da unidade de produção, segundo a espécie animal e sob orientação da assistência técnica e controle da certificadora:

- Silagem, feno, palha, raízes, tubérculos, bulbos e restos de culturas orgânicas;
- Cereais e outros grãos e seus derivados;
- Resíduos industriais sem contaminantes;
- Melaço;
- Leite e seus derivados;
- Gorduras animais e vegetais; e
- Farinha de osso calcinada ou autoclavada e farinha de peixe.

Resumo da regulamentação

A qualidade dos produtos orgânicos tem tido cada vez mais importância em razão da crescente pressão dos consumidores, por parâmetros de qualidade já incorporados em seus padrões de escolha, e aos resultados de pesquisas científicas que demonstram que alguns alimentos orgânicos possuem parâmetros de qualidade superiores aos dos alimentos convencionais (Gomez e Rosso, 2002). Dados comparativos de análise de carne orgânica Argentina x convencional mostraram menor teor de gordura e colesterol na carne de animais orgânicos (*Longissimus dorsi*) (Rosso e Gomes, 1999).

A carne de animais a pasto (orgânicos e convencionais, não importa) tem maior taxa do ácido graxo essencial ômega 3, porque há maior concentração do mesmo nas folhas verdes e cloroplastos. Em termos de exploração animal, uma vez colocados em regime de confinamento, há queda de 1/3 dos teores de ômega 3 nos primeiros 30 dias de confinamento, anulando os efeitos da exploração a pasto. (Duckett *et al.*, 1993, citados por Gomez e Rosso, 2003; Rosso *et al.*, 1996).

O ácido linoleico conjugado (CLA), considerado potente protetor contra o câncer, aparece em teor 5 vezes mais alto em animais criados a pasto do que naqueles alimentados com grãos (Dhiman *et al.*, 1999). Também a carne de animais a pasto possui maior teor de vitamina E do que aqueles submetidos à confinamento (Smith, 2001), e essa vitamina está relacionada com menor risco de câncer, doenças cardiovasculares e, como potente antioxidante, tem ação de retardo do envelhecimento celular.

Considerando-se a não-utilização de hormônios e agroquímicos no processo orgânico, menor é a quantidade de moléculas e radicais de catabolismo presente nos tecidos animais, e essas características constituem-se em poderosa ferramenta de *marketing* ainda não plenamente utilizada.

Principais riscos envolvidos na produção orgânica

O produto orgânico não apresenta diferenças aparentes quando comparado ao produto convencional, seja em relação à sua forma, cor ou sabor. O que leva um consumidor a preferi-lo é a informação sobre suas vantagens nutricionais, a ausência de toxicidade e a confiança de que foi produzido conforme os preceitos que preservam esses fatores. É, portanto, um bem que tem na confiança seu principal valor. Assim, são também chamados de *bens de crença* e apresentam atributos de qualidade altamente específicos, não identificáveis mediante simples observação.

Contribui para dificultar a identificação de seus atributos, a miríade de nomes para denominar as nuances de uma técnica ou outra, gerando um conflito de imagens de difícil compreensão para o público em geral, que não tem acesso às informações que as diferenciam. A situação confusa propicia a atuação de instituições oportunistas, não ligadas à IFOAM e nem credenciadas por ela, e rotulação de seus produtos como sendo orgânicos. Esse fato é particularmente importante no mercado orgânico, por se tratar de um padrão de processo produtivo e não de atributos visíveis do produto final. Sendo assim, é a reputação das empresas ofertantes que sustenta a confiança do consumidor e sua disposição a pagar prêmios quanto ao preço.

A propósito, pode-se afirmar que a informação é um problema em todo o sistema. Não existem informações estatísticas públicas ou privadas sobre o mercado e produção brasileira de orgânicos. Aquelas disponíveis são meras estimativas, com pouco ou nenhum fundamento científico. Faltam também pesquisas sistemáticas sobre o assunto, seja no âmbito econômico, seja no âmbito regulatório. A difusão tecnológica é pobre em termos de abrangência, a assistência técnica ainda é deficiente e as pesquisas científicas incipientes.

Em relação à regulamentação do setor, existe uma evidente contradição na legislação, já que, ao mesmo tempo em que obriga as certificadoras a manter um complexo sistema de investigação e controle, não permite que as

Seção XIII

Técnicas Especiais na Produção de Gado de Corte

mesmas tenham fins lucrativos. Além disso, não existe um sistema público de certificação e falta apoio governamental para regular e impulsionar o setor.

Também a preocupação com a sustentabilidade social, um dos eixos do tripé que norteia a produção orgânica, é particularmente relevante em uma sociedade com o grau de desigualdade como a brasileira.

O custo da conversão e da certificação ainda é um obstáculo à entrada de agricultores não capitalizados, uma vez que as linhas de créditos rurais, na sua quase totalidade, não são adequadas à atividade. Quando se trata de conversão de área de agricultura convencional para orgânica, as dificuldades são maiores: não há qualquer instrumento creditício que forneça o capital de giro necessário à sobrevivência do produtor no período de conversão. Uma alternativa viável é a utilização de linhas de crédito destinadas à proteção ambiental.

Os custos com comercialização são muitas vezes expressivos, visto que os produtos devem ser obrigatoriamente comercializados em embalagens, devido ao selo de certificação. Além disso, os recipientes plásticos e de isopor geram grande polêmica no setor, principalmente entre os mais ortodoxos, uma vez que são derivados de petróleo, não-biodegradáveis e há uma evidente contradição com a filosofia de preservação ambiental que permeia todo o processo de produção. Contudo, por enquanto, o consumidor parece não partilhar desses mesmos questionamentos.

Em relação ao preço final do produto, o sobrepreço do orgânico em relação ao convencional no varejo pode chegar a mais de 100%. Destes, porém, somente 30% são repassados aos produtores. Esse valor é muito superior àquele praticado na Europa, em média abaixo de 50%.

Enfim, cabe ressaltar que, mesmo compartilhando dos perigos e riscos presentes na produção convencional, a produção orgânica envolve maiores riscos, principalmente nos primeiros ciclos produtivos. O risco de contaminação da produção pode ser considerado seu elemento mais delicado. Mesmo sendo produzidos sob rígidos preceitos, tais produtos podem não ser totalmente livres de agrotóxicos em razão da presença de produtos persistentes residuais do processo de descontaminação do solo, sendo que a presença residual desses componentes constitui-se numa preocupação crescente dos organismos certificadores nos processos de conversão de culturas.

Especificamente em relação à carne orgânica, a nutrição pode ser considerada um dos maiores gargalos à produção, em decorrência do fenômeno natural de estacionalidade da produção forrageira e necessidade de suplementação alimentar. Essa tecnologia é passível de ser utilizada, desde que os ingredientes utilizados no concentrado tenham origem e certificação orgânica, e sua participação não exceda 30% da MS total ingerida. Daí a existência de pouco excedente agrícola orgânico passível de compor uma ração básica que pode comprometer o plano nutricional do animal e, consequentemente, seu peso final de abate.

Existe, sim, farelo de soja (oriundo de soja orgânica), *pellet* de citros (suco de laranja orgânico) e farelo de arroz (produção orgânica no RS) disponíveis, mas esses componentes são produzidos em áreas distantes entre si, não havendo condições de aglutiná-los de forma econômica. Dentre os alimentos energéticos, o milho e o sorgo, além do milheto e aveia, podem ser opção a médio prazo, mas, por ora, a produção orgânica, quando ocorre, é incipiente.

Na **Tabela 1** são exemplificados alguns dos principais riscos inerentes à produção sob sistema orgânico.

Conclusões

A produção orgânica de carne bovina não deve ser vista como apologia de uma nova técnica, nem como redenção de preços pecuários. Deve explorar um nicho existente de mercado, em sítio geográfico favorável de produção e deve ter *marketing* próprio e bem explorado.

Tabela 1. Principais tipos de riscos do Sistema orgânico de produção.

Tipo de Risco	Descrição
Riscos estratégicos	1. Não-diferenciação de orgânicos por falta de regulamentação do processo de certificação; 2. Perda de credibilidade dos consumidores nos organismos certificadores; 3. Não-adesão dos consumidores ao consumo de orgânicos em razão dos preços.
Riscos financeiros	1. Falta de capital de giro para agricultores durante o processo de conversão de culturas; 2. Endividamento elevado dos agricultores, inviabilizando a produção; 3. Falta de alternativas de seguros para perdas agrícolas.
Riscos operacionais	1. Contaminação da produção por micotoxinas no processo de armazenagem; 2. Substituição dos produtos orgânicos no processo de embalagem por produtos convencionais; 3. Contaminação dos produtos por problemas fitossanitários.
Riscos comerciais	1. Aumento de preços de insumos por excesso de demanda; 2. Variações de preços dos produtos, inviabilizando a colheita ou a semeadura; 3. Falta de mão de obra e assistência técnica especializada.
Riscos técnicos	1. Invasão da cultura/pastagem por pragas de difícil controle; 2. Contaminação da ração por alimentos de origem transgênica; 3. Contaminação do solo por herbicidas pulverizados em culturas vizinhas convencionais.

Fonte: Lima, O. (2004).

Referências bibliográficas

Altieri, M.A. **Agroecologia: as bases científicas da agricultura alternativa**. 2.ed. Rio de Janeiro: PTA/FASE, 1989. 240p.

Alves, F. V.; Haddad, C. M. Pecuária Orgânica. In: III SIMPÓSIO DE PECUÁRIA DE CORTE, 2003, lavras. **Anais**... Lavras: UFLA/NEPEC, 2003. v.3, p. 157-176.

Boom, R. Healthy soil, healthy grass, healthy stock – the balanced approach. In: CONFERÊNCIA VIRTUAL GLOBAL SOBRE PRODUÇÃO ORGÂNICA DE BOVINOS DE CORTE, 1. 2001, Corumbá. **Proceedings**... Corumbá: Embrapa Pantanal; Concórdia: Universidade de Contestado, 2002. Disponível em: <http://www.conferencia.uncnet.br/pantanal>. Acesso em: 17 dez. 2002.

Carvalho, M.M. **Arborização de pastagens cultivadas**. (série documentos – n° 64). CNPGL- Juiz de Fora, 1998, 37p.

Carvalho, M.M. Utilização de sistemas silvipastoris. In: SIMPÓSIO SOBRE ECOSSISTEMAS DE PASTAGENS, 3, 1997, Jaboticabal. **Anais**... Jaboticabal: FCAV/UNESP, 1997, p.164-207.

Darolt, M.R. **Pecuária Orgânica: Procedimentos básicos para um bom manejo da criação.** Planeta Orgânico, Seção Trabalhos. Disponível em: <http://www.planetaorganico.com.br/daroltpec1.htm>. Acesso em 05/09/2001.

Dhiman, T.R.; Anand, G.R. *et al.* Conjugated linoleic acid content of milk from cows fed different diet. **J.Dairy Science**, v.82, p.2146-56, 1999.

Gomez, P.O.; Rosso, O.R. Ecologic beef production in Argentina. In: CONFERÊNCIA VIRTUAL GLOBAL SOBRE PRODUÇÃO ORGÂNICA DE BOVINOS DE CORTE, 1. 2001, Corumbá. **Proceedings**... Corumbá: Embrapa Pantanal; Concórdia: Universidade de Contestado, 2002. Disponível em: <http://www.conferencia.uncnet.br/pantanal>. Acesso em: 17 dez. 2002.

Gutmanis, D. Sistemas silvipastoris e meio ambiente. In: 19° Simpósio sobre manejo de pastagens – Inovações tecnológicas. **Anais**..., 2002, p.59-78.

Haddad, C.M.; Alves, F.V. Sistemas alternativos de carne bovina a pasto – Pecuária Orgânica de Corte. In Santos, F.A.P.; Moura, J.C.; Faria, V.P. (eds). Pecuária de Corte Intensiva nos Trópicos. Anais 5° Simpósio sobre Pecuária de Corte, FEALQ, Piracicaba p. 113-126, 2004.

Haddad, C.M.; Alves, F.V. Alimentos orgânicos para a suplementação de bovinos. In: Conferência Virtual Global sobre Produção Orgânica de Bovinos de Corte, 1, 02 de setembro a 15 de outubro, via internet. **Anais**... Corumbá, MS: Embrapa Pantanal, 2003.

Haddad, C.M.; Castro, F.G.F. Sistema de Produção de Carne Orgânica no Pantanal. In: Mattos, W.R.S. **A Produção Animal na Visão dos Brasileiros**. Fealq, Piracicaba, p.302-326. 2001.

Haddad, C.M.; Merola, P.R.; Alves, F.V. Boi orgânico: oportunidades vs viabilidade. In: SIMPÓSIO GOIANO SOBRE PRODUÇÃO DE BOVINO DE CORTE, Goiânia. **Anais**.... Goiânia (GO): CBNA, 2003, v.15, p.15-42.

IBD – Instituto Biodinâmico de Desenvolvimento Rural. **Diretrizes para o Padrão de Qualidade Orgânico**. Instituto Biodinâmico, 10ª ed., Botucatu, 55p. 2002.

IFOAM. International Federation of the Organic Agricultural Movement: **Basic Standards for Organic Agriculture and Food Processing**, 10th Edition. SÖL, Bad Dürckheim, 2002.

Lima, O. Gestão de riscos na agricultura. In: **I Simpósio Internacional em Gestão Ambiental e Saúde**, 2005, São Paulo. São Paulo: Centro Universitário SENAC, 2005.

Ministério da Agricultura, Pecuária e Abastecimento. **Instrução Normativa** n.7 de 17 de maio de 1999. Disponível em: <http://www.ecovida.org.br/normat7.html>

Moreira, R.; Waligora, S. Saúde, Pecuária Orgânica e Bem-Estar Animal: Desafios e Oportunidades para a Pecuária de Corte Brasileira. In: Simpósio de Pecuária de Corte: Novas Tendências e Perspectivas, 20 a 22 de setembro, Lavras, MG. **Anais**... Lavras: UFLA/NEPEC, 2001.

Rosso, O.R.; García, P.T.; Machado, C. *et alii.* **Modelos experimentales de engorde de novillos y su efecto sobre la ganancia de peso, parámetros sanguíneos, calidad de la res y niveles de grasa intramuscular y colesterol en carnes.** Informe final Proyecto INTA EEA Balcarce, ITA y CICV Castelar, UNCPBA, Taldil y AACREA, 1996.

Rosso, O.R.; Gomez, P.O. Sistemas experimentales de producción de carne ecológica de novillos. In: IV Curso Producciones Ecológicas. **Proceedings**... Unidad Integrada Balcarce. EEA INTA Balcarce/Facultad Ciencias Agrarias. Balcarce 6 y 7 de Julio 1999. p. 81-83, 1999.

Silva, V. P. Fundamentação agroecológica dos sistemas silvipastoris e suas perspectivas na produção animal sustentável. In: Semana de Estudos agropecuários de Botucatu, 4 a 8 de outubro, Botucatu, SP. **Anais**... 1999.

Smith, G.C. **Dietary supplementation of Vitamin E to cattle to improve shelflife and caselife of beef for domestic and international market.** Colorado State University, Fort Collins, Colorado. In: <http://www.eatwild.com> Acesso em 2001.

Sundrum, A. Organic livestock farming: A critical review. **Livestock Production Science**, v.67, p.207-215, 2001.

Wced. **Our Common Future: The Bruntland Report**, Oxford University Press from the World Commission on Environment and Development: New York 1987.

Wong, C.C.; Wilsdon, J.R. Effects of shading on the growth and nitrogen contents of green panic and Siratro in pure and mixed swards defoliated at two frequencies. **Aust. J. Agric. Res.**, v.31, p.269-285, 1980.

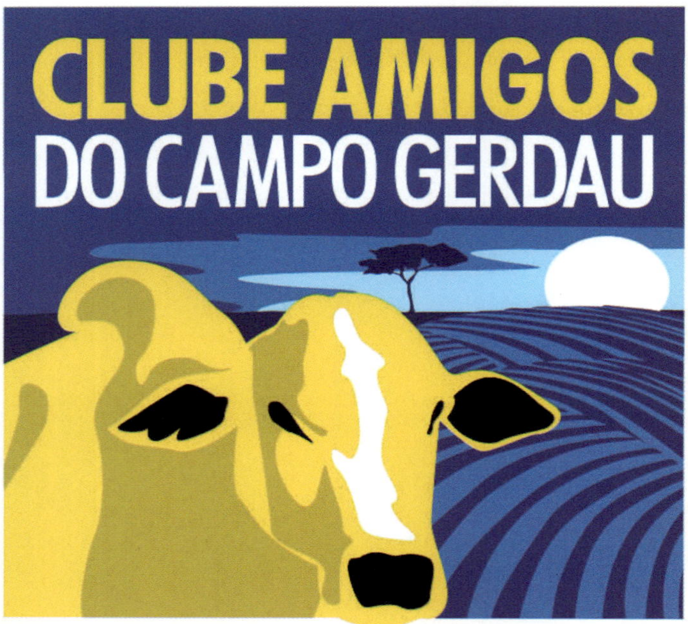

Um canal de comunicação e negócios entre a Gerdau e o homem do campo.

Visite o site e entre para o clube:

www.amigosdocampo.com.br

GERDAU

CAPÍTULO 68

Antonio Carlos Silveira
Professor Titular
Departamento de Melhoramento e Nutrição Animal
FMVZ/UNESP. Botucatu, SP
acsilveira@fca.unesp.br

Mário de Beni Arrigoni
Professor Adjunto
Departamento de Melhoramento e Nutrição Animal
FMVZ/UNESP. Botucatu, SP
arrigoni@fca.unesp.br

Cyntia Ludovico Martins
Professora Doutora
Departamento de Melhoramento e Nutrição Animal
FMVZ/UNESP. Botucatu, SP
cludovico@fca.unesp.br

Luiz Artur Loyola Chardulo
Professor Doutor
Departamento de Química e Bioquímica
IBB/UNESP. Botucatu, SP
lachard@ibb.unesp.br

Produção de bovino superprecoce no Brasil

Introdução

O sistema de produção do bovino superprecoce, desenvolvido pela UNESP, no Campus de Botucatu, contempla os dois principais segmentos da cadeia de carne do País: quem produz - o produtor - e quem paga e consome - o consumidor.

Para ser eficiente na atividade, o produtor necessita de organização e planejamento, que se inicia na escolha do sistema de produção que vise explorar ao máximo a eficiência biológica dos bovinos.

Para tanto, deve agregar a esse sistema as raças os cruzamentos e os alimentos disponíveis no mercado, para alcançar em menor espaço de tempo, os menores custos e os mais altos benefícios, respeitando as exigências do consumidor, que deseja qualidade, constância e padronização do produto.

No Brasil, infelizmente, a padronização da carne ainda é praticamente inexistente. Todo produto necessita de uma classificação antes da comercialização, principalmente os produtos pecuários, caso contrário todas as carnes acabam se tornando *carne de vaca*. O mercado almeja um produto de boa qualidade e com características que não apresentem alta variabilidade. Isso significa poder comprar um corte cárneo que garante a segurança alimentar, quer em sanidade, quer em outros atributos, como quantidade de gordura, peças de tamanho constantes, coloração, maciez e sabor.

Essa padronização foi objeto de trabalho da equipe da Unesp, Botucatu, desde 1990, quando criou o sistema superprecoce, cuja carne - novilho Superprecoce® foi registrado e apresenta características invariáveis e que serão mostradas ao final deste capítulo.

Além disso, o rebanho bovino brasileiro é majoritariamente zebuíno, especialmente Nelore. Esta raça, ainda que de alta rusticidade, revelada na aceitação de pastagens de baixa qualidade nutricional e por alta resistência a endo e ecto parasitas, deixa a desejar pela falta de precocidade, seja no crescimento do tecido muscular, seja na reprodução. Essa deficiência, somada à inadequada oferta de nutrientes pelas pastagens, principalmente no período da seca invernal, faz com que o boi brasileiro seja abatido em média aos 36 meses de idade (**Figura 1** - revista). Como consequência, a taxa de abate é diminuída e, somente 18 a 22% do rebanho nacional é abatido no ano.

Entretanto, explorando a heterose, por intermédio de cruzamentos industriais entre zebuínos e raças europeias especializadas para o corte, somada a uma suplementação adequada, aproveitando-se a grande disponibilidade em todo o território nacional de grãos de cereais, seus resíduos e subprodutos da agroindústria, e aplicando o sistema de produção superprecoce, com abates sempre inferiores aos 14 meses de idade, pode-se melhorar em muito a eficiência. Com isso, 35 a 45% dos animais poderiam ser abatidos no ano, o que é melhor, com carne de qualidade bastante superior,pois a idade é uma das principais ferramentas para proporcionar maciez a carne - atributo preferencial dos consumidores.

Se forem considerados 36 meses como a média de idade no abate nacional, pelo sistema superprecoce ocorrerá uma diminuição de 61% no tempo de produção, permitindo um giro rápido no capital investido e maior rentabilidade ao produtor pela maior produção e melhor qualidade num mundo de população crescente e carente em proteína de origem animal.

Exploração da eficiência biológica

Sistemas de produção que retardam a idade de abate dos bovinos são menos eficientes, pois exploram animais mais velhos, maiores ou mais pesados, que sempre apresentam maiores exigências nutricionais para a manutenção e atividade corporal, sendo, portanto, menos compensadores, pois requerem maior quantidade de alimento para fazer 1 kg de carne, diminuindo o lucro para o produtor.

O **Quadro 1**, adaptado de Willians *et al.* (1995), mostra a melhor eficiência biológica dos animais mais jovens - Superprecoce - confina-

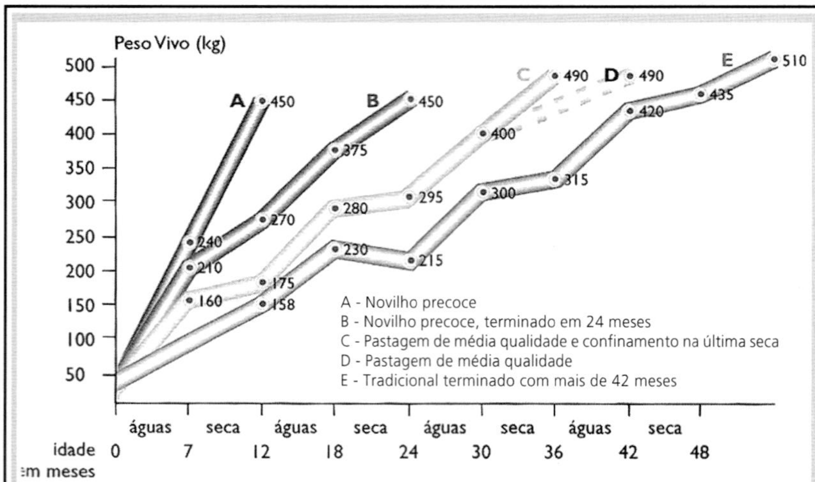

Figura 1. Curva de desenvolvimento de bovinos conforme o ciclo de produção.

Quadro 1. Eficiência biológica observada para animais em diferentes sistemas de produção.

Tamanho	Sistema de produção	Dias de alimentação	Idade ao abate (meses)	Peso ao abate (kg)	Eficiência biológica*
Pequeno	Superprecoce	139	11,63	439,0	52,08
Pequeno	Superprecoce	178	12,93	492,0	48,9
Pequeno	Superprecoce	242	15,06	554,0	45,5
Pequeno	Precoce	174	16,46	591,0	45,6

*EB= Gramas de ganho de peso vivo / Mcal de Em consumida (expresso em %). Adaptado de Willians *et al.* (1995).

dos logo após a desmama. Os autores acreditam que raças mais tardias que exigem maior tempo para a terminação da carcaça e, portanto, abatidos após 15 meses de idade, deveriam antes do confinamento passar por período de recria a pasto, pois com a mesma eficiência biológica ficariam menos tempo no confinamento - fase onerosa - e seriam mais pesados ao abate. Aproveitando-se o demonstrativo do **Quadro 1**, podem-se distinguir os animais supreprecoces dos precoces. Assim sendo, por serem recriados a pasto (após 15 meses), deixariam de integrar a categoria de supreprecoces (sem recria) passando para precoces.

O ponto de partida para o estabelecimento desse programa de produção está na escolha das raças que compõem os cruzamentos industriais, uma vez que a precocidade é uma característica herdável, e a escolha dos animais deve recair em raças menores que alcançam a puberdade primeiro, coincidindo com animais mais eficientes para o processo, não desprezando a habilidade materna das matrizes no cruzamento inicial.

Como mencionado, melhor eficiência biológica pode ser almejada pela utilização dos cruzamentos industriais entre zebuínos e raças especializadas para produção de carne. Pelos cruzamentos, podem-se esperar ganhos significativos pela heterose, pois quando se cruza uma raça pura com uma outra raça ou um novo grau de sangue, espera-se do produto resultante um desempenho superior a média dos pais.

Além da heterose por meio dos cruzamentos, alcançam-se benefícios pela complementação genética dos pares. Dessa forma, os cruzamentos têm também por objetivo minimizar os defeitos dos pais.

O **Quadro 2**, adaptado de Peacock *et al.* (1981), mostra o efeito da heterose na eficiência produtiva de matrizes cruzadas, resultando o maior índice para o cruzamento entre zebuínas e raças inglesas.

Quadro 2. Eficiência produtiva de matrizes de corte.

Raças das matrizes	Eficiência produtiva*
Zebuínas x Inglesas	122
Zebuínas x Continentais	108
Continentais x Inglesas	100

Eficiência produtiva = (peso desmama em kg / peso da matriz) x taxa de desmama. Fonte: Adaptado de Peacock *et al.* (1981).

Experimento conduzido pela Unesp - Botucatu (**Quadro 3**) mostrou que, quando se comparou pelo sistema superprecoce novilhos ½ sangue Aberdeen Angus x Nelore com bovinos Brangus (3/8 Nelore x 5/8 Aberdeen Angus), a melhor eficiência biológica foi dos ½ sangue, pois atingiram ponto ideal de abate, preconizado pelo sistema superprecoce, um mês antes que os Brangus. Semelhante observação pode ser tirada da comparação no desempenho dos ½ sangue Brahman x Nelore em comparação ao Nelore, demonstrando, dessa forma, o efeito significativo de heterose obtida por meio dos cruzamentos industriais.

Genética - Busca pela precocidade

O sistema SUPERPRECOCE explora a velocidade de crescimento dos animais. A **Figura 2**, adaptada de Owens *et al.*(1993), mostra o crescimento em função da idade. Por meio desta, verifica-se que o crescimento inicia-se por ocasião da concepção e termina com a maturidade do animal. Essa curva apresenta forma sigmoi-

Quadro 3. Desempenho de bovinos superprecoces de diferentes grupos genéticos e cruzamentos.

Parâmetros	Nelore	½ sangue Nelore Brahman	½ sangue Nelore Angus	½ sangue Nelore Brangus
Idade Abate, meses	16	15	14	14
Dias de confinamento	221	163	142	172
Peso Final, kg	445,0	452,0	506,0	477,4
Peso, @	17,01	16,5	18,7	17,1
Rendimento carcaça, %	57,1	55,9	55,5	53,8
AOL, cm^2/100kg carc	64,4	68,6	76,5	70,99
EGS, mm	5,0	4,6	5,4	5,85

Silveira *et al.* (2005).

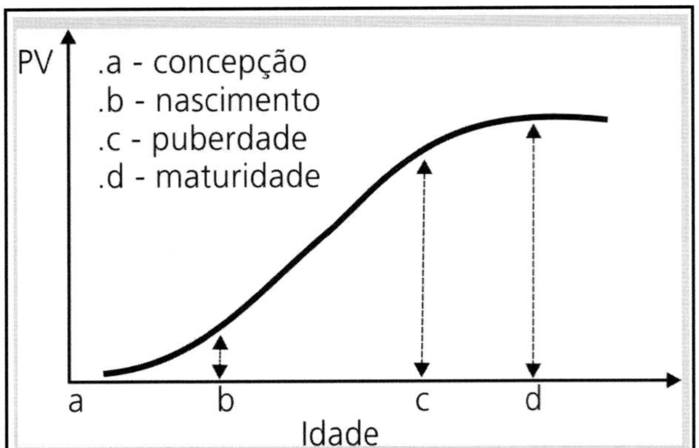

Figura 2. Curva de crescimento (Adaptado de Owens, 1993).

de, tendo o ponto de inflexão na puberdade. Da concepção à puberdade, verifica-se um crescimento acelerado, rápido, à custa do desenvolvimento dos tecidos ósseo e muscular ativados pela liberação de hormônios proteicos de crescimento (**Figura 3**). Por ocasião da puberdade, os esteroides substituem os hormônios proteicos e intensifica-se a deposição do tecido adiposo, diminuindo a intensidade do crescimento, onerando o custo de produção. Na maioria das raças bovinas de corte, o crescimento dos ossos atinge o ponto máximo na desmama - 6 a 8 meses- e o dos músculos ao redor da puberdade - 12 a 18 meses.

Dessa forma, os bezerros que primeiro alcançarem a puberdade apresentarão maior precocidade sexual e de terminação da carcaça, favorecendo a antecipação do abate dos machos e a reprodução das fêmeas, objetivo do Sistema Superprecoce, principalmente pelo fato de que, à medida que o novilho caminha para a maturidade piora a sua conversão alimentar, conforme **Figura 4**, onerando o custo de produção.

Portanto, cobrir as exigências nutricionais para o crescimento máximo dos tecidos, notadamente ósseo e muscular, é de fundamental importância pois, além de influenciar o custo de produção, relacionam-se positivamente com a quantidade e qualidade da carne produzida e, portanto, constitui-se no maior desfio para a produção intensiva de bovinos de corte de qualidade no País.

Por outro lado, existem vários fatores que afetam o gasto energético do animal - taxa metabólica basal - ou seja, as exigências para a manutenção e atividades que correspondem a utilização de mais de 80% da energia que foi metabolizada pelo organismo - tamanho corporal, idade, sexo, nível hormonal, restrição alimentar e nível de atividade.

Quanto maior o tamanho corporal do animal - frame - maior a velocidade de perda de calor pelo corpo - taxa metabólica basal. Em outras palavras, haverá maior gasto energético para a manutenção e para as atividades, prejudicando a velocidade da engorda. Portanto, raças de tamanhos menores, mais precoces, vão depositar gordura mais cedo; terminando as carcaças mais rapidamente que as maiores e mais tardias (Berg & Butterfield, 1976).

A idade está relacionada com a massa muscular, que atinge o ponto máximo na puberdade, ocasião em que se dá a maior taxa metabólica basal. Com a maturidade, de acordo com Owens *et al.* (1995), cessa o crescimento muscular, acelerando a deposição de gordura. O qua-

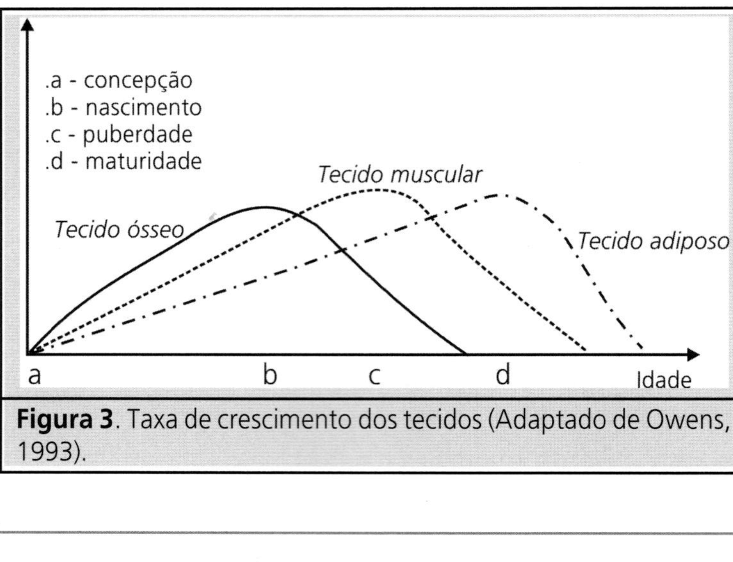

Figura 3. Taxa de crescimento dos tecidos (Adaptado de Owens, 1993).

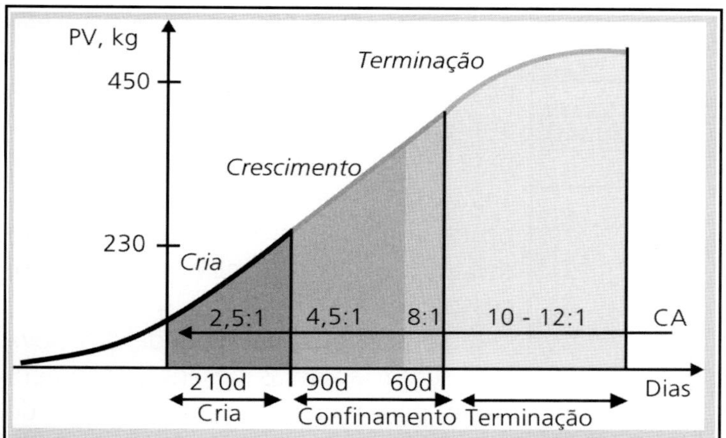

Figura 4. Conversão alimentar nas fases de crescimento (adaptado de Silveira, 1999).

Quadro 4. Ganho de peso de novilhas Nelore em confinamento.

Intervalo de peso	Confinamento (dias)	Ganho de peso(kg)	Conversão alimentar
290-334	25	1,76	4,51
334-337	34	1,26	7,84
337-402	28	0,89	11,95
402-421	21	0,70	14,31
290 - 421	114	1,15	9,61

NRC, 1996.

dro a seguir mostra o ganho de peso esperado e a conversão alimentar em diferentes faixas de peso de novilhas Nelore em confinamento.

Também o rendimento da carcaça dos bovinos, será relacionado com a idade, ou seja, pela curva de crescimento dos tecidos. Durante a amamentação, quando ocorre a maior taxa de crescimento de tecido ósseo, o rendimento da carcaça é baixo e considerado em 50%. Com o aumento da massa muscular até a puberdade, ultrapassa a 55% ou mais, na dependência das raças, graus de sangue ou *frame size* dos animais, diminuindo novamente na maturidade, quando o tecido gordo substitui o tecido muscular.

É interessante ressaltar que a distribuição do tecido adiposo apresenta uma sequência definida, iniciando-se pela perineal e interna, passando pela intermuscular, subcutânea e, por fim, a intramuscular - marmorizada.

Os níveis hormonais de tiroxina, dos hormônios sexuais, do crescimento e do estresse - epinefrina e cortisol - tendem aumentar a taxa metabólica basal - exigências de manutenção- notadamente quando se trata de animais inteiros, como são recomendados pelo sistema superprecoce. Por esse e outros motivos já descritos, as dietas diárias dos animais jovens em crescimento devem ser bem energéticas para após suprirem as exigências de manutenção e proporcionem adequada terminação da carcaça.

Por outro lado, a castração modifica a liberação hormonal pelo organismo, alterando a curva de crescimento dos tecidos em relação à idade, com antecipação na deposição de gordura na carcaça e diminuição no crescimento muscular.

O **Quadro 5** mostra o efeito da castração na terminação da carcaça de bovinos de diferentes tamanhos na maturidade. Pode-se constatar que os bovinos castrados alcançam a maturação da carcaça - 28% de gordura - com pesos vivos inferiores aos inteiros, nas três categorias de tamanho corporal, de maneira que a castração, se convenientemente aplicada, poderia ser uma ferramenta útil para agilizar a terminação da carcaça de animais tardios, *frames* grandes, pois aceleraria a deposição de gordura corporal - que deve ser no mínimo de 4mm de espessura, como exigida pelo protocolo do sistema superprecoce para manutenção da qualidade da carne.

Por outro lado, a utilização de animais inteiros, por ganharem de 150 a 200g de peso diário a mais que os castrados, nas mesmas condições experimentais, seriam os mais indicados para a produção do novilho superprecoce, principalmente os provenientes de cruzamentos industriais, que envolvem raças de terminação precoce como são as raças inglesas para corte. Tal preocupação vem ao encontro do fato de que, a partir dos 18 meses de idade, a qualidade da carne dos animais inteiros, provenientes de cruzamentos industriais, começa a ser prejudicada quanto ao sabor e coloração pela liberação de estrógenos.

Com relação ao efeito no sexo e em condições adequadas de nutrição, os animais inteiros são mais eficientes, pois crescem mais rapidamente - tecido muscular - que os castrados e estes mais que as novilhas. Em contrapartida, as novilhas tendem a depositar antecipadamente maior quantidade de gordura que os castrados

Quadro 5. Efeito da castração na terminação da carcaça de bovinos de corte.

Graus	Frame-size	Peso vivo (kg) Carcaça terminada (28% de gordura) Inteiros	Castrados
1		480	400
2	pequeno	520	438
3		560	487
4		600	500
5	médio	640	533
6		680	567
7		720	600
8	grande	460	633
9		800	667

Fonte: Fox *et al.* (1922).

e estes, por sua vez, mais que os animais inteiros (Luchiari Filho, 2000).

Tal fato poderia ser explicado pela menor taxa de metabolismo basal das fêmeas em relação aos machos que, por apresentarem menor porcentagem de massa muscular e pelos efeitos dos hormônios femininos sobre o metabolismo, requerem menos energia para manutenção, proporcionando engorda mais precoce.

O **Quadro 6** mostra o desempenho de machos e fêmeas no sistema superprecoce.

Pode-se observar que, após 100 dias de confinamento, as novilhas, apesar de baixo desempenho - peso - 12,6 a 13,0@ - já se mostraram prontas para o abate, com carcaça madura, terminada com gordura subcutânea de proteção acima de 5,2 mm de espessura.

Quadro 6. Desempenho de machos inteiros e fêmeas no sistema superprecoce.

Parâmetros	Machos Nelore x Angus	Fêmeas Tri cross*	½ Sangue Nelore x Simental
Nº animais	100	94	96
Dias de confinamento	140	100	100
Idade de abate	12,6	11,3	11,3
Peso Inicial (kg)	250	240	230
Peso Final (kg)	475	364	350
Peso Final (@)	17,7	13,0	12,6
GPD (kg)	1,6	1,24	1,2
Rendimento carcaça (%)	56	53,6	53
Gordura subcutânea (mm)	4,7	5,6	5,2
Maciez (*in natura*)	3,8	3,0	3,1

Equipe superprecoce, 1997. * 1/2 Nelore-Angus x Simental.

As novilhas, por apresentarem crescimento muscular prejudicado pela deposição precoce do tecido adiposo, para atingirem peso recomendado de 16@ para serem abatidas, semelhantemente aos machos, necessitariam de mais tempo de confinamento. Dessa forma, perderiam a eficiência, encarecendo o processo.

Se ocorrer a necessidade das novilhas serem abatidas pesadas, recomenda-se, para minimizar os altos custos do confinamento, a adoção de duas dietas distintas. A inicial, de curta duração, com ração restrita - redução de 25% do consumo voluntário e com alta taxa proteica - para completar o crescimento visceral e o muscular; e a final, de realimentação *ad libitum*, bastante energética, para a terminação e manutenção da carcaça.

Dados fornecidos pela Silveira Consultoria Pecuária sobre experimento conduzido em parceria com a Agropecuária Ibiúna, em Severínea, SP, em 2007, mostraram abate de novilhas Angus x Nelore com 13 meses de idade, pesando 15,8@ com 4,5 mm de gordura subcutânea, após serem confinadas por 150 dias com restrição alimentar de 25 % de consumo voluntário nos primeiros 90 dias de confinamento, seguido de outra de realimentação até o abate.

A restrição alimentar reduz a formação de triiodotironina - forma ativa do hormônio tireoide a partir da tiroxina. Com isso, as necessidades basais diárias são reduzidas em até 25%. Esse fato, embora útil para a sobrevivência do animal em condições adversas de alimentação, evidencia ser sempre mais fácil ganhar do que perder peso, pois certamente a quantidade perdida de peso será rapidamente recuperada na realimentação por intermédiado ganho compensatório.

Arrigoni *et al.* (1994) registraram, em bezerras mestiças Simental x Nelore recém desmamadas (sistema superprecoce) e com restrição desde o início do confinamento (por 98 dias) em 23 % do consumo voluntário, ganho de peso de 0,85 kg/dia contra 1,00 kg/dia das alimentadas *ad libitum*. Todavia, na fase de realimentação de 64 dias, sem restrição alimentar, observou-se maior ganho de peso das fêmeas restritas - 1,37 x 1,02 kg/dia - maior consumo de matéria seca 8,23 x 11,00 kg/dia, melhoria de 25 % na conversão alimentar e diminuição de 27 % no custo final de produção.

Finalmente, o nível de atividades - o exercício - aumenta a massa muscular e, consequentemente, o gasto energético, diminuindo a velocidade da engorda. Esse fato pode ser observado quando os piquetes apresentam altas dimensões, seja em confinamento, seja principalmente em semiconfinamento.

Da mesma forma, a quantidade e qualidade da proteína na dieta são importantes para se processar o crescimento dos tecidos, por ser essencial para a construção do corpo - componentes estruturais de todas as células - bem como, para a produção de enzimas, hormônios peptídicos ou proteicos e para a síntese de proteínas plasmáticas imprescindíveis à manutenção do equilíbrio osmótico e ao transporte de substâncias no sangue.

Apesar do organismo não possuir depósitos para o armazenamento de proteínas, uma certa porcentagem sofre um processo constante de quebra e síntese - *Turnover*, conhecido como o balanço de nitrogênio, ou seja, a comparação entre a ingestão de nitrogênio - principalmente na forma de proteína - e a excreção - na forma de proteínas não digeridas nas fezes e ureia e amônia na urina.

Diante do exposto, durante o processo de construção do corpo - crescimento rápido- o equilíbrio de nitrogênio deverá se manter positivo desde a concepção até a puberdade. Entretanto, esse equilíbrio torna-se negativo, ocorrendo diminuição ou paralisação do crescimento durante o estresse metabólico, nível inadequado de proteína de dieta ou pela falta de um aminoácido essencial, pois, neste último caso, quando um deles permanecer ausente ou insuficiente na dieta, o corpo não poderá sintetizar novas proteínas para substituir a proteína perdida no *Turnover* normal, interrompendo o crescimento (**Figura 5**).

Criação de bezerros

Suplementação em sistema *creep-feeding* ou em período curto de recria

O objetivo na utilização de *creep-feeding* é desmamar o bezerro mais pesado, aliviar o es-

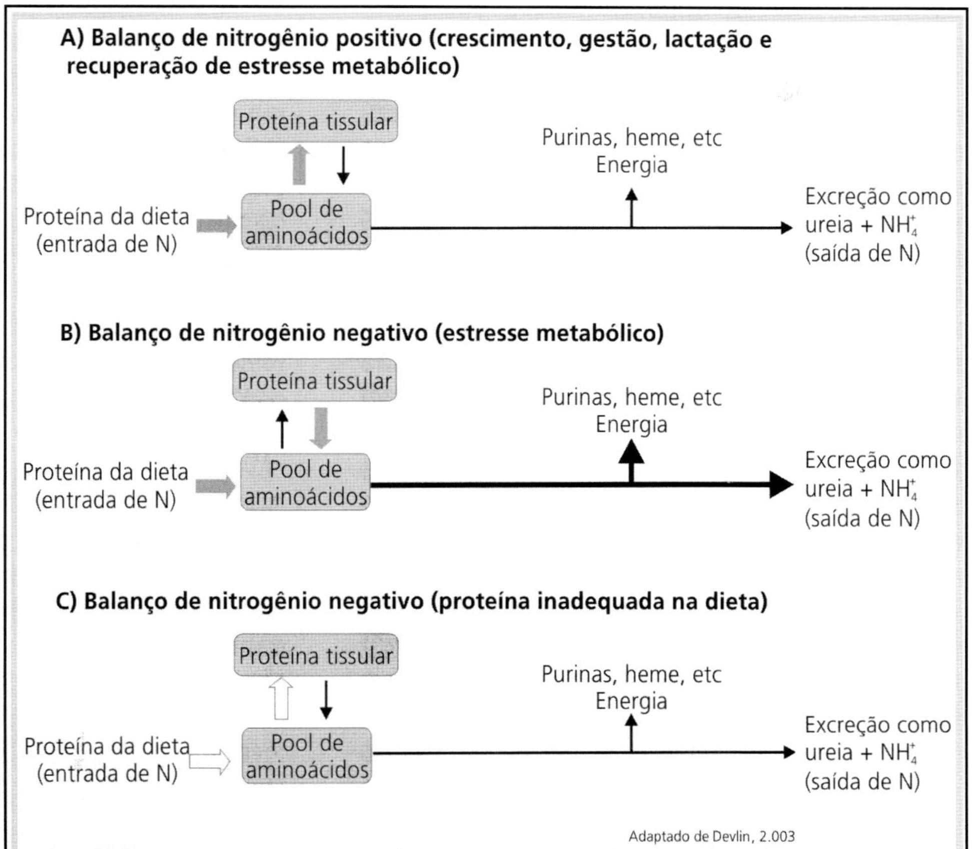

Figura 5. Balanço de Nitrogênio. * Vias dominantes em cada situação são indicadas pelas setas grossas (adaptado de Devlin, 2007).

tresse social do confinamento a seguir e, proporcionar mais fácil adaptação as dietas de concentrado.

O uso da ração de *creep-feeding* busca explorar o crescimento máximo dos tecidos ósseo e muscular, na maioria das vezes, prejudicado em virtude da pequena produção e persistência da lactação a partir de 90 dias da maioria das matrizes de corte, notadamente as da raça Nelore.

A ração deverá apresentar características mais próximas possíveis do leite materno, ou seja, com 20% de P.B. e 75% de NDT, ser balanceada em aminoácidos essenciais, ser adocicado e ter de preferência dois suplementos proteicos no sentido de melhor palatabilidade.

Seu fornecimento deve ser, à vontade, em cochos amplos com espaço de 15 cm para cada bezerro, de maneira a permitir que todos possam se alimentar ao mesmo tempo, bem como ruminar em lugar seco sem a presença de barro, evitando-se a difusão e contaminação por vermes. Via de regra, a alimentação pode ser oferecida uma vez ao dia, podendo adotar o manejo de prender os bezerros sempre no mesmo horário, por 2 ou 3 horas, ou utilizar mangas auxiliares para as mães com livre acesso aos bezerros ao *creep-feeding*, conforme foto. Nesse caso, o *creep-feeding* deve ser provido de bebedouro.

No *creep-feeding*, o consumo médio da ração no período de 150 dias que antecedem a desmama é de aproximadamente 127,5 kg, ou seja, 0,850 kg/dia, com a expectativa de um acréscimo de peso do bezerro na desmama de 1 a ½ @, ou seja, de 30 a 45 kg. Considerando o custo de suplementação do *creep-feeding* e confrontando com o preço da arroba ou com o quilo vivo do bezerro comercializado, verifica-se facilmente a vantagem da utilização do *creep-feeding*, pois, permite um desmame do lote, uniforme e de maior peso, favorecendo posterior abate precoce, eliminando-se a fase de recria.

Além disso, permite que as matrizes apresentem-se, ao final do período de lactação, em melhores condições corporais para reprodução, pois serão menos exigidas pelos bezerros, principalmente após o quarto mês de lactação, quando apresentam maior peso corporal. Experimento conduzido pela Unesp, em parceria com a Agropecuária Quatro A, Itapetininga, SP (1999), utilizando 400 matrizes Nelore, 84,5% daquelas que tiveram seus bezerros suplementados emprenharam na estação de monta seguinte. Enquanto isso, nas matrizes cujos bezerros não foram suplementados, a taxa de fertilidade foi apenas de 77%. Esses dados significam que, em mil matrizes haverá uma diferença de 75 bezerros a mais para o sistema do *creep-feeding* (**Quadro 7**).

Na dificuldade de implantação do *creep-feeding* nas propriedades, a utilização de períodos curto de recria pós-desmama - 2 a 4 meses - tem mostrado resultados semelhantes, principalmente quanto a adaptação ao confinamento. A suplementação na recria com ração rica em carboidratos - amido - favorece o desenvolvimento das papilas ruminais, tornando-as compridas e mais largas, aumentando a capacidade para absorção dos nutrientes, resultando em melhores ganhos de peso, principalmente no início do confinamento.

Figuras 6 e **7**. *Creep-feeding*.

Quadro 7. Efeito do *creep-feeding* no peso na desmama e fertilidade das mães.

Peso dos bezerros (kg)				
½ Sim x Nelore	Nº de Animais	*Creep-feeding* Sem	Com	%
7 meses	100	200	245	18,3
Nelores fertilidade das matrizes (%)				
	400	77,0	84,5	8,87

Adaptado de Silveira *et al.* (1999).

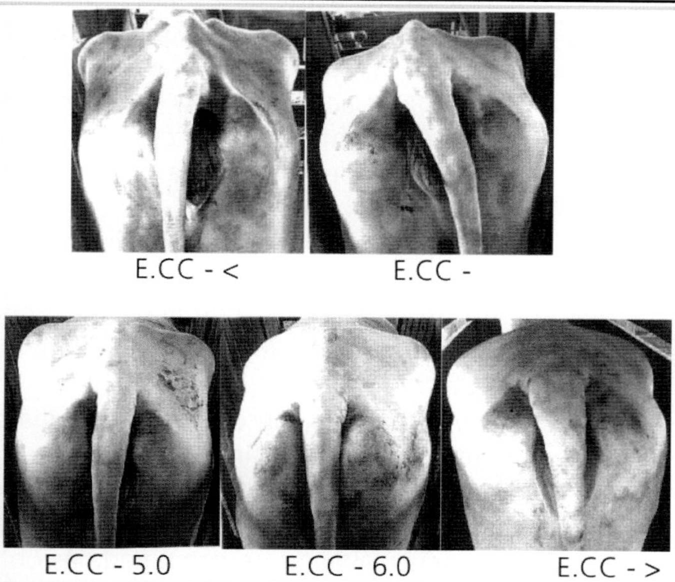

Figura 8. Escore corporal (Adaptado de Maciel, A.B.B, 2006).

Suplementação da mãe

Para potencializar o peso na desmama, além da necessidade do uso do *creep-feeding*, a adoção de práticas alimentares no sentido de melhorar o estado corporal das mães, no momento da parição tem proporcionado resultados significativos.

Para tanto, dentro de uma escala de pontuação de 1 a 9 as reprodutoras deveriam parir com escore corporal de 5,0 a 6,0, visualizado pela cobertura de gordura uniforme, não espessa, desde a 12ª costela até a inserção da cauda. Cada escore corporal corresponde a 35 kg de P.V. (**Figura 11**).

Segundo Odde, (1997), vacas que parem com escore corporal acima de 5,0 tendem a apresentar bezerros mais pesados na desmama. O autor mostra (**Quadro 8**) que bezerros provenientes de vacas que parem com escore 3,0 ou 4,0 produzem menos leite e apresentam 20% a menos de concentração sérica de imunoglobulinas - medição potencial de resistência a doenças - do que bezerros provenientes de mães que parem com o escore corporal de 5,0 a 6,0.

Outros trabalhos experimentais de Short *et al.* (1990); Sptzer (1995) e Arthington (2.003) têm mostrado que vacas, ao parir com escore corporal inferior a 5,0, apresentam queda de 30% na taxa de prenhez. Além disso, ocorrerá aumento no período de anestro e, consequentemente, extensão no intervalo de parto, resultando em nascimento de bezerros tardios no ano seguinte, via de regra, mais fracos, fato esse evidente e constante em bezerros de primíparas. Portanto a diminuição do anestro do intervalo de parto significa que as fêmeas irão ficar prenhes mais cedo, na estação de monta posterior, proporcionando, com segurança, bezerros mais pesados na desmama (**Quadro 9**).

O **Quadro 10**, adaptado de Lalman *et al.* (1997), mostra o número de dias previstos entre o parto e o primeiro estro, como consequência da condição corporal de primíparas por ocasião do parto.

Nesse Quadro, destaca que as primíparas, ao parir com SCC 3 ou 4 - constância nos sistemas de produção do Brasil Central - levam de 131 a 160 dias entre o parto e o primeiro estro, se não perderem peso pós-parição, o que dificilmente acontece. Entretanto, se o escore de condição corporal for de 5 a 5,5 nas mesmas condições, levariam apenas 89 a 103 dias.

Portanto, torna-se prática recomendável arraçoar as reprodutoras, notadamente as primíparas, nos dois últimos meses de gestação, para garantir escore corporal de 5,0 a 5,5 no parto.

O **Quadro 11** mostra o ajuste do ECC antes do parto, ou seja, 60-90 dias pré-parto. Se for considerado que o avanço de 01 unidade no ECC corresponde ao aumento 35 kg de P.V. no animal, poder-se-ia estimar a quantidade em quilos de ração de suplementação necessária nesse período, para alcançar o escore 5, pois

Quadro 8. Efeito da condição corporal das vacas na parição sobre os níveis séricos de imunoglobulinas nos bezerros.

	Escore das condições corporais das vacas			
	3	4	5	6
IgM (mg/dL)	146	157	193	304
IgG (mg/dL)	1998	2179	2310	2349
Total	2144	2336	2503	2653

Adaptado de Odde (1997).

Quadro 9. Efeito do escore de condição corporal e do ganho de peso pós-parto no peso ao nascer, nos escores de distocia e nos pesos na desmama.

	Peso no parto (Kg)	Peso ao nascer (Kg)	Escore de distocia	Peso na desmama aos 205 dias (kg)
E.C.C				
4	337	29	1,2	186
5	374	30	1,2	206
6	411	32	1,2	212
Ganho de peso pós - parto				
Moderado	-	-	-	199
Alto	-	-	-	210

Adaptado de Spitzer *et al.* (1995).

Quadro 10. Número de dias do intervalo entre o parto até o 1° estro, de acordo com o efeito do escore da condição corporal na parição e a alteração nesse escore pós-parto, em vacas de corte jovens.

Escore de parição	Alteração no escore de condições corporais após a parição até 90 dias pós-parto						
	- 1,5	- 0,5	0	0,5	1	1,5	2
3	189	173	160	150	143	139	139
4	161	145	131	121	115	111	111
5	133	116	103	93	86	83	82
5,5	118	102	89	79	72	69	66

Adaptado de Laman *et al.* (1997).

Quadro 11. Ganhos de peso necessários no período pré-parto (60 dias) para matrizes parirem com e.c.c. = 5,0.

E.C.C no pré-parto	E.C.C no parto	Ganho de peso corporal	Dias até parição	Ganho médio diário
3	5	70	60	1,20
4	5	35	60	0,60
3	5	70	90	0,80

Silveira *et al.* (2005), adaptado de Corah *et al.* (1991).

sabe-se que, com cada kg de ração, pode-se esperar aproximadamente ganhos de peso de 450 g/dia.

Confinamento

Independente de grau de sangue, bezerros desmamados com pesos superiores a 230 kg e, se receberem suplementação em *creep-feeding ou forem submetidos a breve recria*, adaptam-se rapidamente ao confinamento, respondendo com ganhos de pesos superiores a 1,5 kg/dia. Com esse desempenho, são abatidos acima de 17@ em menos de 150 dias de confinamento, com carcaça terminada e rendimento acima de 56 % (**Esquema 1**).

Com esse procedimento, elimina-se a tradicional, onerosa e longa fase de recria, em que os bezerros crescem até atingir pesos ao redor de 300 kg para iniciarem a engorda.

Ainda que o consumo médio de matéria seca diária no confinamento alcance 7,5 kg, a conversão alimentar desses animais jovens de 5,2 a 5,3:1 é considerada muito boa, principalmente se comparada às obtidas na engorda de animais mais velhos, sempre superior a 9:1, que apresentam aumento de peso pelo tecido adiposo.

O consumo de matéria seca é fundamental no confinamento. Para tanto, a ração diária deve apresentar teor de matéria seca entre 60 a 70%. Fora desses limites, o consumo é afetado negativamente, reduzindo significativamente o ritmo de crescimento dos bezerros. Ração seca em demasia é rejeitada por causa da poeira, necessitando umedecê-la com a adição de água na proporção de 15% de seu volume. Quando excessivamente úmida ocupa muito espaço no interior do rúmen, limitando a quantidade de matéria seca necessária para atender aos requerimentos diários dos bezerros.

A falta de espaço nos comedouros ou a presença de bar-

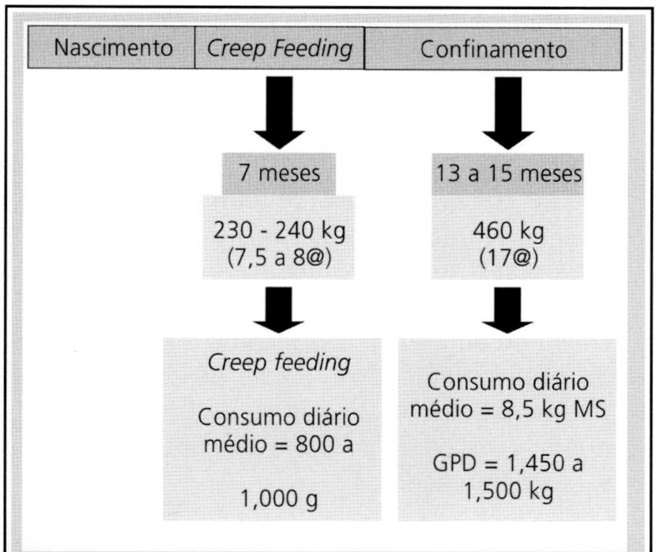

Esquema 1. Sistema de produção do novilho superprecoce.

ro nas baias do confinamento são outros fatores que interferem negativamente no consumo. Animais que passam longos períodos do dia em pé, além de não ruminarem o suficiente para digerirem o alimento, predispõem a maior suprimento de sangue para as extremidades, aumentando a incidência de laminite. Portanto, é fundamental que os animais permaneçam deitados no mínimo 10 horas por dia, para manter a saúde ruminal e o seu bem-estar. Preconiza-se o fornecimento de 3 dietas durante o período de confinamento. A primeira delas, de adaptação, abreviada significativamente caso os bezerros precedam de *creep-feeding* ou de rápida recria - 2 a 4 meses, seguida de outra proteica, para propiciar crescimento rápido principalmente das vísceras e músculos e, finalmente, a determinação, bastante energética até o abate.

As dietas deverão ser distribuídas no mínimo em 3 refeições diárias - às 7:00; 11:00 e 16:00 horas, sendo que, após 22:00 horas, os cochos deverão permanecer limpos - escore 0 - pois reduz desperdícios - sobras - e mantêm os bovinos famintos. O número de refeições pode ser aumentado para manutenção de maior volume ruminal, caso haja sintomas de acidose metabólica.

Como se trata de confinamento de bezerros, atenção especial deve-se dar à capacidade física do seu retículo-rúmen, pois, estando em desenvolvimento, deverá ser otimizada, aumentando-se, ao máximo, a proporção de concentrados na dieta que pode atingir níveis de até 90% do total da matéria seca, desde que o restante - o volumoso - forneça suficiente fibra efetiva para garantir o processo de ruminação e seu bem-estar, minimizando a possibilidade de aparecimento de acidose subclínica - responsável pela redução do consumo e ganho de peso dos animais.

Com essa finalidade, o bagaço de cana, resultante do expressivo avanço da agroindústria açucareira em áreas tradicionais de pecuária de corte, passou a ser utilizado como único volumoso para confinamentos em substituição a silagens de milho, sorgo, capim ou a própria cana-de-açúcar, no sentido de reduzir o custo da arroba produzida e/ou agregar valores no agronegócio.

Nesse sentido, trabalhos conduzidos pela Unesp Botucatu, em conjunto com a Silveira Consultoria Pecuária, em 2006, viabilizou o uso do bagaço de cana como fonte única de fibra efetiva no período de confinamento de animais superprecoces, desde que respeitadas algumas condições: não ultrapassar o limite de 15% da matéria seca total da dieta diária para não prejudicar o desempenho dos animais, seja em crescimento, seja em terminação (**Quadro 12**).

Quadro 12. Confinamento de bovinos superprecoces Angus x Nelore abatidos com 14 meses de idade, com bagaço de cana cru como único volumoso, na proporção de 15, 20 e 25 % da matéria seca total da dieta.

Parâmetros	**Bagaço de cana**		
	15%	**20%**	**25%**
Dias de confinamento	150	150	150
Peso Inicial (kg)	249	247	251
Peso Final (kg)	465	454	441
GPM (kg)	1440	1380	1265
RC (%)	55	55	54,5
Peso Final (@)	17,05	16,6	16,0
IMS (kg/dia)	8,0	7,8	7,5
CA (kg alimento:kg ganho)	5,5	5,7	5,9
EGS (mm)	4,7	4,5	4,0
AOL (cm^2)	65,2	65,0	63,0

Silveria *et al.* (dados não publicados).

Associar seu uso a outros subprodutos que possam aumentar a disponibilidade de fibras, melhorar o ambiente ruminal e proporcionar maior síntese microbiana, como o caroço de algodão, farelo de glúten de milho, a casca de soja e mesmo a torta de algodão rica em fibras.

Dar preferência ao uso de bagaço de cana cru, pois o tratado provoca baixa estimulação ruminal, concorrendo para o abaixamento do pH, aumentando os riscos de acidose. Ao se utilizar bagaço tratado, recomenda-se adicionar tamponantes na dieta, como a mistura de bicarbonato de sódio e óxido de magnésio na proporção de 3:1 na base de 1,25% da matéria seca total.

Os concentrados formulados majoritariamente com grãos de cereais, farelos proteicos e aditivos devem priorizar o crescimento dos microrganismos ruminais, que são fontes fornecedoras aos bovinos de energia, por intermédio dos ácidos graxos voláteis e de proteínas, pela proteína microbiana que, segundo Santos (1998), apresenta qualidade superior em aminoácidos essenciais a todas as outras fontes proteicas comumente encontradas no mercado.

Para tanto, o processamento adequado dos grãos de cereais, principalmente o milho e/ou sorgo, para quebrar a camada protetora do amido - endosperma - para ser melhor aproveitado pelos microrganismos ruminais, tem propiciado melhor desempenho dos animais em confinamento. O **Quadro 13**, adaptado de Owens *et al*. (1981), mostra as vantagens do processamento do grão de milho, pelo aumento da digestão ruminal do amido.

Para a confecção da silagem de grãos úmidos de milho, a colheita deve ser efetuada na fase de maturação fisiológica, ocasião em que os grãos apresentam de 25 a 30% de umidade, o que na prática é verificado quando apenas 1/4 do grão pode ser cortado com o dente. Em seguida, devem ser triturados na forma de quirera, o que é facilmente conseguido com triturador sem peneira, ou laminados (amassados) em moinhos apropriados. O resultado é uma economia de 20% nos custos de terminação dos novilhos em confinamentos, pois o milho úmido é mais digestível, não precisa armazenar, secar e ensacar, uma vez que vai direto para o silo - trincheira ou bag. Além disso, como o milho é colhido praticamente com 1 mês de antecedência, porque precisa ter 26 a 30% de umidade, diminuem os riscos de perdas e ataques de roedores e outros predadores.

Quadro 13. Vantagens do processamento de grãos de milho, pelo aumento da digestão ruminal do amido.

Grãos	Digestão amido no rúmen (%)		
	Moído	Floculado	Ensilado
Sorgo	59	79	82
Milho	75	85	89
Cevada	80	843	
Trigo	85	88	
Aveia	92	94	

Outra vantagem é que se pode plantar nova cultura sobre os restos do milharal com tempo suficiente para aproveitar o período de chuvas.

O **Quadro 14** mostra o desempenho de bovinos superprecoce Simental x Nelore utilizando-se silagem de grãos úmidos de milho.

Por outro lado, dietas de alto grãos ou principalmente quando estes são processados - grãos ensilados ou floculados - pela maior digestão do amido no rúmen, podem favorecer o aparecimento de acidose pela maior produção de

Quadro 14. Desempenho do novilho superprecoce alimentado com silagem de grãos úmidos de milho.

Avaliações	Silagem		Feno	
	Milho úmido	Milho Seco	Milho úmido	Milho Seco
Relação Concentrado:Volumoso	60:40		70:30	
Consumo MS, kg	6,93	7,28	6,77	7,64
Ganho Peso, kg/dia	1,27	1,16	1,29	1,14
Conversão Aimentar	5,43	6,33	5,27	6,87
Peso Vivo, kg (11 meses)	409	400	397	387
Custo do Alimento/@	14,64	20,25	16,14	20,51
Outras Despesas/@	2,42	2,42	2,42	2,42
Custo total @ (56%RC)	17,06	22,67	18,56	22,93

Costa *et al*. (1997); citados por Arrigoni *et al*. (1998).

ácido lático e abaixamento do pH. Para tanto, recomenda-se associar aos grãos de cereais outros ingredientes que alterem o padrão de fermentação e propiciem saúde ruminal, como a polpa cítrica ou a casca de soja, diminuindo a quantidade de amido formador de ácido propiônico e/ou lático e aumentando a pectina precursora do ácido acético.

Outros procedimentos, se necessários, podem ser recomendados, como aumentar o FDN e/ou FDN efetivo, reduzir os CNF, adicionar tamponantes, aumentar a frequência de alimentação e/ou tamanho das partículas do volumoso (4 a 7 cm) para estimular a ruminação.

O **Quadro 15** mostra os resultados colhidos nos últimos 10 anos, nas mesmas condições experimentais, conduzidos no Centro de Pesquisa da FMVZ/UNESP, Botucatu.

Evidencia-se que, independentemente dos cruzamentos industriais testados, todos eles alcançaram os padrões de qualidade estabelecidos para o abate dos animais no sistema superprecoce.

Entretanto, chama atenção a pouca idade no abate, principalmente do cruzamento do Nelore com o Angus - antes dos 13 meses de idade. Ressalta-se também, em todos os graus de sangue, a espessura de gordura de cobertura do músculo *longissimus dorsi*, suficiente para assegurar a qualidade da carne, bem como a área de olho de lombo, indicativa de tamanho de cortes cárneos comerciais e o rendimento de carcaça sempre superior a 55 %, o que favorece sobremaneira o produtor.

Nelore no sistema superprecoce

Os zebuínos, de maneira geral, são mais tardios no crescimento do tecido muscular que as raças europeias especializadas para corte, principalmente as de origem inglesa.

Trabalho conduzido, em 2006, pelos pesquisadores da UNESP e apresentados no **Quadro 16**, mostra a curva de crescimento dos tecidos muscular e do adiposo de bovinos Nelore e mestiços Angus x Nelore no sistema superprecoce.

Os resultados não mostraram diferenças significativas entre os graus de sangue quanto à deposição de gordura subcutânea. No entanto, o peso dos animais mestiços foi significativamente maior em todos os períodos avaliados, mostrando, ao final, retardo de 60 dias de confinamento para que os Nelores atingissem o peso dos mestiços estipulados em 17@ para o abate, aumentando, desse modo, o custo de produção.

Portanto, se, de um lado, o acúmulo rápido de gordura, com um peso leve - parece ser uma característica da raça Nelore - prejudicar seu ganho de peso à custa de massa muscular, do outro, pode ser benéfico, pois a terminação rápida da carcaça permite o abate precoce da raça, sem prejudicar a qualidade da carne.

No sentido de viabilizar o Nelore no sistema superprecoce abatendo-os mais pesados, o aumento nos teores de proteína na dieta nos 2/3 iniciais do confinamento, disponibilizando maior soma de nitrogênio aos animais, poderia propiciar maior ganho de peso à custa de músculo e não de tecido adiposo.

Também, com resultados favoráveis, a adoção de recria após a desmama, antes do confinamento, por 3 a 4 meses, com suplementação proteica-energética a 0,3% do peso vivo para minimizar os efeitos negativos da má qualidade dos pastos durante a seca invernal, tem mostrado resultados favoráveis, não somente para a produção do Nelore superprecoce, mas também aos bezerros cruzados que são desmamados enfraquecidos com pesos inferiores a 220 kg.

Ainda que a recria, de um lado, retarde a idade de abate dos animais, quando comparados com o sistema superprecoce - sem recria - do outro, minimiza o estresse metabólico e a perda da eficiência biológica provocada pelos longos períodos de confinamento (Willian *et al.*, 1995). Além do mais, permite explorar o ganho compensatório no início do confinamento, pois os bezerros estarão mais altos e/ou compridos que pesados, exigindo menos energia para a manutenção, redução da energia do tecido depositado, aumento da ingestão de alimento, consequentemente, com maior eficiência no crescimento (Hogg, 1991). Desse modo, serão abatidos mais pesados em menos tempo de confinamento, com menores custos e apresentando carne de alta qualidade, conforme demonstrado, a seguir, por Hadlich (2004).

Quadro 15. Resumo do desempenho de bovinos superprecoces de diferentes grupos genéticos e cruzamentos.

	Nelore	1/2 Sangue Nelore				Sintéticos				Three Cross - Nelore		
		Brahman	Angus	Simental	Sta Gertrudis	Braunvieh	Brangus	Simbrasil	Canchim	Angus x Braunvieh	Angus x Brahman	Angus x Bosmara
Número de animais	113	42	132	112	45	72	144	36	27	24	24	60
Idade de abate, meses	16	15	13,5	15	15,5	14,5	14	15	14	15	15	14
Peso da carcaça, kg	250	253	252	259	248	253	260	261	285	255	253	263
Peso da carcaça, arrobas	16,6	16,8	16,8	17,2	16,5	16,8	17,3	17,4	19	17,0	16,8	17,5
Rendimento da carcaça, %	56	56	56,8	57,7	54	56,8	56,3	56,0	56,6	55	55	56,3
Área de olho-de-lombo, cm^2	25,7	27,1	28	28,9	27	29	28	28,8	30,47	27,8	26	28
Espessura da gordura, mm	5,0	4,6	5,4	4,3	5,1	4,3	5,6	4,2	3,98	4,8	4,2	5,6
Maciez da carne *in natura*, kgf	4,0	4,0	3,5	3,8	3,7	3,9	3,4	3,9	3,98	3,7	3,9	3,5
Maciez da carne maturada (7d), kgf	3,0	2,92	2,78	2,8	2,9	2,89	2,7	2,97	2,74	2,8	2,9	2,8

Fonte: Unesp/Botucatu, SP.

Quadro 16. Evolução no peso vivo (kg) e cobertura de gordura subcutânea de novilhas Nelore e mestiças Angus x Nelore durante o confinamento - sistema superprecoce.

Graus de Sangue	Idade Meses	Peso Vivo (Kg)	Gordura Subcutânea (mm)
Nelore	7	210,0	1.88
Angus x Nelore	7	230,0	1.81
Nelore	9	276,0	2.78
Angus x Nelore	9	317,0	2.06
Nelore	11	348,0	3.30
Angus x Nelore	11	413,0	3.27
Nelore	13	417,0	4.20
Angus x Nelore	13	498,8	4.70 (Abatido)
Nelore	15	473,0	4.92 (Abatido)

Cobertura de gordura - ultrassom - 12ª - 13ª costela - *longissimas dorsi*. UNESP, 2006.

Utilização do ultrassom para a avaliação da carcaça de animais vivos

Pelo ultrassom são medidas, antes do abate dos animais, a secção do músculo *longissimus dorsi* (área de olho de lombo) e a espessura da camada de gordura de cobertura do mesmo músculo obtidos das imagens tomadas entre 12ª e 13ª costelas.

Com esses procedimentos, os animais superprecoce são abatidos, no frigorífico quando atingem o grau de cobertura adequado ao processo de resfriamento empregado no País, garantindo assim a qualidade da carne, não permitindo o seu enrijecimento e/ou escurecimento. Além disso, o grau de musculatura obtido pela visualização e medição da área de olho de lombo no ultrassom, determina o rendimento em produção de carne.

Após anos de inúmeras colheitas de dados experimentais, pesquisadores da Unesp obtiveram altos coeficientes de correlação - $R^2 = 0,88$ - entre espessura de gordura no *Longissimus dorsi* por ultrassom e após o abate dos mesmos. Semelhante resultado foi obtido para o grau de musculosidade por meio da medição da área de olho-de-lombo, validando, dessa forma, o ultrassom como ferramenta fundamental para se predizer o momento de abate e garantindo a qualidade da carne.

Rentabilidade do sistema superprecoce

Considerando-se custos médios de oportunidade de bezerros desmamados, provenientes de cruzamentos industriais, e dos ingredientes componentes das rações totais diárias, bem como os custos fixos no período de confinamento e juros referentes ao capital investido, o bovino superprecoce terminado entre 13 e 15 meses de idade, nos padrões descritos e exigidos - 17@ de peso e 4 mm de gordura de revestimento da carcaça - tem proporcionado ao produtor, nos últimos anos, rentabilidade média de 24% em 150 dias de confinamento - ou seja, 4,8% ao mês. Além disso, e tendo em vista a extrema rapidez e segurança desse sistema de produção, o produtor tem encontrado facilidades para negociações antecipadas do produto nas bolsas de mercadoria futura ou similar.

Sistema superprecoce possibilita o aumento do número de matrizes na propriedade

O **Quadro 17** mostra, por meio da evolução do rebanho estabilizado após 10 anos, o número de matrizes e área de pastejo necessárias para o abate anual de 1.680 bezerros em três sistemas de produção - 13 (superprecoce), 24 e 33 meses.

Pode-se constatar que, para o mesmo número de matrizes, o sistema superprecoce, em virtude da supressão da recria, exige bem menos área de pasto em relação aos outros sistemas para se abater igual número de bezerros.

Essa constatação poderia ser melhor caracterizada atribuindo o índice 1,0 ao sistema superprecoce e verificando a necessidade de aumentar em 1,79 vezes a área de utilização para o sistema de 24 meses; e de 2,21 para o de 33 meses para idêntica produção.

Diante do exposto, abre-se a possibilidade de, com o sistema superprecoce, aumentar significativamente o número de matrizes da propriedade e, consequentemente, o número de bezerros, otimizando os custos de produção.

Quadro 17. Evolução do rebanho estabilizado após 10 anos, número de matrizes e área de pastejo necessárias para o abate anual de 1.680 bezerros em três sistemas de produção - 13 (superprecoce), 24 e 33 meses.

Discriminação	Superprecoce (12 meses)	Precoce (24 meses)	Precoce (36 meses)
Evolução do rebanho (10 anos)	Estabilização	Estabilização	Estabilização
Número de matrizes	2541	2541	2541
Total de UA (450 kg)	3510	6285	7766
Lotação UA/ha	0,8	0,8	0,8
Área total (ha)	4388	7856	9707
Animais abatidos	1682	1682	1682

Os novilhos superprecoces atendem a esses requisitos básicos, como se pode observar pelo padrão estabelecido pela UNESP - Botucatu para o abate e comercialização de suas carnes (**Quadro 18**).

Pesquisa conduzida pela UNESP/Botucatu, por Hadlich. (2004), avaliou a maciez das carnes de 2 diferentes grupos raciais - Aberdeen Angus e Nelore. Ambos os grupos foram abatidos pelos sistemas superprecoce - 13 a 15 meses e precoce - acima de 20 meses (**Quadro 19**). Os resultados mos-

Quadro 19. Maciez da carne de grupos genéticos, abatidos com diferentes idades e três períodos *post-mortem*.

Grupos genéticos	Período *post-mortem* 24 horas	7 dias	14 dias
½ Aberdeen Angus			
13 meses	3,26	2,80	2,82
24 meses	4,5	3,12	3,00
Nelore			
15 meses	4,00	2,97	2,49
24 meses	4,88	4,50	4,00

Fonte: Hadlich, 2004.

Qualidade da carne

As duas características mais importantes na carne, na visão do consumidor, são a Aparência - coloração vermelho cereja - e Palatabilidade - maciez e sabor.

Além dessas, a quantidade de carne magra no produto final, vem cada vez mais se tornando desejável pelo consumidor, pois é crescente o aumento da preocupação com a saúde e a necessidade de menor consumo de gordura. Do ponto de vista econômico da carcaça, além dos atributos de qualidade já mencionados, é desejável o rendimento dos cortes cárneos, ou seja, da porção comestível dos cortes de maior demanda e valor comercial.

Quadro 18. Padrão de desempenho e características de carcaça e qualidade de carne de bovinos superprecoce - Unesp/Botucatuidade ==> 12 - 15 meses.

- **Peso vivo**
  - Machos ==> 450 - 520 kg
  - Fêmeas ==> 360 - 400 kg
- **Peso de carcaça**
  - Machos ==> 250-290 (16,6 - 19 @)
  - Fêmeas ==> 180 - 200 kg (12,5 - 13 @)
  - Idade ==> 12 a 15 meses
  - Conformação ==> Subconvexa
  - Acabamento ==> Mediano/Uniforme
  - Coloração Carne ==> Vermelho Cereja Brilhante
  - pH 24 Horas ==> 5,4 - 5,8
  - Coloração Gordura ==> Branca
  - AOL I ==> 25 A 30 cm2/100 kg da Carcaça (Machos)
  - EGS Contrafilé ==> Acima De 4,0 mm
  - EGS Picanha ==> Acima De 5,0 mm
- **Maciez**

==> (shear force) ==> Inferior a 4,0 kgf (carne *in natura*)
==> (shear force) ==> Inferior a 3,0 kgf (07 dias de maturação)

traram que todos os animais independentemente dos grupos raciais, abatidos pelo sistema superprecoce, apresentaram carnes mais macias, dentro dos padrões internacionais - força de cisalhamento abaixo de 4,0 mesmo em carne *in natura*, isto é, com apenas 24 horas de resfriamento. Observou-se também que a carne maturada em 07 dias - o normal no frigorífico é de 14 dias - proporcionou equivalência de maciez nas carnes dos superprecoces das raças Angus e Nelore com força de cisalhamento abaixo de 3,0 - elevada maciez. Todavia, tal fato não se confirmou, quando os animais foram abatidos mais velhos, principalmente com os da raça Nelore que apresentaram força de cisalhamento elevada.

Esses resultados mostram que o Sistema Superprecoce *per si* padroniza a qualidade da carne, pois equaliza a carne do Nelore - considerada como mais fibrosa - ao da raça Aberdeen Angus de referência internacional.

Referências bibliográficas

Arrigoni, M.D.B. **Efeito da restrição alimentar sobre o desempenho, área e tipos de fibras musculares em bovinos jovens confinados**. Tese de Mestrado. FCAV- Jaboticabal. 72p. 1995.

Arrigoni, M.D.B.; Vieira, P.F.; Silveira, A.C.; Furlan, L.R.; Costa, C.; Chardulo, L.A.L.; Curi, P.R. Efeitos da Restriçao Alimentar No Desempenho de Bovinos Jovens Confinados. **Pesq. Agropec. Bras.**, v.33, n.6, p.987-992, 1998.

Arthington, J.D. Aumento da produtividade em primíparas pela utilização da desmama precoce. In: **VII Curso Novos Enfoques na produção e Reprodução de Bovinos**, p. 230-233, 2.003.

Berg, R.T.; Butterfield, R.M. **New concepts of cattle growth**. Sydney university Press, 1976, 240p.

Devlin, T.M. **Manual de bioquímica com correlações clínicas**. Trad.da 5ª Ed. Americana. Ed. Edgard Blücher Ltda- 2.003.

Fox, D.G.; Sniffen, C.J.; O'Connor, J.D.; Russel, J.B.; Van Soest, P.J. A net carbohydrate and protein system for evaluating cattle diets: III. Cattle requirements and diet adequancy. **Journal of Animal Science**, v.70, p.3578-3584, 1992.

Hadlich, J.C. **Metodologias de predição de maciez como parâmetro de qualidade de carne de bovinos de diferentes grupos genéticos e idades**. 2004.,94 f., Dissertação (Mestrado em Zootecnia- Nutrição e Produção Animal) da Universidade Estadual Paulista(UNESP), de Botucatu, 2.004.

Lalman, D.L.; Keisler, D.H.; Willian, J.E.; Scholljegerdes, E.J.; Malllet, D.M. Influence of postpartum weight and body condition change on duration of anestrus by undernovrished suckled beef heifers. **J. Anim. Sci.**, v.75, p.1715-1722, 1997.

Luchiari Filho, A. **Pecuária da carne bovina**, São Paulo, 2000, 134p.

Maciel, A.B de B. **Proposta de avaliação da condição corporal em vacas holandesas e nelores**. 2006, 58 f., Dissertação (Mestrado em Zootecnia- Nutrição e Produção Animal) da Universidade Estadual Paulista(UNESP), de Botucatu, 2006.

National Research Council (NRC). Nutrient Requeriments of beef cattle. 7ª ed, Washington, National Academy Press, 1996. 242p.

Odde, K.G. Reproductive efficiency precalving nutrition and improving calf survival. **Proc. Bovine Connection**. p.86-92, 1997.

Owens, F.N.; Dubeski, P.; Hanson, C.F. Factors that alter the growth and development of ruminants. **J.anim. Sci.**, v.71, p.3138-3150, 1993.

Owens, F.N.; Gill, D.R.; Secrist, D.S.; Coleman, S. Review of some aspects of growth and development of feedlot cattle. **J.Anim. Sci.**, v.73, n.10, p.3152, 1995.

Peacock, F.M.; Koger, M.; Oslon, *et al.* Additive genetic and heterosis effects in crosses among cattle breeds of british, European and zebu origin. **J.Anim. Sci.**, v.52, p.1007-1013, 1981.

Short, R.E.; Bellows, R.A.; Staigmiller, R.B.; Berardinelli, J.G.; Luster, E.E. Physiological mechanisms controlling anestrus and infertility in postpartum beef cattle. **J.Anim. Sci.**, v.68, p.799-816, 1990.

Silveira, A.C.; Arrigoni, M.de B.; Chardulo, L.A.L.; Silveira, L.G.G.; Costa, C.; Oliveira, H.N. Sistema de produção de Novilhos Superprecoces. **Anais** do Simpósio Goiano sobre Produção de bovinos de Corte, CBNA - Goiânia, p.105-122, 1999.

Silveira, A.C. **Vantagens em antecipar os ciclos de produção de bovinos de corte**.VII Simpósio Goiano sobre Manejo e Nutrição de Bovinos de Corte e Leite CBNA - Goiânia, GO. p. 59-74, 2005.

Spitzer, J.C.; Morrison, D.G.; Wetteman, R.P.; Paulker, L.C. Reproductive responses and calf birth and weaning weights as affected by body condition at parturition and postpartum weight gain in primiparous beef cows. **J. Amin. Sci.**; v.73, p. 1251-1257, 63(Suppl.1): 61 (abst), 1995.

Willian, CB.; Bennetti, G.L.; Keele, J.W. Simulated influence of postweaning production system on performance of different biological types of cattle. III. Biological efficiency. **J. Amin. Sci.**; v.73, p.686-697, 1995.

CAPÍTULO 69

Flávio Dutra de Resende
Pesquisador Científico
APTA - Polo Regional de Alta Mogiana
Colina, SP
flavio@apta.sp.gpv.br

Marcelo Henrique de Faria
Pesquisador Científico
APTA - Polo Regional de Alta Mogiana
Colina, SP
mfaria@apta.sp.gpv.br

Gustavo Rezende Siqueira
Pesquisador Científico
APTA - Polo Regional de Alta Mogiana
Colina, SP
siqueiragr@apta.sp.gpv.br

Ricardo Dias Signoretti
Pesquisador Científico
APTA - Polo Regional de Alta Mogiana
Colina, SP
signoretti@apta.sp.gpv.br

Produção de novilho precoce no Brasil

Introdução

A pecuária brasileira, ao longo das últimas décadas, foi desenvolvida baseada na rusticidade e fertilidade das raças zebuínas, embora ainda apresente médias zootécnicas baixas para os padrões atuais. Dos principais pontos, destacam-se a produtividade extremamente baixa, em consequência dos baixos índices de natalidade (50 a 60% ao ano), dos elevados índices de mortalidade (10 a 15% ao ano), da baixa taxa de desfrute real (em torno de 20,0%), além da idade de abate, que oscila entre 3,5 a 4 anos, índices que estão muito abaixo de seu potencial (Carvalho *et al.*, 2003). A produção de carne baseia-se na utilização de raças zebuínas, notadamente a raça Nelore, puros ou mestiços, obtidos de sistema de cruzamento industrial. No entanto, em virtude do tipo de manejo adotado, utilizando animais inteiros mantidos a pasto e geralmente sem suplementação, os animais estão sendo abatidos com idade acima de 36 meses.

Nesse sentido, as características peculiares do rebanho de bovinos de corte, no Brasil, favorecem a produção de carcaça com pouca gordura de cobertura e maior desenvolvimento do dianteiro. Dessa maneira, ocorre menor rendimento de cortes nobres, maior produção de carne de dianteiro (menos valorizada), favorecendo alterações qualitativas, tais como carne mais escura e dura e marmorização ausente ou escassa (Luchiari Filho, 2000).

Esse comportamento dos pecuaristas é justificado, em parte, pela falta de incentivo à qualidade, pois os mecanismos atuais que controlam a comercialização de bovinos e de suas carcaças, na maioria das vezes, fundamentam-se na remuneração pelo peso da carcaça quente e não consideram as características quantitativas da carcaça e qualitativas da carne, principalmente o rendimento de traseiro, acabamento, cor, maciez, marmoreio e suculência. No entanto, recentemente, intensificaram-se os esforços para melhorar os índices de produtividade dos sistemas de produção de bovinos de corte no Brasil. Nesse sentido, conscientes da importância dos resultados de pesquisa, os pecuaristas passaram a adotar tecnologias que geram aumentos na produtividade e na eficiência econômica de produção. Essa preocupação está associada à crescente competição dentro do setor pecuário, assim como em outros setores envolvidos na produção de proteína de alta qualidade e também com a exploração agrícola. A intensificação do atual sistema de produção de bovinos de corte no País possibilitaria o aumento do efetivo do rebanho brasileiro ocupando a mesma área, sem a necessidade de abertura de novas áreas para exploração pecuária, principalmente na Região Norte.

Por ser caracterizado como um sistema de produção a pasto, a taxa de lotação média das pastagens brasileiras é baixa, algo em torno de 0,7a 0,9 UA/ha, dependendo da região. Se chegasse a pouco mais de 3,5 UA/ha, por exemplo, caberia todo o rebanho bovino comercail do mundo dentro do Brasil, sem precisar avançar mais um hectare sobre novas áreas (Tito Rosa *et al.*,2007), evidenciando que o País é o grande celeiro da produção mundial de alimentos. É por isso que o avanço da agricultura não é uma barreira ao avanço da pecuária. A incorporação de tecnologia no setor de pecuária de corte irá reduzir o impacto gerado na retração das áreas de pastagens substituídas por áreas de produção agrícola, basicamente soja na Região Centro-Oeste e cana-de-açúcar na Região Sudeste, principalmente no Estado de São Paulo.

O aumento da competitividade com outras fontes de proteína animal, bem como outros mercados concorrentes, e a possibilidade de o Brasil se consolidar ainda mais no mercado mundial de carne bovina têm requerido da atividade pecuária de corte a oferta de produto de qualidade de maneira contínua durante todo o ano. Essa demanda, juntamente com a necessidade de se aumentar a eficiência do setor, têm sido os grandes motores do processo de reestruturação em curso da cadeia produtiva da carne bovina no Brasil rumo à intensificação.

No setor pecuário, o que se tem visto é um aumento dos custos de produção ao longo das últimas décadas, sem ganhos reais no preço da matéria-prima produzida (Tito Rosa *et al.*, 2007). O achatamento da margem de lucro é cada vez maior e a única ferramenta possível para reverter esse quadro será por intermédio do aumento da produtividade do setor com redução da idade do animal ao abate (sistema de produção precoce) ou expandir a pecuária de corte para regiões, nas quais o custo da terra é menor. Certamente, essa expansão do setor pecuário em áreas de florestas será utilizada como mais uma barreira à exportação da carne bovina brasileira, pois, além das barreiras sanitárias, o acesso a mercados é restrito pela existência de embargos relacionados ao meio ambiente, à legislação trabalhista e outros aspectos sociais, fatos evidenciados nos últimos anos. O País passou a ser alvo de acusações crescentes de desrespeito ao meio ambiente e à legislação trabalhista, e somente a intensificação das atuais áreas produtivas do País poderá se antepor a essas barreiras hoje existentes (Abreu, 2007).

O mercado sinaliza avidez por comprometimento de toda a cadeia produtiva. Imagine a indústria de insumos, pecuaristas e frigoríficos orquestrados para o atendimento de diferentes segmentos de mercado, com diferentes níveis de exigência, como: carne com certificação de origem e conformidade, em que a rastreabilidade passa a ser uma ferramenta de gestão que vai alavancar a remuneração diferenciada por qualidade; produto especial a preços diferenciados, produtos bons e regulares a preço de mercado e produto inferior destinado a mercados menos exigentes. Uma realidade em que cada empresa possa focar e planejar seu sistema de produção para atingir níveis de remuneração previsíveis e segmentados de acordo com a qualidade.

Para tanto, seria importante o trabalho conjunto da cadeia de carne bovina: produtor, frigorífico e vendedor (supermercados e redes de distribuição). Com absoluta certeza, é preciso levar em consideração a necessidade do consumidor e o seu comportamento de consumo. Não adianta o pecuarista produzir uma carcaça que o mercado não quer, nem tão pouco o frigorífico deixar de estimular a produção de carcaças de excelente padrão de qualidade, pois, assim, não terá constância do produto exigido pelo mercado. Atualmente, as pesquisas estão sendo realizadas para a busca do peso, ponto de acabamento e idade ideal ao abate, fatores fundamentais para atender às exigências por carcaça e carne de melhor qualidade e para a economicidade dos sistemas de produção de bovinos de corte.

Nessa revisão, o objetivo é mostrar os principais cenários existentes sobre a pecuária de corte no Brasil e discutir os principais fatores relacionados à antecipação da idade ao abate, caracterizando um sistema de produção de bovinos precoces.

Cenários da pecuária de corte no Brasil

A bovinocultura de corte brasileira destaca-se no cenário internacional por dois fatores. O primeiro deles é por possuir o maior rebanho comercial do mundo, com aproximadamente 198,5 milhões de cabeças e produção de 9,0 milhões de toneladas de equivalente carcaça, sendo exportados 2,2 milhões desse montante, gerando U$$ 3,52 bilhões, em 2006 (ABIEC, 2007), resultando em enorme saldo positivo na balança comercial nacional. O segundo, pelos baixos índices de produtividade em comparação a outros países com tradição no setor. A taxa de abate da bovinocultura de corte nacional é da ordem de 22% (**Tabela 1**), inferior a dos principais concorrentes externos, como a Argentina, que apresenta taxa de 24%, a Austrália, 36% e os EUA, com taxa de 33% (ANUALPEC, 2006).

Tabela 1. Principais dados da bovinocultura de corte no Brasil.

Característica	1998	1999	2000	2001	2002	2003	2004	2005	2006**
População(milhões de hab.)	161,9	164,3	169,8	172,3	174,9	177,4	180,0	182,6	185,2
Rebanho bovino(milhões)	157,8	159,2	164,3	170,6	179,2	189,1	192,5	195,5	198,5
Taxa de abate (%)	19,14	19,69	19,80	19,83	19,82	19,91	21,51	22,03	22,35
Abate(milhões)	30,2	31,3	32,5	33,8	35,5	37,6	41,4	43,1	44,4
Prod. Carne (mil ton. eq. Carc.)[1]	6.040,0	6.270,0	6.650,0	6.900,0	7.300,0	7.700,0	8.350,0	8.750,0	9.000,0
Consumo per capita (kg eq. Carc.)	35,8	35,3	36,3	35,3	36,6	36,4	36,4	36,5	37,0
Consumo interno (mil ton. eq. Carc.)	5.797,4	5.793,3	6.158,0	6.091,0	6.394,7	6.462,9	6.548,9	6.660,0	6.860,0
Exportação (mil ton. eq. Carc.)	377,6	559,9	591,9	858,3	1.006,0	1.300,8	1.854,4	2.150,0	2.200,0
Importação (mil ton. eq. Carc.)	135,1	83,2	99,9	49,3	100,7	63,7	53,3	60,0	60,0
Exportação (US$ milhões)	588,5	784,7	786,3	1.022,5	1.107,3	1.509,7	2.457,3	3.000,0	3.520,0
Importação (US$ milhões)	220,0	98,9	128,3	64,9	84,0	60,2	72,2	81,3	81,3

Fonte dos dados básicos: SRF/MF, SECEX/MDIC, M.A., EMBRAPA, IBGE, CNPC, Fórum Nacional Permanente da Pecuária de Corte da CNA, Secretarias Estaduais de Agricultura. OBS: * Preliminar; ** Previsão, [1]Em mil toneladas em equivalente carcaça. Sec. Estaduais de Agr.; 1998 a 2006 – Estimativa. Adaptado de www.abiec.com.br

O Brasil é um país pecuário. Quase 21% do território nacional encontra-se tomado por pastagens. Essa área só é menor do que a superfície ocupada por florestas, conforme ilustra a **Tabela 2** (Tito Rosa *et al.*, 2007).

Tabela 2. Ocupação do território brasileiro em 2006.

Tipos de ocupação	Milhões de ha	Participação (%)
Floresta Amazônica	349,8	41,0
Pastagens*	176,5	21,0
Reservas legais	61,8	7,0
Lavouras anuais	45,5	5,0
Culturas permanentes	12,5	1,0
Centros urbanos, lagos, estradas, etc.	22	3,0
Plantações florestais	7,2	1,0
Outros	84,6	10,0
Área agricultável disponível	91,1	11,0
Total de área do país	851	100,0%

* Área efetivamente utilizada. Se forem consideradas áreas extremamente degradadas, a área total de pastagens no Brasil pode chegar a 200 milhões de hectares. Fonte: Tito Rosa *et al.* (2007)

Nos últimos anos, a pecuária tem cedido área para a agricultura. Dados da Scot Consultoria (Torres Jr. *et al.*, 2005) mostram que, de 2001 a 2004, cerca de 7,5 milhões de hectares de pastagens transformaram-se em lavoura. Apesar desse avanço, tanto o rebanho quanto a produção de carne não deixaram de aumentar, como pode ser observado na **Tabela 1**. Isso só foi possível graças ao processo de incorporação de tecnologias, que promoveu a melhoria dos índices zootécnicos e, em menor intensidade, a abertura de novas áreas na Região Norte onde vêm sendo registradas as maiores taxas de crescimento do rebanho. Ainda, segundo dados da Scot Consultoria (Torres Jr. *et al.*, 2005), a pecuária está migrando para as chamadas regiões de fronteira, em busca da redução dos custos de produção, graças à disponibilidade de terras relativamente baratas. Esse comportamento fez com que houvesse um aumento no efetivo do rebanho da Região Norte em 148,3%, em 2003, quando comparado a 1990.

Apesar da evolução recente da produtividade, conseguida por meio da intensificação de práticas modernas, a bovinocultura de corte no País ainda possui caráter extensivo, com os animais alimentando-se diretamente do pasto e, assim, sujeitos às intempéries climáticas. Essa característica faz com que o tempo médio exigido ao abate do animal atinja três anos e meio, prazo muito superior aos dois anos necessários nos países que empregam técnicas mais modernas de produção. Ressalte-se, contudo, que os indicadores desses países são resultado da prática do confinamento, enquanto no sistema de produção brasileiro, o emprego de técnicas modernas de manejo dos animais e das pastagens pode permitir a elevação da lotação animal, sem requerer, necessariamente, a adoção do confinamento.

A cadeia da carne bovina apresenta coordenação inferior às cadeias avícola e suína, mesmo nos países com maior produtividade, como os EUA, Austrália e Nova Zelândia. Por coordenação entende-se a intensificação das transações realizadas entre os agentes que compõem a cadeia, desde o fornecimento dos insumos até a distribuição final, de acordo com uma estratégia mercadológica comum. Nos EUA, onde a concentração da indústria frigorífica é bastante expressiva e a taxa de abate alcança 36%, a cadeia da carne bovina ainda apresenta níveis inferiores de coordenação do que as produções avícola e suína. As razões expostas para esse fato iniciam pelas características biológicas do bovino, seu maior volume e ciclo de vida, que exigem maiores extensões de terra e períodos mais longos de engorda (Bailey *et al.*, 1994).

O fato do produtor da carne bovina dispor de grandes propriedades originou uma cultura patrimonialista que confunde os objetivos de rentabilidade da atividade pecuária com os ganhos provenientes da valorização da terra. Soma-se ainda, no caso brasileiro, a fragilidade do elo industrial da cadeia, em que convivem empresas com características heterogêneas, como modernos frigoríficos exportadores e casas de abate clandestino, incapazes de diferenciar suas marcas e agregar valor aos seus produtos (Favaret Filho e Paula, 1997).

O resultado desses fatores foi a perda de competitividade do setor frente aos desafios desencadeados com a estabilização de preços patrocinada pelo Plano Real. A ampliação do horizonte de planejamento dos agentes reduziu o papel de reserva de valor que a posse da terra exercia aos proprietários, além de tornar contraproducente a manutenção por longos períodos do gado no pasto. A ampliação da capacidade de consumo da população e a redução da rentabilidade das exportações levaram à intensificação da concorrência no mercado interno. As vantagens competitivas da cadeia avícola, originadas de sua coordenação vertical, resultaram na ampliação vertiginosa da produção *per capita* ao longo dos anos noventa, enquanto a produção de carne bovina manteve-se praticamente estável (ANUALPEC, 2004).

No mesmo período, a indústria frigorífica iniciou um processo de reestruturação que levou à desativação de diversas plantas produtivas e à paralisação das atividades nas principais empresas do setor. Como resultado, houve a ampliação da capacidade ociosa que, apenas recentemente, vem sendo ocupada pelo arrendamento de unidades fechadas por empresas em expansão.

A mudança do regime cambial, em janeiro de 1999, teve o papel de elevar a rentabilidade das exportações e, dessa forma, estimular a melhoria dos padrões produtivos da indústria frigorífica, em vista das normas internacionais. Nesse processo, verifica-se que os maiores frigoríficos vêm seguindo a estratégia de agregar novos processos à sua estrutura, por meio do processamento de derivados do abate, como o sabão, o curtimento do couro e as rações animais, além da produção de corte cárneos especiais.

No tocante ao produtor rural, observa-se a tendência de modernização das práticas produtivas. Percebe-se que a premência do aumento da produtividade vem sendo assimilada por parcela crescente dos pecuaristas, mediante a adoção das práticas do confinamento e, principalmente, da suplementação alimentar nos períodos de inverno (Favaret Filho e Paula, 1997; Coan *et al.*, 2007). A melhoria genética também tem sido priorizada pelos produtores, com os cruzamentos industriais da raça Nelore com raças de origem europeia, visando à elevação da precocidade reprodutiva e redução do prazo de engorda, sem a perda da rusticidade da origem zebuína.

Ressalte-se que, apesar da engorda intensiva ainda possuir participação pouco expressiva no rebanho nacional, 3,9% em 2000, o seu ritmo de crescimento tem sido vertiginoso, 231% ao longo da década de 90, passando de 1,5 milhão de cabeças para mais de 5 milhões (ANUALPEC, 2003).

Sistemas de produção

Os sistemas de produção de bovinos de corte no Brasil são divididos em três: sistema superprecoce, com intensa adoção de tecnologia, reduzindo a idade de abate para até 18 meses de idade; sistema de produção precoce, com graus variados de adoção de tecnologia, permitindo o abate até 24/30 meses de idade; e o sistema de produção tardio, com abates acima dos 30 meses de idade. Assim, o que vai diferenciá-los são seus diferentes graus de intensificação (tecnologias adotadas), de forma a permitir a antecipação da idade ao abate.

Quanto ao processo produtivo da atividade, a bovinocultura é dividida em três fases: **cria**: consiste na produção de bezerros; **recria**: corresponde à fase intermediária, na qual os bezerros ou garrotes serão os insumos e, o novilho (boi magro), o produto final; **engorda**: caracteriza-se pelo processo de desenvolvimento do novilho em boi gordo, com condições de abate (peso e/ou acabamento). Essa divisão do processo produtivo tem origem no próprio estágio de desenvolvimento da bovinocultura brasileira pois, em virtude da restrita adoção do regime de confinamento, da suplementação alimentar e do manejo adequado das pastagens, o prazo de permanência no pasto alcança três anos e meio, em média, (Almeida & Azevedo, 1996) estendendo-se à fase de recria. Nas propriedades que utilizam práticas de produção modernas, há a antecipação da idade ao abate, permitindo que as fases de recria e engorda sejam concomitantes.

Reduzir o período médio de recria dos animais com consequente redução da idade média ao abate é o novo paradigma da pecuária brasileira que exige, cada vez mais, sistemas de produção precoces e com rápido giro de capital. A intensificação de sistemas de produção, seja pelo fornecimento de suplementação a pasto, seja pelo confinamento como alternativa tecnológica e estratégica para aumento da produtividade e rompimento da sazonalidade produtiva, tem sido uma prática crescente nas condições brasileiras, resultando em produção de carne em condições adversas (Resende *et al.*, 2005).

Como o foco deste capítulo é discutir sobre o sistema de produção precoce, será apresentada, a seguir, uma discussão sobre os diferentes tipos biológicos utilizados nos sistemas de produção de bovinos de corte, peso ideal ao abate, diferentes pontos de acabamento das carcaças além de alternativas para produção de bovinos em sistema precoce.

Produção de novilho precoce

Basicamente, o sistema de produção de novilho precoce consiste na adoção de uma série de tecnologias que propiciem antecipar a idade ao abate dos animais, desde que tenham atingido o peso/ponto de acabamento ideal.

Dentre vários fatores, o peso e a idade ideais para o abate são primordiais na economicidade do sistema de produção de bovinos de corte, implicando não somente na rentabilidade, mas também na produção de carcaças de qualidade. O peso ideal ao abate é influenciado pelos diferentes tipos biológicos, composição do ganho de peso, condição sexual e nível nutricional.

Tipos biológicos

O desempenho, a eficiência nutricional, a qualidade da carcaça e da carne dos bovinos terminados nos diferentes sistemas de produção são influenciados, dentre outros fatores, pelo potencial genético dos animais e pelo manejo adotado. As diferenças genéticas entre as raças bovinas são significativas para a maioria dos atributos de qualidade da carne, principalmente a maciez, cujas diferenças entre raças podem ser mais facilmente exploradas do que dentro das próprias raças, visto que é muito mais fácil identificar raças excepcionais do que animais excepcionais para essa característica (Restle *et al.*, 1995).

A escolha da genética a ser utilizada nos sistemas de produção precoce é fundamental para o seu sucesso, pois os diferentes genótipos podem influenciar na taxa de crescimento, eficiência nutricional, composição corporal (Ferrell & Jenkins, 1998) e qualidade da carne (Chambaz *et al.*, 2003). As raças diferem quanto às curvas de crescimento e desenvolvimento dos tecidos, permitindo distinguir tipos biológicos. Os tipos biológicos são classificados quanto ao tamanho na maturidade (*frame size*), intimamente associado ao peso e idade adulta, e quanto ao grau de musculatura (**Tabela 3**).

O tamanho na maturidade é considerado o ponto no qual a massa muscular atinge o máximo crescimento, ou seja, a máxima hipertrofia das células do tecido muscular, com consequente aumento do tecido adiposo (Owens *et al.*, 1993). Assim, quanto ao tamanho na maturidade, os bovinos podem ser classificados como de pequeno, médio ou grande porte; e, quanto ao grau de musculatura, podem ser classificados em fina, moderada e grossa, conforme apresentado na **Tabela 3**. Animais de raças de grande porte e musculatura grossa (continentais) têm taxas de crescimento maiores, mas iniciam a deposição de gordura em pesos mais elevados, por isso são considerados mais tardios (**Tabela 3**). Por outro lado, as raças de pequeno porte e musculatura moderada (britânicas) têm taxas de crescimento menores, porém com acabamento mais precoce (Berg & Butterfield, 1976).

Eficiência no crescimento

O crescimento do animal é determinado pelo estímulo que recebe de sua herança, sendo a manifestação desse estímulo proporcionada pela ação de hormônios, condicionada por fatores externos, dentre os quais a alimentação, que desempenha um papel essencial para se alcançar o máximo crescimento (Barbosa, 1995). Analisando-se o crescimento em função da idade do animal, observa-se que ele obedece a uma curva sigmoide, caracterizada por uma fase de crescimento acelerada, coincidente com o período que precede a puberdade e uma fase de crescimento lento, que ocorre após a puberdade. O ponto de divisão entre as duas fases (ponto de inflexão) coincide com a puberdade (**Figura 1**).

Analisando-se o gráfico mostrado na **Figura 1**, observa-se que a curva de crescimento acumulado (peso por idade) é a mais utilizada e a

Tabela 3. Classificação de algumas raças de bovinos de acordo com o tamanho na maturidade e o grau de musculatura.

Tamanho na maturidade (Idade adulta)	Grau de musculatura Grossa	Moderada	Fina
Pequeno		Angus Gir Red Angus Senepol Sussex Tarentaise	Gir Leiteiro Guernsey Jersey Pitangueiras Red Poll Sahiwal
Médio	Belgian Blue Gelbvieh Limousin Piemontês Pinzgauer Red & White Beef	Brahman Brangus-Ibagé Canchim Devon Guzerá Hereford Nelore Normando Pampiano-Braford Sta. Gertrudis Tabapuã	Ayrshire Caracu Hays Converter Lincoln Red Shorthorn Shortom Leiteiro Welsh Black
Grande	Blonde d'Aquitaine Charolês Chianina Fleckvieh Maine-Anjou Marchigiana	Holandês Frisio Indubrasil Pardo-Suíço Romagnola Simental	Holandês Americano South Devon

Fonte: Adaptado de Minish e Fox (1982).

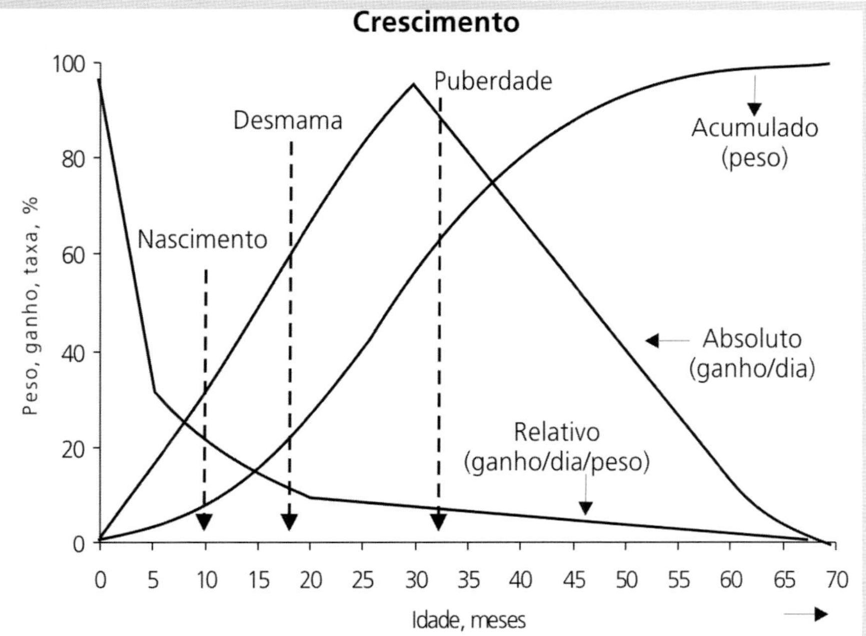

Figura 1. Funções descritivas do crescimento de bovinos. Fonte: Barbosa (1995).

menos informativa sobre as diferenças entre os tipos biológicos quanto à maturidade e à composição corporal. A curva de crescimento absoluto (ganho de peso/dia) já é mais informativa. Observa-se que há um ponto no qual o ganho de peso/dia é máximo e que esse ponto ocorre um pouco antes da puberdade dos animais. Isso implica, que nesse ponto, há uma maior eficiência na utilização dos alimentos. A curva de crescimento relativo (ganho de peso/dia/peso vivo), por outro lado, mostra que os animais são cada vez menos eficientes à medida que aumenta a sua idade; daí a grande importância que o fator idade de abate assume na eficiência do sistema de produção de gado de corte, razão pela qual os sistemas de produção superprecoce e precoce são eficientes em termos de utilização de alimentos, quando comparados ao sistema tardio.

Quando se analisa o ganho de peso vivo dos animais, vê-se que a composição do ganho é diferente em razão das fases de crescimento do animal. Isso tem consequências importantes na eficiência de ganho de peso dos animais (Barbosa, 1995). No ganho de peso diário, verifica-se que os principais tecidos da carcaça (músculos, ossos e gordura) são depositados com taxas de crescimento diferentes de acordo com o peso e a idade do animal (**Figura 2**).

Para se estabelecer a época ideal de abate, é importante que se conheçam as variações no crescimento relativo e no conteúdo de proteína e gordura dos principais componentes corporais. Além disso, é muito importante identificar o padrão do ganho de peso diário de carcaça, músculos, gordura e ossos, em relação à taxa de crescimento corporal, durante o período de terminação (Franci *et al.*, 1996).

Quanto maior a taxa de ganho, maior a eficiência de conversão em razão da diluição das exigências de mantença, que são relativamente constantes. O efeito da composição do ganho de peso sobre a eficiência do ganho é mais complexo.

O ganho de peso pode ser acrescido do tecido ósseo, muscular ou gordura. Vale salientar que cada tipo de tecido formado demanda maior ou menor quantidade de determinado nutriente, e cada um desses tecidos tem uma taxa de crescimento particular (**Figura 2**); desse modo, a participação de cada tecido no ganho é variável (Cardoso, 2001).

Portanto, diferentes componentes do corpo alcançam a maturidade em diferentes taxas, com as proporções entre os tecidos, mudando de acordo com a idade.

O tecido muscular desenvolve-se mais rapidamente do que o tecido adiposo, sendo a relação proteína:gordura na carcaça dependente do estágio de maturidade do animal ao abate. Os animais jovens apresentam uma maior proporção de proteína e água; menores proporções de gordura, e as concentrações de proteína, cinzas e água decrescem com a idade e com a engorda (Gill e Oldham, 1993).

Dados de Esminger *et al.* (1990), relatados na **Tabela 4**, mostram a ampla variação na composição do animal de acordo com a idade e *status* nutricional (escore corporal). Com base nesses dados e com o conhecimento acumulado sobre composição corporal, chega-se às seguintes conclusões: a água, expressa numa base porcentual, decresce acentuadamente com o avançar da idade, maturidade e deposição de gordura dos animais; a porcentagem de gordura normalmente aumenta com o crescimento e engorda do animal. Assim, quando a porcentagem de gordura aumenta a de água diminui. No tocante à porcentagem de proteína, esta permanece constante durante o crescimento, mas diminui na fase de engorda do animal. Em média, existe de 3 a 4 partes de água por parte de proteína no corpo do animal. Já, quanto à porcentagem de cinzas, verifica-se que é menos variável, entretanto, ela diminui com o aumento do tecido adiposo no corpo animal, pois este contém menos minerais que o tecido muscular.

A composição do ganho é afetada pela ingestão de alimentos e pela taxa de ganho. Quando a ingestão de alimentos é limitada, a taxa de ganho é reduzida e a composição do ganho é principalmente proteína com consequente deposição de água. Quando a ingestão de alimento (energia) aumenta, o ganho de peso diário

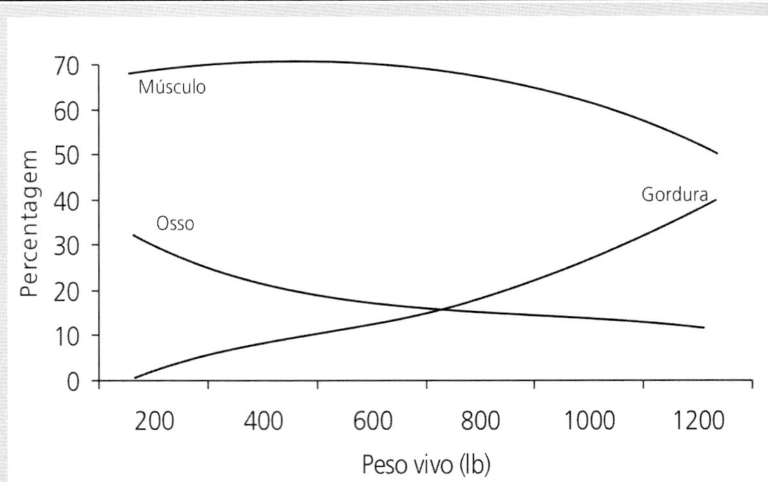

Figura 2. Curvas de crescimento dos principais tecidos da carcaça de bovino. Fonte: Barbosa (1995).

Tabela 4. Composição corporal de bovinos em diferentes pesos e idades, expresso no peso de corpo vazio*.

Fase	Idade ou *status*	Peso(kg)	Água (%)	Gordura (%)	Proteína (%)	Cinzas (%)
Bezerro	Nascimento	31,8	74,4	2,5	19,0	4,1
Bezerro	Desmama	204,1	69,0	9,0	18,0	4,0
Novilho	Crescimento	294,8	60,3	18,0	17,2	4,5
Novilho	Terminação (grau *choice*)	476,3	53,5	26,0	17,0	3,5
Novilho	Muito Gordo	680,4	40,0	41,0	16,0	3,0
Vaca	Condição de reprodução	499,0	60,0	18,0	17,5	4,5

* - Peso vivo do animal, descontado o conteúdo do trato gastrintestinal. Fonte: Adaptado de Esminger *et al.* (1990).

aumenta correspondentemente, mas a proporção de proteína nesse ganho diminui, e a proporção de gordura aumenta. Segundo Esminger *et al.* (1990), novilhos em fase de crescimento possuem um limite normal de proteína no ganho que é atingido com um ganho de peso de corpo vazio de 0,9 a 1,0 kg. Esse limite pode aumentar por meio de implantes hormonais, mas, em ganhos de 1,36 kg ou mais, o principal componente depositado é gordura. Com esses dados, deduz-se, como uma aplicação prática relativa à composição do ganho, que a taxa de ganho é determinada principalmente pelo total de energia ingerida, porém esta pode ser diminuída pela deficiência de proteína.

Em animais jovens, em fase de crescimento, a ingestão de energia acima das necessidades para deposição diária de proteína poderá resultar em maior deposição de gordura. Em bovinos mais velhos, desde que o conteúdo máximo de proteína no músculo tenha sido atingido, a maior parte da energia ingerida será utilizada para engorda (acabamento). Em bovinos jovens, o ganho máximo de proteína poderá ser alcançado sem o excesso de deposição de gordura por meio do fornecimento de rações com baixa densidade energética, o que normalmente ocorre quando se utilizam altas proporções de volumoso na dieta. Utilizando-se de rações com alta densidade energética (ração de terminação) durante a fase de crescimento, poderá resultar numa antecipação do ponto de acabamento do animal (em relação ao seu peso maduro) sem, no entanto, o animal ter expresso o potencial total de ganho de proteína (tecido muscular). Por outro lado, a utilização de dietas do tipo crescimento, com baixa densidade energética, poderá resultar no máximo de ganho de proteína na carcaça, mas também num maior período de alimentação para se obter um acabamento desejável. Biologicamente, o que se pretende é fornecer uma quantidade desejável de energia/proteína para prover uma taxa de ganho durante o período de crescimento que maximize a deposição de músculo na carcaça, seguido de um fornecimento extra de energia na dieta, para prover um rápido acabamento no animal (Esminger *et al.*, 1990)

Na discussão sobre eficiência de ganho, é primordial definir qual a eficiência a que se refere. Nutricionistas, muitas vezes, estão preocupados com a eficiência energética ou da transformação de energia da dieta em energia dos tecidos corporais depositados. Essa eficiência é expressa em Mcal depositada/Mcal de alimento ingerido. Quanto maior a proporção de gordura no ganho, maior a eficiência energética de deposição de tecidos. Entretanto, para o pecuarista e para o extensionista, a eficiência de maior importância é geralmente a conversão alimentar, também chamada de eficiência bruta de conversão, expressa como kg de ganho de peso ou de carcaça / kg de alimento ingerido. Na **Tabela 5**, estão apresentadas a eficiência de deposição de energia, a eficiência de deposição dos componentes químicos em peso (proteína ou gordura) e a eficiência de deposição de tecidos em peso (músculo ou tecido adiposo). A deposição de proteína é menos eficiente energeticamente (Mcal/Mcal), porém é mais eficiente em termos de peso de tecido depositado (kg músculo/Mcal ingerida), uma vez que, para cada unidade de ganho de proteína, cerca de três unidades de água são depositadas em associação (Lanna *et al.*, 1995).

A deposição de peso na forma de músculo é cerca de quatro vezes mais eficiente que a deposição de tecido adiposo (2,8g para 0,7g te-

Tabela 5. Eficiência de deposição de energia, de peso dos componentes químicos e dos diferentes tecidos.			
	Ganho		
Energia Metabolizável	**Energia**	**Componentes químicos**	**Tecidos**
Disponível			
Para deposição de proteína, 10 kcal	3,5 kcal (35%)	0,64 g proteína	2,8 g músculos
Para deposição de lipídio, 10 kcal	6,0 kcal (60%)	0,64 g lipídio	0,7 g tecido adiposo
proteína = 5,5 kcal/g, eficiência retenção de 35%. gordura = 9,4 kcal/g, eficiência de retenção de 60%. Fonte: Lanna *et al.* (1995).			

cido/10 kcal) (**Tabela 5**). Esse dado é o que interessa ao pecuarista. Entretanto, a utilização de animais eficientes, mas muito magros, pode significar problemas na aceitação da carcaça produzida. Esses problemas foram observados em sistemas de produção de novilho precoce que utilizam raças tardias e terminação a pasto. As desvantagens observadas incluem o encurtamento das fibras musculares em consequência da falta de gordura de cobertura, além de carne mais dura e pouco palatável (Luchiari Filho, 2000).

Para técnicos em qualidade de carnes e frigoríficos, o conceito de eficiência mais importante é o de quilograma de carcaça comestível ou músculo aparado/R$ de alimento, além de fretes, processamento, distribuição e impostos. Como referido anteriormente, identificar essa eficiência de produção de músculo por reais (R$) gastos no sistema requer que toda a estrutura de produção seja modelada.

Nesse sentido, mais esforços seriam importantes, para estabeler uma noção clara e concreta do peso de abate ideal e, por conseguinte, do tipo de animal a ser empregado. Os animais de maior tamanho corporal são mais eficientes apenas quando abatidos ao mesmo peso, pois depositam menos gordura no ganho (**Tabela 6**). Entretanto, quando o abate foi realizado para produção de uma carcaça semelhante (contendo 4,5% de gordura no *Longissimus dorsi*), animais de menor tamanho corporal foram mais eficientes, pois foram efetivamente mais precoces, diluindo as exigências de mantença. Parece mais lógico avaliar animais pelo segundo critério de abate, quando estes produzem um mesmo produto (Lanna *et al.*, 1995).

Peso ideal de abate

Uma vez definida a qualidade da carne desejada pelo consumidor, o peso de abate ideal deve ser definido, para cada genótipo, tendo em vista a composição química da carcaça nas condições do sistema de produção utilizado. A forma mais simples de alcançar a composição desejada é alterar o período de alimentação, basicamente aumentando o peso de abate.

Alguns autores têm sugerido reduzir o peso de abate como forma de aumentar a eficiência de produção de bovinos (Lazzarini, 1995). Como discutido anteriormente, quanto mais leve o animal ao abate, mais eficiente será o ganho por causa das baixas proporções de gordura. Entretanto essa carcaça pode ser rejeitada pelo consumidor.

Por outro lado, o excesso de gordura pode ser desvantajoso tanto para o pecuarista como para o frigorífico. Se a carcaça tiver excesso de gordura de cobertura, isso implica numa maior toalete, antes da pesagem e pagamento ao pecuarista. Em consequência, este seria prejudicado pois o excesso retirado representa um gasto com alimentação que está sendo jogado fora, ou seja, ineficiência no sistema de produção.

Após a pesagem da carcaça, quem perde é o frigorífico, pois, ao proceder a desossa e limpeza dos cortes comerciais, a quantidade de gordura intermuscular e de aparas produzidas será

Tabela 6. Efeito do peso de abate e do grau de acabamento do animal sobre a eficiência de ganho de peso de diferentes genótipos.

Raça	Peso final de 540 kg	4,5% gordura contrafilé
	Eficiência, g de ganho/Mcal EM ingerida	
Angus	48	53 (aos 477 kg)[a]
Hereford	48	54 (aos 503 kg)
Limousin	51	37 (aos 986 kg)
Simental	52	44 (aos 770 kg)
Charolês	52	43 (aos 880 kg)

[a] Peso de abate aos 4,5% de gordura no *longissimus dorsi*. Fonte: Lanna *et al.* (1995)

maior; portanto, o frigorífico deixará de vender carne de primeira qualidade para vender produtos de graxaria. Por outro lado, o frigorífico pode agregar maior valor a essas peças com acabamento excessivo visando a mercados que paguem melhor por esse tipo de corte.

Como consequência desse fato, sugere-se que, na fase de terminação, os animais sejam separados em lotes o mais homogêneos possível, em relação ao porte, uma vez que aqueles de porte grande devem receber uma alimentação mais energética para poderem alcançar o acabamento desejado. Caso os lotes não sejam homogêneos, animais de porte pequeno e médio que porventura estejam juntos aos de porte grande, receberão o mesmo nível de alimentação que estes e terão acabamentos da carcaça diferentes; os de porte pequeno poderão ficar excessivamente acabados (altos níveis de gordura); os médios teriam um acabamento ótimo, e os grandes não atingiriam o ponto ideal. Como resultado, o preço recebido pelos animais de porte pequeno pode ser abaixo do que deveria, uma vez que estariam com excesso de gordura; o preço recebido pelos animais de porte grande também pode ser afetado, pois não teriam, como foi dito anteriormente, o grau de acabamento desejado (Lanna, 1995).

A discussão a respeito do tamanho corporal ideal é bastante extensa, e é assim que deve ser realmente. Segundo Pineda e Koury (2003), o grande desafio da pecuária moderna é encontrar uma medida que permita projetar o tamanho adulto e padronizar o tamanho dos indivíduos dentro do rebanho em função da disponibilidade nutricional, de variáveis econômicas e preferências do consumidor final.

Nesse sentido, uma ferramenta que começa a ser usada em maior escala pelos programas de seleção/melhoramento genético nacionais é o *Frame size*, que atribui uma escala numérica crescente para os diferentes tamanhos animais, de forma a servir de referência para a estimativa e/ou predição do potencial de crescimento, exigências nutricionais futuras, tamanho adulto dos animais e, por consequência, composição do peso final. Conforme Pineda e Koury (2003), o conceito de *frame* é originário da Universidade de Missouri/USA e foi padronizado por meio de uma equação matemática, que descreve o crescimento e leva em consideração a altura na garupa e a idade do animal no momento da medida. O *frame* é expresso por valores que vão de 1 a 10. Dessa forma, dentro de um rebanho, pode-se afirmar que animais de maior *frame* (8/9/10) produzem carcaças mais pesadas na idade adulta, precisam de mais recursos alimentares e requerem mais tempo para adquirir a terminação adequada de gordura. Enquanto animais de *frame* médio (5/6/7) apresentam carcaças mais leves na idade adulta, porém com acabamento mais rápido de gordura.

Seguindo esse conceito, dentro de um mesmo rebanho ou uma mesma raça, quando se padroniza um determinado grau de acabamento de gordura, de acordo com o *frame* do animal, tem-se variabilidade em relação ao peso das carcaças e à idade dos animais. Considerando-se a necessidade contínua de ganhos de rentabilidade na atividade e, principalmente, o fato de que a conquista e fidelização de mercados consumidores, assim como a agregação de valor, passa obrigatoriamente pela padronização do produto, tanto em termos de tamanho das peças (corte cárneos) como de quantidade de gordura, entre outros atributos qualitativos, é fundamental que o setor reconheça e aceite o desafio de encontrar o ponto de equilíbrio entre as condições técnicas e comerciais ideais. Nesse momento, os programas de seleção/avaliação genética e os julgamentos raciais ganham sobre si ainda mais responsabilidades.

Nesse sentido, há uma necessidade de se estabelecer pesos de abate de acordo com o tamanho da estrutura corporal, o grau de musculatura e a condição sexual do animal. Portanto, erros podem ser cometidos ao se compararem animais precoces e tardios, a um mesmo peso vivo, pois, nos primeiros, o acúmulo de gordura subcutânea será bem mais acentuado, enquanto os últimos apresentarão menor quantidade absoluta de gordura subcutânea e baixa variabilidade em sua espessura (Barbosa, 1995).

A classificação das carcaças a fim de premiar os pecuaristas que produzam animais precoces e, consequentemente, que possam contribuir para o aumento da taxa de desfrute dos rebanhos, será a consequência natural de adoção de novas tecnologias de produção. A globalização da economia já atingiu os setores financeiro e industrial deste País e agora está também se inserindo no contexto da agropecuária. As maneiras de enfrentar esse desafio é a intensificação da produção e a melhoria da qualidade dos produtos pelo uso de tecnologias avançadas já existentes (Velloso, 1997).

O peso de abate dos animais representa um ponto crucial na eficiência comercial dos estabelecimentos rurais, visto que o mecanismo que rege a comercialização dos bovinos baseia-se no pagamento pelo peso da carcaça quente. Todavia, dados da literatura evidenciam que avaliações dos genótipos são prejudicadas quando o ponto de abate é definido por um peso fixo, haja vista que a expressão das diferenças entre raças é limitada (Euclides Filho *et al.*, 1997). Além disso, as raças diferem quanto ao tamanho adulto e precocidade em relação à deposição de gordura, conforme mencionado anteriormente e sugerido na **Tabela 7** (Fox *et al.*, 1992). Desse modo e considerando os aspectos administrativos e de estrutura do rebanho dentro da propriedade, torna-se interessante investigar os pesos de abate dos diferentes grupos genéticos, com o intuito de aliar melhores respostas entre eficiência técnico-econômica e qualidade de carcaça e da carne produzida.

O peso de um animal numa determinada idade é uma medida objetiva de seu tamanho naquela idade, mas não diz quase nada sobre a sua composição corporal (proporções de músculo, gordura e osso), (Minish & Fox (1982)).

Na **Tabela 8**, adaptada de Minish & Fox (1982), são mostrados os pesos nos quais os animais de diferentes tamanhos da estrutura corporal (**Tabela 3**) têm composição corporal e exigências nutricionais semelhantes. Com base nos resultados de vários trabalhos de pesquisa realizados nos países desenvolvidos, nos quais a produção de carne é feita principalmente em confinamento e com bovinos jovens (até 24 meses de idade), foi possível estabelecer o peso de abate dos animais com a composição da carcaça desejada pelo mercado. O peso de abate, com a mesma espessura de gordura na 12ª costela, varia de acordo com o tamanho da estrutura corporal, o grau de musculatura e o sexo do animal.

Observa-se, na **Tabela 8**, que há uma relação inversa entre as porcentagens de gordura e proteína. À medida que os animais de um mesmo tamanho da estrutura corporal aumentam em peso, a porcentagem de gordura também aumenta, enquanto a de proteína diminui. Por outro lado, animais de pesos e tamanhos diferentes, mas do mesmo sexo, têm a mesma composição corporal. Esses aspectos são importantes para determinação das técnicas de manejo, do peso e da idade de abate.

Avaliando-se os dados da **Tabela 8**, tomando-se como base um rendimento de carcaça de 55%, em média, pode-se observar que a maioria dos animais dos diferentes tipos biológicos possui potencial para a produção de carcaças que se enquadram na classificação mínima desejável (15 arrobas). As exceções a essa conclusão são os novilhos e novilhas de tamanho pequeno.

Pelo exposto, verifica-se que a composição corporal varia em razão do peso, da idade, do

Tabela 7. Descrição de bovinos com diferentes tamanhos na maturidade para abate em grau de acabamento idêntico.

Tamanhos na maturidade (*frame size*)	Códigos	Peso corporal com 28% de gordura (kg)	
		Inteiro	Castrado
Pequeno porte	1	480	400
	2	520	438
	3	560	487
	4	600	500
Médio porte	5	640	533
	6	680	567
	7	720	600
Grande porte	8	760	633
	9	800	667

Fonte: Fox *et al.* (1992).

Tabela 8. Pesos corporais nos quais os animais em crescimento de diferentes tamanhos de estrutura corporal possuem composição corporal e exigências nutricionais semelhantes.

Item/tamanho	Composição Corporal, %						
Gordura	14.9	17.2	19.5	21.8	24.2	26.5	28.8
Proteína	19.5	19.1	18.6	18.1	17.6	17.1	16.5
	Machos não-castrados						
Pequeno	230	275	325	370	415	465	510
Médio	270	325	380	435	490	545	600
Grande	310	375	440	500	565	625	690
	Machos castrados						
Pequeno	195	230	270	310	350	385	425
Médio	225	270	320	365	410	455	500
Grande	260	315	365	420	470	520	575
	Novilhas						
Pequeno	155	185	220	245	275	310	340
Médio	180	220	255	290	325	365	400
Grande	210	250	290	335	375	420	460

Fonte: Adaptado de Minish & Fox (1982).

sexo e do tamanho da estrutura corporal do animal. Como se espera que o animal produza uma carcaça com no mínimo 225 kg e apresente até 10 mm de espessura de gordura subcutânea, essas características devem ser usadas na determinação do peso ideal de abate.

Em citação de Preston & Willis (1974), que trabalhou com ampla variação de peso vivo de abate (**Tabela 9**), observa-se que o rendimento de carcaça, em %, aumentou, porém as porcentagens de carne comestível e de 1ª qualidade reduziram com o aumento do peso de abate. A tendência de aumento do rendimento de carcaça em animais de maior peso é consequência de uma maior deposição de gordura na carcaça. Além disso, com o aumento do peso vivo, o peso relativo do conteúdo gastrintestinal, vísceras, órgãos, cabeça, couro e patas diminui, resultando em um incremento no rendimento.

O rendimento de carcaça e dos cortes comerciais e o peso da carcaça são medidas de interesse dos frigoríficos na avaliação do valor do produto adquirido e nos custos operacionais, visto que carcaças com pesos diferentes demandam a mesma mão de obra e tempo de processamento. O peso de carcaças normalmente buscado pelos frigoríficos é o acima de 225 kg. No entanto carcaças com menor peso (acima de 180 kg) estão sendo gradativamente aceitas pelos açougues e supermercados, que estão associando pesos mais leves de carcaça como sendo de animais mais jovens e, portanto, carne de melhor qualidade. O ponto mais crítico, realmente, é o grau de gordura de cobertura (acabamento) da carcaça que deve ser no mínimo 3,0 mm e, no máximo, 10,0 mm (Restle, *et al.* 1999).

Acabamento ideal ao abate para diferentes mercados

Diferentes padrões de distribuição de gordura na carcaça podem alterar a precocidade do animal. A deposição de gordura intramuscular é importante em alguns países nos quais o consumidor exige mais sabor na carne, como nos EUA. Animais da raça Angus depositam gordura intramuscular em proporções mais baixas do seu

Tabela 9 . Efeito do peso vivo sobre o rendimento de carcaça em carne comestível.

Itens	Peso vivo de abate em kg			
Nº. de novilhos	32	32	32	32
Peso vivo de abate, em kg	307,0	384,0	467,0	544,8
Rendimento de carcaça, em %	54.4	56.5	57.4	59.1
Peso da carcaça, kg	167	217	268	322
Carne comestível, %	65.3	64.0	60.6	58.2
Carne 1ª qualidade, %	50.9	49.3	47.0	44.9
Gordura, %	14.4	17.6	24.0	28.6
Osso, %	17.6	16.4	14.9	13.5

Fonte: Preston & Willis (1974),

peso adulto (menor porcentagem de gordura na carcaça) que outras raças (Gregory *et al.*, 1994). Em sistemas de produção que exigem carne marmorizada, essa propensão de deposição de gordura permite que o animal esteja pronto para o abate mais cedo. Como consequência, o animal será mais eficiente, pois há necessidade de menor deposição de gordura interna e intermuscular para que o animal atinja a qualidade exigida pelo mercado. Deve-se selecionar animais e desenvolver modificadores do metabolismo que privilegiem a deposição de gordura intramuscular e de cobertura (necessária para proteção da carcaça).

A composição do ganho, a taxa de deposição de gordura aumenta a partir do ponto que a maior parte do crescimento muscular tenha sido completada. Desse ponto em diante, a maior parte dos alimentos fornecidos ao animal será convertida em gordura e, notadamente, a grande parte dessa gordura não será depositada dentro dos músculos (gordura intramuscular), porém entre os músculos (gordura intermuscular) e debaixo da pele (gordura subcutânea), e ao redor dos órgãos (rins e coração), na cavidade pélvica e na parede abdominal (gordura interna). Dessa maneira, a conformação e a composição do corpo mudam, e o suprimento de nutrientes deve ser adequado a esse processo para manter uma taxa ótima de crescimento (Owens *et al.*, 1993).

Na prática, o peso de abate é determinado, basicamente, em razão do escore de condição corporal, que reflete o teor de gordura subcutânea. Embora características genéticas e de manejo definam o peso e a idade ao abate, existe significativa variabilidade individual. Infelizmente, observa-se que os produtores não dividem os animais de acordo com a precocidade de acabamento. Esse problema é observado tanto na terminação a pasto como em confinamento, em que sempre existem lotes de animais excessivamente *terminados* com excesso de gordura. Essa deficiência de manejo causa perdas econômicas significativas, uma vez que animais acabados ganham peso mais lentamente e têm conversão alimentar extremamente ineficiente (Barbosa, 1995).

Em consequência do menor custo da engorda em pastagem, a manutenção de animais excessivamente terminados é menos crítica nesses sistemas. Os custos mais elevados da alimentação em confinamento e a maior facilidade do produtor em identificar animais ineficientes permitem ao produtor observar o benefício do animal precoce e do abate no grau de acabamento adequado.

A manutenção dos lotes de engorda, sem retirada e, principalmente, sem inclusão de novos animais, é benéfica em termos de desempenho e de qualidade da carcaça produzida. Essa observação é tanto mais importante em lotes de animais inteiros. Para alcançar esse objetivo, o produtor deve ser mais consciente dos fatores que definem o peso de abate de diferentes genótipos, fundamentalmente do grau de estrutura corporal. Animais de tamanho grande, com muita *caixa*, devem ser separados dos animais menores, que depositam gordura mais cedo.

A gordura é o tecido mais variável da carcaça (Esminger *et al.*, 1990), tanto do ponto de vista quantitativo como em sua distribuição, exercendo considerável influência no fenótipo dos animais e, consequentemente, em sua composição corporal (proporção carne, ossos, gordura). E é justamente por causa dessa *sequência* de crescimento dos tecidos aliados à variabilidade de *frames* no mesmo lote, que se verificam animais de uma mesma idade com graus de acabamento diferentes. Animais de maior porte passam mais tempo depositando músculo e, portanto, iniciam a deposição de gordura na carcaça mais tardiamente. Em virtude dessas variações no grau de acabamento, decorrente dos diferentes *frames*, ganha importância a capacidade do produtor em identificar os animais prontos para o abate.

Sabe-se da importância da cobertura de gordura das carcaças para a preservação da qualidade da carne durante as primeiras horas de resfriamento (estabelecimento do *rigor mortis*). O acabamento serve, na prática, como isolante térmico que evita queda brusca de temperatura e estabelecimento de *cold shortening* (encurtamento das fibras pelo frio) durante o processo de transformação do músculo em carne (Pedroso *et al.*, 2003).

À medida que a espessura da gordura de cobertura aumenta (escores 4+ ou 5), os rendimentos de desossa dessa carcaça caem vertiginosamente. Rendimentos industriais revelam evolução de quebra em rendimento de desossa de um traseiro com cobertura de gordura escore 3, de 4% a 6% de aparas de sebo, para mais de 20% de quebra em traseiros de mesma conformação e escore 5 de acabamento (Pedroso *et al.*, 2003).

Os escores vigentes de acabamento (gordura ausente, escassa, mediana, uniforme e excessiva), são escores visuais que pecam em eficiência por sua amplitude que finda por dificultar uma avaliação qualitativa precisa. A **Tabela 10**, abaixo descrita, propõe uma subdivisão dos escores de acabamento. Por exemplo, o escore 2, referente à gordura escassa, apresenta uma amplitude de 1 a 3 mm, sendo o desejável, na realidade, acima de 2 mm. Na prática, tem-se o escore 2- (leia-se dois menos) como indesejável para qualidade de cortes, como contrafilé e alcatra, ao passo que o escore 2 e 2+ (leia-se dois mais) podem ser considerados como satisfatórios (Pedroso *et al.*, 2003).

Há poucos dados na literatura sobre influência do ponto de acabamento sobre rendimento de desossa. Recentemente, Faria *et al.* (2005) estudaram as diferenças nas características de carcaça e o rendimento de cortes comerciais de bovinos das raças, Caracu, Gir, Guzerá, Nelore Controle e Seleção, abatidos em três pontos de acabamento. Os autores concluíram que, mesmo apresentando maiores pesos vivos ao abate e, consequentemente, maiores pesos de carcaça e maiores pesos dos cortes comerciais aparados e não aparados, os animais abatidos aos 7,0 mm de espessura de gordura obtiveram menores porcentagens de traseiro e maiores porcentagens de retalhos gordos, que representam baixo valor comercial. Portanto, de forma geral, os animais de raças zebuínas foram interessantes economicamente enquanto produziram carcaças com deposição mediana de gordura, até 5,0 mm (Faria, 2004). Os animais Caracu permaneceram mais tempo em confinamento e, graças à boa eficiência de ganho em tecido muscular, ainda foram viáveis economicamente, mesmo quando atingiram 7,0 mm de gordura subcutânea entre a 12ª e 13ª costelas. Por outro lado, bovinos de pequeno porte, como os da raça Gir não foram interessantes, do ponto de vista econômico, quando se promovem maiores deposições de gordura.

Tabela 10. Escores de classificação por acabamento.

Denominação	Escore	Espessura de gordura
Ausente	1	< 1mm
	- 2	1 a 2 mm
Escassa	2	2 mm
	+ 2	2 a 3 mm
	- 3	3 a 4 mm
Mediana	3	4 a 5 mm
	+ 3	5 a 6 mm
	- 4	6 a 7 mm
Uniforme	4	7 a 8 mm
	+ 4	8 a 9 mm
Excessiva	5	> 10 mm

Fonte: Pedroso *et al.* (2003).

Na **Tabela 11**, adaptada de Faria (2004), verifica-se que raças mais tardias, como o caso da Caracu, e de maior porte, como Guzerá e Nelore selecionados, foram abatidas mais pesadas, quando o critério de abate foi o ponto de acabamento, evidenciando que, nessas raças, a deposição de gordura de cobertura ocorre mais tardiamente. A maior deposição de gordura nos animais abatidos com 7,0 mm de acabamento impactou negativamente no ganho médio diário e, consequentemente, na conversão alimentar. Vale ressaltar, nesse caso, que os animais eram inteiros e, consequentemente, mais tardios em termos de deposição de gordura. A idade média ao abate variou de 22,99 a 26,20 meses, em decorrência do aumento do tempo de confinamento. Para aumentar o ponto de acabamento de 3,0 para 7,0 mm, avaliado na posição da 12/13ª costelas, foram necessários 95,3 dias a mais de confinamento, o que certamente inviabiliza economicamente a atividade. Os dados apresentados na **Tabela 11** mostram que o ponto de acabamento afeta as variáveis que impactam economicamente a atividade de confinamento (duração e conversão alimentar).

Conciliar o peso ideal ao abate, ponto de acabamento ideal com os demais parâmetros de eficiência do sistema de produção é importante nos momentos atuais. Nem sempre o peso ideal ao abate, do ponto de vista do produtor rural, é o mesmo do frigorífico. O peso mínimo preconizado pelos frigoríficos é de 15 arrobas, mas, na prática, a preferência é por carcaças mais pesadas (17-18@) em que, na maioria das vezes, a

Tabela 11. Médias das características: peso vivo inicial (PVI em kg), peso vivo ao abate (PVA em kg), idade ao abate (IDA em meses), dias de confinamento (DC em dias),ganho médio diário (GMD em kg), conversão alimentar da matéria seca (CA em kg de MS ingerida/kg de ganho de peso), peso de carcaça quente e fria (PCQ e PCF), em kg, rendimento de carcaça fria (RCF) e de traseiro e dianteiro de animais de diferentes grupos genéticos abatidos em diferentes pontos de acabamento.

	Grupo genético					**Ponto de acabamento (mm)**		
Característica	**Caracu**	**Gir**	**Guzerá**	**Nelore Controle**	**Nelore Seleção**	**3,0**	**5,0**	**7,0**
PVI (kg)	298,8^{b}	322,3^{ab}	348,6^{a}	317,3^{b}	347,6^{a}	321,4	328,0	331,4
PVA (kg)	521,9^{a}	466,9^{b}	510,5^{a}	438,0^{b}	512,6^{a}	434,5^{c}	500,1^{b}	535,3^{a}
IDA (m)	25,59^{a}	24,75^{ab}	23,84^{b}	24,41^{ab}	24,72^{ab}	22,99^{c}	24,81^{b}	26,2^{a}
DC (dias)	167,7^{b}	120,3^{a}	111,9^{a}	117,2^{a}	131,1^{a}	81,9^{c}	129,8^{b}	177,2^{a}
GMD (kg)	1,34^{ab}	1,25^{bc}	1,50^{a}	1,05^{c}	1,30^{b}	1,38^{a}	1,34^{a}	1,15^{b}
CA	7,23^{a}	8,06a^{b}	7,72^{ab}	8,63^{b}	8,06^{ab}	7,26^{a}	8,08^{b}	8,39^{b}
PCQ (kg)	297,1^{a}	262,3^{b}	287,8^{a}	253,4^{b}	299,6^{a}	241,1^{c}	286,8^{b}	313,7^{a}
PCF(kg)	291,8^{a}	258,8^{bc}	284,3^{ab}	250,3^{c}	294,9^{a}	238,5^{c}	281,0^{b}	308,5^{a}
RCF (%)	55,9^{b}	55,3^{b}	55,5^{b}	57,0^{a}	57,35^{a}	54,9^{c}	56,2^{b}	57,6^{a}
Traseiro (%)	44,35c	45,20^{bc}	45,5^{b}	46,62^{ab}	47,19^{a}	46,85^{a}	45,36^{b}	45,11^{b}
Dianteiro (%)	43,28^{a}	42,69^{ab}	42,45^{ab}	42,26^{ab}	41,30^{b}	41,73^{b}	42,86^{a}	42,60^{ab}

Médias na linha, seguidas por letras minúsculas diferentes, são diferentes pelo teste de Tukey ($p<0,05$). Fonte: Adaptado de Faria (2004).

eficiência do ponto de vista do produtor diminui. Carcaças mais pesadas, além de possibilitarem a obtenção de cortes cárneos que atendam às exigências do mercado em termos de tamanho e peso, reduzem o custo operacional do frigorífico, desde o frete até os custos operacionais de abate e desossa da carcaça. A solução, portanto, para o equilíbrio entre o que é bom para o produtor e para o frigorífico será obtida com programas de incentivos por parte dos frigoríficos, remunerando melhor as carcaças que atendam às exigências do mercado. Nesse aspecto, há que considerar que os diferentes tipos biológicos utilizados nos sistemas de produção precoce possuem o peso e acabamento ideal intrínsecos a cada um, e a utilização dos mesmos nos sistemas de produção precoce dependerá do manejo de cada propriedade.

Sistemas de produção precoce - reflexos na eficiência e economicidade do sistema

As rápidas transformações ocorridas na última década, associadas às pressões de diferentes segmentos sociais, políticos, econômicos e ambientais, apontam para um cenário constituído pelos seguintes indicadores: competição por área pelas atividades agrícolas de produção de grãos e energia, induzindo a pecuária a ceder espaço; limitação na expansão da fronteira agrícola como resultado da escassez de recursos do governo para criar novas infraestruturas produtivas, tais como estradas e energia; custo financeiro elevado para incorporar novas áreas ao processo produtivo; forte pressão ambientalista na preservação dos recursos naturais; demanda crescente por sustentabilidade dos sistemas produtivos; aumento do número de propriedades para conduzir agricultura e pecuária de forma integrada; competitividade de outras fontes de proteína animal de baixo custo, qualidade e melhoria da eficiência de produção, como é o caso da avicultura de corte, que conseguiu reduzir de 60 para 42 dias a idade de abate e oferece um produto competitivo, elevando o consumo de 5 para 18 kg *per capita*/ano (ANUALPEC, 2004); competição de mercados vizinhos, principalmente da Argentina e Uruguai, tradicionalmente produtores de carne de boa qualidade; exigências de mercados consumidores por qualidade de produto; estabilidade econômica, promovendo a busca da eficiência; surgimento de mercados emergentes; incrementos importantes nas importações de carne de alguns países e melhoria na distribuição de renda do povo brasileiro e consequente aumento na demanda de carne bovina.

Há um consenso de que o País caminha em direção ao resgate da justiça social que, entre outras coisas, passa pela melhoria da distribuição de renda, quer seja por determinação do governo, por pressão sindicalista, ou por uma nova postura do empresariado na valorização do trabalhador. Acredita-se que a melhoria na distribuição de renda pode elevar o consumo de 35 para 55 kg *per capita*/ano, à semelhança do Uruguai e Argentina (ANUALPEC, 2004). Esse incremento em potencial de 20 kg *per capita*/ano, demandaria do setor produtivo um aumento na produção equivalente a 3.080.000 t anuais de carne, ou seja, um acréscimo no abate anual de 13.700.000 cabeças, considerando carcaças de 225 kg. Aceitando esse cenário como mais provável, acredita-se ainda que a área total de pastagens deverá permanecer em torno de 170,0 milhões de hectares nas próximas décadas (Tito Rosa *et al.*, 2007). Se o País continuar abastecendo o mercado interno de carne bovina e ainda produzir excedentes para exportação, terá que aumentar sensivelmente a produção. Mantido o interesse em continuar exportando, terá que oferecer carne com qualidade e preços competitivos no mercado externo. Diante da estabilidade econômica e de limitações na expansão horizontal, os pecuaristas terão que ser mais eficientes em seus sistemas de produção, nos quais a rentabilidade por hectare será o determinante da sustentabilidade do seu negócio

Do mesmo modo, os outros segmentos da cadeia produtiva, tais como serviços, indústria, comércio e insumos, terão que buscar a eficiência, visando à competitividade do setor de carne bovina em relação a outras carnes e mercados. Isso significa dizer que a sustentabilidade do setor não será, via aumento de preços de insumos, produtos e serviços e, sim, via aumento da eficiência.

Portanto, diante desse quadro, o segmento de produção terá, segundo Euclides Filho (1996), que intensificar os sistemas produtivos, tendo como referências o aumento da capacidade de suporte das pastagens, da eficiência reprodutiva, redução da idade ao abate e de primeira cria e a melhor adequação do genótipo ao ambiente, resultando numa maior precocidade produtiva.

A intensificação de um sistema de produção de bovinos de corte requer o acompanhamento de medidas de eficiência, não somente do ponto de vista biológico, mas também econômico, as quais servirão para tomada de decisão. A precocidade produtiva, que engloba rapidez de acabamento e pouca idade no início da vida reprodutiva, é uma característica de grande importância para a pecuária (Euclides Filho & Cezar, 1995). Quanto mais cedo uma fêmea produzir um bezerro e o macho for abatido, maior será o desfrute do rebanho. Como consequência, maior será a eficiência e o giro do capital, podendo aumentar a rentabilidade do sistema de produção.

A redução da idade de abate de 42 para 26 meses e da idade na primeira parição de quatro para três anos, resulta em aumento de 25% na taxa de desfrute. Além disso, reduz a quantidade de animais em recria, o que possibilita incremento de aproximadamente 34% do número de fêmeas em reprodução, resultando em maior quantidade de bezerros, conforme demonstrado na **Tabela 12** (Euclides Filho & Cezar, 1995).

Os dados apresentados na **Tabela 12** demonstram os incrementos existentes nos índices produtivos em razão da redução da idade ao abate, face a adoção de estratégias tecnológicas.

Visando à avaliação das respostas produtivas e econômicas de quatro estratégias de suplementação, durante o ciclo produtivo de bovinos de corte recriados e terminados em pastagens tropicais, Figueiredo *et al.* (2007) avaliariam as estratégias de suplementação, baseadas na idade de abate dos animais (18, 24, 30 e 40 meses), idealizando um sistema de produção com área de 1.000 ha e taxa de lotação média de 1 UA/ha/ano. O ganho médio dos animais abatidos aos 18, 24, 30 e 40 meses de idade foi de 0,76; 0,48; 0,35 e 0,23 kg/animal/dia, respectivamente, e proporcionou os seguintes ciclos de produção: 1,20; 0,75; 0,55 e 0,38 ciclos/ano. O abate aos 40 meses foi a única estratégia de suplementação que proporcionou margem bruta negativa, indicando a insustentabilidade de sistemas tardios de produção, a curto prazo, nesse sistema. A margem líquida anual foi positiva para as idades de abate 18 e 30 meses e negativa para 24 meses de idade (**Tabela 13**).

Tabela 12. Efeito da idade de abate sobre alguns parâmetros em sistemas de produção, envolvendo as fases de cria, recria e engorda.

Parâmetro	Unidade	Sistema		
Total de animais no rebanho	**Cabeça**	**Abate (42 meses)**	**Abate (38 meses)**	**Abate (26 meses)**
Total de animais no rebanho	Cabeça	6.874	7.234	7.534
Total de fêmeas em reprodução	Cabeça	1.866	2.140	2.495
Total de bezerros desmamados	Cabeça	1.206	1.384	1.566
Total de animais vendidos	Cabeça	1.135	1.293	1.492
Peso vivo vendido	Kg/ha	111	122	138
Desfrute	%	16	18	20
Equivalente carcaça	Kg/ha	52	57	67

Fonte: Euclides Filho & Cezar (1995).

Nesse caso, o alto consumo de suplemento e a concentração desse consumo em uma fase de pior conversão alimentar foram as causas de pior ineficiência econômica obtida com o abate de 24 meses, quando comparado ao de 18 e 30 meses. Todavia, a escolha da melhor estratégia de suplementação depende de combinações favoráveis de preços relativos aos suplementos. Via de regra, estratégias de terminação de animais que visem à obtenção do peso ideal de abate, numa idade mais jovem, são mais eficientes, uma vez que, nessa fase, os animais são mais eficientes em termos de deposição de tecido muscular (Barbosa, 1995).

Observa-se, na **Tabela 13**, que a estratégia de suplementação para o abate aos 40 meses de idade imprime menor ganho médio diário (GMD) aos animais e compromete severamente o ciclo de produção, em virtude da estacionalidade da produção das forrageiras tropicais que provoca perda de peso durante a época seca e os ganhos não suficientes para garantir o crescimento durante o período das águas.

A bovinocultura desenvolvida à mercê dos fatores edafoclimáticos pode estender a idade ao abate para além dos 30 meses, ensejando taxas de desfrute de 15 a 17% (Paulino *et al.*, 2004). Desse modo, a precocidade dos sistemas de produção de carne bovina é alcançada somente se houver ajuste nutricional entre a oferta de forragem e a curva crescente de demanda do animal por nutrientes. Verifica-se, na **Tabela 13**, que a estratégia de suplementação para abate aos 18 meses possibilitou ampliar a produção de carne (kg/ha/ano) em 37,5; 54,43 e 69,23% em relação às estratégias para abate aos 24, 30 e 40 meses, respectivamente.

Na simulação realizada por Figueiredo *et al.* (2007), verificou-se que a suplementação para animais abatidos aos 18 e aos 24 meses teve grande participação na composição dos componentes do custo operacional efetivo (COE), representando 20,92% e 24,77%, respectivamente, do valor total dessa variável. Esse resultado evidencia a intensificação do sistema produtivo na pecuária, pois está relacionado ao aumento da participação dos itens decorrentes da nutrição e genética nos custos de produção. A maior participação da suplementação no COE, na estratégia de suplementação para abate aos 24 meses em relação ao abate aos 18 meses, pode ser justificada pela quantidade expressiva de suplemento fornecida aos animais, na fase de terminação (4 kg/animal/dia), ocasionando maior ônus ao sistema. Por outro lado, verificou-se que a participação de componentes do COE, como sanidade, manutenção de pastagens, reparos em benfeitorias, máquinas e equipamentos, aumentou conforme diminuiu a intensificação do sistema de produção, característica esta de sistemas com baixo aporte de insumos.

Sistemas alternativos de redução da idade ao abate

De maneira geral, as alternativas para a redução da idade ao abate de bovinos criados em sistemas de pastejo baseiam-se na escolha e manutenção de forrageiras produtivas e de boa qualidade, utilizando-se, via de regra, suplementação durante o período seco do ano.

Embora várias opções forrageiras, mais produtivas, tenham sido lançadas no mercado e, apesar de responderem melhor a insumos, como

Tabela 13. Indicadores zootécnicos e de tamanho utilizados na estruturação dos modelos que caracterizaram os rebanhos.

Indicador Zootécnico	**Estratégia de suplementação (abate)**			
	18 meses	**24 meses**	**30 meses**	**40 meses**
Idade inicial (meses)	8	8	8	8
Peso médio inicial dos machos (kg)	200	200	200	200
Peso médio ao abate (kg)	450	450	450	450
Peso médio (UA[1]/cab)	325	325	325	325
Idade ao abate (meses)	18	24	30	40
Ciclo de produção (meses)	10	16	22	32
Área de pastagem (ha)	1.000	1.000	1.000	1.000
Taxa de lotação (UA/ha)	1	1	1	1
Número de animais no rebanho	1.385	1.385	1.385	1.385
Resultados				
Ganho médio diário ao ano (kg/dia)[2]	0,76	0,48	0,35	0,23
Número de ciclos/ano	1,2	0,75	0,55	0,38
Compra anual de bezerro	1.662	1.038	755	519
Venda anual de cabeças (boi gordo)	1.662	1.038	755	519
Produção de carne (kg/ha/ano)	384	240	175	118
Quantidade de @ vendida no ano[3]	24.923	15.577	11.329	7.788

[1] – Unidade animal (U.A)= 450 kg de peso vivo. [2] – Ganho médio diário no ano (kg/dia) = [(3-2/7)x30,42]/1000). [3] – Arroba de peso vivo (@) = 30 kg. Fonte: Figueiredo *et al* (2007).

é o caso do Marandu (braquiarão), Tobiatã, Tanzânia, Mombaça, Mineirão, entre outras, limitações de ganhos de peso na seca ainda permanecem (Euclides *et al*., 1993; Paulino *et al*., 2004, Coan *et al*., 2007) nos diferentes sistemas de produção utilizados no País. Dessa forma, alternativas de alimentação visando à intensificação do sistema devem ser baseadas em combinações que envolvam pastejo em forrageira de inverno, pastagens (gramíneas e/ou leguminosas), *creep-feeding* ou *creep-grazing* (suplementação durante o período de aleitamento), suplementação alimentar a pasto e confinamento, assuntos estes amplamente discutidos em capítulos anteriores deste livro.

Além dessas alternativas, combinações com o potencial genético do animal devem ser consideradas. O uso de animais geneticamente superiores, oriundos de seleção ou de cruzamentos, combinado com estratégias de alimentação, pode promover melhorias adicionais ao desempenho do sistema como um todo.

No entanto, qualquer que seja a estratégia utilizada para reduzir a idade ao abate, a economicidade do sistema tem que ser avaliada. Nesse aspecto, ressalta-se a importância de fatores, como peso na desmama, ganho de peso desejado, peso ao abate e mês de abate.

Definido o tipo biológico a ser utilizado no sistema de produção, existem diversas alternativas (planos de manejo) a serem adotadas para a produção de bovinos de corte no sistema precoce. Fundamentalmente, a alternativa a ser adotada dependerá em grande parte do peso na desmama dos animais a serem recriados para se definir os ganhos de peso pós-desmama. Os dados apresentados na **Tabela 14**, adaptada de Barbosa (1995), mostram que, trabalhando com peso na desmama acima de 180 kg de peso vivo é possível abater os animais precocemente, desde que mantidos ganhos acima de 0,6 kg/cab/dia o que pode ser conseguido com programas de suplementação a pasto, no período seco, e pastagens de boa qualidade, no período chuvoso, ou mesmo com a adoção do confinamento como estratégia para reduzir a idade de abate.

O peso na desmama afeta diretamente a eficiência bioeconômica do sistema de produção. À medida que se caminha em direção à intensificação, melhorias substanciais são obtidas com animais geneticamente superiores. O peso na desmama é fator importante nesse sentido e dependente do potencial genético do animal.

O lento crescimento dos bezerros, do nascimento à desmama e da desmama ao sobrea-

Tabela 14. Idade de abate (em meses) de machos castrados (novilhos), de acordo com o peso na desmama (8 meses de idade) e ganho de peso na desmama.

Peso na desmama kg	Ganho de peso pós-desmama, kg/dia					
	0,2	0,4	0,6	0,8	1,0	1,2
	Tamanho Pequeno					
140	51,0	30,0	22,0	19,0	17,0	15,2
160	48,0	28,0	21,0	18,0	16,0	15,0
180	45,0	26,0	20,0	17,0	15,5	14,5
200	41,0	25,0	19,0	16,0	15,0	14,0
	Tamanho Médio					
160	56,0	32,0	24,0	20,0	17,6	16,0
180	53,0	30,0	23,0	19,0	17,0	15,5
200	50,0	29,0	22,0	18,0	16,3	15,0
220	46,0	27,0	21,0	17,5	16,0	14,5
240	43,0	26,0	20,0	17,0	15,0	14,0
	Tamanho Grande					
180	65,5	36,8	27,2	22,4	19,5	17,6
200	62,2	35,1	26,1	21,5	18,8	17,0
220	58,8	33,4	24,9	20,7	18,2	16,5
240	55,5	31,8	23,7	19,9	17,5	15,9

Fonte: Barbosa (1995).

no, têm contribuído para o baixo desempenho observado nos sistemas de produção de bovinos de corte (Cezar & Euclides Filho, 1996). Os bezerros, geralmente, apresentam baixos peso na desmama, inviabilizando a terminação como animais precoces. É comum a ocorrência de pesos na desmama inferiores a 150 kg (Eler *et al.*, 1989; Corrêa, 1994). Do período pós-desmama até um ano de idade, os animais praticamente mantêm o peso, principalmente se manejados exclusivamente em pastagens (Aroeira & Rosa, 1989; Corrêa, 1994; Euclides, 1994). Na desmama, além da quebra da relação e dependência maternal, as crias normalmente são submetidas à severa restrição alimentar, com diminuição da qualidade e quantidade das pastagens disponíveis. Nesse caso, o uso de suplementação alimentar pode melhorar significativamente o desempenho dos bezerros na fase de recria em pastagens (Euclides *et al.*, 2001; Thiago & Silva, 2001).

Uma estimativa dos efeitos de elevar o peso na desmama, em razão do potencial genético, é mostrada na **Tabela 15** (Cezar, 1995). A produtividade de carne/ha não é alterada, porém reduz-se o período de confinamento e, consequentemente, melhora-se a margem bruta/ha. Do mesmo modo, acredita-se, que do ponto de vista prático, torna-se inviável a construção de uma estrutura para confinar durante 26 dias, como foi o caso do peso na desmama de 220 kg (**Tabela 15**). Provavelmente, nessas condições, a suplementação alimentar durante a segunda seca seja uma alternativa mais atrativa, quando se planeja abater animais com até 24 meses de idade. Quanto ao peso na desmama, é possível obter-se variações de até 20% em torno da média. Visando a uma maior eficiência, cabe então ao tomador de decisões combinar alternativas que podem variar desde o descarte dos bezerros mais leves e/ou mesmo estratégias diferentes ao atingirem 18 a 20 meses de idade em decorrência dos seus pesos. Vieira *et al.* (2005), avaliando a recria e terminação de machos Nelore em pastagens cultivadas com suplementação na seca na região do Brasil central, verificou que o desempenho dos animais manteve certa relação com as classes de peso em que os animais haviam sido classificados na desmama (inferior, médio ou superior). Animais das classes superior e média apresentaram melhor desempenho em relação à classe inferior nos diferentes períodos avaliados. Resultados semelhantes foram observados por Euclides Filho (2000), que sugere a estratificação dos animais pelo peso na desmama, com manejo alimentar diferenciado na recria e terminação como estratégia para aumentar a eficiência dos sistemas na busca de maior produtividade e economicidade.

A grande variação entre pesos na desmama entre bezerros caracteriza a pecuária brasileira, como uma pecuária em evolução, com muito a ser feito nos processos de seleção animal para maior uniformidade de produtos e melhor desempenho animal, diminuindo o período de recria e, consequentemente, antecipando a idade ao abate (Vieira *et al.*, 2005).

Para se elevar o peso na desmama existem três caminhos: primeiro, via melhoria do potencial genético animal por meio de seleção e/ou cruzamentos; segundo, via utilização de suplementação alimentar durante a amamentação,

Tabela 15. Efeito do peso na desmama na economicidade da produção de novilho precoce.

Especificação	Peso na desmama					
	150 kg		180 kg		220 kg	
	Valor	Índice	Valor	Índice	Valor	Índice
Caracterização do sistema						
Área	2.901		2.901		2.901	
Suplementação na 1ª seca	Sim		Sim		Sim	
Confinamento	Sim		Sim		Sim	
Creep Feeding	Não		Não		Não	
Idade ao primeiro parto	3		3		3	
Dias de confinamento	96		66		26	
Idade de abate (meses)	26		25		23	
Indicadores físicos						
Desfrute anual	23		23		23	
Kg de carcaça/ha	68,04		68,04		68,04	
Indicadores econômicos						
Margem bruta/ha	56,98	56,98	63,61	111	71,01	127
Margem bruta/kg de carcaça	0,83	0,83	0,93	112	1,04	125

Fonte: Cézar (1995).

creep-feeding ou *creep-grazing;* e, terceiro, a combinação entre eles, assunto abordado em capítulos anteriores deste livro.

Dessa maneira, demonstra-se a importância do peso na desmama dos animais, na eficiência e economicidade de sistemas de produção como um todo; entretanto, aponta-se para algumas alternativas de suplementação nas fases posteriores do ciclo produtivo, já que espera-se que, ao adotar novas estratégias de manejo alimentar diferenciado nas fases de recria e terminação, culminem com a redução da idade ao abate e melhoria na qualidade da carne produzida. A seguir são apresentadas algumas alternativas para terminação de bovinos de corte em sistema precoce.

Suplementação na primeira seca - confinamento

Na **Figura 3**, é demonstrada a curva de crescimento hipotética de um animal com peso na desmama de 150 kg, e os ganhos de peso na seca e nas águas de 100 e 500 g/dia, respectivamente, conseguidos somente quando há bom manejo de pastagens (Coan *et al.*, 2007). Mantidas essas condições, o animal atingiria o peso de abate de 480 kg aos 42 meses de idade. Para se produzir um bovino acabado classificado como precoce, partindo desse mesmo peso na desmama, seria necessário suplementar na primeira seca (abril/maio a setembro/outubro), obtendo-se um ganho de 450 g/dia, e confinar na segunda seca, por um período de 120 dias, com um ganho diário de 1.250 g (**Figura 4**).

A adoção do confinamento como estratégia de terminação de bovinos de corte, no Brasil, tem crescido nos últimos anos (Resende *et al.*, 2005). Os levantamentos são realizados, anualmente, pela equipe do Beefpoint que avaliaram as tendências dos 50 maiores confinamentos do Brasil (Top 50). Como a avaliação depende da adesão voluntária dos proprietários, acredita-se que muitas propriedades que não foram avaliadas poderiam estar entre as 50, porém o importante é avaliar as tendências e as relações e não apenas os valores absolutos. Os dados mostram um crescimento no número de animais confinados nos últimos 05 anos (Siqueira *et al.*, 2007). Comparando-se o ano de 2006 com o de 2005, observou-se um aumento de 16,5%. Acredita-se que a tendência de crescimento do número de animais confinados não é prática comum apenas aos Top 50, mas sim à maioria dos confinamentos existentes no Brasil. Destacando-se os cinco maiores confinamentos, pode-se observar o crescimento constante de várias propriedades, sendo cada vez mais comum a existência de grandes empreendimentos.

Segundo Lopes *et al.* (2005), num confinamento de 1.000 cabeças, com ganho médio diá-

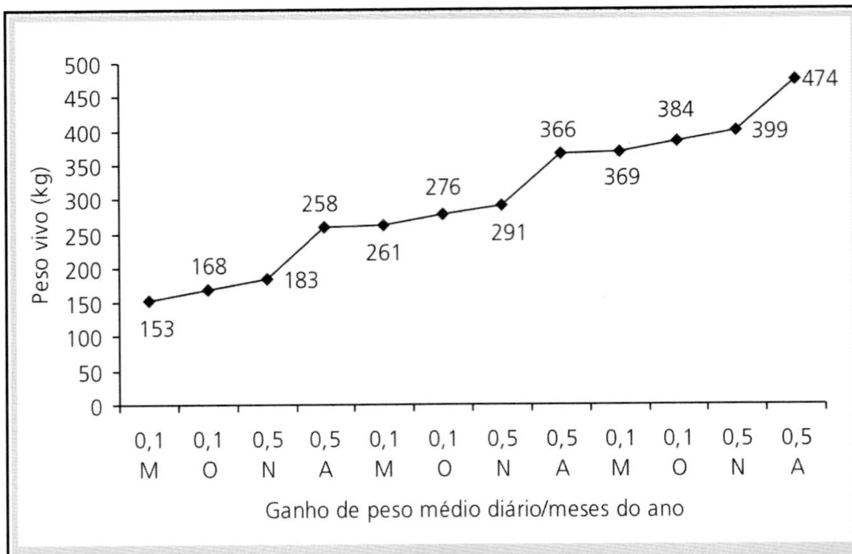

Figura 3. Curva de crescimento de um bovino abatido aos 474 kg com idade média de 42 meses, considerando-se ganhos de 100 g/dia, no período seco, e 500 g/dia, no período das águas.

rio de 1,5 kg/dia, o maior custo no confinamento é representado pela compra dos animais (56,62%), seguido da alimentação (41,45%). Considerando-se que a maioria dos empreendimentos são possuidores dos seus animais, tem-se que 95,6% dos custos diretos (excluindo a compra de animais) é relativa à alimentação. A tendência de crescimento dos confinamentos (tamanho) é devida à diluição dos custos fixos e à viabilização econômica dos empreendimentos. No futuro próximo, dificilmente ter-se-á confinamentos de pequena escala, a não ser que esses trabalhem em grupo ou associações que possibilitem a compra de insumos e venda de animais em conjunto.

A concentração dos maiores estabelecimentos confinadores estão em São Paulo (34%), seguido de Goiás (28%), Mato Grosso (18%), Mato Grosso do Sul (16%) e Minas Gerais (4%). Em relação aos meses de início da atividade de confinamento, maio e junho foram os principais meses e, em relação ao término, os meses de novembro e dezembro foram os principais, nos quais se obteve a maior remuneração por arroba (Siqueira *et al.*, 2007).

Embora seja uma tecnologia que vem crescendo nos últimos anos, o confinamento tem custo elevado, principalmente se conduzido por período tão longo. Uma das formas de reduzir esse custo é reduzir o tempo de alimentação. A escolha dos animais também se constitui numa decisão importante, tanto no que diz respeito à idade e grupo genético, quanto no tocante ao peso inicial. Nesse sentido, o peso na desmama assume papel preponderante. É possível reduzir até 30 dias no período de confinamento ao se elevar o peso na desmama de 150 para 180 kg, promovendo incremento de 9% na rentabilidade do sistema (Cezar, 1995).

Suplementação na primeira e na segunda seca

Uma vez obtido maior peso na desmama, outra alternativa seria a suplementação na primeira e na segunda seca, mantendo ganhos de 450 g/dia nos dois períodos. Para que a suplementação alimentar com concentrado promova ganhos de 400 a 600 g/dia, faz-se necessária uma disponibilidade de pastagens de, aproxima-

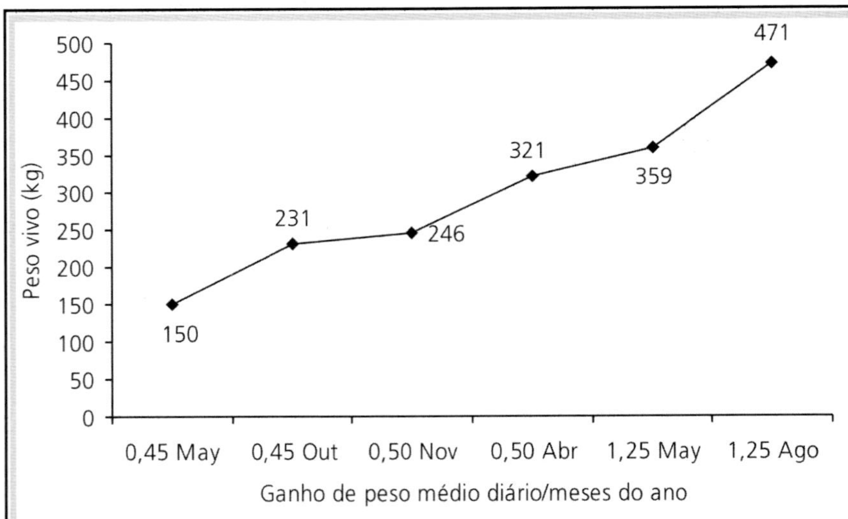

Figura 4. Curva de crescimento de um bovino abatido aos 471 kg com idade média de 22 meses considerando-se ganhos de 450 g/dia, no período seco, 500 g/dia, no período das águas e 1.250 g/dia no período de confinamento.

damente, 2.500 kg de MS. A quantidade de concentrado a ser fornecida deve ser na base de 0,8 a 1,0% do peso vivo. Até 1,0% do peso vivo é considerado econômico; acima disso, o animal substitui o pasto pelo concentrado e, abaixo de 0,8%, resulta em pouco efeito biológico (Coan *et al.*, 2007) .

Resultados de alguns trabalhos recentes têm evidenciado que, além dos benefícios obtidos nos aspectos zootécnicos, a suplementação nas fases de recria e terminação é uma alternativa bioeconomicamente viável. Dentre esses resultados, podem-se mencionar aqueles obtidos por Euclides *et al.* (2001). Esses autores avaliaram quatro alternativas de suplementação alimentar durante o período seco, que foram comparadas entre si e com um tratamento testemunha. Os resultados são apresentados na **Tabela 16** e indicaram que a suplementação alimentar com concentrados, durante o período seco, foi capaz de reduzir a idade de abate de cinco para treze meses, além de se mostrar economicamente viável, mesmo quando combinada com confinamento. Outro aspecto importante ressaltado pelos autores refere-se à redução de custos fixos e maior velocidade no giro de capital.

Verifica-se, na **Tabela 16**, que o confinamento apresenta bons resultados, principalmente, quando se considera a liberação das pastagens. No entanto, é importante ter-se em mente que, para maior eficiência da estratégia e, consequentemente, maior rentabilidade, é imprescindível o uso de animais de potencial genético compatível com a alimentação que será fornecida. Além disso, os cuidados sanitários tornam-se ainda mais importantes nessas condições. É necessário salientar, ainda, que a suplementação alimentar a pasto só será eficiente se houver disponibilidade adequada de matéria seca nas pastagens (Coan *et al.*, 2007). Caso contrário, os resultados esperados não serão alcançados.

Outro trabalho recente é o de Sampaio *et al.* (2008 a,b) e Resende *et al.* (2008), nos quais foram avaliados os efeitos de diferentes estratégias de suplementação durante a recria sobre a terminação de bovinos de corte (F1 Nelore/Red-Angus). O peso vivo médio inicial, em kg, dos animais desmamados (8 meses de idade) foi de 211,9 kg (**Tabela 18**). As estratégias adotadas no trabalho de Sampaio *et al.* (2008, a e b) e Resende *et al.* (2008) estão apresentadas na **Tabela 17**.

Na fase de recria (1ª seca), Sampaio *et al.* (2008a) verificaram que a melhoria do plano nutricional oferecido aos animais (níveis de suplementação) influenciou positivamente no desempenho dos mesmos, sendo que o peso vivo médio ao final desse período de 201,1; 216,9 e 227,9 kg de peso vivo para os tratamentos sal/ureia, suplementação proteica (0,1% PV) e suplementação energético/proteica (0,5% PV), conforme demonstrado na **Tabela 18**. Continuando a fase de recria (1° período de águas), após a redistribuição dos animais dos diferentes planos nutricionais da fase anterior em três novos planos nutricionais (A1- baixo, A2 - médio e A3 - alto), formando-se lotes oriundos dos planos nutricionais anteriores (baixo, médio e alto), verificou-se que o ganho médio diário de peso vivo, em kg/dia, foi afetado positivamente com a melhoria do plano nutricional, impactando diretamente no peso final dos animais na fase de recria (**Tabela 18**). Nesse caso, o peso vivo médio dos animais em razão dos planos nutricionais oferecidos foram de 362,7; 386,1 e 418,6 kg, respectivamente, para o plano nutricional baixo, médio e alto, oferecido no período das águas

Tabela 16. Meses de abate, coeficientes de valor atual (CVA), rendas brutas (RB) e valores presentes líquidos (VLP), de acordo com os tratamentos.

Tratamento	Mês de abate	CVA	RB	VPL[1]	VPL[2]
Sem suplementação	10/1993	0,764	233,3	-5,71	-5,71
Suplementação 1ª seca	5/1993	0,803	251,0	13,64	27,29
Suplementação 2ª seca	3/1993	0,820	259,2	14,25	33,54
Suplementação 1ª e 2ª secas	1/1993	0,836	269,9	16,73	41,80
Suplementação 1ª seca e confinamento 2ª seca	10/1992	0,861	264,7	4,52	38,45

[1] – Sem considerar o benefício de liberação de pastagens; [2] – Considerando-se o benefício de liberação de pastagens; Fonte: Euclides *et al.* (2001).

Tabela 17. Estratégias de recria e terminação de bovinos de corte, ½ sangue Nelore/Red-Angus.		
1ª Seca	**1ª água**	**2ª seca**
	Mineral	Suplemento 0,5% PV Confinados
Sal ureia	Suplemento 0,1% PV	Suplemento 0,5% PV Confinados
	Suplemento 0,5% PV	Suplemento 0,5% PV Confinados
	Mineral	Suplemento 0,5% PV Confinados
Suplemento 0,1% PV	Suplemento 0,1% PV	Suplemento 0,5% PV Confinados
	Suplemento 0,5% PV	Suplemento 0,5% PV Confinados
	Mineral	Suplemento 0,5% PV Confinados
Suplemento 0,5% PV	Suplemento 0,1% PV	Suplemento 0,5% PV Confinados
	Suplemento 0,5% PV	Suplemento 0,5% PV Confinados

Fonte: Sampaio *et al.* (2008 ab).

(Sampaio *et al.*, 2008b). Ao final da fase de recria, verificou-se que os animais que receberam melhores planos nutricionais, desde a desmama, encontravam-se mais pesados e, nesse caso, poderia ser reduzido o período de terminação.

Ao final do período das águas (final da recria), metade dos animais continuou em pastagens, recebendo suplementação, e a outra metade foi levada ao confinamento até atingirem peso de abate pré-determinado de 500 kg. Verificou-se que a adoção da estratégia de terminação em confinamento (TC) reduziu a idade média ao abate em 3,4 meses, quando comparada com a terminação a pasto (TP) em razão do maior GMDPV observado na TC, quando comparado a TP, sendo os valores médios de 1,4 e 0,625 kg, respectivamente (Resende *et al.*, 2008). Embora considerada uma tecnologia de maior custo, o uso de confinamento deve ser analisado não somente como uma importante tecnologia a ser utilizada na antecipação da idade ao abate em sistemas de produção precoce, mas também como uma possibilidade de liberação de áreas de pastagens da fazenda para recebimento de categorias mais novas, animais desmamados, iniciando-se um novo ciclo (Euclides *et al.*, 2001). Essa tecnologia, além de possibilitar o aumento da taxa de lotação da fazenda, é vital para propriedades que trabalham, principalmente, no sistema de recria e terminação, haja vista que a época de comercialização de bezerros desmamados, na Região Sudeste e na Centro-Oeste, em maior escala, ocorre nos meses de abril a julho, época de aquisição dos animais de reposição. Além disso, nesse período, a substituição de animais

Tabela 18. Médias, erro padrão da média (EPM), probabilidades (P>F) obtidas para os pesos vivo inicial (PVI) e final (PVF) e ganho médio de peso vivo (GMDP) nos diferentes tratamentos durante o período de seca (S) e de água (A), sendo 1, sal/ureia na 1ª seca e sal mineral na 1ª água, respectivamente, e 2 e 3, suplemento proteico (0,1%PV) e suplemento energético/proteico (0,5%PV), respectivamente.

	1ª Seca					
Variáveis	**Tratamento**			**Médias**	**EPM**	**P>F**
	Seca (S1)	**Seca (S2)**	**Seca (S3)**			
PVI (kg)	211,7ª	212,6a	211,3ª	211,9	2,77	0,95
PVF (kg)	201,1c	216,9b	227,9ª	215,3	2,64	**
GMDPV (kg/dia)	-0,089c	0,036b	0,139ª	0,029	0,01	**
	1ª Água					
Variáveis	**Tratamento**			**Médias**	**EPM**	**P>F**
	Água (A1)	**Água (A2)**	**Água (A3)**			
PVI (kg)	215,0a	215,6a	215,3ª	215,3	3,12	0,99
PVF (kg)	362,7c	386,1b	418,6ª	389,1	5,39	**
GMDPV (kg/dia)	0,584c	0,674b	0,803ª	0,687	0,02	**

Médias seguidas pela mesma letra minúscula na linha não diferem entre si pelo teste de Tukey (P>0,05). Fonte: Sampaio *et al.* (2008b).

mais pesados presentes no pasto por animais mais leves, auxiliam na otimização na taxa de lotação média da fazenda, uma vez que, nesse período, inicia-se o declínio da produção quantitativa e qualitativa de matéria seca das pastagens.

Na **Tabela 19**, observa-se que os diferentes planos nutricionais utilizados na 1ª seca, sal/ureia (S/SU), suplementação proteica 0,1%PV (S/SP) e suplementação proteico-energética 0,5% PV (S/SPE), durante o início da fase de recria, impactaram na redução do período de terminação, sendo os valores médios de 135,6; 131,6 e 113,9 dias, respectivamente (Resende *et al.*, 2008). As mesmas conclusões foram observadas na fase final do período de recria (período das águas) em que a utilização da suplementação proteico-energética, nessa fase, reduziu o período de terminação para 106,6 dias, diferindo significativamente (P<0,05) dos demais planos nutricionais (sal mineral e suplementação proteica 0,1%PV). Os dados do trabalho de Resende *et al.* (2008) evidenciam a necessidade de se adotar planos nutricionais adequados ao potencial genético dos animais, com atendimento dos seus requerimentos nutricionais, visando à redução da idade média de abate. O plano nutricional a ser utilizado dependerá, logicamente, de uma análise de custo de produção, que poderá variar de propriedade para propriedade.

Observa-se, na **Tabela 19**, que o GMDPV da fase de terminação foi influenciado pelos planos nutricionais (PN) utilizados no período das águas (fase de recria), sendo que os animais que receberam suplementação proteico-energética (A/SPE) tiveram menor GMDPV na terminação (0,957 kg/dia) o qual diferiu do tratamento sal mineral nas águas (1,074 kg/dia). Observa-se que os PN mais baixos durante o período das águas (fase de recria), como no caso do sal mineral (A/SM) e suplementação proteica (A/SP), proporcionaram melhor desempenho animal na fase de terminação. Esse fato justifica-se, provavelmente, por um possível ganho compensatório dos animais ou mesmo pela alteração na composição do ganho dos animais na fase de terminação, influenciada pela antecipação da deposição de gordura na fase de recria, o que pode ocorrer pelo oferecimento de maior relação energia/proteína (suplementação proteica-energética) na fase final da recria (Esminger *et al.*, 1990).

Na **Tabela 20**, são mostradas as datas médias de abate dos animais em relação às estratégias utilizadas para terminação (Resende *et al.*, 2008). No caso dos animais confinados, houve variação de cerca de 45 dias nas datas médias de abate por causa dos diferentes planos nutricionais que os animais receberam durante a fase de recria. Os animais que receberam o melhor plano nutricional, suplementação proteico-energética na 1ª seca (S/SPE) e nas águas (A/SPE), foram os primeiros a serem abatidos, sendo a data média de abate (09/08/07), e os que receberam o pior plano nutricional, S/SU na 1ª seca e A/SM no período das águas, os últimos, sendo a data média de abate (26/09/07), justificada pela variação no GMDPV na fase de recria que tais planos nutricionais proporcionaram, impactando diretamente no peso vivo médio inicial dos animais quando foi iniciado o período de confinamento. Comportamento semelhante foi observado para as datas médias do abate, quando os animais foram terminados a pasto, as quais variaram de 23/11/07 (S/SPE na 1ª seca e A/SPE no

Tabela 19. Médias, erro padrão da média (EPM), probabilidades (P>F) para os pesos vivo inicial (PVI) e final (PVF) e ganho médio de peso vivo (GMDP) nos tratamentos, seca: sal/ureia (S/SU); seca: sal proteinado (S/SP); seca: suplementação proteico/energética; água: sal mineral (A/SM); água: suplementação proteica (A/SP); água: suplementação proteico/energética (A/SPE); terminação a pasto (TP) e terminação em confinamento (TC).

Variáveis	Seca			Água			Terminação	
	S/SU	S/SP	S/SPE	A/SM	A/SP	A/SPE	TP	TC
PVI (kg)	379,9b	386,2ab	402,3a	361,8c	388,4b	418,1a	387,8a	391,0a
PVF (kg)	498,1a	499,3ª	504,2a	496,1a	502,6ª	502,8a	501,8a	499,3a
GMDP (kg/dia)	1,033a	0,990ª	1,026a	1,074a	1,017ab	0,957b	0,625b	1,400a
PT (dias)	135,6a	131,6ª	113,9b	142,2a	132,3ª	106,6b	178,4a	75,6b

Médias seguidas pela mesma letra minúscula na linha não diferem entre si pelo teste de Tukey (P>0,05). Fonte: Resende *et al.* (2008).

Tabela 20. Data média de abate do lote em razão da suplementação na primeira seca, nas águas e na fase de terminação.

	Estratégia de terminação*							
	Terminação: Confinamento				Terminação: Pasto suplementado			
Período	Plano nutricional: 1ª seca				Plano nutricional: 1ª seca			
águas	**Baixo**	**Médio**	**Alto**	**Médias**	**Baixo**	**Médio**	**Alto**	**Médias**
Baixo	26/9/07	18/9/07	13/9/07	19/9/07	01/1/08	01/1/08	22/12/07	28/12/07
Médio	13/9/07	08/9/07	01/9/07	07/9/07	27/12/07	30/12/07	16/12/07	24/12/07
Alto	24/8/07	22/8/07	09/8/07	18/8/07	21/12/07	1/12/07	23/11/07	05/12/07
Médias	10/9/07	05/9/07	28/8/07	4/9/07	26/12/07	21/12/07	10/12/07	19/12/07

* O encerramento do período de recria e início do período de terminação aconteceu em 20/06/2007. Fonte: Resende *et al*. (2008).

período das águas) até 01/01/08 (S/SU na 1ª seca e A/SM no período das águas). Independentemente da estratégia utilizada na terminação dos animais (confinamento ou pasto suplementado), deve-se considerar a importância que o peso vivo inicial, nessa fase, tem sobre o tempo necessário para os animais atingirem o peso ideal de abate o qual é reflexo direto do GMDPV na fase de recria e do peso na desmama. Resultados semelhantes são relatados por Euclides *et al*. (2001), ao avaliar diferentes regimes alimentares na recria e terminação, em pastagem ou confinamento.

Na **Figura 5**, são apresentadas as evoluções dos pesos vivos dos animais que não foram suplementados, aqueles suplementados com 0,1% e com 0,5% do peso vivo, durante o período da 1ª seca e 1ª água (fase de recria). Observou-se que o crescimento desses animais foi praticamente constante e intenso durante todo o período das águas; já na fase de transição para o período seco, meses de maio a junho, as taxas de ganho foram reduzidas, e a manutenção dos animais, nessas condições durante toda a seca, promoveria a redução da taxa de lotação e dos ganhos de peso diários (Sampaio *et al*., 2008ab).

Com esse manejo, pode-se considerar que o crescimento dos animais acompanha o crescimento das pastagens. Para manter todos os animais durante o período da seca em pastagens (terminação a pasto), seria necessário pelo menos o dobro da área utilizada durante o período das águas, ao passo que a utilização do confinamento deve ser utilizada como estratégia de manejo das pastagens e da lotação da fazenda e, em raros casos, como atividade exclusiva de terminação de bovinos (Euclides *et al*., 2001; Resende *et al*., 2008). Essa hipótese é confirmada pelo levantamento do *beefpoint* de 2007, que aponta como terminadores exclusivos apenas 12% dos confinamentos. No trabalho de Resende *et al*. (2008), a adoção do confinamento, além

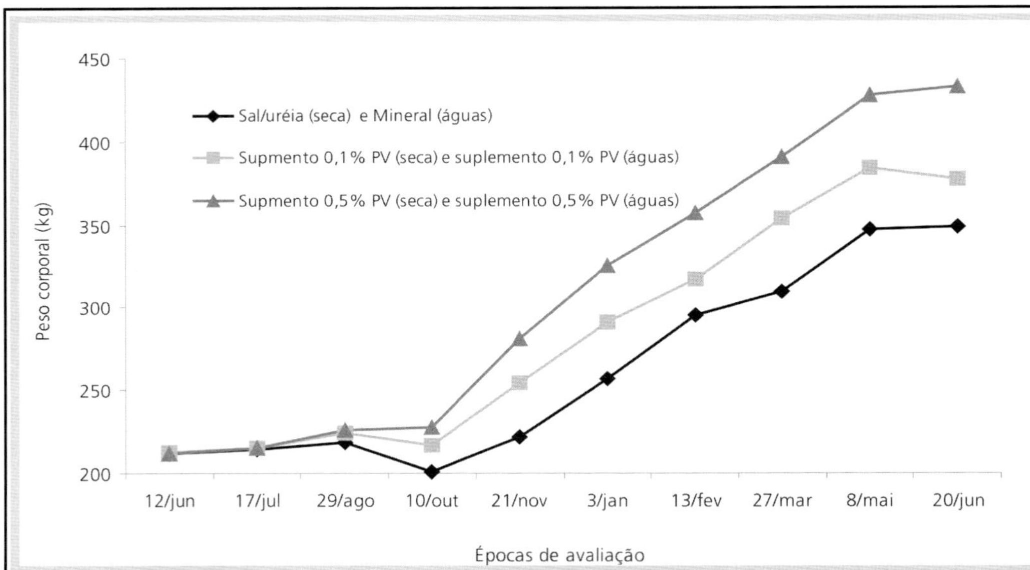

Figura 5. Evolução do peso vivo de bovinos submetidos a diferentes estratégias de suplementação. Fonte: Adaptado de Sampaio *et al*. (2008ab).

de reduzir o ciclo de produção, levando a uma redução na idade ao abate, possibilitou a liberação das pastagens no mês de junho, época de grande oferta de bezerros desmamados no mercado, possibilitando a retomada de um novo ciclo produtivo.

As alternativas disponíveis para suplementação são várias, e sua escolha ficará na dependência do sistema de produção, da região e, consequentemente, do tipo de produto/subproduto disponível, do objetivo da suplementação e do tipo de animais a serem suplementados. Além da ração concentrada, hoje se encontram disponíveis, no mercado, várias formulações denominadas misturas múltiplas, que contêm, além de minerais, fontes de energia e de proteína.

Nesse caso, os ganhos são moderados, e a escolha por um ou outro deverá ser baseada não só no custo, mas, principalmente, na relação benefício/custo, ou seja, é também dependente do objetivo, uma vez que os ganhos obtidos com o uso desses produtos é inferior àquele possível de se obter com o uso de um bom concentrado.

Em situações em que houver necessidade de suplementação volumosa, pode-se combinar o uso de feno, silagem ou cana-de-açúcar com ureia, com algum tipo de concentrado. Outra opção que pode apresentar bons resultados, pelo menos em parte do período seco, é a implantação de alguma forrageira com capacidade de crescimento no início do período seco, como é o caso do milheto, que pode ser semeado, em grande parte do Brasil Central Pecuário, para pastejo em maio-junho, por um período de 45 a 90 dias.

Por fim, a redução das margens de rentabilidade estimula a percepção da necessidade de profissionalização da atividade, mediante a adoção de técnicas de gestão empresarial, como o controle dos custos de produção, o planejamento orçamentário e a análise da viabilidade econômica dos investimentos.

Estudo recente, relatado por Nogueira *et al.* (2007), que acompanharam resultados de diversas empresas rurais há vários anos, verificaram que, no ano de 2006, com exceção da fase de cria, todas as outras fases na pecuária de corte submetidas à aplicação de tecnologia proporcionaram resultados acima do esperado. Ao longo do corrente ano, por três vezes, o mercado do boi gordo quebrou o recorde de preços reais mais baixos registrados na história, quando corrigidos pela inflação. Em 2006, os custos da pecuária de corte de alta tecnologia recuaram 2,93%. Já a pecuária de baixa tecnologia registrou aumento nos custos de produção, nesse ano, de 1,27%. Quando se trata da aplicação de tecnologia, a grande diferença é o uso mais intenso das pastagens, mediante a adoção de corretivos, fertilizantes e defensivos químicos, por isso a grande participação destes itens nos custos de produção. Há uso frequente de suplementos proteinado e concentrados de baixo consumo a pasto, além de confinamento estratégico, quase sempre necessário. Com o uso mais intenso das forragens e, consequentemente, o maior aproveitamento das áreas, há maior lotação e maior produtividade de carne por hectare. Como a terra é o ativo de maior valor, as produções mais intensivas oferecem maior rentabilidade.

Considerações finais

A adoção de tecnologias para produção de novilho precoce no Brasil é cada vez mais crescente. O desafio da cadeia de produção é oferecer um produto de boa qualidade a um preço acessível, para aumentar o consumo global de carne e, ao mesmo tempo, padronizar a qualidade do produto final. Dessa forma, a carne bovina ganha confiança do consumidor e facilita a colocação de produtos de maior valor agregado no mercado.

O produtor também tem uma parcela importante de contribuição a dar dentro desse processo, pois, sem a profissionalização da atividade, dificilmente poderá oferecer animais em quantidade e com qualidade, além de padronizados, de maneira que o produto final tenha essas características. A utilização de animais melhorados, aliados à utilização da prática de suplementação a pasto e de confinamento estratégico, permitirá a obtenção de animais precoces e com carcaças bem acabadas. O estudo de praticas de manejo que antecipem a idade de abate visando, principalmente, à obtenção de carcaças para atender a um mercado consumidor cada vez mais exigente, utilizando animais zebu e mestiços, é imprescindível para cada vez mais colocar o País no cenário mundial com potencial crescente para exportar carne de qualidade e de baixo custo. Nesse sentido, há necessidades de mudanças na remuneração utilizada pelo frigorífico, ao invés de *peso de carcaça quente*, utilizar atributos de qualidade da carcaça que, certamente, trarão mudanças importantes, não só para o consumidor quanto para o pecuarista, já que o interesse é produzir um animal de baixo custo e que apresente uma carcaça de qualidade.

Hoje é uma realidade a disponibilidade de uma gama muito grande de tecnologias no sistema produtivo como um todo. Nesse contexto, a inserção dessas tecnologias, que já vem acontecendo de forma gradativa, resultará em impacto positivo na produção de bovinos de corte e, como consequência, aumento da competitividade dos diversos segmentos da cadeia produtiva da carne. A integração na forma de alianças mercadológicas poderá promover a ampliação e coesão de sistemas de produção especializados nas diversas fases da pecuária, resultando em um importante componente do sucesso do negócio.

Entretanto, a necessária rentabilidade da atividade só será alcançada pelo estabelecimento de uma produção competitiva que resulte em maior disponibilidade de produtos de qualidade, com constância de oferta a preços adequados.

Referências bibliográficas

Abiec 2007: Associação Brasileira das Indústrias Exportadoras de Carne. Disponível em: <http://www.abiec.com.br>

Abreu, J.A.P. Normas e Regulamentos Técnicos. In: SISTEMA DE QUALIDADE NAS CADEIAS AGROINDUSTRIAIS. Milan, M. *et al*. p.60-74, 2007

Almeida, J.A.; Azevedo, C. **Semiconfinamento: Como ganhar dinheiro com boi gordo quando os outros estão perdendo**. Ed. Globo, São Paulo, 1996. 184p.

Anualpec. **Anuário Estatístico da pecuária brasileira**. FNP Consultoria e Agroinformativos. São Paulo: 2003. 354p.

Anualpec. **Anuário Estatístico da pecuária brasileira**. FNP Consultoria e Agroinformativos. São Paulo: 2004. 376p.

Anualpec. **Anuário Estatístico da pecuária brasileira**. FNP Consultoria e Agroinformativos. São Paulo: 2006. 384p.

Aroeira, J.A.D.C.; Rosa, A.N. Efeito da idade de desmama sobre o desenvolvimento de bezerros Nelore criados a campo. **Pesquisa Agropecuária Brasileira**, v.24, n.11, p.1349-1352, 1989.

Bailey, D.V. *et al*. **Today's changing meat industry and tomorrow's beef sector**. Arizona: State University/Western Extension Marketing Committee, 1994. Disponível em: http://www.ag.arizona.edu/arec/wemc/ papers/today_tomorrows.html>

Barbosa, P.F. Cruzamentos para obtenção do Novilho Precoce. In: Anais do Encontro Nacional sobre Novilho Precoce. **Anais**... CATI, Campinas, SP. 1995.

Berg, R.T.; Butterfield, R.M. **New concepts of cattle growth**. Sidney: Sidney University Press, 1976. 240p.

Cardoso, E.G. **Engorda de bovinos em confinamento (Aspectos gerais)** EMBRAPA-CNPGC. Documentos 64. http://www.cnpgc.embrapa.br/biblioteca/bovcorte/nutri/eqcdc64.htm. Arquivo acessado em 22/06/2001.

Carvalho, F.A.N.; Barbosa, F.A.; McDowell, L.R. **Nutrição de bovinos a pasto**. Belo Horizonte:Papelform, 2003. 438 p.

Cezar, I.M. Sistemas de produção de novilho precoce. In: ENCONTRO NACIONAL SOBRE NOVILHO PRECOCE, 1995, Campinas. **Programa e palestras**. Campinas : CATI, 1995. p.39-55.

Cezar, I.M.; Euclides Filho, K. **Novilho Precoce: reflexos na eficiência e economicidade do sistema de produção**. Campo Grande: EMBRAPA/CNPGC, 1996. 31p. (Documentos, 66).

Chambaz, A.; Scheeder, M.R.L.; Kreuzer, M. *et al*. Meat quality of Angus, Simmental, Charolais and Limousin steers compared at the same intramuscular fat content. **Meat Science**, v.63, p.491-500, 2003.

Coan, R.M.; Reis, R.A.; Resende, F.D.; Signoretti, R.D; Siqueira, G.R.; Gurgel, F.A. Maximização da Produção de Bovinos em Pastagens:

Quantificação e Custos. In: GESTÃO DA PRODUÇÃO DE BOVINOS DE CORTE EM PASTAGENS, 2007, Jaboticabal, SP. **Anais**... Jaboticabal, SP: Fundação de Estudos e Projetos, 2007, p.57-99.

Corrêa, E.S. **Avaliação dos desempenhos reprodutivo e produtivo em um sistema de produção de gado de corte**. Jaboticabal: Universidade Estadual Paulista, 1994, 106p. Dissertação (Mestrado em Zootecnia) – Universidade Estadual Paulista, 1994.

Eler, J.P.; Lôbo, R.B.; Rosa, A.N. Influência de fatores genéticos e de meio em pesos de bovinos da raça Nelore criados no Estado de São Paulo. **Revista Brasileira de Zootecnia,** v.18, n.2, p.103-111, 1989.

Esminger, M.E.; Oldfield, J.E.; Heinemann, W.W. Feeds & Nutrition. 1990. 2nd, ed, Esminger Publishing Company, California, EUA.

Euclides, V.P.B.; Macedo, M.C.M.; Vieira, A.; Oliveira, M.P. Evaluation of *Panicum maximum* cultivars under grazing. In: INTERNATIONAL GRASSLAND CONGRESS, 17., 1993, Palmerston. **Proceedings**... Palmerston: New Zealand Grassland Association, 1993. p.1997-1998.

Euclides, V.P.B.; Euclides Filho, K.; Costa, F.P.; Figueiredo, G.R. Desempenho de novilhos F1s Angus – Nelore em pastagens de *Brachiaria decunbesns* submetidos a diferentes regimes alimentares. **Revista Brasileira de Zootecnia**, v.30, n.2, p.470-481, 2001.

Euclides, V.P.B. **Algumas considerações sobre manejo de pastagens**. Campo Grande: EMBRAPA/CNPGC, 1994. 31p. (Documentos, 57).

Euclides Filho, K. A pecuária de corte brasileira no terceiro milênio. In: SIMPÓSIO SOBRE O CERRADO, 8.; INTERNATIONAL SYMPOSIUM ON TROPICAL SAVANNAS, 1., 1996, Brasília. Biodiversidade e produção sustentável de alimentos e fibras nos Cerrados. **Anais**... Planaltina: EMBRAPA-CPAC, 1996. p.118-120.

Euclides Filho, K. Produção de bovinos de corte e o trinômio genótipo-ambiente-mercado. Campo Grande: EMBRAPA/CNPGC. 2000, 61p. (Documento 85)

Euclides Filho, K.; Euclides, V.P.B; Figueiredo, G.R. *et al.* Avaliação de animais Nelore e de seus mestiços com Charolês, Fleckvieh e Chianina, em três dietas. 2. Características de carcaça. **Revista Brasileira de Zootecnia**, v.26, n.1, p.73-79, 1997.

Euclides Filho, K.; Cezar, I.M. **Produção de novilho precoce e seu efeito na produtividade do sistema**. Campo Grande : EMBRAPA-CNPGC, 1995. 2p. (EMBRAPA-CNPGC. CNPGC Divulga, 4).

Faria, M.H. **Desempenho, características de carcaça, rendimento de cortes comerciais e atributos da qualidade da carne de bovinos de diferentes grupos genéticos abatidos em três pontos de acabamento**. 2004. 93 p. Tese (Doutorado) - Faculdade de Medicina Veterinária e Zootecnia (FMVZ), Universidade Estadual Paulista "Júlio de Mesquita Filho", Botucatu, 2004.

Faria, M.H.; Resende, F.D.; Arrigoni, M.B.; Aleoni, G.F.; Munari, D.P.; Razook, A.G.; Figueiredo, L.A. Proporções das perdas dos cortes comerciais de diferentes grupos genéticos abatidos em três pontos de acabamento In: Reunião Anual da Sociedade Brasileira de Zootecnia, 2005, Goiânia-GO, Anais da 42ª Reunião Anual da SBZ, 2005.

Faveret Filho, P.; Paula, S.R.L. de. Cadeia da carne bovina: o novo ambiente competitivo. **BNDES Setorial**, Rio de Janeiro, n. 6, p. 97-113, set. 1997.

Ferrell, C.L.; Jenkins, T.G. Body composition and energy utilization by steers of diverse genotypes fed a high-concentrate diet during the finishing period: II. Angus, Boran, Brahman, Hereford, and Tuli sires. **Journal of Animal Science**, v.76, p.647-657, 1998.

Figueiredo, D.M.; Oliveira, A.S.; Sales, M.F. *et al.* Análise econômica de quatro estratégias de suplementação para recria e engorda de bovinos em sistema pasto-suplemento. **Revista Brasileira de Zootecnia**, v.36, n.5, p.1443-1453, 2007.

Fox, D.G.; Sniffen, C.F.; O'Connor, J.D.; *et al.* A net carboydrate and protein system for evaluating cattle diets: III. Cattle Requerements and diet adequaly. **J. Anim. Sci.**, v.70, p.3578-3596, 1992.

Franci, O.; Acciaioli, A.; Bozzi, R. *et al.* Growth patterns of Chianina bull from 6 to 24 months fed two different diets. 2. Tissues. **Livest. Prod. Sci.**, v.46, p.191-201, 1996.

Gill, M. E Oldham, J.D. Growth. In: **Quantitative aspects of ruminant digestion and metabolism**. Forbes, J.M. & France, J. (eds.). University Press, Cambridge, 1993.

Gregory, K.E.; Cundiff, L.V.; Koch, R.M. Breed effects, dietary energy density effects, and retained heterosis on different measures of gain efficiency in beef cattle. **J. Anim. Sci.**, v.72, n.4, p.1138-1154, 1994.

Lanna D. P. D., Boin, C.,Leme, P.R.; Alleoni F.A., 1995. Estimation of Carcass and Empty Body Composition of Zebu Bulls Using the Composition of Rib Cuts. **Scientia Agricola**, v.52, n.1, p.189-197.

Lazarini, S. O novilho Nelore para o engordador. **V Seminário Manah**, "O Nelore para Carne". 23 junho 1995, Fazenda Mundo Novo, Brotas, SP. 1995.

Lopes, M.A.; Santos, G.; Magalhães, G.P. *et al.* Efeito da escala de produção e da eficiência de ganho de peso na análise de rentabildiade de confinamentos de bovinos de corte. In: ANDRADE, E.F. et al (Eds) IV SIMPEC: Otimizando a Pecuária de Corte. Lavras: UFLA, 2005, p.203-220.

Luchiari Filho, A. **Pecuária da carne bovina**. 1.ed. São Paulo: A. Luchiari Filho, 2000. 134p.

Minish, G.L.; Fox, D.G. **Beef production and management**, 2nd ed Reston, VA: Reston Publishing Company, 1982. 470p.

Nogueira, M.N. Planejamento financeiro para melhoria das pastagens. In: GESTÃO DA PRODUÇÃO DE BOVINOS DE CORTE EM PASTAGENS, 2007, Jaboticabal, SP. **Anais**... Jaboticabal, SP: Fundação de Estudos e Projetos, 2007, p.201-227.

Owens, F.N.; Dubeski, P.E.; Hanson, C.F. Factors that alter the growth and development of ruminants. **J. Anim. Sci**., v.71, p.3138-3150, 1993.

Paulino, M.F.; Figueiredo, D.M.; Moraes, E.H.B.K. *et al.* Suplementação de bovinos em pastagens: Uma visão sistêmica. In: SIMPÓSIO DE PRODUÇÃO DE GADO DE Corte, 4., 2004, Viçosa, MG. **Anais**... Viçosa, MG: Universidade Federal deViçosa, 2004, p.93-144.

Pedroso, E.K.; Locateli, A.L.; Grossklaus, C. **Avaliação funcional e carcaça do Nelore**. 15/08/2003. http:// beefpoint.com.br. Radares Técnicos.

Pineda, N.; Koury, W.F. **O uso de medidas de tamanho e escores visuais na seleção de gado zebu.** 14 de março de 2003. http:/ /www. Beefpoint.com.br. Radares Técnicos - Melhoramento Genético.

Preston, T.R.; Willis, M.B. **Intensive Beef Production**, 2nd, ed., Pergamon Press, N. York. 1974.

Resende, F.D.; Signoretti, R.D.; Coan, R.M.; Siqueira, G.R. Terminação de bovinos de corte com ênfase na utilização de volumosos conservados. In: SIMPÓSIO DE VOLUMOSOS NA PRODUÇÃO DE RUMINANTES. 2, 2005. **Anais**... Jaboticabal: Funep, 2005 p. 83-106.

Resende, F.D.; Sampaio, R.L.; Siqueira, G.R.; Reis, R.A.; Faria, M.H.; Ferreira, L.H. Estratégias de suplementação na recria e terminação de bovinos de corte. Efeitos do nível de suplementação na recria sobre o desempenho na terminação. In: 45ª Reunião da sociedade brasileira de zootecnia, 2008. **Anais**... Lavras: SBZ (Submetido)

Restle, J.; Brondani, J.L.; Bernardes, R.AC. O Novilho Superprecoce. IN Restle, J. (Ed). **Confinamento, Pastagens e Suplementação para a produção de bovinos de corte**. Santa Maria: Imprensa Universitária, p.191-214. 1999.

Restle, J.; Felten, H.G.; Vaz, F.N. *et al.* Efeito da raça e heterose para qualidade da carcaça e da carne de novilhos terminados em confinamento. In: REUNIÓN LATINOAMERICANA DE PRODUCCIÓN ANIMAL, 14, 1995, Mar del Plata. **Memorias**... Balcare: Associacción Latinoa-mericana de Producción Animal, n.3-4, p.854-856.1995.

Sampaio, R.L.; Resende, F.D.; Siqueira, G.R.; Reis, R.A.; Faria, M.H., Rodrigues, A.R.C. Estratégias de suplementação na recria de bovinos de corte. Efeitos da suplementação na estação da seca sobre o desempenho na estação das águas. In: 45ª REUNIÃO DA SOCIEDADE BRASILEIRA DE ZOOTECNIA, 2008a. **Anais**... Lavras: SBZ.

Sampaio, R.L.; Resende, F.D.; Siqueira, G.R.; Reis, R.A.; Faria, M.H.; Salomão, T. Estratégias de suplementação na recria de bovinos de corte. Desempenho durante as estações de seca e das águas. In: 45ª REUNIÃO DA SOCIEDADE BRASILEIRA DE ZOOTECNIA, 2008b. **Anais...** Lavras: SBZ.

Siqueira, G.R.; Bernardes, T.F.; Signoretti, R.D.; Reis, R.A.; Resende, F.D. A Produção de Volumosos Conservados como Componente do Sistema de Produção de Bovinos de Corte. In: Ladeira, M.M. *et al.* (Eds) V SIMPEC: Alternativas para os novos desafios. Lavras: UFLA, 2007, p.165-227.

Tito Rosa; F.R.; Tonini, M.G.O.; Turco, C.P. Pecuária de Corte: Novos Rumos. In: GESTÃO DA PRODUÇÃO DE BOVINOS DE CORTE EM PASTAGENS, 2007, Jaboticabal, SP. **Anais**... Jaboticabal, SP: Fundação de Estudos e Projetos, 2007, p.7-25.

Torres Jr., A.M.; Tito Rosa, F.R.; Tonini, M.G.O. A pecuária de corte no contexto do agronegócio brasileiro. In: III GESTÃO COMPETITIVA PARA A PECUÁRIA, 2005, Jaboticabal, SP. **Anais**... Jaboticabal, SP: Fundação de Estudos e Projetos, 2005, p.5-17.

Thiago, L.R.L.; Silva, J.M. **Suplementação de bovinos em pastejo**. Campo Grande: Embrapa Gado de Corte, 2001, 28p. (Documento 108)

Velloso, L. **Evolução e tendências da pecuária bovina de corte no Brasil**. In: Produção do Novilho de Corte; Anais do 4° Simpósio sobre Pecuária de Corte. Peixoto, A.M.; Moura, J.C.; Faria, V.P. (eds). Piracicaba:FEALQ, 274p.:il.,1997.

Vieira, A.; Lobato, J.F.P.; Torres Jr., R.A.A.; Cezar, I.M.; Correa, E.S. Recria de machos Nelore em pastagens cultivadas com suplementação na seca nos cerrados do Brasil Central.. **Revista Brasileira de Zootecnia**, v.34, n.4, p.1349-1356, 2005.

CAPÍTULO 70

Sistemas integrados de agricultura e pecuária

Luís Armando Zago Machado
Pesquisador Embrapa Agropecuária Oeste
Dourados, MS.
zago@cpao.embrapa.br

Gessi Ceccon
Analista Embrapa Agropecuária Oeste
Dourados, MS.
gessi @cpao.embrapa.br

Introdução

A integração lavoura/pecuária (ILP) é uma forma de diversificação das atividades econômicas na proprie dade rural, que pode envolver diversas práticas agrícolas visando ao melhoramento do uso da terra com ganhos na produtividade e lucratividade, além da maior estabilidade de renda, e ao favorecimento da preservação do ambiente. Numa propriedade rural, esse sistema promove a diversificação e rotação de culturas.

Como conceito tecnológico, a ILP é tão antiga quanto a domesticação dos animais e das plantas. Vários países a utilizam, podendo a combinação de atividades ser tão distinta quanto à diversidade dos sistemas de produção existentes (Moraes *et al.*, 2007).

No Brasil, a integração lavoura/pecuária vem sendo utilizada, talvez, desde o seu descobrimento, como forma de solucionar problemas pontuais, como a reforma de uma pastagem ou como forma de minimizar um problema na lavoura. Na maioria das vezes, o produtor não se preocupou com o sistema de produção, que envolve uma rotação com planejamento. Mesmo sendo praticada há muito tempo, as informações disponíveis são recentes. Sabe-se, porém, que parte significativa das pastagens brasileiras foram estabelecidas em consórcio ou em sucessão às culturas anuais destinadas à produção de grãos.

No Estado de São Paulo, as pastagens eram formadas ou reformadas por pequenos arrendatários, de 1 a 4 alqueires, com culturas de algodão, arroz ou milho e, após 3 a 5 anos de cultivo, o capim-colonião era plantado (Marighella, 1958). Na Região Centro-Oeste, o plantio do arroz de sequeiro, com ou sem adubação, era o início do processo de formação da pastagem, seguindo, após a colheita dos grãos, a semeadura da gramínea forrageira. Em solos mais férteis, arriscava-se o plantio simultâneo do capim-colonião com a cultura do milho (Macedo & Zimmer, 2007).

Há relatos do estabelecimento da pastagem de capim-colonião por mudas, na entrelinha do milho. Esse método era utilizado quando não havia um sistema organizado de produção de semente e, com isso, seu custo era elevado. Na medida em que houve aumento na disponibilidade de sementes, algumas entrelinhas do milho eram semeadas com capim-colonião. Após a colheita do milho, a mistura era pastejada, e as sementes produzidas caiam no solo e novas plantas emergiam no restante da área, concluindo a formação da pastagem. De forma semelhante, na Região Sul, o capim-pangola era plantado por mudas nas entrelinhas do milho. Nessa região, o pousio tem sido prática comum na produção do arroz irrigado (Moraes *et al.*, 2002). Esse pousio dura aproximadamente três anos e, nesse período, a pastagem se restabelece naturalmente, mas, como o desenvolvimento das plantas nativas é mais lento, a produção animal é baixa, exceto onde são cultivadas forrageiras de clima temperado.

Apesar da integração apresentar inúmeras vantagens, grande parte das áreas de pecuária e lavoura são conduzidas separadamente. Dessa forma, depois de décadas de exploração, a sustentabilidade dos recursos naturais tem apresentado sérios sintomas de ruptura, tanto nas áreas de exploração agrícola como na de pecuária de corte no Brasil (Kichel *et al.*, 2000).

Até a década de 80, a agricultura era realizada com preparo convencional do solo, com aração e gradagens. A partir dessa década, com novos conhecimentos gerados e com a entrada no mercado de novos herbicidas e semeadoras, foi possível a realização do plantio direto de culturas sobre a pastagem dessecada. Trabalhos pioneiros de semeadura de soja sobre pastagem foram realizados por Tomasini *et al.* (1987) e Medeiros *et al.* (2001), na Região Sul que demonstraram a viabilidade do plantio direto de soja e outras culturas sobre a pastagem.

A adequação dos equipamentos de plantio, com a utilização de sulcadores (facão ou botinha) nas semeadoras e regulagem da pressão das molas e dos limitadores de profundidade, permitiu o plantio direto de lavouras em áreas de pastagem (Alves & Moraes, 2002).

Outro fator importante que viabilizou a rotação lavoura-pastagem por períodos curtos, um a três anos, foi a melhoria do processo de produção de sementes de forrageiras. A adoção de tecnologia de produção e a colheita mecanizada permitiram aumentos na disponibilidade e na qualidade das sementes de pastagens e, principalmente, redução do custo.

Uma nova fase da integração foi impulsionada pela iniciativa e criatividade de agricultores, como os senhores Ake van der Vinne e Krijn Wielemarker, que foram precursores na semeadura direta de soja sobre *Brachiaria decumbens*, a partir de 1989. Na região de Maracaju, MS, esses produtores identificaram, na cultura da soja, uma forma de absorver os gastos com a melhoria da fertilidade dos solos pobres do Cerrado (Broch *et al.*, 1997) e, na braquiária, uma planta de cobertura e reestruturadora do solo. Com os conhecimentos gerados, foi possível realizar o plantio direto numa condição tropical, viabilizando a recria e engorda de novilhos em pastagens com elevada capacidade de produção, num curto espaço de tempo.

Nesse contexto, a Fundação MS, a Embrapa e outras instituições de pesquisa contribuíram com conhecimentos sobre manejo de solos, uso de herbicidas, novas cultivares, estabelecimento de pastagens em consórcio com culturas, manejo de pastagens e outros. Entre as tecnologias geradas, os Sistemas Barreirão (Oliveira *et al.*, 1996) e Santa Fé (Kluthcouski *et al.*, 2000) deram grande contribuição para a adoção da integração lavoura-pecuária na Região Centro-Oeste.

Atualmente, há uma nova fase na integração lavoura-pecuária em que os produtores estão cada vez mais conscientes da necessidade de diversificação de cultura. Existem tecnologia e programas governamentais para isso, que envolvem a capacitação de técnicos e produtores, além de linhas de crédito para implementação desses sistemas.

Oportunidades para os produtores

A integração lavoura-pecuária abre várias oportunidades de ganhos para os produtores, em que uma atividade contribui com vários benefícios para outra, sendo as principais:

Contribuição da pastagem para a lavoura:

- **Cobertura do solo**: as pastagens bem manejadas podem deixar de 5 a 20 t/ha de matéria seca na superfície do solo, dependendo da espécie e da duração do ciclo com pecuária. Parte da fração de folhas e colmos, não consumidos pelos animais, depositam-se na superfície do solo formando uma camada de resíduos vegetais que protegem a superfície do solo. Durante os ciclos com lavoura, essa massa seca permanece cobrindo o solo e facilitando o plantio direto (Mello *et al.*, 2004). Além do aspecto quantitativo, a qualidade da palhada interfere no tempo de cobertura do solo. Lamas & Staut (2005) observaram que os resíduos de braquiária permanecem cobrindo o solo, por um período mais longo.

- **Massa de raízes**: a presença de bovinos pode favorecer o adensamento superficial do solo, até 10 cm de profundidade, mas, segundo Machado *et al.* (2007a), a pastagem deixa uma massa de raízes de 10 t/ha, sendo que de 60 % a 80 %, dessas raízes situam-se nessa camada até 10 cm de profundidade, onde os animais causam maior adensamento. Com a morte dessas raízes, após a dessecação, ficam canais para o estabelecimento de culturas e o adensamento superficial deixa de ser problema. Por outro lado, essa camada é parcialmente rompida pelos sulcadores das semeadoras que penetram até 10 cm de profundidade para distribuição do adubo. Dessa forma, a massa de raízes da pastagem é fundamental na descompactação e melhoria física do solo, desde que a pastagem seja manejada adequadamente.

- **Aumento dos teores de carbono e matéria orgânica**: a palha acumulada na superfície do solo e a massa de raízes de pastagens, bem manejadas, são suficientes para elevar os teores de carbono e de matéria orgânica do solo ao seu estado original e aumentar a agregação, diminuindo o risco de erosão (Salton *et al.*, 2005).

- **Controle de plantas daninhas**: a cobertura de palha deixada pela pastagem contribui para redução do banco de sementes de plantas daninhas (Correia *et al.*, 2006; Ikeda *et al.*, 2007). A palhada de braquiária permite o controle das plantas daninhas em aproximadamente 70 % (Kluthcouski *et al.*, 2003).

- **Controle de pragas, doenças e nematoides**: a incidência de algumas doenças de solo, como o mofo branco, *Rhizoctonia* e *Fusarium,* pode diminuir com a palhada de *braquiária* (Costa & Rava, 2003). A rotação com pastagem é uma medida eficaz no controle de nematoides reniforme (Asmus, 2005), de Cisto da soja e das galhas (Asmus & Andrade, 2001).

Contribuição da lavoura para a pastagem

- **Correção da acidez do solo**; como as culturas para grãos são mais exigentes que as forrageiras, após os ciclos de lavoura, a saturação de bases do solo é suficiente para a pastagem, por alguns anos, sem que haja a necessidade de correção.

- **Elevação do teor de nutrientes**: alguns nutrientes aplicados às culturas anuais não são totalmente utilizados. Os resíduos de fósforo, potássio, cálcio e outros, acumulam-se no solo, ao longo dos cultivos agrícolas, e ficam disponíveis para a pastagem. A fertilidade residual da lavoura pode ser suficiente para manter a pastagem por alguns anos, com elevada produtividade, necessitando apenas da aplicação de adubação nitrogenada ou do consórcio com leguminosas forrageiras.

- **Sistematização de áreas**: para os cultivos anuais, é necessária a eliminação de muitas irregularidades no terreno, tais como cupinzeiros, malhadores, erosões e trilheiros, com o preparo convencional do solo, com arações e gradagens. Aliada ao preparo, muitas vezes é necessária a reforma ou construção de terraços, que representa um custo que pode ser absorvido com três a cinco anos de lavoura. No retorno da lavoura para a pastagem, esse custo representa um ganho considerável para a pecuária.

- **Eliminação do banco de sementes**: é difícil fazer a troca de espécies em pastagens estabelecidas, em virtude do banco de sementes existente na área. Dois anos de lavoura são suficientes para causar uma redução drástica nesse banco, o que permite a troca de espécies.

- **Pastagens anuais**: após o ciclo de lavoura, as condições de solo são excelentes para o estabelecimento de forrageiras. As pastagens anuais estabelecidas na safrinha podem suprir parte da falta de pasto que ocorre durante a estação seca.

- **Estabelecimento de pastagens perenes em sucessão às culturas anuais**: após a colheita da cultura de verão, há a possibilidade do estabelecimento de pastagens perenes com a vantagem de que, nessa época, há menos competição de plantas daninhas.

- **Estabelecimento de pastagens em consórcio com culturas anuais**: durante a cultura anual, é possível o estabelecimento de forrageiras em consórcio, com ganho de tempo na formação da pastagem e sem prejuízo ao rendimento de grãos (Kluthcouski & Aidar, 2003).

- **Resíduos na formulação de rações**: muitos resíduos com baixo custo, que sobram na produção de grãos, podem servir de ingredientes para formulação de rações para uso na propriedade. Sobre esses produtos não incide custos de transporte e impostos, o que pode viabilizar a sua utilização.

- **Disponibilidade de máquinas**: muitas fazendas que exploram pecuária não dispõem de máquinas e equipamentos. Ao iniciar o processo de integração, mesmo que arrendatários conduzam a lavoura, há períodos em que as máquinas ficam ociosas e podem ser locadas para a manutenção da fazenda.

Além das vantagens descritas acima, o produtor que tem agricultura e pecuária integrada dispõe de mais algumas oportunidades, são elas:

- **Fluxo de caixa**: normalmente, na agricultura, as entradas de recursos ocorrem duas vezes ao ano, na safra e na safrinha. Na pecuária tradicional, a venda de animais ocorre na safra, mas, com a integração dessas duas atividades, a venda de animais ou grãos durante quase todo o ano é facilitada.

- **Diversificação de renda**: o produtor integrado, que desenvolve as duas atividades, tem mais produtos para comercializar e deixa de depender de apenas uma ou duas culturas.

- **Estabilidade de renda**: a instabilidade climática, principalmente com secas prolongadas durante o verão e as variações dos preços pagos aos produtos agrícolas, têm contribuído para a falência de muitas propriedades. Esses problemas são menores na pecuária, e períodos de seca são menos prejudiciais à produção da pastagem e a engorda dos animais que na agricultura, o que tornam essa atividade bastante estável (Canziani & Guimarães, 2007).

- **Preservação do ambiente**: tanto as pastagens degradadas como o cultivo de grãos de forma contínua causam um grande impacto negativo sobre o ambiente. As pastagens e as lavouras integradas e maneja-das adequadamente podem favorecer a preservação do ambiente de diversas formas, seja na maior retenção de água, no sequestro de carbono, seja na redução do uso de agrotóxicos e na maior biodiversidade.

Tecnologias empregadas na ILP

Plantio direto

O planto direto é uma forma de cultivo consagrado na conservação do ambiente, pelo não-revolvimento do solo e foi aprimorado com a associação e integração lavoura-pecuária. Esse sistema facilita o manejo da lavoura com a redução do número de operações, quando em plantio direto. A camada de palha deixada pela pastagem facilita o manejo da lavoura. Porém, muitas vezes, ainda é necessário o preparo convencional para incorporação de corretivos e fertilizantes e para corrigir limitações físicas do solo, quando é feita a recuperação de áreas degradadas.

Forrageiras de safrinha, inverno ou para estação seca

Muitas espécies anuais podem ser utilizadas na safrinha. Tradicionalmente, as aveias branca e preta, por serem de clima temperado, são empregadas nas regiões sujeitas à ocorrência de geadas (**Figura 1**). Não se justifica a semeadura dessa espécie para produção de forragem, onde não ocorrem geadas, porque nas condições as tropicais são mais produtivas (**Figura 2**).

Nas demais regiões, o milheto é a principal forrageira em decorrência da facilidade de cultivo e produção de sementes. O sorgo forrageiro também tem sido utilizado nessas áreas, mas o custo da semente torna inviável o seu uso nessa época. Uma estratégia que pode ser adotada é a semeadura da F2 de híbridos de sorgo, já que, na safrinha, por causa do déficit hídrico, é explorado menos da metade do potencial de produção dessa cultura. Por outro lado, o sorgo forrageiro, mesmo proveniente de sementes F2, é superior ao milheto (**Figura 2**). O sorgo forrageiro Santa Elisa é uma ótima opção por ser uma cultivar, com isso a semente apresenta menor custo. Existem outras espécies anuais como o capim-pé-de-galinha, o teosinto (dente-de-burro) e a moha, mas a produção de forragem dessas espécies é muito inferior **(Figura 3**).

Com a melhoria do processo de produção de sementes das espécies perenes, com a adoção de tecnologias, com a colheita mecânica, ocorreu aumento da disponibilidade de sementes com acentuada queda de preço. Esse fato viabilizou a semeadura de espécies perenes dos gêneros *Brachiaria spp.* e *Panicum* spp., após a cultura de verão, para utilização durante a estação seca, apenas. De acordo com Machado e Assis (2006), essas espécies têm vantagens em relação às anuais, por apresentarem maior taxa de crescimento durante a estação seca e, ainda, rebrotarem no início da estação das águas que, dessecadas, formam ótima cobertura do solo para o plantio direto da safra de verão (**Figura 4**).

Consórcio milho + capins

O consórcio de forrageiras dos gêneros *Ba-*

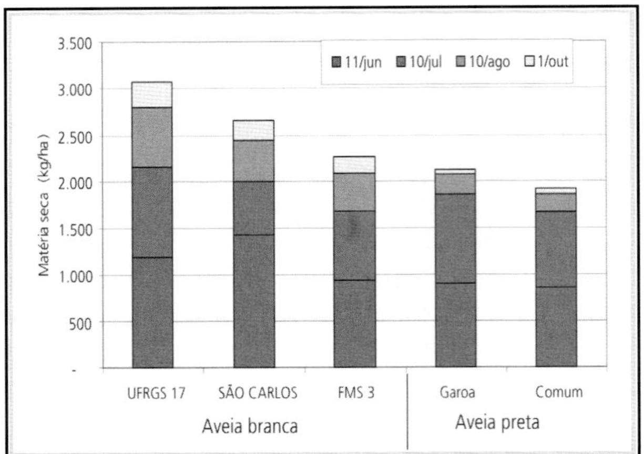

Figura 1. Produção de forragem de cinco cultivares de aveia, submetidas a quatro cortes. Embrapa Agropecuária Oeste, Dourados, 2001. (Adaptado de Machado, 2002).

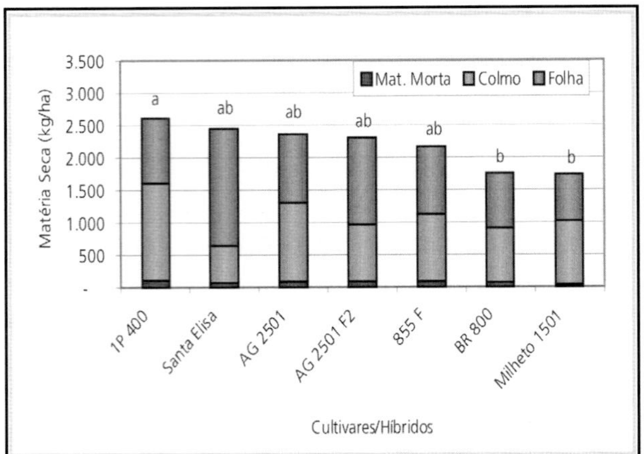

Figura 2. Produção de matéria seca total de seis genótipos de sorgo e de um milheto, submetidos a três cortes sucessivos. Sindicato Rural de São Gabriel do Oeste, São Gabriel do Oeste, MS, 2003 (Machado *et al*., 2004).

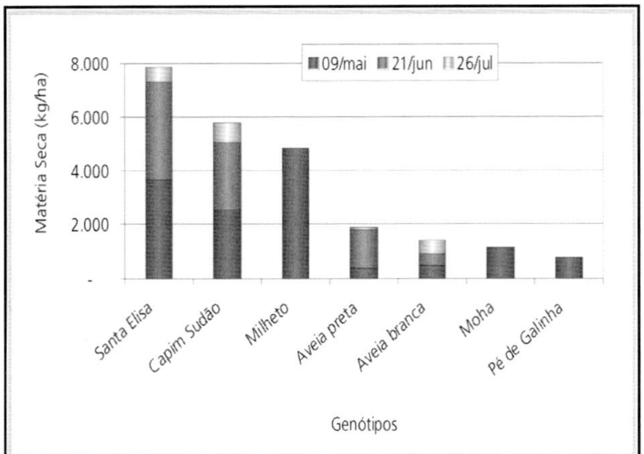

Figura 3. Produção de matéria seca de cinco forrageiras anuais submetidas a três cortes sucessivos. São Gabriel do Oeste, 2001 (Machado *et al*., 2004).

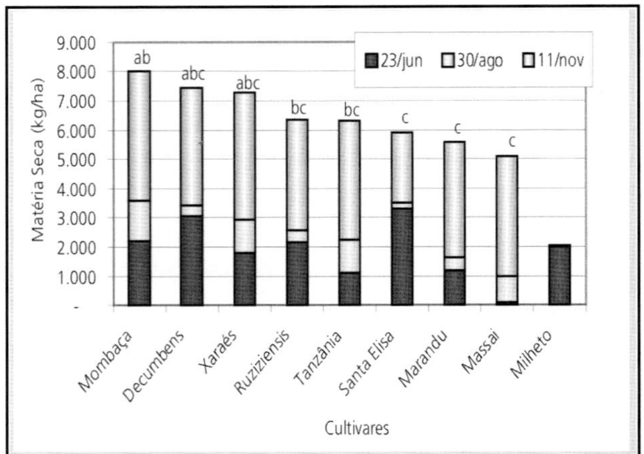

Figura 4. Produção de matéria seca de nove espécies forrageiras submetidas a três cortes sucessivos, em São Gabriel do Oeste, 2005 (Adaptado de Machado & Assis, 2006).

chiaria e *Panicum* é uma tecnologia consagrada, empregada por muitos produtores e está em franca expansão. Serve tanto para agropecuaristas, que utilizam essa pastagem somente na safrinha, ou para formação de pastagem por agricultores que têm na forrageira uma espécie de cobertura de solo. Essa tecnologia vem sendo empregada na safra ou na safrinha, após a cultura da soja.

Dentre as forrageiras utilizadas no consórcio com milho safrinha, destacam-se a *B. ruziziensis* pelo seu rápido estabelecimento e alta sensibilidade ao herbicida na dessecação para semeadura da soja; e *B. brizantha* cv. Xaraés ou MG 5, por apresentar estabelecimento lento e pouco competitivo com o milho safrinha, podendo ser desnecessária a aplicação de subdose de nicosulfuron para sua supressão, principalmente por apresentar melhor desenvolvimento após a colheita do milho safrinha, inclusive para ser utilizada na formação de pastagem permanente.

No Centro-Oeste, existem diferentes métodos de consórcio utilizados pelos agricultores, divididos em: época de implantação (duas), espaçamento entre linhas de milho (dois), posição da semente no solo (quatro) e mecanismo de distribuição das sementes (quatro) (**Tabela 1**).

Quanto aos métodos de cultivo em consórcio, em Mato Grosso e Goiás predomina o siste-

Tabela 1. Métodos de semeadura do consórcio de milho safrinha com *B. ruziziensis*, identificados na Região Centro-Oeste, em 2007.

Sistema	Época de implantação	Espaço entre linhas de milho (m)	Disposição da semente no solo	Mecanismo de implantação da *braquiária*
1[1]	Semeadura do milho	0,45 e 0,50	Próximo à linha de milho	Misturada ao fertilizante.
2	Semeadura do milho	0,45 e 0,50	Próximo à linha de milho	Caixa adicional para sementes de forrageiras.
3	Semeadura do milho	0,45 e 0,50	A lanço	Operação adicional, com distribuidor de fertilizantes.
4	Semeadura do milho	0,45 e 0,50	Em linhas de 0,20 m	Operação adicional, com semeadora de grãos miúdos.
5	Semeadura do milho	0,80 e 0,90	Em linhas de 0,20 m	Operação adicional, com semeadora de grãos miúdos.
6	Semeadura do milho	0,80 e 0,90	Na entrelinha do milho	Com disco de sorgo na caixa da entrelinha.
7	Adubação de Cobertura	0,80 e 0,90	Na entrelinha do milho	Operação adicional, com distribuidor de fertilizantes.

Fonte: Ceccon (2007). [1] Sistema Santa Fé.

ma 1, com mistura da semente de braquiária ao adubo, em espaçamento de 0,50 m, sem supressão da *B. ruziziensis* que, após a colheita do milho, é utilizada para pastejo e posterior dessecação para semeadura da soja.

Em Mato Grosso do Sul, predominam três tipos de implantação de braquiária com milho safrinha:

a) braquiária distribuída a lanço seguida do milho semeado em linhas de 0,45 m, 0,50 m ou 0,80 m;

b) braquiária semeada com semeadora de grãos pequenos (0,20 m entre linhas) e o milho semeado, em seguida, em linhas de 0,80 m;

c) braquiária implantada simultaneamente ao milho, em caixa com disco de sorgo na entrelinha do milho, com espaçamento de 0,80 ou 0,90 m.

Na escolha do método de semeadura do consórcio, aliada às condições climáticas, o híbrido de milho e a espécie forrageira podem interferir na maior ou menor competição entre as espécies e produção de grãos e forragem, com ou sem manejo com herbicida. Além disso, é importante considerar a facilidade operacional, o custo de implantação, a interferência na produtividade do milho e na disponibilidade de forragem após a colheita do milho.

Na utilização do método 6, citado na **Tabela 1** (uma linha de *B. ruziziensis* na entrelinha do milho), para Ceccon *et al.* (2005), o milho safrinha não foi afetado significativamente pela espécie em consórcio e, juntos, proporcionaram maior quantidade de resíduos vegetais que o milho solteiro. Nesse mesmo trabalho, os autores destacaram os consórcios de milho safrinha com *B. brizantha* cv. Marandu *B. decumbens*, *B. ruziziensis*, e o *Panicum maximum* cv. Tanzânia (**Tabela 2**), que proporcionaram também maiores quantidades de nutrientes para ciclagem (**Tabela 3**).

Em experimentos realizados em Dourados e São Gabriel do Oeste, MS, a fim de avaliar métodos de implantação de pasto com milho safrinha, foram avaliados os seguintes tratamentos:

T1: milho solteiro (testemunha);

T2: *B. ruziziensis* misturado ao adubo;

T3: *B. ruziziensis* semeada no espaçamento de 0,20 m entre linhas, com a semeadora de grãos miúdos, no mesmo dia da semeadura do milho safrinha;

T4: *B. ruziziensis* semeada no estágio V2/V3 do milho (duas linhas na entrelinha do milho);

T5: *Brachiaria decumbens* cv. Brasilisk semeada no espaçamento de 0,20 m entre linhas com a semeadora de grãos miúdos, no mesmo dia da semeadura do milho;

T6: *B. brizantha* cv. Xaraés (MG-5) seme-

Tabela 2. Rendimento de massa seca da parte aérea e resíduos vegetais dos consórcios (média de Dourados, Batayporã e São Gabriel do Oeste, MS), 2006.

Tratamentos	Safrinha 2005		Verão 2005/06	Safrinha 2006
	Massa seca[(1)]	Resíduos[(2)]	Grão de soja	Grãos de milho
	..........................kg ha^{-1}..........................			
Milho safrinha (solteiro)	7.593 b	4.110 d	3.004 b	2.597 b
Milho + Tanzânia	8.673 a	10.763 a	3.342 b	2.592 b
Milho + Marandu	9.001 a	10.113 a	3.243 b	2.691 b
Milho + *B. ruziziensis*	8.846 a	9.776 a	3.359 b	3.060 a
Milho + *Crotalaria juncea*	7.952 b	4.930 d	3.369 b	3.031 a
Milho + guandu	7.818 b	5.149 d	2.701 c	2.878 a
Sorgo Santa Elisa (solteiro)	3.795 c	6.564 c	3.147 b	3.127 a
B. ruziziensis (solteira)	2.757 c	8.338 b	3.548 a	3.207 a
Média	7.054	7.468	3.214	2.898
C.V.(%)	10,9	10,7	14,4	13,2

(1)Rendimento de massa do milho mais a massa da espécie em consórcio; (2)Massa seca da espécies mais os restos culturais encontrados no solo antes da implantação da soja. Médias seguidas da mesma letra não diferem pelo teste de Scott-Knott ao nível de 5% de probabilidade.

Tabela 3. Disponibilidade de nutrientes na massa seca da parte aérea das espécies, solteira e em consórcio (média de Dourados, Batayporã e São Gabriel do Oeste), em MS, 2005.

Espécie	Nutrientes				
	N	P	K	Ca	Mg
		..........................kg ha^{-1}..........................			
Milho safrinha	34 d	3,3 e	76 d	13,6 e	9,0 c
P. maximum cv. Tanzânia	167 a	15,8 a	326 a	44,1 b	42,0 a
B. brizantha cv. Marandu	135 b	11,6 b	258 b	35,4 c	37,5 a
B. ruziziensis	135 b	15,3 b	251 b	51,8 a	42,5 a
Crotalaria juncea	71 c	7,0 d	62 d	26,6 b	9,9 c
Feijão guandu	93 c	9,2 c	61 d	36,0 c	10,2 c
Sorgo cv. Santa Elisa (solteiro)	79 c	11,9 b	13 c	15,8 e	20,2 b
B. ruziziensis (solteira)	123 b	12,6 b	231 b	41,7 c	37,5 a
Média	104	10,8	175	33,6	25,0
C.V.(%)	15,7	18,8	21,7	15,8	25,6

Médias seguidas da mesma letra, não diferem pelo teste de Scott-Knott a 5% de probabilidade.

ada com a semeadora TD, no mesmo dia da semeadura do milho safrinha, no espaçamento de 20 cm; e

T7: *B. ruziziensis* em linha intercalada e simultânea à semeadura do milho.

Em Dourados, não houve diferença significativa na produtividade do milho safrinha entre os tratamentos avaliados, porém, observou-se tendência de diminuição da produtividade do milho safrinha, quando se estabeleceu o consórcio com a *B. ruziziensis* e a *B. decumbens*, com a semeadora no espaçamento de 0,20 m.

Em São Gabriel do Oeste, houve redução significativa de produtividade de milho no consórcio com a *B. ruziziensis* (T3) (**Tabela 4**). Na semeadura do milho em consórcio com *B. brizantha* cv. Xaraés, com semeadora de grãos miúdos, houve tendência de redução no rendimento de grãos do milho. A semeadura tardia pode ter proporcionado menor produtividade de milho, causada pelo déficit hídrico no período, sem diferença significativa entre os demais métodos. No consórcio de milho com pasto, pode haver competição entre as espécies, e a aplicação do herbicida é uma forma de minimizar esse efeito, mas deve ser avaliado em condições de outono-inverno.

Tabela 4. Produtividade do milho safrinha, em diferentes épocas, métodos e espécies forrageiras em consórcio, em Dourados e São Gabriel do Oeste, MS, 2007.

Tratamento	Espécie	Dourados[ns]	São Gabriel do Oeste
		..............kg ha^{-1}..................	
1	Testemunha (sem braquiária)	5.346	4.410 a
2	*B. ruziziensis* no adubo	5.466	4.338 a
3	*B. ruziziensis*[(1)]	4.968[(2)]	3.258 b
4	*B. ruziziensis* V2/V3 do milho	5.838	4.278 a
5	*B. decumbens*[(1)]	5.106[(2)]	4.032 ab
6	*B. brizantha* cv. Xaraés (MG 5)	5.640	4.338 a
7	*B. ruziziensis,* uma linha intercalar	5.226(	3)
Média		5.370	4.109
C.V.(%)		7,5	8,9

Médias seguidas da mesma letra não diferem entre si pelo teste de Tukey ao nível de 5% de probabilidade. [ns]Não significativo pelo teste e nível indicado. [(1)]Semeada com semeadora de grãos miúdos. [(2)]Realizada uma aplicação 150 ml ha^{-1} de nicosulfuron no estágio V4/V5 do milho. [(3)]Não avaliado. Fonte: Broch e Ceccon, 2007.

Dessa forma, o estabelecimento de pasto em consórcio com milho safrinha pode representar um ganho significativo na produção de pasto forragem para os animais no período de outono-inverno.

Consórcio soja + capins

O estabelecimento de forrageiras perenes em consórcio com soja encontra-se em estudo e, ainda, não é uma tecnologia recomendada. Existem fortes limitações na utilização dessa prática. São elas: pequeno porte da soja (em relação ao milho), competição da forrageira, controle das demais plantas daninhas e dificuldade no momento da colheita.

Os resultados obtidos até o momento são promissores e, para algumas situações específicas, esse consórcio pode ser utilizado. A semeadura da forrageira, defasada em 10 dias da emergência da soja, permite que o capim inicie seu estabelecimento. Com o sombreamento da soja, o crescimento da forrageira é minimizado, voltando a crescer quando as folhas da oleaginosa caem (Machado *et al.*, 2007b; Machado & Weismann, 2007). A grande limitação a essa prática é a necessidade de mais uma operação agrícola para a semeadura do capim, que representa um custo a mais e há o risco de dano para as plantas de soja. O aumento do espaçamento da soja facilita essa operação. Outra possibilidade de consórcio é o capim-massai e soja, em semeadura simultânea. Essa forrageira tem crescimento lento, competindo muito pouco com a soja. Alguns pontos nesse consórcio já estão definidos; quando a forrageira for semeada simultaneamente com a soja são necessários controles em dois momentos da cultura, sendo um quando as plantas do capim estiverem com 4 a 6 perfilhos; e outro quando as folhas do capim começarem a superar as da soja. Quando a soja for convencional, são necessários 100 e 200 mL/ha do herbicida *haloxyfop-R*, éster metílico; e quando não for convencional, a soja *Roundup Ready*, 500 e 800 mL/ha do herbicida glifosato na primeira e segunda aplicações, respectivamente. Essas doses são válidas para espécies tolerantes a herbicidas, como *Brachiaria brizantha* e *Panicum* spp. Quando a semeadura do capim for defasada no tempo, 10 dias após a emergência da soja não se realizada o primeiro controle.

Cabe ressaltar que para o sucesso do consórcios de culturas anuais com capins, são necessárias áreas *limpas,* ou seja, com baixa incidência de plantas daninhas, porque muitos herbicidas não poderão ser utilizados por serem letais às forrageiras.

Adubação de pastagens

Parte da competitividade do sistema de ILP consiste na manutenção de um solo fértil e é necessário atenção para evitar sua degradação. Uma das principais causas de degradação de pastagens é a falta de reposição dos nutrientes no solo (Carvalho, 1993). A adubação de manutenção é indispensável para a estabilização da produtividade das pastagens. Durante os ciclos com agricultura, a fertilidade do solo eleva, em consequência dos resíduos dos fertilizantes deixados pelas culturas. Após os ciclos de lavouras, a fertilidade do solo é, normalmente, suficiente para a obtenção de elevados ganhos por animal e por área. Sem o uso de fertilizantes, esses ganhos são elevados apenas no primeiro ano, diminuindo cerca de 50% a cada ano, após o estabelecimento da pastagem (Broch *et al.*, 1997). De acordo com Carvalho (1993), a falta de nitrogênio é um dos principais responsáveis pela diminuição da produtividade das pastagens.

Boddey *et al.* (2000) observaram que a exportação do nitrogênio do sistema pelos animais é muito inferior às perdas por volatilização e lixiviação. Esses autores observaram, ainda, que as perdas de nitrogênio podem ser potencializadas com o aumento da taxa de lotação. Na estação seca, uma fração considerável do nitrogênio é perdida por volatilização e, nas águas, por lixiviação (Ferreira, 1995).

Para Broch *et al.* (1997), a cultura da soja forneceria o nitrogênio necessário à pastagem. Apesar dessa leguminosa ser eficiente na fixação do nitrogênio atmosférico, ela não contribui para o aumento desse nutriente no sistema, já que ele é exportado nos grãos dessa cultura (Zotarelli, 2000; Alves *et al.*, 1999; Macedo & Miranda, 2001). Ficam, porém, nos resíduos dessa cultura, de 60 a 70 Kg ha^{-1} de N, que representam a quantidade desse nutriente que a cultura extraiu do solo. Decorrente da baixa relação C/N da palha da soja, o nitrogênio é rapidamente mineralizado, tornando-se disponível às plantas, o que explica o vigor inicial das pastagens semeadas em sucessão a essa cultura.

Após duas a três safras de soja, não se espera que ocorram limitações relacionadas ao pH ou aos teores de fósforo e potássio, para produção das pastagens semeadas em sucessão. Porém, a partir do segundo ano, há redução acentuada na produção animal, podendo estar relacionada à baixa disponibilidade de nitrogênio. Portanto, em sistemas de rotação lavoura/pastagem em ciclos de dois a três anos, a adubação nitrogenada é fundamental para a manutenção da produtividade e da competitividade do sistema, já que não há uma leguminosa forrageira com estabelecimento rápido e com elevada fixação de nitrogênio para solos férteis na região do Cerrado.

Para sistemas mais extensivos, em áreas com vegetação original do Cerrado, com solos de média/baixa fertilidade e textura arenosa e, com ciclos de pastagem durando de cinco a dez anos, a utilização de leguminosas como os estilosantes, principalmente a cultivar Campo Grande, é mais indicada que a adubação nitrogenada. Porém, é necessário o planejamento da manutenção da fertilidade do solo, com adubações fosfatada e potássica.

Sistemas integrados de produção

Os sistemas de produção são tão importantes quanto a tecnologia empregada na integração lavoura-pecuária. Existem várias formas de integrar agricultura e pecuária que atendam às particularidades de cada local. Poucas propriedades têm seu sistema definido; a maioria altera o sistema de produção com a conjuntura, principalmente aquelas relacionadas ao mercado. De acordo com Fabrício *et al.* (1999) e Sulc (2007), os principais sistemas são:

Sem rotação de área

Esse sistema não envolve a rotação das áreas de lavoura e pastagem; mesmo sendo uma forma de integração parcial, é um avanço em relação ao produtor que desenvolve apenas uma atividade, porque há diversificação econômica da produção e maior estabilidade de renda. Máquinas e equipamentos ociosos podem ser melhor aproveitados, e subprodutos da agricultura são aproveitados para a elaboração de suplementos alimentares. As principais variações são:

Pecuária em áreas marginais para a lavoura - em algumas regiões em que a agricultura é a atividade mais rentável, a pecuária é desenvolvida em áreas marginais, como em solos com menor fertilidade, pouco profundos, com excesso de umidade ou com declividade acentuada (**Figura 5**).

Integração entre fazendas – há casos em que o proprietário dispõe de mais de uma fazenda, distantes entre si, com tamanhos que não comportam custos com estrutura para pecuária e agricultura numa mesma área.

Com rotação de área

Pastagens em sucessão a lavouras anuais – esse sistema é desenvolvido em propriedades em que a agricultura é a atividade principal, mas após a colheita da safra de verão, normalmente da soja, são semeadas forrageiras anuais, como aveia e azevém, na Região Sul; e nas Regiões Sudeste e Centro-Oeste, o milheto e o sorgo forrageiro e algumas espécies perenes dos gêneros *Brachiaria* e *Panicum*. Essas forrageiras são utilizadas durante parte do outono, inverno e parte da primavera (estação seca). Os animais são comercializados no final desse período, as pastagens são vedadas, dessecadas e a cultura de verão retorna novamente em planto direto (**Figura 6**).

Reforma de pastagens com culturas anuais - Esse sistema consiste no cultivo de espécies anuais, como soja, arroz ou milho, por períodos variáveis, em áreas de pastagens degradadas, visando à correção das limitações químicas do solo. É realizado, normalmente, em propriedades tradicionais, em que uma parte das áreas de pastagem é reformada a cada ano, 5 a 20% da propriedade. A lavoura é, na maioria da vezes, conduzida por arrendatários. Problemas como troncos, plantas daninhas, cupinzeiros, trilheiros, vossorocas e malhadores são solucionados com a destoca, preparo convencional do solo e terraceamento. As áreas de pastagem permanecem por sete a dez anos, quando são novamente reformadas (**Figura 7**).

Rotação lavoura-pastagem – é um sistema de produção mais intensivo, em que a lavoura ocupa de 50 a 80 % da área total da propriedade. Nesse caso, as áreas de pastagem e lavoura alternam-se a cada 2 ou 3 anos. No retorno das culturas anuais, as pastagens ainda não se encontram degradadas, permitindo a realização do plantio direto, já que o solo fica com uma fertilidade razoável. Os resíduos de forragem são importantes para os ciclos de lavoura, por contribuírem para o aumento do teor de matéria orgânica do solo, para a conservação da água e para supressão de plantas daninhas. Já que nesse sistema a duração dos ciclos com pastagem é curta, é importante que ela se estabeleça com rapidez. Dessa forma, os agricultores têm preferido semear a pastagem logo após a colheita da soja. Mesmo ocorrendo menor volume de precipitação, as forrageiras perenes semeadas no final do verão (fevereiro/março), dependendo da região, são bem estabelecidas, com a vantagem

Figura 5. Integração lavoura-pecuária sem rotação de áreas.

Figura 6. Pastagem em sucessão a culturas anuais.

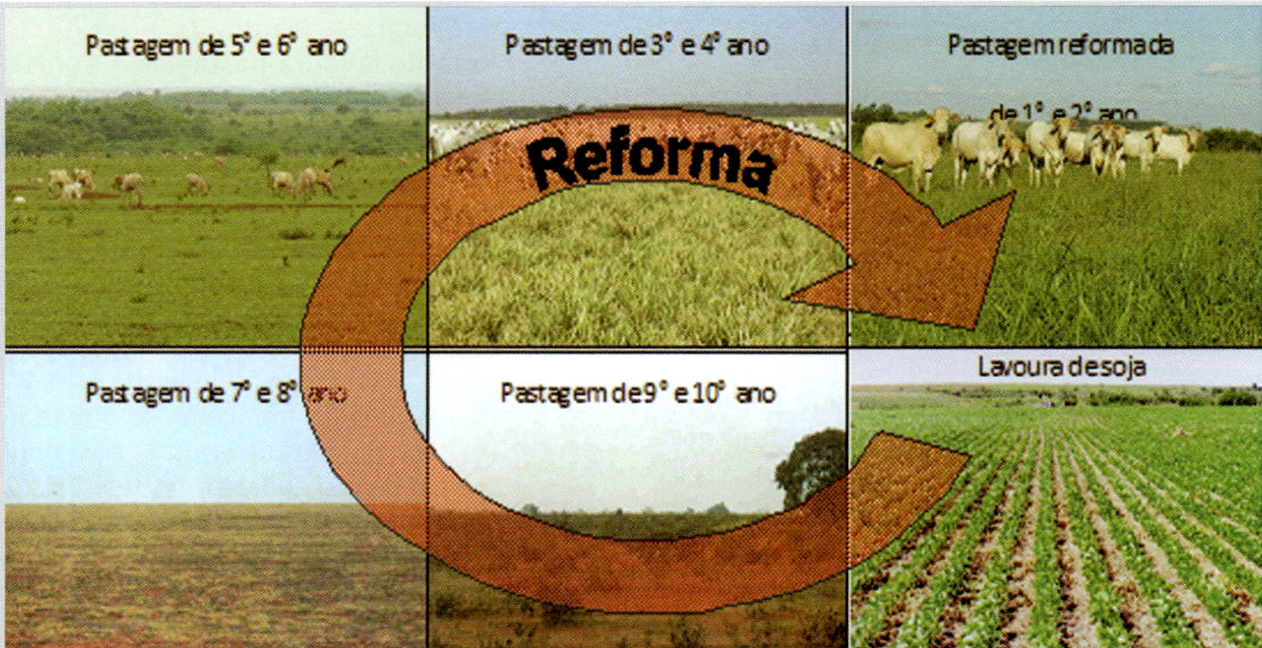

Figura 7. Reforma de pastagem com lavoura.

da menor competição de plantas daninhas. Um exemplo desse sistema é conduzido na Fazenda Cabeceira, em Maracaju (**Figuras 8**, **9**, **10**).

Produção de forragem conservada e uso de subprodutos agrícolas

Em sistemas que utilizam forragem conservada ou resíduos agrícolas para suplementação do rebanho, pode-se ou não fazer rotação de áreas (lavoura-pecuária). Utilizam-se forragens na forma de silagem, feno e cana-de-açúcar e suplementos à base de resíduos ou produtos de baixo valor comercial que podem viabilizar o confinamento ou a suplementação de animais. A produção animal em áreas com potencial agrícola, que apresentam alto valor comercial, deve ser intensificada e com rápido giro de capital. A suplementação a pasto ou o confinamento de animais são práticas importantes para garantir a obtenção de produtos comercializáveis dentro dos prazos previstos.

Os sistemas de produção que envolvem a ILP foram descritos de forma didática para facilitar o entendimento, porém, numa propriedade, há a combinação de dois ou mais sistemas,

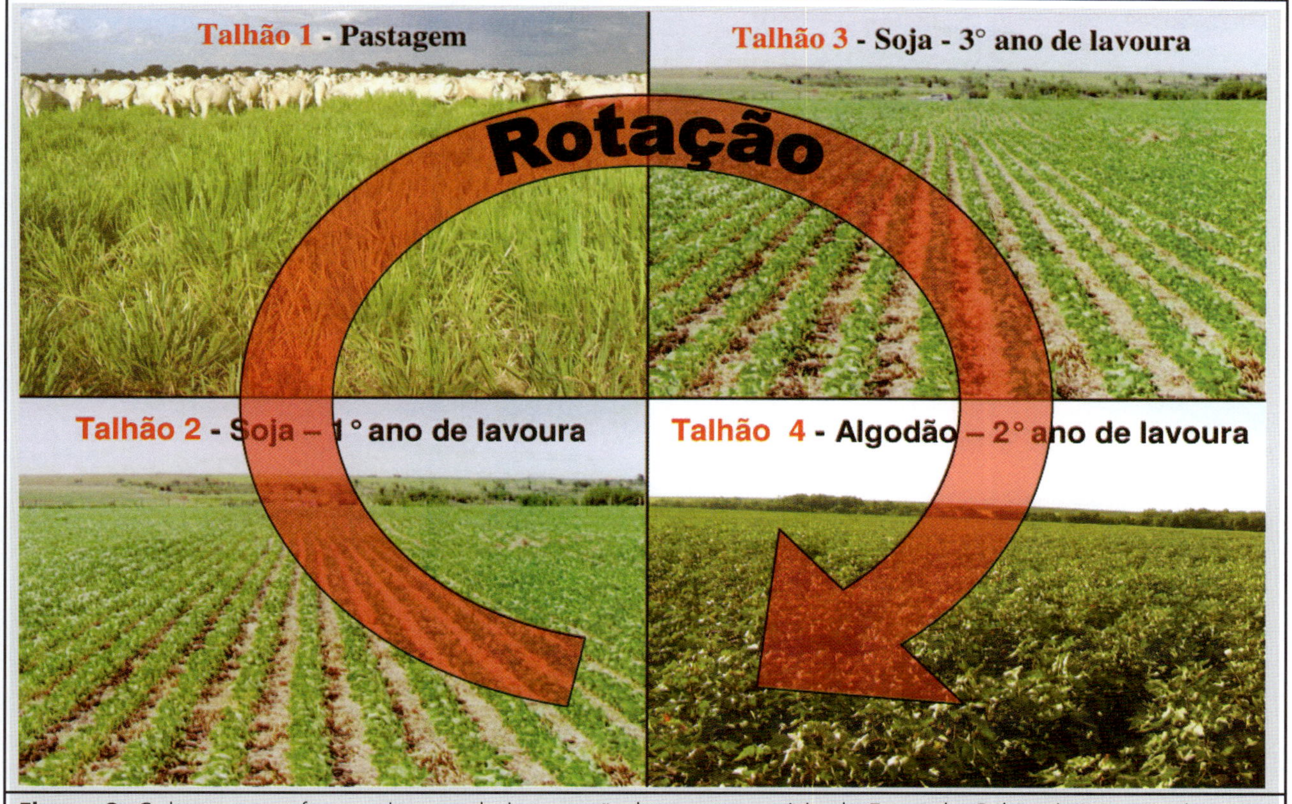

Figura 8. Culturas na safra no sistema de integração lavoura-pecuária da Fazenda Cabeceira, Maracaju.

Figura 9. Culturas na safrinha no sistema de integração lavoura-pecuária da Fazenda Cabeceira, Maracaju.

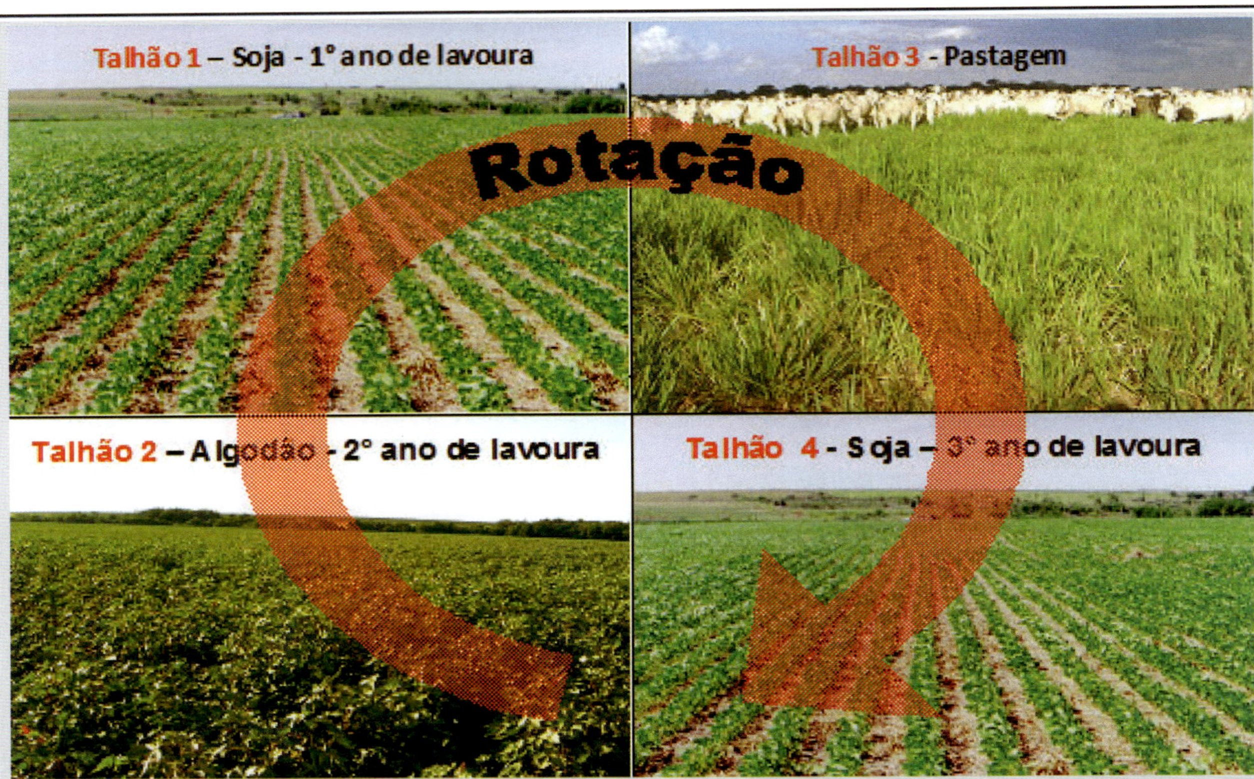

Figura 10. Rotação de culturas na safra no sistema de integração lavoura-pecuária da Fazenda Cabeceira, Maracaju.

por exemplo, um produtor utiliza forrageiras na safrinha e faz rotação de lavoura-pastagem.

Sempre que houver rotação de áreas, é conveniente que seja feito todos os anos, de forma que um talhão seja transformado em lavoura e outro em pastagem. Essa é uma forma de minimizar a flutuação da quantidade de forragem produzida do primeiro para os demais anos, facilitando, assim, o ajuste da taxa de lotação.

Produção animal

A produção animal em pastagens integradas à lavoura varia em razão dos fatores que compõem o sistema de produção, porém, a adubação nitrogenada e a intensidade de pastejo têm grande influência no resultado final.

Quando as pastagens são estabelecidas após a lavoura, a atenção ao manejo deve ser redobrada, já que as flutuações na produção de forragem são maiores. Nessas áreas, com solo corrigido, existem todas as condições para produção das forrageiras, sendo o crescimento das plantas determinado, principalmente, pelas condições de temperatura e umidade do solo. O excesso ou déficit desses fatores podem determinar variações na disponibilidade de forragem e, dessa forma, devem ser realizados ajustes na taxa de lotação, com frequência.

Em pastagem de *B. decumbens* na rotação lavoura-pastagem, em ciclos de dois anos, sem adubação de manutenção, Machado et. al. (2001) obtiveram 814 g/dia/animal, no período das águas. Avaliando *B. brizantha* cv. Marandu em área de ILP com adubação nitrogenada, Machado *et al.* (2004) observaram que o ganho médio diário (GMD) aumentou até um resíduo de matéria seca de lâminas de folhas verdes de 2.000 kg/ha, quando foi obtido 0,850 g/animal, no período de outubro a junho.

Barcellos *et al.* (1997) obtiveram GMD de 443; 434; 467 e 445 g/animal, num período de 437 dias, em pastagem de *B. humidicola* renovada com *B. brizantha* em consórcio com milho, arroz, reforma direta e testemunha (*B. humidicola* degradada), respectivamente.

Em pastagem de aveia e ervilha forrageira, Grise *et al.* (2002) observaram que o ganho animal^{-1} teve uma relação direta com a altura da pastagem.

Em pastagens de boa qualidade, estabelecidas após lavouras, aliadas à prática da suplementação, Roos (2000) e Paulino (2000) observaram GMD de até 1.200 g animal^{-1} dia^{-1}.

Quanto ao ganho/ha, Roos (2.000) observou que, na integração lavoura/pecuária, é possível obter de 20 a 30 @ ha^{-1} de carcaça. Avaliando pastagens em sucessão à soja, sem adubação de manutenção, Broch *et al.*(1997) observaram ganhos de 25, 15 e 9 @ ha^{-1} de carcaça no primeiro, segundo e terceiro anos, respectivamente.

Yokoyama *et al.* (1999) observaram ganhos com a renovação da pastagem de *B. humidicola* com *B. brizantha* consorciada com milho ou arroz, direta, sem rotação com culturas, ou testemunha (*B. humidicola* degradada) de 699; 610; 619; 387 kg/ha^{-1} ano^{-1} de peso vivo, respectivamente.

Em pastagem de *B. decumbens,* numa rotação lavoura-pastagem, em ciclos de dois anos, Machado *et al.* (2001) obtiveram 582 kg/ha^{-1} ano^{-1} de peso vivo, sem adubação de manutenção.

Em pastagens anuais de safrinha, o ganhos podem variar muito entre os anos, principalmente ocasionados pelas condições de temperatura e pela ocorrência de precipitações. Em pastagem de aveia, Kichel & Miranda (2000a) observaram ganhos de 50 a 210 kg/ha^{-1} de peso vivo. Em pastagens de milheto (safrinha), num período de 40 a 60 dias, Kichel & Miranda (2000b) obtiveram 2 a 5 @ ha^{-1} de carcaça. Na Fazenda Cabeceira, em Maracaju, MS, com a mistura dos capins Tanzânia, *B. decumbens* e pé-de-galinha (*Eleusine coracane*), vêm sendo obtidas 7 @ ha^{-1} de carcaça, num período de 120 dias, na safrinha (segundo o proprietário, Sr. Ake van der Vine).

O ganho por área não deve ser o único fator a ser considerado nos sistemas ILP. Em decorrência do curto tempo de duração da pastagem, é necessário dar atenção ao ganho individual como forma de viabilizar o sistema. Com esse propósito, o Sr Ake van der Vine tem conseguido realizar a recria e engorda de novilhas, em regime de pasto, num período médio de 15 meses, permanecendo na propriedade dos 11 aos 26 meses de idade. Nesse sistema, o uso de novilhas é interessante, porque permite um giro mais rápido do que bois, já que o peso mínimo exigido pelos frigoríficos para o abate é de 12@ de carcaça, enquanto para os machos é de 16 @.

Além da produção animal, é necessário conhecer a influência que a pastagem pode exercer na cultura subsequente. As pastagens do gênero *Panicum*, em especial a cultivar Mombaça, é extremamente produtiva em solos de alta fertilidade, porém a dificuldade de erradicação com herbicidas, pode comprometer a produtividade da cultura subsequente. Entre as espécies do gênero *Brachiaria*, a *B. brizantha* é de difícil controle, principalmente quando degradada ou com deficiência de nitrogênio.

Quanto à produção de grãos, de milho e soja, Nicoloso *et al.* (2006) observaram que há redução na produtividade dessas culturas, quando a pastagem de inverno de aveia e azevém são pastejadas. Os autores observaram ainda que essa redução é proporcional à intensidade de pastejo.

Em sistemas integrados, é fundamental estabelecer um cronograma, porque são desenvolvidas duas atividades com demandas específicas, numa mesma propriedade. A fase mais crítica ocorre no momento de realizar a rotação, porque podem ocorrer imprevistos na formação e no controle da pastagem.

É necessário fazer a semeadura da pastagem no momento ideal, utilizar alta taxa de semeadura e profundidade adequadas, se possível com limitador de profundidade do disco das semeadoras.

Para o retorno das culturas, a dessecação da pastagem requer cuidados. Ao término da estação seca, em final de setembro, é necessária a vedação da pastagem para que haja área foliar suficiente para assimilação de herbicidas. Para a aplicação do dessecante, é necessário uma prazo de 15 dias após as primeiras chuvas. Posteriormente, são necessários, no mínimo, mais 20 dias para o início da semeadura. Dessa forma, para o retorno de culturas em áreas de pastagem são necessárias operações num curto espaço de tempo e, portanto, o planejamento é fundamental. A dessecação é facilitada, se no período anterior, for realizada adubação de manutenção da pastagem.

Problemas na execução da ILP

Apesar da integração lavoura-pecuária resultar em inúmeros benefícios, existem algumas limitações para o uso desta tecnologia. As principais são:

• **Informação** – o produtor e seus colaboradores que desenvolvem apenas uma das atividades, agricultura ou pecuária, necessitam conhecer a outra, ampliando a quantidade de conhecimentos e informações.

• **Sistema de produção** - de acordo com o leque de opções tecnológicas que o produtor dispõe com as atividades agrícola e pecuária, é necessário que o sistema seja bem definido e simplificado, para facilitar sua execução. Uma das grandes vantagens da ILP é a rotação do sistema e é importante que ela ocorra anualmente, independentemente de quanto tempo as áreas ficarão com lavoura ou pastagem. Caso contrário, a flutuação da taxa de lotação, pela variação da disponibilidade de forragem, será grande, o que dificulta o manejo de pastagens e a viabilidade do sistema.

• **Dessecação** – quando é feita a rotação de lavoura e pastagem, há a necessidade do controle das forrageiras para o retorno das culturas anuais. Para que a dessecação tenha bons resultados, são necessárias as seguintes condições: a forrageira não deve estar em estado de estresse hídrico, as plantas necessitam de uma área foliar mínima para que ocorra a absorção do produto e deve ser observada a dose e a diluição do herbicida. Dessa forma, após a estação seca, é necessário esperar uma semana após as primeiras chuvas para que as plantas saiam do estado de estresse. Posteriormente, é necessária a vedação da pastagem por aproximadamente duas semanas, para que desenvolva área foliar suficiente para a dessecação. A semeadura da cultura deve ser realizada 20 dias após a aplicação do herbicida, se as plantas forrageiras estiverem mortas; do contrário, é necessária uma aplicação sequencial, antes da semeadura (Kluthcouski *et al.*, 2003).

• **Uso de genética e categorias de animais inadequadas a sistemas intensivos** - tais como vacas de cria e gado com baixo potencial para ganho de peso ou qualidade de carcaça.

• **Manejo da pastagem** – nos sistemas integrados, as pastagens têm a função de recuperar a física do solo, mas se o manejo for inadequado, ficam poucos resíduos para cobertura, podendo haver compactação, e os benefícios esperados não são atingidos.

• **Adubação nitrogenada da pastagem** - a partir do segundo ano de pastagem, principalmente, a adubação nitrogenada é uma necessidade, já que a soja não contribui para elevação dos teores desse nutriente no solo.

Considerações finais

Os resíduos são fundamentais nos sistemas de integração lavoura-pecuária: os de fertilizantes, utilizados nos ciclos com lavoura, recuperam quimicamente, e os de forragem, durante os ciclos com pastagem, a física do solo.

Nos sistemas integrados, as pastagens contribuem na redução da incidência de pragas, doenças e plantas daninhas.

A ILP forma sistemas intensivos de produção e cada atividade tem que ser desenvolvida em nível tecnológico compatível.

A rotação lavoura-pastagem implica em frequentes formações e dessecações de pastagens, demandando planejamento das atividades, já que o tempo para execução dessas práticas é restrito.

Dada a complexidade da condução de duas atividades numa mesma propriedade, é fundamental que os objetivos estejam claros, e os sistemas sejam simples e de fácil condução.

A pecuária de corte na ILP deve ocorrer em ciclos de 12 a 18 meses, com a recria e a engorda de parte dos animais em pastagem; o restante, terminados com suplementação ou em confinamento.

Referências Bibliográfica

Alves, B.J.R.; Lara-Cabezas, W.A.R.; David, M.E.A.; Boddey, R.M.; Urquiaga, S. Balanço de N em soja estabelecida em um latossolo vermelho escuro do Triângulo Mineiro em condições de plantio direto e preparo convencional do solo. In: CONGRESSO BRASILEIRO DE CIÊNCIA DO SOLO, 27., 1999, Brasília, DF. Ciência do solo e qualidade de vida: anais. Brasília, DF: Embrapa Cerrados, 1999. 1 CD-ROM.

Alves, S.J.; Moraes, A. de. Manejo de pastagem em sistemas de integração lavoura-pecuária. In: ENCONTRO DE INTEGRAÇÃO LAVOURA-PECUÁRIA NO SUL DO BRASIL, 1., 2002, Pato Branco. **Anais...** Pato Branco: CEFET-PR, 2002. p. 103-108.

Asmus, G.L. **Reação de algumas culturas de cobertura utilizadas no sistema plantio direto ao nematoide reniforme**. Dourados, Embrapa Agropecuária Oeste, 2005. 4p. (Embrapa Agropecuária Oeste. Comunicado Técnico, 99)

Asmus, G.L.; Andrade, P.J.M. **Reprodução do nematoide das galhas (*Meloidogyne javanica*) em algumas plantas sucessão à cultura da soja**. Embrapa Agropecuária Oeste, Dourados, 2001. 4p. (Embrapa Agropecuária Oeste. Comunicado Técnico, 37)

Barcellos, A. de O. Produtividade animal em pastagens renovadas em solo arenoso de Cerrado. In: REUNIÃO ANUAL DA SOCIEDADE BRASILEIRA DE ZOOTECNIA, 34., 1997, Juiz de Fora. **Anais...** Juiz de Fora: SBZ, 1997. v.2, p. 207-209.

Boddey, R.M.; Alves, B.J.R.; Oliveira, O.C. de; Urquiaga, S. Degradação das pastagens e ciclo do nitrogênio. In: WORKSHOP NITROGÊNIO NA SUSTENTABILIDADE DE SISTEMAS INTENSIVOS DE PRODUÇÃO AGROPECUÁRIA, 2000, Dourados. **Anais...** Dourados: Embrapa Agropecuária Oeste; Seropédica: Embrapa Agrobiologia, 2000. p. 110-124. (Embrapa Agropecuária Oeste. Documentos, 26; Embrapa Agrobiologia. Documentos, 128).

Broch, D.L.; Pitol, C.; Borges, E.P. **Integração agricultura-pecuária: plantio direto da soja sobre pastagem na integração agropecuária**. Maracaju: Fundação MS, 1997. não paginado. (Fundação MS. Informativo técnico, 1).

Broch, D. L.; Ceccon, G. Produção de milho safrinha com integração lavoura e pecuária. In: SEMINÁRIO NACIONAL DE MILHO SAFRINHA, 9., 2007, Dourados. **Anais...** Dourados: Embrapa Agropecuária Oeste, 2007. p. 121-128.

Canziani, J.R.; Guimarães, V. di A. Análise da viabilidade econômica da pecuária de corte no sistema de integração lavoura-pecuária em substituição às culturas de trigo e milho safrinha no Estado do Paraná. In: SIMPÓSIO INTERNACIONAL EM INTEGRAÇÃO LAVOURA-PECUÁRIA, Curitiba, 2007. **Anais...** Curitiba, UFP/OHIO State University, 2007. Disponível em CD.

Carvalho, M.M. Recuperação de pastagens degradadas. Coronel Pacheco: EMBRAPA-CNPGL, 1993. 51 p. (EMBRAPA-CNPGL. Documentos, 55).

Ceccon, G. Milho safrinha com solo protegido e retorno econômico em Mato Grosso do Sul. **Revista Plantio Direto**, n.97, p.17-20; jan./fev. 2007b.

Ceccon, G.; Sagrilo, E.; Fernandes, F.M.; Machado, L.A.Z.; Staut, L.A.; Pereira, M.G.; Backes, C.F.; Assis, P.G.G. de; Souza, G.A. de. Milho safrinha em consórcio com alternativas de outono-inverno para produção de palha e grãos, em Mato Grosso do Sul, em 2005. In: SEMINÁRIO NACIONAL DE MILHO SAFRINHA, 8., 2005, Assis. **Anais...** Campinas: Instituto Agronômico, 2005. p. 361-366.

Correia, N.M.; Durigan, J.C.; Klink, U. P. Influência do tipo e da quantidade de resíduos vegetais na emergência de plantas daninhas. **Planta Daninha**, v.24, n.2, p.245-253, 2006.

Costa, J.L. da S.; Rava, C. A. Influência da braquiária no manejo de doenças do feijoeiro com origem no solo. In: Kluthcouski, J.; Stone, L.F.; Aidar, H. (Ed.). **Integração lavoura-pecuária**. Santo Antônio de Goiás: Embrapa Arroz e Feijão, 2003. p. 523-533.

Fabricio, A.C.; Machado, L.A.Z.; Salton, J.C. **Integração agricultura-pecuária**. Dourados, Embrapa Agropecuária Oeste, Folder, 1999.

Ferreira, E. **A excreção de bovinos e as perdas de nitrogênio nas pastagens tropicais**. 1995. 124 f. Dissertação (Mestrado em Agronomia) – Universidade Federal Rural do Rio de Janeiro, Seropédica.

Grise, M.M.; Cecato, U.; Moraes, A. de; Canto, M.W. do; Martins, E.N.; Palissari, A.; MIRA, R.T. Avaliação do desempenho animal e do pasto na mistura aveia IAPAR 61 (*Avena strigosa* Schreb) e ervilha forrageira (*Pisum arvense* L.) manejada em diferentes alturas. **Revista Brasileira de Zootecnia**, v.31, n.3, p.1085-1091, maio/jun. 2002.

Ikeda, F.S.; Mitja, D.; Vilela, L.; Carmona, R. Banco de sementes no solo em sistemas de cultivo lavoura-pastagem. **Pesquisa Agropecuária Brasileira**, v.42, n.11, p.1545-1551, nov. 2007.

Kichel, A.N.; Miranda, C.H.B.; Tambosi, S.A. T. Produção de bovinos de corte com a integração agricultura x pecuária. In: SIMPÓSIO DE FORRAGICULTURA E PASTAGENS, 1., 2000, Lavras. Temas em evidência. Lavras: UFLA, 2000. p. 51-68.

Kichel, A.N.; Miranda, C.H.B. **Uso da aveia como planta forrageira**. Campo Grande: Embrapa Gado de Corte, 2000a. 6p. (Gado de Corte Divulga, 45.)

Kichel, A.N.; Miranda, C.H.B. **Uso do milheto como planta forrageira**. Campo Grande: Embrapa Gado de Corte, 2000b. 7p. (Gado de Corte Divulga, 46.)

Kluthcouski, J.; Cobucci, T.; Aidar, H.; Yokoyama, L.P.; Oliveira, I.P.; de Costa, J.L. da S.; Silva, J.G. da; Vilela, L.; Barcellos, A. de O.; Magnabosco, C. de U. **Sistema Santa Fé tecnologia Embrapa: integração lavoura-pecuária pelo consórcio de culturas anuais com forrageiras, em áreas de lavoura, nos sistemas direto e convencional.** Santo Antônio de Goiás: Embrapa Arroz e Feijão, 2000. 28 p. (Embrapa Arroz e Feijão. Circular técnica, 38).

Kluthcouski, J.; Cobucci, T.; Aidar, H.; Costa, J.L. da S.; Portela, C. **Cultivo do feijoeiro em palhada de braquiária**. Santo Antônio de Goiás: Embrapa Arroz e Feijão, 2003. 28 p. (Embrapa Arroz e Feijão. Documentos, 157).

Kluthcouski, J.; Aidar, H. **Implantação, condução e resultados obtidos com Sistema Santa Fé**. In: Kluthcouski, J.; Stone, L.F.; Aidar, H. Integração lavoura-pecuária. Santo Antônio de Goiás, Embrapa Arroz e Feijão, 2003. p.409-441

Kluthcouski, J.; Stone, L.F.; Aidar, H.; Cobucci, T. *Integração lavoura-pecuária e o manejo de plantas daninhas*. Potafós, Encarte do Informações Agronômicas, n.106, p.1-20, jun. 2004. 20p.

Lamas, F.M.; Staut, L.A. **Espécies vegetais para cobertura de solo no Cerrado de Mato Grosso**. Dourados, Embrapa Agropecuária Oeste, 2005. 6p. (Embrapa Agropecuária Oeste. Comunicado Técnico, 97)

Macedo, M.C.M.; Miranda, C.H.B. **Fixação de nitrogênio pela soja em sistemas de cultivo contínuo e rotacionado com pecuária nos cerrados**. Campo Grande: Embrapa Gado de Corte, 2001. 29 p. (Embrapa Gado de Corte. Boletim de pesquisa e desenvolvimento, 14.)

Macedo, M.M.; Zimmer, A.H. Sistemas integrados de lavoura-pecuária na Região dos Cerrados do Brasil. In: SIMPÓSIO INTERNACIONAL EM INTEGRAÇÃO LAVOURA-PECUÁRIA, Curitiba, 2007. **Anais...** Curitiba, UFP OHIO State University, 2007. 24 p. Disponível em CD.

Machado, L.A.Z. Cultivares de aveia para produção de forragem e cobertura do solo para Mato Grosso do Sul. Dourados, Embrapa Agropecuária Oeste, 2002. 4 p. (Embrapa Agropecuária Oeste. Comunicado Técnico, 65)

Machado, L.A.Z.; Assis, P.G.G. de; Palombo, C. S**orgo para pastejo/corte e cobertura do solo no período de outono/inverno (safrinha) em Mato Grosso do Sul**. Dourados, Embrapa Agropecuária Oeste, 2004. 19p. (Embrapa Agropecuária Oeste. Boletim de Pesquisa e Desenvolvimento, 16)

Machado, L.A.Z.; Assis, P.G.G. de Espécies para a produção de forragem e palha na estação seca, em sucessão a soja. In: REUNIÃO ANUAL DA SOCIEDADE BRASILEIRA DE ZOOTECNIA, 43ª, João Pessoa, 2006. **Anais...** João Pessoa, SBZ, 2006. CD-ROM

Machado, L.A.Z.; Fabrício; A.C.; Assis, P.G.G. de; Maraschin, G.E. Estrutura do dossel em pastagens de capim-marandu submetidas a quatro ofertas de lâminas foliares. **Pesquisa Agropecuária Brasileira**, v.42, n.10, p.1495-1501, out. 2007a.

Machado, L.A.Z.; Fabrício, A.C.; Salton, J.C. **Performance of steers in Brachiaria decumbens pastures, permanent and in rotation**. In: INTERNATIONAL GRASSLAND CONGRESS, 19., 2001, São Pedro. Grassland ecosystems: an outlook in the 21st. Century: proccedings. Piracicaba: SBZ: FEALQ, 2001. p. 747-748.

Machado, L.A.; Melhorança, A.L.; Assis, P.G.G de. Estabelecimento de pastagem (Brachiaria brizantha cv. Marandu) semeada em diferentes estádios de desenvolvimento da cultura da soja. In: REUNIÃO ANUAL DA SOCIEDADE BRASILEIRA DE ZOOTECNIA, 44., Jaboticabal, 2007. O arranjo científico e tecnológico na produção animal. **Anais...** Jaboticabal, SBZ: UNESP, 2007b. Disponível em CD.

Machado, L.A.; Weismann, M. Estabelecimento de forrageiras perenes em consórcio com a cultura da soja.In: SIMPÓSIO INTERNACIONAL EM INTEGRAÇÃO LAVOURA-PECUÁRIA, Curitiba, 2007. **Anais...** Curitiba: UFP: UFRGS: OHIO State University, 2007. Disponível em CD.

Marighella, C. Alguns aspectos da renda da terra no Brasil. Disponível em: http://www.marxists.org/portugues/marighella/1958/06/renda-terra-brasil/index.htm Acesso em: 29/10/2007 Publicado originalmente na Ver. Est. Soc., jun. 1958.

Medeiros, R.B.; Ribolti, J.; Saibro, J.C. de; Zambra, J.E.G. Direct drilling of soybean in a pensacola bahiagrass pasture in the Northwest Region of Rio Grande do Sul, Brazil. In: INTERNATIONAL GRASSLAND CONGRESS, 19., 2001, São Pedro. Grassland ecosystems: an outlook in the 21st. Century: **proccedings...** Piracicaba: SBZ: FEALQ, 2001. p. 740-741.

Mello, L.M.M.; Yano, E.H.; Narimatsu, K.C.P.; Takahashi, C.M.; Borghi, E. Integração agricultura-pecuária em plantio direto: produção de forragem e resíduo de palha após pastejo. **Engenharia Agrícola**, v.24, n.1, p.121-129, jan. 2004.

Moraes, A.; Pelissari, A.; Alves, S.J.; CArvalho, P.C. de F.; Cassol, L.C. Integração lavoura-pecuária no Sul do Brasil. In: ENCONTRO DE INTEGRAÇÃO LAVOURA-PECUÁRIA NO SUL DO BRASIL, 1., 2002, Pato Branco. **Anais...** Pato Branco: CEFET-PR, 2002. p. 3-42.

Moraes, A. de; Carvalho, P.C. de F.; Pelissari, A.; Alves, S.J.; Lang, C.R. Sistemas de integração lavoura-pecuária no Subtrópico da América do Sul: exemplos do Sul do Brasil. In: SIMPÓSIO INTERNACIONAL EM INTEGRAÇÃO LAVOURA-PECUÁRIA, Curitiba, 2007. **Anais...** Curitiba, UFP OHIO State University, 2007. 27 p. Disponível em CD.

NIcoloso, R. da S.; Lanzanova, M.E.; Lovato, T. Manejo das pastagens de inverno e potencial produtivo de sistemas de integração lavoura-pecuária no Estado do Rio Grande do Sul. **Ciência Rural**, v.36, n.6, p. 1799-1805, nov./dez. 2006.

Oliveira, I.P. de; Kluthcouski, J.; Yokoyama, L.P.; Dutra, L.G.; Portes, T. de A.; Silva, A.E. da; Pinheiro, B. da S.; Ferreira, E.; Castro, E. Da M.; Guimarães, C.M.; Gomide, J. de C.; Balbino, L.C. **Sistema Barreirão: recuperação/renovação de pastagens degradadas em consórcio com culturas anuais**. Goiânia: EMBRAPA-CNPAF, 1996. 90 p. (EMBRAPA- CNPAF. Documentos, 64).

Oliveira, I.P.; Aidar, H.; Rosa, S.R.A. da; Kluthcouski, J.; Costa, J.L. da. Palhada no Sistema Santa Fé. **Informações Agronômicas**, n.93, 2001. jan. 4P.

Paulino, M.F. Suplementação de bovinos em pastagens melhoradas com plantio direto. In: ENCONTRO REGIONAL DE PLANTIO DIRETO NO CERRADO, 4., 1999, Uberlândia. Plantio direto na integração lavoura-pecuária. **Anais...** Uberlândia: Universidade Federal de Uberlândia: Brasília, DF: Associação de Plantio Direto no Cerrado, 2000. p. 89-100.

Roos, L.C. Impacto econômico da integração agricultura-pecuária em plantio direto. In: ENCONTRO REGIONAL DE PLANTIO DIRETO NO CERRADO, 4., 1999, Uberlândia. Plantio direto na integração lavoura-pecuária. **Anais...**Uberlândia: Universidade Federal de Uberlândia; Brasília, DF: Associação de Plantio Direto no Cerrado, 2000. p. 25-29.

Salton, J.C.; Mielniczuk, J.; Bayer, C.; Fabricio, A.C.; Macedo, M.M.; Broch, D.L.; Boeni, B.; Conceição, P.C. **Matéria orgânica do solo na integração lavoura-pecuária em Mato Grosso do Sul**. Dourados: Embrapa Agropecuária Oeste, 2005. 58 p. (Boletim de Pesquisa e Desenvolvimento / Embrapa Agropecuária Oeste, 29).

Sulc, R.M. Integrated crop–livestock systems in the North Ameriac. In: Anibal de Moreaes; Paulo César de Faccio Carvalho e Reuben Mark Sulc. SIMPÓSIO INTERNACIONAL EM INTEGRAÇÃO LAVOURA-PECUÁRIA. **Anais...** Curitiba, UFPR: UFRGS: OHAIO, 2007. Disponível em CD-RUM.

Tomasini, R.G.A.; Velloso, J.A.R. de; Amantino, J.K.; Ambrosi, I. Campo bruto melhorado: grãos, solo e vida. Passo Fundo: EMBRAPA-CNPT, 1987. 22 p. (EMBRAPA-CNPT. Documentos, 6)

Yokoyama, L.P.; Viana Filho, A.; Balbino, L.C.; Oliveira, I.P. de; Barcellos, A. de O. Avaliação econômica de técnicas de recuperação de pastagens. **Pesquisa Agropecuária Brasileira**, v.34, n.8, p.1335-1345, 1999.

Zontarelli, L. **Balanço de nitrogênio na rotação de culturas em sistema plantio direto e convencional na região de Londrina-PR**. 2000. 183p. Dissertação (Mestrado em Agronomia) – Universidade Federal Rural do Rio de Janeiro, Seropédica.

npp!
A parceria que você precisa para ganhar produtividade.
• Planejamento de Empreendimentos Pecuários
• Projetos de Intensificação da Produção Pecuária
• Estudos de Viabilidade Técnico-Econômica
• Consultoria e Assistência Técnica
• Manejo de Bovinos de Corte e Leite
• Produção de Forragens
• Formação e Manejo de Pastagens
• Nutrição Animal
Bürgi
Consultoria Agropecuária
(19) 3302.6033 | burgi@uol.com.br

CAPÍTULO 71

Sistemas silvipastoris: fundamentos para a implementação

Vanderley Porfírio da Silva
Pesquisador da Embrapa Florestas
Colombo, PR
porfirio@cnpf.embrapa.br

Anibal de Moraes
Professor Associado II
Depto de Fitotecnia e Fitossanitarismo
Faculdade de Agronomia
UFP. Curitiba, PR
anibalm@ufpr.br

Introdução

Obrigatoriamente, um sistema silvipastoril (SSP) contém os seguintes componentes: um forrageiro/herbáceo, um animal e um lenhoso de porte arbóreo/arborescente. Em algumas formas de SSP, o componente arbóreo também pode ser forrageiro (por exemplo: leucena, amora, cratílea) e, embora não seja usual considerar arranjos que somente tenham plantas forrageiras (desde que pelo menos uma seja lenhosa), mesmo não fornecendo proteção ao gado, podem ser considerados silvipastoris (por exemplo, a utilização de leucena para pastejo). É usual aceitar que haja um novo produto e/ou serviço não encontrado e/ou produzido pela utilização de forrageiras herbáceas. Por exemplo, em forrageiras herbáceas leguminosas obtêm-se forragem e fixação de nitrogênio atmosférico no solo; o mesmo pode ser conseguido com uma leguminosa arbórea que, no entanto, se manejada corretamente, poderá prover sombra para o gado e madeira para uso comercial ou na propriedade rural.

A presença de árvores confere algumas características que podem favorecer a produtividade e a sustentabilidade de sítio, podendo incluir efeitos sobre a ciclagem de nutrientes, proteção contra erosão, modificação do microclima, estratificação do uso de recursos e efeitos sobre as populações de pragas, entre outros (McDicken e Vergara, 1990).

As peculiaridades relativas aos sistemas silvipastoris necessitam ser entendidas para possibilitar a maximização de suas interações positivas e a minimização das interações negativas. Assim, alguns conceitos e fundamentos precisam ser conhecidos e referenciados nas condições da região ou em condições similares.

Os componentes árvore, pasto e animal devem ser considerados integrantes do sistema, desde o planejamento do empreendimento, requerendo mudanças de postura e novas ações, alterando costumes e tradições (Dantas, 1994) dos setores produtivos envolvidos (técnicos, produtores e empresários).

O planejamento deve prever e permitir uma transitoriedade amena, ou seja, enquanto o componente arbóreo não puder suportar carga animal, a área será utilizada para cultivos anuais. É o caso, por exemplo, da reforma de pasto ou implantação de pastagens com plantio de árvores em terraços ou em curvas de nível; enquanto as árvores crescem, o solo é submetido a adubações e cultivos de ciclo anual.

A transitoriedade acontece de um sistema pastoril (pasto e gado) que, passando inicialmente por um sistema silviagrícola (árvores + lavouras) chega ao silvipastoril (árvores + pasto + gado), com vantagens econômicas capazes de diminuir, ou até mesmo suplantar, os custos de implantação do novo sistema.

Os sistemas silvipastoris apresentam grande potencial de benefícios econômicos e ambientais, tanto para os produtores como para a sociedade.

Fundamentação agroecológica dos sistemas silvipastoris

O consenso existente acerca da pressão da produção pecuária destaca que os impactos mais preocupantes são: o desflorestamento, a erosão e compactação dos solos, as emissões de gases componentes do efeito estufa, a poluição de águas, a mudança na cobertura vegetal e a diminuição da biodiversidade. Segundo os autores, desde os acordos internacionais firmados em 1992 (Agenda 21, Convenção sobre a Mudança Climática Global e a Biodivesidade), no Rio de Janeiro, Brasil, vem sendo construído um processo em âmbito mundial que tem o objetivo de rever os efeitos da produção animal sobre o meio ambiente (Rosales *et al.*, 1998).

Frente a tal cenário, as preocupações sobre meio ambiente e pecuária devem buscam estabelecer sistemas de produção em bases sustentáveis, para que a pecuária possa ser socialmente benéfica, economicamente viável e ambientalmente adequada. Nesse sentido, o sistema silvipastoril, ao associar o componente arbóreo às atividades da bovinocultura, adquire grande importância. Sua importância passa a ser ainda maior quando implementado em regiões pastoris com grande fragmentação e insulamento de remanescentes florestais naturais e/ou com pastagens degradadas (Porfírio-da-Silva, 2006).

Sistema silvipastoril é um termo que sumariza práticas envolvidas na integração de árvores com pastagens na mesma área por meio da conservação/manutenção de árvores previamente existentes, pelo plantio de árvores, ou pela condução de árvores que emergem naturalmente em meio a pastagem.

É uma opção de tecnologia para a produção pecuária, e que consiste da combinação intencional de árvores, pastagens e gado numa mesma área e ao mesmo tempo. Multifuncional, o silvipastoril possibilita intensificar a produção, pelo manejo integrado dos recursos naturais, evitando sua degradação (Carvalho *et al.*, 2001) com o objetivo de incrementar a produtividade. As árvores podem ser madeiráveis, frutíferas, de outros produtos industriais não madeiráveis, forrageiras ou de multipropósito. Portanto, vários tipos de sistemas silvipastoris são possíveis. São praticados em várias partes do mundo sob diferentes condições ambientais e sócioeconômicas, conforme exemplificado na **Tabela 1**.

Nas situações, em que as árvores se constituem também em forrageiras, são utilizadas espécies que permitem pastoreio direto ou corte de suas folhas e ramos comestíveis, ou ainda frutos e vagens como: *Leucaena* spp. e *Prosopis* spp. (Lourenço, 1993); *Paulownia* spp. (Chinese Academy..., 1986); *Gliricidia sepium*; (Matías, 2000; Rangel, 2006); *Cratylia argentea* (Aroeira *et al.*, 2003; Xavier & Botrel, 2000); *Morus alba* (Sanchez, 2000); Okamoto *et al.*, 2007) e uma variedade de espécies frutíferas nativas do Sul do Brasil que são procuradas pelo gado (Chang, 1985).

Nair (1993) comentou que um dos sistemas silvipastoris mais sistemáticos e comercialmente orientados são as pastagens sob plantações de florestas de coníferas, popularmente conhecidas no Sudeste dos Estados Unidos (**Tabela 1**) e que são usualmente encontradas em países desenvolvidos das regiões temperadas. Enquanto sistemas silvipastoris que envolvem um grande número de espécies de árvores/arbustos e várias intensidades de manejo seriam mais característicos de regiões tropicais. Dados da FAO (1985) estimaram que árvores e arbustos em sistemas silvipastoris de produção, constituíam a fonte básica de alimento para algo em torno de 500 a 660 milhões de cabeças de gado nos trópicos.

Interações entre árvores, pastagens e animais nos sistemas silvipastoris

Várias interações podem acontecer entre os componentes arbóreo e não-arbóreo de um sistema silvipastoril, através do solo ou do microclima, sendo que algumas têm efeitos favoráveis e outras efeitos adversos. Das interações possíveis entre os componentes de um determinado sistema, as que envolvem a árvore e a pastagem são as mais relevantes, uma vez que podem determinar o sucesso ou não do sistema construído. O conhecimento dos efeitos resultantes dos mecanismos utilizados pelos componentes de um sistema silvipastoril, para satisfazerem suas necessidades de luz, água e nutrientes, ao explorarem o mesmo espaço, torna-se importante para otimizar as interações visando à maior produção do sistema.

Na perspectiva ecológica, a mudança de uma pastagem convencional para uma arborizada depende da forma com que a árvore pode afetar seus arredores pela modificação do ambiente. Conforme o princípio de *resposta e efeito* (Goldberg e Werner, 1983) (**Figura 1**), que estabelece que plantas e ambiente modificam-se mutuamente, de modo que o ambiente provoca uma resposta no desenvolvimento da planta, e a planta, por sua vez, promove um efeito sobre o ambiente modificando um ou mais de seus fatores.

A introdução de árvores em uma pastagem determina modificações no ambiente por meio das interações entre os componentes (físicos e biológicos) e das interações entre suas relações. As interações podem ser classificadas com base nos processos e formas que ocorrem (Anderson e Sinclair, 1993), dividindo o sistema em componentes e relacionamentos (**Figura 2**).

Os componentes (C) do sistema podem ser separados em ambiente físico (acima do solo e abaixo do solo) e ambiente biológico (plantas, animal e microbiota). O ambiente físico diz respeito aos recursos (água, luz, nutrientes), incluindo topografia e clima; enquanto o ambiente biológico trata de arranjos silvipastoris e da captação e uso de recursos.

Os relacionamentos (R), por sua vez, tratam das interações entre os componentes físico e biótico (R1), e das interações intraespecíficas e interespecíficas (R2). A primeira subdivisão inclui o controle de fluxo de recursos, em termos do efeito de limitação de recurso no crescimento e desenvolvimento de plantas (R1a), e mecanismos relativos ao consumo de recursos pelas plantas (R1b). Assim, interações biológicas (R1) representam o resultado do processo de relacionamentos planta-ambiente.

Com essa categorização, o silvipastoril constitui um conjunto de práticas que visa ao incentivo de uma combinação favorável das interações ecológicas, competição, predação, comensalismo, mutualismo e, assim, aumentar a produtividade das terras e conservação dos recursos. Os resultados em silvipastoril podem ser pesquisados tendo como pano de fundo esse quadro teórico.

Tabela 1. Alguns sistemas silvipastoris utilizados em diferentes regiões climáticas.

Espécie arbórea	Tipo de animais	Espécie forrageira	Forma de pastoreio	País /Região	Referências
Pinus taeda	-	-	-	Estados Unidos**	Grelen (1978), citado por Baggio (1983)
Cordia alliodora	-	-	-	Costa Rica**	(Budowski,1983)
Alnus acuminata	-	*Pennisetum clandestinum* (capim-quicuio) *P. purpureum* (capim-elefante) e *axonopus scoparius*	-	Costa Rica**	(Budowski,1983)
P. palustris e *P. Elliotti*	bovinos	*Paspalum notatum* (pensacola bahiagrass), *lespedeza striata* (lespedeza), *Trifolium repens* (trevo branco) *Cynodon dactylon* e *Paspalum dilatatum*	Contínuo	Sudeste dos Estados Unidos**	Lewis e Pearson (1987)
Eucalyptus grandis	bovinos	*Brachiaria decumbens*	Sazonal	São Paulo, Brasil*	Schreiner (1988)
Eucalyptus spp.	bovinos e ovinos	*P. maximum*	Sazonal	Minas Gerais, Brasil*	Almeida (1991)
Várias espécies nativas (Faxinais)	bovinos, suínos, equinos, aves.	-	Contínuo	Sul do Brasil**	-
Acacia mearnssi (acácia negra)	bovinos e ovinos	*P. maximum*, *B. brizantha* cv. Marandu	Contínuo/ sazonal	Rio Grande do Sul, Brasil**	Tanagro (1992)
Eucalyptus spp. e *Cupressus* spp.	bovinos e ovinos	-	Contínuo/ Sazonal	Austrália**	Bird *et al.* (1992)
Pinus ponderosa	ovinos	-	Sazonal	Noroeste dos Estados Unidos**	Nair (1993)
Pinus elliotti	bovinos	*Panicum glutinosum*, *P. millegrama* e *Axonopus* sp.	Sazonal	Paraná, Brasil*	Schreiner (1994)
Grevillea robusta	bovinos	*Cynodon plectostachyus*	Contínuo	Paraná, Brasil**	Silva (1994)
Pinus radiata, *Cupressus macrocarpa*, *Eucalyptus* spp.	ovinos e bovinos	-	Contínuo	Nova Zelândia**	Gregory (1995)
Hevea spp. (seringueira)	caprinos e ovinos	-	Contínuo	Malásia e Indonésia**	1
Cocus nicifera (coco)	bovinos, caprinos e ovinos	-	Contínuo	Ilhas do Pacífico Sul**	1
Citrus spp.	ovinos e aves (gansos)	-	Contínuo	Cuba**	1
Bananeiras	aves (patos)	-	Contínuo	República Dominicana**	1
Pereiras, *Amendoeiras* e *Oliveiras*	ovinos	-	Sazonal	Espanha**	1
Pessegueiros	ovinos	-	Sazonal	México**	1
Opuntia spp.	cabrinos e ovinos	-	Contínuo	México**	1
E. saligna	bovinos	Azevém e trevo vesiculoso	- -	Rio Grande do Sul, Brasil*	Silva *et al.*, (1996)

G. robusta; E. grandis; E. camaldulensis	bovinos	*B. brizantha, Cynodon plectostachyus; Cynodon dactylon;*	Contínuo	Paraná, Brasil**	Porfírio da Silva e Mazuchowski (1999)
Prosopis juliflora	bovinos	*Cenchrus ciliaris* (capim-buffel)	Contínuo	Pernambuco, Brasil*	Ribaski (2000)
Cocus nucifera (coco)	bovinos	*B. humidicola*	Contínuo	Pará, Brasil-**	Veiga *et al.*, (2001)
Stryphnodendron guianense (baginha)	bovinos	*Brachiaria decumbens* e *B. brizantha* cv. Marandu	Contínuo	Acre, Brasil*	Andrade *et al.*, (2002)
Várias espécies nativas e introduzidas	bovinos	*B. brizantha* cv. Marandu;	-	Região Sul do Brasil*	Ribaski e Montoya (2001)
Schizolobium amazonicum (paricá), *Swietenia macrophylla* (mogno), *Ceiba pentandra* (sumaúma), *Khaya ivorensis* (mogno-africano), *Tectona grandis* (teca)	bovinos e ovinos	*B. humidicola, B. Brizantha*	Sazonal	Nordeste do Pará, Brasil**	Veiga *et al.*, (2004)
Eucalyptus spp.; *G. robusta;* outras espécies	bovinos	*B. brizantha* cv. Marandu;"Tifton-85"	Contínuo	Paraná, Brasil**	Menarin Filho (2005)
A. angustissima, A. mangium, Mimosa artemisiana	bovinos	*B. decumbens*	Contínuo	Minas Gerais, Brasil*	Paciullo *et al*., (2006)
Cocus nucifera (coco-anão)	bovinos	*B. brizantha* cv. Marandu	Contínuo	Minas Gerais, Brasil*	Wendling *et al.*, (2006)
Acacia decurrens, A. melanoxyllum, A.decurrens, A. mangium, Leucaena leucocephala, Guazuma ulmifolia	bovinos	*Hyparrhenia rufa, P. clandestinum, B. humidicola, B. Arrecta*	Contínuo	Noroeste da Colômbia**	Giraldo (2007)

Nota: (1) = Sánchez (1995) citando vários autores. (**) = utilização corrente entre produtores; (*) = experimentação e pesquisa (Adaptado de Porfírio-da-Silva,1998).

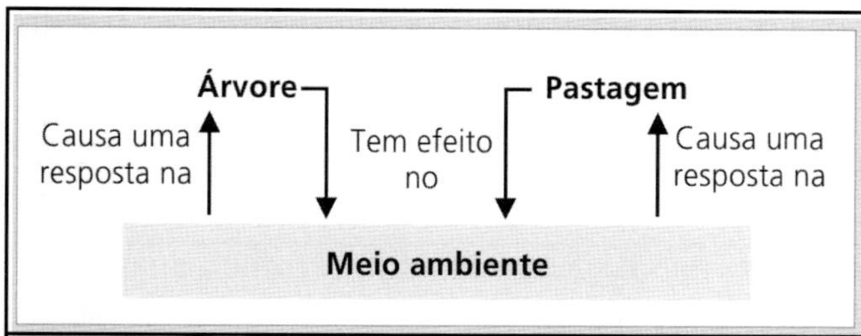

Figura 1. O princípio de *resposta e efeito*. (Adaptado de Goldberg e Werner, 1983).

As árvores podem afetar a pastagem de forma desejável ou indesejável do ponto de vista humano, negativa ou positivamente em termos de conceitos ecológicos. Consequentemente, o componente arbóreo pode causar aumento (+), diminuição (-), ou não ter efeito (0) sobre o componente forrageiro. O efeito das interações, no entanto, irá depender de como a espécie de árvore e/ou de pasto respondem ou utilizam recursos do ambiente. O gado, por sua vez, não sendo produtor primário, sofrerá os efeitos resultantes das interações árvore x pasto, embora possa afetar (-) a pastagem e/ou árvore (**Tabela 2**).

Efeito das árvores no solo

Sob condições naturais de florestas ou bosques, o solo é fertil, bem estruturado, possui boa capacidade de retenção de umidade, tem resistência à erosão e apresenta um estoque de fertilidade em nutrientes contidos na matéria orgânica existente em diferentes e diversos estágios

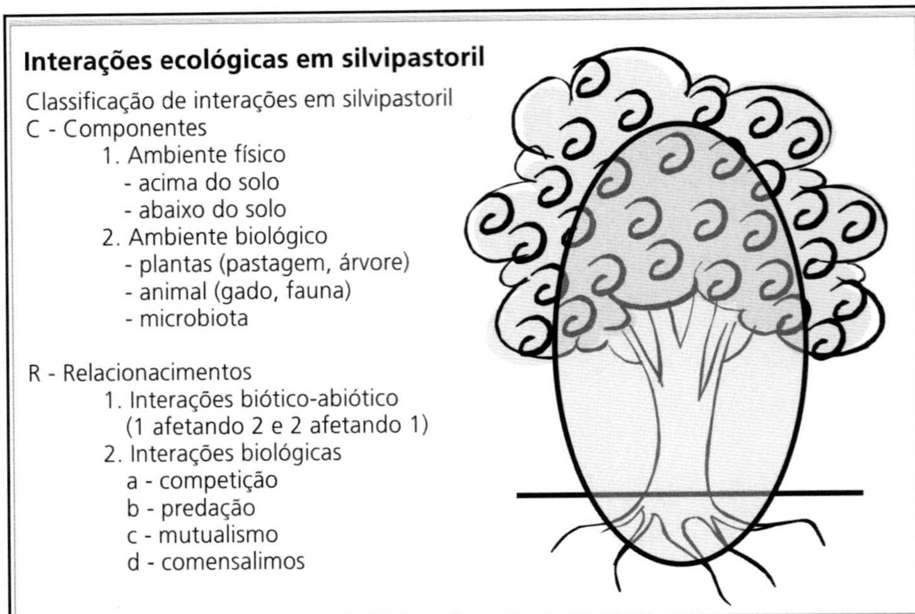

Figura 2. Classificação de interações ecológicas em sistema silvipastoril (Adaptado de Anderson e Sinclair, 1993).

(desde corpos e fragmentos destes até moléculas orgânicas).

O ciclo do carbono e da maioria dos nutrientes sob florestas têm sido demonstrados (Angelsen e Kaimowitz, 2001). Esses ciclos são relativamente abertos, podendo obter ganhos a partir das chuvas, por exemplo. Desse modo, não somente pode-se observar o fato de como árvores mantêm a fertilidade do solo, mas conhecer os detalhes de como isso é obtido (**Figura 4**).

A prática de cultivos migratórios demonstra a capacidade da floresta em restaurar a fertilidade da área utilizada. Atualmente, essa prática é tida como ambientalmente indesejada, uma vez que a pressão populacional nas terras tem forçado o encurtamento do período de pousios, o que tem inviabilizado tal procedimento. Porém, se houver disponibilidade de terras e ampliação do tempo de pousio, torna-se em prática sustentável, demonstrando a capacidade da floresta ou do reflorestamento em restaurar a fertilidade perdida durante o período de cultivos agropecuários.

Plantios florestais em aterros ou em terras erodidas ou, de outra maneira, degradadas, têm demonstrado o potencial das árvores em reconstruir a fertilidade, além de restabelecer as condições físicas e biológicas do solo (e.g. Franco *et al.*, 1992; Dias *et al.*, 2006). Esses aspectos, aliados ao quase constante declínio da fertilidade do solo que ocorre em qualquer região, quando se retira completamente a floresta, demonstra veracidade da afirmação de que: *As árvores melhoram os solos no decorrer do tempo*. Muitas evidências dos efeitos das árvores nos solos, originam-se de comparações das propriedades dos solos sob a copa de árvores isoladas, com as propriedades dos solos circundantes sem a cobertura da árvore.

Sob a copa de árvores são encontrados teores mais elevados de matéria orgânica e nutrientes do que nas adjacências não atingidas pela

Tabela 2. Interações árvore-pastagem-gado e seus efeitos resultantes em sistema silvipastoril.

Interação resultante	Exemplo
Comensalismo (0, +)	Melhoria da fertilidade do solo e do microclima pelas árvores, favorecendo a pastagem e o conforto térmico animal.
Competição (-, -), (-,0)	Restrição de radiação solar para a pastagem sob a sombra das árvores; restrição de radiação solar para a plântula de árvore (*abafamento*) imposta pela pastagem; produção de substâncias que impedem o desenvolvimento, quer seja da árvore para com a pastagem, quer seja da pastagem para com a árvore (antibiose).
Predação (+, -)	Pastejo dos animais sobre a pastagem e/ou sobre a árvore.
Mutualismo (+, +)	Fixação biológica de nitrogênio atmosférico feita por microrganismos (ex.: rizóbios e bactérias) associados à árvore para a pastagem; sombra das árvores para o gado e deposição de esterco sob as copas das árvores.

Fonte: Porfírio da Silva (2007).

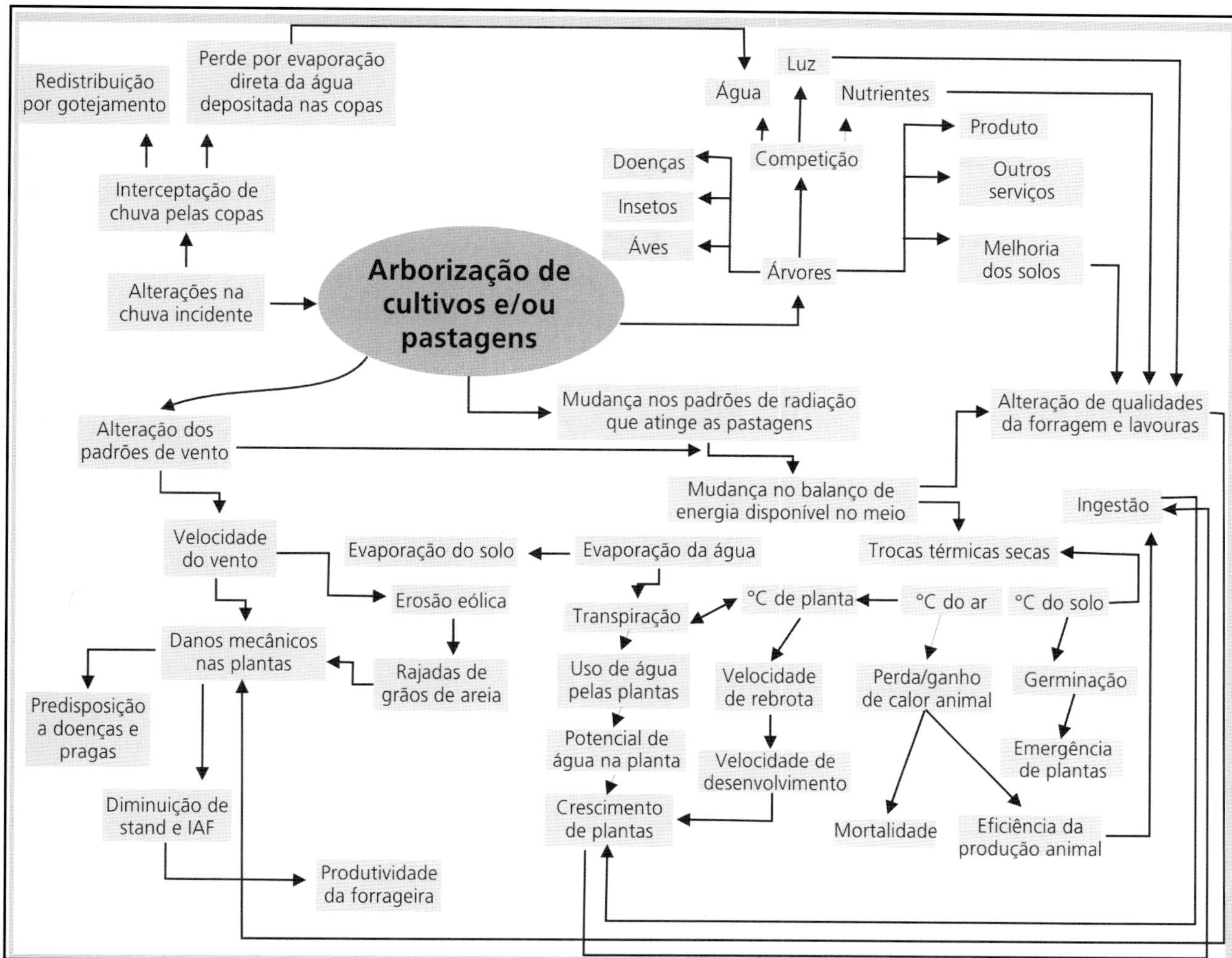

Figura 3. Esquema simplificado das alterações causadas pela introdução de árvores em uma área de pastagem.(Adaptado de Porfírio da Silva, 2001).

copa da árvore (Amiotti *et al.*, 2000). Por exemplo, milho e sorgo cultivados em vasos com amostras de solo provenientes da condição *sob a copa de árvores* cresceram 2 a 3 vezes mais rápido que em solos vindos da condição *sem árvores* (Young, 1994).

Os efeitos no solo e como as árvores podem melhorá-lo são relatados por vários autores, entre os quais, Young (1994), Nair (1993), Lima (1986); Rhoades (1997); Amiotti *et al.* (2000) e Andrade *et al.* (2002). Dentre esses aspectos, podem ser destacados como melhorias que as árvores acarretam aos solos:

a) Aportes para o solo

- pela manutenção ou incremento da matéria orgânica do solo através da fixação de carbono pela fotossíntese e pela transferência decorrente da queda de folhas/ramos e apodrecimento de raízes velhas;
- pela fixação de nitrogênio por árvores leguminosas e também por algumas árvores não leguminosas (p.e.: *Casuarinas*);
- pela elevação do teor de nutrientes extraídos de rochas intemperizadas nas camadas profundas do solo, devido às raízes que induzem um grau de intemperismo nas rochas, especialmente nos horizontes B e C, acessando *novos* nutrientes (Young, 1994);
- pelas árvores, proporcionando condições favoráveis para ganhos/entradas de nutrientes pela chuva e poeira, inclusive via chuva interna (gotejamento) e fluxo de caule (Lima, 1986; Bird *et al.*, 1992; Myers *et al.*, 1994).

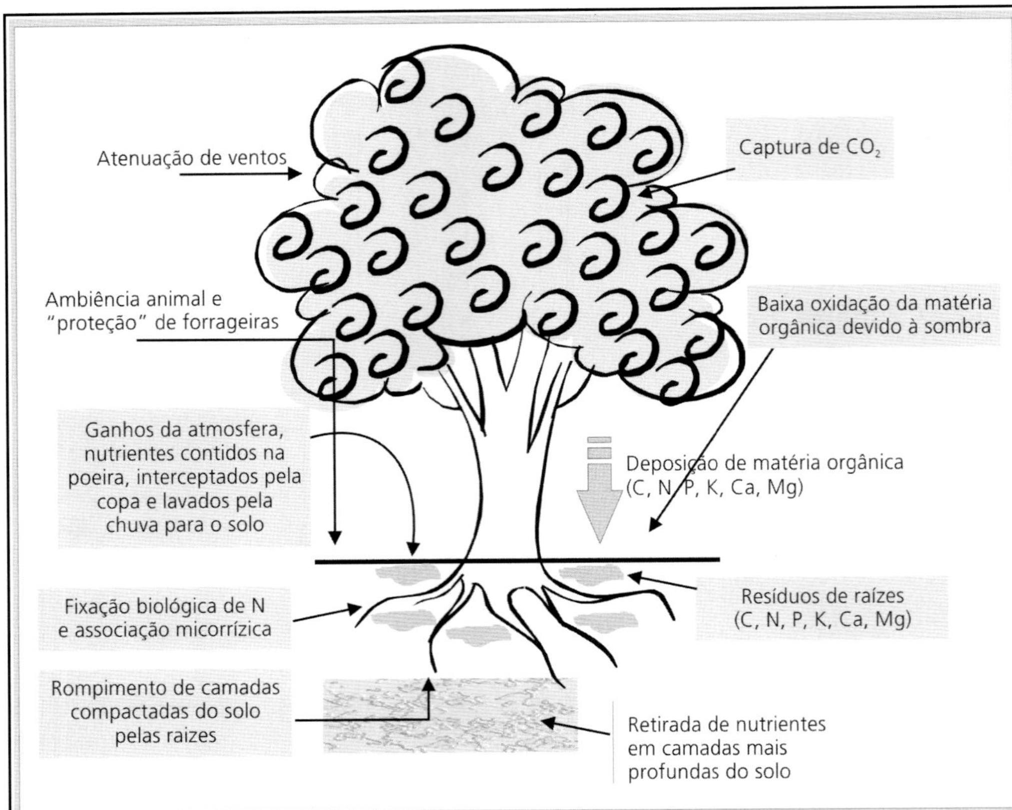

Figura 4. Efeitos bioclimáticos das árvores no solo.(Adaptado de Young, 1994).

tura do solo por resíduos (folhas, ramos).

b) Redução das perdas do solo

- pela proteção do solo contra erosão, viabilizando a redução das perdas de matéria orgânica e nutrientes;
- pela recuperação dos nutrientes, fixando e reciclando nutrientes que poderiam ser de outra maneira perdidos;
- pela menor taxa de mineralização da matéria orgânica decorrente da existência da sombra.

c) Atuação nas condições físicas e químicas do solo

- pela manutenção ou melhoria das propriedades físicas do solo (porosidade, estrutura, infiltração e capacidade de retenção de umidade) através de uma combinação dos efeitos da matéria orgânica e das raízes;
- pelas raízes das árvores que fragmentam as camadas compactadas do solo;
- pela diminuição da amplitude de temperaturas do solo mediante a combinação do sombreamento pelas copas e cobertura do solo por resíduos (folhas, ramos).

d) Atuação em processos biológicos do solo e seus efeitos

- na transferência de produtos assimilados entre sistemas radiculares e entre organismos associados (micorrizas e rizóbios);
- na liberação de nutrientes de forma otimizada. Existe o potencial para controlar a decomposição de serapilheira (resíduos), selecionando espécies de árvores e administrando podas, para sincronizar a liberação de nutrientes, oriundos da serapilheira em decomposição, com os requerimentos das plantas por nutrientes (como exemplo, cita-se o cultivo em aleias ou entre renques);
- na ativação das condições ambientais que permitem a restauração da microfauna e da vida animal silvestre.

Efeitos das árvores nas pastagens

A presença de árvores em pastagens afeta a produção de biomassa forrageira de dois modos: ampliando os efeitos dos fatores potenciais de estresse, aos quais estão sujeitas as pastagens ou mitigando tais efeitos. Os estresses decorrem pelo menos por duas causas distintas:

I) da adaptação da espécie forrageira às condições locais;

II) do modo de uso das pastagens.

As duas causas impõem, isoladas ou conjuntamente, diferentes graus de estresse para as pastagens. Os fatores potenciais de estresse podem ser decorrentes da competição por luz, das temperaturas ambientais, da concentração de CO_2, da umidade do solo, da disponibilidade de nutrientes e pressão de pastoreio ou corte da pastagem.

A adaptação da espécie forrageira é condicionada fundamentalmente pelos recursos naturais clima e solo, disponíveis e característicos de uma região. Apesar de o clima não ser passível de modificações, é viável a manipulação dos componentes climáticos ao nível de microclimas, por exemplo, por meio de medidas que atenuem a velocidade do vento incidente. Já o solo, em que pese os aspectos econômicos, pode ser modificado quase que em todas suas características.

No tocante ao clima, as temperaturas e a precipitação condicionam o estabelecimento e/ou a sobrevivência de espécies em cada região. O efeito da temperatura, por sua vez, influencia decisivamente sobre as plantas, sendo tomada como parâmetro para a introdução ou exclusão de espécies forrageiras numa região. Em forrageiras tropicais (C_4), por exemplo, temperaturas menores de 10° C podem, praticamente, paralisar a produção de matéria seca. Dessa maneira, a influência negativa na produção de matéria seca será proporcional ao número de horas anuais com temperaturas menores de 10° C (Pedro Jr. *et al.*, 1990; Larcher, 1986).

Com relação aos solos, principalmente as características químicas são passíveis de alterações agronômicas, mas que nem sempre são viáveis, fundamentalmente em grandes áreas de pastagens, pelo alto investimento e tempo necessários.

Assim, as exigências de cada forrageira, bem como as características de capacidade de uso dos solos, definidas de modo a fornecer suas aptidões e a forma como devem ser manejados, objetivando a constância e sustentabilidade da produção, devem ser consideradas fundamentais no planejamento e/ou propostas de uso das terras.

Árvores e ventos

O pasto pode ter seu crescimento comprometido pelo vento em decorrência de danos físicos causados pela agitação mecânica.

Sob ventos fortes, as folhas das pastagens batem e friccionam ao mesmo tempo, dobram-se, e frequentemente rotacionam sobre o eixo longitudinal de suas hastes. Tais movimentos podem produzir fraturas permanentes, murchamento, dessecação, cloroses e necrose da ponta das folhas (queima pelo vento) (Gregory, 1995). Em certas condições, as plantas podem recuperar-se, em outras, elas podem ficar suscetíveis a uma infecção.

As espécies forrageiras diferem em sua resistência ao dano físico por ventos e à redução (induzida pelo vento) em sua capacidade fotossintética. Para a maioria das plantas forrageiras, ventos acima de 6 m/s^{-1} (21,6 $km/hora^{-1}$), é potencialmente danoso (Gregory, 1995).

A agitação física das folhas pode reduzir a expansão foliar e induzir o fechamento estomatal e, se persistir a agitação, pode reduzir totalmente o suprimento de CO_2 e, portanto, a fotossíntese líquida (Grace & Thompson, 1973).

O suprimento inadequado de CO_2 é frequentemente um fator limitante da taxa fotossintética, portanto, o rendimento da pastagem pode ser comprometido pela concentração de CO_2 no ambiente. Embora se considere que a concentração de CO_2 numa pastagem, como no ambiente natural, seja relativamente constante, existe um leve gradiente de concentração que envolve a folha e a planta. Assim, pelos movimentos ao longo desse gradiente, é reabastecido o CO_2 utilizado na fotossíntese.

Conforme Larcher (1986), durante o processo da fotossíntese, a concentração de CO_2 é maior fora de uma fina camada de ar que envolve a folha (camada fronteiriça de ar); dentro dessa camada, a concentração vai diminuindo no sentido em que se aproxima dos estômatos da folha, ou seja, por onde o CO_2 entra. A espessura da camada fronteiriça de ar irá depender das características próprias da folha e, principalmente, da movimentação da massa de ar em torno das plantas.

Em condições de *ar parado*, a camada fronteiriça pode ter alguns milímetros de espessura. Quanto mais espessa for, maior resistência exercerá (resistência da camada fronteiriça) para que ocorra difusão de CO_2 na mistura entre a camada fronteiriça e a massa de ar que a envolve, havendo maior concentração de CO_2. Assim, se permanecer uma situação de alta resistência da camada fronteiriça e dada a utilização de CO_2 na fotossíntese, ocorre deficiência no reabastecimento. Já, em condições de ventos fortes, a camada fronteiriça pode ser eliminada, a ponto de não existir suprimento de CO_2 para a planta. Caso essa condição de vento persistir, poderá paralisar o crescimento da planta. Por exemplo, Ometto (1981) cita que ventos com velocidades acima de 11,0 m/s^{-1} (39,6 $km/hora^{-1}$) paralisam o crescimento do milho e, no entanto, com velocidades de 1,0 m/s^{-1} (3,6 $km/hora^{-1}$) seu desenvolvimento é favorecido.

As pastagens plantadas a pleno sol, com uma única espécie, tende a ter um dossel de menor rugosidade, a movimentação laminar de massas de ar pode ser favorecida e assim aumentar a velocidade dos ventos. A atenuação da velocidade dos ventos pode ser obtida pela disposição adequada de árvores na pastagem. Porfírio-da-Silva *et al.* (1998) registraram, numa pastagem arborizada com renques de *G. robusta,* reduções na velocidade média dos ventos de 26% a 61%, para o inverno e verão, respectivamente.

Para se obter um suprimento mais adequado de CO_2 para as pastagens, é preciso que a movimentação do ar seja mais turbulenta (com velocidades de vento não sendo altas, nem baixas, nem constantes) de maneira a promover a difusão da concentração de CO_2 e quebrar gradientes térmicos.

A atenuação da velocidade do vento implica no incremento do rendimento das pastagens, basicamente em virtude dos seguintes aspectos:

- economia de água (menor evaporação, tanto do solo como das plantas);
- ar com maior teor de umidade fazendo com que as temperaturas diurnas e noturnas não oscilem muito rapidamente, evitando assim choques térmicos;
- otimização do suprimento de CO_2 pela quebra de gradientes, e;
- diminuição dos danos físicos nas plantas que mantêm, então, maior área fotossintética ativa.
- obtenção de condição microclimática favorável pela conservação, nos períodos frios, do calor do solo e do ar nas áreas protegidas e, por prevenir os ventos quentes e secos nos períodos de verão.

A utilização de quebra-ventos é uma técnica de controle microclimático de grande importância na agropecuária. Pesquisas e resultados práticos sobre o efeito da redução dos ventos em cultivos agrícolas, podem ser encontradas no mundo todo. Na China, a proteção contra ventos pelas árvores de quiri (*Paulownia* spp.), plantadas intercalarmente aos cultivos anuais, aumentou a produção de trigo (de 6 a 23%), milheto (20%), milho (7,5 a 17%) (Chinese, 1996). Na antiga URSS, a proteção contra ventos representou aumentos de 29 a 41% para cultivos forrageiros, de 20 a 26% para citrus. Por sua vez, na Austrália o trigo aumentou em 22% a produtividade e a aveia em 47% (Bird *et al.*, 1992).

A **Figura 5** ilustra os efeitos de uma barreira (renque) de árvores sobre alguns fatores microclimáticos e na produção vegetal relacionados com a velocidade do vento. Certamente que a magnitude em que diferentes parâmetros serão afetados irá depender também da(s) espécie(s) arbórea(s) utilizada(s) nos quebra-ventos, da disposição das barreiras no terreno, das condições edafoclimáticas locais e do manejo silvicultural empregado nos quebra-ventos.

Como ilustrado na **Figura 5**, quebra-ventos *clássicos* são implantados de modo perpendicular ao sentido predominante dos ventos dos quais se quer obter proteção. Seus efeitos podem ser observados, por exemplo, e especialmente, sobre a velocidade de deslocamento da massa de ar (a velocidade do vento), ao longo de um perfil horizontal, sendo mais intenso nas proximidades da barreira; à medida que se distancia desta, a velocidade do vento tende aos valores encontrados numa área sem quebra-ventos.

Para os sistemas silvipastoris, os princípios utilizados em quebra-ventos *clássicos* são modificados. Nos quebra-ventos *clássicos* o critério orientador de sua implantação é a direção dos ventos; em sistemas silvipastoris outros critérios são acrescentados e serão discutidos no item 5 deste capítulo.

Árvores e restrição de energia luminosa (sombreamento)

Em condições de ótimo suprimento de água, a competição por luz é a principal determinante de qual(is) espécie(s) dominará(ão) a pastagem. Em situações menos ótimas ou não óti-

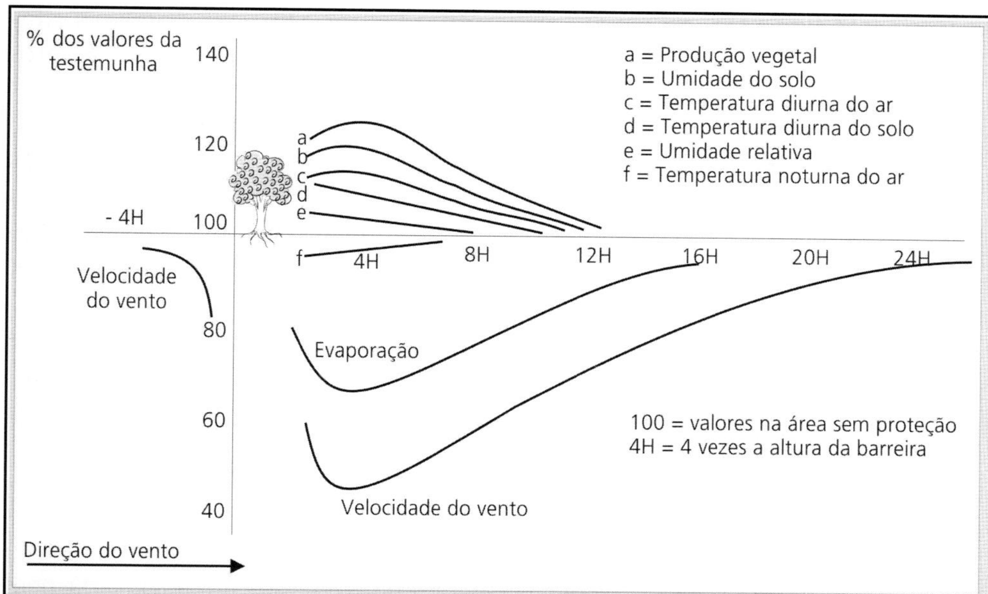

Figura 5. Perfil do efeito de uma barreira de árvores (quebra-ventos) em fatores climáticos relativos aos valores de controle em uma posição sem proteção. (Adaptado de Gregory, 1995).

mas de umidade, a luz não será o fator limi-tante e sim a água e os nutrientes (Humphreys, 1981 - citado por Rodrigues *et al.*, 1993).

O sombreamento pode afetar de modo diferente espécies de pasto; algumas espécies podem ser mais produtivas sob determinada condição de sombra do que em pleno sol. A tolerância de plantas ao sombreamento é um fator crítico de sucesso em silvipastoril e pode variar sensivelmente entre as espécies. Dessa maneira, *Brachiaria decumbens, B. miliformis e Panicum maximum* (Toledo e Torres, 1991) e *P. maximum, Mellinis minutiflora* e *Setaria sphacelata* (Castro, 1996; Castro *et al.*, 1999) apresentaram, sob condições de 30% de sombra, melhores rendimentos em matéria seca do que em pleno sol, e redução desses quando o sombreamento foi maior (**Figura 6**). Para uma mesma condição de sombra no sub-bosque de *Anadenanthera macrocarpa* (angico-vermelho), seis diferentes gramíneas forrageiras tiveram suas produções de matéria seca afetada de modo diferenciado (Carvalho *et al.*, 1997)

Sob restrição de 50% da luz natural através de telas de sombrite, a pastagem de *P. maximum* incrementou a produção forrageira, a concentração de nitrogênio foliar e de nitrogênio no solo, de 43,36% e 106%, respectivamente (**Tabela 3**). Esse fato evidencia que a taxa de mineralização de nitrogênio do solo é afetada pela sombra, a qual possibilitaria uma atividade microbiana mais efetiva na quebra da matéria orgânica e a consequente liberação de mais nitrogênio para o crescimento da gramínea (Wilson, 1990; Wilson *et al.*, 1990).

Sob a sombra de árvores de *Albizia lebbek*, Lowry (1989) registrou aumentos de 250% no rendimento de *P. maximum*, em comparação com a condição em pleno sol em região semiárida da Austrália. Da mesma forma, Ovalle e Avendaño (1984) observaram aumento da produção de uma pastagem natural sob árvores de *Acacia caven* nas condições mediterrânicas do Chile.

Em uma pastagem arborizada com a leguminosa *Stryphnodendron guianense* (baginha), Andrade *et al.* (2002) concluíram que a presença da árvore na pastagem de *Brachiaria decumbens* e *B.*

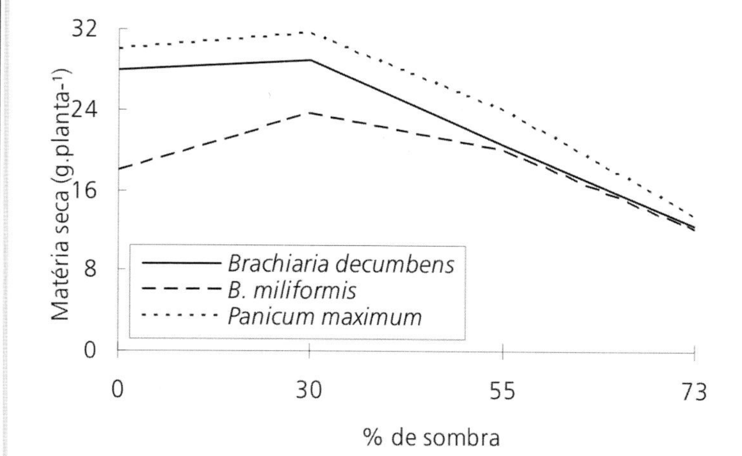

Figura 6. Efeito da intensidade de sombreamento na produção de matéria seca em três gramíneas. (Adaptado de Toledo e Torres, 1991).

Tabela 3. Incrementos em pastagem de Colonião (*Panicum maximum*) sob 50% de sombra e a pleno sol na Região Sul de Queensland, Austrália.

Condição Ambiental	Produção de forragem (kg/ha)	Concentração de N foliar (%)	N/NO_3^-(mg de N/kg de solo seco)
50% de sombra	3.416	2,49	8,9
Pleno Sol	2.393	1,83	4,3
Aumentos devido ao sombreamento	+ 43%	+36%	+106%

Fonte: Wilson (1990).

brizantha cv. Marandu contribuiu para aumentar significativamente os teores de proteína bruta com boa disponibilidade de forragem e alta cobertura do solo (85%) sob suas copas onde a transmissividade da incidência de radiação fotossinteticamente ativa ao meio-dia foi de 27%, nas condições edafoclimáticas do Acre.

Em Coronel Pacheco, MG, Carvalho *et al.* (1994) registraram diferenças significativas ($P< 0,05$) entre as médias de concentrações de nitrogênio, potássio e cálcio nas folhas verdes de *B. brizantha* e *de B. decumbens* sombreadas e em pleno sol (**Figura 7**). Os autores atribuíram o aumento verificado na concentração de N nas folhas verdes das pastagens ao efeito associado da sombra moderada, que aumenta a disponibilidade de N no solo conforme Wilson (1990) e Wilson e Wild (1991), e também ao efeito da biomassa das árvores no solo.

É comum aceitar bons rendimentos de pastagens que crescem sob a influência de árvores leguminosas; no entanto, Wilson *et al.* (1990) demonstraram que isso também acontece em pastos que se desenvolvem sob outras espécies. O *Paspalum notatum* cresceu 35% a mais e incrementou 67% no teor de N foliar sob uma plantação de *Eucalyptus grandis,* com aproximadamente 55% de transmissão de luz.

A presença de árvores numa pastagem, além de impor alteração na disponibilidade de radiação solar, afeta também o espectro da radiação que atinge a pastagem sob a sombra e, consequentemente, pode provocar adaptações[1] das plantas às condições predominantes.

A utilização da radiação fotossinteticamente ativa (RFA) pela pastagem associada com árvores depende de quanto de RFA chega até a pastagem, após passar pelas copas das árvores, e da eficiência de conversão dessa radiação na fotossíntese (Ong *et al.*, 1996).

Em uma pastagem de *B. brizantha* arborizada com *Corymbia citriodora* (eucalipto citriodora), Rakocevic e Ribaski (2003) registraram respostas morfológicas, como alongamento e inclinação de entrenós provocados pelo regime de radiação solar predominante no plano da pastagem, e que a restrição de radiação fotossinteticamente ativa causada pelo sombreamento tornou-se crítica para a fotossíntese líquida quando foi estabelecido estresse hídrico, acentuando a competição interespecífica.

Em outro experimento, Ribaski (2000) registrou maior proporção de clorofilas *a* e *b* em folhas de *Cenchrus ciliaris* que cresciam sob a sombra das copas de *Prosopis juliflora* do que em pleno sol, uma evidência de que as folhas do Capim-buffel haviam se adaptado à sombra (Whatley e Whatley, 1982).

Para condições de sombra artificial, modificações foram observados na largura de folhas de *P. maximum, Macroptilium atropurpureum* (Wong e Wilson, 1980), *B. brizantha, Andropogon gayanus* e *Setaria sphacelata* (Castro, 1996). Smith & Whiteman (1983) e Castro (1996) registraram incremento crescente da área específica de folha em *B. brizantha*.

A área específica da folha (AEF) de *B. brizantha*, nas condições edafoclimáticas de Tapejara-PR, foi significativamente ($P<0,01$) influenciada na proximidade de renques de *Grevillea robusta*, enquanto na posição média entre dois renques, que não diferenciou ($P<0,05$) da pastagem sem árvores (controle), apresentou menor AEF (Porfírio da Silva, 1998, 2004).

Castro (1996), ao estudar o comportamento da *B. brizantha* nas condições edafoclimáti-

[1]/Adaptações das plantas às condições de radiação local podem ser: i) modulativas, quando ocorrem rapidamente e são temporárias, como exemplo, movimentos fototrópicos e adaptações funcionais da fotossíntese e respiração às flutuações de intensidade de radiação; ii) modificativas, quando ocorrem em resposta às condições médias de radiação durante o seu período de crescimento, no qual os órgãos de assimilação estão sendo iniciados e diferenciados, modificando assim a estrutura da planta, a estrutura celular e atividade bioquímica, deixando-a mais apta para utilizar o ambiente. (Larcher, 1986).

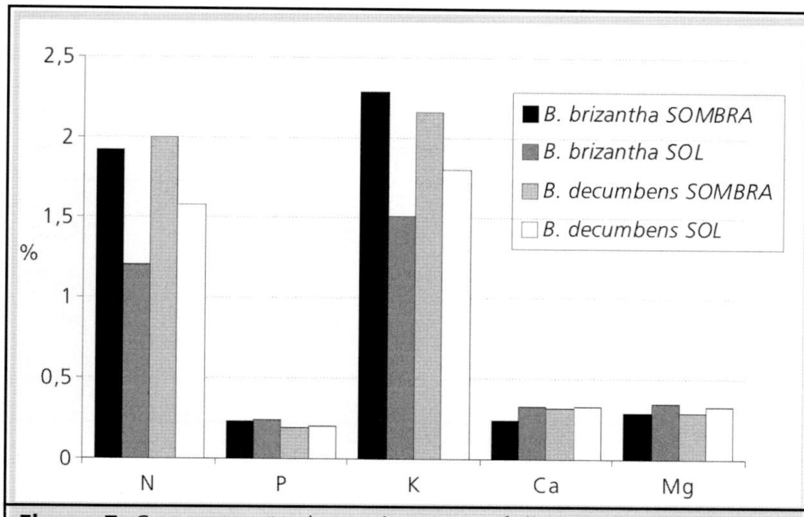

Figura 7. Concentração de nutrientes nas folhas verdes de duas braquiárias, em condição de sombra de árvores e em pleno sol. (Adaptado de Carvalho *et al.*, 1994).

cas de Coronel Pacheco-MG, registrou maiores valores de AEF para a gramínea em sombreamento artificial de 60%. Esse autor mostra que, embora não-significativa estatisticamente, a espécie apresentou tendência de aumento da AEF com o incremento de sombra.

Informações sobre a AEF têm interesse em sistemas silvipastoris e agroflorestais em geral, visto que têm sido associados com a adaptação e/ou tolerância de plantas ao sombreamento, uma vez que as chamadas folhas de sol são menores e mais grossas. As folhas de sombra, por sua vez, têm estruturas externas e internas modificadas em resposta ao regime de radiação predominante. A AEF é característica da genética da planta e de sua interação com o meio, ou seja, existindo a folha, independentemente da grandeza de seu IAF, existe AEF.

Nas condições do arenito Caiuá, no Estado do Paraná, Porfírio da Silva (1998), comparando uma pastagem arborizada com uma não-arborizada, registrou que o índice de área foliar (IAF) da *B. brizantha* cv. Marandu não sofreu efeito significativo para as diferentes condições, entretanto, foi normalmente afetado pela época do ano.

Em valores médios, o IAF apresentou-se em aproximadamente 3 vezes menor, na posição entre-renques do que sob as copas das árvores. Embora não significativo estatisticamente, observou-se tendência geral de IAF médio menor dentro do sistema silvipastoril, em particular na posição entre-renques, porém, quando se tratou de valores absolutos para cada colheita de forragem, os valores de inverno foram maiores na pastagem arborizada do que na pastagem sem árvores (Porfírio-da-Silva *et al.*, 2004).

Ainda segundo esse estudo, a AEF não apresentou amplitude de variação na mesma proporção que o IAF que esteve relacionado com as condições para o crescimento vegetativo da pastagem. Assim, durante o inverno, as condições são menos favoráveis à emissão de novas folhas (crescimento), além de promover morte e queda de folhas, de modo que o IAF tende a diminuir.

Nas condições da pastagem arborizada, no inverno, o IAF foi levemente maior do que na pastagem sem árvores, o que contribuiu para que a produção de matéria seca não fosse negativamente afetada no período de inverno (Porfírio da Silva *et al.*, 1998; 2004). A manutenção de maior IAF no inverno foi atribuída à proteção oferecida pelas árvores. De modo similar ocorreu com a AEF, ou seja, aquelas folhas emitidas no período de inverno encontraram um microclima mais favorável (temperatura mais elevada, menor velocidade dos ventos) para sua manifestação característica, no qual, tendo maior área foliar fotossinteticamente ativa, as folhas acumularam mais carbono (Porfírio-da-Silva *et al.*, 1999).

A **Tabela 4** demonstra como a radiação líquida (Rn) foi utilizada, principalmente na evaporação (LE), significando que havia maior atividade transpiratória porque existiam mais folhas verdes fotossinteticamente ativas na pastagem.

Ao avançar no tempo, e com condições melhores de ambiente (maior temperatura) no verão, observou-se o incremento do IAF. Na posição entre-renques, no entanto, não foi observado incremento nas mesmas proporções de outras posições mais próximas dos renques, o que pode ser decorrente de combinações de variáveis que estariam sendo limitantes, como exemplo, altas temperaturas decorrentes do aporte extra de radiação solar oriunda da reflexão dos renques

Tabela 4. Relações entre fluxos componentes do balanço de energia para as condições de pastagem não-arborizada e em pastagem arborizada.(**Rn** = radiação líquida; **LE** = calor latente de evaporação; **H** = calor sensível de aquecimento; **S** = calor no solo).

Época	**Condição**	**w.m^{-2}/dia^{-1}**			
		Rn	**LE**	**H**	**Cs**
	Pasto não-arborizado	6.781,5	6.340,3	1.142,5	701,3
(inverno)	Pasto arborizado-ponto médio entre dois renques	5.271,9	5.093,9	746.4	568,5
	Pasto não-arborizado	20.641,7	20.846,9	-410,3	205,1
(verão)	Pasto arborizado - ponto entre dois renques	18.451,5	15.985,5	1579,0	-887,0

Fonte: Porfírio-da-Silva *et al.* (2001), modificado.

(Porfírio-da-Silva *et al.*, 2001), com consequente influência sobre a morfologia e crescimento da pastagem. Além disso, junto aos renques existe maior deposição de matéria orgânica pelas árvores, o que favorece as condições de nutrição da pastagem.

Um outro parâmetro que se constitui em manifestação de adaptação de plantas ao sombreamento é a razão de área foliar (RAF), uma vez que representa maior proporção de tecido fotossintetizante, em forma de área de folha, expressando assim a área foliar que a planta está usando para produzir um grama de matéria seca (Benincasa, 1988). As folhas de *B. brizantha* cv. Marandu que cresceram mais próximas das árvores apresentaram maiores valores RAF (Porfírio-da-Silva, 2004).

Castro (1996) não encontrou efeitos significativos do sombreamento artificial conduzido durante seis meses sobre gramíneas tropicais na RAF, embora as espécies *B.brizanha* e *Panicum maximum* tenham demonstrado tendência de decrescer sob sombra moderada (30%) e de aumentar sob sombreamento de 60%. Provavelmente, o tempo em que plantas estiveram submetidas ao sombreamento foi insuficiente para promover adaptações modificativas de sua estrutura celular e atividade bioquímica.

Então, se a RAF aumenta, significa que a planta usa mais área foliar para produzir a mesma quantidade de matéria seca (MS). Mas, por outro lado, se a planta também apresenta aumento na AEF e IAF, poderá produzir tanto quanto a condição anterior (menor RAF para a mesma quantidade de MS) ou mais, principalmente se variáveis, como a temperatura do ar e do solo, umidade e matéria orgânica (fertilidade) forem favorecidas pelo sombreamento. Logo, é possível pensar em manejo fundamentado em intensidade e espectro de luz, que decorre do arranjo e das espécies arbóreas utilizadas, aliado às melhorias que o componente arbóreo pode promover nas condições físicas, químicas e biológicas do solo.

A tolerância de plantas forrageiras ao sombreamento pode ser definida, como sugere Wong (1991), como sendo o resultado do crescimento delas à sombra, submetidas a desfolhas regulares, em comparação àquele obtido em condições de pleno sol.

Informações disponíveis sobre a tolerância de gramíneas forrageiras apontam que as braquiárias (*Brachiaria decumbens, B. brizantha*) e o *Panicum maximum* estão entre as forrageiras com média e alta tolerância ao sombramento (**Tabela 5**), e que têm mantido ou até mesmo aumentado a produtividade sob sombreamento moderado, em solo com baixo teor de nitrogênio, quando comparado ao desempenho em pleno sol nas mesmas condições de solo (Andrade *et al.*, 2004; Paciullo *et al.*, 2005). As braquiárias (*Brachiarias* spp.) e o *Panicum maximum* constituem as forrageiras mais utilizadas para a formação de pastagem no Brasil e em outras regiões tropicais e subtropicais.

Shelton *et al.* (1987) lembram que o principal enfoque na identificação de novas espécies para condições sombreadas tem sido feito a partir da avaliação de eventual tolerância à sombra dos materiais comercialmente distribuídos. Contudo, a mais lógica abordagem para a identificação de espécies para ambientes sombreados será avaliar, em primeiro lugar, material coletado especificamente de situações sombreadas em

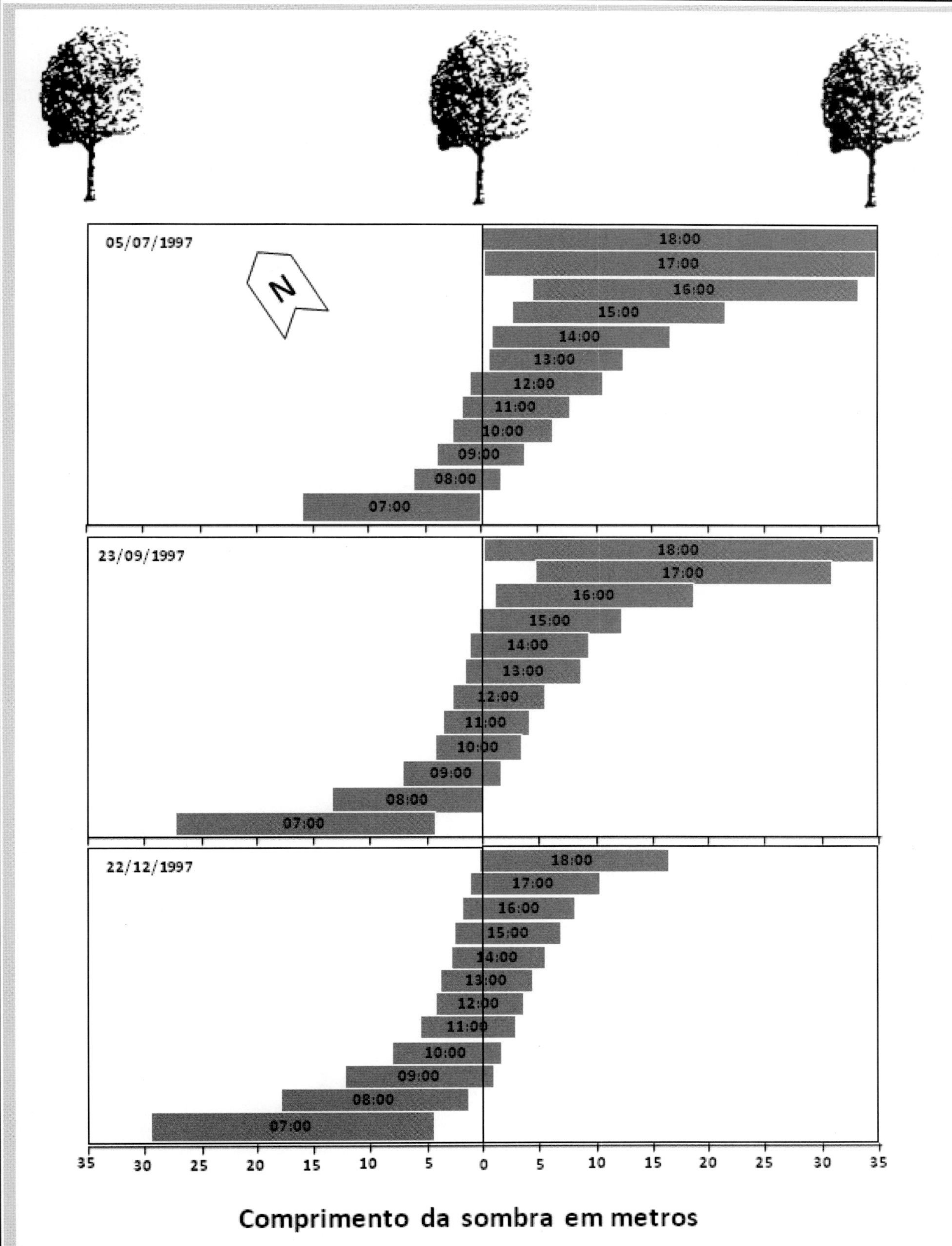

Figura 8. Caminhamento horário da zona de sombra proporcionada pelos renques arbóreos no sistema silvipastoril, para uma mesma situação topográfica de exposição e declividade, em três diferentes dias do ano. (Adaptado de Porfírio-da-Silva *et al.*, 2004).

Tabela 5. Níveis de tolerância ao sombreamento de algumas forrageiras herbáceas, gramíneas e leguminosas.

Tolerância ao sombreamento	Gramíneas	Leguminosas
Alta	*Axonopus compressus, Brachiaria miliformis Ischaemum aristatum, Ischaemum timorenses Panicum maximum,Paspalum conjugatum. Paspalum dilatatum, Stenotaphrum secundatum*	*Arachis pintoi, Callopogonium caeruleum, Centrosema macrocarpum, Desmodium heterophylium, Desmodium ovalifolium, Mimosa pudica.*
Média	*Brachiaria brizantha, Brachiaria decumbens Brachiaria humidicola, Hermarthria altissima Paspalum plicatulum, Setaria sphacelata.*	*Callopogonium mucunoides, Centrosema pubescens, Desmodium intortium, Leucaena leucocephala, Pueraria phaseoloides, Neonotonia wightii, Vigna luteola.*
Baixa	*Andropogon gayanus, Brachiaria mutica Cynodon plectostachyus, Digitaria decumbens Mellinis minutiflora, Pennisetum purpureum.*	*Macroptilium atropurpureum, Stylosanthes hamata, Stylosanthes guianensis.*

Fontes: Schreiner (1987); Shelton *et al.* (1987); Carvalho (1998); Castro *et al.*(1999).

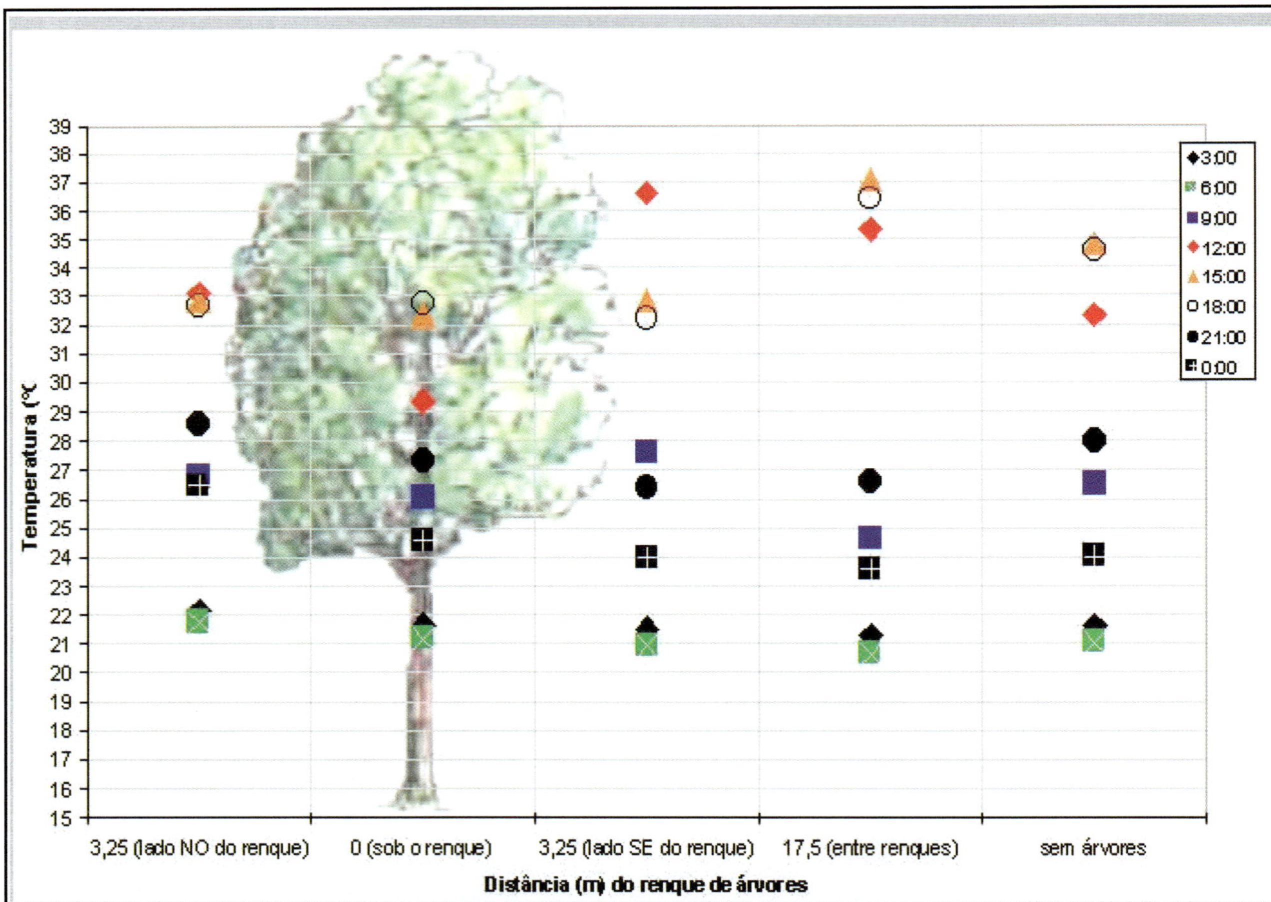

Figura 9. Influência de renques arbóreos no perfil horizontal da temperatura do ar num dia de verão. Comparação entre uma pastagem arborizada e uma pastagem sem árvores (Adaptado de Porfírio-da-Silva,1998).

margens de florestas, uma vez que isso nunca fora tentado antes, o que poderá render novos e promissores materiais forrageiros.

Tal observação é importante, porque grande parte das forrageiras tropicais, embora oriundas de margens de florestas, tiveram os processos de sua seleção e/ou melhoramentos sempre voltados para rendimentos em pastagens em pleno sol, monoculturalmente, sem componente sombreador arbóreo.

Árvores e umidade do solo

Tanto o excesso de umidade (encharcamento) como a sua deficiência no solo podem influir na produtividade das pastagens. O excesso de umidade pode ser ocasionado por enchentes, chuvas persistentes e fortes ou por drenagem deficiente do solo. Em condições de excedente hídrico, os espaços porosos do solo passam a ser ocupados pela água e, consequentemente, ocorrem deficiências de oxigênio (O_2), excessos de CO_2 e de etileno (Widdowson, 1993).

A escassez de O_2 no solo, incrementa a atividade de microrganismos anaeróbicos, produzindo um meio fortemente redutor, no qual se acumulam substâncias como os ácidos butírico e láctico, elementos como o Fe^{+2} e o Mn^{+2} e outros compostos em concentrações tóxicas. Quando a concentração de O_2 cai abaixo de 1%, a respiração mitocondrial geralmente ocorre de forma irregular, e os primeiros resultados são a redução da taxa de absorção de água e dos íons nutrientes, além da taxa de respiração e de crescimento da raiz. Ocorre ainda uma produção maior de ácido absíntico e, em particular, de etileno.

O crescimento do meristema apical fica perturbado, podendo acontecer epinastia e queda prematura das folhas. Para a respiração mitocondrial se processar normalmente, a concentração de O_2 no solo deve ficar entre 1 e 3% (Larcher, 1986). Ainda sob condição de escassez de O_2, a conversão de nitrogênio no solo também é muito prejudicada. A deficiência de O_2 ocorre também em condições de solos compactados, desde um ponto denominado anoxia (zero de O_2) até a hipoxia (concentração abaixo do normal) (Larcher, 1986), causando os distúrbios já citados.

Em condições de deficiência de água, ocorre uma diminuição no potencial hídrico da célula que afeta a turgescência. A turgidez das células atua sobre os mecanismos de abertura e fechamento dos estômatos que, por sua vez, influem na taxa de assimilação de CO_2. Como o suprimento inadequado de CO_2 é frequentemente um fator limitante da taxa fotossintética, o rendimento da pastagem é diminuído.

Os efeitos de estresse por deficiência hídrica, além de distúrbios morfológicos e fisiológicos, afetam a condição de absorção de nutrientes. A absorção de fósforo, por exemplo, pode ser reduzida linearmente com o estresse que diminua o potencial hídrico na rizosfera para valores menores que -2 bars (Corsi e Nascimento Jr., 1989).

Jones *et al.* (1980) observaram reduções na produção de matéria seca em forrageiras durante os períodos de ocorrência de déficit hídrico. A **Tabela 6** demonstra a produção média de matéria seca de quatro forrageiras sob estresse por deficiência de água (Rodrigues *et al.,* 1993).

O efeito da deficiência hídrica na produção varia com as espécies, podendo ser substancialmente alterado com a intensidade e duração do período de estresse. Assim, o conhecimento da magnitude dos efeitos na produção de pastagens, sob estresse hídrico, torna-se fundamental para selecionar cultivares resistentes à seca e para adequação de métodos de manejo das pastagens sob tais condições.

A influência de árvores na umidade do solo também pode ser visualizada na **Figura 5**. Em condições hídricas consideradas normais de uma dada região, os efeitos da proteção das árvores

Tabela 6. Produção média total de matéria seca de quatro gramíneas tropicais na estação úmida e na estação seca (A produção de matéria seca foi obtida num período de 6 semanas para cada uma das estações consideradas).

Espécie forrageira tropical	Produção(t/ha) Estação úmida	Estação seca	Diferença de produção entre as estações (%)
Andropogon gayanus	1,26	0,84	33,33
Brachiaria decumbens	1,80	1,24	31,11
Hyparrhenia rufa (jaraguá)	1,08	0,60	44,44
Panicum maximum (colonião)	2,00	0,77	61,5

Fonte: Jones *et al.* (1980), adaptado em Rodrigues *et al.* (1993).

sobre a economia de água quase passam despercebidos. Porém, em condições de deficiência, é perceptível o favorecimento às plantas sob influência protetiva de árvores (**Tabela 7**).

Tabela 7. Incrementos na produção agrícola em áreas protegidas por quebra-ventos, na antiga União Soviética, frente a variações climáticas anuais.

	Incrementos anuais obtidos		
Cultura	**Anos Normais**	**Anos c/seca moderada**	**Anos c/secas severas**
Cevada	10-15%	50-60%	100-150%
Aveia	15-20%	80-100%	400-500%
Trigo	15-20%	80-100%	400-500%
Arroz	15-20%	80-100%	150-200%
Girassol	10-15%	40-60%	80-100%

Fonte : Sus (1936) citado por Ferreira *et al.* (s.d.).

Na Região Noroeste do Estado do Paraná, árvores de *Grevillea robusta* (grevílea) associadas a pastagens mantiveram-se forragem verde durante veranicos, como consequência da atenuação do vento, menor temperatura do solo em virtude do sombreamento e menor déficit de pressão de vapor (Porfírio-da-Silva *et al.*, 1998; Porfírio-da-Silva, 1998). Nas condições de terras altas do Reino Unido, Sibbald *et al.* (1991) registraram que a produção de *Lolium perene* sob árvores de *Picea sitchensis,* plantadas em espaçamentos de 8,0 metros, prolongava-se por duas semanas além da estação de crescimento e atribuíram o fato à proteção oferecida pelo componente arbóreo. Em condições de verão seco, as pastagens arborizadas também permanaceram verdes por maior tempo do que aquelas sem a proteção de árvores (Gregory, 1995; Rakocevic e Ribaski; 2003).

Árvores e nutrientes em pastagens

As plantas forrageiras nas pastagens requerem um grande número de elementos inorgânicos, derivados de substâncias minerais ou mineralizados pela decomposição de matéria orgânica. Os nutrientes minerais são absorvidos na forma de íons, incorporados na fitomassa ou estocados no suco celular. A existência balanceada de nutrientes essenciais é fundamental para a manutenção da produção e persistência das plantas forrageiras. Os nutrientes essenciais estão divididos em macronutrientes (N, P, K, S, Ca e Mg) e micronutrientes (Mn, Zn, Cu, Mo, Fe, B, Co, Cl, Ni, Si).

Num sistema de pastoreio, as saídas de nutrientes são parcialmente devolvidas pelas fezes e urina dos animais. Por outro lado, as retiradas decorrentes da produção conduzem a uma perda/saída de nutrientes; se não forem adotadas medidas para devolver esses nutrientes para o solo, ocorrerá um declínio gradativo nos rendimentos em face da deficiência em nutrientes.

A deficiência que ocorre com as saídas/perdas, quando são compensadas pela aplicação de fertilizantes solúveis industrializados, colocam o sistema numa posição não sustentável e dependente da entrada desses nutrientes (dependente da indústria química ou de mineração). Essa dependência para repor as perdas é de tal importância que se deve considerar a possibilidade de uso de outros produtos e/ou formas de reposição.

Os nutrientes podem tornar-se fatores de estresse para as pastagens, sempre que o equilíbrio de nutrientes é deslocado, ou pela retirada de produtos que exportam determinados elementos sem o consequente retorno, ou pela adição massiva de fertilizantes solúveis (Widdowson, 1993). As árvores podem melhorar o fluxo de nutrientes nas pastagens por suas ações no solo, particularmente:

a) Pela contribuição de matéria orgânica para o solo (folhas e pequenos ramos que caem) melhorando a retenção de umidade e as propriedades físicas do solo, também associadas ao efeito de suas raízes.

b) Pela retenção/captura de nutrientes, permitindo rendimentos sustentáveis nas terras onde cultivos esgotam rapidamente os nutrientes do solo na ausência de aplicações de fertilizantes: por meio da fixação biológica do nitrogênio atmosférico; da retenção de poeira na folhagem e deposição (no solo) dessa poeira e dos nutrientes contidos nela com a chuva; de raízes que induzem um certo grau de intemperismo em rochas nos horizontes B e C, acessando assim nutrientes que são (re)ciclados para o horizonte superficial (Young, 1994).

c) Por reduzir ou prevenir a acidificação do

solo, problema comum em solos com baixa saturação de bases e onde são praticadas pastagens com leguminosas. Alguns minerais tornam-se indisponíveis (como o fósforo) ou muito solúveis, destacando-se então a toxicicidade do alumínio (Al) ou manganês (Mn), ou a perda de Nitrogênio (N), Cálcio (Ca), magnésio (Mg) e potássio (K) através da lixiviação. Como a acidificação é um agravante quando o N é convertido em NO_3 e, antes de ser lixiviado da zona de raízes, pode ser reconvertido em proteína pela planta ou microrganismos, o desafio é desenvolver sistemas de produção que reciclem eficientemente nutrientes liberados pela intemperização ou decorrentes da aplicação de fertilizantes e que minimizem a lixiviação de nitratos. O papel das árvores ainda tem que ser amplamente reconhecido, mas existem evidências de que árvores em pastagens têm diminuído a acidificação do solo, possibilitado por sua capacidade de reter nitrato e pela sua substancial adição de Ca na água que goteja das folhas e na serapilheira (Bird *et al.,* 1992). O solo em pastagem de *B.decumbens* sombreada pela leguminosa *Acacia mangium*, na profundidade de até 10 cm, apresentou maior saturação de bases do que a pleno sol (Xavier, 2003)

d) Pela deposição de Cálcio e Potássio, por meio do gotejamento interno (água da chuva, de orvalho ou de neblina que fica retida nas folhas e depois goteja para o solo) e do fluxo de caule (escoamento pelo tronco) em vários tipos de cobertura florestal, conforme Lima (1986), que citou vários autores, com valores para o cálcio chegando até 23,4 kgCa/ha/ano^{-1}, e para o potássio até 67,8kg/ha/ano^{-1}. Alvim e colaboradores também registraram aumentos nos teores de cálcio e potássio, além de fósforo e magnésio, em amostras de solo coletadas sob a copa de árvores leguminosas em relação àquelas coletadas em pastagem sem árvores (Alvim *et al.* 2004).

Pressão de pastejo

Conceituada como a *relação entre a disponibilidade de forragem na pastagem e a carga animal presente* (**Figura 10**), a pressão de pastejo diferencia-se do conceito de lotação pois esse relaciona o de número animais com a área, não levando em consideração a forragem disponível. A lotação, portanto, tem uso muito limitado, uma vez que a resposta animal está melhor relacionada com a disponibilidade do alimento do que à área do piquete.

A pressão de pastejo exerce papel de fundamental sobre a pastagem e sobre os animais, portanto é outro aspecto crítico para o sucesso do sistema silvipastoril. Tanto porque vai determinar efeitos na produção animal quanto nas plantas forrageiras (**Figura 10**). Quando ocorre subpastejo (pressão de pastejo baixa), o animal é favorecido pela maior disponibilidade de matéria seca tendo oportunidade de exercer o pastejo seletivo e obter uma dieta de qualidade superior. A forragem ingerida nestas condições é mais rica em proteína, minerais, com baixo conteúdo de fibras e com elevada digestibilidade. Como conseqüência tem-se uma resposta animal máxima, para condições da pastagem oferecida. À medida que a pressão de pastejo vai sendo incrementada, seja pelo acréscimo de animais ou pela redução da disponibilidade de forragem existente na pastagem, o animal vai perdendo a oportunidade de seleção, diminuindo assim o seu desempenho. A partir de uma determinada disponibilidade de matéria seca os animais não conseguem sequer atender à sua capacidade de ingestão. Com a redução quantitativa da dieta, ocorrerá uma queda linear no desempenho animal, podendo chegar a uma disponibilidade tão limitante, na qual o animal passa a ingerir forragem, que atende somente à sua necessidade de mantença.

A curva do ganho por hectare é crescente enquanto existe uma disponibilidade de forragem não limitante a ingestão dos animais. O máximo ganho/ha é obtido na pressão de pastejo que determina um prejuízo no desempenho individual dos animais. Contudo, para se garantir um bom acabamento de carcaça e a oferta de um produto animal comercializável, a pressão de pastejo empregada deve favorecer mais o ganho/animal. A faixa de amplitude ótima de utilização de uma

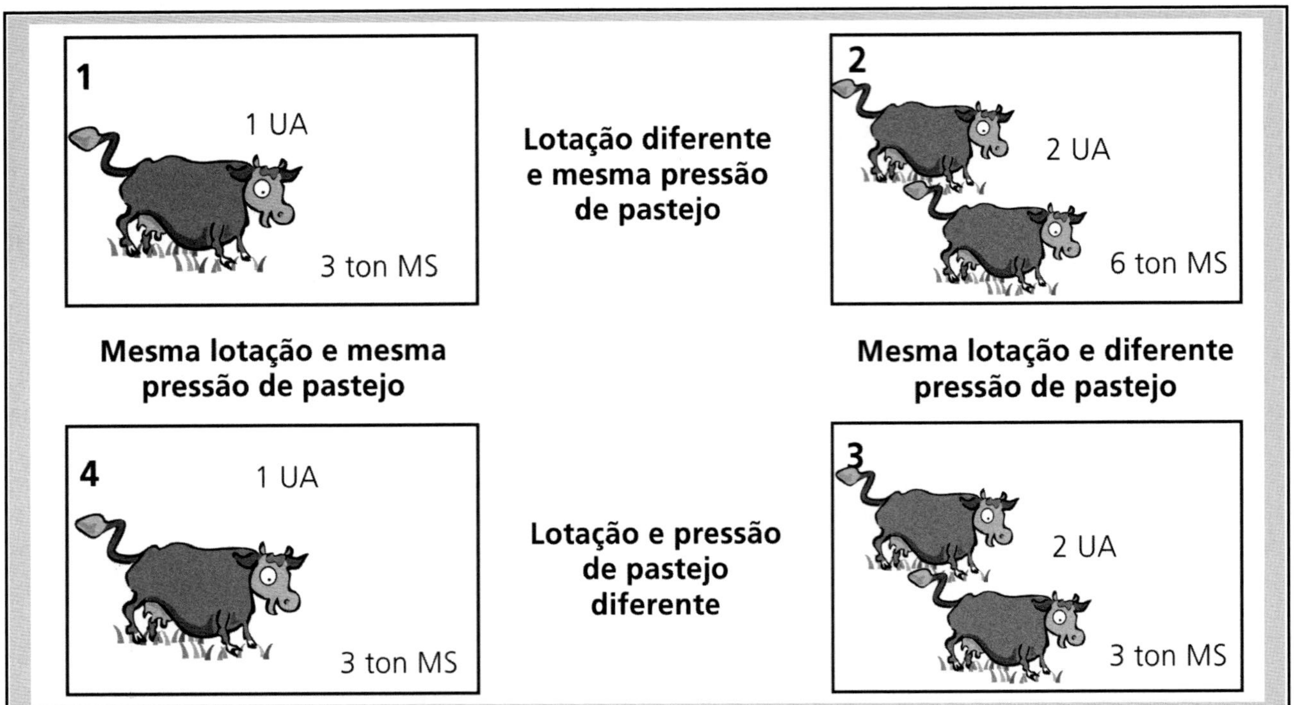

Figura 10. Representação esquemática de lotação e a pressão de pastejo.

pastagem é a que contempla um bom desempenho individual dos animais, associada a um bom ganho por área (**Figura 11**).

Os animais ao se alimentarem de forragens removem folhas, colmos, inflorescências e até raízes, efetuando o denominado pastejo. Assim, pastejam seletivamente, pisoteiam as pastagens, depositam suas excreções (urina e fezes) e proporcionam a dispersão das sementes. Dada essa ação, os animais modificam a composição e produtividade das pastagens.

O estresse imposto pelo pastejo às forrageiras está relacionado com o intervalo de tempo entre cortes e pastejos sucessivos (freqüência) e, com a quantidade de forragem retirada e pelo tipo e quantidade remanescente de forragem após o pastejo (intensidade).

O crescimento inicial e a rebrota de plantas forrageiras assumem o padrão de crescimento sigmóide (**Figura 12**), onde, após um crescimento inicial lento (1), segue-se um crescimento bastante rápido (2), no qual a produção aumenta linearmente com o tempo (Rodrigues & Rodrigues, 1987).

Mais tarde observa-se uma estabilização do crescimento, devido ao aumento do índice de área foliar (IAF), fazendo com que as folhas inferiores da planta sejam sombreadas e sua fotossíntese seja reduzida, instalando-se o estresse por restrição luminosa.

Objetivando evitar o estresse induzido por um aumento

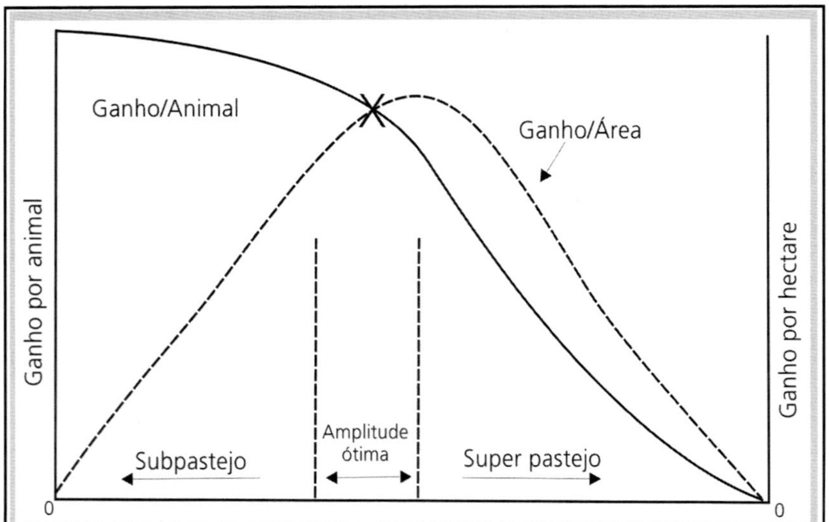

Figura 11. Relação entre a pressão de pastejo e a resposta no ganho por animal e ganho por área. (Fonte: Mott, 1960).

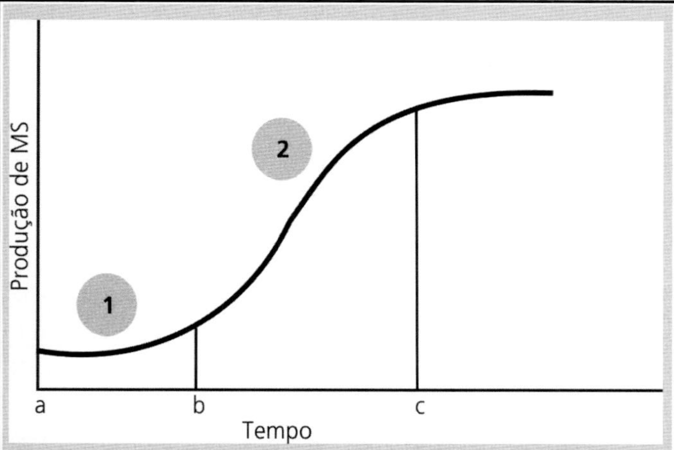

Figura 12. Curva padrão de crescimento ou rebrota de plantas forrageiras. (Fonte: Rodrigues & Rodrigues, 1987).

demasiado do IAF e aproveitar as características de crescimento das forrageiras, a intensidade de pastejo deve se dar de maneira que o período (1), ilustrado na **Figura 12**, seja relativamente o mais curto possível. Tal medida depende do remanescente de forragem deixado após o último pastejo. Se o último pastejo foi intenso, além do suportado para a forrageira na condição onde está crescendo, resulta em um período (1) mais longo, diminuindo então o número de vezes de uso da pastagem e, consequentemente, a produção de forragem poderá ser reduzida a cada ciclo de rebrota (Rodrigues & Rodrigues,1987).

Pastejos frequentes e intensos, resultam em diminuição progressiva na produtividade das pastagens e determinam, a degradação das mesmas. Isto ocorre porque a utilização continuada, sem que haja tempo para o restabelecimento de um mínimo de reservas através da fotossíntese, faz com que as plantas enfraqueçam e acabem por desaparecer, cedendo espaço para espécies indesejáveis.

Interagindo com as reservas em termos de influência na rebrota de plantas após o corte ou pastejo, encontra-se a área foliar remanescente, isto é, o material que permanece na pastagem após o pastejo.

Harris (1976) considera que, onde suficiente tecido fotossintético permanece após o corte, pode-se supor que haverá menor envolvimento das reservas na rebrota das plantas, devido a não completa interrupção na produção de assimilados.

De acordo com Richards (1993) a fonte inicial de carboidratos preferencialmente alocada para a parte aérea logo após o corte consiste nas reservas já presentes na planta, sendo que a contribuição das mesmas, durante os primeiros dias de recuperação, supera a dos assimilados recém produzidos pela fotossíntese.

Mas essas constatações não podem ser aplicáveis a qualquer situação uma vez que não apenas a quantidade mas também a qualidade do material remanescente poderá influenciar a intensidade da rebrota.

Se a área foliar remanescente for formada por material de baixa eficiência fotossintética devido a, por exemplo, sombreamento prévio, poderá haver menor vantagem no aumento do resíduo pós corte (Harris, 1976), sendo mais vantajoso permitir acúmulo de reservas através de um maior intervalo entre cortes.

Blaser *et al.* (1988) apresentaram os resultados da interação entre os níveis de reserva e da área foliar remanescente pós corte com Capim dos pomares (*Dactylis glomerata*), observando que o crescimento das plantas foi estimulado por ambos os fatores de variação: os melhores resultados ocorreram quando área foliar remanescente e carboidratos não estruturais apresentavam-se em níveis elevados (**Figura 13**).

Apesar da reconhecida importância do nível de reservas acumuladas pela planta e da área foliar remanescente, muito se questiona a respeito de qual desses aspectos é mais importante na determinação do vigor da rebrota de uma forrageira (Monteiro e Moraes, 1996). Conforme esses autores, os dois são importantes; o que vai determinar a maior ou menor importância de cada um é a espécie ou variedade, e as condições de utilização da planta.

Para plantas anuais, por exemplo, o mais importante é a altura de corte, uma vez que normalmente estas não acumulam reservas. Em geral, leguminosas como alfafa, trevo vermelho e cornichão são mais dependentes das reservas de carboidratos, embora também demonstrem resposta a uma dada altura de corte, quando utilizadas de forma freqüente.

Existe, então, uma maior ou menor dependência das reservas de carboidratos,

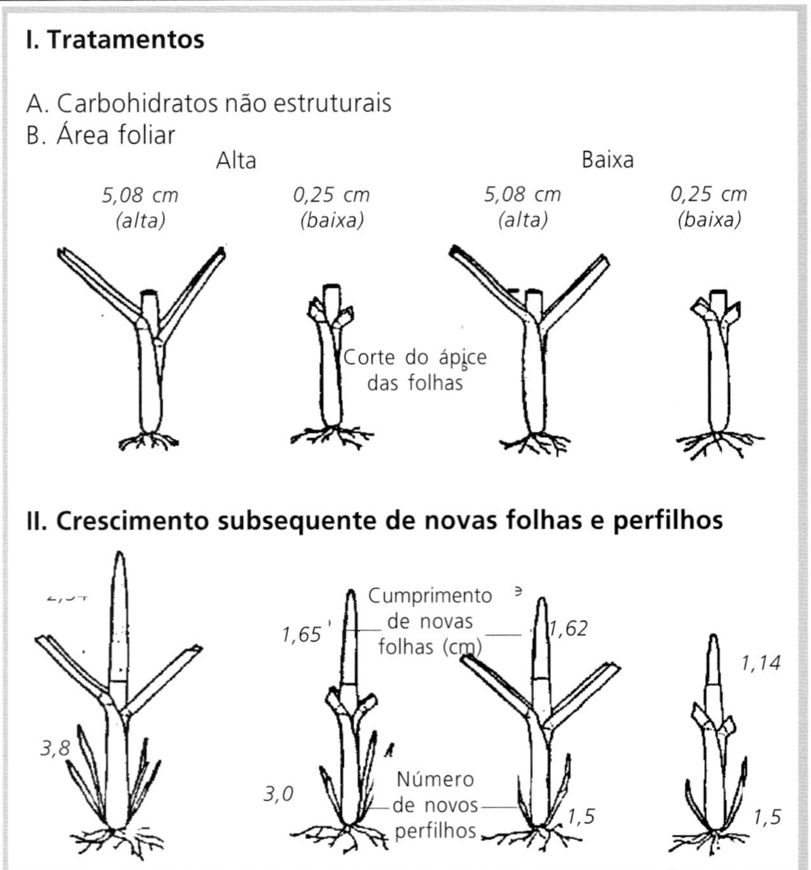

Figura 13. Efeitos de níveis de carboidratos de reserva e área foliar remanescente na intensidade da rebrota do Capim dos pomares (*Dactylis glomerata*) (Fonte: Blaser, 1988).

conforme o regime de cortes ou pastejo que são impostos à pastagem. Dessa forma, mesmo que a planta responda à acumulação de carboidratos, se os cortes são muito frequentes, não permitindo que haja tempo para que ocorra o armazenamento, então também esta planta responderá a uma dada altura de corte mais elevada, por usufruir do processo fotossintético realizado pela área foliar residual.

Nesse sentido, por exemplo, Costa *et al.* (2004), demonstraram que sob árvores de seringueira com 12 anos e plantadas no espaçamento de 3 x 7 metros, a braquiária (*B. brizantha* cv. Marandu) deveria ser pastejada com intervalos entre 56 e 84 dias; enquanto que fora do seringal (a pleno sol) o intervalo de pastejo seria entre 42 a 70 dias, para as condições climáticas e edáficas onde realizaram o estudo. Demonstrando que a freqüência e intensidade de pastejo para aquela condição silvipastoril deveria ser diferente da adotada numa pastagem solteira (a pleno sol). Além disso, a estacionalidade exerce efeito sobre taxas de crescimento das forrageiras e a pressão de pastejo dever ser adequada para evitar o superpastejo ou o subpastejo.

Pesquisas com controle concomitante da morfogênese e da interceptação luminosa pelo pasto indicaram que o melhor momento para o pastejo estaria em 95% da máxima interceptação luminosa, ao invés de, àquele caracterizado pelo máximo acúmulo de matéria seca (Fagundes *et al.*, 1999; Souza Junior, 2007; Pedreira *et al.*, 2009).

Efeitos das árvores no gado

A interação de fatores na produção animal, como a nutrição, o ambiente e as doenças determinam a manifestação do potencial genético produtivo. De modo que, quando otimizados esses fatores, o animal poderá manifestar todo o seu potencial de produção. O melhoramento genético tem formado raças mais tolerantes a altas temperaturas, embora não seja verídico quando se trata de radiação solar direta incidente sobre o animal, pois mesmo animais considerados adaptados às condições de clima mais quente, como é o caso do gado zebuíno em comparação com o gado europeu, buscam proteção contra a insolação direta.

Por isso, várias pesquisas sugerem práticas de manejo ambiental como alternativa e/ou complementação de medidas para a melhoria genética, pois mesmo raças consideradas tolerantes ao calor são sensíveis à intensidade de radiação solar direta, destacando-se aquelas práticas que fornecem sombra aos animais. As melhores sombras são as naturais, decorrentes de árvores, pois, além de interceptar a radiação solar direta, amenizam a temperatura, regulando a umidade do ar. O conforto térmico é uma das variáveis do bem-estar animal que tem sido negligenciada pelos criadores de gado. As áreas de pastagens do Brasil estão sob condições climáticas que determinam graus médio e severo de estresse térmico calórico (Inmet, 2005) para os animais sem proteção a campo.

As condições de temperatura do ar, velocidade dos ventos e insolação direta atuam sobre a intensidade do metabolismo dos animais. Quando essas condições atingem certos valores extremos, o animal consome mais energia para manter o equilíbrio da temperatura corporal (homeotermia) e começa a sofrer desgastes (estresse), pois está fora dos limites que configuram a sua zona de conforto térmico, refletindo negativamente na produção (Hafez, 1973; Naãs, 1989) e na capacidade imunológica (Costa e Silva, 2003). Contudo, essa característica varia bastante entre espécies e raças animais. Sob condições de desconforto térmico, os animais empenham-se na busca da manutenção de sua temperatura corporal; assim, nas horas mais quentes do dia, os animais buscam a proteção de sombras. Esse comportamento deve-se ao aumento da temperatura corporal pela radiação solar diretamente incidente, o que é considerado como um dos maiores problemas para o gado bovino nos trópicos (Naãs, 1989; Müller, 1989; Hardy, 1991; Silva, 2000). Por sua vez, nas regiões onde o inverno impõe um grau de estresse capaz de levar animais à morte, a implantação de proteção arbórea contribui para diminuir consideravelmente as perdas. Na Nova Zelândia, Sturrock (1988) registrou a eliminação de perda de animais durante o inverno pela disposição interligada de renques arbóreos com bosquetes.

Nas condições edafoclimáticas do Centro-Sul brasileiro, a temperatura do ar, no verão, foi reduzida em até 8°C, e a incidência de radiação solar global (radiação direta + radiação difusa), foi 80% menor sob a proteção de árvores dispostas em renques curvilíneos (Porfirio-da-Silva *et al.*,1998). Os autores argumentam ainda que, durante o tempo frio, os renques arbóreos podem funcionar como fontes de calor, e que a radiação de onda longa recebida pelo corpo do animal protegido sob as copas ou próximo delas, também melhora o seu conforto térmico. Em dias quentes e de forte insolação, a sombra, decisivamente, pode contribuir para condições de conforto animal. De acordo com Mota *et al.* (1997), *a melhor e mais eficiente sombra é a das árvores, cercada por pastagem verde*. Dentre os efeitos decorrentes da presença de árvores em pastagens, na produção animal devem ser destacadas as seguintes influências:

Redução das necessidades de energia de mantença do animal

Os excessos de calor ou de frio aumentam a necessidade de energia para a manutenção de funções vitais, desviando energia que poderia ser utilizada para fins produtivos. Os excessos de temperatura também podem alterar o comportamento de pastejo e, desse modo, reduzir a ingestão de alimentos. Em bovinos de corte, o consumo de matéria seca pode diminuir em até 10%, quando a temperatura ambiente eleva-se de 25 para 30° C (Bergigier, 1989).

Experimentos com bovinos e ovelhas, na Austrália, conduzidos em piquetes sem proteção, indicam que ventos e chuvas fortes podem dobrar o gasto de energia para manutenção. Uma redução de 33% na velocidade do vento (de 10km/h para 6,6km/h) pode resultar em 10% de economia em energia; se for reduzida em 55% (4,5km/h) a velocidade do vento, a economia será de 17,5% na energia que o animal poderá utilizar em funções produtivas (Bird *et al.* ,1992).

Os bovinos apresentam-se particularmente sensíveis às condições úmidas e quentes (Bergigier, 1989), portanto a oferta de sombra pode melhorar sua tolerância e sua produção (Mota *et al.*,1997; Klowoski *et al.*, 2002). Piquetes sombreados têm melhorado a eficiência da conversão de alimentos (Bizinoto *et al.*, 2005) e sobrevivência do gado (Bird *et al.*,1992).

Proteção da fertilidade

Estresse por calor pode reduzir a fertilidade, afetando a ovulação, o estro, a concepção e sobrevivência do embrião. Nos machos pode reduzir a viabilidade dos espermatozoides, bem como a libido (Müeller, 1989; Silva, 2000). Segundo Bird *et al.* (1992), vacas estressadas pelo calor produzem bezerros menores e aumentam o intervalo de tempo entre uma cria e outra.

Melhoria da sobrevivência e crescimento

Especialmente em animais recém-nascidos, a provisão de sombra por árvores pode melhorar a sobrevivência e subsequente desenvolvimento. Estudos publicados na Austrália mostraram que a mortalidade de bezerros atinge de 5 a 10% na primeira semana de vida, quando são criados em condições de pouca sombra ou proteção (Gregory, 1995).

Por apresentar comportamento de parto escondedor, a presença de árvores pode constituir-se em um elemento ambiental positivo para a fêmea bovina que procura isolamento do restante do grupo e de potenciais predadores no momento do parto. O isolamento nas primeiras horas de vida do filhote resulta em melhor ligação mãe-filho e condições ótimas para a primeira mamada e ingestão do colostro o mais cedo possível, passando a imunidade passiva para a cria, o que aumenta a taxa de sobrevivência (Pinheiro Machado F°, 1997 - comunicação pessoal).

Além disso, a perspectiva de isolamento sentida pela vaca, a deixa mais tranquila para efetuar a *limpeza* do recém-nascido, o que pode propiciar também a transmissão de bactérias ruminais ao bezerro, predispondo-o a pastar mais precocemente.

Novilhas em crescimento em pastagem arborizada atingiram condições para reprodução (idade para cobertura) cinco meses antes do que aquelas em pasto sem sombreamento (Simón *et al.* 1995).

Efeitos indiretos sobre as forrageiras

O crescimento de forrageiras pode ser favorecido ou prejudicado, dependendo da intensidade de sombreamento proporcionado pelas árvores, da competição entre plantas por água e nutrientes e da tolerância das espécies forrageiras ao sombreamento.

A qualidade de forragem sombreada tem sido objeto de estudos, principalmente sobre a composição química, digestibilidade e consumo voluntário.

Gramíneas medianamente tolerantes ao sombreamento podem apresentar redução da produção de forragem quando submetidas à restrição de 50% da luz solar plena. De modo geral, a restrição de 30% da luz solar plena tem proporcionado incremento na produção de matéria seca (Toledo & Torres, 1991; Castro *et al.*, 1999; Andrade *et al.*, 2004; Paciullo *et al.*, 2005).

Alguns resultados disponíveis na literatura relacionando o efeito do sombreamento sobre a digestibilidade de forragem são inconsistentes. Wilson e Wong (1982) relatam queda na digestibilidade *in vitro* da matéria seca (DIVMS) do *Panicum maximum* (*green panic*) com a diminuição da luminosidade. Já, Fleischer *et al.* (1984) e Norton *et al.* (1991), também trabalhando com cultivares de *P. maximum*, não observaram efeito significativo do sombreamento sobre a digestibilidade da matéria seca, enquanto que Deinum *et al.* (1996), registraram o aumento da DIVMS em *P. maximum* em função do sombreamento.

A DIVMS de *Cynodon nlemfuensis* foi maior ($P<0,06$) em sistema silvipastoril com eucaliptos do que na pastagem solteira, enquanto que para a *B. brizantha* cv. Marandu, não houve diferença significativa.

Os teores de fibra em detergente neutro (FDN) apresentam uma tendência de redução, enquanto a DIVMS apresenta tendência de aumento em condições de sombra (Carvalho, 2001; Pacirello *et al.*, 2007).

O efeito mais consistente observado sobre a qualidade de forrageiras submetidas ao sombreamento refere-se ao aumento na concentração de proteína bruta e a redução nos teores de carboidratos totais não estruturais no tecido foliar.

Efeitos diretos pela toxicidade de algumas espécies arbóreas

A folhagem de algumas espécies arbóreas, quando ingeridas, podem causar aborto no gado (por exemplo, o *Cupressus* spp.); outras podem causar timpanismo e morte (exemplo típico é do pessegueiro-bravo - *Prunus sellowii*). Ainda carecendo de comprovação, existem algumas evidências de que as sementes dos frutos da uva-do-japão (*Holvenia dulcis*), que são ingeridas pelos bovinos, podem causar a formação de *pelotas* concrescentes no interior do rúmen. As sementes pequenas não são expulsas do rúmen, e, dependendo da ingestão de frutos, grandes quantidades de sementes acumulam-se formando as concreções.

Pela provisão de forragem arbórea

As folhas, ramos e/ou frutos de algumas espécies arbóreas podem ser utilizadas pelos animais, quer seja por pastejo direto (ramoneio) quer seja por corte e oferta no cocho. Exemplos característicos são a leucena (*Leucaena* spp.), a algaroba (*Prosopis* spp.), a cratílea (*Cratylea argentea*), a amora (*Morus nigra*), entre outras.

No Brasil, embora com grande potencial florístico, é pouco utilizado o potencial forrageiro de espécies arbóreas.

Aspectos sócioeconômicos e político-culturais dos sistemas silvipastoris

Embora se possa lançar mão de índices, como o Uso Efetivo da Terra – UET (Willey, 1985), para avaliar a eficiência de sistemas silvipastoris (SSPs) em comparação com a eficiência de seus componentes em monocultivos, Veiga e Serrão (1994) são de opinião que, em decorrência da sua finalidade, os sistemas silvipastoris necessitam de avaliação mais profunda, na qual nem mesmo índice como o UET consegue englobar, com propriedade, todos os fatores envolvidos.

Nesses sistemas, a avaliação deve ser do empreendimento como um todo e não somente das culturas. A ênfase deve ser sobre a eficiência de uso dos recursos e não à produção em si, uma vez que na filosofia de uso sustentável dos recursos também se faz necessário o monitoramento dos impactos desses sistemas (Veiga e Serrão, 1994).

O UET demonstra a capacidade do sistema silvipastoril ser mais produtivo por unidade de área do que as formas monoculturais. A **Tabela 8** demonstra resultados obtidos da comparação entre monocultura de floresta, monocultura de pastagem, sistema silvipastoril, com 250 árvores por hectare, e sistema silvipastoril com 416 árvores por hectare.

O valor atualizado da renda líquida (VLP) corresponde à renda líquida obtida com a incidência de juros de 8% ao ano sobre o investimento e custos. A taxa interna de retorno (TIR) corresponde ao percentual de retorno conseguido por cada unidade monetária aplicada sobre a atividade. O valor total relativo (VTR) é uma razão que mostra a vantagem econômica entre dois arranjos. É dependente dos preços de cada produto no mercado.

O uso efetivo da terra (UET) demonstra a capacidade do sistema silvipastoril ser mais produtivo por unidade de área do que as formas monoculturais. No caso dos resultados apresentados na **Tabela 8**, a produção em 1,0 ha silvipastoril equivale a 41% e 26% a mais, respectivamente, para o silvipastoril com 416 árvores/ha e 250 árvores/ha, do que as formas monoculturais de pastagem e floresta.

Ao permitir oferta de produtos e serviços inexistentes em sistemas convencionais de pecuária, acaba por influir favoravelmente nas relações de mercado, reduzindo riscos, quer seja pela não dependência de um só produto, quer seja por fatores ambientais adversos (como a geada ou veranicos), além de influir na geração de empregos de mão de obra (por exemplo, a oferta de produto industrial, como a madeira, demanda uma série de postos de trabalho em sua cadeia produtiva).

As árvores no sistema silvipastoril adquirem um caráter complementar ou suplementar da atividade pecuária. Num primeiro momento, pelos seus serviços de proteção ao rebanho e à pastagem, promovem melhoria da atividade pecuária; e, num segundo momento, quando seus produtos diretos (principalmente a madeira) forem colhidos, integram e ampliam a renda da propriedade rural (Porfirio da Silva, 2003).

Tabela 8. Resultado da aplicação de indicadores econômicos, de produtividade e sua comparação relativa em diferentes sistemas de produção, em uma escala de 300 hectares ao longo de 8 anos.

Indicador econômico	Sistema produtivo: monocultura		Sistema produtivo: silvipastoril	
	pastagem	floresta	416 árvores/ha	250 árvores/ha
VLP (8%) US$/ha	11,05	51,46	102,40	4863
TIR(%)	9,27	9,30	10,66	9,46
VTR	-	-	1,75	1,55
UET	-	-	1,41	1,26

Fonte: Marlats *et al.* (1995).

Necessidade de nova postura e novas ações (mudança de paradigma)

O ambiente sóciocultural também é afetado pelos sistemas silvipastoris, pois sua adoção exige mudanças de costumes e tradições dos produtores. A cultura humana molda sistemas biológicos e estes moldam a cultura; dessa forma, os povos desenvolvem-se diferentemente em ambientes diversos com seus sistemas biológicos associados, culminando em formas de conhecimento, organização social, tecnologias e valores distintos (Altieri, 1989). Assim, o cultivo da terra com base monocultural resiste a mudanças para uma base policultural.

A adoção de sistemas silvipastoris depende da disponibilidade de informações sobre a potencialidade agronômica e econômica, especialmente do componente arbóreo, da demanda de mercado e da política de governo para o desenvolvimento da região. Mecanismos de política pública são capazes de direcionar esforços no sentido de superar barreiras econômicas, como a necessidade de investimento inicial; barreiras operacionais, como a necessidade de adquirir maior conhecimento tecnológico e mais investimento em tempo. Muitos produtores rurais ainda se mostram relutantes em incorporar os sistemas silvipastoris, o que seria resultante de barreiras econômicas, operacionais e culturais (Dias-Filho e Ferreira, 2007).

Tais barreiras variam de acordo com a região. Em regiões nas quais ainda existe certa abundância de áreas naturais para a expansão agropecuária, preços da terra relativamente baixo e baixa densidade demográfica e, portanto, baixo incentivo a adoção de práticas de uso mais eficiente e intensivo dos recursos existentes, a tendência seria de preterir tais práticas, especialmente entre produtores descapitalizados ou sem acesso a crédito (Dias-Filho e Ferreira, 2007). Enquanto em regiões, nas quais a disponibilidade de áreas naturais para a expansão agropecuária já se exauriu, e seus sistemas produtivos estão sob pressão para que adotem práticas ambientalmente adequadas, já ocorre maior motivação para a mudança no uso da terra.

Os proprietários de terras estão sendo cada vez mais solicitados a reduzir o risco de perdas por intermédio de maior diversificação da produção e/ou voltando-se para crescentes mercados especializados (por exemplo: produtos orgânicos). Na medida em que esses proprietários forem motivados e preparados para continuar como produtores ativos, a combinação entre árvores, cultivos e animais amplia suas oportunidades para uma agropecuária de baixa intensidade, em moldes mais extensivos (num exemplo de combinação de bovinos com árvores frutíferas e/ou árvores para madeira sólida – laminados, serrados, faqueados) ou, sistemas altamente intensivos (no caso de integração pecuária-lavoura-floresta em diversos arranjos espaciais com árvores de rápido crescimento para energia, papel, carvão e paineis de madeira reconstituída).

Ademais, a pecuária e a indústria da pecuária sofrem pressões para que adotem sistemas de produção mais saudáveis ambientalmente. Para não perder a competitividade, a bovinocultura terá de preterir o modelo extrativista e extensivo em favor daqueles que exigem investimentos em novas tecnologias e processos de produção ambientalmente ajustados, inclusive no que diz respeito ao cumprimento das leis ambientais.

De todo modo, a superação de tais barreiras, com a velocidade necessária para a mudança de uso das terras de pastagens para sistemas silvipastoris, passa necessariamente pelo desenvolvimento de políticas públicas que proporcionem reais incentivos como: linhas de crédito diferenciado para a conversão de pastagens convencionais em sistemas silvipastoris; o pagamento por serviços ambientais auferidos pela mudança no uso da terra; e a assistência técnica capacitada da extensão rural.

No contexto geral, no entanto, ainda existe carência de informações e conhecimentos rotineiros para os produtores rurais. Portanto, novas posturas e ações devem ser buscadas por meio da atualização tecnológica dos profissionais do setor, o que dependerá também dos esforços desenvolvidos para a transdisciplinaridade.

Perspectivas para o incremento de sistemas silvipastoris adequados às realidades regionais

Em regiões com o uso das terras predominantemente de pastagens, os sistemas silvipastoris podem trazer aumentos consideráveis na circulação de riqueza. Pode favorecer a industrialização da região por meio da disponibilidade de matéria-prima de origem animal e diversidade de produtos ofertados (produção de madeiras que atualmente não existe, com custos de produção competitivos, em virtude das condições ambientais favoráveis ao desenvolvimento das árvores e à facilidade de colheita), promovendo aumento na oferta de empregos diretos e indiretos, via incremento de cadeias produtivas conexas e emergentes (Porfírio da Silva e Mazuchowski, 1999).

A perspectiva futura aponta favoravelmente aqueles sistemas produtivos que produzirem madeira (Sociedade...,2005). Em relação à quantidade disponível de matéria-prima, estudos de diferentes segmentos do setor de base florestal brasileira apontam para a existência de um desequilíbrio entre a oferta e a procura de madeira para atender às projeções de crescimento da indústria de base florestal (MDCI, 2001).

Moraes e Nassar (2002), ao citarem Bacha (2000), reforçam que a capacidade de produção anual de madeira plantada já está igual ao consumo. Além disso, considerando-se que a taxa de aumento da área anualmente plantada com florestas é menor que o crescimento da demanda, que a produtividade não está crescendo e que não se pode contar com oferta maior de madeira nativa, percebe-se que a questão da oferta de madeira torna-se um gargalo importante, já que pode ocorrer a falta num futuro próximo (Moraes e Nassar, 2002).

Novos produtos e serviços nas áreas de pastagens

A tendência de mercado para produtos ambientalmente adequados abre oportunidades para a produção de carne a pasto. Em um sistema de produção capaz de contribuir para maior captura e fixação de carbono atmosférico (segundo Kanninen (2006), a taxa média anual de sequestro de carbono em sistema silvipastoril seria de 2,0 toneladas de carbono por ha/ano, enquanto o potencial atual das pastagens é de 0,27 toneladas de carbono por ha/ano), de menor emissão de óxido nitroso, além de ser capaz de mitigar a emissão de metano pelos ruminantes. Todos esses gases são componentes do efeito estufa. Esses fatos podem vir a compor elementos de *marketing* para a produção animal em tal condição. Por sua vez, a madeira produzida em sistema silvipastoril pode auferir certificação mais facilmente (Porfirio da Silva, 2006).

A demanda por produtos florestais é crescente pelas mesmas razões que faz com que a demanda por produtos pecuários também cresça (crescimento populacional, a urbanização e o aumento da renda mundial), mas com um *novo* elemento: uma mudança de atitude que levará a um aumento do valor da conservação do meio ambiente e da natureza. Existe pressão cada vez maior para que sejam respeitadas normas adequadas de gestão dos recursos naturais em todas as políticas e esforços para estimular o desenvolvimento econômico e diminuição da pobreza.

Estimativas indicam que, até 2030, o consumo mundial de madeira em toras aumentará aproximadamente 60% em relação ao consumo atual, o que alcançará cerca de 2,4 bilhões de m^3 (FAO, 2002). Conforme o estudo da FAO, a pergunta fundamental não é se haverá madeira no futuro, mas sim de onde deverá vir, quem a produzirá e como deverá ser produzida.

Está ocorrendo uma mudança de fontes da madeira, da madeira de florestas virgens e deficientemente fiscalizadas para plantações florestais e/ou florestas manejadas de forma certificada. A estimativa é de que a produção de madeira em toras industriais originadas de plantações possa alcançar 800 milhões de m^3 até o ano de 2030, duplicando os atuais 400 milhões de m^3 produzidos atualmente (FAO, 2002), atendendo em grande parte ao crescimento da demanda de madeira no período.

A introdução de árvores em pastagens convencionais

Ao considerar a introdução/administração de um sistema silvipastoril na propriedade rural é importante entender os benefícios associados com as práticas silvipastoris e planejar a implantação das árvores, considerando-se os objetivos atuais e futuros com o sistema.

Considerações para o planejamento da implantação de árvores na pastagem

A distribuição espacial das árvores é um importante elemento estrutural em pastagens arborizadas, e deve ter como critérios de planejamento: a finalidade da produção de madeira (serraria, laminação, lenha, palanques de cerca); a declividade e face de exposição do terreno; a proteção do rebanho e das pastagens; a conservação de solo e água.

As pastagens produzem bem em grandes espaços sem árvores. Assim, o agrupamento de árvores (bosquetes) e o plantio de árvores em grandes espaçamentos quadrados (plantio reticulado ou em grade), ou em linhas (renques) largamente espaçadas, pode proporcionar alta produção de forragem. Todavia, em concordância com Sharrow (1998), a condução de rebanhos é dificultada pelo padrão de distribuição em bosquetes e/ou em plantios reticulados (**Figura 14**), mesmo que não sejam de coníferas. Isso acontece porque os animais tendem a manter uma distância entre si e o vaqueiro (distância de fuga[2]).

A influência da distribuição espacial das árvores na produção de pastagem aumenta com o número de árvores por unidade de área e pelo crescimento (aumento de tamanho) de cada árvore. A distribuição das árvores em renques largamente espaçados pode proporcionar alta produção de forragem e facilidade para operações mecanizadas e condução dos rebanhos (**Figura 15**).

O crescimento das árvores é pouco afetado pelo padrão de distribuição, desde que cada árvore tenha pelo menos um lado de sua copa que receba luz solar direta. No entanto, na fase de estabelecimento das árvores, as mudas não devem sofrer concorrência da pastagem, pois afeta sua sobrevivência e crescimento.

O crescimento de árvores em áreas de pastagem promove modificações que necessitam ser levadas em consideração desde o planejamento da conversão da pastagem convencional em pastagem arborizada. De modo geral, no planejamento para a arborização de pastagem são importantes os seguintes aspectos:

I. Seleção das espécies de árvores e pastagens que estejam adaptadas ao clima e solo da região. De modo preferencial, para o plantio em renques, as árvores têm de apresentar dominância monopodial. Outros aspectos a serem considerados na escolha das espécies de árvores incluem:

a) O mercado dos possíveis produtos das árvores, tais como a madeira, frutos e sementes: é fundamental saber do mercado local, regional ou até mesmo para exportação da produção. Da mesma forma, das exigências de escala e de padrões de qualidade.

b) O valor dos produtos obtidos, geralmente produtos mais elaborados, apresentam maiores retornos econômicos. No entanto, agregar valor aos produtos das árvores trará algumas preocupações comuns ao *empreendedor*:

- Necessidade de investimento, seja qual for a forma escolhida de agregar mais valor aos produtos das árvores.
- Capacitação técnica para que as tarefas sejam desempenhadas com eficiência, mesmo para os mais simples produtos das árvores, por exemplo, a retirada de costaneiras das toras ou a produção de carvão.

[2]Com a aproximação de um vaqueiro, os animais se movem (caminham) para manter a distância de fuga; quando esta distância é restabelecida, eles param e olham em torno para ver o que está acontecendo. Uma vez que os animais passam para trás de uma árvore e perdem o vaqueiro de vista, eles *assumem* que o vaqueiro também não os está vendo, então todo o interesse em manter-se em movimento agrupado se perde. Quando o vaqueiro surge *repentinamente* de trás das árvores, os animais se espantam e tentam fugir. Desse modo, arrebanhar um grupo grande de animais, em que alguns veem o vaqueiro e outros não, torna-se um tanto difícil. A tendência natural dos animais é deslocar-se paralelamente a barreiras, como os renques de árvore, e isso facilita o seu arrebanhamento e condução.

Figura 14. Vista interna de um bosquete de eucalipto (*Eucalyptus grandis*), onde a visualização, tanto do vaqueiro quanto dos animais, é dificultada. (Foto de Vanderley Porfírio-da-Silva).

Figura 15. Pastagens de *Brachiaria brizantha* cv. Marandu, arborizada com *Eucalyptus grandis* (no alto) e *Eucalyptus camaldulensis* (abaixo), aos 2 e 4 anos de idade, respectivamente, plantados em renques curvilíneos. [Fotos de Geraldo Moreli (no alto) e Vanderley Porfírio-da-Silva].

c) As árvores devem apresentar crescimento rápido (no caso de espécie com produtos de alto valor, um crescimento moderado pode ser aceito). Caso contrário, aumenta-se o risco de insucesso do empreendimento pois, com árvores de crescimento lento, o tempo para auferir os benefícios diretos e indiretos de sua presença aumenta e pode frustrar as expectativas de retorno econômico. Por outro lado, o risco de perda de árvores por danos causados pelos animais também aumenta.

d) O enraizamento das árvores deve ser profundo, o que vai diminuir a competição por umidade e nutrientes. Embora a configuração radicular seja característica própria da espécie, danos causados ao sistema radicular na fase de mudas podem modificar tal configuração, tornando-o mais superficial (**Figura 16**);

e) A copa das árvores deve promover um sombreamento *leve*, ou seja, restringir a incidência de luz solar em 30% a 40%;

f) A capacidade de prover serviços ambientais desejados pelo proprietário rural, tais como a fixação biológica de nitrogênio, a mobilização de fósforo, a reciclagem de nutrientes, o controle da erosão e do escorrimento superficial de águas de chuva;

g) Não apresentar efeitos negativos sobre os animais, como toxicidade, ou sobre as pastagens, como alelopatia.

Figura 16. Árvore de grevílea (*Grevillea robusta*) com sistema radicular mal formado, proporcionando queda pelo vento (Foto de Vanderley Porfírio-da-Silva).

II. Definição do arranjo espacial das árvores na área (o *espaçamento*). Utilizando-se o princípio de área protegida por uma barreira de quebra-ventos convencional, um renque de árvore não poderá distar de outro renque mais do que 10 vezes a sua altura. Isso conduz para estratégias diferenciadas de implantação:

a) Plantio em espaçamento menor, tanto na linha quanto entre renques, atende aos objetivos de obtenção de maior volume de madeira por unidade de área e de prover proteção contra o vento em menor tempo. O primeiro desbaste deverá ocorrer em menor tempo, para manter o equilíbrio do sistema (não sombrear em excesso nem *cortar* a ventilação). No entanto, caso não tenha mercado para madeira fina, nem seja esta necessária para construções rurais na propriedade, o desbaste irá configurar uma despesa sem retorno;

b) Plantio em espaçamentos maiores produzem madeira de maior calibre já no primeiro desbaste (que deve ocorrer mais tardiamente), mas demoram mais para prover efetiva proteção contra os ventos. Por ocorrerem mortes de árvores ao longo do tempo, o plantio deve ser planejado para alcançar a maturidade com árvores adultas, ocupando pelo menos 50 m² cada uma.

Um arranjo que tem se mostrado eficiente é aquele que permite o sistema estabilizar com uma cobertura vertical de copas em torno de 20 a 25% de área total (**Figura 17**). Então, quando as árvores são pequenas, elas existirão em maior número e, com o tempo, serão desbastadas (colheita), procurando manter tal proporção de área coberta pelas copas. Assim, uma espécie que tem copa estreita quando jovem e ampla quando adulta deve ser plantada em maior população inicial.

Uma espécie com copa colunar ou cônica deverá sofrer menos desbastes do que uma de copa umbeliforme, quando plantada em arranjo e população iguais. Eucaliptos, por exemplo, podem ser plantados em arranjo de 14 x 2 metros que irá evoluir para 14 x 4 e 14 x 8 metros em 12 a 15 anos. O arranjo com *ruas largas* é fundamental para estabelecer a forrageira desde o início do sistema. Em arranjos de *ruas estreitas* (3 x 3 m), as forrageiras podem crescer bem somente no 1° ano e após desbastes.

III. Definição das práticas de manejo adequadas, pois elas promovem o alcance das metas do proprietário rural em todas as fases do sistema. *Quando, por exemplo, serão executadas as podas e/ou desbastes que evitarão o sombreamento excessivo na pastagem e afetarão positivamente a produção de toras de qualidade? Quantos serão os piquetes na área e seus tempos de uso pelos animais?*

IV. Atenção aos impactos econômicos, ambientais e sociais ao juntar, na mesma área, a criação de gado e a pro-

Figura 17. A projeção vertical da copa das árvores (em destaque) proporcionando cobertura entre 20 e 25% da área. Pastagem de grama estrela (*Cynodon plectostachyus*) arborizada com grevílea (*Grevillea robusta*) aos 24 anos. [Foto de Vanderley Porfírio-da-Silva].

dução de madeira. A implantação do sistema é um investimento que demanda recursos financeiros e capacitação para sua administração; essa observação, por vezes, pode significar desembolsos e mudanças na forma de gerir a propriedade rural.

A observância desses aspectos contribuirá para o sucesso na implantação do sistema silvipastoril, mas será a combinação adequada de árvores, pastagem e animais o instrumento para garantir o sucesso do empreendimento. Ademais, toda a base tecnológica já existente para intervenções em forragicultura e silvicultura, para o manejo das pastagens, do rebanho e das árvores, bem como as práticas agrossilviculturais necessárias para o manejo microclimático do ambiente, devem ser consideradas para o êxito do sistema silvipastoril.

Implantação de árvores na pastagem

A conversão de área de pastagem convencional para sistema silvipastoril pode ser iniciada por subáreas, nas quais o pasto esteja menos produtivo, ou subáreas críticas com problemas de erosão, compactação, espécie forrageira inadequada ou de outro aspecto negativo para a produção de forragem. Mas, mesmo pastagens consideradas boas podem ser convertidas em sistemas silvipastoris.

A avaliação das condições da pastagem permitirá indicar e selecionar a forma de intervenção inicial para o processo de conversão. Assim, utilizando-se os critérios adotados por Muehlmann *et al.*(2000) para avaliação de pastagens, o plantio das árvores pode ocorrer, basicamente, em três condições:

- Plantio de árvores em *pasto bom* (**Figura 18**);

Figura 18. Implantação de eucalipto (*Eucalyptus grandis*) em pastagem bem formada de grama *Tifton-85* (*Cynodon dactylon*). A faixa de plantio é protegida por cerca-elétrica. (Foto de Vanderley Porfírio-da-Silva).

- Plantio de árvores em *pasto em degradação* (**Figura 19**);
- Plantio de árvores em *pasto degradado* (**Figura 20**).

Pastos bons: são constituídos por pastagens bem formadas e manejadas, adaptadas ao clima e solo do local, oferecendo produção adequada, com boa cobertura do solo, bom vigor das plantas e sem ocorrência de invasoras.

Pastos em início de degradação: são pastos com baixa ocorrência de invasoras, apresentando espaços de solo descoberto com sinais de erosão, com indicações de mal manejo (sobrepastejo, por exemplo) e sem reposição da fertilidade, podendo apresentar compactação superficial do solo.

Pastos degradados: a produção é muito baixa por espécie; há grande ocorrência de invasoras (em número e intensidade), grande quantidade de espaços de solo descoberto e elevada compactação superficial; limitações de fertilidade e erosão são aparentes. Em qualquer condição, será possível introduzir o componente arbóreo; obviamente, os procedimentos necessários irão se diferenciar (**Tabelas 9**, **10** e **11**).

Figura 19. Implantação de eucalipto (*Eucalyptus grandis*) na pastagem de braquiária (*Brachiaria brizantha* cv. Marandu) em recuperação. A faixa de plantio não está protegida por cercas, pois os animais foram retirados da área (Foto de Geraldo Moreli).

O manejo das árvores no sistema silvipastoril

Constitui-se, segundo Porfírio-da-Silva (2007), de mecanismos que permitirão o equilíbrio (otimização) entre os diferentes tipos de interações ecológicas que ocorrem, minimizando as interações indesejadas (competição e predação) e maximizando as interações desejadas (comensalismo e mutualismo).

O manejo da copa das árvores regula o componente arbóreo e conserva os demais componentes (pasto e gado), dando oportunidade à manutenção de: crescimento da pastagem sob as árvores; diferente taxa de mineralização da matéria orgânica; atração do gado para deixar matéria orgânica fresca - esterco e urina – ativadora da biocenose do solo; deposição de excreta animal próximo das árvores favorece o seu crescimento; a poda de galhos, além de minimizar a competição por luz, é necessária para a produção de madeira de maior qualidade em toras. Os parâmetros para manejo de copa das árvores compreendem:

1. **Inserção de copa (IC)**: quando a inserção de copa da árvore for baixa, menos radiação solar (-R) incidirá na pastagem; quando a inserção de copa da árvore é alta e mais radiação solar (+R) incidirá na pastagem. Assim, quando IC for baixa, espaçamentos maiores entre árvores deverão ser buscados, ou podas deverão ser efetuadas, caso seja possível, para aumentar a incidência de radiação solar para a pastagem.

2. **Programa de podas**: as características de copa, combinadas com o arranjo espacial das árvores pode afetar a distribuição da radiação solar incidente na pastagem, inclusive potencializando o estresse térmico para o gado em determinados horários e posições da área em relação às árvores (Porfírio-da-Silva *et al.*, 2004). O programa de po-

Figura 20. Implantação de árvores em áreas de pastagens que estão sendo reformadas com cultivos anuais por serem consideradas degradadas: **a)** grevílea com cultivo do milho; **b)** eucaliptos com mandioca; **c1**,**c2** e **c3)** sequência do cultivo de sorgo e implantação da pastagem perene *Tifton-85* **(c2)** até o retorno do gado **(c3)** na resteva do sorgo, com a pastagem já implantada. (Fotos de Vanderley Porfírio-da-Silva).

das poderá variar em vista do arranjo utilizado na implantação e a finalidade da produção das árvores, mas a primeira poda ocorrerá quando o diâmetro do tronco, medido a 1,30 m do solo (diâmetro a altura do peito – DAP), atingir de 6 a 8 cm, ocasião em que será efetuada a poda dos ramos/galhos deste ponto (DAP) até o solo. Essa operação visa, se for produto madeireiro, à qualidade da tora e a regulação da competição por luz da árvore para com a pastagem; se for outro produto, visa somente à regulação da competição por luz da árvore para com a pastagem.

3. Programa de desbastes: da mesma forma que, para poda, o programa de desbastes poderá variar em vista do arranjo utilizado na implantação, e a finalidade da produção das árvores, com o primeiro desbaste ocorrendo quando as árvores apresentarem sinais de competição intraespecífica (detectado por acompanhamento dendrométrico) indicará que espaçamentos maiores entre arvores deverão ser buscados.

Tabela 9. Procedimentos mínimos para a introdução do componente arbóreo em uma pastagem considerada *pasto bom*.

Condições do pasto	Procedimentos
Pasto bom	**Introdução das árvores** 1.1.Tipo de Arranjo: renques em curva de nível com espaçamento que varia de 14 a 35 metros entre renques e de 1,5 a 4,0 metros entre árvores. 1.2. Implantação: eliminação da pastagem na faixa de 2,0 metros ao longo da linha de plantio das mudas arbóreas; sulcar ou abrir covas no centro da faixa e plantar as mudas no espaçamento selecionado. 1.3. Manejo inicial: proteção das mudas de árvore com cerca temporária, geralmente cerca-elétrica colocada ao longo da linha de plantio; estabelecer piquete de pastoreio entre dois renques protegidos por cerca-elétrica; manter as mudas *no limpo* (capinar a faixa de plantio) até atingirem altura de 1,50m.

Tabela 10. Procedimentos mínimos para a introdução do componente arbóreo em uma pastagem considerada *pasto em degradação*.

Condições do pasto	Procedimentos
Pasto em degradação	**Recuperação da pastagem** 1.1.Medidas gerais: fazer análise do solo para provável recomendação e aplicação de adubos-controle de plantas *invasoras* efetuado por roçada ou herbicida, sempre antes da aplicação de corretivos ou de abubos-controle de erosão por meio da construção de terraços em nível. 1.2. Manejo da área: dividir a pastagem em piquetes usando cerca-elétrica; estabelecer os piquetes de pastoreio sempre entre dois renques de árvores, de modo a protegê-las com a cerca-elétrica. 1.3. Manejo da pastagem: piquetar a área para favorecer o manejo da pastagem; respeitar o período de ocupação e/ou carga animal, bem como o período de repouso da pastagem; não aplicar adubos quando a pastagem estiver *rapada* ou com tempo seco.
	Implantação das árvores
Pasto em degradação	2.1. Tipo de arranjo: renques em curva de nível com espaçamentos que variam de 14 a 35 metros entre-renques, acompanhando o terraceamento da área, e de 1,5 a 4,0 metros entre as árvores na linha de plantio. 2.2. Plantio: eliminação da pastagem na faixa de 1,5 a 2 metros ao longo da linha de plantio das mudas; sulcar ou abrir covas no centro da faixa e plantar as mudas de árvores no espaçamento selecionado; aplicar adubação em doses recomendadas pela análise de solo. 2.3. Manejo inicial: proteção das mudas de árvores com a cerca-elétrica usada para a piquetagem da pastagem; manter as mudas *no limpo* (capinar a faixa de plantio) até atingirem altura de 1,50 metro; fazer o *desponte* dos ramos que atingirem a cerca. Isso evita que os animais puxem e quebrem os ramos, danificando a árvore, além de evitar o *aterramento* pela árvore, o que faz com que a cerca-elétrica não funcione adequadamente.

Considerações finais

A introdução de árvores em pastagens, de maneira adequada, aponta uma forma capaz de reduzir riscos inerentes aos sistemas convencionais de criação de bovinos, principalmente no que tange aos recursos naturais, dando oportunidade à diversidade de produtos (madeira, resinas, frutos, forragens e outros produtos industriais) e serviços (proteção e/ou conservação do solo e da água, mitigação de extremos climáticos, captura de gás carbônico, proteção ao rebanho, regulação do microclima) e, por conseguinte, aumentando a capacidade de suporte dos seres vivos, principalmente da humanidade e de suas atividades socioeconômicas.

Será fundamental a alteração do paradigma produtivo vigente e, essencialmente, voltar para: a formação de atitude para parcerias; o profissionalismo empresarial em moldes de qualidade mundial; o foco para novos mercados e/ou fornecedores de matéria-prima e/ou serviços de apoio; e para políticas de desenvolvimento regionais que não negligenciem tais aspectos.

Finalmente, o Homem, como espécie, somente obterá a sua sustentabilidade do resultado de sua compreensão do meio natural e de sua capacidade de interagir para a mudança socioambiental e produtiva que tem que acontecer.

Referências bibliográficas

Almeida, J.C.C. **Comportamento do *Eucalyptus citriodora* Hooker em áreas pastejadas por bovinos e ovinos no Vale do Rio Doce, Minas Gerais**. Viçosa: UFV, 1991. 44p. Tese Mestrado.

Alvim, M.J.; Paciullo, D.S.; Carvalho, M.M.; Xavier, D.F. **Influence of different percentages of tree cover on the characteristics of a *Brichiaria decumbens* pasture**. In: INTERNATIONAL SYMPOSIUM OF SILVOPASTORAL SYSTEMS, 2., 2004, Mérida. The importance of silvopastoral systems for providing ecosystems servicesand rural livelihood. Mérida: Universidad Autónoma de Yucatán, 2004. p. 179-182.

Amiotti, N.M.; Zalba, P.; Sanchez, L.F.; Peinemann, N. The impact of single trees on properties of loess-derived grassland soils in Argentina. **Ecology**, v.81, n.12, p.3283-3290, 2000.

Tabela 11. Procedimentos mínimos para a introdução do componente arbóreo em uma pastagem considerada *pasto degradado*.

Condições do pasto	Procedimentos
Pasto degradado	**1. Reimplantação da pastagem.** I) Reimplantação da pastagem sobre pasto existente. Para as áreas que apresentam solos sem sérias limitações de fertilidade, com invasoras de fácil controle, sem limitações para a mecanização e com possibilidade de cultivo mínimo. A reimplantação da pastagem pode ser com espécies perenes, pelos métodos convencional, cultivo mínimo ou sucessão de pasto anual de inverno - pasto perene. II) Reimplantação da pastagem pela rotação com lavouras. Para os casos em que for necessária a adequação das condições de fertilidade do solo e quando houver invasoras de difícil controle. As lavouras cultivadas na área, geralmente, custeiam a implantação da pastagem. As rotações de lavoura e pasto podem ser variadas. Esquemas comuns incluem: pasto anual de inverno - lavoura - pasto anual de verão -pastagem perene; ou lavoura - pasto anual de inverno - pastagem perene. Para quaisquer opções serão necessários os seguintes procedimentos: 1.1. Medidas gerais: fazer análise do solo para provável recomendação e aplicação de adubos e corretivos de pastoreio pesado para *rapar* o pasto existente; retirar os animais do pasto para que a rebrota seja vigorosa e possa então ser eliminada pelo uso de herbicida; controle de erosão pela construção de terraços em nível; preparo do solo e calagem em conformidade com a análise de solo adubação. 1.2. Manejo da área: dividir a pastagem em piquetes, usando cerca-elétrica; estabelecer os piquetes de pastoreio sempre entre dois renques de árvores, de modo a proteger as árvores com a cerca-elétrica. 1.3. Manejo da pastagem: piquetar a área para favorecer o manejo da pastagem; respeitar o período de ocupação e/ou carga animal, bem como o período de repouso da pastagem; não aplicar adubos quando a pastagem estiver *rapada* ou com tempo seco.
Pasto degradado	III. Implantação das árvores 2.1. Tipo de arranjo: renques em curva de nível com espaçamentos que variam de 14 a 35 metros entre-renques, acompanhando o terraceamento da área, e de 1,5 a 4,0 metros entre as árvores na linha de plantio. 2.2. Plantio: eliminação da pastagem na faixa de 1,5 a 2 metros ao longo da linha de plantio das mudas; sulcar ou abrir covas no centro da faixa e plantar as mudas de árvores no espaçamento selecionado; aplicar adubação em doses recomendadas pela análise de solo. 2.3. Manejo inicial: proteção das mudas de árvores com a cerca-elétrica usada para o piquetagem da pastagem; manter as mudas *no limpo* (capinar a faixa de plantio) até atingirem altura de 1,50 metro; fazer o *desponte* dos ramos que atingirem a cerca. Isso evita que os animais puxem e quebrem os ramos danificando a árvore, além de evitar a ocorrência do *aterramento* pela árvore, o que faz com que a cerca-elétrica não funcione adequadamente.

Anderson, L.S.; Sinclair, F.L. Ecological interactions in agroforestry systems. **Agroforestry Abstracts**, v.6, n.2, p.57-91, 1993.

Andrade, C.M.S., Valentim, J.F.; Carneiro, J.C. Árvores de Baginha (Stryphonodendron guianense (Aubl.) Benth.) em ecossistemas de pastagens cultivadas na Amazônia Ocidental. **Revista Brasileira de Zootecnia**, v.31, p.574-582, 2002.

Andrade, C.M.S.; Valentim, J.F.; Carneiro, J.C.; Vaz, F.A. Crescimento de gramíneas e leguminosas forrageiras tropicais sob sombreamento. **Pesquisa Agropecuária Brasileira**, v.39, n.3, p.263-270, 2004.

Angelsen, A.; Kaimowitz, D. (Eds) **Agricultural technologies and tropical deforestation**. Wallingford: CABI, 2001. 422 p.

Aroeira, L.J.M.; Carneiro, J.C.; Paciullo, D.S.C.; Maurício, R.M.; Alvim, M.J.; Xavier, D.F. Composição química, digestibilidade e fracionamento do nitrogênio e dos carboidratos de algumas espécies forrageiras. **Pasturas Tropicales**, v.51, n1, p.33-37, 2003.

Baggio, A.J. **Sistema agroflorestal grevílea x café: início de nova era na agricultura paranaense?** Curitiba, PR: Embrapa-URPFCS. 1983. 15p. (Circular Técnica, 9)

Baggio, A.J.; Carpanezzi, O.B. Resultados preliminares de um estudo sobre arborização de pastagem com mudas de espera. **Boletim de Pesquisa Florestal**, Curitiba, n.18/19, 1988.

Benincasa, M.M.P. **Análise de crescimento de plantas, noções básicas**. Jaboticabal/FUNEP, 1988. 42p.

Bergigier, P. Effect of heat on intensive meat production in the tropics; cattle, sheep and goats, pigs. In: Ciclo internacional de palestras sobre Bioclimatologia animal, 1, 1986, Botucatu, FMZ/UNESP. **Anais**... Jaboticabal: FUNEP, 1989. p.7-44

Bird, P.R.; Bicknell, D.; Bulman, P.A.; Burke, S.J.A.; Leys, J.F.; Parker, J.N.; Van Der Sommen, F.J.; Voller, P. The role of shelter in Australia for protecting soils, plants and livestock. **Agroforestry Systems**, v.20, p.59-86. Kluwer Academic Publishers, Netherlands, 1992.

Bizinoto, A.L.; Benedetti, E.; Borges, L.C.F.; Favero, B.F.; Aguiar, A.P.A. Drumond, L.C.D. Efeitos da suplementação com cromo orgânico e do sombreamento sobre o desempenho de bovinos Nelore criados a pasto durante o período de maio a novembro. **FAZU em Revista**, Uberaba, n.2, p.226-236, 2005.

Blaser, R.E.;Hammes Jr., R.C.; Fontenot, J.P.; Bryant, H.T.; Polan, C.E.; Wolf, D.D.; Mcclaugherty, F.S.; Kline, R.G.; Moore, J.S. **Forage-animal management systems**. Virginia, Agricultural Experiment Station. (Bulletin 87-7), 1986.

Budowski, G. An attempt to quantify some current agroforestry practices in Costa Rica. In: Huxley, P. A. ed., **Plant research and agroforestry**, Nairobi: International Council for Research in Agroforestry. 1983. p. 43-62.

Carvalho, M.M.; Alvim, M.J.; Carneiro, J.C. [Ed.]. **Sistemas agroflorestais pecuários**: opções de sustentabilidade para áreas tropicais e subtropicais. Juiz de Fora: Embrapa Gado de Leite; Brasília: FAO, 2001. 413 p.

Carvalho, M.M.; Freitas, V.P.;Almeida, D.S.; Villaça, H.A. Efeito de árvores isoladas sobre a disponibilidade e composição da forragem de pastagens de braquiária. Viçosa: **Revista da Sociedade Brasileira de Zootecnia**, v.23, n.5, p.709-718, 1994.

Carvalho, M.M.; Silva, J.L.O.; Campos Junior, B.A. Produção de matéria seca e composição mineral da forragem de seis gramíneas tropicais estabelecidas em um sub-bosque e angico-vermelho. **Revista Brasileira de Zootecnia**, v.26, n.2, p.213-218, 1997.

Carvalho, M.M. Contribuição dos sistemas silvipastoris para a sustentabilidade da atividade leiteira. In: Simpósio sobre a sustentabilidade de sistemas de produção de leite a pasto e em confinamento, 3., 2001, Juiz de Fora. **Anais**... Juiz de Fora: Embrapa Gado de Leite, 2001. p. 85-108.

Castro, C.R.T.; Garcia, R.; Carvalho, M.M.; Couto, L. Produção forrageira de gramíneas cultivadas sob luminosidade reduzida. **Revista Brasileira de Zootecnia**, v.28, n.5, p.919-927, 1999.

Castro, C.R.T. de. **Tolerância de gramíneas forrageiras tropicais ao sombreamento**. Viçosa; UFV, 1996. 247p. (Tese de Doutoramento em Zootecnia).

Chang, M.Y. Faxinais do Paraná. Londrina: IAPAR, 1985. 26p.

Chapman, D.F.; Lemaire, G. Morphogenetic and structural determinants of plant regrowth after defoliation. In: International Grassland Congress, 17, 1993. **Proceedings...** Australia. p. 95-104. 1993.

Chinese Academy of Forestry. **Paulownia ind China: cultivation and utilization**. Asian Network for Biological Sciences and International Development Research Centre, Singapore. 1986. 65p.

Corsi, M.; Nascimento Jr, D.M. Princípios de fisiologia e morfologia de plantas forrageiras aplicados no manejo das pastagens. In: Peixoto, A.M. *et al.* (Eds). **Pastagens: Fundamentos da exploração racional**. Piracicaba: FEALQ, 1994, 2ª ed. 908p. il. p.15-49 (FEALQ, Série Atualizações em Zootecnia, 10).

Costa e Silva, E.V. **Ambiente e manejo reprodutivo: problemas e soluções**. In: Congresso Internacional de zootecnica, 5., 2003, Uberaba, MG: ABCZ/ABZ/FAZU, 2003. p. 75-91.

Costa, N. de L.; Townsend, C.R.; Magalhães, J.A.; Pereira, R.G. de A.; Oliveira, J.R. da C. **Produção de forragem de *Brachiaria brizantha* cv. Marandu em sistema silvipastoril**. Porto Velho: Embrapa Rondônia, 2004. 3p. (Embrapa Rondônia. Comunicado Técnico, 278).

Dantas, M. Aspectos ambientais dos sistemas agroflorestais. In: Congresso Brasileiro sobre sistemas agroflorestais, 1., 1994, Porto Velho. **Anais**... Colombo-PR: EMBRAPA-CNPF, 1994. v. 1. p. 433-453.

Dias, P.F.; Souto, S.M.; Correia, M.E.F.; Rodrigues, K.M.; Franco, A. **A influência de leguminosas arbóreas na macrofauna do solo em pastagem**. Seropédica: Embrapa Agrobiologia, 2006. 19 p. (Embrapa Agrobiologia. Boletim de Pesquisa e Desenvolvimento, 12).

Dias-Filho, M. Growth and biomass allocation of the C_4 grasses *Brachiaria brizantha* and *B. humidicola* under shade. **Pesquisa Agropecuária Brasileira**, v.35, n.12, p.2335-2341, 2000.

Dias-Filho, M.B.; Ferreira, J.N. Barreiras à adoção de sistemas silvipastoris no Brasil. In: Simpósio Internacional sobre sistemas agrossilvipastoril na América do Sul, 2. Juiz de Fora, 6 e 7 de novembro de 2007. **Anais**... Juiz de Fora: Embrapa Gado de Leite, 2007. CD ROM.

Fagundes, J.L.; Da Silva, S.C.; Pedreira, C.G.S.; Sbrissia, A.F.; Carnevalli, R.A.; Carvalho, C.A.B.; Pinto, L.F.M. Índice de área foliar, interceptação luminosa e acúmulo de forragem em pastagens de *Cynodon* spp. sob diferentes intensidades de pastejo. **Scientia Agricola**, v.56, n.4, p.1141-1150, 1999.

Fao. **Agricultura mundial: hacia los años 2015/2030**. Roma: FAO, 2002. (Informe resumido)

Fao. **Production Yearbook. Rome**: Food and Agricultural Organization of United Nations, 1985.

Feldhake, C.M. Forage frost protection of conifer silvopastures. **Agricultural and Forest Meteorology**, v.112, p.123-130. Elsevier Science Publishers B.V., Amsterdam, 2002

Ferreira, L.A.B. **Quebra-ventos arbóreos**. Porto Alegre: Secretaria da Agricultura, s.d. 6p (mimeografado)

Fleischer, J.E.; Masuda, Y.; Goto, I. The effects of ligth intensity on the productivity and nutritive value of green panic (Panicum maximum var. trichoglume cv. Petrie). **Journal of Japanese Society of Grassland Science**, v.30, p.191-194, 1984.

Franco, A.A.; Campelo, E.F.; Silva, E.M.R.; Faria, S.M. Revegetação de solos degradados. Seropédica: Embrapa Agrobiologia, 1992. 9p. (Embrapa Agrobiologia. **Comunicado Técnico, 09**)

Giraldo, L.A. Potencial del silvopastoreo en el Nor-oeste de Colombia, para la sostenibilidad productiva y ambiental de la ganaderia. In: Simpósio Internacional sobre sistemas agrossilvipastoril na América do Sul, 2. Juiz de Fora, 6 e 7 de novembro de 2007. **Anais**... Juiz de Fora: Embrapa Gado de Leite, 2007. CD ROM.

Goldberg, D.E.; Werner, P. A Equivalence of competitors in plant communities: a null hypothesis and a field experiment approach. **American Journl of Botany**, n.70, p.1098-1104

Grace, J.; Thompson, J.R. The after-effect of wind on the photosynthesis and transpiration of Festuca arundinaceae. **Physiologia plantarum**, v.28, p.541-547, 1973.

Gregory, N.G. The role of shelterbelts in protecting livestock: a review. **New Zealand Journal of Agricultural Research**, v.38, p.423-450, 1995.

Hafez, E.S.E. **Adaptación de los animales domésticos**. Barcelona: Ed. Labor S.A., 1973. 563p.

Inmet. Instituto Nacional de Meteorologia. Disponível em: <http://reia.inmet.gov.br/agrometeorologia/agro_menu.php?opc=8>. Acesso em:10 de out. 2005.

Kanninen, M. Sistemas silvo-pastoriles y almacenamiento de carbono: potencial para américa latina. Disponível em: <www.virtualcentre.org/es/ele/conferencia3/articulo4.htm> Acesso em: 28 de fevereiro de 2006.

Klowoski, E.S.; Campos, A.T.; Campos, A.T. de; Gasparino, E. Estimativa do declínio na produção de leite, em período de verão, para Maringá-PR. **Revista Brasileira de Agrometeorologia**, v.5, n.2, p.283-288, 2002.

Larcher, W. **Ecofisiologia Vegetal**. São Paulo: EPU, 1986. 339p. [Tradução da 4ª ed. alemã]

Lewis, C.E.; Pearson, H.A. Agroforestry using tame pastures under palnted pines in the southeastern United States. In: GHOLZ, H. L. ed. **Agroforestry: realities, possibilities and potentials**, Dordrecht: Nijhoff. 1987. p. 195-212.

Lima, W.P. Princípios de hidrologia florestal para o manejo de bacias hidrográficas. Piracicaba: ESALQ/Depto. Silvicultura, 1986. 247p. (apostila)

Lourenço, A.J. Produção animal com leguminosas arbóreas/arbustivas. In: Simpósio sobre usos múltiplos de leguminosas arbóreas e arbustivas, 1., 1993. Nova Odessa. **Anais**... Nova Odessa-SP: Instituto de Zootecnia, 1993. p.131-146.

Lowry, J.B. Agronomy and forage quality of Albizia lebbeck in the semi-arid tropics. **Tropical Grasslands**, v.23, n.2, p.84-91, 1989.

Lucas, N.M. **Desempenho animal em sistema silvipastoril com acácia-negra (Acacia mearnssi De Wild.) e rendimento de matéria seca de cultivares de *Panicum maximum* Jacq. Sob dois regimes de luz solar**. UFRS, 2004. 127p. (Tese de Doutorado). Universidade Federal do Rio Grande do Sul, 2004.

Ludlow, M.M. Stress physiology of tropical pasture plants. **Tropical Grasslands**, n.14, p.84-91, 1980.

Mac Dicken, K.G.; Vergara, N.T. **Agroforestry: classification and management**. New York: John Wiley e Sons, 1990.382p.

Marlats, R.M.; Denegri, G.; Ansin, O.E. ; Lafranco, J.W. Sistemas silvopastoriles: estimación de beneficios directos comparados co n monoculturas en la Pampa Ondulada, Argentina. **Agroforesteria en las Americas**, v.2, n.8, p.20-25. 1995

Mdci. Ministério do Desenvolvimento, Indústria e Comércio Exterior. Secretaria de Desenvolvimento da Produção. **Fórum da Competitividade da cadeia produtiva de madeira e móveis**. Brasília: MDIC, 2001. 137p

Medrado, M.J.S. Estabelecimento de leguminosas arbustivas e arbóreas forrageiras. In: Simpósio sobre usos múltiplos de leguminosas arbóreas e arbustivas, 1., 1993. Nova Odessa. **Anais**...Nova Odessa-SP: Instituto de Zootecnia, 1993. p.63-94.

Guenni, O.; Seiter, S.; Figueroa, R. Growth responses of three *Brachiaria* species to light intensity and nitrogen supply. **Tropical Grasslands**, v.42, p.75-87, 2008.

Harris, W. Defoliation as a determinant of the growth, persistence and composition of pasture. In: Plant relations in pastures, Brisbane **Proceedings...** Melbourne: CSIRO, 1976. p.67-85.

Matías, C. Efecto del momento y la forma de plantación en la germinación y persistencia de *Gliricidia sepium*. **Pastos y Forrajes**, v.23, n.4, p.291-298, 2000.

Menarim Filho, A. **Estratégias para implantação de sistemas silvipastoris no Noroeste paranaense**. Disponível em: <www.fundepecpr.org.br/palestras/palestra22.doc> Acesso em: 11 de julho de 2005.

Monteiro, A.L.G.; Moraes, A. Fisiologia e morfologia de plantas forrageiras In: Monteiro, A.L.G. *et al.* (eds.) **Forragicultura no Paraná**. Londrina: CPAF, 1996. p.75-92.

Moraes, M.A.F.D. de.; Nassar, A.M. Cadeia: madeira e móveis: nota técnica final. In: Coutinho, L.G.; Laplane, M.F.; Tavares Filho, N.; Kupfer, D.; Farina, E.; Sabbatini, R. (Coord.). Estudo da competitividade de cadeias integradas no Brasil: impactos das zonas de livre comércio. Campinas: UNICAMP, Instituto de Economia, Núcleo de Economia Industrial e da Tecnologia, 2002. 216 p. Disponível em: <http://www.eco.unicamp.br/Neit/cadeias_integradas/NT_FINAL_Madeira_e_Moveis.pdf>. Acesso em: 03 de out. 2005.

Mota, F.S.; Roskoff, J.L.C.; Silva, J.B. Risco de perdas por estresse climático na produção de leite no Rio Grande do Sul. **Revista Brasileira de Agrometeorologia**, v.5, n.2, p.265-268, 1997.

Mott, G.O. Grazing pressure and the measurament of pasture production. In: International Grassland Congress, 8., 1960, Reading. **Proceedings..**. Reading: University of Reading, p.606-611, 1960.

Muehlmann, L.D.; Pfau, L.A.; Motta Júnior, R.; Ramos, M.R. de. **Produção de leite a pasto: pasto bom e em início de degradação**. Curitiba: Emate-Paraná, 2000. 24p. (Série Produtor, 41)

Müller, P.B. **Bioclimatologia aplicada aos animais domésticos**. Porto Alegre: Ed. Sulina, 3ª ed. rev. atual., 1989. 262p.

Nããs, I. de A. **Princípios do conforto térmico na produção animal**. Por: Irenilza de Alencar Nããs. São Paulo:Ícone, 1989.

Nair, P.K.R. **An introduction to agroforestry**. Dordrecht: Kluwer academic publishers; International Centre for Research in Agroforestry - ICRAF, 1993.

Norton, B.W.; Wilson, J.R.; Shelton, H.M.; Hill, K.D. The effect of shade on forage quality. In: Shelton, H.M.; Stür, W.W. (Eds.) **Forages for plantation crops**. Canberra: ACIAR, 1991. 168p. p. 83-88. (Proceedings of a Workshop, 1990, Bali).

Okamoto, F.; Cunha, E.A.; Bueno, M.S.; Porto, A.J.; Santos, L.E. Manejo da cultura da Amoreira (*Morus alba* L.) sob pastejo com ovinos. **Boletim Indústria Animal**, Nova Odessa, v.64, n.4, p.271-276, out/dez. 2007.

Ometto, J.C. **Bioclimatologia Vegetal**. São Paulo: Agronômica Ceres, 1981. 440p.

Ong, C.K.; Black, C.R.; Marshall, F.M.; Corlett, F.E. Principles of resource capture and utilization of light an water. In: C.k. Ong e H. Huxley (ed.), **Tree - Crop Interactions. A Physiological approach**, p.73-154. CAB International, Wallingford, UK, 1996.

Ovalle, C.; Avedaño, J. Utilizacion silvopastoral del espinal. II. Influencia del espino (Acacia caven (Mol.) Hook et Arn.) sobre algunos elementos del medio. **Agricultura Tecnica**, v.44, n.4, p.353-362, 1984.

Paciullo, D.S.C.; Aroeira, L.J.M.; Pires, M. de F.A. Sistemas silvipastoris para a produção de leite. In: Pedreira, C.G.S.; Moura, J.C. de; Da Silva, S.C.; Faria, V.P. de (Ed.). **As pastagens e o meio ambiente**. Piracicaba: FEALQ, 2006. p.327-351.

Paciullo, D.S.C.; Carvalho, C.A.B.; Lopes, F.C.F. *et al.* Morfologia e produção de forragem da Brachiaria decumbens sob sombreamento por árvores ou a pleno sol. In: Reunión de la Asociación Latinoamericana de producción animal, 19., 2005, Tampico. **Anais**... Tampico: ALPA, 2005. CD ROM. p. 544-546.

Pedro Júnior, M.J.; Alcântara, P.B.; Rocha, G.L.; Alfonsi, R.L.; Donzeli, P.L. Aptidão climática para plantas forrageiras no Estado de São Paulo. Campinas: Instituto Agronômico, 1990, 13p. (Boletim Técnico, 139)

Pereira, B.A.S. Plantas nativas do cerrado pastadas por bovinos na região geo-econômica do Distrito Federal. In: Congresso Brasileiro de pastagens nativas, 1., 1983. Olinda. **Anais**... Olinda-PE: EMBRAPA/INPA, 1983.

Pedreira, B.C.; Pedreira, C.G.S.; Silva, S.C. Acúmulo de forragem durante a rebrotação de capim-xaraés submetido a três estratégias de desfolhação. **R. Bras. Zootec.** [online]. v.38, n.4, pp. 618-625. ISSN 1516-3598. 2009.

Porfírio-da-Silva, V. **Modificações microclimáticas em sistema silvipastoril com Grevillea robusta A. Cunn. Es. R. Br. no Noroeste do Estado do Paraná**. Florianópolis: Universidade Federal de Santa Catarina, 1998. 128p. (Dissertação de Mestrado)

Porfírio-da-Silva, V.; Vieira, A.R.R.; Caramori, P.H.; Baggio, A.J. Sombras e ventos em sistema silvipastoril no Noroeste do Estado do Paraná. In: Congresso Brasileiro em sistemas agroflorestais, 2., Resumos. 1998, Belém: Embrapa-CPATU, 1998. p. 215-218.

Porfírio-da-Silva, V.; Vieira, A.R.R.; Caramori, P.H.; Baggio, A.J. A radiação fotossinteticamente ativa e a produção de pastagem em sistema silvipastoril. In: Congresso Brasileiro de agrometeorologia, 11., 1999, Florianópolis. **Anais**... Florianópolis: Sociedade Brasileira de Agrometeorologia. p. 2260-2266. CD-Rom.

Porfírio da Silva, V.; Mazuchowski, J.Z. **Sistemas silvipastoris: paradigma dos pecuaristas para agregação de renda**. Curitiba: EMATER-Paraná, 1999. 52p. (EMATER-Paraná. Informação Técnica, 50)

Porfírio da Silva, V. Arborização de pastagens como prática de manejo ambiental e estratégia para o desenvolvimento sustentável no Paraná. In: Carvalho, M.M.; Alvim, M.J.; Carneiro, J. da C. (org.) **Sistemas agroflorestais pecuários: opções de sustentabilidade para áreas tropicais e subtropicais**. Juiz de Fora: Embrapa Gado de Leite; Brasília, DF: FAO, 2001. p. 235-255.

Porfírio-da-Silva, V.; Vieira, A.R.R.; Caramori, P.H.; Baggio, A.J. O fluxo de calor no solo. In: Congresso Brasileiro de agrometeorologia, 12., 2001, Fortaleza. **Anais**... Fortaleza: Sociedade Brasileira de Agrometeorologia, v.2, p. 505-506, 2001.

Porfírio-da-Silva, V. **Sistemas silvipastoris em Mato Grosso do Sul. Para que adotá-los?** In: Seminário sistemas agroflorestais e desenvolvimento sustentável, 2003, Campo Grande, MS: Embrapa-Gado de Corte, 2003, v.CD-Rom, p.1-13.

Porfírio-da-Silva, V.; Vieira, A.R.R.; Caramori, P.H.; Baggio, A.J. A radiação solar global em pastagem arborizada com renques de Grevillea robusta A. Cunn. Ex R. Br. **Agrossilvicultura**, v.1, n.1, p.187-193, 2004. Viçosa:SBAG:UFV: DEF, 2004

Porfírio-da-Silva, V. Sistemas silvipastoris para a produção de carne. In: Pedreira, C. G. S. *et al.* [Ed.] **As pastagens e o meio ambiente**. Piracicaba: FEALQ, 2006. 520p. p. 297-326.

Porfírio-da-Silva, V. Ecologia e manejo em sistema silvipastoril. In: Simpósio internacional sobre sistemas agrossilvipastoris na América do Sul, 2. Juiz de Fora, 6 e 7 de novembro de 2007. **Anais**... Juiz de Fora: Embrapa Gado de Leite, 2007. CD ROM.

Rakocevic, M.; Ribaski, J. The efficiency of *Brachiaria brizantha* Hochst. Ex A. Rich., in a silvopastoral system in Southern Brazil. In: International conference natural and socio-economic effects of erosion control in mountainouss regions, 2002. Belgrade, Yugoslavia. **Proceedings**... Belgrade. Faculty of Forestry, 2003. p.323-332.

Rhoades, C.C. Single-tree influences on soil properties in agroforestry: lessons from natural forest and savanna ecosystems. **Agroforestry Systems**, v.35, p.71-94, 1997.

Rangel, J.H.A. Leguminosas: fonte protéica de baixo custo. In: Gomide, C.A.M. *et al*., (Eds.) **Alternativas alimentares para ruminantes**. Aracaju: Embrapa Tabuleiros Costeiros, 2006. p.71-90.

Ribaski, J. Influência da algaroba (*Prosopis juliflora* (SW) DC) sobre a disponibilidade e qualidade da forragem de capim-búfel (*Cenchrus ciliaris*) na região semiárida brasileira. Curitiba: Universidade Federal do Paraná , 2000. 165p. (Tese de Doutorado).

Ribaski, J.; Montoya, L.J. Sistemas silvipastoris desenvolvidos na Região Sul do Brasil: a experiência da Embrapa Florestas. In: Carvalho, M.M.; Alvim, M.J.; Carneiro, J.C. (Ed.) **Sistemas agroflorestais pecuários: opções de sustentabilidade para áreas tropicais e subtropicais**. Juiz de Fora: Embrapa Gado de Leite; Brasília: FAO, 2001. p. 205-233.

Rodrigues, L.R.A.; Rodrigues, T.J.D. Ecofisiologia de plantas forrageiras. In: Castro, P.R.C.; Ferreira, S.O.; Yamada, T. (Eds). **Ecofisiologia da Produção Agrícola**. Piracicaba: Associação Brasileira para Pesquisa da Potassa e do Fosfato, 1987. p.203-230.

Rodrigues, T.J.D.; Rodrigues, L.R.A.; Reis, R.A. Adaptação de plantas forrageiras às condições adversas. In: Simpósio sobre ecossistemas de pastagens, 2. Jaboticabal, 09 e 10 de novembro de 1993. **Anais**... [Eds.] Vanildo Faroretto e outros. Jaboticabal: FUNEP-UNESP, 1993. p. 17-61.

Rodriguez, N.M.; Morenz, M.J.F.; Lopes, F.C.F.; Costa, F.J.N. Composição química e digestibilidade da forragem e consumo de matéria seca por novilhas holandês x zebu em leguminosas forrageiras tropicais sob sombreamento. **Pesquisa Agropecuária Brasileira**

Rosales, M.M.; Murgueitio, E.; Osorio, H.; Speedy, A.; Sánchez, M. **Agroforestería para la producción animal en Latinoamérica** (Conclusiones y evaluación de la conferencia electrónica) Disponivel em <http://lead.virtualcenter.org/es/ele/conferencia1/rosale25.htm> Acesso em 3 de abril de 2006.

Samarakoon, S.P.; Wilson, J.R.; Shelton, H.M. Growth, morphology and nutritive value of shaded *Stenotaphrum secundatum*, Axonopus compressus and *Pennisetum clandestinum*. **Journal of Agricultural Science**, v.114, p.161-169, 1990.

Sanchez, M. Integration livestock with perennial crops. **World Animal Review**, v.82, n.1, p.50-57, 1995.

Sanchez, M.D. Morera - Un forraje excepcional disponible mundialmente. **Sericicultura Colombiana**, v.36, p.17-22, 2000.

Schreiner, H.G. Viabilidade de um sistema silvipastoril em solos de areia quartzosa no Estado de São Paulo. **Boletim de Pesquisa**

Florestal, Colombo, v.17, p.33-38, 1988.

Schreiner, H.G. **Relatório de consultoria técnica em agrossilvicultura**. Contrante: Centro Nacional de Pesquisa de Florestas/ EMBRAPA. 1994, 76p.

Sharrow, S.H. Designing silvopastures with animal in mind. **Temperate Agroforester**, July, 1998. p.4-5.

Shelton, H.M.; Humphreys, L.R.; Batello, C. Pastures in the plantations of Asia and the Pacifc: performance and prospect. **Tropical Grasslands**, v.21, p.159-168, 1987.

Sibbald, A.R.; Griffiths, J.H.; Elston D.A. The effects of the presence of widely spaced conifers on under-storey herbage production in the U.K. **Forest Ecology and Management**, n.45, p.71-77, 1991.

Silva, J.L.S.; Garcia,R.; Saibro, J.C. Desempenho de bovinos e seus efeitos sobre as árvores em florestas de eucalipto (*Eucalyptus saligna*) na região fisiográfica da Depressão Central do RS. In: Simpósio internacional sobre Ecossistemas Florestais, 4., Resumos. 1996, Belo Horizonte. Belo Horizonte: Biosfera, 1996. p. 342-345.

Silva, R.G. da. **introdução à bioclimatologia animal**. São Paulo: nobel, 2000. 288p.

Silva, V.P. Sistema Silvipastoril (Grevílea + Pastagem: uma proposição para o aumento produção no arenito Caiuá. In: Ccongresso brasileiro sobre sistemas agroflorestais, 1., 1994, Porto Velho. **Anais**.. Colombo-PR: Embrapa-CNPF, v.2, p.291-297, 1994.

Simón, L.; Hernández, I.; Duquesne, P. Efecto del pastoreo de Albizia lebbek (Benth) - Algarrobo de olor - en el comportamiento de hembras bovinas em crescimiento. **Pastos y Forrajes**, v.18, n.1, p.67-72, 1995.

Smith, M.A.; Whiteman, P.C. Evaluation of tropical grasses in increasing shade under coconut canopies. **Experimental Agriculture**, v.19, n.2, p.153-161, 1983.

Sociedade Brasileira de silvicultura. Disponível em: <http://www.sbs.org.br/estatisticas.htm>. Acesso em 08 out. 2005.

Souza Jr., S.J. **Estrutura do dossel, interceptação de luz e acúmulo de forragem em pastos de capim-marandu submetidos a estratégias de pastejo por bovinos de corte**. 2007. 122 p. Dissertação (Mestrado em Ciência Animal e Pastagens) - Escola Superior de Agricultura "Luiz de Queiroz", Universidade de São Paulo, Piracicaba, 2007.

Sturrock, J.M. Shelter: its management and promotion. **Agriculture, Ecosystems and Environment**, v.22/23, p.1-13, 1988.

Tanagro. Aspectos técnicos e econômicos do sistema agrossilvipastoril com acácia-negra no Rio Grande do Sul. In: Encontro Brasileiro de economia e planejamento florestal, 2., 1992, Curitiba. **Anais**... Colombo: EMBRAPA-CNPF, 1992. p.211-219. v.1.

Toledo, J.M.; Torres, F. Potential of systems in the rain forest. In: MOORE, E. **Agroforestry land-use system**. NFTA/IITA. Waimando, 1991. p.35-52.

Vandenbelt, R.J.; Willians, J.H. The effect of soil surface temperature on the growth of millet in relation to the effect of Faidherbia albida trees. **Agriculture and Forest Meteorology**, v.60, p.93-100. 1992

Veiga, J.B.; Serrão, E.A.S. Sistemas silvipastoris e produção animal nos trópicos úmidos: a experiência da amazônia brasileira. In: Peixoto, A.M. ed. **Pastagens: fundamentos da exploração racional**. 2 ed. Piracicaba: FEALQ, 1994. 908p. p.495-531 (FEALQ, Atualização em Zootecnia, 10).

Veiga, J.B.; Alves, C.P.; Marques, L.C.T.; Veiga, D.F. Sistemas silvipastoris na Amazônia Oriental. In: Carvalho, M.M.; Alvim, M.J.; Carneiro, J.C. (Ed.) **Sistemas agroflorestais pecuários: opções de sustentabilidade para áreas tropicais e subtropicais**. Juiz de Fora: Embrapa Gado de Leite; Brasília: FAO, 2001. p. 41-76.

Veiga, J.B.; Dutra, S.; Camarão, A.P. **Sistemas agrossilvipastoris**. In: Amazontech 2004, Cuiabá-MT, 16 a 21 de agosto de 2004.

Ward, C.Y.; Blaser, R.E. Carbohydrates food reserves and leaf area in regrowthof orchardgrass. **Crop Science**, v.1, n.5, p.366-370, 1961.

Wendling, I.J.; Rufini, J.C.M; Yamaguchi, L.C.T.; Prezotti, L.; Costa, A.S.V.; Carneiro, J.C.; Souza, F.A.; Oliveira, P.F. Avaliação do consórcio Cocos nucifera e Brachiaria brizantha, como alternativa de sistema silvipastoril para a região do Vale do Rio Doce. In: reunião anual da sociedade Brasileira de zootecnia, 43, 2006, João Pessoa. **Anais**... João Pessoa: SBZ, 2006. CD ROM.

Whatley, J.M.; Whatley, F.R. **A luz e a vida das plantas** Trad. Gil Martins Felippe. São Paulo: EPU: Ed. da Universidade de São Paulo, 1982. 101p. (Temas de Biologia; v.30)

Widdowson, R.W. **Hacia una agricultura holística. Un enfoque cientifico**. [Trad. da ed. Inglesa - Towards holistic agriculture. A scientific approach: Pergamon Press, 1987] Buenos Aires: Hemisferio Sur, 1993)

Willey, R.W. Evaluation and presentation of intercropping advantages. **Experimental Agriculture**, v.21, p.119-133, 1985.

Wilson, J.R. The eleven hypothesis: shade. **Agroforestry Today**, v.1, n.2, p.14-15, 1990.

Wilson, J.R.; Wild, D.W.M. Improvement of Nitrogen Nutrition and Grass Growth under Shading. In: Shelton, H.M.; Stür, W.W. (Eds.) **Forages for plantation crops**. Canberra: ACIAR, 1991. 168p. p. 77-82. (Proceedings of a Workshop, 1990, Bali)

Wilson, J.R.; Hill, K.; Cameron, D.M.; Shelton, H.M. The growth of Paspalum notatum under the shade of a Eucalyptus grandis plantations canopy or in full sun. **Tropical Grasslands**, v.24, p.24-28, 1990.

Wilson, J.R.; Wong, C.C. Effects of shade on some factors influencing nutritive quality of green panic and Siratro pastures. **Australian Journal of Agricultural Research**, v.33, n.6, p.937-349, 1982.

Wong, C.C. Shade tolerance of tropical forages. In: Shelton, H.M.; Stür, W.W. (Eds.) **Forages for plantation crops**. Canberra: ACIAR, 1991. 168p. p. 64-69. (Proceedings of a Workshop, 1990, Bali)

Wong, C.C.; Wilson, J.R. The effect of shading on the growth and nitrogen content of green panic an siratro in pure and mixed swards defoliate at two frequencies. **Australian Journal of Agricultural Research**, v.31, n.2, p.269-285, 1980.

Xavier, D.F.; Botrel, M.A. Potencial forrageiro de leguminosas arbustivas. In: Carvalho, M.M.; Alvim, M.J. (Eds.) **Pastagens para gado de leite em regiões de influência da Mata Atlântica**.Juiz de Fora: Embrapa Gado de Leite, 2000. p.41-52.

Xavier, D.F.; Carvalho, M.M.; Alvim, M.J.; Botrel, M.A. Melhoramento da fertilidade do solo em pastagem de *Brachiaria decumbens* associada com leguminosas arbóreas. **Pasturas Tropicales**, v.25, n.1, p.23-26, 2003.

Young, A. **Agroforestry for soil conservation**, 3a ed. Nairobi: ICRAF, 1994. 276p.

CAPÍTULO 72

Efeito da nutrição materna sobre o desenvolvimento fetal e pós-natal: Implicações na produção de gado de corte

Rick N. Funston
University of Nebraska - USA
West Central Research and Extension Center
North Platte, NE
rfunston2@unlnotes.unl.edu

Dan L. Larson
University of Nebraska - USA
dan.larson@gplc-inc.com

Kimberly A. Vonnahme
North Dakata State University - USA
kim.vonnahme@ndsu.edu

Introdução

Historicamente, esforços consideráveis têm sido fei tos para entender como a nutrição afeta a saúde e a produtividade durante o período pós-natal. A nutrição maternal, durante a prenhez, tem uma função essencial no desenvolvimento fetal e placentário. Porém, pouco se sabe como a nutrição materna afeta a saúde e a produtividade das crias. A trajetória do crescimento pré-natal está relacionda a efeitos diretos e indiretos do consumo dietético da mãe, mesmo nos estágios iniciais da vida embrionária, quando a exigência de nutrientes para o crescimento fetal é muito pequena. Quando a mãe está subnutrida, a saúde do recém-nascido fica comprometida, assim como a saúde subsequente ao longo da sua vida. Além disso, os recém-nascidos podem apresentar crescimento e produtividades inadequadas e também adquirir doenças com maior facilidade, mesmo quando adulto.

Programação fetal, o conceito de que o estímulo ou insulto maternal no período do desenvolvimento fetal tem longo impacto nas crias, foi originalmente desenvolvido pelo Dr. David Barker da Universidade de Southampton, na Inglaterra (Barker *et al.*, 1993; Godfrey and Barker, 2000). Barker e seus colaboradores estudaram os registos de nascimentos no Reino Unido e Europa, relacionando diferentes estresses maternais com o peso da cria, e as características físicas no nascimento com a subsequente saúde ao longo da vida. Eles concluíram que a subnutrição maternal, na primeira metade da gestação, seguida de nutrição adequada do meio da gestação até o final, resultou em recém-nascidos de peso ao nascimento normal, mas foram proporcionalmente mais compridos e mais magros do que o normal. Essa subnutrição, no início do desenvolvimento fetal, resultou em aumento da incidência de problemas de saúde nesses animais, após a nascimento e até na vida adulta, incluindo obesidade, diabetes e doenças cardiovasculares.

Indubitavelmente, o *status* nutricional materno é um dos fatores extrínsecos na programação da partição de nutrientes para o crescimento e desenvolvimento do feto (Wallace, 1948; Wallace *et al.*, 1999; Godfrey and Barker, 2000; Stickland *et al.*, 2004; Wu *et al.*, 2006). A restrição do crescimento na fase fetal pode colocar em risco a vida não somente do recém-nascido, como também pode programar para exibir crescimento e produtividade inadequada e/ou doenças ao longo da vida (Barker *et al.*, 1993; Godfrey and Barker, 2000).

Algumas das complicações reportadas na produção animal incluem aumento da mortalidade neonatal, disfunções respiratórias e intestinais, crescimento neonatal retardado, aumento da deposição de gordura, diferenças no diâmetro das fibras musculares e reduzida qualidade da carne (Wu *et al.*, 2006).

Enquanto a literatura está atualmente envolvida com o aumento de evidências de como a restrição na nutrição materna afeta vários parâmetros fisiológicos do feto, poucos estudos têm avaliado o crescimento e o desenvolvimento pós-natal das espécies animais. Além disso, poucos estudos têm avaliado a restrição de componentes específicos da dieta durante a gestação (como exemplo a proteína) sobre o crescimento e o desempenho da cria. Em recentes trabalhos publicados, o peso ao nascimento não foi afetado, enquanto o peso na desmana dos bezerros (as) foi maior nas crias de vacas que foram submetidas à pastagem deferida para o inverno mais suplementação proteica durante a fase final da gestação, quando comparado com as crias das vacas que não foram suplementadas (Stalker *et al.*, 2006; Martin *et al.*, 2007; Larson *et al.*, 2008). Esses dados demonstraram que tratamentos na gestação podem ajudar a reforçar os parâmetros fisiológicos aplicados a cenários na vida real, comparados com dados gerados de mais estudos de laboratórios. É importante salientar que a suplementação de vacas prenhes com proteína aumenta o crescimento após o nascimento.

Mecanismos da programação fetal

Hales e Barker (2001) propuseram que, sob influência de nutrição inadequada, a programação fetal pode levar à melhora no fenótipo das crias. Como será demonstrado, a nutrição materna, durante a gestação, pode ter significantes efeitos prolongados sobre a produtividade das crias. Essas mudanças incluem diferenças na composição e na massa fetal, assim como no crescimento pós-natal e na composição corporal. Além das características de crescimento, existem efeitos ao longo da vida sobre a eficiência e composição do ganho. Tal fato indica que o ambiente intrauterino afeta não somente o crescimento fetal, mas também o mapa genético do feto por meio de processos de modificações epigenéticas. Os dois métodos mais investigados de mudanças epigenéticas são a metilação do DNA e a modificação histônica (Gallou-Kabani e Junien, 2005).

A metilação do DNA ocorre sobre áreas dos genes ricos em bases citosina (C) e guanina (G) chamado de ilhas CpG (Nafee *et al.*, 2007). A maioria dos genes contém ilhas CpG, e a metilação dessas áreas está sob influência dos DNAs metiltransferases (DNMTs). A atividade dessas DNMTs é controlada em parte pela disponibilidade de certos nutrientes na dieta (Wu *et al.*, 2006). Em geral, a metilação do DNA silencia o gene, especialmente se ela ocorrer na região promotora ou controladora do gene. Os histones são um grupo de proteínas que envolvem o DNA para formar a estrutura da cromatina. O relaxamento da estrutura da cromatina é necessário para permitir a multiplicação do DNA. A acetilação do histone está geralmente associada com o relaxamento da estrutura e aumento da transcrição do DNA. Em contraste, a metilação do histone esta associada com o silenciamento do gene; como resultado geral, ocorre rigidez da estrutura da cromatina.

Em geral, a metilação do DNA e do histone leva ao silenciamento do gene ou ao *imprinting*. Como exemplo, pode-se citar o gene paternal, receptor do fator 2 de crescimento semelhante à insulina (*Insulin-like growth factor 2 receptor*, IGF2R). A taxa de crescimento fetal é regulada intensivamente pelo hormônio IGF2. O IGF2R é seletivamente metilado sobre o alelo paterno e silenciado, sendo expresso o alelo materno. Quando expresso, o IGF2R age como decodificador, liga-se ao IGF2 e leva-o à degradação, tornando a resposta do crescimento fetal menos efetiva. Quando o IGF2R é seletivamente metilado na fêmea, resulta em supercrescimento do feto (Long & Cai, 2007). Em contraste, o IGF2R é expresso paternalmente e *imprinted* sobre o alelo feminino. A perda do *imprinting* IGF2R pode levar ao supercrescimento fetal e ao aumento do peso ao nascimento.

Um aumento no suprimento de aminoácidos tem grandes implicações na programação fetal. Quando a dieta é deficiente em aminoácidos, tais com cisteína ou taurina, grande parte da metionina é utilizada para conversão desses dois aminoácidos. A metionina é essencial para o funcionamento da *S-adenosylmethionine*, as DNMT (Wu *et al.*, 2006). Conforme mencionado, as DNMTs mantém a metilação apropriada do DNA e controla a expressão gênica. Assim, a deficiência desses aminoácidos podem ter impacto duradouro sobre os efeitos epigenéticos no desenvolvimento do feto. O aminoácido arginina é precursor para o grupo das poliaminas. Essas moléculas regulam a expressão gênica, síntese de DNA e a proliferação celular. Suprimento ou disponibilidade inadequada das poliaminas afetarão o crescimento e desenvolvimento fetal e após o nascimento. Em resumo, esses dados mostram evidência de um mecanismo genético responsável por mudanças que serão mencionadas a seguir, as quais podem ser afetadas pela nutrição e passadas para as gerações subsequentes.

Programação fetal em animais domésticos

O conceito de programação fetal tem grandes implicações para a produção de animais domésticos. No passado, nutrição e reprodução eram vistas como disciplinas mutualmente independentes pela comunidade científica. Mais recentemente, a literatura tem mostrado, com evidências, que essas duas disciplinas, estão intrinsicamente ligadas. Além disso, informações que estão surgindo indicam que a nutrição tem efeito imediato não somente na mãe, como também pode ter implicações ao longo da vida da cria. Consequentemente, avaliações detalhadas estão sendo procuradas para determinar como a nutrição e o ambiente afetam o fenótipo e o genótipo. O estudo dos efeitos da nutrição sobre a reprodução e a produção da progênie fornecerá ferramentas para melhorar os sistemas de produção de animais domésticos.

Estabelecimento da prenhez no início da gestação

A subnutrição da vaca prenhe, durante os estágios iniciais do desenvolvimento fetal, parece não ser importante em virtude da limitada exigência de nutrientes pelo feto para o crescimento e desenvolvimento durante a primeira metade da gestação. Isso é evidenciado pelo fato de que 75% do crescimento fetal do ruminante ocorre durante os últimos dois meses da gestação. Entretanto, durante a fase inicial do crescimento placentário para o máximo desenvolvimento fetal, ocorrerão a diferenciação e vascularização, assim como a organogênese, que são eventos críticos para o desenvolvimento normal do feto.

Desenvolvimento placentário

O embrião bovino entra no útero 4 dias após a ovulação. O período crítico do reconhecimento maternal da prenhez ocorre entre 15 e 18 dias após a ovulação, seguido pelos estágios iniciais da placentação. Na vaca, a placenta liga-se a locais discretos da parede uterina chamados carúnculas. Essas carúnculas são proliferações não-glandulares de tecido conectivo que aparece como projeções arredondadas ou ovaladas ao longo da superficie uterina. Essas carúnculas estão arranjadas em duas flieiras (dorsal e ventral) ao longo do comprimento dos cornos uterinos. As membranas placentárias ligam-se a esses locais por meio das vilosidades coriônicas nas áreas chamadas de cotilédonos. A unidade carúncula-cotilédono é chamada de placentoma e é a área funcional de trocas entre mãe e feto. Em associação com a formação da placentoma, a área caruncular é progressivamente vascularizada para atender ao aumento de demanda do feto. Aproximadamente, os 120 dias de gestação é um período de transição na vascularização da carúncula, em que ocorre a configuração para subsequente aumento na transferência de nutrientes necessários para suportar o crescimento rápido do feto (Ford, 1995; Reynolds and Redmer, 1995). Está claro que a placenta tem um papel fundamental no atendimento da demanda metabólica do feto. Embora o rítmo de crescimento da placenta decresça durante a última metade da gestação, a função da placenta aumenta drasticamente para suportar a taxa exponencial do crescimento fetal (Metcalfe *et al.*, 1988; Ferrel, 1989; Reynolds and Redmer, 1995). Por exemplo, em ovinos e bovinos, o fluxo sanguíneo uterino aumenta aproximadamente 3 a 4 vezes da metade para o fim da gestação (Rosenfeld *et al.*, 1974; Reynolds *et al.*, 1986; Reynolds and Redmer, 1995).

O estabelecimento do sistema vascular placentário e do funcionamento fetal é uma das exigências iniciais durante o desenvolvimento do concepto (Patten, 1964; Ramsey, 1982; Reynolds and Redmer, 1995). Entretanto, para que o concepto utilize efetivamente os nutrientes do sistema maternal, a vascularização uterina deve estar desenvolvida propriamente. Em vacas, a vascularidade preferencial das carúnculas começa em torno do 90º dia da gestação, com aumento acentuado em ambos, fluxo sanguíneo e densidade vascular, em torno do 120º dia da gestação (Ford, 1995). O estabelecimento da arquitetura vascular é essencial para o lado maternal suportar o crescimento fetal durante o último trimestre da gestação (Reynolds and Redmer, 2001).

Algum efeito detrimental da nutrição materna durante o estabelecimento do sistema vascular materno-fetal pode afetar a habilidade do feto adquirir quantidades apropriadas de nutrientes e oxigênio. O sistema útero-placenta transporta todos os gases respiratórios, nutrientes, e catabólitos entre o feto e a mãe (Reynolds and Redmer, 1995, 2001). Assim sendo, existe uma correlação alta entre restrição do crescimento fetal e redução do crescimento útero-placenta. O aumento nas trocas transplacentárias suporta o aumento exponencial do crescimento fetal durante a última metade da gestação (Eley *et al.*, 1978; Prior and Laster, 1979), que dependerá primariamente do crescimento do sistema vascular útero-placenta durante a primeira metade da gestação (Meschia, 1993; Reynolds and Redmer, 1995).

Fluxo sanguíneo uterino e umbilical

A prenhez está associada com o aumento do fluxo sanguíneo uterino (FSU), Rosenfeld *et al.*, 1996). Em ovinos, o FSU aumenta de 3% do fluxo cardíaco arterial no começo da gestação, para aproximadamente 25% no final da gestação. Esse aumento do FSU suporta o aumento do crescimento fetal durante o último trimestre da gestação e mantém o bem-estar do feto pelo fornecimento adequado de oxigênio e nutrientes.

O adequado fluxo sanguíneo útero-placenta é essencial para o crescimento fetal. Consequentemente, condições experimentais têm sido designadas para investigar retardo do crescimento fetal e insuficiência placentária, seja supernutrição, subnutrição, hipertermia ou alta altitude, os quais podem reduzir o fluxo sanguíneo umbilical e uterino (Reynolds *et al.*, 2006). Muitos desses estudos têm investigado fatores angiogênicos e compostos vasoativos, os quais incluem o óxido nítrico (ON). Óxido nítrico é vasodilatador derivado do endotélio e tem um papel essencial na regulação do fluxo sanguíneo útero-placenta (Bird *et al.*, 2003).

A suplementação proteica em ovelhas pode influenciar o fluxo sanguíneo por causa de aminoácidos específicos. A arginina, em particular, é um substrato comum para o ON e a poliamina sintase via ON sintase (ONS). Dados sugerem que a abundância de arginina no fluido fetal de ovinos estão associados com maior expressão de ONS (Kwon *et al.*, 2003, 2004; Wu e Self, 2005). Em suínos, a deficiência proteica na dieta reduz a disponibilidade de arginina no plasma maternal e fetal, assim como o fluido fetal (Wu e Morris, 1998; Wu *et al.*, 1998). Similarmente, a redução de arginina no fluido fetal ovino no meio da prenhez de ovelhas submetidas à restrição proteica foi reportado por Kwon *et al.* (2004). A suplementação com arginina aumentou a síntese de ON e reduziu a massa de gordura em ratos diabéticos (Fu *et al.*, 2005). Numerosos caminhos, incluindo a redução da síntese lipídica, aumento da lipólise, aumento da utilização de substrato, e aumento da fosforilação oxidativa (Jobgen *et al.*, 2006), potencialmente, afetam essa mudança. Assumindo que o ON pode facilitar o aumento da síntese lipídica, o recrutamento de pré-adipócitos pode aumentar, consequentemente, a propensão para obesidade (Wu *et al.*, 2006).

Suprimento de aminoácido fetal

Os nutrientes consumidos pela mãe necessariamente não equivalem aos nutrientes disponíveis para o desenvolvimento do feto. Além de serem utilizados na formação de proteínas para síntese de tecidos, os aminoácidos são reguladores de secreção hormonal, antioxidantes, etc. Além disso, os aminoácidos podem agir em funções *não proteicas*, tais como precursores para vasodilatadores (Wu *et al.*, 2006) e neurotransmissores (Konduri *et al.*, 2007). Limitações tanto em oxigênio como no suprimento de aminoácidos para o feto, podem comprometer ou impedir o crescimento natural das proteínas fetais e evidenciar mecanismos que levem à metabolização da proteína fetal (Regnault *et al.*, 2005). Embora os aminoácidos sejam importantes para o crescimento e desenvolvimento fetal, existem poucos dados que demonstram como a suplemetação proteica altera o suprimento de aminoácidos durante a gestação, e como níveis diferentes de aminoácidos presentes no pré-natal podem interferir no crescimento e desenvolvimento pós-natal.

Claramente, a nutrição materna desempenha um papel integral no suprimento de aminoácidos para o desenvolvimento fetal e os aminoácidos têm muitas funções, além de somente deposição de proteina. Pesquisas com ovelhas mostram evidências de que a subnutrição afeta o suprimento de aminoácidos para o concepto (Vonnahme *et al.*, 2003; Kwon *et al.*, 2004; Vonnahme *et al.*, 2006 e Jobgen *et al.*, 2008). Esses estudos utilizaram duas populações diferentes de ovelhas. Um grupo de ovelhas foi manejado em condições sedentárias de confinamento (SC), suprido com adequado ou excesso de nutriente. Outro grupo foi manejado sob condições de pastagens de péssima qualidade (*baggs*) e frequentemente sujeito a níveis sub-ótimos de nutrição. As ovelhas SC, quando foram submetidas à restrição durante a gestação, perderam mais peso e pariram cordeiros mais leves. Essas ovelhas também tiveram menores concentrações de glicose, assim como os fetos, quando comparadas com ovelhas que receberam nutrição adequada. A restrição nutricional reduziu as concentrações de aminoácidos no sangue maternal e fetal, assim como nos fluidos alantoidiano e aminiótico, principalmente serina, arginina e aminoácidos ramificados. A redução em serina é a mais comprometedora, pois é o principal aminoácido glicogênico necessário para o desenvolvimento e crescimento fetal. Ao contrário das ovelhas SC, as ovelhas *baggs* não mostraram esses efeitos em razão da restrição. A restrição não reduziu o peso fetal, embora a condição corporal e o peso da mãe foram reduzidos após 78 dias de restrição. A glicose sanguínea foi reduzida no soro maternal, porém, no feto não foi alterada. Isso pode indicar uma troca transplacental mais eficiente, possivelmente em decorrência de um aumento do número e da eficiência dos transportadores de glicose. O principal transportador de glicose na placenta é o GLUT1. A restrição energética materna, do 28º ao 80º dia da gestação, reduziu a massa placentária sem mudar a disponiblidade de de GLUT1. Porém, quando as ovelhas foram submetidas à dieta adequada do 80º até o final da gestação, a massa placentária aumentou, assim como a disponibilidade de GLUT1 (Dandrea *et al.*, 2001).

O suprimento de aminoácidos também tem implicações no controle da multiplicação mRNA e na síntese de proteína. A deficiência dietética de leucina pode reduzir a síntese de proteínas, as quais têm implicações no desenvolvimento materno e fetal.

Nutrição durante o final da gestação e seus efeitos no desenvolvimento fetal

Desenvolvimento muscular no feto

O músculo esquelético tem baixa prioridade na partição de nutrientes, quando comparado com o cérebro e o coração em resposta a desafios que o feto possa ser submetido durante o seu desenvolvimento (Bauman *et al.*, 1982; Close e Pettigrew, 1990). O período fetal é crítico para o desenvolvimento dos músculos, porque não existe aumento líquido no número de fibras musculares depois do nascimento (Glore e Layman, 1983; Greenwood *et al.*, 2000; Nissen *et al.*, 2003). Dados indicam que a suplementação proteica da mãe pode aumentar o peso da cria no nascimento e, potencialmente, alterar o crescimento muscular fetal. Recentemente, Greenwood *et al.*, (2004) demonstraram que garrotes com 30 meses de idade, oriundos de vacas que foram submetidas à restrição nutricional durante a gestação, tiveram peso corporal e peso de carcaça mais leve do que os garrotes oriundos de vacas nutridas adequadamente. Interesante notar que os rendimentos de carcaças baseado no índice de gordura, foram maior nos garrotes oriundos das mães que sofreram restrição nutricional do que nos das mães nutridas adequadamente, indicando que o crescimento muscular foi prejudicado na fase fetal, mas a habilidade para acumular gordura não foi prejudicada.

Estudos com vários mamíferos têm mostrado que a subnutrição materna durante a gestação pode significativamente reduzir o número de fibras musculares no feto (Bedi *et al.*, 1982; Wilson *et al.*, 1988; Ward e Strickland, 1991). Por exemplo, poucas fibras glicolíticas estavam presentes no músculo semitendinoso das progênies de porcas alimentadas com dieta altamente energética do que nas progênies de porcas submetidas à dieta com baixa energia durante os primeiros 50 dias da gestação (Bee, 2004). Além disso, as progênies das porcas que foram alimentadas com alta energia cresceram menos durante o período de aleitamento, tiveram pior conversão alimentar e porcentagem de tecido adiposo mais alta do que as progênies das porcas submetidas à dieta com baixa energia. Consequentemente, o desenvolvimento do tipo de fibra muscular pode ser prejudicado pelo nível nutricional, dependendo, acima de tudo, das necessidades energéticas dos músculos e das espécies. A restrição de nutrientes do início ao meio da gestação resulta na redução das fibras musculares esqueléticas do feto (Zhu *et al.*, 2006).

Organogênese fetal

A organogênese fetal ocorre simultaneamente com o desenvolvimento da placenta. No feto bovino, as batidas do coração já são aparentes entre 21 a 22 dias após a concepção. O desenvolvimento dos membros ocorre em torno dos 25 dias de prenhez, seguido pelo desenvolvimento sequencial dos outros órgãos, incluindo o pâncreas, fígado, adrenais, pulmões, tireoide, baço, cérebro, timo e rins (Hubbert *et al.*,1972). Em torno dos 45 dias, os testículos dos bezerros desenvolvem-se, enquanto os ovários nas bezerras desenvolvem-se um pouco mais tarde, em torno dos 50 a 60 dias de gestação. Como a trajetória do desenvolvimento entre esses tecidos varia, cada tecido é susceptível a condições subótimas, ou seja, subnutrição maternal, nas difrentes fases do desenvolvimento. O desenvolvimento pancreático fetal também é afetado pela restrição proteica da mãe (Blondeau *et al.*, 2002). Essa restrição proteica leva a menor massa das células-β do pâncreas. E compromete o desenvolvimento do pâncreas em ratos. Ratos recém-nascidos que consomem em excesso uma dieta com alto teor de carboidrato desenvolvem hiperinsulinemia a trasmitem essa mudança para a progênie, provavelmente causada pela alteração na função pancreática (Srinivasan *et al.*, 2003).

Desenvolvimento reprodutivo

A dieta materna pode ter interferência no desenvolvimento dos tecidos reprodutivos do feto. Grazul-Bilska e Vonnahme (dados ainda não publicados) utilizaram ovelhas que foram submetidas a 60% e 100% das recomendações do NRC do 50º até o 135º dia da gestação, e observaram que os ovários fetais das ovelhas submetidas a 60% da sua exigência nutricional tiveram a proliferação celular diminuída nos folículos primordiais, quando comparado com as ovelhas alimentadas com 100% das exigências. Essa diminuição da proliferação celular nos folículos primordiais, quando essas fêmeas tornarem-se adultas, pode interferir na atividade folicular, fertilidade e na vida reprodutiva dessas fêmeas. Tem sido proposto que a suplementação proteica materna pode afetar o qualidade dos oócitos ou a formação embriônica precoce, resultando em poucos bezerros obtidos nos primeiros 21 dias da estação de parição (Martin *et al.*, 2007). Além disso, as novilhas nascidas de vacas que foram submetidas à suplementação proteica durante o terço final da gestação tiveram a taxa de prenhez aumentada quando comparadas com as novilhas filhas de vacas não suplementadas (Martin *et al.*, 2007). Em estudo subsequente, poucas novilhas das não suplementadas atingiram a puberdade antes da primeira estação de monta, quando comparados com as novilhas de vacas suplementadas (Funston *et al.*, 2008). Adicionalmente, em ratos, quando as mães sofreram restrição proteica durante a gestação, as filhas tiveram atraso no aparecimento da puberdade (Guzman *et al.*; 2006).

Desenvolvimento vascular

Alimentar ratas prenhes com uma dieta baixa em proteína resulta em elevação da pressão sanguínea nas respectivas crias (Langley e Jackson, 1994). Subnutrição crônica precoce resulta em aumento significativo da pressão sanguínea fetal (Fabris e Pato, 2001). Esses pesquisadores especularam que o desenvolvimento dos pulmões no final da gestação é comprometido pela hipertensão pulmonar. Whorley *et al.*; (1995) demonstraram que condições hipóxicas seletivamente induz à proliferação de células musculares lisas, associadas com as artérias pulmonares, em bezerros recém-nascidos com hipertensão pulmonar. A relação precisa entre o desenvolvimento alveolar e vascular durante a fase fetal e após o nascimento e os mecanismos que coordenam esses desenvolvimentos ainda não estão bem esclarecidos. Entretanto, o fator angiogênico, fator de crescimento endotelial vascular (VEGF), produzido pelas células epiteliais das vias respiratórias, têm um papel importante no crescimento e desenvolvimento vascular durante a vida fetal (Zeng *et al.*, 1988). Essas descobertas sugerem que existem mecanismos que interagem no desenvolvimento vascular pulmonar e no desenvolvimento alveolar, sugerindo-se que problemas na vascularização pode contribuir para alterar a alveolarização e, consequentemente, a função pulmonar. A doença respiratória bovina (BRD) é a principal causa de mortalidade em confinamentos nos EUA. Historicamente, 15 a 45% dos bovinos confinados adquirem a BRD e 1 a 5% morrem (Kelly e Janzen 1986). A BRD sozinha representa 44,1% das causas de mortes nos confinamentos (Vogel e Parrot, 1994). É possível que as vacas submetidas à restrição nutricional na gestação aumente a susceptibilidade dos bovinos para adquirirem BRD posteriormente ao longo da vida das crias.

Função metabólica

Em ratos, cujas mães foram alimentadas com uma dieta que contém baixa proteína em relação à energia durante a prenhez, foi demonstrada produção e utilização de glicose alterada permanentemente, assim como alteração na secreção de insulina (Desai *et al.*, 1995). A programação intrauterina em relação ao pâncreas endócrino em ruminantes não está bem estabelecida. Entretanto, recentemente, tem sido demonstrado que borregas nascidas de mães submetidas à restrição nutricional têm alteração no metabolismo de glicose (Effertz *et al.*, 2007). Além disso, borregos nascidos de mães submetidas à restrição nutricional, no início da gestação, exibem hiperglicemia e alteração nos padrões de secreção de insulina (Ford *et al.*, 2007). Adicionalmente, cordeiros de mães submetidas à restrição nutricional, no final da gestação, também parecem ser resistentes à insulina e têm redução na expressão do transportador GLUT4 no tecido com aumento nesse tecido (Gardner *et al.*, 2005). A resistência à insulina em ruminantes é relativa no ruminante adulto; quando comparado com outras espécies fica difícil estabelecer se as mudanças fetais no desenvolvimento do pâncreas têm consequências a longo termo. Alterações na função pancreática são difíceis de quantificar em bovinos a pasto, uma vez que a maioria das necessidades energéticas são supridas por fontes não glicose e a insulina tem um papel relativamente pequeno nesse caso.

Crescimento intrauterino e peso ao nascimento

A maioria dos estudos que avaliaram os efeitos da nutrição materna na vaca foram realizados no terço final da gestação. Uma vez que a maior parte do crescimento fetal ocorre nesse período, os pesquisadores consideravam que os efeitos das variações poderiam ser maiores no final do gestação do que no início. Muitos estudos mostram os efeitos da deficiência da proteína e energia sobre o peso do bezerro no nascimento (Ver revisão de Holland e Odde 1991). Quando as vacas receberam suplemento proteico durante o terço final da gestação, o peso dos(as) bezerros(as) ao nascimento não foi diferente das crias das vacas que receberam suplemento proteico (Martin *et al.*, 2007). Entretanto, outros estudos indicam que a suplementação proteica, no final da gestação, assim como o aumento de nutrientes em geral, ao longo da gestação, pode aumentar o peso ao nascimento das crias (Larson *et al.*, 2008). A restrição de nutrientes no início da gestação pode ter efeitos diferentes no peso ao nascimento. Ovelhas submetidas à restrição nutricional durante o início da gestação (0 a 39 dias) pariram cordeiros mais pesados do que as ovelhas sem restrição alimentar (Munhoz *et al.*, 2008). As ovelhas submetidas à restrição alimentar no início da gestação foram submetidas, após esse período, a uma dieta adequada durante o final da gestação, o qual, provavelmente, permitiu a esses cordeiros compensarem à restrição inicial em relação ao crescimento fetal.

Desenvolvimento pós-natal em resposta à programação fetal

Saúde e sobrevivência do recém-nascido

Os efeitos da nutrição materna sobre a cria, durante a prenhez, pode afetar o desenvolvimento neonatal, assim como pode afetar a glândula mamária e a produção de colostro. Em estudo recente, as crias das ovelhas foram imediatamente separadas das suas mães, fornecido colostro artificialmente e os teores de IgG foram medidos 24 horas depois. As crias provenientes das ovelhas submetidas à nutrição deficiente tiveram aumento da transferência de IgG, enquanto as crias das ovelhas supernutridas tiveram a transferência de IgG diminuída, quando comparadas com as das ovelhas nutridas adequadamente (Hammer *et al.*, 2007). Tal fato sugere que o sistema gastrintestinal das crias de ovelhas submetidas à nutrição deficiente pode ter sido programado para ser mais eficiente após o nascimento, na absorção de nutrientes, especialmente moléculas grandes, como exemplo, as imunoglobulinas. A quantidade de colostro, IgG, gordura total e proteína foram diminuídas, tanto nas ovelhas subnutridas como nas supernutridas (Swanson *et al.*, 2008). O peso da glândula mamária foi reduzido nas ovelhas subnutridas e nas supernutridas, quando expresso em porcentagem do peso corporal. Isso indica que a saúde das crias é afetada diretamente pela dieta materna durante a prenhez e por meio do sistema mamário.

Corah *et al.* (1975) observaram que as vacas prenhes alimentadas com 70% da exigência de energia, durante os últimos 90 dias da gestação produziram bezerros com maior taxa de morbidade e mortalidade. Pesquisa conduzida na Universidade do Colorado (EUA, veja revisão de Odde, 1988) investigaram a relação entre a nutrição pré-parto e a susceptibilidade a doenças dos recém-nascidos. As vacas primíparas produziram bezerros(as) que tiveram teores de imunoglobulinas mais baixos 24 horas após o nascimento do que os(as) bezerros(as) de vacas multíparas. Isso ocorreu mesmo com os teores de imunoglobulinas no colostro serem semelhantes entre os grupos de vacas. Uma das causas do aumento da susceptibilidade a doenças em bezerros(as) de primíparas é causada pelo menor volume de colostro produzido, embora o aumento de partos distócicos nessa categoria de vacas também possa contribuir. Bezerros nascidos de novilhas (2 anos de idade) com escore de condição corporal menor do que 5 são menos vigorosos e têm teores de imunoglobulinas menores 24 horas após o nascimento. A morbidade neonatal em bezerros não somente pode aumentar o risco de mortalidade como também diminuir o seu desempenho.

Wittum *et al.*(1994) reportaram que a morbidade geral durante o período neonatal resultou na redução de 15,6 kg de peso corporal na desmama. Condições respiratórias e diarreia, durante o período neonatal, resultou na redução do peso corporal na desmama de 16,5 e 10,7 kg, respectivamente. A produção de calor pelo neonato é um fator importante na sobrevivência, principlamente para os bezerros que nascem em ambientes frios. As vacas primíparas, submetidas à restrição proteica (Carstens *et al.*, 1987) ou energética (Ridder *et al.*, 1991), têm a sua habilidade de produção de calor reduzida após a parição. Isso igualmente resulta em bezerros que são mais susceptíveis ao estresse pelo frio. Pesquisas sugerem que os efeitos da programação fetal sobre a saúde dos cordeiros e bezerros em, resposta à suplementação proteica, vitamínica e minerais das mães, ocorrem a partir do meio da gestação (Boland *et al.*, 2006). Esses efeitos podem ser o resultado do aumento do suprimento de IgG ou da alteração da absorção de IgG e nutrientes após o nascimento. Entretanto, essa área necessita mais estudos.

Impacto de nutrientes específicos sobre o desenvolvimento fetal e o desempenho pós-natal

Suplementação com concentrado ou energética

Grande parte dos carboidratos não estruturais na dieta dos ruminantes são fermentados no rúmen produzindo propionato. O proprionato, é convertido em glicose, via gliconeogênese, no fígado. A glicose é um substrato essencial para o desenvolvimento e o crescimento fetal. Assim, a suplementação com carboidratos não estruturais pode ter efeitos benéficos sobre o desenvolvimento do feto submetido a condições de restrição de nutrientes. Fornecer para as vacas uma dieta altamente energética, 100 dias antes do parto, aumenta o seu peso corporal e o peso ao nascimento das crias (Corah *et al.*, 1975). Neste estudo, aproximadamente 19% a mais de bezerros(as) das vacas multíparas submetidas à dieta com baixa energia foram tratados(as) contra diarreia e pesaram menos na desmama, quando comparados com as crias das vacas submetidas à dieta com alta energia. A restrição energética e proteica (57% do NRC) em vacas de corte, nos últimos 90 dias da gestação, reduziu o peso e a condição corporal das vacas na parição (Hough *et al.*, 1990). Porém, a concentração de IgG no colostro e no sangue das crias não foi afetada pela nutrição da mãe. Além disso, os(as) bezerros(as) das vacas sem restrição dietética apresentaram menores concentrações de IgG no sangue. Provavelmente, existe uma melhor eficiência de transferência de nutrientes no intestino delgado de bezerros(as) nascidos(as) de vacas com restrição *vs.* sem restrição energética. O mesmo acontece com cordeiros nascidos de ovelhas submetidas à deficiência energética.

Em ovelhas prenhes submetidas à restrição ou adequada nutrição entre os dias 28 a 80 da gestação, a leptina plasmática não exibiu o aumento característico durante a prenhez nas ovelhas submetidas à restrição energética. Esse fato é intrigante, pois a leptina é considerada hormônio importante no metabolismo de gordura, e o polimorfismo no gene para produção de leptina ou no receptor pode mudar como e quando a gordura é depositada. O peso do tecido adiposo foi maior nos cordeiros nascidos de ovelhas submetidas à restrição energética. O RNA mensageiro para a leptina e a massa de tecido adiposo foram reduzidos em cordeiros nascidos de ovelhas submetidas à adequada nutrição durante a gestação.

Suplementação proteica

Existe limitação de informações sobre o efeito da suplementação proteica durante a gestação de vacas de corte. A maioria dos dados foram obtidos utilizando-se vacas em pastagem (Stalker *et al.*, 2006; 2007; Martin *et al.*,2007; Funston *et al.*, 2008; Larson *et al.*, 2008). A suplementação proteica de vacas de corte pode ser realizada de diversas formas. Entretanto, fornecer proteina não degradável no rúmen aumenta a chance de corrigir a deficência de nutrientes, uma vez que a forragem geralmente fornece proteína degradável no rúmen.

Com relação à progênie (fêmeas), a suplementação proteica da mãe aumentou o peso na desmama das crias, sem mudança no peso ao nascimento (**Tabela 1**). A idade na puberdade não foi afetada. Porém, a suplementação proteica da mãe aumentou a taxa de prenhez das suas filhas na primeira estação de monta (Martin *et al.*, 2007). Entretanto, em um estudo subsequente, mais novilhas filhas de vacas suplementadas com fonte proteica atingiram a puberdade antes da estação de monta e, possivelmente, afetou a taxa de prenhez (Funston *et al.*, 2008).

Os garrotes filhos de vacas que foram submetidas à suplementação proteica também tiveram o peso na desmama mais alto e maior consumo de matéria seca, assim como maior peso das carcaças (**Tabela 2**). A suplementação proteica das mães também aumentou a gordura intramuscular das suas crias (garrotes), consequentemente, produziu carcaça de melhor valor. Dados também indicam que novilhos filhos de vacas suplementadas com proteína durante a gestação também tiveram maior porcentagem de gordura corporal (Larson *et al.*, 2008).

Como o crescimento fetal ocorre rapidamente durante o último trimestre da gestação, a nutrição durante esse período pode alterar os locais de deposição de nutriente. Smith e Crouse (1984) sugeriram que a glicose é o substrato primário utilizado pelos adipócitos intramusculares. Assim sendo, fornecendo aminoácidos glicogênicos por meio da suplementação proteica durante o último trimestre da gestação, pode aumentar a porcentagem de gordura intramuscular.

Vacas em pastejo intensivo aumenta a disponibilidade de proteína e de energia. Assim sendo, torno de 140 dias de gestação, as vacas foram distribuídas para um pasto nativo ou para um pasto de melhor qualidade. Os garrotes provenientes das vacas submetidas ao pasto melhorado ganharam mais peso durante o período de terminação, apresentaram maior deposição de gordura e, consequentemente, maior peso de carcaça (Underwood *et al.*, 2008). O aumento na deposição de gordura foi resultado de mais adipócitos por unidade de área de gordura subcutânea. Assume-se que a nutrição na fase inicial do desesenvolvimento pode designar as células-tronco produzirem mais pré-adipócitos. Assim sendo, o aumento na deposição de gordura com o aumento do suprimento de nutrientes para o feto parece

Tabela 1. Efeito da suplementação proteica maternal sobre o desempenho das respectivas crias (novilhas).

	Martin *et al.*, 2007		Funston *et al.*, 2008	
	NS[1]	S[2]	NS	S
Peso na desmama, kg	207,0	212,0	223,0[a]	232,0[b]
Consumo de MS, kg/d	6,5	6,7	7,3	7,3
Ganho de peso, g/d	410,0	400,0	810,0	770,0
Idade na puberdade, dias	334,0	339,0	365,0[x]	352,0[y]
Taxa de prenhez, %	80,0[a]	93,0[b]	83,0	90,0

[1] Mães não receberam suplemento proteico, [2] Mães receberam suplemento proteico. [ab] Médias dentro do estudo, com letras diferentes na linha, diferem entre si, $P \leq 0.05$. [xy] Médias dentro do estudo, com letras diferentes na linha, diferem entre si, $P \leq 0.10$

Tabela 2. Efeito da suplementação proteica maternal sobre o desempenho das respectivas crias (novilhos).

	Stalker *et al.*, 2007		Stalker *et al.*, 2006		Funston *et al.*, 2008	
	NS[1]	S[2]	NS	S	NS	S
Peso na desmama, kg	210[a]	222[b]	210[a]	216[b]	233[a]	240[b]
Consumo de MS, kg/d	11,15[a]	12,05[b]	8,48	8,53	8,98[x]	9,19[y]
Ganho de peso, kg/d	1,60[x]	1,68[y]	1,57	1,56	1,66	1,70
Conversão alimentar	6,97	7,19	5,41	5,46	5,37	5,38
Peso carcaça quente, kg	347[a]	365[b]	363	369	365[a]	373[b]
Escore de marmorização	449	461	467	479	445[a]	492[b]

[1] Mães não receberam suplemento proteico, [2] Mães receberam suplemento proteico. [ab] Médias dentro do estudo, com letras diferentes na linha, diferem entre si $P \leq 0.05$. [xy] Médias dentro do estudo, com letras diferentes na linha, diferem entre si, $P \leq 0.10$.

ser plausível. Smith and Crouse (1984) relataram que o acetado é o substrato primário utlizado pelos adipócitos subcutâneos. Assim sendo, a dieta, descrita no experimento de Underwood *et al.* (2008), não incluía concentrado, então o maior produto da fermentação ruminal é o acetato. Consequentemente, esse aumento do acetato pode ter aumentado o recrutamento das células-tronco para a produção de pré-adipócitos, levando ao aumento da gordura corporal total na vida adulta.

Porcas da Índia prenhes, submetidas a uma dieta com somente 60% do consumo voluntário, produziram filhotes com menos fibras musculares desenvolvidas, principalmente ocasionadas pelo decréscimo de fibras musculares secundárias. A suplementação proteica impediu essa mudança no desenvolvimento muscular, e o número de fibras musculares secundárias foi semelhante nos animais controle (Dwyer and Stickland, 1994), evidenciando-se que a suplementação proteica da mãe aumentou o ganho de peso, em vista do aumento do número de fibras musculares, que é determinado antes do nascimento.

Dados recentes sugerem efeitos da suplementação proteica no final da gestação sobre a saúde dos(as) bezerros(as). A suplementação proteica não afetou a saúde das crias desde o nascimento até a desmama. Entretanto, mais bezerros, filhos de vacas não suplementadas, receberam tratamentos contra a doença respitatória bovina entre a desmama até a fase de terminação (Larson *et al.*, 2008). Isso pode ter acontecido por várias causas. O suprimento de colostro e de IgG pode influenciar a saúde dos animais, quando chegarem na fase de confinamento. Bezerros que recebem inadequada imunidade passiva por meio do colostro, têm a concentração plasmática de proteína menor e são mais susceptíveis a adquirirem doenças durante a fase de confinamento (Wittum and Perino, 1995). Stalker *et al.* (2006) observaram que a suplementação proteica não influenciou o teor de IgG 24, 48 horas após o nascimento, e na saúde do(a) bezerro(a). Dados sugerem que a suplementação proteica das mães melhora a qualidade da carcaça de suas crias.

Estudos têm demonstrado que animais que receberam tratamento contra a doença respiratória bovina (BRD) tiveram pior qualidade de carcaça quando comparados com os não tratados (Gardner *et al.*, 1999 and Busby *et al.*, 2004). A qualidade da carcaça melhora a saúde dos animais.

Selênio

Uma consequência potencial associada com subnutrição durante a gestação é o aumento da concentração de substâncias oxidativas no corpo (Wu *et al.*, 2006). A subnutrição reduz a provisão de substâncias antioxidantes, as quais têm consequências negativas para o feto a curto e a longo prazo. O fornecimento de selênio na dieta reduz a capacidade antioxidativa. O selênio, por meio da atividade das glutationas peroxidases dependentes desse elemento químico, remove o excesso de peróxido de hidrogênio (Shi *et al.*, 2004). Isso pode levar a um aumento da tetrahidrobiopterina e do óxido nítrico no sistema vascular.

Hormônio do crescimento

O uso do hormônio do crescimento (GH) está sendo usado intensivamente nas vacas leiteiras, visando ao aumento da produção de leite. Recentemente, Wilson e Koch (2008) demonstraram que cordeiros nascidos de ovelhas que receberam doses de GH de liberação ao longo do tempo, durante a época da estação de monta, nasceram 25% mais pesados e continuaram mais pesados até os 100 dias de idade. Nas ovelhas tratadas com GH, houve aumento do transportador - 2 ácido L-amino no tecido cotiledonário. A atividade de transporte da glicose não foi alterada pelos tratamentos. Assim sendo, o aumento no peso dos cordeiros foi causado pelo aumento do suprimento de aminoácidos da circulação materna para o feto. Esse efeito não foi observado em vacas, ou seja, não houve efeito no desempenho das crias (Starbuck *et al.*, 2005).

Considerações finais

Animais domésticos são frequentemente produzidos em sistemas nos quais a nutrição pode ser limitante, tanto na quantidade como na qualidade, durante os períodos do ciclo produtivo. É importante entender que, quando ocorre deficiência nutricional, ela afeta o desempenho, tanto da mãe como do feto e do bezerro(a).

Existe um rápido aumento na literatura de pesquisas mostrando que a insuficiência nutricional, durante o desenvolvimento fetal, pode trazer implicações para o subsequente crescimento e desenvolvimento pós-natal. Entre essas implicações, podem-se citar: redução do peso no nascimento; comprometimento na saúde, no crescimento, na reprodução, no peso e na qualidade da carcaça. A restrição, de nutrientes durante a gestação, parece ter implicações em vários processos fisiológicos. A restrição, no início da gestação, parece ter implicações no desenvolvimento da placenta e alterações na vascularidade, enquanto a restrição, no final da gestação, afeta o desenvolvimento final dos órgãos ou absorção de nutrientes pelos tecidos que são importantes para o crescimento e reprodução.

Os mecanismos precisos pelos quais a restrição de nutrientes influencia o crescimento e o desenvolvimento pós-natal ainda são desconhecidos e precisam ser elucidados.

Para tornar esses efeitos negativos menos severos, recomenda-se o manejo nutricional para fornecer nutrientes por meio da suplementação, quando a dieta basal é deficiente, e resulta em diminuição da condição corporal. Uma alternativa seria manejar a condição corporal com práticas de manejo específicas, permitindo ao animal alcançar melhor condição corporal antes de ser exposto a ambientes com limitação de nutrientes. Há possiblidade de poder incluir desmama precoce ou mudança na época da estação de monta e, assim, na época da parição.

Referências bibliográficas

Alone, P.V.; Dever, T.E. Direct binding of translation initiation factor eIF2ã-G domain to its GTPase-activating and GDP-GTP exchange factors eIF5 and eIF2B. **J. Bio. Chem.**, v.281, p.12636-12644, 2006.

Anthony, T.G.; McDaniel, B.J.; Byerley, R.L.; McGrath, B.C.; Cavener, D.R.; McNurlan, M.A.; Wek, R.C. 2004. Preservation of liver protein synthesis during dietary leucine deprivation occurs at the expense of skeletal muscle mass in mice deleted for eIF2 Kinase GCN2. **J. Bio. Chem.**, v.279, p.36553-36561.

Barker, D.J.P.; Martyn, C.N.; Osmond, C.; Hales, C.N.; Fall, C.H.D. Growth in utero and serum cholesterol concentration in adult life. **Br. Med. J.**, v.307, p.1524-1527, 1993.

Bauman D.E.; Eisemann, J.H.; Currie, W.B. Hormonal effects on partitioning of nutrients for tissue growth: role of growth hormone and prolactin. **Fed. Proc.**, v.41, p.2538-2544, 1982.

Bayol, S.; Jones, D.; Goldspink, G.; Strickland, N.C. The influence of undernutrition during gestation on skeletal muscle cellularity and on the expression of genes that control muscle growth. **Br. J. Nutr.**, v.91, p.331-339, 2004.

Bedi, K.S.; Birzgalis, A.R.; Mahon, M.; Smart, J.L.; Wareham, A.C. Early life undernutrition in rats. 1. Quantitative histology of skeletal muscles from underfed young and refed adult animals. **Br. J. Nutr.**, v.47, p.417-431, 1982.

Bee, G. Effect of early gestation feeding, birth weight, and gender of progeny on muscle fiber characteristics of pigs at slaughter. **J. Anim. Sci.**, v.82, p.826-836, 2004.

Bird, I.M.; Zhang, L.B.; Magness, R.R. Possible mechanisms underlying pregnancy-induced changes in uterine artery endothelial function. **Am. J. Phys.**, v.284, p.R245-R258, 2003.

Bispham, J.; Gopalakrishanan, G.S.; Dandrea, J.; Wilson, V.; Budge, H.; Keisler, D.H.; Broughton Pipkin, F.; Stephenson, T.; Symonds, M.E. Maternal endocrine adaptation throughout pregnancy to nutritional manipulation: consequences for maternal plasma leptin and cortisol and the programming of fetal adipose tissue development. **Endocrinol.**, v.144, p.3575-3585, 2003.

Blondeau, B.; Avril, I.; Duchene, B.; Breant, B. Endocrine pancreas development is altered in fetuses from rats previously showing intra-uterine growth retardation in response to malnutrition. **Diabetologia**, v.45, p.394-401, 2002.

Boland, T.M.; Callan, J.J.; Brophy, P.O.; Quinn, P.J.; Crosby, T.F. *Lamb serum* vitamin E and immunoglobulin G concentrations in response to various maternal mineral and iodine supplementation regimes. **Anim. Sci.**, v.82, p.319-325, 2006.

Busby, W.D.; Stohbehn, D.R.; Beedle, P.; Corah, L.R. ***Effect of Postweaning health on feedlot performance and quality grade***. A.S. Leaflet R1855. Iowa State Univ., Ames. 2004.

Carstens, G.E.; Johnson, D.E.; Holand. M.D.; Odde, K.G. Effects of prepartum protein nutrition and birth weight on basal metabolism in bovine neonates. **J. Anim. Sci.**, v.65, p.745-751, 1987.

Close W.H.; Pettigrew, J.F. Mathematical models of sow reproduction. J. Reprod. Fertil. Suppl., v.40, p.83-88, 1990.

Corah, L.R.; Dunn, T.G.; Kaltenbach, C.C. Influence of prepartum nutrition on the reproductive performance of beef females and the performance of their progeny. **J. Anim. Sci.**, v.41, p.819-824, 1975.

Dandrea, J.; Wilson, V.; Gopalakrishnan, G.; Heasman, L.; Budge, H.; Stephenson, T.; Symonds, M.E. Maternal nutritional manipulation of placental growth and glucose transporter 1 (GLUT1) abundance in sheep. **Reproduction**, v.122, p.793-800, 2001.

deMello, D.E.; Reid, L.M. **Pre- and postnatal development of the pulmonary circulation**. In: Basic Mechanisms of Pediatric Respiratory Disease: Cellular and Integrative, edited by V. Chernick and R.B. Mellins. Philadelphia, PA: Decker, p.36-54, 1991.

Desai, M.; Crowther, N.; Ozanne, S.E.; Lucas, A.; Hales, C.N. Adult glucose and lipid metabolism may be programmed during fetal life. **Biochem. Soc. Trans.**, v.23, p.331-335, 1995.

Dwyer, C.M.; Stickland, N.C. Supplementation of a restricted maternal diet with protein or carbohydrate alone prevents a reduction in fetal muscle fibre number in the guinea-pig. **Brit. J. Nutr.**, v.72, p.173-180, 1994.

Effertz, C.M.; Caton, J.S.; Hammer, C.J.; Luther, J.S.; Neville, T.L.; Reed, J.J.; Redmer, D.A.; Reynolds, L.P.; Vonnahme, K.A. Glucose tolerance of offspring born from ewes receiving differing nutritional levels during pregnancy. **J. Anim. Sci.**, v.85(Suppl. 2), p.79 (Abstract 247), 2007.

Eley, R.M.; Thatcher, W.W.; Bazer, F.W.; Wilcox, C.J.; Becker, R.B.; Head, H.H.; Adkinson, R.W. Development of the conceptus in the bovine. **J. Dairy Sci.**, v.61, p.467-473, 1978.

Erbay, E.; Park, I.H.; Nuzzi, P.D.; Schoenherr, C.J.; Chen, J. IGF-II transcription in skeletal myogenesis is controlled by mTOR and nutrients. **J. Cell Biol.**, v.163, p.931-936, 2003.

Fabris, V.E.; Pato, M.D. Progressive lung and cardiac changes associated with pulmonary hypertension in the fetal rat. ***Pediatr.*** *Pulmonol.*, v. 31, p.344-353, 2001.

Ferrell CL. **Placental regulation of fetal growth**. In: Animal Growth Regulation. 1989. (Ed.) Campion, D.R., Hausman, G.J. & Martin, R.J. pp 1-19. New York:Plenum.

Ford, S.P. Control of blood flow to the gravid uterus of domestic livestock species. **J. Anim. Sci**., v. 73, p.1852-1860, 1995.

Ford, S.P.; Hess, B.W.; Schwope, M.M.; Nijland, M.J.; Gilbert, J.S.; Vonnahme, K.A.; Means, W.J.; Han, H.; Nathanielsz, P.W. Maternal undernutrition during early to mid-gestation in the ewe results in altered growth, adiposity, and glucose tolerance in male offspring. **J. Anim. Sci.**, v.85, p.1285-1294, 2007.

Fowden, A.L.; Hill, D.J. Intra-uterine programming of the endocrine pancreas. **Br. Med. Bull**., v.60, p.123-142, 2001.

Fu., W.J.; Haynes, T.E.; Kohli, R.; Hu, J.; Shi, W.; Spencer, T.E.; Carroll, R.J.; Meininger, C.J.; Wu, G. Dietary L-arginine supplementation reduced fatmass in zucker diabetic fatty rats. **J. Nutr.**, v.135, p.714-721, 2005.

Fumagalli, S.; Thomas, G. S6 phosphorylation and signal transduction. In: Translational Control of Gene Expression. N. Sonenbery, J.W.B. Hershey, and M.B. Mathews, eds. Cold Spring Harbor Laboratory Press, Cold Spring Harbor, NY. 695-718, 2000.

Funston, R.N.; Martin, J.L.; Adams, D.C.; Larson, D.M. Effects of winter grazing system and supplementation during late gestation on performance of beef cows and progeny. **Proc. West. Sec. Amer. Soc. Anim. Sci.**, v.59, p.102-105, 2008.

Gallou-Kabani, C.; Junien, C. Perspectives in diabetes: nutritional epigenomics of metabolic syndrome. **Diabetes**, v.54, p.899-1906, 2005.

Gardner, B.A.; Dolezal, H.G.; Bryant, L.K.; Owens, F.N.; Smith, R.A. Health of finishing steers: effects on performance, carcass traits, and meat tenderness. **J. Anim. Sci.**, v.77, p.3168-3175, 1999.

Gardner, D.S.; Tingey, K.; Van Bon, B.W.M.; Ozanne, S.E.; Wilson, V.; Dandrea, J.; Keisler, D.H.; Stephenson, T.; Symonds, M.E. Programming of glucose-insulin metabolism in adult sheep after maternal undernutrition. **Am. J. Physiol. Regul. Integr. Comp. Physiol.**, v. 289, p.R947-R954, 2005.

Glore, S.R.; Layman, D.K. Cellular growth of skeletal muscle in weanling rats during dietary restrictions. **Growth**., v. 47, p.403-410, 1983.

Godfrey, K.M.; Barker, D.J.P. Fetal nutrition and adult disease. **Am. J. Clin. Nutr. Suppl.**, v.71, p.1344S-1352S, 2000.

Greenwood, P.L.; Hunt, A.S.; Hermanson, J.W.; Bell, A.W. Effects of birth weight and postnatal nutrition on neo natal sheep: II. Skeletal muscle growth and development. **J. Anim. Sci.**, v.78, p.50-61, 2000.

Greenwood, P.L.; Hearnshaw, H.; Cafe, L.M.; Hennessy, D.W.; Harper, G.S. Nutrition in utero and pre-weaning has long term consequences for growth and size of Piedmontese and Wagyu-sired steers. **J Anim. Sci.**, v.82(Suppl. 1), p.408 (Abstract # 722), 2004.

Gringras, A.C.; Raught, B.; Sonenberg, N. Regulation of translation initiation by FRAP/mTOR. **Genes Devel.**, v.15, p.807-826, 2001.

Guzman, C.; Cabrera, R.; Cardenas, M.; Larrea, F.; Nathanielsz, P.W.; Zambrano, E. Protein restriction during fetal and neonatal development in the rat alters reproductive function and accelerates reproductive ageing in female progeny. **J. Physiol.**, v.572, p.97-108, 2006.

Hales, C.N.; Barker, D.J. The thrifty phenotype hypothesis. **Br. Med. Bull.**, v.60, p.5-20, 2001.

Hammer, C.J.; Vonnahme, K.A.; Taylor, J.B.; Redmer, D.A.; Luther, J.S.; Neville, T.L.; Reed, J.J.; Caton, J.S.; Reynolds, L.P. Effects of maternal nutrition and selenium supplementation on absorption of IgG and survival of lambs. **J. Anim. Sci.**, v.85(Suppl. 1), p.391(Abstract 464), 2007.

Holland, M.D.; Odde, K.G. Factors affecting calf birth weight: a review. Theriogenology, v.38, p.769-798, 1991.

Hough, R.L.; McCarthy, F.D.; Kent, H.D.; Eversole, D.E.; Wahlberg, M.L. Influence of nutritional restriction during late gestation on production measures and passive immunity in beef cattle. **J. Anim. Sci.**, v.68, p.2622-2627, 1990.

Hubbert, W.T.; Stalheim, O.H.V.; Booth, G.D. Changes in organ weights and fluid volumes during growth of the bovine fetus. **Growth**, v.36, p.217-233, 1972.

Jobgen, W.S.; Fried, S.K.; Fu, W.J.; Meininger, C.J.; Wu, G. Regulatory role for the arginine-nitric oxide pathway in metabolism of energy substrates. **J. Nutr. Biochem.**, v.17, p.571-588, 2006.

Jobgen, W.S.; Ford, S.P.; Jobgen, S.C.; Feng, C.P.; Hess, B.W.; Nathanielsz, P.W.; Li, P.; Wu, G. Baggs ewes adapt to maternal undernutrition and maintain conceptus growth by maintaining fetal plasma concentrations of amino acids. **J. Anim. Sci.**, v.86, p.820-826, 2008.

Kelly, A.P.; Janzen, E.D. A review of morbidity rates and disease occurrence in North American feedlot cattle. **Can. Vet. J.**, v.27, p.496-500, 1986.

Konduri, G.G.; Bakhutashvili, I.; Eis, A.; Pritchard Jr., K. Oxidant stress from uncoupled nitric oxide synthase impairs vasodilation in fetal lambs with persistent pulmonary hypertension. **Am. J. Physiol. Heart Circ. Physiol.**, v.292, p.H1812-H1820, 2007.

Kwon, H.; Wu, G.; Bazer, F.W.; Spencer, T.E. Developmental changes in polyamine levels and synthesis in the ovine conceptus. **Biol. Reprod.**, v.69, p.1626-1634, 2003.

Kwon, H.; Ford, S.P.; Bazer, F.W.; Spencer, T.E.; Nathanielsz, P.W.; Nijland, M.J.; Hess, B.W.; Wu, G. Maternal undernutrition reduces concentration of amino acids and polyamines in ovine maternal and fetal plasma and fetal fluids. **Biol. Reprod.**, v.71, p.901-908, 2004.

Langley, S.C.; Jackson, A.A. Increased systolic blood pressure in adult rats induced by fetal exposure to maternal low protein diets. **Clin. Sci.**, v.86, p.217-222, 1994.

Larson, D.M.; Martin, J.L.; Adams, D.C.; Funston, R.N. Winter grazing system and supplementation during late gestation influence performance of beef cows and steer progeny. **J. Anim. Sci.** (submitted). 2008.

Long, J.E.; Cai, X. Ig f-2r expression regulated by epigenetic modification and the locus of gene imprinting disrupted in cloned cattle. **Gene**, v.388, p.125-134, 2007.

Martin, J.L.; Vonnahme, K.A.; Adams, D.C.; Lardy, G.P.; Funston, R.N. Effects of dam nutrition on growth and reproductive performance of heifer calves. **J. Anim. Sci**., v.85, p.841-847, 2007.

Meschia G. Circulation to female reproductive organs. In **Handbook of Physiology**, v.3, p.241-267, 1983.

Metcalfe, J.; Stock, M.K.; Barron, D.H. **Maternal physiology during gestation**. In: The Physiology of Reproduction 1988 (Ed.) Knobil, E., Neill, J.; Ewing, J.J. *et al.* pp 2145-2176. New York:Raven Press.

Munoz, C.; Carson, A.F.; McCoy, M.A.; Dawson, L.E.R.; Connell, N.E.; Gordon, A.W. Nutritional status of adult ewes during early and mid-pregnancy. 1. Effects of plane of nutrition on ewe reproduction and offspring performance to weaning. **Animal**, v.2, p.52-63, 2008.

Murotsuki J.; Challis, J.R.G.; Han, V.K.M.; Fraher, J.; Gagnon, R. Chronic fetal placental embolization and hypoxaemia cause hypertension and myocardial hypertrophy in fetal sheep. **Am. J. Phys.**, v.272, p.R201-R207, 1997.

Murphy, M.; Arkerland, M.; Holtenius, K. Rumen fermentation in lactating cows selected for milk fat content fed two forage to concentrate ratios with hay or silage. **J. Dairy Sci.**, v.83, p.756-764, 2000.

Nafee, T.M.; Farrell, W.E.; Carroll, W.D.; Fryer, A.A.; Ismail, K.M.K. Epigenetic control of fetal gene expression. **BJOG**., v.115, p.7158-168.National Academy Press, Washington, DC, 2007.

Nissen, P.M.; Danielson, V.O.; Jorgensen, P.F.; Oksbjerg, N. Increased maternal nutrition of sows has no beneficial effects on muscle fiber number or postnatal growth and has no impact on the meat quality of the offspring. **J. Anim. Sci.**, v.81, p.3018-3027, 2003.

Odde, K.G. **Survival of the neonatal calf**. Vet. Clinics of N America: Food Animal Practice, v.4, p.50-508, 1988.

Patten, B.M. Foundations of Embryology (2nd Ed) McGraw-Hill, New York. Prior, R.L. and D.B. Laster. 1979. Development of the bovine fetus. **J. Anim. Sci.**, v.48, p.1546-1553, 1964.

Ramsey, E.M. **The Placenta, Human and Animal**. New York: Praeger; 1982.

Regnault, T.R.H.; Friedman, J.E.; Wilkening, R.B.; Anthony, R.V.; Hay Jr., W.W. Fetoplacental transport and utilization of amino acids in IUGR - a review. **Placenta**, v.26, p.S52-S62, 2005.

Reynolds, L.P.; Ferrell, C.L.;Robertson, D.A.; Ford, S.P. Metabolism of the gravid uterus, foetus and uteroplacenta at several stages of gestation in cows. **J. Agric. Sci.**, v.6, p.437-444, 1986.

Reynolds, L.P.; Redmer, D.A. Utero-placental vascular development and placental function. **J. Anim. Sci.**, v.73, p.1839-1851, 1995.

Reynolds, L.P.; Redmer, D.A. Angiogenesis in the placenta. **Biol. Reprod.**, v.64, p.1033-1040, 2001.

Reynolds, L.P.; Caton, J.S.; Redmer, D.A.; Grazul-Bilska, A.T.; Vonnahme, K.A.; Borowicz, P.P.; Luther, J.S.; Wallace, J.M.; Wu, G.; Spencer, T.E. Evidence for altered placental blood flow and vascularity in compromised pregnancies. **J. Physiol.**, v.572, p.51-58, 2006.

Ridder, T.A.; Young, W.; Anderson, K.A.; Lodman, D.W.; Holland, M.D.; Johnson, D.E.; Odde, K.G. **Effects of prepartum energy nutrition and body condition on birth weight and basal metabolism in bovine neonates**. CSU Beef Program Report, p. 119. 1991.

Robinson, J.J.; McDonald, I.; Fraser, C.; McHattie, I. Studies on reproduction in prolific ewes. I. Growth of the products of conception. **J. Agri. Sci.**, v.88, p.539-552, 1977.

Rosenfeld, C.R.; Morriss, F.H.; Makowski, E.L.; Meschia, G.; Battaglia, F.C. Circulatory changes in the reproductive tissues of ewes during pregnancy. **Gynecol.Invest.**, v.5, p.252-268, 1974.

Rosenfeld, C.R.; Fixler, D.E. **Cardiovascular changes and heart disease in pregnancy**. In Willerson JT, Saunders CA (eds): Clinical Cardiology, The Science and Practice of Clinical Medicine (vol 3), New York, Grune and Stratton. pp 477-482, 1977.

Rosenfeld C.R.; Cox, B.E.; Roy, T.; Magness, R.R. Nitric oxide contributes toestrogen-induced vasodilation of the ovine uterine circulation. **J. Clin. Invest.**, v.98, p.2158-2166, 1996.

Shi, W.; Meininger, C.J.; Haynes, T.E.; Hatakeyama, K.; Wu, G. Regulation of tetrahydrobiopterin synthesis and bioavailability in endothelial cells. **Cell Biochem. Biophys.**, v.41, p.415-433, 2004.

Smith, S.B.; Crouse, J.D. Relative contributions of acetate, lactate and glucose to lipogenesis in bovine intramuscular and subcutaneous adipose tissue. J. Nutr., v.114, p.792-800, 1984.

Srinivasan, M.R.; Aalinkeel, F.; Song, Petel, M.S. Programming of islet functions in the progeny of hyperinsulinemic/obese rats. **Diabetes**, v.52, p.984-990, 2003.

Stalker, L.A.; Adams, D.C.; Klopfenstein, T.J.; Feuz, D.M.; Funston, R.N. Effects of pre-and postpartum nutrition on reproduction in spring calving cows and calf feedlot performance. **J. Anim. Sci.**, v.84, p.2582-2589, 2006.

Stalker, L.A.; Ciminski, L.A.; Adams, D.C.; Klopfenstein, T.J.; Clark, R.T. Effects of weaning date and prepartum protein supplementation on cow performance and calf growth. **Rangeland Eco. Manag.**, v.60, p.578-587, 2007.

Starbuck, M.J.; Inskeep, E.K.; Dailey, R.A. Effect of a single growth hormone (rbST) treatment at breeding on conception rates and pregnancy retention in dairy and beef cattle. **Anim. Reprod. Sci.**, v.93, p.349-359, 2005.

Stickland, N.C.; Bayol, S.; Ashton, C.; Rehfeldt, C. 2004. Manipulation of muscle fiber number. Page 69 in Muscle Development of Livestock Animals: Physiology, Genetics, and Meat Quality. M.F.W. te Pas, M.E. Haagsman, and H.P. Everts, ed. CAB Int., Wallingford, UK.

Swanson, T.J.;, Hammer, C.J.; Luther, J.S.; Carlson, D.B.; Taylor, J.B.; Redmer, D.A.; Neville, T.L.; Reed, J.J.; Reynolds, L.P.; Caton, J.S.; Vonnahme, K.A. Effects of plane of nutrition and selenium supplementation on colostrum quality and mammary development in pregnant ewe lambs. **J. Anim. Sci.** Epub ahead of print: http://jas.fass.org/cgi/reprint/jas.2008-0996v1. 2008.

Underwood, K.R.; Tong, J.F.; Kimzey, J.M.; Price, P.L.; Grings, E.E.; Hess, B.W.; Means, W.J.; Du, M. Gestational nutrition affects growth and adipose tissue deposition in steers. **Proc. Western Sec. Amer. Soci. Anim. Sci.**, v.59, p.29-32, 2008.

Vogel, G.J.; Parrott, C. Mortality survey in feedyards: the incidence of death from digestive, respiratory, and other causes in feedyards on the Great Plains. **Comp. Cont. Ed. Prac. Vet. Feb**, p.227-234, 1994.

Vonnahme, K.A.; Hess, B.W.; Hansen, T.R.; McCormick, R.J.; Rule, D.C.; Moss, G.E.; Murdoch, W.J.; Nijland, M.J.; Skinner, D.C.; Nathanielsz, P.W.; Ford, S.P. Maternal undernutrition from early to mid gestation leads to growth retardation, cardiac ventricular hypertrophy and increased liver weight in the fetal sheep. **Biol. Reprod.**, v.69, p.133-140, 2003.

Vonnahme, K.A.; Hess, B.W.; Nijland, M.J.; Nathanielsz, P.W.; Ford, S.P. Placentomal differentiation may compensate for maternal nutrient restriction in ewes adapted to harsh range conditions. **J. Anim. Sci.**, v.84, p.3451-3459, 2006.

Wallace, L.R. The growth of lambs before and after birth in relation to the level of nutrition. **J. Agric. Sci.**, v.38, p.243-300 and p.367-398, 1948.

Wallace, J.M.; Bourke, D.A.; Aitken, R.P. Nutrition and fetal growth: paradoxical effects in the overnourished adolescent sheep. **J. Reprod. Fertil. Suppl.**, v.54, p.385-399, 1999.

Ward, S.S.; Stickland, N.C. Why are slow and fast muscles differentially affected during prenatal undernutrition. **Muscle Nerve**, v.14, p.259-267, 1991.

Wek, R.C.; Jiang, H.Y.; Anthony, T.G. Coping with stress: eIF2 kinases and translational control. **Biochem. Soc. Trans.**, v.34, p.7-11, 2006.

Whorley, J.D.; Frid, M.G.; Moiseeva, E.P.; Orton, E.C.; Belknap, J.K.; Stenmark, K.R. Hypoxia selectively induces proliferation in a specific subpopulation of smooth muscle cells in the bovine neonatal pulmonary arterial media. **J. Clin. Invest.**, v.96, p.273-281, 1995.

Wilson, S.J.; Ross, J.J.; Harris, A.J. A critical period for formation of secondary myotubes defined by prenatal undernourishment in rats. **Development**, v.102, p.815-821, 1988.

Wilson, M.; Koch, J. The early gestational uterine environment programs placental nutrient transport. **J. Anim. Sci.**, v.86 (Suppl. 3), p.220, 2008.

Wittum, T.E.; Perino, L.J. Passive immune status at postpartum hour 24 and long-term health and performance of calves. **Amer. J. Vet. Res.**, v.56, p.1149-1154, 1995.

Wu G.; Morris Jr., S.M. Arginine metabolism: nitric oxide and beyond. **Biochem. J.**, v.336, p.1-17, 1998.

Wu, G.; Pond, W.G.; Flynn, S.P.; Ott, T.L.; Bazer, F.W. Maternal dietary protein deficiency decreases nitric oxide synthase and ornithine decarboxylase activities in placenta and endometrium of pigs during early gestation. **J. Nutr.**, v.128, p.2395-2402, 1998.

Wu, G; Self, J.T. **Proteins**. Pages 757-759 in Encyclopedia of Animal Science. W.G. Pond and A.W. Bell, ed. Marcel Dekker Inc. New York, NY. 2005.

Wu, G.; Bazer, F.W.; Wallace, J.M.; Spencer, T.E. Board invited review. Intrauterine growth retardation: implications for the animal sciences. **J. Anim. Sci.**, v.84, p.2316-2337, 2006.

Zeng, X.; Wert, S.E.; Federici, R.; Peters, K.G.; Whitsett, J.A. VEGF enhances pulmonary vascular genesis and disrupts lung morph metric *in vivo*. **Dev. Dyn.**, v.211, p.215-227, 1998.

Zhu, M.J.; Ford, S.P.; Means, W.J.; Hess, B.W.; Nathanielsz, P.W.; Du, M. Maternal nutrient restriction affects properties of skeletal muscle in offspring. J. Physiol., v.575, p.241-250, 2006.

Índice Remissivo*

A

*Números em itálico corresponde a paginação do volume II.

B

C

D

E

F

G

H

I

M

N

O

P

Q

R

S

T

U

V

W

X

Y

Z